건축산업기사 필기

# 7개년 기출문제

## CBT 모의고사 실전테스트

한솔아카데미 수험연구회 저

2024
CBT
완벽대비

중요한 문제만 독하게 푼다!

각 과목별
핵심정리

7개년
기출문제

CBT모의고사
제공

한솔아카데미

# CBT 시험대비 실전테스트

홈페이지(www.bestbook.co.kr)에서 일부 필기시험 문제를 CBT 모의 TEST로 체험하실 수 있습니다.

**CBT 실전테스트** ▶
- 제1회(2022년 제1회 과년도)
- 제2회(2022년 제2회 과년도)
- 제3회(2022년 제4회 과년도)
- 제4회(2023년 제1회 과년도)
- 제5회(2023년 제2회 과년도)
- 제6회(2023년 제4회 과년도)

- 제7회(실전모의고사)
- 제8회(실전모의고사)
- 제9회(실전모의고사)
- 제10회(실전모의고사)

## ■ 무료수강 쿠폰번호안내

| 회원 쿠폰번호 | FIPK-5WUP-DSMV |
|---|---|

## ■ 건축산업기사 CBT 필기시험문제 응시방법

① 한솔아카데미 인터넷서점 베스트북 홈페이지(www.bestbook.co.kr) 접속 후 로그인합니다.
② [CBT모의고사] – [산업기사] – [건축산업기사(7개년)] 메뉴에서 쿠폰번호를 입력합니다.
③ [내가 신청한 모의고사] 메뉴에서 모의고사 응시가 가능합니다.

※ 쿠폰사용 유효기간은 2024년 12월 31일 까지 입니다.

# 머리말

소기의 과정을 이수하거나 새로운 진로의 모색으로 자격증을 취득하려는 것은 또 다른 도전이요 기대감이다. 21세기 경제성장과 과학기술의 발달은 인간이 몸담고 있는 건축에 많은 영향을 주며 변화 및 발전하고 있다.

건축 자격증 시험도 이러한 환경의 변화에 대응하여 변모해가고 있는 것은 당연하리라 생각된다. 한편 자격증을 취득하려는 수험생은 소정의 시간에 여러 과목을 효과적으로 정리 습득해야 하므로 적절한 교재의 선택이 필수적이라 느껴진다.

이에 본 학습서는 『건축산업기사』 시험에 대비한 학습서로서 관련 학과목의 변화와 짧은 시간에 최대한 효과를 얻을 수 있도록 다음 사항에 유념하여 준비하도록 하였다.

■ 본 학습서의 특징
1. 각 과목별 핵심정리 사항을 마련하여 최종 마무리에 적합하도록 구성함
2. 짧지만 알찬 풀이와 그림으로 유사한 문제 출제에 대한 적응력을 높이도록 함
3. 새로 개정된 건축법규에 따른 해설과 관련 조항을 두어 학습의 편리성을 증진함
4. 철근콘크리트는 강도설계법과 최근의 SI 단위에 따른 해설을 함
5. 매회 기출문제에 대한 중복 설명으로 중요도의 파악과 이해력을 도모함

본 저자들로서는 나름대로 주어진 시간에 최선을 다한다고 노력하였으나 학문적 역량과 깊이가 부족하여 미진한 점이 있으므로 차후 부족한 점은 여러분들의 관심과 조언을 받아서 보다 완벽한 학습서가 되도록 하겠다.

더욱 중요한 것은 저자들과 출판사의 모든 임직원이 진심으로 독자들이 본 학습서를 통해서 반드시 소기의 성과를 거두는 일이다.

끝으로 이 책이 출판될 수 있도록 물심양면으로 보살펴 주신 한솔아카데미의 한병천 대표님과 관계직원 여러분들의 노고에도 다시 한번 감사드립니다.

저자 씀

HanSolAcademy

# Contents

# HanSolAcademy

# Contents

# 과목별 핵심요약

# 01 건축계획 핵심정리

## 1. 주거시설

### 1 주택의 양식별 특성

| 구 분 | 한식 주택 | 양식 주택 |
|---|---|---|
| 생활 방식 | 좌식 생활 : 온돌 | 입식 생활 : 침대 |
| 구조 방식 | 목조 가구식 | 벽돌 조적조 또는 철근 콘크리트조 |
| 평면 구성 | 조합적, 폐쇄적, 분산적 | 분화적, 개방적, 집중적 |
| 공간 특성 | 기능의 혼용으로 융통성이 높음<br>각 실의 프라이버시가 결여되기 쉬움 | 기능의 독립으로 융통성이 낮음<br>각 실의 프라이버시가 용이함 |
| 가구 설치 | 공간 계획과 분리 | 공간 계획과 밀착 |
| 난방 방식 | 바닥의 복사 난방, 개별 관리 | 실의 대류식 난방, 집중 관리 |

### 2 거주 면적 기준

| 구 분 | 면 적 | |
|---|---|---|
| 세계 가족단체 협회(Cologne) 기준 | 평균 16m²/인 | |
| 숑바르 드 로우(Chombard de Lawve) 기준 | 표 준 | 16m²/인 |
| | 한 계 | 14m²/인 |
| | 병 리 | 8m²/인 |
| 국제 주거회의(Frank am Main) 기준 | 15m²/인 | |

### 3 주거 설계의 기본방향
① 생활의 쾌적함
② 가사 노동의 경감
③ 가족 본위의 주거
④ 좌식과 입식의 혼용
⑤ 개인 생활의 프라이버시 확립
⑥ 설비시설의 고도화와 에너지 절약

# 2. 집합주택

## 1 아파트의 성립(成立)요인

① 도시 인구 밀도의 증가
② 세대 인원의 감소
③ 부지비, 건축비 등의 절약
④ 도시 생활자의 이동성

## 2 집합주택의 분류

### 1. 높이에 의한 분류

① 저층 주택 : 2~3층의 연립주택이 해당한다.
② 중층 주택 : 엘리베이터 없이 보행으로 단위 주거에 이르는 5층 이하의 아파트
③ 고층 주택 : 엘리베이터를 사용 하는 6층~14층에 해당하는 아파트
④ 초고층형 : 15층 이상의 고층 아파트

### 2. 접근 형식에 의한 분류

#### 1) 계단실형

① 계단실에서 직접 주거로 접근할 수 있는 유형이다.
② 주거의 프라이버시가 높고, 채광, 통풍 등의 거주성도 좋다.
③ 층수가 높게 되면 엘리베이터를 설치한다.
④ 저층, 중층에 많이 이용된다.

#### 2) 편복도형

① 한쪽에 복도를 설치하고 여기에서 각 주거로 접근하는 유형이다.
② 각 주거의 방위가 균질해지므로 거주성 역시 균질한 편이다.
③ 복도가 길어지고 채광, 통풍, 프라이버시와 같은 거주성이 떨어진다.
④ 저층, 중층, 고층에 사용된다.

#### 3) 중복도형

① 중앙에 복도를 설치하고 이를 통해 각 주거로 접근하는 유형을 말한다.
② 주거의 단위 세대수를 많이 수용할 수 있어 대지의 고밀도 이용이 필요한 경우에 이용된다.
③ 남향의 거실을 갖지 못하는 주거가 생긴다.
④ 복도가 길어지고 채광, 통풍, 프라이버시와 같은 거주성이 가장 떨어지는 유형이다.

### 4) 홀 형(hall type)

① 엘리베이터, 계단실을 중앙의 홀에 두도록 하며 이 홀에서 각 주거로 접근하는 유형이다.
② 동선이 짧아 출입이 용이하나 코어(엘리베이터, 계단실 등)의 이용률이 낮아 비경제적이다.
③ 복도 등의 공용 부분의 면적을 줄일 수 있고 각 주거의 프라이버시 확보도 용이하다.
④ 채광, 통풍 등을 포함한 거주성은 방위에 따라 차이가 난다.
⑤ 고층용에 많이 이용된다.

### 5) 이중 복도형(TC형)

① 2개의 편복도형을 계단, 엘리베이터 등을 포함한 연결 복도로 연결한 유형이다.
② 중복도형의 통풍, 프라이버시 등의 거주성을 다소 개선하려는 유형이다.
③ 통로 면적이 넓어지기 쉽고, 고층용에 주로 이용된다.

### 6) 집중형

① 건물 중앙부에 위치한 엘리베이터와 계단을 이용해서 각 단위 주거에 도달하는 형식이다.
② 홀 형(hall type)보다 거주 밀도를 더 높게 하려는 유형이다.
③ 단위 주거의 위치에 따라서 일조, 채광, 통풍 조건이 달라진다.
④ 복도 부분의 채광, 통풍은 불리하다.

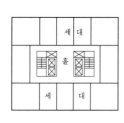

홀형

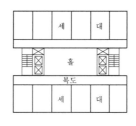

이중복도형

집중형

## 3. 단면 형식에 의한 분류

### 1) 플레트형(flat type)

① 1주거가 1층만으로 구성되는 일반적인 유형이다.
② 평면 계획 및 구조가 용이하다.

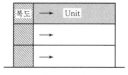

단층형(1세대 1층 사용)

### 2) 스킵플로어형(skip floor type)

① 통로가 한 층 이상 건너 뜨는 형식이다.
② 통로 면적이 적고 프라이버시는 높아지나 출입에 혼돈을 일으킬 수 있다.

Skip형(1세대 2개층 사용)

### 3) 메조넷형(maisonette type, 복층형)

① 1주거가 2층에 걸쳐 구성되는 유형을 말한다.

② 침실을 거실과 상·하층으로 구분이 가능하다.

③ 복도는 2~3층 마다 설치한다.

④ 단위 세대의 면적이 큰 주거에 유리하다.

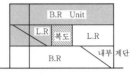

복층형(1세대 1층반 사용)

## 3 평면 계획 결정 조건

공동주택의 단위 평면(Unit Plan)과 블록 플랜(Block Plan)

| 구 분 | 평면 계획 결정 조건 |
|---|---|
| 단위 평면<br>(Unit Plan) | ·거실과 침실은 다른 실을 거치지 않고 직접 출입이 가능하도록 한다.<br>·동선은 단순하고 혼란되지 않도록 한다.<br>·부엌과 식사실은 연결 되도록 한다. |
| 블록 플랜<br>(Block Plan) | ·각 단위 플랜이 2면 이상 외기에 면할 것<br>·각 단위 플랜에서 중요한 방의 환경이 균등할 것<br>·중요한 거실이 모퉁이에 배치되지 않을 것<br>·모퉁이 내에서 다른 주호가 들여다보이지 않을 것<br>·현관은 계단에서 멀지 않을 것 (6m 이내)<br>·설비 공간의 배치가 어떤 규칙성에 준하여 경제적일 것 |

## 4 단지 계획

### 1. 근린주구 생활권

단위 구성 : 인보구 → 근린분구 → 근린주구의 단위로 구성

#### 1) 인보구

① 인구 : 20~40호 (100~200명)

② 규모 : 3~4층 정도의 집합주택, 1~2동

③ 중심시설 : 어린이 놀이터, 공동 세탁장

#### 2) 근린분구

① 인구 : 400~500호 (2,000~2,500명)

② 중심시설 : 생활필수품점, 공중목욕탕, 약국, 탁아소, 유치원

#### 3) 근린주구

① 인구 : 1,600~2,000호 (8,000~10,000명)

② 중심시설 : 초등학교, 어린이 공원, 우체국, 병원, 소방서

근린분구 약 25ha
(약 6,200명)

근린주구 약 100ha
(약 25,000명)

500m

1,000m

분구중심

근린주구
중심

그림. 근린생활권의 구성

## 2. 아파트 단지내 주동 배치시 고려 대상

① 주동 배치계획에서 일조, 풍향, 방화 등에 유의해야 한다.

② 단지내 커뮤니티가 자연스럽게 형성되도록 한다.

③ 다양한 배치기법을 통하여 개성적인 생활공간으로서의 옥외공간이 되도록 한다.

④ 아파트 단지 내에 충분한 오픈스페이스를 확보하기 위해서는 지하주차장 공간을 충분히 확보한다.

## 3. 진입도로 [주택건설기준에 관한 규정 제25조]

① 공동주택을 건설하는 주택단지는 기간도로와 접하거나 기간도로로부터 해당 단지에 이르는 진입도로가 있어야 한다. 이 경우 기간도로와 접하는 폭 및 진입도로의 폭은 다음 표와 같다.

| 주택단지의 총세대수 | 기간도로와 접하는 폭 또는 진입도로의 폭 |
|---|---|
| 300세대 미만 | 6m 이상 |
| 300세대 이상 500세대 미만 | 8m 이상 |
| 500세대 이상 1천세대 미만 | 12m 이상 |
| 1천세대 이상 2천세대 미만 | 15m 이상 |
| 2천세대 이상 | 20m 이상 |

② 주택단지가 2 이상이면서 해당 주택단지의 진입도로가 하나인 경우 그 진입 도로의 폭은 해당 진입도로를 이용하는 모든 주택단지의 세대수를 합한 총 세대수를 기준으로 하여 산정한다.

## 4. 단지 내 도로망의 구성

### 1) 격자형(+형) 도로

① 가로망 형태가 단순·명료하고, 가구 및 획지구성상 택지의 이용효율이 높기 때문에 계획적으로 조성되는 시가지에 많이 이용되고 있는 형태이다.

② 교차로가 +자형이므로 자동차의 교통처리에 유리하다.

### 2) T자형 도로

① 격자형 교차점을 줄이기 위하여 개량된 형태로 최근 개발되는 신시가지에서 적용되기도 한다.

② 격자형에 비하여 통과 교통의 발생이 줄어들고 주행속도가 낮아 교통사고를 줄일 수 있다.

③ 티자(T) 교차점이 많아지면 방향성이 불분명하고 단조로운 가구구성이 형성될 수 있다.

### 3) loop형(U형) 도로

① 통과교통을 완전히 배제할 수 있고 토지 이용측면에서 바람직하다.
② 단지(근린주구) 내로의 진입방향이 제한되어 접근성 및 식별성이 떨어진다.

### 4) cul-de-sac형 도로

① 통과교통을 방지할 수 있다는 장점이 있으나 우회도로가 없기 때문에 방재 · 방범상으로는 불리하다.
② 소규모주택 단지에 적당하며, 주택 배면에는 보행자전용도로가 설치되어야 효과적이다.

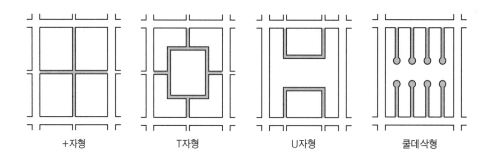

+자형　　　　　T자형　　　　　U자형　　　　　쿨데삭형

# 3. 상업 건축

## 1 상점계획에서 부지의 선정 조건

① 사람의 통행이 많고 번화한 곳이 좋다.
② 교통이 편리하고 눈에 잘 뜨이는 곳이 좋다.
③ 도로면에 많이 접할수록 좋다.
④ 유사한 업종이 주위에 있어 영업권이 형성되어 있는 곳이 좋다.

## 2 상점의 적절한 방위

① 음식점 : 도로의 남측이 좋다.
② 여름용품점 : 도로의 북측을 택하고 남측 광선이 유리하다.
③ 양품점, 가구점, 서점 : 가급적 도로의 남측이나 서측에 위치하는 것이 유리하며, 일사에 의한 퇴색 및 변형 방지에 유의해야 한다.
④ 부인용품점 : 오후에 그늘이 지지 않는 방향

## 3 상점의 외관

### 1. 정면 형식에 의한 분류

| ① 개방형 | 손님 출입이 많은 상점이나, 손님이 상점 내에 잠시 머무르는 상점에 적합하다. (슈퍼마켓, 비디오 대여점, 제과점 등) |
|---|---|
| ② 중간형 | 개방형과 폐쇄형의 중간적 특징이 있는 형이다. |
| ③ 폐쇄형 | 손님이 점내에 오래 머무르는 상점이나 손님이 적은 점포에 유리하다. (전문 보석점, 미용실, 카메라 전문점 등) |

### 2. 정면 형태에 의한 분류

| ① 평형 | 가장 일반적인 형식으로 채광 및 유효 면적상 유리하다. (가구점, 자동차 판매점, 꽃집 등) |
|---|---|
| ② 돌출형 | 점두의 일부를 돌출한 형식으로 특수한 도매상에 이용된다. |
| ③ 만입형 | 혼잡한 도로에서 진열 상품을 보는데 유리하나, 점내 면적의 감소, 채광의 감소 등 분리한 점도 있다. |
| ④ 홀형 | 만입형의 만입부를 더욱 확대한 형식이다. |
| ⑤ 다층형 | 2층 이상의 층으로 계획한 형이다. |

┃참고사항┃

※ AIDMA (파사드 구성의 5요소)
 ① A(Attention, 주의) : 주목시킬 수 있는 배려   ② I(Interest, 흥미) : 공감을 주는 호소력
 ③ D(Desire, 욕망) : 욕구를 일으키는 연상     ④ M(Memory, 기억) : 인상적인 변화
 ⑤ A(Action, 행동) : 접근하기 쉬운 구성

### 3. 동선 계획 : 상점 계획시 가장 중요한 요소이다.

| 구 분 | 특 징 |
|---|---|
| 고객 동선 | ·가급적 동선을 길게 한다. |
| 종업원 동선 | ·가급적 동선은 짧게 한다.<br>·고객 동선과 교차하지 않도록 한다. |
| 상품 동선 | ·적은 점원수로 판매가 능률적으로 이루어질 수 있도록 한다. |

## 4. 매장계획

### 1) 가구 배치 계획시 고려사항

① 손님 쪽에서 상품이 잘 보이도록 계획한다.

② 감시가 편리하면서 감시의 눈치를 주지 않도록 한다.

③ 다수의 손님을 수용하면서 소수의 종업원으로 관리할 수 있게 계획한다.

④ 들어오는 손님과 직접 눈이 마주치지 않게 배치하여 손님의 유입을 유도한다.

### 2) 대면 판매와 측면 판매

① 대면 판매 : 진열대(Show Window)를 사이에 두고 종업원과 손님이 마주보는 형태이다.

| 장 점 | 단 점 |
|---|---|
| ·설명에 유리<br>·판매원의 위치가 안정<br>·포장이 편리 | ·진열면적의 감소(판매원 통로 필요) |

② 측면 판매 : 종업원과 손님이 상품을 같은 방향으로 보는 형식이다.

| 장 점 | 단 점 |
|---|---|
| · 상품 접촉 가능이 커짐<br>  (충동구매 유발, 선택이 용이)<br>· 진열 면적이 커짐<br>· 상품에 친밀감 | ·판매원 위치 불안전<br>·포장이 불편 |

### 3) 상점 진열대의 배치 형태

① 직선(직렬) 배열형

　㉠ 입구에서 안쪽을 향하여 직선적으로 구성된 것이다.

　㉡ 고객의 흐름이 빠르고 대량 판매에도 유리하다.

　㉢ 침구점, 식기점, 서점 등

② 굴절 배열형

　㉠ 진열장의 배치와 고객 동선이 굴절 또는 곡선으로 구성된 것으로 대면 판매와 측면 판매가 가능하다.

　㉡ 양품점, 모자점, 안경점 등

③ 환상 배열형

　㉠ 중앙에 케이스 또는 판매대 등을 이용하여 직선 또는 곡선에 의한 환상부분을 설치한 것이다.

　㉡ 수예품, 민예품 등

④ 복합형

　㉠ 각 형을 적절히 조합하여 구성한 형이다.

　㉡ 부인복점, 피혁 제품점, 서점 등

## 5. 동선계획

상점 내의 매장계획에서 동선을 원활하게 하는 것이 가장 중요하다.

① 고객 동선

　㉠ 가능한 길게 구성하여 구매의욕을 높이도록 한다.

　㉡ 고객 동선은 지루함이나 불편함을 주어서는 안 된다.

　㉢ 상층으로 연결시키는 경우 올라간다는 의식을 감소시킬 수 있도록 한다.

② 종업원 동선

　㉠ 고객동선과 교차하지 않도록 한다.

　㉡ 되도록 짧게 하여 판매에 능률적이 되도록 계산한다.

③ 상품 동선

　상품의 반입, 보관 포장, 발송과 같은 작업에 의해서 형성되는 동선이다.


## 6. 백화점 계획

### 1) 백화점의 구성 4요소

① 건물 　　　　② 고객
③ 종업원 　　　④ 상품

### 2) 백화점의 영역 분류

| 영역구분 | 해당 부분 | 고려 사항 |
|---|---|---|
| 고객권 | 고객용 출입구, 통로, 계단, 식당 등 서비스 시설을 포함 | 고객에게 편리함을 주어 장시간 점내에 머물 수 있도록 계획 |
| 종업원권 | 종업원의 출입구, 통로, 계단, 사무실, 작업실, 탈의실, 식당 등 | 고객권과는 별개의 계통으로 독립되고 매장과 접하도록 계획 |
| 상품권 | 상품의 반입, 반출, 보관 및 배달을 행하는 공간 | 판매권과는 접하며 고객권과는 분리하여 계획 |
| 판매권 | 백화점의 중요한 부분인 매장부분 | 고객의 구매의욕을 환기시키고, 종업원에 대해서는 능률이 좋은 작업환경이 되도록 계획 |

### 3) 백화점 매장의 배치 계획

① 매장의 통로

　㉠ 매장내 고객 통로의 폭은 1.8m 이상으로 한다.

　㉡ 각 층의 주통로, 엘리베이터, 계단, 에스컬레이터, 로비, 현관 등의 연결 통로는 2.7~3m 이상이 되도록 한다.

　㉢ 주출입구가 있는 1층은 다른 층 보다 통행량을 많이 잡도록 한다.

　㉣ 돌출부분이나 예각은 가급적 피는 것이 좋다.

② 진열장의 배치 방식

  ㉠ 직각 배치형

    · 가장 일반적인 배치 방법으로 판매대의 설치가 간단하고 경제적이다.

    · 판매대의 매장면적을 최대한도로 확보할 수 있다.

    · 고객의 통행량에 따라 부분적으로 통로 폭을 조절하기 어렵다.

    · 매장이 단조로우며 국부적인 혼란을 줄 수 있다.

  ㉡ 대각선(斜線) 배치형

    · 주통로 이외의 부통로를 45° 사선으로 배치한 유형이다.

    · 많은 고객을 판매장 구석까지 유도할 수 있는 장점이 있다.

    · 판매 진열장에 이형(異形)이 생긴다.

  ㉢ 자유형 배치

    · 통로를 상품의 성격, 고객의 통행량에 따라 융통성 있게 계획하여 자유로운 곡선형으로 배치하는 유형이다.

    · 판매장의 획일성을 탈피하고 개성 있는 성격의 매장을 구성할 수 있다.

    · 판매 진열장에 이형이 많이 생기므로 면밀한 계획이 요구된다.

### 4) 백화점 기둥 간격의 결정요소

① 진열장(show case)의 치수와 배치 방법

② 매장 통로의 크기

③ 엘리베이터, 에스컬레이터의 배치

④ 지하 주차장의 주차 배치(수용 능력)

### 5) 백화점의 수직 교통의 비교

| 구 분 | 엘리베이터 | 에스컬레이터 | 계 단 |
|---|---|---|---|
| 용도 | 부속용도<br>(최상층은 주용도) | 주 용도 | 부속용도<br>(기계 승강 설비의 보조용) |
| 위치 | 출입구에서 떨어진 곳 | 엘리베이터와 주출입구의 중간 위치 | 출입구에서 가까운 곳 |

## 7. 쇼핑센터

쇼핑센터를 구성하는 주요 요소

① 핵 점포

② 전문점

③ 몰(Mall), 페데스트리언 지대 (Pedestrian area)

④ 코트(court)

# 4. 업무 공간

## 1 계획 일반

① 사무능률을 향상시키기 위하여 사무 기능에 따른 평면 및 가구 계획이 합리적으로 이루어지도록 한다.
② 사무체계의 변화에 따른 융통성에 대처할 수 있도록 계획하는 것이 바람직하다.
③ 사무실은 기능적인 만족과 함께 심미적·심리적 측면도 강조하면 좋다.
④ 사무기기의 자동화에 따른 작업환경을 확보토록 한다.
⑤ 기업의 이미지를 표현할 수 있도록 하면 좋다.

## 2 사무소의 사용 형식

### 1. 전용사무소
① 소유자 전용의 사무소 건물로 이용되는 방식이다.
② 본사의 건물, 지방의 지점이나 영업소의 건물 등에 많다.

### 2. 준 전용사무소
한 회사가 건물 전체를 임대해서 사용하는 방식이다.

### 3. 준 대여사무소
건물의 주요 부분을 자기 전용으로 사용하고 나머지는 임대하는 방식이다.

### 4. 대여사무소
건물의 전부 또는 대부분을 임대하는 방식이다.

## 3 임대면적 비율(rentable ratio, 유효율)

① 렌터블 비란 임대면적과 연면적의 비율을 말하며, 임대 사무소의 경우 채산성의 지표가 된다.

$$임대면적\ 비율(rentable\ ratio) = \frac{대실면적(수익부분면적)}{연면적} \times 100(\%)$$

② 임대면적 비율(rentable ratio)은 일반적으로 70~75%의 범위가 적당하다.

## 4 수용인원과 바닥면적과의 관계

$$\alpha = \frac{\text{연면적}}{\text{수 용 인 원}} = 9 \sim 11\text{m}^2 \Rightarrow 10\text{m}^2$$

$$\beta = \frac{\text{임대 사무실 면적}}{\text{수 용 인 원}} = 6 \sim 8\text{m}^2$$

## 5 평면 계획

### 1. 기준 층 계획

#### 1) 개실 배치
① 복도를 통해 각 층의 여러 부분으로 들어가는 방법
② 독립성에 따른 프라이버시의 이점이 있다.
③ 공사비가 비교적 높다.
④ 방 길이에는 변화를 줄 수 있으나 연속된 긴 복도 때문에 방 깊이에 변화를 줄 수 없다.
⑤ 유럽에서 비교적 많이 사용되었다.

#### 2) 개방식 배치
① 전 면적을 유용하게 이용할 수 있다.
② 방의 길이나 깊이에 변화를 줄 수 있다.
③ 소음이 들리고 프라이버시가 결핍된다.
④ 칸막이가 없어서 공사비가 적게 든다.

#### 3) 그룹 스페이스(Group Space) 형식
① 5~15인 정도의 중간 규모의 사무실로 나누어지는 형식이다.
② 작은 그룹별 업무에 적합한 형식이다.
③ 15~20m 정도의 건물 폭이 필요하다.

#### 4) 오피스 랜드스케이프(Office Landscape)
① 1959년 독일에서 시작되어 1967년 말에 미국에 도입되면서 세계 각국에 전파된 새로운 사무소 공간설계 방법이다.
② 개방식 배치의 일종으로서 배치할 때 직위보다는 의사 전달과 작업 흐름의 실제적 패턴에 바탕을 둔다.
③ 고정적인 칸막이를 없애고 스크린(Screen), 서류장, 화분 등을 활용하여 융통성 있게 계획한다.
④ 사무원 각자의 업무를 분석하여 서류의 흐름을 조사하고 사람과 물건(책상, 스크린, 서류장 등)의 긴밀도를 측정하여 가장 능률적으로 가구를 배치한다.

⑤ 장·단점

　　㉠ 장점

　　　· 개방식 배치의 일종으로 공간이 절약된다.

　　　· 공사비(칸막이, 소화설비, 공조설비 등)가 절약되므로 경제적이다.

　　　· 작업능률의 향상을 꾀할 수 있다.

　　　· 작업 패턴의 변화에 따른 융통성과 신속한 변경이 가능하다.

　　㉡ 단점

　　　· 독립성이 결여될 수 있다.

　　　· 소음이 발생하기 쉽다.

## 2. 복도 유형에 따른 분류

### 1) 복도가 없는 형 : 소규모 사무소에 적합

### 2) 편복도형(single zone layout)

① 중규모 정도의 사무소에 적합하다.

② 자연 채광이 유리하고 경제성 보다는 건강, 분위기 등이 더 중요하게 요구되는 건물에 적당하다.

### 3) 중복도형(double zone layout)

① 중·대규모 사무소에 적합

② 자연 채광, 환기에는 불리하다.

③ 동서로 노출되도록 방향을 정하는 것이 바람직하다.

### 4) 3중 지역 배치(triple zone layout)

전용 사무실로 주로 이용되는 고층 사무실에 적합하다.

## 3. 코어 형태에 따른 분류

### 1) 코어의 역할

① 평면적 역할 : 공용 부분을 집약시켜 유효 면적을 늘릴 수 있다.

② 구조적 역할 : 내력 구조체로서의 역할

③ 설비적 역할 : 설비의 집약으로 설비 계통의 순환이 좋아진다.

### 2) 코어에 설치되는 공간 : 계단실, 엘리베이터 통로 및 홀, 전기 배선 공간, 덕트, 파이프 샤프트, 공조실, 화장실, 굴뚝 등

### 3) 코어 계획시 유의 사항

① 엘리베이터, 계단 및 화장실은 가급적 근접시킨다.

② 코어 내의 서비스 공간과 사무실과의 동선이 간단해야 한다.

③ 엘리베이터 홀은 출입구에 너무 근접시키지 않는다.

④ 코어의 구조는 내력 구조체로 한다.

⑤ 코어 내의 각 공간은 각 층마다 상·하 동일 위치에 둔다.

### 4) 코어의 유형과 특징

| 유형 | 코어형 | 특징 |
|---|---|---|
| 편단코어형<br>(편심형) | | • 기준층 바닥면적이 적은 경우에 적합한 유형<br>• 바닥면적이 일정한 규모 이상으로 증가하면 코어 이외로 피난 및 설비 샤프트시설 등이 필요한 형식 |
| 중앙코어형<br>(중심형) | | • 중/고층의 바닥면적이 대규모인 경우에 적합<br>• CORE와 일체로 한 내진구조가 가능한 유형<br>• 유효율이 높으며, 임대 BLDG으로서 가장 경제적인 계획이 가능한 유형 |
| 외코어형<br>(독립형) | | • 편단 코어형과 거의 동일한 특징을 유지<br>• 설비 덕트나 배관을 코어로부터 사무실 공간으로 연결하는데 제약이 많은 형식<br>• 방재상 불리하며, 바닥면적이 증가하면 피난시설이 필요한 유형 |
| 양단코어형<br>(분리형) | | • 단일용도의 대규모 전용사무실에 적합한 유형<br>• 2방향 피난에는 이상적인 관계로 방재/피난상 유리한 형식 |
| 복합형<br>(기타형) | a  b  c  d  e | • a, b는 분산 코어형으로서 방재상 유리한 형식<br>• c, d, e는 중심 코어형의 변형으로서 구조 Cost가 높은 형식<br>• e유형은 대규모의 공간을 계획할 경우에 가능한 유형 |

## 4. 기준층의 평면형태를 결정하는 요인

① 기둥의 간격      ② 서비스 코어의 위치

③ 복도의 배치      ④ 방화구획      ⑤ 피난거리

## 6 사무소 층고 계획 요인

① 사무실의 깊이와 사용목적      ② 채광조건

③ 냉난방 및 공사비      ④ 구조 방식

## 7 사무소의 엘리베이터

① 주출입구와 인접한 홀에 배치시키며 출입구에 너무 근접시켜 혼란스럽지 않게 한다.
  (도보 거리는 30m 이내로 한다.)
② 외래자가 쉽게 판별할 수 있으며, 한곳에 집중 배치한다.
③ 연속 6대 이상은 복도(승강기 홀)를 사이에 두고 배치한다.
④ 직선 배치는 4대 까지, 5대 이상은 알코브나 대면 배치 방식으로 한다.
  ㉠ 알코브 배치 : 4~6대
  ㉡ 대면 배치 : 4~8대
  ㉢ 대면 거리 : 3.5~4.5m 정도
⑤ 엘리베이터홀(hall) 넓이는 승강자 1인당 0.5~0.8m² 정도로 하는 것이 좋다. 넓이는
  승강자 1인당 0.5~0.8m² 정도로 하는 것이 좋다.


# 5. 학교 건축

## 1 학교 배치 계획시 유의 사항

① 적절한 구분과 배치 및 방위 : 학년별 구분, 저학년과 고학년의 구분, 충분한 일조 확보
② 이미지의 차별화와 통일감을 꾀하는 공간
③ 자연을 살리는 계획
④ 주변 환경과의 조화
⑤ 나쁜 환경을 줄이는 계획
⑥ 적절한 동선의 분리
⑦ 학교 개방을 고려한 계획


## 2 교사 배치 계획의 유형

### 1. 폐쇄형

운동장을 남쪽에 배치하고 북쪽에서부터 교사를 배치하기 시작하여 ㄴ형, ㄷ형, ㅁ형으로 완결되어 가는 종래의 일반적인 형태이다.
① 장점
  대지의 효율적인 이용이 가능하다.

② 단점

    ㉠ 화재 및 비상시에 불리하다.

    ㉡ 운동장에서 교실로의 소음이 크다.

    ㉢ 교사주변에 활용되지 않는 부분이 많아질 수 있다.

## 2. 분산 병렬형

일종의 핑거 플랜형(Finger Plan Type)이다.

① 장점

    ㉠ 일조, 통풍 등 환경 조건이 균등하다.

    ㉡ 구조 계획이 간단하다.

    ㉢ 각 건물의 사이에는 놀이터와 정원으로 이용이 가능하다.

② 단점

    ㉠ 비교적 넓은 대지를 필요로 한다.

    ㉡ 편복도형일 경우 복도 면적이 크고 단조롭기 쉽다.

    ㉢ 건물간의 유기적인 구성이 어렵다.

## 3. 집합형(복합형)

① 지역의 인구 및 수요에 따라 학교시설에 대한 계획이 구성되는 형식이다.

② 교육구조에 따른 유기적 구성이 가능한 새로운 유형에 속한다.

③ 시설의 물리적 환경이 양호하며, 다양한 동선의 계획이 가능한 유형이다.

④ 시설물의 지역주민 및 사회의 이용을 위한 다목적 계획이 가능하다.

## 4. 클러스터(cluster)형

① 교육구조상 팀 티칭 시스템(team teaching system)에 유리한 배치 유형이다.

② 중앙에 학생들이 중심적으로 사용하는 시설들을 집약시키고 외곽에 특별교실 등을 두어 동선의 원활을 기할 수 있다.

   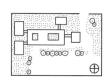

| 폐쇄형 | 분산병렬형 | 집합형 | 클러스터형 |

교사의 배치형식

## 3 교실의 이용률과 순수율

① 이용률 = $\dfrac{\text{교실이 사용되고 있는 시간}}{\text{1주간의 평균 수업 시간}} \times 100(\%)$

② 순수율 = $\dfrac{\text{일정한 교과를 위해 사용되는 시간}}{\text{그 교실이 사용되는 시간}} \times 100(\%)$

## 4 학교 운영 방식

### 1) 종합교실형(U형, Usual Type)
① 거의 모든 교과목을 학급의 각 교실에서 행하는 방식이다.
② 학생의 이동이 거의 없고 심리적으로 안정되며 각 학급마다 가정적인 분위기를 만들 수 있다.
③ 초등학교 저학년에 적합한 형식이다.
④ 교실의 이용률이 매우 높다.

### 2) 일반교실·특별교실형(UV형, Usual with Variation Type)
① 일반 교실은 각 학급에 하나씩 배당되고 공동으로 이용되는 특별교실을 갖는 유형이다.
② 영어, 수학, 사회 등의 일반 교과목은 각 학급에서 실시되며, 음악, 미술, 가정 등은 특수교실에서 실시된다.
③ 중·고등학교에 적합한 형식이다.
④ 특별 교실이 많아지면 일반 교실의 이용률은 낮아진다.

### 3) 교과교실형(V형, Department Type)
① 모든 교과목에 대해서 전용의 교실을 설치하고 일반교실은 두지 않는 형식이다.
② 각 교과목에 맞추어 전용의 교실이 주어져 교과목에 적합한 환경을 조성할 수 있으나 학생의 이동이 많고 소지품을 위한 별도의 장소가 필요하다.
③ 시간표 편성이 어려우며 담당 교사수를 맞추기도 어렵다.

### 4) 플래툰형(Platon Type)
① 모든 학급을 일반교실 군과 특별교실 군으로 나누어서 학습을 하고 일정 시간 이후(점심시간 등)에 교대하는 방식이다.
② 학생의 이동을 조직적으로 할 수 있고 중학교 이상에 적합한 형이나 시간편성에 어려움이 있다.
③ 미국에서 실시한 형태의 운영 방식이며 초등학교의 저학년에는 적합하지 않다.

### 5) E형(UV형과 V형의 중간 타입)
① 일반 교실의 수는 학급수보다 적고, 특별교실의 순수율이 반드시 100%가 되지는 않는다.

② 학생의 이동이 비교적 많고, 학생이 생활하는 장소가 안정되지 않아서 혼란을 가져올 수 있다.

③ 소지품 보관 장소와 동선 처리에 유의해야 한다.

### 6) 달톤형(Dalton Type)

① 학급, 학생의 구분을 없애고 학생들은 각자의 능력, 필요에 따라 교과목을 선택하고 과정이 끝나면 졸업하는 형식이다.

② 하나의 교과목에 출석하는 학생 수가 일정하지 않기 때문에 규모가 다른 교실을 유기적으로 설치하는 것이 유리하다.

③ 우리나라에는 학원, 직업학교 등이 이 형식을 채택하는 경우가 많다.

### 7) 오픈 스쿨(Open school) 운영방식

① 종래의 학급 단위로 하던 수업을 지양하고 개인의 자질과 능력에 초점을 맞춰서 하는 수업으로 경우에 따라서는 학년을 없애고 그룹별 팀 티칭(team teaching) 등 다양한 학습 활동을 할 수 있도록 만든 운영 방식이다.

② 교사가 타 운영방식에 비해 많이 필요한 것이 일반적이다.

# 6. 공장 건축

## 1 배치 계획시 고려 사항

① 원료 및 제품을 운반하는 방법, 작업동선을 충분히 고려한다.
② 가장 중요한 작업은 작업 공정상 가장 유리한 위치에 둔다.
③ 동력의 종류에 따라 그 배치하는 계통을 합리화하도록 도모한다.
④ 장래 계획, 확장계획은 충분히 고려한다.
⑤ 생산, 연구, 관리, 후생 등의 각 부분별 시설은 명쾌하게 나누고, 유기적으로 결합한다.
⑥ 견학자 동선을 고려한다.

## 2 공장의 레이아웃(layout)의 분류

### 1. 제품 중심의 레이아웃

① 생산에 필요한 모든 공정, 기계 종류를 제품의 흐름에 따라 배치하는 방식으로 연속 작업식 레이아웃이라고도 한다.

② 대량생산, 예상생산이 가능한 공장에 유리하고 생산성이 높다.

③ 상품 생산의 연속성을 위해 공정 간의 시간적·수량적 밸런스를 고려한다.
④ 가전제품의 조립, 장치공업(석유, 시멘트) 공장 등에 적합하다.

## 2. 공정 중심의 레이아웃

① 그 기능이 동일한 것, 유사한 것을 하나의 그룹으로 집합시키는 방식이다.
② 다종소량 생산품, 예상생산이 불가능한 주문생산품 공장에 적합하다.
③ 특성상 생산성은 낮은 편이다.

## 3. 고정식 레이아웃

① 주(主)가 되는 재료나 조립부품이 고정된 장소에 있고, 사람이나 기계는 그 장소에
이동해가서 작업이 이루어지는 방식이다.
② 조선소, 건설현장과 같이 제품이 크고 수량이 적은 경우에 적당하다.

## 4. 혼성식 레이아웃

상기 ①, ② 혹은 ①, ③ 등의 특성을 적절히 고려한 배치방식이다.

## 3 공장 지붕 형태별 특성

### 1. 평지붕

중층식 건축물의 최상층에 이용된다.

### 2. 뾰족지붕

어느 정도의 직사광선은 피할 수 없다.

### 3. 솟을지붕

① 채광, 환기에 가장 적합한 방식이다.
② 창 개폐에 의해 환기 조절 가능

### 4. 톱날지붕

① 채광창을 북향으로 하면 일정한 조도 유지가 가능하다.
② 기둥이 많아 바닥 면적의 감소와 기계 배치의 융통성이 떨어진다.

## 5. 샤렌 구조의 지붕

채광 및 환기는 개선의 요소가 있으나 기둥이 적은 장점이 있다.

(a) 뾰족 지붕　　(b) 솟을 지붕　　(c) 톱날 지붕　　(D) 샤렌 지붕

## 4 무창공장의 특징

① 작업면의 조도를 균일화할 수 있다.
② 온습도 조정용의 동력 소비량이 적다.
③ 공장의 배치계획을 할 때 방위에 좌우되는 일이 적다.
④ 외부 소음, 먼지에 대해서 유리하나 오히려 실내 발생 소음, 먼지에는 불리하다.
⑤ 유창공장에 비하여 건설비가 싸다.

# 02 건축시공 핵심정리

# 1. 공사 계획 및 시공 방식

## 1 공사 시공 방식

### 1. 직영 공사
① 건축주 본인이 일체의 공사를 자기 책임으로 시행하는 방식이다.
② 건축주 본인이 건설 경험이 많으면 도급 공사에 비해 확실성 있는 공사를 기대할 수 있다.
③ 시공 관리 능력이 부족한 경우 공사 기일의 연장, 재료의 낭비를 초래할 수 있다.

### 2. 도급 공사

#### 1) 일식 도급(General Contract)
건축 공사 전체를 하나의 건설회사에 도급시키는 것을 말한다.

#### 2) 분할 도급(Several Contract)
① 공사를 유형별로 세분하여 분야별로 건설회사를 선정하여 도급 계약을 맺는 방법이다.
② 공사 전체의 통제 관리에 어려움이 있으나 전문 단일 공사로 시공하기 때문에 개별적으로는 좋은 공사를 기대할 수 있는 이점도 있다.

#### 3) 공동 도급(Joint Venture Contract)
① 대규모 공사의 시공에 있어서 2개 이상의 건설 업체가 공동 연대하여 시공하는 방법이다.
② 기술 인력 및 융자력의 증대, 위험성의 분산, 기술의 확충 등의 이점이 있다.
③ 공사 전체의 통제 관리 및 책임소재가 불분명한 경우가 생길 수 있다.
④ 한 회사가 일괄 도급하는 것보다 경비는 증가 한다.
⑤ 공사 이윤은 각 회사의 출자 비율로 배당하는 것이 보통이다.

> **┤턴키 도급(Turn-Key Contract)├**
> 공사의 시공뿐만 아니라, 자금의 조달, 토지의 확보, 설계 등 건축주가 필요로 하는 거의 모든 것을 포함한 포괄적인 도급 계약 방식이다.

## 2 공사비의 구성

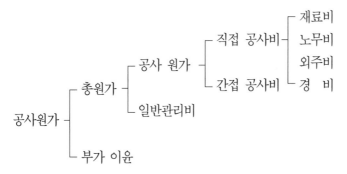

※ 직접 공사비 : 재료비, 노무비, 외주비, 경비

## 3 입찰

### 1. 공개경쟁 입찰

① 신문 등에 공사의 종류 및 규모, 입찰자의 자격, 입찰 규정 등을 공고하여 널리 입찰자를 모집하는 방법이다.

② 균등한 입찰참가의 기회가 부여된다.

③ 담합의 가능성이 적고, 공사비를 절약할 수 있는 이점이 있다.

④ 지나친 경쟁으로 부실 공사가 될 수도 있으며, 부적격자에게 낙찰 될 가능성이 있다.

### 2. 지명경쟁 입찰

① 건축주가 해당 공사에 적합한 수개의 회사를 선정하여 경쟁 입찰을 하는 방법이다.

② 부실 공사를 막고 공사의 신뢰성을 가질 수 있다.

③ 담합의 우려가 있다.

　　※ 지명경쟁 입찰시 고려 사항
　　　・자본금
　　　・과거의 실적
　　　・보유 기계·자재
　　　・기술 능력

③ 특명 입찰

　　㉠ 건축주가 해당 공사에 가장 적당하다고 인정되는 회사를 직접 선택하는 방식의 수의 계약이다.

　　㉡ 공사의 신뢰성은 높으나 공사비의 절약 면에서는 약점으로 작용할 수도 있다.

# 2. 공정 계획 및 현장 관리

## 1 네트워크(net work) 공정표

### 1. 의미

전체 공정 계획 속에서 개개의 작업을 ○ (event)와 → (activity)로 구성되는 네트워크로 나타내고 이것에 각 작업에 필요한 시간을 주어 총괄적인 견지에서 그 관리를 진행시키는 수법이다.

### 2. 종류

#### 1) CPM (critical path method)
건설공사에 이용되고 있는 일반적인 네트워크 공정표이다.

#### 2) PERT (program evolution and review technique)
CPM과 유사하나 확률적인 이론을 도입하여 어느 목표에 도달할 때까지의 소요 일 수의 예측을 주로 목적으로 하는 네트워크 공정표이다.

### 3. 네트워크(net work) 공정표의 용어

| 용 어 | 내 용 |
|---|---|
| Event, Node | 작업의 결합점, 개시점, 종료점으로 ○로 표현한다. |
| Activity | 작업을 나타낸다. 작업은 →로 표현한다. |
| Duration | 작업을 수행하는데 필요한 시간 |
| Dummy | 작업 사이의 관련성만을 표현할 때 이용되며 소요일 수는 없다.<br>점선 화살표(-----▶)으로 표현한다. |
| Path | 2이상의 작업이 계속되는 것을 말한다. |
| Critical Path | 네트워크 상에 전체 공기를 지배하는 작업과정이다.<br>굵은 실선(———)으로 표현한다. |
| 가장 빠른 개시시각<br>(EST) | 작업개시가 가능한 가장 빠른 날자 이다. |
| 가장 빠른 종료시각<br>(EFT) | 작업종료가 가능한 가장 빠른 날자 이다. |

| 가장 늦은 개시시각 (LST) | 공기에 영향이 없는 범위에서 작업을 가장 늦게 시작해도 좋은 날자 이다. |
|---|---|
| 가장 늦은 종료시각 (LFT) | 공기에 영향이 없는 범위에서 작업을 가장 늦게 종료해도 좋은 날자 이다. |
| 가장 빠른 결합점 시각 E.T (Earliest Node Time) | 최초의 결합점에서 대상의 결합점에 이르는 가장 긴 경로를 통하여 가장 빨리 도달되는 결합점 시각 |
| 가장 늦은 결합점 시각 L.T (Latest node Time) | 최종의 결합점에 이르는 가장 긴 경로를 통하여 종료시각에 도달할 수있는 개시 시각 |
| Float | 작업의 여유 시간 |
| Total Float (TF) | 가장 빠른 개시시각(EST)에 작업을 시작하여 가장 늦은 종료시각 (LFT)에 완료할 때에 생기는 여유시간이다. |
| Free Float (FF) | 가장 빠른 개시시각(EST)에 작업을 시작하여 후속 작업을 가장 빠른 개시시각(EST)에 시작하여도 가능한 여유일이다. |
| Dependent Float (DF) | 후속 작업의 TF에 영향을 주는 플로트이다. DF = TF − FF |
| Slack | 결합점이 가지는 여유시간이다. |

## 2 건설시공 기술 개선안의 표준화

### 1. 관리의 정의
관리란 목표를 정하고 그것에 도달하도록 활동을 하며, 목표에서 벗어나게 되면 수정하는 조치를 취해서 목표대로의 결과를 얻게 하는 일련의 활동을 말한다.

### 2. 관리 사이클의 단계
① Plan(계획) → ② Do(실시) → ③ Check(결과의 확인) → ④ Action (처치)

# 3. 건축 시방서

## 1 시방서

### 1. 표준시방서
일반적인 건축물 시공시에 필요한 공통사항의 시방서

### 2. 특기시방서
　① 특수 재료에 관한 사항
　② 특수 공법에 관한 사항
　③ 특수 지시 사항

## 2 시방서의 내용

시방서에는 우선 공사개요를 기재하고, 다음 사항을 공사가 진행되는 순서에 따라 공사별로 기재해가는 것이 보통이다.
　① 재료에 관한 사항(재료의 종류, 품질, 수량, 필요한 시험, 저장 방법 등)
　② 시공 방법에 관한 사항(공법, 마무리 공사의 정도, 공정, 주의사항, 금지 사항, 사용기계·기구 등)
　③ 필요한 시험
　④ 특기 사항

# 4. 가설공사

## 1 가설공사

공사 기간 중 필요한 임시적인 시설물로 본 공사가 끝나면 해체, 철거하게 되는 공사이다.
　① 공통 가설공사 : 가설 울타리, 현장사무실, 재료 창고, 일간, 임시 화장실, 공사용수 및 운반로 확보 등
　② 직접 가설공사 : 규준틀 설치, 비계 설치 등 공사 실시상 직접적인 역할을 수행하는 가설공사
　※ 거푸집 설치는 본 공사의 거푸집 공사에 해당한다.

## 2 가설 공사 계획시 고려 대상

　① 공사의 규모, 시공 정밀도 및 공사내용
　② 가설물의 면적 및 배치
　③ 가설자재의 반입량 및 배치
　④ 운반 및 교통사항
　⑤ 공사 후 철거

## 3 시멘트 창고

시멘트 보관 창고의 구조요건
① 벽은 공기 유통을 적게 하기 위하여 개구부는 되도록 작게 한다.
② 습기를 방지하기 위하여 마루높이는 지면에서 30cm 이상 높인다.
③ 지붕은 비가 새지 않는 구조로 한다.
④ 창고주위에는 배수도랑을 두어 우수의 침입을 방지한다.

## 4 비계 공사

### 1. 외부 비계 면적

#### 1) 목조 외부 비계 면적

| 구분 \ 종류 | 쌍줄 비계 | 외줄 비계, 겹 비계 |
|---|---|---|
| 목 조 | 벽 중심선에서 90cm 거리의 지면에 서 건물 높이까지의 외주면적 | 벽 중심선에서 45cm 거리의 지면에서 건물 높이까지의 외주면적 |
| 철근콘크리트조 및 철골조 | 외벽면에서 90cm 거리의 지면에서건물 높이까지의 외주면적 | 외벽면에서 45cm 거리의 지면에서 건물 높이까지의 외주면적 |

① 쌍줄 비계 면적
  $A = H(\text{건축물의 높이}) \times \{L(\text{비계의 외주 길이}) + 8 \times 0.9\} \, (\text{m}^2)$
② 외줄 비계, 겹 비계
  $A = H(\text{건축물의 높이}) \times \{L(\text{비계의 외주 길이}) + 8 \times 0.45\} \, (\text{m}^2)$

#### 2) 강관 외부 비계 면적

| 구분 \ 종별 | 단관 비계 | 강관틀 비계 |
|---|---|---|
| 철근콘크리트조 및 철골조 | 외벽면에서 100cm 거리의 지면에서건물 높이까지의 외주면적 | 외벽면에서 100cm 거리의 지면에서건물 높이까지의 외주면적 |

강관 외부 비계 면적 $A = H \cdot (L + 8 \times 1) \, (\text{m}^2)$

**┨참고사항┠**

· 단위 적산
**일반적인 재료의 무게**
① 모래의 단위 중량 : 1.5~1.6 t/m³  ② 자갈의 단위 중량 : 1.6~1.7 t/m³
③ 시멘트의 단위 중량 : 1.5 t/m³   ④ 목재의 단위 중량 : 0.5 t/m³
⑤ 시멘트 1포의 무게 : 40kg (0.04t)  ⑥ 못 1가마의 무게 : 50kg (0.05t)

# 5. 토공사

## 1 지반조사

지반조사에는 지하 탐사법, 보오링(boring), 토질시험, 지내력 시험 등이 있다.

### 1. 지하탐사법

① 터 파보기
② 짚어보기
③ 물리적 지하 탐사법

전기 저항식, 탄성파식, 강제 진동식 등이 있으며 개략적인 지반의 구성층을 파악할 수 있으나 기반의 공학적 성질의 판별은 곤란하다.

### 2. 보오링과 샘플링

#### 1) 보오링(boring)

지중에 보통 10cm 정도의 구멍을 뚫어 토사를 채취하는 방법으로 지중의 토질 분포, 토층의 구성, 주상도를 파악할 수 있다.

#### 2) 샘플링(sampling)

보링에 의거하여 시료를 채취하는 방법이다.

### 3. 토질시험

① 일반적으로 보링에 의거하여 시료를 채취하여 다음의 시험을 실시한다.
 ㉠ 흙 입자의 비중시험  ㉡ 흙 입자의 함수량시험
 ㉢ 입도시험  ㉣ 소성한계시험
 ㉤ 다지기 시험  ㉥ 압밀시험
 ㉦ 투수시험  ㉧ 전단시험
 ㉨ 압축시험(1축 압축시험, 3축 압축시험) 등
② 역학적 시험에는 불교란 시료가 필요하다.
③ 필요한 것을 시험하여 현장지반의 성질을 알고 기초구조물의 설계, 시공방법 등을 결정한다.

### 4. 표준관입 시험(Penetration Test)

① 전단, 압축 시험이 곤란한 사질토의 밀실도 시험으로 적당하다.
② 표준 샘플러를 63.5kg의 해머로 76cm의 낙하고로 쳐어 박아 관입량이 30cm에 도달할 때까지 타격 회수를 N값으로 나타낸다.

③ N값이 클수록 밀실한 토질이다.

④ 점토 지반은 큰 편차가 생겨 신뢰성이 떨어진다.

## 5. 베인 테스트(Vane Test)

① 보링 구멍을 이용하여 십자날개형의 베인 테스터를 지반에 박고 이것을 회전시켜 그 회전력에 의하여 점토의 점착력을 판별하는 것이다.

② 연한 점토질에 쓰이며 굳은 점토질에는 테스터의 삽입이 곤란하므로 부적당하다.

## 2 지내력(재하) 시험

① 시험은 원칙적으로 기초저면에서 행한다.

② 재하판은 두께 25mm의 철판재료로 보통 45cm 각의 정방형을 사용한다.

③ 매회 재하는 1t 이하 또는 예상 파괴하중의 1/5 이하로 한다.

④ 침하의 증가량이 2시간에 0.1mm 비율 이하가 될 때에는 침하가 정지한 것으로 본다.

⑤ 장기하중은 다음 값 중 작은 값으로 한다.

    ㉠ 총 침하량이 20mm에 도달했을 때의 하중의 1/2

    ㉡ 침하곡선이 항복상황을 표시할 때의 1/2

    ㉢ 파괴시 하중의 1/3

⑥ 단기하중에 대한 허용지내력은 장기하중에 대한 허용지내력의 1.5배이다.

## 3 배수공법

웰 포인트 공법 (Well point method, 진공공법)

① 1~3m의 간격으로 스트레이너를 부착한 파이프를 지중에 삽입하여 집수관으로 연결한 후 진공펌프나 와권 펌프로 지중의 물을 배수하는 공법이다.

② 출수가 많고 깊은 터파기에 있어서의 지하수 배수공법의 일종이다.

③ 대규모 기초 파기시 사질토나 투수성이 좋은 지반에 적당한 방법이다.

## 4 흙파기 공법

### 1. 비탈지운 오픈 컷(open cut) 공법

① 토질에 따른 안전 상태의 경사면으로 파내어 지하 구조물을 만드는 방법이다.

② 작업 및 안전을 고려한 비탈면의 높이는 3~6m 정도로 하고 이보다 깊을 때는 중간에 2~3m 정도의 폭으로 중간 단을 두는 것이 좋다.

③ 비교적 간단한 방법이나 번화한 도심 등에서는 작업이 곤란하며 경사면에도 안전 조치를 취해야한다.

## 2. 흙막이 오픈 컷(open cut) 공법

목재나 강재의 널말뚝을 이용한 흙막이 구조물을 먼저 설치 한 후에 흙파기를 하는 일반적으로 많이 이용되는 방법이다.

① 빗 버팀대식 공법
② 수평 버팀대식 공법
③ 당김 줄, 어스 앵커 공법

## 3. 아일랜드(island) 공법

흙파기 공사시 중앙부를 먼저 파서 중앙부 구조물을 먼저 완성 후 이 구조물을 지지체로 이용하여 2차로 주변부의 흙을 파고 나머지 구조물을 완성해가는 방법이다.

## 4. 트렌치 컷(trench cut) 공법

아일랜드(island) 공법과 역순으로 주변부 구조물을 먼저 완성하고 2차로 중앙부 구조물을 완성해가는 방법이다.

## 5. 지하 연속벽(slurry wall) 공법

① 목재나 강재의 널말뚝을 사용하는 대신 지중에 연속적으로 흙파기 기계인 오거(earth auger) 등을 이용하여 연속적으로 콘크리트 말뚝을 형성한 후에 흙파기하는 방법이다.
② 흙막이 자체가 지하 본구조물의 옹벽을 형성하며 비용은 많이 드나 안정성이 크다.

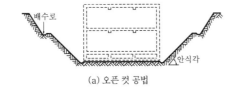

(a) 오픈 컷 공법

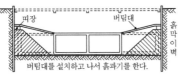

(b) 아일랜드 공법

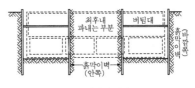

(c) 트렌치 컷 공법

## 5 흙막이 공사시 주의 사항

### 1. 히빙(heaving) 현상

① 연약한 점토지반에서 토압과 방축(흙막이)널 주변의 적재하중이 작용하여 방축널 저면부의 흙이 붕괴되고 바깥 흙이 안으로 밀려들어오는 현상이다.

② 전면적인 파괴를 불러올 수 있으므로 가장 부의를 요한다.

### 2. 보일링(boiling) 현상

① 투수성이 좋은 사질 지반에서 유동 지하수에 의해 방축(흙막이)널 저면부에서 사질과 지하수가 올라오는 현상이다.

### 3. 파이핑(piping) 현상

흙막이 널, 말뚝 틈새에서 흙탕물이 새어 들어오는 현상이다.

# 6. 지정 및 기초공사

## 1 깊은 기초 지정

### 1. 베노토(Benoto) 공법

① 직경이 1~2m의 케이싱(casing)을 삽입한 후 해머 그래브(hammer grab)라는 굴삭기를 사용하여 내부의 흙을 파내고 철근 배근 후 콘크리트를 타설하면서 케이싱을 요동시키면서 빼내어 기초 피어(pier)를 만드는 방법이다.

② 흙을 파내기 전에 큰 철관(casing)을 지중에 삽입하는 올 케이싱(all casing) 공법이므로 주변 지반에 영향이 적다.

③ 50~60m 정도의 기초 피어(pier)의 시공도 가능하다.

④ 기계 장치가 대형 중량물이라 연약지반, 수중 시공이 어렵다.

### 2. 우물통식 기초(深礎) 공법

① 지름 1~7m 정도의 대규모 기초 말뚝에 이용되는 방법으로 L형강의 외측에 강철관을 댄 것을 흙막이재로 하고 흙파기를 한 후 콘크리트를 타설 하는 것이다.

② 주로 인력으로 굴착공사를 하기 때문에 지하용수가 많은 경우에는 부적당하다.

┃참고사항┃

· 단위 적산

흙파기량의 계산법

① 독립 기초의 흙파기량 : 사다리꼴 형태의 체적이므로

흙파기량(V) $= \dfrac{h}{6} \cdot \{(2a+a')b+(2a'+a)b'\}(m^3)$

② 줄기초의 흙파기량

흙파기량(V) $= (\dfrac{a+b}{2}) \cdot h \times (줄기초\ 길이)(m^3)$

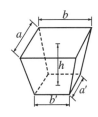

# 7. 철근 콘크리트 공사

## 1 철근의 이음

① 결속선 이음
② 용접 이음
  일반 가스(gas) 용접은 용접시 기포가 많이 발생하고 강도가 약하기 때문에 구조용 철근의 용접에 사용하지 않는다.
③ 기계적 이음

## 2 거푸집 공사

### 1. 거푸집 조립 순서

① 기초 → 기둥 → 벽 → 보 → 바닥 → 계단
② 기초 → 기둥 → 내벽 → 큰보 → 작은보 → 바닥 → 외벽

### 2. 거푸집 해체 순서

기초 → 벽 → 보 옆 → 기둥 → 바닥 → 계단 → 보 밑

### 3. 거푸집의 측압

① 벽 두께가 두꺼울수록, 슬럼프가 크고 배합이 좋을수록 측압은 커진다.
② 부어넣기 속도가 빠를수록 측압은 커진다.
③ 온도가 낮을수록 측압은 커진다.
④ 다지기가 충분할수록 커진다. (진동기 사용시 30% 증가한다.)
⑤ 시공 연도가 좋고 비중이 클수록 측압은 커진다.
⑥ 사용 철근, 철골량이 많을수록 측압은 작아진다.
⑦ 측압은 높이가 클수록 커지지만 어느 일정한 높이에서 측압은 더 이상 증대하지 않는다.

## 3 배근공사

철근공사의 배근순서

기둥 → 벽 → 보 → 슬래브 철근의 배근 순서로 시공한다.

┃보 철근의 조립 순서┃

① 상부 주근 배근      ② 늑근(stirrup) 감기
③ 간격제(spacer) 대기      ④ 하부 주근 배근

## 4 콘크리트의 배합 및 다지기

### 1. 콘크리트의 표준 배합설계 순서

① 소요강도의 결정      ② 배합강도의 결정
③ 시멘트 강도의 결정      ④ 물·시멘트비의 선정
⑤ 슬럼프 값의 결정      ⑥ 굵은 골재 최대치수의 결정
⑦ 잔골재율의 결정      ⑧ 단위 수량의 결정
⑨ 시방배합의 산출 및 조정      ⑩ 현장 배합의 조정

┃콘크리트배합의 특징┃

① 시멘트, 골재의 강도가 클수록 콘크리트의 강도는 크다.
② 물시멘트비가 작을수록 콘크리트의 강도는 크다.
③ 시공연도(workability)는 배합에 의하여 결정된다.

### 2. 진동 다짐

#### 1) 진동기의 사용 목적

진동기의 사용 목적은 콘크리트를 거푸집 수석구석까지 충전시켜서 밀실한 콘크리트를 얻기 위함이다.

#### 2) 진동기의 종류

① 내부 진동기
   막대(봉상) 진동기 : 건축물 공사에 가장 많이 사용
② 외부 진동기
   ㉠ 거푸집 진동기 : 거푸집 표면을 진동, 거푸집 강도를 충분히 고려
   ㉡ 표면 진동기 : 콘크리트 도로의 표면 공사에 이용

### 3) 진동기의 사용 조건

① 슬럼프 값 15cm 이하의 된 비빔 콘크리트에서 사용한다.

② 막대(봉상) 진동기는 1일 콘크리트 작업량이 20m³ 마다 1대로 잡는다.

### 4) 진동기 사용시 주의점

① 수직으로 사용한다.

② 철근에 닿지 않도록 한다.

③ 간격은 진동이 중복되지 않는 범위에서 60cm 이내로 한다.

④ 사용 시간은 30~40초 정도가 적당하다.

⑤ 굳기 시작한 콘크리트에는 진동기를 사용하지 않는다.

⑥ 콘크리트에 구멍이 남지 않도록 서서히 빼낸다.

## 5 콘크리트의 이어 붓기

### 1. 계획

① 구조물의 강도에 영향이 적은 곳에 둔다.

② 이음 길이가 짧게 되는 위치에 둔다.

③ 시공 순서에 무리가 없는 곳에 둔다.

④ 이음 위치는 대체로 단면이 작은 곳에 두어 이어 붓기 면이 짧게 되게 한다.

⑤ 응력에 직각 방향, 수직, 수평으로 한다.

### 2. 이어 붓기 위치

① 보, 바닥판의 이음은 그 간 사이(span)의 중앙부에 수직으로 한다.
   (다만, 켄틸레바로 내민보나 바닥판은 이어 붓지 않는다.)

② 바닥판은 그 간 사이(span)의 중앙부에 작은 보가 있을 때는 작은 보 나비의 2배 떨어진 곳에서 이어 붓기 한다.

③ 기둥은 기초판, 연결된 보 또는 바닥판 위에서 수평으로 한다.

④ 벽은 개구부 등 끊기 좋고 또한 이음 자리 막기와 떼어 내기에 편리한 곳에 수직 또는 수평으로 한다.

⑤ 아치(arch)의 이음은 아치 축에 직각으로 한다.

### 3. 콘크리트 붓기 방법

① 비비는 장소에서 먼 곳부터 붓기 시작하는 것이 좋다.

② 될 수 있는 한 낮은 위치에서 수직으로 부어 넣는 것이 좋다.

③ 붓기를 끝낸 후 양생시 콘크리트는 진동을 받지 않아야 한다.

④ 높은 벽이나 기둥은 하부에 묽은 비빔, 상부에 된 비빔을 붓는 것이 좋다.

## 6 서중(暑中) 콘크리트

일(日) 평균 기온 25℃, 일 최고기온 30℃ 초과 시 타설하는 콘크리트를 말한다.
서중(暑中) 콘크리트는 운반 중 슬럼프 저하, 공기량 감소, 양생 중 건조수축 균열 발생
등 장기강도 저하 등에 주의하여야 한다.

① 슬럼프 값 18cm 이하, 비빔 온도 30℃ 이하, 타설시 온도 35℃ 이하가 되도록 한
다. (레미콘에 물 온도를 낮춘 지하수 등을 사용하고, 기온 10℃ 상승에 단위수량을
2~5% 증가시킨다.)
② 중용열 및 고로 슬래그, 플라이 애쉬(fly ash) 등 혼화재가 첨가된 수화열이 적은 시
멘트를 사용한다.
③ AE감수제, AE제 등의 혼화제를 사용하고 1.5시간 내에 타설하도록 한다.
④ 최소 24시간 동안 습윤양생을 실시하고, 최소 5일 이상은 습윤양생이 바람직하다.

## 7 한중(寒中) 콘크리트

일(日) 평균 기온 4℃ 이하의 동절기 등에 타설하는 콘크리트를 말한다.
① 물시멘트(W/C) 60℃ 이하가 되도록 한다.
② 부어넣기 시 온도는 5℃~20℃ 정도가 되도록 한다.
③ 레미콘에 보일러를 사용하여 물 온도를 높여서 사용하고, 골재(모래, 자갈)의 가열은
비용이 많이 들어 잘 사용하지 않으며, 시멘트는 가열하지 않는다.
④ AE감수제, AE제 등의 혼화제를 사용하도록 한다.
⑤ 양생온도가 5℃ 이상 유지되도록 하며, 초기강도 5MPa 까지는 보양하도록 한다.

┃참고사항┃

· 단위 적산
① 시멘트의 중량 : 1,500kg/m³ (1.5t/m³)
② 콘크리트의 중량
㉠ 보통 콘크리트의 중량 : 2,300kg/m³ (2.3t/m³)
㉡ 철근 콘크리트의 중량 : 2,400kg/m³ (2.4t/m³)
㉢ 경량 콘크리트의 중량 : 1,900kg/m³ (1.9t/m³)
③ 철근콘크리트 구조의 거푸집 면적
㉠ 연면적 1m²당 : 4~5m²
㉡ 콘크리트 1m³당 : 5~8m²

# 8. 철골 공사

## 1 철골 공장 가공의 제작 순서

① 원척도 작성    ② 본뜨기    ③ 금매김    ④ 절단
⑤ 구멍 뚫기    ⑥ 가조립    ⑦ 리벳(고력 볼트) 치기
⑧ 검사    ⑨ 녹막이칠    ⑩ 운반

## 2 철골 세우기의 시공 순서

① 세우기    ② 변형 바로 잡기    ③ 접합부 가볼트 조임
④ 정조임 후 리벳 치기    ⑤ 검사

## 3 철골 주각부의 앵커 볼트 매립 순서

① 먹매김
② 앵커 볼트 설치
③ 기초 상부 고름질
④ 세우기

# 9. 벽돌 및 시멘트 블록 공사

## 1 벽돌벽의 균열

### 1. 계획, 설계상 미비로 인한 균열
① 기초의 부동침하
② 건물의 평면, 입면의 불균형 및 벽의 불합리한 배치
③ 벽돌벽의 길이, 높이, 두께에 대한 벽돌 벽체의 강도 부족
④ 큰 집중하중, 횡하중 등을 받게 설계된 부분
⑤ 문꼴 크기의 불합리 및 불균형 배치 등

## 2. 시공상 결함으로 인한 균열

① 벽돌 및 모르타르 자체의 강도 부족과 신축성
② 벽돌벽의 부분적 시공 결함
③ 이질재와의 접합부
④ 칸막이 벽(장막벽) 상부의 모르타르 다져 넣기 부족
⑤ 모르타르 바름시 들뜨기 등

## 2 백화 현상

조적조 벽체나 콘크리트의 벽체면 등에 흰 가루가 생기는 현상이다.

## 1. 백화 현상의 원인

줄눈 모르타르의 시멘트의 CaO가 물($H_2O$)과 공기 중의 탄산가스($CO_2$)에 의해 반응하여 희게 나타난다.

## 2. 백화 현상을 방지법

① 줄눈 모르타르 사춤하고 줄눈 모르타르에 방수제를 넣는다.
② 벽돌의 원료는 염분이 없는 것으로 잘 소성된 벽돌을 사용한다.
③ 벽돌 벽면을 파라핀 도료 등을 발라 방수처리 한다.
④ 벽면에 적절히 차양 등의 비막이 시설을 한다.

### ◈ 단위 적산

① 벽돌 쌓기의 벽돌량(벽면적 1m² 당)

| 벽돌형 \ 쌓기 | 0.5B (매) | 1.0B (매) | 1.5B (매) | 2.0B (매) | 할증률 |
|---|---|---|---|---|---|
| 기존형 | 65 | 130 | 195 | 260 | ・붉은 벽돌 : 3% |
| 표준형 | 75 | 149 | 224 | 298 | ・시멘트 벽돌 : 5% |

※ 벽돌형
・기존형 : 210mm×100mm×60mm, 줄눈 나비 10mm인 경우
・표준형 : 190mm×90mm×57mm, 줄눈 나비 10mm인 경우

② 모르타르 량 (벽돌 1,000매 당 m³)

| 벽돌형 \ 쌓기 | 0.5B (매) | 1.0B (매) | 1.5B (매) | 2.0B (매) |
|---|---|---|---|---|
| 기존형 | 0.25 | 0.33 | 0.35 | 0.36 |
| 표준형 | 0.3 | 0.37 | 0.4 | 0.42 |

# 10. 타일 공사

## 1 일반 타일 붙이기

① 모르타르 배합비

   ㉠ 경질 타일 1 : 2 정도　㉡ 연질 타일 1 : 3 정도　㉢ 치장줄눈 1 : 1 정도

② 붙임 모르타르의 바름 두께

   벽 1.5~2.5cm, 바닥 2~3cm 정도가 적당하다.

③ 벽타일의 1일 붙이기 높이는 1.2~1.5m 이하로 한다.

④ 줄눈은 막힌 줄눈, 통 줄눈, 실 줄눈 등으로 한다.

⑤ 치장줄눈은 모르타르가 굳은 정도(약 3시간 경과 후)를 보아 줄눈파기 후 바로 시공하도록 한다.

⑥ 외장 벽타일 공사에서 압착붙이기 공법의 붙임 모르타르의 바름 두께는 5~7mm 정도가 적당하다.

## 2 타일 붙이기 공법

### 1. 거푸집 면 타일 먼저 붙이기 공법

#### 1) 타일 시트법

크라프트지(kraft paper) 또는 플라스틱 필름을 표지로 하여 타일 표면에 풀칠하여 붙이고 합판을 뒷받침한 타일시트를 만들어 거푸집 안면에 대는 공법이다.

#### 2) 줄눈대법

발포스치롤 또는 경질 고무로 줄눈 격자를 형성하여 타일 지지재로 하여 여기에 타일을 끼워 놓고 거푸집에 대거나, 또는 틀을 먼저 거푸집에 대고 타일을 끼우는 방법이다.

#### 3) 줄눈틀법

거푸집에 먼저 줄눈대를 설치하고 여기에 대형 특수타일을 못 박아 고정하는 방법이다.

### 2. 유니트 타일 붙이기법

기성 콘크리트 판(PC panel) 타일 먼저 붙이기에 이용

# 11. 방수 공사

## 1 아스팔트 방수와 시멘트 액체 방수의 비교

| 내 용 | 아스팔트 방수 | 시멘트 액체 방수 |
|---|---|---|
| 바탕 처리 | 완전 건조 후 시공<br>바탕 모르타르 바름 후 시공 | 보통 건조 후 시공<br>바탕 모르타르 바름 불필요 |
| 외기에 대한 영향 | 적다 | 크다 |
| 방수층의 신축성 | 크다 | 적다 |
| 균열의 발생 정도 | 비교적 적다 | 비교적 크다 |
| 방수층의 중량 | 보호 누름층으로 인해 크다 | |
| 시공의 용이도 | 번잡하다 | 간단하다 |
| 시공 시일 | 길다 | 짧다 |
| 보호 누름층 | 필요하다 | 안 해도 무방하다 |
| 공사비 | 비싸다 | 싸다 |
| 방수성능의 신용도 | 양호하다 | 의심이 간다 |
| 결함부 발견 | 용이하지 않다 | 용이하다 |
| 보수 범위 | 광범위, 보호누름도 재 시공 | 국부적으로 가능 |
| 보수비 | 비싸다 | 싸다 |
| 방수층 끝 마무리 | 불확실하고 어렵다 | 확실하고 간단하다 |

## 2 시트(sheet, 합성 고분자) 방수

① 합성수지계로 된 얇은 박판의 발수성을 이용하는 방수법이다.
② 접착법
 ㉠ 온통 부착
 ㉡ 줄 접착
 ㉢ 점 접착
 ㉣ 갓 접착
③ 보호 누름층을 시공하는 경우와 보호 누름층 없이 도료로 마무리하는 경우도 있다.

### 3 지하실의 안방수와 바깥방수의 비교

| 비교 내용 ＼ 종류 | 안방수 | 바깥방수 |
|---|---|---|
| 적용개소 | 수압, 토압이 적은 곳<br>도심지 건축에서 외벽, 흙막이와의 여유가 적은 곳 | 수압이 크고 깊은 지하실<br>중요한 공사나 확실한 방수효과 필요시 |
| 방수층 바탕 | 따로 만들 필요가 없다. | 따로 만든다. |
| 공사 용이성 | 간단하다. | 상당히 세심한 중의가 요망된다. |
| 공사 시기 | 자유로이 선택 가능 | 본공사에 선행 |
| 경제성 | 비교적 저렴 | 비교적 고가 |
| 수압처리 | 수압에 약함 | 수압에 유리 |
| 공사순서 | 간단하다. | 상당한 절차가 필요하다. |
| 보호누름 여부 | 반드시 필요(벽, 바닥) | 불필요 |

# 12. 목 공사

### 1 목재의 가공

**가공순서**

| 순 서 | 정 의 |
|---|---|
| 먹매김 | 재의 축방향에 심먹을 넣고 가공 형태를 그리는 것이다. |
| 마름질 | 재료를 소요치수로 자르는 것이다. |
| 바심질 | 자르기와 이음, 맞춤, 장부 등을 깎아 내기 하고, 구멍파기, 볼트구멍 뚫기, 대패질 등을 하는 것이다. |

## 2 모접기(Moulding, 면접기)

대패질한 목재는 사용 개소에 따라 적절히 모접기를 한다.

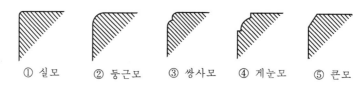

① 실모     ② 둥근모     ③ 쌍사모     ④ 게눈모     ⑤ 큰모

# 13. 미장 공사

## 1 미장재료의 분류

### 1. 기경성 미장재료
공기 중의 탄산가스($CO_2$)와 작용하여 경화하는 미장재료(수축성)

| 기경성 | 진흙 바름 | • 진흙+모래+짚여물의 물반죽<br>• 외역기 바탕의 흙벽 시공 |
|---|---|---|
| | 회반죽, 회사벽 바름 | • 소석회+모래+여물+해초풀<br>• 물을 사용안함 |
| | 돌로마이트 플라스터<br>(마그네시아 석회) | • 돌라마이트 석회+모래+여물의 물 반죽<br>• 건조수축이 커서 균열 발생, 지하실에는 사용 안함 |

### 2. 수경성 미장재료
가수(加水)에 의해 경화하는 미장재료(팽창성)

| 수경성재료 | 순석고 플라스터 | • 소석고+석회죽+모래+여물의 물반죽<br>• 경화가 빠르다. |
|---|---|---|
| | 혼합석고 플라스터 | • 혼합석고+모래+여물의 물반죽<br>• 약 알칼리성이다. |
| | 경석고 플라스터<br>(킨즈 시멘트) | • 무수석고+모래+여물의 물반죽<br>• 경화가 빠르다. |
| | 시멘트 모르타르 바름 | • 시멘트+모래 |
| | 인조석 바름 | • 백시멘트+돌가루(종석)+안료+물 |

## 3. 기타

마그네시아 시멘트 : 용해성 간수인 $MgCl_2$(염화마그네슘)을 물 대신 사용하고 철재를 녹슬게 하며 리그노이드(Lignoid)의 원료가 된다.

☞ 알칼리성을 띠는 미장재료

① 회반죽           ② 돌로마이트 플라스터
③ 시멘트 모르타르   ④ 혼합석고 플라스터

## 2 외벽 모르타르 바르기

① 모르타르는 초벌, 재벌 모두 1 : 3의 배합으로 한다.
② 초벌 바르기 한 후 적어도 2주 이후에 재벌 바르기를 하는 것이 좋다.
③ 1회의 바름 두께는 6mm 이하로 3회 정도 바르는 것이 좋다.

## 3 테라죠 현장갈기

① 테라조 현장 갈기는 주로 바닥 마감 공사로 이용된다.
② 정벌바름에 대리석을 반죽하여 쓰고 기계 갈기로 마무리한다.
③ 종석의 크기는 보통 9~12mm 정도가 적당하다.
④ 바름 두께는 9~15mm 정도로 펴서 바른다.
⑤ 줄눈의 간격은 면적 : 1.2m² 이내, 최대 줄눈 간격 : 2.0m 이하로 보통 90cm 각이 많이 이용된다.
⑥ 바름면이 충분히 경화 후 갈기 시작한다. (여름 3일 이상, 기타 7일 이상)
⑦ 갈기 후 청소하고 왁스로 광내기 한다.

# 14. 합성수지 공사

## 1 열가소성 수지

### 1. 열가소성 수지의 특징

고형체에 열을 가하면 연화 또는 용융하여 가소성 및 점성이 생기며 냉각하면 다시 고형체로 되는 합성수지(중합반응)

① 자유로운 형상으로 성형이 가능하다.
② 강도 및 연화점이 낮다.
③ 유기 용제에 녹고 2차 성형도 가능하다.
④ 일반적으로 투광성이 좋다.
⑤ 구조 재료로는 적당하지 않고 주로 마감 재료에 사용된다.

## 2 열경화성 수지

### 1. 열경화성 수지의 특징

고형체에 열을 가하면 잘 연화하지 않는 합성수지(축합반응)

① 강도 및 열 경화점이 높다.
② 내후성이 좋다.
③ 가격이 비싸며 성형성은 부족하다.

## 3 합성수지의 구분

| 열가소성 수지 | 열경화성 수지 |
|---|---|
| ① 염화비닐수지(P.V.C) | ① 페놀수지 |
| ② 폴리에틸렌 수지 | ② 요소수지 |
| ③ 폴리프로필렌 수지 | ③ 멜라민수지 |
| ④ 폴리스틸렌 수지(스치로폴 수지) | ④ 폴리에스테르 수지 |
| ⑤ 아크릴 수지 | ⑤ 실리콘 수지 |
| ⑥ 불소수지 | ⑥ 에폭시 수지 |
| | ⑦ 폴리우레탄 수지 |
| | ⑧ 석탄산 수지 |

▌참고사항▐

· 단위 적산

① 보통 철골구조의 철골 1ton 당 도장면적은 30~50m²(보통 : 35m²)
② 도료는 정미량에 2% 할증률을 가산하여 소요량으로 구한다.

· 재료의 할증률

(1) 강재류

| 종 류 | 할증률(%) |
|---|---|
| 원형 철근, 봉강 | 5 |
| 이형 철근 | 3 |
| 일반 볼트 | 5 |
| 고장력 볼트 | 3 |
| 소형 형강 | 5 |
| 대형 형강 | 7 |
| 강판 | 10 |
| 강관(옥외수도용 강관 제외), 경량 각파이프 | 5 |

(2) 기타 재료

| 종 류 | | 할증률(%) |
|---|---|---|
| 목재 | 각재 | 5 |
| | 판재 | 10 |
| 합판 | 일반용 | 3 |
| | 수장용 | 5 |
| 벽돌 | 붉은벽돌 | 3 |
| | 시멘트벽돌 | 5 |
| | 내화벽돌 | 3 |
| 블록(기본블록) | | 4 |
| 타일(도기, 자기, 모자이크) | | 3 |
| 석고판 | 못 붙임용 | 5 |
| | 본드 붙임용 | 8 |
| 단열재 | | 10 |
| 텍스 | | 5 |
| 도료 | | 2 |
| 유리 | | 1 |
| 기와 | | 5 |

# 03 | 건축구조 핵심정리

## 1. 일반구조

### 1 기초

#### 1. 기초의 형식에 의한 분류
① 독립기초

각 기둥 마다 별개의 기초 판을 설치하여 상부의 하중을 지반에 전달하는 기초이다.
② 복합기초

2개 이상의 기둥을 한 개의 기초 판이 받치는 것으로 인접 기둥과의 간격이 작아서 기초 판이 근접하는 경우나 도심지 건축물에서 인접 대지와의 문제가 생길 수 있는 경우에 적합하다.
③ 연속기초

일반적으로 연속된 내력벽을 따라서 설치하는 기초이다.
④ 온통기초

건축물의 하부 전체에 걸쳐서 설치한 기초로 하부 지반이 연약한 경우에 적합한 기초이다.

#### 2. 지정(指定) 형식에 의한 분류
① 직접기초　　② 말뚝기초　　③ 피어기초　　④ 잠함기초

### 2 기초 말뚝

**말뚝의 배치 간격**
① 최소 중심간격 : 말뚝 끝 마구리 지름의 2.5배 이상 또는 다음 표의 값 이상

| 말뚝의 종류 | 말뚝 간격(pitch) |
| --- | --- |
| 나무 말뚝 | 60cm 이상 |
| 기성 콘크리트 말뚝 | 75cm 이상 |
| 제자리 콘크리트 말뚝 | 90cm 이상 |
| H 형강, 강관 말뚝 | 90cm 이상 |

② 기초판 끝과의 거리 : 말뚝 끝 마구리 지름의 1.25배 이상

## 3 부동침하

### 1. 부동침하의 원인

① 지반이 연약한 경우
② 지반의 연약층의 두께가 상이한 경우
③ 건물이 이질지층에 걸쳐 있는 경우
④ 부주의한 일부 증축하였을 경우
⑤ 지하수위가 변경되었을 경우
⑥ 지하에 매설물이나 구멍이 있을 경우
⑦ 건물이 낭떠러지에 근접되어 있을 경우
⑧ 지반이 부주의 하게 메운 땅일 경우
⑨ 이질지정을 하였을 경우
⑩ 일부지정을 하였을 경우

### 2. 부동침하의 대책

① 건축물의 하중을 고르게 지반에 분포시키도록 할 것
② 기초 상호간을 강(剛)구조로 상호 연결할 것 (지중보 사용)
③ 건물을 경량화 할 것
④ 적절한 지정과 후 기초를 시공할 것

## 4 지반의 허용응력도(지내력도)

경암반 > 연암반 > 자갈 > 자갈과 모래의 혼합물 > 모래 섞인 점토 또는 롬토
> 모래 > 점토(진흙)

## 5 구조법(構造法)에 의한 분류

① 가구식 구조 : 목구조, 철골구조
② 조적식 구조 : 벽돌, 시멘트 블록, 돌구조
③ 일체식 구조 : 철근콘크리트구조(RC), 철골철근콘크리트구조(SRC)

## 6 목구조

### 1. 목재의 접합법

① 이음 : 두 재를 길이 방향으로 잇는 것
② 맞춤 : 두 재를 직각이나 경사를 두어 맞추는 것
③ 쪽매 : 널 재를 옆으로 넓게 대어 섬유 방향으로 옆 대어 붙이는 것

### 2. 목재 접합시 주의 사항

① 접합은 응력이 적은 곳에서 만들 것
② 목재는 될 수 있는 한 적게 깎아내어 약하게 되지 않게 할 것
③ 접합의 단면은 응력 방향과 직각 방향으로 할 것
④ 공작이 간단한 것을 쓰고 모양에 치중하지 말 것

### 3. 트러스 부재력

① 왕대공 지붕틀
  ㉠ 평보, 왕대공, 달대공은 인장력을 받는 부재이다.
  ㉡ 빗대공은 압축력을 받는 부재이다.
  ㉢ ㅅ자보는 압축력과 휨모멘트를 동시에 받는 부재이다.
② 양식 지붕틀의 수직, 수평 부재는 인장력을, 사재는 압축력을 받는다.

## 7 조적조

### 1. 줄눈

벽돌과 벽돌 사이의 모르타르 부분을 줄눈이라 한다.
① 막힌 줄눈 : 세로 방향의 줄눈이 막혀서 막힌 줄눈이라고 하며, 상부의 하중을 하부로 고르게 분포 시킬 수 있어서 구조 내력상 유리하다.
② 통줄눈 : 세로 방향의 줄눈이 서로 연결되어 있어서 통줄눈이라고 하며, 상부의 하중을 하부 벽돌면으로만 집중되어서 구조 내력상 불리하다.

## 2. 쌓기법

| 분 류 | 특 징 |
|---|---|
| 영국식 쌓기 | 길이 쌓기와 마구리 쌓기를 한 켜식 번갈아 쌓아 올리며, 벽의 끝이나 모서리에는 이오토막 또는 반절을 사용한다. 통줄눈이 거의 생기지 않아 가장 튼튼한 쌓기 방법이다. |
| 화란식 쌓기 (네델란드식 쌓기) | 영식 쌓기와 비슷하나 벽의 끝이나 모서리에는 칠오토막을 사용한다. 통줄눈이 적은편이다. |
| 불식 쌓기 (프랑스식 쌓기) | 매 켜에 길이와 마구리가 번갈아 되게 쌓는 방식으로 통줄눈이 많이 생겨서 구조적으로는 튼튼하지 않으나 외관이 아름답다. |
| 미식 쌓기 | 5~6켜 정도는 길이쌓기로 하고 다음 1켜는 마구리쌓기로 하여 뒷면에 영식 쌓기로 한 면과 물리도록 한 쌓기법이다. |

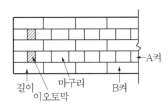

그림. 영국식 벽돌쌓기

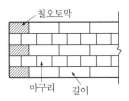

그림. 네덜란드식 벽돌쌓기

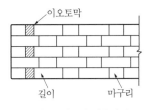

그림. 프랑스식 벽돌쌓기

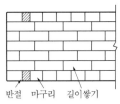

그림. 미국식 벽돌쌓기

## 3. 테두리보

### 1) 테두리보(Wall Girder)의 설치 목적

① 분산된 벽체를 일체로 하여 하중을 균등히 분포시킨다.
② 조적조 벽체의 수직 균열 방지
③ 보강 블록조 등의 수직 철근을 장착
④ 집중하중을 받는 부분을 보강

### 2) 테두리보의 춤과 나비(폭)

테두리보의 춤은 벽 두께의 1.5배 이상 또는 30cm 이상이 되어야 하며, 폭은 벽 두께 이상이 되어야 한다.

# 2. 철근콘크리트

## 1 콘크리트 강도

### 1. 압축 강도($f_{ck}$)

재령 28일 되는 콘크리트 표준공시체의 일축방향 압축강도를 말한다.

### 2. 인장 강도

압축강도의 1/7~1/13 정도로 (보통 1/10) 균열하중를 계산할 때 외에는 콘크리트의 인장강도는 무시하여 계산한다.

### 3. 콘크리트의 탄성계수($E_c$)

$E_c = 8,500 \cdot \sqrt[3]{f_u}$ ($f_{cu} = f_{ck} + 8$, $m_c = 2,300\text{kg}/\text{m}^3$)

※ 철근의 탄성계수

$(E_s) = 200,000 = 2 \times 10^5 \text{(MPa)}$

## 2 하중계수와 강도감소계수

### 1. 소요강도와 하중계수

다음은 콘크리트 구조설계 기준(2007)에 명시된 하중계수에 따른 소요강도이다. 다음에 제시된 하중계수와 하중조합을 모두 고려하여 해당 구조물에 작용하는 최대 소요강도에 대하여 만족하도록 설계하여야 한다. (식을 일부 정리한 것입니다.)

■ 소요강도(U)

| 소요강도 | 부호 |
|---|---|
| ① $U = 1.4(D + F + H_v)$ | $D$ : 고정하중<br>$F$ : 유체로 인해 발휘되는 하중<br>$H_v$ : 토피의 두께에 따른 연직 토압 및 지하수압<br>$H_h$ : 토피의 두께에 따른 횡토압 및 지하수압<br>$L$ : 활하중<br>$L_r$ : 지붕 활하중<br>$S$ : 설하중, $R$ : 강수하중<br>$E$ : 지진하중, $W$ : 풍하중 |
| ② $U = 1.2D + 1.6L + 0.5L_r$ | |
| ③ $U = 1.2D + 1.6L_r + 1.0L$ | |
| ④ $U = 1.2D + 1.3W + 1.0L + 0.5L_r$ | |
| ⑤ $U = 1.2D + 1.0E + 1.0L + 0.2S$ | |
| ⑥ $U = 1.2D + 1.6L + 0.8H_h + 0.5L_r$ | |
| ⑦ $U = 0.9D + 1.3W$ | |
| ⑧ $U = 0.9D + 1.0E$ | |

## 2. 강도 감소계수와 설계 강도

콘크리트 구조물의 설계 강도는 재료의 성질과 구조이론에 의하여 계산되는 공칭강도에 강도감소계수($\phi$)를 곱한 값으로 한다.

| 하중의 상태 | | 강도 감소계수($\phi$) |
|---|---|---|
| ① · 휨부재<br> · 휨과 축방향 인장을 겸해서 받는 부재<br> · 축방향 인장 부재 | | 0.85 |
| ② · 축방향 압축 부재<br> · 축방향 압축과 휨을 겸해서 받는 부재 | 나선철근 부재 | 0.7 |
| | 기타 철근 | 0.65 |
| ③ 전단력과 비틀림 모멘트 | | 0.75 |
| ④ 콘크리트의 지압 | | 0.65 |
| ⑤ 무근 콘크리트 | | 0.55 |
| ⑥ 정착길이 | | 1.0 |

┃참고사항┃

· SI단위

① MKS 단위에서 기존의 힘의 단위로 사용되는 kg, kgf 등은 SI 단위에서는 중력가속도를 고려한 N(Newton)의 단위를 사용한다. 즉, 1kgf ≒ 9.8N →10(N)에 해당한다.
  (예) 10kgf ≒ 98(N) → 100(N)
      150kf ≒ 1,500(N) → 1.5(kN)
      1tf ≒ 9.8(kN) → 10(kN)
② 또한 응력(압축응력, 인장응력),강도, 압력 등은 Pa(Pascal) 단위를 사용하여 1Pa=1N/m² 이며 M(Mega)는 $10^6$ 을 나타내는 접두사이므로 1Mpa=$10^6$ Pa= $10^6$ N/m² = 1N/mm² 이다.

$$\therefore 150(kgf/cm^2) ≒ \frac{1,500(N)}{10^{-4}m^2} = 15 \times 10^6 (N/m^2) = 15(Mpa)$$

  (예) 240(kgf/cm²) → 24(MPa)
      400(kgf/cm²) → 40(MPa)
      10(MPa) = 10(N/mm²) ≒ 100(kgf/cm²)


## 3 보의 설계

### 1. 보의 휨해석의 기본 가정

① 철근과 콘크리트의 변형률은 중립축으로부터 거리에 비례한다.
② 콘크리트는 압축변형도가 0.003에 도달했을 때 파괴한다.
③ 항복강도 $f_y$ 이하에서 철근의 응력은 그 변형률의 $E_s$ 배로 한다.
④ 콘크리트의 인장강도는 휨모멘트 강도계산에서는 무시한다.
⑤ 콘크리트의 압축응력 분포는 포물선형, 직사각형, 사다리꼴형으로 가정할 수 있다.
  (일반적으로 실무 계산에서는 등가직사각형으로 취급한다.)
⑥ 콘크리트의 최대 압축응력의 크기는 $0.85f_{ck}$ 로 균등한 것으로 본다.

### 2. 균형철근비

인장철근이 기준 항복강도($f_y$)에 도달함과 동시에 압축 연단 콘크리트의 변형률이 그 극한 변형률(0.003)에 도달할 때의 인장철근비를 말한다.

### 3. 균형보

압축콘크리트가 극한 변형률(0.003)에 도달함과 동시에 인장철근이 항복강도 ($f_y$)에 대응하는 변형률에 도달하는 상태의 보를 말한다.

① 중립축의 위치($C_b$)

통합구조설계기준에서 중립축의 위치는

$$C_b = \frac{0.003}{0.003 + \dfrac{f_y}{E_S}} \times d$$

로 규정하고 있으며, 여기에 철근의 탄성계수 $E_s = 2.0 \times 10^5$ (MPa)를 대입하여 정리하면 다음과 같은 식을 얻을 수 있다.

$$C_b = \frac{600}{600 + f_y} \times d$$

② 균형 철근비($\rho_b$)

$$\rho_b = (0.85\ \beta_1)\frac{f_{ck}}{f_y} \times \frac{600}{600 + f_y}$$

여기서, 콘크리트의 압축강도($f_{ck}$)가 28MPa 이하인 경우 : $\beta_1 = 0.85$
콘크리트의 압축강도($f_{ck}$)가 28MPa를 초과할 때 : $\beta_1$ 은 매 1MPa 마다 0.007씩 감소한 값으로 한다.

## 4 단근 보의 최대 및 최소 철근비

보에 파괴가 생긴다고 가정하면, 콘크리트의 취성파괴 보다는 철근의 연성파괴를 유도하고 갑작스런 파괴에 대한 안전율을 확보하기 위하여 통합구조설계기준에서는 다음과 같이 최대 및 최소철근비의 규정을 두고 있다.

① 최대 철근비

$\rho_{\max} = 0.75\rho_b$ (단, $\rho_b$ : 균형 철근비)

② 최소 철근비

$$\rho_{\min} = \frac{0.25\sqrt{f_{ck}}}{f_y} \quad \cdots\cdots\cdots\cdots\cdots ㉠$$

$$\rho_{\min} = \frac{1.4}{f_y} \quad \cdots\cdots\cdots\cdots\cdots\cdots\cdots ㉡$$

위 식의 ㉠, ㉡ 중 큰 값 이상으로 한다.

※ 단, $f_{ck}$가 30.5Mpa 이하인 경우 $\rho_{\min} = \dfrac{1.4}{f_y}$를 채용한다.

## 5 단근 보의 해석

### 1. 등가직사각형 응력분포에 의한 해석

① 응력블럭 $a = \beta_1 C \, (f_{ck} \leq 28\text{MPa}$의 경우 $\beta_1 = 0.85)$

② 콘크리트 압축응력의 합력 : $C = 0.85 f_{ck} ab$

③ 철근 인장응력의 합력 : $T = A_s f_y$

④ 응력중심 거리 : $jd = d - \dfrac{a}{2}$

 $T = C$이므로 $A_s f_y = 0.85 f_{ck} ab$

⑤ 위의 식으로부터 철근량 $A_s = \dfrac{0.85 f_{ck} ab}{f_y}$

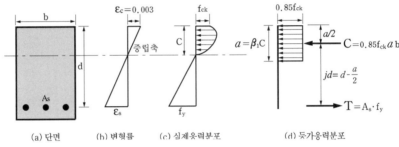

(a) 단면　　　(b) 변형률　　(c) 실제응력분포　　　　　(d) 등가응력분포

그림. 극한하중에서 실제 및 등가직사각형의 응력분포

### 2. 단근 보의 설계응력도

① 응력 블록의 깊이 : $a = \dfrac{A_s f_y}{0.85 f_{ck} b}$

② 공칭 강도(공칭 모멘트) : $M_n = A_s f_y \left(d - \dfrac{a}{2}\right)$　또는 $M_n = 0.85 f_{ck} ab \left(d - \dfrac{a}{2}\right)$

③ 설계 강도(설계 모멘트) : $M_U = \phi M_n$ (단, 건물의 경우 $\phi = 0.85$)

## 6 전단설계

### 1. 사인장 균열(전단균열)

사인장 균열은 수평 전단응력과 수직 전단응력의 합력인 사인장 응력에 의하여 일어나며 보의 중앙부에서는 전단력이 일어나지 않으므로 전단균열도 발생하지 않으며 주로 재축에 직각인 휨균열이 발생한다.

## 2. 보의 전단설계

① 콘크리트가 부담하는 공칭 전단강도 ($V_C$)

$$V_C = \frac{1}{6}\sqrt{f_{ck}}\,b_w d$$

② 전단철근이 부담하는 공칭 전단강도 ($V_S$)

$$V_S = \frac{A_v f_y d}{S}$$

(부호) $A_v$ : 스터럽의 단면적, $S$ : 스터럽의 간격

③ 철근콘크리트 보의 공칭 전단강도 ($V_n$)

$$V_n = V_C + V_S$$

④ 계수 전단력(설계 전단강도)

$$V_U = \phi V_n \ (단, 강도감소 계수 : 건물의 경우 0.75)$$

⑤ 전단철근의 최소 단면적($A_v$)

$$A_v = 0.35 \times \frac{b_w S}{f_y}$$

※ 전단철근의 항복강도는 400MPa를 초과할 수 없다.


## 7 보의 사용성

### 1. 처짐에 대한 제한

일반콘크리트와 설계기준강도 400MPa의 철근을 사용한 부재에 대하여 부재의 두께를 최소두께 이상이 되도록 규정함으로써 처짐을 간접적으로 규정하고 있다.

■ 처짐을 계산하지 않는 경우의 1방향 슬래브와 보의 최소 두께(h)

| 구 분 | 단순 지지 | 1단 연속 | 양단 연속 | 캔틸레버 |
|---|---|---|---|---|
| 1방향 슬래브 | $\dfrac{l}{20}$ | $\dfrac{l}{24}$ | $\dfrac{l}{28}$ | $\dfrac{l}{10}$ |
| 보 | $\dfrac{l}{16}$ | $\dfrac{l}{18.5}$ | $\dfrac{l}{21}$ | $\dfrac{l}{8}$ |

※ $f_y$가 400MPa이 아닌 경우에는 계산된 h 값에 $(0.43 + \dfrac{f_y}{700})$를 곱해야 한다.

## 8 철근의 정착과 이음

### 1. 부착강도에 영향을 주는 요인

① 압축강도가 큰 콘크리트일수록 부착력은 커진다.

② 콘크리트의 부착력은 철근의 길이에 비례한다.

③ 철근의 표면상태와 단면 모양에 따라 부착력이 증감된다.

④ 부착력은 정착길이를 크게 증가함에 따라서 비례증가 되지는 않는다.

### 2. 철근콘크리트의 부착응력($U$) = $U_C$(콘크리트의 허용 부착응력)$\times \Sigma o$ (철근의 주장)$\times L$(철근의 길이)

### 3. 묻힘 길이에 의한 정착(KCI 2012 규정)

#### 1) 소요(실제)정착길이($l_d$), 기본정착길이($l_{db}$) : 약산식

① 인장을 받는 이형철근의 정착길이($l_d$)

다음 수식에 의한 기본 정착길이 $l_{db}$에 소정의의 보정계수를 곱하여 산정하되, 300mm 이상이어야 한다.

$$l_d = l_{db} \times 보정계수 \geq 300 (\text{mm})$$

기본 정착길이($l_{db}$) $= \dfrac{0.6 \cdot d_b \cdot f_y}{\lambda \sqrt{f_{ck}}}$ (mm)

(부호) $d_b$ : 철근의 공칭 지름(mm), $f_y$ : 철근의 항복강도(MPa),

$f_{ck}$ : 콘크리트의 압축강도(MPa)

② 압축을 받는 이형 철근의 정착길이($l_d$)

다음 수식에 의한 기본 정착길이 $l_{db}$에 소정의의 보정계수를 곱하여 산정하되, 200mm 이상이어야 한다.

$$l_d = l_{db} \times 보정계수 \geq 200 (\text{mm})$$

기본 정착길이($l_{db}$) $= \dfrac{0.25 \cdot d_b \cdot f_y}{\lambda \sqrt{f_{ck}}} \geq 0.04 \cdot d_b \cdot f_y$

③ 표준갈고리(Standard Hook)를 갖는 인장이형철근

$$l_{dh} = l_{hb} \times 보정계수 \geq 8d_b,\ 150 (\text{mm})$$

기본 정착길이($l_{hb}$) $= \dfrac{0.24 \cdot \beta \cdot d_b \cdot f_y}{\lambda \sqrt{f_{ck}}}$

### 2) 약산식에 사용되는 보정계수

| | |
|---|---|
| $\alpha$ : 철근의 위치계수 | • 상부철근(정착길이 또는 이음부 아래 300mm를 되게 굳지 않은 콘크리트를 친 경우) : 1.3 |
| | • 기타철근 : 1.0 |
| $\beta$ : 철근의 도막계수 | • 피복두께가 $3d_b$ 미만 또는 순간격이 $6d_b$ 미만인 에폭시 도막 철근 또는 철선 : 1.5 |
| | • 기타 에폭시 도막철근 또는 철선 : 1.2 |
| | • 아연도금 철근 : 1.0 |
| | • 도막 되지 않은 철근 : 1.0 |

| $\lambda$ : 경량콘크리트계수 | 전경량콘크리트 | 모래경량콘크리트 | 보통중량콘크리트 |
|---|---|---|---|
| | $\lambda = 0.75$ | $\lambda = 0.85$ | $\lambda = 1$ |

## 9  철근의 피복

### 1. 철근의 피복 두께
최외단 철근의 바깥 표면으로부터 콘크리트 표면까지의 최단 길이

### 2. 철근의 피복이유
① 철근의 부식방지
② 화재로부터의 직접적인 접촉으로 인한 화해(火害) 방지
③ 철근의 부착력 확보

### 3. 최소 피복두께

| 흙에 접하여 콘크리트를 친 후 영구히 흙에 묻혀 있거나 수중에 있는 콘크리트 | | | 8cm |
|---|---|---|---|
| 흙에 접하거나 옥외의 공기에 직접 노출되는 콘크리트 | | D29 이상 철근 | 6cm |
| | | D25 이하 철근 | 5cm |
| | | D16 이하 철근 | 4cm |
| 옥외의 공기나 흙에 직접 접하지 않은 콘크리트 | 슬라브, 벽체, 장선 | D35 초과 철근 | 4cm |
| | | D35 이하 철근 | 2cm |
| | 보, 기둥 | $f_{ck} \geq 40(MPa)$ | 3cm |
| | | $f_{ck} < 40(MPa)$ | 4cm |
| | 쉘, 절판 부재 | | 2cm |

## 10 슬래브의 설계

### 1. 1방향 슬래브

① 변장비$(\lambda) = \dfrac{ly(장변\ 방향의\,순길이)}{lx(단변\ 방향의\,순길이)} > 2$인 경우의 슬래브

② 1방향 슬래브의 두께는 100mm 이상으로 하며, 슬래브 하중의 대부분이 단변방향으로 전달되기 때문에 단변방향으로 주철근을 배근한다. 장변방향으로는 수축이나 온도 응력으로 인한 영향을 고려하여 수축·온도 철근을 배근한다.

③ 1방향 슬래브의 구조일반

　㉠ 1방향 슬래브의 주철근의 간격

　　슬래브의 정(+)철근 및 부(−)철근의 중심 간격은 다음 값 이하로 하여야 한다.

| 구　분 | 주철근의 간격 |
|---|---|
| 최대 휨모멘트가 일어나는 단면 | 슬래브 두께의 2배 이하 또한 300mm 이하 |
| 기타의 단면 | 슬래브 두께의 3배 이하 또한 450mm 이하 |

　㉡ 수축·온도 철근비

| 구　분 | 철근비 |
|---|---|
| 철근의 항복 강도 $f_y$가 400MPa 이하인 이형 철근을 사용한 슬래브 | 0.002 |
| 0.0035의 항복 변형률에서 측정한 철근의 $f_y$가 400MPa를 초과한 경우 | $0.002 \times \dfrac{400}{f_y}$ |

※ 어떠한 경우에도 철근비는 0.0014 이상이어야 한다.

### 2. 2방향 슬래브

① 바닥판에 작용하는 하중이 단변방향과 장변방향으로 모두 작용한다는 슬래브

② 변장비$(\lambda) = \dfrac{ly(장변\ 방향의\,순길이)}{lx(단변\ 방향의\,순길이)} \leq 2$ 인 경우의 슬래브

③ 단변 방향으로 배근하는 철근을 주근이라 하고, 장변 방향으로는 배근하는 철근을 배력근이라고 한다.

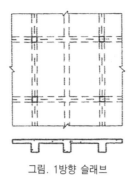

그림. 1방향 슬래브

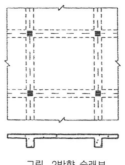

그림. 2방향 슬래브

# 3. 철골구조

## 1 강구조의 장단점

### 1. 장점

① 단위 중량에 비해 고강도이므로 구조체의 경량화 및 고층구조, 장경간 구조에 적합하다.
   ※ 강재의 비중 : $7.85(t/m^3)$, 콘크리트 : $2.3(t/m^3)$

② 인장응력과 압축응력이 거의 같아서 세장한 구조가 가능하며 압축강도가 콘크리트의 10~20배로 커서 단면이 상대적으로 작아도 된다.

③ 강재는 인성이 커서 상당한 변위에도 견딜 수 있고 소성변형 능력인 연성이 우수한 재료이다.

④ 재료의 균질성, 시공의 편이성, 증·개축 및 보수가 용이하다.

⑤ 해체가 용이하고 재료의 재사용이 용이하므로 환경친화적 재료이다.

⑥ 하이테크 재료(High-Tech)로 적합하다.

### 2. 단점

① 열에 의한 강도 저하가 크므로 질석 뿜칠(spray), 콘크리트, 내화 페인트 등 내화 피복이 필요하다.

② 단면에 비해 부재가 세장하므로 좌굴하기 쉬우므로 좌굴에 대한 검토가 필요하다.

③ 처짐 및 진동을 신중하게 고려해야 한다.

## 2 강재의 기계적 성질

### 1. 응력-변형률 곡선

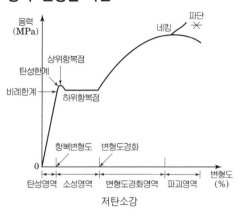

저탄소강

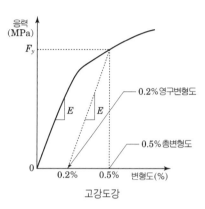

고강도강

① 탄성영역 : 응력(stress)과 변형률(strain)이 비례관계를 가지는 영역이다.

② 소성영역 : 응력의 증가 없이 변형률만 증가하는 영역을 말한다.

③ 변형도 경화영역 : 소성영역 이후 변형률이 증가하면서 응력이 비선형적으로 증가되는 영역을 말한다.

④ 파괴영역 : 변형률은 증가하지만 응력은 오히려 줄어드는 영역으로 이 영역에서 네킹(necking) 현상에 의해서 시험편의 단면적이 감소하고 종국에는 절단된다.

- 고강도강의 응력-변형률 곡선은 상위항복점, 하위 항복점 및 소성영역의 구분이 불분명하므로 0.2 Off-set Method 으로 설계 기준강도($F_y$, 항복강도)를 정한다.

### 2. 설계 기준강도($F_y$)

다음 값 중 작은 값으로 정한다.

① 강재의 하항복점 강도

② 최대강도(=인장강도, $F_u$)의 70% 강도

| 강도 | 강재종별<br>판두께 | SS400<br>SM400<br>SN400<br>SMA400 | SM490<br>SN490B, C<br>SMA490<br>SCW490-CF[1] | SM<br>490TMC | SM<br>520 | SM<br>520TMC | SM<br>570 | SM<br>570<br>TMC |
|---|---|---|---|---|---|---|---|---|
| $F_y$ | 두께 40mm 이하 | 235 | 325 | 325 | 355 | 355 | 420 | 440 |
| | 두께 40mm 초과<br>100mm 이하 | 215 | 295 | 325 [2] | 325 | 355 [2] | 420 | 440 [2] |

주) 1)은 SCW 490 - CF의 판두께 구분은 8mm 이상 60mm 이하.

2)은 두께 80mm 이하에만 적용됨

## 3 강구조 설계법

### 1. 한계상태설계법(LRFD; Load Resistance and Factor Design)

- 설계법상의 개념

  강구조 한계상태설계법은 신뢰성 이론에 근거하여 제정된 진보된 설계방법으로서 하중계수와 저항계수로 구분하여 안전율을 결정하는 근거로 확률론적 수학모델이 사용되며 일관된 신뢰성을 갖도록 유도한 합리적인 설계방법이다.

$$\Sigma r_i \cdot Q_{ni} \leq \phi \cdot R_n$$

(부호) $r_i$ : 하중계수($\geq 1$)

$Q_{ni}$ : 부재의 하중효과

$\phi$ : 강도감소계수($\leq 1$)

$R_n$ : 이상적 내력상태의 공칭강도

### 2. 구조체의 한계상태

① 강도한계상태(strength limit state)

구조체에 작용하는 하중효과가 구조체 또는 구조체를 구성하는 부재의 강도보다 커져 구조체가 하중지지 능력을 잃고 붕괴되는 상태를 말한다.

② 사용성한계상태(serviceability limit state)

구조체가 붕괴되지는 않더라도 구조기능이 저하되어 외관, 유지관리, 내구성 및 사용성에 매우 부적합하게 되는 상태를 말한다.

### 3. 하중조합

강도한계상태 설계의 식에서 하중계수 $r_i$를 사용한 구조물과 구조부재의 소요강도는 아래의 하중조합 중에서 가장 불리한 경우에 따라서 결정한다.

- 소요강도(U)

| 소요강도 | 부호 |
|---|---|
| ① $U = 1.4(D + F + H_v)$ | $D$ : 고정하중 |
| ② $U = 1.2D + 1.6L + 0.5L_r$ | $F$ : 유체로 인해 발휘되는 하중 |
| ③ $U = 1.2D + 1.6L_r + 1.0L$ | $H_v$ : 토피의 두께에 따른 연직 토압 및 지하수압 |
| ④ $U = 1.2D + 1.3W + 1.0L + 0.5L_r$ | |
| ⑤ $U = 1.2D + 1.0E + 1.0L + 0.2S$ | $H_h$ : 토피의 두께에 따른 횡토압 및 지하수압 |
| ⑥ $U = 1.2D + 1.6L + 0.8H_h + 0.5L_r$ | $L$ : 활하중 |
| | $L_r$ : 지붕 활하중 |
| ⑦ $U = 0.9D + 1.3W$ | $S$ : 설하중,  $R$ : 강수하중 |
| ⑧ $U = 0.9D + 1.0E$ | $E$ : 지진하중,  $W$ : 풍하중 |

## 4. 강도감소계수, 설계저항계수($\phi$)

부재의 설계강도 계산에서는 부재가 저항하고 있는 부재력의 종류와 붕되형태에 따라 각기 다른 저항계수를 적용한다.

| 부재력 | 파괴 형태 | 저항계수 |
|---|---|---|
| 인장력 | 총단면 항복 | 0.9 |
| | 순단면 파괴 | 0.75 |
| 압축력 | 국부좌굴 발생 안될 경우 | 0.9 |
| 휨모멘트 | 국부좌굴 발생 안될 경우 | 0.9 |
| 전단력 | 총단면 항복 | 0.9 |
| | 전단파괴 | 0.75 |
| 국부하중 | 플렌지 휨 항복 | 0.9 |
| | 웨브 국부항복 | 1.0 |
| | 웨브 크립플링 | 0.75 |
| | 웨브 압축좌굴 | 0.9 |
| 고력볼트 | 인장파괴 | 0.75 |
| | 전단파괴 | 0.6 |
| | 지압파괴 | 0.5 |

## 4 강재의 접합법

### 1. 볼트(Bolt)접합

#### 1) 볼트(Bolt)접합의 특성

① 볼트는 연강을 가공하여 만들며 가공 정밀도에 따라 상(上), 중(中), 흑(黑) 볼트로 구분하며 일반적인 사용 용도는 다음과 같다.
- 상(上) 볼트 : Pin 접합용
- 중(中) 볼트 : 진동충격이 없는 내력부
- 흑(黑) 볼트 : 가조임용

② 모든 접합부는 존재응력과 상관없이 45kN 이상 지지하도록 설계한다.

③ 볼트 및 고력볼트로 접합하는 경우에는 1개의 볼트만 사용하지 않고 반드시 2개 이상의 볼트로 체결하도록 설계해야 한다.

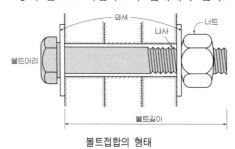

볼트접합의 형태

## 2) 볼트의 배치 방법

볼트의 배치 방법에는 정렬 배치와 불규칙 배치(엇모 배치) 방법이 있다.

① 정렬배치　　　　　② 불규칙배치(엇모배치)

## 3) 피치(P : Pitch)

볼트 중심간의 거리

| 최소 피치 | P=2.5d |
|---|---|
| 표준 피치 | P=3~4d |

* d : 볼트 직경

## 4) 연단거리

최외단에 설치한 볼트(리벳) 중심에서 부재 끝까지의 거리

| 일반 간격 | 2.0d~2.5d |
|---|---|
| 최대 간격 | 12t 또는 150mm 이하 |

* d : 볼트 직경, t : 판재의 두께

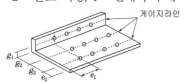 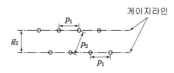

$e_1$ : 연단거리, $e_2$ : 측단거리　　　$g_1, g_2$ : 게이지, $p_1, p_2$ : 피치

### 5) 볼트의 재료강도(Mpa)

| 강도 \ 강종 | | 일반볼트 | 고력볼트 | | |
|---|---|---|---|---|---|
| | | SS400 SM400 | F8T | F10T | F13T |
| $F_{nt}$ | | 300 | 600 | 750 | 975 |
| $F_{nv}$ | 나사부가 전단면에 포함 | 160 | 320 | 400 | 520 |
| | 나사부가 전단면에 포함 안됨 | | 400 | 500 | 650 |

\* $F_{nt}$(공칭인장강도) $= 0.75F_u$, $F_{nv}$(지압접합 공칭전단강도)$=0.5F_u$

### 6) 볼트 접합부의 파괴형식

볼트 접합부의 파괴형식은 1면 전단파괴, 2면 전단파괴, 인장파괴로 구분할 수 있다.

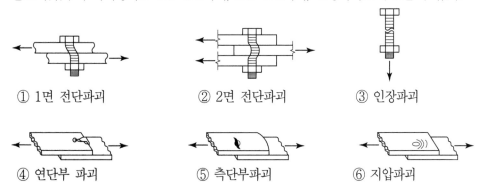

① 1면 전단파괴    ② 2면 전단파괴    ③ 인장파괴

④ 연단부 파괴    ⑤ 측단부파괴    ⑥ 지압파괴

## 2. 고력볼트 접합

### 1) 일반사항

① 고력볼트의 구성

② 고력볼트 접합방법

고력볼트 접합방법의 종류는 마찰접합과 지압접합 및 인장접합으로 분류되며, 일반적으로 고력볼트 접합이라고 하면 마찰접합을 말한다.

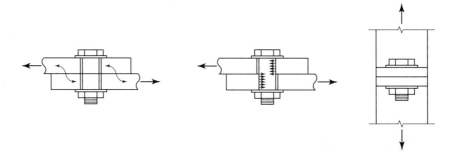

### 2) 고력볼트의 구조적 강점

① 강한 조임력으로 너트의 풀림이 생기지 않는다.
② 응력방향이 바뀌더라도 혼란이 일어나지 않는다.
③ 응력집중이 적으므로 반복응력에 대하여 강하다.
④ 고력볼트의 전단 및 판재의 지압응력이 생기지 않는다.
⑤ 유효단면적상 응력이 적으며 피로강도가 높다.

### 3) 고력볼트의 기계적 성질(KS B 1010)

| 고력볼트의 종류(등급) | 인장시험 | | | |
|---|---|---|---|---|
| | 항복강도 $(N/mm^2)$ | 인장강도 $(N/mm^2)$ | 연신율(%) | 수축률(%) |
| F8T | 640 이상 | 800~1,000 | 16 이상 | 45 이상 |
| F10T | 900 이상 | 1,000~1,200 | 14 이상 | 40 이상 |
| F13T | 1,170 이상 | 1,300~1,500 | 12 이상 | 35 이상 |

### 4) 볼트(고력볼트) 표준구멍의 직경

볼트(고력볼트) 표준구멍의 직경은 체결시 구멍의 여유 폭을 고려하여 정한다.

| 직경(D) | 표준구멍의 직경 |
|---|---|
| 24mm 미만 | D+2(mm) |
| 24mm 이상 | D+3(mm) |

### 5) 고력볼트의 조임

① 고력볼트 마찰면

볼트 구멍을 중심으로 지름의 2배 이상의 범위의 흑피를 숏블라스트(shot blast) 또는 샌드블라스트(sand blast)로 제거 후 자연방치 상태에서 붉은 녹이 발생한 상태를 표준으로 한다.

이러한 마찰면에서의 미끄럼계수는 0.45 이상 확보된다.

| 방청도료 | 아연도금 | 흑피 | 샌드페이퍼 | 붉은 녹, 블라스트 |
|---|---|---|---|---|
| 0.05~0.2 | 0.1~0.3 | 0.2~0.45 | 0.25~0.45 | 0.45~0.75 |

② 고력볼트 조임의 일반사항

㉠ 고력볼트 접합에서 피접합재의 조임 두께는 5d 이하로 하고, 고력볼트의 게이지, 피치, 연단거리 등은 볼트접합과 동일하다.

㉡ 고력볼트의 구멍뚫기는 피접합재인 판재의 두께가 13mm 이하의 경우에는 전단 구멍뚫기도 허용되지만 이보다 판두께가 두꺼운 강재는 드릴링을 하거나 예비 펀칭을 한 후 리머로 구멍을 확대하여야 한다.

㉢ 일반조임이란 임팩트 렌치로 수회 또는 일반 렌치로 최대로 조여서 접합판이 완전히 밀착된 상태를 말한다.

㉣ 볼트 군(group)은 중앙에서 양측단 쪽으로 조임해 나간다.

㉤ 설계볼트 장력은 고력볼트 설계시 전단강도를 구하기 위해서 사용되며, 시공시 마찰접합을 위한 모든 볼트는 시공시 장력의 풀림을 고려하여 설계볼트 장력에 최소한 10%를 활증한 표준볼트 장력으로 조임을 하여야 한다.

### 6) 토크 관리법(Torque control method)

① 토크 관리법은 고력볼트가 탄성범위 내에 있다고 가정하고, 조임력과(torque) 고력볼트 축력이 비례한다는 것을 이용한 방법이다.

② 토크 관리법에 의한 고력볼트의 본조임은 1차 조임 후 너트에 소정의 토크를 적용시켜 고력볼트에 축력을 도입하는 방법이다.

$$T = k \cdot N \cdot d_1$$

(부호) $k$ : 토크계수(0.11~0.19)

$N$ : 고력볼트의 축력(N)

$d_1$ : 고력볼트의 축부의 공칭 직경(mm)

## 7) 고력볼트 접합설계

### ① 일반조임된 볼트의 설계인장강도

$$\phi \cdot R_n = 0.75 \cdot F_n \cdot A_b$$

\* $F_n$ → 공칭인장강도($F_{nt}$) $= 0.75 F_u$

### ② 일반조임된 볼트의 설계전단강도

$$\phi \cdot R_n = 0.75 \cdot F_n \cdot A_b$$

- 지압접합의 공칭전단강도
  ㉠ 나사부가 전단면에 포함되지 않을 경우
   \* $F_n$ → 공칭전단강도($F_{nv}$) $= 0.5 F_u$
  ㉡ 나사부가 전단면에 포함될 경우
   \* $F_n$ → 공칭전단강도($F_{nv}$) $= 0.4 F_u$

### ③ 고력볼트 미끄럼 강도

$$\phi R_n = \phi \cdot \mu \cdot h_{sc} \cdot T_o \cdot N_s$$

(부호)  $\mu$ : 미끄럼계수(블라스터 후 페인트하지 않는 경우 0.5)
   $h_{sc}$ : 표준구멍(1.0), 대형구멍과 단슬롯구멍(0.85), 장슬롯구멍(0.7)
   $T_o$ : 설계볼트장력(kN)
   $N_s$ : 전단면의 수

### ④ 마찰접합에서 인장과 전단의 조합

$$\phi R_n = (\phi \cdot \mu \cdot h_{sc} \cdot T_o \cdot N_s) \times k_s$$
$$= (\phi \cdot \mu \cdot h_{sc} \cdot T_o \cdot N_s) \times (1 - \frac{T_u}{T_o \cdot N_b})$$

(부호)  $T_u$ : 소요 인장강도(kN)
   $T_o$ : 설계볼트 장력(kN)
   $N_b$ : 인장력을 받는 볼트의 수

### 8) 접합 병용시 응력 분담

하나의 접합부에 리벳 이외에 볼트, 고력볼트 또는 용접을 동시에 시공할 경우 응력분담은 다음과 같다.

| 접합의 병용 | 응력 부담 |
|---|---|
| 리벳 + 볼트 | 리벳이 전응력 부담 |
| 리벳 + 고력볼트 | 각각 부담 |
| 리벳 + 용접 | 용접이 전응력 부담 |
| 볼트 + 용접 | 용접이 전응력 부담 |
| 고력볼트 + 용접 | 용접이 전응력 부담 |

\* 용접에 의해 기존 구조물을 증축·보수할 때는 리벳, 고력볼트는 기존의 고정하중을 분담할 수 있다.

## 3. 용접 접합

### 1) 맞댐 용접(But welding, Grouve welding)

두 모재의 접합부를 일정한 모양으로 가공하고 그 속에 용착금속을 채워 넣어 용접하는 방법이다.

① 여분(보강살붙임, reinforcement)

   ㉠ 판두께 1/10 이하 또한 1.5mm 이하

   ㉡ 응력집중을 방지하기 위해 지나치게 크게 해서는 안된다.

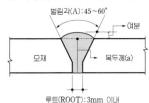

② 유효 목두께(a)

   ㉠ 여분을 무시한 용접부의 최소 두께로 모재 두께를 사용한다.

   ㉡ 모재 두께가 다를 경우 얇은쪽 모재 두께로 한다.

   ㉢ 부분 용입용접의 유효목두께는 $2\sqrt{t}$ (mm) 이상으로 한다.

     단, $t$는 두꺼운 쪽 판두께로 한다.

③ 유효길이($L_e$, Effective length)

맞댐 용접의 유효길이는 재축에 직각인 접합부의 폭으로 한다.

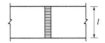 

- 모살용접 유효길이

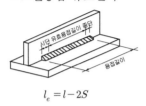

$$l_e = l - 2S$$

④ 유효단면적($A_n$, Net area)

$$A_n = a \cdot L_e$$

(부호) $a$ : 유효 목두께

- 유효 목두께 산정

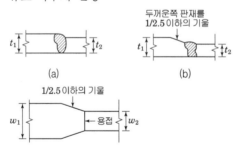

(a)

(b)

(c) 판폭이 다를 경우$(w_1 - w_2) > 4mm$


## 2) 모살용접(Fillet welding)

두 부재를 가공하지 않고 일정한 각도로 맞댄 후 삼각형 모양으로 접합부를 용접하는 방법이다.

① 유효 목두께(a)

$$a = 0.7S$$

(부호) $S$ : 모살치수(용접치수, 각장)

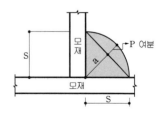

② 모살용접의 분류

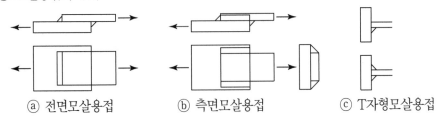

@ 전면모살용접     ⓑ 측면모살용접     ⓒ T자형모살용접

③ 모살용접의 특징

  ㉠ 모살용접은 결과적으로 용접부에 대해 전단에 의해 파단되므로 거의가 용접유효면적에 대해 전단응력으로 설계되는 용접이다.

  ㉡ 모살용접은 철골구조물의 접합부에 상당히 많이 사용되는 방법으로서 비용도 상대적으로 저렴하다.

④ 모살용접 사이즈(S : Size, 다리길이)

  ㉠ 모살용접의 사이즈는 원칙적으로 접합되는 모재의 얇은쪽 판두께 이하로 한다.

| 접합부의 얇은 쪽 판 두께, $t$ (mm) | 최소 사이즈, $S$ (mm) |
|---|---|
| $t \leq 6$ | 3 |
| $6 < t \leq 13$ | 5 |
| $13 < t \leq 19$ | 6 |
| $19 < 19$ | 8 |

  ㉡ 두께가 6mm 이상인 경우 최대 모살용접사이즈를 플레이트 두께보다 2mm 작게 하여 단부 모서리가 확실하게 남도록 한다.

| 접합재 단부 판 두께, $t$ (mm) | 최대 사이즈, $S$ (mm) |
|---|---|
| $t < 6$ | $S = t$ |
| $t \geq 6$ | $S = t - 2$ |

  ㉢ 강도에 의해 지배되는 모살용접 설계의 경우 최소유효길이는 용접 공칭사이즈의 4배 이상이 되어야 하며, 용접사이즈는 유효길이의 1/4 이하가 되어야 한다.

$$L_s (= L - 2S) \geq 4S$$

⑤ 모살용접의 기호 표시

　　㉠ 기선위에 표시 : 화살표 지시 반대쪽 용접

　　㉡ 기선아래 표시 : 화살표 지시 방향에 용접

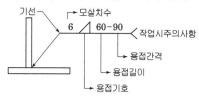

- 연속용접 :
- 단속용접 :

---

**[예제] 그림의 용접기호를 맞게 설명한 것은?**

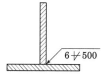

① 모살용접, 단속, 다리길이 6mm

② 모살용접, 연속, 다리길이 6mm, 용접길이 500mm

③ 맞댄용접, T형, 치수 6mm, 용접길이 500mm

④ 홈용접, T형, 다리길이 6mm, 용접길이 500mm

**해설** | 화살 쪽에 다리길이(용접치수)가 6mm이고, 용접길이 500mm인 연속 모살용접이다.

답 : ②

---

**[예제] 그림과 같은 모살용접의 유효길이는?**

① 10mm

② 100mm

③ 107mm

④ 114mm

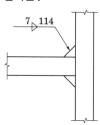

**해설** | $L_e = L - 2S = 114mm - (2 \times 7mm) = 100mm$

답 : ②

## 5 인장재

### 1. 인장재의 설계 요구사항

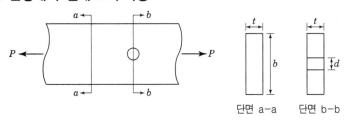

단면 a-a     단면 b-b

① 총단면적($A_g$, gross area) : $A_g = t \cdot b$

② 순단면적($A_n$, net area)  : $A_n = t \cdot (b - d)$

☞ 인장재 설계시 결손 단면적(볼트 구멍의 단면적)을 공제한 순단면적($A_n$)을 적용하고 압축재의 설계시 결손 단면적을 공제하지 않은 총단면적($A_g$)을 적용한다.

### 2. 순단면적

#### 1) 정렬배치의 경우

$$A_n = A_g - n \cdot d \cdot t$$

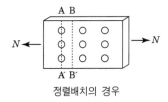

정렬배치의 경우

(부호)   $n$ : 인장력에 의한 파단선상에 있는 구멍의 수

       $d$ : 구멍의 직경(mm)

       $t$ : 판재의 두께(mm)

#### 2) 엇모배치의 경우

$$A_n = A_g - n \cdot d \cdot t + \Sigma \frac{s^2}{4g} \cdot t$$

(부호)   $s$ : 인접한 2개 구멍의 응력방향 중심간격(mm)

       $g$ : 게이지선 사이의 응력 수직방향 중심간격(mm)

다음의 경우 4가지 파단선의 경우에 대한 순단면적을 구하면 다음과 같다.

① 파단선 A-1-3-B

$$A_n = (h - 2d) \cdot t$$

② 파단선 A-1-2-3-B

$$A_n = \left(h - 3d + \frac{s^2}{4g_1} + \frac{s^2}{4g_2}\right) \cdot t$$

③ 파단선 A-1-2-C

$$A_n = \left(h - 2d + \frac{s^2}{4g_1}\right) \cdot t$$

④ 파단선 D-2-3-B

$$A_n = \left(h - 2d + \frac{s^2}{4g_2}\right) \cdot t$$

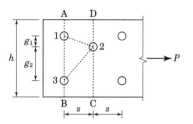

## 6  철골 보

### 1. 보의 종류

#### 1) 판 보(plate girder)

① 앵글과 강판을 조립하여 만든 보로 보 전체에 전단력이 크게 작용할 때(크레인이 이동할 때 등) 효과적인 보이다.

② 하중이 큰 곳에는 단일 형강보다 경제적이고, 트러스 보에 비하여 충격, 진동 하중에 따른 영향도 적다.

③ 주요 부재의 특성

   ㉠ 플랜지 앵글(flange angle)은 주로 휨모멘트에 저항하며 커버 플레이트(cover plate, 덧판)로 보강한다.

   ㉡ 커버 플레이트(cover plate)의 겹침 수는 최고 4장까지로 하고, 덧판의 전체 단면적은 플랜지 단면적의 70% 이하로 한다.

   ㉢ 웨브 플레이트(web plate)는 전단력에 저항하며 스티프너(stiffener)로 보강한다.

   ㉣ 스티프너(stiffener)는 웨브 플레이트의 좌굴을 방지하기 위한 보강재로 보의 춤이 웨브판 두께의 60배 이상일 때 쓰고 그 간격은 보 춤의 1.5배 이하로 한다.

## 2) 래티스 보(lattice girder)

① 트러스 보(truss girder)와 엄밀히 구별하기 어려우나 가셋 플레이트를 사용하는 대신 웨브판으로 평강을 사용하여 상하의 플렌지와 조립한 보이다.

② 전단력에는 약하므로 경미한 골조나 철골철근 콘크리트조에 이용된다.

③ 단 래티스 보의 각도는 30°, 복 래티스 보의 각도는 45° 정도로 한다.

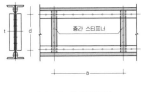 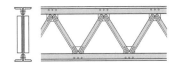 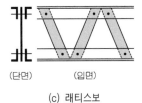

(a) 판보(리벳접합)    (b) 트러스보    (c) 래티스보

■ 플레이트 거더(Plate Girder)

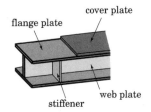

# 7 압축재

## 1. 압축재 기본사항

### 1) Euler 탄성 좌굴하중

① 좌굴하중($P_{cr}$)

$$P_{cr} = \frac{\pi^2 \cdot EI_{\min}}{(KL)^2} = \frac{n \cdot \pi^2 \cdot EI_{\min}}{L^2} = \frac{\pi^2 \cdot EA}{\lambda^2}$$

(부호) $E$ : 재료의 탄성계수(Mpa, $N/mm^2$)

$I_{\min}$ : 최소 단면2차모멘트($mm^4$)

$K$ : 지지단의 상태에 따른 유효좌굴 길이계수

$L$ : 압축재의 길이($mm$)

$KL$ : 유효 좌굴길이($mm$)

$n$ : 지지단의 상태에 따른 좌굴강도 비

$\lambda$ : 세장비

$A$ : 압축재의 단면적($mm^2$)

② 좌굴응력($f_{cr}$)

$$f_{cr} = \frac{\pi^2 \cdot EI_{\min}}{(KL)^2 \cdot A} = \frac{\pi^2 \cdot E}{\lambda^2}$$

■ 재단 조건에 따른 유효좌굴 길이계수($K$)

| | (a) | (b) | (c) | (d) | (e) | (f) |
|---|---|---|---|---|---|---|
| 재단조건<br>(점선은<br>좌굴모드) | 0.5l | 0.7l | | | | |
| $K$의<br>이론값 | 0.5 | 0.7 | 1.0 | 1.0 | 2.0 | 2.0 |
| $K$의<br>설계값 | 0.65 | 0.8 | 1.2 | 1.0 | 2.1 | 2.0 |
| 단부조건 | 회전구속, 이동구속(ꟾ) 회전자유, 이동구속(Ⴘ)<br>회전구속, 이동자유(▨) 회전자유, 이동자유(ㅇ) | | | | | |

┨참고사항┠

Euler 탄성 좌굴하중과 좌굴응력 식으로부터 다음을 알 수 있다.
· 유효좌굴 길이계수($K$)와 세장비($\lambda$)의 제곱에 반비례 한다.
· 좌굴하중 및 좌굴응력은 길이의 제곱에 반비례하므로 압축재의 길이가 길면 좌굴하중 및 좌굴응력 값은 길이의 제곱에 반비례하여 작아진다.
· 단면2차모멘트에 비례하므로 단면2차모멘트 값이 작은 약축($I_{\min}$) 방향으로 좌굴 된다.

## 2) 세장비(slenderness ratio, $\lambda$)

① 세장비가 클수록 좌굴에 취약할 뿐만 아니라 수평진동 등의 영향이 발생할 수 있다.
② 강구조 압축재의 세장비는 200을 넘지 않는 것이 좋다.

## 2. 주각부의 구성

주각의 구성

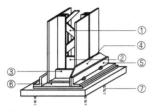

① Lattice bar
② Web plate
③ Clip Angle
④ Wing plate
⑤ Side Angle
⑥ Base plate
⑦ Anchor Bolt

# 4. 구조역학

## 1 힘의 평형 조건식

① $\Sigma V=0$
② $\Sigma H=0$
③ $\Sigma M=0$

## 2 구조물의 판별법

### 1) 판별법-1

부정정 차수(m) = n + s + r − 2k

(부호) n : 반력수,  s : 부재수

　　　 r : 강절점(剛節點) 수 → 모재(母材)에 강접합(강접합, rigid joint)된 부재수

　　　 k : 절점수 → 지점과 자유단도 절점 수에 포함시킨다.

① 반력수의 계산

| 이동지점 | | 수직방향　1개　∴ $n=1$ |
|---|---|---|
| 회전지점 | | 수직방향<br>수평방향 $\Big\}$ 2개　∴ $n=2$ |
| 고정지점 | | 수직방향<br>수평방향 $\Big\}$ 3개　∴ $n=3$<br>모멘트 |

② 강절점수의 계산

| 모재 ──1 | 모재에 부재 1이 강접합　∴ $r=1$ |
|---|---|
| 모재 ┤1<br>　　2 | 모재에 부재1과 2가 강접합　∴ $r=2$ |
| ┤1<br>모재 ┤3 2 | 모재에 부재 1, 2, 3이 강접합　∴ $r=3$ |

## 2) 판별법-2

구주물의 부정정 판별법(식)은 위 1)의 방법 이외에 다음의 식이 다층 라멘 구조 등에서 유용하게 활용된다.

부정정 차수 = 외적차수($N_e$)+내적차수($N_i$)

　　　　　= [반력수(r)-3]+[-부재 내의 힌지 절점수(h)+연결된 부재에 따른 차수]

### ■ 연결된 부재에 따른 차수(+요인)

① 양단고정 연결부재인 경우　　② 일단고정 타단힌지인 경우　　③ 양단힌지 연결 부재인 경우

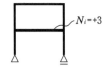　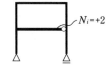　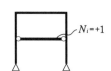

## 3 단면의 성질

### 1. 단면 1차모멘트와 도심

#### 1) 단면 1차모멘트

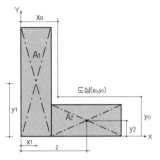

$$S_X = A_1 \cdot y_1 + A_2 \cdot y_2$$
$$S_Y = A_1 \cdot x_1 + A_2 \cdot x_2$$

(부호)  $A_1$, $A_2$ : 분할된 각 단면적

$x_1$, $x_2$ : $A_1$, $A_2$의 도심부터 Y축까지의 거리

$y_1$, $y_2$ : $A_1$, $A_2$의 도심부터 X축까지의 거리

#### 2) 도심

① 기본 도형의 도심

| | 직사각형 | 삼각형 | 원 | 사다리꼴 |
|---|---|---|---|---|
| 기본도형 | | | | |
| 도심위치 $y_0$ | 대각선의 교점 $y_0 = \dfrac{h}{2}$ | 3중선의 교점 $y_0 = \dfrac{h}{3}$ | 원의 중심 $y_0 = \dfrac{D}{2}$ | $y_0 = \dfrac{h}{3} \cdot \dfrac{a+2b}{a+b}$ |

② 복합도형의 도심 → 기본 도형으로 나누어 구한다.

$$x_o = \frac{S_Y}{A} = \frac{A_1 \cdot x_1 + A_2 \cdot x_2}{A_1 + A_2}$$

$$y_o = \frac{S_X}{A} = \frac{A_1 \cdot y_1 + A_2 \cdot y_2}{A_1 + A_2}$$

(부호) $x_1$, $x_2$ : $A_1$, $A_2$의 도심부터 Y축까지의 거리

$y_1$, $y_2$ : $A_1$, $A_2$의 도심부터 X축까지의 거리

## 2. 단면 2차 모멘트

### 1) 기본 도형의 단면 2차 모멘트

| 기본도형 | 직사각형 | 삼각형 | 원 |
|---|---|---|---|
| 기본도형 | $X_0$—G—, $h$, $b$ | $X_0$—G—, $h$, $b$ | $X_0$—G—, $D$ |
| 도심축에 대하여 | $I_{X0} = \dfrac{bh^3}{12}$ | $I_{X0} = \dfrac{bh^3}{36}$ | $I_{X0} = \dfrac{\pi D^4}{64}$ |
| 밑변에 대하여 | $I_X = \dfrac{bh^3}{3}$ | $I_X = \dfrac{bh^3}{12}$ | $I_X = \dfrac{5\pi D^4}{64}$ |

### 2) 축의 평행이동

① X축에 대한 단면 2차 모멘트($I_X$)

$$I_X = I_{XO} + A \cdot y_O{}^2$$

(부호) $I_X$ : X축에 대한 단면 2차 모멘트

$I_{XO}$ : 도심축에 대한 단면 2차 모멘트

$A$ : 단면적

$y_o$ : X축에서 도심까지의 거리

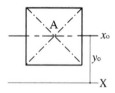

② Y축에 대한 단면 2차 모멘트($I_Y$)

$$I_Y = I_{y_o} + A \cdot x_O{}^2$$

(부호) $I_Y$ : Y축에 대한 단면 2차 모멘트

$I_{y_o}$ : 도심축에 대한 단면 2차 모멘트

$A$ : 단면적

$x_o$ : Y축에서 도심까지의 거리

### 3) 대칭 도형의 경우

$$I_X{}' = \frac{BH^3}{12} - \frac{bh^3}{12}$$

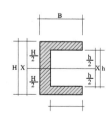

## 3. 단면계수와 단면2차 반경

### 1) 단면계수($Z$)

$$Z = \frac{I_X}{y} \quad \text{(도심축에 대해서)}$$

(부호) $I_X$ : 도심축에 대한 단면 2차 모멘트

$\quad\quad\quad y$ : 도심축에서 단면의 끝단까지의 거리

### 2) 단면 2차 반경($i$)

$$i = \sqrt{\frac{I_X}{A}} \, \text{(cm)}$$

(부호) $I_X$ : 도심축에 대한 단면 2차모멘트($\text{cm}^4$), $A$ : 단면적($\text{cm}^2$)

### 3) 기본도형의 단면 계수와 단면 2차 반경

| | 직사각형 | 정방형 | 원 |
|---|---|---|---|
| 기본도형 |  | | |
| 단면계수 $Z$ | $Z = \dfrac{bh^2}{6}$ | $Z = \dfrac{a^3}{6}$ | $Z = \dfrac{\pi D^3}{32}$ |
| 단면2차반경 $i$ | $i = \dfrac{h}{2\sqrt{3}}$ | $i = \dfrac{a}{2\sqrt{3}}$ | $i = \dfrac{D}{4}$ |

## 4 단순보의 해석

### 1) 보의 중앙에 집중하중이 작용할 때

| 반력 | 전단력 | 휨모멘트 |
|---|---|---|

$$R_A = \frac{P}{2} (\uparrow)$$

$$R_B = \frac{P}{2} (\uparrow)$$

A~C 구간 : $V_x = \dfrac{P}{2}$

C~B 구간 : $V_x = -\dfrac{P}{2}$

$$M_C = \frac{Pl}{4}$$

A~C 구간 : $M_x = \dfrac{P}{2}x$

C~B 구간 : $M_x = \dfrac{P}{2}x - P\left(x - \dfrac{l}{2}\right)$

$$M_{\max} = M_C = \frac{Pl}{4}$$

### 2) 보에 등분포하중이 작용할 때

| 반력 | 전단력 | 휨모멘트 |
|---|---|---|

$$R_A = \frac{wl}{2} (\uparrow)$$

$$R_B = \frac{wl}{2} (\uparrow)$$

$$V_x = \frac{wl}{2} - wx$$

$$M_C = \frac{wl^2}{4}$$

$$M_x = \frac{wl}{2}x - \frac{w}{2}x^2$$

$$M_{\max} = M_C = \frac{wl^2}{8}$$

### 3) 보에 등분분포하중이 작용할 때

| 반력 | 전단력 | 휨모멘트 |
|---|---|---|

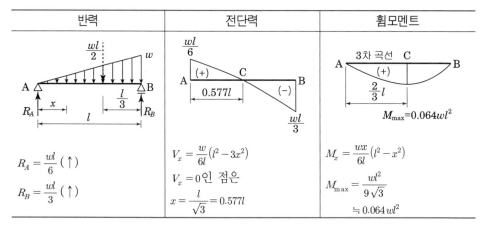

$$R_A = \frac{wl}{6} (\uparrow)$$

$$R_B = \frac{wl}{3} (\uparrow)$$

$$V_x = \frac{w}{6l}\left(l^2 - 3x^2\right)$$

$V_x = 0$인 점은

$$x = \frac{l}{\sqrt{3}} = 0.577l$$

$$M_x = \frac{wx}{6l}\left(l^2 - x^2\right)$$

$$M_{\max} = \frac{wl^2}{9\sqrt{3}}$$

$$\fallingdotseq 0.064\,wl^2$$

$M_{\max} = 0.064wl^2$

## 5 트러스

### 1. 트러스

트러스는 마찰이 없는 힌지(hinge)로 결합되어 있는 직선 부재의 구조물로 부재는 외력에 대하여 인장력($+$)이나 압축력($-$)을 받는 것으로 가정한다.

### 2. 부재력이 0인 부재

① 2개의 부재가 만나는 점에서 외력이 작용하지 않는 경우 두 부재의 부재력은 0이다. (그림1)

② 위 ①의 경우에서 하나의 부재 축과 나란하게 외력이 작용하는 경우 다른 한 개의 부재력은 0이다. (그림2)

③ 3개의 부재가 모이는 절점에 외력이 작용하지 않는 경우 동일 직선상에 놓여 두 부재의 부재력은 같고 다른 한 부재의 부재력은 0이다. (그림3)

④ 3개의 부재가 모이는 절점에 외력이 작용할 때 그 외력이 부재와 일직선상에 나란하게 작용하면 그 부재의 부재력은 외력과 같다. (그림4)

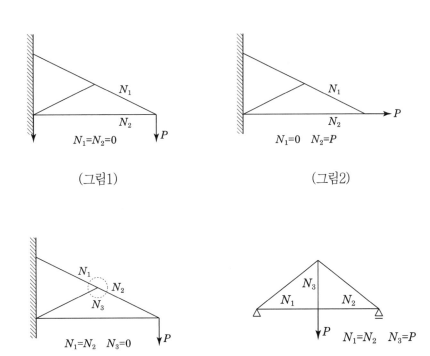

(그림1)          (그림2)

(그림3)          (그림4)

[예제] 그림과 같은 왕대공 트러스에서 C점에서 P가 작용할 때 응력이 생기지 않는 부재는 몇 개인가? (단, 트러스 자체의 무게는 무시)

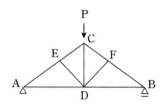

① 0개                                    ② 1개
③ 2개                                    ④ 3개

**해설** | 응력이 생기지 않는 부재

① 지점 A, B

위 그림과 같은 왕대공 트러스에서 C점에서 P가 작용할 때 하중 P에 의해서 A점의 반력이 생긴다. A점에서 평행을 이루기 위해서는 그림 (a)와 같이 화살표 방향으로 부재력이 각각 존재하게 된다. 따라서 좌우 대칭 형태이므로 지점 B에서도 같은 부재력이 각각 존재 하게 된다.

② 절점 E, F

트러스 구조물의 부재력의 성질에서 그림 (b)와 같이 EA 부재의 부재력과 EC의 부재력은 서로 같고 ED 부재의 부재력은 0이 된다. 따라서 좌우 대칭 형태이므로 FB 부재의 부재력과 FC의 부재력은 서로 같고 FD 부재의 부재력은 0이 된다.

③ 절점 D

그림 (c)와 같이 DA의 부재력과 DB부재의 부재력은 서로 같고. DE의 부재의 부재력과 DF의 부재의 부재력은 0이므로 DC의 부재력은 0이 된다.

∴ ED, FD, DC 부재의 부재력이 0이다.

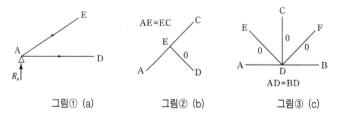

그림① (a)                그림② (b)                그림③ (c)

답 : ④

## 3. 트러스의 해법

### (1) 절단법(Culmann 법)

#### 1) 기본개념

각 절점에 작용하는 외력(하중 및 반력)과 부재 내에 발생하는 부재력 간에 수평($\Sigma H = 0$) 및 수직($\Sigma V = 0$) 평행을 이루고 있다. 복재의 부재력을 구하는데 편리하다.

#### 2) 해석 요령

① 단순보와 같은 방법으로 지점반력을 구한다.

② 부재력을 구하고자 하는 부재를 3개 이내로 절단하여 부재가 인장재(+)인지 압축재(+)인지를 설정한다.

③ 미지의 부재력(인장재로 가정하는 것이 편리함)이 2개가 넘지 않는 절점을 찾아가며 $\Sigma H = 0$, $\Sigma V = 0$ 적용하여 부재력을 구한다.

---

[예제] 그림과 같은 트러스에서 AC의 부재력은?

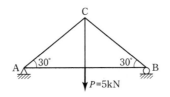

① 5kN(인장)　　　　　② 5kN(압축)

③ 10kN(인장)　　　　④ 10kN(압축)

**해설 |** AC의 부재력($\overline{AC}$)

① 절점 A의 반력은 $\Sigma V = 0$에서 $R_A = 2.5(\text{kN})$, $R_B = 2.5(\text{kN})$

② 절점 A에서 $\Sigma V = 0$　　$\overline{AC} \cdot \sin 30° = 2.5(\text{kN})$

$\therefore \overline{AC} = 2.5 \times 2 = 5(\text{kN})$ [압축]

답 : ②

---

### (2) 모멘트 법(Ritter 법)

부재력을 구하고자 하는 현재(상현재 및 하현재)를 포함하여 3개 이내로 절단한 상태의 자유 물체도 상에 $\Sigma M = 0$을 이용하여 해당 부재력을 구한다. 특정 현재(상현재 및 하현재)의 부재력을 구하는데 편리하다.

[예제] 그림과 같은 트러스에서 $C$부재의 부재력은? (단, 보기의 +는 인장, −는 압축)

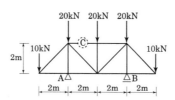

① 0

② +20kN

③ −40kN

④ +80kN

**해설** | 트러스 C부재의 부재력

① 대칭 하중이므로 지점 A의 반력은

$$R_a = \frac{80kN}{2} = 40kN$$

② 그림과 같이 절단하여 D점에 모멘트 중심을 잡으면

$\sum M_D = 0$에서

$-10kN \times 4m + (40-20)kN \times 2m + C \times 2m = 0$

$\therefore C = 0$

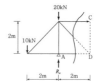

답 : ①

# 6 보의 설계

## 1. 수직 응력도

$$\sigma = \frac{N}{A}$$

(부호)  $\sigma$ : 수직응력도 (kgf/cm², tf/cm², Pa, MPa)

$N$ : 인장력 또는 압축력 (kgf, tf, N, kN)

$A$ : 단면적 (cm²)

## 2. 변형도

① 종방향 변형도($\epsilon$)

$$\epsilon = \frac{\Delta l}{l}$$

(부호) $\Delta l$ : 늘어난 길이, $l$ : 원래 부재의 길이

② 탄성계수

훅크의 법칙(Hooke's low)에 의하면 탄성계수(elastic modulus) E는 다음과 같이 응력도 $\sigma$와 변형도 $\epsilon$의 관계로 표시된다. 이것을 종탄성계수 또는 영계수 (Young's modulus) 라고도 한다.

$$E = \frac{\sigma}{\epsilon}$$

위식에서 $\sigma = \dfrac{N}{A}$, $\epsilon = \dfrac{\Delta l}{l}$ 이므로 이들을 대입하여 정리하면 영계수 E는 다음식과 같다.

$$E = \frac{N \cdot l}{A \cdot \Delta l}$$

## 3. 보의 휨응력도

보에 외력이 작용하여 휨모멘트 M을 받으면 보의 어떤 면을 경계로 하여 그 상부에는 압축응력이 하부에는 인장응력이 작용하게 되어 압축측은 줄어들고 인장측은 늘어나 보는 전체로 휘어지게 된다. 이와 같이 부재가 굽힘을 받을 때 일어나는 축방향의 압축 또는 인장응력도를 휨응력도(bending stress)라 한다.

### 1) 휨응력도의 일반식

$$\sigma_b = \pm \frac{M}{I} y = \pm \frac{M}{Z}$$

### 2) 최대 연응력도

압축측 : $\sigma_c = -\dfrac{M}{I} y_c = -\dfrac{M}{Z_c}$

인장측 : $\sigma_t = +\dfrac{M}{I} y_t = +\dfrac{M}{Z_t}$

(부호)　$I$ : 중립축에 대한 단면 2차 모멘트($cm^4$)

　　　　$y$ : 중립축에서 휨응력도를 구하고자하는 단면까지의 거리(cm)

　　　　$Z$ : 단면계수($cm^3$)

### 3) 최대 휨응력도

$$\sigma_{max} = \frac{M_{max}}{Z}$$

※ 직사각형 단순보의 등분포 하중인 경우 최대 휨모멘트 $M_{max} = \dfrac{wl^2}{8}$,

단면계수 $Z = \dfrac{bh^2}{6}$

## 4. 전단응력도

### 1) 전단응력도의 기본식

중립축에서 $y$만큼 떨어진 위치의 전단응력도는 다음 식과 같다.

$$v_y = \frac{VS}{I\,b}$$

(부호) $V$ : 전단응력을 구하고자 하는 위치
의 전단력(kgf, tf, N, kN)

$S$ : 전단응력을 구하고자 하는 위치의
외측에 있는 단면의 중립축에 대한
단면 1차모멘트($cm^3$)

$I$ : 중립축에 대한 단면 2차모멘트($cm^4$)

$b$ : 전단응력을 구하고자 하는 위치의 단면 폭(cm)

## 2) 기본 도형의 최대 전단응력도

① 직사각형 단면의 최대 전단응력도

$$v_{max} = \frac{3}{2} \cdot \frac{V_{max}}{A} \; (단, \; A = bh)$$

② 원형 단면의 최대 전단응력도

$$v_{max} = \frac{4}{3} \cdot \frac{V_{max}}{A} \; (단, \; A = \frac{\pi D^2}{4})$$

# 7 기둥

## 1. 단주의 정의

기둥이란 일반적으로 축방향으로 압축력을 받는 부재이며, 특히 기중의 길이에 비하여
단면이 크고 비교적 길이가 짧은 압축재를 단주(short column)라 한다.

## 2. 단주의 응력도

### 1) 중심축 하중을 받는 단주

압축력이 단면의 도심에 작용하는 경우의 압축응력도 다음과 같다.

$$\sigma_c = -\frac{N}{A}$$

(부호) $N$ : 축방향 압축력(kgf, tf, N, kN), $A$ : 기둥의 단면적($cm^2$)

### 2) 중심축 하중과 모멘트를 받는 단주

압축력이 단면의 도심에 작용하고 또한 모멘트 $M$이 동시에 작용할 때의 응력도 다음
과 같다.

① 압축측의 연응력도 → 최대응력도가 된다.

$$\sigma_{max} = -\frac{N}{A} - \frac{M}{Z}$$

② 인장측의 연응력도 → 최소응력도가 된다.

$$\sigma_{\min} = -\frac{N}{A} + \frac{M}{Z}$$

(부호) $M$ : 휨모멘트(kgf·cm, tf·m, N·m, kN·m), $Z$ : 단면계수(cm³)

### 3) 주축 상에 편심하중을 받는 단주

압축력이 단면의 도심으로부터 $e$ 만큼 편심해서 작용할 때의 응력도 다음과 같다.

① 압축측의 연응력도 → 최대응력도가 된다.

$$\sigma_{\max} = -\frac{N}{A} - \frac{N \cdot e}{Z}$$

② 인장측의 연응력도 → 최소응력도가 된다.

$$\sigma_{\min} = -\frac{N}{A} + \frac{N \cdot e}{Z}$$

(부호) $e$ : 편심거리(cm)

## 3. 단면의 핵

### 1) 핵(core)의 정의

핵점(core point)이란 단면 내에 압축응력만이 일어나는 하중의 편심거리(e)의 한계점을 말하며, 핵점에 의해 둘러싸인 부분을 핵(core)이라 한다.

### 2) 단면의 핵반경

기둥이나 기초의 부재력 설계에서 나타나는 최대응력($\sigma_{\max}$)의 값은 항상 압축응력이 되지만 최소응력($\sigma_{\min}$)의 값은 편심거리(e)의 크기에 따라 압축 또는 인장응력을 받게 된다. 단주는 압축력을 받는 부재인데 인장응력이 일어나려고 하는 한계점인 편심거리 (e) 는 다음 식에 의해서 구할 수 있다.

$$e = \frac{Z}{A}$$

(부호) $Z$ : 단면계수(cm³, mm³), $A$ : 단면적(cm², mm²)

### 3) 기본도형의 핵반경

| | 직사각형 | 원 형 |
|---|---|---|
| 기본도형 |  | |
| 핵 반 경 | $e_1 = \dfrac{h}{6}, \quad e_2 = \dfrac{b}{6}$ | $e = \dfrac{D}{8}$ |

## 4. 장주

### 1) 정의

세장비가 일정한 값 이상이 되는 기둥으로서 그 강도가 좌굴(挫屈) 현상에 의하여 지배되는 기둥을 장주(long column)라 한다.

### 2) 장주의 좌굴 길이

| 장주의 단부 지지상태 | 양단힌지 | 일단힌지 타단고정 | 양단고정 | 일단자유 타단고정 |
|---|---|---|---|---|
| 좌굴길이 $l_k$ (이론치) | $l_k = l$ | $l_k = 0.7l$ | $l_k = 0.5l$ | $l_k = 2l$ |

### 3) 장주의 공식(Eulear 공식)

① 좌굴 하중 : $P_k = \dfrac{\pi^2 EI}{l_k} = \dfrac{\pi^2 EA}{\lambda^2}$

② 좌굴 응력도 : $\sigma_k = \dfrac{P_k}{A} = \dfrac{\pi^2 E}{\lambda^2}$

③ 세장비 : $\lambda = \dfrac{l_k}{i}$

(부호) $E$ : 탄성계수(kgf/cm², MPa), $I$ : 단면 2차 모멘트(cm⁴), $A$ : 기둥의 단면적(cm²)

$l_k$ : 기둥의 좌굴길이(cm), $i$ : 단면 2차 반경(cm)

## 8  구조물의 변형

■ 보의 처짐각과 처짐 공식

| 구 분 | | 하중상태(보길이 : $l$) | 처짐각 $\theta$ | | 최대처짐 $\delta_{max}$ |
|---|---|---|---|---|---|
| | | | $\theta_A$ | $\theta_B$ | |
| 정정보 | ① | A, B, C, P, 1/2 | $+\dfrac{Pl^2}{16EI}$ | $-\dfrac{Pl^2}{16EI}$ | $\delta_c = \dfrac{Pl^3}{48EI}$ |
| | ② | A, B, C, W | $+\dfrac{wl^3}{24EI}$ | $-\dfrac{wl^3}{24EI}$ | $\delta_c = \dfrac{5wl^4}{384EI}$ |
| 부정정보 | ① | A, B, C, P, 1/2 | $0$ | $0$ | $\delta_c = \dfrac{Pl^3}{192EI}$ |
| | ② | A, B, C, W | $0$ | $0$ | $\delta_c = \dfrac{wl^4}{384EI}$ |

※ $C$: 보의 중앙점, $D$ : 최대 처짐이 일어나는 점

## 9  주요 부정정보의 휨모멘트 공식

| | 하중상태 | 휨모멘트도 | 휨모멘트공식 | | |
|---|---|---|---|---|---|
| | | | $M_A$ | $M_C$ 또는 $M_D$ | $M_B$ |
| ① | A, C, B, 1/2, 1/2 | A, C, B | $-\dfrac{wl^2}{12}$ | $+\dfrac{wl^2}{24}$ | $-\dfrac{wl^2}{12}$ |
| ② | A, C, B, P, 1/2, 1/2 | A, C, B | $-\dfrac{Pl}{8}$ | $+\dfrac{Pl}{8}$ | $-\dfrac{Pl}{8}$ |
| ③ | A, D, B, P, a, b, $l$ | A, D, B | $-\dfrac{Pab^2}{l^2}$ | $+\dfrac{2Pa^2b^2}{l^3}$ | $-\dfrac{Pa^2b}{l^2}$ |

※ $C$ : 보의 중앙점, $D$ : 힘의 작용점 또는 최대휨모멘트점

## 10 모멘트 분배법

### 1) 강도 및 강비

① 강도($K$)

부재의 단면 2차 모멘트 $I$를 부재의 길이 $l$로 나눈 것을 강도($K$)라 하고 단위는 $cm^3$, $m^3$이다.

즉, 강도($K$) $= \dfrac{I}{l}$ ($cm^3$, $m^3$)

② 표준강도($K_o$)

임의의 표준(기준)재의 강도를 표준강도($K_o$)라고 강비를 구하는데 이용된다.

③ 강비($k$)

㉠ 라멘과 같은 각 부재의 휨변형에 대한 저항의 대소를 표시하는 계수이다.

㉡ 임의의 ab부재의 강도를 $K_{ab}$로 표시하면 $K_{ab}$를 표준강도 $K_o$로 나눈 값을 ab부재의 강비라 부르고 $k_{ab}$로 표시하며 단위는 무명수이다.

즉, 강비 $k_{ab} = \dfrac{K_{ab}}{K_o}$

④ 유효강비($k_e$, 등가강비)

강비는 부재의 양단이 고정인 경우를 기준으로 하여 정한 것인데 부재의 일단이 힌지(hinge, pin)인 경우, 또는 하중 조건이 대칭 변형인 경우 등에는 위의 강비를 수정하여 양단이 고정인 경우와 같이 취급할 필요가 있다. 이 때 수정된 강비를 유효 강비($k_e$)라 한다.

| 부재의 조건 | 유효강비($k_e$) | 모멘트 도달률 | 모멘트 분포도 |
|---|---|---|---|
| 타단 고정 | $k$ | $\dfrac{1}{2}$ | $M_{AB}$, $M_{BA} = \dfrac{1}{2}M_{AB}$ |
| 타단 힌지 | $\dfrac{3}{4}k$ | $0$ | $M_{AB}$, $M_{BA}=0$ |

### 2) 분배율과 분배 모멘트

① 분배율($\mu$)

여러 부재가 강접합된 한 절점에 모멘트 $M$이 작용하면 $M$은 각 부재의 유효강비에 비례하여 각 재단(材端)에 분배된다. 이 모멘트 $M$이 분배되는 비율을 분배율(distribution factor)이라 하고, 분배율의 산출은 그 부재의 유효강비를 그 절점에 강접합된 모든 부재의 유효 강비의 합으로 나누면 된다.

즉, 분배율($\mu$) $= \dfrac{k}{\Sigma k}$

② 분배 모멘트($M'$)

각 재단에 분배율에 의해 분배된 모멘트를 분배 모멘트($M'$, distributed moment)라 한다.

즉, 분배 모멘트($M'$)$= \mu \times M = \dfrac{k}{\Sigma k} \times M$

## 3) 도달률(carry-over factor)과 도달 모멘트($M''$, carry-over moment)

① 타단이 고정인 부재의 고정단에는 분배 모멘트($M'$)의 $\dfrac{1}{2}$이 도달되며 이것을 도달 모멘트($M''$, carry-over moment)라 하며 $\dfrac{1}{2}$을 도달률(carry-over factor)이라 한다.

즉, 도달 모멘트($M''$)$= \dfrac{1}{2} \times M'$

② 타단이 힌지(hinge)이거나 자유단이면 모멘트는 도달되지 않는다.

---

[예제] 그림과 같은 부정정 구조물에서 C점의 휨모멘트는 얼마인가?

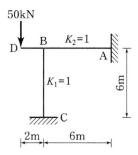

① $0\,\mathrm{kN \cdot m}$                   ② $25\,\mathrm{kN \cdot m}$
③ $50\,\mathrm{kN \cdot m}$                  ④ $100\,\mathrm{kN \cdot m}$

**해설** | C점의 휨모멘트

① 분배율($\mu$) $= \dfrac{k}{\sum k} = \dfrac{1}{1+1} = \dfrac{1}{2}$, B점의 모멘트($M_B$) $= 50(\mathrm{kN}) \times 2(\mathrm{m}) = 100(\mathrm{kN \cdot m})$

② 분배 모멘트($M_{BC}$) $= \dfrac{k}{\sum k} \times M_B = \dfrac{1}{2} \times 100(\mathrm{kN \cdot m}) = 50(\mathrm{kN \cdot m})$

② 도달 모멘트($M_{CD}$) $= \dfrac{1}{2} \times M_B = \dfrac{1}{2} \times 50(\mathrm{kN \cdot m}) = 25(\mathrm{kN \cdot m})$

답 : ②

# O4 건축설비 핵심정리

## 1. 급수 설비

### 1 급수 방식

#### 1. 수도직결방식

**1) 특징**
① 물의 오염 가능성이 적다.
② 소규모 건물이나 저층 건물에 적합하다.
③ 수도 압력 변화에 따라 급수압이 변하고 단수시에는 급수가 안 된다.
④ 별도의 설비가 필요치 않아 경제적이다.

**2) 수도 본관의 최저 필요 압력($P_o$)**

$$P_o \geq P + P_f + \frac{h}{10} \text{ (kg/cm}^2) \Rightarrow P + P_f + \frac{h}{100} \text{ (MPa)}$$

(부호) $P$ : 기구별 최저 소요 압력(kg/cm²), $P_f$ : 관내 마찰 손실 수두
$h$ : 수전고(수도 본관과 수전까지의 높이(m))

**3) 수압(P)과 수두(H)의 관계식**

$$P = 0.1H(\text{kgf/cm}^2) \Rightarrow 0.01(\text{MPa})$$
$$H = 10 \cdot P(\text{m, MKS}) \Rightarrow 100 \cdot P(\text{m, SI})$$

**4) 관내 마찰손실 수두($H_f$)**
① 관내 마찰손실(저항)을 수두(水頭)로 표현한 식은 다음과 같다.

$$H_f = f \cdot \frac{l}{d} \cdot \frac{2g}{v^2} \text{ (m)}$$

(부호) $f$ : 관내마찰손실 계수,  $l$ : 관의길이(m)
$d$ : 관경(m),   $v$ : 유속(m/s)
$g$ : 중력가속도(9.8m/s²)

② 배관내 마찰저항은 유체의 점성이 클수록 커진다.

## 2. 고가(옥상) 탱크 방식의 특징

### 1) 장점
① 일정한 수압으로 급수가 가능하다.
② 저수량을 확보하여 단수시에도 일정 시간 동안 급수가 가능하다.
③ 대규모 급수설비에 적합하다.

### 2) 단점
① 저수탱크를 잘 관리하지 않으면 급수 오염 가능성이 크다.
② 저수 시간이 길어지면 수질이 나빠지기 쉽다.
③ 설비비, 유지비가 높다.

## 3. 압력탱크방식의 특징의 특징

### 1) 장점
① 압력탱크의 설치 위치에 제한을 받지 않는다.
② 특별히 국부적으로 고압을 필요로 하는 경우 적합하다.
③ 고가시설이 없어 외관이 깨끗하다.
④ 구조물 보강이 불필요하다.

### 2) 단점
① 급수압력이 일정하지 않다.
② 기밀수조와 공기 압축기 등의 설치로 설비비가 비싸다.
③ 고장이 발생할 수 있다.

## 4. 부스터 방식(booster system)의 특징
① 물을 지하실 등의 저수탱크에 저수한 후에 자동 급수 펌프에서 압력을 조절하여 각 층의 수전에 보내는 방식이다.
② 고가 탱크가 필요 없으므로 그 만큼 수질 오염의 가능성이 적어진다.
③ 자동 급수 펌프 및 제어장치의 설치로 시설비는 높다.

## 2 펌프

### 1. 펌프의 전 양정(H)

$$H = H_s + H_d + H_f \,(\text{m})$$

(부호) $H_s$ : 흡입 양정(m)

$H_d$ : 토출 양정(m)

$H_f$ : 관내 마찰 손실 수두(m)

### 2. 펌프의 용량(P′) 산정

$$① \ 축동력 = \frac{W \cdot Q \cdot H}{6,120 \cdot E} \,(\text{kW})$$

$$② \ 축마력 = \frac{W \cdot Q \cdot H}{4,500 \cdot E} \,(\text{PS})$$

(부호)　$W$ : 비중량 (kg/m³, 물의 비중량 1,000)

$Q$ : 양수량 (m³/min)

$H$ : 전양정(m)

$E$ : 효율(%)

# 2. 급탕 설비

## 1 급탕(난방)의 기초사항

### 1. 물의 팽창과 수축

물은 온도 변화에 따라 그 부피가 팽창 또는 수축한다.

① 순수한 물은 0℃에서 얼게 되며 이 때 약 9%의 체적팽창을 한다.

② 0℃의 얼음 1kg이 모두 0℃의 물이 되기 위해서는 335(kJ/kg)의 잠열(온도변화 없이 상태변화에 필요한 열량)을 필요로 한다.

③ 4℃의 물을 100℃ 까지 높이면 체적이 4,3% 증가한다.

④ 100℃의 물이 증기로 변하면 그 체적이 1,700백 정도 팽창한다.

⑤ 100℃의 물 1kg이 모두 100℃의 증기로 되기 위해서는 2,257(kJ/kg)의 잠열을 필요로 한다. (증기난방은 증기의 이러한 높은 잠열을 이용한 난방방식이다.)

## 2. 혼합되는 물(공기)의 온도($t_3$)

$t_1\,℃$의 물(공기) $m\,(\mathrm{kg})$과 $t_2\,℃$의 물(공기) $n\,(\mathrm{kg})$이 혼합될 경우 혼합온도 $t_3$는 다음 식과 같이 구할 수 있다.

$$m_1 \cdot t_1 + n \cdot t_2 = (m+n) \cdot t_3$$

$$\therefore\ t_3 = \frac{m}{m+n} \times t_1 + \frac{n}{m+n} \times t_2$$

---

[예제] 온도 12℃인 물 60(kg)과 온도 65℃인 물 40(kg)를 혼합하였을 경우, 혼합된 물의 온도는?

① 25.5℃  ② 33.2℃
③ 38.6℃  ④ 42.3℃

**해설** | 혼합된 물의 온도($t_3$)

$$t_3 = \frac{m}{m+n} \times t_1 + \frac{n}{m+n} \times t_2$$

$$= \frac{60}{60+40} \times 12 + \frac{40}{60+40} \times 65 = 33.2\,(℃)$$

답 : ②

---

## 3. 열량(Q)

① 어떤 물질 1kg을 1K(또는 1℃) 올리는데 필요한 열량을 비열이라 하며 물의 비열은 4.2(kJ/kg·K)이다.

또한 공기의 정압비열($C_p$)은 1.01(kJ/kg·K), 정적비열($C_v$)은 1.21(kJ/kg·K)이다.

② 온도 변화(현열)에 따른 열량을 구하는 방정식은 다음과 같다.

$$\boxed{\text{열량(Q)} = m \cdot c \cdot t \ (\mathrm{kcal, kJ})}$$

(부호) m : 물체의 질량(kg),  c : 비열(kcal/kg·℃, kJ/kg·K)
t = $t_1 - t_2$ : 온도 변화(℃, K)

### ■ 열량 및 온도의 SI 단위

① 열량에 대한 SI 단위는 kJ을 사용하며 kcal와의 관계는 다음과 같다.

1(cal) ≒ 4.2(J)에 해당하며 따라서 1(J) ≒ 0.24(cal) 이다.

1(kcal) ≒ 4.2(kJ)에 해당하며 따라서 1(kJ) ≒ 0.24(kcal) 이다.

② 단위시간 마다하는 일(열량)의 비율을 동력이라 하고 단위로는 kW를 사용하며 부하 (급탕부하, 난방부하, 냉방부하, 전력부하)의 단위로도 많이 사용된다.

$$1(kW) = 1(kJ/s) = 3,600(kJ/h) ≒ 860(kcal/h)$$

※ $1(HP, 마력) = 0.7457(kW) ≒ 0.75(kW)$

③ 온도에 대한 SI 단위는 K(켈빈온도, 절대온도)를 사용하며 ℃(섭씨온도)와 눈금의 크기는 같으므로 온도차를 나타낼 때에는 K = ℃에 해당한다.
섭씨온도를 절대온도로 변환하는 온도변환식은 다음과 같다.

$$K ≒ 273 + t℃$$

# 2 개별 급탕방식

## 1. 순간 온수기

① 급탕관의 일부를 가스나 전기로 가열시켜 직접 온수를 얻는 방법이다.
② 급탕 기구수가 적고 급탕 범위가 좁은 주택의 욕실, 부엌의 싱크, 이발소 등에 적합하다.
③ 온수의 온도 : 60~70℃

## 2. 저탕형 탕비기

① 탕비기에서 물을 가열하여 저탕조 내에 비축하여 두었다가 필요시 이용하는 방식이다.
② 열손실은 비교적 많지만 일시적으로 다량의 온수를 필요로 하는 곳에 적당하다.

## 3. 기수 혼합식(기수 혼합식)

① 보일러에서 생긴 증기를 급탕용의 물속에 직접 불어 넣어서 온수를 얻는 방식이다.
② 열효율이 높으나 증기의 사용으로 소음이 크다.
③ 소음을 줄이기 위해서 스팀 사일런서(stem silence)를 사용한다.

# 3 중앙 공급 방식

## 1. 직접 가열식

① 온수 보일러에서 가열된 물을 저탕조에 비축하여 두었다가 각 수전에 공급하는 방식이다.
② 보일러 내에 계속적인 급수로 보일러 내면에 스케일이 생겨 전열 효율이 떨어지고 보일러 수명이 단축될 수 있다.

③ 급탕하는 건물의 높이가 높은 경우에는 고압의 보일러를 필요로 한다.
④ 소규모 건물에 적당하다.

## 2. 간접 가열식

① 저탕조 내에 가열 코일을 설치하여 보일러에서 발생하는 증기 또는 온수를 사용해서 저탕조 내의 물을 간접적으로 가열하는 방식이다.
② 보일러 내에 스케일 발생이 적다.
③ 대규모 급탕 설비에 적합하다.

# 3. 배수 및 통기 설비

## 1 트랩(Trap)

### 1. 트랩의 설치 목적

배수관속의 악취, 유독가스 및 해충 등이 실내로 침투하는 것을 방지하기 위하여 배수관 계통의 일부(트랩)에 물을 고여 두게 하는 기구를 트랩이라 한다.

### 2. 트랩의 봉수

① 배수관속의 악취, 유독가스 및 해충 등이 실내로 침투하는 것을 방지하기 위하여 배수관 계통의 일부(트랩)에 물이 고여 있도록 하는 것을 봉수(water seal)라고 한다.
② 봉수의 깊이는 5~10cm 정도가 적당하다.

### 3. 트랩의 봉수 파괴 원인

1) 사이펀(흡인) 작용

① 자기 사이펀 작용

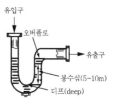

그림. 트랩의 봉수 깊이

배수시에 만수된 물이 일시에 흐르게 되면 트랩 내의 물(봉수)이 배수되는 물과 같이 모두 배수관 쪽으로 흡인되는 현상(사이펀 현상)에 의해서 유실되는 현상이다.

② 유인 사이펀 작용

수직관 내에 접근하여 기구를 설치할 경우 수직관 상부에서 일시에 다량의 배수가 낙하하면 그 수직관과 기구 배수관 부근에 흡인되는 현상이 발생하여 봉수가 유실되는 현상이다.

## 2) 분출 작용

수직관 내에 접근하여 기구가 설치되어 있고 배수 수직관 위로부터 다량의 물이 흐르거나 수평관이 배수중인 상태에서 수직관에서 배수가 동시에 일어나게 되면 수직관과 수평관의 연결관 부근에 순간적으로 진공이 생기며 이때 일종의 피스톤 작용을 일으켜서 트랩의 봉수를 역으로 실내 쪽으로 불어내는 현상이 일어난다.

## 3) 모세관 작용

트랩의 출구에 헝겊, 머리카락 등이 걸려있는 경우 이것을 매체로 해서 모세관 형상이 일어나서 봉수가 유실되는 현상이다.

## 4) 증발

위생기구의 사용 빈도가 적을 때 봉수가 자연히 증발하여 유실되는 현상이다.

## 5) 관내 기압변화에 의한 관성 작용

강풍이나 지진 등에 의해서 관내에 이상 진동이 생기면서 봉수면이 상하 요동을 일으켜 봉수가 유실되는 현상이다.

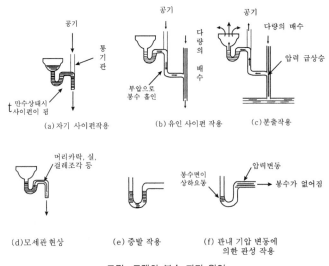

그림. 트랩의 봉수 파괴 원인

## 2 배수 설계

### 1. 기구 단위법 (fixture unit value method)

세면기의 배수량 28.5 ℓ/min을 기준(1fu)으로 해서 다른 배수기구의 배수량을 세면기의 배수량의 배수로 표시하여 배수관의 관경을 결정하는 방법이다.

| 위생 기구 | 부호 | 구경(mm) | 배수부하 단위($f_u$) |
|---|---|---|---|
| 세면기 | Lav | 30 | 1 |
| 소변기 | U | 40 | 4 |
| 대변기 | WC | 75 | 8 |
| 샤워(주택용) | S | 50~75 | 3 |

## 3 통기 설비

### 1. 통기관의 설치 목적

① 트랩의 봉수를 보호한다.
② 배수의 흐름을 원활하게 한다.
③ 배수관 내의 악취를 실외로 배출하는 역할도 한다.

### 2. 통기관의 종류

#### 1) 각개 통기관

① 위생 기구 마다 통기관을 세우는 것으로 가장 이상적인 통기 방법이다.
② 관경 : 32mm 이상
③ 각개 통기관은 접속되는 배수관 구경의 1/2 이상이 되도록 한다.

#### 2) 루프 통기관 (loop vent, 환상 통기관)

① 2개 이상의 위생기구의 트랩을 보호할 목적으로 설치하며, 최상류에 있는 위생 기구에서 통기관을 연장하여 통기 수직관이나 신정 통기관(배수 통기관)에 연결한다.
② 1개의 루프 통기관에 의하여 통기할 수 있는 위생기구의 수는 8개 이내로 한다.

#### 3) 습식(습윤) 통기관

배수 횡지관 최상류 기구의 바로 아래에서 연결되는 배관으로 배수관과 통기관의 역할을 겸하며 루프 통기관에 연결된다.

### 3. 도피 통기관

① 루프(환상)통기관의 통기를 촉진하기 위하여 설치한 통기관으로 배수 수평지관의 하류에서 연장하여 루프(환상) 통기관에 연결시킨다.

② 관경은 배수수평지관의 관경의 1/2 이상으로 한다.

### 4. 신정 통기관(배수 통기관)

최상층의 배수 수직관을 옥상 위에 연장하여 통기 역할을 하게 하는 부분이다.

### 5. 결합 통기관

① 고층 건물의 경우 배수 수직관에서 통기 수직관에 연결되는 부분이다.

② 5개 층 마다 설치해서 배수 수직 주관의 통기를 촉진한다.

③ 통기관의 관경은 통기 수직주관과 동일하거나 50A 이상으로 한다.

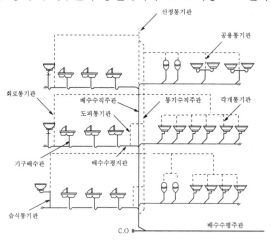

그림. 배수 및 통기 계통도

# 4. 오물 정화 설비

## 1 정화 순서

오물의 유입 ⇒ 부패조 ⇒ 산화조 ⇒ 소독조 ⇒ 방류

(혐기성균 활동) (호기성균 활동) (소독약)

## 2 정화조와 관련된 용어 해설

### 1. B.O.D (Biochemical Oxygen Demand)
생물화학적 산소 요구량으로 ppm 단위로 나타낸다.

### 2. S.S (Suspended Solid)
부유 물질량을 나타낸다.

### 3. D.O (Dissolved Oxygen)
물 속에 녹아 있는 산소량을 나타내는 용존산소량의 약어로 이 수치가 높을수록 물이 깨끗하다는 것을 의미 한다.

# 5. 난방 설비

## 1 난방부하

실내의 온도를 일정하게 유지하기 위하여 손실되는 만큼의 열량을 계속 공급해야 하는데 그 공급열량을 난방부하($H_L$; $Heating\ Load$)라 한다.

① 바닥, 벽, 천장, 유리, 문 등 구조체를 통한 손실열량($H_c$)

$$H_c = K \cdot A \cdot \Delta t \ (\text{kcal/h}, \text{W})$$

(부호)
$K$ : 열관류율(W/m²·K)　　$A$ : 구조체의 면적(m²)
$\Delta t$ : 실내외 온도차(℃, K)
※ 외벽, 유리에 대해서는 방위에 따른 안전율의 개념으로 방위계수($C$)를 곱해 주기도 한다. (남측 : 1.0, 동서측 : 1.1, 북측 : 1.2)

② 환기(틈새바람 포함)에 의한 손실열량($H_i$)

$$H_i = 0.34 \cdot Q \cdot \Delta t = 0.34 \cdot n \cdot V \cdot \Delta t \,(\text{kcal/h}, \text{W})$$

(부호)
0.34 : 단위 환산계수(현열) (W·h/m²·K)
$Q$ : 환기량(m³)
$n$ : 환기 회수(회/h)

$V$ : 실의 체적(m³)

$\varDelta t$ : 실내외 온도차(℃, K)

③ 난방부하 = ① + ② = $H_c + H_i$ ⇒ 실의 총 손실열량

※ 유리창을 통한 태양의 복사열, 인체나 조명기기, 기기 등으로 부터 열 획득이 있으나 이는 난방에 유리하게 작용하기 때문에 난방부하 계산시 일반적으로 고려하지 않는다. 그러나 이러한 열 획득[환기(틈새바람 포함)에 의한 잠열을 포함]은 여름철 냉방부하 계산에는 고려한다.

## 2 방열기(Radiator)

### 1. 종류

① 주형 방열기 (column radiator): 주형(Ⅱ), 3주형(Ⅲ), 3세주형, 5세주형

② 벽걸이 방열기(wall radiator): 횡형(horizontal type), 종형(vertical type)

③ 길드 방열기(gilled radiator)

④ 대류 방열기(convector)

철판제 케비넷 속의 플레이트 핀(Plate Fin) 이라는 열교환기에 하부에서 유입되는 공기가 접촉하여 가열된 공기의 대류작용에 의해실내 공기의 온도를 상승시키는 방열기이다.

⑤ 관 방열기(pipe radiator)

### 2. 도면상의 표시법

## 3 표준 방열량

방열기 1m²당 1시간 동안 방열되는 열량(kcal/m²·h, kJ/m², kW/m²)으로 표준상태에서 실내의 온도 및 열매에 의해 결정된다.

| 구분<br>열매의 종류 | 표준 방열량<br>(kW/m²) | 표준 온도차<br>(℃) | 표준 상태에서의 온도(℃) | |
|---|---|---|---|---|
| | | | 열매 온도 | 실온 |
| 증기 | 0.756 | 81 | 102 | 21 |
| 온수 | 0.523 | 62 | 80 | 18 |

## 4 상당 방열 면적(EDR, Equivalent Direct Radiation)

난방에 있어서 보일러 능력을 방열기의 방열 면적($m^2$)으로 환산 표시한 값이다.

### 1. 상당 방열 면적(EDR)의 계산

① 증기난방의 경우

$$상당\ 방열\ 면적 = \frac{손실\ 열량(방열기의\ 방열량)}{표준\ 방열량} = \frac{H_L(kW)}{0.756}$$

② 온수난방의 경우

$$상당\ 방열\ 면적 = \frac{손실\ 열량(방열기의\ 방열량)}{표준\ 방열량} = \frac{H_L(kW)}{0.523}$$

## 5 난방 방식

### 1. 증기난방의 특징

#### 1) 장점
① 열의 운반 능력이 크다.
② 예열 시간이 온수난방에 비해 짧다.
③ 설비비, 유지비가 저렴하다.

#### 2) 단점
① 화상의 우려가 있으며 건조감, 먼지 등의 상승으로 불쾌감을 줄 수 있다.
② 소음(steam hammering)의 우려가 있다.
③ 보일러 취급에 기술을 요한다.

### 2. 온수난방의 특징

#### 1) 장점
① 온도 조절이 용이하다.
② 증기난방에 비해 쾌감도가 좋다.
③ 보일러의 취급이 용이하고 안전한편이다.

#### 2) 단점
① 예열 시간, 온수 순환 시간이 길다.
② 증기난방에 비해 방열 면적과 관경이 커야하므로 설비비가 다소 비싸다.

### 3) 분류

① 온수 순환 방식에 의한 분류

　㉠ 중력 순환식 : 온도차에 의한 순환(소규모 난방에 적합)

　㉡ 강제 순환식 : 순환 펌프를 이용하여 온수를 순환 (대규모 난방에 적합)

② 온수 온도에 의한 분류

　㉠ 보통 온수난방 : 100℃ 이하

　㉡ 고온수 난방 : 100℃ 이상

## 3. 복사난방의 특징

### 1) 장점

① 방을 자주 개방 하여도 난방 효과가 있다.

② 천장이 높은 방에도 난방 효과가 있다.

③ 실내 온도가 분포가 균일하여 쾌감도가 높다.

④ 바닥의 이용도가 크다.

### 2) 단점

① 예열시간이 길어 외기 급변에 따른 방열량 조절이 어렵다.

② 시공이 까다롭고 설비비가 비싸다.

③ 매입 배관으로 고장 요소의 발견이 어렵다.

## 4. 지역난방의 특징

### 1) 장점

① 설비의 고도화에 따라 도시의 매연을 경감시킬 수 있다.

② 화재의 위험이 적고 인건비를 절약할 수 있다.

③ 각 건물마다 보일러 시설을 할 필요가 없으므로 유효면적이 증대한다.

### 2) 단점

① 지역난방은 초기투자비가 많이 든다.

② 사용요금의 분배가 곤란한 경우가 있다.

③ 배관 중의 열손실이 많다.

# 6. 공기조화 설비

## 1 습공기 선도

습공기 선도(Psychrometric chart)는 습공기의 여러 가지 특성치를 나타내는 그림으로 인간의 쾌적 범위, 결로판정, 공기조화 부하계산 등에 이용된다.

① 습공기 선도의 구성요소

   습공기 선도의 구성요소는 건구온도, 습구온도, 노점온도, 절대습도, 상대습도, 포화도, 수증기압, 엔탈피, 비체적, 현열비, 열수분비 이다. (아래 그림 참조)

② 습공기를 구성하고 있는 요소들 중 2가지만 알면 상태점이 정해지므로 나머지 요소들을 용이하게 구할 수 있다. 단, 현열비와 열수분비는 계산에 의해서 구해진다.

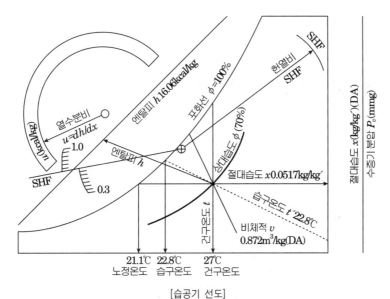

[습공기 선도]

③ 습구온도는 주변이 건조할수록 낮아지고 습할수록 높아지는데 건구온도보다는 항상 낮으나 포화상태에서는 건구온도와 동일하다.

④ 공기가 포화상태일 때는 건구온도, 습구온도, 노점온도가 같은 값을 나타낸다.

⑤ 절대습도는 습공기를 구성하고 있는 건조공기 1(kg) 당의 승증기 양을 나타낸다. 공기를 가열하거나 냉각해도 절대습도는 변함이 없다. 단, 노점온도 이하까지 냉각하면 결로가 발생하여 절대습도는 낮아진다.

⑥ 공기를 가열하면 상대습도는 낮아지고 냉각하면 상대습도는 높아진다. 상대습도($\psi$)는 다음과 같이 습공기의 수증기압 $p$와 같은 온도의 포화수증기압 $p_s$와의 비로서 구할 수 있다.

$$상대습도(\psi) = \frac{p}{p_s} \times 100(\%)$$

⑦ 엔탈피(enthalphy)는 건조공기 1(kg) 당의 습공기 속에 현열 및 잠열의 형태로 표현되는 열량을 나타낸 것으로 건공기의 엔탈피와 습공기의 엔탈피를 더한 것이다.

⑧ 열수분비는 공기의 온도 또는 습도가 변할 때 절대온도의 단위증가량 $\Delta x$에 대한 엔탈피의 증가량 $\Delta i$의 비율을 말한다.

## 2 공기조화 설비

### 1. 공기조화의 조절대상
① 온도(가열, 냉각)
② 습도(가습, 감습)
③ 기류
④ (공기)청정도

### 2. 인체의 쾌적상태에 영향을 미치는 물리적 변수
① 온도
② 습도
③ 기류
④ 복사열

### 3. 공기조화 방식의 분류

| 열운반 방식 | 공 기 조 화 방 식 | | 대 상 건 축 물 |
|---|---|---|---|
| 공기식 | 단일 덕트 방식 | 정풍량 방식 | 저속 : 일반 건축물 |
| | | 가변풍량 방식 | 고속 : 고층 건축물 |
| | 이중 덕트 방식 | | 고층 건축물 |
| | 멀티존 유니트 방식 | | 중간 규모 이하의 건축물 |
| 공기 · 물식 | 각층 유니트 방식 | | 중, 고층의 건축물 |
| | 유인 유니트 방식 | | 중, 고층의 건축물 (다실의 사무소, 아파트, 호텔, 병원 등) |
| | 팬 코일 유니트 방식 (외기 덕트 병용) | | 사무소, 호텔, 병원 등 |
| | 복사 냉난방 방식 (외기 덕트 병용) | | 고층의 건축물(고급 사무실) |
| 물식 | 팬 코일 유니트 방식 | | 아파트, 호텔, 병원 등 |
| | 복사 냉난방 방식 | | 고급 사무실 |
| 냉매식 | 패키지형 공조 방식 | | 중, 소 건축물 (레스토랑, 다방, 점포 등) |

# 7. 전기 설비

## 1 전압의 종류와 계약전력

| 분 류 | 교 류 | 직 류 | 계약 전력 용량 |
|---|---|---|---|
| 저압 | 600V 이하 | 750V 이하 | 20kW 미만 |
| 고압 | 600~7,000V | 750~7,000V | 20kW 이상 100kW 미만 |
| 특고압 | 7,000V | 7,000V | 1,00kW 이상 |

## 2 전압의 종별과 수전방식

| 분 류 | 교 류 | 직 류 | 계약 전력 용량 |
|---|---|---|---|
| 저압 | 600V 이하 | 750V 이하 | 20kW 미만 |
| 고압 | 600~7,000V | 750~7,000V | 20kW~1,000kW |
| 특고압 | 7,000V 이상 | 7,000V 이상 | 1,000kW 이상 |

## 3 전기 방식

| 전기 방식 | 특 징 | 용 도 |
|---|---|---|
| 단상 2선식 | ·110V, 220V 사용<br>·전선량이 적게 든다. | ·일반 주택<br>·소규모 건축물 |
| 단상 3선식 | ·110V, 220V 겸용가능<br>·고압 조명등<br>·경제적이다. | ·학교, 관공서<br>·일반 건축물 |
| 3상 3선식 | ·220V 사용<br>·동력의 전원으로 사용 | ·공장의 동력 전원 |
| 3상 4선식 | ·220V, 380V 겸용가능<br>·전등, 전동기의 양쪽 전력 공급가능 | ·대규모 건축물 |

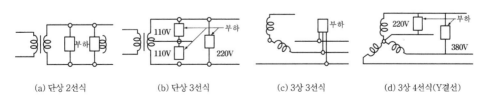

(a) 단상 2선식      (b) 단상 3선식      (c) 3상 3선식      (d) 3상 4선식(Y결선)

그림. 전기방식

## 4  간선

### 1. 간선의 설계 순서
① 간선의 부하용량 산정
② 전기방식과 배선방식의 선정
③ 배선 방법 결정
④ 전선의 굵기 결정

### 2. 간선의 배선 방식

#### 1) 수지상식(나뭇가지식)
① 1개의 간선이 각각의 분전반을 거치는 방식이다.
② 간선의 굵기를 줄여감으로써 배선비는 경제적이나 간선의 굵기가 변하는 접속점에 보안장치를 설치해야 한다.
③ 소규모 건물에 적당하다.

#### 2) 평행식
① 분전반마다 단독으로 간선을 배선하는 방식이다.
② 큰 부하의 용량에 적합하며 배선비가 높아진다.
③ 대규모 건물에 적당하다.

#### 3) 병용식
① 수지상식과 평행식을 적절히 병용하는 방식이다.
② 중규모, 대규모 건물에서 가장 많이 이용되는 방식이다.

## 5  분전반

분기회로의 보안 장치로 배전반으로부터 각 간선에서 소요의 부하에 배선을 분기하는 장소에 위치하며 누전이나 과부하시 차단기가 작동하여 전기를 단락함으로써 전기의 안전을 도모하는 장치이다.

### 1. 분기회로
① 저압 옥내 간선으로부터 분기하여 전기 기기에 이르는 전기회로를 말한다.
② 설치 간격 : 분기 회로의 길이가 30m 이하가 되도록 설치한다.

### 2. 전선 굵기의 결정 요소
① 전선의 안전 전류    ② 기계적 강도    ③ 전압강하

## 6 배선 공사

① **케이블 공사** : 전선을 전기 절연성이 우수한 각종 피복재로 감싼 케이블을 이용하는
   것으로 외상을 받을 염려가 있는 곳에는 금속관 등으로 보호하도록 한다.
② **경질 염화비닐(PVC)관 공사**
   ㉠ 전기 절연성이 우수한 PVC관 안에 전선을 매입하여 설치하는 것으로 습기나 물기
      가 있는 곳, 화학 공장 등의 배선 공사 등에 적합하다.
   ㉡ 가격이 저렴하고 시공이 용이하나 열에 약하고 기계적 강도가 약하다.
③ **금속관 공사**
   ㉠ 금속관 안에 전선을 매입하여 설치하는 것으로 콘크리트 건물의 매입 공사 등에
      이용된다.
   ㉡ 화재의 위험성이 적고 전선의 기계적 손상 방지에 유리하다.
   ㉢ 전선의 삽입, 교체, 증설 등이 용이하도록 전선의 절연피복을 포함한 총 단면적은
      금속관 내 단면적의 최대40% 이하가 되도록 한다.
④ **가요 전선관(flexible conduit) 공사** : 잘 휘어지도록 제작된 금속이나 합성수지의
   관(flexible conduit) 안에 전선을 매입하여 설치하는 것으로 굴곡 및 증설 공사가
   용이하며 승강기, 전차 등의 배선 공사 등에 이용된다.
⑤ **플로어 덕트 공사** : 바닥에 플로어 덕트(floor duct)를 미리 매입하여 전선, 콘센트
   등을 설치하는 것으로 넓은 사무실의 바닥 배선 공사로 이용된다.
⑥ **버스 덕트 공사** : 공장에서 미리 제작된 버스 덕트(bus duct)를 이용하는 것으로 대
   용량의 전력 공급, 큰 공장의 동력 배선 등에 이용된다.

## 7 접지 공사

① 목적 : 누설 전류에 의한 감전사고 예방
② 접지 공사의 종류

| 접지 종류 | 적용 장소 |
|---|---|
| 제1종 | ·고압 이상의 기기의 외상과 철대<br>·고압전로의 피뢰기, 피뢰설비의 접지<br>·특별 고압 계기용 변압기의 1차측 선로 |
| 제2종 | ·특고압 또는 고압을 저압에 변성 하는 변압기의 2차측 선로 |
| 제3종 | ·300V 이하의 저압의 전기기기의 외상과 철대<br>·300V 이하의 금속관 공사의 금속 제<br>·저압계기용 변압기의 2차측 선로 |
| 특별 제 3종 | ·300V 이상의 저압의 전기기기의외상과 철대<br>·300V 이상 저압의 배선공사의 금속제 |

# 8 약전설비 및 피뢰설비

## 1. 인터폰(Interphone) 설비

### 1) 접속 방식에 의한 분류

① 상호식

상호간에 상대를 호출 통화 할 수 있는 방식

② 모자식(친자식)

친기에서는 어느 자기나 호출 통화할 수 있으나 자기는 친기하고만 통화가 가능한 방식

③ 복합식

㉠ 상호식과 모자식을 복합한 형태

㉡ 복합식은 모기 상호간에 임의로 통화가 가능하며, 각 모기에 접속된 모자간의 통화도 가능

㉢ 대규모 인터폰 설비에 적합하다.

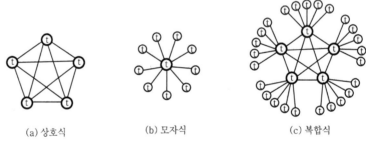

(a) 상호식     (b) 모자식     (c) 복합식

그림. 인터폰의 접속방식

### 2) 작동 원리에 따른 분류

① 프레스 토크 방식

말할 때 통화 버튼을 누르고 들을 때는 버튼을 놓고 통화하는 방식

② 도어 폰 방식

일반 전화와 같은 방식으로 통화하는 방식

### 3) 시공

① 설치 높이는 바닥에서 1.5m 정도로 한다.

② 전화 배선과는 별도 계통으로 시공한다.

③ 전원 장치는 보수가 용이하고 안전한 장소에 시설한다.

## 2. 피뢰설비

낙뢰의 우려가 있는 건축물 또는 높이 20m 이상의 건축물에는 다음의 기준에 적합하게 피뢰설비를 설치하여야 한다.

| 설 비 | 설 치 기 준 |
|---|---|
| ① 피뢰설비 | 한국산업규격이 정하는 보호등급의 설비일 것<br>(위험물저장 및 처리시설 → 보호등급 Ⅱ 이상일 것) |
| ② 돌 침 | ·건축물 맨 윗부분으로부터 25cm 이상 돌출하여 설치할 것<br>·풍하중 기준에 견딜 수 있는 구조일 것 |
| ③ 피뢰설비 재료 | 최소 단면적 (피복이 없는 동선을 기준으로 함)<br>– 수뢰부 : 35mm² 이상<br>– 인하도선 : 16mm² 이상<br>– 접지극 : 50mm² 이상 |
| ④ 인하도선 | 철골조, 철골·철근콘크리트조의 철근구조체를 사용하는 경우<br>– 전기적 연속성이 보장될 것<br>– 건축물 금속 구조체 상하단부 사이의 전기 저항값 : 0.2Ω 이하일 것 |
| ⑤ 낙뢰방지<br>수뢰부의 설치 | 높이 60m를 초과하는 건축물<br>– 높이의 4/5 지점부터 상단부까지 측면에 수뢰부를 설치할 것<br>– 높이 60m 초과분에는 외부금속재를 2개소 이상 전기적 연속성이 보장<br>되게 할 것 |
| ⑥ 접지 | 환경오염을 일으킬 수 있는 시공방법 또는 화학첨가물을 사용하지 아니할 것 |
| ⑦ 전기적 접속 | 건축물에 설치하는 금속배관 및 금속재 설비는 전위(電位)가 균등하게 이루<br>어지도록 할 것 |

## 9 조명설비

## 1. 조명 방식

### ■ 광원의 특징

| 특성 \ 전구 | 백열전구 | 형광등 | 고압 방전등 | | |
|---|---|---|---|---|---|
| | | | 수은등 | 메탈 할라이드등 | 나트륨등 |
| 수명 | 짧다 | 비교적 길다 | 길다 | 비교적 길다 | 길다 |
| 효율 | 안 좋음 | 비교적 좋음 | 비교적 양호 | 양호 | 좋다 |
| 연색성 | 좋음 | 비교적 좋음 | 별로 안 좋음 | 좋음 | 안 좋음 |
| 색상 | 적색 많음 | 주광색 | 청백색 | 주광색 | 황등색 |
| 설치비 | 저가 | 비교적 저가 | 고가 | 고가 | 고가 |
| 유지비 | 고가 | 저가 | 비교적 저가 | 비교적 저가 | 비교적 저가 |
| 용도 | 전반, 국부조명 | 옥내의<br>전반, 국부조명 | 도로조명, 공장,<br>청사진용 등 | 야외 경기장,<br>백화점 등 | 가로등,<br>터널 조명 등 |

※ 광원의 효율 비교

　　나트륨등 > 메탈할라이드등 > 형광등 > 수은등 > 백열등

## 2. 배광 방식에 의한 분류

### 1) 직접 조명

① 직접 조명은 빛의 90~100%가 아래로 향하고 빛의 0~10%가 위로 향하여 투사시키는 방식이다.

② 조명 효율이 좋은 경제적인 조명 방식으로 가장 많이 이용된다.

③ 음영이 가장 강하게 나타날 수 있다.

### 2) 반직접 조명

① 반직접 조명은 빛의 60~90%가 아래로 향하여 직접 표면을 비추고 나머지 10~40%의 빛이 위로 향하여 천장면에 의해서 반사된다.

### 3) 간접 조명

① 간접 조명은 빛의 90~100%가 위로 향하고 빛의 0~10%를 아래로 향하게 하여 광원의 빛을 1차적으로 천장이나 벽에 비추어 그 반사광을 이용하는 방식이다.

② 조명의 효율은 떨어지나 은은한 분위기를 조성하는데 이용된다.

### 4) 반간접 조명

① 반간접 조명은 빛의 60~90%가 위로 향하고 나머지 빛의 10~40% 정도가 아래로 향하여 투사되는 조명 방식이다.

② 천장면과 벽에 반사되는 빛이 많아 조도가 균일하고 눈부심 현상이 거의 생기지 않는다.

### 5) 직간접 조명(전반 확산 조명)

직간접 조명은 지접 조명과 간접 조명 방식을 병용하여 위·아래로 향하는 빛의 양이 40~60%로 균등하게확산, 배분되는 조명 방식이다.

상향 광속  0~10%
하향 광속 100~90%
① 직접 조명 기구
(direct lighting)

상향 광속 10~40%
하향 광속 90~60%
② 반직접 조명 기구
(semi-direct lighting)

상향 광속 40~60%
하향 광속 60~40%
③ 전반 확산 조명 기구
(general diffused lighting)

상향 광속 40~60%
하향 광속 60~40%
④ 직접 간접 조명 기구
(direct indirect lighting)

상향 광속 60~90%
하향 광속 40~10%
⑤ 반간접 조명 기구
(semi-indirect lighting)

상향 광속 90~100%
하향 광속 10~0%
⑥ 간접 조명 기구
(indirect lighting)

그림. 조명 기구의 배광 방식에 의한 분류

## 10 소화 및 화재 통보설비

### 1. 소화설비

#### 1) 옥내 소화전 설비

건물 내에 설치하는 고정식 소화설비로 옥내 소화전함에 호스와 노즐을 이용하여 소화 용수로 소화하는 설비이다.

① 설치 위치

　㉠ 건물 내 각 층 각 부분에서 하나의 접속구까지 수평 거리가 25m 이내가 되도록 한다.

　㉡ 개폐 밸브는 바닥으로부터 1.5m 이하가 되도록 한다.

② 수원의 수량($Q$)

$$Q = 2.6 \times N \,(\text{m}^3)$$

　(부호)　$Q$ : 수원의 유효 수량

　　　　　$N$ : 옥내 소화전의 동시 개구수 (소화전 설치 개수가 5 이상일 때는 5)

　　　　　　　※ 130 $\ell$/min × 20/min = 2.6(m³)

③ 표준치

　㉠ 방수 압력 : 1.7kg/cm²(0.17MPa) 이상 (호스릴 옥내소화전 설비의 경우 : 0.25MPa 이상)

　㉡ 방수량 : 130 $\ell$/min 이상 (호스릴 옥내소화전 설비의 경우 : 60 $\ell$/min 이상)

　㉢ 호스의 지름 : 40mm (길이 15m × 2본)

　㉣ 노즐 구경 : 13mm

　㉤ 20분 이상 방수 가능한 수원 확보

#### 2) 옥외 소화전 설비

건물의 옥외에 설치하여 인접 건물의 화재나 당해 건물의 화재시 소화용수로 소화하는 설비이다.

① 설치 위치

　건물의 각 부분에서 하나의 접속구까지 수평 거리가 40m 이내가 되도록 한다.

② 수원의 수량($Q$)

$$Q = 7 \times N \,(\text{m}^3)$$

　(부호)　$Q$ : 수원의 유효 수량

　　　　　$N$ : 옥외 소화전의 동시 개구수 (소화전 설치 개수가 2 이상일 때는 2)

　　　　　　　※ 350 $\ell$/min × 20/min = 7 (m³)

④ 표준치

   ㉠ 방수 압력 : 2.5kg/cm² (0.25MPa) 이상

   ㉡ 방수량 : 350 ℓ/min 이상(2.5kg/cm²에서)

### 3) 스프링클러(sprinkler) 설비

실내 천장에 설치하여 화재시 실내 온도의 상승으로 가용 합금편이 용융되어 자동적으로 물을 분사하는 자동식 소화 설비로 화재 경보 장치가 동시에 작동하여 화재 발생을 알려 준다.

① 구성

   수원, 배관, 헤드(head), 자동 경보장치

② 수원의 수량(Q)

$$Q = 1.6 \times N(m^3)$$

   (부호) Q : 수원의 유효 수량

   N : 동시 방수 개구수

   ※ 80 ℓ/min × 20/min = 1.6(m³)

■ 소방시설의 설치기준 요약

| 구 분 | 연결송수관 | 옥외 소화전 | 옥내 소화전 | 스프링클러 | 드렌쳐 |
|---|---|---|---|---|---|
| 표준방수량(ℓ/min) | 800 | 350 | 130 | 80 | 80 |
| 방수압력(MPa) | 0.35 | 0.25 | 0.17 | 0.1 | 0.1 |
| 수원의 수량(m³) | | 7N-(2) | 2.6N-(5) | 1.6N | 1.6N |
| 설치거리(m) | 50 | 40 | 25 | 1.7~3.2 | 2.5 |

   ※ N은 동시개구수이며 ( )은 최대개구수를 나타냄

## 2. 화재 통보 설비

### 1) 감지기의 종류 및 특성

① 정온식 스폿형 감지기

   ㉠ 화재시 온도 상승으로 감지기 내의 바이메탈(bimetal)이 팽창하여 접점이 닫힘으로써 화재 신호를 발신하는 것이다.

   ㉡ 화기 및 열원 기기를 직접 취급하는 보일러실, 주방 등의 장소에 설치하는 것이 좋다.

② 차동식 분포형 감지기
  ㉠ 가느다란 동 파이프 내의 공기가 화재시 팽창하여 이 파이프에 접속된 감압실의
    접점을 동작시켜 화재 신호를 발신하는 감지기이다.
  ㉡ 동 파이프는 바깥지름 2.0mm, 안지름 1.5mm 정도를 사용하며 보통 천장에 배관
    하다.
③ 차동식 스포트형 감지기
  동 파이프 대신 감지기 내에 공기실을 설치하여 화재시 온도 상승으로 공기실이 팽창
  하면 감압실의 접점을 작동시켜 화재 신호를 발신하는 감지기이다.
④ 보상식 감지기
  정온식과 차동식의 성능을 가진 것으로 바이메탈과 공기실의 팽창 원리를 모두 이용
  한 것이다.
⑤ 연기 감지기
  ㉠ 연기에 의해서 광전류나 이온 전류가 변화하는 현상을 이용해서 감지하는 방식이다.
  ㉡ 방식 : 광전식(光傳式), 이온식

# 8. 설비도면 기호

## 1) 건축 설비 기호

① ——•—— 급수관          ② ———— 배수관
③ - - - - - - 통기관        ④ ——▨—— 글로브 밸브
⑤ ——N—— 체크 밸브        ⑥ ——⊗—— 저압증기트랩
⑦ ——⌄—— 스트레이너       ⑧ ——⊣ 막힘플랜지
⑨ ——╫—— 유니언           ⑩ ——◇—— 콕
⑪ Ⓣ 온도계                 ⑫ Ⓟ 압력계

## 2) 전기 배선 기호

① ———— 천장은폐 배선       ② — — — 노출배선
③ - - - - - 바닥은폐 배선    ④ —•—•—•— 자중매설 배선

# 05 건축법규 핵심정리

## ■ 건축법

## 1. 총칙

### 1 건축법의 목적

#### 1. 건축법의 목적 [법 제1조]

이 법은 건축물의 대지·구조 및 설비의 기준과 건축물의 용도 등을 정하여 건축물의 안전·기능·환경 및 미관을 향상시킴으로써 공공복리의 증진에 이바지하는 것을 목적으로 한다.

### 2 용어의 정의

#### 1. 대지 [법 제2조 ①, 영 제3조]

**1) 정의**

「공간정보의 구축 및 관리 등에 관한 법률」에 따라 각 필지로 구획된 토지를 말한다.

**2) 예외 규정**

① 둘 이상의 필지를 하나의 대지로 보는 토지

| 관계법 | 인정 범위 |
|---|---|
| 건축법 | • 하나의 건축물을 두 필지 이상에 걸쳐 건축하는 경우에는 그 건축물이 건축되는 각 필지의 토지를 합한 토지<br>• 도로의 지표하에 건축하는 건축물의 경우에는 시장·군수·구청장이 당해 건축물이 건축되는 토지로 정하는 토지<br>• 사용승인을 신청하는 때에 둘 이상의 필지를 하나의 필지로 합필할 것을 조건으로 하여 건축허가를 하는 경우 그 합필대상이 되는 토지 |
| 공간정보의<br>구축 및<br>관리 등에<br>관한 법률 | 합병이 불가능한 경우 중 다음의 어느 하나에 해당하는 경우로서 그 합병이 불가능한 필지의 토지를 합한 토지<br>• 각 필지의 지번지역이 서로 다른 경우<br>• 각 필지의 도면의 축척이 다른 경우<br>• 상호 인접하고 있는 필지로서 각 필지의 지반이 연속되지 아니한 경우<br>　　예외 토지의 소유자가 서로 다르거나 소유권외의 권리관계가 서로 다른 경우 |

| 국토의 계획 및 이용에 관한 법률 | 도시계획시설에 해당하는 건축물을 건축하는 경우에는 당해 도시계획시설이 설치되는 일단의 토지 |
|---|---|
| 주택법 | 사업계획승인을 얻어 주택과 그 부대시설 및 복리시설을 건축하는 경우에는 (주택법 제2조 제4호) 규정에 따른 주택단지 |

② 하나 이상의 필지의 일부를 하나의 대지로 할 수 있는 토지

| 관계법 | 인정 범위 |
|---|---|
| 건축법 | 사용승인을 신청하는 때에 분필할 것을 조건으로 하여 건축허가를 하는 경우 그 분필대상이 되는 부분의 토지 |
| 국토의 계획 및 이용에 관한 법률 | • 하나 이상의 필지의 일부에 대하여 도시계획시설이 결정·고시된 경우 그 결정·고시가 있는 부분의 토지<br>• 하나 이상의 필지의 일부에 대하여 도시계획시설이 결정·고시된 경우 그 결정·고시가 있는 부분의 토지 |
| 농지법 | 하나 이상의 필지의 일부에 대하여 농지전용허가를 받은 경우 그 허가받은 부분의 토지 |
| 산지관리법 | 하나 이상의 필지의 일부에 대하여 산지전용허가를 받은 경우 그 허가받은 부분의 토지 |

## 2. 건축물 [법 제2조 ① 2]
① 토지에 정착하는 공작물 중 지붕과 기둥 또는 벽이 있는 것
② 건축에 부수되는 담장, 대문 등의 시설물
③ 지하 또는 고가의 공작물에 설치하는 사무소·공연장·점포·차고·창고 등

## 3. 건축설비 [법 제2조 ① 4]
① 건축물에 설치하는 전기·전화·초고속 정보통신·지능형 홈 네트워크·가스·급수·배수·배수·환기·난방·냉방·소화·배연 및 오물처리의 설비
② 굴뚝·승강기·피뢰침·국기게양대·공동시청안테나·유선방송수신시설·우편함, 저수조
③ 기타 「건축물의 설비기준 등에 관한 규칙」에서 규정하는 설비

## 4. 주요구조부 [법 제2조 ① 7]
내력벽·기둥·바닥·보·지붕틀 및 주계단을 말한다.

| 주요 구조부 | 내 용 |
|---|---|
| 내력벽 | 구조 내력상 중요하지 아니한 간막이벽, 장막벽 제외 |
| 기 둥 | 구조 내력상 중요하지 아니한 사이기둥 제외 |
| 바 닥 | 구조 내력상 중요하지 아니한 최하층 바닥 제외 |
| 보 | 구조 내력상 중요하지 아니한 작은보 제외 |
| 지붕틀 | 구조 내력상 중요하지 아니한 차양 제외 |
| 주계단 | 구조 내력상 중요하지 아니한 소(小)계단, 옥외계단 제외 |

**[예외]** 사이기둥·최하층바닥·작은보·차양·옥외계단, 그 밖에 이와 유사한 것으로 건축물의 구조상 중요하지 아니한 부분

※ 건물 기초는 "주요 구조부"에 포함되지 않는다.
　　(방화 규정상 목적이 강하다. 구조내력상 주요구조부에는 기초가 포함된다.)

## 5. 건축 [법 제2조의 8, 영 제2조 ①]

① 건축의 정의

건축물을 신축(新築)·증축(增築)·개축(改築)·재축(再築) 또는 이전(移轉)하는 것을 말한다.

② 건축의 종류

㉠ 신축 : 건축물이 없는 대지(기존건축물이 철거 또는 멸실된 대지를 포함)에 새로이 건축물을 축조하는 것을 말한다. (부속건축물만 있는 대지에 새로이 주된 건축물을 축 조하는 것을 포함하되, 개축 또는 재축에 해당하는 경우를 제외)

㉡ 증축 : 기존건축물이 있는 대지 안에서 건축물의 건축면적·연면적·층수 또는 높이를 증가시키는 것을 말한다.

㉢ 개축 : 기존건축물의 전부 또는 일부(내력벽·기둥·보·지붕틀 중 3 이상이 포함되는 경우를 말함)를 철거하고 그 대지 안에 종전과 동일한 규모의 범위 안에서 건축물을 다시 축조하는 것을 말한다.

㉣ 재축 : 건축물이 천재·지변, 그 밖에 재해에 의하여 멸실된 경우에 그 대지 안에 종전과 동일한 규모의 범위 안에서 다시 축조하는 것을 말한다.

㉤ 이전 : 건축물을 그 주요구조부를 해체하지 아니하고 동일한 대지안의 다른 위치로 옮기는 것을 말한다.

## 6. 대수선 [법 제2조의 9, 영 제3조의 2] 〈개정 2006.5.8〉

① 대수선의 정의

건축물의 기둥·보·내력벽·주계단 등의 구조 또는 외부형태를 수선·변경 또는 증설하는 것을 말한다.

② 대수선의 범위

| 건축물의 부분(주요 구조부) | 해 당 내 용 |
|---|---|
| 내력벽 | 증설·해체하거나 벽면적을 30m² 이상 수선 또는 변경하는 것 |
| 기둥, 보, 지붕틀 | 증설·해체하거나 3개 이상 수선 또는 변경하는 것 |
| 방화벽 또는 방화구획을 위한 바닥 또는 벽 | 증설·해체하거나 수선·변경하는 것 |
| 주계단·피난계단 또는 특별피난계단 | 해체하여 수선 또는 변경하는 것 |
| 미관지구 안에서 건축물 | 외부형태(담장을 포함)를 변경하는 것 |
| 다가구주택 및 다세대주택의 가구 및 세대 간 경계벽 | 증설·해체하거나 수선·변경하는 것 |
| 건축물의 외벽에 사용하는 마감재료 (법 제52조 ②에 따른 마감재료를 말함) | 증설 또는 해체하거나 벽면적 30m² 이상 수선 또는 변경하는 것 |

## 7. 도로 [법 제2조 ① 11, 영 제3조의3]

### 1) 정의

보행 및 자동차통행이 가능한 너비 4m 이상의 도로로서 다음에 해당하는 도로 또는 그 예정도로를 말한다.

① 「국토의 계획 및 이용에 관한 법률」·「도로법」·「사도법」, 그 밖에 관계법령에 의하여 신설 또는 변경에 관한 고시가 된 도로

② 건축허가 또는 신고시 특별시장·광역시장·도지사 또는 시장·군수·구청장이 그 위치를 지정·공고한 도로

### 2) 지형적 조건 등에 따른 도로의 구조 및 너비

지형적 조건으로 차량통행을 위한 도로의 설치가 곤란하다고 인정하여 시장·군수·구청장이 그 위치를 지정·공고하는 구간 안의 너비 3m 이상인 도로 (단, 길이가 10m 미만인 막다른 도로인 경우에는 너비 2m 이상)

### 3) 막다른 도로의 폭

| 막다른 도로의 길이 | 도로 폭 |
|---|---|
| 10m 미만 | 2m 이상 |
| 10m 이상 35m 미만 | 3m 이상 |
| 35m 이상 | 6m 이상 (도시 지역이 아닌 읍, 면의 구역에서는 4m 이상) |

### 8. 다중이용건축물 [영 제5조 ④]

다중이 사용하는 대규모의 건축물로서 아래에 해당하는 것

① 16층 이상인 건축물
② 문화 및 집회시설(전시장 및 동·식물원을 제외), 종교시설, 판매시설, 운수시설(여객용 시설만 해당), 의료 시설 중 종합병원 또는 숙박시설 중 관광숙박시설의 용도에 쓰이는 바닥면적의 합계가 5,000m² 이상인 건축물

### 9. 준다중이용 건축물

다중이용 건축물 외의 건축물로서 다음의 어느 하나에 해당하는 용도로 쓰는 바닥면적의 합계가 1,000m² 이상인 건축물을 말한다.

① 문화 및 집회시설(동물원 및 식물원은 제외함)
② 종교시설            ③ 판매시설
④ 운수시설 중 여객용 시설    ⑤ 의료시설 중 종합병원
⑥ 교육연구시설         ⑦ 노유자시설
⑧ 운동시설            ⑨ 숙박시설 중 관광숙박시설
⑩ 위락시설            ⑪ 관광 휴게시설
⑫ 장례식장

### 10. 고층건축물

"고층건축물"이란 층수가 30층 이상이거나 높이가 120미터 이상인 건축물을 말한다.

### 11. 준고층 건축물

"준초고층 건축물"이란 고층건축물 중 초고층 건축물이 아닌 것을 말한다.

### 12. 초고층 건축물

층수가 50층 이상이거나 높이가 200m 이상인 건축물을 말한다.
※ 피난안전구역의 설치 (영 제34조)
　초고층 건축물에는 피난층 또는 지상으로 통하는 직통계단과 직접 연결되는 피난안전구역(초고층 건축물의 피난·안전을 위하여 지상층으로부터 최대 30개 층마다 설치하는 대피공간을 말함)을 설치하여야 한다.

### 13. 실내건축

건축물의 실내를 안전하고 쾌적하며 효율적으로 사용하기 위하여 내부 공간을 칸막이로 구획하거나 벽지, 천장재, 바닥재, 유리 등 대통령령으로 정하는 재료 또는 장식물을 설치하는 것을 말한다.

### 14. 특수구조 건축물

다음의 어느 하나에 해당하는 건축물을 말한다.

① 한쪽 끝은 고정되고 다른 끝은 지지(支持)되지 아니한 구조로 된 보·차양 등이 외벽의 중심선으로부터 3m 이상 돌출된 건축물

② 기둥과 기둥 사이의 거리(기둥의 중심선 사이의 거리를 말하며, 기둥이 없는 경우에는 내력벽과 내력벽의 중심선 사이의 거리를 말한다. 이하 같다)가 20m 이상인 건축물

③ 특수한 설계·시공·공법 등이 필요한 건축물로서 국토교통부장관이 정하여 고시하는 구조로 된 건축물

## 3 용도별 건축물의 종류 (시행령 제3조의5 관련-[별표 1] 〈개정 2014.11.28.〉)

**1. 단독주택** [단독주택의 형태를 갖춘 가정어린이집·공동생활가정·지역아동센터 및 노인복지시설(노인복지주택은 제외한다)을 포함한다]

**가. 단독주택**

**나. 다중주택** : 다음의 요건을 모두 갖춘 주택을 말한다.

1) 학생 또는 직장인 등 여러 사람이 장기간 거주할 수 있는 구조로 되어 있는 것

2) 독립된 주거의 형태를 갖추지 아니한 것(각 실별로 욕실은 설치할 수 있으나, 취사시설은 설치하지 아니한 것을 말한다. 이하 같다)

3) 연면적이 330제곱미터 이하이고 층수가 3층 이하인 것

**다. 다가구주택** : 다음의 요건을 모두 갖춘 주택으로서 공동주택에 해당하지 아니하는 것을 말한다.

1) 주택으로 쓰는 층수(지하층은 제외한다)가 3개 층 이하일 것. 다만, 1층의 바닥면적 2분의 1 이상을 필로티 구조로 하여 주차장으로 사용하고 나머지 부분을 주택 외의 용도로 쓰는 경우에는 해당 층을 주택의 층수에서 제외한다.

2) 1개 동의 주택으로 쓰이는 바닥면적(부설 주차장 면적은 제외한다. 이하 같다)의 합계가 660제곱미터 이하일 것

3) 19세대 이하가 거주할 수 있을 것

**라. 공관(公館)**

**2. 공동주택** [공동주택의 형태를 갖춘 가정어린이집·공동생활가정·지역아동센터·노인복지시설(노인복지주택은 제외한다) 및 「주택법 시행령」 제3조제1항에 따른 원룸형 주택을 포함한다]. 다만, 가목이나 나목에서 층수를 산정할 때 1층 전부를 필로티 구조로 하여 주차장으로 사용하는 경우에는 필로티 부분을 층수에서 제외하고, 다목에서 층수를 산정할 때 1층의 바닥면적 2분의 1 이상을 필로티 구조로 하여 주차장으로 사용하고 나머지 부분을 주택 외의 용도로 쓰는 경우에는 해당 층을 주택의 층수에서 제외하며, 가목부터 라목까지의 규정에서 층수를 산정할 때 지하층을 주택의 층수에서 제외한다.

**가. 아파트** : 주택으로 쓰는 층수가 5개 층 이상인 주택

**나. 연립주택** : 주택으로 쓰는 1개 동의 바닥면적(2개 이상의 동을 지하주차장으로 연결하는 경우에는 각각의 동으로 본다) 합계가 660제곱미터를 초과하고, 층수가 4개 층 이하인 주택

**다. 다세대주택** : 주택으로 쓰는 1개 동의 바닥면적 합계가 660제곱미터 이하이고, 층수가 4개 층 이하인 주택(2개 이상의 동을 지하주차장으로 연결하는 경우에는 각각의 동으로 본다)

**라. 기숙사** : 학교 또는 공장 등의 학생 또는 종업원 등을 위하여 쓰는 것으로서 1개 동의 공동취사시설 이용 세대 수가 전체의 50퍼센트 이상인 것(「교육기본법」 제27조 제2항에 따른 학생복지주택을 포함한다)

## 3. 제1종 근린생활시설

**가.** 식품·잡화·의류·완구·서적·건축자재·의약품·의료기기 등 일용품을 판매하는 소매점으로서 같은 건축물(하나의 대지에 두 동 이상의 건축물이 있는 경우에는 이를 같은 건축물로 본다. 이하 같다)에 해당 용도로 쓰는 바닥면적의 합계가 1천 제곱미터 미만인 것

**나.** 휴게음식점, 제과점 등 음료·차(茶)·음식·빵·떡·과자 등을 조리하거나 제조하여 판매하는 시설(제4호너목 또는 제17호에 해당하는 것은 제외한다)로서 같은 건축물에 해당 용도로 쓰는 바닥면적의 합계가 300제곱미터 미만인 것

**다.** 이용원, 미용원, 목욕장, 세탁소 등 사람의 위생관리나 의류 등을 세탁·수선하는 시설(세탁소의 경우 공장에 부설되는 것과 「대기환경보전법」, 「수질 및 수생태계 보전에 관한 법률」 또는 「소음·진동관리법」에 따른 배출시설의 설치 허가 또는 신고의 대상인 것은 제외한다)

**라.** 의원, 치과의원, 한의원, 침술원, 접골원(接骨院), 조산원, 안마원, 산후조리원 등 주민의 진료·치료 등을 위한 시설

**마.** 탁구장, 체육도장으로서 같은 건축물에 해당 용도로 쓰는 바닥면적의 합계가 500제곱미터 미만인 것

**바.** 지역자치센터, 파출소, 지구대, 소방서, 우체국, 방송국, 보건소, 공공도서관, 건강보험공단 사무소 등 공공업무시설로서 같은 건축물에 해당 용도로 쓰는 바닥면적의 합계가 1천 제곱미터 미만인 것

**사.** 마을회관, 마을공동작업소, 마을공동구판장, 공중화장실, 대피소, 지역아동센터(단독주택과 공동주택에 해당하는 것은 제외한다) 등 주민이 공동으로 이용하는 시설

**아.** 변전소, 도시가스배관시설, 통신용 시설(해당 용도로 쓰는 바닥면적의 합계가 1천제곱미터 미만인 것에 한정한다), 정수장, 양수장 등 주민의 생활에 필요한 에너지공급·통신서비스제공이나 급수·배수와 관련된 시설

**4. 제2종 근린생활시설** [이하 세부 내용 생략 : 4.~11.]

**5. 문화 및 집회시설     6. 종교시설     7. 판매시설**

**8. 운수시설          9. 의료시설**

**10. 교육연구시설** (제2종 근린생활시설에 해당하는 것은 제외한다)

**11. 노유자시설      12. 수련시설**

  **가. 생활권 수련시설**(「청소년활동진흥법」에 따른 청소년수련관, 청소년문화의집, 청소년 특화시설, 그 밖에 이와 비슷한 것을 말한다)

  **나. 자연권 수련시설**(「청소년활동진흥법」에 따른 청소년수련원, 청소년야영장, 그 밖에 이와 비슷한 것을 말한다)

  **다. 「청소년활동진흥법」에 따른 유스호스텔**

**13. 운동시설** [이하 세부 내용 생략 : 13.~14.]

**14. 업무시설**

**15. 숙박시설**

  **가. 일반숙박시설 및 생활숙박시설**

  **나. 관광숙박시설**(관광호텔, 수상관광호텔, 한국전통호텔, 가족호텔, 호스텔, 소형호텔, 의료관광호텔 및 휴양 콘도미니엄)

  **다. 다중생활시설**(제2종 근린생활시설에 해당하지 아니하는 것을 말한다)

  **라. 그 밖에 가목부터 다목까지의 시설과 비슷한 것**

**16. 위락시설**

  **가. 단란주점으로서 제2종 근린생활시설에 해당하지 아니하는 것**

  **나. 유흥주점이나 그 밖에 이와 비슷한 것**

  **다. 「관광진흥법」에 따른 유원시설업의 시설, 그 밖에 이와 비슷한 시설**(제2종 근린생활시설과 운동시설에 해당하는 것은 제외한다)

  **라. 삭제 <2010.2.18>**

  **마. 무도장, 무도학원          바. 카지노영업소**

**17. 공장** [이하 세부 내용 생략: 17.~26.]

**18. 창고시설** (위험물 저장 및 처리 시설 또는 그 부속용도에 해당하는 것은 제외한다)

**19. 위험물 저장 및 처리 시설**

**20. 자동차 관련 시설** (건설기계 관련 시설을 포함한다)

**21. 동물 및 식물 관련 시설       22. 자원순환 관련 시설**

**23. 교정 및 군사 시설** (제1종 근린생활시설에 해당하는 것은 제외한다)

**24. 방송통신시설** (제1종 근린생활시설에 해당하는 것은 제외한다)

**25. 발전시설                  26. 묘지 관련 시설**

**27. 관광 휴게시설**

가. 야외음악당      나. 야외극장

다. 어린이회관      라. 관망탑

마. 휴게소          바. 공원·유원지 또는 관광지에 부수되는 시설

**28. 장례식장** [의료시설의 부수시설(「의료법」 제36조제1호에 따른 의료기관의 종류에 따른 시설을 말한다)에 해당하는 것은 제외한다]

**29. 야영장시설**

## 4 건축법 적용제외 [법 제3조]

### 1. 건축법의 적용지역

| 구분 | 대상지역 | 일부적용 제외 규정 |
|------|----------|-------------------|
| 건축법의 전면적인 적용지역 | • 도시지역, 지구단위계획 구역<br>• 동 또는 읍의 지역<br>• 인구 500인 이상인 동·읍 지역에 속하는 섬의 지역 | — |
| 적용제외 대상지역 | • 농림지역<br>• 자연환경보전지역<br>• 인구 500인 미만인 동·읍 지역에 속하는 섬의 지역 | • 대지와 도로와의 관계<br>• 도로의 지정·폐지 또는 변경<br>• 건축선의 지정<br>• 건축선에 따른 건축제한<br>• 방화지구 안의 건축물<br>• 대지의 분할제한 |

### 2. 건축법을 적용하지 않는 건축물

| 문화재 보호법에 따른 | • 지정·가지정 문화재 |
|------|------|
| 철도·궤도의 선로 부지내 시설 | • 운전보안시설<br>• 철도선로의 상하를 횡단하는 보행시설<br>• 플랫트 홈<br>• 해당 철도 또는 궤도 사업용 급수·급탄·급유시설 |
| 그 밖의 시설물 | • 고속도로 통행료 징수시설<br>• 컨테이너를 이용한 간이창고(공장의 용도로만 사용되는 건축물의 대지 안에 설치하는 것으로서 이동이 용이한 것에 한함) |

# 2. 건축물의 건축

## 1 건축허가 및 신청

### 1. 건축허가 [법 제11조]

① 특별자치도지사 또는 시장·군수·구청장의 허가

건축물을 건축 또는 대수선하고자 하는 자는 특별자치도지사 또는 시장·군수·구청장의 허가를 받아야 한다.

② 특별시장 또는 광역시장의 허가대상 [법 제11조, 영 제8조 ①]

다음의 용도 및 규모의 건축물을 특별시 또는 광역시에 건축하고자 하는 경우에는 특별시장 또는 광역시장의 허가를 받아야 한다.

㉠ 21층 이상의 건축물의 건축

㉡ 연면적의 합계가 100,000m² 이상인 건축물(공장, 창고)의 건축

※ 연면적의 3/10 이상의 증축으로 인하여 층수가 21층 이상으로 되거나 연면적의 합계가 100,000m² 이상으로 되는 경우의 증축을 포함

### 2. 건축허가에 관한 사전승인 [법 제11조 ②, 영 제8조 ②, ③, 규칙 제7조]

① 시장·군수는 다음에 해당하는 건축물의 건축을 허가하는 경우 미리 건축계획서와 건축물의 용도, 규모 및 형태가 표시된 기본설계도서를 첨부하여 도지사의 승인을 얻은 후 허가하여야 한다. (특별시 또는 광역시가 아닌 경우)

| 건 축 물 | 용 도 |
|---|---|
| 21층 이상의 건축물의 건축 | 용 도 무 관 |
| 연면적의 합계가 100,000m² 이상인 건축물 (연면적의 3/10 이상의 증축으로 인하여 층수가 21층 이상으로 되거나 연면적의 합계가 100,000m² 이상으로 되는 경우의 증축을 포함) | 다음의 어느 하나에 해당하는 건축물의 건축은 제외함<br>1. 공장  2. 창고<br>3. 지방건축위원회의 심의를 거친 건축물 (특별시 또는 광역시의 건축조례로 정하는 바에 따라 해당 지방건축위원회의 심의사항으로 할 수 있는 건축물에 한정하며, 초고층 건축물은 제외한다) |
| 자연환경 또는 수질보호를 위하여 도지사가 지정·공고하는 구역 안에 건축하는 3층 이상 또는 연면적합계 1,000m² 이상의 건축물 | ·공동주택<br>·제2종 근린생활시설(일반음식점에 한함)<br>·업무시설(일반 업무시설에 한함)<br>·숙박시설<br>·위락시설 |
| 주거환경 또는 교육환경 등 주변 환경의 보호상 필요하다고 인정하여 도지사가 지정·공고하는 구역 안에 건축하는 건축물 | ·위락시설<br>·숙박시설 |

### 2 건축신고 [법 제14조, 영 제11조]

① 허가대상건축물이라 하더라도 다음에 해당하는 경우에는 미리 특별자치도지사 또는
   시장·군수·구청장에게 신고함으로써 건축허가를 받은 것으로 본다.
② 신고 대상 행위
   ㉠ 바닥면적의 합계가 85m² 이내의 증축·개축 또는 재축
      다만, 3층 이상 건축물인 경우에는 증축·개축 또는 재축하려는 부분의 바닥면적의
      합계가 건축물 연면적의 1/10 이내인 경우로 한정한다.
   ㉡ 관리지역·농림지역 또는 자연환경보전지역 안에서 연면적 200m² 미만이고 3층
      미만인 건축물의 건축
      예외 다음의 어느 하나에 해당하는 구역에서의 건축은 제외한다.
         • 지구단위계획구역
         • 방재지구 등 재해취약지역으로서 대통령령으로 정하는 구역
   ㉢ 대수선(연면적 200m² 미만이고 3층 미만인 건축물의 대수선에 한함)
   ㉣ 주요구조부의 해체가 없는 다음의 어느 하나에 해당하는 대수선
      • 내력벽의 면적을 30m² 이상 수선하는 것
      • 기둥을 세 개 이상 수선하는 것
      • 보를 세 개 이상 수선하는 것
      • 지붕틀을 세 개 이상 수선하는 것
      • 방화벽 또는 방화구획을 위한 바닥 또는 벽을 수선하는 것
      • 주계단·피난계단 또는 특별피난계단을 수선하는 것
   ㉤ 기타 다음의 소규모 건축물의 건축
      • 연면적의 합계가 100m²인 건축물
      • 건축물의 높이를 3m 이하의 범위 안에서 증축하는 건축물
      • 표준설계도서에 의하여 건축하는 건축물로서 그 용도·규모가 주위환경·미관상
        지장이 없다고 인정하여 건축조례로 정하는 건축물
      • 공업지역, 지구단위계획구역(산업형에 한함) 및 산업단지 안에서 건축하는 2층
        이하인 건축물로서 연면적의 합계가 500m² 이하인 공장
      • 농업 또는 수산업을 영위하기 위하여 읍·면지역에서 건축하는 연면적 200m²
        이하의 창고 및 연면적 400m² 이하의 축사·작물재배사
        예외 시장 또는 군수가 지역계획 또는 도시계획에 지장이 있다고 인정하여 지정·공고한
           구역

## 3  건축물의 용도변경 [법 제19조, 영 제14조, 규칙 제12조의2]

### 1. 건축물의 용도변경

건축물의 용도변경은 변경하고자 하는 용도의 건축기준에 적합하게 하여야 한다.

### 2. 허가·신고 및 기재사항 변경신청 대상 용도변경

사용승인을 얻은 건축물의 용도를 변경하고자 하는 자는 다음의 구분에 따라 특별자치
도지사 또는 시장·군수·구청장의 허가를 받거나 신고를 하여야 한다.

① 허가대상 용도변경

다음의 어느 하나에 해당하는 시설군에 속하는 건축물의 용도를 하위군에서 상위군에
해당하는 용도로 변경하는 경우

② 신고대상 용도변경

다음의 어느 하나에 해당하는 시설군에 속하는 건축물의 용도를 상위군에서 하위군에
해당하는 용도로 변경하는 경우

③ 기재사항의 변경을 신청하여야 하는 용도변경

시설군 중 동일한 시설군내에서 용도를 변경하고자 하는 자는 시장·군수·구청장에
게 건축물대장 기재사항의 변경을 신청하여야 한다.

[예외] [별표 1]의 동일한 호에 속하는 건축물간의 용도변경

■ **건축물의 용도구분**(개정 2014.3.24)

| 시설군 | 건축물의 용도 |
|---|---|
| 1. 자동차관련 시설군 | ·자동차관련시설 |
| 2. 산업 등 시설군 | ·운수시설    ·창고시설    ·공장<br>·위험물저장 및 처리시설    ·자연순환 관련시설<br>·묘지관련시설    ·장례식장 |
| 3. 전기통신시설군 | ·방송통신시설    ·발전시설 |
| 4. 문화·집회시설군 | ·문화 및 집회시설    ·종교시설    ·위락시설    ·관광휴게시설 |
| 5. 영업시설군 | ·판매시설    ·운동시설    ·숙박시설<br>·제2종 근린생활시설 중 다중생활시설 |
| 6. 교육 및 복지시설군 | ·의료시설    ·교육연구시설    ·노유자시설    ·수련시설 |
| 7. 근린생활시설군 | ·제1종 근린생활시설<br>·제2종 근린생활시설 (다중생활시설은 제외한다) |
| 8. 주거·업무시설군 | ·단독주택    ·공동주택    ·업무시설    ·교정 및 군사시설 |
| 9. 그 밖의 시설군 | ·동물 및 식물관련시설 |

건축허가 (표 왼쪽: 위로 향하는 화살표) / 건축신고 (표 오른쪽: 아래로 향하는 화살표)

# 3. 건축시공

## 1 건축물의 공사 감리 [법 제25조, 영 제14조, 규칙 제12조의2]

### 1. 감리 중간보고서의 제출
① 공사의 공정이 다음의 진도에 다다른 때에는 공사 감리자가 감리 중간보고서를 작성하여 건축주에게 이를 제출하여야 한다.
② 감리 중간보고서의 제출 시기

| 구 조 | 제 출 시 기 |
|---|---|
| · 철근 콘크리트조<br>· 철골조<br>· 철골철근콘크리트조<br>· 조적조<br>· 보강 콘크리트 블록조 | 기초공사시 기초 철근을 배치 완료한 경우 |
| | 지붕공사시 지붕슬래브 배근을 완료한 경우 |
| | 5층 이상의 건축물인 경우 지상 5개 층마다 상부 슬래브 배근을 완료한 경우. 다만, 철골조 구조의 건축물의 경우에는 지상 3개 층마다 또는 높이 20m마다 주요구조부의 조립을 완료한 경우로 한다. |
| · 기타 구조 | 기초공사시 거푸집 또는 주춧돌 설치를 완료한 경우 |

### 2. 상세 시공도면의 작성 요청 [법 제25조 ⑤, 영 제19 ④]
연면적의 합계가 5,000m² 이상인 건축공사의 공사감리자는 필요하다고 인정하는 경우에는 공사시공자로 하여금 상세시공도면을 작성하도록 요청할 수 있다.

## 2 허용오차 [법 제26조, 규칙 제20조 [별표 5]]

대지의 측량(「측량·수로조사 및 지적에 관한 법률」에 따른 측량을 제외)과정과 건축물의 건축에 있어 부득이하게 발생하는 오차는 이 법을 적용함에 있어서는 다음의 범위 안에서 이를 허용한다.

### 1. 대지 관련 건축기준의 허용오차

| 항 목 | 허용되는 오차의 범위 |
|---|---|
| 건 폐 율 | 0.5% 이내 (단, 건축면적 5m²를 초과할 수 없다.) |
| 용 적 률 | 1% 이내 (단, 연면적 30m²를 초과할 수 없다.) |
| · 건축선의 후퇴 거리<br>· 인접 건축물과의 거리 | 3% 이내 |

## 2. 건축물 관련 건축기준의 허용오차

| 항 목 | | 허용되는 오차의 범위 |
|---|---|---|
| 건축물 높이 | 2% 이내 | 1m를 초과할 수 없다. |
| 출구 너비 | | – |
| 반자 높이 | | – |
| 평면 길이 | | 건축물 전체길이는 1m를 초과할 수 없으며, 벽으로 구획된 각 실은 10cm를 초과할 수 없다. |
| ·벽체 두께<br>·바닥판 두께 | 3% 이내 | |

# 4. 건축물의 유지·관리

## 1. 건축물의 철거 등의 신고 [법 제36조, 규칙 제24조] (2014.1.14 개정)

① 허가를 받았거나 신고를 한 건축물을 철거하려는 자는 철거예정일 3일 전까지 건축물철거·멸실신고서(전자문서로 된 신고서를 포함한다)에 다음의 사항을 규정한 해체공사계획서를 첨부하여 특별자치시장·특별자치도지사 또는 시장·군수·구청정에게 제출하여야 한다. 이 경우 철거 대상 건축물이 「산업안전보건법」에 따른 기관석면조사 대상 건축물에 해당하는 때에는 기관석면조사 사본을 추가로 첨부하여야 한다.

ⓒ 층별·위치별 해체작업의 방법 및 순서

ⓒ 건설폐기물의 적치 및 반출 계획

ⓒ 공사현장 안전조치 계획

② 건축물의 소유자 또는 관리자는 그 건축물이 재해로 인하여 멸실된 경우에는 멸실 후 30일 이내에 신고하여야 한다.

# 5. 건축물의 대지 및 도로

## 1 대지의 조경 [법 제42조, 영 제27조, 규칙 제 26조의 2]

### 1. 대지의 조경 대상

면적 200m² 이상인 대지에 건축을 하는 건축주는 용도지역 및 건축물의 규모에 따라 해당 지방자치단체의 조례가 정하는 기준에 따라 대지에 조경 그 밖에 필요한 조치를 하여야 한다.

### 2. 건축선 [법 제46조, 영 제31조]

#### 1) 건축선의 지정

① 건축선의 정의

건축선이란 도로와 접한 부분에 있어서 건축물을 건축할 수 있는 선은 대지와 도로의 경계선으로 한다.

② 도로 모퉁이에서의 건축선

너비 8m 미만인 도로의 모퉁이에 위치한 대지의 도로모퉁이 부분의 건축선은 그 대지에 접한 도로경계선의 교차점으로부터 도로경계선에 따라 다음의 표에 의한 거리를 각각 후퇴한 2점을 연결한 선으로 한다.

| 도로의 교차각 | 해당 도로의 너비 | | 교차되는 도로의 너비 |
|---|---|---|---|
| | 6m 이상 8m 미만 | 4m 이상 6m 미만 | |
| 90° 미만 | 4m | 3m | 6m 이상 8m 미만 |
| | 3m | 2m | 4m 이상 6m 미만 |
| 90° 이상 120° 미만 | 3m | 2m | 6m 이상 8m 미만 |
| | 2m | 2m | 4m 이상 6m 미만 |

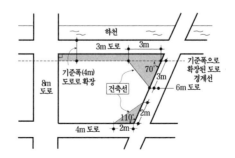

※ 도로 모퉁이에서의 건축선 규정

ㄱ 너비 8m 미만인 도로에 접한 대지의 모퉁이 부분에 적용된다.

ㄴ 도로의 교차각이 120° 미만인 경우에 적용된다.

ㄷ 차량 회전시 보행자의 안전과 시야 확보를 위해서 적용되는 규정이다.

## 2) 건축선에 따른 건축제한 [법 제47조]

① 건축물 및 담장은 건축선의 수직면을 넘어서는 아니 된다.

**예외** 지표하의 부분

② 도로면으로부터 높이 4.5m 이하에 있는 출입구·창문, 그 밖에 이와 유사한 구조물은 개 폐시에 건축선의 수직면을 넘는 구조로 하여서는 아니 된다.

# 6. 건축물의 구조 및 재료 등

## 1 구조내력 등 [법 제48조, 영 제32조]

### 1. 구조내력

건축물은 고정하중·적재하중·적설하중·풍압·지진 기타의 진동 및 충격 등에 대하여 안전한 구조를 가져야 한다.

### 2. 구조안전의 확인

건축물을 건축하거나 대수선하는 경우에는 구조기준 및 구조계산에 따라 그 구조의 안전을 확인하여야 한다.

#### 1) 구조기준 및 구조계산에 의한 구조안전의 확인

구조 안전을 확인한 건축물 중 다음의 어느 하나에 해당하는 건축물의 건축주는 해당 건축물의 설계자로부터 구조 안전의 확인 서류를 받아 착공신고를 하는 때에 그 확인 서류를 허가권자에게 제출하여야 한다.

① 층수가 2층[주요구조부인 기둥과 보를 설치하는 건축물로서 그 기둥과 보가 목재인 목구조 건축물(이하 "목구조 건축물"이라 한다)의 경우에는 3층] 이상인 건축물 <개정 2017.2.3.>

② 연면적이 200m² (목구조 건축물의 경우에는 500m²)이상인 건축물. 다만, 창고, 축사, 작물 재배사 및 표준설계도서에 따라 건축하는 건축물은 제외한다.

③ 높이가 13m 이상인 건축물

④ 처마높이가 9m 이상인 건축물

⑤ 기둥과 기둥 사이의 거리가 10m 이상인 건축물

⑥ 국토교통부령으로 정하는 지진구역 안의 건축물

⑦ 국가적 문화유산으로 보존할 가치가 있는 건축물로서 국토교통부령으로 정하는 것

⑧ 특수구조 건축물 중 다음에 해당하는 건축물

　　㉠ 한쪽 끝은 고정되고 다른 끝은 지지(支持)되지 아니한 구조로 된 보·차양 등이 외벽의 중심선으로부터 3m 이상 돌출된 건축물

　　㉡ 특수한 설계·시공·공법 등이 필요한 건축물로서 국토교통부장관이 정하여 고시하는 구조로 된 건축물

⑨ 단독주택 및 공동주택

### 2) 건축물의 내진능력 공개(법 제48조의3)

① 다음의 어느 하나에 해당하는 건축물을 건축하고자 하는 자는 사용승인을 받는 즉시 건축물이 지진 발생 시에 견딜 수 있는 능력(이하 "내진능력"이라 한다)을 공개하여야 한다. 다만, 구조안전 확인 대상 건축물이 아니거나 내진능력 산정이 곤란한 건축물로서 대통령령으로 정하는 건축물은 공개하지 아니한다. <개정 2017. 12. 26.>

　　㉠ 층수가 2층[주요구조부인 기둥과 보를 설치하는 건축물로서 그 기둥과 보가 목재인 목구조 건축물의 경우에는 3층] 이상인 건축물

　　㉡ 연면적이 200m$^2$(목구조 건축물의 경우에는 500m$^2$) 이상인 건축물

　　㉢ 그밖에 건축물의 규모와 중요도를 고려하여 대통령령으로 정하는 건축물

② 위 ①의 내진능력의 산정 기준과 공개 방법 등 세부사항은 국토교통부령으로 정한다.

## 2 관계전문기술자와의 협력 [영 제91조의3]

1. 다음의 어느 하나에 해당하는 건축물의 설계자는 해당 건축물에 대한 구조의 안전을 확인하는 경우에는 건축구조기술사의 협력을 받아야 한다.

① 6층 이상인 건축물

② 특수구조 건축물

③ 다중이용 건축물

④ 준다중이용 건축물

⑤ 3층 이상의 필로티 형식 건축물

⑥ 국토교통부령으로 정하는 지진구역안의 건축물

2. 연면적 10,000m$^2$ 이상인 건축물(창고시설은 제외한다) 또는 에너지를 대량으로 소비하는 건축물로서 국토교통부령으로 정하는 건축물에 건축설비를 설치하는 경우에는 국토교통부령으로 정하는 바에 따라 다음의 구분에 따른 관계전문기술자의 협력을 받아야 한다.

① 전기, 승강기(전기 분야만 해당한다) 및 피뢰침 :「국가기술자격법」에 따른 건축전기설비기술사 또는 발송배전기술사

② 가스·급수·배수(配水)·배수(排水)·환기·난방·소화·배연·오물처리 설비 및 승강기
(기계 분야만 해당한다) :「국가기술자격법」에 따른 건축기계설비기술사 또는 공조
냉동기계기술사

3. 깊이 10m 이상의 토지 굴착공사 또는 높이 5m 이상의 옹벽 등의 공사를 수반하는 건
축물의 설계자 및 공사감리자는 토지 굴착 등에 관하여 국토교통부령으로 정하는 바에
따라「국가기술자격법」에 따른 토목 분야 기술사 또는 국토개발 분야의 지질 및 기반
기술사의 협력을 받아야 한다.

# 7. 건축물의 피난시설

## 1 직통계단의 설치 기준 [영 제34조, 피난·방화 규칙 제8조]

### 1. 용어의 정의
① 직통계단 : 피난층 이외의 층에서 피난층 또는 지상으로 통하는 경로가 계단 및 계단
참이 연결되는 계단을 말함
② 피난층 : 직접 지상으로 통하는 출입구가 있는 층을 말함
③ 계단 : 거실로부터 가장 가까운 거리에 있는 계단을 말함

### 2. 건축물의 피난층외의 층에서는 피난층 또는 지상으로 통하는 직통계단(경사로를 포함)
을 거실의 각 부분으로부터 계단에 이르는 보행거리가 다음과 같이 설치하여야 한다.

### 3. 피난층이 아닌 층에서의 직통 계단까지의 보행거리 [영 제34조]

| 구 분 | 보행거리 |
|---|---|
| 일반 원칙 | 30m 이하 |
| 주요 구조부가 내화구조<br>또는 불연재료로 된 건축물 | 50m 이하<br>· 16층 이상의 공동 주택 : 40m 이하<br>· 지하층에 설치하는 것으로서 바닥면적의 합계가 300m² 이상인 공연장·집회장·관람장 및 전시장은 30m 이하 |

직통계단의 출입구는 피난에 지장이 없도록 일정한 간격을 두어 설치하고, 각 직통계단
의 상호간에는 각각 거실과 연결된 복도 등 통로를 설치하여야 한다.

## 2 직통 계단을 2개소 이상 설치하여야 하는 건축물 [영 제34조, 피난·방화 규칙 제8조]

### 1. 일반 설치 기준

직통계단의 출입구는 피난에 지장이 없도록 일정한 간격을 두어 설치하고, 각 직통계단 상호간에는 각각 거실과 연결된 복도 등 통로를 설치하여야 한다.

### 2. 설치 대상

직통 계단을 2개소 이상 설치하여야 하는 건축물

| 건축물의 용도 | 해 당 부 분 | 면 적 |
|---|---|---|
| ① · 문화 및 집회시설<br>　(전시장 및 동·식물원을 제외)<br>· 장례식장<br>· 위락시설 중 주점영업 | 그 층의 관람석 또는 집회실의 바닥면적의 합계 | |
| ② · 단독주택 중 다중주택·다가구주택<br>· 제2종 근린생활시설 중 학원·독서실<br>· 판매 및 운수시설<br>· 의료시설(입원실이 없는 치과병원을 제외)<br>· 교육연구시설 중 학원<br>· 노유자시설 중 아동 관련 시설 · 노인복지시설<br>· 수련시설 중 유스호스텔<br>· 숙박시설 | 3층 이상의 층으로서 그 층의 당해용도에 쓰이는 거실의 바닥면적의 합계 | 200m² 이상 |
| ③ · 지하층 | 그 층의 거실 바닥면적의 합계 | |
| ④ · 공동주택(층 당 4세대 이하인 것을 제외)<br>· 업무시설 중 오피스텔 | 그 층의 당해용도에 쓰이는 거실의 바닥면적의 합계 | 300m² 이상 |
| ⑤ 위 ①, ②, ④ 에 해당하지 않는 것 | 3층 이상의 층으로서 그 층의 거실의 바닥면적의 합계 | 400m² 이상 |

### 3. 계단 및 거실로부터 출구와의 거리 [영 제39조, 피난·방화규칙 제11조]

건축물의 바깥쪽으로 나가는 출구를 설치하는 경우 피난층의 계단으로부터 건축물의 바깥쪽으로의 출구에 이르는 보행거리와 거실의 각 부분으로부터 건축물의 바깥쪽으로의 출구에 이르는 보행거리는 다음과 같다.

| 구분 | 보행거리<br>(가장 가까운 출구와의 보행거리를 말함) |
|---|---|
| 일반 원칙 | 30(60)m 이하 |
| 주요 구조부가 내화구조 또는<br>불연재료로 된 건축물 | 50(100)m 이하<br>·16층 이상의 공동 주택 : 40(80)m 이하<br>·지하층에 설치하는 것으로서 바닥면적의 합계가 300m²<br>　이상인공연장·집회장·관람장 및 전시장은 30(60)m이하 |

※ ( )의 값은 거실(피난에 지장이 없는 출입구가 있는 것을 제외)의 각 부분으로부터 건축물의 바깥쪽으로의 출구에 이르는 보행거리

---

### **3** **피난안전구역의 설치와 기준** [시행령 제34조③④, 피난방·화규칙 제8조의2]

#### 1. 피난안전구역의 설치

① 초고층 건축물에는 피난층 또는 지상으로 통하는 직통계단과 직접 연결되는 피난안전구역(건축물의 피난·안전을 위하여 건축물 중간층에 설치하는 대피공간을 말한다. 이하 같다)을 지상층으로부터 최대 30개 층마다 1개소 이상 설치하여야 한다.

② 준초고층 건축물에는 피난층 또는 지상으로 통하는 직통계단과 직접 연결되는 피난안전구역을 해당 건축물 전체 층수의 1/2분에 해당하는 층으로부터 상하 5개층 이내에 1개소 이상 설치하여야 한다.

　[예외] 국토교통부령으로 정하는 기준에 따라 피난층 또는 지상으로 통하는 직통계단을 설치하는 경우에는 그러하지 아니하다.

③ 피난안전구역의 규모와 설치기준은 국통교통부령으로 정한다.

#### 2. 피난안전구역의 설치 기준

① 피난안전구역은 해당 건축물의 1개층을 대피공간으로 하며, 대피에 장애가 되지 아니하는 범위에서 기계실, 보일러실, 전기실 등 건축설비를 설치하기 위한 공간과 같은 층에 설치할 수 있다. 이 경우 피난안전구역은 건축설비가 설치되는 공간과 내화구조로 구획하여야 한다.

② 피난안전구역에 연결되는 특별피난계단은 피난안전구역을 거쳐서 상·하층으로 갈 수 있는 구조로 설치하여야 한다.

③ 피난안전구역의 구조 및 설비는 다음의 기준에 적합하여야 한다.

　㉠ 피난안전구역의 바로 아래층 및 위층은 「건축물의 설비기준 등에 관한 규칙」에 적합한 단열재를 설치 할 것. 이 경우 아래층은 최상층에 있는 거실의 반자 또는 지붕 기준을 준용하고, 위층은 최하층에 있는 거실의 바닥 기준을 준용할 것

　㉡ 피난안전구역의 내부마감재료는 불연재료로 설치할 것

　㉢ 건축물의 내부에서 피난안전구역으로 통하는 계단은 특별피난계단의 구조로 설치할 것

　㉣ 비상용 승강기는 피난안전구역에서 승하차 할 수 있는 구조로 설치할 것

　㉤ 피난안전구역에는 식수공급을 위한 급수전을 1개소 이상 설치하고 예비전원에 의한 조명설비를 설치할 것

　㉥ 관리사무소 또는 방재센터 등과 긴급연락이 가능한 경보 및 통신시설을 설치할 것

　㉦ 정하는 기준(별표 1의2)에 따라 산정한 면적 이상일 것

　㉧ 피난안전구역의 높이는 2.1미터 이상일 것

　㉨ 「건축물의 설비기준 등에 관한 규칙」에 따른 배연설비를 설치할 것

　㉩ 그 밖에 소방방재청장이 정하는 소방 등 재난관리를 위한 설비를 갖출 것

# 8. 지역 및 지구 안의 건축물

## 1 대지가 지역·지구 또는 구역에 걸칠 때의 조치 [법 제54조, 영 제77조]

### 1. 대지가 지역·지구 또는 구역에 걸치는 경우

건축물 및 대지의 전부에 대하여 그 대지의 과반이 속하는 지역·지구 또는 구역 안의 건축물 및 대지 등에 관한 규정을 적용한다.

　예외 ① 녹지지역 ② 방화지구

　　　③ 당해 대지의 규모와 당해 대지가 속한 용도지역·지구 또는 구역의 성격 등 당해 대지에 관한 주변여건상 필요하다고 인정하여 해당 지방자치단체의 조례에서 적용방법을 따로 정하는 경우

### 2. 건축물이 미관지구에 걸치는 경우

건축물 및 대지의 전부에 대하여 미관지구안의 건축물 및 대지 등에 관한 규정을 적용한다.

### 3. 하나의 건축물이 방화지구와 그 밖의 구역에 걸치는 경우

건축물 전부에 대하여 방화지구안의 건축물에 관한 규정을 적용한다.

　예외 건축물이 방화지구와 그 밖의 구역의 경계가 방화벽으로 구획되는 경우에는 그 밖의 구역에 있는 부분

### 4. 대지가 녹지지역과 그 밖의 지역·지구 또는 구역에 걸치는 경우

대지가 녹지지역과 그 밖의 지역·지구 또는 구역에 걸치는 경우에는 지역·지구 또는 구역안의 건축물 및 대지에 관한 규정을 적용한다.

예외 녹지지역안의 건축물이 미관지구 또는 방화지구에 걸치는 경우에는 상기 2 또는 3의 규정에 따른다.

## 2  건축물의 건폐율과 용적률

### 1. 건축물의 건폐율 [법 제55조, 국토의 계획 및 이용에 관한 법률 제77조]
① 건폐율의 정의
대지면적에 대한 건축면적의 비율을 말한다.

$$건폐율 = \frac{^*건축면적}{대지면적} \times 100(\%)$$

② *건축면적 : 대지에 2 이상의 건축물이 있는 경우에는 이들 건축면적의 합계)

### 2. 건축물의 용적률 [법 제56조, 국토의 계획 및 이용에 관한 법률 제78조]
① 용적률의 정의
대지면적에 대한 연면적의 비율을 말한다.

$$용적률 = \frac{^*건축물의\ 지상층\ 연면적}{대지면적} \times 100(\%)$$

② *건축물의 지상층의 연면적 : 대지에 2 이상의 건축물이 있는 경우에는 이들 연면적의 합계

※ 용적률 산정시 제외되는 부분
    ㉠ 지하층 면적
    ㉡ 지상층의 주차용(해당 건축물의 부속용도에 한함)으로 사용되는 면적
    ㉢ 초고층, 준고층 건축물의 피난안전구역의 면적
    ㉣ 「주택건설기준 등에 관한 규정」에 따른 주민공동시설의 면적

### 3. 대지의 분할제한 [법 제57조, 영 제80]

#### 1) 지역별 대지의 분할제한

건축물이 있는 대지는 다음 표의 범위 안에서 당해 지방자치단체의 조례가 정하는 면적에 미달되게 분할할 수 없다.

| 구 분 | 최소 분할 면적 |
|---|---|
| ① 주거지역 | 60m² 이상 |
| ② 상업지역 | 150m² 이상 |
| ③ 공업지역 | |
| ④ 녹지지역 | 200m² 이상 |
| ⑤ 기타지역 | 60m² 이상 |

#### 2) 관련 법규

건축물이 있는 대지는 다음의 규정에 미달되게 분할 할 수 없다.
① 대지와 도로의 관계 [법 제44조]
② 건폐율 [법 제55조]
③ 용적률 [법 제56조]
④ 대지 안의 공지 [법 제58조]
⑤ 건축물의 높이 제한 [법 제60조]
⑥ 일조 등의 확보를 위한 건축물의 높이 제한 [법 제61조]

## 3 건축물의 높이 제한 [법 제60조, 영 제82조]

1. 허가권자는 가로구역[(街路區域): 도로로 둘러싸인 일단(一團)의 지역을 말한다]을 단위로 하여 다음의 사항을 고려하여 기준과 절차에 따라 건축물의 최고 높이를 지정·공고할 수 있다.
   ① 도시·군관리계획 등의 토지이용계획
   ② 해당 가로구역이 접하는 도로의 너비
   ③ 해당 가로구역의 상·하수도 등 간선시설의 수용능력
   ④ 도시미관 및 경관계획
   ⑤ 해당 도시의 장래 발전계획
   > **예외** 다만, 특별자치도지사 또는 시장·군수·구청장은 가로구역의 최고 높이를 완화하여 적용할 필요가 있다고 판단되는 대지에 대하여는 대통령령으로 정하는 바에 따라 건축위원회의 심의를 거쳐 최고 높이를 완화하여 적용할 수 있다.

2. 특별시장이나 광역시장은 도시의 관리를 위하여 필요하면 위 1 에 따른 가로구역별 건축물의 최고 높이를 특별시나 광역시의 조례로 정할 수 있다.

### 4 일조 등의 확보를 위한 건축물의 높이 제한 [법 제61조, 영 제86조①]

1. 전용주거지역이나 일반주거지역에서 건축물을 건축하는 경우에는 건축물의 각 부분을 정북 방향으로의 인접 대지경계선으로부터 다음의 범위에서 건축조례로 정하는 거리 이상을 띄어 건축하여야 한다.

① 높이 9m 이하인 부분: 인접 대지경계선으로부터 1.5m 이상

② 높이 9m를 초과하는 부분: 인접 대지경계선으로부터 해당 건축물 각 부분 높이의 1/2 이상

2. 다음의 어느 하나에 해당하는 경우에는 위 1.을 적용하지 아니한다.

① 다음에 해당하는 구역 안의 너비 20m 이상의 도로(자동차·보행자·자전거 전용도로를 포함하며, 도로와 대지 사이에 공공공지, 녹지, 광장, 그 밖에 건축미관에 지장이 없는 도시·군계획시설이 있는 경우 해당 시설을 포함한다)에 접한 대지 상호간에 건축하는 건축물의 경우

    ㉠ 「국토의 계획 및 이용에 관한 법률」에 따른 지구단위계획구역, 경관지구 및 미관지구

    ㉡ 「경관법」에 따른 중점경관관리구역

    ㉢ 특별가로구역

    ㉣ 도시미관 향상을 위하여 허가권자가 지정·공고하는 구역

② 건축협정구역 안에서 대지 상호간에 건축하는 건축물(건축협정에 일정 거리 이상을 띄어 건축하는 내용이 포함된 경우만 해당한다)의 경우

③ 건축물의 정북 방향의 인접 대지가 전용주거지역이나 일반주거지역이 아닌 용도지역에 해당하는 경우

# 9. 공개공지 등의 확보

### 1 공개공지 등의 확보 [법 제43조, 영 27조의 2]

지역의 환경을 쾌적하게 조성하기 위하여 아래의 용도 및 규모의 건축물은 일반이 사용할 수 있도록 소규모 휴식시설 등의 공개공지 또는 공개공간을 설치하여야 한다.

### 1. 공개공지 등의 확보 대상 지역과 건축물의 규모

① 대상 지역

    ㉠ 일반주거지역, 준주거지역

ⓛ 상업지역

  ⓒ 준공업지역

  ⓔ 시장·군수·구청장이 도시화의 가능성이 크다고 인정하여 지정·공고하는 지역

 ② 대상 건축물

  ㉠ 연면적의 합계가 5,000m² 이상인 문화 및 집회시설, 종교시설, 판매시설(농수산 물유통시설을 제외), 운수시설, 업무시설, 숙박시설

  ⓛ 기타 다중이 이용하는 시설로서 건축조례가 정하는 건축물

## 2. 공개공지 등의 확보 면적

 ① 공개공지 또는 공개공간의 면적은 대지면적의 10% 이하의 범위 안에서 건축조례로 정한다.

 ② 이 경우 조경면적과 「매장문화재 보호 및 조사에 관한 법률 시행령」에 따른 매장문화재의 현지보존 조치 면적을 공개공지 등의 면적으로 할 수 있다. <개정 2014.11.11., 2015.8.3.>

## 3. 공개공지 등에 확보하여야 하는 시설 등

 ① 환경친화적으로 편리하게 이용할 수 있도록 긴의자·파고라 등 공중이 이용할 수 있는 시설로서 건축조례가 정하는 시설을 설치하여야 한다.

 ② 이 경우 공개공지는 피로티의 구조로 설치할 수 있다.

 ③ 공개공지 등에는 물건을 쌓아 놓거나 출입을 차단하는 시설을 설치해서는 안 된다.

## 4. 공개공지 등에 따른 건축기준의 완화적용

 ① 공개공지 또는 공개공간을 설치하는 경우에는 건축조례가 정하는 바에 따라 다음 규정을 완화하여 적용할 수 있다.

  ㉠ 용적률(법 제56조) : 해당 지역에 적용되는 용적률의 1.2배 이하

  ⓛ 건축물의 높이제한(법 제60조) : 해당 건축물에 적용되는 높이기준의 1.2배 이하

 ② 바닥면적의 합계가 5,000m² 이상인 건축물로서 공개공지 또는 공개공간의 설치대상이 아닌 건축물(사업계획승인 대상인 공동주택을 제외)의 대지에 적합한 공개공지를 설치하는 경우에는 상기 규정에 의한 건축기준의 완화적용을 받을 수 있다.

# 10. 건축설비

## 1 개별난방 설비 [설비규칙 제13조]

공동주택과 오피스텔의 난방설비를 개별난방방식으로 하는 경우에는 다음의 기준에 적합하여야 한다.

| 구 분 | 기 준 |
|---|---|
| ① 보일러의 설치 위치 등 | · 거실 외의 곳에 설치<br>· 보일러를 설치하는 곳과 거실 사이의 경계벽은 내화구조의 벽으로 구획(출입구를 제외) |
| ② 보일러실의 환기 | · 윗부분에는 그 면적이 0.5m² 이상인 환기창을 설치<br>· 보일러실의 윗부분과 아랫부분에는 각각 지름 10cm 이상의 공기흡입구 및 배기구를 항상 열려있는 상태로 바깥공기에 접하도록 설치 |
| ③ 오피스텔의 경우 | 난방구획마다 내화구조로 된 벽·바닥과 갑종방화문으로 된 출입문으로 구획할 것 |
| ④ 보일러의 연도 | 내화구조로서 공동연도로 설치할 것 |
| ⑤ 기름보일러 | 기름저장소를 보일러실외의 다른 곳에 설치 |
| ⑥ 가스보일러 | · 보일러실과 거실사이의 출입구는 그 출입구가 닫힌 경우에는 보일러가스가 거실에 들어갈 수 없는 구조로 할 것<br>· 중앙집중공급방식으로 공급하는 경우에는 가스관계법령이 정하는 기준에 의함 |

## 2 승강기 [법 제64조, 영 제89, 90조, 설비규칙 제5,6,9,10조]

### 1. 승용 승강기의 설치

건축주는 6층 이상으로서 연면적 2,000m² 이상인 건축물을 건축하고자 하는 경우에는 승강기를 설치하여야 한다.

> **예외** 층수가 6층인 건축물로서 각층 거실의 바닥면적 300m² 이내마다 1개소 이상의 직통 계단을 설치한 건축물

## 2. 승용 승강기의 설치기준 [법 제64조, 설비규칙 [별표 1]]

| 건축물의 용도 \ 6층 이상의 거실 면적의 합계(A) | 3,000m² 이하 | 3,000m² 초과 | 공식 |
|---|---|---|---|
| • 문화 및 집회시설 (공연장, 집회장, 관람장에 한함)<br>• 판매시설 (도매시장, 소매시장, 상점에 한함)<br>• 의료시설 (병원, 격리병원에 한함) | 2대 | 2대에 3,000m²를 초과하는 경우에는 그 초과하는 매 2,000m²이내마다 1대의 비율로 가산한 대수 | $2+\dfrac{A-3{,}000\text{m}^2}{2{,}000^2}$ |
| • 문화 및 집회시설 (전시장, 동·식물원에 한함)<br>• 업무시설<br>• 숙박시설<br>• 위락시설 | 1대 | 1대에 3,000m²를 초과하는 경우에는 그 초과하는 매 2,000m²이내마다 1대의 비율로 가산한 대수 | $1+\dfrac{A-3{,}000\text{m}^2}{2{,}000^2}$ |
| • 공동주택<br>• 교육연구시설<br>• 기타 시설 | 1대 | 1대에 3,000m²를 초과하는 경우에는 그 초과하는 매 3,000m²이내마다 1대의 비율로 가산한 대수 | $1+\dfrac{A-3{,}000\text{m}^2}{3{,}000^2}$ |

다만, 승용승강기가 설치되어 있는 건축물에 1개층을 증축하는 경우에는 승용승강기의 승강로를 연장 설치하지 않을 수 있다.

[비고] : 승강기의 대수기준을 산정함에 있어 8인승 이상 15인승 이하 승강기는 위 표에 의한 1대의 승강기로 보고, 16인승 이상의 승강기는 위 표에 의한 2대의 승강기로 본다.

■ 승용승강기의 설치기준이 가장 완화된 것부터 강화되어 있는 시설군

공동주택, 교육연구시설, 기타시설 < 문화 및 집회시설(전시장·동식물원), 업무시설, 숙박시설, 위락시설 < 문화 및 집회시설(공연장, 집회장 및 관람장), 판매시설, 의료시설

### 3 피뢰설비 [설비규칙 제20조] 〈2010. 11. 5 개정〉

## 1. 설치 대상

낙뢰의 우려가 있는 건축물 또는 높이 20m 이상의 건축물에는 다음의 기준에 적합하게 피뢰설비를 설치하여야 한다.

## 2. 피뢰설비의 설치기준

| 설 비 | 설 치 기 준 |
|---|---|
| ① 피뢰설비 | 한국산업표준이 정하는 보호등급의 설비일 것<br>(위험물저장 및 처리시설 → 피뢰시스템레벨 II 이상일 것) |
| ② 돌 침 | • 건축물 맨 윗부분으로부터 25cm 이상 돌출하여 설치할 것<br>• 설계하중에 견딜 수 있는 구조일 것 |
| ③ 피뢰설비 재료 | 최소 단면적 (피복이 없는 동선을 기준으로 함)<br>- 수뢰부, 인하도선 및 접지극은 50mm² 이상이거나 이와 동등 이상의 성능을 갖출 것 |
| ④ 인하도선 | 철골조, 철골·철근콘크리트조의 철근구조체를 사용하는 경우<br>- 전기적 연속성이 보장될 것<br>- 건축물 금속 구조체 상·하단부 사이의 전기 저항값 : 0.2Ω 이하일 것 |
| ⑤ 낙뢰방지 수뢰부의 설치 | • 높이 60m를 초과하는 건축물<br>- 높이의 4/5 지점부터 최상단부까지 측면에 수뢰부를 설치할 것<br>- 지표레벨에서 최상단부의 높이가 150m를 초과하는 건축물은 120m 지점부터 최상단부분까지의 측면에 수뢰부를 설치할 것. 다만, 건축물의 외벽이 금속부재(部材)로 마감되고, 금속부재 상호간에 위 ④에 적합한 전기적 연속성이 보장되며 피뢰시스템레벨 등급에 적합하게 설치하여 인하도선에 연결한 경우에는 측면 수뢰부가 설치된 것으로 본다. |
| ⑥ 접지 | 환경오염을 일으킬 수 있는 시공방법 또는 화학첨가물을 사용하지 아니할 것 |
| ⑦ 전기적 접속 | 건축물에 설치하는 금속배관 및 금속재 설비는 전위(電位)가 균등하게 이루어지도록 할 것 |
| ⑧ 통합접지공사 | 전기설비의 접지계통과 건축물의 피뢰설비 및 통신설비 등의 접지극을 공용하는 통합접지공사를 하는 경우에는 낙뢰 등으로 인한 과전압으로부터 전기설비 등을 보호하기 위하여 한국산업표준에 적합한 서지보호장치(SPD)를 설치할 것 |

# 11. 보칙

## 1 면적·높이 및 층수 등의 산정 [법 제84조, 영 제119조]

### 1. 대지 면적의 산정
① 대지 면적의 산정 : 대지의 수평투영면적으로 한다.
② 대지 면적의 산정에서 제외되는 부분
   ㉠ 기준 폭 미달 도로의 건축선과 도로사이의 대지면적
     · 4m 미만의 통과 도로
     · 막다른 도로의 너비가 소요 폭에 미달하는 경우
   ㉡ 도로의 모퉁이에서의 건축선이 정해지는 부분
   ㉢ 대지 안에 도시계획시설인 도로·공원 등이 있는 경우 그 도시계획시설에 포함되는 대지면적

### 2. 건축면적 [법 제84조, 영 제119조 ① 2, 시행 규칙 제43조]

#### 1) 면적산정
① 건축물의 외벽(외벽이 없는 경우에는 외곽 부분의 기둥을 말함)의 중심선으로 둘러싸인 부분의 수평투영면적으로 한다.
② 다음의 어느 하나에 해당하는 경우에는 해당 각 기준에 따라 산정한다.
   ㉠ 처마, 차양, 부연(附椽), 그 밖에 이와 비슷한 것으로서 그 외벽의 중심선으로부터 수평거리 1m 이상 돌출된 부분이 있는 건축물의 건축면적은 그 돌출된 끝부분으로부터 다음의 구분에 따른 수평거리를 후퇴한 선으로 둘러싸인 부분의 수평투영면적으로 한다.
     · 「전통사찰보존법」에 따른 전통사찰 : 4m 이하의 범위에서 외벽의 중심선까지의 거리
     · 가축에게 사료 등을 투여하는 부위의 상부에 한쪽 끝은 고정되고 다른 쪽 끝은 지지되지 아니한 구조로 된 돌출차양이 설치된 축사 : 3m 이하의 범위에서 외벽의 중심선까지의 거리
     · 한옥 : 2m 이하의 범위에서 외벽의 중심선까지의 거리
     · 그 밖의 건축물 : 1m
   ㉡ 다음의 건축물의 건축면적은 각 기준에 따라 산정한다.
     · 태양열을 주된 에너지원으로 이용하는 주택
      건축물의 외벽 중 내측 내력벽의 중심선을 기준으로 한다.

・창고 중 물품을 입출고하는 부위의 상부에 한쪽 끝은 고정되고 다른 쪽 끝은 지지되지 아니한 구조로 설치된 돌출차양은 다음에 따라 산정한 면적 중 작은 값으로 한다.
1. 해당 돌출차양을 제외한 창고의 건축면적의 10%를 초과하는 면적
2. 해당 돌출차양의 끝부분으로부터 수평거리 3m를 후퇴한 선으로 둘러싸인 부분의 수평투영면적

### 2) 제외되는 부분

다음의 경우에는 건축면적에 산입하지 아니한다.
① 지표면으로부터 1m 이하에 있는 부분(창고 중 물품을 입출고하기 위하여 차량을 접안 시키는 부분의 경우에는 지표면으로부터 1.5m 이하에 있는 부분)
② 「다중이용업소의 안전관리에 관한 특별법 시행령」에 따라 기존의 다중이용업소(2004년 5월 29일 이전의 것만 해당)의 비상구에 연결하여 설치하는 폭 2m 이하의 옥외 피난계단(기존 건축물에 옥외 피난계단을 설치함으로써 건폐율의 기준에 적합하지 아니하게 된 경우만 해당)
③ 건축물 지상층에 일반인이나 차량이 통행할 수 있도록 설치한 보행통로나 차량통로
④ 지하주차장의 경사로
⑤ 건축물 지하층의 출입구 상부(출입구 너비에 상당하는 규모의 부분을 말함)
⑥ 생활폐기물 보관함(음식물쓰레기, 의류 등의 수거함을 말함)

## 3. 바닥면적 [법 제84조, 영 제119조 ①, 3]

### 1) 바닥면적 산정의 원칙

건축물의 각 층 또는 그 일부로서 벽, 기둥, 그 밖에 이와 유사한 구획의 중심선으로 둘러싸인 수평투영면적으로 산정한다.

### 2) 바닥면적 산정의 특례

① 벽·기둥의 구획이 없는 건축물의 바닥면적
벽·기둥의 구획이 없는 건축물에 있어서는 그 지붕 끝부분으로부터 수평거리 1m를 후퇴한 선으로 둘러싸인 수평투영면적으로 한다.
② 건축물 노대 등의 바닥면적
건축물의 노대 그 밖에 이와 유사한 것의 바닥은 난간 등의 설치여부에 관계없이 노대 등의 면적(외벽의 중심선으로부터 노대 등의 끝부분까지의 면적)에서 노대 등에 접한 가장 긴 외벽에 접한 길이에 1.5m를 곱한 값을 공제한 면적을 바닥면적에 산입한다.

③ 피로티 등의 바닥면적

피로티, 그 밖에 이와 유사한 구조(벽면적의 1/2 이상이 해당 층의 바닥면에서 위층 바닥 아랫면까지 공간으로 된 것)의 부분은 해당 부분이 다음과 같은 용도에 전용되는 경우에는 이를 바닥면적에 산입하지 않는다.

㉠ 공중의 통행에 전용되는 경우

㉡ 차량의 통행·주차에 전용되는 경우

㉢ 공동주택의 경우

④ 바닥면적에 산입되지 않는 부분

㉠ 승강기탑·계단탑·망루·장식탑·층고 1.5m 이하(경사진 형태의 지붕인 경우 1.8m 이하)인 다락·건축물의 외부 또는 내부에 설치하는 굴뚝·더스트슈트·설비덕트 등의 바닥면적

㉡ 옥상, 옥외 또는 지하에 설치하는 물탱크·기름탱크·냉각탑·정화조 등의 설치를 위한 구조물의 바닥면적

㉢ 공동주택으로서 지상층에 설치한 기계실·전기실·어린이놀이터·조경시설의 바닥면적

㉣ 기존의 다중이용업소(2004년 5월 29일 이전의 것에 한함)의 비상구에 연결하여 설치하는 폭 1.5m 이하의 옥외피난계단(기존 건축물에 옥외피난계단을 설치함에 따라 용적률기준에 적합하지 아니하게 된 경우에 한함)

㉤ 건축물을 리모델링하는 경우로서 미관 향상, 열의 손실 방지 등을 위하여 외벽에 부가하여 마감재 등을 설치하는 부분은 바닥면적에 산입하지 아니한다.

㉥ 「영유아보육법」에 따른 어린이집(2005년 1월 29일 이전에 설치된 것만 해당함)의 비상구에 연결하여 설치하는 폭 2m 이하의 영유아용 대피용 미끄럼대 또는 비상계단의 면적은 바닥면적(기존 건축물에 영유아용 대피용 미끄럼대 또는 비상계단을 설치함으로써 용적률 기준에 적합하지 아니하게 된 경우만 해당함)에 산입하지 아니한다.

㉦ 「장애인·노인·임산부 등의 편의증진 보장에 관한 법률 시행령」 별표 2 제3호가목 (6)에 따른 장애인용 승강기, 장애인용 에스컬레이터, 휠체어리프트, 경사로 또는 승강장은 바닥면적에 산입하지 아니한다.

## 4. 연면적 [법 제84조, 영 제119조 ①, 4]

① 연면적의 산정

하나의 건축물 각 층의 바닥면적 합계로 한다.

② 용적률 산정시 제외되는 부분

㉠ 지하층 면적

㉡ 지상층의 주차용(해당 건축물의 부속용도에 한함)으로 사용되는 면적

㉢ 초고층 건축물의 피난안전구역의 면적

㉣ 「주택건설기준 등에 관한 규정」에 따른 주민공동시설의 면적

# ■ 주차장법

# 1. 총칙

## 1 목적 [제1조]

이 법은 주차장의 설치·정비 및 관리에 관하여 필요한 사항을 정함으로써 자동차교통을 원활하게 하여 공중의 편의를 도모함을 목적으로 한다.

## 2 주차전용 건축물 [법 제2조 11호, 영 제1조의2]

### 1. 정의
주차전용건축물이라 함은 건축물의 연면적 중 일정 비율 이상이 주차장으로 사용되는 건축물을 말한다.

### 2. 주차전용 건축물의 주차면적비율 [법 제2조 5의2, 영 제1조의2] 〈개정 2014.12.30〉

| 주차전용건축물 | 원 칙 | 비 율 |
|---|---|---|
| 건축물의 연면적 중 주차장으로 사용되는 부분 | ㉠ 아래의 ㉡의 시설이 아닌 경우 | 95% 이상 |
| | ㉡ 단독주택, 공동주택, 제1종 및 제2종 근린생활시설, 문화 및 집회시설, 종교시설, 판매시설, 운동시설, 업무시설 또는 자동차관련 시설인 경우 | 70% 이상 |
| 단서 규정 | ㉢ 특별시장·광역시장 또는 시장은 노외주차장 또는 부설주차장의 설치를 제한하는 지역의 주차전용건축물의 경우에는 상기 ㉡의 규정에 불구하고 당해 지방자치단체의 조례가 정하는 바에 의하여 주차장외의 용도로 사용되는 부분에 설치할 수 있는 시설의 종류를 당해 지역안의 구역별로 제한할 수 있다. | |

## 3 주차장 설비 기준 [법 제6조, 규칙 제 2,3조]

### 1. 주차장의 형태

| 구 분 | 형 식 | 종 류 |
|---|---|---|
| 자주식주차장 | 운전자가 자동차를 직접 운전하여 주차장으로 들어가는 주차장 | ·지하식<br>·지평식<br>·건축물식(공작물식을 포함) |
| 기계식주차장 | 기계식 주차장치를 설치한 노외주차장 및 부설주차장 | |

### 2. 주차장의 주차 구획 크기 등 〈2018. 3. 21 개정〉

· 평행주차형식의 경우

| 구 분 | 너 비 | 길 이 |
|---|---|---|
| 경 형 | 1.7m 이상 | 4.5m 이상 |
| 일반형 | 2.0m 이상 | 6.0m 이상 |
| 보도와 차도의 구분이 없는 주거지역의 도로 | 2.0m 이상 | 5.0m 이상 |

· 평행주차형식 외의 경우

| 구 분 | 너 비 | 길 이 |
|---|---|---|
| 경 형 | 2.0m 이상 | 3.6m 이상 |
| 일반형 | 2.5m 이상 | 5.0m 이상 |
| 확장형 | 2.6m 이상 | 5.2m 이상 |
| 장애인전용 | 3.3m 이상 | 5.0m 이상 |

※ 경형자동차는 자동차관리법에 의한 1,000cc 미만의 자동차를 말한다.
※ 주차단위구획은 백색(경형자동차 전용주차구획의 경우 청색실선) 실선으로 표시하여야 한다.

# 2. 노외주차장

## 1. 노외주차장인 주차 전용 건축물에 대한 특례 [법 제12조의2]

노외주차장인 주차전용건축물의 건폐율, 용적률, 대지면적의 최소한도 및 높이제한에 대하여는 다음의 범위 안에서 특별시 · 광역시 · 시 또는 군의 조례로 정한다.

| 제 한 규 정 | 규 제 기 준 |
|---|---|
| ① 건폐율 | 90% 이하 |
| ② 용적률 | 1,500% 이하 |
| ③ 대지면적의 최소한도 | 45m² 이상 |
| ④ 전면도로에 의한 높이제한 (대지가 2이상의 도로에 접하는 경우에는 가장 넓은 도로를 말함) | ㉠ 대지가 너비 12m 미만의 도로에 접하는 경우 : 건축물의 각 부분의 높이는 그 부분으로부터 대지에 접한 도로의 반대쪽 경계선까지의 수평거리의 3배<br>㉡ 대지가 너비 12m 이상의 도로에 접하는 경우 : 건축물의 각 부분의 높이는 그 부분으로부터 대지에 접한 도로의 반대쪽 경계선까지의 수평거리의 $\dfrac{36}{도로의 폭}$ 배. 단, 배율이 1.8배 미만인 경우에는 1.8배로 한다. |

## 2. 노외주차장의 출구 및 입구의 설치 금지 장소 [규칙 제5조]

① 횡단보도(육교 및 지하횡단보도를 포함)에서 5m 이내의 도로의 부분
② 너비 4m 미만의 도로(주차대수 200대 이상인 경우에는 너비 10m 미만의 도로)
③ 종단구배가 10%를 초과하는 도로
④ 새마을유아원 · 유치원 · 초등학교 · 특수학교 · 노인복지시설 · 장애인복지시설 및 아동전용시설 등의 출입구로부터 20m 이내의 도로의 부분
⑤ 도로교통법에 의하여 정차, 주차가 금지되는 도로의 부분

## 3. 출구 및 입구의 설치 위치

노외주차장과 연결되는 도로가 2 이상인 경우에는 자동차교통에 미치는 지장이 적은 도로에 노외주차장의 출구와 입구를 설치하여야 한다.

[예외] 보행자의 교통에 지장을 가져올 우려가 있거나 기타 특별한 이유가 있는 경우

### 4. 출구와 입구의 분리 설치

주차대수 400대를 초과하는 규모의 노외주차장의 경우에는 노외주차장의 출구와 입구는 각각 따로 설치하여야 한다.

### 5. 장애인 전용주차 구획의 설치

특별시장·광역시장·시장·군수 또는 구청장이 설치하는 노외주차장에는 주차대수 50대마다 1면의 장애인 전용주차구획을 설치하여야 한다.

### 6. 차로의 구조기준

① 주차부분의 긴 변과 짧은 변 중 한 변 이상이 차로에 접하여야 한다.
② 차로의 폭은 주차형식 및 출입구(지하식, 건축물식 주차장 출입구 포함)의 개수에 따라 다음 표에 따른 기준 이상으로 하여야 한다.

| 주차형식 | 차로의 폭(B) | |
|---|---|---|
| | 출입구가 2개 이상인 경우 | 출입구가 1개인 경우 |
| 평행주차 | 3.3m | 5.0m |
| 45° 대향주차 | 3.5m | 5.0m |
| 교차주차 | 3.5m | 5.0m |
| 60° 대향주차 | 4.5m | 5.5m |
| 직각주차 | 6.0m | 6.0m |

# 3. 부설주차장

## 1 부설주차장의 설치 [법 제19조]

### 1. 부설주차장의 설치대상

① 도시지역·제2종 지구단위계획구역 및 지방자치단체의 조례가 정하는 관리지역 안에서 건축물·골프연습장 기타 주차수요를 유발하는 시설을 건축 또는 설치하고자 하는 자는 당해 시설물의 내부 또는 그 부지 안에 부설주차장(화물의 하역 기타 사업수행을 위한 주차장을 포함)을 설치하여야 한다.
② 부설주차장은 당해 시설물의 이용자 또는 일반의 이용에 제공할 수 있다.

### 2. 부설주차장의 설치기준 [영 제6조] 〈개정 2007.12.20〉

부설주차장을 설치하여야 할 시설물의 종류와 부설주차장의 설치기준은 다음과 같다.

■ 부설주차장의 설치대상 시설물 종류 및 설치기준 [영 제6조 ① [별표 1]]

| 시 설 물 | 설 치 기 준 |
|---|---|
| 1. 위락시설 | ·시설면적 100m² 당 1대 (시설면적/100m²) |
| 2. 문화 및 집회시설(관람장을 제외한다), 판매시설, 의료시설(정신병원요양소 및 격리병원을 제외한다), 운동시설(골프장·골프연습장 및 옥외수영장을 제외), 업무시설(외국공관 및 오피스텔을 제외), 방송통신시설 중 방송국 | ·시설면적 150m² 당 1대 (시설면적/150m²) |
| 3. 제1종 근린생활시설(건축법시행령 별표 1 제3호 바목 및 사목을 제외), 제2종 근린생활시설, 숙박시설 | ·시설면적 200m² 당 1대 (시설면적/200m²) |
| 4. 단독주택(다가구주택을 제외) | ·시설면적 50m² 초과 150m² 이하 : 1대<br>·시설면적 150m² 초과 : 1대에 150m²를 초과하는 100m² 당 1대를 더한 대수<br>[1 + {(시설면적-150m²)/100m²}] |
| 5. 다가구주택, 공동주택(기숙사를 제외), 업무시설 중 오피스텔 | ·주택건설기준 등에 관한규정 제27조 제1항의규정에 의하여 산정된 주차대수. 이 경우 오피스텔의 전용면적은 공동주택의 전용면적 산정방법을 따른다. |
| 6. 골프장, 골프연습장, 옥외수영장, 관람장 | ·골프장 : 1홀당 10대 (홀의 수×10)<br>·골프연습장 : 1타석당 1대 (타석의 수×1)<br>·옥외수영장 : 정원 15인당 1대 (정원/15인)<br>·관람장 : 정원 100인당 1대 (정원/100인) |
| 7. 수련시설, 공장(아파트형은 제외), 발전시설 | ·시설면적 350m² 당 1대 (시설면적/350m²) |
| 8. 창고시설 | ·시설면적 400m² 당 1대 (시설면적/400m²) |
| 9. 그 밖의 건축물 | ·시설면적 300m² 당 1대 (시설면적/300m²) |

## 2 부설주차장의 인근설치 [법 제19조, 영 제7조] 〈개정 2005.7.27〉

### 1. 인근설치 대상

부설주차장이 주차대수 300대 이하인 때에는 시설물의 부지인근에 단독 또는 공동으로 부설주차장을 설치할 수 있다.

### 2. 부지인근의 범위 [법 제19조, 영 제7조]

이 경우 시설물의 부지인근의 범위는 다음의 범위 안에서 지방자치단체의 조례로 정한다.

① 당해 부지의 경계선으로부터 부설주차장의 경계선까지의 직선거리 300m 이내 또는 도보거리 600m 이내

② 해당 시설물이 소재하는 동·리(행정동·리를 말함) 및 당해 시설물과의 통행여건이 편리하다고 인정되는 인접 동·리

# 4. 기계식주차장

## 1 기계식주차장의 설치기준 [법 제19조의5, 시행규칙 제16조의2]

① 기계식 주차장치 출입구의 전면공지 및 방향전환장치

| 주차장 종류 | 길이×너비×높이 | 전면 공지<br>(너비×길이) | 방향전환 장치 |
|---|---|---|---|
| 중형기계식<br>주차장 | 5.05m×1.9m×1.55m 이하<br>(무게 1,850kg 이하) | 8.1m×9.5m 이상 | 직경 4m 이상 및 이에 접한<br>너비 1m 이상의 여유 공지 |
| 대형기계식<br>주차장 | 5.75m×2.15m×1.85m 이하<br>(무게 2,200kg 이하) | 10m×11m 이상 | 직경 4.5m 이상 및 이에 접한<br>너비 1m 이상의 여유 공지 |

**예외** 기계식주차장치의 내부에 방향전환장치를 설치한 경우와 2층 이상으로 주차구획이 배치되어 있고 출입구가 있는 층의 모든 주차구획을 기계식 주차장치 출입구로 사용할 수 있는 경우

② 주차 대기를 위한 정류장의 설치

도로에서 기계식주차장치 출입구까지의 차로(진입로) 또는 전면공지와 접하는 장소에 자동차가 대기할 수 있는 장소(정류장)를 다음과 같이 설치하여야 한다.

| 정류장의 확보 | 주차대수가 20대를 초과하는 매 20대마다 1대분의 정류장을 확보 | |
|---|---|---|
| 정류장 규모 | 중형기계식주차장 | 길이 5.05m 이상, 너비 1.85m 이상 |
| | 대형기계식주차장 | 길이 5.3m 이상, 너비 2.15m 이상 |
| 완화 규정 | ·주차장의 출구와 입구가 따로 설치되어 있거나<br>·진입로의 너비가 6m 이상인 경우에는 종단구배가 6% 이하인 진입로의<br> 길이 6m마다 1대분의 정류장을 확보한 것으로 본다. | |

## 2 기계식주차장의 사용검사 [법 제19조의9, 영 제12조의3]

① 기계식주차장을 설치하고자 하는 때에는 안전도인증을 받은 기계식 주차장치를 사용하여야 한다.

② 기계식주차장을 설치한 자 또는 당해 기계식주차장의 관리자는 당해 기계식주차장에 대하여 시장·군수 또는 구청장이 실시하는 다음의 검사를 받아야 한다.

| 종 류 | 검사의 성격 | 유효기간 |
|---|---|---|
| 사용검사 | 기계식주차장의 설치를 완료하고 이를 사용하기 전에 실시하는 검사 | 3년 |
| 정기검사 | 사용검사의 유효기간이 지난 후 계속하여 사용하고자 하는 경우<br>에 주기적으로 실시하는 검사 | 2년 |

# ■ 국토의 계획 및 이용에 관한 법률

## 1 목적 [법 제1조]

이 법은 국토의 이용·개발 및 보전을 위한 계획의 수립 및 집행 등에 관하여 필요한 사항을 정함으로써 공공복리를 증진시키고 국민의 삶의 질을 향상시키는 것을 목적으로 한다.

## 2 용어의 정의 [법 제2조]

### 1. 광역도시계획

둘 이상의 특별시·광역시·특별자치시·특별자치도·시 또는 군의 공간구조 및 기능을 상호 연계시키고 환경을 보전하며 광역시설을 체계적으로 정비하기 위하여 국토교통부장관이 지정한 광역계획권의 장기발전방향을 제시하는 계획을 말한다.

┤참고사항├

※ 광역계획권의 지정 목적
① 둘 이상의 특별시·광역시·특별자치시·특별자치도·시 또는 군의 공간구조 및 기능을 상호연계
② 환경을 보전
③ 광역시설을 체계적으로 정비

### 2. 도시·군계획

특별시·광역시·특별자치시·특별자치도·시 또는 군(광역시의 관할구역에 있는 군을 제외)의 관할구역에 대하여 수립하는 공간구조와 발전방향에 대한 계획으로서 도시·군기본계획과 도시·군관리계획으로 구분한다.

| 구 분 | 내 용 |
|---|---|
| 도시·군기본계획 | 특별시·광역시·특별자치시·특별자치도·시 또는 군의 관할구역에 대하여 기본적인 공간구조와 장기발전방향을 제시하는 종합계획으로서 도시·군관리계획 수립의 지침이 되는 계획을 말한다. |
| 도시·군관리계획 | 특별시·광역시·특별자치시·특별자치도·시 또는 군의 개발·정비 및 보전을 위하여 수립하는 토지이용·교통·환경·경관·안전·산업·정보통신·보건·복지·안보·문화 등에 관한 다음의 계획을 말한다.<br>– 용도지역·용도지구의 지정 또는 변경에 관한 계획<br>– 개발제한구역·도시자연공원구역·시가화조정구역·수산자원보호구역의 지정 또는 변경에 관한 계획<br>– 기반시설의 설치·정비 또는 개량에 관한 계획<br>– 도시개발사업 또는 정비사업에 관한 계획<br>– 지구단위계획구역의 지정 또는 변경에 관한 계획과 지구단위계획 |

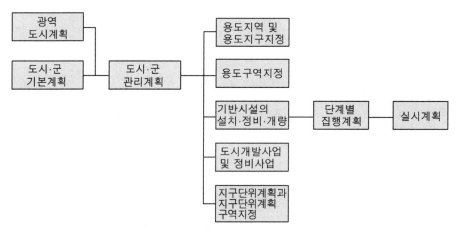

도시·군계획의 체계

## 3. 지구단위계획

도시·군계획 수립대상 지역의 일부에 대하여 토지이용을 합리화하고 그 기능을 증진시키며 미관을 개선하고 양호한 환경을 확보하며, 해당 지역을 체계적·계획적으로 관리하기 위하여 수립하는 도시·군관리계획을 말한다.

## 4. 기반시설

### 1) 기반시설

기반시설이란 다음의 시설(해당시설 그 자체의 기능발휘와 이용을 위하여 필요한 부대시설 및 편익시설 포함)을 말한다.

| 구 분 | 종 류 |
|---|---|
| 1. 교통시설 | 도로 · 철도 · 항만 · 공항 · 주차장 · 자동차정류장 · 궤도 · 운하 · 자동차 및 건설기계 검사시설 · 자동차 및 건설기계운전학원 |
| 2. 공간시설 | 광장 · 공원 · 녹지 · 유원지 · 공공공지 |
| 3. 유통 · 공급시설 | 유통업무설비 · 수도 · 전기 · 가스 · 열공급설비 · 방송 · 통신시설 · 공동구 · 시장 · 유류저장 및 송유설비 |
| 4. 공공 · 문화체육시설 | 학교 · 운동장 · 공공청사 · 문화시설 · 체육시설 · 도서관 · 연구시설 · 사회복지시설 · 공공직업훈련시설 · 청소년 수련시설 |
| 5. 방재시설 | 하천 · 유수지(遊水池) · 저수지 · 방화설비 · 방풍설비 · 방수설비 · 사방설비 · 방조설비 |
| 6. 보건위생시설 | 장사시설 · 자연장지 · 장례식장 · 도축장 · 종합의료시설 |
| 7. 환경기초시설 | 하수도 · 폐기물처리 및 재활용시설 · 빗물저장 및 이용시설 · 수질오염방지시설 · 폐차장 |

### 2) 기반시설의 세분

기반시설중 도로 · 자동차정류장 · 광장은 다음과 같이 세분할 수 있다.

| 구 분 | 세 분 내 용 | | |
|---|---|---|---|
| 1. 도로 | ① 일반도로<br>④ 자전거전용도로 | ② 자동차전용도로<br>⑤ 고가도로 | ③ 보행자전용도로<br>⑥ 지하도로 |
| 2. 자동차정류장 | ① 여객자동차터미널<br>④ 공동차고지 | ② 화물터미널<br>⑤ 화물자동차 휴게소 | ③ 공영차고지<br>⑥ 복합환승센터 |
| 3. 광장 | ① 교통광장<br>④ 지하광장 | ② 일반광장<br>⑤ 건축물부설광장 | ③ 경관광장 |

## 5. 도시 · 군계획시설

기반시설 중 도시 · 군관리계획으로 결정된 시설을 말한다.

### 6. 광역시설

기반시설 중 광역적인 정비체계가 필요한 다음의 시설을 말한다.

| | |
|---|---|
| 1. 둘 이상의 특별시·광역시·특별자치시·특별자치도·시 또는 군(광역시의 관리구역에 있는 군을 제외)의 관할구역에 걸치는 시설 | 도로·철도·운하·광장·녹지, 수도·전기·가스·열공급설비, 방송·통신시설, 공동구, 유류저장 및 송유설비, 하천·하수도(하수종말처리시설 제외) |
| 2. 둘 이상의 특별시·광역시·특별자치시·특별자치도·시 또는 군이 공동으로 이용하는 시설 | 항만·공항·자동차정류장·공원·유원지·유통업무설비·문화시설·공공성이 인정되는 체육시설·사회복지시설·공공직업훈련시설·청소년수련시설·유수지·하수도(하수종말처리 시설에 한한다)·장사시설·폐기물처리 및 재활용시설·도축장·수질오염방지시설·폐차장 |

### 7. 공동구

#### 1) 정의

지하매설물(전기·가스·수도 등의 공급설비, 통신시설, 하수도시설 등)을 공동수용하기 위하여 지하에 설치하는 매설물을 말한다.

#### 2) 설치목적

① 도시미관의 개선
② 도로구조의 보전
③ 교통의 원활한 소통

### 8. 도시·군계획시설사업

도시·군계획시설을 설치·정비 또는 개량하는 사업을 말한다.

### 9. 도시·군계획사업

| 정 의 | 도시·군관리계획을 시행하기 위한 사업 |
|---|---|
| 종 류 | – 도시·군계획시설사업<br>– 도시개발사업(「도시개발법」에 따름)<br>– 정비사업(「도시 및 주거환경정비법」에 따름) |

## 10. 공공시설

공공시설이라 함은 다음의 시설을 말한다.

1. 항만·공항·광장·녹지·공공공지·공동구·하천·유수지·방화설비·방풍설비·방수설비·사방설비·방조설비·하수도·구거

2. 행정청이 설치하는 시설로서 주차장, 저수지 및 그 밖에 다음에 해당하는 시설
   ㉠ 공공필요성이 인정되는 체육시설 중 운동장
   ㉡ 장사시설 중 화장장·공동묘지·봉안시설(자연장지 또는 장례식장에 화장장·공동묘지·봉안시설 중 한 가지 이상의 시설을 같이 설치하는 경우를 포함한다)

3. 「스마트도시 조성 및 산업진흥 등에 관한 법률」에 따른 다음에 해당하는 시설
   ㉠ 스마트도시서비스를 제공하기 위한 개별 정보시스템을 운영하는 센터
   ㉡ 스마트도시서비스를 제공하기 위한 복수의 정보시스템을 연계·통합하여 운영하는 스마트도시 통합운영센터
   ㉢ 그 밖에 제1호 및 제2호의 시설과 유사한 시설로서 국토교통부장관이 관계 중앙행정기관의 장과 협의하여 고시하는 시설

## 3 국토의 용도구분 및 용도지역별 관리의무 [법 제7조]

### 1. 용도지역의 지정

① 국토는 토지의 이용 실태 및 특성, 장래의 토지이용방향 등을 고려하여 다음과 같은 용도지역으로 구분한다.

| 구 분 | 내 용 | 관 리 의 무 |
|---|---|---|
| 도시지역 | 인구와 산업이 밀집되어 있거나 밀집이 예상되어 해당 지역에 대하여 체계적인 개발·정비·관리·보전 등이 필요한 지역 | 이 법 또는 관계 법률이 정하는 바에 따라 해당 지역이 체계적이고 효율적으로 개발·정비·보전될 수 있도록 미리 계획을 수립하고 이를 시행하여야 한다. |
| 관리지역 | 도시지역의 인구와 산업을 수용하기 위하여 도시지역에 준하여 체계적으로 관리하거나 농림업의 진흥, 자연환경 또는 산림의 보전을 위하여 농림지역 또는 자연환경보전지역에 준하여 관리가 필요한 지역 | 이 법 또는 관계 법률이 정하는 바에 따라 필요한 보전조치를 취하고 개발이 필요한 지역에 대하여는 계획적인 이용과 개발을 도모하여야 한다. |
| 농림지역 | 도시지역에 속하지 아니하는 「농지법」에 따른 농업진흥지역 또는 「산지관리법」에 따른 보전산지 등으로서 농림업의 진흥과 산림의 보전을 위하여 필요한 지역 | 이 법 또는 관계 법률이 정하는 바에 따라 농림업의 진흥과 산림의 보전·육성에 필요한 조사와 대책을 마련하여야 한다. |
| 자연환경보전지역 | 자연환경·수자원·해안·생태계·상수원 및 문화재의 보전과 수산자원의 보호·육성 등을 위하여 필요한 지역 | 이 법 또는 관계 법률이 정하는 바에 따라 환경오염방지, 자연환경·수질·수자원·해안·생태계 및 문화재의 보전과 수산자원의 보호·육성을 위하여 필요한 조사와 대책을 마련하여야 한다. |

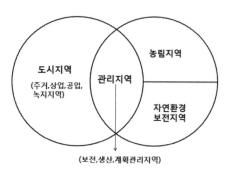

용도지역 구분 개념도

② 국가 또는 지방자치단체는 용도지역의 효율적인 이용 및 관리를 위하여 해당 용도지역에 관한 개발·정비 및 보전에 필요한 조치를 강구하여야 한다.

## 2. 용도지역의 세분(1) (법 제36조, 영 제30조)

국토교통부장관, 시·도지사 또는 대도시 시장은 용도지역의 지정 또는 변경을 도시·군관리계획으로 지정한다. 또한 주거지역·상업지역·공업지역 및 녹지지역을 다음과 같이 세분하여 지정할 수 있다.

| 구분 | 용도지역/내용 | 용도지역의 세분 | | |
|---|---|---|---|---|
| | | 구 분 | | 내 용 |
| 도 시 지 역 | 주거지역 거주의 안녕과 건전한 생활환경의 보호를 위하여 필요한 지역 | 전용주거지역 : 양호한 주거 환경을 보호하기 위하여 필요한 지역 | 제1종 전용주거지역 | 단독주택 중심의 양호한 주거환경을 보호하기 위하여 필요한 지역 |
| | | | 제2종 전용주거지역 | 공동주택 중심의 양호한 주거환경을 보호하기 위하여 필요한 지역 |
| | | 일반주거지역 : 편리한 주거환경을 조성하기 위하여 필요한 지역 | 제1종 일반주거지역 | 저층주택을 중심으로 편리한 주거환경을 조성하기 위하여 필요한 지역 |
| | | | 제2종 일반주거지역 | 중층주택을 중심으로 편리한 주거환경을 조성하기 위하여 필요한 지역 |
| | | | 제3종 일반주거지역 | 중·고층주택을 중심으로 편리한 주거환경을 조성하기 위하여 필요한 지역 |
| | | 준주거지역 | | 주거기능을 위주로 이를 지원하는 일부 상업·업무기능을 보완하기 위하여 필요한 지역 |

| 도시지역 | 상업지역<br>상업 그 밖의 업무의 편익증진을 위하여 필요한 지역 | 중심상업지역 | 도심·부도심의 상업 및 업무기능의 확충을 위하여 필요한 지역 |
|---|---|---|---|
| | | 일반상업지역 | 일반적인 상업 및 업무기능을 담당하게 하기 위하여 필요한 지역 |
| | | 근린상업지역 | 근린지역에서의 일용품 및 서비스의 공급을 위하여 필요한 지역 |
| | | 유통상업지역 | 도시내 및 지역간 유통기능의 증진을 위하여 필요한 지역 |
| | 공업지역<br>공업의 편익증진을 위하여 필요한 지역 | 전용공업지역 | 주로 중화학공업·공해성공업 등을 수용하기 위하여 필요한 지역 |
| | | 일반공업지역 | 환경을 저해하지 아니하는 공업의 배치를 위하여 필요한 지역 |
| | | 준공업지역 | 경공업 그 밖의 공업을 수용하되, 주거·상업·업무기능의 보완이 필요한 지역 |
| | 녹지지역<br>자연환경·농지 및 산림의 보호, 보건위생, 보안과 도시의 무질서한 확산을 방지하기 위하여 녹지의 보전이 필요한 지역 | 보전녹지지역 | 도시의 자연환경·경관·산림 및 녹지공간을 보전할 필요가 있는 지역 |
| | | 생산녹지지역 | 주로 농업적 생산을 위하여 개발을 유보할 필요가 있는 지역 |
| | | 자연녹지지역 | 도시의 녹지공간의 확보, 도시 확산의 방지, 장래 도시용지의 공급 등을 위하여 보전할 필요가 있는 지역으로서 불가피한 경우에 한하여 제한적인 개발이 허용되는 지역 |

## 3. 용도지역의 지정 및 세분(2)

| 구 분 | | 세분 및 내용 |
|---|---|---|
| 관리지역 | 보전관리지역 | 자연환경보호, 산림보호, 수질오염방지, 녹지공간 확보 및 생태계 보전 등을 위하여 보전이 필요하나, 주변의 용도지역과의 관계 등을 고려할 때 자연환경보전지역으로 지정하여 관리하기가 곤란한 지역 |
| | 생산관리지역 | 농업·임업·어업생산 등을 위하여 관리가 필요하나, 주변의 용도지역과의 관계 등을 고려할 때 농림지역으로 지정하여 관라하기가 곤란한 지역 |
| | 계획관리지역 | 도시지역으로의 편입이 예상되는 지역 또는 자연환경을 고려하여 제한적인 이용·개발을 하려는 지역으로서 계획적·체계적인 관리가 필요한 지역 |

※ 농림지역 및 자연환경보전지역은 세분되지 아니함.

## 4 용도지구의 지정 [법 제37조, 영 제31조]

### 1. 정의

"용도지구"란 토지의 이용 및 건축물의 용도·건폐율·용적률·높이 등에 대한 용도지역의 제한을 강화 또는 완화하여 적용함으로써 용도지역의 기능을 증진시키고 미관·경관·안전 등을 도모하기 위하여 도시·군관리계획으로 결정하는 지역을 말한다.

### 2. 지정 〈개정 2017.12.29〉

국토교통부장관, 시·도지사 또는 대도시 시장은 다음의 용도지구의 지정 또는 변경을 도시·군관리계획으로 결정한다.

| 구 분 | 내 용 |
|---|---|
| 1. 경관지구 | 경관의 보전·관리 및 형성을 위하여 필요한 지구 |
| 2. 고도지구 | 쾌적한 환경조성 및 토지의 고도이용과 그 증진을 위하여 건축물의 높이의 최고한도를 규제할 필요가 있는 지구 |
| 3. 방화지구 | 화재의 위험을 예방하기 위하여 필요한 지구 |
| 4. 방재지구 | 풍수해, 산사태, 지반의 붕괴 그 밖에 재해를 예방하기 위하여 필요한 지구 |
| 5. 보호지구 | 문화재, 중요 시설물[항만, 공항, 공용시설(공공업무시설, 공공필요성이 인정되는 문화시설·집회시설·운동시설 및 그 밖에 이와 유사한 시설로서 도시·군계획조례로 정하는 시설을 말함), 교정시설·군사시설을 말한다] 및 문화적·생태적으로 보존가치가 큰 지역의 보호와 보존을 위하여 필요한 지구 |
| 6. 취락지구 | 녹지지역·관리지역·농림지역·자연환경보전지역·개발제한구역 또는 도시자연공원구역안의 취락을 정비하기 위한 지구 |
| 7. 개발진흥지구 | 주거기능·상업기능·공업기능·유통물류기능·관광기능·휴양기능 등을 집중적으로 개발·정비할 필요가 있는 지구 |
| 8. 특정용도제한지구 | 주거 및 교육환경 보호 또는 청소년 보호 등의 목적으로 오염물질 배출시설, 청소년 유해시설 등 특정시설의 입지를 제한할 필요가 있는 지구 |
| 9. 복합용도지구 | 지역의 토지이용 상황, 개발 수요 및 주변 여건 등을 고려하여 효율적이고 복합적인 토지이용을 도모하기 위하여 특정시설의 입지를 완화할 필요가 있는 지구 |

※ 경관지구(특화경관지구의 세분을 포함한다), 중요시설물보호지구, 특정용도제한지구는 세분하여 지정 할 수 있다.

## 3. 용도지구의 세분

① 국토교통부장관, 시·도지사 또는 대도시 시장은 도시·군관리계획 결정으로 경관지구 등을 다음과 같이 세분하여 지정할 수 있다.

| 구분 | 용도지역의 세분 | |
|---|---|---|
| | 구 분 | 내 용 |
| 1. 경관 지구 | 자연경관지구 | 산지, 구릉지 등 자연경관을 보호하거나 유지하기 위하여 필요한 지구 |
| | 수변경관지구 | 지역내 주요 수계의 수변(水邊) 자연경관을 보호·유지하기 위하여 필요한 지구 |
| | 시가지경관지구 | 지역 내 주거지, 중심지 등 시가지의 경관을 보호 또는 유지하거나형성하기 위하여 필요한 지구 |
| | 특화경관지구 | 지역 내 주요 수계의 수변 또는 문화적 보존가치가 큰 건축물 주변의 경관 등 특별한 경관을 보호 또는 유지하거나 형성하기 위하여 필요한 지구 |
| 4. 방재 지구 | 시가지방재지구 | 건축물·인구가 밀집되어 있는 지역으로서 시설 개선 등을 통하여 재해 예방이 필요한 지구 |
| | 자연방재지구 | 토지의 이용도가 낮은 해안변, 하천변, 급경사지 주변 등의 지역으로서 건축 제한 등을 통하여 재해예방이 필요한 지구 |
| 5. 보호 지구 | 역사문화환경보호지구 | 문화재·전통사찰 등 역사·문화적으로 보존가치가 큰 시설 및 지역의 보호 및 보존을 위하여 필요한 지구 |
| | 중요시설물보호지구 | 중요시설물의 보호와 기능의 유지 및 증진 등을 위하여 필요한 지구 |
| | 생태계보호지구 | 야생동식물서식처 등 생태적으로 보존가치가 큰 지역의 보호와 보존을 위하여 필요한 지구 |
| 6. 취락 지구 | 자연취락지구 | 녹지지역·관리지역·농림지역 또는 자연환경보전지역안의 취락을 정비하기 위하여 필요한 지구 |
| | 집단취락지구 | 개발제한구역안의 취락을 정비하기 위하여 필요한 지구 |
| 7. 개발 진흥 지구 | 주거개발진흥지구 | 주거기능을 중심으로 개발·정비할 필요가 있는 지구 |
| | 산업·유통개발진흥지구 | 공업기능 및 유통·물류 기능을 중심으로 개발·정비할 필요가 있는 지구 |
| | 관광·휴양개발진흥지구 | 관광·휴양기능을 중심으로 개발·정비할 필요가 있는 지구 |
| | 복합개발진흥지구 | 주거, 산업, 유통, 관광·휴양 등 2이상의 기능을 중심으로 개발·정비할 필요가 있는 지구 |
| | 특정개발진흥지구 | 주거기능, 공업기능, 유통·물류기능 및 관광·휴양기능 외의 기능을 중심으로 특정한 목적을 위하여 개발·정비할 필요가 있는 지구 |

② 시·도지사 또는 대도시 시장은 지역여건상 필요한 때에는 해당 시·도 또는 대도시의 도시·군계획조례로 정하는 바에 따라 경관지구를 추가적으로 세분(특화경관지구의 세분을 포함한다)하거나 중요시설물보호지구 및 특정용도제한지구를 세분하여 지정할 수 있다.

## 5 용도구역의 지정 [법 제38조~제40조]

### 1. 정의

"용도구역"이라 함은 토지의 이용 및 건축물의 용도·건폐율·용적률·높이 등에 대한 용도지역 및 용도지구의 제한을 강화 또는 완화하여 따로 정함으로써 시가지의 무질서한 확산방지, 계획적이고 단계적인 토지이용의 도모, 토지이용의 종합적 조정·관리 등을 위하여 도시·군관리계획으로 결정하는 지역을 말한다.

### 2. 지정

| 구 분 | 내 용 | |
|---|---|---|
| 1. 개발제한<br>구 역 | 국토교통부장관은 도시의 무질서한 확산을 방지하고 도시주변의 자연환경을 보전하여 도시민의 건전한 생활환경을 확보하기 위하여 도시의 개발을 제한할 필요가 있거나 국방부장관의 요청이 있어 보안상 도시의 개발을 제한할 필요가 있다고 인정되는 경우에는 개발제한구역의 지정 또는 변경을 도시·군관리계획으로 결정할 수 있다. | 개발제한구역의 지정 또는 변경에 관하여 필요한 사항은 따로 법률(「개발제한구역의 지정 및 관리에 관한 특별조치법」)로 정한다. |
| 2. 도시자연<br>공원구역 | 시, 도지사 또는 대도시 시장은 도시의 자연환경 및 경관을 보호하고 도시민에게 건전한 여가·휴식공간을 제공하기 위하여 도시지역 안의 식생이 양호한 산지(山地)의 개발을 제한할 필요가 있다고 인정하는 경우에는 도시자연공원구역의 지정 또는 변경을 도시·군관리계획으로 결정할 수 있다. | 도시자연공원구역의 지정 또는 변경에 관하여 필요한 사항은 따로 법률(「도시공원 및 녹지 등에 관한 법률」)로 정한다. |
| 3. 시 가 화<br>조정구역 | 국토교통부장관은 직접 또는 관계 행정기관의 장의 요청을 받아 도시지역과 그 주변지역의 무질서한 시가화를 방지하고 계획적·단계적인 개발을 도모하기 위하여 일정기간동안 시가화를 유보할 필요가 있다고 인정되는 경우에는 시가화조정구역의 지정 또는 변경을 도시·군관리계획으로 결정할 수 있다. | 시가화조정구역의 지정에 관한 도시·군관리계획의 결정은 시가화 유보기간이 만료된 날의 다음날부터 그 효력을 상실한다. |
| 4. 수산자원<br>보호구역 | 농림수산식품부장관은 직접 또는 관계 행정기관의 장의 요청을 받아 수산자원의 보호·육성을 위하여 필요한 공유수면이나 그에 인접된 토지에 대한 수산자원보호구역의 지정 또는 변경을 도시·군관리계획으로 결정할 수 있다. | 「수산자원 관리법」에 따른다. |

## 6 용도지역에서의 건폐율 [법 제77조, 영 제84조]

① 용도지역에서 건폐율의 최대한도는 관할구역의 면적 및 인구규모, 용도지역의 특성 등을 감안하여 다음의 범위 안에서 특별시·광역시·특별자치시·특별자치도·시 또는 군의 조례로 정한다.

| 구분 | | | 지역에서의 건폐율 | | 기타 |
|---|---|---|---|---|---|
| 지역 | | 최대한도 | 지역의 세분 | 건폐율의 한도(시행령 규정) | |
| 도시 지역 | 주거 지역 | 70% | 제1종 전용주거지역 | 50% | ■ 다음 지역의 건폐율은 80% 이하의 범위 내에서 아래 기준에 따라 특별시·광역시·특별자치시·특별자치도·시 또는 군의 조례로 정함<br>1. 취락지구 : 60% 이하(집단취락지구의 경우 「개발제한구역의 지정 및 관리에 관한 특별조치법령」에 따름)<br>2. 개발진흥지구(도시지역외의 지역에 한함) : 40% 이하<br>3. 수산자원보호구역 : 40% 이하<br>4. 자연공원 및 공원보호구역(「자연공원법」에 따름) : 60% 이하<br>5. 농공단지(「산업입지 및 개발에 관한 법률」에 따름) : 70% 이하<br>6. 공업지역내의 국가산업단지, 일반산업단지, 도시첨단산업단지(「산업입지 및 개발에 관한 법률」에 따름) : 80% 이하 |
| | | | 제2종 전용주거지역 | 50% | |
| | | | 제1종 일반주거지역 | 60% | |
| | | | 제2종 일반주거지역 | 60% | |
| | | | 제3종 일반주거지역 | 50% | |
| | | | 준주거지역 | 70% | |
| | 상업 지역 | 90% | 중심상업지역 | 90% | |
| | | | 일반상업지역 | 80% | |
| | | | 근린상업지역 | 70% | |
| | | | 유통상업지역 | 80% | |
| | 공업 지역 | 70% | 전용공업지역 | 70% | |
| | | | 일반공업지역 | 70% | |
| | | | 준공업지역 | 70% | |
| | 녹지 지역 | 20% | 보전녹지지역 | 20% | |
| | | | 생산녹지지역 | 20% | |
| | | | 자연녹지지역 | 20% | |
| 관리 지역 | 보전관리지역 | 20% | 보전관리지역 | 20% | |
| | 생산관리지역 | 20% | 생산관리지역 | 20% | |
| | 계획관리지역 | 40% | 계획관리지역 | 40% | |
| 농림지역 | | 20% | – | 20% | |
| 자연환경보전지역 | | 20% | – | 20% | |

② 위 (1)의 규정에 의하여 도시·군계획조례로 용도지역별 건폐율을 정함에 있어서 필요한 경우에는 해당 지방자치단체의 관할구역을 세분하여 건폐율을 달리 정할 수 있다.

## 7 용도지역에서의 용적률 [법 제78조, 영 제85조]

① 용도지역에서 용적률의 최대한도는 관할구역의 면적 및 인구규모, 용도지역의 특성 등을 감안하여 다음의 범위 안에서 특별시·광역시·특별자치시·특별자치도·시 또는 군의 조례로 정한다.

| 구 분 | | 용적률의 최고한도 | 용적률의 세분 | 용적률의 범위 (시행령 규정) | 기 타 |
|---|---|---|---|---|---|
| 도시 지역 | 주거 지역 | 500% | 제1종 전용주거지역 | 50% 이상 100% 이하 | ■도시·군계획조례로 용도지역별 용적률을 정하는 경우에는 해당 지역의 구역별로 용적률을 세분하여 정할 수 있다.<br>■다음의 지역 안에서의 용적률에 대한 기준은 각각의 범위 안에서 특별시·광역시·특별자치시·특별자치도·시 또는 군의 도시·군계획조례가 정하는 비율을 초과하여서는 아니 된다.<br>1. 도시지역 외의 지역에 지정된 개발진흥지구 : 100% 이하<br>2. 수산자원보호구역 : 80% 이하<br>3. 「자연공원법」에 따른 자연공원 : 100% 이하.<br>4. 「산업입지 및 개발에 관한 법률」에 따른 농공단지(도시지역 외에 한함) : 150% 이하 |
| | | | 제2종 전용주거지역 | 100%~150% | |
| | | | 제1종 일반주거지역 | 100%~200% | |
| | | | 제2종 일반주거지역 | 150%~250% | |
| | | | 제3종 일반주거지역 | 200%~300% | |
| | | | 준주거지역 | 200%~500% | |
| | 상업 지역 | 1500% | 중심상업지역 | 400%~1500% | |
| | | | 일반상업지역 | 300%~1300% | |
| | | | 근린상업지역 | 200%~900% | |
| | | | 유통상업지역 | 200%~1100% | |
| | 공업 지역 | 400% | 전용공업지역 | 150%~300% | |
| | | | 일반공업지역 | 200%~350% | |
| | | | 준공업지역 | 200%~400% | |
| | 녹지 지역 | 100% | 보전녹지지역 | 50%~80% | |
| | | | 생산녹지지역 | 50%~100% | |
| | | | 자연녹지지역 | 50%~100% | |
| 관리 지역 | 보전관리 지역 | 80% | 보전관리지역 | 50%~80% | |
| | 생산관리 지역 | 80% | 생산관리지역 | 50%~80% | |
| | 계획관리 지역 | 100% | 계획관리지역 | 50%~100% | |
| 농림지역 | | 80% | 농림지역 | 50%~80% | |
| 자연환경보전 지역 | | 80% | 자연환경보존지역 | 50%~80% | |

② 위 1 의 규정에 의하여 도시·군계획조례로 용도지역별 용적률을 정함에 있어서 필요한 경우에는 해당 지방자치단체의 관할구역을 세분하여 용적률을 달리 정할 수 있다.

## 8 용도지역안에서의 건축물의 건축제한

### 1. 전용주거지역안에서 건축할 수 있는 건축물

| 구 분 | 제1종 전용주거지역 | 제2종 전용주거지역 |
|---|---|---|
| • 건축할 수 있는 건축물의 종류 | 가. 단독주택(다가구주택 제외)<br>나. 제3호 사목에 따른 주민이 공동으로 이용하는 시설로서 공중화장실, 대피소, 그 밖에 이와 비슷한 것 및 같은 호 아목에 따른 주민의 생활에 필요한 에너지공급이나 급수·배수와 관련된 시설로서 변전소, 정수장, 양수장, 그 밖에 이와 비슷한 것 | 가. 단독주택<br>나. 공동주택<br>다. 제1종 근린생활시설<br>(해당 용도에 쓰이는 바닥면적의 합계가 1,000m² 미만인 것에 한한다) |

### 2. 일반주거지역안에서 건축할 수 있는 건축물

| 구 분 | 제1종 일반주거지역 | 제2종 일반주거지역 | 제3종 일반주거지역 |
|---|---|---|---|
| • 건축할 수 있는 건축물의 종류 | 4층 이하의 건축물(「주택법 시행령」에 따른 단지형 연립주택 및 단지형 다세대주택인 경우에는 5층 이하를 말하며, 단지형 연립주택의 1층 전부를 필로티 구조로 하여 주차장으로 사용하는 경우에는 필로티 부분을 층수에서 제외하고, 단지형 다세대주택의 1층 바닥면적의 1/2 이상을 필로티 구조로 하여 주차장으로 사용하고 나머지 부분을 주택 외의 용도로 쓰는 경우에는 해당 층을 층수에서 제외한다)에 한한다.<br>예외 4층 이하의 범위에서 도시·군계획조례로 따로 층수를 정하는 경우 그 층수 이하의 건축물만 해당<br>가. 단독주택<br>나. 공동주택(아파트 제외)<br>다. 제1종 근린생활시설<br>라. 교육연구시설 중 유치원·초등학교·중학교·고등학교<br>마. 노유자시설 | (경관관리 등을 위하여 도시·군계획조례로 건축물의 층수를 제한하는 경우에는 그 층수 이하의 건축물로 한정한다)<br>가. 단독주택<br>나. 공동주택<br>다. 제1종 근린생활시설<br>라. 종교시설<br>마. 교육연구시설 중 유치원·초등학교·중학교 및 고등학교<br>바. 노유자시설 | (층수 제한 없음)<br>※ 제2종 일반주거지역과 동일 |

## 3. 준주거지역안에서 건축할 수 없는 건축물

| 구 분 | 내 용 |
|---|---|
| • 건축할 수 없는 건축물의 종류 | 가. 제2종 근린생활시설 중 단란주점<br>나. 판매시설 중 상점의 일반게임제공업의 시설<br>다. 의료시설 중 격리병원<br>라. 숙박시설[생활숙박시설로서 공원·녹지 또는 지형지물에 따라 주택 밀집지역과 차단되거나 주택 밀집지역으로부터 도시·군계획조례로 정하는 거리(건축물의 각 부분을 기준으로 한다) 밖에 건축하는 것은 제외한다]<br>마. 위락시설<br>바. 공장으로서 별표 4 제2호 차목 (1)~(6)까지의 어느 하나에 해당하는 것<br>사. 위험물 저장 및 처리 시설 중 시내버스차고지 외의 지역에 설치하는 액화석유가스 충전소 및 고압가스 충전소·저장소(「환경친화적 자동차의 개발 및 보급 촉진에 관한 법률」 제2조제9호의 수소연료공급시설은 제외한다)<br>아. 자동차 관련 시설 중 폐차장<br>자. 동물 및 식물 관련 시설 중 축사·도축장·도계장<br>차. 자원순환 관련 시설<br>카. 묘지 관련 시설 |

## 4. 상업지역안에서 건축할 수 없는 건축물

| 구 분 | 중심상업지역 | 일반상업지역 |
|---|---|---|
| • 건축할 수 없는 건축물의 종류 | 가. 단독주택(다른 용도와 복합된 것은 제외)<br>나. 공동주택[공동주택과 주거용 외의 용도가 복합된 건축물(다수의 건축물이 일체적으로 연결된 하나의 건축물을 포함한다)로서 공동주택 부분의 면적이 연면적의 합계의 90%(도시·군계획조례로 90% 미만의 범위에서 별도로 비율을 정한 경우에는 그 비율) 미만인 것은 제외]<br>다. 숙박시설 중 일반숙박시설 및 생활숙박시설. 예외 다음의 일반숙박시설 또는 생활숙박시설은 제외한다. | 가. 숙박시설 중 일반숙박시설 및 생활숙박시설 예외 다음의 일반숙박시설 또는 생활숙박시설은 제외<br>(1) 공원·녹지 또는 지형지물에 따라 주거지역과 차단되거나 주거지역으로부터 도시·군계획조례로 정하는 거리(건축물의 각 부분을 기준으로 한다) 밖에 건축하는 일반숙박시설<br>(2) 공원·녹지 또는 지형지물에 따라 준주거지역 내 주택 밀집지역, 전용주거지역 또는 일반주거지역과 차단되거나 준주거지역 내 주택 밀집지역, 전용주거지역 또는 일반주거지역으로부터 도시·군 계획조례로 정하는 거리(건축물의 각 부분을 기준으로 한다) 밖에 건축하는 생활숙박시설 |

(1) 공원·녹지 또는 지형지물에 따라 주거지역과 차단되거나 주거지역으로부터 도시·군계획조례로 정하는 거리(건축물의 각 부분을 기준으로 한다) 밖에 건축하는 일반숙박시설

(2) 공원·녹지 또는 지형지물에 따라 준주거지역 내 주택 밀집지역, 전용주거지역 또는 일반주거지역과 차단되거나 준주거지역 내 주택 밀집지역, 전용주거지역 또는 일반주거지역으로부터 도시·군계획조례로 정하는 거리(건축물의 각 부분을 기준으로 한다) 밖에 건축하는 생활숙박시설

라. 위락시설[공원·녹지 또는 지형지물에 따라 주거지역과 차단되거나 주거지역으로부터 도시·군계획조례로 정하는 거리(건축물의 각 부분을 기준으로 한다) 밖에 건축하는 것은 제외한다]

마. 공장(제2호 바목에 해당하는 것 제외)

바. 위험물 저장 및 처리 시설 중 시내버스 차고지 외의 지역에 설치하는 액화석유가스 충전소 및 고압가스충전소·저장소(「환경친화적 자동차의 개발 및 보급 촉진에 관한 법률」 제2조제9호의 수소연료공급시설은 제외한다)

사. 자동차 관련 시설 중 폐차장

아. 동물 및 식물 관련 시설

자. 자원순환 관련 시설

차. 묘지 관련 시설

나. 위락시설[공원·녹지 또는 지형지물에 따라 주거지역과 차단되거나 주거지역으로 부터 도시·군계획조례로 정하는 거리(건축물의 각 부분을 기준으로 한다) 밖에 건축하는 것은 제외한다]

다. 공장으로서 별표 4 제2호차목 (1)~(6)까지의 어느 하나에 해당하는 것

라. 위험물 저장 및 처리 시설 중 시내버스차고지 외의 지역에 설치하는 액화석유가스 충전소 및 고압가스 충전소·저장소(「환경친화적 자동차의 개발 및 보급 촉진에 관한 법률」 제2조제9호의 수소 연료공급시설은 제외한다)

마. 자동차 관련 시설 중 폐차장

바. 동물 및 식물 관련 시설 중 같은 호 가목~라목에 해당하는 것

사. 자원순환 관련 시설

아. 묘지 관련 시설

| 구 분 | 근린상업지역 | 유통상업지역 |
|---|---|---|
| • 건축할 수 없는 건축물의 종류 | 가. 의료시설 중 격리병원<br>나. 숙박시설 중 일반숙박시설 및 생활숙박시설. **예외** 다음의 일반숙박시설 또는 생활숙박시설은 제외한다.<br>(1) 공원·녹지 또는 지형지물에 따라 주거지역과 차단되거나 주거지역으로 부터 도시·군계획조례로 정하는 거리(건축물의 각 부분을 기준으로 한다) 밖에 건축하는 일반숙박시설<br>(2) 공원·녹지 또는 지형지물에 따라 준주거지역 내 주택 밀집지역, 전용주거지역 또는 일반주거지역과 차단되거나 준주거지역 내 주택 밀집지역, 전용주거지역 또는 일반주거지역으로부터 도시·군계획조례로 정하는 거리(건축물의 각 부분을 기준으로 한다) 밖에 건축하는 생활숙박시설<br>다. 위락시설[공원·녹지 또는 지형지물에 따라 주거지역과 차단되거나 주거지역으로부터 도시·군계획조례로 정하는 거리(건축물의 각 부분을 기준으로 한다) 밖에 건축하는 것은 제외한다]<br>라. 공장으로서 별표 4 제2호 차목 (1)~(6)의 어느 하나에 해당하는 것<br>마. 위험물 저장 및 처리 시설 중 시내버스 차고지 외의 지역에 설치하는 액화석유 가스 충전소 및 고압가스 충전소·저장소(「환경친화적 자동차의 개발 및 보급 촉진에 관한 법률」의 수소연료공급시설은 제외한다)<br>바. 자동차 관련 시설 중 같은 호 다목~사목에 해당하는 것<br>사. 동물 및 식물 관련 시설 중 같은 호 가목~라목에 해당하는 것<br>아. 자원순환 관련 시설<br>자. 묘지 관련 시설 | 가. 단독주택<br>나. 공동주택<br>다. 의료시설<br>라. 숙박시설 중 일반숙박시설 및 생활숙박시설. **예외** 다음의 일반숙박시설 또는 생활숙박시설은 제외한다.<br>(1) 공원·녹지 또는 지형지물에 따라 주거지역과 차단되거나 주거지역으로부터 도시·군계획조례로 정하는 거리(건축물의 각 부분을 기준으로 한다) 밖에 건축하는 일반숙박시설<br>(2) 공원·녹지 또는 지형지물에 따라 준주거지역 내 주택 밀집지역, 전용주거지역 또는 일반주거지역과 차단되거나 준주거지역 내 주택 밀집지역, 전용주거지역 또는 일반주거지역으로부터 도시·군계획조례로 정하는 거리(건축물의 각 부분을 기준으로 한다) 밖에 건축하는 생활숙박시설<br>마. 위락시설[공원·녹지 또는 지형지물에 따라 주거지역과 차단되거나 주거지역으로부터 도시·군계획조례로 정하는 거리(건축물의 각 부분을 기준으로 한다) 밖에 건축하는 것은 제외한다]<br>바. 공장<br>사. 위험물 저장 및 처리 시설 중 시내버스차고지 외의 지역에 설치하는 액화석유가스 충전소 및 고압가스 충전소·저장소(「환경친화적 자동차의 개발 및 보급 촉진에 관한 법률」의 수소연료공급시설은 제외한다)<br>아. 동물 및 식물 관련 시설<br>자. 자원순환 관련 시설<br>차. 묘지 관련 시설 |

# 2017년도

## 과년도 기출문제

## 국가기술자격검정 필기시험문제

| 2017년도 산업기사 일반검정(2017년 3월 5일) | | | | 수검번호 | 성 명 |
|---|---|---|---|---|---|
| 자격종목 및 등급(선택분야) | 종목코드 | 시험시간 | 문제지형별 | | |
| **건축산업기사** | **2530** | **2시간30분** | **A** | | |

※ 답안카드 작성시 시험문제지 형별누락, 마킹착오로 인한 불이익은 전적으로 수험자의 귀책사유임을 알려드립니다.

---

### 제1과목 : 건축계획

**01** 공장 녹지계획의 효용성과 가장 거리가 먼 것은?

① 근로자의 피로 경감
② 상품의 이미지 향상
③ 제품의 유출입 원활
④ 재해파급의 완충적 기능

**알찬풀이** | 공장 녹지계획의 효용성과 가장 거리가 먼 것은 제품의 유출입 원활이다.

**02** 상점 내 진열장 배치계획에서 가장 우선적으로 고려하여야 할 사항은?

① 동선의 흐름
② 조명의 밝기
③ 천장의 높이
④ 바닥면의 질감

**알찬풀이** | 상점 내 진열장 배치계획에서 가장 우선적으로 고려하여야 할 사항은 손님, 종업원 및 물품에 따른 동선의 흐름이다.

**03** 다음 설명에 알맞은 사무소 건축의 코어 유형은?

> • 단일용도의 대규모 전용사무실에 적합한 유형이다.
> • 2방향 피난에 이상적인 관계로 방재/피난상 유리하다.

① 외코어형
② 편단코어형
③ 양단코어형
④ 중앙코어형

**알찬풀이** | 양단코어형
　　① 1개의 대공간을 필요로 하는 전용 사무실에 적합하다.
　　② 2방향 피난에 이상적이며 방재상 유리하다.

## 04 초등학교 저학년에 가장 알맞은 학교 운영방식은?

① 플래툰형(P형)
② 종합교실형(U형)
③ 교과교실형(V형)
④ 일반교실, 특별교실형(U+V형)

**알찬풀이** | 종합교실형(U형)
① 거의 모든 교과목을 학급의 각 교실에서 행하는 방식이다.
② 학생의 이동이 거의 없고 심리적으로 안정되며 각 학급마다 가정적인 분위기를 만들 수 있다.
③ 초등학교 저학년에 적합한 형식이다.
④ 교실의 이용률이 매우 높다.

## 05 다음 설명에 알맞은 공장건축의 레이아웃 형식은?

> • 기능식 레이아웃으로 기능이 동일하거나 유사한 공정, 기계를 집합하여 배치하는 방식이다.
> • 다품종 소량 생산의 경우, 표준화가 이루어지기 어려운 경우에 채용된다.

① 혼성식 레이아웃　　　　　　② 고정식 레이아웃
③ 공정중심의 레이아웃　　　　④ 제품중심의 레이아웃

**알찬풀이** | 공정중심의 레이아웃
① 그 기능이 동일한 것, 유사한 것을 하나의 그룹으로 집합시키는 방식이다.
② 다품종소량 생산품, 예상생산이 불가능한 주문생산품 공장에 적합하다.

## 06 아파트 평면형식 중 중복도형에 관한 설명으로 옳지 않은 것은?

① 채광과 통풍이 용이하다.
② 대지에 대한 이용도가 높다.
③ 프라이버시가 나쁘고 시끄럽다.
④ 세대의 향을 동일하게 할 수 없다.

**알찬풀이** | 중복도형
① 중앙에 복도를 설치하고 이를 통해 각 주거로 접근하는 유형을 말한다.
② 주거의 단위 세대수를 많이 수용할 수 있어 대지의 고밀도 이용이 필요한 경우에 이용된다.
③ 남향의 거실을 갖지 못하는 주거가 생긴다.
④ 복도가 길어지고 채광, 통풍, 프라이버시와 같은 거주성이 가장 떨어지는 유형이다.

| ANSWER | 1. ③　2. ①　3. ③　4. ②　5. ③　6. ① |
| --- | --- |

**07** 다음과 같은 조건에서 요구되는 침실의 최소 바닥 면적은?

- 성인 3인용 침실
- 침실의 천장높이 : 2.5m
- 실내 자연환기 회수 : 3회/h
- 성인 1인당 필요로 하는 신선한 공기 요구량 : 50m³/h

① 10m²
② 15m²
③ 20m²
④ 30m²

**알찬풀이** │ 환기량에 따른 침실의 최소 바닥 면적
　① 3인용 침실이므로
　　3×50(m³/h)=150(m³/h)
　② 실내 자연환기 회수가 시간당 3회이므로
　　150(m³/h)÷3(회/h)=50(m³/h)
　③ 침실의 천장높이 2.5m이므로
　　∴ 50(m³/h)÷2.5m=20(m²)

**08** 학교건축의 교사(校舍) 배치형식 중 분산병렬형에 관한 설명으로 옳은 것은?

① 소규모 대지에 적용이 용이하다.
② 화재 및 비상 시 피난에 불리하다.
③ 구조계획이 복잡하고 규격형의 이용이 불가능하다.
④ 일조, 통풍 등 교실의 환경조건을 균등하게 할 수 있다.

**알찬풀이** │ 분산병렬형
　① 장점
　　• 일조, 통풍 등 환경 조건이 균등하다.
　　• 구조 계획이 간단하다.
　　• 각 건물의 사이에는 놀이터와 정원으로 이용이 가능하다.
　② 단점
　　• 비교적 넓은 대지를 필요로 한다.
　　• 편복도형일 경우 복도 면적이 크고 단조롭다.
　　• 건물간의 유기적인 구성이 어렵다.

**09** 백화점 계획에 관한 설명으로 옳지 않은 것은?

① 출입구는 모퉁이를 피하도록 한다.
② 매장은 동일층에서 가능한 레벨차를 두지 않는 것이 바람직하다.
③ 에스컬레이터는 일반적으로 승객수송의 70~80%를 분담하도록 계획한다.
④ 매장의 배치 유형은 매장 면적의 이용률이 가장 높은 사행 배치가 주로 사용된다.

**알찬풀이** | 직선(직렬) 배열형
　　① 입구에서 안쪽을 향하여 직선적으로 구성된 것이다.
　　② 고객의 흐름이 빠르고 대량 판매에도 유리하다.
　　③ 협소한 매장에 적합하다.
　　④ 침구점, 식기점, 서점 등에 적합하다.


**10** 사무소 건축에서 유효율(rentable ratio)이 의미하는 것은?

① 연면적과 대지면적의 비
② 임대면적과 연면적의 비
③ 업무공간과 공용공간의 면적비
④ 기준층의 바닥면적과 연면적의 비

**알찬풀이** | 유효율(rentable ratio)
　　① 유효율(rentable ratio)은 임대면적과 연면적의 비율을 말하며, 임대 사무소의 경우 채산성의 지
　　　표가 된다.

$$\therefore \ 유효율(rentable \ ratio) = \frac{임대면적}{연면적} \times 100(\%)$$

　　② 일반적으로 70~75% 정도가 적당하다.


**11** 탑상형(Tower Type) 공동주택에 관한 설명으로 옳지 않은 것은?

① 원형, ㅁ형, +자형 등이 있다.
② 각 세대의 시각적인 개방감을 준다.
③ 각 세대의 거주 조건이나 환경이 균등하게 제공된다.
④ 도심지 및 단지 내의 랜드마크로써의 역할이 가능하다.

**알찬풀이** | 탑상형(Tower Type) 공동주택
　　① 계단실이나 엘리베이터 홀을 중심으로 주위에 각 단위세대 주거를 배치한 형식이다.
　　② 일조, 채광, 통풍의 경우는 각 단위세대의 방위에 따라 다르다.
　　③ 판상형에 비해 다른 동에 미치는 일조의 영향이 적다.
　　④ 판상형의 단조로운 입면에 변화를 주는 것이 가능하여 랜드 마크(land mark)의 역할을 할 수도
　　　있다.

**12** 상점의 매장 및 정면구성에 요구되는 AIDMA 법칙의 내용에 속하지 않는 것은?

① Design
② Action
③ Interest
④ Attention

**알찬풀이** | AIDMA 법칙
① A(Attention, 주의) : 주목시킬 수 있는 배려
② I(Interest, 흥미) : 공감을 주는 호소력
③ D(Desire, 욕망) : 욕구를 일으키는 연상
④ M(Memory, 기억) : 인상적인 변화
⑤ A(Action, 행동) : 접근하기 쉬운 구성

**13** 주택의 부엌과 식당 계획 시 가장 중요하게 고려해야 할 사항은?

① 조명배치
② 작업동선
③ 색채조화
④ 수납공간

**알찬풀이** | 주택의 부엌과 식당 계획 시 가장 중요하게 고려해야 할 사항은 주부의 작업동선이다.

**14** 주거단지 내 동선계획에 관한 설명으로 옳지 않은 것은?

① 보행자 동선 중 목적동선은 최단거리로 한다.
② 보행자가 차도를 걷거나 횡단하기 쉽게 계획한다.
③ 근린주구 단위 내부로 차량 통과교통을 발생시키지 않는다.
④ 차량 동선은 긴급차량 동선의 확보와 소음 대책을 고려한다.

**알찬풀이** | 주거단지 내 동선계획에서 보행자가 차도를 걷거나 횡단하기 않도록 계획한다.

**15** 사무소 건축에 있어서 사무실의 크기를 결정하는 가장 중요한 요소는?

① 방문자의 수
② 사무원의 수
③ 사무소의 층수
④ 사무실의 위치

**알찬풀이** | 사무실의 크기는 사무원의 수에 비례한다.

## 16 다음의 근린생활권 중 규모가 가장 작은 것은?

① 인보구　　　　　　　② 근린분구
③ 근린지구　　　　　　④ 근린주구

**알찬풀이** | 인보구
① 이웃에 살기 때문에 가까운 친분이 유지되는 공간적 범위로서, 반경 100~150m 정도를 기준으로 하는 가장 작은 생활권 단위이다.
② 인구 : 20~40호(100~200명)
③ 규모 : 3~4층 정도의 집합주택, 1~2동
④ 중심시설 : 어린이 놀이터, 공동 세탁장

## 17 공간의 레이아웃(lay-out)과 가장 밀접한 관계를 가지고 있는 것은?

① 재료계획　　　　　　② 동선계획
③ 설비계획　　　　　　④ 색채계획

**알찬풀이** | 공간의 레이아웃(lay-out)과 가장 밀접한 관계를 가지고 있는 것은 동선계획이다.

## 18 단독주택 부엌의 작업대 배치 유형에 관한 설명으로 옳지 않은 것은?

① ㄱ자형은 식사실과 함께 구성할 경우에 적합하다.
② 병렬형은 작업 시 몸을 앞뒤로 바꾸어야 하는 불편이 있다.
③ 일렬형은 설비기구가 많은 경우에 동선이 길어지는 경향이 있으므로 소규모 주택에 적합하다.
④ ㄷ자형은 평면계획상 외부로 통하는 출입구의 설치가 용이하나 작업동선이 긴 단점이 있다.

**알찬풀이** | ㄷ자형
① 외부로 통하는 출입구의 설치가 불리하다.
② 작업면, 수납공간이 넓어 대규모 주택에 유리, 작업효율이 가장 좋은 배치 유형이다.

## 19 사무소 건축의 엘리베이터에 관한 설명으로 옳지 않은 것은?

① 외래자에게 직접 잘 알려질 수 있는 위치에 배치한다.
② 승객의 층별 대기시간은 평균 운전간격 이하가 되게 한다.
③ 피난을 고려하여 두 곳 이상으로 분산하여 배치하는 것이 바람직하다.
④ 초고층, 대규모 빌딩인 경우는 서비스 그룹을 분할(죠닝)하는 것을 검토한다.

**알찬풀이** | 사무소 건축의 엘리베이터는 활용 및 운영상 집중하여 배치하는 것이 바람직하다.

**ANSWER** 12. ① 13. ② 14. ② 15. ② 16. ① 17. ② 18. ④ 19. ③

**20** 단독주택 현관의 위치 결정에 가장 주된 영향을 끼치는 것은?

① 대지의 크기
② 주택의 층수
③ 도로와의 관계
④ 주차장의 크기

**알찬풀이** | 단독주택 현관의 위치 결정에 가장 주된 영향을 끼치는 것은 도로와의 관계이다.

## 제2과목 : 건축시공

**21** 과거공사의 실적자료, 통계자료 및 물가지수 등을 참고하여 공사비를 추정하는 방법으로 복잡한 건물이라도 짧은 시간에 쉽게 산출할 수 있는 이점이 있는 것은?

① 분할적산
② 명세적산
③ 개산적산
④ 계약적산

**알찬풀이** | 개산적산
과거공사의 실적자료, 통계자료 및 물가지수 등을 참고하여 공사비를 추정하는 방법으로 복잡한 건물이라도 짧은 시간에 쉽게 산출할 수 있는 이점이 있다.

**22** 다음 중 열가소성 수지에 해당하는 것은?

① 페놀수지
② 요소수지
③ 멜라민수지
④ 염화비닐수지

**알찬풀이** | 열가소성 수지
① 고형체에 열을 가하면 연화 또는 용융하여 가소성 및 점성이 생기며 냉각하면 다시 고형체로 되는 합성수지
② 종류
　㉠ 염화비닐 수지(PVC)　　㉡ 폴리에틸렌 수지　　㉢ 폴리프로필렌 수지
　㉣ 폴리스틸렌 수지　　㉤ 아크릴 수지

**23** 공정관리 기법인 PERT와 비교한 CPM에 관한 설명으로 옳지 않은 것은?

① 공기단축이 목적이다.
② 경험이 있는 반복작업이 대상이다.
③ 일정계산은 Activity 중심으로 이루어진다.
④ 작업여유는 Float이다.

**알찬풀이** | CPM은 공기단축이 목적이 아니라 각 작업의 흐름과 작업의 상호관계를 명확하게 파악하는 것이다.

**24** AE제를 사용한 콘크리트에 관한 설명으로 옳지 않은 것은?

① 동결융해저항성이 증가한다.
② 내마모성이 증가한다.
③ 블리딩 및 재료분리가 감소한다.
④ 철근과 콘크리트의 부착강도가 증가한다.

**알찬풀이** | AE제를 사용한 콘크리트는 철근과 콘크리트의 부착강도가 감소한다.

**25** 조적조에서 내력벽 상부에 테두리보를 설치하는 가장 큰 이유는?

① 내력벽의 상부 마무리를 깨끗이 하기 위해서
② 벽에 개구부를 설치하기 위해서
③ 분산된 벽체를 일체화하기 위해서
④ 철근의 배근을 용이하게 하기 위해서

**알찬풀이** | 테두리보(Wall Girder)의 설치 목적
① 분산된 벽체를 일체로 하여 하중을 균등히 분포시킨다.
② 조적조 벽체의 수직 균열 방지
③ 보강 블록조 등의 수직 철근을 정착
④ 집중하중을 받는 부분을 보강

**26** 건축공사용 재료의 할증률을 나타낸 것 중 옳지 않은 것은?

① 목재(각재) : 5%  ② 단열재 : 10%
③ 이형철근 : 3%  ④ 유리 : 3%

**알찬풀이** | 유리의 할증률은 1%이다.

**27** 그림과 같은 모래질 흙의 줄기초파기에서 파낸 흙을 6톤 트럭으로 운반하려고 할 때 필요한 트럭의 대수로 옳은 것은? (단, 흙의 부피증가는 25%로 하며 파낸 모래질 흙의 단위중량은 1.8 t/m³이다.)

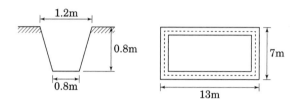

① 10대
② 12대
③ 15대
④ 18대

**알찬풀이** │ 줄기초의 흙파기량 운반대수

① 파낸 흙의 전체 체적 : $\dfrac{1.2+0.8}{2}\times 0.8\times(13+7)\times 2 = 32\,\text{m}^3$

② 잔토처리량 $= 32\text{m}^3 \times 1.25 = 40\text{m}^3$

∴ 운반 대수 $= (40\text{m}^3 \times 1.8\text{t/m}^3) \div 6\text{t} = 12$(대)

※ 줄기초의 터파기량

① 잔토처리량 = 흙파기 체적×토량환산계수(흙의 부피증가량)

② 흙파기 체적(터파기량) $= \dfrac{(a+b)}{2} \times h \times$ 줄기초 길이

**28** 철근피복에 관한 설명으로 옳은 것은?

① 철근을 피복하는 목적은 철근콘크리트구조의 내구성 및 내화성을 유지하기 위해서이다.
② 보의 피복두께는 보의 주근의 중심에서 콘크리트 표면까지의 거리를 말한다.
③ 기둥의 피복두께는 기둥주근의 중심에서 콘크리트 표면까지의 거리를 말한다.
④ 과다한 피복두께는 부재의 구조적인 성능을 증가시켜 사용수명을 크게 늘릴 수 있다.

**알찬풀이** │ 보, 기둥의 피복두께는 보의 늑근이나 기둥의 대근 외부 표면에서 콘크리트 표면까지의 최단 거리를 말한다.

**29** 다음 중 콘크리트용 깬자갈(crushed stone)에 관한 설명으로 옳지 않은 것은?

① 시멘트 페이스트와의 부착성능이 낮다.
② 깬자갈을 사용한 콘크리트는 동일한 워커빌리티의 보통 콘크리트보다 단위수량이 일반적으로 10% 정도 많이 요구된다.
③ 강자갈과 다른 점은 각진 모양 및 거친 표면조직을 들 수 있다.
④ 깬자갈의 원석은 안산암, 화강암 등이 있다.

**알찬풀이** | 콘크리트용 깬자갈(crushed stone)은 시멘트 페이스트와의 부착성능이 높다.

**30** 철골공사에 쓰이는 고력 볼트의 조임에 관한 설명으로 옳지 않은 것은?

① 고력볼트의 조임은 1차 조임, 금매김, 본조임 순으로 한다.
② 조임 순서는 기둥부재는 아래에서 위로, 보 부재는 이음부 외측에서 중앙으로 조임을 실시한다.
③ 볼트의 머리 밑과 너트 밑에 와셔를 1장씩 끼우고, 너트를 회전시킨다.
④ 너트회전법은 본조임 완료 후 모든 볼트에 대해 1차 조임 후에 표시한 금매김에 의해 너트 회전량을 육안으로 검사한다.

**알찬풀이** | 고력 볼트의 조임 순서는 기둥 밑 보 부재는 이음부 중앙 측에서 외측으로 조임을 실시한다.

**31** 미장공사와 관련된 용어에 관한 설명으로 옳지 않은 것은?

① 고름질 : 마감두께가 두꺼울 때 혹은 요철이 심할 때 초벌바름 위에 발라 붙여주는 것
② 바탕처리 : 요철 또는 변형이 심한 개소를 고르게 손질바름하여 마감 두께가 균등하게 되도록 조정하는 것
③ 덧먹임 : 균열의 틈새, 구멍 등에 반죽된 재료를 밀어 넣어 때워 주는 것
④ 결합재 : 화학약품으로 소량 사용하는 AE제, 감수제 등의 재료

**알찬풀이** | 결합재: 고결재(점토, 석고, 시멘트 등)의 결점인 수축균열, 점성 및 부착력의 부족을 보완하는 재료로 수염, 여물, 풀 등이 결합재에 해당한다.

**32** 방수성이 높은 모르타르로 방수층을 만들어 지하실의 방수나 소규모인 지붕방수 등과 같은 비교적 경미한 방수공사에 활용되는 공법은?

① 아스팔트 방수공법      ② 실링 방수공법
③ 시멘트액체 방수공법      ④ 도막 방수공법

**알찬풀이** | 시멘트액체 방수공법
방수성이 높은 모르타르로 방수층을 만들어 소규모의 지하실의 방수나 지붕방수 등과 같은 비교적 경미한 방수공사에 활용된다.

**33** 가구식 구조물의 횡력에 대한 보강법으로 가장 적합한 것은?

① 통재 기둥을 설치한다.
② 가새를 유효하게 많이 설치한다.
③ 샛기둥을 줄인다.
④ 부재의 단면을 작게 한다.

**알찬풀이** | 가구식 구조물의 횡력에 대한 보강법으로 가장 적합한 방법은 가새를 유효하게 많이 설치한다.

**34** 건설 VE(Value Engineering) 기법에 관한 설명으로 옳은 것은?

① 기업 전략의 일환으로 수행되는 VE 활동은 최고 경영자에서 생산현장에 이르기까지 폭넓게 전개될 필요는 없다.
② VE 활동을 통한 이익의 확대는 타 기업과의 경쟁 없이 이루어지며, 적은 투자로 큰 성과를 얻을 수 있다.
③ 생산설비 자체는 VE의 대상이 될 수 없다.
④ 설계 단계에서 대부분의 공사비가 결정되는 건설공사의 특성에 따라 빠른 시점에서의 VE 적용은 필요 없다.

**알찬풀이** | 건설 VE(Value Engineering)
① 기업 전략의 일환으로 수행되는 VE 활동은 최고 경영자에서 생산현장에 이르기까지 폭넓게 전개될 필요가 있다.
③ 생산설비 자체도 VE의 대상이 될 수 있다.
④ 설계 단계에서 대부분의 공사비가 결정되는 건설공사의 특성에 따라 빠른 시점에서의 VE 적용이 필요 하다.

## 35 도급계약 제도에 관한 설명으로 옳지 않은 것은?

① 일식도급 - 공사전체를 다수의 업체에게 발주하는 방식
② 지명경쟁입찰 - 특정업체를 지명하여 입찰경쟁에 참여시키는 방식
③ 공개경쟁입찰 - 모든 업체에게 공고하여 공개적으로 경쟁입찰하는 방식
④ 특명입찰 - 특정의 단일업체를 선정하여 발주하는 방식

**알찬풀이** | 일식도급(General Contract)
건축 공사 전체를 하나의 건설회사에 도급시키는 것을 말한다.

## 36 강화유리에 관한 설명으로 옳지 않은 것은?

① 내 충격강도가 보통판유리보다 약 3~5배 정도 높다.
② 휨강도는 보통판유리보다 약 6배 정도 크다.
③ 현장가공과 절단이 되지 않는다.
④ 파손된 경우 파편이 날카로워 안전상 출입구문이나 창유리 등에는 사용하지 않는다.

**알찬풀이** | 강화유리
파손된 경우 파편이 날카롭지 않아 안전상 출입구문이나 고층 건물의 창유리 등에 사용한다.

## 37 지반의 지내력 값이 큰 것부터 작은 순으로 옳게 나타낸 것은?

① 연암반 - 자갈 - 모래섞인 점토 - 점토
② 연암반 - 자갈 - 점토 - 모래섞인 점토
③ 자갈 - 연암반 - 점토 - 모래섞인 점토
④ 자갈 - 연암반 - 모래섞인 점토 - 점토

**알찬풀이** | 지반의 지내력
경암반 〉 연암반 〉 자갈 〉 모래섞인 점토 〉 점토

## 38 그림과 같은 수평보기 규준틀에서 A부재의 명칭은?

① 띠장
② 규준대
③ 규준점
④ 규준말뚝

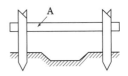

**알찬풀이** | 수평보기 규준틀에서 A부재의 명칭은 규준대이다.

**39** KS F 4002에 규정된 콘크리트 기본 블록의 크기가 아닌 것은? (단, 단위는 mm임)

① 390×190×190
② 390×190×150
③ 390×190×120
④ 390×190×100

**알찬풀이** | 기본형 시멘트블록의 치수(KS F 4002) (단위: mm)

| 형 상 | 치 수 | | | 허용 값 | |
|---|---|---|---|---|---|
| | 길 이 | 높 이 | 두 께 | 길 이<br>두 께 | 높 이 |
| 기본형 | 390 | 190 | 100<br>150<br>190<br>210 | ±2 | ±3 |

**40** 굳지 않는 콘크리트의 공기량 변화에 관한 설명으로 옳지 않은 것은?

① AE제의 혼입량이 증가하면 공기량이 증가한다.
② 시멘트 분말도가 크면 공기량은 증가한다.
③ 단위 시멘트량이 증가하면 공기량은 감소한다.
④ 슬럼프가 커지면 공기량이 증가한다.

**알찬풀이** | 시멘트 분말도가 크면 공기량은 감소한다.

## 제3과목 : 건축구조

**41** 그림과 같은 등분포하중을 받는 단순보의 최대 처짐은?

① $\dfrac{9wL^2}{128}$

② $\dfrac{wL^4}{384EI}$

③ $\dfrac{5wL^4}{384EI}$

④ $\dfrac{5wL^4}{128}$

**알찬풀이** | 최대 처짐($\delta_{max}$)

등분포하중을 받는 단순보의 최대 처짐은 $\dfrac{5wL^4}{384EI}$ 이다.

**42** 압축을 받는 D22 이형철근의 기본정착길이를 구하면?
(단, 경량콘크리트계수 = 1, $f_{ck}$ = 25MPa, $f_y$ = 400MPa)

① 378.4mm

② 440mm

③ 500.3mm

④ 520mm

**알찬풀이** | 기본정착길이($l_{db}$)

압축을 받는 이형 철근의 기본정착길이($l_{db}$)이는 다음과 같다.

$$l_{db} = \frac{0.25 \cdot d_b \cdot f_y}{\sqrt{f_{ck}}} \geq 0.043 \cdot d_b \cdot f_y$$

(부호) $d_b$ : 철근의 공칭 지름(mm)

　　　$f_y$ : 철근의 항복강도(MPa)

　　　$f_{ck}$ : 콘크리트의 압축강도(MPa)

$$\therefore \ l_{db} = \frac{0.25 \times 22 \times 400}{\sqrt{25}} = 440(\text{mm})$$

**43** 다음 그림과 같은 단순보에서 C점의 전단력을 구하면?

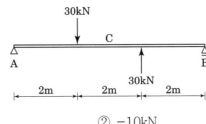

① 0

② −10kN

③ −20kN

④ −30kN

**알찬풀이** | C점의 전단력($V_C$)

① A점의 반력을 구한다.

$\Sigma M_B = 0$에서

$R_A \times 6(\text{m}) - 30(\text{kN}) \times 4(\text{m}) + 30(\text{kN}) \times 2(\text{m}) = 0$

$R_A = \dfrac{120(\text{kN} \cdot \text{m}) - 60(\text{kN} \cdot \text{m})}{6(\text{m})} = 10(\text{kN})$

※ $\Sigma V = 0$에서

$+10(\text{kN}) - 30(\text{kN}) + 30(\text{kN}) + R_B = 0$

$\therefore \ R_B = -10(\text{kN})$

② C점의 전단력($V_C$)을 구하면

$V_C = 10(\text{kN}) - 30(\text{kN}) = -20(\text{kN})$

**44** 균형철근비에 대한 정의로 옳은 것은?

① 압축측 콘크리트가 극한변형률 $\epsilon_u = 0.003$에 도달할 때 인장측 철근이 항복변형률에 도달하는 철근비

② 인장측 콘크리트가 극한변형률 $\epsilon_u = 0.003$에 도달할 때 압축측 철근이 최대변형률에 도달하는 철근비

③ 압축측 콘크리트가 극한변형률 $\epsilon_u = 0.005$에 도달할 때 인장측 철근이 항복변형률에 도달하는 철근비

④ 인장측 콘크리트가 극한변형률 $\epsilon_u = 0.005$에 도달할 때 압축측 철근이 최대변형률에 도달하는 철근비

**알찬풀이 | 균형철근비**

압축측 콘크리트가 극한변형률 $\epsilon_u = 0.003$에 도달할 때 인장측 철근이 항복변형률에 도달하는 철근비를 말한다.

**45** 단면 $b_w \times d = 400mm \times 550mm$인 직사각형보에 인장철근이 5-D19 배근되어 있을 때 인장 철근비는?(단, D19 1개의 단면적은 287mm$^2$이다.)

① 0.0065

② 0.0060

③ 0.0017

④ 0.0012

**알찬풀이 | 인장 철근비($\rho$)**

$$\rho = \frac{A_S}{b \cdot d} = \frac{287 \times 5}{400 \times 550} = 0.00652 \rightarrow 0.0065$$

**46** 단면2차모멘트를 적용하여 구하는 것이 아닌 것은?

① 단면계수와 단면2차반경의 계산

② 단면의 도심계산

③ 휨응력도

④ 처짐량 계산

**알찬풀이 | 도심(圖心)**

단면1차모멘트가 0인 점을 단면의 도심이라 하며, 도심은 그 단면의 면적 중심이 된다.

$$\bar{x} = \frac{G_y}{A}, \quad \bar{y} = \frac{G_x}{A}$$

(부호)

$G_y$, $G_x$ : X, Y축에 대한 단면1차모멘트(mm$^3$, cm$^3$)

$A$ : 단면적(mm$^2$, cm$^2$)

**47** 철근의 간격에 대한 설명 중 옳지 않은 것은?

① 동일 평면에서 평행한 철근 사이의 수평 순간격은 25mm 이상이다.

② 상단과 하단으로 2단 이상 배근된 경우, 상하철근의 순간격을 25mm 이상이다.

③ 동일평면에 평행하게 배근된 철근의 순간격은 사용된 굵은 골재의 최대 공칭치수의 1.5배 이상이다.

④ 나선철근이 배근된 압축부재에서 축방향 철근의 순간격은 40mm 이상 또는 철근 공칭지름의 1.5배 이상이다.

**알찬풀이** | 동일평면에 평행하게 배근된 철근의 순간격은 사용된 굵은 골재의 최대 공칭치수의 4/3배 이상이어야 한다.

**48** 그림에서 AB 부재의 부재력은?

① $-2kN$

② $+2kN$

③ $-4kN$

④ $+4kN$

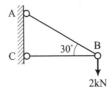

**알찬풀이** | AB 부재의 부재력($AB$)
라미의 정리를 이용하면

$$\frac{2kN}{\sin150} = \frac{AB}{\sin90}$$

$\therefore \ AB = +4(kN)$

**49** 철근콘크리트 단근보 설계에서 보의 균형철근비 $\rho_b$=0.02일 때, 이 보의 최대철근비($\rho_{max}$)는? (단, $f_y$ = 400MPa)

① 0.0102

② 0.0143

③ 0.0205

④ 0.0252

**알찬풀이** | 최대철근비($\rho_{max}$)

철근의 설계기준 항복강도가 $f_y$ = 400MPa일 때 해당 최대철근비 $\rho_{max}$ = $0.714\rho_b$이다.
(단, $\rho_b$ : 균형 철근비이다.)

$\therefore \ \rho_{max}$ = $0.714 \times 0.02$ = $0.01428 \rightarrow 0.0143$

**50** 과도한 처짐에 의해 손상되지 쉬운 비구조 요소를 지지 또는 부착하지 않은 바닥구조의 활하중에 의한 순간 처짐의 한계는?

① $\dfrac{l}{180}$

② $\dfrac{l}{240}$

③ $\dfrac{l}{360}$

④ $\dfrac{l}{480}$

**알찬풀이** | 순간 처짐의 한계

과도한 처짐에 의해 손상되지 쉬운 비구조 요소를 지지 또는 부착하지 않은 바닥구조의 활하중에 의한 순간 처짐의 한계는 $\dfrac{l}{360}$ 이다.

**51** 직경이 40mm인 강봉을 200kN의 인장력으로 잡아당길 때 이 강봉의 가로 변형률(가력방향에 직각)을 구하면? (단, 이 강봉의 푸아송비는 1/4이고, 탄성계수는 20000MPa이다.)

① 0.00197

② 0.00398

③ 0.00592

④ 0.00796

**알찬풀이** | 강봉의 가로 변형률($\beta$)

$$\nu = \frac{\beta}{\epsilon} = \frac{\dfrac{\Delta d}{d}}{\dfrac{\Delta L}{L}} \rightarrow \beta = \nu \cdot \epsilon$$

(부호) $\nu$ : 푸아송 비, $\beta$ : 가로 변형률 $\epsilon$ : 세로 변형률
$E$ : 탄성계수
또한 후크의 법칙에서

$$\sigma = E \cdot \epsilon \rightarrow \epsilon = \frac{\sigma}{E} = \frac{(\dfrac{P}{A})}{E}$$

$$\epsilon = \frac{(\dfrac{200 \times 10^3}{3.14 \times 20^2})}{20000} = 0.00796$$

$$\therefore \beta = \frac{1}{4} \times 0.00796 = 0.00199 \rightarrow 0.00197$$

**52** 그림과 같은 구조물의 부정정 차수는?

① 2차

② 3차

③ 4차

④ 5차

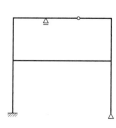

**알찬풀이** | 부정정 차수

부정정 차수=외적차수($N_e$)+내적차수($N_i$)

=[반력수($r$)−3] + [−부재 내의 흰지 절점수($h$) + 연결된 부재에 따른 차수]

=[6−3]+[−1+3] = 5차 부정정

## 53 다음 정정구조물에서 A점의 처짐을 구하는 식으로 옳은 것은?

① $\delta_A = \dfrac{5Pl^3}{48EI}$

② $\delta_A = \dfrac{7Pl^3}{48EI}$

③ $\delta_A = \dfrac{9Pl^3}{48EI}$

④ $\delta_A = \dfrac{11Pl^3}{48EI}$

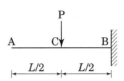

**알찬풀이** | A점의 처짐을 구하는 식

그림과 같은 정정구조물에서 A점의 처짐을 구하는 식은

$\delta_A = \dfrac{5Pl^3}{48EI}$이며 C점의 처짐을 구하는 식은 $\delta_C = \dfrac{Pl^3}{24EI}$이다.

## 54 연약지반에서 발생하는 부동침하의 원인으로 옳지 않은 것은?

① 부분적으로 증축했을 때

② 이질지반에 건물이 걸쳐 있을 때

③ 지하수가 부분적으로 변화할 때

④ 지내력을 같게 하기 위해 기초판 크기를 다르게 했을 때

**알찬풀이** | 연약지반에서 지내력을 같게 하기 위해 기초판 크기를 다르게 한 경우는 부동침하의 원인으로 보기 어렵다.

## 55 다음 그림과 같은 철근콘크리트의 보 설계에서 콘크리트에 의한 전단강도 $V_c$를 구하면?
(단, $f_{ck}$=24MPa, $f_y$=400MPa, 경량 콘크리트 계수 $\lambda$=1.0)

① 150kN

② 180kN

③ 209kN

④ 245kN

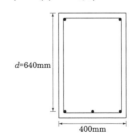

**알찬풀이** | 콘크리트에 의한 전단강도($V_c$)

$$V_C = \dfrac{1}{6}\sqrt{f_{ck}} \cdot b_w \cdot d$$

$$= \dfrac{1}{6} \times \sqrt{24} \times 400 \times 640 ≒ 209,203(\text{N}) → 209(\text{kN})$$

**56** 건축구조기준에 의한 지진하중 산정 시 지반종류와 호칭이 옳은 것은?

① $S_A$ : 보통암 지반
② $S_B$ : 연암 지반
③ $S_C$ : 풍화암 지반
④ $S_D$ : 단단한 토사 지반

**알찬풀이** | ① $S_B$ : 보통암 지반
② $S_C$ : 연암 지반
③ $S_C$ : 풍화암 지반 분류는 없음(매우 조밀한 토사 또는 연암지반이 있음)

**57** 고력볼트 접합의 구조적 장점 중 옳지 않은 것은?

① 강한 조임력으로 너트의 풀림이 생기지 않는다.
② 응력방향이 바뀌어도 힘의 흐름상 혼란이 일어나지 않는다.
③ 응력집중이 적으므로 반복응력에 대해 강하다.
④ 유효단면적당 응력이 크며, 피로강도가 작다.

**알찬풀이** | 고력볼트 접합 유효단면적당 응력이 작으며, 피로강도가 높다.

**58** 건축구조기준에 의한 용도별 등분포 활하중 값으로 적절한 것은?

① 도서관의 서고 : $6.0 \text{kN}/\text{m}^2$
② 일반사무실 : $2.5 \text{kN}/\text{m}^2$
③ 학교의 교실 : $3.5 \text{kN}/\text{m}^2$
④ 백화점 1층 : $4.0 \text{kN}/\text{m}^2$

**알찬풀이** | 건축구조기준에 의한 용도별 등분포 활하중 값
① 도서관의 서고 : $7.5 \text{kN}/\text{m}^2$　③ 학교의 교실 : $3.0 \text{kN}/\text{m}^2$　④ 백화점 1층 : $5.0 \text{kN}/\text{m}^2$

**59** 조적식 구조의 개구부에 관한 구조 기준 중 옳지 않은 것은?

① 각층의 대린벽으로 구획된 각 벽에 있어서 개구부 폭의 합계는 그 벽 길이의 3분이 2 이하로 하여야 한다.
② 하나의 층에 있어서의 개구부와 그 바로 위층에 있는 개구부와의 수직거리는 600mm 이상으로 하여야 한다.
③ 같은 층의 벽에 상하의 개구부가 분리되어 있는 경우 그 개구부 사이의 거리는 600mm 이상으로 하여야 한다.
④ 폭이 1.8m를 넘는 개구부의 상부에는 철근콘크리트구조의 위 인방을 설치하여야 한다.

**알찬풀이** | 조적식 구조의 개구부에 관한 구조 기준
각 층의 대린벽으로 구획된 각 벽에 있어서 개구부 폭의 합계는 그 벽 길이의 2분이 1 이하로 하여야 한다.

## 60 그림과 같은 구조물에서 고정단 휨모멘트($M_D$)로 옳은 것은?

① $-15.0\text{kN} \cdot \text{m}$

② $-9.0\text{kN} \cdot \text{m}$

③ $-6.0\text{kN} \cdot \text{m}$

④ $-3.0\text{kN} \cdot \text{m}$

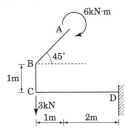

**알찬풀이** | 고정단 휨모멘트($M_D$)

$\Sigma M_{D=0}$에서 $+6(\text{kN} \cdot \text{m}) - 3(\text{kN}) \times 3(\text{m}) - M_D = 0$

$\therefore\ M_D = +6 - 9 = -3(\text{kN} \cdot \text{m})$

---

### 제4과목 : 건축설비

## 61 결합통기관에 관한 설명으로 옳은 것은?

① 도피통기관과 습통기관을 연결하는 통기관이다.

② 배수입상관과 통기입상관을 연결하는 통기관이다.

③ 통기입상관과 배수횡지관을 연결하는 통기관이다.

④ 환상통기관과 배수횡지관을 연결하는 통기관이다.

**알찬풀이** | 결합통기관

① 고층 건물의 경우 배수 수직관에서 통기 수직관에 연결되는 부분이다.

② 5개 층 마다 설치해서 배수 수직 주관의 통기를 촉진한다.

③ 통기관의 관경은 통기 수직주관과 동일하거나 50A 이상으로 한다.

## 62 침입외기량 산정 방법에 속하지 않는 것은?

① 인원수에 의한 방법

② 창 면적에 의한 방법

③ 환기 횟수에 의한 방법

④ 창문의 틈새 길이에 의한 방법

**알찬풀이** | 침입외기량 산정 방법

① 창 면적에 의한 방법

② 환기 횟수에 의한 방법

③ 창문의 틈새 길이에 의한 방법

---

**ANSWER** | 56. ④ 57. ④ 58. ② 59. ① 60. ④ 61. ② 62. ①

**63** 증기난방의 방열기 트랩에 속하지 않는 것은?

① U트랩
② 버킷트랩
③ 플로트트랩
④ 벨로즈트랩

**알찬풀이** | U트랩

U자형으로 생긴 트랩으로 메인 트랩(main trap)이라고도 하며 배수 횡주관 도중에 설치하여 공공 하수관에서의 하수 가스 역류 방지용으로 이용된다.

**64** 배수트랩에 관한 설명으로 옳지 않은 것은?

① 유효봉수깊이가 너무 낮으면 봉수가 손실되기 쉽다.
② 유효봉수깊이는 일반적으로 50mm 이상, 100mm 이하이다.
③ 유효봉수깊이가 너무 크면 유수의 저항이 증가되어 통수능력이 감소된다.
④ 배수관 계통의 환기를 도모하여 관내를 청결하게 유지하는 역할을 한다.

**알찬풀이** | 통기관

배수관 계통의 환기를 도모하여 관내를 청결하게 유지하는 역할을 한다.

**65** 급탕배관 설계 시 주의해야 할 사항으로 옳지 않은 것은?

① 배관구배는 강제 순환 방식의 경우 1/200정도가 적합하다.
② 하향 배관법에서 급탕관 및 반탕관은 모두 앞내림 구배로 한다.
③ 직관부가 긴 횡주관에서는 신축 이음을 강관일 경우 50m마다 1개 설치한다.
④ 상향 배관법에서 급탕 수평 주관은 앞올림 구배, 반탕관은 앞내림 구배로 한다.

**알찬풀이** | 신축 이음

강관의 경우 신축이음쇠는 30m 이내마다, 동관의 경우 20m 이내마다 1개소씩 설치한다.

**66** 송풍온도를 일정하게 하고 송풍량을 변경해 부하 변동에 대응하는 공기조화방식은?

① 이중덕트 방식
② 멀티존 유닛 방식
③ 단일덕트 정풍량 방식
④ 단일덕트 변풍량 방식

**알찬풀이** | 단일덕트 변풍량 방식

① 급기 덕트의 관말단부에 터미널 유니트(Terminal Unit)라는 장치를 설치하여 급기(송풍) 온도는 일정하게 하고 송풍량을 실내 부하에 따라 조절하는 방식이다.
② 부하 변동에 따라 송풍량을 조절할 수 있다.
③ 각 실(室)마다 개별제어가 가능하며 에너지 손실이 적어 에너지 절약형이다.

**67** 저수조가 필요하고, 수전에서 압력변동이 크게 발생할 우려가 있는 급수방식은?

① 수도직결방식　　　　　　② 고가탱크방식
③ 펌프직송방식　　　　　　④ 압력탱크방식

**알찬풀이** | 압력탱크방식
　　① 장점
　　　• 압력탱크의 설치 위치에 제한을 받지 않는다.
　　　• 특별히 국부적으로 고압을 필요로 하는 경우 적합하다.
　　　• 고가시설이 없어 외관이 깨끗하다.
　　　• 구조물 보강이 불필요하다.
　　② 단점
　　　• 급수압력이 일정하지 않다.
　　　• 기밀수조와 공기 압축기 등의 설치로 설비비가 비싸다.
　　　• 고장률이 잦다.

**68** 상당외기온도차에 관한 설명으로 옳지 않은 것은?

① 난방부하의 계산에는 적용하지 않는다.
② 건물의 방위와 계산시각에 따라 달라진다.
③ 일사량이 클수록 상당외기온도차는 작아진다.
④ 외벽 및 지붕의 구조체 종류에 따라 달라진다.

**알찬풀이** | 일사량이 클수록 상당외기온도차는 커진다.

**69** LPG에 관한 설명으로 옳지 않은 것은?

① 공기보다 무겁다.
② 액화석유가스를 말한다.
③ 액화하면 용적은 1/250로 된다.
④ 상압에서는 액체이지만 압력을 가하면 기화된다.

**알찬풀이** | LPG는 상압에서는 기체이지만 압력을 가하면 액화된다.

| ANSWER | 63. ① | 64. ④ | 65. ③ | 66. ④ | 67. ④ | 68. ③ | 69. ④ |
| --- | --- | --- | --- | --- | --- | --- | --- |

**70** 4층 사무소 건물에서 옥내소화전이 1, 2층에는 6개씩, 3, 4층에는 3개씩 설치되어 있다. 옥내소화전설비 수원의 저수량은 최소 얼마 이상이 되도록 하여야 하는가?

① $7.8\text{m}^3$　　　　　　　　② $10.4\text{m}^3$

③ $13.0\text{m}^3$　　　　　　　④ $15.6\text{m}^3$

**알찬풀이** | 옥내 소화전설비 수원의 저수량(Q)

$$Q = 2.6 \times N \ (\text{m}^3)$$

(부호)　Q : 수원의 유효 수량

　　　　N : 옥내 소화전의 동시 개구수

　　　　　(해당 층의 소화전 설치 개수가 5개 이상일 때는 5개 까지만 고려)

∴　$Q = 2.6 \times 5 = 13 \ (\text{m}^3)$

**71** 증기난방에서 응축수 환수를 위해 사용되는 장치는?

① 리턴콕　　　　　　　　② 인젝터

③ 증기트랩　　　　　　　④ 플러시밸브

**알찬풀이** | 증기트랩(steam trap)

증기난방용 방열기 환수부 하단이나, 증기 배관의 말단부나 에 부착하여 증기관 내에 생긴 응축수만을 보일러 등에 환수시키기 위해 사용한다.

**72** 다음 중 유량 조절을 할 수 없는 밸브는?

① 앵글 밸브　　　　　　　② 체크 밸브

③ 글로브 밸브　　　　　　④ 버터플라이 밸브

**알찬풀이** | 체크 밸브(check valve)

유체를 한 방향으로만 흐르게 하여 유체의 역류를 방지하는데 사용하는 밸브이다.

**73** 공기조화방식 중 전공기 방식에 속하지 않는 것은?

① 단일덕트 방식　　　　　② 이중덕트 방식

③ 팬코일 유닛 방식　　　　④ 멀티존 유닛 방식

**알찬풀이** | 팬코일 유닛 방식

① 팬코일(fancoil)이라고 부르는 소형 유니트(unit)를 실내의 필요한 장소에 설치하여 냉·온수 배관을 접속시켜 실내의 공기를 대류작용에 의해서 냉·난방하는 방식이다.

② 열운반 방식은 공기+물식에 해당한다.

**74** 보일러의 출력 중 상용출력의 구성에 속하지 않는 것은?

① 난방부하  ② 급탕부하
③ 예열부하  ④ 배관부하

**알찬풀이** | 보일러의 용량(출력)
① 정격 출력($H$)
$H = H_R + H_W + H_P + H_A$
(부호)  $H_R$ : 난방부하    $H_W$ : 급탕부하
        $H_P$ : 배관부하    $H_A$ : 예열부하
② 상용 출력($H'$)
$H' = H_R + H_W + H_P$

**75** 축전지에 관한 설명으로 옳지 않은 것은?

① 연축전지의 공칭전압은 1.5[V/셀]이다.
② 연축전지는 충방전 전압의 차이가 적다.
③ 알칼리축전지의 공칭전압은 1.2[V/셀]이다.
④ 알칼리축전지는 과방전, 과전류에 대해 강하다.

**알찬풀이** | 연축전지의 공칭전압은 2[V/셀]이다.

**76** 간선의 배선 방식 중 평행식에 관한 설명으로 옳은 것은?

① 공급 신뢰도가 낮아 중요 부하에 적용이 곤란하다.
② 나뭇가지식에 비해 배선이 단순하며 설비비가 저렴하다.
③ 용량이 큰 부하에 대하여는 단독의 간선으로 배선할 수 없다.
④ 사고발생 시 타부하에 파급효과를 최소한으로 억제할 수 있다.

**알찬풀이** | 평행식
① 분전반마다 단독으로 간선을 배선하는 방식이다.
② 큰 부하의 용량에 적합하며 배선비가 높아진다.
③ 대규모 건물에 적당하다.

| ANSWER | 70. ③ | 71. ③ | 72. ② | 73. ③ | 74. ③ | 75. ① | 76. ④ |
|---|---|---|---|---|---|---|---|

**77** 각종 광원에 대한 설명으로 옳지 않은 것은?

① 형광램프는 점등장치를 필요로 한다.
② 고압수은램프는 큰 광속과 긴 수명이 특징이다.
③ 형광램프는 백열전구에 비해 효율이 낮으며 수명도 짧다.
④ 나트륨램프는 연색성이 나쁘며 해안 도로 조명에 사용된다.

**알찬풀이** | 형광램프는 백열전구에 비해 효율이 높으며 수명이 길다.


**78** 다음 자동화재탐지설비의 감지기 중 열감지기에 속하지 않는 것은?

① 보상식                    ② 정온식
③ 차동식                    ④ 광전식

**알찬풀이** | 광전식
연기에 의해서 광전류나 이온 전류가 변화하는 현상을 이용해서 감지하는 방식이다.


**79** 간접가열식 급탕방법에 관한 설명으로 옳지 않은 것은?

① 직접가열식에 비해 열효율이 떨어진다.
② 급탕용 보일러는 난방용 보일러와 겸용할 수 있다.
③ 저장탱크에는 써모스탯(thermostat)을 설치하여 온도를 조절할 수 있다.
④ 열원을 증기로 사용하는 경우에는 저장탱크에 스팀 사일렌서(steam silencer)를 설치하여야 한다.

**알찬풀이** | 스팀 사일렌서(steam silencer)는 개별식 급탕법인 기수혼합식에 소음을 줄이기 위해서 사용된다.

**80** 다음과 같이 구성되어 있는 벽체의 열관류율은? (단, 내표면 열전달률은 8W/m²·K, 외표면 열전달률은 20W/m²·K이다.)

| 재료 | 두께(m) | 열전도율(W/m · K) | 열저항(m² · K/W) |
|---|---|---|---|
| 모르타르 | 0.02 | 0.93 | |
| 벽돌 | 0.1 | 0.53 | |
| 공기층 | | | 0.21 |
| 벽돌 | 0.21 | 0.53 | |
| 모르타르 | 0.02 | 0.93 | |

① 0.99 W/m²·K
② 1.18 W/m²·K
③ 1.22 W/m²·K
④ 1.28 W/m²·K

**알찬풀이** | 벽체의 열관류율(K)

$$K = \frac{1}{1/a_1 + \Sigma d/\lambda + r_a + 1/a_2} \ (W/m^2 \cdot ℃)$$

(부호) $a_1$, $a_2$ : 실내·외의 열전달률

    $d$ : 벽체의 두께(m)     $\lambda$ : 열전도율     $1/\lambda$ : 열전도 저항

    $\Sigma 1/\lambda$ : 열전도 저항의 합계     $r_a$ : 공기층이 있는 경우 그 공기층의 열저항

$$\Sigma d/\lambda = \frac{0.02}{0.93} + \frac{0.1}{0.53} + \frac{0.21}{0.53} + \frac{0.02}{0.93} = 0.62792$$

$$\therefore K = \frac{1}{\frac{1}{8} + 0.62792 + 0.21 + \frac{1}{20}} = \frac{1}{1.01291} = 0.98725 ≒ 0.99 \,(W/m^2 \cdot K)$$

## 제5과목 : 건축관계법규

**81** 다음 그림과 같은 단면을 가진 거실의 반자 높이는?

① 3.0m
② 3.60m
③ 3.65m
④ 4.0m

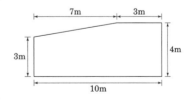

**알찬풀이** | 거실의 반자 높이(h)

가중평균 높이를 산정한다.

$$h = \frac{3 \times 10 + 7 \times 1 \times 1/2 + 3 \times 1}{10} = 3.65(m)$$

**82** 건축법령상 용적률의 정의로 가장 알맞은 것은?

① 대지면적에 대한 연면적의 비율
② 연면적에 대한 건축면적의 비율
③ 대지면적에 대한 건축면적의 비율
④ 연면적에 대한 지상층 바닥면적의 비율

**알찬풀이** | 용적률은 대지면적에 대한 연면적의 비율을 말한다.


**83** 다음은 건축법령상 증축의 정의 내용이다. ( ) 안에 포함되지 않는 것은?

> "증축"이란 기존 건축물이 있는 대지에서 건축물의 ( )을/를 늘리는 것을 말한다.

① 층수                            ② 높이
③ 대지면적                        ④ 건축면적

**알찬풀이** | 증축(增築)
기존건축물이 있는 대지 안에서 건축물의 건축면적·연면적·층수 또는 높이를 증가시키는 것을 말한다.


**84** 기계식주차장에 설치하여야 하는 정류장의 확보 기준으로 옳은 것은?

① 주차대수 20대를 초과하는 매 20대마다 1대분
② 주차대수 20대를 초과하는 매 30대마다 1대분
③ 주차대수 30대를 초과하는 매 20대마다 1대분
④ 주차대수 30대를 초과하는 매 30대마다 1대분

**알찬풀이** | 기계식주차장에 설치하여야 하는 정류장 주차대수 20대를 초과하는 매 20대마다 1대분을 설치하여야 한다.


**85** 일반상업지역 안에서 건축할 수 있는 건축물은?

① 묘지관련시설                    ② 자원순환관련시설
③ 자동차관련시설 중 폐차장        ④ 노유자시설 중 노인복지시설

**알찬풀이** | 노유자시설 중 노인복지시설은 일반상업지역 안에서 건축할 수 있다.

**86** 대지 및 건축물 관련 건축기준의 허용오차 범위로 옳지 않은 것은?

① 출구 너비 : 3% 이내
② 벽체 두께 : 3% 이내
③ 바닥판 두께 : 3% 이내
④ 건축선의 후퇴거리 : 3% 이내

**알찬풀이** | 대지 및 건축물 관련 건축기준의 허용오차 범위 중 출구 너비, 반자의 높이는 2% 이내이다.

**87** 리모델링이 쉬운 구조의 공동주택 건축을 촉진하기 위하여 공동주택을 리모델링이 쉬운 구조로 할 경우 100분의 120의 범위에서 완화하여 적용받을 수 없는 것은?

① 건축물의 건폐율
② 건축물의 용적률
③ 건축물의 높이제한
④ 일조 등의 확보를 위한 건축물의 높이제한

**알찬풀이** | 리모델링에 대비한 특례 등(제8조)
리모델링이 쉬운 구조의 공동주택의 건축을 촉진하기 위하여 공동주택을 대통령령으로 정하는 구조로 하여 건축허가를 신청하면 건축물의 용적률(제56조), 건축물의 높이제한(제60조) 및 일조 등의 확보를 위한 건축물의 높이제한(제61조)에 따른 기준을 100분의 120의 범위에서 대통령령으로 정하는 비율로 완화하여 적용할 수 있다.

**88** 다음의 시설물 중 설치하여야 하는 부설주차장의 최소 주차대수가 가장 많은 것은?
(단, 시설면적이 600m²인 경우)

① 위락시설
② 판매시설
③ 업무시설
④ 제2종 근린생활시설

**알찬풀이** | 위락시설의 부설주차장은 시설면적 100m²당 1대(시설면적/100m²)의 규정이 적용되는 시설물이다.

**89** 급수, 배수, 환기 난방 등의 건축설비를 설치하는 경우 건축기계설비기술사 또는 공조냉동기계기술사의 협력을 받아야 하는 대상 건축물에 속하지 않는 것은?

① 아파트
② 기숙사로서 해당 용도에 사용되는 바닥면적의 합계가 2000m²인 건축물
③ 판매시설로서 해당 용도에 사용되는 바닥면적의 합계가 2000m²인 건축물
④ 의료시설로서 해당 용도에 사용되는 바닥면적의 합계가 2000m²인 건축물

**알찬풀이** | 관계전문기술자의 협력을 받아야 하는 건축물
판매시설은 해당 용도에 사용되는 바닥면적의 합계가 3000m² 이상인 건축물이 해당된다.

| ANSWER | 82. ① | 83. ③ | 84. ① | 85. ④ | 86. ① | 87. ① | 88. ① | 89. ③ |

**90** 다음은 지하층과 피난층 사이의 개방공간 설치에 관한 기준 내용이다. ( ) 안에 알맞은 것은?

> 바닥면적의 합계가 ( ) 이상인 공연장·집회장·관람장 또는 전시장을 지하층에 설치하는 경우에는 각 실에 있는 자가 지하층 각 층에서 건축물 밖으로 피난하여 옥외 계단 또는 경사로 등을 이용하여 피난층으로 대피할 수 있도록 천장이 개방된 외부 공간을 설치하여야 한다.

① 1000m²
② 2000m²
③ 3000m²
④ 4000m²

**알찬풀이** | 지하층과 피난층 사이의 개방공간 설치

바닥면적의 합계가 3000m² 이상인 공연장·집회장·관람장 또는 전시장을 지하층에 설치하는 경우에는 각 실에 있는 자가 지하층 각 층에서 건축물 밖으로 피난하여 옥외 계단 또는 경사로 등을 이용하여 피난층으로 대피할 수 있도록 천장이 개방된 외부 공간을 설치하여야 한다.

**91** 지하식 또는 건축물식 노외주차장의 차로에 관한 기준 내용으로 옳지 않은 것은?

① 경사로의 노면은 거친 면으로 하여야 한다.
② 높이는 주차바닥면으로부터 2.3m 이상으로 하여야 한다.
③ 경사로의 종단경사도는 곡선 부분에서는 17%를 초과하여서는 아니 된다.
④ 주차대수 규모가 50대 이상인 경우의 경사로는 너비 6m 이상인 2차로를 확보하거나 진입차로와 진출차로를 분리하여야 한다.

**알찬풀이** | 노외주차장의 차로에 관한 기준

경사로의 종단구배는 직선부분에서는 17%를 곡선부분에서는 14%를 초과하여서는 아니 된다.

**92** 다음 중 6층 이상의 거실면적의 합계가 10000m²인 경우 설치하여야 하는 승용승강기의 최소 대수가 가장 많은 것은? (단, 15인승 승용승강기의 경우)

① 의료시설
② 숙박시설
③ 노유자시설
④ 교육연구시설

**알찬풀이** | 승용승강기의 설치기준이 가장 완화된 것부터 강화되어 있는 시설군

공동주택, 교육연구시설, 기타시설 → 문화 및 집회시설(전시장·동식물원), 업무시설, 숙박시설, 위락시설 → 문화 및 집회시설(공연장, 집회장 및 관람장), 판매시설, 의료시설

**93** 다음의 정의에 알맞은 주택의 종류는?

> 주택으로 쓰는 1개 동의 바닥면적 합계가 660m² 이하이고, 층수가 4개 층 이하인 주택

① 연립주택
② 다중주택
③ 다세대주택
④ 다가구주택

**알찬풀이** │ 다세대주택
주택으로 쓰이는 1개 동의 연면적(지하주차장 면적을 제외한다)이 660m² 이하이고, 층수가 4개층 이하인 주택이다.

**94** 도시·군계획 수립 대상지역의 일부에 대하여 토지 이용을 합리화하고 그 기능을 증진시키며 미관을 개선하고 양호한 환경을 확보하여, 그 지역을 체계적·계획적으로 관리하기 위하여 수립하는 도시·군관리계획은?

① 광역도시계획
② 지구단위계획
③ 국토종합계획
④ 도시·군기본계획

**알찬풀이** │ 지구단위계획
도시·군계획 수립대상 지역의 일부에 대하여 토지이용을 합리화하고 그 기능을 증진시키며 미관을 개선하고 양호한 환경을 확보하며, 해당 지역을 체계적·계획적으로 관리하기 위하여 수립하는 도시·군관리계획을 말한다.

**95** 피난안전구역의 설치에 관한 기준 내용으로 옳지 않은 것은?

① 피난안전구역의 높이는 2.1m 이상일 것
② 비상용 승강기는 피난안전구역에서 승하차 할 수 있는 구조로 설치할 것
③ 건축물의 내부에서 피난안전구역으로 통하는 계단은 피난계단의 구조로 설치할 것
④ 관리사무소 또는 방재센터 등과 긴급연락이 가능한 경보 및 통신시설을 설치할 것

**알찬풀이** │ 피난안전구역의 설치에 관한 기준
피난안전구역에 연결되는 특별피난계단은 피난안전구역을 거쳐서 상·하층으로 갈 수 있는 구조로 설치하여야 한다.

**96** 다음은 건축선에 따른 건축제한에 관한 기준 내용이다. ( ) 안에 알맞은 것은?

> 도로면으로부터 높이 ( ) 이하에 있는 출입구, 창문, 그 밖에 이와 유사한 구조물은 열고 닫을 때 건축선의 수직면을 넘지 아니하는 구조로 하여야 한다.

① 1.5m
② 3m
③ 4.5m
④ 6m

**알찬풀이** | 건축선에 의한 건축제한
① 건축물 및 담장은 건축선의 수직면을 넘어서는 아니 된다. 다만, 지표하의 부분은 그러하지 아니하다.
② 도로면으로부터 높이 4.5m이하에 있는 출입구·창문 기타 이와 유사한 구조물은 개폐시에 건축선의 수직면을 넘는 구조로 하여서는 아니 된다.

**97** 배연설비의 설치에 관한 기준 내용으로 옳지 않은 것은?

① 배연창의 유효면적은 최소 2m² 이상으로 할 것
② 배연구는 예비전원에 의하여 열 수 있도록 할 것
③ 관련 규정에 의하여 건축물에 방화구획이 설치된 경우에는 그 구획마다 1개소 이상의 배연창을 설치할 것
④ 배연구는 연기감지기 또는 열감지기에 의하여 자동으로 열 수 있는 구조로 하되, 손으로도 열고 닫을 수 있도록 할 것

**알찬풀이** | 배연창의 유효면적
면적이 1m² 이상으로서 그 면적의 합계가 해당 건축물의 바닥면적의 1/100 이상일 것.
(방화구획이 설치된 경우에는 그 구획된 부분의 바닥면적을 말함)

**98** 문화 및 집회시설 중 공연장의 개별관람석 출구에 관한 기준 내용으로 옳지 않은 것은? (단, 개별관람석의 바닥면적이 300m² 이상인 경우)

① 관람석별로 2개소 이상 설치할 것
② 각 출구의 유효너비는 1.5m 이상일 것
③ 바깥쪽으로의 출구로 쓰이는 문은 안여닫이로 할 것
④ 개별관람석 출구의 유효너비 합계는 개별 관람석의 바닥면적 100m²마다 0.6m의 비율로 산정한 너비 이상으로 할 것

**알찬풀이** | 건축물의 관람석 또는 집회실로부터 바깥쪽으로의 출구로 쓰이는 문은 안여닫이로 하여서는 아니 된다.

**99** 피난용승강기의 승강장 및 승강로의 구조에 관한 기준 내용으로 옳지 않은 것은?

① 승강장은 각 층의 내부와 연결되지 않도록 할 것
② 승강로는 해당 건축물의 다른 부분과 내화구조로 구획할 것
③ 승강장의 바닥면적은 피난용승강기 1대에 대하여 $6m^2$ 이상으로 할 것
④ 각 층으로부터 피난층까지 이르는 승강로를 단일구조로 연결하여 설치할 것

**알찬풀이** | 피난용승강기의 승강장 및 승강로의 구조
승강장은 각층의 내부와 연결될 수 있도록 하되, 그 출입구(승강로의 출입구를 제외)에는 갑종방화문을 설치할 것

**100** 주차전용건축물은 건축물의 연면적 중 주차장으로 사용되는 부분의 비율이 최소 얼마 이상이어야 하는가? (단, 주차장 외의 용도로 사용되는 부분이 판매시설인 경우)

① 60%  ② 70%
③ 80%  ④ 95%

**알찬풀이** | 주차전용 건축물의 주차면적비율

| 주차전용건축물 | 원 칙 | 비 율 |
|---|---|---|
| 건축물의 면적 중 주차장으로 사용되는 부분 | ㉠ 아래의 ㉡의 시설이 아닌 경우 | 95% 이상 |
| | ㉡ 단독주택, 공동주택, 제1종 및 제2종 근린생활시설, 문화 및 집회시설, 종교시설, 판매 시설, 운수시설, 운동시설, 업무시설 또는 자동차관련 시설인 경우 | 70% 이상 |

## 국가기술자격검정 필기시험문제

2017년도 산업기사 일반검정(2017년 5월 7일)

| 자격종목 및 등급(선택분야) | 종목코드 | 시험시간 | 문제지형별 | 수검번호 | 성 명 |
|---|---|---|---|---|---|
| 건축산업기사 | 2530 | 2시간30분 | B | | |

※ 답안카드 작성시 시험문제지 형별누락, 마킹착오로 인한 불이익은 전적으로 수험자의 귀책사유임을 알려드립니다.

---

### 제1과목 : 건축계획

**01** 아파트의 평면형식 중 홀형에 관한 설명으로 옳은 것은?

① 통풍 및 채광이 극히 불리하다.
② 각 세대에서의 프라이버시 확보가 용이하다.
③ 도심지 독신자 아파트에 가장 많이 이용된다.
④ 통행부 면적이 크므로 건물의 이용도가 낮다.

**알찬풀이** | 홀 형(hall type)
① 엘리베이터, 계단실을 중앙의 홀에 두도록 하며 이 홀에서 각 주거로 접근하는 유형이다.
② 동선이 짧아 출입이 용이하나 코어(엘리베이터, 계단실 등)의 이용률이 낮아 비경제적이다.
③ 복도 등의 공용 부분의 면적을 줄일 수 있고 각 주거의 프라이버시 확보가 용이하다.
④ 채광, 통풍 등을 포함한 거주성은 방위에 따라 차이가 난다.
⑤ 고층용에 많이 이용된다.

**02** 다음의 공장건축 지붕형식 중 채광과 환기에 효과적인 유형으로 자연환기에 가장 적합한 것은?

① 평지붕
② 뾰족지붕
③ 톱날지붕
④ 솟을지붕

**알찬풀이** | 솟을지붕
① 채광, 환기에 가장 적합한 방식이다.
② 창 개폐에 의해 환기 조절이 가능하다.

**03** 다음 중 쇼핑센터를 구성하는 주요 요소로 볼 수 없는 것은?

① 핵점포            ② 역광장
③ 몰(mall)         ④ 코트(court)

**알찬풀이** | 쇼핑센터의 주요 구성 요소
① 핵 상점(Magnet Store) : 백화점, 종합 슈퍼마켓 등으로 전체 면적의 50% 정도를 차지한다.
② 전문점 : 단일 종류의 상점군과 서비스 시설군으로 전체 면적의 25% 정도를 차지한다.
③ 몰(Mall)
 ㉠ 주요 보행 동선으로 핵 상점과 전문점의 출입이 이루어지도록 방향성과 식별성이 요구 된다.
 ㉡ 변화, 다양성을 부여하여 자극과 흥미를 주며 유쾌한 쇼핑을 가능케 한다.
 ㉢ 자연광의 도입으로 외부 공간의 느낌을 부여하며 시각적으로 다양한 공간 체험을 유도하도록 한다.
 ㉣ 전체 면적의 10% 정도를 차지하며, 오픈 몰(open mall) 형식과 인클로우즈드 몰(enclosed mall) 형식이 있다.
④ 코트(court)
 몰의 적재적소에 설치하여 고객의 휴식과 행사의 장이 되도록 한다.

**04** 고리형이라고도 하며 통과교통은 없으나 사람과 차량의 동선이 교차된다는 문제점이 있는 주택 단지의 접근도로 유형은?

① T자형          ② 루프형(Loop)
③ 격자형(Grid)      ④ 막다른 도로형(Cul-de-sac)

**알찬풀이** | 루프형(Loop) 도로
 주택 단지의 접근도로로 통과교통은 없으나 사람과 차량의 동선이 교차하는 곳에 이용된다.

**05** 다음 설명에 알맞은 사무소 건축의 코어 유형은?

> • 코어와 일체로 한 내진구조가 가능한 유형이다.
> • 유효율이 높으며, 임대 사무소로서 경제적인 계획이 가능하다.

① 외코어형        ② 편단코어형
③ 중앙코어형      ④ 양단코어형

**알찬풀이** | 중앙 코어형
① 바닥 면적이 클 경우 특히 고층, 중고층에 적합하다.
② 외주 프레임을 내력벽으로 하여 코어와 일체로 한 내진구조를 만들 수 있다.
③ 내부공간과 외관이 모두 획일적으로 되기 쉽다.
④ 유효율이 높으며, 임대 사무소로서 경제적인 계획이 가능하다.

**ANSWER**     1. ②    2. ④    3. ②    4. ②    5. ③

**06** 학교건축에서 단층교사에 관한 설명으로 옳지 않은 것은?

① 재해 시 피난상 유리하다.
② 채광 및 환기가 유리하다.
③ 학습활동을 실외로 연장할 수 있다.
④ 구조계획이 복잡하나 대지의 이용률이 높다.

**알찬풀이** | 단층교사는 구조계획이 간단하고 대지의 이용률이 낮다.

**07** 상점의 쇼케이스 배치 방법 중 고객의 흐름이 가장 빠르고, 상품 부문별 진열이 용이한 것은?

① 복합형
② 직렬배열형
③ 환상배열형
④ 굴절배열형

**알찬풀이** | 직선(직렬) 배열형
① 입구에서 안쪽을 향하여 직선적으로 구성된 것이다.
② 고객의 흐름이 빠르고 대량 판매에도 유리하다.
③ 협소한 매장에 적합하다.
④ 침구점, 식기점, 서점 등에 적합하다.

**08** 다음 중 공동주택의 남북간 인동간격을 결정하는 요소와 가장 관계가 먼 것은?

① 일조시간
② 대지의 경사도
③ 앞 건물의 높이
④ 건축물의 동서 길이

**알찬풀이** | 건축물의 동서 길이는 공동주택의 남북간 인동간격을 결정하는 요소에 해당하지 않는다.

**09** 모듈계획(MC : Modular coordination)에 관한 설명으로 옳지 않은 것은?

① 대량생산이 용이하다.
② 설계작업이 간편하고 단순화된다.
③ 현장작업이 단순해지고 공기가 단축된다.
④ 건축물 형태의 자유로운 구성이 용이하다.

**알찬풀이** | 모듈계획은 건축물 형태의 자유로운 구성에 제약이 따른다.

**10** 한식주택의 특징으로 옳지 않은 것은?

① 단일용도의 실
② 좌식 생활 기준
③ 위치별 실의 구분
④ 가구는 부차적 존재

**알찬풀이** | 한식주택은 실(室)이 다중용도로 사용된다.


**11** 상점건축에서 외관의 형태에 의한 분류 중 가장 일반적인 형식으로 채광이 용이하고 점내를 넓게 사용할 수 있는 것은?

① 평형
② 만입형
③ 돌출형
④ 홀(Hall)형

**알찬풀이** | 평형
① 가장 일반적인 형식으로 채광 및 유효 면적상 유리하다.
② 가구점, 꽃집, 자동차 판매점 등에 많은 유형이다.


**12** 다음 중 공장건축의 레이아웃(Lay out) 형식과 적합한 생산제품의 연결이 가장 부적당한 것은?

① 고정식 레이아웃-소량의 대형제품
② 제품중심의 레이아웃-가정전기제품
③ 공정중심의 레이아웃-다량의 소형제품
④ 혼성식 레이아웃-가정전기 및 주문생산품

**알찬풀이** | 공정 중심의 레이아웃
① 그 기능이 동일한 것, 유사한 것을 하나의 그룹으로 집합시키는 방식이다.
② 다품종 소량 생산품, 예상생산이 불가능한 주문생산품 공장에 적합하다.


**13** 숑바르 드 로브의 주거면적기준 중 한계기준으로 옳은 것은?

① 6m²
② 8m²
③ 14m²
④ 16m²

**알찬풀이** | 숑바르 드 로브(Chombard de Lawve) 기준
① 표준 기준 : 16m²/인
② 한계 기준 : 14m²/인
③ 병리 기준 : 8m²/인


**ANSWER**    6. ④    7. ②    8. ④    9. ④    10. ①    11. ①    12. ③    13. ③

**14** 주택계획에 있어서 동선의 3요소에 속하지 않는 것은?

① 속도　　　　　　　　　② 빈도
③ 하중　　　　　　　　　④ 반복

**알찬풀이** | 동선의 3요소
　　　① 빈도, 속도, 하중
　　　② 동선의 3요소를 고려하여 거리의 장단, 폭의 대소, 위치 등을 결정한다.

**15** 부엌에 식사공간을 부속시키는 형식으로 가사 노동의 동선 단축 효과가 큰 것은?

① 리빙 다이닝　　　　　　② 다이닝 키친
③ 다이닝 포치　　　　　　④ 다이닝 테라스

**알찬풀이** | 식당의 유형
　　　① 다이닝 키친(Dining Kitchen) : 부엌의 한 부분에 식탁을 두는 형태
　　　② 리빙 다이닝(Living Dining) : 거실의 한 부분에 식탁을 설치하는 형태
　　　③ 리빙 키친(Living Kitchen) : 거실 내에 부엌과 식당을 설치하는 형태로 소규모 주택에서 많이
　　　　　이용된다.
　　　④ 다이닝 포치(Dining Porch) : 여름철 등 좋은 날씨에 포치나 테라스에서 식사할 수 있는 곳
　　　⑤ 키친 플레이 룸(Kitchen Play Room) : 부엌에서 작업을 하면서 어린이를 돌볼 수 있도록 한
　　　　　공간

**16** 사무소 건축의 실 단위계획 중 개방식 배치에 관한 설명으로 옳지 않은 것은?

① 소음이 크고 독립성이 떨어진다.
② 방의 길이나 깊이에 변화를 줄 수 없다.
③ 칸막이벽이 없어서 개실시스템보다 공사비가 저렴하다.
④ 전면적을 유용하게 이용할 수 있어 공간절약상 유리하다.

**알찬풀이** | 개방식 배치는 방(실)의 길이나 깊이에 변화를 줄 수 있다.

**17** 학교운영방식에 관한 설명으로 옳지 않은 것은?

① 달톤형은 하나의 교과에 출석하는 학생 수가 정해져 있지 않다.
② 교과교실형은 각 교과교실의 순수율은 높으나 학생의 이동이 심하다.
③ 플래툰형은 적당한 시설이 없어도 실시가 용이하지만 교실의 이용률은 낮다.
④ 종합교실형은 초등학교 저학년에 적합하며 가정적인 분위기를 만들 수 있다.

**알찬풀이** | 플래툰형(Platon Type)
　　　① 모든 학급을 일반교실 군과 특별교실 군으로 나누어서 학습을 하고 일정 시간 이후(점심시간 등)에 교대하는 방식이다.
　　　② 학생의 이동을 조직적으로 할 수 있고 중학교 이상에 적합한 형이나 시간편성에 어려움이 있다.
　　　③ 미국에서 실시한 형태의 운영 방식이며 초등학교의 저학년에는 적합하지 않다.

**18** 건물의 주요 부분은 전용으로 하고 나머지를 빌려주는 형태의 사무소 형식은?

① 대여사무소　　　　　　　　② 전용사무소
③ 준대여사무소　　　　　　　④ 준전용사무소

**알찬풀이** | 사무소의 사용 형식
　　　① 전용사무소
　　　　㉠ 소유자 전용의 사무소 건물로 이용되는 방식이다.
　　　　㉡ 본사의 건물, 지방의 지점이나 영업소의 건물 등에 많다.
　　　② 준 전용사무소
　　　　한 회사가 건물 전체를 임대해서 사용하는 방식이다.
　　　③ 준 대여사무소
　　　　건물의 주요 부분을 자기 전용으로 사용하고 나머지는 임대하는 방식이다.
　　　④ 대여사무소
　　　　건물의 전부 또는 대부분을 임대하는 방식이다.

**19** 테라스 하우스(terrace house)에 관한 설명으로 옳지 않은 것은?

① 테라스 하우스는 경사도에 따라 그 밀도가 좌우된다.
② 테라스 하우스는 지형에 따라 자연형과 인공형으로 구분할 수 있다.
③ 자연형 테라스 하우스는 평지에 테라스형으로 건립하는 것을 말한다.
④ 경사지의 경우 도로를 중심으로 상향식 주택과 하향식 주택으로 구분할 수 있다.

**알찬풀이** | 테라스 하우스(Terrace House)
　　　① 한 세대의 지붕이 다른 세대의 테라스로 전용되는 형식이다.
　　　② 종류로는 자연형, 인공형 혼합형 테라스 하우스가 있다.
　　　　㉠ 자연형 테라스 하우스 : 자연의 경사지를 활용한 방식이다.
　　　　㉡ 인공형 테라스 하우스 : 평지에 테라스 하우스의 장점을 살리기 위하여 의도적으로 계획한 형태이다.
　　　　㉢ 혼합형 : 시각적 테라스 하우스와 구조적 테라스 하우스를 결합한 형태이다.
　　　③ 각 주호마다 전용의 정원을 갖는 주택을 만들 수 있다.

| ANSWER | 14. ④ | 15. ② | 16. ② | 17. ③ | 18. ③ | 19. ③ |
| --- | --- | --- | --- | --- | --- | --- |

**20** 다음 중 임대 사무소 계획에서 가장 중요한 사항은?

① 심미성        ② 수익성

③ 독창성        ④ 보안성

**알찬풀이** | 임대 사무소 계획에서 가장 중요한 사항은 수익성이다.

---

## 제2과목 : 건축시공

**21** 한식 기와지붕에서 지붕 용마루의 끝 마구리에 수키와를 옆 세워 댄 것을 무엇이라고 하는가?

① 평고대        ② 착고

③ 부고        ④ 머거불

**알찬풀이** | 머거불
     한식 기와지붕에서 지붕 용마루의 끝 마구리에 수키와를 옆 세워 댄 것을 말한다.

**22** 가설공사에서 벤치마크(bench mark)에 관한 설명으로 옳지 않은 것은?

① 이동하는데 있어서 편리하도록 설치한다.

② 건물의 높이 및 위치의 기준이 되는 표식이다.

③ 건물의 위치 결정에 편리하고 잘 보이는 곳에 설치한다.

④ 높이의 기준점은 건물 부근에 2개소 이상 설치한다.

**알찬풀이** | 벤치마크(bench mark)
     위치는 이동될 우려가 없는 인근 건축물, 담장 등을 이용하고 적당한 곳이 없으면 나무말뚝 또는
     콘크리트 말뚝을 이용한다.

**23** 건축주 자신이 특정의 단일 상대를 선정하여 발주하는 입찰방식으로서 특수공사나 기밀보장이 필요한 경우에 주로 채택되는 것은?

① 특명입찰        ② 공개경쟁입찰

③ 지명경쟁입찰        ④ 제한경쟁입찰

**알찬풀이** | 특명입찰
     건축주 자신이 특정의 단일 상대를 선정하여 발주하는 입찰방식으로서 특수공사나 기밀보장이 필
     요한 경우에 주로 채택되는 입찰 방식이다.

**24** 철근 콘크리트 구조물의 소요 콘크리트량이 100m³인 경우 필요한 재료량으로 옳지 않은 것은? (단, 콘크리트 배합비는 1 : 2 : 4이고, 물시멘트비는 60%이다.)

① 시멘트 : 800포
② 모래 : 45m³
③ 자갈 : 90m³
④ 물 : 240kg

**알찬풀이** | 필요한 재료량

콘크리트 배합비 → 1 : m : n
콘크리트 비벼내기량(약산식)
소요 콘크리트량 1m³ 당 $V$값
$V = 1.1 \times m + 0.57 \times n = 1.1 \times 2 + 0.57 \times 4 = 4.48$

① 시멘트 소요량($C$)

$$C_1 = 1,500 \times \frac{1}{V}(kg) = 1,500 \times \frac{1}{4.48} = 334.82(kg)$$

소요 콘크리트량이 100m³이고 시멘트 1포 40(kg)이므로

$$\therefore C = \frac{334.82 \times 100}{40} = 837(포) \rightarrow 800(포)$$

② 모래 소요량($S$)

$$S_1 = \frac{m}{V}(m^3) = \frac{2}{4.48} = 0.446(m^3)$$

$$S = 0.446 \times 100 = 44.6(m^3) \rightarrow 45(m^3)$$

③ 자갈 소요량($G$)

$$G_1 = \frac{n}{V}(m^3) = \frac{4}{4.48} = 0.893(m^3)$$

$$G = 89.3 \times 100 = 89.3(m^3) \rightarrow 90(m^3)$$

④ 물 필요량($w$)

물시멘트비가 60% 이므로

$$\frac{w}{C} = 0.6 \qquad \therefore w = 0.6 \times C = 0.6 \times 33,482(kg) = 20,089(kg)$$

**25** 다음 도료 중 안료가 포함되어 있지 않은 것은?

① 유성페인트
② 수성페인트
③ 바니시
④ 에나멜페인트

**알찬풀이** | 바니시(Varnish)
유성페인트의 안료 대신 천연수지나 합성수지를 전색제에 혼합한 도료를 바니시(니스)라고 한다.

**26** 치장줄눈 시공에서 줄눈파기는 타일을 붙이고 몇 시간이 경과한 후 하는 것이 좋은가?

① 1시간
② 3시간
③ 24시간
④ 48시간

**알찬풀이** | 치장줄눈은 모르타르가 굳은 정도(약 3시간 경과 후)를 보아 줄눈파기 후 바로 시공하도록 한다.

| ANSWER | 20. ② | 21. ④ | 22. ① | 23. ① | 24. ④ | 25. ③ | 26. ② |
|---|---|---|---|---|---|---|---|

**27** 네트워크(network) 공정표의 특징으로 옳지 않은 것은?

① 각 작업의 상호 관계가 명확하게 표시된다.

② 공사전체 흐름에 대한 파악이 용이하다.

③ 공사의 진척상황이 누구에게나 알려지게 되나 시간의 경과가 명확하지 못하다.

④ 계획 단계에서 공정상의 문제점이 명확히 파악되어 작업 전에 수정이 가능하다.

**알찬풀이** | 네트워크(network) 공정표는 다른 공정표보다 복잡하므로 사전지식과 작성시간이 오래 걸릴 수 있다.

**28** 기존 건축물의 기초의 침하나 균열, 붕괴 또는 파괴가 염려될 때 기초하부에 실시하는 공법은?

① 샌드 드레인 공법　　　　　　② 디프 웰 공법

③ 언더 피닝 공법　　　　　　　④ 웰 포인트 공법

**알찬풀이** | 언더 피닝(Under Pinning) 공법
　　　　　　기존 건축물의 기초의 침하나 균열, 붕괴 또는 파괴가 염려될 때 기초하부에 실시하는 공법을 말한다.

**29** 건축공사 표준시방서에 따른 시멘트 액체방수 공사 시 방수층 바름에 관한 설명으로 옳지 않은 것은?

① 바탕의 상태는 평탄하고, 휨, 단차, 레이턴스 등의 결함이 없는 것을 표준으로 한다.

② 방수층 시공 전에 곰보나 콜드조인트와 같은 부위는 실링재 또는 폴리머 시멘트 모르타르 등으로 바탕처리를 한다.

③ 방수층은 흙손 및 뿜칠기 등을 사용하여 소정의 두께(부착강도 측정이 가능하도록 최소 4mm 두께 이상)가 될 때까지 균일하게 바른다.

④ 각 공정의 이어 바르기의 겹침 폭은 20mm 이하로 하여 소정의 두께로 조정하고, 끝부분은 솔로 바탕과 잘 밀착시킨다.

**알찬풀이** | 시멘트 액체방수 공사
　　　　　　① 방수액침투
　　　　　　　　액체방수 및 물로 혼합한 혼합액을 솔이나 로라 등으로 바탕면에 침투시킨다.
　　　　　　② 시멘트 페이스트 1차 도포
　　　　　　　　물과 혼합한 방수액을 시멘트와 혼합하여 바탕면에 균일하게 도포한다.
　　　　　　③ 시멘트 페이스트 2차 도포(바닥기준)
　　　　　　　　시멘트 페이스트 1차도포가 완전히 경화 되기 전에 연속적으로 시멘트 페이스트 1차 도포와 같이 방수액과 시멘트를 혼합하여 바탕면에 균일하게 바른다.

**30** 콘크리트의 시공성에 영향을 주는 요인에 관한 설명으로 옳지 않은 것은?

① 단위수량이 크면 슬럼프 값이 커진다.
② 콘크리트의 강도가 동일한 경우 골재의 입도가 작을수록 시멘트의 사용량은 감소한다.
③ 굵은 골재로 쇄석을 사용 시 시공연도가 감소되는 경향이 있다.
④ 포졸란, 플라이애시 등 혼화재료를 사용하면 시공연도가 증진된다.

**알찬풀이** | 콘크리트의 강도가 동일한 경우 골재의 입도가 클수록 시멘트의 사용량은 감소한다.


**31** 목철골 용접부의 불량을 나타내는 용어가 아닌 것은?

① 블로홀(blow hole)　　　　② 위빙(weaving)
③ 크랙(crack)　　　　　　　④ 언더컷(under cut)

**알찬풀이** | 위빙(weaving)은 용접부의 불량이 아니라 연속용접시 부드럽게 원호를 형성하며 앞으로 전진해가 듯이 용접하는 방법을 말한다.


**32** 다음 정의에 해당되는 용어로 옳은 것은?

> 바탕에 고정한 부분과 방수층에 고정한 부분 사이에 방수층의 온도 신축에 추종할 수 있도록 고안된 철물

① 슬라이드(slide) 고정 철물　　② 보강포
③ 탈기장치　　　　　　　　　　④ 본드 브레이커(bond breaker)

**알찬풀이** | 슬라이드(slide) 고정 철물
바탕면에 고정한 부분과 방수층에 고정한 부분 사이에 방수층의 온도 신축에 추종할 수 있도록 고안된 철물이다.


**33** 다음 중 지붕이음재료가 아닌 것은?

① 가압시멘트기와　　　　　　② 유약기와
③ 슬레이트　　　　　　　　　④ 아스팔트펠트

**알찬풀이** | 아스팔트 루핑이나 아스팔트 싱글이 지붕이음재료에 해당한다.


| ANSWER | 27. ③ | 28. ③ | 29. ④ | 30. ② | 31. ② | 32. ① | 33. ④ |
| --- | --- | --- | --- | --- | --- | --- | --- |

**34** KS F 2527에 따른 콘크리트용 부순 굵은 골재의 실적률 기준으로 옳은 것은?

① 25% 이상          ② 35% 이상

③ 45% 이상          ④ 55% 이상

**알찬풀이** | KS F 2527에 따른 콘크리트용 부순 굵은 골재의 실적률은 55% 이상이다.

**35** 건축공사 도급계약 방법 중 공사실시 방식에 의한 계약제도와 관계가 없는 것은?

① 일식도급 계약제도       ② 단가도급 계약제도

③ 분할도급 계약제도       ④ 공동도급 계약제도

**알찬풀이** | 단가도급 계약제도는 공사비 지불방식에 따른 분류에 해당한다.

**36** 콘크리트에 AE제를 사용하는 주요 목적에 해당되는 것은?

① 시멘트의 절약         ② 골재량 감소

③ 강도 증진           ④ 워커빌리티 향상

**알찬풀이** | 콘크리트에 AE제를 사용하는 주요 목적은 워커빌리티 향상에 있다.

**37** 다음 미장재료 중 수경성이 아닌 것은?

① 시멘트 모르타르        ② 경석고 플라스터

③ 돌로마이트 플라스터     ④ 혼합석고 플라스터

**알찬풀이** | 기경성 미장재료
      ① 공기 중의 탄산가스($CO_2$)와 작용하여 경화하는 미장재료(수축성)를 말한다.
      ② 진흙, 회반죽, 돌로마이트 플라스터가 대표적인 기경성 미장재료에 해당한다.

**38** 지반조사 방법에 관한 설명으로 옳지 않은 것은?

① 수세식 보링은 사질층에 적당하며 끝에서 물을 뿜어내어 지층의 토질을 조사한다.
② 짚어보기 방법은 얕은 지층을 파악하는데 이용된다.
③ 표준관입시험은 사질 지반보다 점토질 지반에 가장 유효한 방법이다.
④ 지내력시험의 재하판은 보통 45cm 각의 것을 이용한다.

**알찬풀이** | 표준관입시험은 점토질 지반보다 사질 지반에 유효한 방법이다.

**39** 콘크리트 양생에 관한 설명으로 옳지 않은 것은?

① 콘크리트 양생에는 적당한 온도를 유지해야 한다.
② 직사광선은 잉여수분을 적당하게 증발시켜 주므로 양생에 유리하다.
③ 콘크리트가 경화될 때까지 충격 및 하중을 가하지 않는 것이 좋다.
④ 거푸집은 공사에 지장이 없는 한 오래 존치하는 것이 좋다.

**알찬풀어** | 직사광선은 잉여수분을 급속하게 증발시켜 주므로 양생에 유리하지 않다.

**40** 철근콘크리트조 건물의 철근공사 시 일반적인 배근순서로 옳은 것은?

① 기둥 → 벽 → 보 → 슬래브
② 벽 → 기둥 → 슬래브 → 보
③ 벽 → 기둥 → 보 → 슬래브
④ 기둥 → 벽 → 슬래브 → 보

**알찬풀어** | 철근공사의 배근순서
　　　기둥 → 벽 → 보 → 슬래브 철근의 배근 순서로 시공한다.

## 제3과목 : 건축구조

**41** 벽돌쌓기법 중 공사시방서에서 정한 바가 없고, 구조적인 안정성을 고려하고자 할 때 우선적으로 채택할 수 있는 것은?

① 영식 쌓기　　　　　　② 불식 쌓기
③ 미식 쌓기　　　　　　④ 영롱 쌓기

**알찬풀어** | 영식 쌓기
　　　길이쌓기와 마구리쌓기를 한 켜씩 번갈아 쌓아 올리며, 벽의 끝이나 모서리에는 이오토막 또는 반절을 사용한다. 통줄눈이 거의 생기지 않아 가장 튼튼한 쌓기 방법이다.

**42** 그림과 같은 양단 내민보에서 C점의 휨모멘트 $M_C = 0$의 값을 가지려면 C점에 작용시킬 하중 $P$의 크기는?

① 42kN·m

② 52kN·m

③ 62kN·m

④ 72kN·m

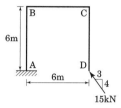

**알찬풀이** │ A점의 휨모멘트($M_A$)

① 경사 하중을 수직하중($V_A$)과 수평하중($V_B$)으로 분해한다.

$$V_A = 15(\text{kN}) \times \frac{4}{5} = 12(\text{kN})$$

$$V_B = 15(\text{kN}) \times \frac{3}{5} = 9(\text{kN})$$

② $\Sigma M_A = 0$에서

$$M_A = 12(\text{kN}) \times 6(\text{m}) = 72(\text{kN·m})$$

**43** 슬래브와 보를 일체로 친 T형보를 T형보와 반T형보로 구분할 때 반T형보의 유효 폭 b를 결정하는 요인에 해당되는 것은?

① 양쪽으로 각각 내민 플랜지 두께의 8배+플랜지 복부 폭($b_w$)

② 인접보와의 내측거리의 1/2+플랜지 복부 폭($b_w$)

③ 양쪽의 슬래브의 중심간 거리

④ 보의 경간의 1/4

**알찬풀이** │ 반T형보(비대칭 T형보)

① $6t_f + b_w$

② (보의 경간의 1/12) + $b_w$

③ (인접 보의 내측 거리의 1/2) + $b_w$

(부호) $t_f$ : 플랜지의 두께,  $b_w$ : 플랜지가 있는 부재에서 복부 폭

## 44 다음 겔버보에서 A점의 휨모멘트는?

① 2.5kN·m

② 3.0kN·m

③ 3.5kN·m

④ 4.0kN·m

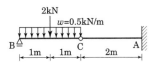

**알찬풀이** | 겔버보에서 A점의 휨모멘트($M_A$)

그림과 같은 겔버보는 단순보와 내민보로 나누어 순차적으로 푼다.

① 단순보에 등분포 하중과 중앙부에 집중하중을 받는 경우 먼저 등분포 하중을 집중하중으로 환산하면

$$0.5(\text{kN/m}) \times 2(\text{m}) = 1(\text{kN})$$

단순보 중앙에 작용하는 하중은

$$2(\text{kN}) + 1(\text{kN}) = 3(\text{kN})$$

∴ $R_B = R_C = 1.5(\text{kN})$

② $R_C$가 반대(하향) 방향으로 내민보에 작용하면

$$M_A = 1.5(\text{kN}) \times 2(\text{m}) = 3(\text{kN} \cdot \text{m})$$

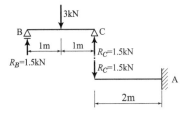

## 45 그림과 같은 구조체의 부정정 차수는?

① 1차 부정정

② 2차 부정정

③ 3차 부정정

④ 4차 부정정

**알찬풀이** | 부정정 차수($N$)

$N$ = 외적차수($N_e$) + 내적차수($N_i$)

= [반력수($r$)−3] + [−부재 내의 힌지 절점수($h$)+연결된 부재에 따른 차수]

∴ $N = [(2+3)-3]+0 = 2$차 부정정

**46** 지름 60mm인 그림과 같은 강봉에 10kN의 인장력이 작용할 때 수직단면과 45°인 경사단면에 생기는 수직응력의 크기는?

① 1.58MPa

② 1.63MPa

③ 1.77MPa

④ 1.88MPa

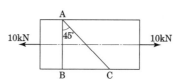

**알찬풀이** | ① 수직 단면에 작용하는 응력

$$\sigma = \frac{P}{A} = \frac{P}{\pi \cdot r^2} = \frac{10 \times 10^3}{3.14 \times 30^2} \fallingdotseq 3.54(MPa)$$

② 수직단면과 45°인 경사단면에 생기는 수직응력의 크기$(\sigma_s)$

$$\sigma_s = \frac{\sigma}{2} = \frac{3.54}{2} = 1.77(MPa)$$

**47** 강도설계법에서 다음과 같은 직사각형 복근보를 건물에 사용 시 콘크리트가 부담하는 전단강도 $\phi V_C$는? (단, $\lambda = 1$, $f_{ck} = 35MPa$, $f_y = 400MPa$)

① 150kN

② 110kN

③ 90kN

④ 70kN

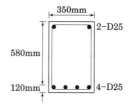

**알찬풀이** | 콘크리트가 부담하는 전단강도$(\phi V_C)$

전단력이 작용하는 경우 강도감소계수$(\phi)$는 0.75이다.

$$\phi V_C = 0.75 \times \frac{1}{6} \cdot \sqrt{f_{ck}} \times b_w \times d$$

$$= 0.75 \times \frac{1}{6} \times \sqrt{35} \times 350 \times 580 \fallingdotseq 150,120(N) \rightarrow 150(kN)$$

## 48
철근콘크리트구조물의 내구성 허용기준과 관련하여 구조물의 노출범주와 기타조건이 다음과 같을 때 동해에 저항하기 위한 전체 공기량의 확보기준은? (단, KBC2016기준)

> • 노출범주 : 지속적으로 수분과 접촉하고 동결용해의 반복작용에 노출되는 콘크리트
> • 굵은 골재의 최대치수 : 20mm
> • 콘크리트 설계기준 압축강도 : 35MPa 이하

① 4.5%      ② 5.5%

③ 6.0%      ④ 7.0%

**알찬풀이** | 위의 예와 같은 경우 동해에 저항하기 위한 전체 공기량은 6.0%가 적합하다.

## 49
그림과 같은 단순보에서 지간 $\ell$이 $2\ell$로 늘어난다면 최대 처짐은 몇 배로 커지는가?
(단, 중앙의 집중하중 P는 동일)

① 2배

② 4배

③ 6배

④ 8배

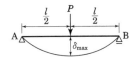

**알찬풀이** | 단순보의 최대 처짐

단순보의 중앙에 집중하중이 작용하는 경우 최대처짐 식은 $\sigma_{\max} = \dfrac{PL^3}{48EI}$ 이므로 최대처짐은 길이의 3제곱에 비례한다.

∴ 지간 $\ell$이 $2\ell$로 늘어난다면 최대처짐은 $2^3$ 즉 8배로 커진다.

## 50
그림과 같은 구조물의 O절점에 6kN·m의 모멘트가 작용한다면 $M_{OB}$의 크기는?

① 1kN·m

② 2kN·m

③ 3kN·m

④ 4kN·m

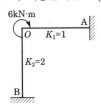

**알찬풀이** | $M_{OB}$의 크기

휨모멘트 법을 이용하여 푼다.

① 분배율($\mu$) $= \dfrac{k}{\Sigma k} = \dfrac{K_2}{K_1 + K_2} = \dfrac{2}{3}$

② 분배모멘트($M_{OB}$) $= \dfrac{2}{3} \times 6(\mathrm{kN \cdot m}) = 4(\mathrm{kN \cdot m})$

※ 도달모멘트($M_{BO}$)

$M_{BO} = \dfrac{1}{2} \times M_{OB} = \dfrac{1}{2} \times 4(\mathrm{kN \cdot m}) = 2(\mathrm{kN \cdot m})$

| ANSWER | 46. ③ | 47. ① | 48. ③ | 49. ④ | 50. ④ |
| --- | --- | --- | --- | --- | --- |

**51** 고정하중이 5kN/m²이고 활하중이 3kN/m²인 경우 슬래브를 설계할 때 사용하는 계수하중은 얼마인가?

① 8.4 kN/m²

② 9.5 kN/m²

③ 10.8 kN/m²

④ 12.9 kN/m²

**알찬풀이** | 계수하중($U$; 하중계수)

$$U = 1.2 \times D + 1.6 \times L = 1.2 \times 5(\text{kN/m}^2) + 1.6 \times 3(\text{kN/m}^2) = 10.8(\text{kN/m}^2)$$

(부호) D : 고정하중, L : 활하중

**52** 인장이형철근의 기본정착 길이($l_{db}$) 계산식은? (단, KBC2016기준)

① $\dfrac{0.6 d_b f_y}{\lambda \sqrt{f_{ck}}}$

② $\dfrac{0.25 d_b f_y}{\lambda \sqrt{f_{ck}}}$

③ $\dfrac{100 d_b}{\lambda \sqrt{f_{ck}}}$

④ $\dfrac{152 d_b}{\lambda \sqrt{f_{ck}}}$

**알찬풀이** | 인장이형철근의 기본정착 길이($l_{db}$)

인장이형철근의 기본정착 길이는 다음 식으로 표현된다.

$$l_{(db)} = \frac{0.6 \cdot d_b \cdot f_y}{\lambda \cdot \sqrt{f_{ck}}}$$

$\lambda$ : 보통콘크리트 일 때는 1이다.

**53** 그림에서 Y축에 대한 단면2차모멘트는?

① 60000mm⁴

② 90000mm⁴

③ 160000mm⁴

④ 200000mm⁴

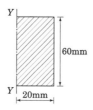

**알찬풀이** | Y축에 대한 단면2차모멘트($I_Y$)

$$I_Y = I_{YO} + A \cdot e^2$$

$$= \frac{60 \times 20^3}{12} + (20 \times 60) \times 10^2$$

$$= 160{,}000(\text{mm}^2)$$

**54** 그림과 같은 직사각형 단근보를 설계할 때 콘크리트의 등가응력블록의 깊이 a는 약 얼마인가? (단, D22철근 1개의 단면적은 387mm², $f_{ck}$=24MPa, $f_y$=400MPa)

① 91mm
② 101mm
③ 111mm
④ 121mm

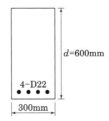

**알찬풀이** | 등가응력블록의 깊이(a)

$$a = \frac{A_s \cdot f_y}{0.85 \cdot f_{ck} \cdot b}$$

$$= \frac{(4 \times 387) \times 400}{0.85 \times 24 \times 300} \fallingdotseq 101.2(mm) \rightarrow 101(mm)$$

**55** 지름 350mm인 기성 콘크리트 말뚝을 시공할 때 최소 중심간격으로 옳은 것은?

① 525mm
② 700mm
③ 875mm
④ 1050mm

**알찬풀이** | 기성 콘크리트 말뚝의 최소 중심간격(D)
$$D = 2.5D = 2.5 \times 350 = 875(mm)$$

**56** 그림과 같은 장주의 유효좌굴길이를 옳게 표시한 것은? (단, 기둥의 재질과 단면크기는 동일)

① (A)가 최대이고, (B)가 최소이다.
② (C)가 최대이고, (A)가 최소이다.
③ (B)가 최대이고, (A)와 (C)는 같다.
④ (A), (B), (C) 모두 같다.

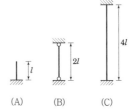

**알찬풀이** | 장주의 유효좌굴길이($K_l$)
(A) $K_l = 2.0L = 2l$
(B) $K_l = 1.0L = 1 \times 2l = 2l$
(C) $K_l = 0.5L = 0.5 \times 4l = 2l$
∴ (A), (B), (C) 모두 같다.

| **ANSWER** | 51. ③ | 52. ① | 53. ③ | 54. ② | 55. ③ | 56. ④ |
| --- | --- | --- | --- | --- | --- | --- |

**57** 콘크리트 압축강도 $f_{ck}$=21MPa, $b$=300mm, $d$=500mm인 직사각형보의 등가응력블록깊이 a가 95mm일 때, 압축측 콘크리트의 압축력 C값은?

① 450kN

② 408kN

③ 509kN

④ 540kN

**알찬풀이** | 콘크리트의 압축력(C)
$$C = 0.85 \cdot f_{ck} \cdot a \cdot b = 0.85 \times 21 \times 95 \times 300 ≒ 508,725(\text{N}) \rightarrow 509(\text{kN})$$

**58** 그림과 같은 단순보 중앙점에 휨모멘트 20kN·m가 작용할 때 A점의 반력은?

① 하향 2kN

② 상향 2kN

③ 하향 4kN

④ 상향 4kN

**알찬풀이** | A점의 반력($R_A$)
$\Sigma M_B = 0$ 에서
$$R_A \times 10(\text{m}) + 20(\text{kN} \cdot \text{m}) = 0$$
$$\therefore R_A = -2(\text{kN} \cdot \text{m}) \rightarrow 하향 \ 2\text{kN}$$

**59** 철근콘크리트 부재 설계 시 겹침이음을 하지 않아야 하는 철근은?

① D25를 초과하는 철근

② D29를 초과하는 철근

③ D22를 초과하는 철근

④ D35를 초과하는 철근

**알찬풀이** | D35를 초과하는 철근은 겹침이음을 하지 않고 용접이음이나 기계적 이음을 한다.

## 60 그림과 같은 단순보에서 A지점의 수직반력은?

① 3kN(↑)

② 4kN(↑)

③ 5kN(↑)

④ 6kN(↑)

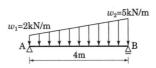

**알찬풀이** │ A지점의 수직반력

2(kN/m) 높이의 직사각형 분포하중과 3(kN/m) 높이의 삼각형 분포하중이 작용하는 것으로 생각하여 푼다.

$$R_A \times 4(\text{m}) - 2(\text{kN/m}) \times 4(\text{m}) \times 2(\text{m}) - \frac{1}{2} \times 3(\text{kN/m}) \times 4(\text{m}) \times \frac{1}{3} = 0$$

$$\therefore R_A = \frac{16(\text{kN}\cdot\text{m}) + 8(\text{kN}\cdot\text{m})}{4(\text{m})} = 24(\text{kN})$$

---

### 제4과목 : 건축설비

## 61 전기설비용 시설공간(실)에 관한 설명으로 옳지 않은 것은?

① 발전기실은 변전실과 인접하도록 배치한다.

② 중앙감시실은 일반적으로 방재센터와 겸하도록 한다.

③ 전기샤프트는 각 층에서 가능한 한 공급대상의 중심에 위치하도록 한다.

④ 주요 기기에 대한 반입, 반출 통로를 확보하되, 외부로 직접 출입할 수 있는 반출입구를 설치하여서는 안 된다.

**알찬풀이** │ 주요 기기에 대한 반입, 반출 통로를 확보하되, 외부로 직접 출입할 수 있는 반출입구를 설치하는 것이 좋다.

## 62 공기조화설비에 관한 설명으로 옳지 않은 것은?

① 변풍량방식은 정풍량방식에 비해 부하변동에 대한 제어응답이 빠르다.

② 필요 축열량이 같은 경우 빙축열방식은 수축열방식에 비해 축열조 크기가 작다.

③ 흡수식 냉동기는 크게 증발기, 압축기, 발생기, 응축기의 4개 부문으로 구성되어 있다.

④ 팬코일 유닛 방식에서 각 실의 유닛은 수동으로도 제어할 수 있고, 개별 제어가 쉽다.

**알찬풀이** │ 흡수식 냉동기의 구성

① 증발기　　② 흡수기　　③ 발생기(재생기)　　④ 응축기

---

| ANSWER | 57. ③ | 58. ① | 59. ④ | 60. ④ | 61. ④ | 62. ③ |
| --- | --- | --- | --- | --- | --- | --- |

**63** 난방배관의 신축이음에 속하지 않는 것은?

① 루프형          ② 스프링형
③ 슬리브형       ④ 벨로즈형

**알찬풀이** | 스프링형은 난방배관의 신축이음에 속하지 않는다.

**64** HEPA 필터에 관한 설명으로 옳지 않은 것은?

① HEPA 필터 유닛 시공 시 공기 누설이 없어야 한다.
② 클린룸이나 방사성 물질을 취급하는 시설에 사용된다.
③ 0.1$\mu$m의 미세한 분진까지 높은 포집률로 포집할 수 있다.
④ HEPA 필터의 수명연장을 위해 HEPA 필터의 앞에 프리필터를 설치한다.

**알찬풀이** | HEPA(High Efficiency Particular Filter) 필터
① 공기 중의 0.1~0.3 mm 크기의 미립자를 99.97% 정도 포집하는 성능을 나타낸다.
② 병원 수술실, 크린룸, 바이오크린룸, 방사성 물질을 취급하는 시설 등에서 미립자를 여과하는데 사용되는 고성능 공조용 필터로 유닛 형으로 되어 있다.

**65** 배수 트랩의 유효 봉수깊이로 옳은 것은?

① 10~40mm       ② 50~100mm
③ 120~150mm     ④ 200~250mm

**알찬풀이** | 배수 트랩의 유효 봉수깊이는 50~100mm 이다.

**66** 단일덕트 변풍량 방식에 사용되는 공기조화기의 송풍기에 인버터를 설치하는 이유는?

① 소음발생 방지       ② 필요 외기량 확보
③ 급기덕트의 압력 감지   ④ 송풍기의 회전수 제어

**알찬풀이** | 단일덕트 변풍량 방식에 사용되는 공기조화기의 송풍기에 인버터를 설치하는 주요 이유는 송풍기의 회전수를 제어하기 위해서이다.

**67** 옥내소화전이 가장 많이 설치된 층의 설치개수가 5개인 경우, 펌프의 토출량은 최소 얼마 이상이 되도록 하여야 하는가? (단, 전동기 또는 내연기관에 따른 펌프를 이용하는 가압송수장치의 경우)

① 350L/min
② 450L/min
③ 550L/min
④ 650L/min

**알찬풀이** | 옥내소화전 펌프의 토출량
옥내소화전 1개의 방수량은 130 ℓ/min 이상 이어야 하므로 5개인 경우 펌프의 토출량은
650L/min(130 ℓ/min×5) 이상이어야 한다.

**68** 35℃의 옥외공기 30kg과 27℃의 실내공기 70kg을 단열혼합하였을 때, 혼합공기의 온도는?

① 28.2℃
② 29.4℃
③ 30.6℃
④ 32.6℃

**알찬풀이** | 혼합공기의 온도($t_3$)

$$t^3 = \frac{m}{m+n} \times t_1 + \frac{m}{m+n} \times t_2$$

$$\therefore \ t^3 = \frac{30}{30+70} \times 35 + \frac{70}{30+70} \times 27 = 29.4(℃)$$

**69** 배선용 차단기에 관한 설명으로 옳지 않은 것은?

① 각 극을 동시에 차단하므로 결상의 우려가 없다.
② 과부하 및 단락사고 차단 후 재투입이 불가능하다.
③ 전기조작, 전기신호 등의 부속장치를 사용하여 자동제어가 가능하다.
④ 개폐기구 및 트립장치 등이 절연물인 케이스에 내장되어 있어 안전하게 사용 가능하다.

**알찬풀이** | 배선용 차단기는 과부하 및 단락사고 차단 후 재투입이 가능하다.

**70** 역류를 방지하여 오염으로부터 상수계통을 보호하기 위한 방법으로 옳지 않은 것은?

① 토수구 공간을 둔다.
② 진공브레이커를 설치한다.
③ 역류방지 밸브를 설치한다.
④ 배관은 크로스 커넥션이 되도록 한다.

**알찬풀이** | 배관은 크로스 커넥션이 되지 않도록 하여야 한다.
※ 크로스 커넥션(cross connection) 현상
급수배관이나 기구 구조의 불비(不備), 불량(不良)의 결과 급수관 내에 오수가 역류해서 상수를 오염시키는 현상

| ANSWER | 63. ② | 64. ③ | 65. ② | 66. ④ | 67. ④ | 68. ② | 69. ② | 70. ④ |

**71** 다음 중 기계식 증기트랩에 속하는 것은?

① 버킷 트랩           ② 드럼 트랩

③ 벨로즈 트랩        ④ 바이메탈 트랩

**알찬풀이** | 버킷 트랩(bucket trap)
    ① 고압 증기의 관말 트랩으로 이용된다.
    ② 증기 세탁기, 증기 탕비기 등에 이용된다.

**72** 2개 이상의 기구트랩의 봉수를 모두 보호하기 위하여 설치하는 통기관으로 최상류의 기구 배수관이 배수수평지관에 접속하는 위치의 직하에서 입상하여 통기수직관 또는 신정통기관에 접속하는 것은?

① 습통기관           ② 결합통기관

③ 루프통기관         ④ 도피통기관

**알찬풀이** | 루프통기관
    ① 2개 이상의 위생기구의 트랩을 보호할 목적으로 설치하며, 최상류에 있는 위생 기구에서 통기관을 연장하여 통기 수직관이나 신정 통기관(배수 통기관)에 연결한다.
    ② 1개의 루프 통기관에 의하여 통기할 수 있는 위생기구의 수는 8개 이내로 한다.

**73** 건물의 급수방식에 관한 설명으로 옳은 것은?

① 펌프직송방식은 정전 시 급수가 불가능하다.

② 수도직결방식은 건물의 높이에 관계가 없다.

③ 고가탱크방식은 급수압력의 변동이 가장 크다.

④ 압력탱크방식은 수질오염 가능성이 가장 작다.

**알찬풀이** | 건물의 급수방식
    ② 수도직결방식은 건물의 높이에 관계가 있다.
    ③ 압력탱크방식은 급수압력의 변동이 가장 크다.
    ④ 수도직결방식은 수질오염 가능성이 가장 작다.

**74** 면적 100m², 천장높이 3.5m인 교실의 평균조도를 100[lx]로 하고자 한다. 다음과 같은 조건에서 필요한 광원의 개수는?

---
[조건]
- 광원 1개의 광속 : 2000[lm]
- 감광 보상률 : 1.5
- 조명률 : 50%
---

① 8개           ② 15개

③ 19개          ④ 23개

**알찬풀이** | 광원의 개수(N)

광속(F) $= \dfrac{E \times A \times D}{N \times U}$ 식을 이용한다.

(부호) F : 광속(lm)          E : 소요 조도(lux)

A : 실의 면적(m²)      N : 광원의 개수

D : 감광 보상률(유지율(M)의 역수 관계이며, 유지율은 먼지 및 노후로 인한 빛 방출의 감소를 고려한 할인율)

U : 조명률(조명기구와 실의 표면에 의한 빛 분포의 감소를 감안한 할인율)

$\therefore N = \dfrac{E \times A \times D}{F \times U} = \dfrac{100 \times 100 \times 1.5}{2000 \times 0.5} = 15$(개)

**75** 배관의 연결 방법 중 리프트 이음(lift fitting)이 사용되는 곳은?

① 오수정화조에서 부패조      ② 급수설비에서 펌프의 토출측

③ 난방설비에서 보일러의 주위    ④ 배수설비에서 수평관과 수직관의 연결부위

**알찬풀이** | 리프트 이음(lift fitting)

진공 환수식 난방 방식에서 방열기 보다 높은 위치에 응축수의 환수관을 배관하는 경우에 하는 이용되는 방법이다.

**76** 리버스 리턴(reverse-return) 배관방식에 관한 설명으로 옳은 것은?

① 증기난방 설비에 주로 이용되는 배관방식이다.

② 계통별로 마찰저항을 균등하게 하기 위한 배관방식이다.

③ 배관의 온도변화에 따른 신축을 흡수하기 위한 배관방식이다.

④ 물의 온도차를 크게 하여 밀도차에 의한 자연순환을 원활하게 하기 위한 배관방식이다.

**알찬풀이** | 역환수식(reverse return) 배관법

① 온수난방이나 급탕의 배관시 공급관과 환수관의 길이를 거의 같게 하여 온수의 순환시 유량을 균등하게 분배하기 위하여 사용하는 배관법이다.

② 배관 공간을 많이 차지하고, 배관비가 많이 든다.

| ANSWER | 71. ① | 72. ③ | 73. ① | 74. ② | 75. ③ | 76. ② |
|--------|-------|-------|-------|-------|-------|-------|

## 77 다음 설명에 알맞은 건축화 조명 방식은?

> • 코너 조명과 같이 천장과 벽면경계에 건축적으로 둘레 턱을 만들어 내부에 등 기구를 배치하여 조명하는 방식이다.
> • 아래 방향의 벽면을 조명하는 방식으로 형광램프를 이용하는 건축화 조명에 적당하다.

① 코퍼 조명  　　　　　　　② 광천장 조명
③ 코니스 조명  　　　　　　 ④ 다운라이트 조명

**알찬풀이** | 코니스 조명 : 천장과 벽면 경계에 반사판을 설치하여 광원의 빛이 벽면에만 비치도록 하는 조명방식이다.

## 78 다음 설명에 알맞은 자동화재 탐지설비의 감지기는?

> 주위 온도가 일정 온도 이상이 되면 작동하는 것으로 보일러실, 주방과 같이 다량의 열을 취급하는 곳에 설치한다.

① 정온식  　　　　　　　　 ② 차동식
③ 광전식  　　　　　　　　 ④ 이온화식

**알찬풀이** | 정온식
　　　　① 화재시 온도 상승으로 감지기 내의 바이메탈(bimetal)이 팽창하거나 가용절연물이 녹아 접점에 닿을 경우에 작동한다.
　　　　② 용도 : 보일러실, 주방과 같은 화기 및 열원 기기를 직접 취급하는 곳에 이용된다.

## 79 다음과 같은 조건에 있는 사무소의 1일당 급수량(사용수량)은?

> [조건]
> • 연면적 : 2000m²　　　　• 유효면적비율 : 56%
> • 거주인원 : 0.2인/m²　　 • 1인 1일당 급수량 : 150L/d

① 3.36m³/d  　　　　　　　② 4.36m³/d
③ 33.6m³/d  　　　　　　　④ 40.6m³/d

**알찬풀이** | 사무소의 1일당 급수량($Q_d$) : 급수 대상 인원이 불분명한 경우 다음 식을 이용한다.
　　　　$Q_d = A \cdot k \cdot n \cdot q \, (\ell/d)$
　　　　(부호) A : 건물의 연면적(m²)　　　　　　k : 유효 면적비 (%)
　　　　　　　n : 유효 면적 당 거주 인원 (인/m²)　　q : 건물 종류별 1일 1인 당 사용 수량($\ell/d \cdot c$)
　　　　∴ $Q_d$ = 2000×0.56×0.2×150= 33,600($\ell/d$) = 33.6(m³/d)

**80** 외부로부터의 화재에 의하여 탈 염려가 있는 건물의 외벽이나 지붕을 수막으로 덮어 연소를 방지하는 설비는?

① 드렌처설비
② 포소화설비
③ 옥외소화전설비
④ 옥내소화전설비

**알찬풀이** | 드렌처 설비

건축물의 외벽, 지붕, 창의 상부 등에 설치하여 인접 건물에 화재가 발생시 수막을 형성하여 당해 건물의 안전을 도모하는 방화설비이다.
① 설치간격 : 수평거리 2.5m 이하, 수직거리 4m 이하마다 1개씩 설치
② 방수 압력: 1kg/㎠ 이상
③ 방수량: 20ℓ/min 이상

---

## 제5과목 : 건축관계법규

**81** 건축 분야의 건축사보 한 명 이상을 전체 공사기간 동안 공사현장에서 감리업무를 수행하게 하여야 하는 대상 건축공사에 속하지 않은 것은? (단, 건축 분야의 건축공사의 설계·시공·시험·검사·공사감독 또는 감리업무 등에 2년 이상 종사한 경력이 있는 건축사보의 경우)

① 16층 아파트의 건축공사
② 준다중이용 건축물의 건축공사
③ 바닥면적 합계가 5000㎡인 의료시설 중 종합병원의 건축공사
④ 바닥면적 합계가 2000㎡인 숙박시설 중 일반 숙박시설의 건축공사

**알찬풀이** | 건축사보의 배치

① 바닥면적의 합계가 5,000㎡ 이상인 건축공사. 다만, 축사 또는 작물 재배사의 건축공사는 제외한다.
② 연속된 5개 층(지하층을 포함한다) 이상으로서 바닥면적의 합계가 3,000㎡ 이상인 건축공사
③ 아파트 건축공사
④ 준다중이용 건축물 건축공사

**82** 다음은 공동주택에 설치하는 환기설비에 관한 기준 내용이다. ( ) 안에 알맞은 것은?
(단, 100세대 이상의 공동주택인 경우)

> 신축 또는 리모델링하는 공동주택은 시간당 ( )회 이상의 환기가 이루어질 수 있도록 자연환기설비 또는 기계환기설비를 설치하여야 한다.

① 0.5
② 0.7
③ 1.0
④ 1.2

**알찬풀이** | 환기설비

신축 또는 리모델링하는 다음의 어느 하나에 해당하는 주택 또는 건축물은 시간당 0.5회 이상의 환기가 이루어질 수 있도록 자연환기설비 또는 기계환기설비를 설치하여야 한다.
① 100세대 이상의 공동주택
② 주택을 주택 외의 시설과 동일건축물로 건축하는 경우로서 주택이 100세대 이상인 건축물

---

**83** 건축물의 경사지붕 아래에 설치하여야 하는 대피 공간에 관한 기준 내용으로 옳지 않은 것은?

① 특별피난계단 또는 피난계단과 연결되도록 할 것
② 관리사무소 등과 긴급 연락이 가능한 통신 시설을 설치할 것
③ 대피공간의 면적은 지붕 수평투영면적의 10분의 1 이상일 것
④ 대피공간에 설치하는 창문 등은 망이 들어 있는 유리의 붙박이창으로서 그 면적을 각각 1m² 이하로 할 것

**알찬풀이** | 대피공간의 설치 기준
　　　　① 대피공간의 면적은 지붕 수평투영면적의 1/10이상 일 것
　　　　② 특별피난계단 또는 피난계단과 연결되도록 할 것
　　　　③ 출입구·창문을 제외한 부분은 해당 건축물의 다른 부분과 내화구조의 바닥 및 벽으로 구획할 것
　　　　④ 출입구는 유효너비 0.9m 이상으로 하고, 그 출입구에는 갑종방화문을 설치할 것
　　　　⑤ 내부마감재료는 불연재료로 할 것
　　　　⑥ 예비전원으로 작동하는 조명설비를 설치할 것
　　　　⑦ 관리사무소 등과 긴급 연락이 가능한 통신시설을 설치할 것

**84** 건축법령에 따른 건축물의 용도 구분에 속하지 않는 것은?

① 영업시설　　　　　　　　② 교정 및 군사 시설
③ 자원순환 관련 시설　　　④ 동물 및 식물 관련 시설

**알찬풀이** | 건축법령에 따른 건축물의 용도 구분에는 영업시설이 아니라 판매시설이 있다.

**85** 특별피난계단의 구조에 관한 기준 내용으로 옳지 않은 것은?

① 출입구는 피난의 방향으로 열 수 있을 것
② 출입구의 유효너비는 0.9m 이상으로 할 것
③ 계단은 내화구조로 하되, 피난층 또는 지상까지 직접 연결되도록 할 것
④ 노대 및 부속실에는 계단실의 내부와 접하는 창문 등을 설치하지 아니할 것

**알찬풀이** | 특별피난계단의 구조
　　　　노대 및 부속실에는 계단실외의 건축물의 내부와 접하는 창문 등(출입구를 제외)을 설치하지 아니할 것

## 86 다음과 같은 대지의 대지면적은?

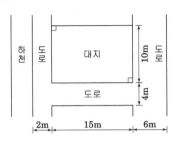

① 126m²

② 128m²

③ 130m²

④ 138m²

**알찬풀이** │ 대지면적(S)

대지 전면도로의 반대쪽 경계선에 경사지, 하천, 철도부지 등이 있는 경우에는 도로 반대측 경계선
에서 4m 후퇴한 선을 건축선으로 한다.

∴ 대지면적 = $(15-2) \times 10 - (2 \times 2 \times 1/2) = 128\text{m}^2$

## 87 부설주차장의 설치대상 시설물에 따른 설치 기준이 옳지 않은 것은?

① 골프장 – 1홀당 5대

② 위락시설 – 시설면적 100m²당 1대

③ 종교시설 – 시설면적 150m²당 1대

④ 숙박시설 – 시설면적 200m²당 1대

**알찬풀이** │ 부설주차장의 설치 기준

골프장은 1홀당 10대(홀의 수×10)이다.

## 88 다음은 비상용승강기 승강장의 구조에 관한 기준 내용이다. ( ) 안에 알맞은 것은?

> 피난층이 있는 승강장의 출입구로부터 도로 또는 공지에 이르는 거리가
> ( ) 이하일 것

① 10m

② 20m

③ 30m

④ 40m

**알찬풀이** │ 비상용승강기 승강장의 구조

피난층이 있는 승강장의 출입구(승강장이 없는 경우에는 승강로의 출입구)로부터 도로 또는 공지
(공원·광장 기타 이와 유사한 것으로서 피난 및 소화를 위한 해당 대지에의 출입에 지장이 없는
것을 말함)에 이르는 거리가 30m 이하일 것

**89** 연면적 200m²를 초과하는 초등학교에 설치하는 계단 및 계단참의 유효너비는 최소 얼마 이상으로 하여야 하는가?

① 60cm   ② 120cm
③ 150cm   ④ 180cm

**알찬풀이** | 연면적 200m²를 초과하는 초등학교에 설치하는 계단 및 계단참의 유효너비는 150cm 이상이다.


**90** 다음 중 국토의 계획 및 이용에 관한 법령상 용도지역 안에서의 건폐율 최고 한도가 가장 낮은 것은?

① 준주거지역   ② 생산관리지역
③ 근린상업지역   ④ 제1종 전용주거지역

**알찬풀이** | 건폐율의 한도
생산관리지역의 건폐율은 20% 이하이다.


**91** 자연녹지지역 안에서 건축할 수 있는 건축물의 최대 층수는? (단, 제1종 근린생활시설로서 도시·군계획조례로 따로 층수를 정하지 않은 경우)

① 3층   ② 4층
③ 5층   ④ 6층

**알찬풀이** | 녹지지역(자연, 생산, 보존) 안에서는 4층 이하의 건축물만 허용된다.


**92** 부설주차장의 설치의무가 면제되는 부설주차장의 규모 기준은? (단, 차량통행이 금지된 장소가 아닌 경우)

① 주차대수 100대 이하의 규모
② 주차대수 200대 이하의 규모
③ 주차대수 300대 이하의 규모
④ 주차대수 400대 이하의 규모

**알찬풀이** | 부설주차장의 설치의무가 면제되는 부설주차장
주차대수 300대 이하의 규모에 해당하는 부설주차장은 해당 주차장의 설치에 소요되는 비용을 시장·군수 또는 구청장에게 납부함으로써 부설주차장의 설치에 갈음할 수 있다.

**93** 다음 중 증축에 속하지 않는 것은?

① 기존 건축물이 있는 대지에서 건축물의 높이를 늘리는 것
② 기존 건축물이 있는 대지에서 건축물의 연면적을 늘리는 것
③ 기존 건축물이 있는 대지에서 건축물의 건축면적을 늘리는 것
④ 기존 건축물이 있는 대지에서 건축물의 개구부 숫자를 늘리는 것

**알찬풀이** | 증축
기존건축물이 있는 대지 안에서 건축물의 건축면적, 연면적, 층수 또는 높이를 증가시키는 것을 말한다.

**94** 각 층의 거실면적이 1300m²이고, 층수가 15층인 숙박시설에 설치하여야 하는 승용승강기의 최소 대수는? (단, 24인승 승용승강기의 경우)

① 2대　　　　　　　　　② 3대
③ 4대　　　　　　　　　④ 6대

**알찬풀이** | 승용승강기의 최소 설치 대수
① 숙박시설인 경우 다음 식과 같이 산정한다.

$$설치\ 대수\ \geq\ 1 + \frac{(A - 3,000)}{2,000}$$

(부호)　A : 6층 이상의 거실 면적의 합계
② 승강기의 대수기준을 산정함에 있어 8인승 이상 15인승 이하 승강기는 1대의 승강기로 보고, 16인승 이상의 승강기는 2대의 승강기로 본다.

6층 이상 거실 면적의 합계 = 1,300 × (15−5) = 13,000m²

$$\therefore 설치\ 대수\ \geq\ 1 + \frac{(A - 3,000)}{2,000} = \frac{(13,000 - 3,000)}{2,000}\ \geq\ 5(대)$$

승강기가 24인용 이므로 5(대)/2 = 2.5(대) → 3(대)

**95** 주요구조부를 내화구조로 하여야 하는 대상 건축물에 속하지 않는 것은? (단, 지붕틀은 제외)

① 종교시설의 용도로 쓰는 건축물로서 집회실의 바닥면적의 합계가 400m²인 건축물
② 판매시설의 용도로 쓰는 건축물로서 그 용도로 쓰는 바닥면적의 합계가 500m²인 건축물
③ 문화 및 집회시설 중 전시장의 용도로 쓰는 건축물로서 그 용도로 쓰는 바닥면적의 합계가 400m²인 건축물
④ 문화 및 집회시설 중 공연장의 용도로 쓰는 건축물로서 옥내관람석의 바닥면적의 합계가 500m²인 건축물

**알찬풀이** | 문화 및 집회시설 중 전시장 및 동·식물원의 용도로 쓰는 건축물로서 그 용도로 쓰는 바닥면적의 합계가 500m²인 건축물은 주요구조부를 내화구조로 하여야 한다.

| ANSWER | 89. ③ | 90. ② | 91. ② | 92. ③ | 93. ④ | 94. ② | 95. ③ |
|--------|-------|-------|-------|-------|-------|-------|-------|

**96** 철골조인 경우 피복과 상관없이 내화구조로 인정될 수 있는 것은?

① 계단             ② 기둥
③ 내력벽        ④ 비내력벽

**알찬풀이** | 철골조인 경우 계단은 피복과 상관없이 내화구조로 인정될 수 있다.

**97** 허가를 받았거나 신고를 한 건축물을 철거하려는 경우, 건축물철거·멸실신고서의 제출 시기 기준으로 옳은 것은?

① 철거예정일 3일 전까지      ② 철거예정일 5일 전까지
③ 철거예정일 7일 전까지      ④ 철거예정일 15일 전까지

**알찬풀이** | 허가를 받았거나 신고를 한 건축물을 철거하려는 자는 철거예정일 3일 전까지 건축물철거·멸실신고서(전자문서로 된 신고서를 포함한다)에 다음의 사항을 규정한 해체공사계획서를 첨부하여 특별자치시장·특별자치도지사 또는 시장·군수·구청장에게 제출하여야 한다.
① 층별·위치별 해체작업의 방법 및 순서
② 건설폐기물의 적치 및 반출 계획
③ 공사현장 안전조치 계획

**98** 기계식 주차장의 형태에 속하지 않는 것은?

① 지하식        ② 지평식
③ 건축물식      ④ 공작물식

**알찬풀이** | 기계식 주차장의 형태는 지하식, 건축물식, 공작물식으로 분류한다.

**99** 건축선에 관한 설명으로 옳지 않은 것은?

① 담장의 지표 위 부분은 건축선의 수직면을 넘어서는 아니 된다.
② 건축물의 지표 위 부분은 건축선의 수직면을 넘어서는 아니 된다.
③ 도로와 접한 부분에서 건축선은 대지와 도로의 경계선으로 하는 것이 기본 원칙이다.
④ 도로면으로부터 높이 4.5m에 있는 창문은 열고 닫을 때 건축선의 수직면을 넘는 구조로 할 수 있다.

**알찬풀이** | 도로면으로부터 높이 4.5m 이하에 있는 출입구·창문 기타 이와 유사한 구조물은 개폐시에 건축선의 수직면을 넘는 구조로 하여서는 아니 된다.

**100** 지하식 또는 건축물식 노외주차장의 차로에 관한 기준 내용으로 옳지 않은 것은?

① 높이는 주차바닥면으로부터 2.3m 이상으로 하여야 한다.

② 경사로의 차로 너비는 직선형인 경우 3.0m 이상으로 한다.

③ 경사로의 종단경사도는 곡선 부분에서는 14퍼센트를 초과하여서는 아니 된다.

④ 경사로의 종단경사도는 직선 부분에서는 17퍼센트를 초과하여서는 아니 된다.

**알찬풀이** | 노외주차장의 차로에 관한 기준(지하식·건축물식)

경사로의 차로너비는 직선형인 경우에는 3.3m 이상(2차선의 경우에는 6m 이상)으로 하고, 곡선형인 경우에는 3.6m 이상(2차선의 경우에는 6.5m 이상)으로 하며, 경사로의 양측벽면으로부터 30cm의 거리를 띄어 높이 10내지 15cm의 연석을 설치하여야 한다.

# 국가기술자격검정 필기시험문제

| 2017년도 산업기사 일반검정(2017년 8월 26일) | | | | 수검번호 | 성 명 |
|---|---|---|---|---|---|
| 자격종목 및 등급(선택분야) | 종목코드 | 시험시간 | 문제지형별 | | |
| **건축산업기사** | **2530** | **2시간30분** | B | | |

※ 답안카드 작성시 시험문제지 형별누락, 마킹착오로 인한 불이익은 전적으로 수험자의 귀책사유임을 알려드립니다.

---

### 제1과목 : 건축계획

**01** 주택의 욕실계획에 관한 설명으로 옳지 않은 것은?

① 방수성, 방오성이 큰 마감재료를 사용한다.

② 욕조, 세면기, 변기를 한 공간에 둘 경우 일반적으로 $4m^2$ 정도가 적당하다.

③ 부엌에서 사용하는 물과는 성격이 다르므로 욕실과 부엌은 근접시키지 않도록 한다.

④ 욕실은 침실 전용으로 설치하는 것이 이상적이나 그러지 아니할 경우 거실과 각 침실에서 접근하기 쉽도록 한다.

**알찬풀이** | 물을 자주 사용하는 공간인 욕실과 부엌을 근접시키면 배관 설비를 절약할 수 있다.

**02** 사무소 건축에서 건물의 주요부분을 자기 전용으로 하고 나머지를 대실하는 형식을 무엇이라고 하는가?

① 전용 사무소

② 대여 사무소

③ 준전용 사무소

④ 준대여 사무소

**알찬풀이** | 준대여 사무소
건물의 주요 부분을 자기 전용으로 사용하고 나머지는 임대하는 방식이다.

**03** 타운하우스(town house)에 관한 설명으로 옳지 않은 것은?

① 각 세대마다 자동차의 주차가 용이하다.
② 프라이버시 확보를 위하여 경계벽 설치가 가능한 형식이다.
③ 일반적으로 1층에는 생활공간, 2층에는 침실, 서재 등을 배치한다.
④ 경사지를 이용하여 지형에 따라 건물을 축조하는 것으로 모든 세대 전면에 테라스가 설치된다.

**알찬풀이** | 경사지를 이용하여 지형에 따라 건물을 축조하는 것으로 모든 세대 전면에 테라스가 설치되는 주택은 테라스 하우스(terrace house)에 대한 설명이다.


**04** 전학급을 2분단으로 하고, 한 쪽이 일반교실을 사용할 때 다른 분단은 특별교실을 사용하는 형태의 학교운영방식은?

① 달톤형(D형)  ② 플래툰형(P형)
③ 종합교실형(U형)  ④ 교과교실형(V형)

**알찬풀이** | 플래툰형(P형)
① 모든 학급을 일반교실 군과 특별교실 군으로 나누어서 학습을 하고 일정 시간 이후(점심시간 등)에 교대하는 방식이다.
② 학생의 이동을 조직적으로 할 수 있고 중학교 이상에 적합한 형이나 시간편성에 어려움이 있다.
③ 미국에서 실시한 형태의 운영 방식이며 초등학교의 저학년에는 적합하지 않다.


**05** 상점의 공간을 판매공간, 부대공간, 파사드공간으로 구분할 경우, 다음 중 판매공간에 속하지 않는 것은?

① 통로 공간  ② 서비스 공간
③ 상품전시 공간  ④ 상품관리 공간

**알찬풀이** | 상품관리 공간은 부대공간에 속한다.


**06** 다음 중 단독주택 현관의 위치결정에 가장 주된 영향을 끼치는 것은?

① 용적률  ② 건폐율
③ 주택의 규모  ④ 도로의 위치

**알찬풀이** | 단독주택 현관의 위치결정에 가장 주된 영향을 끼치는 것은 도로의 위치이다.


| ANSWER | 1. ③ | 2. ④ | 3. ④ | 4. ② | 5. ④ | 6. ④ |
|---|---|---|---|---|---|---|

**07** 사무소 건축의 코어 계획에 관한 설명으로 옳지 않은 것은?

① 계단과 엘리베이터 및 화장실은 가능한 한 접근시킨다.
② 엘리베이터 홀이 출입구문에 바싹 접근해 있지 않도록 한다.
③ 코어 내의 각 공간을 각 층마다 공통의 위치에 있도록 한다.
④ 편심 코어형은 기준층 바닥면적이 큰 경우에 적합하며 2방향 피난에 이상적이다.

**알찬풀이** | 양단 코어형이 기준층 바닥면적이 큰 경우에 적합하며 2방향 피난에 이상적이다.

**08** 주택의 다이닝 키친(dining-kitchen)에 관한 설명으로 옳지 않은 것은?

① 가사노동의 동선 단축효과가 있다.
② 공간을 효율적으로 활용할 수 있다.
③ 부엌에 식사공간을 부속시킨 형식이다.
④ 이상적인 식사공간 분위기 조성이 용이하다.

**알찬풀이** | 다이닝 키친(dining-kitchen)은 효율적이고 경제적이나 이상적인 식사공간 분위기 조성은 어렵다.

**09** 공동주택의 평면형식에 관한 설명으로 옳지 않은 것은?

① 집중형은 부지의 이용률이 높다.
② 계단실(홀)형은 동선이 짧아 출입이 편하다.
③ 중복도형은 통행부 면적이 작아 건물의 이용도가 높다.
④ 편복도형은 각 세대의 자연조건을 균등하게 할 수 있다.

**알찬풀이** | 중복도형은 복도가 길어지고 채광, 통풍, 프라이버시와 같은 거주성이 가장 떨어지는 유형이다.

**10** 단지계획에서 다음 설명에 알맞은 도로의 유형은?

> • 가로망 형태가 단순·명료하고, 가구 및 획지구성상 택지의 이용효율이 높기 때문에 계획적으로 조성되는 시가지에 많이 이용되고 있는 형태이다.
> • 교차로가 +자형이므로 자동차의 교통처리에 유리하다.

① 격자형
② T자형
③ loop형
④ cul-de-sac형

**알찬풀이** | 단지계획에서 격자형 도로에 대한 설명이다.

**11** 상점 진열창 유리면의 반사를 방지하기 위한 대책으로 옳지 않은 것은?

① 곡면 유리를 사용한다.
② 유리를 사면으로 설치한다.
③ 진열창 내부의 조도를 외부 조도보다 낮게 한다.
④ 캐노피를 설치하여 진열창 외부에 그늘을 조성한다.

**알찬풀이** | 상점 진열창 유리면의 반사를 방지하기 위해서는 진열창 내부의 조도를 외부 조도보다 높게 하여야 한다.

**12** 아파트 단위주거의 단면구성형식 중 스킵 플로어형에 관한 설명으로 옳지 않은 것은?

① 전체적으로 유효면적이 증가한다.
② 공용부분인 복도면적이 늘어난다.
③ 엘리베이터 정지층수를 줄일 수 있다.
④ 단면 및 입면상의 다양한 변화가 가능하다.

**알찬풀이** | 스킵 플로어형은 공용부분인 복도면적이 줄어든다.

**13** 무창공장에 관한 설명으로 옳지 않은 것은?

① 공장 내 발생 소음이 작아진다.
② 온·습도 조절 유지비가 저렴하다.
③ 실내의 조도는 인공 조명에 의해 조절된다.
④ 외부로부터의 자극이 적어 작업 능률이 향상된다.

**알찬풀이** | 무창공장은 공장 내 발생 소음이 커질 수 있다.

**14** 학교건축에서 블록플랜에 관한 설명으로 옳지 않은 것은?

① 관리부분의 배치는 전체의 중심이 되는 곳이 좋다.
② 클러스터형이란 복도를 따라 교실을 배치하는 형식이다.
③ 초등학교는 학년단위로 배치하는 것이 기본적인 원칙이다.
④ 초등학교 저학년은 될 수 있으면 1층에 있게 하며, 교문에 근접시킨다.

**알찬풀이** | 클러스터 형(cluster type)
　① 홀 형식에 따라 접근하는 방식으로 교실을 몇 개의 그룹 단위로 분할하여 배치하는 형식이다.
　② 교육구조상 팀 티칭 시스템(team teaching system)에 유리한 배치 형식이다.

**15** 다음과 같은 조건에 있는 어느 학교 설계실의 순수율은?

> • 설계실 사용시간 : 20시간
> • 설계실 사용시간 중 설계실기수업 시간 : 15시간
> • 설계실 사용시간 중 물리이론수업 시간 : 5시간

① 25%  ② 33%

③ 67%  ④ 75%

**알찬풀이** | 설계실의 순수율

$$순수율 = \frac{교과\ 수업시간}{교실\ 이용시간} \times 100(\%) \qquad \therefore\ 설계실의\ 순수율 = \frac{15}{20} \times 100(\%) = 75(\%)$$

**16** 백화점에 요구되는 대지조건과 가장 관계가 먼 것은?

① 일조, 통풍이 좋을 것
② 2면 이상이 도로에 면할 것
③ 사람이 많이 왕래하는 곳일 것
④ 역이나 버스정류장에서 가까울 것

**알찬풀이** | 상업시설인 백화점에 요구되는 대지조건 중 일조, 통풍은 주요 고려 대상이 아니다.

**17** M.C(modular coordination)에 관한 설명으로 옳지 않은 것은?

① 공기가 길어진다.
② 현장작업이 단순해진다.
③ 설계 작업이 단순하고 간편해진다.
④ 대량생산이 용이하고 생산단가가 내려간다.

**알찬풀이** | M.C(modular coordination)을 고려한 건축 재료 생산 및 시공은 공기가 짧아진다.

**18** 사무소 건축에서 엘리베이터 배치에 관한 설명으로 옳지 않는 것은?

① 일렬 배치는 8대를 한도로 한다.
② 교통동선의 중심에 설치하여 보행거리가 짧도록 배치한다.
③ 대면배치 시 대면거리는 동일 군 관리의 경우 3.5~4.5m로 한다.
④ 여러 대의 엘리베이터를 설치하는 경우, 그룹별 배치와 군 관리 운전방식으로 한다.

**알찬풀이** | 직선(일렬) 배치는 4대 까지, 5대 이상은 알코브나 대면 배치 방식으로 한다.

**19** 고층사무소 건축에서 그림과 같은 저층부분(A)을 설치하였을 경우, 장점으로 옳지 않은 것은?

① 대지의 효율적인 이용
② 사무실 이외의 복합기능 부여
③ 대지의 개방성 및 공공성 확보
④ 고층동에 대한 스케일감의 완화

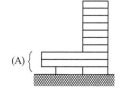

**알찬풀이** │ 저층부를 넓게 하면 대지의 개방성 및 공공성 확보가 어렵다.

**20** 한식주택에 관한 설명으로 옳지 않은 것은?

① 좌식생활 중심이다.　　　② 위치별 실의 분화이다.
③ 각 실은 단일용도이다.　　④ 가구는 부차적 존재이다.

**알찬풀이** │ 한식주택에서 각 실(室)은 다중용도로 사용되는 경우가 많다.

## 제2과목 : 건축시공

**21** 공정계획에 관련된 용어에 관한 설명으로 옳지 않은 것은?

① 작업(activity) – 프로젝트를 구성하는 작업단위
② 결합점(node) – 네트워크의 결합점 및 개시점, 종료점
③ 소요시간(duration) – 작업을 수행하는데 필요한 시간
④ 플로트(float) – 결합점이 가지는 여유시간

**알찬풀이** │ 플로트(float)
　　　　　　　작업의 여유 시간을 말하며 공기에는 영향을 미치지 않는다. 결합점이 가지는 여유시간은 슬랙 (slack)이라고 한다.

**22** 한 켜 안에 길이쌓기와 마구리 쌓기를 번갈아 쌓아 놓고, 다음 켜는 마구리가 길이의 중심 부에 놓이게 쌓는 벽돌쌓기법은?

① 영식 쌓기　　　　　　　② 불식 쌓기
③ 네덜란드식 쌓기　　　　④ 미식 쌓기

**알찬풀이** │ 불식 쌓기
　　　　　　　매 켜에 길이와 마구리가 번갈아 되게 쌓는 방식으로 통줄눈이 많이 생겨서 구조적으로는 튼튼하지 않으나 외관이 아름답다.

**ANSWER**　　15. ④　16. ①　17. ①　18. ①　19. ③　20. ③　21. ④　22. ②

**23** 국내에서 사용하는 고강도 콘크리트의 설계기준강도로 옳은 것은?

① 보통콘크리트 - 27MPa 이상, 경량콘크리트 - 21MPa 이상
② 보통콘크리트 - 30MPa 이상, 경량콘크리트 - 24MPa 이상
③ 보통콘크리트 - 33MPa 이상, 경량콘크리트 - 27MPa 이상
④ 보통콘크리트 - 40MPa 이상, 경량콘크리트 - 27MPa 이상

**알찬풀이** | 고강도 콘크리트의 설계기준강도
　　　① 보통콘크리트 - 40MPa 이상
　　　② 경량콘크리트 - 27MPa 이상

**24** 건설업의 종합건설업 제도(EC화 : Engineering construction)에 관한 정의로 옳은 것은?

① 종래의 단순한 시공업과 비교하여 건설사업의 발굴 및 기획, 설계, 시공, 유지관 이에 이르기까지 사업 전반에 관한 것을 종합, 기획관리하는 업무영역의 확대를 말한다.
② 각 공사별로 나누어져 있는 토목, 건축, 전기, 설비, 철골, 포장 등의 공사를 1개 회사에서 시공하도록 하는 종합건설 면허제도이다.
③ 설계업을 하는 회사를 공사시공까지 할 수 있도록 업무 영역을 확대한 면허제 도를 말한다.
④ 시공업체가 설계업까지 할 수 있게 하는 면허제도이다.

**알찬풀이** | 건설업의 종합건설업(EC)화
　　　종래의 단순한 시공업과 비교하여 건설사업의 발굴 및 기획, 설계, 시공, 유지관리에 이르기까지
　　　사업 전반에 관한 것을 종합, 기획·관리하는 업무영역의 확대를 말한다.

**25** 다음 중 건축용 단열재와 가장 거리가 먼 것은?

① 테라코타　　　　　　　　　② 펄라이트판
③ 세라믹 섬유　　　　　　　　④ 연질섬유판

**알찬풀이** | 테라코타(Terra-Cotta)
　　　① 원료 : 고급 점토인 도토를 이용하여 만든다.
　　　② 특징
　　　　　㉠ 속을 비게 제작하여 일반 석재 보다 가볍다.
　　　　　㉡ 칸막이 벽, 바닥 등의 구조용도 있으나 석재 조각물 대신 사용되는 장식용 제품으로 많이 이용된다.
　　　　　㉢ 압축 강도는 화강암의 1/2 정도이다.
　　　　　㉣ 화강암 보다 내화력이 강하고 대리석보다 풍화에 강해 외장 재료로 적당하다.

**26** 아스팔트방수에 비해 시멘트 액체방수의 우수한 점으로 볼 수 있는 것은?

① 외기에 대한 영향 정도　　　② 균열의 발생정도
③ 결함부 발견이 용이한 정도　　④ 방수 성능

**알찬풀이** | 시멘트 액체방수는 시공비가 저렴하고 결함부 발견이 용이하다.


**27** 두께 1.0B로 벽돌벽 1m²을 쌓을 때 소요되는 벽돌의 매수는? (단, 표준형벽돌로써 벽돌치수 190×90×57mm, 할증률 3% 가산, 줄눈두께 10mm)

① 130매　　　　　　　　　② 149매
③ 154매　　　　　　　　　④ 177매

**알찬풀이** | 표준형 벽돌로 두께 1.0B로 벽돌벽 1m²을 쌓을 때 소요되는 벽돌의 정미량은 149매 이다. 할증률을 고려한 소요량은 149×1.03 = 153.47 → 154(매)이다.


**28** 바차트와 비교한 네트워크 공정표의 장점이라고 볼 수 없는 것은?

① 작업상호간의 관련성을 알기 쉽다.
② 공정계획의 작성시간이 단축된다.
③ 공사의 진척관리를 정확히 실시할 수 있다.
④ 공기단축 가능요소의 발견이 용이하다.

**알찬풀이** | 바차트(Bar Chart)가 간편하여 공정계획의 작성시간이 단축된다.


**29** 강재의 인장시험결과, 하중을 가력하기 전의 표점거리가 100mm이고 실험 후 표점거리가 105mm로 늘어났다면, 이 강재의 변형률은?

① 0.05　　　　　　　　　② 0.06
③ 0.07　　　　　　　　　④ 0.08

**알찬풀이** | 강재의 변형률($\varepsilon$)

$$\varepsilon = \frac{\Delta l}{L} = \frac{105 - 100}{100} = 0.05$$

| ANSWER | 23. ④ | 24. ① | 25. ① | 26. ③ | 27. ③ | 28. ② | 29. ① |
|---|---|---|---|---|---|---|---|

**30** 108mm규격의 정사각형 타일을 줄눈폭 6mm로 붙일 때 1m²당 타일 매수(정미량)로 옳은 것은?

① 72매 　　　　　　　　② 73매
③ 75매 　　　　　　　　④ 77매

**알찬풀이** | 타일 매수(정미량)

$$정미량 = (\frac{1m}{타일크기+줄눈}) \times (\frac{1m}{타일크기+줄눈}) = (\frac{1000}{108+6}) \times (\frac{1000}{108+6}) ≒ 76.95 \rightarrow 77(매)$$

**31** 굳지 않은 콘크리트가 현장에 도착했을 때 실시하는 품질관리시험 항목이 아닌 것은?

① 염화물 　　　　　　　　② 조립률
③ 슬럼프 　　　　　　　　④ 공기량

**알찬풀이** | 굳지 않은 콘크리트가 현장에 도착했을 때 실시하는 품질관리시험 항목은 슬럼프 값, 염화물량, 공기량, 콘크리트 온도이다.

**32** 실제의 건물을 지지하는 지반면에 재하판을 설치한 후 하중을 단계적으로 가하여 지반반력계수와 지반의 지지력 등을 구하는 시험은?

① 직접 전단시험 　　　　　　② 일축압축시험
③ 평판재하시험 　　　　　　④ 삼축압축시험

**알찬풀이** | 평판재하시험에 대한 설명이다.

**33** 아스팔트 품질시험 항목과 가장 거리가 먼 것은?

① 비표면적 시험 　　　　　　② 침입도
③ 감온비 　　　　　　　　④ 신도 및 연화점

**알찬풀이** | 아스팔트 품질시험의 주요 항목은 침입도, 감온비, 신도 및 연화점이다.

## 34 계측관리 항목 및 기기가 잘못 짝지어진 것은?

① Piezometer – 지반내 간극수압의 증감을 측정
② Water level meter – 지하수위 변화를 실측
③ Tiltmeter – 인접구조물의 기울기변화를 측정
④ Load Cell – 지반의 투수계수를 측정

**알찬풀이** | Load Cell(하중계)은 버팀대 또는 어스 앵카에 작용하는 축력을 측정한다.

## 35 창호철물의 용도에 관한 설명으로 옳지 않은 것은?

① 나이트 래취(night latch) – 여닫이 문의 상하에 달려서 문의 회전축이 된다.
② 플로어 힌지(floor hinge) – 자동적으로 여닫이 속도를 조절한다.
③ 도어체크(door check) – 열려진 여닫이 문이 저절로 닫혀지게 한다.
④ 크레센트(crescent) – 오르내리 창을 잠그는데 쓰인다.

**알찬풀이** | 나이트 래취(night latch)는 보조적인 시건장치로 사용되는 창호철물이다.

## 36 콘크리트에 방사형의 망상균열이 발생하는 가장 큰 원인은?

① 전단보강 부족　　　　　　② 시멘트의 이상팽창
③ 인장철근량 부족　　　　　④ 시멘트의 수화열

**알찬풀이** | 시멘트의 이상팽창은 콘크리트에 방사형의 망상균열을 발생 시킨다.

## 37 일반경쟁 입찰에 관한 설명으로 옳지 않은 것은?

① 담합의 우려가 줄어든다.
② 균등한 입찰참가의 기회가 부여된다.
③ 공정하고 자유로운 경쟁이 가능하다.
④ 공사비가 다소 비싸질 우려가 있다.

**알찬풀이** | 일반(공개)경쟁 입찰은 담합의 가능성이 적고, 공사비를 절약할 수 있는 이점이 있으나 지나친 경쟁으로 부실 공사가 될 수도 있으며, 부적격자에게 낙찰 될 가능성이 있다.

| ANSWER | 30. ④ | 31. ② | 32. ③ | 33. ① | 34. ④ | 35. ① | 36. ② | 37. ④ |

**38** 철골 용접작업 시 유의사항으로 옳지 않은 것은?

① 용접 자세는 아래보기자세, 수직자세 등 여러 가지가 있으나 일반적으로 하향자세로 하는 것이 좋다.
② 용접 전에 용접 모재 표면의 수분, 슬래그, 먼지 등 불순물을 제거한다.
③ 수축량이 작은 부분부터 용접하고 수축량이 가장 큰 부분은 최후에 용접한다.
④ 감전방지를 위해 안전홀더를 사용한다.

**알찬풀이** │ 철골 용접작업 시 수축량이 가장 큰 부분을 먼저 용접하고 수축량이 작은 부분은 나중에 용접한다.

**39** 콘크리트 타설 후 실시하는 양생에 관한 설명으로 옳지 않은 것은?

① 경화초기에 시멘트의 수화반응에 필요한 수분을 공급한다.
② 직사광선, 풍우, 눈에 대하여 노출하여 실시한다.
③ 진동, 충격 등의 외력으로부터 보호한다.
④ 강도확보에 따른 적당한 온도와 습도환경을 유지한다.

**알찬풀이** │ 콘크리트 타설 후 직사광선, 풍우, 눈에 대하여 적절히 노출을 방지하도록 한다.

**40** 목구조에 사용되는 보강철물과 사용개소의 조합으로 옳지 않은 것은?

① 안장쇠 - 큰보와 작은보
② ㄱ자쇠 - 평기둥과 층도리
③ 띠쇠 - 토대와 기둥
④ 감잡이쇠 - 왕대공과 평보

**알찬풀이** │ 평기둥과 층도리에는 보통 띠쇠가 사용된다.

제3과목 : 건축구조

**41** 그림과 같은 단순보에서 C점에 대한 휨응력은?

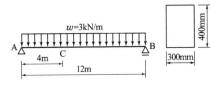

① 5MPa

② 6MPa

③ 7MPa

④ 8MPa

**알찬풀이** | C점에 대한 휨응력($\sigma_a \cdot _C$)

① 등분포 하중이므로 반력은

$$R_A = R_B = \frac{w \cdot L}{2} = \frac{3(kN/m) \times 12(m)}{2} = 18(kN)$$

$$M_{C \cdot 좌} = 18(kN \cdot m) \times 4(m) - 3(kN/m) \times 4(m) \times 2(m)$$

$$= 48(kN \cdot m) = 48 \times 10^6 (N \cdot mm)$$

② $Z = \frac{b \cdot h^2}{6} = \frac{300 \times 400^2}{6} = 8 \times 10^6 (mm^3)$

$$\sigma_a \cdot _C = \frac{M_C}{Z} = \frac{48 \times 10^6}{8 \times 10^6} = 6(MPa)$$

**42** 그림과 같은 트러스에서 응력이 일어나지 않는 부재수는?

① 4개

② 6개

③ 8개

④ 10개

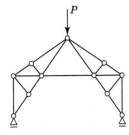

**알찬풀이** | 다음과 같이 트러스에서 응력이 일어나지 않는 부재수는 10개이다.

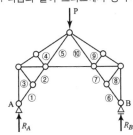

## 43 그림과 같은 구조물의 부정정 차수는?

① 1차 부정정
② 2차 부정정
③ 3차 부정정
④ 4차 부정정

**알찬풀이** | 부정정 차수($N$)

$N$ = 외적차수($N_e$) + 내적차수($N_i$)

= [반력수($r$)−3] + [−부재 내의 휜지 절점수($h$)+연결된 부재에 따른 차수]

∴ $N = [(2+1)−3] + [1 \times 2(개)] = 2$ 차 부정정

## 44 다음 그림과 같은 단순보의 B지점의 반력값은?

① $wL/6$
② $wL/3$
③ $wL$
④ $2wL$

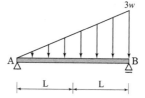

**알찬풀이** | B지점의 반력($R_A$)

삼각형 등분포 하중을 집중하중으로 환산하여 적용하면

$\dfrac{1}{2} \times 3w \times 2L = 3wL$

$\Sigma M_A = 0$에서 $-R_B \times 2L + 3wL \times 2L \times \dfrac{2}{3} = 0$

$R_A = \dfrac{4wL^2}{2L} = 2wL$

## 45 $f_y$=400MPa, $f_{ck}$=24MPa의 보통 중량콘크리트를 사용한 표준갈고리를 갖는 인장이형철근(D22)의 기본정착길이($l_{hb}$)는? (단, D22의 공칭지름은 22.2mm임)

① 352mm        ② 385mm

③ 415mm        ④ 453mm

**알찬풀이** | 기본정착길이($l_{hb}$)

$l_{hb} = \dfrac{100 \cdot d_b}{\sqrt{f_{ck}}} = \dfrac{100 \times 22.2}{\sqrt{24}} ≒ 453(\text{mm})$

**46** 다음 중 전달률을 이용하여 부정정 구조물을 해석하는 방법은?

① 처짐각법
② 모멘트 분배법
③ 변형일치법
④ 3연 모멘트법

**알찬풀이** | 분배율, 전달률을 이용하여 부정정 구조물을 해석하는 방법은 모멘트 분배법이다.

**47** 철근 이음에 관한 설명으로 옳은 것은?

① 철근의 겹침 이음은 모든 직경의 철근이 가능하다.
② 용접 이음은 철근의 설계기준항복강도 $f_y$의 100% 이상을 발휘할 수 있는 완전용접이어야 한다.
③ 기계적 연결은 철근의 설계기준항복강도 $f_y$의 125% 이상을 발휘할 수 있는 완전 기계적 연결이어야 한다.
④ 휨부재에서 서로 직접 접촉되지 않게 겹침이음된 철근은 무시한다.

**알찬풀이** | 철근 이음
① 35mm 초과하는 철근은 겹침 이음을 하지 않는다.
② 용접 이음은 철근의 설계기준항복강도 $f_y$의 125% 이상을 발휘할 수 있는 완전용접이어야 한다.
④ 휨부재에서 서로 직접 접촉되지 않게 겹침이음된 철근도 유효하다.

**48** 철근콘크리트 구조에 관한 설명으로 옳지 않은 것은?

① 철근의 피복두께는 주근의 중심으로부터 콘크리트 표면까지의 최단거리를 말한다.
② 철근의 표면상태와 단면모양에 따라 부착력이 좌우된다.
③ 단순보에 연직하중이 작용하면 중립축을 경계선으로 위쪽에는 압축응력이 발생한다.
④ 콘크리트와 철근이 강력히 부착되면 철근의 좌굴이 방지된다.

**알찬풀이** | 철근의 피복두께는 주근의 중심으로부터가 아니라 늑근 또는 대근의 표면에서 콘크리트 표면까지의 최단거리를 말한다.

| ANSWER | 43. ② | 44. ④ | 45. ④ | 46. ② | 47. ③ | 48. ① |
| --- | --- | --- | --- | --- | --- | --- |

**49** 다음 그림에서 A점의 수직반력이 0이 되기 위해서는 등분포 하중의 크기를 얼마로 하면 되는가?

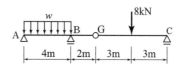

① 1kN/m

② 2kN/m

③ 3kN/m

④ 4kN/m

**알찬풀이** | 등분포 하중의 크기

겔버보는 집중하중을 받는 단순보와 내민보로 분해하여 순차적으로 요구하는 것을 구한다.

① 단순보의 중앙에 집중하중이 작용하므로

$\Sigma V = 0$에서

$$R_G = R_C = \frac{8(\text{kN})}{2} = 4(\text{kN})$$

② 내민보의 좌측 끝단에 $R_G = 4(\text{kN})$와 같은 힘을 반대 방향으로 적용한다.

$\Sigma M_B = 0$에서

$$R_A \times 4(\text{m}) - w \times 4(\text{m}) \times 2(\text{m}) + 4(\text{kN}) \times 2(\text{m}) = 0$$

∴ $R_A$가 0이 되는 $w$값은

$$w = \frac{8(\text{kN} \cdot \text{m})}{8\text{m}^2} = 1(\text{kN/m})$$

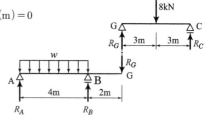

**50** 다음 그림은 철근콘크리트 보 단부의 단면이다. 복근비와 인장 철근비는? (단, D22 1개의 단면적은 387mm²임)

① 복근비 $\gamma$=2, 인장철근비 $\rho_t$=0.00717

② 복근비 $\gamma$=0.5, 인장철근비 $\rho_t$=0.00717

③ 복근비 $\gamma$=2, 인장철근비 $\rho_t$=0.00369

④ 복근비 $\gamma$=0.5, 인장철근비 $\rho_t$=0.00369

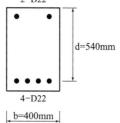

**알찬풀이** | 복근비($\gamma$)와 인장 철근비($\rho_t$)

$$복근비(\gamma) = \frac{압축\ 철근비}{인장\ 철근비} = \frac{2 \times 387}{4 \times 387} = \frac{1}{2}$$

$$인장\ 철근비(\rho_t) = \frac{A_s}{b \cdot d} = \frac{4 \times 387}{400 \times 540} = 0.00717$$

## 51 재료의 탄성계수를 옳게 표시한 것은?

① $\dfrac{\text{응력}}{\text{비중}}$        ② $\dfrac{\text{비중}}{\text{응력}}$

③ $\dfrac{\text{변형률}}{\text{응력}}$        ④ $\dfrac{\text{응력}}{\text{변형률}}$

**알찬풀이** | 재료의 탄성계수($E$)

후크의 법칙에 의하면 탄성한도 내에서 응력과 변형률은 비례한다.

$$\sigma = E \cdot \epsilon \;\rightarrow\; E = \frac{\sigma}{\epsilon} \qquad (\text{부호})\; \sigma : \text{응력}, \quad E : \text{탄성계수}, \quad \epsilon : \text{변형률}$$

## 52 조적식구조인 건축물 중 2층 건축물에 있어서 2층 내력벽의 최대 높이는 얼마인가?

① 3m        ② 3.5m

③ 4m        ④ 4.5m

**알찬풀이** | 조적식구조인 건축물 중 2층 건축물에 있어서 2층 내력벽의 높이는 4m 이하이다.

## 53 그림과 같이 연직하중을 받는 트러스에서 T부재의 부재력으로 옳은 것은?

① $1.5 \times \dfrac{1}{\sqrt{3}}\,\text{kN}$

② $-1.5\sqrt{3}\,\text{kN}$

③ $3\text{kN}$

④ $-3\text{kN}$

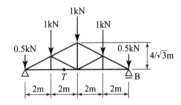

**알찬풀이** | 트러스에서 T부재의 부재력

대칭 하중이 작용하는 동일 격간의 왕대공 트러스이므로

$$\Sigma V = 0 \text{에서 } R_A = R_B = \frac{4(\text{kN})}{2} = 2(\text{kN})$$

※ 사재 $D_1$의 길이는 피타고라스의 정리를 이용하여 구한다.

$$D_1^2 {}_{.L} = 2^2 + (2\sqrt{3})^2 = 16$$

$$\therefore\; D_{1 \cdot L} = 4$$

절점 ①에 대해서 $\Sigma_① V = 0$

$$+2(\text{kN}) - 0.5(\text{kN}) - D_1 \times \frac{2\sqrt{3}}{4} = 0$$

$$D_1 = 1.5 \times \frac{2}{\sqrt{3}}$$

절점 ①에 대해서 $\Sigma_① H = 0$

$$L_1 - D_1 \times \frac{2}{4} = 0$$

$$L_1 = D_1 \times \frac{1}{2} = 1.5 \times \frac{1}{\sqrt{3}}$$

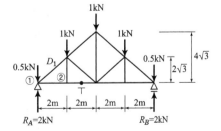

트러스의 절점 ②에 하중이 작용하지 않으므로 부재력 관계에서 왕대공의 부재력은 0, $L_1 = T$이다.

$$\therefore\; T = L_1 = 1.5 \times \frac{1}{\sqrt{3}}$$

**54** $f_y$ = 350MPa, $f_{ck}$ = 24MPa를 사용한 콘크리트 보의 균형철근비($\rho_b$)를 구하면?

① 0.010

② 0.012

③ 0.015

④ 0.031

**알찬풀이** | 균형철근비($\rho_b$)

$f_{ck} \leq 28$ (MPa)인 경우 $\beta_1 = 0.85$이다.

$$\rho_b = 0.85\beta_1 \times \frac{f_{ck}}{f_y} \times \frac{600}{600+f_y} = 0.85 \times 0.85 \times \frac{24}{350} \times \frac{600}{600+350} = 0.03129$$

**55** 그림과 같은 단순보에서 단면에 생기는 최대 전단응력도를 구하면?
(단, 보의 단면크기는 150×200mm)

① 0.5MPa

② 0.65MPa

③ 0.75MPa

④ 0.85MPa

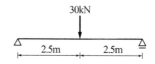

**알찬풀이** | 최대 전단응력도($\tau_{\max}$)

단순보의 중앙에 집중하중(30kN)이 작용하므로

$$R_A = R_B = \frac{30(\text{kN})}{2} = 15(\text{kN}) = 15 \times 10^3(\text{N})$$

최대 전단력은 양 단부 $V_{\max} = 15 \times 10^3(\text{N})$이며 최대 전단응력도는 양 단부에서 생긴다.

$$\therefore \tau_{\max} = \frac{3}{2} \cdot \frac{V_{\max}}{A} = \frac{3}{2} \times \frac{15 \times 10^3}{150 \times 200} = 0.75(\text{MPa})$$

**56** 힘의 개념에 관한 설명으로 옳지 않은 것은?

① 힘은 변위, 속도와 같이 크기와 방향을 갖는 벡터의 하나이며, 3요소는 크기, 작용점, 방향이다.

② 힘은 물체에 작용해서 운동상태에 있는 물체에 변화를 일으키게 할 수 있다.

③ 물체에 힘의 작용 시 발생하는 가속도는 힘의 크기에 반비례하고 물체의 질량에 비례한다.

④ 강체에 힘이 작용하면 작용점은 작용선상의 임의의 위치에 옮겨 놓아도 힘의 효과는 변함없다.

**알찬풀이** | 물체에 힘의 작용 시 발생하는 가속도는 힘의 크기에 비례하고 물체의 질량에 반비례한다.

뉴튼의 법칙에 의하면

$$F = m \cdot a \rightarrow \therefore a = \frac{F}{m}$$

(부호) $F$ : 힘, $m$ : 질량, $a$ : 가속도

**57** 휨모멘트 M = 24kN·m를 받는 보의 허용휨응력이 12MPa일 경우 안전한 보의 개략적인 최소높이(h)를 구하면? (단, 보의 높이는 폭의 2배이다.)

① 200mm　　　　　　　　② 300mm

③ 400mm　　　　　　　　④ 500mm

**알찬풀이** │ 보의 개략적인 최소높이(h)

$$\sigma_a \geq \frac{M}{Z} \rightarrow Z \geq \frac{M}{\sigma_a}$$

$$Z = \frac{bh^2}{6} = \frac{\frac{1}{2}h \times h^2}{6} = \frac{h^3}{12}$$

$$\frac{h^3}{12} \geq \frac{24 \times 10^6}{12} = 2 \times 10^6$$

$$h \geq \sqrt[3]{24 \times 10^6} = \sqrt[3]{24} \times 10^2 \fallingdotseq 288 \rightarrow h = 300$$

**58** 보통중량콘크리트와 400MPa 철근을 사용한 양단 연속 1방향 슬래브의 스팬이 4.2m일 때 처짐을 계산하지 않는 경우 슬래브의 최소 두께로 옳은 것은?

① 120mm　　　　　　　　② 130mm

③ 140mm　　　　　　　　④ 150mm

**알찬풀이** │ 슬래브의 최소 두께(h)

양단 연속 1방향 슬래브의 스팬이 $l$ 일 때 처짐을 계산하지 않는 경우 슬래브의 최소 두께($h$)는 $\frac{l}{28}$ 이다.

$$\therefore \ h = \frac{l}{28} = \frac{4,200(\text{mm})}{28} = 150(\text{mm})$$

**59** 지름 300mm인 기성콘크리트말뚝을 시공하고자 한다. 말뚝의 최소 중심간격으로 가장 적당한 것은?

① 600mm　　　　　　　　② 750mm

③ 900mm　　　　　　　　④ 1000mm

**알찬풀이** │ 말뚝의 최소 중심간격($L$)

$$L = 2.5D = 2.5 \times 300(\text{mm}) = 750(\text{mm})$$

| ANSWER | 54. ④　　55. ③　　56. ③　　57. ②　　58. ④　　59. ② |
| --- | --- |

**60** 용접 개시점과 종료점에 용착금속에 결함이 없도록 하기 위하여 설치하는 보조재는?

① 뒷댐재　　　　　　　　　② 스캘럽
③ 엔드탭　　　　　　　　　④ 오버랩

**알찬풀이** | 엔드탭
　　　용접 개시점과 종료점에 용착금속에 결함이 없도록 하기 위하여 설치하는 보조재를 말한다.

---

### 제4과목 : 건축설비

**61** 수·변전계통에서 지락 사고 발생 시 흐르는 영상전류를 검출하여 지락 계전기에 의하여 차단기를 동작시키는 것은?

① 단로기　　　　　　　　　② 영상 변압기
③ 영상 변류기　　　　　　　④ 계기용 변류기

**알찬풀이** | 영상 변류기
　　　수·변전계통에서 지락 사고 발생 시 흐르는 영상전류를 검출하여 지락 계전기에 의하여 차단기를 동작시킨다.

**62** 배수 수직관 상부를 연장하여 대기에 개구한 통기관은?

① 신정통기관　　　　　　　② 습윤통기관
③ 각개통기관　　　　　　　④ 결합통기관

**알찬풀이** | 신정 통기관(배수 통기관)
　　　최상층의 배수 수직관을 옥상 위에 연장하여 통기 역할을 하게 하는 부분이다.

**63** 압력에 따른 도시가스의 분류에서 중압의 압력 범위로 옳은 것은?

① 0.1MPa 이상 1MPa 미만　　② 0.1MPa 이상 10MPa 미만
③ 0.5MPa 이상 5MPa 미만　　④ 0.5MPa 이상 10MPa 미만

**알찬풀이** | 도시가스의 분류에서 중압의 압력 범위는 0.1MPa 이상 1MPa 미만이다.

**64** 벽체를 구성하는 재료의 열전도율 단위로 옳은 것은?

① $W/m \cdot K$　　　　　　　② $W/m \cdot h$

③ $W/m \cdot h \cdot K$　　　　　④ $W/m^2 \cdot K$

**알찬풀이** | 열전도
　　① 물질의 이동 없이 온도가 다른 일정한 물체 사이에서, 고온의 분자로부터 저온의 분자로 열이 전달되는 형태이다.
　　② 열전도율($\lambda$)의 단위 : $W/m \cdot K$
　　③ 열전도 저항 : $1/\lambda(m \cdot K/W)$, 열전도율의 역수이다.

**65** 세정밸브식 대변기의 급수관 관경은 최소 얼마 이상으로 하는가?

① 15A　　　　　　　　　② 20A

③ 25A　　　　　　　　　④ 30A

**알찬풀이** | 세정 밸브식 (Flush valve system) 대변기
　　① 급수관 관경 : 25mm 이상
　　② 급수 압력 : 0.7kg/cm² 이상
　　③ 크로스 커넥션(cross connection) 방지를 위해 진공 방지기(vacuum breaker)를 함께 사용해야 한다.

**66** 같은 크기의 다른 보일러에 비해 전열면적이 크고 증기발생이 빠르며 고압증기를 만들기 쉬워서 대용량의 보일러로서 적당한 것은?

① 입형 보일러　　　　　　② 수관 보일러

③ 노통 보일러　　　　　　④ 관류 보일러

**알찬풀이** | 수관식(水管式) 보일러
　　① 하부의 물드럼과 상부의 기수드럼에 여러 개의 수관으로 연결 구성된 보일러이다.
　　② 수관보일러는 노통 연관식보다 보일러 내의 수처리가 어렵다.
　　③ 사용압력 : 증기 압력이 10kg/cm² 이상으로 대규모 건물에 이용된다.

**67** 전압 220[V]를 가하여 10[A]의 전류가 흐르는 전동기를 5시간 사용하였을 때 소비되는 전력량[kWh]은?

① 5　　　　　　　　　　② 11

③ 15　　　　　　　　　④ 22

**알찬풀이** | 소비 전력량(P)
　　$P = 220(V) \times 10(A) \times 5(h) = 11(kWh)$

**68** 취출구 방향을 상하좌우 자유롭게 조절할 수 있어 주방, 공장 등의 국부냉방에 적용되는 취출구는?

① 팬형　　　　　　　　　　　　② 라인형
③ 핑거루버　　　　　　　　　　④ 아네모스탯형

**알찬풀이** | 핑거루버형 취출구는 취출구 방향을 상하좌우 자유롭게 조절할 수 있으며 열부하가 많은 주방, 공장 등의 국부냉방에 이용된다.

**69** 다음 중 배관을 직선으로 연결하는데 쓰이는 배관 부속류로만 구성된 것은?

① 플러그, 캡　　　　　　　　　② 엘보, 벤드
③ 크로스, 티　　　　　　　　　④ 소켓, 플랜지

**알찬풀이** | 배관을 직선으로 연결하는데 쓰이는 배관 부속류는 크로스(Cross), 티(Tee)이다.

**70** 금속관 배선공사에 관한 설명으로 옳지 않은 것은?

① 전선의 인입 및 교체가 어렵다.
② 철근콘크리트 매설공사에 사용된다.
③ 옥내, 옥외 등 사용 장소가 광범위하다.
④ 외부적 응력에 대해 전선보호의 신뢰성이 높다.

**알찬풀이** | 금속관 배선공사는 전선의 인입 및 교체가 용이하다.

**71** 생물화학적 산소요구량(BOD) 제거율을 나타내는 식은?

① $\dfrac{유입수BOD - 유출수BOD}{유입수BOD} \times 100(\%)$

② $\dfrac{유출수BOD - 유입수BOD}{유입수BOD} \times 100(\%)$

③ $\dfrac{유출수BOD - 유입수BOD}{유출수BOD} \times 100(\%)$

④ $\dfrac{유입수BOD - 유출수BOD}{유출수BOD} \times 100(\%)$

**알찬풀이** | 생물화학적 산소요구량(BOD) 제거율은 $\dfrac{유입수BOD - 유출수BOD}{유입수BOD} \times 100(\%)$이다.

**72** 수도본관에서 가장 높은 곳에 있는 수전까지의 높이가 30m인 경우, 수도본관의 최저 필요 압력은? (단, 수전은 샤워기로 최소 필요압력은 70kPa, 배관 중 마찰손실은 5mAq이다.)

① 약 105kPa  　　　　　　　　　② 약 210kPa
③ 약 420kPa  　　　　　　　　　④ 약 630kPa

**알찬풀이** | 수도본관의 최저 필요압력($P_O$)

$$P_O \geq P + P_f + \frac{h}{100} \text{ (MPa)}$$

(부호)　$P$ : 기구별 최저 소요 압력(MPa)
　　　　$P_f$ : 관내 마찰 손실 수두(MPa)
　　　　$h$ : 수전고(수도 본관과 수전까지의 높이)(m)
　　※ 수압 $P = 0.01H(\text{MPa}) = 0.01 \times H \times 1,000 (\text{kPa})$
　　　　$1\text{MPa} = 1,000(\text{kPa}) = 100\text{mAq}$
　∴ $P_O \geq 70(\text{kPa}) + 50(\text{kPa}) + 300(\text{kPa}) = 420(\text{kPa})$

**73** 환기에 관한 설명으로 옳지 않은 것은?

① 온도차에 의해 환기가 이루어질 수 있다.
② 환기지표로는 이산화탄소가 사용되기도 한다.
③ 오염원이 있는 실은 급기 위주 방식을 사용한다.
④ 급기만을 송풍기로 하는 방식은 실내압이 정압이 된다.

**알찬풀이** | 오염원이 있는 실은 배기 위주 방식을 사용하는 것이 좋다.

**74** 정풍량 단일덕트 공조방식에 관한 설명으로 옳은 것은?

① 공조 대상 실의 부하 변동에 따라 송풍량을 조절하는 전공기식 공조방식
② 실내에 설치한 팬코일 유닛에 냉수 또는 온수를 공급하여 공조하는 방식
③ 송풍량을 일정하게 하고 공조 대상 실의 부하변동에 따라 송풍온도를 조절하는 전공기식 공조방식
④ 냉풍과 온풍의 2개 덕트를 사용하여 말단의 혼합 유닛으로 냉풍과 온풍을 혼합 해 송풍하는 전공기식 공조방식

**알찬풀이** | 정풍량 단일덕트 공조방식
　송풍량을 일정하게 하고 공조 대상 실의 부하변동에 따라 송풍온도를 조절하는 전공기식 공조방식 이다.

| ANSWER | 68. ③ | 69. ④ | 70. ① | 71. ① | 72. ③ | 73. ③ | 74. ③ |
| --- | --- | --- | --- | --- | --- | --- | --- |

**75** 다음은 옥내소화전설비의 가압송수장치에 관한 설명이다. ( ) 안에 알맞은 것은?
(단, 전동기에 따른 펌프를 이용하는 가압송수 장치의 경우)

> 특정소방대상물의 어느 층에 있어서도 해당 층의 옥내소화전(5개 이상 설치
> 된 경우에는 5개의 옥내소화전)을 동시에 사용할 경우 각 소화전의 노즐선
> 단에서의 방수압력이 ( ) 이상이 되는 성능의 것으로 할 것

① 0.17MPa　　　　　　　② 0.26MPa
③ 0.35MPa　　　　　　　④ 0.45MPa

**알찬풀이** | 옥내 소화전설비
① 방수 압력 : 0.17(MPa) 이상
② 방수량 : 130 ℓ/min 이상
③ 노즐 구경 : 13mm
④ 호스의 지름 : 40mm (길이 15m × 2본)
⑤ 20분 이상 방수 가능한 수원 확보

**76** 급탕설비의 안전장치 중 보일러, 저탕조 등 밀폐 가열장치 내의 압력상승을 도피시키기 위해 설치하는 것은?

① 팽창관　　　　　　　　② 용해전
③ 신축이음　　　　　　　④ 팽창밸브

**알찬풀이** | 팽창관
급탕설비의 안전장치 중 보일러, 저탕조 등 밀폐 가열장치 내의 압력상승을 도피시키기 위해 설치한다.

**77** 빛을 발하는 점에서 어느 방향으로 향한 단위 입체각당의 발산광속으로 정의되는 용어는?

① 광속　　　　　　　　　② 광도
③ 조도　　　　　　　　　④ 휘도

**알찬풀이** | 광도
① 점 광원으로부터 나오는 단위 입체각당의 발산 광속으로 광원의 세기를 나타낸다.
② 단위 : 칸델라(candela, cd)

**78** 냉방부하의 산정 시 외벽 또는 지붕에서 일사의 영향을 고려한 온도는?

① 유효온도
② 평균복사온도
③ 상당외기온도
④ 대수평균온도

**알찬풀이** | 냉방부하의 산정 시 외벽 또는 지붕에서 일사의 영향을 고려한 온도가 상당외기온도이다.

**79** 난방설비에서 온수난방과 비교한 증기난방의 특징으로 옳지 않은 것은?

① 배관 구경이나 방열기가 작아진다.
② 예열시간이 짧고 간헐 운전에 적합하다.
③ 건물 높이에 관계없이 증기를 쉽게 운반할 수 있다.
④ 증기의 유량제어가 용이하여 실내온도 조절이 쉽다.

**알찬풀이** | 증기난방은 증기의 유량제어가 용이하지 못하여 실내온도 조절이 어렵다.

**80** 단효용 흡수식 냉동기와 비교한 2중효용 흡수식 냉동기의 특징으로 옳은 것은?

① 저온 흡수기와 고온 흡수기가 있다.
② 저온 발생기와 고온 발생기가 있다.
③ 저온 응축기와 고온 응축기가 있다.
④ 저온 팽창밸브와 고온 팽창밸브가 있다.

**알찬풀이** | 2중효용 흡수식 냉동기의 특징은 저온 발생기와 고온 발생기가 있다.

**제5과목 : 건축관계법규**

**81** 피뢰설비를 설치하여야 하는 대상 건축물의 높이 기준은?

① 10m 이상
② 15m 이상
③ 20m 이상
④ 30m 이상

**알찬풀이** | 피뢰설비 설치 대상
낙뢰의 우려가 있는 건축물 또는 높이 20m 이상의 건축물에는 일정한 기준에 적합하게 피뢰설비를 설치하여야 한다.

**82** 건축법령상 리모델링이 쉬운 구조의 내용으로 옳지 않은 것은?

① 구조체에서 건축설비를 분리할 수 있을 것
② 구조체에서 구조재료를 분리할 수 있을 것
③ 구조체에서 내부 마감재료를 분리할 수 있을 것
④ 구조체에서 외부 마감재료를 분리할 수 있을 것

**알찬풀이** | 리모델링이 쉬운 구조
　　① 각 세대는 인접한 세대와 수직 및 수평으로 전체 또는 부분 통합을 할 수 있을 것
　　② 구조체와 건축설비, 내부 마감재료와 외부 마감재료는 분리할 수 있을 것
　　③ 개별 세대 안에서 구획된 실의 크기에 변화를 줄 수 있어야 하고, 마감재료·창호 등의 구성재
　　　는 교체할 수 있을 것

**83** 제1종 일반주거지역 안에서 건축할 수 있는 건축물에 속하지 않는 것은?

① 노유자시설　　　　　　　　② 공동주택 중 아파트
③ 제1종 근린생활시설　　　　④ 교육연구시설 중 고등학교

**알찬풀이** | 공동주택 중 아파트는 제1종 일반주거지역 안에서 건축할 수 없다.

**84** 피난안전구역의 구조 및 설비에 관한 기준 내용으로 옳지 않은 것은?

① 피난안전구역의 높이는 1.8m 이상일 것
② 피난안전구역의 내부마감재료는 불연재료로 설치할 것
③ 건축물의 내부에서 피난안전구역으로 통하는 계단은 특별피난계단의 구조로 설
　치할 것
④ 피난안전구역에는 식수공급을 위한 급수전을 1개소 이상 설치하고 예비전원에
　의한 조명설비를 설치할 것

**알찬풀이** | 피난안전구역의 높이는 2.1m 이상이어야 한다.

**85** 특별시나 광역시에 건축하려고 하는 경우, 특별시장이나 광역시장의 허가를 받아야 하는 대상 건축물의 연면적 기준은?

① 연면적의 합계가 1만 제곱미터 이상인 건축물
② 연면적의 합계가 5만 제곱미터 이상인 건축물
③ 연면적의 합계가 10만 제곱미터 이상인 건축물
④ 연면적의 합계가 20만 제곱미터 이상인 건축물

**알찬풀이** | 특별시장 또는 광역시장의 허가를 받아야 하는 건축물
① 층수가 21층 이상인 건축물
② 연면적의 합계가 10만m² 이상인 건축물의 건축(연면적의 3/10 이상을 증축하여 층수가 21층 이상으로 되거나 연면적의 합계가 10만m² 이상으로 되는 경우를 포함한다)을 말한다.
(예외) 다음의 어느 하나에 해당하는 건축물의 건축은 제외한다.
    1. 공장
    2. 창고
    3. 지방건축위원회의 심의를 거친 건축물(특별시 또는 광역시의 건축조례로 정하는 바에 따라 해당 지방건축위원회의 심의사항으로 할 수 있는 건축물에 한정하며, 초고층 건축물은 제외한다)

**86** 주차장법령상 다음과 같이 정의되는 주차장의 종류는?

> 도로의 노면 또는 교통광장(교차점광장만 해당)의 일정한 구역에 설치된 주차장으로서 일반의 이용에 제공되는 것

① 부설주차장
② 노상주차장
③ 노외주차장
④ 기계식주차장

**알찬풀이** | 노상주차장에 대한 설명이다.

**87** 문화 및 집회시설 중 공연장의 개별관람석의 바닥면적이 1,000m²인 경우, 개별관람석 출구의 유효너비의 합계는 최소 얼마 이상으로 하여야 하는가?

① 1.5m
② 3.0m
③ 4.5m
④ 6.0m

**알찬풀이** | 출구의 유효너비(W)

$$W = \frac{개별관람석의\ 면적(m^2)}{100m^2} \times 0.6(m) = \frac{1000}{100} \times 0.6(m) = 6(m)$$

**88** 다음 중 대수선의 범위에 속하지 않는 것은?

① 기둥을 3개 이상 수선·변경하는 것
② 다세대주택의 세대 내 칸막이벽을 해체하는 것
③ 주계단·피난계단 또는 특별피난계단을 증설하는 것
④ 방화벽 또는 방화구획을 위한 바닥 또는 벽을 수선 또는 변경하는 것

**알찬풀이** │ 다가구주택 및 다세대주택의 가구 및 세대간 경계벽을 증설·해체하거나 수선·변경하는 것이 대수선에 해당한다.

**89** 다음은 대지 안의 공지에 관한 기준 내용이다. ( ) 안에 알맞은 것은?

> 건축물을 건축하는 경우에는 「국토의 계획 및 이용에 관한 법률」에 따른 용도지역·용도지구, 건축물의 용도 및 규모 등에 따라 건축선 및 인접 대지경계선으로부터 ( ) 이내의 범위에서 대통령령으로 정하는 바에 따라 해당 지방자치단체의 조례로 정하는 거리 이상을 띄워야 한다.

① 2m
② 3m
③ 5m
④ 6m

**알찬풀이** │ 대지 안의 공지
  건축물을 건축하는 경우에는 「국토의 계획 및 이용에 관한 법률」에 따른 용도지역·용도지구, 건축물의 용도 및 규모 등에 따라 건축선 및 인접 대지경계선으로부터 6m 이내의 범위에서 대통령령으로 정하는 바에 따라 해당 지방자치단체의 조례로 정하는 거리 이상을 띄워야 한다.

**90** 어느 건축물의 연면적 중 주차장으로 사용되는 부분의 비율이 70% 이다. 이 건축물이 주차전용건축물이라면, 다음 중 이 건축물의 주차장 외로 사용되는 용도로 옳은 것은?

① 운동시설
② 의료시설
③ 수련시설
④ 교육연구시설

**알찬풀이** │ 단독주택, 공동주택, 제1종 및 제2종 근린생활시설, 문화 및 집회시설, 종교시설, 판매 시설, 운수시설, 운동시설, 업무시설 또는 자동차관련 시설인 경우 건축물의 연면적중 주차장으로 사용되는 부분이 70% 이상이면 주차전용건축물로 인정된다.

**91** 공작물을 축조하는 경우, 특별자치시장·특별자치도지사 또는 시장·군수·구청장에게 신고를 하여야 하는 대상 공작물에 속하지 않는 것은?

① 높이가 3m인 담장
② 높이가 5m인 굴뚝
③ 높이가 5m인 광고탑
④ 바닥면적이 35m²인 지하대피호

**알찬풀이** | 높이 6m를 넘는 굴뚝이 신고 대상 공작물이다.

**92** 노외주차장인 주차전용건축물의 건축 제한에 관한 기준 내용으로 옳지 않은 것은?

① 용적률 : 1,500% 이하
② 높이 제한 : 30m 이하
③ 건폐율 : 100분의 90 이하
④ 대지면적의 최소한도 : 45m² 이상

**알찬풀이** | 주차전용건축물의 높이제한 다음의 배율 이하로 한다.
　　① 대지가 너비 12m 미만의 도로에 접하는 경우 : 건축물의 각 부분의 높이는 그 부분으로부터 대지에 접한 도로(대지가 2이상의 도로에 접하는 경우에는 가장 넓은 도로를 말한다)의 반대쪽 경계선까지의 수평거리의 3배
　　② 대지가 너비 12m 이상의 도로에 접하는 경우 : 건축물의 각 부분의 높이는 그 부분으로부터 대지에 접한 도로의 반대쪽 경계선까지의 수평거리의 36/도로의 너비 배. 다만, 배율이 1.8배미만인 경우에는 1.8배로 한다.

**93** 부설주차장의 설치대상 시설물이 판매시설인 경우, 설치기준으로 옳은 것은?

① 시설면적 100m²당 1대
② 시설면적 150m²당 1대
③ 시설면적 200m²당 1대
④ 시설면적 300m²당 1대

**알찬풀이** | 판매시설인 경우 시설면적 150m²당 1대의 규모로 부설주차장을 설치하여야 한다.

**94** 다음은 건축물의 점검 결과 보고에 관한 기준 내용이다. ( ) 안에 알맞은 것은?

건축물의 소유자나 관리자는 정기점검이나 수시점검을 실시하였을 때에는 그 점검을 마친 날부터 ( ) 이내에 해당 특별자치시장·특별자치도지사 또는 시장·군수·구청장에게 결과를 보고하여야 한다.

① 15일
② 30일
③ 60일
④ 90일

**알찬풀이** | 건축물의 점검 결과 보고
　　건축물의 소유자나 관리자는 정기점검이나 수시점검을 실시하였을 때에는 그 점검을 마친 날부터 30일 이내에 해당 특별자치시장·특별자치도지사 또는 시장·군수·구청장에게 결과를 보고하여야 한다.

**ANSWER** 88. ② 89. ④ 90. ① 91. ② 92. ② 93. ② 94. ②

**95** 다중이용 건축물의 층수 기준으로 옳은 것은?

① 7층 이상
② 10층 이상
③ 15층 이상
④ 20층 이상

**알찬풀이** | 다중이용 건축물이란 불특정한 다수의 사람들이 이용하는 건축물로서 다음의 어느 하나에 해당하는 건축물을 말한다.
 ① 다음의 어느 하나에 해당하는 용도로 쓰는 바닥면적의 합계가 5천m² 이상인 건축물
  ㉠ 문화 및 집회시설(동물원 및 식물원은 제외한다)
  ㉡ 종교시설
  ㉢ 판매시설
  ㉣ 운수시설 중 여객용 시설
  ㉤ 의료시설 중 종합병원
  ㉥ 숙박시설 중 관광숙박시설
 ② 16층 이상인 건축물

**96** 층수가 15층이고, 6층 이상의 거실면적의 합계가 10,000m²인 업무시설에 설치하여야 하는 승용승강기의 최소 대수는? (단, 8인승 승강기의 경우)

① 4대
② 5대
③ 6대
④ 7대

**알찬풀이** | 승용승강기 설치 대수(S)
$$S \geq 1 + \frac{(A - 3,000)}{2,000}$$
(부호) A : 6층 이상의 거실 면적의 합계
$$S \geq 1 + \frac{10,000 - 3000}{2,000} = 4.5 \rightarrow 5(대)$$

**97** 건축법령상 대지면적에 대한 건축면적의 비율로 정의되는 것은?

① 유효율
② 이용률
③ 용적률
④ 건폐율

**알찬풀이** | 건폐율
  건폐율은 대지면적에 대한 건축면적의 비율을 말한다.

**98** 건축물의 관람석 또는 집회실로부터 바깥쪽으로의 출구로 쓰이는 문을 안여닫이로 하여서는 안 되는 대상 건축물에 속하지 않는 것은?

① 종교시설          ② 위락시설

③ 판매시설          ④ 장례시설

**알찬풀이** | 관람석 등으로부터의 출구의 설치
     ① 다음의 어느 하나에 해당하는 건축물에는 관람석 또는 집회실로부터의 출구를 설치하여야 한다.
         ㉠ 문화 및 집회시설(전시장 및 동 · 식물원을 제외한다)
         ㉡ 종교시설
         ㉢ 의료시설 중 장례식장
         ㉣ 위락시설
     ② 건축물의 관람석 또는 집회실로부터 바깥쪽으로의 출구로 쓰이는 문은 안여닫이로 하여서는 아니 된다.

**99** 대통령령으로 정하는 용도와 규모의 건축물에 일반이 사용할 수 있도록 대통령령으로 정하는 기준에 따라 소규모 휴식시설 등의 공개 공지 또는 공개 공간을 설치하여야 하는 대상 지역에 속하지 않는 것은?

① 상업지역          ② 준주거지역

③ 준공업지역          ④ 일반공업지역

**알찬풀이** | 일반공업지역은 공개 공지 또는 공개 공간을 설치하여야 하는 대상 지역에 속하지 않는다.

**100** 도시 · 군계획 수립 대상지역의 일부에 대하여 토지 이용을 합리화하고 그 기능을 증진시키며 미관을 개선하고 양호한 환경을 확보하며, 그 지역을 체계적 · 계획적으로 관리하기 위하여 수립하는 도시 · 군관리계획은?

① 광역도시계획          ② 지구단위계획

③ 도시 · 군기본계획          ④ 입지규제최소구역계획

**알찬풀이** | 지구단위계획에 대한 설명이다.

| **ANSWER** | 95. ③ | 96. ② | 97. ④ | 98. ③ | 99. ④ | 100. ② |

# MEMO

◈ 실패하는 사람들의 90%는 정말로 패배하는 것이 아니라 포기하는 것이다. - 폴 J. 마이어

# 2018년도

## 과년도 기출문제

# 국가기술자격검정 필기시험문제

| 2018년도 산업기사 일반검정(2018년 3월 4일) | | | | 수검번호 | 성 명 |
|---|---|---|---|---|---|
| 자격종목 및 등급(선택분야) | 종목코드 | 시험시간 | 문제지형별 | | |
| 건축산업기사 | 2530 | 2시간30분 | A | | |

※ 답안카드 작성시 시험문제지 형별누락, 마킹착오로 인한 불이익은 전적으로 수험자의 귀책사유임을 알려드립니다.

## 제1과목 : 건축계획

**01** 1주간 평균 수업시간이 35시간인 어느 학교에서 미술실의 사용 시간이 25시간이다. 미술실 사용 시간 중 20시간은 미술수업에 사용되며, 5시간이 학급토론수업에 사용된다면, 이 교실의 순수율은?

① 20%                          ② 29%
③ 71%                          ④ 80%

**알찬풀이** | 순수율

$$순수율 = \frac{교과\ 수업시간}{교실\ 이용시간} \times 100(\%)$$
$$= \frac{(25-5)}{25} \times 100 = 80(\%)$$

**02** 사무소 건축의 엘리베이터 계획에 관한 설명으로 옳지 않은 것은?

① 군 관리운전의 경우 동일 군내의 서비스 층은 같게 한다.
② 승객의 층별 대기시간은 평균 운전간격 이하가 되게 한다.
③ 교통수요량이 많은 경우는 출발기준층이 2개층 이상이 되도록 계획한다.
④ 초고층, 대규모 빌딩인 경우는 서비스 그룹을 분할(죠닝)하는 것을 검토한다.

**알찬풀이** | 교통수요량이 많은 경우에도 출발기준층은 1개 층이 되도록 계획한다.

**03** 주택의 동선 계획에 관한 설명으로 옳지 않은 것은?

① 개인, 사회, 가사노동권의 3개 동선은 서로 분리하는 것이 좋다.
② 동선상 교통량이 많은 공간은 서로 인접 배치하는 것이 좋다.
③ 거실은 주택의 중심으로 모든 동선이 교차, 관통하도록 계획하는 것이 좋다.
④ 화장실, 현관 등과 같이 사용빈도가 높은 공간은 동선을 짧게 처리하는 것이 좋다.

**알찬풀이** | 거실은 주택의 중심으로 모든 동선이 교차, 관통하도록 계획하는 것은 좋지 않다.


**04** 백화점 건축에서 기둥 간격의 결정 시 고려할 사항과 가장 거리가 먼 것은?

① 공조실의 위치
② 매장 진열장의 치수
③ 지하주차장의 주차방식
④ 에스컬레이터의 배치방법

**알찬풀이** | 공조실의 위치는 기둥 간격과 관련성이 적다.


**05** 공동주택의 단위세대 평면형식 중 LDK형에서 D가 의미하는 것은?

① 거실
② 부엌
③ 식당
④ 침실

**알찬풀이** | L.D.K형
　　　　　　ㄱ 최소한으로 공용실과 개인실을 분리하며 소규모 주호에 적합한 형식이다.
　　　　　　ㄴ 안정된 거실의 공간조성이 어렵다.
　　　　　　※ L : 거실, D : 식당, K : 부엌


**06** 홀(hall)형 아파트에 관한 설명으로 옳지 않은 것은?

① 거주의 프라이버시가 높다.
② 대지의 이용률이 가장 높은 형식이다.
③ 엘리베이터 홀에서 직접 각 세대로 접근할 수 있다.
④ 각 세대에 양쪽 개구부를 계획할 수 있는 관계로 일조와 통풍이 양호하다.

**알찬풀이** | 홀(hall)형 아파트보다 중복도형이나 집중형이 대지의 이용률이 높은 형식이다.


**ANSWER**　　　1. ④　　2. ③　　3. ③　　4. ①　　5. ③　　6. ②

**07** 사무소 건축의 코어형식 중 중심코어형에 관한 설명으로 옳지 않은 것은?

① 외관이 획일적일 수 있다.
② 유효율이 높은 계획이 가능하다.
③ 구조코어로서 바람직한 형식이다.
④ 바닥면적이 큰 경우에는 사용할 수 없다.

**알찬풀이** | 사무소의 바닥면적이 큰 경우에도 사용할 수 있다.


**08** 상점의 판매방식 중 측면판매에 관한 설명으로 옳지 않은 것은?

① 충동적 구매와 선택이 용이하다.
② 판매원의 정위치를 정하기 어렵고 불안정하다
③ 고객과 종업원이 진열상품을 같은 방향으로 보며 판매하는 방식이다.
④ 진열면적은 감소하나 별도의 포장 공간을 둘 필요가 없다는 장점이 있다.

**알찬풀이** | 측면 판매방식은 종업원과 손님이 상품을 같은 방향으로 보는 판매 형식으로 별도의 포장 공간을
필요로 한다.


**09** 학교건축에서 단층교사에 관한 설명으로 옳지 않은 것은?

① 재해시 피난이 용이하다.
② 학습활동의 실외 연장이 가능하다.
③ 구조계획이 단순하며, 내진 · 내풍 구조가 용이하다.
④ 집약적인 평면계획이 가능하나 채광 · 환기가 불리하다.

**알찬풀이** | 단층교사는 집약적인 평면계획이 어렵고 채광 · 환기에 유리하다.


**10** 사무소 건축의 화장실 계획에 관한 설명으로 옳지 않은 것은?

① 각 층마다 공통된 위치에 설치한다.
② 각 사무실에서 동선이 짧거나 간단하도록 한다.
③ 가급적 계단실이나 엘리베이터 홀에 근접하여 계획한다.
④ 1개소에 집중시키지 말고 2개소 이상으로 분산시켜 배치하도록 한다.

**알찬풀이** | 사무소 건축의 화장실 계획은 설비 배관상 1개소에 집중시키는 것이 유리하다.

**11** 표준화가 어렵거나 다종을 소량 생산하는 경우에 채용되는 공장의 레이아웃(lay out) 방식은?

① 고정식 레이아웃      ② 혼성식 레이아웃
③ 공정중심 레이아웃      ④ 제품중심 레이아웃

**알찬풀이** | 공정중심 레이아웃
    ㉠ 그 기능이 동일한 것, 유사한 것을 하나의 그룹으로 집합시키는 방식이다.
    ㉡ 다품종 소량 생산품, 예상생산이 불가능한 주문생산품 공장에 적합하다.

**12** 주택 부엌의 작업대 배치 방식 중 L형 배치에 관한 설명으로 옳지 않은 것은?

① 정방형 부엌에 적합한 유형이다.
② 부엌과 식당을 겸하는 경우 활용이 가능하다.
③ 작업대의 코너 부분에 개수대 또는 레인지를 설치하기 곤란하다.
④ 분리형이라고도 하며, 모든 방향에서 작업대의 접근 및 이용이 가능하다.

**알찬풀이** | 아일랜드 형은 분리형이라고도 하며, 모든 방향에서 작업대의 접근 및 이용이 가능하다.

**13** 은행의 주출입구 계획에 관한 설명으로 옳지 않은 것은?

① 회전문 설치 시 안전성에 대한 고려가 필요하다.
② 고객을 내부로 자연스럽게 유도하는 것이 계획상 중요하다.
③ 이중문을 설치할 경우, 바깥문은 안여닫이로 계획하여야 한다.
④ 겨울철에 실내온도의 유지 및 바람막이를 위해 방풍실의 전실(前室)을 계획하는 것이 좋다.

**알찬풀이** | 이중문을 설치할 경우, 방범상 안쪽문은 안여닫이로 계획하는 것이 좋다.

**14** 근린생활권 중 인보구의 중심시설은?

① 파출소      ② 유치원
③ 초등학교      ④ 어린이놀이터

**알찬풀이** | 인보구
    ㉠ 이웃에 살기 때문이라는 이유만으로 가까운 친분이 유지되는 공간적 범위로서, 반경 100~150m 정도를 기준으로 하는 가장 작은 생활권 단위이다.
    ㉡ 인구: 20~40호(100~200명)
    ㉢ 규모: 3~4층 정도의 집합주택, 1~2동
    ㉣ 중심시설: 어린이 놀이터, 공동 세탁장

**ANSWER**    7. ④    8. ④    9. ④    10. ④    11. ③    12. ④    13. ③    14. ④

**15** 다음 중 공간의 레이아웃(lay out)과 가장 밀접한 관계를 가지고 있는 것은?

① 입면계획        ② 동선계획

③ 설비계획        ④ 색채계획

**알찬풀이** | 공간의 레이아웃(lay out)과 가장 밀접한 관계를 가지고 있는 것은 동선계획이다.

**16** 주택의 각 부위별 치수계획으로 가장 부적절한 것은?

① 복도의 폭 120cm        ② 현관의 폭 : 120cm

③ 세면기의 높이 : 75cm        ④ 부엌의 작업대 높이 : 65cm

**알찬풀이** | 작업대의 크기

| ㉠ 폭 | 50~60cm |
|---|---|
| ㉡ 높이 | 80~85cm |

**17** 다음 중 초등학교 저학년에 가장 적당한 학교운영방식은?

① 일반교실, 특별교실형(U+V형)

② 교과교실형(V형)

③ 종합교실형(U형)

④ 플라툰형(P형)

**알찬풀이** | 종합교실형(U형)
    ㉠ 거의 모든 교과목을 학급의 각 교실에서 행하는 방식이다.
    ㉡ 학생의 이동이 거의 없고 심리적으로 안정되며 각 학급마다 가정적인 분위기를 만들 수 있다.
    ㉢ 초등학교 저학년에 적합한 형식이다.
    ㉣ 교실의 이용률이 매우 높다.

**18** 아파트 단지 내 주동배치 시 고려하여야 할 사항으로 옳지 않은 것은?

① 단지 내 커뮤니티가 자연스럽게 형성되도록 한다.

② 옥외주차장을 이용하여 충분한 오픈스페이스를 확보한다.

③ 주동 배치계획에서 일조, 풍향, 방화 등에 유의해야 한다.

④ 다양한 배치기법을 통하여 개성적인 생활공간으로서의 옥외공간이 되도록 한다.

**알찬풀이** | 조경, 산책로, 휴게시설 등을 이용하여 충분한 오픈스페이스를 확보한다.

**19** 상점의 숍 프런트(shop front) 형식을 개방형, 폐쇄형, 혼합형으로 분류할 경우, 다음 중 일반적으로 개방형의 적용이 가장 곤란한 상점은?

① 서점
② 제과점
③ 귀금속점
④ 일용품점

**알찬풀이** | 폐쇄형
　　　손님이 점내에 오래 머무르는 상점이나 손님이 적은 점포에 유리하다. (예: 전문 보석점, 카메라 전문점 등)

**20** 단독주택의 각 실 계획에 관한 설명으로 옳지 않은 것은?

① 거실은 남북방향으로 긴 것이 좋다.
② 욕실의 천장은 약간 경사지게 함이 좋다.
③ 거실과 정원은 유기적으로 시각적 연결을 갖게 한다.
④ 침실의 침대는 머리 쪽에 창을 두지 않는 것이 좋다.

**알찬풀이** | 거실은 채광 상 동서방향으로 긴 것이 좋다.

## 제2과목 : 건축시공

**21** 목공사에서 건축연면적($m^2$)당 먹매김의 품이 가장 많이 소요되는 건축물은?

① 고급주택
② 학교
③ 사무소
④ 은행

**알찬풀이** | 목공사에서 건축연면적($m^2$)당 먹매김의 품이 가장 많이 소요되는 건축물은 고급주택이다.

**22** 철골구조의 판보에 수직 스티프너를 사용하는 경우는 어떤 힘에 저항하기 위함인가?

① 인장력
② 전단력
③ 휨모멘트
④ 압축력

**알찬풀이** | 철골구조의 판보에 수직 스티프너는 전단력에 저항하기 위해서 사용하는 부재이다.

**23** 다음은 기성콘크리트 말뚝의 중심 간격에 관한 기준이다. A와 B에 각각 들어갈 내용으로 옳은 것은?

> 기성콘크리트 말뚝을 타설할 때 그 중심간격은 말뚝머리 지름의 ( A )배 이상 또한 ( B )mm 이상으로 한다.

① A : 1.5, B : 650　　　　　　② A : 1.5, B : 750
③ A : 2.5, B : 650　　　　　　④ A : 2.5, B : 750

**알찬풀이** | 기성콘크리트 말뚝을 타설할 때 그 중심 간격은 말뚝머리 지름의 2.5배 이상 또한 750mm 이상으로 한다.

**24** 가설공사 시 설치하는 벤치마크(Bench Mark)에 관한 설명으로 옳지 않은 것은?

① 건물 높이 및 위치의 기준이 되는 표식이다.
② 비, 바람 또는 공사 중의 지반 침하, 진동 등에 의해서 이동될 수 있는 곳은 피한다.
③ 건물이 완성된 후에도 쉽게 확인할 수 있는 곳을 선정한다.
④ 점검작업의 번잡을 피하기 위하여 가급적 한 장소에 설치한다.

**알찬풀이** | 필요에 따라 보조 기준점을 1~2군데 더 설치한다.

**25** 다음 미장공법 중 균열이 가장 적게 생기는 것은?

① 회반죽 바름
② 돌로마이트 플라스터 바름
③ 경석고 플라스터 바름
④ 시멘트 모르타르 바름

**알찬풀이** | 경석고 플라스터 바름(킨즈 시멘트)
　　　ⓐ 무수석고($CaSO_4$)가 주재료이다.
　　　ⓑ 응결, 경화가 소석고에 비하여 극히 늦기 때문에 명반, 붕사 등의 경화 촉진제를 섞어서 만든 것이다.
　　　ⓒ 균열이 적고, 경화한 것은 강도가 극히 크고 표면 경도도 크다.
　　　ⓓ 벽 바름 재료뿐만 아니라 바닥 바름 재료로도 사용된다.

**26** 조적조에서 테두리보를 설치하는 이유로 옳지 않은 것은?

① 횡력에 대한 수직균열을 방지하기 위하여
② 내력벽을 일체로 하여 하중을 균등히 분포시키기 위하여
③ 지붕, 바닥 및 벽체의 하중을 내력벽에 전달하기 위하여
④ 가로 철근의 끝을 정착시키기 위하여

**알찬풀이** | 조적조에서 테두리보는 상부 수직하중을 벽체에 분산시키는 역할을 한다.

**27** 다음 중 유성페인트의 구성 성분으로 옳지 않은 것은?

① 안료                    ② 건성유
③ 광명단                  ④ 건조제

**알찬풀이** | 광명단은 철재의 부식방지용 페인트로 유성페인트의 구성 성분에 해당하지 않는다.

**28** 현장타설 말뚝공법에 해당되지 않는 것은?

① 숏크리트 공법
② 리버스 서큘레이션 공법
③ 어스드릴 공법
④ 베노토 공법

**알찬풀이** | 숏크리트 공법은 흙막이 방지 공법으로 사용한다.

**29** 흙을 파낸 후 토량의 부피 변화가 가장 큰 것은?

① 모래                    ② 보통흙
③ 점토                    ④ 자갈

**알찬풀이** | 흙을 파낸 후 토량의 부피 변화가 가장 큰 것은 점토이다.

**30** 콘크리트 골재에 요구되는 특성으로 옳지 않은 것은?

① 골재의 입형은 편평, 세장하거나 예각으로 된 것은 좋지 않다.
② 충분한 수분의 흡수를 위하여 굵은 골재의 공극률은 큰 것이 좋다.
③ 골재의 강도는 경화 시멘트페이스트의 강도 이상이어야 한다.
④ 입도는 조립에서 세립까지 균등히 혼합되게 한다.

**알찬풀이** | 굵은 골재는 수분의 흡수를 적게 하기 위하여 골재의 공극률이 작은 것이 좋다.


**31** 일반적인 일식도급 계약제도를 건축주의 입장에서 볼 때 그 장점과 거리가 먼 것은?

① 재도급된 금액이 원도급 금액보다 고가(高價)로 되므로 공사비가 상승한다.
② 계약 및 감독이 비교적 간단하다.
③ 공사 시작 전 공사비를 정할 수 있으며 합리적으로 자금계획을 수립할 수 있다.
④ 공사전체의 진척이 원활하다.

**알찬풀이** | 일반적으로 재도급된 금액은 원도급 금액보다 낮다.


**32** 콘크리트 거푸집을 조기에 제거하고 단시일에 소요강도를 내기 위한 양생 방법은?

① 습윤양생          ② 전기양생
③ 피막양생          ④ 증기양생

**알찬풀이** | 증기양생 방법은 콘크리트 거푸집을 조기에 제거하고 단시일에 소요강도를 내기 위한 양생 방법이다.


**33** 콘크리트용 골재의 함수상태에서 유효흡수량을 옳게 설명한 것은?

① 표면건조 내부포화상태와 절대건조상태의 수량의 차이
② 공기중에서의 건조상태와 표면건조 내부포화상태의 수량의 차이
③ 습윤상태와 표면건조 내부포화상태의 수량의 차이
④ 습윤상태와 절대건조 상태와의 수량의 차이

**알찬풀이** | 골재의 함수상태에서 유효흡수량은 공기중에서의 건조상태와 표면건조 내부포화상태의 수량의 차이

## 34 방수공사에 관한 설명으로 옳지 않은 것은?

① 방수모르타르는 보통 모르타르에 비해 접착력이 부족한 편이다.
② 시멘트 액체방수는 면적이 넓은 경우 익스팬션조인트를 설치해야 한다.
③ 아스팔트 방수층은 바닥, 벽 모든 부분에 방수층 보호누름을 해야 한다.
④ 스트레이트 아스팔트의 경우 신축이 좋고, 내구력이 좋아 옥외방수에도 사용 가능하다.

**알찬풀이** │ 스트레이트 아스팔트는 신축이 좋고, 접착력도 우수하나 연화점 및 내구력이 낮아 잘 쓰이지는 않으나 지하실의 아스팔트 침투용으로 사용 가능하다.

## 35 고로시멘트의 특징이 아닌 것은?

① 건조수축이 현저하게 적다.
② 화학 저항성이 높아 해수 등에 접하는 콘크리트에 적합하다.
③ 수화열이 적어 매스콘크리트에 유리하다.
④ 장기간 습윤보양이 필요하다.

**알찬풀이** │ 고로시멘트를 사용한 콘크리트는 건조수축이 크다.

## 36 다음 공정표에서 종속관계에 관한 설명으로 옳지 않은 것은?

① C는 A작업에 종속된다.
② C는 B작업에 종속된다.
③ D는 A작업에 종속된다.
④ D는 B작업에 종속된다.

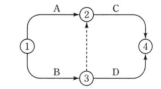

**알찬풀이** │ D는 B작업에는 종속되나 A작업에는 종속 되지는 않는다.

## 37 아일랜드 컷 공법의 시공순서와 역순으로 하는 공법은?

① 케이슨 공법
② 타이 로드 공법
③ 트렌치 컷 공법
④ 오픈 컷 공법

**알찬풀이** │ 트렌치 컷(trench cut) 공법
아일랜드(island) 공법과 역순으로 주변부 구조물을 먼저 완성하고 2차로 중앙부 구조물을 완성해 가는 방법이다.

**38** 다음 중 기경성 재료에 해당하는 것은?

① 순석고 플라스터
② 혼합석고 플라스터
③ 돌로마이트 플라스터
④ 시멘트 모르타르

**알찬풀이** | 진흙, 회반죽, 돌로마이트 플라스터는 기경성 미장재료에 해당한다.

**39** 재료를 섞고 몰드를 찍은 후 한번 구워 비스킷(biscuit)을 만든 후 유약을 바르고 다시 한 번 구워낸 타일을 의미하는 것은?

① 내장타일                    ② 시유타일
③ 무유타일                    ④ 표면처리타일

**알찬풀이** | 시유타일
재료를 섞고 몰드를 찍은 후 한번 구워 비스킷(biscuit)을 만든 후 유약을 바르고 다시 한 번 구워낸 타일이다.

**40** 목구조의 2층 마루틀 중 복도 또는 칸 사이가 작을 때 보를 쓰지 않고 층도리와 칸막이도리에 직접 장선을 걸쳐 대고 그 위에 마루널을 깐 것은?

① 동바리마루틀                ② 홑마루틀
③ 보마루틀                    ④ 짠마루틀

**알찬풀이** | 홑마루틀
구조의 2층 마루틀 중 복도 또는 칸 사이가 작을 때 보를 쓰지 않고 층도리와 칸막이도리에 직접 장선을 걸쳐 대고 그 위에 마루널을 깐 것이다.

제3과목 : 건축구조

**41** 그림과 같은 구조물의 판별로 옳은 것은?

① 안정, 정정
② 안정, 1차 부정정
③ 안정, 2차 부정정
④ 불안정

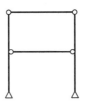

**알찬풀이** | 구조물의 판별
외력을 받으면 구조물이 변형이 되는 불안정 구조물에 해당한다.

**42** 처짐을 계산하지 않는 경우 철근콘크리트 보의 최소두께 규정으로 옳은 것은? (단, $l$=보의 경 간, $w_c$=2300kg/m³, $f_y$=400MPa 사용)

① 단순지지 : $l/15$      ② 양단 연속 : $l/24$
③ 1단 연속 : $l/18.5$      ④ 캔틸레버 : $l/10$

**알찬풀이** | 처짐을 계산하지 않는 경우 보의 최소 두께(h)

| 구 분 | 단순 지지 | 1단 연속 | 양단 연속 | 캔틸레버 |
|-------|-----------|----------|-----------|----------|
| 보 | $\dfrac{J}{16}$ | $\dfrac{J}{18.5}$ | $\dfrac{J}{21}$ | $\dfrac{J}{8}$ |

**43** 다음 구조물에서 A점의 휨모멘트 $M_A$의 크기는?

① 2kN · m
② 4kN · m
③ 6kN · m
④ 8kN · m

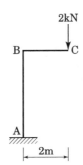

**알찬풀이** | A점의 휨모멘트($M_A$)
$$M_A = 2(\text{kN}) \times 2(\text{m}) = 4(\text{kN} \cdot \text{m})$$

**44** 기초의 부동침하를 방지하는데 적절하지 않은 조치는?

① 구조물 전체의 하중을 기초에 균등히 분포시킨다.
② 말뚝 또는 피어기초를 고려한다.
③ 기초 상호간을 강(Rigid)접합으로 연결을 한다.
④ 한 건물에서의 기초 설치 시 가급적 다른 종류의 기초로 한다.

**알찬풀이** | 한 건물에서의 기초 설치 시 가급적 다른 종류의 기초를 설치하는 경우에는 부동침하를 유발할 수
있다.

**45** 철근콘크리트구조에서 철근 가공 시 표준갈고리에 관한 설명으로 옳지 않은 것은?

① 주철근의 표준갈고리는 90° 표준갈고리와 180° 표준갈고리가 있다.
② 주철근의 90° 표준갈고리는 구부린 끝에서 12db 이상 더 연장하여야 한다.
③ 띠철근과 스터럽의 표준갈고리는 60° 표준갈고리와 90° 표준갈고리가 있다.
④ D25 이하의 철근으로 135° 표준갈고리를 만드는 경우, 구부린 끝에서 6db 이
상 더 연장하여야 한다.

**알찬풀이** | 표준갈고리
띠철근과 스터럽의 표준갈고리는 135° 표준갈고리와 90° 표준갈고리가 있다.

**46** 고정 하중(D) 2kN/m²과 활하중(L) 3kN/m²이 구조물에 작용할 경우 계수하중(U)을 구하
면? (단, 건축구조기준, 일반건축물의 경우임)

① 6.0kN/m²  ② 6.4kN/m²
③ 6.8kN/m²  ④ 7.2kN/m²

**알찬풀이** | 계수하중(U)
$U = 1.2D + 1.6L$
$= 1.2 \times 2(kN/m^2) + 1.6 \times 3(kN/m^2)$
$= 7.2(kN/m^2)$

**47** 그림과 같은 구조물의 부재 C에 작용하는 압축력은?

① 10kN
② 20kN
③ 30kN
④ 40kN

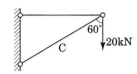

**알찬풀이** | 부재 C에 작용하는 압축력

하중 20(kN)이 작용하는 절점에 대해서 힘의 평형 조건 $\sum V = 0$ 조건을 적용하면

$C \times \sin 30° - 20(kN) = 0$

$\therefore C = 40(kN)$

**48** 그림에서 E점의 휨모멘트를 구하면?

① 12kN·m
② 6kN·m
③ 4kN·m
④ 3kN·m

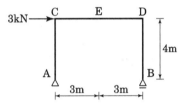

**알찬풀이** | E점의 휨모멘트($M_E$)

A점에서 $\sum H = 0$, $H_A = 3(kN)(\leftarrow)$

$\sum M_A = 0$에서 $3(kN) \times 4(m) - V_B \times 6(m) = 0$

$V_B = 2(kN)$ ( ↑ )

$\sum V = 0$, $V_A = 2(kN)(\downarrow)$

E점에서 좌측분에 대한 휨모멘트를 구하면

$\therefore M_E = H_A \times 4(m) - V_A \times 3(m)$

$= 3(kN) \times 4(m) - 2(kN) \times 3(m)$

$= 6(kN \cdot m)$

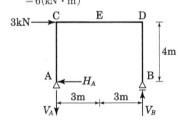

**49** 그림의 트러스에서 a부재의 부재력은? (단, 트러스를 구성하는 삼각형은 정삼각형임)

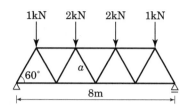

① 0

② 2kN

③ $2\sqrt{2}$ kN

④ $\sqrt{3}$ kN

**알찬풀이** | a부재의 부재력
정삼각형 트러스 내부의 사재는 모두 0이다.

**50** 강구조 접합부는 최소 얼마 이상을 지지하도록 설계되어야 하는가? (단, 연결재, 새그로드 또는 띠장은 제외)

① 15kN

② 25kN

③ 35kN

④ 45kN

**알찬풀이** | 강구조 접합부는 45kN 이상을 지지하도록 설계되어야 한다. (단, 연결재, 새그로드 또는 띠장은 제외한다.)

**51** 그림과 같은 단면에서 허용휨응력도가 8MPa일 때 중심축(x-x)에 대한 휨모멘트 값은?

① 3kN · m

② 4kN · m

③ 8kN · m

④ 10kN · m

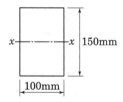

**알찬풀이** | 중심축(x-x)에 대한 휨모멘트 값($M_X$)

$$\sigma_b = \frac{M_X}{Z} \leq \sigma_{allow}$$

$$M_X \leq \sigma_{allow} \times Z$$

$$M_X = \sigma_{allow} \times \frac{bh^2}{6} = 8 \times \frac{100 \times 150^2}{6} = 3 \times 10^6 (\text{N·mm}) = 3(\text{kN·m})$$

**52** 그림과 같은 지름 32mm의 원형막대에 40kN의 인장력이 작용할 때 부재단면에 발생하는 인장응력도는?

① 39.8MPa                    ② 49.8MPa
③ 59.8MPa                    ④ 69.8MPa

**알찬풀이** | 인장응력도($\sigma_T$)

$$\sigma_T = \frac{P}{A} = \frac{P}{\pi \times r^2} = \frac{40 \times 10^3 (\text{N})}{3.14 \times 16^2 (\text{mm}^2)} \fallingdotseq 49.8 (\text{MPa})$$

**53** 건축구조별 특징에 관한 설명으로 옳지 것은?

① 돌구조는 주요구조부를 석재를 써서 구성한 것으로 내구적이나 횡력에 약하다.
② 벽돌구조는 지진과 바람 같은 횡력에 약하고 균열이 생기기 쉽다.
③ 철골철근콘크리트구조는 철골구조에 비해 내화성이 부족하다.
④ 보강블록조는 블록의 빈속에 철근을 배근하고 콘크리트를 채워 넣은 것이다.

**알찬풀이** | 철골철근콘크리트구조는 콘크리트가 철골 및 철근을 덥고 있으므로 철골구조에 비해 내화성이 우수하다.

**54** 철근콘크리트 보에서 철근과 콘크리트간의 부착력이 부족할 때 부착력을 증가시키는 방법으로서 가장 적절한 것은?

① 고강도철근을 사용한다.
② 콘크리트의 물시멘트비를 증가시킨다.
③ 인장철근의 주장을 증가시킨다.
④ 압축철근의 단면적을 증가시킨다.

**알찬풀이** | 철근콘크리트 보에서 철근과 콘크리트간의 부착력이 부족할 때 부착력을 증가시키는 방법은 인장철근의 주장을 증가시키는 것이 가장 좋은 방법이다.

**ANSWER**  49. ①  50. ④  51. ①  52. ②  53. ③  54. ③

**55** 특수고력볼트인 T.S볼트를 구성하고 있는 요소와 거리가 먼 것은?

① 너트　　　　　　　　　② 핀테일
③ 평와셔　　　　　　　　④ 필러플레이트

**알찬풀이** │ 필러 플레이트(filler plate)
두께가 다른 철골 부재를 덧판 사이에 끼우고 볼트 접합하는 경우, 두께를 조정하기 위해 삽입하는 얇은 강판을 말한다.

**56** 콘크리트의 공칭전단강도($Vc$)가 36kN이고, 전단보강근에 의한 공칭전단강도($Vs$)가 24kN 일 때 설계전단력($\phi V_n$)으로 옳은 것은?

① 45kN　　　　　　　　　② 51kN
③ 56kN　　　　　　　　　④ 60kN

**알찬풀이** │ 설계전단력($\phi V_n$)
$$\phi V_n = \phi(C + V_S)$$
$\phi = 0.75$(전단에 대한 강도감소계수)
$$\therefore \ \phi V_n = 0.75 \times (36 + 24) = 45(\text{kN})$$

**57** 등분포 하중을 받는 단순보의 최대처짐 공식으로 옳은 것은?

① $\dfrac{3wl^4}{192EI}$　　　　　　　② $\dfrac{5wl^4}{384EI}$

③ $\dfrac{wl^4}{120EI}$　　　　　　　④ $\dfrac{7wl^4}{384EI}$

**알찬풀이** │ 등분포 하중을 받는 단순보의 최대처짐($\delta_{\max}$)
$$\delta_{\max} = \delta c = \frac{5wl^4}{384EI} \ \text{이다.}$$

**58** 다음 단면의 공칭 휨강도 $M_n$을 구하면?(단, $f_{ck} = 30MPa$, $f_y = 300MPa$이다.)

① 132.2kN · m

② 160.5kN · m

③ 191.6kN · m

④ 222.2kN · m

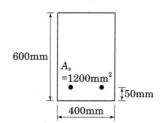

**알찬풀이** | 공칭 휨강도($M_n$)

$$a = \frac{A_s \cdot f_y}{0.85 f_{ck} \cdot b} = \frac{1,200 \times 300}{0.85 \times 30 \times 400} \fallingdotseq 35.3 (mm)$$

$$M_n = T \cdot (d - \frac{a}{2}) = A_s \cdot f_y \cdot (d - \frac{a}{2})$$

$$= 1,200 \times 300 \times (550 - \frac{35.3}{2})$$

$$= 191,646,000 (N \cdot mm) = 191.6 (kN \cdot m)$$

**59** 구조물의 지점은 이동지점, 회전지점, 고정지점으로 구분되어진다. 각각의 지점에 대한 반력의 수로 알맞은 것은?

① 이동지점－1개, 회전지점－2개, 고정지점－3개

② 이동지점－2개, 회전지점－1개, 고정지점－3개

③ 이동지점－1개, 회전지점－3개, 고정지점－2개

④ 이동지점－3개, 회전지점－1개, 고정지점－2개

**알찬풀이** | 지점에 대한 반력의 수
　　　　　이동지점－1개, 회전지점－2개, 고정지점－3개이다.

**60** 기초 크기 3.0m × 3.0m의 독립기초가 축방향력 $N = 60kN$(기초자중 포함), 휨모멘트 $M = 10kN \cdot m$을 받을 때 기초 저면의 편심거리는 약 얼마인가?

① 0.10m

② 0.17m

③ 0.21m

④ 0.34m

**알찬풀이** | 기초 저면의 편심거리($e$)

$$M = N \cdot e$$

$$e = \frac{M}{N} = \frac{10}{60} \fallingdotseq 0.17 (m)$$

제4과목 : 건축설비

**61** 지름이 100mm인 관속을 통과하는 유체의 유량이 0.1m³/s인 경우, 이 유체의 유속은?

① 9.8m/s
② 10.7m/s
③ 11.5m/s
④ 12.7m/s

**알찬풀이** | 유체의 유속

$$Q = AV, \quad A = \frac{Q}{V}, \quad V = \frac{Q}{A}$$

$$Q = 0.1\text{m/s}, \, d = 100\text{mm} = 0.1\text{m}$$

$$A = \frac{\pi d^2}{4} = \frac{3.14 \times 0.1^2}{4} = 0.00785$$

$$\therefore \; V = \frac{0.1}{0.00785} = 12.74(\text{m/s})$$

(부호) $Q$=유량, $A$=단면적, $V$=유속

**62** 전기실에 설치된 변압기 등의 발열량은 46.5kW이다. 32℃의 외기를 이용하여 전기실 실내를 40℃로 유지하고자 할 경우 도입해야 할 필요 외기량은?
(단, 공기의 비열은 1.01kJ/kg · K, 공기의 밀도는 1.2kg/m³이다.)

① 약 5000m³/h
② 약 17265m³/h
③ 약 20834m³/h
④ 약 25100m³/h

**알찬풀이** | 필요 외기량(환기량)

$$H_i = 0.34 \cdot Q \cdot \Delta_t = 0.34 \cdot n \cdot V \cdot \Delta_t$$

(부호)
$H_i$ : 환기(틈새 바람)에 의한 손실열량(W)
0.34 : 단위환산 계수
$Q$ : 환기량(m³/h)
$n$ : 환기회수(회/h)
$V$ : 실의 체적(m³)
$\Delta_t$ : 실내외 온도차(℃)
$H_i = 46.5(\text{kW}) = 46,500(\text{W})$

$$\therefore \; Q = \frac{H_i}{0.34 \cdot \Delta_t} = \frac{46,500}{0.34 \times (40-32)} \fallingdotseq 17,095(\text{m}^3/\text{h})$$

**63** 옥내소화전 설비에 관한 설명으로 옳은 것은?

① 송수구는 지면으로부터 높이가 0.5m 이상 1m 이하의 위치에 설치한다.

② 옥내소화전 노즐선단의 방수압력은 0.1MPa 이상이어야 한다.

③ 수원은 그 저수량이 옥내소화전의 설치개수가 가장 많은 층의 설치개수에 $1.3m^3$ 를 곱한 양 이상이어야 한다.

④ 옥내소화전용 펌프의 토출량은 옥내소화전이 가장 많이 설치된 층의 설치 개수에 100L/min를 곱한 양 이상이어야 한다.

**알찬풀이** | 옥내소화전 설비
  ㉠ 노즐선단의 방수압력 : 0.17MPa 이상
  ㉡ 설치개수 : 2.6N (N : 층당 5개 이내)
  ㉢ 펌프의 방수량 : 분당 130 L/min 이상
  ㉣ 호스구경 : 40mm 이상
  ㉤ 각층마다 호스 접속구를 중심으로 반경 25m이내 포함

**64** 인터폰설비의 통화망 구성 방식에 속하지 않는 것은?

① 상호식
② 모자식
③ 복합식
④ 연결식

**알찬풀이** | 인터폰설비
  ㉠ 모자식 : 모기와 자기 간에 통화망이 구성된 방식
  ㉡ 상호식 : 모기와 모기 간에 통화망이 구성된 방식
  ㉢ 복합식 : 모자식과 상호식을 조합한 방식

**65** 자동화재탐지설비의 감지기 중 감지기 주위의 공기가 일정한 농도의 연기를 포함하게 되면 동작하는 것은?

① 차동식
② 정온식
③ 보상식
④ 이온화식

**알찬풀이** | 보상식 감지기
  이온화식 감지기는 감지기 주위의 공기가 일정한 농도의 연기를 포함하게 되면 작동하는 감지기이다.

| ANSWER | 61. ④ | 62. ② | 63. ① | 64. ④ | 65. ④ |
| --- | --- | --- | --- | --- | --- |

**66** 건축물의 냉방부하를 감소시키기 위한 유리창 계획으로 옳지 않은 것은?

① 유리창의 면적을 작게 한다.
② 반사율이 큰 유리를 사용한다.
③ 차폐계수가 큰 유리를 사용한다.
④ 열관류율이 작은 유리를 사용한다.

**알찬풀이** | 차폐계수가 작은 유리를 사용한다.


**67** 루프통기의 효과를 높이는 역할과 함께 배수 · 통기 양 계통간의 공기의 유통을 원활히 하기 위해 설치하는 통기관은?

① 습통기관                    ② 도피통기관
③ 각개통기관                  ④ 공용통기관

**알찬풀이** | 도피통기관
　　㉠ 루프통기관의 통기능률 촉진을 위한 최하류 기구배수관과 배수수직관 사이에 설치하는 통기관
　　㉡ 관경은 접속하는 배수 수평지관 관경의 1/2이상(40mm) 이어야 한다.


**68** 배수트랩의 봉수 파괴 원인에 속하지 않는 것은?

① 증발현상
② 통기관 설치
③ 자기사이폰 작용
④ 감압에 의한 흡입 작용

**알찬풀이** | 배수트랩의 봉수 파괴 원인
　　사이펀작용(자기사이펀 작용, 유인사이펀 작용), 분출작용(토출작용), 모세관 작용, 증발현상


**69** 급탕량의 산정방법에 속하지 않는 것은?

① 급탕단위에 의한 방법
② 사용인원수에 의한 방법
③ 사용기구수에 의한 방법
④ 피크로드 시간에 의한 방법

**알찬풀이** | 일반적으로 인원수에 의한 방법이 정확한 값을 얻을 수 있다.

## 70 다음 중 BOD 제거율[%]을 나타낸 식으로 올바른 것은?

① $\dfrac{유입수BOD - 유출수BOD}{유입수BOD} \times 100$

② $\dfrac{유출수BOD - 유입수BOD}{유입수BOD} \times 100$

③ $\dfrac{유입수BOD - 유출수BOD}{유출수BOD} \times 100$

④ $\dfrac{유출수BOD - 유입수BOD}{유출수BOD} \times 100$

**알찬풀이** | $BOD$ 제거율

$$BOD\,제거율 = \dfrac{유입수BOD - 유출수BOD}{유입수BOD} \times 100\,(\%)$$

## 71 펌프의 특성곡선에서 나타나지 않는 항목은?

① 효율　　　　　　　　　② 유속

③ 양정　　　　　　　　　④ 동력

**알찬풀이** | 펌프의 특성곡선

토출량, 펌프효율, 전양정, 축동력 등의 관계를 나타내는 곡선이다.

## 72 220[V], 400[W] 전열기를 110[V]에서 사용하였을 경우 소비전력[W]은?

① 50[W]　　　　　　　　② 100[W]

③ 200[W]　　　　　　　④ 400[W]

**알찬풀이** | 전압이 1/2로 줄면 전력은 1/4로 준다.

※ 전력(P)은 전기가 단위 시간 동안(1sec)할 수 있는 일의 능력을 의미하며, 다음 식으로부터 전력은 전압의 제곱에 비례한다.

$$P = \dfrac{W}{t} \rightarrow VI = I^2 R = \dfrac{V^2}{R}\,(\text{W})$$

(부호) $W$ : 일의 양(J)

$V$ : 전압(V), 전류(A), 저항(Ω)

**73** 건축물에서 냉각탑을 설치하는 주된 목적은?

① 공기를 가습하기 위하여
② 공기의 흐름을 조절하기 위하여
③ 오염된 공기를 세정시키기 위하여
④ 냉동기의 응축열을 제거하기 위하여

**알찬풀이** | 냉동기의 응축기에 사용된 냉각용수를 재차 사용하기 위하여 실외공기와 직접 접속시켜 냉각용수의 물을 냉각하는 열교환 장치이다.

**74** 백열전구와 비교한 형광램프의 특징으로 옳지 않은 것은?

① 효율이 높다.
② 휘도가 낮다.
③ 수명이 길다.
④ 전원 전압의 변동에 대하여 광속 변동이 크다.

**알찬풀이** | 형광램프는 전원 전압의 변동에 대하여 광속 변동이 작다.

**75** 습공기에 관한 설명으로 옳지 않은 것은?

① 건구온도가 낮아지면 비체적은 감소한다.
② 상대습도 100%인 경우 습구온도와 노점온도는 동일하다.
③ 열수분비는 엔탈피의 변화량을 습구온도 변화량으로 나눈 값이다.
④ 습공기를 가열하면 상대습도는 감소하나 절대 습도는 변하지 않는다.

**알찬풀이** | 열수분비
   공기의 온도 또는 습도가 변할 때 절대온도의 단위증가량 $\Delta x$에 대한 엔탈피의 증가량 $\Delta i$의 비율이다. 공기를 가열하거나 가습하는 경우, 그 공기는 열수분비에 따라 변화한다.

**76** 공기조화방식 중 2중덕트방식에 관한 설명으로 옳지 않은 것은?

① 혼합상자에서 소음과 진동이 생긴다.
② 부하특성이 다른 다수의 실이나 존에도 적용할 수 있다.
③ 덕트 스페이스가 작으며 습도의 완벽한 조절이 용이하다.
④ 냉·온풍의 혼합으로 인한 혼합손실이 있어서 에너지 소비량이 많다.

**알찬풀이** | 2중덕트방식은 덕트 스페이스가 크며 습도의 완벽한 조절이 어렵다.

**77** 소화설비 중 스프링클러 설비에 관한 설명으로 옳지 않은 것은?

① 초기 화재 진압에 효과가 크다.
② 소화기능은 있으나 경보 기능은 없다.
③ 물로 인한 2차 피해가 발생할 수 있다.
④ 고층 건축물이나 지하층의 소화에 적합하다.

**알찬풀이** | 스프링클러 설비
　　사람이 없는 야간에도 화재를 감시하여 동시에 화재경보장치가 작동하여 화재발생을 알린다.

**78** 양수량이 2400L/min, 전양정 9m인 양수 펌프의 축동력은? (단, 펌프의 효율은 70%이다.)

① 4.53kW
② 5.04kW
③ 6.35kW
④ 7.14kW

**알찬풀이** | 양수 펌프의 축동력

$$펌프의 축동력(L_S) = \frac{WQH}{KE}(kW)$$

$$= \frac{1,000 \times 2.4 \times 9}{6,120 \times 0.7} ≒ 0.04(kW)$$

(부호)
$Q$ : 양수량$[m^3/min]$, $H$ : 전양정$[m]$, $E$ : 효율$[\%]$
$W$ : 액체 $1(m^3)$의 중량$[kg/m^3]$ = 물은 $1,000(kg/m^3)$
$K$ : 정수$(kW)$ = $6,120$

**79** 바닥 복사난방에 관한 설명으로 옳지 않은 것은?

① 실내의 쾌적감이 높다.
② 바닥의 이용도가 높다.
③ 방을 개방상태로 하여도 난방효과가 있다.
④ 방열량 조절이 용이하여 간헐난방에 적합하다.

**알찬풀이** | 바닥 복사난방
　　열용량이 크기 때문에 실외의 온도급변에 대해 방열량조절에 시간이 소요된다.

**80** 증기난방의 응축수 환수방식 중 환수가 가장 원활하고 신속하게 이루어지는 것은?

① 진공식　　　　　　　　　　② 기계식
③ 중력식　　　　　　　　　　④ 복관식

**알찬풀이** | 진공 환수식
증기의 순환이 가장 빠르며 방열기, 보일러 등의 설치 위치에 하나도 제한을 받지 않는다.

## 제5과목 : 건축관계법규

**81** 부설주차장 설치대상 시설물인 옥외수영장의 연면적이 15000m², 정원이 1800명인 경우 설치해야 하는 부설 주차장의 최소 주차대수는?

① 75대　　　　　　　　　　② 100대
③ 120대　　　　　　　　　　④ 150대

**알찬풀이** | 옥외수영장의 경우 부설 주차장의 최소 주차대수는 정원 15인당 1대(정원/15인)이다.
∴ 최소 주차대수 = 1800/15 = 120(대)

**82** 주차장에서 장애인전용 주차단위구획의 최소 크기는? (단, 평행주차형식 외의 경우)

① 너비 2.0m, 길이 3.6m　　　② 너비 2.3m, 길이 5.0m
③ 너비 2.5m, 길이 5.1m　　　④ 너비 3.3m, 길이 5.0m

**알찬풀이** | 장애인전용 주차단위구획의 최소 크기는 너비 3.3(m), 길이 5.0(m) 이다.

**83** 특별피난계단에 설치하는 배연설비의 구조에 관한 기준 내용으로 옳지 않은 것은?

① 배연구는 평상시에는 닫힌 상태를 유지할 것
② 배연구 및 배연풍도는 평상시에 사용하는 굴뚝에 연결할 것
③ 배연구에 설치하는 수동개방장치 또는 자동개방장치는 손으로도 열고 닫을 수 있도록 할 것
④ 배연기는 배연구의 열림에 따라 자동적으로 작동하고, 충분한 공기배출 또는 가압능력이 있을 것

**알찬풀이** | 배연구 및 배연풍도는 평상시에 사용하지 않는 별도의 굴뚝에 연결하여야 한다.

**84** 건축법령상 초고층 건축물의 정의로 옳은 것은?

① 층수가 30층 이상이거나 높이가 90m 이상인 건축물
② 층수가 30층 이상이거나 높이가 120m 이상인 건축물
③ 층수가 50층 이상이거나 높이가 150m 이상인 건축물
④ 층수가 50층 이상이거나 높이가 200m 이상인 건축물

**알찬풀이** | 건축법령상 초고층 건축물의 정의
　　　　　층수가 50층 이상이거나 높이가 200(m) 이상인 건축물을 말한다.

**85** 각 층의 거실 바닥면적이 3000m²인 지하 3층 지상 12층의 숙박시설을 건축하고자 할 때, 설치하여야 하는 승용승강기의 최소 대수는? (단, 16인승 승용승강기를 설치하는 경우)

① 4대　　　　　　　　　　　② 5대
③ 9대　　　　　　　　　　　④ 10대

**알찬풀이** | 승용승강기의 최소 대수
　　　　　문화 및 집회시설(전시장, 동·식물원에 한함), 업무시설, 숙박시설, 위락시설의 승용승강기 설치 기준은 1대에 3,000(m²)를 초과하는 경우에는 그 초과하는 매 2,000(m²) 이내마다 1대의 비율로 가산한 대수(단, 8인승 승용승강기를 설치하는 경우) 이상으로 설치하여야 한다.

$$\therefore\ 1 + \frac{(A - 3,000)}{2,000} = 1 + \frac{(3,000 \times 7 - 3,000)}{2,000}$$
$$= 10(대)$$

　　　　　(A : 6층 이상의 거실 면적의 합계)
　　　　　16인승이므로 10(대)/2 = 5(대)

**86** 지역의 환경을 쾌적하게 조성하기 위하여 대통령령으로 정하는 용도와 규모의 건축물에 일반이 사용할 수 있도록 대통령령으로 정하는 기준에 따라 소규모 휴식시설 등의 공개 공지 또는 공개 공간을 설치하여야 하는 대상 지역에 속하지 않는 것은?

① 준주거지역　　　　　　　　② 준공업지역
③ 보전녹지지역　　　　　　　④ 일반주거지역

**알찬풀이** | 공개 공지
　　　　　다음의 어느 하나에 해당하는 지역의 환경을 쾌적하게 조성하기 위하여 대통령령이 정하는 용도 및 규모의 건축물은 일반이 사용할 수 있도록 대통령령이 정하는 기준에 의하여 소규모 휴식시설 등의 공개공지 또는 공개공간을 설치하여야 한다.
　　　　　㉠ 일반주거지역, 준주거지역
　　　　　㉡ 상업지역
　　　　　㉢ 준공업지역
　　　　　㉣ 시장·군수·구청장이 도시화의 가능성이 크다고 인정하여 지정·공고하는 지역

**87** 건축법령상 의료시설에 속하지 않는 것은?

① 치과의원　　　　　　　② 한방병원
③ 요양병원　　　　　　　④ 마약진료소

**알찬풀이** | 건축법령상 의원, 치과의원은 제1종근린생활시설에 해당한다.


**88** 자연녹지지역 안에서 건축할 수 있는 건축물의 용도에 속하지 않는 것은?

① 아파트
② 운동시설
③ 노유자시설
④ 제1종 근린생활시설

**알찬풀이** | 아파트는 자연녹지지역 안에서 건축할 수 없는 건축물의 용도에 해당한다.


**89** 다음은 주차전용건축물에 관한 기준 내용이다. (  ) 안에 속하지 않는 건축물의 용도는?

> 주차전용건축물이란 건축물의 연면적 중 주차장으로 사용되는 부분의 비율이 95% 이상인 것을 말한다. 다만, 주차장 외의 용도로 사용되는 부분이 (   )인 경우에는 주차장으로 사용되는 부분의 비율이 70%이상인 것을 말한다.

① 단독주택　　　　　　　② 종교시설
③ 교육연구시설　　　　　④ 문화 및 집회시설

**알찬풀이** | 주차전용건축물
　　　　　　건축물의 연면적중 주차장으로 사용되는 부분의 비율이 95% 이상인 것을 말한다. 다만, 주차장외의 용도로 사용되는 부분이 「건축법 시행령」 별표 1의 규정에 의한 단독주택, 공동주택, 제1종 및 제2종 근린생활시설, 문화 및 집회시설, 종교시설, 판매시설, 운동시설, 업무시설 또는 자동차관련 시설인 경우에는 주차장으로 사용되는 부분의 비율이 70% 이상인 것을 말한다.

**90** 다음은 건축물이 있는 대지의 분할 제한에 관한 기준 내용이다. 밑줄 친 대통령령으로 정하는 범위 내용으로 옳지 않은 것은?

> 건축물이 있는 대지는 <u>대통령령으로 정하는 범위</u>에서 해당 지방자치단체의 조례로 정하는 면적에 못 미치게 분할할 수 없다.

① 주거지역 : 50m² 이상
② 상업지역 : 150m² 이상
③ 공업지역 : 150m² 이상
④ 녹지지역 : 200m² 이상

**알찬풀이** | 대지의 분할 제한
   건축물이 있는 대지는 다음의 범위에서 해당 지방자치단체의 조례로 정하는 면적에 못 미치게 분할할 수 없다.
   ㉠ 주거지역: 60(m²)
   ㉡ 상업지역: 150(m²)
   ㉢ 공업지역: 150(m²)
   ㉣ 녹지지역: 200(m²)
   ㉤ 위 ㉠~㉣까지의 규정에 해당하지 아니하는 지역:60(m²)

**91** 다음은 건축법령상 건축물의 점검 결과 보고에 관한 기준 내용이다. ( ) 안에 알맞은 것은?

> 건축물의 소유자나 관리자는 정기점검이나 수시점검을 실시하였을 때에는 그 점검을 마친 날부터 ( ) 이내에 해당 특별자치시장·특별자치도지사 또는 시장·군수·구청장에게 결과를 보고하여야 한다.

① 10일
② 14일
③ 30일
④ 60일

**알찬풀이** | 건축물의 점검
   건축물의 소유자나 관리자는 정기점검이나 수시점검을 실시하였을 때에는 그 점검을 마친 날부터 30일 이내에 해당 특별자치시장·특별자치도지사 또는 시장·군수·구청장에게 결과를 보고하여야 한다.

**92** 종교시설의 용도에 쓰이는 건축물에서 집회실의 반자 높이는 최소 얼마 이상으로 하여야 하는가? (단, 집회실의 바닥면적은 300m²이며, 기계환기장치를 설치하지 않은 경우)

① 2.1m
② 2.4m
③ 3.3m
④ 4.0m

**알찬풀이** | 반자의 높이
문화 및 집회시설(전시장 및 동·식물원을 제외), 종교시설, 의료시설 중 장례식장 또는 위락시설 중 주점영업의 용도에 쓰이는 건축물의 관람석 또는 집회실로서 그 바닥 면적이 200(m²) 이상인 것의 반자의 높이는 4(m) 이상이어야 한다.

**93** 연면적 200m²를 초과하는 건축물에 설치하는 계단에 관한 기준 내용으로 옳지 않은 것은?

① 높이 3m를 넘는 계단에는 높이 3m 이내마다 너비 120cm 이상의 계단참을 설치하여야 한다.
② 높이가 1m를 넘는 계단 및 계단참의 양옆에는 난간(벽 또는 이에 대치되는 것을 포함)을 설치하여야 한다.
③ 판매시설의 용도에 쓰이는 건축물의 계단인 경우에는 계단 및 계단참의 너비를 120cm 이상으로 하여야 한다.
④ 계단의 유효높이(계단의 바닥 마감면부터 상부 구조체의 하부 마감면까지의 연직방향의 높이)는 1.8m 이상으로 하여야 한다.

**알찬풀이** | 계단의 유효높이(계단의 바닥 마감 면부터 상부 구조체의 하부 마감면까지의 연직방향의 높이)는 2.1m 이상으로 하여야 한다.

**94** 공동주택 중 아파트로서 4층 이상인 층의 각 세대가 2개 이상의 직통계단을 사용할 수 없는 경우 발코니에 설치하는 대피공간이 갖추어야 할 요건으로 옳지 않은 것은?

① 대피공간은 바깥의 공기와 접하지 않을 것
② 대피공간은 실내의 다른 부분과 방화구획으로 구획될 것
③ 대피공간의 바닥면적은 각 세대별로 설치하는 경우에는 2m² 이상일 것
④ 대피공간의 바닥면적은 인접 세대와 공동으로 설치하는 경우에는 3m² 이상일 것

**알찬풀이** | 대피공간은 바깥의 공기와 접할 수 있는 구조이어야 한다.

**95** 건축물의 건축 시 설계자가 건축물에 대한 구조의 안전을 확인하는 경우 건축구조기술사의 협력을 받아야 하는 대상 건축물에 속하지 않는 것은?

① 특수구조 건축물
② 다중이용 건축물
③ 준다중이용 건축물
④ 층수가 5층인 건축물

**알찬풀이** | 층수가 6층 이상인 건축물은 건축구조기술사의 협력을 받아야 한다.


**96** 다음 중 노외주차장에 설치하여야 하는 차로의 최소 너비가 가장 작은 주차형식은? (단, 이륜자동차전용 외의 노외주차장으로 출입구가 2개 이상인 경우)

① 직각주차
② 교차주차
③ 평행주차
④ 60도 대향주차

**알찬풀이** | 평행주차 방식이 차로의 최소 너비(노외주차장으로 출입구가 2개 이상인 경우)가 3.3(m)로 가장 작다.


**97** 건축허가 대상 건축물이라 하더라도 미리 특별자치시장·특별자치도지사 또는 시장·군수·구청장에게 국토교통부령으로 정하는 바에 따라 신고를 하면 건축허가를 받은 것으로 보는 경우에 속하지 않는 것은?

① 층수가 2층인 건축물에서 바닥면적의 합계 $50m^2$의 증축
② 층수가 2층인 건축물에서 바닥면적의 합계 $60m^2$의 개축
③ 층수가 2층인 건축물에서 바닥면적의 합계 $80m^2$의 재축
④ 연면적이 $300m^2$이고 층수가 3층인 건축물의 대수선

**알찬풀이** | 건축물의 대수선은 경우는 연면적이 $200(m^2)$ 미만이고 층수가 3층 미만인 경우가 신고 대상이다.


**98** 주거지역의 세분으로 저층주택을 중심으로 편리한 주거환경을 조성하기 위하여 지정하는 지역은?

① 제1종전용주거지역
② 제2종전용주거지역
③ 제1종일반주거지역
④ 제2종일반주거지역

**알찬풀이** | 제1종일반주거지역이 저층주택을 중심으로 편리한 주거환경을 조성하기 위하여 필요한 지역이다.
※ 제1종전용주거지역 : 단독주택 중심의 양호한 주거환경을 보호하기 위하여 필요한 지역


| ANSWER | 92. ④ | 93. ④ | 94. ① | 95. ④ | 96. ③ | 97. ④ | 98. ③ |
| --- | --- | --- | --- | --- | --- | --- | --- |

**99** 문화 및 집회시설 중 공연장의 관람석과 접하는 복도의 유효너비는 최소 얼마 이상으로 하여야 하는가? (단, 당해 층의 바닥면적의 합계가 400m²인 경우)

① 1.2m                    ② 1.5m
③ 1.8m                    ④ 2.4m

**알찬풀이** | 문화 및 집회시설 중 공연장의 관람석과 접하는 복도의 유효너비
　　　㉠ 당해 층의 바닥면적의 합계가 500(m²) 미만인 경우 1.5(m) 이상
　　　㉡ 당해 층의 바닥면적의 합계가 500(m²) 이상 1천(m²) 미만인 경우 1.8(m) 이상
　　　㉢ 당해 층의 바닥면적의 합계가 1,000(m²) 이상인 경우 2.4(m) 이상

**100** 태양열을 주된 에너지원으로 이용하는 주택의 건축면적 산정의 기준이 되는 것은?

① 건축물 외벽의 중심선
② 건축물 외벽의 외측 외곽선
③ 건축물 외벽 중 내측 내력벽의 중심선
④ 건축물 외벽 중 외측 비내력벽의 중심선

**알찬풀이** | 태양열을 주된 에너지원으로 이용하는 주택의 건축면적과 단열재를 구조체의 외기측에 설치하는 단열
　　　공법으로 건축된 건축물의 건축면적은 건축물의 외벽중 내측 내력벽의 중심선을 기준으로 한다.

# MEMO

◆ 교육 없는 천재는 광산 속의 은이나 마찬가지이다 - 벤자민 프랭클린

## 국가기술자격검정 필기시험문제

| 2018년도 산업기사 일반검정(2018년 4월 28일) | | | | 수검번호 | 성 명 |
|---|---|---|---|---|---|
| 자격종목 및 등급(선택분야) | 종목코드 | 시험시간 | 문제지형별 | | |
| **건축산업기사** | **2530** | **2시간30분** | **A** | | |

※ 답안카드 작성시 시험문제지 형별누락, 마킹착오로 인한 불이익은 전적으로 수험자의 귀책사유임을 알려드립니다.

---

제1과목 : 건축계획

**01** 다음 중 단독주택의 현관 위치 결정에 가장 주된 영향을 끼치는 것은?

① 용적률
② 건폐율
③ 주택의 규모
④ 도로의 위치

**알찬풀이** | 단독주택의 현관 위치 결정에 주된 영향을 미치는 것은 도로의 위치이다.

**02** 다음 설명에 알맞은 백화점 건축의 에스컬레이터 배치 유형은?

> • 승객의 시야가 다른 유형에 비해 넓다.
> • 승객의 시선이 1방향으로만 한정된다.
> • 점유면적이 많이 요구된다.

① 직렬식
② 교차식
③ 병렬 연속식
④ 병렬 단속식

**알찬풀이** | 직렬형
    ㉠ 장점
      • 승객의 시야가 가장 좋다.
    ㉡ 단점
      • 승객의 시선이 1방향으로만 한정된다.
      • 점유면적을 많이 차지한다.

**03** 다음 중 단독주택 설계 시 거실의 크기를 결정하는 요소와 가장 거리가 먼 것은?

① 가족 구성　　　　　　② 생활 방식
③ 주택의 규모　　　　　④ 마감재료의 종류

**알찬풀이** | 단독주택 설계 시 거실의 크기를 결정하는 요소 중 마감재료의 종류는 관계가 적다.

**04** 메조네트(maisonette)형 공동주택에 관한 설명으로 옳지 않은 것은?

① 통로 면적이 감소된다.
② 복도가 없는 층이 생긴다.
③ 엘리베이터 정지층수가 적다.
④ 소규모 주택에 주로 적용된다.

**알찬풀이** | 메조네트(maisonette)형 공동주택
　　　　　㉠ 1주거가 2층에 걸쳐 구성되는 유형을 말한다.
　　　　　㉡ 복도는 2~3층 마다 설치한다. 따라서 통로면적의 감소로 전용면적이 증가된다.
　　　　　㉢ 침실을 거실과 상·하층으로 구분이 가능하다.
　　　　　㉣ 단위 세대의 면적이 큰 주거에 유리하다.

**05** 주택단지 내 도로의 유형 중 쿨데삭(cul-de-sac) 형에 관한 설명으로 옳지 않은 것은?

① 통과교통을 방지할 수 있다.
② 우회도로가 없어 방재·방범상 불리하다.
③ 주거환경의 쾌적성 및 안전성 확보가 용이하다.
④ 대규모 주택단지에 주로 사용되며, 도로의 최대 길이는 600m 이하로 계획한다.

**알찬풀이** | 쿨데삭(cul-de-sac) 형 도로
　　　　　소규모 주택단지에 주로 사용되며, 도로의 최대 길이는 200(m) 이하로 계획한다.

**06** 다음 중 상점건축의 매장 내 진열장(show case) 배치계획 시 가장 우선적으로 고려하여 할 사항은?

① 조명관계　　　　　　② 진열장의 수
③ 고객의 동선　　　　　④ 실내 마감재료

**알찬풀이** | 상점건축의 매장 내 진열장(show case) 배치계획 시 가장 우선적으로 고려하여 할 사항은 고객의 동선이다.

---

**ANSWER**　　　1. ④　　2. ①　　3. ④　　4. ④　　5. ④　　6. ③

**07** 상점의 판매 형식 중 대면판매에 관한 설명으로 옳은 것은?

① 측면판매에 비하여 진열면적이 커진다.
② 측면판매에 비하여 포장하기가 편리하다.
③ 측면판매에 비하여 충동적 구매와 선택이 용이하다.
④ 측면판매에 비하여 판매원의 정위치를 정하기 어렵다

**알찬풀이** | 대면판매 형식이 측면판매에 비하여 포장하기가 편리하다.

**08** 사무소 건축에서 유효율이 의미하는 것은?

① 연면적에 대한 건축면적의 비율
② 연면적에 대한 대실면적의 비율
③ 건축면적에 대한 대실면적의 비율
④ 기준층 면적에 대한 대실면적의 비율

**알찬풀이** | 유효율(임대면적 비율, rentable ratio)
ⓐ 유효율이란 임대면적과 연면적의 비율을 말하며, 임대 사무소의 경우 채산성의 지표가 된다.

$$\therefore \text{유효율} = \frac{\text{대실면적(수익부분 면적)}}{\text{연면적}} \times 100(\%)$$

ⓑ 일반적으로 70~75%의 범위가 적당하다.

**09** 한식주택의 특정에 관한 설명으로 옳지 않은 것은?

① 한식주택의 실은 혼용도이다.
② 생활 습관적으로 보면 좌식이다.
③ 각 실이 마루로 연결된 조합평면이다.
④ 가구의 종류와 형에 따라 실의 크기와 폭비가 결정된다.

**알찬풀이** | 양식주택이 가구의 종류와 형에 따라 실의 크기와 폭비가 결정된다.

**10** 1주간의 평균 수업시간이 35시간인 어느 학교에서 음악교실이 사용되는 시간은 25시간이다. 그 중 15시간은 음악시간으로 10시간은 영어 수업을 위해 사용된다면, 음악교실의 이용률과 순수율은 얼마인가?

① 이용률 : 60%, 순수율 : 71%
② 이용률 : 40%, 순수율 : 29%
③ 이용률 : 29%, 순수율 : 40%
④ 이용률 : 71%, 순수율 : 60%

**알찬풀이** | 교실의 이용률과 순수율

ⓐ 이용률 $= \dfrac{\text{교실 이용시간}}{\text{주당 평균 수업시간}} \times 100(\%)$

$\quad = \dfrac{25}{35} \times 100 \fallingdotseq 71.4 \rightarrow 71(\%)$

ⓑ 순수율 $= \dfrac{\text{교과 수업시간}}{\text{교실 이용시간}} \times 100(\%)$

$\quad = \dfrac{(25-10)}{25} \times 100 = 60(\%)$

**11** 다음 설명에 알맞은 사무소 건축의 코어 유형은?

• 코어를 업무공간에서 분리, 독립시킨 관계로 업무공간의 융통성이 높다.
• 설비 덕트나 배관을 코어로부터 업무 공간으로 연결하는데 제약이 많다.

① 외코어형　　　　　　　　② 중앙코어형
③ 양단코어형　　　　　　　④ 분산코어형

**알찬풀이** | 외코어형(독립코어형)
　　ⓐ 융통성이 높은 균일한 공간을 얻을 수 있다.
　　ⓑ 덕트, 배관 등의 길이가 길어지면 제약이 많다.

**12** 초등학교의 강당 및 실내체육관 계획에 관한 설명으로 옳지 않은 것은?

① 체육관은 농구코트를 둘 수 있는 크기가 필요하다.
② 강당과 체육관을 겸용할 경우에는 체육관을 주체로 계획한다.
③ 강당은 반드시 전교생 전원을 수용할 수 있도록 크기를 결정한다.
④ 강당과 체육관을 겸용하게 되면 시설비나 부지면적을 절약할 수 있다.

**알찬풀이** | 강당을 반드시 전교생 전원을 수용할 수 있도록 크기를 결정할 필요는 없다.

**ANSWER**　　7. ②　　8. ②　　9. ④　　10. ④　　11. ①　　12. ③

**13** 공장의 창고건축에 관한 설명으로 옳지 않은 것은?

① 다층창고에서 화물의 출입은 기계설비를 이용한다.
② 단층창고는 지가가 높고, 협소한 부지의 경우 주로 이용된다.
③ 단층창고의 경우 구조, 재료가 허용하는 한 스팬을 넓게 하는 것이 좋다.
④ 단층창고의 출입문은 보통 크게 내는 것이 좋으며, 통상적으로 기둥 사이의 전체길이를 문으로 한다.

**알찬풀이** | 다층창고가 지가가 높고, 협소한 부지의 경우 주로 이용된다.


**14** 다음 중 단독주택의 부엌 계획 시 초기에 가장 중점적으로 고려해야 할 사항은?

① 위생적인 급·배수 방법
② 환기를 위한 창호의 크기 및 위치
③ 실내 분위기를 위한 마감 재료와 색채
④ 조리 순서에 따른 작업대의 배치 및 배열

**알찬풀이** | 단독주택의 부엌 계획 시 초기에 가장 중점적으로 고려해야 할 사항은 조리 순서에 따른 작업대의 배치 및 배열이다.


**15** 사무소의 실단위 계획에서 오피스 랜드스케이핑(Office Landscaping)에 관한 설명으로 옳지 않은 것은?

① 커뮤니케이션의 융통성이 있다.
② 독립성과 쾌적감의 이점이 있다.
③ 소음 발생에 대한 대책이 요구된다.
④ 공간의 이용도를 높이고 공사비도 줄일 수 있다.

**알찬풀이** | 오피스 랜드스케이핑(Office Landscaping)의 단점
ㄱ 독립성이 결여될 수 있다.
ㄴ 소음이 발생하기 쉽다.

**16** 다음 중 근린생활권의 단위로서 규모가 가장 작은 것은?

① 인보구            ② 근린주구

③ 근린지구           ④ 근린분구

**알찬풀이** | 인보구
이웃에 살기 때문이라는 이유만으로 가까운 친분이 유지되는 공간적 범위로서, 반경 100~150m 정도를 기준으로 하는 가장 작은 생활권 단위이다.
㉠ 인구: 20~40호(100~200명)
㉡ 규모: 3~4층 정도의 집합주택, 1~2동
㉢ 중심시설: 어린이 놀이터, 공동 세탁장

**17** 사무소 건축의 평면형태 중 2중지역 배치에 관한 설명으로 옳지 않은 것은?

① 동서로 노출되도록 방향성을 정한다.
② 중규모 크기의 사무소 건축에 적당하다.
③ 주계단과 부계단에서 각 실로 들어갈 수 있다.
④ 자연채광이 잘 되고 경제성보다 건강, 분위기 등의 필요가 더 요구될 때 적당하다.

**알찬풀이** | 사무소 건축의 평면형태 중 2중지역 배치 방식은 자연채광 및 환기에는 불리하다.

**18** 모듈계획(MC: Modular Coordination)에 관한 설명으로 옳지 않은 것은?

① 건축재료의 취급 및 수송이 용이해진다.
② 건물 외관의 자유로운 구성이 용이하다.
③ 현장 작업이 단순해지고 공기를 단축시킬 수 있다.
④ 건축재료의 대량 생산이 용이하여 생산 비용을 낮출 수 있다.

**알찬풀이** | 모듈계획(MC: Modular Coordination)에 의하면 건물 외관의 자유로운 구성에는 제약이 따른다.

**19** 연속작업식 레이아웃(layout)이라고도 하며, 대량생산에 유리하고 생산성이 높은 공장건축의 레이아웃 형식은?

① 고정식 레이아웃        ② 혼성식 레이아웃
③ 제품중심의 레이아웃     ④ 공정중심의 레이아웃

**알찬풀이** │ 제품중심의 레이아웃(연속 작업식 레이아웃)
　　ⓐ 생산에 필요한 모든 공정, 기계 종류를 제품의 흐름에 따라 배치하는 방식으로 연속 작업식 레이아웃이라고도 한다.
　　ⓑ 대량생산, 예상생산이 가능한 공장에 유리하고 생산성이 높다.
　　ⓒ 상품 생산의 연속성을 위해 공정 간의 시간적·수량적 밸런스를 고려한다.
　　ⓓ 가전제품의 조립, 장치공업(석유, 시멘트) 공장 등에 적합하다.

**20** 연립주택의 종류 중 타운 하우스에 관한 설명으로 옳지 않은 것은?

① 배치상의 다양성을 줄 수 있다.
② 각 주호마다 자동차의 주차가 용이하다.
③ 프라이버시 확보는 조경을 통하여서도 가능하다.
④ 토지 이용 및 건설비, 유지관리비의 효율성은 낮다.

**알찬풀이** │ 타운 하우스(Town House)
단독주택의 장점을 최대한 고려하며, 토지의 효율적인 이용, 시공비 및 유지관리비의 절감이 가능한 유형이다.

---

### 제2과목 : 건축시공

**21** 높이 3m, 길이 150m인 벽을 표준형 벽돌로 1.0B 쌓기할 때 소요매수로 옳은 것은?
(단, 할증률은 5%로 적용)

① 67053매　　　　　　　② 67505매
③ 70403매　　　　　　　④ 74012매

**알찬풀이** │ 벽돌의 소요매수
　벽 면적 $= 3(\text{m}) \times 150(\text{m}) = 450(\text{m}^2)$
　벽돌의 소요매수 $= 450(\text{m}^2) \times 149(\text{매}/\text{m}^2) \times 1.05$
　　　　　 $\fallingdotseq 70,403(\text{매})$

**22** 워커빌리티에 영향을 주는 인자가 아닌 것은?

① 단위 수량　　　　　　② 시멘트의 강도
③ 단위 시멘트량　　　　④ 공기량

**알찬풀이** │ 콘크리트의 워커빌리티에 영향을 주는 인자
　　ⓐ 단위 수량
　　ⓑ 공기량
　　ⓒ 단위 시멘트 및 자갈량
　　ⓓ 혼화제량

**23** 콘크리트의 고강도화를 위한 방안과 거리가 먼 것은?

① 물-시멘트 비를 크게 한다.
② 고성능 감수제를 사용한다.
③ 강도발현이 큰 시멘트를 사용한다.
④ 폴리머(Polymer)를 함침 한다.

**알찬풀이** | 물-시멘트 비가 크면 콘크리트의 강도는 떨어진다.


**24** 네트워크 공정표에 관한 설명으로 옳지 않은 것은?

① 개개의 관련 작업이 도시되어 있어 내용을 파악하기 쉽다.
② 공정이 원활하게 추진되며, 여유시간 관리가 편리하다.
③ 공사의 진척상황이 누구에게나 쉽게 알려지게 된다.
④ 다른 공정표에 비해 작성시간이 짧으며, 작성 및 검사에 특별한 기능이 요구되지 않는다.

**알찬풀이** | 네트워크 공정표
　　　　　　다른 공정표에 비해 작성시간이 오래 걸리며, 작성 및 검사에 전문적인 지식이 요구된다.


**25** 킨즈 시멘트에 관한 설명으로 옳지 않은 것은?

① 석고 플라스터 중 경질에 속한다.
② 벽바름재 뿐만 아니라 바닥바름에 쓰이기도 한다.
③ 약산성의 성질이 있기 때문에 접촉되면 철재를 부식시킬 염려가 있다.
④ 점도가 없어 바르기가 매우 어렵고 표면의 경도가 작다.

**알찬풀이** | 킨즈 시멘트는 균열이 적고, 경화한 것은 강도가 극히 크고 표면 경도도 크다.


**26** 바닥에 콘크리트를 타설하기 위한 거푸집으로서 거푸집판, 장선, 멍에, 서포트 등을 일체로 제작하여 부재화한 거푸집을 무엇이라 하는가?

① 클라이밍 폼　　　　　　② 유로 폼
③ 플라잉 폼　　　　　　　④ 갱 폼

**알찬풀이** | 플라잉 폼(Flying Form)
　　　　　　바닥에 콘크리트를 타설하기 위한 거푸집으로서 거푸집판, 장선, 멍에, 서포트 등을 일체로 제작하여 부재화한 거푸집이다. 클라이밍 폼은 주로 벽체의 콘크리트 타설에 이용된다.

| ANSWER | 20. ④ | 21. ③ | 22. ② | 23. ① | 24. ④ | 25. ④ | 26. ③ |
| --- | --- | --- | --- | --- | --- | --- | --- |

**27** 세로 규준틀이 주로 사용되는 공사는?

① 목공사　　　　　　　② 벽돌공사
③ 철근콘크리트공사　　　④ 철골공사

**알찬풀이** | 세로 규준틀은 주로 벽돌공사에서 사용한다.


**28** 무근콘크리트의 동결을 방지하기 위한 목적으로 사용되는 것은?

① 제2산화철　　　　　　② 산화크롬
③ 이산화망간　　　　　　④ 염화칼슘

**알찬풀이** | 염화칼슘은 무근콘크리트의 동결을 방지하기 위한 목적으로 사용되나 철근을 부식시키기 때문에
철근콘크리트에는 사용되지 않는다.


**29** 도장공사 시 건조제를 많이 넣었을 때 나타나는 현상으로 옳은 것은?

① 도막에 균열이 생긴다.　　② 광택이 생긴다.
③ 내구력이 증가한다.　　　④ 접착력이 증가한다.

**알찬풀이** | 도장공사 시 건조제를 많이 넣었을 때에는 도막에 균열이 생기기 쉽다.


**30** 목조반자의 구조에 서 반자틀의 구조가 아래에서부터 차례로 옳게 나열된 것은?

① 반자틀 – 반자틀 받이 – 달대 – 달대받이
② 달대 – 달대받이 – 반자틀 – 반자틀받이
③ 반자틀 – 달대 – 반자틀받이 – 달대받이
④ 반자틀받이 – 반자틀 – 달대받이 – 달대

**알찬풀이** | 목조반자의 구조에 서 반자틀의 구조가 아래에서부터 차례로 나열하면 반자틀 – 반자틀 받이 –
달대 – 달대받이 순이다.


**31** 목조계단에서 디딤판이나 챌판은 옆판(측판)에 어떤 맞춤으로 시공하는 것이 구조적으로 가
장 우수한가?

① 통 맞춤　　　　　　　② 턱솔 맞춤
③ 반턱 맞춤　　　　　　④ 장부 맞춤

**알찬풀이** | 목조계단에서 디딤판이나 챌판은 옆판(측판)에 통 맞춤으로 시공하는 것이 구조적으로 가장 우수하다.

**32** 지반조사를 구성하는 항목에 관한 설명으로 옳은 것은?

① 지하탐사법에는 짚어보기, 물리적 탐사법 등이 있다.
② 사운딩시험에는 팩 드레인공법과 치환공법 등이 있다.
③ 샘플링에는 흙의 물리적 시험과 역학적 시험이 있다.
④ 토질시험에는 평판재하시험과 시험말뚝박기가 있다.

**알찬풀이** | 지반조사
　　② 팩 드레인공법과 치환공법은 지반개량 공법에 해당한다.
　　③ 샘플링은 토질조사에 필요한 시료를 채취하는 방법을 말한다.
　　④ 지내력 시험에는 평판재하시험과 시험말뚝박기가 있다.

**33** 흙막이 공법의 종류에 해당되지 않는 것은?

① 지하연속벽 공법　　　　　② H-말뚝 토류판 공법
③ 시트파일 공법　　　　　　④ 생석회 말뚝 공법

**알찬풀이** | 생석회 말뚝 공법
　　생석회를 연약지반에 말뚝 모양으로 타설하는 공법인데 연약지반 개량 공법의 일종으로, 강력한 탈
　　수·팽창력을 가진 생석회가 흙 속의 물을 급속하게 탈수하는 동시에 말뚝의 부피가 2배로 팽창하
　　여 지반을 강제 압밀시키는 것이 특징이다.

**34** 콘크리트 부어 넣기에서 진동기를 사용하는 가장 큰 목적은?

① 재료분리 방지　　　　　　② 작업능률 촉진
③ 경화작용 촉진　　　　　　④ 콘크리트의 밀실화 유지

**알찬풀이** | 콘크리트 부어 넣기에서 진동기를 사용하는 가장 큰 목적은 콘크리트를 밀실하게 타설하기 위함이다.

**35** 로이 유리(Low Emissivity Glass)에 관한 설명으로 옳지 않은 것은?

① 판유리를 사용하여 한쪽 면에 얇은 은막을 코팅한 유리이다.
② 가시광선을 76% 넘게 투과시켜 자연채광을 극대화하여 밝은 실내분위기를 유
　지할 수 있다.
③ 파괴 시 파편이 없는 등 안전성이 뛰어나 고층건물의 창, 테두리 없는 유리문에
　많이 쓰인다.
④ 겨울철에 건물 내에 발생하는 장파장의 열선을 실내로 재반사시켜 실내보온성
　이 뛰어나다.

**알찬풀이** | 강화유리
　　파괴 시 파편이 없는 등 안전성이 뛰어나 고층건물의 창, 테두리 없는 유리문에 많이 쓰인다.

**ANSWER**　　27. ②　28. ④　29. ①　30. ①　31. ①　32. ①　33. ④　34. ④　35. ③

**36** 프리캐스트 콘크리트의 생산과 관련된 설명으로 옳지 않은 것은?

① 철근 교점의 중요한 곳은 풀림 철선 혹은 적절한 클립 등을 사용하여 결속하거나 점용접하여 조립하여야 한다.

② 생산에 사용되는 프리스트레스 긴장재는 스터럽이나 온도철근 등 다른 철근과 용접가능하다.

③ 거푸집은 콘크리트를 타설할 때 진동 및 가열 양생 등에 의해 변형이 발생하지 않는 견고한 구조로서 형상 및 치수가 정확하며 조립 및 탈형이 용이한 것이어야 한다.

④ 콘크리트의 다짐은 콘크리트가 균일하고 밀실하게 거푸집 내에 채워지도록 하며, 진동기를 사용하는 경우 미리 묻어둔 부품 등이 손상하지 않도록 주의하여야 한다.

**알찬풀이** | 프리캐스트 콘크리트
프리스트레스 긴장재는 스터럽이나 온도철근 등 다른 철근과 용접하여서는 안 된다.


**37** 다음 ( ) 안에 가장 적합한 용어는?

목구조에서 기둥, 보의 접합은 보통 ( A )으로 보기 때문에 접합부 강성을 높이기 위해 ( B )을/를 쓰는 것이 바람직하다.

① A : 강접합, B : 가새　　　　② A : 핀접합, B : 가새
③ A : 강접합, B : 샛기둥　　　　④ A : 핀접합, B : 샛기둥

**알찬풀이** | 목구조의 접합
목구조에서 기둥, 보의 접합은 보통 핀접합으로 보기 때문에 접합부 강성을 높이기 위해 가새를 쓰는 것이 바람직하다.


**38** 지하층 굴착 공사 시 사용되는 계측 장비의 계측내용을 연결한 것 중 옳지 않은 것은?

① 간극 수압 – Piezo meter　　　② 인접건물의 균열 – Crack gauge
③ 지반의 침하 – Vibrometer　　　④ 흙막이의 변형 – Strain gauge

**알찬풀이** | 지반의 침하에는 계측 장비 중 지표침하계를 사용한다.

## 39 시방서에 관한 설명으로 옳지 않은 것은?

① 시방서는 계약서류에 포함된다.
② 시방서 작성순서는 공사진행의 순서와 일치하도록 하는 것이 좋다.
③ 시방서에는 공사비 지불조건이 필히 기재되어야 한다.
④ 시방서에는 시공방법 등을 기재한다.

**알찬풀이** | 시방서에는 공사비 지불조건을 기재하지는 않으며 공사비 지불조건은 공사계약서에 기재되어야 한다.

## 40 철골조의 부재에 관한 설명으로 옳지 않은 것은?

① 스티프너(stiffener)는 웨브(web)의 보강을 위해서 사용한다.
② 플랜지플레이트(flange plate)는 조립보(plate girder)의 플랜지 보강재이다.
③ 거셋플레이트(gusset plate)는 기둥 밑에 붙여서 기둥을 기초에 고정시키는 역할을 한다.
④ 트러스 구조에서 상하에 배치된 부재를 현재라 한다.

**알찬풀이** | 베이스 플레이트(babe plate)는 철골 기둥 밑에 붙여서 기둥을 기초에 고정시키는 역할을 한다.

### 제3과목 : 건축구조

## 41 다음 구조물의 개략적인 휨모멘트도로 옳은 것은?

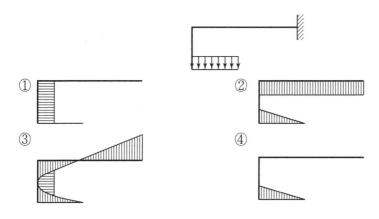

**알찬풀이** | 개략적인 휨모멘트도
한 단이 고정 상태이고 다른 한 단의 일부분에 등분포 하중이 작용하는 캔틸레버 보의 일종으로 개략적인 휨모멘트도는 그림 ③과 같은 형태를 예상할 수 있다.

| ANSWER | 36. ② | 37. ② | 38. ③ | 39. ③ | 40. ③ | 41. ③ |
|--------|-------|-------|-------|-------|-------|-------|

**42** 다음 그림과 같이 보의 휨모멘트도가 나타날 수 있는 지점상태는?

B.M.D

① ② ③ ④

**알찬풀이** | 그림과 같이 보의 휨모멘트도가 나타날 수 있기 위해서는 양단이 고정 상태이어야 한다.

**43** 내진설계 시 휨모멘트와 축력을 받는 특수모멘트 골조 부재의 축방향 철근의 최대 철근비는?

① 0.02 ② 0.04
③ 0.06 ④ 0.08

**알찬풀이** | 내진설계 시 휨모멘트와 축력을 받는 특수모멘트 골조 부재의 축방향 철근의 최대 철근비 0.06이다.

**44** 기초 설계에 있어 장기 50kN(자중포함)의 하중을 받을 경우 장기 허용지내력 10kN/m²의 지반에서 적당한 기초판의 크기는?

① 1.5m × 1.5m ② 1.8m × 1.8m
③ 2.0m × 2.0m ④ 2.3m × 2.3m

**알찬풀이** | 기초판의 크기($A_f$)

$$A_f = \frac{N}{q_a} = \frac{50}{10} = 5(\text{m}^2)$$

∴ 기초판의 크기($A_f$)는 $2.3(\text{m}) \times 2.3(\text{m})$가 적당하다.

(부호) $N$ : 장기 축하중, $q_a$ : 허용지내력

**45** 단면 복부의 폭이 400mm, 양쪽 슬래브의 중심간 거리가 2000mm인 대칭 T형보의 유효 폭은? (단, 보의 경간은 4800mm, 슬래브 두께는 120mm임)

① 1000mm  ② 1200mm

③ 2000mm  ④ 2320mm

**알찬풀이** | T형보의 유효 폭($b$)

대칭 T형 보의 플랜지 유효 폭(b)은 다음 ①~③의 값 중에서 작은 값으로 한다.

① $16tf + bw$

② 양쪽 슬래브의 중심간 거리

③ 보의 경간의 1/4

(부호) $tf$ : 플랜지의 두께

$bw$ : 플랜지가 있는 부재에서 복부 폭

① $16 \times 120 + 400 = 2,320 \text{(mm)}$

② $2,000 \text{(mm)}$

③ $1/4 \times 4,800 = 1,200 \text{(mm)}$

∴ $b = 1,200 \text{(mm)}$

**46** 그림과 같은 구조형상과 단면을 가진 캔틸레버보 A점의 처짐($\delta_A$)은? (단, $E = 10^4$MPa)

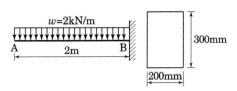

① 0.29mm  ② 0.49mm

③ 0.69mm  ④ 0.89mm

**알찬풀이** | 캔틸레버보 A점의 처짐($\delta_A$)

등분포 하중을 받는 캔틸레버보 끝단의 처짐이 최대 처짐이고 공식은 $\delta_A = \dfrac{wL^4}{8EI}$ 이다.

$$I = \frac{bh^3}{12} = \frac{200 \times 300^3}{12} = 45 \times 10^7 \text{(mm}^4\text{)}$$

$$\delta_A = \frac{wL^4}{8EI} = \frac{2 \times 2000^4}{8 \times 10^4 \times 45 \times 10^7} \fallingdotseq 0.89 \text{(mm)}$$

**47** 강도설계법에 따른 하중조합으로 옳은 것은?
(단, 건축구조기준 설계하중 적용)

① 1.2D

② 1.2D+1.0E+1.6L

③ 0.9D+1.3 W

④ 1.2D+1.3L+0.9W

**알찬풀이** | 강도설계법에 따른 하중조합
① $U = 1.2D + 1.6L$
② $U = 1.2D + 1.0E + 1.0L + 0.2S$
③ $U = 0.9D + 1.3W$
④ $U = 0.9D + 1.0E$
(부호) $D$ :고정하중, $E$ : 지진하중, $L$ : 활하중, $S$ : 적설하중

**48** 콘크리트충전 강관(CFT)구조의 특징에 관한 설명으로 옳지 않은 것은?

① 철근콘크리트구조에 비해 내력과 변형능력이 뛰어나다.
② 콘크리트의 충전성 확인이 용이하다.
③ 강구조에 비해 국부좌굴의 위험성이 낮다.
④ 콘크리트 타설 시 별도의 거푸집이 필요 없다.

**알찬풀이** | 콘크리트충전 강관(CFT)구조는 강관 내부에 콘크리트를 충전한 구조물로 콘크리트의 충전성 확인이 어렵다.

**49** 그림과 같은 연속보의 판별은?

① 정정

② 1차 부정정

③ 2차 부정정

④ 3차 부정정

**알찬풀이** | 연속보의 판별
직선재인 보나 단층 라멘의 경우는 다음과 같은 약산식으로 구할 수 있다.
부정정 차수$(N) = (r-3) - h$
(부호) $r$ : 반력수
$h$ : 구조물 내의 힌지(hinge) 수

부정정 차수$(N) = (4-3) - 1 = 0$
∴ 정정 구조물에 해당한다.

**50** 기성 콘크리트 말뚝의 파일 이음법에 해당하지 않는 것은?

① 충전식 이음          ② 파이프 이음

③ 용접식 이음          ④ 볼트식 이음

**알찬풀이** | 기성 콘크리트 말뚝의 파일 이음법에는 충전식 이음, 용접식 이음, 볼트식 이음법이 있다.

**51** 철근콘크리트 단근보를 설계할 때 최대철근비로 옳은 것은?
(단, $f_y$=400MPa, $\rho_b$= 0.038)

① 0.0271          ② 0.0304

③ 0.0342          ④ 0.0361

**알찬풀이** | 최대철근비($\rho_{\max}$)
$f_y = 400(\mathrm{MPa})$ 일 때 철근콘크리트 단근보의 최대철근비는 $0.714\rho_b$이다.
∴ $\rho_{\max} = 0.714 \times 0.038 ≒ 0.0271$

**52** 단면이 300mm×300mm인 단주에서 핵반경 값은?

① 30mm          ② 40mm

③ 50mm          ④ 60mm

**알찬풀이** | 단주에서 핵반경($e$)
직사각형의 단면의 핵반경은 $e_1 = \dfrac{h}{6}$, $e_2 = \dfrac{b}{6}$ 이다.
∴ $e = \dfrac{300}{6} = 50(\mathrm{mm})$

**53** 휨응력 산정 시 필요한 가정에 관한 설명 중 옳지 않은 것은?

① 보는 변형한 후에도 평면을 유지한다.
② 보의 휨응력은 중립축에서 최대이다.
③ 탄성범위 내에서 응력과 변형이 작용한다.
④ 휨부재를 구성하는 재료의 인장과 압축에 대한 탄성계수는 같다.

**알찬풀이** | 보의 휨응력은 중립축에서는 0이다.

**54** 철근의 이음에 관한 기준으로 옳지 않은 것은?

① D32를 초과하는 철근은 겹침이음을 할 수 없다.

② 휨부재에서 서로 직접 접촉되지 않게 겹친 이음된 철근은 횡방향으로 소요 겹침이음길이의 1/5 또는 150mm 중 작은 값 이상 떨어지지 않아야 한다.

③ 용접이음은 용접용 철근을 사용해야 하며 철근의 설계기준항복강도 $f_y$의 125% 이상을 발휘할 수 있는 완전용접이어야 한다.

④ 다발철근의 겹침이음은 다발 내의 개개 철근에 대한 겹침이음 길이를 기본으로 하여 결정하여야 한다.

**알찬풀이** | D35를 초과하는 철근은 겹침이음을 할 수 없다.

**55** 부재길이가 3.5m이고, 지름이 16mm인 원형단면 강봉에 3kN의 축하중을 가하여 강봉이 재축방향으로 2.2mm 늘어났을 때 이 재료의 탄성계수 E는?

① 17763MPa

② 18965MPa

③ 21762MPa

④ 23738MPa

**알찬풀이** | 강봉의 탄성계수(E)

$E = \dfrac{\sigma}{e} = \dfrac{P \cdot L}{A \cdot \Delta l}$ 식을 활용한다.

$A = 3.14 \times 8^2 ≒ 200.96 (\text{mm}^2)$

$\therefore E = \dfrac{3 \times 10^3 \times 3.5 \times 10^3}{200.96 \times 2.2} ≒ 23,749 (\text{MPa})$

**56** 그림과 같은 도형의 도심의 위치 $X_o$의 값으로 옳은 것은?

① 2.4cm

② 2.5cm

③ 2.6cm

④ 2.7cm

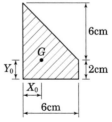

**알찬풀이** | 도형의 도심의 위치($X_o$)

$X_o = \dfrac{G_x}{A} = \dfrac{A_1 \times x_1 + A_2 \times x_2}{A}$

$= \dfrac{(6 \times 2) \times 3 + (\frac{1}{2} \times 6 \times 6) \times 2}{(6 \times 2) + (\frac{1}{2} \times 6 \times 6)} = 2.4 (\text{cm})$

**57** 스팬이 4.5m이고, 과도한 처짐에 의해 손상되기 쉬운 비구조요소를 지지하지 않은 평지붕 구조에서 활하중에 의한 순간처짐의 한계는?

① 17mm        ② 20mm

③ 25 mm       ④ 34mm

**알찬풀이** | 순간처짐의 한계

위 조건의 경우 순간처짐의 한계는 $\dfrac{l}{180}$ 이다.

$$\therefore \ \frac{4,500(\text{mm})}{180} = 25(\text{mm})$$

**58** 강도설계법에서 처짐을 계산하지 않는 경우 스팬 $\ell$=8m인 단순지지 콘크리트 보의 최소 두께는? (단, 보통중량 콘크리트 사용, $f_y$=400MPa)

① 400mm       ② 450mm

③ 500mm       ④ 550mm

**알찬풀이** | 보의 최소 두께($h_{\min}$)

처짐을 계산하지 않는 경우 보의 최소 두께는 $\dfrac{l}{16}$ 이다.

$$\therefore \ h_{\min} = \frac{1}{16} = \frac{8,000(\text{mm})}{16} = 500(\text{mm})$$

**59** 그림과 같은 트러스의 D부재의 응력은?

① 3kN
② $3\sqrt{2}$ kN
③ 6kN
④ $6\sqrt{2}$ kN

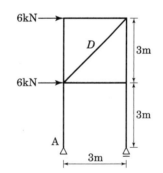

**알찬풀이** | 트러스의 D부재의 응력

그림과 같이 D부재가 지나가도록 수평으로 절단해서 위쪽 ④번 절점에 대해서 고려한다.

$\Sigma H = 0$에서 $+6(\text{kN}) - D \times \dfrac{1}{\sqrt{2}} = 0$

$\therefore \ D = 6\sqrt{2}(\text{kN})$

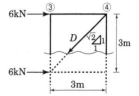

## 60 그림과 같은 단순보의 C점에 생기는 휨 모멘트의 크기는?

① 2kN · m
② 4kN · m
③ 6kN · m
④ 8kN · m

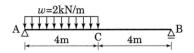

**알찬풀이** | C점에 생기는 휨 모멘트의 크기($M_C$)
등분포 하중을 A-C의 중간에 작용하는 집중하중($P$)으로 바꿔 계산하면 편리하다.
$P = 2(\text{kN/m}) \times 4(\text{m}) = 8(\text{kN})$
$\Sigma M_B = 0$에서 $V_A \times 8(\text{m}) - 8(\text{kN}) \times 6(\text{m}) = 0$
$\qquad\qquad V_A = 6(\text{kN})$
$\Sigma V = 0$에서 $V_A - P + V_B = 0$
$\qquad\qquad V_B = 2(\text{kN})(\uparrow)$
$\therefore M_C = 6(\text{kN}) \times 4(\text{m}) - 8(\text{kN}) \times 2(\text{m}) = 8(\text{kN·m})$

---

### 제4과목 : 건축설비

## 61 변전실의 위치 선정 시 고려할 사항으로 옳지 않은 것은?

① 외부로부터 전원의 인입이 편리할 것
② 기기를 반입, 반출하는데 지장이 없을 것
③ 지하 최저층으로 천장높이가 3m 이상일 것
④ 부하의 중심에 가깝고 배전에 편리한 장소일 것

**알찬풀이** | 변전실의 천정높이는 4(m) 이상이어야 한다.

## 62 조명 용어에 따른 단위가 옳지 않은 것은?

① 광속 : 루멘[lm]
② 광도 : 캔들[cd]
③ 조도 : 룩스[lx]
④ 방사속 : 스틸브[sb]

**알찬풀이** | 조명 용어에 따른 단위
• 조도 : 장소의 밝기(lx)
• 광도 : 광원에서 어떤 방향에 대한 밝기(cd)
• 광속 : 광원 전체의 밝기(lm)
• 휘도 : 광원의 외관상 단위면적당의 밝기(cd/m², sb)
• 광속 발산도 : 물건의 밝기(조도, 반사율)(rlx)

**63** 다음과 같이 정의되는 전기설비 관련 용어는?

> 전면이나 후면 또는 양면에 개폐기, 과전류 차단장치 및 기타 보호장치, 모
> 선 및 계측기 등이 부착되어 있는 하나의 대형 패널 또는 여러 대의 패널,
> 프레임 또는 패널 조립품으로서, 전면과 후면에서 접근할 수 있는 것

① 캐비닛         ② 배전반
③ 분전반         ④ 차단기

**알찬풀이** | 배전반에 대한 설명이다.

**64** 배수수직관 내의 압력변화를 방지 또는 완화하기 위해, 배수수직관으로부터 분기 · 입상하여 통기수직관에 접속하는 통기관은?

① 습통기관         ② 결합통기관
③ 각개통기관         ④ 신정통기관

**알찬풀이** | 결합통기관
             고층 건축물의 경우 배수수직주관과 통기수직주관을 매 5개 층마다 연결하여 설치하는 통기관이다.

**65** 처리대상 인원 1000인, 1인 1일당 오수량 $0.1m^3$, 오수의 평균 BOD 200ppm, BOD 제거율 85%인 오수처리시설에서 유출수의 BOD량은?

① 1.5kg/day         ② 3kg/day
③ 4.5kg/day         ④ 6kg/day

**알찬풀이** | 유출수의 BOD량
       ㉠ BOD량 = 총발생 오수량 ×평균 BOD
           1000명×0.1톤=100톤=100,000L
           200(ppm) = 200(mg/L)
       ㉡ 유입수 BOD량 =오폐수의 량×BOD의 농도
                 $=1000×0.1×200 = 20000(g) = 20(kg)$
       ㉢ 유출수 BOD량 = 유입수 BOD량×15%
       ∴ 유출수 BOD량 = 3(kg/day)

| ANSWER | 60. ④ | 61. ③ | 62. ④ | 63. ② | 64. ② | 65. ② |
| --- | --- | --- | --- | --- | --- | --- |

**66** 실의 용도별 주된 환기목적으로 적절하지 않은 것은?

① 화장실 – 열, 습기 제거
② 옥내주차장 – 유독가스 제거
③ 배전실 – 취기, 열, 습기 제거
④ 보일러실 – 열 제거, 연소용 공기공급

**알찬풀이** | 화장실
악취제거 및 습기제거

**67** LPG 용기의 보관온도는 최대 얼마 이하로 하여야 하는가?

① 20℃              ② 30℃
③ 40℃              ④ 50℃

**알찬풀이** | LPG 용기의 보관온도는 40℃ 이하로 보관하여야 한다.

**68** 습공기선도에 표현되어 있지 않은 것은?

① 비체적           ② 노점온도
③ 절대습도         ④ 열관류율

**알찬풀이** | 습공기선도
공기의 건구온도, 습구온도, 절대습도, 상대습도, 수증기압, 엔탈피, 비체적의 상호관계를 나타내는 도표이다.

**69** 벨로즈(Bellows)형 방열기 트랩을 사용하는 이유는?

① 관내의 압력을 조절하기 위하여
② 관내의 증기를 배출하기 위하여
③ 관내의 고형 이물질을 제거하기 위하여
④ 방열기 내에 생긴 응축수를 환수시키기 위하여

**알찬풀이** | 방열기 트랩
증기를 열원으로 하는 증기 트랩으로 방열기 출구측에 설치되는 열동 트랩이며, 응축수를 환수시킨다.

**70** 고가수조방식을 채택한 건물에서 최상층에 세정밸브가 설치되어 있을 때, 이 세정밸브로부터 고가수조 저수면까지의 필요 최저 높이는? (단, 세정밸브의 최저 필요 압력은 70kPa이며, 고가수조에서 세정밸브까지의 총마찰손실 수두는 4mAq이다.)

① 약 4.7m
② 약 7.4m
③ 약 11m
④ 약 74m

**알찬풀이** | 최저 높이($h_{min}$)
　㉠ 세정밸브의 최소 필요 압력
　　$70(kPa) = 0.07(MPa) \rightarrow$ 수두 7(m)에 해당
　㉡ 고가수조에서 세정밸브까지의 총마찰손실 수두
　　$4(mAq) = 0.04(MPa) \rightarrow$ 수두 4(m)에 해당
　∴ 최저 높이($h_{min}$) = ㉠ + ㉡ = 약 11(m)

**71** 덕트설비의 설계 및 시공에 관한 설명으로 옳지 않은 것은?

① 덕트계통에서 엘보 하류로부터 적정거리를 지난 후 취출구를 설치한다.
② 아스펙트비(aspect ratio)란 장방형덕트에서 장변길이와 단변길이의 비율을 의미한다.
③ 송풍기와 덕트의 접속부는 캔버스이음을 설치하여 덕트계통으로의 진동 전달을 방지한다.
④ 덕트의 단위길이당 압력손실이 일정한 것으로 가정하는 치수결정법을 정압재취득법이라 한다.

**알찬풀이** | 정압재취득법
　덕트 내의 분기점이나 배출구에의 풍속 감소에 따른 정압 재취득에 의한 상승 정압을 다음의 손실 압력에 충당하여 전계통의 정압이 똑같이 되도록 하여 일정한 공기 분배를 얻도록 설계하는 방법이다.

**72** 다음의 건물 내 급수방식 중 수질오염의 가능성이 가장 큰 것은?

① 수도직결방식
② 고가수조방식
③ 압력수조방식
④ 펌프직송방식

**알찬풀이** | 고가수조방식이 수질오염이 가장 심하다.

| ANSWER | 66. ① | 67. ③ | 68. ④ | 69. ④ | 70. ③ | 71. ④ | 72. ② |
|---|---|---|---|---|---|---|---|

**73** 설계온도가 22℃인 실의 현열부하가 9.3kW일 때 송풍공기량은? (단, 취출공기온도 32℃, 공기의 밀도 1.2kg/m³, 비열 1.005kJ/kg · K이다.)

① 2314m³/h

② 2776m³/h

③ 2968m³/h

④ 3299m³/h

**알찬풀이** | 송풍공기량($Q$)

$$Q = \frac{q_s(\text{kW})}{1.21 \cdot \Delta_t}(\text{m}^3/\text{s}) = \frac{q_s(\text{W})}{0.34 \cdot \Delta_t}(\text{m}^3/\text{h})$$

(부호)  $Q$ : 송풍량(m³/s)

$\Delta_t$ : 온도 변화량(℃)

$q_s$, $q_L$ : 실내의 현열 및 잠열부하(kW)

$$\therefore \; Q = \frac{9,300}{(0.34 \times 10)} \fallingdotseq 2,735(\text{m}^3/\text{h})$$

**74** 개별식 급탕방식에 관한 설명으로 옳지 않은 것은?

① 유지관리는 용이하나 배관 중의 열손실이 크다.

② 건물완공 후에도 급탕 개소의 증설이 비교적 쉽다

③ 급탕개소가 적기 때문에 가열기, 배관 길이 등 설비 규모가 작다.

④ 용도에 따라 필요한 개소에서 필요한 온도의 탕을 비교적 간단히 얻을 수 있다.

**알찬풀이** | 개별식 급탕방식은 유지관리가 용이하며 배관의 열손실이 작다.

**75** 자동화재탐지설비의 수신기의 종류에 속하지 않는 것은?

① P형 수신기

② R형 수신기

③ M형 수신기

④ B형 수신기

**알찬풀이** | 수신기의 종류

㉠ P형 1급(proprietary type)

㉡ P형 2급(proprietary type)

㉢ R형(record type)

㉣ M형(municipal type)

**76** 배수관을 막히게 하는 유지분, 모발, 섬유 부스러기 및 인화 위험 물질 등을 물리적으로 수거하기 위하여 설치하는 것은?

① 팽창관        ② 포집기
③ 수처리기        ④ 체크밸브

**알찬풀이** | 포집기
　　배수관을 막히게 하는 유지분, 모발, 섬유 부스러기 및 인화 위험 물질 등을 물리적으로 수거하기 위하여 설치하는 것은 포집기이다.

**77** 팬코일유닛(FCU) 방식에 관한 설명으로 옳지 않은 것은?

① 각 유닛의 개별제어가 가능하다.
② 각 실의 공기 정화 능력이 우수하다.
③ 수배관으로 인한 누수의 우려가 있다.
④ 덕트 샤프트나 스페이스가 필요 없거나 작아도 된다.

**알찬풀이** | 팬코일 유닛방식은 전수방식이다.

**78** 다음은 옥내소화전방수구에 관한 설명이다. ( ) 안에 알맞은 것은?

> 특정소방대상물의 층마다 설치하되, 해당 특정 소방대상물의 각 부분으로부터 하나의 옥내소화전방수구까지의 수평거리가 ( ) 이하가 되도록 할 것

① 15m        ② 20m
③ 25m        ④ 30m

**알찬풀이** | 옥내소화전
　　㉠ 건물 내 각층 각 부분에서 하나의 접속구까지 수평거리가 25m이내가 되도록 한다.
　　㉡ 개폐 밸브는 바닥으로부터 1.5m 이하가 되도록 한다.

**79** 난방설비에 관한 설명으로 옳은 것은?

① 복사난방은 패널의 복사열을 주로 이용하는 방식이다.
② 증기난방은 증기의 현열을 주로 이용하는 방식이다.
③ 온풍난방은 온풍의 잠열을 주로 이용하는 방식이다.
④ 온수난방은 온수의 잠열을 주로 이용하는 방식이다.

**알찬풀이** | 난방설비
　　② 증기난방은 증기의 잠열을 주로 이용하는 방식이다.
　　③ 온풍난방은 온풍의 현열을 주로 이용하는 방식이다.
　　④ 온수난방은 온수의 현열을 주로 이용하는 방식이다.

**80** 관류형 보일러에 관한 설명으로 옳지 않은 것은?

① 기동시간이 짧다.　　　　② 수처리가 필요없다.
③ 수드럼과 증기드럼이 없다.　　④ 부하변동에 대한 추종성이 좋다.

**알찬풀이** | 관류형 보일러
　　㉠ 증기 발생기로서 관내를 흐르는 동안에 예열, 가열, 증발, 과열이 행해져 과열증기를 얻는다.
　　㉡ 보유수량이 적고, 기동시간이 짧아 부하변동에 대해추종성이 좋으나 수처리가 복잡하고 소음이
　　　높다.

## 제5과목 : 건축관계법규

**81** 건축물의 피난·안전을 위하여 건축물 중간층에 설치하는 대피공간인 피난안전구역의 면적 산정식으로 옳은 것은?

① (피난안전구역 위층의 재실자 수×0.5)×0.12m²
② (피난안전구역 위층의 재실자 수×0.5)×0.28m²
③ (피난안전구역 위층의 재실자 수×0.5)×0.33m²
④ (피난안전구역 위층의 재실자 수×0.5)×0.45m²

**알찬풀이** | 피난안전구역의 면적
　　피난안전구역의 면적은 다음 산식에 따라 산정한다.
　　(피난안전구역 위층의 재실자 수 ×0.5)×0.28(m²)

**82** 건축법령상 대지면적에 대한 건축면적의 비율로 정의되는 것은?

① 용적률　　　　　　　　② 건폐율
③ 수용률　　　　　　　　④ 대지율

**알찬풀이** | 건폐율
대지면적에 대한 건축면적(대지에 2 이상의 건축물이 있는 경우에는 이들 건축면적의 합계)의 비율을 말한다.

$$\therefore \ 건폐율 = \frac{건축면적^*}{대지면적} \times 100 (\%)$$

**83** 다음 중 건축물의 관람석 또는 집회실로부터 바깥쪽으로의 출구로 쓰이는 문을 안여닫이로 하여서는 안 되는 건축물은?

① 위락시설
② 판매시설
③ 문화 및 집회시설 중 전시장
④ 문화 및 집회시설 중 동·식물원

**알찬풀이** | 다음 건축물의 관람석 또는 집회실로부터 바깥쪽으로의 출구로 쓰이는 문은 안여닫이로 하여서는 아니 된다.
　㉠ 제2종 근린생활시설 중 공연장·종교집회장(해당 용도로 쓰는 바닥면적의 합계가 각각 300m²
　　이상인 경우만 해당한다)
　㉡ 문화 및 집회시설(전시장 및 동·식물원은 제외한다)
　㉢ 종교시설
　㉣ 위락시설
　㉤ 장례시설

**84** 건축법령상 다가구주택이 갖추어야 할 요건에 해당하지 않는 것은?

① 19세대 이하가 거주할 수 있을 것
② 독립된 주거의 형태를 갖추지 아니할 것
③ 주택으로 쓰는 총수(지하층은 제외)가 3개 층 이하일 것
④ 1개 동의 주택으로 쓰는 바닥면적(부설 주차장 면적은 제외)의 합계가 660m²
　　이하일 것

**알찬풀이** | 건축법령상 다가구주택은 독립된 주거의 형태를 갖추어야 한다.

---

**ANSWER**　　　79. ①　　80. ②　　81. ②　　82. ②　　83. ①　　84. ②

**85** 건축물의 용도변경과 관련된 시설군 중 영업 시설군에 속하지 않는 건축물의 용도는?

① 판매시설　　　　　　　　② 운동시설
③ 업무시설　　　　　　　　④ 숙박시설

**알찬풀이** | 영업시설군
　　　　ⓐ 판매시설
　　　　ⓑ 운동시설
　　　　ⓒ 숙박시설
　　　　ⓓ 제2종 근린생활시설 중 다중생활시설

**86** 다음 중 6층 이상의 거실면적의 합계가 6000m²인 건축물을 건축하고자 하는 경우 설치하여야 하는 승용승강기의 최소 대수가 가장 많은 건축물은?
(단, 8인승 승용승강기를 설치하는 경우)

① 업무시설　　　　　　　　② 위락시설
③ 숙박시설　　　　　　　　④ 의료시설

**알찬풀이** | 승용승강기의 설치기준이 가장 완화된 것부터 강화되어 있는 시설군
　　　　공동주택, 교육연구시설, 기타시설 → 문화 및 집회시설(전시장·동식물원), 업무시설, 숙박시설, 위락시설 → 문화 및 집회시설(공연장, 집회장 및 관람장), 판매시설, 의료시설

**87** 공작물을 축조할 때 특별자치시장·특별자치도지사 또는 시장·군수·구청장에게 신고를 하여야 하는 대상 공작물에 속하지 않는 것은? (단, 건축물과 분리하여 축조하는 경우)

① 높이가 3m인 담장
② 높이가 3m인 옹벽
③ 높이가 5m인 굴뚝
④ 높이가 5m인 광고탑

**알찬풀이** | 높이 6m를 넘는 굴뚝이 신고 대상 공작물에 해당한다.

**88** 가구·세대 등 간 소음 방지를 위하여 건축물의 층간바닥(화장실 바닥은 제외)을 국토교통부령으로 정하는 기준에 따라 설치하여야 하는 대상 건축물에 속하지 않는 것은?

① 단독주택 중 다중주택
② 업무시설 중 오피스텔
③ 숙박시설 중 다중생활시설
④ 제2종 근린생활시설 중 다중생활시설

**알찬풀이** | 건축물의 층간바닥
다음의 어느 하나에 해당하는 건축물의 층간바닥(화장실의 바닥은 제외한다)은 국토교통부령으로 정하는 기준에 따라 설치하여야 한다.
㉠ 단독주택 중 다가구주택
㉡ 공동주택
㉢ 업무시설 중 오피스텔
㉣ 제2종 근린생활시설 중 다중생활시설
㉤ 숙박시설 중 다중생활시설

**89** 주택관리지원센터의 수행 업무에 속하지 않는 것은?

① 간단한 보수 및 수리 지원
② 건축물의 유지·관리에 대한 법률 상담
③ 건축물의 개량·보수에 관한 교육 및 홍보
④ 건축신고를 하고 건축 중에 있는 건축물의 위법 시공 여부의 확인·지도 및 단속

**알찬풀이** | 주택관리지원센터
주택관리지원센터는 다음에 관한 기술지원 및 정보제공 등의 업무를 수행한다.
㉠ 건축물의 에너지효율 및 성능 개선 방법
㉡ 누전(漏電) 및 누수(漏水) 점검 방법
㉢ 간단한 보수 및 수리 지원
㉣ 건축물의 유지·관리에 대한 법률 상담
㉤ 건축물의 개량·보수에 관한 교육 및 홍보
㉥ 그 밖에 건축물의 점검 및 개량·보수에 관하여 건축조례로 정하는 사항

**90** 노외주차장의 주차형식에 따른 차로의 최소 너비가 옳지 않은 것은? (단, 이륜자동차전용 외의 노외주차장으로서 출입구가 2개 이상인 경우)

① 평행주차 : 3.5m
② 교차주차 : 3.5m
③ 직각주차 : 6.0m
④ 60도 대향주차 : 4.5m

**알찬풀이** | 노외주차장 차로의 너비
평행주차의 경우 차로의 최소폭
㉠ 출입구가 2개 이상인 경우 : 3.3(m) 이상
㉡ 출입구가 1개인 경우 : 5(m) 이상

| ANSWER | 85. ③ | 86. ④ | 87. ③ | 88. ① | 89. ④ | 90. ① |

**91** 다음 중 대수선에 속하지 않는 것은?

① 특별피난계단을 수선 또는 변경하는 것
② 방화구획을 위한 벽을 수선 또는 변경하는 것
③ 다세대주택의 세대 간 경계벽을 수선 또는 변경하는 것
④ 기존 건축물이 있는 대지에서 건축물의 층수를 늘리는 것

**알찬풀이** | 증축(增築)

기존건축물이 있는 대지 안에서 건축물의 건축면적·연면적·층수 또는 높이를 증가시키는 것을 말한다.

**92** 주차장에서 장애인전용 주차단위구획의 면적은 최소 얼마 이상이어야 하는가? (단, 평행주차형식 외의 경우)

① 11.5m²           ② 12m²
③ 15m²             ④ 16.5m²

**알찬풀이** | 장애인전용 주차단위구획의 면적

$3.3(m) \times 5(m) = 16.5m^2$

**93** 급수·배수(配水)·배수(排水)·환기·난방 설비를 건축물에 설치하는 경우 관계전문 기술자(건축기계설비기술사 또는 공조냉동기계기술사)의 협력을 받아야 하는 대상 건축물에 속하지 않는 것은? (단, 해당 용도에 사용되는 바닥면적의 합계가 2,000m²인 건축물의 경우)

① 판매시설          ② 연립주택
③ 숙박시설          ④ 유스호스텔

**알찬풀이** | 판매시설, 업무시설, 연구소 건축물의 경우에는 바닥면적의 합계가 3,000m² 이상인 경우 관계전문 기술자(건축기계설비기술사 또는 공조냉동기계기술사)의 협력을 받아야 한다.

**94** 주차장법령상 다음과 같이 정의되는 주차장의 종류는?

> 도로의 노면 또는 교통광장(교차점광장만 해당한다)의 일정한 구역에 설치된 주차장으로서 일반(一般)의 이용에 제공되는 것

① 노상주차장        ② 노외주차장
③ 공용주차장        ④ 부설주차장

**알찬풀이** | 노상주차장

도로의 노면 또는 교통광장(교차점 광장만 해당)의 일정한 구역에 설치된 주차장으로서 일반의 이용에 제공되는 주차장을 말한다.

**95** 시설물의 부지 인근에 단독 또는 공동으로 부설주차장을 설치할 수 있는 부설주차장의 규모 기준은?

① 주차대수 300대 이하　　　　② 주차대수 400대 이하
③ 주차대수 500대 이하　　　　④ 주차대수 600대 이하

**알찬풀이 |** 시설물의 부지 인근에 단독 또는 공동으로 부설주차장을 설치할 수 있는 부설주차장의 규모는 주차대수 300대 이하인 경우에 해당한다.

**96** 상업지역의 세분에 속하지 않는 것은?

① 근린상업지역　　　　② 전용상업지역
③ 유통상업지역　　　　④ 중심상업지역

**알찬풀이 |** 전용상업지역이 상업지역의 세분에 속하지 않는다.

**97** 다음은 건축물의 공사감리에 관한 기준 내용이다. 밑줄 친 공사의 공정이 대통령령으로 정하는 진도에 다다른 경우에 해당하지 않는 것은? (단, 건축물의 구조가 철근콘크리트조인 경우)

> 공사감리자는 국토교통부령으로 정하는 바에 따라 감리일지를 기록·유지하여야 하고, <u>공사의 공정(工程)이 대통령령으로 정하는 진도에 다다른 경우</u>에는 감리중간보고서를, 공사를 완료한 경우에는 감리완료보고서를 국토교통부령으로 정하는 바에 따라 각각 작성하여 건축주에게 제출하여야 한다.

① 지붕슬래브 배근을 완료한 경우
② 기초공사 시 철근배치를 완료한 경우
③ 높이 20m마다 주요구조부의 조립을 완료한 경우
④ 지상 5개 층마다 상부 슬래브배근을 완료한 경우

**알찬풀이 |** 감리중간보고서, 감리완료보고서의 제출
　　　　　높이 20m마다 주요구조부의 조립을 완료한 경우에는 해당 사항이 아니다.

| **ANSWER** | 91. ④ | 92. ④ | 93. ① | 94. ① | 95. ① | 96. ② | 97. ③ |

**98** 국토의 계획 및 이용에 관한 법령에 따른 기반 시설 중 공간시설에 속하지 않는 것은?

① 광장　　　　　　　　　　② 유원지
③ 유수지　　　　　　　　　④ 공공공지

**알찬풀이** | 기반시설의 분류

　　하천 · 유수지(遊水池) · 저수지 · 방화설비 · 방풍설비 · 방수설비 · 사방설비 · 방조설비는　기반시설의
　　분류 중 방재시설에 해당한다.

**99** 국토교통부령으로 정하는 기준에 따라 채광 및 환기를 위한 창문 등이나 설비를 설치하여
야 하는 대상에 속하지 않는 것은?

① 의료시설의 병실
② 숙박시설의 객실
③ 업무시설의 사무실
④ 교육연구시설 중 학교의 교실

**알찬풀이** | 거실의 채광 및 환기

　　단독주택 및 공동주택의 거실, 교육연구시설 중 학교의 교실, 의료시설의 병실 및 숙박시설의 객실
　　에는 국토교통부령으로 정하는 기준에 따라 채광 및 환기를 위한 창문 등이나 설비를 설치하여야
　　한다.

**100** 건축허가신청에 필요한 기본설계도서 중 배치도에 표시하여야 할 사항에 속하지 않는 것은?

① 주차장 규모
② 공개공지 및 조경계획
③ 대지에 접한 도로의 길이 및 너비
④ 건축선 및 대지경계선으로부터 건축물까지의 거리

**알찬풀이** | 건축허가신청에 필요한 기본설계도서 중 배치도에 주차장 규모는 표시하여야 할 사항에 속하지 않
　　는다.

## MEMO

◈ 세상에서 가장 중요한 일들 대부분은 아무도 도와주지 않을 때에도 계속 노력한 사람들에 의해 이루어졌다.
― 데일 카네기

## 국가기술자격검정 필기시험문제

| 2018년도 산업기사 일반검정(2018년 8월 19일) | | | | 수검번호 | 성 명 |
|---|---|---|---|---|---|
| 자격종목 및 등급(선택분야) | 종목코드 | 시험시간 | 문제지형별 | | |
| 건축산업기사 | 2530 | 2시간30분 | A | | |

※ 답안카드 작성시 시험문제지 형별누락, 마킹착오로 인한 불이익은 전적으로 수험자의 귀책사유임을 알려드립니다.

---

**01** 고층사무소 건축의 기준층 평면형태를 한정시키는 요소와 가장 관계가 먼 것은?

① 방화구획상 면적
② 구조상 스팬의 한도
③ 오피스 랜드스케이핑에 의한 가구배치
④ 덕트, 배관, 배선 등 설비시스템상의 한계

**알찬풀이** | 고층사무소 건축의 기준층 평면 형태를 한정시키는 요소로서 오피스 랜드스케이핑에 의한 가구배치와는 거리가 멀다.

**02** 한식주택과 양식주택에 관한 설명으로 옳지 않은 것은?

① 한식주택의 실은 혼용도이다.
② 한식주택은 좌식생활 중심이다.
③ 양식주택에서 가구는 부차적 존재이다.
④ 양식주택의 평면은 실의 기능별 분화이다.

**알찬풀이** | 양식주택에서 가구는 공간계획과 관련이 깊은 존재이다.

**03** 상점 계획에 관한 설명으로 옳지 않은 것은?

① 상점 내 고객의 동선은 짧게, 종업원의 동선은 길게 계획한다.
② 고객의 동선과 종업원의 동선이 만나는 곳에 카운터 케이스를 놓는다.
③ 상점의 총 면적이란 일반적으로 건축면적 가운데 영업을 목적으로 사용되는 면적을 말한다.
④ 국부조명은 배열을 바꾸는 경우를 고려하여 자유롭게 수량, 방향, 위치를 변경할 수 있도록 한다.

**알찬풀이** | 상점 내 고객의 동선은 길게, 종업원의 동선은 짧게 계획한다.

**04** 다음 근린생활권의 주택지의 단위 중 가장 기본이 되는 최소한의 단위는?

① 인보구
② 근린주구
③ 근린분구
④ 커뮤니티 센터

**알찬풀이** | 근린생활권
　　　　　인보구 → 근린분구 → 근린주구의 단위로 구성된다.

**05** 공장건축 중 무창공장에 관한 설명으로 옳지 않은 것은?

① 방직공장 등에서 사용된다.
② 공장 내 조도를 균일하게 할 수 있다.
③ 온·습도의 조절이 유창공장에 비해 어렵다.
④ 외부로부터 자극이 적으나 오히려 실내발생 소음은 커진다.

**알찬풀이** | 온·습도의 조절이 유창공장에 비해 용이하다.

**06** 공장건축의 지붕형식에 관한 설명으로 옳지 않은 것은?

① 솟을지붕은 채광 및 자연환기에 적합한 형식이다.
② 평지붕은 가장 단순한 형식으로 2~3층의 중층식 공장건축물의 최상층에 적용된다.
③ 톱날지붕은 북향의 채광창을 통해 일정한 조도를 가진 약한 광선을 받아들일 수 있다.
④ 샤렌구조 지붕은 최근에 많이 사용되는 유형으로 기둥이 많이 필요하다는 단점이 있다.

**알찬풀이** | 샤렌구조 지붕은 최근에 많이 사용되는 유형으로 기둥이 적게 필요하다는 장점이 있다.

**ANSWER** 　1. ③　　2. ③　　3. ①　　4. ①　　5. ③　　6. ④

**07** 상점의 판매형식에 관한 설명으로 옳지 않은 것은?

① 대면판매는 진열면적이 감소된다는 단점이 있다.
② 측면판매는 판매원의 정위치를 정하기 어렵고 불안정하다.
③ 측면판매는 상품이 손에 잡혀서 충동적 구매와 선택이 용이하다.
④ 대면판매는 상품의 설명이나 포장 등이 불편하다는 단점이 있다.

**알찬풀이** | 대면판매는 상품의 설명이나 포장 등이 용이하다.


**08** 단독주택의 복도 계획에 관한 설명으로 옳지 않은 것은?

① 중복도는 채광, 통풍에 유리하다.
② 연면적 50m² 이하의 주택에 복도를 두는 것은 비경제적이다.
③ 복도를 계획하는 경우, 복도의 면적은 일반적으로 연면적의 10% 정도이다.
④ 복도로 연결된 각 공간의 문은 복도의 폭이 좁을 경우에는 안여닫이로 계획하는 것이 좋다.

**알찬풀이** | 중복도는 채광, 통풍에 불리하다.


**09** 아파트의 단위주거 단면구성 형식 중 복층형에 관한 설명으로 옳지 않은 것은?

① 주택 내의 공간의 변화가 있다.
② 단층형에 비해 공용면적이 감소한다.
③ 구조 및 설비가 단순하여 설계가 용이하고 경제적이다.
④ 복층형 중 단위주거의 평면이 2개 층에 걸쳐져 있는 경우를 듀플렉스형이라 한다.

**알찬풀이** | 단층형에 비해 구조 및 설비가 복잡하여 비경제적이다.


**10** 다음의 아파트 평면형식 중 각 세대의 프라이버시 확보가 가장 용이한 것은?

① 집중형                      ② 계단실형
③ 편복도형                    ④ 중복도형

**알찬풀이** | 계단실형이 각 세대의 프라이버시 확보가 가장 용이하다.

**11** 건축계획의 진행 과정에 있어서 다음 중 가장 먼저 선행되는 작업은?

① 기본계획　　　　　② 조건파악
③ 기본설계　　　　　④ 실시설계

**알찬풀이** | 건축계획의 진행 과정에 있어서 현장과 현장주변 등의 조건파악이 선행 되어야 한다.

**12** 사무소 건축의 실단위 계획 중 개방형 배치에 관한 설명으로 옳은 것은?

① 공사비가 비교적 높다.
② 프라이버시 유지가 용이하다.
③ 방 깊이에 변화를 줄 수 없다.
④ 모든 면적을 유용하게 이용할 수 있다.

**알찬풀이** | 개방형 배치는 모든 면적을 유용하게 이용할 수 있다.

**13** 다음 설명에 알맞은 주거단지의 도로 유형은?

> • 통과교통을 방지할 수 있다는 장점이 있으나 우회도로가 없기 때문에 방재·방범상으로는 불리하다.
> • 주택 배면에는 보행자전용도로가 설치되어야 효과적이다.

① 격자형　　　　　② T자형
③ Loop형　　　　　④ Cul-de-sac형

**알찬풀이** | Cul-de-sac형 도로의 특징이다.

**14** 주택의 동선계획에 관한 설명으로 옳지 않은 것은?

① 동선은 될 수 있는 한 단순하게 한다.
② 동선에는 공간이 필요하고 가구를 둘 수 없다.
③ 서로 다른 동선은 근접 교차시키는 것이 좋다.
④ 동선의 길이는 될 수 있는 한 짧게 하는 것이 좋다.

**알찬풀이** | 서로 다른 동선은 분리시키는 것이 좋다.

**15** 다음 중 사무소 건물의 코어 내에 들어갈 공간으로 적절하지 않은 것은?

① 공조실
② 계단실
③ 중앙 감시실
④ 전기 배선 공간

**알찬풀이** | 중앙 감시실은 코어 공간 보다는 별도의 공간에 배치하는 것이 좋다.


**16** 학교 배치 형식 중 분산 병렬형에 관한 설명으로 옳지 않은 것은?

① 넓은 부지를 필요로 한다.
② 일종의 핑거 플랜(finger plan)이다.
③ 구조계획이 간단하고 규격형의 이용이 가능하다.
④ 일조, 통풍 등 교실의 환경조건을 균등하게 할 수 있다.

**알찬풀이** | 분산 병렬형은 일조, 통풍 등 교실의 환경조건을 균등하게 할 수 있다.


**17** 사무소 건축의 엘리베이터 계획에 관한 설명으로 옳지 않은 것은?

① 일렬 배치는 8대를 한도로 한다.
② 교통동선의 중심에 설치하여 보행거리가 짧도록 배치한다.
③ 대면배치 시 대면거리는 동일 군 관리의 경우 3.5~4.5m로 한다.
④ 여러 대의 엘리베이터를 설치하는 경우 그룹별 배치와 군 관리 운전방식으로
  한다.

**알찬풀이** | 일렬 배치는 6대를 한도로 한다.
　　　　　　※ 연속 6대 이상은 복도(승강기 홀)를 사이에 두고 배치한다.


**18** 주택 부엌에서 작업삼각형의 구성에 속하지 않는 것은?

① 냉장고　　　　　　② 개수대
③ 배선대　　　　　　④ 가열대

**알찬풀이** | 주택 부엌에서 작업삼각형의 구성요소는 냉장고, 개수대, 가열대이다.

**19** 학교운영방식에 관한 설명으로 옳지 않은 것은?

① 교과교실형은 학생의 이동이 많으므로 소지품 보관장소 등을 고려할 필요가 있다.
② 종합교실형은 하나의 교실에서 모든 교과수업을 행하는 방식으로 초등학교 저학년에게 적합하다.
③ 일반 및 특별교실형은 우리나라 대부분의 초등학교에서 적용되었던 방식으로 이제는 적용되지 않고 있다.
④ 플래툰형은 각 학급을 2분단으로 나누어 한 쪽이 일반교실을 사용할 때, 다른 한 쪽은 특별교실을 사용하는 방식이다.

**알찬풀이** | 일반 및 특별교실형은 우리나라 대부분의 초등학교에서 아직도 많이 적용되는 방식이다.

**20** 다음의 상점 진열대 배치 형식 중 상품의 전달 및 고객의 동선상 흐름이 가장 빠른 형식은?

① 굴절형　　　　② 직렬형
③ 환상형　　　　④ 복합형

**알찬풀이** | 상점 진열대 배치 형식 중 상품의 전달 및 고객의 동선상 흐름이 가장 빠른 형식은 직렬형이다.

### 제2과목 : 건축시공

**21** 목구조에서 기초 위에 가로놓아 상부에서 오는 하중을 기초로 전달하며, 기둥 밑을 고정하고 벽을 치는 뼈대가 되는 것은?

① 층보　　　　② 층도리
③ 깔도리　　　　④ 토대

**알찬풀이** | 토대
목구조에서 기초 위에 가로놓아 상부에서 오는 하중을 기초로 전달하며, 기둥 밑을 고정하고 벽을 대는 뼈대 역할을 하는 부재이다.

**22** 공사표준시방서에 기재하는 사항에 해당되지 않는 것은?

① 공법에 관한 사항　　　　② 검사 및 시험에 관한 사항
③ 재료에 관한 사항　　　　④ 공사비에 관한 사항

**알찬풀이** | 공사표준시방서에 공사비에 관한 사항은 기재하는 사항이 아니고 공사비는 내역서에 관한 사항이다.

**23** 알루미늄 창호공사에 관한 설명으로 옳지 않은 것은?

① 알칼리에 약하므로 모르타르와의 접촉을 피한다.
② 알루미늄은 부식방지 조치가 불필요하다.
③ 녹막이네는 연(鉛)을 함유하지 않은 도료를 사용한다.
④ 표면이 연하여 운반, 설치작업 시 손상되기 쉽다.

**알찬풀이** | 알루미늄 창호재는 부식방지 조치가 필요하다.

**24** 해머글래브를 케이싱 내에 낙하시켜 굴착을 완료한 후 철근망을 삽입하고 케이싱을 뽑아 올리면서 콘크리트를 타설하는 현장타설 콘크리트말뚝 공법은?

① 베노토 공법            ② 이코스 공법
③ 어스드릴 공법          ④ 역순환 공법

**알찬풀이** | 베노토 공법
　　　　　직경이 1~2m의 케이싱(casing)을 삽입한 후 해머 그래브(hammer grab)라는 굴삭기를 사용하여 내부의 흙을 파내고 철근 배근 후 콘크리트를 타설하면서 케이싱을 요동시키면서 빼내어 기초 피어(pier)를 만드는 공법이다.

**25** 아스팔트 방수에서 아스팔트 프라이머를 사용하는 목적으로 옳은 것은?

① 방수층의 습기를 제거하기 위하여
② 아스팔트 보호누름을 시공하기 위하여
③ 보수 시 불량 및 하자 위치를 쉽게 발견하기 위하여
④ 콘크리트 바탕과 방수시트의 접착을 양호하게 하기 위하여

**알찬풀이** | 아스팔트 방수에서 아스팔트 프라이머는 콘크리트 바탕과 방수시트의 접착을 양호하게 하기 위하여 사용한다.

**26** 다음 공정표 중 공사의 기성고를 표시하는데 가장 편리한 것은?

① 횡선공정표            ② 사선공정표
③ PERT                 ④ CPM

**알찬풀이** | 공사의 기성고를 표시하는데 가장 편리한 것은 사선공정표이다.

**27** 다음 중 철골용접과 관계 없는 용어는?

① 오버랩(Overlap)　　　　　② 리머(Reamer)
③ 언더컷(Under cut)　　　　④ 블로우 홀(Blow hole)

**알찬풀이** | 리머(Reamer)는 철골 부재의 볼트 구멍을 다듬는데 사용되는 공구이다.


**28** 표준관입시험에서 로드의 머리부에 자유낙하 시키는 해머의 적정 높이로 옳은 것은?(단, 높이는 로드의 머리부로부터 해머까지의 거리임)

① 30cm　　　　　　　　　② 52cm
③ 63.5cm　　　　　　　　④ 76cm

**알찬풀이** | 표준관입시험에서 로드의 머리부에 자유낙하 시키는 해머의 적정 높이는 76cm이다.


**29** 벽과 바닥의 콘크리트 타설을 한 번에 가능하도록 벽체와 바닥 거푸집을 일체로 제작하여 한 번에 설치하고 해체할 수 있도록 한 것은?

① 유로 폼(Euro form)　　　　② 클라이밍 폼(Climbing form)
③ 플라잉 폼(Flying form)　　④ 터널 폼(Tunnel form)

**알찬풀이** | 벽과 바닥의 콘크리트 타설을 한 번에 가능하도록 벽체와 바닥 거푸집을 일체로 제작하여 한 번에 설치하고 해체할 수 있도록 한 것은 터널 폼(Tunnel form)이다.


**30** 다음 각 철물들이 사용되는 장소로 옳지 않은 것은?

① 논 슬립(non-slip) - 계단　　② 피벗(pivot) - 창호
③ 코너 비드(corner bead) - 바닥　④ 메탈 라스(metal lath) - 벽

**알찬풀이** | 코너비드(corner bead)는 벽이다 기둥의 모서리에 설치하는 보호재의 일종이다.


**31** 고층 건물 외벽공사 시 적용되는 커튼월 공법의 특징이 아닌 것은?

① 내력벽으로서의 역할　　　　② 외벽의 경량화
③ 가설공사의 절감　　　　　　④ 품질의 안정화

**알찬풀이** | 고층 건물 외벽공사 시 적용되는 커튼월은 비내력벽에 해당한다.

**32** 독립기초에서 주각을 고정으로 간주할 수 있는 방법으로 가장 타당한 것은?

① 기초판을 크게 한다.　　② 기초 깊이를 깊게 한다.

③ 철근을 기초판에 많이 배근한다.　④ 지중보를 설치한다.

**알찬풀이** | 독립기초에서 주각을 고정으로 간주할 수 있는 방법은 기초판과 기초판을 서로 연결하는 지중보를 설치하는 것이다.


**33** 서중콘크리트에 관한 설명으로 옳지 않은 것은?

① 콘크리트의 공기연행이 용이하여 혼화제 사용이 불필요하다.

② 콘크리트의 배합은 소요의 강도 및 워커빌리티를 얻을 수 있는 범위 내에서 단위 수량을 적게 한다.

③ 비빈 콘크리트는 가열되거나 건조로 인하여 슬럼프가 저하하지 않도록 적당한 장치를 사용하여 되도록 빨리 운송하여 타설하여야 한다.

④ 콘크리트 재료는 온도가 낮아질 수 있도록 하여야 한다.

**알찬풀이** | 서중콘크리트는 콘크리트의 공기연행이 용이하도록 혼화제를 사용하는 것이 일반적이다.


**34** 철근콘크리트의 염해를 억제하는 방법으로 옳은 것은?

① 콘크리트의 피복두께를 적절히 확보한다.

② 콘크리트 중의 염소이온을 크게 한다.

③ 물시멘트비가 높은 콘크리트를 사용한다.

④ 단위수량을 크게 한다.

**알찬풀이** | 철근콘크리트의 염해를 억제하는 방법 중 하나는 콘크리트의 피복두께를 적절히 확보하여 철근의 부식을 방지토록 한다.


**35** 계약 체결 후 일반적인 건축공사의 진행순서로 옳은 것은?

① 공사착공준비 → 가설공사 → 토공사 → 기초공사

② 가설공사 → 공사착공준비 → 토공사 → 기초공사

③ 공사착공준비 → 토공사 → 기초공사 → 가설공사

④ 토공사 → 가설공사 → 공사착공준비 → 기초공사

**알찬풀이** | 계약 체결 후 일반적인 건축공사의 진행순서로 옳은 것은 공사착공준비 → 가설공사 → 토공사 → 기초공사 순이다.

**36** 철골구조에서 가새를 조일 때 사용하는 보강재는?

① 거셋 플레이트(Gusset plate)   ② 슬리브 너트(Sleeve nut)
③ 턴 버클(Turn buckle)   ④ 아이 바(Eye bar)

**알찬풀이** | 철골구조에서 가새를 조일 때 사용하는 보강재는 턴 버클(Turn buckle)이다.

**37** 콘크리트벽돌 공간쌓기에 관한 설명으로 옳지 않은 것은?

① 공간쌓기는 도면 또는 공사시방서에서 정한바가 없을 때에는 안쪽을 주벽체로 하고 바깥쪽은 반장쌓기로 한다.
② 안쌓기는 연결재를 사용하여 주벽체에 튼튼히 연결한다.
③ 연결재로 벽돌을 사용할 경우 벽돌을 걸쳐대고 끝에는 이오토막 또는 칠오토막을 사용한다.
④ 연결재의 배치 및 거리 간격의 최대 수직거리는 400mm를 초과해서는 안 된다.

**알찬풀이** | 공간 쌓기는 도면 또는 공사시방서에서 정한바가 없을 때에는 바깥쪽을 주벽체로 하고 안쪽은 반장 쌓기로 한다.

**38** 목재의 변재와 심재에 관한 설명으로 옳지 않은 것은?

① 심재는 변재보다 비중이 크다.
② 심재는 변재보다 신축변형이 작다.
③ 변재는 심재보다 내후성이 크다.
④ 변재는 심재보다 강도가 약하다.

**알찬풀이** | 일반적으로 목재는 심재가 변재보다 내후성이 크다.

**39** 철근콘크리트 기둥의 단면이 0.4m × 0.5m이고 길이가 10m일 때 이 기둥의 중량(톤)은 약 얼마인가?

① 3.6톤   ② 4.8톤
③ 6톤   ④ 6.4톤

**알찬풀이** | 철근콘크리트 기둥의 중량
  ㉠ $0.4(\text{m}) \times 0.5(\text{m}) \times 10(\text{m}) = 2(\text{m}^3)$
  ㉡ $2(\text{m}^3) \times 2.4(\text{t/m}^3) = 4.8(\text{t})$

**40** 방부성이 우수하지만 악취가 나고, 흑갈색으로 외관이 불미하므로 눈에 보이지 않는 토대, 기둥, 도리 등에 사용되는 방부제는?

① P.C.P                ② 콜타르
③ 크레오소트 유         ④ 에나멜페인트

**알찬풀이** | 크레오소트 유(油)는 방부성이 우수하지만 악취가 나고, 흑갈색으로 외관이 불미하므로 눈에 보이지 않는 토대, 기둥, 도리 등에 사용되는 방부제이다.

## 제3과목 : 건축구조

**41** H-500×200×10×16로 표기된 H형강에서 웨브의 두께는?

① 10mm             ② 16mm
③ 200mm           ④ 500mm

**알찬풀이** | H-500×200×10×16에서 H형강의 높이 500(mm), 웨브의 폭 200(mm), 웨브의 두께 10(mm), 플랜지의 두께 16(mm)를 나타낸다.

**42** 철근의 이음에 관한 기준으로 옳은 것은?

① 용접이음은 철근의 설계기준 항복강도 $f_y$의 125% 이상을 발휘할 수 있는 완전용접이어야 한다.
② 인장이형철근의 이음은 A급, B급으로 분류하여 어떤 경우라도 200mm 이상이어야 한다.
③ 압축이형철근의 이음을 제외하고 D35를 초과하는 철근은 겹침이음할 수 있다.
④ 휨부재에서 서로 직접 접촉되지 않게 겹침이음된 철근은 횡방향으로 소요 겹침이음길이의 1/3 또는 200mm 중 작은 값 이상 떨어지지 않아야 한다.

**알찬풀이** | 철근의 이음
    ② 겹친이음 길이는 300(mm) 이상이어야 한다.
    ③ (압축, 인장 철근 구분 없이) D35를 초과하는 철근은 겹침이음을 금지한다.
    ④ 휨부재에서 서로 직접 접촉되지 않게 겹침이음된 철근은 횡방향으로 소요 겹침이음길이의 1/5 또는 150(mm) 중 작은 값 이상 떨어지지 않아야 한다.

**43** 다음 그림과 같은 독립기초에서 지반 반력의 분포형태로 옳은 것은?

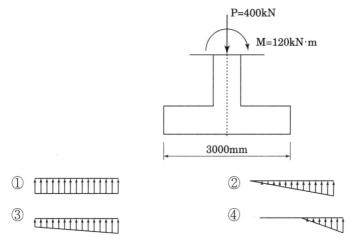

**알찬풀이** | 오른쪽으로 편심 모멘트가 일부 작용하므로 지반 반력의 분포형태는 ③과 같은 형태가 된다.

**44** 다음 조건을 가진 단근보의 강도설계법에 따른 설계모멘트($\phi M_n$)를 구하면?

- $b=350$mm, $d=600$mm
- $4-D22(1548\text{mm}^2)$
- $f_{ck}=21$MPa, $f_y=400$MPa
- $\phi=0.85$

① 270kN·m
② 280kN·m
③ 290kN·m
④ 300kN·m

**알찬풀이** | 설계모멘트($\phi M_n$)
ㄱ 응력 블록의 깊이($a$)

$$a = \frac{A_s f_y}{0.85 f_{ck} b} = \frac{1548 \times 400}{0.85 \times 21 \times 350} \fallingdotseq 99.1(\text{mm})$$

ㄴ 공칭강도(공칭모멘트)

$$rM_n = 0.85 f_{ck} ab \left(d - \frac{a}{2}\right) = 0.85 \times 21 \times 99.1 \times 350 \left(600 - \frac{99.1}{2}\right) \fallingdotseq 340.8(\text{kN·m})$$

ㄷ 설계강도(설계모멘트)

$$M_u = \Phi M_n = 0.85 \times 340.8 \fallingdotseq 290(\text{kN·m})$$

(부호) $A_s$ : 인장측 철근량,　　$f_y$ : 철근의 인장강도
　　　　$f_{ck}$ : 콘크리트의 압축강도,　$b$ : 보의 폭

## 45 그림과 같은 구조물의 판별 결과는?

① 정정
② 1차 부정정
③ 2차 부정정
④ 3차 부정정

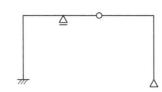

**알찬풀이 | 구조물의 판별**

부정정 차수 = 외적차수($N_e$)+내적차수($N_i$)

= [반력수(r)−3]+[−부재 내의 힌지 절점수(h)+연결된 부재에 따른 차수]

∴ 부정정 차수=[(3+2+1)−3]+[−1+0] = 2차부정정

## 46 그림과 같은 정정 라멘에서 F점의 휨모멘트는?

① 4kN·m
② 3kN·m
③ 2kN·m
④ 1kN·m

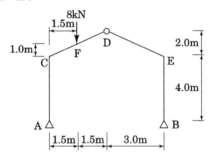

**알찬풀이 | F점의 휨모멘트($M_F$)**

㉠ 힘의 평형 조건식 $\Sigma H=0$에서 $+H_A+H_B=0$

㉡ $\Sigma M_B=0$에서 $V_A \times 6(\mathrm{m})-8(\mathrm{kN}) \times 4.5(\mathrm{m})=0$

$V_A=6(\mathrm{kN})(\uparrow)$

㉢ $\Sigma V=0$에서 $+V_A+V_B-8(\mathrm{kN})=0$

위 ㉡으로부터 $V_B=8(\mathrm{kN})-V_A=2(\mathrm{kN})(\uparrow)$

㉣ 힌지(Hinge) 절점에 대한 조건 방정식 $\Sigma M_{h,L}=0$ 에서

$+V_A \times 3(\mathrm{m})-H_A \times 6(\mathrm{m})-8(\mathrm{kN}) \times 1.5(\mathrm{m})=0$

$H_A=\dfrac{+6 \times 3-12}{6}=+1(\mathrm{kN})(\rightarrow)$

∴ $M_F=+V_A \times 1.5(\mathrm{m})-H_A \times 5(\mathrm{m})=+6(\mathrm{kN}) \times 1.5(\mathrm{m})-1(\mathrm{kN}) \times 5(\mathrm{m})=4(\mathrm{kN \cdot m})$

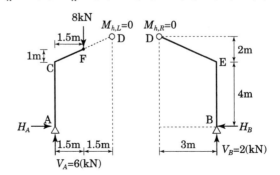

**47** 그림과 같은 중공형 단면에서 도심축에 대한 단면2차반지름은?

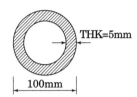

① 27.4mm
② 33.6mm
③ 45.2mm
④ 52.6mm

**알찬풀이** │ 단면2차반지름($r_x$)

㉠ 외경: $D=100(\mathrm{mm})$, 내경 : $d=100-(2\times5)=90(\mathrm{mm})$

㉡ 원형 단면의 도심축에 대한 단면2차모멘트($I_x$)

$$I_x = \frac{\pi D^4}{64}$$

㉢ 단면2차반지름($r_x$, $i_x$)

$$r_x(i_x) = \sqrt{\frac{I_x}{A}}$$

∴ 중공 원형단면에 대한 단면2차반지름($r_x$)

$$r_x = \sqrt{\frac{I_x}{A}} = \sqrt{\frac{\dfrac{\pi}{64}(D^4-d^4)}{\dfrac{\pi}{4}\times(D^2-d^2)}}$$

$$= \sqrt{\frac{D^2+d^2}{16}} = \sqrt{\frac{100^2+90^2}{16}} \fallingdotseq 33.6(\mathrm{mm})$$

**48** 강도설계법에서 처짐을 계산하지 않는 경우에 있어 보의 최소 두께(depth) 규준으로 옳지 않은 것은?(단, 보의 길이는 $l$, 보통중량콘크리트와 400MPa 철근 사용)

① 단순지지 : $l/12$
② 1단연속 : $l/18.5$
③ 양단연속 : $l/21$
④ 캔틸레버 : $l/8$

**알찬풀이** │ 처짐을 계산하지 않는 경우의 보의 최소 두께(h)

| 구 분 | 단순 지지 | 1단 연속 | 양단 연속 | 캔틸레버 |
|---|---|---|---|---|
| 보 | $\dfrac{l}{16}$ | $\dfrac{l}{18.5}$ | $\dfrac{l}{21}$ | $\dfrac{l}{8}$ |

**49** 강구조 고력볼트접합의 특징으로 옳지 않은 것은?

① 접합부 강성이 높아 접합부 변형이 거의 없다.
② 피로강도가 낮은 편이다.
③ 강한 조임력으로 너트의 풀림이 없다.
③ 접합의 종류로는 마찰접합, 인장접합, 지압접합이 있다.

**알찬풀이** | 고력볼트 접합은 마찰접합에 해당하며 강한 조임력으로 너트의 풀림이 적어 피로강도가 높은 편이다.

**50** 그림과 같은 트러스의 S부재 응력의 크기는?

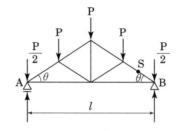

① $\dfrac{1}{2}P \cdot \sin\theta$
② $\dfrac{2}{3}P \cdot \cos\theta$

③ $\dfrac{3}{2}P \cdot \sin\theta$
④ $\dfrac{3}{2}P \cdot \cos\theta$

**알찬풀이** | 트러스의 S부재 응력의 크기

㉠ 하중과 경간이 좌우 대칭이므로

$$V_A = V_B = \frac{\left(\dfrac{P}{2} \times 2\right) + 3P}{2} = +2P(\uparrow)$$

㉡ 절점 $B$에서 $\Sigma V = 0$ 조건을 이용하면 $+2P - \dfrac{1}{2}P(\downarrow) + (S \cdot \sin\theta) = 0$

$$\therefore S = -\frac{3}{2}P \times \frac{1}{\sin\theta} \rightarrow \frac{3}{2}P \cdot \csc\theta \ (압축)$$

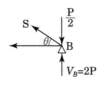

**51** 강구조에서 사용하는 용어가 서로 관계 없는 것끼리 연결된 것은?

① 기둥접합 – 메탈터치(Metal touch)
② 주각부 – 베이스 플레이트(Base plate)
③ 판보 – 커버플레이트(Cover plate)
④ 고력볼트 접합 – 엔드탭(End tap)

**알찬풀이** | 엔드 탭(End tap)
엔드 탭(End tap)은 철골 부재의 단부에 용접 결함을 방지하기 위하여 임시로 덧대는 보강판을 말한다.

**52** 철근의 부착과 정착에 관한 설명으로 옳지 않은 것은?

① 철근이 콘크리트 속에서 빠져나오지 못하게 하는 것을 정착이라 한다.
② 철근의 정착길이는 철근의 직경에 비례하며 철근의 강도에 반비례한다.
③ 휨 응력에 전달 시 철근과 콘크리트 간의 경계면에 발생하는 전단응력을 부착응력이라 한다.
④ 철근과 콘크리트 간의 부착력은 콘크리트의 강도가 높아질수록 증가한다.

**알찬풀이** | 철근의 기본 정착 길이는 철근의 직경 및 철근의 강도에 비례하여 증가한다.

**53** 다음은 철근콘크리트 벽체 설계에 대한 기준이다. ( ) 안에 들어갈 내용을 순서대로 바르게 나타낸 것은?

> 수직 및 수평철근의 간격은 벽두께의 ( ) 이하, 또한 ( ) 이하로 하여야 한다.

① 2배, 300mm  ② 2배, 450mm
③ 3배, 300mm  ④ 3배, 450mm

**알찬풀이** | 철근콘크리트 벽체에서 수직 및 수평철근의 간격은 벽두께의 3배 이하, 또한 450(mm) 이하로 하여야 한다.

**54** 그림과 같은 트러스에서 T부재의 부재력은?

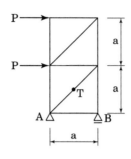

① $P$

② $1.5P$

③ $\sqrt{2}\,P$

④ $2\sqrt{2}\,P$

**알찬풀이** | T부재의 부재력

㉠ $\Sigma M_B = 0$에서 $+V_A \times a + P \times a + P \times 2a = 0$  ∴ $V_A = -3(P)(\downarrow)$

㉡ $\Sigma H = 0$에서 $H_A + P + P = 0$  ∴ $H_A = -2P(\leftarrow)$

㉢ T부재가 지나가도록 그림과 같이 절단하여 $A$점에 대해서 $\Sigma H_A = 0$ 조건식을 적용한다.

$$-2P + T \times \frac{1}{\sqrt{2}} = 0 \quad ∴ \quad T = 2\sqrt{2}\,P$$

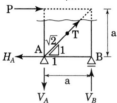

**55** 철근콘크리트구조의 장·단점에 관한 설명으로 옳지 않은 것은?

① 철근콘크리트구조는 내구성, 내진성, 내화성이 우수하다.

② 철근콘크리트구조는 콘크리트의 강도상 단점을 철근이 보완하고 있다.

③ 철근콘크리트구조는 건조수축에 의하여 변형이나 균열이 발생될 수 있다.

④ 철근콘크리트구조는 강구조보다 소요되는 재료의 중량이 작으므로 자중이 가볍다.

**알찬풀이** | 철근콘크리트구조는 강구조보다 소요되는 재료의 중량이 상대적으로 크므로 자중이 무겁다.

**56** 지름 10mm, 길이 15m의 강봉에 무게 8kN의 인장력이 작용할 경우 늘어난 길이는?
(단, $E_s = 2.0 \times 10^5$ MPa)

① 4.32mm  ② 5.34mm

③ 7.64mm  ④ 9.32mm

**알찬풀이** | 늘어난 길이($\Delta l$)

㉠ 훅크의 법칙(Hooke's low)에 의하면 탄성계수(elastic modulus) $E$는 다음과 같이 응력도 $\sigma$ 와 변형도 $\epsilon$의 관계로 표시된다. 이것을 종탄성계수 또는 영계수 (Young's modulus) 라고도 한다.

$$E = \frac{\sigma}{\epsilon}$$

㉡ 위식에서 $\sigma = \frac{N}{A}$, $\epsilon = \frac{\Delta l}{l}$ 이므로 이들을 대입하여 정리하면 영계수 $E$와 늘어난 길이($\Delta l$)는 다음식과 같다.

$$E = \frac{N \cdot l}{A \cdot \Delta l} \rightarrow \Delta l = \frac{N \cdot l}{A \cdot E}$$

㉢ $A = \pi r^2 \fallingdotseq 3.14 \times 5^2 = 78.5 (\text{mm}^2)$, $N = 8(\text{kN}) = 8000(\text{N})$, $l = 15(\text{m}) = 15 \times 1000 (\text{mm})$

$\therefore \Delta l = \frac{N \cdot l}{A \cdot E} = \frac{8000 \times 15 \times 1000}{78.5 \times 2 \times 10^5} \fallingdotseq 7.64 (\text{mm})$

**57** 그림은 구조용 강봉의 응력-변형률 곡선이다. A점은 무엇인가?

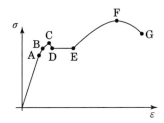

① 탄성한계점
② 비례한계점
③ 상위항복점
④ 하위항복점

**알찬풀이** | 그림의 A점은 비례한계점, B점은 탄성한계점, C점은 상위항복점, D점이 하위항복점을 나타낸다.

## 58 그림과 같은 단순보의 중앙에서 보단면 내의 O점의 휨응력도는?

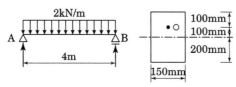

① +0.50MPa

② −0.50MPa

③ +0.75MPa

④ −0.75MPa

**알찬풀이** | O점의 휨응력도

㉠ 단면2차모멘트 $I = \dfrac{bh^3}{12} = \dfrac{150 \times 400^3}{12} = 800 \times 10^6 \, (\text{mm}^4)$

㉡ 등분포 대칭하중이므로 $A$점 및 $B$점의 반력이 $V_A = 4(\text{kN})$, $V_B = 4(\text{kN})$인 것을 쉽게 판단할 수 있다.

㉢ 단순보의 중앙에 작용하는 모멘트는

$M_c = V_A \times 2(\text{m}) - 2(\text{kN/m}) \times 2(\text{m}) \times 1(\text{m})$

$= 4(\text{kN}) \times 2(\text{m}) - 4(\text{k} \cdot \text{m}) = 4(\text{kN} \cdot \text{m}) = 4 \times 10^6 \, (\text{N} \cdot \text{mm})$

∴ O점의 휨응력도 $\rho_b = \dfrac{M_c}{I} \times y = \dfrac{4 \times 10^6}{800 \times 10^6} \times (-100) = -0.5(\text{MPa}) \, (\text{압축})$

## 59 그림과 같은 부정정보에서 전단력이 '0'이 되는 위치 $x$는?

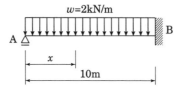

① 2.75m

② 3.75m

③ 4.75m

④ 5.75m

**알찬풀이** | 전단력이 '0'이 되는 위치 $x$

㉠ $V_A = +\dfrac{3wL}{8} (\uparrow)$

㉡ $A$ 지점으로부터 우측으로 $x$위치의 휨모멘트 식은

$M_x = +V_A \times x - (w \cdot x) \times \dfrac{x}{2} = +\left(\dfrac{3wL}{8}\right) \cdot x - \left(\dfrac{w}{2}\right) \cdot x^2$

㉢ 전단력이 '0'이 되는 위치 $x$

$V = \dfrac{dM_x}{dx} = \dfrac{3wL}{8} - w \cdot x = 0$

∴ $x = \dfrac{3L}{8} = \dfrac{3 \times 10(\text{m})}{8} = 3.75(\text{m})$

**60** 다음 보(beam) 중에서 정정구조물이 아닌 것은?

**알찬풀이** | ③의 보는 1차 부정정보(beam)에 해당한다.

제4과목 : 건축설비

**61** 실내 냉방부하 중 현열부하가 3000W, 잠열 부하가 500W일 때 현열비는?

① 0.14 ② 0.17
③ 0.86 ④ 0.92

**알찬풀이** | 현열비(SHF, Sensable Heat Factor)

$$현열비(SHF) = \frac{현열량}{현열량+잠열량}$$

$$= \frac{H_s}{H_s + H_L} = \frac{3000\,W}{3000\,W + 500\,W} ≒ 0.86$$

**62** 온수난방 배관에 역환수 방식(reverse return)을 채택하는 가장 주된 이유는?

① 배관경을 가늘게 하기 위해서
② 배관의 신축을 원활히 흡수하기 위해서
③ 온수를 방열기에 균등히 분배하기 위해서
④ 배관 내 스케일 발생을 감소시키기 위해서

**알찬풀이** | 역환수식(reverse return) 배관법
 ㉠ 온수난방이나 급탕의 배관시 공급관과 환수관의 길이를 거의 같게 하여 온수의 순환시 유량을 균등하게 분배하기 위하여 사용하는 배관법이다.
 ㉡ 배관 공간을 많이 차지하고, 배관비가 많이 든다.

**63** 다음 중 수변전 설비의 설계 순서로 가장 알맞은 것은?

> ㉠ 수전전압 결정 　　　　　㉡ 배전전압 결정
> ㉢ 변전설비 용량 계산 　　　㉣ 변전실 설치면적 계산

① ㉠ → ㉡ → ㉢ → ㉣　　　② ㉠ → ㉢ → ㉡ → ㉣
③ ㉣ → ㉢ → ㉡ → ㉠　　　④ ㉢ → ㉣ → ㉡ → ㉠

**알찬풀이** | 수변전 설비의 설계 순서
　　　　　수전전압 결정 → 배전전압 결정 → 변전설비 용량 계산 → 변전실 설치면적 계산

**64** 다음의 공기조화방식 중 전수방식에 속하는 것은?

① 룸 쿨러방식　　　　　　② 단일덕트방식
③ 팬코일 유닛방식　　　　④ 멀티존 유닛방식

**알찬풀이** | 팬코일 유닛방식(Fancoil Unit System)
　　　　　팬코일(fancoil)이라고 부르는 소형 유니트(unit)를 실내의 필요한 장소에 설치하여 냉·온수 배관을
　　　　　접속시켜 실내의 공기를 대류작용에 의해서 냉·난방하는 방식이다.

**65** 축전지의 충전방식 중 전지의 자기방전을 보충함과 동시에 상용부하에 대한 전력공급은 충전기가 부담하도록 하되 충전기가 부담하기 어려운 일시적인 대전류부하는 축전지로 하여금 부담하게 하는 방식은?

① 보통 충전　　　　　　② 급속 충전
③ 균등 충전　　　　　　④ 부동 충전

**알찬풀이** | 전지의 충전방식 중 부동 충전 방식에 대한 설명이다.
　　　　　※균등충전: 전해조에서 일어나는 전위차를 보정하기위해 1~3개월 마다 1회 정전압으로 10~12시
　　　　　　간 충전하는 방식

**66** 옥내 배선의 간선 굵기 결정 시 고려할 사항과 가장 거리가 먼 것은?

① 전압강하　　　　　　② 배선방법
③ 허용전류　　　　　　④ 기계적 강도

**알찬풀이** | 전선 굵기의 결정 요소
　　　　　㉠ 전선의 안전(허용) 전류
　　　　　㉡ 기계적 강도
　　　　　㉢ 전압강하

**67** 30m 높이에 있는 옥상탱크에 펌프로 시간당 24m³의 물을 공급할 때, 펌프의 축동력은?
(단, 배관 중의 마찰손실은 전양정의 20%, 흡입양정은 4m, 펌프의 효율은 55%이다.)

① 3.82kW
② 4.85kW
③ 5.65kW
④ 6.12kW

**알찬풀이** | 펌프의 축동력

$$Q = 24(\mathrm{m^3})/\mathrm{hr} = \frac{24}{60}(\mathrm{m^3/min}) = 0.4(\mathrm{m^3/min})$$

$$H = 4(\mathrm{m}) + 30(\mathrm{m}) + 34(\mathrm{m}) \times 0.2 = 40.8(\mathrm{m})$$

$$\therefore \text{펌프의 축동력} = \frac{W \times Q \times H}{6,120 \times E}(\mathrm{kW})$$

$$= \frac{1000 \times 0.4 \times 40.8}{6120 \times 0.55} = 4.85(\mathrm{kW})$$

(부호)

$W$ : 물의 밀도(1,000kg/m³)

$Q$ : 양수량(m³/min)

$H$ : 펌프의 전양정[흡입양정($H_s$)+토출양정($H_d$)+마찰손실 수두($H_f$)]

$E$ : 펌프의 효율(%)

**68** 고층 건물에서 급수설비를 조닝하는 가장 주된 이유는?

① 급수압력의 균등화
② 급수 배관길이의 감소
③ 배관 내 스케일의 발생 방지
④ 급수펌프 운전의 편리성 향상

**알찬풀이** | 고층 건물에서 급수설비를 조닝하는 가장 주된 이유는 급수압력의 균등화를 위해서이다.

**69** 덕트(Duct)에 관한 설명으로 옳은 것은?

① 정방형 덕트는 관마찰저항이 가장 작다.
② 고속덕트의 단면은 보통 장방형으로 한다.
③ 스플릿 댐퍼는 분기부에 설치하여 풍량조절용으로 사용된다.
④ 버터플라이 댐퍼는 대형 덕트의 개폐용으로 주로 사용된다.

**알찬풀이** | ① 원형 덕트는 관마찰저항이 가장 작다.
② 고속덕트의 단면은 보통 원형으로 한다.
④ 버터플라이 댐퍼는 소형 덕트의 개폐용으로 주로 사용된다.

| ANSWER | 63. ① | 64. ③ | 65. ④ | 66. ② | 67. ② | 68. ① | 69. ③ |
| --- | --- | --- | --- | --- | --- | --- | --- |

**70** 오배수 입상관으로부터 취출하여 위쪽의 통기관에 연결되는 배관으로, 오배수 입상관 내의 압력을 같게 하기 위한 도피통기관은?

① 신정통기관        ② 각개통기관

③ 루프통기관        ④ 결합통기관

**알찬풀이** | 결합통기관
     ⊙ 고층 건물의 경우 배수 수직관에서 통기 수직관에 연결되는 부분이다.
     ⓒ 5개 층 마다 설치해서 배수 수직 주관의 통기를 촉진한다.
     ⓒ 통기관의 관경은 통기 수직주관과 동일하거나 50A 이상으로 한다.

**71** 바닥복사난방에 관한 설명으로 옳지 않은 것은?

① 복사열에 의하므로 쾌적함이 높다.

② 방열기가 없으므로 바닥 면적의 이용도가 높다.

③ 외가침입이 있는 곳에서도 난방감을 얻을 수 있다.

④ 난방부하 변동에 따른 방열량 조절이 용이하므로 간헐난방에 적합하다.

**알찬풀이** | 바닥 복사난방은 난방부하 변동에 따른 방열량 조절이 어렵다.

**72** 배수 배관에 관한 설명으로 옳지 않은 것은?

① 건물 내에서 지중배관은 피하고 피트 내 또는 가공배관을 한다.

② 배수는 원칙적으로 배수펌프에 의해 옥외로 배출하도록 한다.

③ 엘리베이터 샤프트, 엘리베이터 기계실 등에는 배수 배관을 설치하지 않는다.

④ 트랩의 봉수보호, 배수의 원활한 흐름, 배관 내의 환기를 위해 통기배관을 설치한다.

**알찬풀이** | 배수는 원칙적으로 중력에 의한 자연 배수에 의해 옥외로 배출하도록 하는 것이 좋다.

**73** 어느 건물에 옥내소화전이 2, 3층에 각각 2개씩 설치되어 있고, 1층에 3개가 설치되어 있다. 옥내소화전설비 수원의 저수량은 최소 얼마 이상이 되도록 하여야 하는가?

① $5.2m^3$        ② $7.8m^3$

③ $9.6m^3$        ④ $14m^3$

**알찬풀이** | 옥내소화전설비 수원의 저수량
옥내소화전이 1층에 3개로 가장 많이 설치되어 있으므로
$$\therefore\ Q = 2.6 \times N\,(\text{m}^3) = 2.6 \times 3 = 7.8(\text{m}^3)$$
(부호) $Q$ : 수원의 유효 수량
$\qquad N$ : 옥내 소화전의 동시 개구수
(해당 층의 소화전 설치 개수가 5개 이상일 때는 5개 까지만 고려)

## 74 글로브 밸브에 관한 설명으로 옳지 않은 것은?

① 유량 조절용으로 주로 사용된다.
② 직선 배관 중간에 설치되며 유체에 대한 저항이 크다.
③ 슬루스 밸브에 비해 리프트가 커서 개폐에 많은 시간이 소요된다.
④ 유체가 밸브의 아래로부터 유입하여 밸브시트 사이를 통해 흐르게 되어 있다.

**알찬풀이** | 글로브 밸브(glove valve, 스톱 밸브)
㉠ 배관 중에 설치하여 일반적인 유량 조절, 개폐용으로 이용된다.
㉡ 소형이고 염가이나 유체의 저항 손실은 크다.
㉢ 스톱 밸브((stop valve), 구형 밸브라고도 한다.

## 75 다음 설명에 알맞은 보일러는?

> • 수직으로 세운 드럼 내에 연관 또는 순관이 있는 소규모의 패키지형으로 되어있다.
> • 설치 면적이 작고 취급이 용이하다.

① 관류 보일러
② 입형 보일러
③ 수관 보일러
④ 주철제 보일러

**알찬풀이** | 입형 보일러
㉠ 입형 원통형의 동체 내부에 연관을 설치하고 하부에 연소실을 가진 것으로 수직형 보일러라고도 한다.
㉡ 협소한 장소에도 설치가 용이하다.
㉢ 소용량의 온수, 급탕용 보일러로 이용된다.

## 76 난방부하가 10000W인 방을 온수난방할 경우 방열기의 온수순환량은?(단, 물의 비열은 4.2kJ/kg·K, 방열기의 입구 수온은 90℃, 출구 수온은 80℃이다.)

① 약 764kg/h
② 약 857kg/h
③ 약 926kg/h
④ 약 1034kg/h

**알찬풀이** | 방열기의 온수 순환량($G$)

$$Q = \frac{G \cdot C \cdot \Delta t}{3600}$$

$$\therefore \quad G = \frac{3600 \cdot Q}{C \cdot \Delta t} = \frac{3600 \times 5(\mathrm{kW})}{4.2 \times 10} \fallingdotseq 857.1(\mathrm{kg/h})$$

(부호) $Q$ : 방열기의 방열량 (kW, kcal/h)

　　　 $C$ : 물의 비열 ($\fallingdotseq 4.2\mathrm{kJ/kg \cdot K}$)

　　　 $\Delta t$ : 방열기 출구 및 입구의 온도차(℃)

## 77 보일러의 출력표시 중 난방부하와 급탕부하를 합한 용량으로 표시되는 것은?

① 정미출력　　　　　　　　　② 상용출력

③ 정격출력　　　　　　　　　④ 과부하출력

**알찬풀이** | 보일러의 용량(출력)

① 정격 출력($H$)

　$H = H_R + H_W + H_P + H_A$

　(부호) $H_R$ : 난방부하　　　$H_W$ : 급탕부하

　　　　$H_P$ : 배관부하　　　$H_A$ : 예열부하

② 상용 출력($H'$)

　$H' = H_R + H_W + H_P$

③ 정미 출력($H''$)

　$H'' = H_R + H_W$

## 78 화재를 진압하거나 인명구조활동을 위하여 사용하는 설비로서 제연설비, 열결송수관설비 등을 포함하는 것은?

① 소화설비　　　　　　　　　② 경보설비

③ 피난설비　　　　　　　　　④ 소화활동설비

**알찬풀이** | 소화활동설비

화재를 진압하거나 인명구조 활동을 위하여 사용하는 설비로서 제연설비, 열결송수관설비, 연결살수설비, 비상콘센트설비 등을 포함한다.

## 79 정화조에서 호기성(好氣性)균을 필요로 하는 곳은?

① 부패조　　　　　　　　　　② 여과조

③ 산화조　　　　　　　　　　④ 소독조

**알찬풀이** | 정화조에서 호기성(好氣性) 균을 필요로 하는 곳은 산화조이다.

**80** 최대수요전력을 구하기 위한 것으로 총 부하 설비용량에 대한 최대수요전력의 비율로 나타내는 것은?

① 역률　　　　　　　　　　　② 부하율
③ 수용률　　　　　　　　　　④ 부등률

**알찬풀이** | 수변전 설비 용량 결정시 고려 요소

| 구 분 | 관계식 | 범 위 |
|---|---|---|
| 수용률 | $\dfrac{최대사용\ 전력(kW)}{수용설비(부하설비)\ 용량(kW)}\times100(\%)$ | 0.4~1.0 |
| 부등률 | $\dfrac{각\ 부하\ 최대수요전력의\ 합계(kW)}{합성\ 최대사용전력(kW)}\times100(\%)$ | 1.1~1.5 |
| 부하율 | $\dfrac{평균수요전력(kW)}{합성\ 최대사용전력(kW)}\times100(\%)$ | 0.25~0.6 |

## 제5과목 : 건축관계법규

**81** 부설주차장 설치대상 시설물로서 위락시설의 시설면적이 1500m²일 때 설치하여야 하는 부설주차장의 최소 주차대수는?

① 10대　　　　　　　　　　② 13대
③ 15대　　　　　　　　　　④ 20대

**알찬풀이** | 부설주차장의 최소 주차대수
위락시설은 시설면적 100m²당 1대(시설면적/100m²) 이상 설치하도록 규정되어 있다.
∴ 최소 주차대수 = 1500(m²)/100(m²) = 15(대)

**82** 6층 이상의 거실면적의 합계가 4000m²인 경우, 다음 중 설치하여야 하는 승용승강기의 최소 대수가 가장 많은 건축물의 용도는?(단, 8인승 승강기의 경우)

① 업무시설　　　　　　　　② 숙박시설
③ 문화 및 집회시설 중 전시장　　④ 문화 및 집회시설 중 공연장

**알찬풀이** | 승용승강기의 설치기준이 가장 완화된 것부터 강화되어 있는 시설군
공동주택, 교육연구시설, 기타시설 → 문화 및 집회시설(전시장·동식물원), 업무시설, 숙박시설, 위락시설 → 문화 및 집회시설(공연장, 집회장 및 관람장), 판매시설, 의료시설

| ANSWER | 77. ① | 78. ④ | 79. ③ | 80. ③ | 81. ③ | 82. ④ |
|---|---|---|---|---|---|---|

**83** 주차장법령상 다음과 같이 정의 되는 용어는?

> 도로의 노면 및 교통광장 외의 장소에 설치된 주차장으로서 일반의 이용에 제공되는 것

① 노상주차장        ② 노외주차장
③ 부설주차장        ④ 기계식주차장

**알찬풀이** | 노외주차장
    도로의 노면 및 교통광장외의 장소에 설치된 주차장으로서 일반의 이용에 제공되는 것(주차장) 이다.


**84** 부설주차장이 대통령령으로 정하는 규모 이하인 경우 시설물의 부지 인근에 단독 또는 공동으로 부설주차장을 설치할 수 있다. 다음 시설물의 부지 인근의 범위에 관한 기준으로 ( ) 안에 알맞은 것은?

> 해당 부지의 경계선으로부터 부설주차장의 경계선까지의 직선거리 ( ㉠ ) 이내 또는 도보거리 ( ㉡ ) 이내

① ㉠ 100m, ㉡ 200m
② ㉠ 200m, ㉡ 400m
③ ㉠ 300m, ㉡ 600m
④ ㉠ 400m, ㉡ 800m

**알찬풀이** | 해당부지 경계선으로부터 부설주차장의 경계선까지
    ㉠ 직선거리 – 300m 이내
    ㉡ 도보거리 – 600m 이내


**85** 다음 중 용도변경과 관련된 시설군과 해당 시설군에 속하는 건축물의 용도의 연결이 옳지 않은 것은?

① 산업 등 시설군 – 운수시설
② 전기통신시설군 – 발전시설
③ 문화집회시설군 – 판매시설
④ 교육 및 복지시설군 – 의료시설

**알찬풀이** | 영업시설군
    ㉠ 판매시설
    ㉡ 운동시설
    ㉢ 숙박시설

**86** 건축 허가 신청에 필요한 설계도서 중 배치도에 표시하여야 할 사항에 속하지 않는 것은?

① 건축물의 용도별 면적
② 공개공지 및 조경계획
③ 주차동선 및 옥외주차계획
④ 대지에 접한 도로의 길이 및 너비

**알찬풀이** | 건축물의 용도별 면적은 해당 층의 평면도에 표기한다.

**87** 건축물의 설비기준 등에 관한 규칙에 따라 피뢰설비를 설치하여야 하는 건축물의 높이 기준은?

① 높이 10m 이상의 건축물
② 높이 20m 이상의 건축물
③ 높이 30m 이상의 건축물
④ 높이 50m 이상의 건축물

**알찬풀이** | 피뢰설비
　　　　　낙뢰의 우려가 있는 건축물 또는 높이 20m 이상의 건축물에는 다음의 기준에 적합하게 피뢰설비를 설치하여야 한다.

**88** 생산녹지지역과 자연녹지지역 안에서 모두 건축할 수 없는 건축물은?

① 아파트　　　　　　　　　② 수련시설
③ 노유자시설　　　　　　　④ 방송통신시설

**알찬풀이** | 아파트는 녹지지역(생산, 자연, 보전)에 설치할 수 없다.

**89** 건축물의 출입구에 설치하는 회전문은 계단이나 에스컬레이터로부터 최소 얼마 이상의 거리를 두어야 하는가?

① 0.5m　　　　　　　　　② 1.0m
③ 1.5m　　　　　　　　　④ 2.0m

**알찬풀이** | 회전문
　　　　　건축물의 출입구에 설치하는 회전문은 계단이나 에스컬레이터로부터 최소 2(m) 이상의 거리를 두어야 한다.

| ANSWER | 83. ② | 84. ③ | 85. ③ | 86. ① | 87. ② | 88. ① | 89. ④ |
|---|---|---|---|---|---|---|---|

**90** 다음은 주차전용건축물의 주차면적비율에 관한 기준 내용이다. ( ) 안에 알맞은 것은?
(단, 주차장 외의 용도로 사용되는 부분이 의료시설인 경우)

> 주차전용건축물이란 건축물의 연면적 중 주차장으로 사용되는 부분의 비율이 ( ) 이상인 것을 말한다.

① 70%

② 80%

③ 90%

④ 95%

**알찬풀이** | 주차전용건축물
주차전용건축물의 원칙은 주차장으로 사용되는 비율이 연면적의 95% 이상인 것을 말한다. 다만 주차장외의 용도로 사용되는 부분이 근린생활시설 등으로 사용되는 경우 70% 이상으로 할 수 있다.

**91** 다음의 지하층과 피난층 사이의 개방공간 설치에 관한 기준 내용 중 ( ) 안에 알맞은 것은?

> 바닥면적의 합계가 ( ) 이상인 공연장·집회장·관람장 또는 전시장을 지하층에 설치하는 경우에는 각 실에 있는 자가 지하층 각 층에서 건축물 밖으로 피난하여 옥외계단 또는 경사로 등을 이용하여 피난층으로 대피할 수 있도록 천장이 개방된 외부공간을 설치하여야 한다.

① 1000m²

② 2000m²

③ 300m²

④ 4000m²

**알찬풀이** | 지하층과 피난층 사이의 개방공간
바닥면적의 합계가 3000(m²) 이상인 공연장·집회장·관람장 또는 전시장을 지하층에 설치하는 경우에는 재실자가 지하층 각 층에서 건축물 밖으로 피난하여 옥외계단 또는 경사로 등을 이용하여 피난층으로 대피할 수 있도록 천장이 개방된 외부 공간을 설치하여야 한다.

**92** 건축물의 주요구조부를 해체하지 아니하고 같은 대지의 다른 위치로 옮기는 것은 의미하는 용어는?

① 증축

② 이전

③ 개축

④ 재축

**알찬풀이** | 건축물의 주요구조부를 해체하지 아니하고 같은 대지의 다른 위치로 옮기는 것은 이전(移轉)에 해당한다.

**93** 건축법령상 제2종 근린생활시설에 속하는 것은?

① 무도장　　　　　　　② 한의원
③ 도서관　　　　　　　④ 일반음식점

**알찬풀이** | 일반음식점이 제2종 근린생활시설에 해당한다.


**94** 다음의 피난계단의 설치에 관한 기준 내용 중 (　) 안에 알맞은 것은? (단, 공동주택이 아닌 경우)

> 건축물의 (　) 이상인 층(바닥면적의 400m$^2$ 미만인 층은 제외한다)으로부터 피난층 또는 지상으로 통하는 직통계단은 특별피난계단으로 설치하여야 한다.

① 6층　　　　　　　　② 11층
③ 16층　　　　　　　 ④ 21층

**알찬풀이** | 특별피난계단의 설치 대상
　　㉠ 건축물(갓 복도식 공동주택을 제외)의 11층(공동주택의 경우에는 16층)이상의 층
　　　(예외) 바닥면적이 400m$^2$ 미만인 층
　　㉡ 지하 3층 이하의 층
　　　(예외) 바닥면적이 400m$^2$ 미만인 층


**95** 지표면으로부터 건축물의 지붕틀 또는 이와 비슷한 수평재를 지지하는 벽·깔도리 또는 기둥의 상단까지의 높이로 산정하는 것은?

① 층고　　　　　　　　② 처마높이
③ 반자높이　　　　　　④ 바닥높이

**알찬풀이** | 처마높이
　　지표면으로부터 건축물의 지붕틀 또는 이와 유사한 수평재를 지지하는 벽·깔도리 또는 기둥의 상단까지의 높이로 한다.

**96** 같은 건축물 안에 공동주택과 위락시설을 함께 설치하고자 하는 경우에 관한 기준내용으로 옳지 않은 것은?

① 건축물의 주요 구조부를 방화구조로 하고 할 것
② 공동주택과 위락시설은 서로 이웃하지 아니하도록 배치할 것
③ 공동주택과 위락시설은 내화구조로 된 바닥 및 벽으로 구획하여 서로 차단할 것
④ 공동주택의 출입구와 위락시설의 출입구는 서로 그 보행거리가 30m 이상이 되도록 설치할 것

**알찬풀이** | 같은 건축물 안에 공동주택과 위락시설을 함께 설치하고자 하는 경우에는 건축물의 주요 구조부는 내화구조로 하여야 한다.

**97** 건축물에 급수·배수·난방 및 환기설비를 설치할 경우 건축기계설비기술사 또는 공조냉동기계기술사의 협력을 받아야 하는 건축물의 연면적 기준은?

① 1000m² 이상
② 2000m² 이상
③ 5000m² 이상
④ 10000m² 이상

**알찬풀이** | 관계전문기술자와의 협력
연면적이 10,000(m²) 이상인 건축물(창고시설을 제외한다) 또는 에너지를 대량으로 소비하는 건축물로서 국토교통부령이 정하는 건축물에 급수·배수·난방 및 환기의 건축설비를 설치하는 경우에는 건축기계설비기술사 또는 공조냉동기계기술사의 협력을 받아야 한다.

**98** 비상용승강기의 승강장에 설치하는 배연설비의 구조에 관한 기준 내용으로 옳지 않은 것은?

① 배연기에는 예비전원을 설치할 것
② 배연구가 외기에 접하지 아니하는 경우에는 배연기를 설치할 것
③ 배연구는 평상시에는 열린 상태를 유지하고, 배연에 의한 기류에 의해 닫히도록 할 것
④ 배연기는 배연구의 열림에 따라 자동적으로 작동하고, 충분한 공기배출 또는 가압능력이 있을 것

**알찬풀이** | 비상용승강기의 승강장에 설치하는 배연설비의 구조
배연구는 평상시에는 닫힌 상태를 유지하고, 연 경우에는 배연에 의한 기류로 인하여 닫히지 아니하도록 하여야 한다.

**99** 다음은 건축법령상 지하층의 정의이다. ( ) 안에 알맞은 것은?

> 지하층이란 건축물의 바닥이 지표면 아래에 있는 층으로서 바닥에서 지표면
> 까지 평균 높이가 해당 층 높이의 ( ) 이상인 것을 말한다.

① 2분의 1
② 3분의 1
③ 3분의 2
④ 4분의 1

**알찬풀이** | 지하층의 정의
지하층이란 건축물의 바닥이 지표면 아래에 있는 층으로서 바닥에서 지표면까지 평균 높이가 해당
층 높이의 1/2 이상인 것을 말한다.

**100** 주거지역의 세분 중 공동주택 중심의 양호한 주거환경을 보호하기 위하여 필요한 지역은?

① 제1종전용주거지역
② 제2종전용주거지역
③ 제1종일반주거지역
④ 제2종일반주거지역

**알찬풀이** | 제2종전용주거지역이 공동주택 중심의 양호한 주거환경을 보호하기 위하여 필요한 지역이다.
※ 제2종일반주거지역: 중층주택을 중심으로 편리한 주거환경을 조성하기 위하여 필요한 지역이다.

# MEMO

◈ 나는 내가 더 노력할수록 운이 더 좋아진다는 걸 발견했다. — 토마스 제퍼슨

# 2019년도

## 과년도 기출문제

# 국가기술자격검정 필기시험문제

| 2019년도 산업기사 일반검정(2019년 3월 3일) | | | | 수검번호 | 성 명 |
|---|---|---|---|---|---|
| 자격종목 및 등급(선택분야) | 종목코드 | 시험시간 | 문제지형별 | | |
| **건축산업기사** | **2530** | **2시간30분** | **A** | | |

※ 답안카드 작성시 시험문제지 형별누락, 마킹착오로 인한 불이익은 전적으로 수험자의 귀책사유임을 알려드립니다.

---

## 제1과목 : 건축계획

**01** 레드번(Radburn) 계획의 기본 원리에 속하지 않는 것은?

① 보도와 차도의 평면적 분리
② 기능에 따른 4가지 종류의 도로 구분
③ 자동차 통과도로 배제를 위한 슈퍼블록 구성
④ 주택단지 어디로나 통할 수 있는 공동 오픈스페이스 조성

**알찬풀이** | 레드번(Radburn) 계획의 기본 원리 중 하나는 보도와 차도의 입체적 분리이다.

**02** 사무소 건축의 실단위 계획 중 개실시스템에 관한 설명으로 옳은 것은?

① 전면적을 유용하게 이용할 수 있다.
② 복도가 없어 인공조명과 인공환기가 요구된다.
③ 칸막이벽이 없어서 개방식 배치보다 공사비가 저렴하다.
④ 방길이에는 변화를 줄 수 있으나, 방깊이에는 변화를 줄 수 없다.

**알찬풀이** | 사무소 건축의 개실 배치 특징
① 복도를 통해 각 층의 여러 부분으로 들어가는 방법을 취한다.
② 독립성에 따른 프라이버시의 이점이 있다.
③ 공사비가 비교적 높다.
④ 방 길이에는 변화를 줄 수 있으나 연속된 긴 복도 때문에 방 깊이에 변화를 줄 수 없다.
⑤ 유럽에서 비교적 많이 사용되었다.

## 03 아파트 평면 형식에 관한 설명으로 옳지 않은 것은?

① 집중형은 대지에 대한 이용률이 높다.
② 계단실형은 거주의 프라이버시가 높다.
③ 중복도형은 통행부의 면적이 작은 관계로 건축물의 이용도가 가장 높다.
④ 편복도형은 각 층에 있는 공용 복도를 통해 각 주호로 출입하는 형식이다.

**알찬풀이** | 중복도형은 통행부의 면적이 많이 차지하나 주거의 단위 세대수를 많이 수용할 수 있어 대지의 고밀도 이용이 필요한 경우에 이용된다.

## 04 공동주택의 단면형식 중 메조넷 형에 관한 설명으로 옳은 것은?

① 작은 규모의 주택에 적합하다.
② 주택 내의 공간의 변화가 없다.
③ 거주성, 특히 프라이버시가 높다.
④ 통로면적이 증가하여 유효면적이 감소된다.

**알찬풀이** | 메조넷형(Maisonette Type, 복층형)
① 1주거가 2층에 걸쳐 구성되는 유형을 말한다.
② 복도는 2~3층 마다 설치한다. 따라서 통로면적의 감소로 전용면적이 증가된다.
③ 침실을 거실과 상·하층으로 구분이 가능하다.
④ 단위 세대의 면적이 큰 주거에 유리하다.

## 05 사무소 건축의 코어형식 중 2방향 피난이 가능하여 방재상 가장 유리한 것은?

① 편심코어형                   ② 독립코어형
③ 양단코어형                   ④ 중심코어형

**알찬풀이** | 양단 코어형(분리 코어형)
① 1개의 대공간을 필요로 하는 전용 사무실에 적합하다.
② 2방향 피난에 이상적이며 방재상 유리하다.

## 06 공간의 레이아웃에 관한 설명으로 가장 알맞은 것은?

① 조형적 아름다움을 부가하는 작업이다.
② 생활행위를 분석해서 분류하는 작업이다.
③ 공간에 사용되는 재료의 마감 및 색채계획이다.
④ 공간을 형성하는 부분과 설치되는 물체의 평면상 배치계획이다.

**알찬풀이** | 공간의 레이아웃은 공간을 형성하는 부분과 설치되는 물체의 평면상 배치계획이다.

| ANSWER | 1. ①  2. ④  3. ③  4. ③  5. ③  6. ④ |
| --- | --- |

**07** 단독주택의 거실 계획에 관한 설명으로 옳지 않은 것은?

① 거실은 평면계획상 통로나 홀로서 사용되도록 한다.
② 식당, 계단, 현관 등과 같은 다른 공간과의 연계를 고려해야 한다.
③ 거실과 정원은 유기적으로 시각적 연결을 하여 유동적인 감각을 갖게 한다.
④ 개방된 공간에서 벽면의 기술적인 활용과 자유로운 가구의 배치로서 독립성이 유지되도록 한다.

**알찬풀이** | 단독주택의 거실이 평면계획상 통로나 홀로서 사용되는 것은 바람직하지 않다.

**08** 공장건축의 형식 중 분관식(Pavillion type)에 관한 설명으로 옳지 않은 것은?

① 통풍, 채광에 불리하다.
② 배수, 물홈통 설치가 용이하다.
③ 공장의 신설, 확장이 비교적 용이하다.
④ 건물마다 건축 형식, 구조를 각기 다르게 할 수 있다.

**알찬풀이** | 공장건축의 형식 중 분관식(Pavillion type)은 통풍, 채광에 유리하다.

**09** 다음 설명에 알맞은 상점의 숍 프론트 형식은?

> • 숍 프론트가 상점 대지 내로 후퇴한 관계로 혼잡한 도로의 경우 고객이 자유롭게 상품을 관망할 수 있다.
> • 숍 프론트의 진열면적 증대로 상점내로 들어가지 않고 외부에서 상품 파악이 가능하다.

① 평형          ② 다층형
③ 만입형        ④ 돌출형

**알찬풀이** | 만입형
    혼잡한 도로에서 진열 상품을 보는데 유리하나, 점내 면적의 감소, 채광의 감소 등 불리한 점도 있다.

**10** 교실의 배치형식 중에서 엘보우형(elbow access)에 관한 설명으로 옳은 것은?

① 학습의 순수율이 낮다.
② 복도의 면적이 절약된다.
③ 일조, 통풍 등 실내환경이 균일하다.
④ 분관별로 특색 있는 계획을 할 수 없다.

**알찬풀이** ┃ 엘보우 형(elbow type)
복도를 교실과 분리시키는 형이다.
① 장점
ㄱ 일조, 통풍이 좋이 좋고 실내 환경이 균일하다.
ㄴ 분관별로 특색 있는 계획을 할 수 있다.
ㄷ 학습의 순수율이 높다.
ㄹ 학년마다 놀이터 조성이 유리하다.
② 단점
ㄱ 복도 면적이 늘어난다.
ㄴ 학생 배치가 불분명하고, 각 과의 통합이 곤란하다.

**11** 한식주택과 양식주택에 관한 설명으로 옳지 않은 것은?

① 한식주택은 좌식이나, 양식주택은 입식이다.
② 한식주택의 실은 혼용도이나, 양식주택은 단일용도이다.
③ 한식주택의 평면은 개방적이나, 양식주택은 은폐적이다.
④ 한식주택의 가구는 부차적이나, 양식주택은 주요한 내용물이다.

**알찬풀이** ┃ 한식주택의 평면은 은폐적 또는 분산적이나, 양식주택은 개방적 또는 분화적이다

**12** 상점의 진열장(Show Case) 배치 유형 중 다른 유형에 비하여 상품의 전달 및 고객의 동선상 흐름이 가장 빠른 형식으로 협소한 매장에 적합한 것은?

① 굴절형                  ② 직렬형
③ 환상형                  ④ 복합형

**알찬풀이** ┃ 직선(직렬) 배열형
① 입구에서 안쪽을 향하여 직선적으로 구성된 것이다.
② 고객의 흐름이 빠르고 대량 판매에도 유리하다.
③ 협소한 매장에 적합하다.
④ 침구점, 식기점, 서점 등에 적합하다.

**13** 다음 중 단독주택에서 부엌의 크기 결정 시 고려하여야 할 사항과 가장 거리가 먼 것은?

① 거실의 크기
② 작업대의 면적
③ 주택의 연면적
④ 작업자의 동작에 필요한 공간

**알찬풀이** | 단독주택에서 부엌의 크기 결정 시 고려하여야 할 사항 중 거실의 크기와는 관련성이 낮다.

**14** 다음 설명에 알맞은 단지 내 도로 형식은?

- 불필요한 차량 진입이 배제되는 이점을 살리면서 우회도로가 없는 쿨데삭 (cul-de-sac)형의 결점을 개량하여 만든 형식이다.
- 통과교통이 없기 때문에 주거환경의 쾌적성과 안전성은 확보되지만 도로 율이 높아지는 단점이 있다.

① 격자형
② 방사형
③ T자형
④ Loop형

**알찬풀이** | 단지 내 도로 형식 Loop형 도로의 특징이다.

**15** 사무소 건축의 엘리베이터 계획에 관한 설명으로 옳지 않은 것은?

① 교통동선의 중심에 설치하여 보행거리가 짧도록 배치한다.
② 일렬 배치는 4대를 한도로 하고, 엘리베이터 중심 간 거리는 8m 이하가 되도록 한다.
③ 여러 대의 엘리베이터를 설치하는 경우, 그룹별 배치와 군 관리 운전방식으로 한다.
④ 엘리베이터 대수산정은 이용자가 제일 많은 점심시간 전후의 이용자수를 기준 으로 한다.

**알찬풀이** | 사무소 건축의 엘리베이터 대수산정은 이용자가 제일 많은 출근시간 전후의 이용자수를 기준으로 한다.

**16** 사무소 건축의 기준층 층고 결정 요소와 가장 거리가 먼 것은?

① 채광률
② 공기조화설비
③ 사무실의 깊이
④ 엘리베이터 대수

**알찬풀이** | 사무소 건축의 기준층 층고 결정 요소와 가장 거리가 먼 것은 엘리베이터 대수이다.

**17** 어느 학교의 1주간 평균수업시간은 40시간인데 미술교실이 사용되는 시간은 20시간이다. 그 중 4시간은 영어 수업을 위해 사용될 때, 미술교실의 이용률과 순수율은 얼마인가?

① 이용률 50%, 순수율 20%      ② 이용률 50%, 순수율 80%
③ 이용률 20%, 순수율 50%      ④ 이용률 80%, 순수율 50%

**알찬풀이** | 미술 교실의 이용률과 순수율

① 이용률 $= \dfrac{\text{교실 이용시간}}{\text{주당 평균 수업시간}} \times 100(\%) = \dfrac{20}{40} \times 100 = 50(\%)$

② 순수율 $= \dfrac{\text{교과 수업시간}}{\text{교실 이용시간}} \times 100(\%) = \dfrac{(20-4)}{20} \times 100 = 80(\%)$

**18** 백화점에 에스컬레이터 설치 시 고려사항으로 옳지 않은 것은?

① 건축적 점유면적이 가능한 한 크게 배치한다.
② 승강ㆍ하강 시 매장에서 잘 보이는 곳에 설치한다.
③ 각 층 승강장은 자연스러운 연속적 흐름이 되도록 한다.
④ 출발 기준층에서 쉽게 눈에 띄도록 하고 보행동선 흐름의 중심에 설치한다.

**알찬풀이** | 백화점에 에스컬레이터 설치 시 고려사항 중 하나는 건축적 점유면적이 가능한 한 크지 않도록 배치한다.

**19** 주택에서 리빙 키친(Living Kitchen)의 채택효과로 가장 알맞은 것은?

① 장래 증축의 용이              ② 거실 규모의 확대
③ 부엌의 독립성 강화            ④ 주부 가사노동의 간편화

**알찬풀이** | 주택에서 리빙 키친(Living Kitchen)의 채택효과로는 주부 가사노동의 간편화이다.

**20** 공장건축에서 효율적인 자연채광 유입을 위해 고려해야 할 사항으로 옳지 않은 것은?

① 가능한 동일 패턴의 창을 반복하는 것이 바람직하다.
② 벽면 및 색채 계획 시 빛의 반사에 대한 면밀한 검토가 요구된다.
③ 채광량 확보를 위해 젖빛 유리나 프리즘 유리는 사용하지 않는다.
④ 주로 공장은 대부분 기계류를 취급하므로 가능한 창을 크게 설치하는 것이 좋다.

**알찬풀이** | 채광량 확보를 위해 젖빛 유리나 프리즘 유리는 사용하는 것도 효과적일 수 있다.

| **ANSWER** | 13. ① | 14. ④ | 15. ④ | 16. ④ | 17. ② | 18. ① | 19. ④ | 20. ③ |

제2과목 : 건축시공

**21** 내화벽돌의 줄눈너비는 도면 또는 공사시방서에 따르고 그 지정이 없을 때에는 가로 세로 얼마를 표준으로 하는가?

① 3mm            ② 6mm

③ 12mm          ④ 18mm

**알찬풀이** | 내화벽돌의 줄눈너비는 도면 또는 공사시방서에 따르고 그 지정이 없을 때에는 가로 세로 6mm를 표준으로 한다.

**22** 실리카 흄 시멘트(silica fume cement)의 특징으로 옳지 않은 것은?

① 초기강도는 크나, 장기강도는 감소한다.
② 화학적 저항성 증진효과가 있다.
③ 시공연도 개선효과가 있다.
④ 재료분리 및 블리딩이 감소된다.

**알찬풀이** | 실리카 흄 시멘트(silica fume cement)의 특징은 초기강도는 다소 떨어지나, 장기강도는 증가한다. 고강도 콘크리트 제조에 사용한다.

**23** 콘크리트 내부 진동기의 사용법에 관한 설명으로 옳지 않은 것은?

① 콘크리트다지기에는 내부진동기의 사용을 원칙으로 하나, 얇은벽 등 내부진동기의 사용이 곤란한 장소에서는 거푸집진동기를 사용해도 좋다.
② 내부진동기는 연직으로 찔러 넣으며, 그 간격은 진동이 유효하다고 인정되는 범위의 지름이하로서 일정한 간격으로 한다.
③ 1개소당 진동시간은 다짐할 때 시멘트풀이 표면상부로 약간 부상하기까지가 적절하다.
④ 진동다지기를 할 때에는 내부진동기를 하층의 콘크리트속으로 0.5m 정도 찔러 넣는다.

**알찬풀이** | 진동다지기를 할 때에는 내부진동기를 수직으로 하층의 콘크리트 속으로 10cm 정도 찔러 넣는다.

**24** 설치높이 2m 이하로서 실내공사에서 이동이 용이한 비계는?

① 겹비계            ② 쌍줄비계

③ 말비계            ④ 외줄비계

**알찬풀이** | 설치높이 2m 이하로서 실내공사에서 이동이 용이한 비계는 말비계이다.

**25** 네트워크 공정표에 관한 설명으로 옳지 않은 것은?

① CPM공정표는 네트워크 공정표의 한 종류이다.

② 요소작업의 시작과 작업기간 및 작업완료점을 막대그림으로 표시한 것이다.

③ PERT공정표는 일정계산 시 단계(Event)를 중심으로 한다.

④ 공사전체의 파악 및 진척관리가 용이하다.

**알찬풀이** | 네트워크 공정표는 요소작업의 시작과 작업기간 및 작업완료점을 화살표로 표시한 것이다.

**26** 시멘트의 비표면적을 나타내는 것은?

① 조립률(FM : fineness modulus)

② 수경률(HM : hydration modulus)

③ 분말도(fineness)

④ 슬럼프치(slump)

**알찬풀이** | 어떤 입자의 단위질량 또는 단위부피당 전표면적을 비표면적이라 하고 비표면적은 입자의 크기 및
모양에 따라 다르다. 시멘트 시험에서는 분말도와 상응하는 용어이다.

**27** 침엽수에 관한 설명으로 옳지 않은 것은?

① 일반적으로 구조용재로 사용된다.

② 직선부재를 얻기에 용이하다.

③ 종류로는 소나무, 잣나무 등이 있다.

④ 활엽수에 비해 비중과 경도가 크다.

**알찬풀이** | 침엽수는 일반적으로 활엽수에 비해 비중과 경도가 작다.

| ANSWER | 21. ② | 22. ① | 23. ④ | 24. ③ | 25. ② | 26. ③ | 27. ④ |
|---|---|---|---|---|---|---|---|

**28** 프로젝트 전담조직(project task force organization)의 장점이 아닌 것은?

① 전체업무에 대한 높은 수준의 이해도
② 조직내 인원의 사내에서의 안정적인 위치확보
③ 새로운 아이디어나 공법 등에 대응 용이
④ 밀접한 인간관계 형성

**알찬풀이** | 프로젝트 전담조직의 구성원은 프로젝트의 수주, 기간, 업무 성격 등으로 인하여 조직내 인원의 사
내에서의 안정적인 위치확보가 어렵다.

**29** 공기 중의 수분과 화학반응하는 경우 저온과 저습에서 경화가 늦어져 5℃ 이하에서 촉진제
를 사용하는 플라스틱 바름 바닥재는?

① 에폭시수지          ② 아크릴수지
③ 폴리우레탄          ④ 클로로프렌고무

**알찬풀이** | 폴리우레탄 수지
   ① 열경화성 수지로 발포 시킨 것은 내노화성(耐老化性), 내약품성이 좋다.
   ② 공기 중의 수분과 작용하는 경우 저온과 저습에서 경화가 늦으므로 5℃ 이하에서는 촉진제를
      사용하도록 한다.
   ③ 용도: 도막 방수재, 보온재, 줄눈재, 단열 방음재, 쿠션재, 실링제 등

**30** 품질관리 단계를 계획(Plan), 실시(Do), 검토(Check), 조치(Action)의 4단계로 구분할 때
계획(Plan)단계에서 수행하는 업무가 아닌 것은?

① 적정한 관리도 선정       ② 작업표준 설정
③ 품질관리 대상 항목 결정    ④ 시방에 의거 품질표준 설정

**알찬풀이** | 적정한 관리도 선정은 검토(Check) 단계에서 수행하는 업무에 해당한다.

**31** 기성콘크리트 말뚝을 타설할 때 말뚝머리지름이 36cm라면 말뚝 상호간의 중심 간격은?

① 60cm 이상          ② 70cm 이상
③ 80cm 이상          ④ 90cm 이상

**알찬풀이** | 기성콘크리트 말뚝을 타설할 때 말뚝 상호간의 중심 간격은 말뚝 끝 마구리 지름의 2.5배 이상 또
는 75cm 이상이 되어야 한다.
   ∴ 2.5×36(cm)= 90cm 이상

**32** 파워쇼벨(power shovel)사용 시 1시간당 굴착량은? (단, 버킷용량 : 0.76m³, 토량환산계수 : 1.28, 버킷계수 : 0.95, 작업효율 : 0.50, 1회 사이클 시간 : 26초)

① 12.01m³/h

② 39.05m³/h

③ 63.98m³/h

④ 93.28m³/h

**알찬풀이** | 파워쇼벨(power shovel)사용 시 1시간당 굴착량

$$Q_h = Q \times \frac{3600}{Cm} \times E \times K \times f \, (\text{m}^3 \times \text{h})$$

(부호) $Q$ : 버킷 용량, $f$ : 토량변화율, $E$ : 작업효율, $K$ : 버킷 계수, $C_m$ : 사이클 타임

$$Q_h = 0.76 \times \frac{3600}{26} \times 0.5 \times 0.95 \times 1.28 \fallingdotseq 63.98 \, (\text{m}^3 \times \text{h})$$

**33** 턴키 도급(turn key based contract) 방식의 특징으로 옳지 않은 것은?

① 건축주의 기술능력이 부족할 때 채택

② 공사비 및 공기 단축 가능

③ 과다경쟁으로 인한 덤핑의 우려 증가

④ 시공자의 손실위험 완화 및 적정이윤 보장

**알찬풀이** | 턴키 도급(turn-key based contract) 방식은
공사의 시공뿐만 아니라, 자금의 조달, 토지의 확보, 설계 등 건축주가 필요로 하는 거의 모든 것을 포함한 포괄적인 도급 계약 방식이다. 시공자의 손실위험 완화 및 적정이윤 보장은 조인트 벤처 방식의 특징이다.

**34** 건축재료 중 알루미늄에 관한 설명으로 옳지 않은 것은?

① 산이나 알칼리 및 해수에 침식되지 않는다.

② 알루미늄박(箔)을 이용하여 단열재, 흡음판을 만들기도 한다.

③ 구리, 망간 등의 금속과 합금하여 이용이 가능하다.

④ 알루미늄의 표면처리에는 양극산화 피막법 및 화학적 산화피막법이 있다.

**알찬풀이** | 알루미늄은 산이나 알칼리 및 해수에 침식된다.

**35** 콘크리트의 압축강도 검사 중 타설량 기준에 따른 시험횟수로 옳은 것은? (단, KCS기준)

① 120m³ 당 1회

② 180m³ 당 1회

③ 120m³ 당 2회

④ 180m³ 당 2회

**알찬풀이** | 콘크리트의 압축강도 검사 중 타설량 기준에 따른 시험횟수는 120m³ 당 1회가 기준이다.

| ANSWER | 28. ② | 29. ③ | 30. ① | 31. ④ | 32. ③ | 33. ④ | 34. ① | 35. ① |
|---|---|---|---|---|---|---|---|---|

**36** 홈통공사에 관한 설명으로 옳지 않은 것은?

① 선홈통은 콘크리트 속에 매입 설치한다.
② 처마홈통의 양 갓은 둥글게 감되, 안감기를 원칙으로 한다.
③ 선홈통의 맞붙임은 거멀접기로 하고, 수밀하게 눌러 붙인다.
④ 선홈통의 하단부 배수구는 45° 경사로 건물 바깥쪽을 향하게 설치한다.

**알찬풀이** | 선홈통은 유지보수 등을 위하여 일반적으로 노출하여 설치한다.

**37** 치장줄눈을 하기 위한 줄눈 파기는 타일(tile)붙임이 끝나고 몇 시간이 경과했을 때 하는 것이 가장 적당한가?

① 타일을 붙인 후 1시간이 경과할 때
② 타일을 붙인 후 3시간이 경과할 때
③ 타일을 붙인 후 24시간이 경과할 때
④ 타일을 붙인 후 48시간이 경과할 때

**알찬풀이** | 타일(tile)의 치장줄눈을 하기 위한 줄눈 파기는 타일을 붙인 후 3시간이 경과할 때가 적당하다.

**38** 커튼월의 빗물침입의 원인이 아닌 것은?

① 표면장력                    ② 모세관 현상
③ 기압차                      ④ 삼투압

**알찬풀이** | 삼투압 현상은 커튼월의 빗물침입의 원인과 관계가 적다.

**39** 콘크리트 혼화제 중 AE제에 관한 설명으로 옳지 않은 것은?

① 연행공기의 볼베어링 역할을 한다.
② 재료분리와 블리딩을 감소시킨다.
③ 많이 사용할수록 콘크리트의 강도가 증가한다.
④ 경화콘크리트의 동결융해저항성을 증가시킨다.

**알찬풀이** | 콘크리트 혼화제 중 AE제는 많이 사용할수록 콘크리트의 강도를 감소시킨다.

**40** 주로 방화 및 방재용으로 사용되는 유리는?

① 망입유리 　　　　　② 보통판유리
③ 강화유리 　　　　　④ 복층유리

**알찬풀이** | 망입유리가 방화 및 방재용으로 사용된다.

---

제3과목 : 건축구조

**41** 다음 그림과 같은 단순보에서 중앙부 최대처짐은 얼마인가?
(단, $I = 1.0 \times 10^8 \text{mm}^4$, $E = 1.0 \times 10^4 \text{MPa}$ 임)

① 10.18mm
② 20.35mm
③ 40.69mm
④ 81.38mm

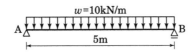

**알찬풀이** | 중앙부 최대처짐($\delta_{max}$)

$$\delta_{max} = \frac{5wL^4}{384EI} = \frac{5 \times 10 \times (5 \times 10^3)^4}{384 \times (1 \times 10^4) \times (1 \times 10^8)} \fallingdotseq 81.38 \, (\text{mm})$$

**42** 다음 그림과 같은 트러스 구조물의 판별로 옳은 것은?

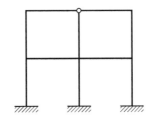

① 12차 부정정
② 11차 부정정
③ 10차 부정정
④ 9차 부정정

**알찬풀이** | 구조물의 판별식($N$)

$N = N_e + N_i = (3 + 3 + 3 - 3) + (-2 + 3 + 3)$
(부호)
$N_e : (r - 3)$ 　　$N_i :$ (−부재내의 힌지절점 수)+(연결부재에 따른 차수)

---

**43** 그림과 같은 철근콘크리트 띠철근 기둥의 최대 설계축하중($\phi P_n$)을 구하면?
(단, 주근은 8-D22(3,096mm²), $f_{ck}=24$MPa, $f_y=400$MPa, $\phi=0.65$ 임)

① 2913kN

② 3113kN

③ 3263kN

④ 5333kN

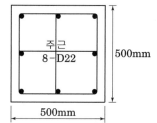

주근
8-D22

500mm

500mm

**알찬풀이** | 설계축하중($\phi P_n$)

$$\phi P_n = 0.65 \times 0.8 \times [0.85 \cdot f_{ck} \cdot (A_g - A_{st}) + f_y \cdot A_{st}]$$
$$= 0.65 \times 0.8 \times [0.85 \times 24 \times (500^2 - 3096) + 400 \times 3096]$$
$$\fallingdotseq 3263(\text{kN})$$

**44** 강구조에서 외력이 부재에 작용할 때 부재의 단면에 비틀림이 생기지 않고 휨변형만 발생하는 위치를 무엇이라 하는가?

① 무게중심

② 하중중심

③ 전단중심

④ 강성중심

**알찬풀이** | 강구조에서 외력이 부재에 작용할 때 부재의 단면에 비틀림이 생기지 않고 휨변형만 발생하는 위치를 전단중심이라 한다.

**45** 장기하중 1800kN(자중포함)을 받는 독립기초판의 크기는? (단, 지반의 장기허용지내력은 300kN/m²)

① 1.8m × 1.8m

② 2.0m × 2.0m

③ 2.3m × 2.3m

④ 2.5m × 2.5m

**알찬풀이** | 독립기초판의 크기($A$)

$$\sigma = \frac{N}{A} \le q_a$$
$$A \ge \frac{N}{q_a} = \frac{1800}{300} = 6(\text{m}^2)$$
∴ $A$는 2.5m × 2.5m가 적당하다.

**46** 철근콘크리트 휨재의 구조해석을 위한 가정으로 옳지 않은 것은?

① 콘크리트는 인장응력을 지지할 수 없다.
② 콘크리트는 압축변형도가 0.003에 도달되었을 때 파괴된다.
③ 철근에 생기는 변형은 같은 위치의 콘크리트에 생기는 변형보다 탄성계수비 만큼 크다.
④ 철근과 콘크리트의 응력은 철근과 콘크리트의 응력−변형도로부터 계산할 수 있다.

**알찬풀이** | 철근에 생기는 응력은 같은 위치의 콘크리트에 생기는 응력보다 탄성계수비 만큼 크다.

**47** 그림과 같은 단순보를 H형강을 사용하여 설계하였다. 부재의 최대 휨응력은?
(단, $E = 2.05 \times 10^5$ MPa, $Z_x = 771 \times 10^3$ mm$^3$)

① 51.88MPa
② 103.76MPa
③ 207.52MPa
④ 311.28MPa

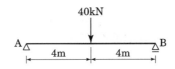

**알찬풀이** | 최대 휨응력

$$M_{\max} = \frac{PL}{4} = \frac{40 \times 10^3 \times 8 \times 10^3}{4} = 8 \times 10^7$$

$$\sigma_{\max} = \frac{M_{\max}}{Z} = \frac{8 \times 10^7}{771 \times 10^3} = 103.76 \text{(Mpa)}$$

**48** 400kN의 고정하중, 300kN의 활하중, 200kN의 풍하중이 강구조 기둥에 축력으로 작용하고 있다. 기둥의 소요강도의 얼마인가?

① 1000kN
② 1040kN
③ 1080kN
④ 1120kN

**알찬풀이** | 기둥의 소요강도($P$)
$$P = 1.2D + 1.0L + 1.3W$$
$$= 1.2 \times 400 + 1.0 \times 300 + 1.3 \times 200 = 1040 \text{(kN)}$$

| ANSWER | 43. ③ | 44. ③ | 45. ④ | 46. ③ | 47. ② | 48. ② |
|---|---|---|---|---|---|---|

**49** 그림과 같은 단근 장방형보에 대하여 균형철근비 상태일 때의 압축단에서 중립축까지의 길이 $C_b$는? (단, $f_{ck}$=24MPa, $f_y$=400MPa, $E_s$=2.0×10⁵MPa이다.)

① 306mm

② 324mm

③ 360mm

④ 520mm

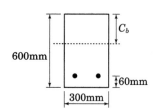

**알찬풀이** | 중립축까지의 길이($C_b$)

$$C_b = \frac{600}{600+f_y} \cdot d = \frac{600}{600+400} \times (600-60) = 324 \text{(mm)}$$

**50** 다음 그림과 같은 구조물에서 점 A에 18kN·m이 작용할 때 B단의 재단 모멘트 값을 구하면? (단, 부재의 길이와 단면은 동일)

① 2.5kN·m

② 3kN·m

③ 4kN·m

④ 12kN·m

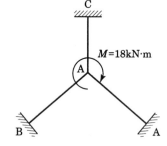

**알찬풀이** | B단의 재단 모멘트 값

$$D.F(분배율) = \frac{1}{1+1+1} = \frac{1}{3}$$

$$M_{AB}(분배 모멘트) = \frac{1}{3} \times 18 = 6 \text{(kN·m)}$$

$$M_{BA}(재단 모멘트) = \frac{1}{2} \times 6 = 3 \text{(kN·m)}$$

**51** 철근콘크리트의 구조설계에서 철근의 부착력에 영향을 주지 않는 것은?

① 콘크리트 피복두께

② 콘크리트 압축강도

③ 철근의 외부표면 돌기

④ 철근의 항복강도

**알찬풀이** | 철근의 항복강도는 철근의 부착력에 영향을 주지 않는다.

**52** 단면적이 1000mm²이고, 길이는 2m인 균질한 재료로 된 철근에 재축방향으로 100kN의 인장력을 작용시켰을 때 늘어난 길이는?
(단, 탄성계수는 $2.0 \times 10^5$MPa임)

① 1mm
② 0.1mm
③ 0.01mm
④ 0.001mm

**알찬풀이** | 늘어난 길이($\Delta L$)
$$\Delta L = \frac{P \cdot L}{E \cdot A} = \frac{100 \times 10^3 \times 2 \times 10^3}{2 \times 10^5 \times 1000} = 1(\text{mm})$$

**53** 그림과 같은 단순보에 생기는 최대 휨응력도의 값은?

① 2.5MPa
② 3.0MPa
③ 3.5MPa
④ 4.0MPa

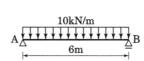

**알찬풀이** | 최대 휨응력도($\sigma_{\max}$)
$$M_{\max} = \frac{w \cdot L^2}{8} = \frac{10 \times (6 \times 10^3)^2}{8} = 45 \times 10^6$$
$$Z = \frac{b \cdot h^2}{6} = \frac{300 \times 600^2}{6} = 18 \times 10^6$$
$$\sigma_{\max} = \frac{M_{\max}}{Z} = \frac{45 \times 10^6}{18 \times 10^6} = 2.5(\text{MPa})$$

**54** 다음과 같은 구조물에서 최대 전단응력도는?
(단, 부재의 단면은 $b \times h = 200\text{mm} \times 300\text{mm}$)

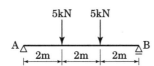

① 0.105MPa
② 0.115MPa
③ 0.125MPa
④ 0.135MPa

**알찬풀이** | 최대 전단응력도($\tau_{\max}$)
$$V_{\max} = V_A = V_B = 5(\text{kN}) = 5 \times 10^3 (\text{N})$$
$$\tau_{\max} = \frac{3}{2} \cdot \frac{V_{\max}}{A} = \frac{3}{2} \times \frac{5 \times 10^3}{200 \times 300} = 0.125(\text{MPa})$$

| ANSWER | 49. ② | 50. ② | 51. ④ | 52. ① | 53. ① | 54. ③ |
| --- | --- | --- | --- | --- | --- | --- |

**55** 그림과 같은 단순보가 집중하중과 등분포하중을 받고 있을 때 C점의 휨 모멘트를 구하면?

① 8kN·m

② 10kN·m

③ 12kN·m

④ 14kN·m

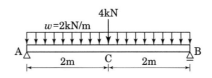

**알찬풀이** │ C점의 휨 모멘트($M_C$)

$$M_C = M_{\max} = \frac{w \cdot L^2}{8} + \frac{P \cdot L}{4} = \frac{2 \times 4^2}{8} + \frac{4 \times 4}{4} = 8(\text{kN} \cdot \text{m})$$

**56** 그림과 같은 트러스에서 AC의 부재력은?

① 5kN(인장)

② 5kN(압축)

③ 10kN(인장)

④ 10kN(압축)

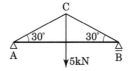

**알찬풀이** │ AC의 부재력

$$V_A = V_B = 2.5(\text{kN})$$

A절점에서 $\Sigma V = 0$    $AC \cdot \sin 30° G + 2.5 = 0$

$\therefore AC = -5(\text{kN})$

**57** 말뚝 기초에 관한 설명으로 옳지 않은 것은?

① 말뚝은 압밀 등에 대한 침하를 고려하여야 한다.

② 말뚝 기초의 허용지지력 산정은 말뚝만이 힘을 받는 것으로 계산하여야 한다.

③ 말뚝기초의 기초판 설계에서 말뚝의 반력은 중심에 집중된다고 가정하여 휨모멘트를 계산할 수 있다.

④ 대규모 기초 구조는 기성말뚝과 제자리 콘크리트 말뚝을 혼용하여야 한다.

**알찬풀이** │ 기초 구조에 기성말뚝과 제자리 콘크리트 말뚝을 혼용하는 것은 좋지 않다.

## 58

그림과 같은 정방형 단추(短柱)의 E점에 압축력 100kN이 작용할 때 B점에 발생되는 응력의 크기는?

① −1.11MPa

② 1.11MPa

③ −2.22MPa

④ 2.22MPa

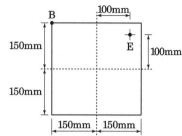

**알찬풀이** | B점에 발생되는 응력의 크기($\sigma_B$)

$$\sigma_B = -\frac{N}{A} - \frac{N \cdot e_y}{Z_x} + \frac{N \cdot e_x}{Z_y}$$

$$= -\frac{100 \times 10^3}{300 \times 300} - \frac{100 \times 10^3 \times 100}{\frac{300 \times 300^2}{6}} + \frac{100 \times 10^3 \times 100}{\frac{300 \times 300^2}{6}}$$

$$\fallingdotseq -1.11(\text{N/mm}^2)$$

## 59

다음 그림과 같은 필릿용접부의 설계강도를 구할 때 요구되는 용접유효길이를 구하면?

① 200mm

② 176mm

③ 152mm

④ 134mm

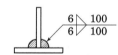

**알찬풀이** | 용접유효길이($L_e$)

$$L_e = L - 2S = 100 - 2 \times 6 = 88(\text{mm})$$

양면 용접이므로 $2 \times L_e = 88 \times 2 = 176(\text{mm})$

## 60

강도설계법으로 설계한 콘크리트 구조물에서 처짐의 검토는 어느 하중을 사용하는가?

① 사용하중(service load)

② 설계하중(design load)

③ 계수하중(factored load)

④ 상재하중(surchage load)

**알찬풀이** | 강도설계법으로 설계한 콘크리트 구조물에서 처짐의 검토는 사용하중(service load)을 사용한다.

**제4과목 : 건축설비**

**61** 공기조화방식 중 전수방식(all water system)의 일반적 특징으로 옳지 않은 것은?

① 덕트 스페이스가 필요 없다.
② 팬 코일 유닛방식 등이 있다.
③ 실내 배관에서 누수의 우려가 있다.
④ 실내공기의 청정도 유지가 용이하다.

**알찬풀이** | 전공기방식이 실내공기의 청정도 유지가 용이하다.

**62** 옥내소화전설비를 설치하여야 하는 특정소방대상물에서 옥내소화전이 가장 많이 설치된 층의 설치개수가 3개일 때, 소화펌프의 토출량은 최소 얼마 이상이 되도록 하여야 하는가?

① 200L/min                    ② 390L/min
③ 450L/min                    ④ 700L/min

**알찬풀이** | 옥내소화전설비의 소화펌프 1개의의 토출량은 130L/min 이상이다.
∴ 130L/min × 3 = 390L/min

**63** 난방부하 계산 시 각 외벽을 통한 손실열량은 방위에 따른 방향계수에 의해 값을 보정하는데, 계수 값의 대소 관계가 옳게 표현된 것은?

① 북>동 · 서>남              ② 북>남>동 · 서
③ 동>남 · 북>서              ④ 남>북>동 · 서

**알찬풀이** | 난방부하 계산 시 각 외벽을 통한 손실열량은 방위에 따른 방향계수에 따른 대소 관계는 북>동 · 서>남 이다.

**64** 다음의 소방시설 중 경보설비에 속하지 않는 것은?

① 비상방송설비              ② 자동화재속보설비
③ 자동화재탐지설비          ④ 무선통신보조설비

**알찬풀이** | 무선통신보조설비가 소방시설 중 경보설비에 속하지 않는다.

**65** 다음 중 기계식 증기트랩에 속하지 않는 것은?

① 버킷 트랩　　　　　　　② 플로트 트랩
③ 바이메탈 트랩　　　　　④ 플로트 · 서모스탯 트랩

**알찬풀이** | 바이메탈 트랩이 기계식 증기트랩에 속하지 않는다.


**66** 트랩의 봉수 파괴 원인과 가장 거리가 먼 것은?

① 증발 현상　　　　　　　② 서어징 현상
③ 모세관 현상　　　　　　④ 자기사이펀 작용

**알찬풀이** | 서어징 현상은 트랩의 봉수 파괴 원인과 관계가 없다.


**67** 대변기 세정 급수장치에 진공방지기(vacuum breaker)를 설치하는 가장 주된 이유는?

① 급수관 부식 방지
② 급수관 내의 유속 조절
③ 급수관에서의 수격작용 방지
④ 오수가 급수관으로 역류하는 현상 방지

**알찬풀이** | 대변기 세정 급수장치에 진공방지기는 오수가 급수관으로 역류하는 현상 방지하기 위해서 설치한다.


**68** 고가수조방식의 급수방식에서 최상층에 설치된 위생기구로부터 고가수조 저수위 면까지의 필요 최소높이는? (단, 최상층 위생기구의 필요수압은 70kPa, 배관마찰손실수두는 1mAq 이다.)

① 1.7m　　　　　　　　　② 6m
③ 8m　　　　　　　　　　④ 15m

**알찬풀이** | 최소높이
　　① 최상층 위생기구의 필요수압은 70kPa(0.07MPa)은 수두 7m에 해당한다.
　　② 배관마찰손실수두는 1mAq(0.01MPa)는 수두 1m에 해당한다.
　　[※ P(수압) = 0.01H(MPa) = 0.01×H×1,000(kPa)]
　　∴ H ≥ 7m+1m = 8m

| ANSWER | 61. ④ | 62. ② | 63. ① | 64. ④ | 65. ③ | 66. ② | 67. ④ | 68. ③ |
|---|---|---|---|---|---|---|---|---|

**69** 트랩으로서의 성능에 문제가 있어 사용하지 않는 것이 바람직한 트랩에 속하지 않는 것은?

① 2중 트랩
② 수봉식 트랩
③ 가동부분이 있는 것
④ 내부 치수가 동일한 S트랩

**알찬풀이** | 수봉식 트랩은 트랩에 평상시 물이 채워져 있다는 것으로 정상적인 트랩이다.

**70** 건구온도 18℃, 상대습도 60%인 공기가 여과기를 통과한 후 가열 코일을 통과하였다. 통과 후의 공기 상태는?

① 비체적 감소
② 엔탈피 감소
③ 상대습도 증가
④ 습구온도 증가

**알찬풀이** | 가열 코일을 통과한 공기는 습구온도 증가 한다.

**71** 공기조화방식 중 2중덕트방식에 관한 설명으로 옳지 않은 것은?

① 혼합상자에서 소음과 진동이 생긴다.
② 덕트가 1개의 계통이므로 설비비가 적게 든다.
③ 부하특성이 다른 다수의 실이나 존에도 적용할 수 있다.
④ 냉ㆍ온풍의 혼합으로 인한 혼합손실이 있어서 에너지 소비량이 많다.

**알찬풀이** | 2중덕트방식은 덕트가 2개의 계통이므로 설비비가 많이 든다.

**72** 다음 중 주방, 보일러실 등 다량의 화기를 단속 취급하는 장소에 가장 적합한 자동화재탐지 설비의 감지기는?

① 광전식 감지기
② 차동식 감지기
③ 정온식 감지기
④ 이온화식 감지기

**알찬풀이** | 주방, 보일러실 등 다량의 화기를 단속 취급하는 장소에 가장 적합한 감지기는 정온식 감지기이다.

**73** 양수펌프의 양수량이 18m³/h이고 양정이 60m일 때 펌프의 축동력은?
(단, 펌프의 효율은 50% 이다.)

① 0.35kW             ② 1.47kW

③ 2.94kW             ④ 5.88kW

**알찬풀이** | 펌프의 축동력

$$\therefore \text{펌프의 축동력} = \frac{W \times Q \times H}{6,120 \times E}(\text{kW}) = \frac{1000 \times (18/60) \times 60}{6120 \times 0.5} \fallingdotseq 5.88(\text{kW})$$

(부호)

$W$ : 물의 밀도(1,000kg/m³)

$Q$ : 양수량(m³/min)

$H$ : 펌프의 전양정[흡입양정($H_s$)+토출양정($H_d$)+마찰 손실 수두($H_f$)]

$E$ : 펌프의 효율(%)

**74** 수질 관련 용어 중 BOD가 의미하는 것은?

① 용존산소량            ② 수소이온농도

③ 화학적 산소요구량      ④ 생물화학적 산소요구량

**알찬풀이** | BOD의 의미는 생물화학적 산소요구량이다.

**75** 일반적으로 지름이 큰 대형관에서 배관 조립이나 관의 교체를 손쉽게 할 목적으로 이용되는 이음 방식은?

① 신축 이음             ② 용접 이음

③ 나사 이음             ④ 플랜지 이음

**알찬풀이** | 지름이 큰 대형관에서 배관 조립이나 관의 교체를 손쉽게 할 목적으로 이용되는 이음 방식은 플랜지 이음이다.

**76** 다음 중 외기온과 실온변화에 있어서 시간지연에 직접적인 영향을 미치는 요소는?

① 열관류율             ② 기류속도

③ 표면복사율            ④ 구조체의 열용량

**알찬풀이** | 외기온과 실온변화에 있어서 시간지연에 직접적인 영향을 미치는 요소는 구조체의 열용량이다.

**ANSWER**     69. ②    70. ④    71. ②    72. ③    73. ④    74. ④    75. ④    76. ④

**77** 공동주택에서 각종 정보를 관리하는 목적으로 관리인실에 설치하는 공동주택 관리용 인터폰의 기능에 속하지 않는 것은?

① 주출입구의 개폐기능
② 전기절약을 위한 전등 소등 기능
③ 비상 푸시버튼에 의한 비상통보기능
④ 방범스위치에 의한 불법침입통보기능

**알찬풀이** | 공동주택 관리용 인터폰은 전기절약을 위한 전등 소등 기능과는 관계가 적다.


**78** 금속관 공사에 관한 설명으로 옳지 않은 것은?

① 전선의 인입이 용이하다.
② 전선의 과열로 인한 화재의 위험성이 작다.
③ 외부적 응력에 대해 전선보호의 신뢰성이 높다.
④ 철근콘크리트 건물의 매입 배선으로는 사용할 수 없다.

**알찬풀이** | 금속관 공사는 보통 철근콘크리트 건물의 매입 배선으로는 사용한다.


**79** 전압의 분류에서 저압의 범위 기준으로 옳은 것은?

① 직류 400[V] 이하, 교류 400[V] 이하
② 직류 400[V] 이하, 교류 600[V] 이하
③ 직류 600[V] 이하, 교류 600[V] 이하
④ 직류 750[V] 이하, 교류 600[V] 이하

**알찬풀이** | 전압의 분류에서 저압의 범위 기준은 직류 750[V] 이하, 교류 600[V] 이하 이다.


**80** 환기설비에 관한 설명으로 옳지 않은 것은?

① 환기는 복수의 실을 동일 계통으로 하는 것을 원칙으로 한다.
② 필요 환기량은 실의 이용목적과 사용 상황을 충분히 고려하여 결정한다.
③ 외기를 받아들이는 경우에는 외기의 오염도에 따라서 공기청정 장치를 설치한다.
④ 전열 교환기에서 열회수를 하는 배기계통에는 악취나 배기가스 등 오염물질을 수반하는 배기는 사용하지 않는다.

**알찬풀이** | 환기는 하나의 실을 단일 계통으로 하는 것을 원칙으로 한다.

## 제5과목 : 건축관계법규

**81** 부설주차장 설치대상 시설물이 숙박시설인 경우, 부설주차장 설치기준으로 옳은 것은?

① 시설면적 100m²당 1대
② 시설면적 150m²당 1대
③ 시설면적 200m²당 1대
④ 시설면적 300m²당 1대

**알찬풀이** | 숙박시설인 경우 부설주차장 설치기준은 시설면적 200m²당 1대이다.

**82** 다음은 노외주차장의 구조·설비에 관한 기준 내용이다. ( ) 안에 알맞은 것은?

> 노외주차장의 출입구 너비는 ( ㉠ ) 이상으로 하여야 하며, 주차대수 규모가 50대 이상인 경우에는 출구와 입구를 분리하거나 너비 ( ㉡ ) 이상의 출입구를 설치하여 소통이 원활하도록 하여야 한다.

① ㉠ 2.5m, ㉡ 4.5m
② ㉠ 2.5m, ㉡ 5.5m
③ ㉠ 3.5m, ㉡ 4.5m
④ ㉠ 3.5m, ㉡ 5.5m

**83** 건축물의 층수가 23층이고 각 층의 거실면적이 1000m²인 숙박시설에 설치하여야 하는 승용승강기의 최소 대수는? (단, 8인승 승용승강기의 경우)

① 7대
② 8대
③ 9대
④ 10대

**알찬풀이** | 승용승강기의 최소 대수($P$)

$$P \geq 1 + \frac{(A - 3,000)}{2,000}$$

$$\geq 1 + \frac{(18 \times 1,000 - 3,000)}{2,000} = 8.5 \rightarrow 9(대)$$

※ $A$ : 6층 이상의 거실 면적의 합계

| ANSWER | 77. ② | 78. ④ | 79. ④ | 80. ① | 81. ③ | 82. ④ | 83. ③ |
|---|---|---|---|---|---|---|---|

**84** 건축물의 대지에 공개 공지 또는 공개 공간을 확보해야 하는 대상 건축물에 속하지 않는 것은? (단, 일반주거지역이며, 해당 용도로 쓰는 바닥 면적의 합계가 5000m² 이상인 건축물인 경우)

① 운동시설                 ② 숙박시설

③ 업무시설                 ④ 문화 및 집회시설

**알찬풀어** | 공개 공지(공개 공간) 확보 대상 건축물
       ① 연면적의 합계가 5,000m² 이상인 문화 및 집회시설, 종교시설, 판매시설(농수산물유통시설을 제외), 운수시설, 업무시설, 숙박시설
       ② 기타 다중이 이용하는 시설로서 건축조례가 정하는 건축물

**85** 대지면적이 600m²이고 조경면적이 대지면적의 15%로 정해진 지역에 건축물을 신축할 경우, 옥상에 조경을 90m² 시공하였다면, 지표면의 조경면적은 최소 얼마 이상이어야 하는가?

① 0m²                 ② 30m²

③ 45m²                ④ 60m²

**알찬풀어** | 지표면의 조경면적
       전체 조경면적 = 600 × 0.15 = 90(m²)
       옥상에 조경을 90m² 시공하였지만 전체 조경면적의 1/2인 45(m²)만 인정한다.
       ∴ 지표면의 조경면적=90−45=45(m²)

**86** 건축법상 다음과 같이 정의되는 용어는?

> 건축물의 실내를 안전하고 쾌적하며 효율적으로 사용하기 위하여 내부 공간을 칸막이로 구획하거나 벽지, 천장재, 바닥재, 유리 등 대통령령으로 정하는 재료 또는 장식물을 설치하는 것

① 리모델링                ② 실내건축

③ 실내장식                ④ 실내디자인

**알찬풀어** | 건축법상 실내건축에 대한 용어의 정의이다.

**87** 건축물의 내부에 설치하는 피난계단의 경우 건축물의 내부에서 계단실로 통하는 출입구의 유효너비는 최소 얼마 이상으로 하여야 하는가?

① 0.75m
② 0.9m
③ 1.0m
④ 1.2m

**알찬풀이** │ 피난계단의 경우 건축물의 내부에서 계단실로 통하는 출입구의 유효너비는 최소 0.9m이상 이어야 한다.

**88** 건축물의 거실(피난층의 거실 제외)에 국토교통부령으로 정하는 기준에 따라 배연설비를 하여야 하는 대상 건축물의 용도에 속하지 않는 것은?
(단, 6층 이상인 건축물의 경우)

① 공동주택
② 판매시설
③ 숙박시설
④ 위락시설

**알찬풀이** │ 공동주택은 기준에 따라 배연설비를 하여야 하는 대상 건축물의 용도에 속하지 않는다.

**89** 문화 및 집회시설 중 공연장의 개별관람석의 출구에 관한 설명으로 옳은 것은?
(단, 개별관람석의 바닥면적은 900m²이다.)

① 각 출구의 유효너비는 1.2m 이상이어야 한다.
② 관람석별로 최소 4개소 이상 설치하여야 한다.
③ 관람석으로부터 바깥쪽으로의 출구로 쓰이는 문은 안여닫이로 하여야 한다.
④ 개별관람석 출구의 유효너비 합계는 최소 5.4m 이상으로 하여야 한다.

**알찬풀이** │ 관람석 등으로부터의 출구의 설치기준
관람석의 바닥면적이 300m² 이상인 경우의 출구는 다음의 기준에 적합하게 설치하여야 한다.
① 관람석별로 2개소 이상 설치할 것
② 각 출구의 유효너비는 1.5m 이상일 것
③ 개별 관람석 출구의 유효너비의 합계는 개별 관람석의 바닥면적 100m² 마다 0.6m의 비율로 산정한 너비 이상으로 할 것
④ 건축물의 관람석 또는 집회실로부터 바깥쪽으로의 출구로 쓰이는 문은 안여닫이로 하여서는 아니 된다.

| ANSWER | 84. ① | 85. ③ | 86. ② | 87. ② | 88. ① | 89. ④ |
|---|---|---|---|---|---|---|

**90** 부설주차장의 인근 설치와 관련하여 시설물의 부지 인근의 범위(해당 부지의 경계선으로부터 부설주차장의 경계선까지의 거리) 기준으로 옳은 것은?

① 직선거리 100m 이내 또는 도보거리 500m 이내
② 직선거리 100m 이내 또는 도보거리 600m 이내
③ 직선거리 300m 이내 또는 도보거리 500m 이내
④ 직선거리 300m 이내 또는 도보거리 600m 이내

**알찬풀이** | 시설물의 부지 인근의 범위는 직선거리 300m 이내 또는 도보거리 600m 이내이다.

**91** 다음은 옥상광장 등의 설치에 관한 기준 내용이다. ( ) 안에 알맞은 것은?

> 옥상광장 또는 2층 이상인 층에 있는 노대등[노대(露臺)나 그 밖에 이와 비슷한 것을 말한다]의 주위에는 높이 ( ) 이상의 난간을 설치하여야 한다. 다만, 그 노대등에 출입할 수 없는 구조인 경우에는 그러하지 아니하다.

① 0.9m                      ② 1.2m
③ 1.5m                      ④ 1.8m

**알찬풀이** | 옥상광장 또는 2층 이상인 층에 있는 노대등[노대(露臺)나 그 밖에 이와 비슷한 것을 말한다]의 주위에는 높이 1.2m 이상의 난간을 설치하여야 한다.

**92** 문화 및 집회시설 중 집회장의 용도에 쓰이는 건축물의 집회실로서 그 바닥면적이 200m² 이상인 경우, 반자 높이는 최소 얼마 이상이어야 하는가?
(단, 기계환기장치를 설치하지 않은 경우)

① 1.8m                      ② 2.1m
③ 2.7m                      ④ 4.0m

**알찬풀이** | 문화 및 집회시설(전시장 및 동·식물원을 제외), 의료시설 중 장례식장 또는 위락시설 중 주점영업의 용도에 쓰이는 건축물의 관람석 또는 집회실로서 그 바닥 면적이 200m² 이상인 경우에는 반자의 높이는 4.0m 이상이어야 한다. (단, 기계환기장치를 설치하지 않은 경우이다.)

**93** 다음은 피난용 승강기의 설치에 관한 기준 내용이다. (  ) 안에 알맞은 것은?

> 승강장의 바닥면적은 승강기 1대당 (  )m² 이상으로 할 것

① 5

② 6

③ 8

④ 10

**알찬풀이** | 피난용 승강기의 승강장의 바닥면적은 승강기 1대당 6m² 이상으로 하여야 한다.

**94** 다음 중 부설주차장을 추가로 확보하지 아니하고 건축물의 용도를 변경할 수 있는 경우에 관한 기준 내용으로 옳은 것은? (단, 문화 및 집회시설 중 공연장·집회장·관람장, 위락시설 및 주택 중 다세대주택·다가구주택의 용도로 변경하는 경우는 제외)

① 사용승인 후 3년이 지난 연면적 1000m² 미만의 건축물의 용도를 변경하는 경우

② 사용승인 후 3년이 지난 연면적 2000m² 미만의 건축물의 용도를 변경하는 경우

③ 사용승인 후 5년이 지난 연면적 1000m² 미만의 건축물의 용도를 변경하는 경우

④ 사용승인 후 5년이 지난 연면적 2000m² 미만의 건축물의 용도를 변경하는 경우

**알찬풀이** | 다음의 어느 하나에 해당하는 경우에는 부설주차장을 추가로 확보하지 아니하고 건축물의 용도를 변경할 수 있다.
① 사용승인 후 5년이 경과된 연면적 1,000m² 미만의 건축물의 용도를 변경하는 경우. 다만, 문화 및 집회시설 중 공연장·집회장·관람장, 위락시설 및 주택 중 다세대주택·다가구주택의 용도로 변경하는 경우를 제외한다.
② 해당 건축물 안에서 용도 상호간의 변경을 하는 경우(부설주차장 설치기준이 높은 용도의 면적이 증가하는 경우를 제외한다)

**95** 국토의 계획 및 이용에 관한 법률에 따른 용도 지역의 건폐율 기준으로 옳지 않은 것은?

① 주거지역: 70% 이하

② 상업지역: 80% 이하

③ 공업지역: 70% 이하

④ 녹지지역: 20% 이하

**알찬풀이** | 국토의 계획 및 이용에 관한 법률에 따른 용도 지역의 건폐율 기준 중 상업지역은 90% 이하이다.

**96** 건축법령상 다가구주택이 갖추어야 할 요건에 해당하지 않는 것은?

① 독립된 주거의 형태가 아닐 것
② 19세대 이하가 거주할 수 있는 것
③ 주택으로 쓰이는 층수(지하층은 제외)가 3개층 이하일 것
④ 1개 동의 주택으로 쓰는 바닥면적(부설주차장 면적은 제외)의 합계가 660m²
　이하일 것

**알찬풀이** | 다가구주택은 독립된 주거의 형태이다.


**97** 제2종 전용주거지역안에서 건축할 수 있는 건축물에 속하지 않는 것은?
(단, 도시 · 군계획조례가 정하는 바에 의하여 건축할 수 있는 건축물 포함)

① 아파트　　　　　　　　② 의료시설
③ 노유자시설　　　　　　④ 다가구주택

**알찬풀이** | 제2종 전용주거지역 안에서는 의료시설이 허용되지 않는다.


**98** 다음은 건축물의 층수 산정 방법에 관한 기준 내용이다. ( ) 안에 알맞은 것은?

> 층의 구분이 명확하지 아니한 건축물은 그 건축물의 높이 ( ) 마다 하나의
> 층으로 보고 그 층수를 산정하며

① 2m　　　　　　　　　② 3m
③ 4m　　　　　　　　　④ 5m

**알찬풀이** | 층의 구분이 명확하지 아니한 건축물은 해당 건축물의 높이 4m마다 하나의 층으로 산정하며, 건축물의 부분에 따라 그 층수를 달리하는 경우에는 그중 가장 많은 층수로 한다.

**99** 건축물에 급수, 배수, 환기, 난방 설비 등의 건축설비를 설치하는 경우 건축기계설비기술사 또는 공조냉동기계기술사의 협력을 받아야 하는 대상 건축물의 연면적 기준은? (단, 창고시설을 제외)

① 연면적 5천 제곱미터 이상인 건축물
② 연면적 1만 제곱미터 이상인 건축물
③ 연면적 5만 제곱미터 이상인 건축물
④ 연면적 10만 제곱미터 이상인 건축물

**알찬풀이** | 연면적 10,000m² 이상인 건축물은 건축물에 급수, 배수, 환기, 난방 설비 등의 건축설비를 설치하는 경우 건축기계설비기술사 또는 공조냉동기계기술사의 협력을 받아야 한다.

**100** 다음 중 허가 대상에 속하는 용도변경은?

① 수련시설에서 업무시설로의 용도변경
② 숙박시설에서 위락시설로의 용도변경
③ 장례시설에서 의료시설로의 용도변경
④ 관광휴게시설에서 판매시설로의 용도변경

**알찬풀이** | 숙박시설(5. 영업시설군)에서 위락시설(4. 문화집회시설군)로의 용도변경은 허가를 받아야 한다.

| ANSWER | 96. ① | 97. ② | 98. ③ | 99. ② | 100. ② |
| --- | --- | --- | --- | --- | --- |

# 국가기술자격검정 필기시험문제

2019년도 산업기사 일반검정(2019년 4월 27일)

| 자격종목 및 등급(선택분야) | 종목코드 | 시험시간 | 문제지형별 | 수검번호 | 성 명 |
|---|---|---|---|---|---|
| 건축산업기사 | 2530 | 2시간30분 | A | | |

※ 답안카드 작성시 시험문제지 형별누락, 마킹착오로 인한 불이익은 전적으로 수험자의 귀책사유임을 알려드립니다.

---

### 제1과목 : 건축계획

**01** 모듈러 코디네이션(Modular Coordinaation)의 효과와 가장 거리가 먼 것은?

① 대량생산의 용이
② 설계작업의 단순화
③ 현장작업의 단순화 및 공기 단축
④ 건축물 형태의 창조성 및 다양성 확보

**알찬풀이** | 건축물 형태의 창조성 및 다양성 확보는 모듈러 코디네이션(M.C)의 효과와 관계가 적다.

**02** 다음 중 사무소 건축의 기둥 간격(span) 결정요인과 가장 거리가 먼 것은?

① 코어의 위치
② 책상의 배치 단위
③ 구조상의 스팬의 한도
④ 지하주차장의 주차구획크기

**알찬풀이** | 사무소 건축의 기둥 간격(span) 결정요인으로 코어의 위치는 관계가 적다.

**03** 숍 프론트(shop front) 구성 형식 중 폐쇄형에 관한 설명으로 옳지 않은 것은?

① 고객이 내부 분위기에 만족하도록 계획한다.
② 고객의 출입이 많은 제과점 등에 주로 적용된다.
③ 고객이 상점 내에 비교적 오래 머무르는 상점에 적합하다.
④ 숍 프론트(shop front)를 출입구 이외에는 벽 등으로 차단한 형식이다.

**알찬풀이** | 폐쇄형 숍 프론트(shop front)
　　　① 손님이 점내에 오래 머무르는 상점이나 손님이 적은 점포에 유리하다.
　　　② 사례: 전문 보석점, 카메라 전문점, 미용실 등

**04** 다음 설명에 알맞은 국지도로의 유형은?

> • 가로망 형태가 단순하고, 가구 및 획지 구성상 택지의 이용 효율이 높기 때문에 계획적으로 조성되는 시가지에 많이 이용되고 있는 형태이다.
> • 교차로가 +자형이므로 자동차의 교통처리에 유리하다.

① T자형　　　　　　　　　② 격자형
③ 루프(loop)형　　　　　　④ 쿨데삭(cul-de-sac)형

**알찬풀이** | 해당 설명은 격자형 도로망의 특징이다.


**05** 소규모 주택에서 주방의 일부에 간단한 식탁을 설치하거나 식사실과 주방을 하나로 구성한 형태를 무엇이라 하는가?

① 리빙 키친　　　　　　　② 다이닝 키친
③ 리빙 다이닝　　　　　　④ 다이닝 테라스

**알찬풀이** | 소규모 주택에서 주방의 일부에 간단한 식탁을 설치하거나 식사실과 주방을 하나로 구성한 형태의 주방을 다이닝 키친이라 한다.


**06** 단독주택의 거실 계획에 관한 설명으로 옳지 않은 것은?

① 다목적 공간으로서 활용되도록 한다.
② 정원과 테라스에 시각적으로 연결되도록 한다.
③ 개방된 공간으로 가급적 독립성이 유지되도록 한다.
④ 다른 공간들을 연결하는 통로로서의 기능을 우선 시 한다.

**알찬풀이** | 단독주택의 거실은 다른 공간들을 연결하는 통로로서의 기능은 좋지 않다.


**07** 공동주택에 관한 설명으로 옳지 않은 것은?

① 단독주택보다 독립성이 크다.
② 주거환경의 질을 높일 수 있다.
③ 대지의 효율적 이용이 가능하다.
④ 도시생활의 커뮤니티화가 가능하다.

**알찬풀이** | 공동주택은 단독주택보다 독립성이 떨어진다.


**ANSWER**　　1. ④　　2. ①　　3. ②　　4. ②　　5. ②　　6. ④　　7. ①

**08** 다음 설명에 알맞은 사무소 건축의 코어 유형은?

> • 유효율이 높은 계획이 가능하다.
> • 코어 프레임(core frame)이 내력벽 및 내진구조가 가능함으로서 구조적으로 바람직한 유형이다.
> • 대규모 평면규모를 갖춘 중/고층인 사무소에 적합하다.

① 편심코어형        ② 양단코어형
③ 중심코어형        ④ 독립코어형

**알찬풀이** | 해당 설명은 사무소 건축의 코어 유형 중 중심코어형에 대한 특징이다.


**09** 상점건축에서 진열창(show window)의 눈부심을 방지하는 방법으로 옳지 않은 것은?

① 곡면 유리를 사용한다.
② 유리면을 경사지게 한다.
③ 진열창의 내부를 외부보다 어둡게 한다.
④ 차양을 설치하여 진열창 외부에 그늘을 조성한다.

**알찬풀이** | 상점건축에서 진열창(show window)의 눈부심을 방지하는 방법으로 진열창의 내부를 외부보다 밝게 한다.


**10** 다음 설명에 알맞은 공장건축의 레이아웃 형식은?

> • 다종의 소량 생산의 경우나 표준화가 이루어지기 어려운 경우에 채용된다.
> • 생산성이 낮으나 주문 생산품 공장에 적합하다.

① 제품중심 레이아웃        ② 공정중심 레이아웃
③ 고정식 레이아웃        ④ 혼성식 레이아웃

**알찬풀이** | 공장건축의 레이아웃 형식 중 공정중심 레이아웃에 대한 특징이다.

**11** 근린생활권의 구성 중 근린주구의 중심이 되는 시설은?

① 유치원          ② 대학교

③ 초등학교       ④ 어린이 놀이터

**알찬풀이** | 근린주구
       ① 인구: 1,600~2,000호(8,000~10,000명)
       ② 중심시설: 초등학교, 어린이 공원, 우체국, 병원, 소방서

**12** 다음 중 주택 부엌의 기능적 측면에서 작업 삼각형(work triangle)의 3변 길이의 합계로 가장 알맞은 것은?

① 1000mm       ② 2000mm

③ 3000mm       ④ 4000mm

**알찬풀이** | 작업 삼각형(work triangle)
       냉장고, 싱크(개수)대, 조리(가열)대를 연결하는 삼각형으로 3.6~6.6m 이내가 적당하다.

**13** 사무소 건축의 실단위 계획 중 개방식 배치에 관한 설명으로 옳지 않은 것은?

① 독립성이 결핍되고 소음이 있다.

② 전면적을 유용하게 이용할 수 있다.

③ 공사비가 개실 시스템보다 저렴하다.

④ 방의 길이나 깊이에 변화를 줄 수 없다.

**알찬풀이** | 사무소 건축의 실단위 계획 중 개방식 배치는 방(실)의 길이나 깊이에 변화를 줄 수 있다.

**14** 숑바르 드 로브에 따른 주거면적기준 중 한계기준은?

① $8m^2$         ② $14m^2$

③ $15m^2$        ④ $16m^2$

**알찬풀이** | 숑바르 드 로브(Chombard de Lawwe)에 따른 주거면적기준
       ① 표준 기준: $16m^2$/인
       ② 한계 기준: $14m^2$/인
       ③ 병리 기준: $8m^2$/인

**ANSWER**    8. ③    9. ③    10. ② 11. ③    12. ④    13. ④    14. ②

**15** 학교의 배치계획에 관한 설명으로 옳은 것은?

① 분산병렬형은 넓은 교지가 필요하다.
② 폐쇄형은 운동장에서 교실로의 소음 전달이 거의 없다.
② 분산병렬형은 일조, 통풍 등 환경조건이 좋으나 구조계획이 복잡하다.
④ 폐쇄형은 대지의 이용률을 높일 수 있으며 화재 및 비상 시 피난에 유리하다.

**알찬풀이** | 학교의 배치계획에서 분산병렬형은 넓은 교지가 필요하다.

**16** 사무실 건물에서 코어 내 각 공간의 위치관계에 관한 설명으로 옳지 않은 것은?

① 엘리베이터는 가급적 중앙에 집중시킬 것
② 코어내의 공간과 임대사무실 사이의 동선이 간단할 것
③ 계단과 엘리베이터 및 화장실은 가능한 한 접근시킬 것
④ 엘리베이터 홀은 출입구문에 인접하여 바싹 접근해 있도록 할 것

**알찬풀이** | 엘리베이터 홀은 출입구에 너무 근접시키지 않는 것이 바람직하다.

**17** 공동주택의 형식 중 탑상형에 관한 설명으로 옳지 않은 것은?

① 건축물 외면의 입면성을 강조한 유형이다.
② 판상형에 비해 경관 계획상 유리한 형식이다.
③ 모든 세대에 동일한 거주 조건과 환경을 제공한다.
④ 타워식의 형태로 도심지 및 단지 내의 랜드마크적인 역할이 가능하다.

**알찬풀이** | 공동주택의 형식 중 탑상형은 모든 세대에 동일한 거주 조건과 환경을 제공하기 어렵다.

**18** 무창 방직공장에 관한 설명으로 옳지 않은 것은?

① 내부 발생 소음이 작다.
② 외부로부터의 자극이 적다.
③ 내부 조도를 균일하게 할 수 있다.
④ 배치계획에 있어서 방위를 고려할 필요가 있다.

**알찬풀이** | 무창의 방직공장은 내부 발생 소음이 크다.

**19** 백화점에 엘리베이터 배치 시 고려사항으로 옳지 않은 것은?

① 일렬 배치는 4대를 한도로 한다.
② 교통동선의 중심에 설치하여 보행거리가 짧도록 배치한다.
③ 일렬 배치 시 엘리베이터 중심 간 거리는 15m 이하가 되도록 한다.
④ 여러 대의 엘리베이터를 설치하는 경우, 그룹별 배치와 군 관리 운전방식으로 한다.

**알찬풀이** | 일렬 배치 시 엘리베이터 중심 간 거리는 12m 이하가 되도록 한다.

**20** 우리나라 중학교에서 가장 많이 채택하고 있는 학교 운영방식은?

① 플래툰형(P형)　　　　　② 종합교실형(U형)
③ 교과교실형(V형)　　　　④ 일반 및 특별교실형(U+V형)

**알찬풀이** | 우리나라 중학교에서 가장 많이 채택하고 있는 학교 운영방식은 일반 및 특별교실형(U+V형)이다.

## 제2과목 : 건축시공

**21** 공동도급의 특징으로 옳지 않은 것은?

① 기술력 확충　　　　　② 신용도의 증대
③ 공사계획 이행의 불확실　④ 융자력 증대

**알찬풀이** | 공동도급 방식은 대규모 공사의 시공에 있어서 2개 이상의 건설 업체가 공동 연대하여 시공하는 방법으로 공사의 이행을 위해서 서로 연대하여 기술력 확충, 신용도의 증대, 융자력 증대, 위험부담 분산 등을 도모한다.

**22** 흙막이 공법 중 수평버팀대의 설치 작업 순서로 옳은 것은?

| 가. 흙파기 | 나. 띠장버팀대 대기 |
| 다. 받침기둥박기 | 라. 규준대 대기 |
| 마. 중앙부 흙파기 | |

① 가 → 라 → 나 → 다 → 마　② 가 → 라 → 다 → 나 → 마
③ 라 → 가 → 마 → 다 → 나　④ 라 → 가 → 다 → 나 → 마

**알찬풀이** | 흙막이 공법 중 수평버팀대의 설치 작업 순서는 라 → 가 → 다 → 나 → 마의 순서가 적당하다.

**23** 미장공사의 바름층 구성에 관한 설명으로 옳지 않은 것은?

① 일반적으로 바탕조정과 초벌, 재벌, 정벌의 3개 층으로 이루어진다.
② 바탕조정 작업에서는 바름에 앞서 바탕면의 흡수성을 조정하되, 접착력 유지를 위하여 바탕면의 물축임은 금한다.
③ 재벌바름은 미장의 실체가 되며 마감면의 평활도와 시공 정도를 좌우한다.
④ 정벌바름은 시멘트질 재료가 많아지고 세골재의 치수도 작기 때문에 균열 등의 결함 발생을 방지하기 위해 가능한 한 얇게 바르며 흙손 자국을 없애는 것이 중요하다.

**알찬풀이** | 바탕조정 작업에서는 바름에 앞서 바탕면의 흡수성을 조정하되, 접착력 유지를 위하여 바탕면에 물 축임을 한다.

**24** 반복되는 작업을 수량적으로 도식화하는 공정관리기법으로 아파트 및 오피스 건축에서 주로 활용되는 것을 무엇이라고 하는가?

① 횡선식 공정표(Bar Chart)　　　② 네트워크 공정표
③ PERT 공정표　　　　　　　　　④ LOB(Line of Balance) 공정표

**알찬풀이** | LOB(Line of Balance) 공정표
① 반복 공사에서 y축은 층수 x축은 공기로 하여 그 생산성을 기울기 직선으로 나타내는 방법으로 반복되는 작업이 많은 공사에 적용되는 기법 이다.
② 반복하는 작업들에 의하여 공사가 이루어질 경우 작업들에 사용되는 자원의 활용이 공사기간을 결정하는데 큰 영향을 준다는 것을 알 수 있다.
③ 각 작업간의 상호관계를 명확히 나타낼 수 있으며, 전체 공사를 작업의 진도율로 표현 할 수 있다.

**25** 콘크리트에 사용하는 혼화재 중 플라이애쉬(Fly Ash)에 관한 설명으로 옳지 않은 것은?

① 화력발전소에서 발생하는 석탄회를 집진기로 포집한 것이다.
② 시멘트와 골재 접촉면의 마찰저항을 증가시킨다.
③ 건조수축 및 알칼리골재반응 억제에 효과적이다.
④ 단위수량과 수화열에 의한 발열량을 감소시킨다.

**알찬풀이** | 플라이애쉬(Fly Ash)는 시멘트와 골재 접촉면의 마찰저항을 감소시킨다.

**26** 사질토와 점토질을 비교한 내용으로 옳은 것은?

① 점토질은 투수계수가 작다.
② 사질토의 압밀속도는 느리다.
③ 사질토는 불교란 시료 채집이 용이하다.
④ 점토질의 내부마찰각은 크다.

**알찬풀이** | 사질토와 점토질의 특성
    ② 사질토의 압밀속도는 빠르다.
    ③ 사질토는 불교란 시료 채집이 어렵다.
    ④ 점토질의 내부마찰각은 작다.

**27** 일반적인 적산 작업 순서가 아닌 것은?

① 수평방향에서 수직방향으로 적산한다.
② 시공순서대로 적산한다.
③ 내부에서 외부로 적산한다.
④ 아파트 공사인 경우 전체에서 단위세대로 적산한다.

**알찬풀이** | 아파트 공사인 경우 단위세대에서 전체 공사로 적산한다.

**28** 마감공사 시 사용되는 철물에 관한 설명으로 옳지 않은 것은?

① 코너비드는 기둥과 벽 등의 모서리에 설치하여 미장면을 보호하는 철물이다.
② 메탈라스는 철선을 종횡 격자로 배치하고 그 교점을 전기저항용접으로 한 것이다.
③ 인서트는 콘크리트 구조 바닥판 밑에 반자틀, 기타 구조물을 달아맬 때 사용된다.
④ 펀칭메탈은 얇은 판에 각종모양을 도려낸 것을 말한다.

**알찬풀이** | 메탈라스(Metal Lath)
    ① 박강판에 일정한 간격으로 자르는 자국을 내어 이것을 옆으로 잡아당겨 그물 모양으로 만든 것이다.
    ② 용도 : 바름 벽 바탕에 쓰인다.

**29** ALC(Autoclaved Lightweight Concrete)의 물리적 성질 중 옳지 않은 것은?

① 기건비중은 보통콘크리트의 약 1/4정도이다.
② 열전도율은 보통콘크리트와 유사하나 단열성은 매우 우수하다.
③ 불연재인 동시에 내화성능을 가진 재료이다.
④ 경량이어서 인력에 의한 취급이 용이하다.

**알찬풀이** | ALC는 열전도율은 보통 콘크리트의 1/10 정도로 단열 효과가 좋다.

**30** 금속의 방식방법에 관한 설명으로 옳지 않은 것은?

① 큰 변형을 준 것은 가능한 풀림하여 사용한다.
② 도료 또는 내식성이 큰 금속을 사용하여 수밀성 보호피막을 만든다.
③ 부분적으로 녹이 발생하면 녹이 최대로 발생할 때까지 기다린 후에 한꺼번에 제거한다.
④ 표면을 평활, 청결하게 하고 가능한 한 건조한 상태로 유지한다.

**알찬풀이** | 부분적으로 녹이 발생하면 즉시 제거한 후에 수밀성 보호피막을 만들어 준다.

**31** 63.5kg의 추를 76cm 높이에서 자유낙하시켜 30cm 관입하는데 필요한 타격횟수를 구하는 시험은?

① 전기탐사법
② 베인테스트(Vane test)
③ 표준관입시험(Standard penetration test)
④ 딘월샘플링(Thin wall sampling)

**알찬풀이** | 표준관입시험(Standard penetration test)
　　　　　　 63.5kg의 추를 76cm 높이에서 자유낙하시켜 30cm 관입하는데 필요한 타격횟수를 구하는 시험이다.

**32** 연약점토질 지반의 점착력을 측정하기 위한 가장 적합한 토질시험은?

① 전기적탐사　　　　　　　　② 표준관입시험
③ 베인테스트　　　　　　　　④ 삼축압축시험

**알찬풀이** | 베인테스트는 연약점토질 지반의 점착력을 측정하기 위한 토질시험으로 적당하다.

**33** 철골공사에서 녹막이 칠을 하지 않는 부위와 거리가 먼 것은?

① 콘크리트에 밀착 또는 매립되는 부분
② 폐쇄형 단면을 한 부재의 외면
③ 조립에 의해 서로 밀착되는 면
④ 현장용접을 하는 부위 및 그곳에 인접하는 양측 100mm 이내

**알찬풀이** | 폐쇄형 단면을 한 부재의 내면은 녹막이 칠이 어렵다.

**34** 타일의 크기가 11cm×11cm일 때 가로·세로의 줄눈은 6mm이다. 이 때 1m$^2$에 소요되는 타일의 정미수량으로 가장 적당한 것은?

① 34매            ② 55매
③ 65매            ④ 75매

**알찬풀이** | 타일의 정미수량

$$정미량 = \left(\frac{1m}{타일\ 크기+줄눈}\right) \times \left(\frac{1m}{타일\ 크기+줄눈}\right)$$

$$= \left(\frac{100}{11+0.6}\right) \times \left(\frac{100}{11+0.6}\right) \fallingdotseq 74.4 \rightarrow 75\,(매)$$

**35** 굳지 않은 콘크리트 성질에 관한 설명으로 옳지 않은 것은?

① 피니셔빌리티란 굵은골재의 최대치수, 잔골재율, 골재의 입도, 반죽질기 등에 따라 마무리하기 쉬운 정도를 말한다.
② 물-시멘트비가 클수록 컨시스턴시가 좋아 작업이 용이하고 재료분리가 일어나지 않는다.
③ 블리딩이란 콘크리트 타설후 표면에 물이 모이게 되는 현상으로 레이턴스의 원인이 된다.
④ 워커빌리티란 작업의 난이도 및 재료의 분리에 저항하는 정도를 나타내며, 골재의 입도와도 밀접한 관계가 있다.

**알찬풀이** | 물-시멘트비가 클수록 컨시스턴시가 좋아 작업이 용이하나 재료분리의 발생이 용이하다.

**ANSWER**    29. ②    30. ③    31. ③    32. ③    33. ②    34. ④    35. ②

**36** 커튼월을 외관형태로 분류할 때 그 종류에 해당되지 않는 것은?

① 슬라이드 방식(slide type)
② 샛기둥 방식(mullion type)
③ 스팬드럴 방식(spandrel type)
④ 격자 방식(grid type)

**알찬풀이** | 커튼 월(curtain wall)의 구분
　　① 구조 방법 : 패널 방식, 샛기둥 방식, 커버 방식
　　② 외관 형태 : 스팬드럴(spandrel type) 방식, 샛기둥(mullion) 방식, 격자 방식
　　③ 조립 공법 : 유닛 공법, 분해조립 공법 등

**37** 조적식구조의 조적재가 벽돌인 경우 내력벽의 두께는 당해 벽 높이의 최소 얼마 이상으로 하여야 하는가?

① 1/10　　　　　　　　　　② 1/12
③ 1/16　　　　　　　　　　④ 1/20

**알찬풀이** | 조적식구조의 조적재가 벽돌인 경우 내력벽의 두께는 당해 벽 높이의 1/20 이상으로 하여야 한다.

**38** 다음 중 공사시방서의 내용에 포함되지 않는 것은?

① 성능의 규정 및 지시　　　　② 시험 및 검사에 관한 사항
③ 현장 설명에 관련된 사항　　④ 공법, 공사 순서에 관한 사항

**알찬풀이** | 공사시방서에는 현장 설명에 관련된 사항은 포함되지 않는다.

**39** 합성고분자계 시트방수의 시공 공법이 아닌 것은?

① 떠붙이기 공법　　　　　　② 접착공법
③ 금속고정 공법　　　　　　④ 열풍용착 공법

**알찬풀이** | 떠붙이기 공법은 벽면에 타일을 부착 시키는 공법이다.

**40** 금속커튼월의 성능시험 관련 실물 모형시험(mock up test)의 시험종목에 해당되지 않는 것은?

① 비비시험
② 기밀시험
③ 정압 수밀시험
④ 구조시험

**알찬풀이** | 비비(Vee Bee) 시험은 콘크리트의 시험과 관련이 있다.

## 제3과목 : 건축구조

**41** 그림과 같은 보의 허용하중은? (단, 허용 휨응력도 $\sigma_b = 10$MPa임)

① 9 kN/m
② 8 kN/m
③ 7 kN/m
④ 6 kN/m

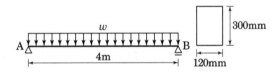

**알찬풀이** | 보의 허용하중($w$)

$$M_{\max} = \frac{w \cdot L^2}{8} = \frac{w \times 4^2}{8} = 2w(\text{kN} \cdot \text{m})$$
$$= 2w \times 10^6 (N \cdot \text{mm})$$

$$Z = \frac{b \cdot h^2}{6} = \frac{120 \times 300^2}{6} = 18 \times 10^5 (\text{mm}^3)$$

$$\sigma_b \geq \frac{M_{\max}}{Z} \rightarrow 10 \geq \frac{2w \times 10^6}{18 \times 10^5}$$

$$\therefore \ w \leq \frac{18 \times 10^6}{2 \times 10^6} = 9(\text{N/mm}) \rightarrow 9(\text{kN/m})$$

**42** 한변의 길이가 4m인 그림과 같은 정삼각형 트러스에서 AB부재의 부재력은?

① 압축 10kN
② 압축 5kN
③ 인장 10kN
④ 인장 5kN

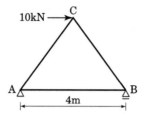

**알찬풀이** | AB부재의 부재력

① $\Sigma H = 0$ 에서 $H_A = 10(\text{kN})(\leftarrow)$

$\Sigma M_B = 0$ 에서 $V_A \times 4(\text{m}) + 10(\text{kN}) \times h(\text{m}) = 0$

$V_A = -\dfrac{10(\text{kN}) \times 2\sqrt{3}(\text{m})}{4(\text{m})}$ ∴ $V_A = -5\sqrt{3}(\text{kN})$

② $A$절점에서

$\Sigma V = 0$ $AC \cdot \sin 60° - 5\sqrt{3} = 0$

∴ $AC = 10(\text{kN})$

$\Sigma H = 0$ $AC \cdot \cos 60° - 10(\text{kN}) + AB = 0$

∴ $AB = 5(\text{kN})$ (인장)

※ $h = \sqrt{L^2 - (\dfrac{L}{2})^2} = \dfrac{\sqrt{3}}{2}L$

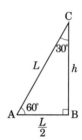

**43** 폭 b, 높이 h인 삼각형에서 밑변 축($x_1 - x_1$)에 대한 단면계수는 꼭짓점 축($x_2 - x_2$)에 대한 단면계수의 몇 배인가?

① 8배
② 6배
③ 4배
④ 2배

**알찬풀이** | 단면계수의 비

삼각형 단면의 단면2차모멘트는 $I_X = \dfrac{bh^3}{36}$ 이다.

단면계수는 $Z = \dfrac{I_X}{y}$ 이고 $y$는 도심축으로 부터의 거리이다.

$Z_{x1-x1} = \dfrac{\dfrac{bh^3}{36}}{\dfrac{h}{3}} = \dfrac{bh^2}{12}$

$Z_{x2-x2} = \dfrac{\dfrac{bh^2}{36}}{\dfrac{2h}{3}} = \dfrac{bh^2}{24}$

∴ 삼각형에서 밑변 축($x_1 - x_1$)에 대한 단면계수는 꼭짓점 축($x_2 - x_2$)에 대한 단면계수의 2배이다.

**44** 그림과 같은 구조물에서 지점 A의 수평 반력은?

① 3kN

② 4kN

③ 5kN

④ 6kN

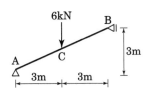

**알찬풀이** | 지점 A의 수평 반력($H_A$)

$\Sigma V = 0$ 에서 $V_A - 6(\text{kN}) = 0$ $V_A = 6(\text{kN})(\uparrow)$

$\Sigma M_B = 0$ 에서

$V_A \times 6(\text{m}) - H_A \times 3(\text{m}) - 6(\text{kN}) \times 3(\text{m}) = 0$

$\therefore H_A = \dfrac{36-18}{3} = 6(\text{kN})$

**45** 구조물의 한계상태에는 강도한계상태와 사용성한계상태가 있다. 강도한계상태에 영향을 미치는 요소와 가장 거리가 먼 것은?

① 부재의 과다한 탄성변형

② 기둥의 좌굴

③ 골조의 불안전성

④ 접합부 파괴(해설) 부재의 과다한 탄성변형은 사용성한계상태에 영향을 미친다.

**알찬풀이** | 부재의 과다한 탄성변형은 사용성한계상태에 영향을 미친다.

**46** 다음 각 슬래브에 관한 설명으로 옳지 않은 것은?

① 장선슬래브는 2방향으로 하중이 전달되는 슬래브이다.

② 슬래브의 두께가 구조제한 조건에 따르지 않을 경우 슬래브 처짐과 진동의 문제가 발생할 수 있다.

③ 플랫슬래브는 보가 없으므로 천장고를 낮추기 위한 방법으로도 사용된다.

④ 워플슬래브는 일종의 격자시스템 슬래브 구조이다.

**알찬풀이** | 장선슬래브는 1방향으로 하중이 전달되는 슬래브이다.

**47** 그림과 같은 단순보에 집중하중 10kN이 특정각도로 작용할 때 B지점의 반력으로 옳은 것은?

① $H_B = 6kN$, $V_B = 5kN$

② $H_B = 5kN$, $V_B = 6kN$

③ $H_B = 3kN$, $V_B = 6kN$

④ $H_B = 6kN$, $V_B = 3kN$

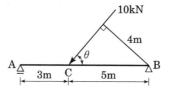

**알찬풀이** | B지점의 반력

$$\Sigma H = 0 \text{ 에서 } H_B = 10 \times \frac{3}{5} = 6(kN)$$

$$\Sigma M_A = 0 \text{ 에서 } 8(kN) \times 3(m) - V_B \times 8(m) = 0$$

$$\therefore V_B = 3(kN)$$

**48** 강구조 설계에서 볼트의 중심사이 거리를 나타내는 용어는?

① 게이지 라인(gauge line)

② 게이지(gauge)

③ 피치(pitch)

④ 비드(bead)

**알찬풀이** | 볼트의 중심사이 거리를 피치(pitch)라 한다.

**49** 강도설계법에 의한 철근콘크리트 직사각형 보에서 콘크리트가 부담할 수 있는 공칭전단강도는? (단, $f_{ck} = 24MPa$, $b = 300mm$, $d = 500mm$, 경량콘크리트계수는 1)

① 69.3kN

② 82.8kN

③ 91.9kN

④ 122.5kN

**알찬풀이** | $\Sigma H = 0 \text{ 에서 } H_B = 10 \times \frac{3}{5} = 6(kN)$

$$\Sigma M_A = 0 \text{ 에서 } 8(kN) \times 3(m) - V_B \times 8(m) = 0$$

$$\therefore V_B = 3(kN) \text{ 콘크리트의 공칭전단강도}(V_C)$$

$$V_C = \frac{1}{6} \cdot \sqrt{f_{ck}} \cdot b_w \cdot d = \frac{1}{6} \times \sqrt{24} \times 300 \times 500$$

$$\fallingdotseq 122.5 \times 10^3 \rightarrow 122.5(kN)$$

## 50 다음 그림과 같은 고장력 볼트 접합부의 설계미끄럼강도는?

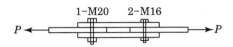

> • 미끄럼계수 : 0.5
> • 표준구멍
> • M16의 설계볼트장력 $T_0 = 106kN$
> • M20의 설계볼트장력 $T_0 = 165kN$
> • 설계미끄럼강도식 $\phi R_n = \phi \mu h_f T_0 N_s$

① 212kN      ② 184kN

③ 165kN      ④ 148kN

**알찬풀이** | 설계미끄럼 강도($\phi R_n$)

$$\varnothing R_n = 1 \times 0.5 \times 1 \times 165 \times 2(\text{면}) = 165(kN)$$

$\phi$ : 미끄럼저감 계수 → 1.0

$\mu$ : 미끄럼계수 → 0.5

$h_f$ : 표준구멍 → 1.0

$T_O$ : 설계볼트장력 → 165kN

$N_S$ : 전단면의 수 → 2면

## 51 그림과 같은 캔틸레버 보에서 B와 C점의 처짐의 비 $\sigma_B : \sigma_C$는?

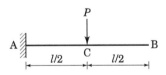

① 1:2      ② 2:1

③ 2:5      ④ 5:2

**알찬풀이** | 처짐의 비($\sigma_B : \sigma_C$)

$$\delta_B = \frac{5PL^3}{48EI}$$

$$\delta_C = \frac{PL^3}{24EI} \rightarrow \frac{2PL^3}{48EI}$$

∴ $\sigma_B : \sigma_C$ = 5:2 이다.

**52** 강구조 인장재에 관한 설명으로 옳지 않은 것은?

① 부재의 축방향으로 인장력을 받는 구조부재이다.
② 대표적인 단면형태로는 강봉, ㄱ형강, T형강이 주로 사용된다.
③ 인장재 설계에서 단면결손 부분의 파단은 검토하지 않는다.
④ 현수구조에 쓰이는 케이블이 대표적인 인장재이다.

**알찬풀이** | 강구조 인장재 설계에서 단면결손 부분의 파단은 반드시 검토하여야 한다.

**53** 다음 구조물의 판별로 옳은 것은?

① 불안정 구조물
② 정정 구조물
③ 1차 부정정 구조물
④ 2차 부정정 구조물

**알찬풀이** | 외력이 작용하면 평형을 이루지 못하는 불안정 구조물이다.

**54** 그림과 같은 인장재의 순단면적을 구하면?
(단, 고장력볼트는 M22(F10T), 판의 두께는 8mm이다.)

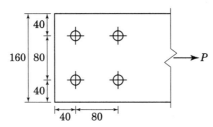

① 512mm² ② 704mm²
③ 896mm² ④ 1088mm²

**알찬풀이** | 인장재의 순단면적($A_n$)

$$A_n = A_g - n \cdot d \cdot t = 160 \times 8 - 2 \times (22+2) \times 8 = 896 \, (\text{mm})$$

※ $n$ : 파단면(구멍)의 수
$d$ : 볼트 구멍의 지름+여유치수

## 55

다음 그림과 같은 단면의 X축과 Y축에 대한 단면2차모멘트의 값은? (단, 그림의 점선은 단면의 중심축임)

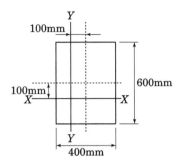

① X축 : $72 \times 10^8 \text{mm}^4$, Y축 : $32 \times 10^8 \text{mm}^4$

② X축 : $96 \times 10^8 \text{mm}^4$, Y축 : $56 \times 10^8 \text{mm}^4$

③ X축 : $144 \times 10^8 \text{mm}^4$, Y축 : $64 \times 10^8 \text{mm}^4$

④ X축 : $288 \times 10^8 \text{mm}^4$, Y축 : $128 \times 10^8 \text{mm}^4$

**알찬풀이** | 단면2차모멘트$(I_X, \ I_Y)$

$I_{XO} = \dfrac{bh^3}{12}$ : 도심축에 따른 단면2차모멘트

$I_X = I_{XO} + A \cdot e^2$ : 축이 이동에 따른 단면2차모멘트

$A = 400 \times 600 = 24 \times 10^4$

$\therefore \ I_X = \dfrac{400 \times 600^3}{12} + 24 \times 10^4 \times 10^4 = 96 \times 10^8$

$\therefore \ I_Y = \dfrac{600 \times 400^3}{12} + 24 \times 10^4 \times 10^4 = 56 \times 10^8$

## 56

그림과 같은 충전형 원형강관 합성기둥의 강재비는?

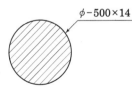

•원형강관 : $\phi - 500 \times 14$, $A_S = 21380 \text{mm}^2$

① 0.027

② 0.109

③ 0.145

④ 0.186

**알찬풀이** | 강재비$(\rho_s)$

$\phi \to D \times t = 500 \times 14$

$A_S = 21380 (\text{mm}^2)$

$\rho_s = \dfrac{A_s}{A_g} = \dfrac{A_s}{\dfrac{\pi \cdot D^2}{4}} = \dfrac{21380}{\dfrac{3.14 \times 500^2}{4}} \fallingdotseq 0.109$

| ANSWER | 52. ③ | 53. ① | 54. ③ | 55. ② | 56. ② |

**57** 강도설계법에서 압축 이형철근 D22의 기본정착 길이는?
(단, $f_{ck} = 24$MPa, $f_y = 400$MPa, $\lambda = 1.0$)

① 400mm 　　　　② 450mm

③ 500mm 　　　　④ 550mm

**알찬풀이** | 압축 이형철근의 기본정착 길이

$$l_{db} = \frac{0.25 \cdot d_b \cdot f_y}{\sqrt{f_{ck}}} = \frac{0.25 \times 22 \times 400}{\sqrt{24}} \fallingdotseq 450(\text{mm})$$

**58** 아래 그림과 같은 트러스에서 AB부재의 부재력의 크기는?(단, +는 인장, −는 압축임)

① +20kN

② −20kN

③ +40kN

④ −40kN

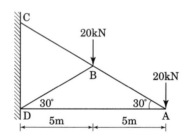

**알찬풀이** | AB부재의 부재력

절점 $A$에서　$\Sigma V = 0$

$AB \cdot \sin 30° - 20(\text{kN}) = 0$

$\therefore AB = +40(\text{kN})$ (인장)

**59** 그림과 같은 하중을 받는 기초에서 기초지반면에 일어나는 최대 압축응력도는?

① 0.15MPa

② 0.18MPa

③ 0.21MPa

④ 0.25MPa

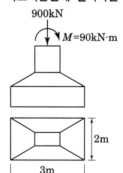

**알찬풀이** | 최대 압축응력도

$$\sigma_{\max} = -\frac{N}{A} - \frac{M}{Z} = -\frac{900}{3 \times 2} - \frac{90}{\left(\frac{2 \times 3^2}{6}\right)} = -180(\text{kN/m}^2)$$

$$※ \quad \frac{180 \times 10^3 (\text{N})}{10^6 (\text{mm})} = 0.18(\text{N/mm}) = 0.18(\text{MPa})$$

**60** 프리스트레스하지 않는 현장치기 콘크리트에서 흙에 접하여 콘크리트를 친 후 영구히 흙에 묻혀 있는 콘크리트의 경우 철근에 대한 콘크리트의 최소 피복두께는?

① 40mm                    ② 60mm
③ 80mm                    ④ 100mm

**알찬풀이** | 현장치기 콘크리트에서 흙에 접하여 콘크리트를 친 후 영구히 흙에 묻혀 있는 콘크리트의 경우 철근에 대한 콘크리트의 최소 피복두께는 80mm이다.

제4과목 : 건축설비

**61** 배관 중의 이물질 등을 제거하기 위해 설치하는 것은?

① 볼탭                      ② 부싱
③ 체크밸브                  ④ 스트레이너

**알찬풀이** | 배관 중의 이물질 등을 제거하기 위해 설치하는 것은 스트레이너이다.

**62** 급수방식에 관한 설명으로 옳은 것은?

① 수도직결방식은 수질 오염의 가능성이 가장 높다.
② 압력수조방식은 급수압력이 일정하다는 장점이 있다.
③ 펌프직송방식은 급수 압력 및 유량 조절을 위하여 제어의 정밀성이 요구된다.
④ 고가수조방식은 고가수조의 설치높이와 관계없이 최상층 세대에 충분한 수압으로 급수할 수 있다.

**알찬풀이** | 급수방식
　　① 수도직결방식은 수질 오염의 가능성이 가장 낮다.
　　② 압력수조방식은 급수압력의 변동이 있을 수 있다.
　　④ 고가수조방식은 고가수조의 설치높이를 적절한 높이로 설치해야 최상층 세대에 충분한 수압으로 급수할 수 있다.

## 63 보일러에 관한 설명으로 옳지 않은 것은?

① 주철제보일러는 내식성이 강하여 수명이 길다.
② 입형보일러는 설치 면적이 작고 취급이 용이하다.
③ 관류보일러는 보유수량이 크기 때문에 가동시간이 길다.
④ 수관보일러는 대형건물 또는 병원 등과 같이 고압증기를 다량 사용하는 곳에 사용된다.

**알찬풀이** | 관류보일러
① 보유수량이 작으므로 가동시간이 짧은 편이다.
② 소위 가정용의 가스 순간온수기와 유사한 보일러이다.

## 64 보일러 주변을 하트포드(Hartford) 접속으로 하는 가장 주된 이유는?

① 소음을 방지하기 위해서
② 효율을 증가시키기 위해서
③ 스케일(scale)을 방지하기 위해서
④ 보일러 내의 안전수위를 확보하기 위해서

**알찬풀이** | 보일러 주변을 하트포드(Hartford) 접속으로 하는 가장 주된 이유는 보일러 내의 안전수위를 확보하기 위해서이다.

## 65 방열량이 4200W이고 입·출구 수온차가 10℃인 방열기의 순환수량은? (단, 물의 비열은 4.2kJ/kg·K이다.)

① 100kg/h
② 360kg/h
③ 500kg/h
④ 720kg/h

**알찬풀이** | 방열기의 순환수량($G$)

$Q = \dfrac{G \cdot C \cdot \Delta t}{3600}$ 식에서

$G = \dfrac{3600 \times Q}{C \cdot \Delta t} = \dfrac{3600 \times 4.2}{4.2 \times 10} = 360 \, (\mathrm{kg/h})$

(부호)
$Q$ : 방열기의 방열량(kW)
$G$ : 방열기의 온수순환량(kg/h)
$C$ : 물의 비열(kJ/kg·K)
$\Delta t$ : 방열기의 입·출구 수온차(℃)

2019년 4월 27일 기출문제

**66** 빙축열 시스템에 관한 설명으로 옳지 않은 것은?

① 저온용 냉동기가 필요하다.
② 얼음을 축열 매체로 사용하여 냉열을 얻는다.
③ 주간의 피크부하에 해당하는 전력을 사용한다.
④ 응고 및 융해열을 이용하므로 저장열량이 크다.

**알찬풀이** | 빙축열 시스템은 야간의 피크부하에 해당하는 전력을 사용할 수 있다.


**67** 전기설비에서 간선 크기의 결정 요소에 속하지 않는 것은?

① 전압 강하                    ② 송전 방식
③ 기계적 강도                  ④ 전선의 허용전류

**알찬풀이** | 전기설비에서 간선 크기의 결정 요소 중 송전 방식은 관련이 적다.


**68** 정화조에서 호기성균에 의하여 오수를 처리하는 곳은?

① 부패조                      ② 여과조
③ 산화조                      ④ 소독조

**알찬풀이** | 정화조에서 산화조는 호기성균에 의하여 오수를 처리하는 곳이다.


**69** 다음 중 효율이 가장 높지만 등황색의 단색광으로 색채의 식별이 곤란하므로 주로 터널 조명에 사용하는 것은?

① 형광램프                    ② 고압수은램프
③ 저압나트륨램프              ④ 메탈헬라이드램프

**알찬풀이** | 저압 나트륨램프는 효율이 높지만 등황색의 단색광으로 색채의 식별이 곤란하므로 주로 터널 조명에 사용한다.


| ANSWER | 63. ③ | 64. ④ | 65. ② | 66. ③ | 67. ② | 68. ③ | 69. ③ |
|---|---|---|---|---|---|---|---|

**70** 바닥 복사난방에 관한 설명으로 옳지 않은 것은?

① 쾌적감이 높다.
② 매립코일이 고장 나면 수리가 어렵다.
③ 열용량이 작기 때문에 간헐난방에 적합하다.
④ 외기침입이 있는 곳에서도 난방감을 얻을 수 있다.

**알찬풀이** | 바닥 복사난방은 열용량이 크기 때문에 지속난방에 적합하다.

**71** 다음과 같은 조건에서 틈새바람 $100\,\mathrm{m^3/h}$가 실내로 유입되었다. 이로 인해 발생하는 냉방 현열부하는?

> [조건]
> • 실내공기 : 온도 27℃, 상대습도 60%
> • 외기 : 온도 34℃, 상대습도 70%
> • 공기의 밀도 : $1.2\mathrm{kg/m^3}$
> • 공기의 정압비열 : $1.01\mathrm{kJ/kg \cdot K}$

① 약 174W　　　　　　　② 약 236W
③ 약 350W　　　　　　　④ 약 465W

**알찬풀이** | 냉방 현열부하($q_{IS}$)
$$q_{IS} ≒ 0.34 \cdot Q \cdot (t_o - t_r)$$
$$≒ 0.34 \times 100 \times (34 - 27) ≒ 238 \rightarrow 236(W)$$
(부호) $Q$ : 틈새바람 량(m³/h)
$q_o$ : 외기 온도(℃), $q_r$ : 실내 온도(℃)

**72** 피보호물을 연속된 망상도체나 금속판으로 싸는 방법으로 뇌격을 받더라도 내부에 전위차가 발생하지 않으므로 건물이나 내부에 있는 사람에게 위해를 주지 않는 피뢰설비 방식은?

① 돌침 방식(보통보호)　　　② 케이지 방식(완전보호)
③ 수평도체 방식(증강보호)　④ 가공지선 방식(간이보호)

**알찬풀이** | 케이지 방식(완전보호)
피보호물을 연속된 망상도체나 금속판으로 싸는 방법으로 뇌격을 받더라도 내부에 전위차가 발생하지 않으므로 건물이나 내부에 있는 사람에게 위해를 주지 않는 피뢰설비 방식이다.

**73** 최상부의 배수수평관이 배수수직관에 접속된 위치보다도 더욱 위로 배수수직관을 끌어올려 통기관으로 사용하는 부분으로 대기 중에 개구하는 것은?

① 신정통기관  ② 각개통기관
③ 결합통기관  ④ 루프통기관

**알찬풀이** | 신정통기관
　　　　최상부의 배수수평관이 배수수직관에 접속된 위치보다도 더욱 위로 배수수직관을 끌어올려 대기 중에 개구하는 통기관이다.

**74** 중앙식 급탕법 중 직접가열식에 관한 설명으로 옳지 않은 것은?

① 대규모 급탕설비에는 비경제적이다.
② 급탕탱크용 가열코일이 필요하지 않다.
③ 보일러 내면의 스케일은 간접가열식보다 많이 생긴다.
④ 건물의 높이가 높을 경우라도 고압 보일러가 필요하지 않다.

**알찬풀이** | 중앙식 급탕법 중 직접가열식은 건물의 높이가 높을 경우 고압 보일러가 필요하다.

**75** 10cm 두께의 콘크리트 벽 양쪽 표면의 온도가 각각 5℃, 15℃로 일정할 때, 벽을 통과하는 전도 열량은? (단, 콘크리트의 열전도율은 1.6W/m·K이다.)

① 16 W/m²  ② 32 W/m²
③ 160 W/m²  ④ 320 W/m²

**알찬풀이** | 전도 열량($Q$)

$$Q = \frac{\lambda}{d} \cdot A \cdot \Delta t \, (\mathrm{W})$$

∴ 단위 면적당 전도 열량은

$$\frac{Q}{A} = \frac{1.6}{0.1} \times 10 = 160 \, (\mathrm{W/m^2})$$

(부호)
$Q$ : 전도 열량(W)
$\lambda$ : 물체의 열전도율(W/m·K)
$d$ : 물체의 두께(m)
$\Delta t$ : 물체 표면간의 온도차 (℃)

**76** 배수설비에서 트랩의 봉수파괴 원인과 가장 거리가 먼 것은?

① 증발                     ② 공동현상

③ 모세관현상            ④ 유도사이펀작용

**알찬풀이 |** 공동현상은 펌프의 작동시 발생할 수 있는 현상으로 배수설비에서 트랩의 봉수파괴 원인과는 거리가 멀다.

**77** 옥내소화전설비를 설치하여야 하는 건축물에서 옥내소화전의 설치개수가 가장 많은 층의 설치개수가 4개인 경우, 옥내소화전설비의 수원의 저수량은 최소 얼마 이상이 되도록 하여야 하는가?

① $2.6m^3$                 ② $7m^3$

③ $10.4m^3$              ④ $14m^3$

**알찬풀이 |** 옥내소화전설비의 수원의 수량($Q$)

$$Q = 2.6 \times N \ (m^3) = 2.6 \times 4 = 10.4(m^3)$$

(부호)    $Q$ : 수원의 유효 수량

         N : 옥내 소화전의 동시 개구수 (해당 층의 소화전 설치 개수가 5개 이상일 때는 5개 까지만 고려)

**78** 다음과 같은 특징을 갖는 배선 공사는?

> • 옥내의 건조한 콘크리트 바닥면에 매입 사용된다.
> • 사무용 빌딩에 채용되고 있으며 강·약전을 동시에 배선할 수 있는 2로, 3로 방식이 가능하다.

① 금속몰드 공사           ② 버스덕트 공사

③ 금속덕트 공사           ④ 플로어덕트 공사

**알찬풀이 |** 해당 설명은 플로어덕트 공사에 대한 설명이다.

**79** 다음의 공기조화방식 중 에너지 손실이 가장 큰 것은?

① 이중덕트방식　　　　　　　　② 유인유닛방식

③ 정풍량 단일덕트방식　　　　　④ 변풍량 단일덕트방식

**알찬풀이** | 공기조화방식 중 이중덕트방식은 에너지 손실이 크다.

**80** 자동화재탐지설비의 감지기 중 설치된 감지기의 주변온도가 일정한 온도상승률 이상으로 되었을 경우에 작동하는 것은?

① 차동식　　　　　　　　　　　② 정온식

③ 광전식　　　　　　　　　　　④ 이온화식

**알찬풀이** | 차동식 감지기는 설치된 감지기의 주변온도가 일정한 온도상승률 이상으로 되었을 경우에 작동한다.

## 제5과목 : 건축관계법규

**81** 건축물의 대지에 소규모 휴식시설 등의 공개 공지 또는 공개 공간을 설치하여야 하는 대상 지역에 속하지 않는 것은?

① 상업지역　　　　　　　　　　② 준주거지역

③ 전용주거지역　　　　　　　　④ 일반주거지역

**알찬풀이** | 공개 공지 또는 공개 공간을 설치하여야 하는 대상 지역
　　　① 일반주거지역, 준주거지역
　　　② 상업지역
　　　③ 준공업지역
　　　④ 시장 · 군수 · 구청장이 도시화의 가능성이 크다고 인정하여 지정 · 공고하는 지역

| ANSWER | 76. ② | 77. ③ | 78. ④ | 79. ① | 80. ① | 81. ③ |
| --- | --- | --- | --- | --- | --- | --- |

**82** 부설주차장의 총주차대수 규모가 8대 이하인 자주식 주차장의 주차형식에 따른 차로의 너비 기준으로 옳은 것은? (단, 주차장은 지평식이며, 주차단위구획과 접하여 있는 차로의 경우)

① 평행주차 : 2.5m 이상　　　　② 직각주차 : 5.0m 이상
③ 교차주차 : 3.5m 이상　　　　④ 45도 대향주차 : 3.0m 이상

**알찬풀이** | 차로의 너비 기준
　　① 평행주차 : 3m 이상
　　② 직각주차 : 6m 이상
　　④ 45도 대향주차 : 3.5m 이상

**83** 다음 중 건축기준의 허용오차(%)가 가장 큰 항목은?

① 건폐율　　　　　　　　　　② 용적률
③ 평면길이　　　　　　　　　④ 인접건축물과의 거리

**알찬풀이** | 인접 건축물과의 거리의 허용오차는 3(%) 이내이다.

**84** 공동주택과 위락시설을 같은 건축물에 설치하고자 하는 경우, 충족해야 할 조건에 관한 기준 내용으로 옳지 않은 것은?

① 건축물의 주요 구조부를 내화구조로 할 것
② 공동주택과 위락시설은 서로 이웃하도록 배치할 것
③ 공동주택과 위락시설은 내화구조로 된 바닥 및 벽으로 구획하여 서로 차단할 것
④ 공동주택의 출입구와 위락시설의 출입구는 서로 그 보행거리가 30m 이상이 되도록 설치할 것

**알찬풀이** | 공동주택과 위락시설은 서로 이웃하도록 배치하지 않아야 한다.

**85** 건축법령상 의료시설에 속하지 않는 것은?

① 치과병원　　　　　　　　　② 동물병원
③ 한방병원　　　　　　　　　④ 마약진료소

**알찬풀이** | 동물병원은 제2종 근린생활시설에 속한다.

**86** 연면적이 200m²를 초과하는 건축물에 설치하는 복도의 유효너비는 최소 얼마 이상으로 하여야 하는가? (단, 건축물은 초등학교이며, 양옆에 거실이 있는 복도의 경우)

① 1.2m  
② 1.5m  
③ 1.8m  
④ 2.4m  

**알찬풀이** │ 유치원·초등학교·중학교·고등학교의 양옆에 거실이 있는 복도의 경우 유효너비는 2.4m 이상이어야 한다.

**87** 건축법령상 연립주택의 정의로 가장 알맞은 것은?

① 주택으로 쓰는 1개 동의 바닥면적 합계가 660m² 이하이고, 층수가 4개 층 이하인 주택  
② 주택으로 쓰는 1개 동의 바닥면적 합계가 660m²를 초과하고, 층수가 4개 층 이하인 주택  
③ 1개 동의 주택으로 쓰이는 바닥면적의 합계가 330m² 이하이고 주택으로 쓰는 층수가 3개 층 이하인 주택  
④ 1개 동의 주택으로 쓰이는 바닥면적의 합계가 330m²를 초과하고 주택으로 쓰는 층수가 3개 층 이하인 주택  

**알찬풀이** │ 건축법령상 연립주택은 주택으로 쓰는 1개 동의 바닥면적 합계가 660m²를 초과하고, 층수가 4개 층 이하인 주택을 말한다.

**88** 건물의 바깥쪽에 설치하는 피난계단의 구조에 관한 기준 내용으로 옳지 않은 것은?

① 계단의 유효너비는 0.9m 이상으로 할 것  
② 계단은 내화구조로 하고 지상까지 직접 연결되도록 할 것  
③ 건축물의 내부에서 계단으로 통하는 출입구에는 갑종방화문을 설치할 것  
④ 건축물의 내부에서 계단실로 통하는 출입구의 유효너비는 0.9m 이상으로 할 것  

**알찬풀이** │ 건물의 바깥쪽에 설치하는 피난계단의 구조에 관한 기준 내용 중 ④에 해당하는 규정은 없다.

**89** 세대수가 20세대인 주거용 건축물에 설치하는 음용수용 급수관의 최소 지름은?

① 25mm  
② 32mm  
③ 40mm  
④ 50mm  

**알찬풀이** │ 세대수가 17세대 이상인 주거용 건축물 급수관의 지름은 50mm 이상이어야 한다.

**ANSWER**  82. ③  83. ④  84. ②  85. ②  86. ④  87. ②  88. ④  89. ④

**90** 다음은 노외주차장의 구조 · 설비기준 내용이다. ( ) 안에 알맞은 것은?

> 노외주차장에 설치하는 부대시설의 총면적은 주차장 총시설면적(주차장으로
> 사용되는 면적과 주차장 외의 용도로 사용되는 면적을 합한 면적)의 ( )를
> 초과하여서는 아니 된다.

① 5%  ② 10%

③ 15%  ④ 20%

**알찬풀이** | 노외주차장에 설치하는 부대시설의 총면적은 주차장 총시설면적(주차장으로 사용되는 면적과 주차
장 외의 용도로 사용되는 면적을 합한 면적)의 20%를 초과하여서는 아니 된다.

**91** 건축물에 급수, 배수, 환기, 난방 설비 등의 건축설비를 설치하는 경우 건축기계설비기술사
또는 공조냉동기계기술사의 협력을 받아야 하는 대상 건축물에 속하지 않는 것은?

① 아파트
② 연립주택
③ 다세대주택
④ 숙박시설로서 해당 용도에 사용되는 바닥면적의 합계가 2000m²인 건축물

**알찬풀이** | 다세대주택은 대상 건축물에 속하지 않는다.

**92** 다음은 건축물 층수 산정에 관한 기준 내용이다. ( ) 안에 알맞은 것은?

> 층의 구분이 명확하지 아니한 건축물은 그 건축물의 높이 ( )마다 하나의
> 층으로 보고 그 층수를 산정한다.

① 3m  ② 3.5m

③ 4m  ④ 4.5m

**알찬풀이** | 층의 구분이 명확하지 아니한 건축물은 해당 건축물의 높이 4m마다 하나의 층으로 산정하며, 건축
물의 부분에 따라 그 층수를 달리하는 경우에는 그중 가장 많은 층수로 한다.

**93** 다음 중 노외주차장의 출구 및 입구를 설치할 수 있는 장소는?

① 너비가 3m인 도로

② 종단 기울기가 12%인 도로

③ 횡단보도로부터 8m 거리에 있는 도로의 부분

④ 초등학교 출입구로부터 15m 거리에 있는 도로의 부분

**알찬풀이** | 노외주차장의 출구 및 입구의 설치 금지 장소
① 횡단보도(육교 및 지하횡단보도를 포함)에서 5m 이내의 도로의 부분
② 너비 4m 미만의 도로(주차대수 200대 이상인 경우에는 너비 10m 미만의 도로)
③ 종단구배가 10%를 초과하는 도로
④ 새마을유아원·유치원·초등학교·특수학교·노인복지시설·장애인복지시설 및 아동전용시설
등의 출입구로부터 20m 이내의 도로의 부분
⑤ 도로교통법에 의하여 정차, 주차가 금지되는 도로의 부분

**94** 문화 및 집회시설 중 공연장의 개별 관람석의 바닥면적이 800m²인 경우 설치하여야 하는 최소 출구수는? (단, 각 출구의 유효너비는 기준상 최소로 한다.)

① 5개소                    ② 4개소

③ 3개소                    ④ 2개소

**알찬풀이** | 관람석 등으로부터의 출구의 설치기준
관람석의 바닥면적이 300m² 이상인 경우의 출구는 다음의 기준에 적합하게 설치하여야 한다.
① 관람석별로 2개소 이상 설치할 것
② 각 출구의 유효너비는 1.5m 이상일 것
③ 개별 관람석 출구의 유효너비의 합계는 개별 관람석의 바닥면적 100m²마다 0.6m의 비율로 산정한 너비 이상으로 할 것

③에서 $\dfrac{800(\text{m}^2)}{100(\text{m}^2)} \times 0.6 = 4.8(\text{m})$

②와 문제의 조건에서 $\dfrac{4.8(\text{m})}{1.5(\text{m})} = 3.2 \rightarrow 4(\text{개})$

**95** 제1종 일반주거지역안에서 건축할 수 있는 건축물에 속하지 않는 것은?

① 아파트                    ② 고등학교

③ 초등학교                  ④ 노유자시설

**알찬풀이** | 아파트는 제1종 일반주거지역안에서 건축할 수 있는 건축물에 속하지 않는다.

| ANSWER | 90. ④ | 91. ③ | 92. ③ | 93. ③ | 94. ② | 95. ① |
|--------|-------|-------|-------|-------|-------|-------|

**96** 국토의 계획 및 이용에 관한 법령상 공업지역의 세분에 속하지 않는 것은?

① 준공업지역       ② 중심공업지역

③ 일반공업지역       ④ 전용공업지역

**알찬풀이** | 국토의 계획 및 이용에 관한 법령상 공업지역의 세분에 중심공업지역은 없다.


**97** 주차장 주차단위구획의 최소 크기로 옳지 않은 것은? (단, 일반형으로 평행주차형식의 경우)

① 너비 : 1.7m, 길이 : 4.5m

② 너비 : 2.0m, 길이 : 0.6m

③ 너비 : 2.0m, 길이 : 3.6m

④ 너비 : 2.3m, 길이 : 5.0m

**알찬풀이** | 일반형으로 평행주차형식의 경우 주차단위구획의 최소 크기는 너비 2.0m, 길이 0.6m 이다.


**98** 허가 대상 건축물이라 하더라도 신고를 하면 건축허가를 받은 것으로 볼 수 있는 경우에 관한 기준 내용으로 옳지 않은 것은?

① 바닥면적의 합계가 $85m^2$ 이내의 개축

② 바닥면적의 합계가 $85m^2$ 이내의 증축

③ 연면적의 합계가 $100m^2$ 이하인 건축물의 건축

④ 연면적이 $200m^2$ 미만이고 4개층 미만인 건축물의 대수선

**알찬풀이** | 연면적이 $200m^2$ 미만이고 3개층 미만인 건축물의 대수선이 신고 대상이다.


**99** 승용승강기 설치 대상 건축물로서 6층 이상의 거실 면적의 합계가 $2000m^2$인 경우, 다음 중 설치하여야 하는 승용승강기의 최소 대수가 가장 많은 건축물은?
(단, 8인승 승용승강기의 경우)

① 의료시설       ② 업무시설

③ 위락시설       ④ 숙박시설

**알찬풀이** | 승용승강기의 설치기준이 가장 완화된 것부터 강화되어 있는 시설군
공동주택, 교육연구시설, 기타시설 → 문화 및 집회시설(전시장·동식물원), 업무시설, 숙박시설, 위락시설 → 문화 및 집회시설(공연장, 집회장 및 관람장), 판매시설, 의료시설

**100** 신축 또는 리모델링하는 경우, 시간당 0.5회 이상의 환기가 이루어질 수 있도록 자연환기 설비 또는 기계환기설비를 설치하여야 하는 대상 공동주택의 최소 세대수는?

① 50세대　　　　　　　② 100세대
③ 200세대　　　　　　　④ 300세대

**알찬풀이** | 50세대 이상의 공동주택을 신축 또는 리모델링하는 경우, 시간당 0.5회 이상의 환기가 이루어질 수 있도록 자연환기 설비 또는 기계환기설비를 설치하여야 한다.

## 국가기술자격검정 필기시험문제

| 2019년도 산업기사 일반검정(2019년 8월 4일) | | | | 수검번호 | 성 명 |
|---|---|---|---|---|---|
| 자격종목 및 등급(선택분야) | 종목코드 | 시험시간 | 문제지형별 | | |
| 건축산업기사 | 2530 | 2시간30분 | A | | |

※ 답안카드 작성시 시험문제지 형별누락, 마킹착오로 인한 불이익은 전적으로 수험자의 귀책사유임을 알려드립니다.

---

### 제1과목 : 건축계획

**01** 편복도형 아파트에 관한 설명으로 옳은 것은?

① 부지의 이용률이 가장 높다.
② 중복도형에 비해 독립성이 우수하다.
③ 중복도형에 비해 통풍, 채광상 불리하다.
④ 통행을 위한 공용 면적이 작아 건축물의 이용도가 가장 높다.

**알찬풀이** | 편복도형 아파트는 복도가 길어지고 채광, 통풍, 독립성(프라이버시)와 같은 거주성이 떨어지나 중복도형 아파트에 비해 우수한 편이다.


**02** 학교운영방식 중 교과교실형(V형)에 관한 설명으로 옳지 않은 것은?

① 일반 교실수가 학급수와 동일하다.
② 학생의 동선처리에 주의하여야 한다.
③ 학생 개인 물품의 보관 장소에 대한 고려가 요구된다.
④ 각 교과 전문의 교실이 주어지므로 시설의 질이 높아진다.

**알찬풀이** | 교과교실형(V형, Department Type)
　㉠ 모든 교과목에 대해서 전용의 교실을 설치하고 일반교실은 두지 않는 형식이다.
　㉡ 각 교과목에 맞추어 전용의 교실이 주어져 교과목에 적합한 환경을 조성할 수 있으나 학생의 이동이 많고 소지품을 위한 별도의 장소가 필요하다.
　㉢ 시간표 편성이 어려우며 담당 교수수를 맞추기도 어렵다.

**03** 다음 중 단독주택에서 현관의 위치 결정에 가장 주된 영향을 끼치는 것은?

① 방위                  ② 건폐율
③ 도로의 위치          ④ 대지의 면적

**알찬풀이** | 단독주택에서 현관의 위치 결정에 가장 주된 영향을 끼치는 것은 도로의 위치이다,

**04** 쇼핑센터를 구성하는 주요 요소에 속하지 않는 것은?

① 핵점포              ② 몰(Mall)
③ 터미널(Terminal)      ④ 전문점

**알찬풀이** | 쇼핑센터를 구성하는 주요 요소
　㉠ 핵 점포
　㉡ 전문점
　㉢ 몰(Mall), 페데스트리언 지대 (Pedestrian area)
　㉣ 코트(court)

**05** 사무소 건축의 기준층 층고의 결정 요인과 가장 관계가 먼 것은?

① 채광                 ② 사무실의 깊이
③ 엘리베이터 설치대수     ④ 공기조화(Air Conditioning)

**알찬풀이** | 사무소 건축의 경우 엘리베이터 설치대수는 상부 층의 사용자 수(연면적)와 관련이 있다.

**06** 유니버셜 스페이스(Universal Space) 설계이론을 주창한 건축가는?

① 알바 알토           ③ 르 꼬르뷔제
③ 미스 반 데어 로에      ④ 프랭크 로이드 라이트

**알찬풀이** | 유니버셜 스페이스(Universal Space) 설계이론을 주창한 건축가는 독일 출신의 건축가 미스 반 데어 로에 이다.

**ANSWER**      1. ②    2. ①    3. ③    4. ③    5. ③    6. ③

**07** 복층형 아파트에 관한 설명으로 옳은 것은?

① 소규모 주택에 유리하다.
② 다양한 평면구성이 가능하다.
③ 엘리베이터가 정지하는 층수가 많아진다.
④ 플랫형에 비해 복도면적이 커서 유효면적이 작다.

**알찬풀이** | 복층형 아파트는 다양한 평면구성이 가능하다.


**08** 다음 중 일반적인 주택의 부엌에서 냉장고, 개수대, 레인지를 연결하는 작업삼각형의 3변의 길이의 합으로 가장 적정한 것은?

① 2.5m                ③ 5.0m
③ 7.2m                ④ 8.8m

**알찬풀이** | 작업 삼각형(work triangle)의 동선
  ㉠ 냉장고, 싱크(개수)대, 조리(가열)대를 연결하는 삼각형으로 3.6~6.6m 이내가 적당하다.
  ㉡ 삼각형 세변 길이의 합이 짧을수록 효과적인 배치이다.
  ㉢ 싱크대와 조리대, 냉장고와 싱크대 사이는 동선이 짧아야 한다.
  ㉣ 싱크대와 조리대는 1.2~1.8m 정도가 적당하다.


**09** 다음 중 근린분구의 중심시설에 속하지 않는 것은?

① 약국                ② 유치원
③ 파출소              ④ 초등학교

**알찬풀이** | 근린주구 생활권
  1) 단위 구성: 인보구 → 근린분구 → 근린주구의 단위로 구성된다.
  2) 초등학교는 근린주구의 중심시설이다.


**10** 한식주택은 좌식의 특징, 양식주택은 입식의 특징을 갖고 있다. 이러한 차이가 발생하는 가장 근본적인 원인은?

① 출입 방식          ② 난방 방식
③ 채광 방식          ④ 환기 방식

**알찬풀이** | 한식주택은 좌식의 특징, 양식주택은 입식의 특징을 갖고 있는데, 이는 난방 방식이 영향이 가장 크다.

**11** 주택계획에서 거실은 분리하며, 주방과 식당이 공용으로 구성된 소규모의 평면형식은?

① K형
② DK형
③ LD형
④ LDK형

**알찬풀이** | 소규모 주택의 평면형식에서 거실은 분리하며, 부엌 겸용 식당(DK)의 평면 형식이 많이 이용된다.

**12** 학교 교실의 배치형식 중 엘보우 엑세스형(Elbow Access Type)에 관한 설명으로 옳지 않은 것은?

① 학습의 순수율이 높다.
② 복도의 면적이 증가된다.
③ 채광 및 통풍 조건이 양호하다.
④ 교실을 소규모 단위로 분할, 배치한 형식이다.

**알찬풀이** | 엘보우 엑세스형(Elbow Access Type)

**13** 상점 계획에서 파사드 구성에 요구되는 5가지 광고요소(AIDMA 법칙)에 속하지 않는 것은?

① Attention
② Interest
③ Desire
④ Moment

**알찬풀이** | AIDMA 법칙 중 M은 Moment가 아니라 Memory이다.

**14** 공장건축의 레이아웃(layout) 계획에 관한 설명으로 옳지 않은 것은?

① 고정식 레이아웃은 조선소와 같이 제품이 크고 수량이 적은 경우에 행해진다.
② 레이아웃은 공장규모의 변화에 대응할 수 있도록 충분한 융통성을 부여하여야 한다.
③ 공장건축에 있어서 이용자의 심리적인 요구를 고려하여 내부 환경을 결정하는 것을 의미한다.
④ 작업장내의 기계설비, 작업자의 작업구역, 자재나 제품 두는 곳 등에 대한 상호 관계의 검토가 필요하다.

**알찬풀이** | 공장건축의 레이아웃(layout) 계획은 공장 간의 배치, 공장과 시설물 혹은 작업자의 작업구역, 물품(자재)의 영역 간의 배치로 이용자의 심리적인 요구를 고려하여 내부 환경을 결정하는 것을 의미하지는 않는다.

| ANSWER | 7. ② | 8. ② | 9. ④ | 10. ② | 11. ② | 12. ④ | 13. ④ | 14. ③ |
| --- | --- | --- | --- | --- | --- | --- | --- | --- |

**15** 학교건축의 음악교실계획에 관한 설명으로 옳지 않은 것은?

① 강당과 연락이 좋은 위치를 택한다.
② 시청각 교실과 유기적인 연결을 꾀하도록 한다.
③ 실내는 잔향시간을 없게 하기 위해 흡음재로 마감한다.
④ 학습 중 다른 교실에 방해가 되지 않기 위해 방음시설이 필요하다.

**알찬풀이** | 음악교실의 실내는 적정한 잔향시간을 갖기 위해 흡음재로 마감한다.


**16** 사무소 건축의 코어 형식에 관한 설명으로 옳은 것은?

① 외코어형은 방재상 가장 유리한 형식이다.
② 편심코어형은 바닥면적이 큰 경우 적합하다.
③ 중심코어형은 사무소 건축의 외관이 획일적으로 되기 쉽다.
④ 양단코어형은 코어의 위치를 사무소 평면상의 어느 한쪽에 편중하여 배치한 유형이다.

**알찬풀이** | 중심 코어형
　　　　 ㉠ 바닥 면적이 클 경우 특히 고층, 중고층에 적합하다.
　　　　 ㉡ 외주 프레임을 내력벽으로 하여 코어와 일체로 한 내진구조를 만들 수 있다.
　　　　 ㉢ 내부공간과 외관이 모두 획일적으로　되기 쉽다.
　　　　 ㉣ 유효율이 높으며, 임대 사무소로서 경제적인 계획이 가능하다.


**17** 상점 바닥면 계획에 관한 설명으로 옳지 않은 것은?

① 미끄러지거나 요철이 없도록 한다.
② 소음발생이 적은 바닥재를 사용한다.
③ 외부에서 자연스럽게 유도될 수 있도록 한다.
④ 상품이나 진열설비와 무관하게 자극적인 색채로 한다.

**알찬풀이** | 상점 바닥면 계획 시 상품이나 진열설비를 고려하여 자극적이지 않은 색채 계획을 하는 것이 좋다.

**18** 사무소 건축의 실단위 계획 중 개실시스템에 관한 설명으로 옳지 않은 것은?

① 개인적 환경조절이 용이하다.
② 소음이 많고 독립성이 결여된다.
③ 방 깊이에는 변화를 줄 수 없다.
④ 개방식 배치에 비해 공사비가 높다.

**알찬풀이** | 사무소 건축의 실단위 계획 중 개방식 배치가 소음이 많고 독립성이 결여된다.

**19** 연립주택에 관한 설명으로 옳지 않은 것은?

① 중정형 주택은 중정을 아트리움으로 구성하는 관계로 아트리움 주택이라고도 한다.
② 로우 하우스는 지형조건에 따라 다양한 배치 및 집약적인 공동 설비 배치가 가능하다.
③ 테라스 하우스는 경사지를 적절하게 이용할 수 있으며, 각 호마다 전용의 정원을 갖는다.
④ 타운 하우스는 도로에서 2층으로 진입하므로 2층은 생활공간, 1층은 수면공간의 공간구성을 갖는다.

**알찬풀이** | 타운 하우스(Town House)
㉠ 단독주택의 장점을 최대한 고려하며, 토지의 효율적인 이용, 시공비 및 유지관리비의 절감이 가능한 유형이다.
㉡ 주호 마다 전용의 뜰과 공동의 오픈 스페이스(open space)가 있는 형식이다.
㉢ 일반적으로 각 세대마다의 주차가 가능하므로 공동의 주차공간이 불필요하다.
㉣ 주동의 길이가 긴 경우 2~3세대씩 후퇴가 가능하며, 층의 다양화가 가능하다.

**20** 다음 중 고층 사무소 건축에서 층고를 낮게 하는 이유와 가장 관계가 먼 것은?

① 공사비를 낮추기 위해
② 보다 넓은 설비공간을 얻기 위해
③ 실내의 공기조화 효율을 높이기 위해
④ 제한된 건물 높이에서 가급적 많은 수의 층을 얻기 위해

**알찬풀이** | 고층 사무소 건축에서 보다 넓은 설비공간을 얻기 위해 층고를 낮게 하지는 않는다.

### 제2과목 : 건축시공

**21** 골재의 함수상태에 관한 설명으로 옳지 않은 것은?

① 흡수량 : 표면건조 내부포화상태 – 절건상태
② 유효흡수량 : 표면건조 내부포화상태 – 기건상태
③ 표면수량 : 습윤상태 – 기건상태
④ 함수량 : 습윤상태 – 절건상태

**알찬풀이** | 표면수량

골재의 함수상태에서 표면수량은 습윤상태 – 표건상태(표면건조 포화상태) 이다.

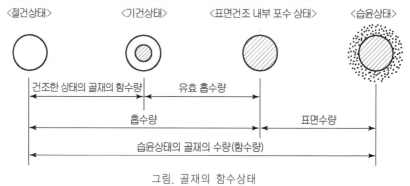

그림. 골재의 함수상태

**22** 거푸집에 활용하는 부속재료에 관한 설명으로 옳지 않은 것은?

① 폼 타이는 거푸집 패널을 일정한 간격으로 양면을 유지시키고 콘크리트 측압을 지지하기 위한 것이다.
② 웨지 핀은 시스템거푸집에 주로 사용되며, 유로 폼에는 사용되지 않는다.
③ 컬럼 밴드는 기둥 거푸집의 고정 및 측압 버팀용도로 사용된다.
④ 스페이서는 철근의 피복두께를 확보하기 위한 것이다.

**알찬풀이** | 웨지 핀은 주로 유로 폼의 고정용으로 사용되는 부속재료이다.

**23** 표준시방서에 따른 시멘트 액체방수층의 시공순서로 옳은 것은? (단, 바닥용의 경우)

① 방수시멘트 페이스트 1차→바탕면정리 및 물청소→방수액 침투→방수시멘트 페이스트 2차→방수 모르타르

② 바탕면정리 및 물청소→방수시멘트 페이스트 1차→방수액 침투→방수시멘트 페이스트 2차→방수 모르타르

③ 바탕면정리 및 물청소→방수액 침투→방수시멘트 페이스트 1차→방수시멘트 페이스트 2차→방수 모르타르

④ 바탕면정리 및 물청소→방수시멘트 페이스트 1차→방수 모르타르→방수시멘트 페이스트 2차→방수액 침투

**알찬풀이** | 시멘트 액체방수층의 시공순서(단, 바닥용의 경우)
바탕면정리 및 물청소→방수시멘트 페이스트 1차→방수액 침투→방수시멘트 페이스트 2차→방수 모르타르 순이다.

**24** 조적공사에서 벽돌 벽을 1.0B로 시공할 때 m² 당 소요되는 모르타르 양으로 옳은 것은? (단, 표준형 벽돌 사용, 모르타르의 재료량은 할증이 포함된 것이며, 배합비는 1:3이다.)

① 0.019m³

② 0.033m³

③ 0.049m³

④ 0.079m³

**알찬풀이** | 모르타르 양
㉠ 표준형 벽돌을 사용하여 1.0B 쌓기로 벽면적 1m²를 쌓으려면 149매가 필요하다.
㉡ 표준형 벽돌 1.0B 쌓기로 1,000매를 쌓는 데 사용되는 모르타르 량은 0.33(m³)이므로 149매를 쌓는데 필요한 모르타르 량은

$$\therefore \quad 0.33 \times \frac{149}{1000} \fallingdotseq 0.049(\text{m}^3)$$

**25** 매스 콘크리트 공사 시 콘크리트 타설에 관한 설명으로 옳지 않은 것은?

① 매스 콘크리트의 타설 시간 간격은 균열제어의 관점으로부터 구조물의 형상과 구속조건에 따라 적절히 정하여야 한다.

② 온도 변화에 의한 응력은 신구 콘크리트의 유효탄성계수 및 온도차이가 크면 클수록 커지므로 신구 콘크리트의 타설 시간 간격을 지나치게 길게 하는 일은 피하여야 한다.

③ 매스 콘크리트의 타설 온도는 온도균열을 제어하기 위한 관점에서 평균 온도 이상으로 가져가야 한다.

④ 매스 콘크리트의 균열방지 및 제어방법으로는 팽창 콘크리트의 사용에 의한 균열방지방법, 또는 수축·온도철근의 배치에 의한 방법 등이 있다.

**알찬풀이** | 매스 콘크리트의 타설 온도는 온도균열을 제어하기 위한 관점에서 평균 온도 이하로 가져가야 한다.

**ANSWER**     21. ③     22. ②     23. ②     24. ③     25. ③

## 26 공사 계약제도에 관한 설명으로 옳지 않은 것은?

① 직영제도 : 공사의 전체를 단 한사람에게 도급주는 제도
② 분할도급 : 전문적인 공사는 분리하여 전문업자에게 주는 제도
③ 단가도급 : 단가를 정하고 공사 수량에 따라 도급금액을 산출하는 제도
④ 정액도급 : 도급전액을 일정액으로 정하여 계약하는 제도

**알찬풀이** | 직영 공사
　㉠ 건축주 본인이 일체의 공사를 자기 책임으로 시행하는 방식이다.
　㉡ 건축주 본인이 건설 경험이 많으면 도급 공사에 비해 확실성 있는 공사를 기대할 수 있다.
　㉢ 시공 관리 능력이 부족한 경우 공사 기일의 연장, 재료의 낭비를 초래할 수 있다.

## 27 연약한 점성토 지반에 주상의 투수층인 모래말뚝을 다수 설치하여 그 토층 속의 수분을 배수하여 지반의 압밀, 강화를 도모하는 공법은?

① 샌드 드레인 공법　　　　　　② 웰 포인트 공법
③ 바이브로 콤포저 공법　　　　④ 시멘트 주입 공법

**알찬풀이** | 샌드 드레인 공법에 대한 설명이다.

## 28 목재의 접합방법과 가장 거리가 먼 것은?

① 맞춤　　　　　　　　　　　　② 이음
③ 쪽매　　　　　　　　　　　　④ 압밀

**알찬풀이** | 목재의 접합방법으로는 맞춤, 이음, 쪽매의 방법이 사용된다.

## 29 목재의 일반적인 특징에 관한 설명으로 옳지 않은 것은?

① 장대재를 얻기 쉽고, 다른 구조재료에 비하여 가볍다.
② 열전도율이 적으므로 방한·방서성이 뛰어나다.
④ 건습에 의한 신축변형이 심하다.
④ 부패 및 충해에 대한 저항성이 뛰어나다.

**알찬풀이** | 목재는 부패 및 충해에 대한 저항성이 떨어진다.

**30** 아스팔트를 천연아스팔트와 석유아스팔트로 구분할 때 석유아스팔트에 해당하는 것은?

① 블로운 아스팔트
② 로크 아스팔트
③ 레이크 아스팔트
④ 아스팔타이트

**알찬풀이** | 블로운 아스팔트가 석유아스팔트에 속한다.

**31** 공사기간 단축기법으로 주공정상의 소요 작업 중 비용구배(cost slope)가 가장 작은 단위 작업부터 단축해 나가는 것은?

① MCX
② CP
③ PERT
④ CPM

**알찬풀이** | MCX 기법(Minimum Cost Expenditing, 최소 비용 일정 단축 기법)
　㉠ 공정관리상 불가피하게 공기단축의 경우가 생겨 공기를 단축 조정할 때 공기가 단축되는 대신 공비가 증가하게 된다는 이론이다.
　㉡ 공사기간 단축기법으로 주공정상의 소요 작업 중 비용구배(cost slope)가 작은 요소작업 부터 단위 시간씩 단축해 가며 이로 인해 변경되는 주공정이 발생되면 변경된 경로의 단축해야 할 요소작업을 결정해 가는 방법이다.
　㉢ 공기가 최소화 되도록 비용구배에 의해서 공기를 조절한다.

**32** 표준관입시험에 관한 설명으로 옳지 않은 것은?

① 사질토 지반에 적합하다.
② 사운딩 시험의 일종이다.
③ N값이 클수록 흙의 상태는 느슨하다고 볼 수 있다.
④ 낙하시키는 추의 무게는 63.5kg이다.

**알찬풀이** | N값이 클수록 흙의 상태는 단단하다고 볼 수 있다.

**33** 다음은 철근인장실험 결과 나타난 철근의 응력-변형률 곡선을 나타내고 있다. 철근의 인장 강도에 해당하는 것은?

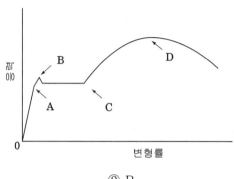

① A
② B
③ C
④ D

**알찬풀이** | 철근의 인장 강도에 해당하는 것은 그래프 곡선상의 D이다.

**34** 현장타설 콘크리트말뚝공법 중 리버스서큘레이션(Reverse Circulation Drill) 공법에 관한 설명으로 옳지 않은 것은?

① 유연한 지반부터 암반까지 굴착 가능하다
② 시공심도는 통상 70m까지 가능하다
③ 굴착에 있어 안정액으로 벤토나이트 용액을 사용한다.
④ 시공직경은 0.9~3m 정도이다.

**알찬풀이** | 리버스서큘레이션(Reverse Circulation Drill) 공법은 굴착에 있어 안정액으로 벤토나이트 용액을 사용하지 않는다.

**35** 수성페인트에 관한 설명으로 옳지 않은 것은?

① 취급이 간단하고 건조가 빠른 편이다.
② 콘크리트나 시멘트 벽 등에 주로 사용한다.
③ 에멀션페인트는 수성페인트의 한 종류이다.
④ 안료를 적은 양의 보일유로 용해하여 사용한다.

**알찬풀이** | 안료를 적은 양의 보일유로 용해하여 사용하는 것은 유성페인트에 해당한다.

**36** 다음 중 서로 관계가 없는 것끼리 짝지어진 것은?

① 바이브레이터(vibrator) – 목공사
② 가이데릭(guy derrick) – 철골공사
③ 그라인더(grinder) – 미장공사
④ 토털 스테이션(total station) – 부지측량

**알찬풀이** | 바이브레이터(vibrator)는 콘크리트 공사와 관련이 있다.

**37** 다음 중 목재의 무늬를 아름답게 나타낼 수 있는 재료는?

① 유성 페인트　　　　　　② 바니쉬
③ 수성 페인트　　　　　　④ 에나멜 페인트

**알찬풀이** | 바니쉬는 보통 니스라고도 하며 목재의 무늬를 아름답게 나타낼 수 있는 도장재료이다.

**38** 개선(beveling)이 있는 용접부위 양끝의 완전한 용접을 하기 위해 모재의 양단에 부착하는 보조강판은?

① Scallop　　　　　　② Back Strip
③ End Tap　　　　　　④ Crater

**알찬풀이** | 개선(beveling)이 있는 용접부위 양끝의 완전한 용접을 하기 위해 모재의 양단에 부착하는 보조 강판은 엔드 탭(End Tap)이다.

**39** 알루미늄 창호에 관한 설명으로 옳지 않은 것은?

① 녹슬지 않아 사용연한이 길다.
② 가공이 용이하다.
③ 모르타르에 직접 접촉시켜도 무방하다.
④ 철에 비해 가볍다.

**알찬풀이** | 알루미늄은 모르타르에 직접 접촉시키면 부식하므로 알루미늄 창호재는 적당한 부식 방지 처리를 한 것을 사용한다.

| ANSWER | 33. ④ | 34. ③ | 35. ④ | 36. ① | 37. ② | 38. ③ | 39. ③ |
|---|---|---|---|---|---|---|---|

**40** 굳지 않는 콘크리트의 측압에 관한 설명으로 옳은 것은?

① 슬럼프가 클수록 측압이 크다.
② 타설 속도가 빠를수록 측압은 작아진다.
③ 온도가 높을수록 측압은 커진다.
④ 벽 두께가 얇을수록 측압은 커진다.

**알찬풀이** | 굳지 않는 콘크리트의 측압
② 타설 속도가 빠를수록 측압은 커진다.
③ 온도가 높을수록 측압은 작다.
④ 벽 두께가 얇을수록 측압은 작다.

---

**제3과목 : 건축구조**

**41** 지지상태는 양단 고정이며, 길이 3m인 압축력을 받는 원형강관 $\Phi$-89.1×3.2의 탄성 좌굴 하중을 구하면? (단, $I$=79.8×10$^4$mm$^4$, $E$=210000MPa이다.)

① 184kN
② 735kN
③ 1018kN
④ 1532kN

**알찬풀이** | 탄성 좌굴하중($P_{cr}$)

$$P_{cr} = \frac{\pi^2 E I_{\min}}{(KL)^2} = \frac{3.14^2 \times 210000 \times 79.8 \times 10^4}{(0.5 \times 3 \times 10^3)^2}$$

$$\fallingdotseq 734,343(\text{N}) \rightarrow 735(\text{kN})$$

※ $K$ : 지지상태가 양단 고정인 경우 0.5

**42** 강구조에 관한 설명으로 옳지 않은 것은?

① 재료가 균질하며 세장한 부재가 가능하다.
② 처짐 및 진동을 고려해야 한다.
③ 인성이 커서 변형에 유리하고 소성변형 능력이 우수하다.
④ 좌굴의 영향이 작다.

**알찬풀이** | 강구조는 상대적으로 세장한 부재가 사용되므로 좌굴의 영향이 크다.

**43** 다음의 조건을 가진 반T형보의 유효폭 B의 값은?

| | |
|---|---|
| • 슬래브 두께 : 200mm | • 보의 폭($b_w$) : 400mm |
| • 인접 보와의 내측 거리 : 2600mm | • 보의 경간 : 9000mm |

① 1150mm                          ② 1270mm

③ 1600mm                       ④ 1700mm

**알찬풀이** | 반T형보의 유효폭 B의 값

반T형보의 유효폭 B의 값은 다음 중 작은 값으로 한다.

㉠ $6t_f + b_w = 6 \times 120 + 400 = 1600 (mm)$

㉡ 보 경간의 $1/12 + b_w = \dfrac{9000}{12} + 400 = 1150 (mm)$

㉢ 인접 보와의 내측간 거리 $1/2 + b_w = \dfrac{2600}{2} + 400 = 1700 (mm)$

∴ 유효폭 B= 1150(mm)

**44** 그림과 같은 1차 부정정 라멘에서 A점 및 B점의 수평반력의 크기로 옳은 것은?

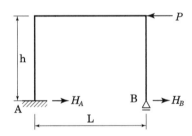

① $H_A = P/2, \ H_B = P/2$         ② $H_A = P, \ H_B = P$

③ $H_A = P, \ H_B = 0$              ④ $H_A = 0, \ H_B = P$

**알찬풀이** | 그림의 1차 부정정 라멘에서 A점 및 B점의 수평반력의 크기는 $\sum H = 0$에서 A점의 수평반력은
$H_A = P \ (\rightarrow)$, B점의 수평반력은 이동지점이므로 $H_B = 0$임을 쉽게 알 수 있다.

**45** 기초구조에 관한 설명으로 옳지 않은 것은?

① 기초구조란 기초 슬래브와 지정을 총칭한 것이다.

② 경미한 구조라도 기초의 저면은 지하동결선 이하에 두어야 한다.

③ 온통기초는 연약지반에 적용되기 어렵다.

④ 말뚝기초는 지지하는 상태에 따라 마찰말뚝과 지지말뚝으로 구분된다.

**알찬풀이** | 온통기초는 연약지반에 적용하는 것이 유리하다.

| ANSWER | 40. ①    41. ②    42. ④    43. ①    44. ③    45. ③ |
|---|---|

**46** 강도설계법에서 인장 측에 3042mm², 압축 측에 1014mm²의 철근이 배근 되었을 때 압축 응력 등가블럭의 깊이로 옳은 것은? (단, $f_{ck}$=21MPa, $f_y$=400MPa, 보의 폭 b=300mm 이다.)

① 125.7mm
② 151.5mm
③ 227.7mm
④ 303.1mm

**알찬풀이** | 압축응력 등가블럭의 깊이($a$)

$$a = \frac{(A_s - A_s')\cdot f_y}{0.85\ \cdot f_{ck}\cdot b} = \frac{(3042-1014)\times 400}{0.85\times 21\times 300}$$
$$\fallingdotseq 151.5(\text{mm})$$

**47** 그림과 같은 보의 최대 전단응력으로 옳은 것은?

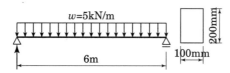

① 1.125MPa
② 2.564MPa
③ 3.496MPa
④ 4.253MPa

**알찬풀이** | 보의 최대 전단응력($\tau_{\max}$)

$$V_{\max} = \frac{w\cdot L}{2} = \frac{5\times 10^3 \times 6\times 10^3}{2} = 15\times 10^6$$
$$\tau_{\max} = \frac{3}{2}\cdot \frac{V_{\max}}{A} = \frac{3}{2}\times \frac{5\times 10^6}{(100\times 200)} = 1.125(\text{MPa})$$

**48** 그림과 같은 겔버보에서 B점의 반력은?

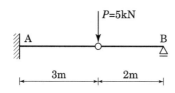

① 2.5kN
② 5kN
③ 10kN
④ 0

**알찬풀이** | 겔버보에서 B점의 반력($V_B$)
문제의 겔버보는 그림과 같은 캔틸레버 보와 단순보로 나누어 구하고자 하는 반력 값을 구한다.
단순보 C점에 작용하중 $P=5(\text{kN})$이 적용되므로 $V_C = 5(\text{kN})$, $V_B = 0$ 임을 쉽게 알 수 있다.

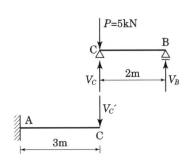

## 49 철근콘크리트 부재의 인장 이형철근 및 이형 철선의 기본 정착길이 $l_{db}$를 구하는 식은?

① $\dfrac{0.6 d_b f_y}{\lambda \sqrt{f_{ck}}}$

② $\dfrac{0.3 d_b f_y}{\lambda \sqrt{f_{ck}}}$

③ $\dfrac{0.8 d_b f_y}{\lambda \sqrt{f_{ck}}}$

④ $\dfrac{0.12 d_b f_y}{\lambda \sqrt{f_{ck}}}$

**알찬풀이** | 인장 이형철근 및 이형 철선의 기본 정착길이($l_{db}$)
인장 이형철근 및 이형 철선의 기본 정착길이는 다음 식으로 구한다.

기본 정착길이($l_{db}$) $= \dfrac{0.6 d_b f_y}{\lambda \sqrt{f_{ck}}}$

(부호) $\lambda$ : 경량콘크리트 계수, 일반 콘크리트 $\lambda=1$

## 50 그림에서 필렛 용접 이음부의 용접 유효면적($A_w$)으로 옳은 것은?

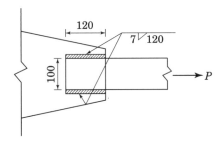

① 907mm²

② 1039mm²

③ 1484mm²

④ 1680mm²

**알찬풀이** | 용접 유효면적($A_w$)
$a = 0.7S = 0.7 \times 7 = 4.9$
$a$ : 유효 목두께, $S$ : 모살 치수
$L_e = (L - 2S) \times 2 = (120 - 2 \times 7) \times 2 = 212 \, (\text{mm})$
$A_w = a \times L_e = 4.9 \times 212 ≒ 1039 \, (\text{mm}^2)$

| ANSWER | 46. ② | 47. ① | 48. ④ | 49. ① | 50. ② |
|---|---|---|---|---|---|

**51** 그림과 같은 구조물의 강절점 수를 구하면?

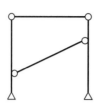

① 0

② 1

③ 2

④ 3

**알찬풀이** | 그림과 같은 구조물의 강절점 수는 경사진 부재가 연결되는 2군데이다.

**52** 다음 그림과 같은 단순보에서 C점에 대한 휨응력은?

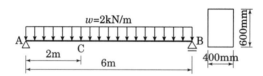

① 1.33MPa

② 1.00MPa

③ 0.67MPa

④ 0.33MPa

**알찬풀이** | C점에 대한 휨응력($\sigma_C$)

휨응력도의 일반식은 $\sigma_b = \pm \dfrac{M}{I} y$ 이다.

$$I = \frac{bh^3}{12} = \frac{400 \times 600^3}{12} = 72 \times 10^8 \, (\mathrm{mm^4})$$

$A$점의 반력은 $V_A = 2(\mathrm{kN/m}) \times 6(\mathrm{m}) \times \dfrac{1}{2} = 6(\mathrm{kN})$

$C$점의 휨모멘트는

$$M_C = 6 \times 2 - 2 \times 2 \times 1 = 8(\mathrm{kN \cdot m}) = 8 \times 10^6 (\mathrm{N \cdot mm})$$

$$\therefore \ \sigma_C = \frac{8 \times 10^6}{72 \times 10^8} \times 300 ≒ 0.33(\mathrm{MPa})$$

## 53 철근콘크리트 구조물의 구조설계 시 적용되는 강도감소계수($\phi$)로 옳지 않은 것은?

① 콘크리트의 지압력(포스트텐션 정착부나 스트럿－타이 모델은 제외) : 0.75
② 압축지배단면 중 나선철근 규정에 따라 나선철근으로 보강된 철근콘크리트 부재 : 0.70
③ 전단력과 비틀림모멘트 : 0.75
④ 인장지배단면 : 0.85

**알찬풀이** | 콘크리트가 지압력(포스트텐션 정착부나 스트럿－타이 모델은 제외)을 받는 경우 강도감소계수($\phi$)는 0.65이다.

## 54 그림과 같은 구조물의 C점에 20kN의 수평력이 작용할 때 S 부재에 발생하는 응력의 값은?

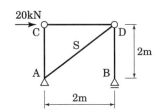

① 10kN
② $10\sqrt{2}\,$kN
③ 20kN
④ $20\sqrt{2}\,$kN

**알찬풀이** | S 부재에 발생하는 응력의 값
$\Sigma H = 0$에서 $H_A = 20(\mathrm{kN})(\leftarrow)$ 임을 쉽게 알 수 있다.
절점법을 이용하여 $A$절점에 작용하는 수평 부재력 $\Sigma H_A = 0$이므로 $-20 + S\cos 45°$
$\therefore\ S = 20 \times \sqrt{2}\,(\mathrm{kN})$

## 55 그림과 같이 빗금친 도형의 밑변을 지나는 X–X축에 대한 단면 1차모멘트의 값은?

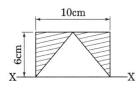

① 30cm³
② 60cm³
③ 120cm³
④ 180cm³

**알찬풀이** | X–X축에 대한 단면 1차모멘트의 값($G_X$)
$G_X = A \times \overline{y} = (10 \times 6) \times 3 - (\frac{1}{2} \times 10 \times 6) \times 2 = 120(\mathrm{cm}^3)$

## 56 그림과 같은 단순 보에서 C점의 처짐 $\delta$는?
(단, 보의 단면은 200mm×300mm, 탄성계수 $E$=10⁴MPa이다.)

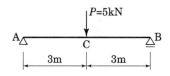

① 3mm

② 4mm

③ 5mm

④ 6mm

**알찬풀이** │ C점의 처짐($\delta_C$)

$$I = \frac{bh^3}{12} = \frac{200 \times 300^3}{12} = 4.5 \times 10^8 \,(\mathrm{mm}^4)$$

$$\delta_C = \delta_{\max} = \frac{PL^3}{48EI} = \frac{5 \times 10^3 \times (6 \times 10^3)^3}{48 \times 10^4 \times 4.5 \times 10^8} = 5\,(\mathrm{mm})$$

## 57 강구조 주각에 관한 설명으로 옳지 않은 것은?

① 주각의 형태에는 핀주각, 고정주각, 매입형주각이 있다.

② 주각은 기둥의 하중과 모멘트를 기초를 통하여 지반에 전달한다.

③ 베이스 플레이트는 기초 콘크리트 면에 무수축 모르타르의 충전 없이 직접 밀착시켜야 한다.

④ 베이스 플레이트는 기초 콘크리트에 지압 응력이 잘 분포되도록 충분한 면적과 두께를 가져야 한다.

**알찬풀이** │ 베이스플레이트는 기초 콘크리트 면에 무수축 모르타르를 충전하여 직접 밀착시켜야 한다.

## 58 $f_{ck}$=24MPa이고, 단면이 200×300mm인 보의 균열모멘트를 구하면? (단, 보통중량콘크리트 사용)

① 7.58kN · m

② 9.26kN · m

③ 11.48kN · m

④ 13.26kN · m

**알찬풀이** │ 균열모멘트($M_{cr}$)

$$M_{cr} = \frac{f_r \cdot I_g}{y_t} = \frac{0.63 \times \sqrt{24} \times 4.5 \times 10^8}{150} \fallingdotseq 9.26\,(\mathrm{kN \cdot m})$$

(부호) $f_r$ : 파괴 계수 = $0.63 \times \sqrt{f_{ck}}$

$I_g$ : 보의 단면2차모멘트

$y_t$ : 도심에서 인장측 외단까지의 거리

**59** 철근콘크리트슬래브에 관한 설명으로 옳지 않은 것은?

① 1방향슬래브 두께는 최소 100mm 이상으로 하여야 한다.

② 1방향슬래브에서는 정모멘트철근 및 부모멘트철근에 직각방향으로 수축·온도 철근을 배치하여야 한다.

③ 슬래브 끝의 단순 받침부에서도 내민 슬래브에 의하여 부모멘트가 일어나는 경우에는 이에 상응하는 철근을 배치하여야 한다.

④ 주열대는 기둥 중심선을 기준으로 양쪽으로 장변 또는 단변길이의 0.25를 곱한 값 중 큰 값을 한쪽의 폭으로 하는 슬래브의 영역을 가리킨다.

**알찬풀이** | 주열대는 기둥 중심선을 기준으로 양쪽으로 단변길이의 0.25를 곱한 값을 단변 및 장변의 폭으로 하는 슬래브의 영역을 가리킨다.

**60** C점의 전단력이 0이 되려면 P의 값은 얼마가 되어야 하는가?

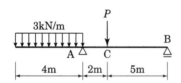

① 9kN

② 12kN

③ 13.5kN

④ 15kN

**알찬풀이** | C점의 전단력이 0이 되려면 $P$의 값은 A점에서 좌·우 대칭하중이 되게 $3(kN/m) \times 4(m) = 12(kN)$ 이면 된다.

---

### 제4과목 : 건축설비

**61** 열매인 증기의 온도가 102℃이고, 실내온도가 18.5℃인 표준상태에서 방열기 표면적을 $1m^2$를 통하여 발산되는 방열량은?

① 450W

② 523W

③ 650W

④ 756W

**알찬풀이** | 표준 방열량
   ① 증기난방의 경우: 756(W)
   ② 온수난방의 경우: 523(W)

---

| ANSWER | 56. ③ | 57. ③ | 58. ② | 59. ④ | 60. ② | 61. ④ |
| --- | --- | --- | --- | --- | --- | --- |

**62** 양수량이 2m³/min인 펌프에서 회전수를 원래보다 20% 증가시켰을 경우 양수량은 얼마로 되는가?

① 1.7m³ /min
② 2.4m³ /min
③ 2.9m³ /min
④ 3.5m³ /min

**알찬풀이** | 펌프의 양수량은 펌프의 회전수에 비례하므로
∴ 2(m³/min)×1.2 = 2.4(m³/min)

**63** 온수의 순환방식에 따른 온수난방 방식의 분류에서 온수의 밀도차를 이용하는 방식은?

① 단관식
② 하향식
③ 개방식
④ 중력식

**알찬풀이** | 온수의 순환방식에 따른 온수난방 방식의 분류에서 온수의 밀도차를 이용하는 방식을 중력식이라 한다.

**64** 중앙식 급탕방식 중 간접가열식에 관한 설명으로 옳지 않은 것은?

① 일반적으로 규모가 큰 건물에 사용된다.
② 가열 보일러는 난방용 보일러와 겸용할 수 없다.
③ 저탕조는 가열코일을 내장하는 등, 직접가열식에 비해 구조가 복잡하다.
④ 증기보일러 또는 고온수 보일러를 사용하는 경우 고온의 탕을 얻을 수 없다.

**알찬풀이** | 가열 보일러는 난방용 보일러와 겸용할 수 있다.

**65** 다음 중 오물정화조의 성능을 나타내는 데 주로 사용되는 지표는?

① 경도
② 탁도
③ $CO_2$  함유량
④ BOD 제거율

**알찬풀이** | 오물정화조의 성능을 나타내는 데 주로 사용되는 지표는 BOD 제거율이다.

**66** 다음의 공기조화방식 중 전공기방식에 속하지 않는 것은?

① 단일덕트방식
② 2중덕트방식
③ 멀티존 유닛방식
④ 팬코일 유닛방식

**알찬풀이** | 팬코일 유닛방식 공기+물 병용방식에 해당 한다.

## 67 급수방식에 관한 설명으로 옳은 것은?

① 압력수조방식은 경제적이며 공급압력이 일정하다.
② 펌프직송방식은 정교한 제어가 필요하며 전력차단 시 급수가 불가능하다.
③ 수도직결방식은 공급압력이 일정하여 고층건물에 주로 사용된다.
④ 고가수조방식은 수질 오염성이 가장 낮은 방식으로 단수 시 일정 시간 동안 급수가 가능하다.

**알찬풀이** | 급수방식
① 압력수조방식은 경제적이나 공급압력이 일정하지 않다.
③ 수도직결방식은 공급압력이 일정하여 저층건물에 주로 사용된다.
④ 고가수조방식은 수질 오염성이 가장 높은 방식으로 단수 시 일정 시간 동안 급수가 가능하다.

## 68 다음 중 물체의 부력을 이용하여 그 기능이 발휘되는 것은?

① 볼탭
② 체크 밸브
③ 배수 트랩
④ 스트레이너

**알찬풀이** | 물체의 부력을 이용하여 그 기능이 발휘되는 것은 볼탭(ball tab)이다. 수세식 변기 후면의 물통 내에서 쉽게 관찰할 수 있다.

## 69 다음과 같은 벽체에서 관류에 의한 열손실량은?

- 벽체의 면적: 10m²
- 벽체의 열관류율: 3W/m² · K
- 실내온도: 18℃, 외기온도: −12℃

① 360W
② 540W
③ 780W
④ 900W

**알찬풀이** | 관류에 의한 열손실량($Q$)
열관류 열량($Q$) = K · ($t_1-t_2$) · A · T (kcal, W)
(부호) K: 열관류율 (kcal/m²·h·℃, W/m²·℃)
$t_1-t_2$: 실내 · 외 온도차 (℃) ($t_1 > t_2$)
A: 표면적(m²)
T: 시간(h)
∴ $Q = 3 \times (18+12) \times 10 \times 1 = 900(W)$

**70** 중앙식 공기조화기에 전열교환기를 설치하는 가장 주된 이유는?

① 소음 제거
② 에너지 절약
③ 공기오염 방지
④ 백연현상 방지

**알찬풀이** | 중앙식 공기조화기에 전열교환기를 설치하는 가장 주된 이유는 에너지 절약을 위해서 설치한다.

**71** 금속관 공사에 관한 설명으로 옳지 않은 것은?

① 외부에 대한 고조파 영향이 없다.
② 열적 영향을 받는 곳에서는 사용할 수 없다.
③ 외부적 응력에 대해 전선보호에 신뢰성이 높다.
④ 사용장소는 은폐장소, 노출 장소, 옥내, 옥외 등 광범위하게 사용할 수 있다.

**알찬풀이** | 금속관 공사는 열적 영향을 받는 곳에서도 사용할 수 있다.

**72** 통기관에 관한 설명으로 옳지 않은 것은?

① 통기관은 가능한 관길이를 짧게 하고 굴곡 부분을 적게 한다.
② 신정통기관의 관경은 배수수직관의 관경보다 작게 해서는 안된다.
③ 통기관의 배관 길이를 길게 하면 저항이 작아지므로 관경을 줄일 수 있다.
④ 통기관의 관경은 접속되는 배수관의 관경이나 기구배수부하단위 수에 의해 구할 수 있다.

**알찬풀이** | 통기관의 배관 길이를 길게 하면 저항이 커지므로 관경을 줄일 수 없다.

**73** 층수가 5층인 건물의 각층에 옥내소화전이 2개씩 설치되어 있을 때, 옥내소화전설비의 수원의 저수량은 최소 얼마 이상이 되도록 하여야 하는가?

① 1.3m³
② 2.6m³
③ 4.3m³
④ 5.2m³

**알찬풀이** | 옥내소화전설비의 수원의 저수량($Q$)

$Q = 2.6 \times N(\text{m}^3) = 2.6 \times 2 = 5.2(\text{m}^3)$

(부호) $Q$ : 수원의 유효 수량(m³)

　　　　$N$ : 옥내 소화전의 동시 개구수(해당 층의 소화전 설치 개수가 5개 이상일 때는 5개까지만 고려)

**74** 건구온도 26℃인 공기 1000m³ 과 건구온도 32℃인 공기 500m³ 를 단열 혼합하였을 경우, 혼합공기의 건구온도는?

① 27℃
② 28℃
③ 29℃
④ 30℃

**알찬풀이** | 혼합공기의 건구온도($t_3$)

$$t_3 = \frac{m}{m+n} \times t_1 + \frac{n}{m+n} \times t_2$$
$$= \frac{1000}{1000+500} \times 26 + \frac{500}{1000+500} \times 32$$
$$= 28(℃)$$

**75** 교류전동기에 속하지 않는 것은?

① 동기전동기
② 복권전동기
③ 3상 유도전동기
④ 분상 기동형전동기

**알찬풀이** | 복권전동기는 직류전동기에 해당한다.

**76** 다음의 전원설비와 관련된 설명 중 ( ) 안에 알맞는 용어는?

수전점에서 변압기 1차측까지의 기기 구성을 ( ㉠ )라 하고 변압기에서 전력 부하 설비의 배전반까지를 ( ㉡ )라 한다.

① ㉠ : 배전설비, ㉡ : 수전설비
② ㉠ : 수전설비, ㉡ : 배전설비
③ ㉠ : 간선설비, ㉡ : 동력설비
④ ㉠ : 동력설비, ㉡ : 간선설비

**알찬풀이** | 수전점에서 변압기 1차측까지의 기기 구성을 수전설비라 하고 변압기에서 전력 부하 설비의 배전반까지를 배전설비라 한다.

**77** 다음 중 버큠 브레이커나 역류 방지기능을 가지는 것을 설치할 필요가 있는 위생기구는?

① 욕조      ② 세면기
③ 대변기(세정밸브형)      ④ 소변기(세정탱크형)

**알찬풀이** | 버큠 브레이커나 역류 방지기능을 가지는 것을 설치할 필요가 있는 위생기구는 대변기(세정밸브형)이다.

**78** 단일덕트 변풍량 방식에 관한 설명으로 옳지 않은 것은?

① 송풍량을 조절할 수 있다.
② 전공기방식의 특성이 있다.
③ 각 실이나 존의 개별제어가 불가능하다.
④ 일사량 변화가 심한 페리미터 존에 적합하다.

**알찬풀이** | 단일덕트 변풍량 방식은 각 실이나 존의 개별제어가 가능하다.

**79** 도시가스의 압력을 사용처에 맞게 감압하는 기능을 하는 것은?

① 정압기      ② 압송기
③ 에어챔버      ④ 가스미터

**알찬풀이** | 도시가스의 압력을 사용처에 맞게 감압하는 기능을 하는 것은 정압기이다.

**80** 각종 조명방식에 관한 설명으로 옳지 않은 것은?

① 간접조명방식은 확산성이 낮고 균일한 조도를 얻기 어렵다.
② 반간접조명방식은 직접조명방식에 비해 글레어가 작다는 장점이 있다.
③ 직접조명방식은 작업면에서 높은 조도를 얻을 수 있으나 주위와의 휘도차가 크다.
④ 반직접조명방식은 광원으로부터의 발산 광속 중 10~40%가 천장이나 윗벽 부분에서 반사된다.

**알찬풀이** | 간접조명방식은 확산성이 높고 균일한 조도를 얻기가 용이하다.

## 제5과목 : 건축관계법규

**81** 문화 및 집회시설 중 공연장의 개별관람석 출구에 관한 기준 내용으로 옳지 않은 것은?
(단, 개별관람석의 바닥면적이 300m² 이상인 경우)

① 관람석별로 2개소 이상 설치할 것
② 각 출구의 유효너비는 1.5m 이상일 것
③ 바깥쪽으로의 출구로 쓰이는 문은 안여닫이로 할 것
④ 개별관람석 출구의 유효너비의 합계는 개별 관람석의 바닥면적 100m² 마다 0.6m의 비율로 산정한 너비 이상으로 할 것

**알찬풀이** | 건축물의 관람석 또는 집회실로부터 바깥쪽으로의 출구로 쓰이는 문은 안여닫이로 하여서는 아니 된다.

**82** 다음은 건축선에 따른 건축제한에 관한 기준 내용이다. ( ) 안에 알맞은 것은?

> 도로면으로부터 높이 ( ) 이하에 있는 출입구, 창문, 그 밖에 이와 유사한 구조물은 열고 닫을 때 건축선의 수직면을 넘지 아니하는 구조로 하여야 한다.

① 3.5m      ② 4m
③ 4.5m      ④ 5m

**알찬풀이** | 건축선에 따른 건축제한
도로면으로부터 높이 4.5m 이하에 있는 출입구, 창문, 그밖에 이와 유사한 구조물은 열고 닫을 때 건축선의 수직면을 넘지 아니하는 구조로 하여야 한다.

**83** 건축물의 피난층 또는 피난층의 승강장으로부터 건축물의 바깥쪽에 이르는 통로에, 관련 기준에 따른 경사로를 설치하여야 하는 대상 건축물에 속하지 않는 것은? (단, 건축물의 층수가 5층인 경우)

① 교육연구시설 중 학교
② 연면적이 5000m²인 종교시설
③ 연면적이 5000m²인 판매시설
④ 연면적이 5000m²인 운수시설

**알찬풀이** | 연면적이 5000m²인 종교시설은 대상 건축물에 속하지 않는다.

**84** 다음 중 기계식주차장에 속하지 않는 것은?

① 지하식　　　　　　　　　② 지평식
③ 건축물식　　　　　　　　④ 공작물식

**알찬풀이** | 지평식은 자주식 주차장에 속한다.

**85** 건축법령에 따른 공사감리자의 수행 업무가 아닌 것은?

① 공정표의 검토
② 상세시공도면의 작성
③ 공사현장에서의 안전관리의 지도
④ 시공계획 및 공사관리의 적정여부의 확인

**알찬풀이** | 상세시공도면의 작성은 시공사의 작성 의무에 해당한다.

**86** 부설주차장의 설치대상 시설물이 판매시설인 경우 설치 기준으로 옳은 것은?

① 시설면적 100m² 당 1대　　　② 시설면적 150m² 당 1대
③ 시설면적 200m² 당 1대　　　④ 시설면적 350m² 당 1대

**알찬풀이** | 부설주차장의 설치대상 시설물이 판매시설인 경우 설치 기준은 시설면적 150m² 당 1대 이상이다.

**87** 제1종 일반주거지역안에서 건축할 수 없는 건축물은?

① 아파트　　　　　　　　　② 다가구주택
③ 다세대주택　　　　　　　④ 제1종 근린생활시설

**알찬풀이** | 아파트는 제1종 일반주거지역안에서 건축할 수 없는 건축물에 해당 한다.

**88** 건축물의 설비기준 등에 관한 규칙의 기준 내용에 따라 피뢰설비를 설치하여야 하는 대상 건축물의 높이 기준으로 옳은 것은?

① 10m 이상　　　　　　　② 20m 이상
③ 25m 이상　　　　　　　④ 30m 이상

**알찬풀이** | 건축물의 높이가 20m 이상인 경우에는 기준에 따라 피뢰설비를 설치하여야 한다.

**89** 다음 중 다중이용건축물에 속하지 않는 것은? (단, 층수가 10층인 건축물의 경우)

① 판매시설의 용도로 쓰는 바닥면적의 합계가 5000m²인 건축물
② 종교시설의 용도로 쓰는 바닥면적의 합계가 5000m²인 건축물
③ 의료시설 중 종합병원의 용도로 쓰는 바닥면적의 합계가 5000m²인 건축물
④ 숙박시설 중 일반숙박시설의 용도로 쓰는 바닥면적의 합계가 5000m²인 건축물

**알찬풀이** │ 다중이용건축물
숙박시설 중 관광숙박시설의 용도에 쓰이는 바닥면적의 합계가 5000m² 이상인 건축물이 다중이용건축물에 해당한다.


**90** 건축물의 면적 산정방법의 기본 원칙으로 옳지 않은 것은?

① 대지면적은 대지의 수평투영면적으로 한다.
② 연면적은 하나의 건축물 각 층의 거실 면적의 합계로 한다.
③ 건축면적은 건축물의 외벽의 중심선으로 둘러싸인 부분의 수평투영면적으로 한다.
④ 바닥면적은 건축물의 각 층 또는 그 일부로서 벽, 기둥, 그 밖에 이와 비슷한 구획의 중심선으로 둘러싸인 부분의 수평투영면적으로 한다.

**알찬풀이** │ 연면적
하나의 건축물의 각 층의 바닥면적의 합계로 하되, 용적률의 산정에 있어서는 다음에 해당하는 면적을 제외한다.
㉠ 지하층의 면적
㉡ 지상층의 주차용(해당 건축물의 부속용도인 경우에 한한다)으로 사용되는 면적
㉢ 「주택건설기준 등에 관한 규정」에 의한 주민공동시설의 면적


**91** 각 층의 거실면적이 1000m²인 15층 아파트에 설치하여야 하는 승용승강기의 최소 대수는?
(단, 승용승강기는 15인승임)

① 2대 　　　　　　　　　② 3대
③ 4대 　　　　　　　　　④ 5대

**알찬풀이** │ 승용승강기의 최소 대수
아파트(공동주택)의 승용승강기 설치기준은
$$1+\frac{(A-3,000)}{3,000}$$
※ A: 6층 이상의 거실 면적의 합계
$$\therefore\ 1+\frac{(10000-3000)}{3000}≒3.33\to4(대)$$

**92** 건축허가를 하기 전에 건축물의 구조안전과 인접 대지의 안전에 미치는 영향 등을 평가하는 건축물 안전영향평가를 실시하여야 하는 대상 건축물 기준으로 옳은 것은?

① 고층 건축물
② 초고층 건축물
③ 준초고층 건축물
④ 다중이용 건축물

**알찬풀이** | 건축물 안전영향평가(건축법 제13조의2)

허가권자는 초고층 건축물 등 대통령령으로 정하는 주요 건축물에 대하여 제11조에 따른 건축허가를 하기 전에 건축물의 구조안전과 인접 대지의 안전에 미치는 영향 등을 평가하는 건축물 안전영향평가를 안전영향평가기관에 의뢰하여 실시하여야 한다.

**93** 노외주차장 내부 공간의 일산화탄소 농도는 주차장을 이용하는 차량이 가장 빈번한 시각의 앞뒤 8시간의 평균치가 최대 얼마 이하로 유지되어야 하는가? (단, 다중이용시설 등의 실내공기질관리법에 따른 실내주차장이 아닌 경우)

① 30피피엠
② 40피피엠
③ 50피피엠
④ 60피피엠

**알찬풀이** | 노외주차장 내부 공간의 일산화탄소 농도

노외주차장 내부 공간의 일산화탄소 농도는 주차장을 이용하는 차량이 가장 빈번한 시각의 앞뒤 8시간의 평균치가 최대 50피피엠 이하로 유지되어야 한다.

**94** 다음 중 건축물의 대지에 공개 공지 또는 공개 공간을 확보하여야 하는 대상 건축물에 속하지 않는 것은? (단, 해당 용도로 쓰는 바닥면적의 합계가 5000m²인 건축물의 경우)

① 종교시설
② 의료시설
③ 업무시설
④ 문화 및 집회시설

**알찬풀이** | 공개 공지 또는 공개 공간

다음의 어느 하나에 해당하는 건축물의 대지에는 공개 공지 또는 공개 공간을 확보하여야 한다.
㉠ 문화 및 집회시설, 종교시설, 판매시설(「농수산물 유통 및 가격안정에 관한 법률」에 따른 농수산물유통시설은 제외한다), 운수시설(여객용 시설만 해당한다), 업무시설 및 숙박시설로서 해당 용도로 쓰는 바닥면적의 합계가 5000m² 이상인 건축물
㉡ 그 밖에 다중이 이용하는 시설로서 건축조례로 정하는 건축물

**95** 거실의 반자높이를 최소 4m 이상으로 하여야 하는 대상에 속하지 않는 것은?
(단, 기계환기장치를 설치하지 않은 경우)

① 종교시설의 용도에 쓰이는 건축물의 집회실로서 그 바닥면적이 200m² 이상인 것
② 위락시설 중 유흥주점의 용도에 쓰이는 건축물의 집회실로서 그 바닥면적이 200m² 이상인 것
③ 문화 및 집회시설 중 전시장의 용도에 쓰이는 건축물의 집회실로서 그 바닥면적이 200m² 이상인 것
④ 문화 및 집회시설 중 공연장의 용도에 쓰이는 건축물의 관람석으로서 그 바닥면적이 200m² 이상인 것

**알찬풀이** | 문화 및 집회시설(전시장 및 동·식물원은 제외한다), 종교시설, 장례식장 또는 위락시설 중 유흥주점의 용도에 쓰이는 건축물의 관람석 또는 집회실로서 그 바닥면적이 200m² 이상인 것의 반자의 높이는 4m(노대의 아랫부분의 높이는 2.7m)이상이어야 한다. 다만, 기계환기장치를 설치하는 경우에는 그러하지 아니하다.

**96** 국토의 계획 및 이용에 관한 법령상 경관지구의 세분에 속하지 않는 것은?

① 자연경관지구      ② 특화경관지구
③ 시가지경관지구      ④ 역사문화경관지구

**알찬풀이** | 경관지구의 세분
국토의 계획 및 이용에 관한 법령상 경관지구는 다음과 같이 세분된다.
㉠ 자연경관지구      ㉡ 수변경관지구
㉢ 시가지경관지구      ㉣ 특화경관지구

**97** 건축법령상 제1종 근린생활시설에 속하지 않는 것은?

① 정수장      ② 마을회관
③ 치과의원      ④ 일반음식점

**알찬풀이** | 일반음식점은 제2종 근린생활시설에 속한다.

**98** 건축법령상 허가권자가 가로구역별 건축물의 높이를 지정·공고할 때 고려하여야 할 사항에 속하지 않는 것은?

① 도시미관 및 경관계획
② 도시·군관리계획 등의 토지이용계획
③ 해당 가로구역이 접하는 도로의 통행량
④ 해당 가로구역의 상·하수도 등 간선시설의 수용능력

**알찬풀이** │ 가로구역별로 건축물의 높이를 지정·공고할 때에는 다음의 사항을 고려하여야 한다.
　　　　　 ㉠ 도시·군관리계획 등의 토지이용계획
　　　　　 ㉡ 해당 가로구역이 접하는 도로의 너비
　　　　　 ㉢ 해당 가로구역의 상·하수도 등 간선시설의 수용능력
　　　　　 ㉣ 도시미관 및 경관계획
　　　　　 ㉤ 해당 도시의 장래 발전계획

**99** 다음은 노외주차장의 구조·설비에 관한 기준 내용이다. ( ) 안에 알맞은 것은?

> 노외주차장의 출입구 너비는 ( ) 이상으로 하여야 하며, 주차대수 규모가 50대 이상인 경우에는 출구와 입구를 분리하거나 너비 5.5m 이상의 출입구를 설치하여 소통이 원활하도록 하여야 한다.

① 2.5m
② 3.0m
③ 3.5m
④ 4.0m

**알찬풀이** │ 노외주차장의 구조·설비에 관한 기준
　　　　　 노외주차장의 출입구 너비는 3.5m 이상으로 하여야 하며, 주차대수 규모가 50대 이상인 경우에는
　　　　　 출구와 입구를 분리하거나 너비 5.5m 이상의 출입구를 설치하여 소통이 원활하도록 하여야 한다.

**100** 건축물관련 건축기준의 허용오차가 옳지 않은 것은?

① 반자 높이: 2% 이내
② 출구 너비: 2% 이내
③ 벽체 두께: 2% 이내
④ 바닥판 두께: 3% 이내

**알찬풀이** │ 건축기준의 허용오차
　　　　　 벽체 두께의 허용오차는 3% 이내이다.

| ANSWER | 98. ③　99. ③　100. ③ |
| --- | --- |

# 2020년도

## 과년도 기출문제

## 국가기술자격검정 필기시험문제

| 2020년도 산업기사 일반검정(2020년 6월 13일) | | | | 수검번호 | 성 명 |
|---|---|---|---|---|---|
| 자격종목 및 등급(선택분야) | 종목코드 | 시험시간 | 문제지형별 | | |
| 건축산업기사 | 2530 | 2시간30분 | A | | |

※ 답안카드 작성시 시험문제지 형별누락, 마킹착오로 인한 불이익은 전적으로 수험자의 귀책사유임을 알려드립니다.

### 제1과목 : 건축계획

**01** 공장건축의 배치형식 중 분관식에 관한 설명으로 옳지 않은 것은?

① 작업장으로의 통풍 및 채광이 양호하다.
② 추후 확장계획에 따른 증축이 용이한 유형이다.
③ 각 공장건축물의 건설을 동시에 병행할 수 있어 건설 기간의 단축이 가능하다.
④ 대지의 형태가 부정형이거나 지형상의 고저차가 있을 때는 적용이 불가능하다.

**알찬풀이** | 공장건축의 배치형식 중 분관식은 대지의 형태가 부정형이거나 지형상의 고저차가 있을 때에도 적용이 용이하다.

**02** 타운 하우스에 관한 설명으로 옳지 않은 것은?

① 각 세대마다 주차가 용이하다.
② 단독주택의 장점을 최대한 고려한 유형이다.
③ 프라이버시 확보를 위하여 경계벽 설치가 가능하다.
④ 일반적으로 1층은 침실과 서재와 같은 휴식 공간, 2층은 거실, 식당과 같은 생활공간으로 구성된다.

**알찬풀이** | 타운 하우스는 일반적으로 1층은 거실, 식당과 같은 생활공간으로, 2층은 침실과 서재와 같은 휴식 공간을 배치한다.

**03** 숑바르 드 로브의 주거면적기준 중 병리기준으로 옳은 것은?

① 6m²/인 　　　　　　　② 8m²/인
③ 14m²/인 　　　　　　④ 16m²/인

**알찬풀이** ┃ 숑바르 드 로브(Chombard de Lawwe, 프랑스의 사회학자) 기준
　　　　　㉠ 표준 기준: 16m²/인
　　　　　㉡ 한계 기준: 14m²/인
　　　　　㉢ 병리 기준: 8m²/인

**04** 건축 척도 조정(Modular Coordination)에 관한 설명으로 옳지 않은 것은?

① 설계작업이 단순해지고 간편해진다.
② 현장작업이 단순해지고 공기가 단축된다.
③ 국제적인 MC 사용 시 건축구성재의 국제 교역이 용이해진다.
④ 건물의 종류에 따른 계획 모듈의 사용으로 자유롭고 창의적인 설계가 용이하다.

**알찬풀이** ┃ 건물의 종류에 따른 계획 모듈의 사용으로 자유롭고 창의적인 설계가 용이하지 않다.

**05** 상점 건축의 판매형식에 관한 설명으로 옳지 않은 것은?

① 측면판매는 충동적인 구매와 선택이 용이하다.
② 대면판매는 상품을 고객에게 설명하기가 용이하다.
③ 측면판매는 판매원이 정위치를 정하기가 용이하며 즉석에서 포장이 편리하다.
④ 대면판매는 쇼 케이스(show case)가 많아지면 상점의 분위기가 딱딱해질 우려가 있다.

**알찬풀이** ┃ 측면판매는 판매원이 정위치를 정하기가 어려우며 즉석에서 포장이 불편하다.

**06** 다음 중 단독주택 계획 시 가장 중요하게 다루어져야 할 것은?

① 침실의 넓이 　　　　　② 주부의 동선
③ 현관의 위치 　　　　　④ 부엌의 방위

**알찬풀이** ┃ 단독주택 계획 시 가장 중요하게 다루어져야 할 것은 주부의 동선이다.

**ANSWER**　　1. ④　　2. ④　　3. ②　　4. ④　　5. ③　　6. ②

**07** 공동주택의 공동시설 계획에 관한 설명으로 옳지 않은 것은?

① 간선도로 변에 위치시킨다.
② 중심을 형성할 수 있는 곳에 설치한다.
③ 확장 또는 증설을 위한 용지를 확보한다.
④ 이용빈도가 높은 건물은 이용거리를 짧게 한다.

**알찬풀이** | 공동주택의 공동시설(어린이놀이터, 주민휴게시설, 경로당 등) 계획은 중심을 형성할 수 있는 곳에 설치하는 것이 좋으며 간선도로 변에 위치시키는 것은 바람직하지 않다.

**08** 다음 중 고층사무소 건축에서 층고를 낮게 잡는 이유와 가장 거리가 먼 것은?

① 층고가 높을수록 공사비가 높아지므로
② 실내 공기조화의 효율을 높이기 위하여
③ 제한된 건물 높이 한도 내에서 가능한 한 많은 층수를 얻기 위하여
④ 에스컬레이터의 왕복시간을 단축시킴으로서 서비스의 효율을 높이기 위하여

**알찬풀이** | 고층사무소 건축에서 층고를 낮게 잡는 이유와 가장 거리가 먼 것은 에스컬레이터의 왕복시간을 단축시킴으로서 서비스의 효율을 높이기 위한 것이다.

**09** 다음 중 공동주택 단지 내의 건물배치계획에서 남북간 인동간격의 결정과 가장 관계가 적은 것은?

① 일조시간                    ② 건물의 방위각
③ 대지의 경사도                ④ 건물의 동서길이

**알찬풀이** | 공동주택 단지 내의 건물배치계획에서 남북간 인동간격의 결정과 가장 관계가 적은 것은 건물의 동서길이이다.

**10** 사무소 건축의 엘리베이터 계획에 관한 설명으로 옳은 것은?

① 대면배치의 경우 대면거리는 최소 6.5m 이상으로 한다.
② 엘리베이터의 대수는 아침 출근시간의 피크 30분간을 기준으로 산정한다.
③ 1개소에 연속하여 6대를 설치할 경우 직선형(일렬형)으로 배치하는 것이 좋다.
④ 여러 대의 엘리베이터를 설치하는 경우, 그룹별 배치와 군 관리 운전방식으로 한다.

**알찬풀이** | 사무소 건축의 엘리베이터 계획
① 대면배치의 경우 대면 거리는 3.5~4.5m 정도가 적당하다.
② 엘리베이터의 대수는 아침 출근시간의 피크 5분간을 기준으로 산정한다.
③ 직선 배치는 4대까지, 5대 이상은 알코브나 대면 배치 방식으로 배치하는 것이 좋다.

**11** 주거공간을 주 행동에 따라 개인공간, 사회공간, 노동공간 등으로 구분할 경우, 다음 중 사회공간에 속하는 것은?

① 서재

② 부엌

③ 식당

④ 다용도실

**알찬풀이** ┃ 주거공간을 주 행동에 따라 구분하는 경우 거실, 식당은 사회공간으로 분류할 수 있다.


**12** 상점에서 쇼 윈도우(Show Window)의 반사 방지 방법으로 옳지 않은 것은?

① 쇼 윈도우 형태를 만입형으로 계획한다.

② 쇼 윈도우 내부의 조도를 외부보다 낮게 처리한다.

③ 캐노피를 설치하여 쇼 윈도우 외부에 그늘을 조성한다.

④ 쇼 윈도우를 경사지게 하거나 특수한 경우 곡면유리로 처리한다.

**알찬풀이** ┃ 쇼 윈도우 내부의 조도를 외부보다 높게 처리하여야 쇼 윈도우(Show Window)의 반사 방지에 좋다.


**13** 오피스 랜드스케이프(office landscape)에 관한 설명으로 옳지 않은 것은?

① 개방식 배치의 한 형식이다.

② 커뮤니케이션의 융통성이 있다.

③ 독립성과 쾌적감의 이점이 있다.

④ 소음 발생에 대한 고려가 요구된다.

**알찬풀이** ┃ 사무실의 배치 방식 중 개방식 배치 방식보다 개실 배치 방식이 독립성과 쾌적감의 이점이 있다.


**14** 학교 운영방식 중 교과교실형(V형)에 관한 설명으로 옳은 것은?

① 교실수는 학급수에 일치한다.

② 모든 교실이 특정한 교과를 위해 만들어 진다.

③ 능력에 따라 학급 또는 학년을 편성하는 방식이다.

④ 일반교실이 각 학급에 하나씩 배당되고 그 외에 특별교실을 갖는다.

**알찬풀이** ┃ 교과교실형(V형, Department Type)

　① 모든 교과목에 대해서 전용의 교실을 설치하고 일반교실은 두지 않는 형식이다.

　② 각 교과목에 맞추어 전용의 교실이 주어져 교과목에 적합한 환경을 조성할 수 있으나 학생의 이동이 많고 소지품을 위한 별도의 장소가 필요하다.

　③ 시간표 편성이 어려우며 담당 교사 수를 맞추기도 어렵다.

## 15 사무소 건축의 코어 유형에 관한 설명으로 옳지 않은 것은?

① 중심코어는 유효율이 높은 계획이 가능한 유형이다.
② 양단코어는 피난동선이 혼란스러워 방재상 불리한 유형이다.
③ 편심코어는 각 층 바닥면적이 소규모인 경우에 적합한 유형이다.
④ 독립코어는 코어를 업무공간으로부터 분리시킨 관계로 업무공간의 융통성이 높은 유형이다.

**알찬풀이** | 사무소 건축의 코어 유형 중 양단코어는 피난동선이 짧아서 방재상 유리한 유형이다.

## 16 상점의 정면(facade) 구성에 요구되는 AIDMA 법칙의 내용에 속하지 않는 것은?

① 예술(Art)　　　　　　　　　② 욕구(Desire)
③ 흥미(Interest)　　　　　　　④ 기억(Memory)

**알찬풀이** | AIDMA (입면 구성의 5요소)
　① A(Attention, 주의) : 주목시킬 수 있는 배려
　② I(Interest, 흥미) : 공감을 주는 호소력
　③ D(Desire, 욕망) : 욕구를 일으키는 연상
　④ M(Memory, 기억) : 인상적인 변화
　⑤ A(Action, 행동) : 접근하기 쉬운 구성

## 17 공동주택의 형식에 관한 설명으로 옳지 않은 것은?

① 홀형은 거주의 프라이버시가 높다.
② 편복도형은 각 세대의 방위를 동일하게 할 수 있다.
③ 중복도형은 부지의 이용률이 가장 낮으나 건물의 이용도가 높다.
④ 집중형은 복도 부분의 환기 등의 문제점을 해결하기 위해 기계적 환경조절이 필요한 형식이다.

**알찬풀이** | 중복도형 공동주택
　① 중앙에 복도를 설치하고 이를 통해 각 주거로 접근하는 유형을 말한다.
　② 주거의 단위 세대수를 많이 수용할 수 있어 대지의 고밀도 이용이 필요한 경우에 이용된다.
　③ 남향의 거실을 갖지 못하는 주거가 생긴다.
　④ 복도가 길어지고 채광, 통풍, 프라이버시와 같은 거주성이 가장 떨어지는 유형이다.

**18** 주택 식당의 배치 유형 중 다이닝 키친(DK형)에 관한 설명으로 옳은 것은?

① 대규모 주택에 적합한 유형으로 쾌적한 식당의 구성이 용이하다.
② 싱크대와 식탁의 거리가 멀어지는 관계로 주부의 동선이 길다는 단점이 있다.
③ 부엌의 일부에 간단한 식탁을 설치하거나 식당과 부엌을 하나로 구성한 형태이다.
④ 거실과 식당이 하나로 된 형태로 거실의 분위기에서 식사 분위기의 연출이 용이하다.

**알찬풀이** | 다이닝 키친(Dining Kitchen)은 부엌의 한 부분에 식탁을 설치하거나 식당과 부엌을 하나로 구성한 형태이다.

**19** 초등학교 건축계획에 관한 설명으로 옳은 것은?

① 저학년에서는 달톤형의 학교운영방식이 가장 적합하다.
② 저학년의 배치형은 1열로 서 있는 것보다 중정을 중심으로 둘러싸인 형이 좋다.
③ 동일한 층에 저학년부터 고학년까지의 각 학년의 학급이 혼합되도록 배치하는 것이 좋다.
④ 저학년 교실은 독립성 확보를 위해 1층에 위치하지 않도록 하며, 교문과 근접하지 않도록 한다.

**알찬풀이** | 초등학교 건축계획에서 저학년의 배치형은 1열로 서 있는 것보다 중정을 중심으로 둘러싸인 형이 좋다.

**20** 일주일 평균 수업시간이 30시간인 학교에서 음악교실에서의 수업시간이 20시간이며, 이 중 15시간은 음악시간으로, 나머지 5시간은 무용시간으로 사용되었다면, 이 음악교실의 이용률과 순수율은?

① 이용률 50%, 순수율 33%
② 이용률 67%, 순수율 75%
③ 이용률 50%, 순수율 75%
④ 이용률 67%, 순수율 33%

**알찬풀이** | 이용률과 순수율

① 이용률 $= \dfrac{\text{교실 이용시간}}{\text{주당 평균 수업시간}} \times 100(\%) = \dfrac{20}{30} \times 100 ≒ 67(\%)$

② 순수율 $= \dfrac{\text{교과 수업시간}}{\text{교실 이용시간}} \times 100(\%) = \dfrac{15}{20} \times 100 = 75(\%)$

**21** 건설공사 현장관리에 관한 설명으로 옳지 않은 것은?

① 목재는 건조시키기 위하여 개별로 세워둔다.
② 현장사무소는 본 건물 규모에 따라 적절한 규모로 설치한다.
③ 철근은 그 직경 및 길이별로 분류해둔다.
④ 기와는 눕혀서 쌓아둔다.

**알찬풀이** | 기와는 세워서 쌓아둔다.

**22** 기성말뚝 공사 시공 전 시험말뚝 박기에 관한 설명으로 옳지 않은 것은?

① 시험말뚝 박기를 실시하는 목적 중 하나는 설계내용과 실제 지반조건의 부합 여부를 확인하는 것이다.
② 설계상의 말뚝 길이보다 1~2m 짧은 것을 사용한다.
③ 항타작업 전반의 적합성 여부를 확인하기 위해 동재하시험을 실시한다.
④ 시험말뚝의 시공결과 말뚝길이, 시공방법 또는 기초형식을 변경할 필요가 생긴 경우는 변경검토서를 공사감독자에게 제출하여 승인받은 후 시공에 임하여야 한다.

**알찬풀이** | 말뚝에 기록지, 장치 등이 설치되어야 하므로 설계상의 말뚝 길이보다 1~2m 긴 것을 사용한다.

**23** 표준시방서에 따른 바닥공사에서의 이중바닥 지지방식이 아닌 것은?

① 달대 고정방식
② 장선방식
③ 공통독립 다리방식
④ 지지부 부착 패널방식

**알찬풀이** | 달대 고정방식은 천정틀 공사에 사용되는 방식이다.

**24** AE제 및 AE공기량에 관한 설명으로 옳지 않은 것은?

① AE제를 사용하면 동결융해 저항성이 커진다.
② AE제를 사용하면 골재 분리가 억제되고, 블리딩이 감소한다.
③ 공기량이 많아질수록 슬럼프가 증대된다.
④ 콘크리트의 온도가 낮으면 공기량은 적어지고 콘크리트의 온도가 높으면 공기량은 증가한다.

**알찬풀이** | AE제를 첨가한 콘크리트의 경우 온도가 낮으면 공기량은 다소 증가하고, 온도가 높으면 공기량은 다소 감소한다.

**25** 콘크리트가 시일이 경과함에 따라 공기 중의 탄산가스작용을 받아 수산화칼슘이 서서히 탄산칼슘이 되면서 알칼리성을 잃어가는 현상을 무엇이라고 하는가?

① 탄산화                          ② 알칼리 골재반응
③ 백화현상                        ④ 크리프(creep) 현상

**알찬풀이** | 콘크리트가 시일이 경과함에 따라 공기 중의 탄산가스작용을 받아 수산화칼슘이 서서히 탄산칼슘이 되면서 알칼리성을 잃어가는 현상을 탄산화 현상이라 한다.

**26** 건설공사의 도급계약에 명시하여야 할 사항과 가장 거리가 먼 것은?

① 공사내용
② 공사착수의 시기와 공사완성의 시기
③ 하자담보책임기간 및 담보방법
④ 대지현황에 따른 설계도면 작성방법

**알찬풀이** | 건설공사의 도급계약에 명시하여야 할 사항과 가장 거리가 먼 것은 대지현황에 따른 설계도면 작성방법이다.

| ANSWER | 21. ④ | 22. ② | 23. ① | 24. ④ | 25. ① | 26. ④ |

**27** 각종 콘크리트에 관한 설명으로 옳지 않은 것은?

① 프리플레이스트 콘크리트(preplaced concrete)란 미리 거푸집 속에 특정한 입도를 가지는 굵은 골재를 채워 놓고, 그 간극에 모르타르를 주입하여 제조한 콘크리트이다.

② 숏크리트(shotcrete)는 콘크리트 자체의 밀도를 높이고 내구성, 방수성을 높게 하여 물의 침투를 방지하도록 만든 콘크리트로서 수중 구조물에 사용된다.

③ 고성능콘크리트는 고강도, 고유동 및 고내구성을 통칭하는 콘크리트의 명칭이다.

④ 소일 콘크리트(soil concrete)는 흙에 시멘트와 물을 혼합하여 만든다.

**알찬풀이** | 모르타르를 압축공기로 분사하여 바르는 것으로 건나이트라(Gunnite)고도 한다.

**28** 크롬산 아연을 안료로 하고, 알키드 수지를 전색료로 한 것으로서 알루미늄 녹막이 초벌칠에 적당한 도료는?

① 광명단

② 징크로메이트(Zincromate)

③ 그라파이트(Graphite)

④ 파커라이징(Parkerizing)

**알찬풀이** | 징크로메이트(Zincromate)
크롬산 아연을 안료로 하고, 알키드 수지를 전색료로 한 것으로서 알루미늄 녹막이 초벌칠에 사용된다.

**29** 총공사비 중 공사원가를 구성하는 항목에 포함되지 않는 것은?

① 재료비

② 노무비

③ 경비

④ 일반관리비

**알찬풀이** | 일반관리비, 이윤은 총공사비 중 공사원가를 구성하는 항목에는 포함되지 않는다.

**30** 슬라이딩 폼(sliding form)의 특징에 관한 설명으로 옳지 않은 것은?

① 공기를 단축할 수 있다.
② 내·외부 비계발판이 일체형이다.
③ 콘크리트의 일체성을 확보하기 어렵다.
④ 사일로(silo)공사에 많이 이용된다.

**알찬풀이** | 슬라이딩 폼(sliding form) 공법을 사용하는 경우 콘크리트의 일체성을 확보하기 용이하다.

**31** 진공 콘크리트(Vacuum Concrete)의 특징으로 옳지 않은 것은?

① 건조수축의 저감, 동결방지 등의 목적으로 사용된다.
② 일반콘크리트에 비해 내구성이 개선된다.
③ 장기강도는 크나 초기강도는 매우 작은 편이다.
④ 콘크리트가 경화하기 전에 진공 매트(Mat)로 콘크리트 중의 수분과 공기를 흡수하는 공법이다.

**알찬풀이** | 진공 콘크리트(Vacuum Concrete)는 초기강도를 증진하는 목적으로 사용된다.

**32** 도장공사에서 표면의 요철이나 홈, 빈틈을 없애기 위하여 주로 점도가 높은 퍼티나 충전제를 메우고 여분의 도료는 긁어 평활하게 하는 도장방법은?

① 붓도장                    ② 주걱도장
③ 정전분체도장              ④ 롤러도장

**알찬풀이** | 도장공사에서 표면의 요철이나 홈, 빈틈을 없애기 위하여 주로 점도가 높은 퍼티나 충전제를 메우고 여분의 도료는 긁어 평활하게 하는 도장방법은 주걱도장에 해당한다.

**33** 이형철근의 할증률로 옳은 것은?

① 10%                     ② 8%
③ 5%                      ④ 3%

**알찬풀이** | 이형철근의 할증률은 3%이다.

| ANSWER | 27. ② | 28. ② | 29. ④ | 30. ③ | 31. ③ | 32. ② | 33. ④ |
|--------|-------|-------|-------|-------|-------|-------|-------|

**34** 벽돌쌓기법 중 매켜에 길이쌓기와 마구리쌓기가 번갈아 나오는 방식으로 통줄눈이 많으나 아름다운 외관이 장점인 벽돌쌓기 방식은?

① 미식 쌓기　　　　　　　　② 영식 쌓기
③ 불식 쌓기　　　　　　　　④ 화란식 쌓기

**알찬풀이** | 불식 쌓기
벽돌쌓기법 중 매켜에 길이쌓기와 마구리쌓기가 번갈아 나오는 방식으로 통줄눈이 많으나 아름다운 외관이 장점인 벽돌쌓기 방식이다.

**35** 금속제 천장틀의 사용자재가 아닌 것은?

① 코너비드　　　　　　　　② 달대볼트
③ 클립　　　　　　　　　　④ ㄷ자형 반자틀

**알찬풀이** | 코너비드는 기둥이나 벽의 모서리에 사용되는 자재이다.

**36** 콘크리트의 계획배합의 표시 항목과 가장 거리가 먼 것은?

① 배합강도　　　　　　　　② 공기량
③ 염화물량　　　　　　　　④ 단위수량

**알찬풀이** | 콘크리트의 계획배합의 표시 항목과 가장 거리가 먼 것은 염화물량이다.

**37** 다음 중 철근의 이음 방법이 아닌 것은?

① 빗이음　　　　　　　　　② 겹침이음
③ 기계적이음　　　　　　　④ 용접이음

**알찬풀이** | 빗이음은 목재의 이음에 사용된다.

**38** 구조물 위치 전체를 동시에 파내지 않고 측벽이나 주열선 부분만을 먼저 파내고 그 부분의 기초와 지하구조체를 축조한 다음 중앙부의 나머지 부분을 파내어 지하구조물을 완성하는 굴착공법은?

① 오픈 컷 공법(open cut method)

② 트렌치 컷 공법(trench cut method)

③ 우물통식 공법(well method)

④ 아일랜드 컷 공법(island cut method)

**알찬풀이** | 트렌치 컷 공법(trench cut method)
　　　　　 구조물 위치 전체를 동시에 파내지 않고 측벽이나 주열선 부분만을 먼저 파내고 그 부분의 기초와
　　　　　 지하구조체를 축조한 다음 중앙부의 나머지 부분을 파내어 지하구조물을 완성하는 굴착공법이다.

**39** 다음 각 유리의 특징에 관한 설명으로 옳지 않은 것은?

① 망입유리는 판유리 가운데에 금속망을 넣어 압착 성형한 유리로 방화 및 방재용으로 사용된다.

② 강화유리는 일반유리의 3~5배 정도의 강도를 가지며, 출입구, 에스컬레이터 난간, 수족관 등 안전이 중시되는 곳에 사용된다.

③ 접합유리는 2장 또는 그 이상의 판유리에 특수필름을 삽입하여 접착시킨 안전유리로서 파손되어도 파편이 발생하지 않는다.

④ 복층유리는 2~3장의 판유리를 간격 없이 밀착하여 만든 유리로서 단열 · 방서 · 방음용으로 사용된다.

**알찬풀이** | 복층유리는 2~3장의 판유리에 간격을 두어 간격 사이에 공기나 아르곤 가스를 채워 만든 유리로서
　　　　　 단열 · 방서 · 방음용으로 사용된다.

**40** 조적벽체에 발생하는 균열을 대비하기 위한 신축줄눈의 설치 위치로 옳지 않은 것은?

① 벽높이가 변하는 곳

② 벽두께가 변하는 곳

③ 집중응력이 작용하는 곳

④ 창 및 출입구 등 개구부의 양측

**알찬풀이** | 조적벽체에 발생하는 균열을 대비하기 위한 신축줄눈의 설치 위치로 집중응력이 작용하는 곳은 적
　　　　　 당한 위치가 아니다.

| ANSWER | 34. ③ | 35. ① | 36. ③ | 37. ① | 38. ② | 39. ④ | 40. ③ |

제3과목 : 건축구조

**41** 철선의 길이 $l = 1.5\text{m}$에 인장하중을 가하여 길이가 1.5009m로 늘어났을 때 변형율($\epsilon$)은?

① 0.0003

② 0.0005

③ 0.0006

④ 0.0008

**알찬풀이** | 변형율($\epsilon$)

$$\epsilon = \frac{\Delta l}{l} = \frac{1.5009 - 1.5}{1.5} = \frac{0.0009}{1.5} = 0.0006$$

**42** 연약지반에서 발생하는 부동침하의 원인으로 옳지 않은 것은?

① 부분적으로 증축했을 때

② 이질지반에 건물이 걸쳐 있을 때

③ 지하수가 부분적으로 변화할 때

④ 지내력을 같게 하기 위해 기초판 크기를 다르게 했을 때

**알찬풀이** | 부동침하의 원인

① 지반이 연약한 경우

② 지반의 연약층의 두께가 상이한 경우

③ 건물이 이질지층에 걸쳐 있는 경우

④ 부주의한 일부 증축하였을 경우

⑤ 지하수위가 변경되었을 경우

⑥ 지하에 매설물이나 구멍이 있을 경우

⑦ 건물이 낭떠러지에 근접되어 있을 경우

⑧ 지반이 부주의 하게 메운 땅일 경우

⑨ 이질지정을 하였을 경우

⑩ 일부지정을 하였을 경우

**43** 그림과 같은 단면에 전단력 18kN이 작용할 경우 최대전단응력도는?

① 0.45MPa

② 0.52MPa

③ 0.58MPa

④ 0.64MPa

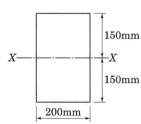

**알찬풀이** | 직사각형 단면의 최대전단응력도($v_{\max}$)

$$v_{\max} = \frac{3}{2} \cdot \frac{V_{\max}}{A} \text{ (단, } A = bh)$$

$$\therefore v_{\max} = \frac{3}{2} \times \frac{18000}{200 \times 300} = 0.45 \text{(MPa)}$$

**44** 그림과 같은 양단고정인 보에서 A점의 휨모멘트는?
(단, EI는 일정)

① $-4.32\text{kN}\cdot\text{m}$

② $4.32\text{kN}\cdot\text{m}$

③ $-6.23\text{kN}\cdot\text{m}$

④ $6.23\text{kN}\cdot\text{m}$

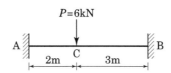

**알찬풀이** | A점의 휨모멘트($M_A$)

$$M_A = -\frac{Pab^2}{L^2}$$

$$\therefore\ M_A = -\frac{6\times2\times3^2}{5^2} = -4.32(\text{kN}\cdot\text{m})$$

**45** 그림과 같은 구조물에서 A지점의 반력 모멘트는?

① $-8\text{kN}\cdot\text{m}$

② $8\text{kN}\cdot\text{m}$

③ $-4\text{kN}\cdot\text{m}$

④ $4\text{kN}\cdot\text{m}$

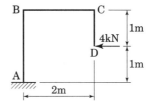

**알찬풀이** | A지점의 반력 모멘트($M_A$)
$M_A = 4(\text{kN})\times1(\text{m}) = 4(\text{kN}\cdot\text{m})$
※ 반력 모멘트의 부호는 시계 방향으로 작용하므로 +

**46** 양단 연속보 부재에서 처짐을 계산하지 않는 경우 보의 최소두께는?
(단, $L$은 부재의 길이, 보통중량콘크리트와 설계기준항복강도 400MPa 철근 사용)

① $\dfrac{L}{8}$

② $\dfrac{L}{16}$

③ $\dfrac{L}{18.5}$

④ $\dfrac{L}{21}$

**알찬풀이** | 처짐을 계산하지 않는 경우의 1방향 슬래브와 보의 최소 두께(h)

| 구 분 | 단순 지지 | 1단 연속 | 양단 연속 | 캔틸레버 |
|---|---|---|---|---|
| 1방향 슬래브 | $\dfrac{L}{20}$ | $\dfrac{L}{24}$ | $\dfrac{L}{28}$ | $\dfrac{L}{10}$ |
| 보 | $\dfrac{L}{16}$ | $\dfrac{L}{18.5}$ | $\dfrac{L}{21}$ | $\dfrac{L}{8}$ |

※ $f_y$가 400Mpa이 아닌 경우에는 계산된 h 값에 $\left(0.43+\dfrac{f_y}{700}\right)$를 곱해야 한다.

| ANSWER | 41. ③ | 42. ④ | 43. ① | 44. ① | 45. ④ | 46. ④ |
|---|---|---|---|---|---|---|

**47** 그림과 같은 정사각형 기초에서 바닥에 인장 응력이 발생하지 않는 최대 편심거리 $e$의 값은?

① 100mm

② 200mm

③ 300mm

④ 400mm

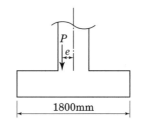

**알찬풀이** | 최대 편심거리($e$)

직사각형의 핵반경(편심거리)

$$e_1 = \frac{h}{6}, \ e_2 = \frac{b}{6}$$

$$\therefore \ e = \frac{1800}{6} = 300(\text{mm})$$

**48** 그림과 같은 트러스의 U, V, L부재의 부재력은 각각 몇 kN인가?
(단, −는 압축력, +는 인장력)

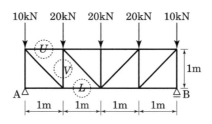

① U = −30kN, V = −30kN, L = 30kN

② U = −30kN, V = 30kN, L = −30kN

③ U = 30kN, V = −30kN, L = 30kN

④ U = 30kN, V = 30kN, L = −30kN

**알찬풀이** | 트러스의 U, V, L부재의 부재력

하중과 경간이 좌우 대칭이므로 A점의 지점반력은

$V_A = +40(\text{kN})$이다.

절단법을 사용하여 트러스의 U, V, L부재의 부재력을 구한다.

① V부재력 계산

$$\sum V = 0$$

$$+40(\text{kN}) - 10(\text{kN}) + V = 0$$

$$\therefore \ V = -30(\text{kN})(\text{압축})$$

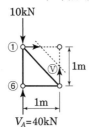

② U부재력 계산

$\sum M_{⑦,L} = 0$

$+40(kN) \times 1(m) - 10(kN) \times 1(m) + U(kN) \times 1(m) = 0$

∴ $U = -30(kN)$(압축)

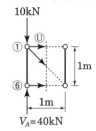

③ L부재력 계산

$\sum M_{②,L} = 0$

$+40(kN) \times 1(m) - 10(kN) \times 1(m) - L(kN) \times 1(m) = 0$

∴ $L = 30(kN)$(인장)

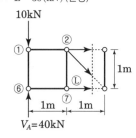

**49** 강도설계법에 의한 철근콘크리트의 보 설계 시 최대철근비 개념을 두는 가장 큰 이유는?

① 경제적인 설계가 되도록 하기 위해

② 취성파괴를 유도하기 위해

③ 구조적인 효율을 높이기 위해

④ 연성파괴를 유도하기 위해

**알찬풀이** | 강도설계법에 의한 철근콘크리트의 보 설계 시 최대철근비 개념을 두는 가장 큰 이유는 연성파괴를 유도하기 위해서이다.

| ANSWER | 47. ③  48. ①  49. ④ |
| --- | --- |

**50** 강도설계법에 의하여 다음 그림과 같은 철근콘크리트 보를 설계할 때 등가응력 블록깊이 $a$ 는? (단, $f_{ck}=24$MPa, $f_y=400$MPa, D22 철근 1개의 단면적은 387mm²임)

① 101.2mm

② 111.2mm

③ 121.2mm

④ 131.2mm

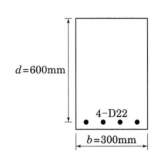

**알찬풀이** | 등가응력 블록의 깊이($a$)

응력 블록의 깊이 : $a = \dfrac{A_s f_y}{0.85 f_{ck} b}$

(부호)　$A_s$ : 인장측 철근량, $f_y$ : 철근의 인장강도

　　　　$f_{ck}$ : 콘크리트의 압축강도, $b$ : 보의 폭

$\therefore a = \dfrac{387 \times 4 \times 400}{0.85 \times 24 \times 300} ≒ 101.2\text{(mm)}$

**51** 강구조 접합부에 관한 설명으로 옳지 않은 것은?

① 기둥-보 접합부는 접합부의 성능과 회전에 대한 구속 정도에 따라 전단접합, 부분강접합, 완전강접합으로 구분된다.

② 주요한 건물의 접합부에는 미끄럼 발생을 방지하기 위해 일반볼트를 사용한다.

③ 접합부는 45kN 이상 지지하도록 설계한다. 단, 연결재, 새그로드, 띠장은 제외한다.

④ 고장력볼트의 접합방법에는 마찰접합, 지압접합, 인장접합이 있다.

**알찬풀이** | 주요한 건물의 접합부에는 미끄럼 발생을 방지하기 위해 고장력볼트를 사용한다.

**52** 그림과 같은 직사각형 판의 AB면을 고정시키고 점 C를 수평으로 0.3mm 이동시켰을 때 측면 AC의 전단변형 도는?

① 0.001rad

② 0.002rad

③ 0.003rad

④ 0.004rad

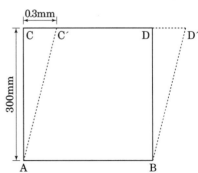

**알찬풀이** | 전단변형도($\epsilon$)

$\epsilon = \dfrac{\Delta L}{L} = \dfrac{0.3}{300} = 0.001\text{(rad)}$

## 53

그림과 같은 파단면(A-1-3-4-B)에서 인장재의 순단면적은?
(단, 구멍의 직경은 22mm이며 판의 두께는 6mm)

① 1134mm²

② 1327mm²

③ 1517mm²

④ 1542mm²

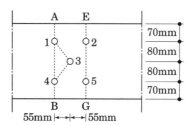

**알찬풀이** | 인장재의 순단면적($A_n$)

$$A_n = \left(h - 3d + \frac{S^2}{4g_1}\right) \cdot t$$

$$= \left(300 - 3 \times 22 + \frac{55^2}{4 \times 80} + \frac{55^2}{4 \times 80}\right) \times 6$$

$$\fallingdotseq 1517(\text{mm}^2)$$

## 54

강구조 조립압축재에 관한 설명으로 옳지 않은 것은?

① 끼판, 띠판, 래티스형식(단일래티스, 복래티스) 등이 있다.

② 래티스형식에서 세장비는 단일래티스는 120 이하, 복래티스는 280 이하이다.

③ 부재의 축에 대한 래티스부재의 경사각은 단일래티스의 경우 60° 이상으로 한다.

④ 평강, ㄱ형강, ㄷ형강이 래티스로 사용된다.

**알찬풀이** | 래티스형식에서 세장비는 단일래티스는 140 이하, 복래티스는 200 이하이다.

## 55

장주인 기둥에 중심 축하중이 작용할 때 오일러의 좌굴하중 산정에 관한 설명으로 옳지 않은 것은?

① 기둥의 단면적이 큰 부재가 작은 부재보다 좌굴하중이 크다.

② 기둥의 단면 2차모멘트가 큰 부재가 작은 부재보다 좌굴하중이 크다.

③ 기둥의 탄성계수가 큰 부재가 작은 부재보다 좌굴하중이 크다.

④ 기둥의 세장비가 큰 부재가 작은 부재보다 좌굴하중이 크다.

**알찬풀이** | 좌굴 하중($P_k$)

$$P_k = \frac{\pi^2 EI}{l_k} = \frac{\pi^2 EA}{\lambda^2}$$

오일러의 좌굴하중 식은 세장비의 제곱에 반비례하므로 기둥의 세장비가 작은 부재가 큰 부재보다 좌굴하중이 크다.

**56** 강도설계법에 의한 철근콘크리트 구조물 설계에서 고정하중 $w_D = 4\text{kN/m}^2$이고, 활하중 $w_L = 5\text{kN/m}^2$인 경우 소요강도 산정을 위한 계수하중 $w_u$는 얼마인가?

① $9\text{kN/m}^2$                 ② $10.6\text{kN/m}^2$

③ $12.8\text{kN/m}^2$            ④ $15.3\text{kN/m}^2$

**알찬풀이** | 계수하중($w_u$)
$$w_u = 1.2 \times w_D + 1.6 \times w_L$$
$$= 1.2 \times 4 + 1.6 \times 5 = 12.8 (\text{kN}/\text{m}^2)$$

**57** 강구조의 구성부재 중 보에 관한 설명으로 옳지 않은 것은?

① 보는 휨과 전단에 의한 응력과 변형이 주로 발생한다.
② 보는 횡좌굴 방지를 고려할 필요가 없다.
③ 보는 부재의 단면형상으로는 H형 단면이 주로 사용하며, 박스형, I형, ㄷ형단면 이 사용되기도 한다.
④ 처짐에 대한 사용성이 확보되어야 한다.

**알찬풀이** | 강구조의 보는 횡좌굴에 대한 방지를 고려할 필요가 있다.

**58** 압축 이형철근의 정착 길이에 관한 설명으로 옳지 않은 것은?

① 압축 이형철근의 정착길이는 항상 200mm 이상이어야 한다.
② 압축 이형철근의 정착에는 표준갈고리가 요구된다.
③ 압축 이형철근의 기본정착길이는 철근직경이 커지면 증가한다.
④ 압축 이형철근의 기본정착길이는 $0.043 d_b f_y$ 이상이어야 한다.

**알찬풀이** | 압축 이형철근의 정착에는 표준갈고리가 요구되지 않는다.

## 59 그림과 같은 3힌지 라멘의 수평반력을 구하면?

① $H_A = 20\text{kN}(\rightarrow)$, $H_D = 20\text{kN}(\leftarrow)$

② $H_A = 20\text{kN}(\leftarrow)$, $H_D = 20\text{kN}(\rightarrow)$

③ $H_A = 20\text{kN}(\rightarrow)$, $H_D = 20\text{kN}(\rightarrow)$

④ $H_A = 20\text{kN}(\leftarrow)$, $H_D = 20\text{kN}(\leftarrow)$

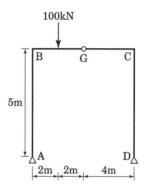

**알찬풀이** | 3힌지 라멘의 수평반력

① $\sum H = 0$

$+ H_A + H_D = 0$

② $\sum V = 0$

$V_A + V_D - 100 = 0$

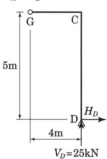

그림의 $D$절점이 힌지(hinge)이므로

$\sum M_D = 0$

$V_A \times 8 - 100 \times 6 = 0$

$\therefore V_A = +75\,(\text{kN})\,(\uparrow)$

$V_D = 100 - V_A = 100 - 75 = 25\,(\text{kN})\,(\uparrow)$

③ 상부 힌지(hinge) 절점에 대한 조건 방정식

$\sum M_{h \cdot L} = 0$

$V_A \times 4 - H_A \times 5 - 100 \times 2 = 0$

$\therefore H_A = \dfrac{75 \times 4 - 200}{5} = +20\,(\text{kN})\,(\rightarrow)$

$\sum M_{h \cdot R} = 0$

$- V_D \times 4 - H_D \times 5 = 0$

$\therefore H_D = \dfrac{-25 \times 4}{5} = -20\,(\text{kN}) \rightarrow 20\,(\text{kN})\,(\leftarrow)$

**ANSWER**     56. ③     57. ②     58. ②     59. ①

**60** 강도설계법에서 균형철근비 $\rho_b = 0.03$이고, $b = 300$mm, $d = 500$mm일 때 최대 철근량은? (단, $E_s = 200000$MPa, $f_y = 400$MPa, $f_{ck} = 24$MPa이다.)

① 1825mm²  ② 2825mm²

③ 3214mm²  ④ 4525mm²

**알찬풀이** | 최대 철근량($As.\max$)

최대 철근비($\rho_{\max}$)

$\rho_{\max} = 0.75\rho_b$

단, $\rho_b$ : 균형 철근비

$\rho_{\max} = 0.75 \times 0.03 = 0.0225$

$\therefore\ As.\max = 0.0225 \times (300 \times 500) = 3375(\text{mm}^2)$

$\rightarrow 3214(\text{mm}^2)$

## 제4과목 : 건축설비

**61** 열매가 온수인 경우, 표준상태(열매온도 80℃, 실온 18.5℃)에서 방열기 표면적 1m²당 방열량은?

① 450W  ② 523W

③ 650W  ④ 756W

**알찬풀이** | 열매가 온수인 경우, 표준상태(열매온도 80℃, 실온 18.5℃)에서 방열기 표면적 1m²당 방열량은 450(kcal/m²·h) → 523(W/m²) 이다.

**62** 펌프의 전양정이 100m, 양수량이 12m³/h일 때, 펌프의 축동력은? (단, 펌프의 효율은 60%이다.)

① 약 3.52kW  ② 약 4.05kW

③ 약 4.52kW  ④ 약 5.45kW

**알찬풀이** | 펌프의 축동력

$$\text{펌프의 축동력} = \frac{W \times Q \times H}{6120 \times E}(\text{kW})$$

$$= \frac{1000 \times (12/60) \times 100}{6120 \times 0.6} \fallingdotseq 5.45(\text{kW})$$

(부호)
$W$ : 물의 밀도(1000kg/m³)
$Q$ : 양수량(m³/min)
$H$ : 펌프의 전양정[흡입양정($H_s$)+토출양정($H_d$)+마찰 손실 수두($H_f$)]
$E$ : 펌프의 효율(%)

**63** 다음 중 환기 횟수에 관한 설명으로 가장 알맞은 것은?

① 한 시간 동안에 창문을 여닫는 횟수를 의미한다.
② 하루 동안에 공조기를 작동하는 횟수를 의미한다.
③ 한 시간 동안의 환기량을 실의 용적으로 나눈 값이다.
④ 하루 동안의 환기량을 실의 면적으로 나눈 값이다.

**알찬풀이** | 환기 횟수는 한 시간 동안의 환기량을 실의 용적으로 나눈 값이다.

**64** 공기조화방식 중 이중덕트방식에 관한 설명으로 옳지 않은 것은?

① 전공기방식의 특성이 있다.
② 혼합상자에서 소음과 진동이 발생할 수 있다.
③ 냉·온풍을 혼합 사용하므로 에너지 절감 효과가 크다.
④ 부하특성이 다른 다수의 실이나 존에도 적용할 수 있다.

**알찬풀이** | 공기조화방식 중 이중덕트방식은 냉·온풍을 혼합 사용하므로 에너지 절감 효과가 낮다.

**65** 다음의 통기방식 중 트랩마다 통기되기 때문에 가장 안정도가 높은 방식은?

① 각개통기방식                    ② 루프통기방식
③ 신정통기방식                    ④ 결합통기방식

**알찬풀이** | 각개통기방식이 트랩마다 통기되기 때문에 가장 안정도가 높은 방식에 해당한다.

| ANSWER | 60. ③ | 61. ② | 62. ④ | 63. ③ | 64. ③ | 65. ① |
| --- | --- | --- | --- | --- | --- | --- |

**66** 다음 중 통기관을 설치하여도 트랩의 봉수 파괴를 막을 수 없는 것은?

① 분출작용에 의한 봉수파괴
② 자기 사이펀에 의한 봉수파괴
③ 유도 사이펀에 의한 봉수파괴
④ 모세관 현상에 의한 봉수파괴

**알찬풀이** | 모세관 현상에 의한 봉수파괴는 통기관을 설치하여도 트랩의 봉수 파괴를 막을 수 없으며 모세관 작용을 유발하는 이물질(머리카락, 천 등)을 자주 제거해주어야 한다.

**67** 다음 중 조명설계의 순서에서 가장 먼저 이루어 져야 하는 사항은?

① 광원의 선정
② 조명 방식의 선정
③ 소요 조도의 결정
④ 조명 기구의 결정

**알찬풀이** | 실내조명 설계 순서
① 소요 조도의 결정
② 광원의 선정
③ 조명방식의 결정
④ 조명 기구의 선정
⑤ 광원의 개수 산정 및 배치

**68** 공기조화방식 중 전공기 방식의 일반적 특징으로 옳지 않은 것은?

① 중간기에 외기냉방이 가능하다.
② 실내에 배관으로 인한 누수의 염려가 없다.
③ 덕트 스페이스가 필요 없으며 공조실의 면적이 작다.
④ 팬코일 유닛과 같은 기구의 노출이 없어 실내 유효면적을 넓힐 수 있다.

**알찬풀이** | 공기조화방식 중 전공기 방식은 덕트 스페이스가 필요 하며 공조실의 면적이 넓다.

**69** 스프링클러설비의 배관에 관한 설명으로 옳지 않은 것은?

① 가지배관은 각 층을 수직으로 관통하는 수직 배관이다.
② 교차배관이란 직접 또는 수직배관을 통하여 가지배관에 급수하는 배관이다.
③ 급수배관은 수원 및 옥외송수구로부터 스프링 클러헤드에 급수하는 배관이다.
④ 신축배관은 가지배관과 스프링클러헤드를 연결하는 구부림이 용이하고 유연성을 가진 배관이다.

**알찬풀이** | 가지배관은 각 층을 수직으로 관통하는 수직 배관에서 수평으로 배치된 배관에 연결된 배관이다.

**70** 물의 경도는 물 속에 녹아있는 염류의 양을 무엇의 농도로 환산하여 나타낸 것인가?

① 탄산칼륨 ② 탄산칼슘

③ 탄산나트륨 ④ 탄산마그네슘

**알찬풀이** | 물의 경도

① 물속에 남아있는 $Mg^{++}$의 양을 이것에 대응하는 탄산칼슘($CaCO_3$)의 백만분율(ppm)로 환산 표시한 값이다.

② 물 $1m^3$에 1mg의 탄산칼슘이 포함된 상태를 1ppm이라 한다.

③ 측정된 탄산칼슘량이 90ppm 이하를 연수, 110ppm 이상을 경수라 한다.

**71** 다음 설명에 알맞은 간선의 배선 방식은?

- 경제적이나 1개소의 사고가 전체에 영향을 미친다.
- 각 분전반별로 동일전압을 유지할 수 없다.

① 평행식 ② 루프식

③ 나뭇가지식 ④ 나뭇가지 평행식

**알찬풀이** | 나뭇가지식

① 1개의 간선이 각각의 분전반을 거치는 방식이다.

㉠ 경제적이나 1개소의 사고가 전체에 영향을 미친다.

㉡ 각 분전반 별로 동일전압을 유지할 수 없다.

② 간선의 굵기를 줄여감으로써 배선비는 경제적이나 간선의 굵기가 변하는 접속점에 보안장치를 설치해야 한다.

③ 소규모 건물에 적당하다.

**72** 수동으로 회로를 개폐하고, 미리 설정된 전류의 과부하에서 자동적으로 회로를 개방하는 장치로 정격의 범위 내에서 적절히 사용하는 경우 자체에 어떠한 손상을 일으키지 않도록 설계된 장치는?

① 캐비닛 ② 차단기

③ 단로스위치 ④ 절환스위치

**알찬풀이** | 차단기에 대한 설명이다.

| ANSWER | 66. ④ | 67. ③ | 68. ③ | 69. ① | 70. ② | 71. ③ | 72. ② |

**73** 보일러의 상용출력을 가장 올바르게 표현한 것은?

① 급탕부하+난방부하+배관부하
② 급탕부하+배관부하+예열부하
③ 난방부하+배관부하+예열부하
④ 급탕부하+난방부하+배관부하+예열부하

**알찬풀이** | 보일러의 용량(출력)
　　① 정격 출력(H)
　　　　$H = H_R + H_W + H_P + H_A$
　　　　(부호) $H_R$ : 난방부하　　$H_W$ : 급탕부하
　　　　　　　　$H_P$ : 배관부하　　$H_A$ : 예열부하
　　② 상용 출력(H′)
　　　　$H' = H_R + H_W + H_P$
　　③ 정미 출력(H″)
　　　　$H' = H_R + H_W$

**74** LPG의 일반적 특성으로 옳지 않은 것은?

① 발열량이 크다.
② 순수한 LPG는 무색 무취이다.
③ 연소 시 다량의 공기가 필요하다.
④ 공기보다 가볍기 때문에 안전성이 높다.

**알찬풀이** | LPG는 공기보다 무겁기 때문에 안전성이 떨어진다.

**75** 압축식 냉동기의 냉동사이클을 올바르게 표현한 것은?

① 압축 → 응축 → 팽창 → 증발
② 압축 → 팽창 → 응축 → 증발
③ 응축 → 증발 → 팽창 → 압축
④ 팽창 → 증발 → 응축 → 압축

**알찬풀이** | 압축식 냉동기의 냉동사이클은 압축 → 응축 → 팽창 → 증발 순이다.

**76** 옥내의 은폐장소로서 건조한 콘크리트 바닥면에 매입 사용되는 것으로, 사무용 건물 등에 채용되는 배선방법은?

① 버스덕트 배선
② 금속몰드 배선
③ 금속덕트 배선
④ 플로어덕트 배선

**알찬풀이** | 플로어덕트 배선
바닥에 플로어 덕트(floor duct)를 미리 매입하여 전선, 콘센트 등을 설치하는 것으로 넓은 사무실 등의 바닥 배선 공사로 이용된다.

**77** 정화조에서 호기성균에 의해 오물을 분해 처리하는 곳은?

① 부패조
② 여과기
③ 산화조
④ 소독조

**알찬풀이** | 산화조
적절한 산소를 공급하여 호기성균에 의해 오물을 분해 처리하는 곳이다.

**78** 난방방식에 관한 설명으로 옳은 것은?

① 증기난방은 온수난방에 비해 예열시간이 길다.
② 온수난방은 증기난방에 비해 방열온도가 높으며 장치의 열용량이 작다.
③ 복사난방은 실을 개방상태로 하였을 때 난방 효과가 없다는 단점이 있다.
④ 온풍난방은 가열 공기를 보내어 난방 부하를 조달함과 동시에 습도의 제어도 가능하다.

**알찬풀이** | 난방방식
① 증기난방은 온수난방에 비해 예열시간이 짧다.
② 온수난방은 증기난방에 비해 방열온도가 낮으며 장치의 열용량이 크다.
③ 복사난방은 실을 개방상태로 하였을 때 난방 효과가 있다.

**79** 양수량이 $1.0\text{m}^3/\text{min}$인 펌프에서 회전수를 원래보다 10% 증가시켰을 경우의 양수량은?

① $1.0\text{m}^3/\text{min}$
② $1.1\text{m}^3/\text{min}$
③ $1.2\text{m}^3/\text{min}$
④ $1.3\text{m}^3/\text{min}$

**알찬풀이** | 펌프의 양수량은 임펠러의 회전수에 비례, 양정은 회전수의 제곱에 비례하며 축동력은 회전수의 세 제곱에 비례한다.

**80** 습공기를 가열하였을 경우, 상태값이 감소하는 것은?

① 비체적
② 상대습도
③ 습구온도
④ 절대습도

**알찬풀이** | 습공기를 가열하였을 경우 상대습도는 낮아진다.

| ANSWER | 73. ① | 74. ④ | 75. ① | 76. ④ | 77. ③ | 78. ④ | 79. ② | 80. ② |

제5과목 : 건축관계법규

**81** 다음은 지하층과 피난층 사이의 개방공간 설치에 관한 기준 내용이다. (   ) 안에 알맞은 것은?

> 바닥면적의 합계가 (   ) 이상인 공연장·집회장·관람장 또는 전시장을 지하층에 설치하는 경우에는 각 실에 있는 자가 지하층 각 층에서 건축물 밖으로 피난하여 옥외계단 또는 경사로 등을 이용하여 피난층으로 대피할 수 있도록 천장이 개방된 외부 공간을 설치하여야 한다.

① 1000m²                    ② 3000m²
③ 5000m²                    ④ 10000m²

**알찬풀이** | 지하층과 피난층 사이의 개방공간 설치
바닥면적의 합계가 3000m² 이상인 공연장·집회장·관람장 또는 전시장을 지하층에 설치하는 경우에는 재실자가 지하층 각 층에서 건축물 밖으로 피난하여 옥외계단 또는 경사로 등을 이용하여 피난층으로 대피할 수 있도록 천장이 개방된 외부 공간을 설치하여야 한다.

**82** 다음과 같은 대지의 대지면적은?

① 160m²
② 180m²
③ 200m²
④ 210m²

**알찬풀이** | 건축법상 도로의 기본 폭은 4m 이상이어야 하므로 경사지로부터 4m 폭을 확보해야 한다.
∴ 20m×(10m−2m) = 160m²

**83** 건축물의 용도 분류상 자동차 관련 시설에 속하지 않는 것은?

① 주유소                    ② 매매장
③ 세차장                    ④ 정비학원

**알찬풀이** | 주유소(기계식 세차설비를 포함한다) 및 석유판매소는 위험물저장 및 처리시설에 해당한다.

**84** 연면적 200m²를 초과하는 건축물에 설치하는 계단의 설치기준에 관한 내용이 틀린 것은?

① 높이가 1m를 넘는 계단 및 계단참의 양옆에는 난간을 설치할 것
② 너비가 4m를 넘는 계단에는 계단의 중간에 너비 4m 이내마다 난간을 설치할 것
③ 높이가 3m를 넘는 계단에는 높이 3m 이내마다 유효너비 120cm 이상의 계단참을 설치할 것
④ 계단의 유효 높이(계단의 바닥 마감면부터 상부 구조체의 하부 마감면까지의 연직방향의 높이)는 2.1m 이상으로 할 것

**알찬풀이** | 너비가 3m를 넘는 계단에는 계단의 중간에 너비 3m 이내마다 난간을 설치할 것.
(예외) 계단의 단 높이가 15cm 이하이고, 계단의 단 너비가 30cm 이상인 경우

**85** 다음 중 방화구조에 해당하지 않는 것은?

① 철망모르타르로서 그 바름두께가 1.5cm인 것
② 시멘트모르타르 위에 타일을 붙인 것으로서 그 두께의 합계가 2.5cm인 것
③ 석고판 위에 회반죽을 바른 것으로서 그 두께의 합계가 2.5cm인 것
④ 석고판 위에 시멘트모르타르를 바른 것으로서 그 두께의 합계가 2.5cm인 것

**알찬풀이** | 방화구조
철망모르타르로서 그 바름두께가 2cm 이상이어야 발화구조로 인정된다.

**86** 주거에 쓰이는 바닥면적의 합계가 550m²인 주거용 건축물의 음용수용 급수관 지름은 최소 얼마 이상이어야 하는가?

① 20mm
② 30mm
③ 40mm
④ 50mm

**알찬풀이** | 주거용 건축물 급수관의 지름 [별표3]

| 가구 또는 세대수 | 1 | 2·3 | 4·5 | 6~8 | 9~16 | 17 이상 |
|---|---|---|---|---|---|---|
| 급수관 지름의 최소기준(mm) | 15 | 20 | 25 | 32 | 40 | 50 |

※ 가구 또는 세대의 구분이 불분명한 건축물에 있어서는 주거에 쓰이는 바닥면적의 합계에 따라 다음과 같이 가구수를 산정한다.
　가. 바닥면적 85m² 이하 : 1가구
　나. 바닥면적 85m² 초과 150m² 이하 : 3가구
　다. 바닥면적 150m² 초과 300m² 이하 : 5가구
　라. 바닥면적 300m² 초과 500m² 이하 : 16가구
　마. 바닥면적 500m² 초과 : 17가구
∴ 바닥면적의 합계가 550m²인 주거용 건축물은 17 이상 가구에 해당하므로 음용수용 급수관 지름은 50mm 이상이어야 한다.

**87** 건축법에 따른 제1종 근린생활시설로서 당해 용도에 쓰이는 바닥면적의 합계가 최대 얼마 미만인 경우 제2종 전용주거지역안에서 건축할 수 있는가?

① 500m²
② 1000m²
③ 1500m
④ 2000m²

**알찬풀이** | 제1종 근린생활시설로서 해당 용도에 쓰이는 바닥면적의 합계가 1000m² 미만인 경우 제2종 전용 주거지역안에서 건축할 수 있다.

**88** 국토교통부장관 또는 시·도지사는 도시나 지역의 일부가 특별건축구역으로 특례 적용이 필요하다고 인정하는 경우에는 특별건축구역을 지정할 수 있는데, 다음 중 국토교통부장관이 지정하는 경우에 속하는 것은?
(단, 관계법령에 따른 국가정책사업의 경우는 고려하지 않는다.)

① 국가가 국제행사 등을 개최하는 도시 또는 지역의 사업구역
② 지방자치단체가 국제행사 등을 개최하는 도시 또는 지역의 사업구역
③ 관계법령에 따른 건축문화 진흥사업으로서 건축물 또는 공간환경을 조성하기 위하여 대통령령으로 정하는 사업구역
④ 관계법령에 따른 도시개발·도시재정비 사업으로서 건축물 또는 공간환경을 조성하기 위하여 대통령령으로 정하는 사업구역

**알찬풀이** | 국토교통부장관 또는 시·도지사는 다음 각 호의 구분에 따라 도시나 지역의 일부가 특별건축구역으로 특례 적용이 필요하다고 인정하는 경우에는 특별건축구역을 지정할 수 있다.
1. 국토교통부장관이 지정하는 경우
   가. 국가가 국제행사 등을 개최하는 도시 또는 지역의 사업구역
   나. 관계법령에 따른 국가정책사업으로서 대통령령으로 정하는 사업구역
2. 시·도지사가 지정하는 경우
   가. 지방자치단체가 국제행사 등을 개최하는 도시 또는 지역의 사업구역
   나. 관계법령에 따른 도시개발·도시재정비 및 건축문화 진흥사업으로서 건축물 또는 공간환경을 조성하기 위하여 대통령령으로 정하는 사업구역
   다. 그 밖에 대통령령으로 정하는 도시 또는 지역의 사업구역

**89** 다음 중 6층 이상의 거실면적의 합계가 10000m²인 경우 설치하여야 하는 승용승강기의 최소 대수가 가장 많은 것은? (단, 15인승 승용승강기의 경우)

① 의료시설
② 숙박시설
③ 노유자시설
④ 교육연구시설

**알찬풀이** | 승용승강기의 설치기준이 가장 완화된 것부터 강화되어있는 시설군
공동주택, 교육연구시설, 기타시설 → 문화 및 집회시설(전시장·동식물원), 업무시설, 숙박시설, 위락시설 → 문화 및 집회시설(공연장, 집회장 및 관람장), 판매시설, 의료시설

**90** 대통령령으로 정하는 용도와 규모의 건축물에 일반이 사용할 수 있도록 대통령령으로 정하는 기준에 따라 소규모 휴식시설 등의 공개 공지 또는 공개 공간을 설치하여야 하는 대상 지역에 속하지 않는 것은? (단, 특별자치시장·특별자치도지사 또는 시장·군수·구청장이 도시화의 가능성이 크거나 노후 산업단지의 정비가 필요하다고 인정하여 지정·공고하는 지역은 제외)

① 준주거지역        ② 준공업지역
③ 전용주거지역      ④ 일반주거지역

**알찬풀이** | 다음의 어느하나에 해당하는 지역의 환경을 쾌적하게 조성하기 위하여 대통령령이 정하는 용도 및 규모의 건축물은 일반이 사용할 수 있도록 대통령령이 정하는 기준에 의하여 소규모 휴식시설 등의 공개공지 또는 공개공간을 설치하여야 한다.
1. 일반주거지역, 준주거지역
2. 상업지역
3. 준공업지역
4. 시장·군수·구청장이 도시화의 가능성이 크다고 인정하여 지정·공고하는 지역

**91** 피뢰설비를 설치하여야 하는 건축물의 높이 기준은?

① 15m 이상        ② 20m 이상
③ 31m 이상        ④ 41m 이상

**알찬풀이** | 낙뢰의 우려가 있는 건축물 또는 높이 20m 이상의 건축물에는 기준에 적합하게 피뢰설비를 설치 하여야 한다.

**92** 건축물의 높이가 100m일 때 건축물의 건축 과정에서 허용되는 건축물 높이 오차의 범위는?

① ±1.0m 이내      ② ±1.5m 이내
③ ±2.0m 이내      ④ ±3.0m 이내

**알찬풀이** | 건축물의 높이에 대한 허용오차는 2% 이내이다.
∴ 100m × 0.02 = 2m 이내 → ±1.0m 이내

**93** 다음은 부설주차장의 인근 설치에 관한 기준 내용이다. 밑줄 친 "대통령령으로 정하는 규모" 기준으로 옳은 것은?

> 부설주차장이 <u>대통령령으로 정하는 규모</u> 이하이면 시설물의 부지 인근에 단독 또는 공동으로 부설주차장을 설치할 수 있다.

① 주차대수 100대의 규모      ② 주차대수 200대의 규모
③ 주차대수 300대의 규모      ④ 주차대수 400대의 규모

**알찬풀이** | 인근설치 대상
　　　　부설주차장이 주차대수 300대 이하인 때에는 시설물의 부지인근에 단독 또는 공동으로 부설주차장을 설치할 수 있다.

**94** 노외주차장에 설치할 수 있는 부대시설의 종류에 속하지 않는 것은?
(단, 특별자치도 · 시 · 군 또는 자치구의 조례로 정하는 이용자 편의시설은 제외)

① 휴게소　　　　　　　　　　② 관리사무소
③ 고압가스 충전소　　　　　　④ 전기자동차 충전시설

**알찬풀이** | 노외주차장에 설치할 수 있는 부대시설은 다음과 같다. 단, 그 설치하는 부대시설의 총면적은 주차장 총 시설면적의 20% 이하이어야 한다.
① 관리사무소 · 휴게소 및 공중변소
② 간이매점 및 자동차의 장식품판매점 및 전기자동차 충전시설
③ 노외주차장의 관리 · 운영상 필요한 편의시설
④ 시 · 군 또는 구(자치구를 말함)의 조례가 정하는 이용자 편의시설

**95** 건축물을 건축하고자 하는 자가 사용승인을 받는 즉시 건축물의 내진능력을 공개하여야 하는 대상 건축물의 연면적 기준은? (단, 목구조 건축물이 아닌 경우)

① 100m² 이상　　　　　　　　② 200m² 이상
③ 300m² 이상　　　　　　　　④ 400m² 이상

**알찬풀이** | 다음의 어느 하나에 해당하는 건축물을 건축하고자 하는 자는 사용승인을 받는 즉시 건축물이 지진 발생 시에 견딜 수 있는 능력(이하 "내진능력"이라 한다)을 공개하여야 한다. 다만, 구조안전 확인 대상 건축물이 아니거나 내진능력 산정이 곤란한 건축물로서 대통령령으로 정하는 건축물은 공개하지 아니한다.
1. 층수가 2층[주요구조부인 기둥과 보를 설치하는 건축물로서 그 기둥과 보가 목재인 목구조 건축물(이하 "목구조 건축물"이라 한다)의 경우에는 3층] 이상인 건축물
2. 연면적이 200m²(목구조 건축물의 경우에는 500m²) 이상인 건축물
3. 그 밖에 건축물의 규모와 중요도를 고려하여 대통령령으로 정하는 건축물

**96** 도심 · 부도심의 상업기능 및 업무기능의 확충을 위하여 지정하는 상업지역의 세분은?

① 중심상업지역　　　　　　　② 일반상업지역
③ 근린상업지역　　　　　　　④ 유통상업지역

**알찬풀이** | 중심상업지역
　　　　도심 · 부도심의 상업 및 업무기능의 확충을 위하여 필요한 지역이다.

**97** 그림과 같은 도로 모퉁이에서 건축선의 후퇴 길이 "a"는?

① 2m

② 3m

③ 4m

④ 5m

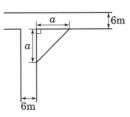

**알찬풀이** | 도로 모퉁이에서 건축선의 후퇴 길이

| 도로의 교차각 | 해당 도로의 너비 | | 교차되는 도로의 너비 |
|---|---|---|---|
| | 6m 이상 8m 미만 | 4m 이상 6m 미만 | |
| 90° 미만 | 4m | 3m | 6m 이상 8m 미만 |
| | 3m | 2m | 4m 이상 6m 미만 |
| 90° 이상 120° 미만 | 3m | 2m | 6m 이상 8m 미만 |
| | 2m | 2m | 4m 이상 6m 미만 |

**98** 건축물을 특별시나 광역시에 건축하려는 경우 특별시장이나 광역시장의 허가를 받아야 하는 대상 건축물의 규모 기준은?

① 층수가 21층 이상이거나 연면적의 합계가 100000m² 이상인 건축물

② 층수가 21층 이상이거나 연면적의 합계가 300000m² 이상인 건축물

③ 층수가 41층 이상이거나 연면적의 합계가 100000m² 이상인 건축물

④ 층수가 41층 이상이거나 연면적의 합계가 300000m² 이상인 건축물

**알찬풀이** | 특별시장 또는 광역시장의 허가를 받아야 하는 건축물의 건축은 층수가 21층 이상이거나 연면적의 합계가 10만m² 이상인 건축물(공장을 제외한다)의 건축(연면적의 10분의 3 이상의 증축으로 인하여 층수가 21층 이상으로 되거나 연면적의 합계가 10만m² 이상으로 되는 경우의 증축을 포함한다)으로 한다.

**99** 공동주택의 거실 반자의 높이는 최소 얼마 이상으로 하여야 하는가?

① 2.0m

② 2.1m

③ 2.7m

④ 3.0m

**알찬풀이** | 거실의 반자 높이
일반 용도의 거실의 반자 높이는 2.1m 이상이어야 한다.

| ANSWER | 94. ③  95. ②  96. ①  97. ②  98. ①  99. ② |
|---|---|

## 100 바닥면적 산정 기준에 관한 내용으로 틀린 것은?

① 층고가 2.0m인 다락은 바닥면적에 산입하지 아니한다.

② 승강기탑, 계단탑은 바닥면적에 산입하지 아니한다.

③ 공동주택으로서 지상층에 설치한 기계실의 면적은 바닥면적에 산입하지 아니한다.

④ 벽·기둥의 구획이 없는 건축물은 그 지붕 끝부분으로부터 수평거리 1m를 후퇴한 선으로 둘러싸인 수평투영면적으로 한다.

**알찬풀이** | 바닥면적 산정 기준
다락은 층고(層高)가 1.5m(경사진 형태의 지붕인 경우에는 1.8m) 이하인 경우 바닥면적에 산입하지 아니한다.

## MEMO

◈ 품질이란 우연히 만들어지는 것이 아니라 언제나 지적 노력의 결과이다. - 존 러스킨

# 국가기술자격검정 필기시험문제

| 2020년도 산업기사 일반검정(2020년 8월 23일) | | | | 수검번호 | 성 명 |
| --- | --- | --- | --- | --- | --- |
| 자격종목 및 등급(선택분야) | 종목코드 | 시험시간 | 문제지형별 | | |
| 건축산업기사 | 2530 | 2시간30분 | A | | |

※ 답안카드 작성시 시험문제지 형별누락, 마킹착오로 인한 불이익은 전적으로 수험자의 귀책사유임을 알려드립니다.

---

제1과목 : 건축계획

**01** 한식주택의 특징으로 옳지 않은 것은?

① 단일용도의 실　　　　　② 좌식 생활 기준
③ 위치별 실의 구분　　　　④ 가구는 부차적 존재

**알찬풀이** | 한식 주택의 특징은 실(室)이 다용도의 기능을 수행하는 것이다.

**02** 사무소 건축의 코어(core)에 관한 설명으로 옳지 않은 것은?

① 독립코어는 방재상 유리하다.
② 독립코어는 사무실 공간 배치가 자유롭다.
③ 편심코어는 기준층 바닥면적이 작은 경우에 적합하다.
④ 중심코어는 바닥면적이 큰 고층, 초고층 사무소에 적합하다.

**알찬풀이** | 독립 코어(core)는 사무실 공간의 위치에 따라 방재상 불리할 수 있으며, 양단 코어형이 방재상 유리하다.

**03** 사무소 건축의 엘리베이터 계획에 관한 설명으로 옳지 않은 것은?

① 수량 계산 시 대상 건축물의 교통수요량에 적합해야 한다.
② 승객의 층별 대기시간은 평균 운전간격 이하가 되게 한다.
③ 초고층, 대규모 빌딩인 경우는 서비스 그룹을 분할하여서는 안된다.
④ 건축물의 출입층이 2개 층이 되는 경우는 각각의 교통 수요량 이상이 되도록 한다.

**알찬풀이** | 초고층, 대규모 빌딩인 경우 엘리베이터의 운행(서비스)은 그룹을 분할하여 운행하는 것이 좋다.

**04** 학교 교실의 배치방식 중 클러스터형(cluster type)에 관한 설명으로 옳지 않은 것은?

① 각 학급의 전용의 홀로 구성된다.
② 전체배치에 융통성을 발휘할 수 있다.
③ 복도의 면적이 커지며 소음의 발생이 크다.
④ 교실을 소단위로 분리하여 설치하는 방식을 말한다.

**알찬풀이** │ 클러스터 형(cluster type)
① 홀 형식에 따라 접근하는 방식으로 교실을 몇 개의 그룹 단위로 분할하여 배치하는 형식이다.
교육구조상 팀 티칭 시스템(team teaching system)에 유리한 배치 형식이다.
② 복도의 면적이 크지 않으며, 그룹별 배치에 따라 소음 발생을 조절할 수 있다.

**05** 백화점에 설치하는 에스컬레이터에 관한 설명으로 옳지 않은 것은?

① 수송량에 비해 점유면적이 작다.
② 설치 시 층고 및 보의 간격에 영향을 받는다.
③ 비상계단으로 사용할 수 있어 방재계획에 유리하다.
④ 교차식 배치는 연속적으로 승강이 가능하다.

**알찬풀이** │ 백화점에 설치하는 에스컬레이터는 비상계단으로 사용할 수 없는 구조이다.

**06** 아파트 단지 내 주동배치 시 고려하여야 할 사항으로 옳지 않은 것은?

① 단지 내 커뮤니티가 자연스럽게 형성되도록 한다.
② 주동 배치계획에서 일조, 풍향, 방화 등에 유의해야 한다.
③ 옥외주차장을 이용하여 충분한 오픈스페이스를 확보한다.
④ 다양한 배치기법을 통하여 개성적인 생활공간으로서의 옥외공간이 되도록 한다.

**알찬풀이** │ 아파트 단지 내 옥외주차장을 배치하는 경우 충분한 오픈 스페이스(open space)를 확보하기가 어렵다.

**07** 공장건축의 배치형식 중 분관식에 관한 설명으로 옳지 않은 것은?

① 통풍 및 채광이 양호하다.
② 공장의 확장이 거의 불가능하다.
③ 각 동의 건설을 병행할 수 있으므로 조기완성이 가능하다.
④ 각각의 건물에 대해 건축형식 및 구조를 각기 다르게 할 수 있다.

**ANSWER** 1. ① 2. ① 3. ③ 4. ③ 5. ③ 6. ③ 7. ②

**알찬풀이** | 분관식(Pavilion type)
① 공장의 구조나 설비 등의 형식을 다르게 할 수 있다.
② 신설, 확장이 비교적 용이하다.
③ 배수 물 홈통설치가 용이하다.
④ 통풍, 채광이 좋다.
⑤ 건축비가 고가이다.
⑥ 여러 동의 공장 건물을 병행할 수 있으므로 조기에 완공이 가능하다.

**08** 공동주택의 단면형 중 스킵 플로어(skip floor)형식에 관한 설명으로 옳은 것은?

① 하나의 단위주거의 평면이 2개 층에 걸쳐 있는 것으로 듀플렉스형이라고도 한다.
② 하나의 단위주거의 평면이 3개 층에 걸쳐 있는 것으로 트리플렉스형이라고도 한다.
③ 주거단위가 동일층에 한하여 구성되는 형식이며, 각 층에 통로 또는 엘리베이터를 설치하게 된다.
④ 주거단위의 단면을 단층형과 복층형에서 동일층으로 하지 않고 반 층씩 어긋나게 하는 형식을 말한다.

**알찬풀이** | 스킵 플로어(skip floor)형식
주거단위의 단면을 단층형과 복층형에서 동일층으로 하지 않고 반 층씩 어긋나게 하는 형식으로 다음의 특징이 있다.
① 통로가 한 층 이상 건너 띠는 형식이다.
② 통로 면적이 적고 프라이버시는 높아지나 출입에 혼돈을 일으킬 수 있다.
③ 세대 평면 및 입면 유형의 다양화가 가능하다.

**09** 다음 중 공간의 레이아웃(layout)과 가장 밀접한 관계를 가지고 있는 것은?

① 재료계획  ② 동선계획
③ 설비계획  ④ 색채계획

**알찬풀이** | 공간의 레이아웃(layout)과 가장 밀접한 관계를 가지고 있는 것은 동선계획이다.

**10** 다음 중 사무소건축 계획에서 코어시스템(core system)을 채용하는 이유와 가장 거리가 먼 것은?

① 구조적인 이점  ② 피난상의 유리
③ 임대면적의 증가  ④ 설비계통의 집중

**알찬풀이** | 코어의 역할
① 평면적 역할 : 공용 부분을 집약시켜 유효 면적을 늘릴 수 있다.
② 구조적 역할 : 내력 구조체로서의 역할
③ 설비적 역할 : 설비의 집약으로 설비 계통의 순환이 좋아진다.

**11** 상점건축의 진열창 계획에 관한 설명으로 옳은 것은?

① 밝은 조도를 얻기 위하여 광원을 노출한다.
② 내부 조명은 전반 조명만 사용하는 것을 원칙으로 한다.
③ 진열창의 내부 조도를 외부보다 낮게 하여 눈부심을 방지한다.
④ 외부에 면하는 진열창의 유리로 페어 글라스를 사용하는 경우 결로 방지에 효과가 있다.

**알찬풀이** | 상점건축의 진열창의 조명 계획은 다양하며 광원을 모두 노출하거나 전반조명만으로 하지는 않으며, 진열창 내부는 외부보다 밝게 하여 유리면에서의 반사를 방지한다.


**12** 주택 부엌의 작업대 배치 방식 중 L형에 배치에 관한 설명으로 옳지 않은 것은?

① 정방형 부엌에 적합한 유형이다.
② 부엌과 식당을 겸하는 경우 활용이 가능하다.
③ 작업대의 코너 부분에 개수내 또는 레인지를 설치하기 곤란하다.
④ 분리형이라고도 하며, 모든 방향에서 작업대의 접근 및 이용이 가능하다.

**알찬풀이** | 아일랜드 키친
분리형이라고도 하며, 모든 방향에서 작업대의 접근 및 이용이 가능하다.


**13** 다음 중 주택에서 가사노동의 경감을 위한 방법과 가장 거리가 먼 것은?

① 설비를 좋게 하고 되도록 기계화 할 것
② 능률이 좋은 부엌시설이나 가사실을 갖출 것
③ 평면에서의 주부의 동선이 단축되도록 할 것
④ 청소 등의 노력을 절감하기 위하여 좁은 주거로 계획할 것

**알찬풀이** | 청소 등의 노력을 절감한다고 좁은 주거로 계획하는 것은 적절하지 않다. 가족 인원수, 가족원의 특성 등을 고려한 계획이 필요하다.


**14** 1주간의 평균 수업시간이 35시간인 어느 학교에서 제도실이 사용되는 시간이 1주에 28시간이며, 이 중 18시간은 제도수업으로, 10시간은 구조강의로 사용되었다면, 제도실의 이용률과 순수율은 각각 얼마인가?

① 이용률 : 80%, 순수율 : 35.7%
② 이용률 : 80%, 순수율 : 64.3%
③ 이용률 : 51.4%, 순수율 : 35.7%
④ 이용률 : 51.4%, 순수율 : 64.3%

| ANSWER | 8. ④ | 9. ② | 10. ② | 11. ④ | 12. ④ | 13. ④ | 14. ② |
|---|---|---|---|---|---|---|---|

**알찬풀이** | 교실의 이용률과 순수율

$$① \ 이용률 = \frac{교실 \ 이용시간}{주당 \ 평균 \ 수업시간} \times 100(\%) = \frac{28}{35} \times 100 = 80(\%)$$

$$② \ 순수율 = \frac{교과 \ 수업시간}{교실 \ 이용시간} \times 100(\%) = \frac{(28-10)}{28} \times 100 ≒ 64.3(\%)$$

**15** 아파트의 평면형식 중 계단실형에 관한 설명으로 옳은 것은?

① 집중형에 비해 부지의 이용률이 높다.
② 복도형에 비해 프라이버시에 유리하다.
③ 다른 유형보다 독신자 아파트에 적합하다.
④ 중복도형에 비해 1대의 엘리베이터에 대한 이용가능한 세대수가 많다.

**알찬풀이** | 아파트의 평면형식 중 계단실형은 복도형에 비해 프라이버시에 유리하다.

**16** 다음 중 사무소 건축에서 기준층 층고의 결정 요소와 가장 거리가 먼 것은?

① 채광률                    ② 사용목적
③ 공조시스템              ④ 엘리베이터의 용량

**알찬풀이** | 사무소 건축에서 기준층 층고의 결정 요소와 가장 거리가 먼 것은 엘리베이터의 용량(탑승 인원수)이다.

**17** 상점계획에 관한 설명으로 옳지 않은 것은?

① 고객의 동선은 원활하게 하면서 가급적 길게 하는 것이 좋다.
② 쇼윈도의 바닥높이는 상품의 종류에 따라 높낮이를 결정하게 된다.
③ 상점 내부의 국부조명은 자유롭게 수량, 방향, 위치를 변경할 수 있도록 한다.
④ 종업원 동선은 고객의 동선과 교차되는 것이 바람직하고, 가급적 보행거리를 길게 한다.

**알찬풀이** | 종업원 동선은 고객의 동선과 교차되지 않도록 하는 것이 바람직하고, 가급적 보행거리를 짧게 한다.

**18** 연립주택의 종류 중 타운 하우스에 관한 설명으로 옳지 않은 것은?

① 배치상의 다양성을 줄 수 있다.
② 각 주호마다 자동차의 주차가 용이하다.
③ 프라이버시 확보는 조경을 통하여서도 가능하다.
④ 토지 이용 및 건설비, 유지관리비의 효율성은 낮다.

**알찬풀이** | 타운 하우스(Town House)
① 단독주택의 장점을 최대한 고려하며, 토지의 효율적인 이용, 시공비 및 유지관리비의 절감이 가능한 유형이다.
② 주호 마다 전용의 뜰과 공동의 오픈 스페이스(open space)가 있는 형식이다.
③ 일반적으로 각 세대마다의 주차가 가능하므로 공동의 주차공간이 불필요하다.
④ 주동의 길이가 긴 경우 2~3세대씩 후퇴가 가능하며, 층의 다양화가 가능하다.

**19** 주택의 각 실에 있어서 다음 중 유틸리티 공간(utility area)과 가장 밀접한 관계가 있는 곳은?

① 서재  ② 부엌
③ 현관  ④ 응접실

**알찬풀이** | 주택의 다용도실 즉 유틸리티 공간(utility area)은 주부가 많이 사용하는 공간으로 부엌에 근접해서 배치하는 것이 좋다.

**20** 학교의 강당 및 체육관 계획에 관한 설명으로 옳은 것은?

① 체육관의 규모는 표준 배구코트를 둘 수 있는 크기가 필요하다.
② 강당은 반드시 전교생 전원을 수용할 수 있도록 크기를 결정한다.
③ 강당의 진입계획에서 학교 외부로부터의 동선을 별도로 고려하지 않는다.
④ 강당을 체육관과 겸용할 경우에는 일반적으로 체육관 기능을 중심으로 계획한다.

**알찬풀이** | 학교의 강당 및 체육관 계획
① 체육관의 규모는 표준 농구코트를 둘 수 있는 크기가 필요하다.
② 강당은 반드시 전교생 전원을 수용할 수 있도록 크기를 결정할 필요는 없다.
③ 강당의 진입계획에서 학교 외부로부터의 동선을 별도로 고려하는 것이 좋다.

**ANSWER**  15. ②  16. ④  17. ④  18. ④  19. ②  20. ④

**21** 아스팔트(Asphalt)방수가 시멘트 액체방수보다 우수한 점은?

① 경제성이 있다.
② 보수범위가 국부적이다.
③ 시공이 간단하다.
④ 방수층의 균열 발생정도가 비교적 적다.

**알찬풀이** | 아스팔트 방수는 신축성이 있어 방수층의 균열 발생정도가 적다.

**22** 철근 콘크리트용 골재의 성질에 관한 설명으로 옳지 않은 것은?

① 골재의 단위용적질량은 입도가 클수록 크다.
② 골재의 공극율은 입도가 클수록 크다.
③ 계량방법과 함수율에 의한 중량의 변화는 입경이 작을수록 크다.
④ 완전침수 또는 완전건조 상태의 모래에 있어서 계량 방법에 의한 용적의 변화는 거의 없다.

**알찬풀이** | 입도는 크고 작은 모래, 자갈이 혼합되어있는 비율을 말하며, 골재의 공극률은 입도가 클수록 적다.

**23** 60cm×40cm×45cm인 화강석 200개를 8톤 트럭으로 운반하고자 할 때, 필요한 차의 대수는? (단, 화강석의 비중은 약 2.7이다.)

① 6대　　　　　　　　　　② 8대
③ 10대　　　　　　　　　　④ 12대

**알찬풀이** | 화물 트럭의 대수
　　① 화강석 1개의 무게
　　　　$(0.6 \times 0.4 \times 0.45) \times 2.7 = 0.2916(t)$
　　② 화강석 200개의 무게
　　　　$0.2916 \times 200 = 58.32(t)$
　　③ 운반할 8톤 트럭 대수
　　　　$58.32 \div 8 = 7.29 \rightarrow 8(대)$

## 24 철골구조의 주각부의 구성요소에 해당되지 않는 것은?

① 스티프너          ② 베이스플레이트
③ 윙 플레이트       ④ 클립앵글

**알찬풀이** | 스티프너(stiffener)
플레이트 거더(girder)나 박스 기둥의 플랜지나 웨브의 좌굴을 방지하기 위해 쓰이는 판형 보강재이다.

## 25 거푸집 측압에 관한 설명으로 옳지 않은 것은?

① 콘크리트의 슬럼프가 클수록 측압은 크다.
② 기온이 높을수록 측압은 작다.
③ 콘크리트가 빈배합일수록 측압은 크다.
④ 콘크리트의 타설높이가 높을수록 측압은 크다.

**알찬풀이** | 콘크리트가 부배합일수록 측압은 크다.
※ 부배합(富配合)과 빈배합(貧配合)
부배합은 단위 콘크리트 중에 비교적 시멘트의 배합이 많은 것을 말하며, 빈배합은 반대로 시멘트의 배합량이 적은 것을 말한다.

## 26 조적공사에서 벽두께를 1.0B로 쌓을 때 벽면적 1m²당 소요되는 모르타르의 양은? (단, 모르타르의 재료량은 할증이 포함된 것으로 배합비는 1:3, 벽돌은 표준형임)

① 0.019m³         ② 0.049m³
③ 0.078m³         ④ 0.092m³

**알찬풀이** | 모르타르의 양
① 표준형 벽돌로 벽두께를 1.0B로 쌓을 때 벽면적 1m²당 소요되는 벽돌량은 149매이다.
② 표준형 벽돌로 벽을 쌓을 때 벽돌 1000매 당 모르타르량은 0.33m³이다.
$$\therefore\ 0.33 \times \frac{149}{1000} = 0.049m^3$$

## 27 바차트와 비교한 네트워크 공정표의 장점이라고 볼 수 없는 것은?

① 작업상호간의 관련성을 알기 쉽다.
② 공정계획의 작성시간이 단축된다.
③ 공사의 진척관리를 정확히 실시할 수 있다.
④ 공기단축 가능요소의 발견이 용이하다.

**알찬풀이** | 네트워크 공정표는 바차트 공정표보다는 전문 지식을 필요로 하며 작성시간이 길어진다.

---

**ANSWER**    21. ④    22. ②    23. ②    24. ①    25. ③    26. ②    27. ②

**28** 종래의 단순한 시공업과 비교하여 건설사업의 발굴 및 기획, 설계, 시공, 유지관리에 이르기까지 사업전반에 관한 것을 종합, 기획관리하는 업무영역의 확대를 무엇이라고 하는가?

① EC
② LCC
③ CALS
④ JIT

**알찬풀이** | 건설업의 종합건설업화(EC화 : Engineering Construction)
종래의 단순한 시공업과 비교하여 건설사업의 발굴 및 기획, 설계, 시공, 유지관리에 이르기까지 사업 전반에 관한 것을 종합, 기획·관리하는 업무영역의 확대를 말한다.

**29** 유리제품 중 사용성의 주목적이 단열성과 가장 거리가 먼 것은?

① 기포유리(foam glass)
② 유리섬유(glass fiber)
③ 프리즘 유리(prism glass)
④ 복층유리(pair glass)

**알찬풀이** | 프리즘 유리는 주로 지하실, 지붕(옥상)의 채광용으로 사용된다.

**30** 건설공사 입찰에 있어 불공정 하도급거래를 예방하고 하도급 활성화를 촉진하기 위한 목적으로 시행된 입찰제도는?

① 사전자격심사 제도
② 부대입찰 제도
③ 대안입찰제도
④ 내역입찰 제도

**알찬풀이** | 부대 입찰제
① 덤핑으로 인한 부실 공사가 우려되어 대책 방안으로 채택된 방식이다.
② 건설업체가 하도급자와 함께 금액을 결정하여 입찰에 참가하고 낙찰되면 계약에 따라 공사를 진행한다.
③ 불공정 하도급 거래를 예방하고 건전한 하도급 계열화를 촉진하기 위함이다.

**31** 콘크리트 면의 마무리 작업에 있어 마무리 두께 7mm 이상 또는 바탕의 영향을 많이 받지 않는 마무리의 경우에 대한 평탄성의 기준으로 옳은 것은?

① 3m 당 7mm 이하
② 3m 당 10mm 이하
③ 1m 당 7mm 이하
④ 1m 당 10mm 이하

**알찬풀이** | 콘크리트 면의 마무리 작업에 있어 마무리 두께 7mm 이상 또는 바탕의 영향을 많이 받지 않는 마무리의 경우에 평탄성의 기준은 1m 당 10mm 이하이다.

**32** 긴급공사나 설계변경으로 수량 변동이 심할 경우에 많이 채택되는 도급 방식은?

① 정액도급
② 단가도급
③ 실비정산 보수가산도급
④ 분할도급

**알찬풀이** | 단가도급
　　　　　　설계변경에 의한 수량의 증감이 용이하며, 긴급공사 적용 시 주로 이용되는 방식이다.

**33** 다음 중 건축용 단열재와 가장 거리가 먼 것은?

① 테라코타　　　　　　② 펄라이트판
③ 세라믹 섬유　　　　　④ 연질섬유판

**알찬풀이** | 테라코타(Terra-Cotta)
　　　　　　① 속을 비게 제작하여 일반 석재 보다 가볍다.
　　　　　　② 간막이 벽, 바닥 등의 구조용도 있으나 석재 조각물 대신 사용되는 장식용 제품으로 많이 이용
　　　　　　　된다.

**34** 이질바탕재간 접속 미장부위의 균열방지 방법으로 옳지 않은 것은?

① 긴결철물 처리
② 지수판 설치
③ 메탈라스보강 붙임
④ 크랙컨트롤 비드설치

**알찬풀이** | 지수판(止水版)은 외부 콘크리트 타설 면(지하실 등의 온통 기초판과 벽체가 만나는 면 등)에 미리
　　　　　　설치하여 방수를 목적으로 사용되는 재료이다. 합성수지 제품이 많이 이용된다.

**35** 다음 용어 중 지반조사와 관계없는 것은?

① 표준관입시험　　　　② 보링
③ 골재의 표면적 시험　 ④ 지내력 시험

**알찬풀이** | 골재의 표면적 시험은 골재의 특성을 파악하기 위한 시험이다.

## 36 기성콘크리트말뚝에 관한 설명으로 옳지 않은 것은?

① 선굴착 후 경타공법으로 시공하기도 한다.
② 항타장비 전반의 성능을 확인하기 위해 시험말뚝을 시공한다.
③ 말뚝을 세운 후 검측은 기계를 사용하여 1방향에서 한다.
④ 말뚝의 연직도나 경사도는 1/100 이내로 관리한다.

**알찬풀이** | 기성콘크리트 말뚝은 말뚝을 세운 후 검측은 장비(기계)를 사용하여 2방향(수직, 수평 방향)에서 한다.

## 37 콘크리트를 혼합할 때 염화마그네슘($MgCl_2$)을 혼합하는 이유는?

① 콘크리트의 비빔 조건을 좋게 하기 위함이다.
② 방수성을 증가하기 위함이다.
③ 강도를 증가하기 위함이다.
④ 얼지 않게 하기 위함이다.

**알찬풀이** | 콘크리트에 염화마그네슘($MgCl_2$)을 혼합하면 발열작용으로 콘크리트가 얼지 않아 혼한기 콘크리트에 사용된다.

## 38 보강콘크리트 블록조에 관한 설명으로 옳지 않은 것은?

① 내력벽은 통줄눈 쌓기로 한다.
② 내력벽의 두께는 그 길이, 높이에 의해 결정된다.
③ 테두리보는 수직방향뿐만 아니라 수평방향의 힘도 고려한다.
④ 벽량의 계산에서는 내력벽이 두꺼우면 벽량도 증가한다.

**알찬풀이** | 벽량의 계산에서는 내력벽의 두께가 아니라 내력벽의 벽의 길이와 관계가 있다.

$$(x, y방향) \ 벽량 = \frac{내력벽의 \ 길이}{바닥면적}(cm/m^2)$$

## 39 회반죽의 재료가 아닌 것은?

① 명반                          ② 해초풀
③ 여물                          ④ 소석회

**알찬풀이** | 회반죽의 재료는 소석회, 모래, 여물, 해초풀이 사용된다.

**40** 다음 중 철골공사 시 주각부의 앵커볼트 설치와 관련된 공법은?

① 고름모르타르 공법
② 부분 그라우팅 공법
③ 전면 그라우팅 공법
④ 가동매입공법

**알찬풀이** | 철골공사 시 주각부의 앵커볼트 설치와 관련된 공법
　　　　　① 고정매입 공법
　　　　　② 가동매입 공법
　　　　　③ 나중매입법

---

제3과목 : 건축구조

**41** 강도설계법으로 철근 콘크리트보를 설계 시 공칭모멘트 강도 $M_n = 150kN \cdot m$, 강도감소계수 $\phi = 0.85$일 때 설계모멘트값은?

① 95.6kN·m　　　　　　　　② 114.8kN·m
③ 127.5kN·m　　　　　　　　④ 176.5kN·m

**알찬풀이** | 설계모멘트($M_U$)
　　　　　$M_U = \phi \cdot Mn = 0.85 \times 150 = 127.5(kN \cdot m)$

**42** 철근콘크리트구조의 콘크리트 피복에 관한 설명으로 옳지 않은 것은?

① 기둥과 보에서의 피복두께는 주근의 중심과 콘크리트 표면과의 최단 거리를 말한다.
② 화재 시 철근의 빠른 가열에 의한 강도저하를 방지한다.
③ 철근과의 부착력을 확보한다.
④ 철근의 부식을 방지한다.

**알찬풀이** | 기둥과 보에서의 피복두께는 주근을 감싸고 있는 대근 또는 늑근의 바깥쪽 표면과 콘크리트 표면과의 최단 거리를 말한다.

---

**43** 인장력 $P=30kN$을 받을 수 있는 원형강봉의 단면적은? (단, 강재의 허용인장응력은 160MPa이다.)

① 1.875mm$^2$

② 18.75mm$^2$

③ 187.5mm$^2$

④ 1875mm$^2$

**알찬풀이** | 원형강봉의 단면적($A$)

$$\sigma = \frac{P}{A} \text{에서 } A = \frac{P}{\sigma}$$

$$\therefore \ A = \frac{P}{\sigma} = \frac{3 \times 10^3}{160} = 187.5(\text{mm}^2)$$

**44** 강도설계법에 의한 전단 설계시 부재축에 직각인 전단철근을 사용할 때 전단철근에 의한 전단강도 $V_s$는? (단, $s$는 전단철근의 간격)

① $V_s = \dfrac{A_v \cdot f_{yt} \cdot s}{d}$

② $V_s = \dfrac{A_v \cdot s \cdot d}{f_{yt}}$

③ $V_s = \dfrac{s \cdot f_{yt} \cdot d}{A_v}$

④ $V_s = \dfrac{A_v \cdot f_{yt} \cdot d}{s}$

**알찬풀이** | 전단강도($V_s$)

$$V_s = \frac{A_v \cdot f_{yt} \cdot d}{s}$$

(부호) $A_v$ : 스터럽(전단철근)의 단면적

$\quad\quad f_{yt}$ : 철근의 인장강도

$\quad\quad s$ : 스터럽의 간격

$\quad\quad d$ : 보의 유효 춤

**45** 등분포하중을 받는 단순보에서 보 중앙점의 탄성처짐에 관한 설명으로 옳은 것은?

① 처짐은 스팬의 제곱에 반비례한다.

② 처짐은 단면2차모멘트에 비례한다.

③ 처짐은 단면의 형상과는 상관이 없고, 재질에만 관계된다.

④ 처짐은 탄성계수에 반비례한다.

**알찬풀이** | 등분포하중을 받는 단순보에서 보 중앙점의 탄성처짐 $\delta_c = \dfrac{5wl^4}{384EI}$이므로 처짐은 탄성계수에 반비례한다.

**46** 그림과 같은 철근콘크리트 기둥에서 띠철근의 수직 간격으로 옳은 것은?

① 300mm 이하
② 350mm 이하
③ 400mm 이하
④ 450mm 이하

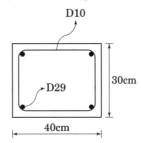

**알찬풀이** | 띠철근의 수직간격은 다음 중 작은 값 이하로 해야 한다.
　　　　① 종방향 철근 지름의 16배
　　　　　29(mm) × 16 = 464(mm)
　　　　② 띠철근 지름의 48배
　　　　　10(mm) × 48 = 480mm
　　　　③ 기둥 단면의 최소치수
　　　　　30cm = 300mm
　　　　위 ①~③ 중 가장 작은 값인 300mm 이하로 배근해야 된다.

**47** 다음 그림과 같은 단순보의 B지점의 반력 값은?

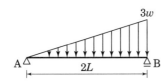

① $\dfrac{wL}{6}$

② $\dfrac{wL}{3}$

③ $wL$

④ $2wL$

**알찬풀이** | B지점의 반력값($R_B$)
　　　　① 전체 하중 값은 $\dfrac{1}{2} \times 3w \times 2L = 3wL$
　　　　② A점의 반력($R_A$)은 $\dfrac{1}{3} \times 3wL = 1wL$, B점의 반력($R_B$)은 $\dfrac{2}{3} \times 3wL = 2wL$이 작용한다.

**48** 기성콘크리트 말뚝을 타설할 때 그 중심간격은 말뚝머리 지름의 최소 몇 배 이상으로 하여야 하는가?

① 1.5배
② 2.5배
③ 3.5배
④ 4.5배

**알찬풀이** | 기성콘크리트 말뚝을 타설할 때 그 중심간격은 말뚝머리 지름의 2.5배 이상으로 타설하여야 한다.

| ANSWER | 43. ③ | 44. ④ | 45. ④ | 46. ① | 47. ④ | 48. ② |
| --- | --- | --- | --- | --- | --- | --- |

**49** 철근 직경($d_b$)에 따른 표준갈고리의 구부림 최소 내면 반지름 기준으로 옳지 않은 것은?

① D25 주철근 : $3d_b$ 이상
② D13 주철근 : $2d_b$ 이상
③ D16 띠철근 : $2d_b$ 이상
④ D13 띠철근 : $2d_b$ 이상

**알찬풀이** | 표준갈고리의 구부림 최소 내면 반지름
① 180° 표준갈고리와 90° 표준갈고리의 구부리는 내면반지름은 아래의 표에 있는 값 이상으로 하여야 한다.

| 철근 크기 | 최소 내면반지름($r$) |
|---|---|
| D10~D25 | $3d_b$ |
| D29~D35 | $4d_b$ |
| D38 이상 | $5d_b$ |

② 스터럽이나 띠철근에서 구부리는 내면반지름은 D16 이하일 때 $2d_b$ 이상이고, D19 이상일 때는 위의 표에 따라야 한다.

**50** 강재의 기계적 성질과 관련된 응력-변형도 곡선에서 가장 먼저 나타나는 점은?

① 비례한계점  ② 탄성한계점
③ 상위항복점  ④ 하위항복점

**알찬풀이** | 강재의 기계적 성질과 관련된 응력-변형도 곡선에서 가장 먼저 나타나는 점은 비례한계점이다.

**51** 강구조 기둥의 주각부분에 사용되는 것이 아닌 것은?

① 앵커 볼트(Anchor bolt)
② 리브 플레이트(Rib plate)
③ 플레이트 거더(Plate girder)
④ 베이스 플레이트(Base plate)

**알찬풀이** | 플레이트 거더(Plate girder, 판 보)
① 앵글과 강판을 조립하여 만든 보로 보 전체에 전단력이 크게 작용할 때(크레인이 이동할 때 등) 효과적인 보이다.
② 하중이 큰 곳에는 단일 형강보다 경제적이고, 트러스 보에 비하여 충격, 진동 하중에 따른 영향도 적다.

## 52 압연 H형강 H-300×300×10×15의 플랜지 폭두께비는? (단, 균일 압축을 받는 상태이다.)

① 8

② 10

③ 15

④ 18

**알찬풀이** | 플랜지 폭두께비 $\left(\dfrac{b}{t_f}\right)$

$$\frac{b}{t_f} = \frac{\left(\dfrac{300}{2}\right)}{15} = 10$$

## 53 다음 그림과 같은 구조물에서 C점에서의 반력은?

① $R_C = 1.5\text{kN}, \ M_C = -6.0\text{kN}\cdot\text{m}$

② $R_C = 1.5\text{kN}, \ M_C = -7.5\text{kN}\cdot\text{m}$

③ $R_C = 3.0\text{kN}, \ M_C = -6.0\text{kN}\cdot\text{m}$

④ $R_C = 3.0\text{kN}, \ M_C = -7.5\text{kN}\cdot\text{m}$

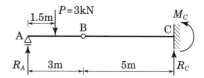

**알찬풀이** | C점에서의 반력

① 문제의 구조물(겔바보)은 아래 그림과 같이 단순보와 캔틸레버 보로 구분해서 풀어간다.

② AB 단순보의 중앙에 $P = 3(\text{kN})$이 작용하므로 $\Sigma V = 0$에서

∴ $R_A = 1.5(\text{kN}), \ R_B = 1.5(\text{kN})$

③ BC 캔틸레버보의 단부 B에 $R_B' = 1.5(\text{kN})$이 작용하므로 $\Sigma V = 0$에서

∴ $R_C = 1.5(\text{kN})$

$M_C = -1.5(\text{kN}) \times 5(\text{m}) = -7.5(\text{kN}\cdot\text{m})$

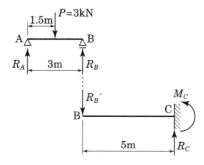

**54** 다음 그림과 같은 구조물의 부정정 차수는?

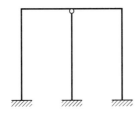

① 3차 부정정

② 5차 부정정

③ 7차 부정정

④ 9차 부정정

**알찬풀이** │ 구조물의 부정정 차수($N$)

$N$=외적차수($N_e$)+내적차수($N_i$)

= (반력수($r$)−3)+(부재 내의 힌지 절점수+연결부재에 따른 차수)

= [(3+3+3)−3]+(−1×1)=5차 부정정

※ 부재 내의 힌지 절점수 : − 요소

　연결부재에 따른 차수 : + 요소

**55** 그림과 같이 스팬이 9.6m이며 간격이 2m인 합성보 A의 슬래브 유효폭 $b_e$는?

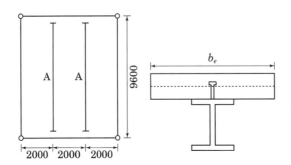

① 1800mm

② 2000mm

③ 2200mm

④ 2400mm

**알찬풀이** │ 슬래브 유효폭($b_e$)

보의 양쪽에 연속슬래브가 있을 경우 다음 두 식 중 최소값으로 결정된다.

① 양쪽 슬래브의 중심간 거리

$$\frac{2000}{2}+\frac{2000}{2}=2000(\mathrm{mm})$$

② 보 경간 × $\frac{1}{4}$

$$\frac{9600}{4}=2400(\mathrm{mm})$$

∴ 슬래브 유효폭($b_e$)=2000(mm)

**56** 등분포하중을 받는 두 스팬 연속보인 $B_1$ RC보 부재에서 A, B, C 지점의 보 배근에 관한 설명으로 옳지 않은 것은?

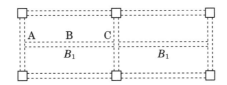

① A단면에서는 스터럽 간격이 B단면에서의 스터럽 간격보다 촘촘하다.
② B단면에서는 하부근이 주근이다.
③ C단면에서의 스터럽 간격이 B단면에서의 스터럽 간격보다 촘촘하다.
④ C단면에서는 하부근이 주근이다.

**알찬풀이** | 보 배근에 관한 설명
　　A, B, C 지점의 보에 대한 개략적인 휨모멘트를 그려보면 아래 그림과 같으므로 C단면에서는 상부근이 주근이다.

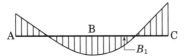

**57** 직경이 50mm이고, 길이가 2m인 강봉에 100kN의 축방향 인장력이 작용할 때 변형량은? (단, 강봉의 탄성계수 $E = 2.0 \times 10^5$MPa)

① 0.51mm
② 1.02mm
③ 1.53mm
④ 2.04mm

**알찬풀이** | 강봉의 변형량($\Delta L$)

$$\Delta L = \frac{P \cdot L}{E \cdot A}$$
$$= \frac{(100 \times 10^3) \times (2 \times 10^3)}{(2 \times 10^5) \times (\pi \times 25^2)} ≒ 0.51(\text{mm})$$

**58** 반지름 $r$인 원형 단면의 도심축에 대한 단면계수의 값으로 옳은 것은?

① $\frac{\pi r^3}{12}$
② $\frac{\pi r^3}{4}$
③ $\frac{\pi r^3}{2}$
④ $\pi r^3$

**알찬풀이** | 원형 단면의 도심축에 대한 단면계수($Z$)

$$Z = \frac{I_y}{y} = \frac{\left(\dfrac{\pi D^4}{64}\right)}{\left(\dfrac{D}{2}\right)} = \frac{\pi D^3}{32}$$

$$D = 2r, \quad \therefore \ Z = \frac{\pi(2r)^3}{32} = \frac{\pi r^3}{4}$$

## 59 다음 그림과 같은 연속보에서 B점의 휨모멘트는?

① $-2\text{kN} \cdot \text{m}$
② $-3\text{kN} \cdot \text{m}$
③ $-4\text{kN} \cdot \text{m}$
④ $-6\text{kN} \cdot \text{m}$

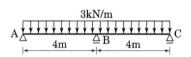

**알찬풀이** | B점의 휨모멘트($M_B$)

등분포 대칭하중을 받는 1차 부정정 연속보의 B점의 휨모

멘트는 B점을 고정단으로 생각하면 $M_B = -\dfrac{wL^2}{8}$ 이다.

$$\therefore \ M_B = -\frac{wL^2}{8} = -\frac{3(\text{kN/m}) \times (4\text{m})^2}{8} = -6(\text{kN} \cdot \text{m})$$

## 60 그림과 같은 보에서 중앙점 C의 휨모멘트는?

① $1.52\text{kN} \cdot \text{m}$
② $3\text{kN} \cdot \text{m}$
③ $4.5\text{kN} \cdot \text{m}$
④ $6\text{kN} \cdot \text{m}$

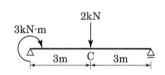

**알찬풀이** | C의 휨모멘트($M_C$)

① $\Sigma V = 0$에서

$-2(\text{kN}) + V_A + V_B = 0$

② $\Sigma M_B = 0$에서

$3(\text{kN} \cdot \text{m}) + V_A \times 6(\text{m}) - 2(\text{kN}) \times 3(\text{m}) = 0$

$V_A = \dfrac{3}{6} = 0.5(\text{kN})$, ① 식에서 $V_B = 1.5(\text{kN})$

$\therefore \ M_C = 3(\text{kN} \cdot \text{m}) + 0.5(\text{kn}) \times 3(\text{m}) = 4.5(\text{kN} \cdot \text{m})$

## 제4과목 : 건축설비

**61** 급기와 배기측에 팬을 부착하여 정확한 환기량과 급기량 변화에 의해 실내압을 정압(+) 또는 부압(-)으로 유지할 수 있는 환기방법은?

① 자연환기                    ② 제1종 환기
③ 제2종 환기                  ④ 제3종 환기

**알찬풀이** | 급기와 배기측에 팬을 부착하여 환기하는 방법은 제1종 환기에 해당한다.


**62** 압축식 냉동기의 냉동사이클에서, 냉매가 압축기에서 응축기로 들어갈 때의 상태는?

① 저온 고압의 액체            ② 저온 저압의 액체
③ 고온 고압의 기체            ④ 고온 저압의 기체

**알찬풀이** | 압축기(compressor)는 증발기에서 넘어온 저온, 저압의 냉매 가스를 압축, 액화하기 쉽도록 압축하여 응축기로 보내는데 이때 냉매 가스는 고온, 고압의 기체상태가 된다.


**63** 형광램프에 관한 설명으로 옳지 않은 것은?

① 점등까지 시간이 걸린다.
② 백열전구에 비해 효율이 높다.
③ 백열전구에 비해 수명이 길다.
④ 역률이 높으며 백열전구에 비해 열을 많이 발산한다.

**알찬풀이** | 형광램프는 역률이 낮으며 백열전구에 비해 열을 많이 발산하지 않는다.


**64** 다음 중 옥내배선에서 간선의 굵기 결정요소와 가장 관계가 먼 것은?

① 허용전류                    ② 전압강하
③ 배선방식                    ④ 기계적 강도

**알찬풀이** | 간선(전선) 굵기의 결정 요소
　　　① 전선의 허용(안전) 전류
　　　② 기계적 강도
　　　③ 전압강하

**65** 실내기온 26℃(절대습도=0.0107kg/kg'), 외기온 33℃(절대습도=0.0184kg/kg'), 1시간당 침입 공기량이 500m³일 때 침입외기에 의한 잠열부하는? (단, 공기의 밀도 1.2kg/m³, 0℃에서 물의 증발 잠열 2501kJ/kg)

① 약 1192W  ② 약 3210W
③ 약 3576W  ④ 약 4768W

**알찬풀이** | 침입외기에 의한 잠열부하($q_{IL}$)

$q_{IL} = 834 \cdot Q \cdot (x_o - x_r)$

(부호) $Q$ : 환기량(m³/h)

　　$x_o$ : 외기의 절대습도(kg/kg')

　　$x_r$ : 실내의 절대습도(kg/kg')

∴ $q_{IL} = 834 \times 500 \times (0.0184 - 0.0107)$

　　　≒ 3210($W$)

**66** 면적 100m², 천장높이 3.5m인 교실의 평균조도를 100[lx]로 하고자 한다. 다음과 같은 조건에서 필요한 광원의 개수는?

[조 건]
• 광원 1개의 광속 : 2000[lm]
• 조명률 : 50%
• 감광 보상률 : 1.5

① 8개  ② 15개
③ 19개  ④ 23개

**알찬풀이** | 광속의 계산식

광속($F$) $= \dfrac{E \times A \times D}{N \times U}$(lm)

(부호) $F$ : 광속(lm)

　　$E$ : 소요 조도(lux)

　　$A$ : 실의 면적(m²)

　　$N$ : 광원의 개수

　　$D$ : 감광 보상율(유지율(M)의 역수 관계이며, 유지율은 먼지 및 노후로 인한 빛 방출의 감소를 고려한 할인율)

　　$U$ : 조명율(조명기구와 실의 표면에 의한 빛 분포의 감소를 감안한 할인율)

∴ 광원의 개수($N$) $= \dfrac{E \times A \times D}{F \times U}$

　　　　　$= \dfrac{100 \times 100 \times 1.5}{2000 \times 0.5} = 15$(개)

**67** 다음 설명에 알맞은 자동화재탐지설비의 감지기는?

주위 온도가 일정 온도 이상이 되면 작동 하는 것으로 보일러실, 주방과 같이 다량의 열을 취급하는 곳에 설치한다.

① 정온식  ② 차동식
③ 광전식  ④ 이온화식

**알찬풀이** | 정온식 감지기
① 화재시 온도 상승으로 감지기 내의 바이메탈(bimetal)이 팽창하거나 가용절연물이 녹아 접점에 닿을 경우에 작동한다.
② 종류
  • 정온식 스폿형 감지기 : 바이메탈식
  • 정온식 감지선형 감지기 : 가용절연물식
③ 용도
  보일러실, 주방과 같은 화기 및 열원 기기를 직접 취급하는 곳에 이용된다.

**68** 통기관의 기능과 가장 거리가 먼 것은?

① 배수계통 내의 배수 및 공기의 흐름을 원활히 한다.
② 배수관의 수명을 연장시키며 오수의 역류를 방지한다.
③ 배수관 계통의 환기를 도모하여 관내를 청결하게 유지한다.
④ 사이펀 작용 및 배압에 의해서 트랩봉수가 파괴되는 것을 방지한다.

**알찬풀이** | 통기관의 설치 목적
① 트랩의 봉수를 보호한다.
② 배수의 흐름을 원활하게 한다.
③ 배수관 내의 악취를 실외로 배출하는 부수적인 역할도 한다.

**69** 압력에 따른 도시가스의 분류에서 중압의 압력 범위로 옳은 것은?

① 0.1MPa 이상 1MPa 미만
② 0.1MPa 이상 10MPa 미만
③ 0.5MPa 이상 50MPa 미만
④ 0.5MPa 이상 10MPa 미만

**알찬풀이** | 도시가스의 압력 구분
① 고압 : 1MPa 이상
② 중압 : 0.1MPa 이상 1MPa 미만
③ 저압 : 0.1MPa 미만

| ANSWER | 65. ② | 66. ② | 67. ① | 68. ② | 69. ① |

**70** 급탕배관 설계 및 시공 시 주의해야 할 사항으로 옳지 않은 것은?

① 건물의 벽관통부분의 배관에는 슬리브를 설치한다.
② 중앙식 급탕설비는 원칙적으로 강제순환방식으로 한다.
③ 상향배관인 경우, 급탕관과 환탕관 모두 상향구배로 한다.
④ 이종금속 배관재의 접속 시에는 전식(電蝕)방지 이음쇠를 사용한다.

**알찬풀이** | 상향배관인 경우 급탕관의 구배는 상향, 환탕관의 구배는 하향 구배로 배관한다.


**71** 다음 중 펌프에서 공동현상(cavitation)의 방지 방법으로 가장 알맞은 것은?

① 흡입양정을 낮춘다.
② 토출양정을 낮춘다.
③ 마찰손실수두를 크게 한다.
④ 토출관의 직경을 굵게 한다.

**알찬풀이** | 공동현상(cavitation)을 방지하기 위해서는 흡입양정을 낮추는 것이 좋다.


**72** 다음과 같은 식으로 산출되는 것은?

$$[최대수요전력 / 총 부하설비용량] \times 100(\%)$$

① 수용률
② 부등률
③ 부하율
④ 역률

**알찬풀이** | 수변전 설비 용량 결정
　① 수용률
$$= \frac{최대\ 사용(수요)전력(kW)}{수용설비(부하설비)용량(kW)} \times 100(\%)$$
　② 0.4~1.0(40%~100%)의 범위이다.


**73** 고가수조식 급수설비에서 양수펌프의 흡입 양정이 5m, 토출양정이 45m, 관내마찰손실이 30kPa라면 펌프의 전양정은?

① 약 40m
② 약 45m
③ 약 53m
④ 약 80m

**알찬풀이** | 펌프의 전양정($H$)

$$H = H_S + H_d + H_f \,(\mathrm{m})$$

$$= 5\,(\mathrm{m}) + 45\,(\mathrm{m}) + \frac{30}{10} = 53\,(\mathrm{m})$$

(부호) $H_S$ : 흡입 양정(m)

$H_d$ : 토출 양정(m)

$H_f$ : 관내 마찰 손실 수두(m)

관내 마찰 손실 수두가 압력(kPa)으로 주어졌으므로 높이(양정, H)로 환산해 주어야 한다.

※ 수압(P)＝0.01H(MPa)＝0.01×H×1,000(kPa)

∴ 높이(양정, H)＝수압(P)(kPa)/10

---

## 74 배수 트랩을 설치하는 가장 주된 목적은?

① 배수의 역류 방지　　　　　② 배수의 유속 조정
③ 배수관의 신축 흡수　　　　④ 하수가스 및 취기의 역류 방지

**알찬풀이** | 배수관 속의 악취, 유독가스 및 해충 등이 실내로 침투하는 것을 방지하기 위하여 배수관 계통의 일부(트랩)에 물을 고여 두게 하는 기구를 트랩(trap)이라 한다.

---

## 75 온수난방방식에 관한 설명으로 옳지 않은 것은?

① 온수의 현열을 이용하여 난방하는 방식이다.
② 한랭지에서 운전 정지 중에 동결의 위험이 있다.
③ 열용량이 작아 증기난방에 비해 예열시간이 짧게 소요된다.
④ 증기난방에 비해 난방부하 변동에 따른 온도 조절이 비교적 용이하다.

**알찬풀이** | 온수난방 방식은 열용량이 커서 증기난방에 비해 예열시간이 길게 소요된다.

---

## 76 다음의 공기조화방식 중 전공기방식에 속하는 것은?

① 유인 유닛방식　　　　　　② 멀티존 유닛방식
③ 팬코일 유닛방식　　　　　④ 패키지 유닛방식

**알찬풀이** | 공기조화 방식 중 공기식

| 열운반 방식 | 공기조화방식 | | 대상건축물 |
|---|---|---|---|
| 공기식 | 단일덕트 방식 | 정풍량 방식 | 저속 : 일반 건축물 |
| | | 가변풍량 방식 | 고속 : 고층 건축물 |
| | 이중 덕트 방식 | | 고층 건축물 |
| | 멀티존 유니트 방식 | | 중간 규모 이하의 건축물 |

---

| ANSWER | 70. ③　71. ①　72. ①　73. ③　74. ④　75. ③　76. ② |
|---|---|

**77** 보일러의 출력 중 상용출력의 구성에 속하지 않는 것은?

① 난방부하         ② 급탕부하
③ 예열부하         ④ 배관부하

**알찬풀이** | 보일러의 용량(출력)

① 정격 출력($H$)

$$H = H_R + H_W + H_P + H_A$$

(부호)   $H_R$ : 난방부하    $H_W$ : 급탕부하

        $H_P$ : 배관부하    $H_A$ : 예열부하

② 상용 출력($H'$)

$$H' = H_R + H_W + H_P$$

③ 정미 출력($H''$)

$$H' = H_R + H_W$$

**78** 증기난방에 사용되는 방열기의 표준 방열량은?

① 0.523kW/m$^2$         ② 0.650kW/m$^2$
③ 0.756kW/m$^2$         ④ 0.924kW/m$^2$

**알찬풀이** | 표준 방열량

방열기 1m$^2$ 당 방열되는 열량(W/m$^2$)으로 표준상태에서 실내의 온도 및 열매에 의해 결정된다.

① 증기난방의 표준 방열량은 756(W/m$^2$)=0.756(kW/m$^2$)이다.

② 온수난방의 표준 방열량은 523(W/m$^2$)=0.523(kW/m$^2$)이다.

**79** LPG에 관한 설명으로 옳지 않은 것은?

① 공기보다 무겁다.
② 액화석유가스를 말한다.
③ LNG에 비해 발열량이 크다.
④ 메탄(CH$_4$)을 주성분으로 하는 천연가스를 냉각하여 액화시킨 것이다.

**알찬풀이** | LPG(liquefied petroleum gas)는 석유 성분 중 프로페인 및 뷰테인 등 끓는점이 낮은 탄화수소를 주성분으로 가스를 상온에서 가압하여 액화한 것이다. 이 가스를 소형의 가벼운 압력용기(봄베)에 충전해서 가정용·업무용·공업용·자동차용 등의 연료로 널리 이용된다.

## 80 난방부하 계산에 일반적으로 고려하지 않는 사항은?

① 환기에 의한 손실 열량
② 구조체를 통한 손실 열량
③ 재실 인원에 따른 손실 열량
④ 틈새 바람에 의한 손실 열량

**알찬풀이** | 난방부하의 종류 및 발생 요소

| 종 류 | 발생 요소 | 열의 종류 |
|---|---|---|
| 실내 손실 열량 | 외벽, 창유리, 지붕<br>내벽, 바닥 | 현열 |
| | 극간풍(틈새 바람) | 현열, 잠열 |
| 기기 손실 열량 | 덕트 | 현열 |
| 외기 부하 | 환기, 극간풍 | 현열, 잠열 |

※ 냉방부하 계산에는 재실 인원에 따른 손실 열량을 고려한다.

---

### 제5과목 : 건축관계법규

## 81 다음 그림과 같은 단면을 가진 거실의 반자 높이는?

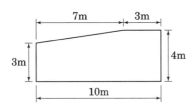

① 3.0m  ② 3.3m
③ 3.65m  ④ 4.0m

**알찬풀이** | 거실의 반자 높이

① 도형의 넓이

$$(10m \times 4m) - \left(\frac{1}{2} \times 1m \times 7m\right) = 36.5m^2$$

② 거실의 반자 높이= 도형의 넓이 ÷ 거실 바닥의 길이

$$\therefore\ 36.5m^2 \div 10m = 3.65m$$

**82** 방송 공동수신설비를 설치하여야 하는 대상 건축물에 속하지 않는 것은?

① 공동주택

② 바닥면적의 합계가 5000m² 이상으로서 업무시설의 용도로 쓰는 건축물

③ 바닥면적의 합계가 5000m² 이상으로서 판매시설의 용도로 쓰는 건축물

④ 바닥면적의 합계가 5000m² 이상으로서 숙박시설의 용도로 쓰는 건축물

**알찬풀이** | 방송 공동수신설비
건축물에는 방송수신에 지장이 없도록 공동시청 안테나, 유선방송 수신시설, 위성방송 수신설비, 에프엠(FM)라디오방송 수신설비 또는 방송 공동수신설비를 설치할 수 있다. 다만, 다음의 건축물에는 방송 공동수신설비를 설치하여야 한다.
① 공동주택
② 바닥면적의 합계가 5,000m² 이상으로서 업무시설이나 숙박시설의 용도로 쓰는 건축물

**83** 다음은 건축물이 있는 대지의 분할제한에 관한 기준 내용이다. 밑줄 친 "대통령령으로 정하는 범위" 기준으로 옳지 않은 것은?

> 건축물이 있는 대지는 <u>대통령령으로 정하는 범위</u>에서 해당 지방자치단체의 조례로 정하는 면적에 못 미치게 분할할 수 없다.

① 주거지역 : 100m² 이상

② 상업지역 : 150m² 이상

③ 공업지역 : 150m² 이상

④ 녹지지역 : 200m² 이상

**알찬풀이** | 대지의 분할제한
건축물이 있는 대지는 다음의 범위에서 해당 지방자치단체의 조례로 정하는 면적에 못 미치게 분할할 수 없다.
① 주거지역 : 60m²　　② 상업지역 : 150m²
③ 공업지역 : 150m²　　④ 녹지지역 : 200m²
⑤ 위 ①~④까지의 규정에 해당하지 아니하는 지역 : 60m²

**84** 지역의 환경을 쾌적하게 조성하기 위하여 일반이 사용할 수 있도록 소규모 휴식시설 등의 공개 공지 또는 공개 공간을 설치하여야 하는 대상 지역에 속하지 않는 것은? (단, 특별자치시장·특별자치도지사 또는 시장·군수·구청장이 지정·공고하는 지역은 제외)

① 준주거지역　　　　　　　　② 준공업지역

③ 전용주거지역　　　　　　　④ 일반주거지역

**알찬풀이** | 공개공지 등의 확보 대상 지역과 건축물의 규모

    ① 대상 지역

        ㉠ 일반주거지역, 준주거지역

        ㉡ 상업지역

        ㉢ 준공업지역

        ㉣ 시장·군수·구청장이 도시화의 가능성이 크다고 인정하여 지정·공고하는 지역

    ② 대상 건축물

        ㉠ 연면적의 합계가 5,000m² 이상인 문화 및 집회시설, 종교시설, 판매시설(농수산물유통시설을 제외), 운수시설, 업무시설, 숙박시설

        ㉡ 기타 다중이 이용하는 시설로서 건축조례가 정하는 건축물

**85** 건축물에 설치하여야 하는 배연설비에 관한 기준 내용으로 틀린 것은? (단, 기계식 배연설비를 하지 않는 경우)

① 배연구는 예비전원에 의하여 열 수 있도록 할 것

② 배연구는 연기감지기 또는 열감지기에 의하여 자동으로 열 수 있는 구조로 할 것

③ 건축물이 방화구획으로 구획된 경우에는 그 구획마다 1개소 이상의 배연창을 설치할 것

④ 배연창의 유효면적은 0.7m² 이상으로서 그 면적의 합계가 당해 건축물의 바닥면적의 200분의 1 이상이 되도록 할 것

**알찬풀이** | 배연창의 유효면적

    ① 면적이 1m² 이상으로서 그 면적의 합계가 해당 건축물의 바닥면적의 1/100 이상일 것. (방화구획이 설치된 경우에는 그 구획된 부분의 바닥면적을 말함)

    ② 바닥면적의 산정에 있어서 거실바닥면적의 1/20 이상으로 환기창을 설치한 거실의 면적은 산입하지 않음.

**86** 국토의 계획 및 이용에 관한 법령상 광장, 공원, 녹지, 유원지가 속하는 기반시설은?

① 교통시설        ② 공간시설

③ 방재시설        ④ 문화체육시설

**알찬풀이** | 공간시설

    광장·공원·녹지·유원지·공공공지는 기반시설 중 공간시설로 분류된다.

**87** 건축법령상 공동주택에 속하는 것은?

① 공관        ② 다중주택

③ 다가구주택        ④ 다세대주택

**알찬풀이** | 공동주택

① 아파트 : 주택으로 쓰이는 층수가 5개 층 이상인 주택
② 연립주택 : 주택으로 쓰이는 1개 동의 연면적(지하주차장 면적을 제외)이 660m²미터를 초과하고, 층수가 4개 층 이하인 주택
③ 다세대주택 : 주택으로 쓰이는 1개 동의 연면적(지하주차장 면적을 제외)이 660m² 이하이고, 층수가 4개층 이하인 주택
④ 기숙사 : 학교 또는 공장 등의 학생 또는 종업원등을 위하여 사용되는 것으로서 공동취사 등을 할 수 있는 구조이되, 독립된 주거의 형태를 갖추지 아니한 것

**88** 건축물의 대지는 원칙적으로 최소 얼마 이상이 도로에 접하여야 하는가? (단, 자동차만의 통행에 사용되는 도로는 제외)

① 1m
② 1.5m
③ 2m
④ 3m

**알찬풀이** | 건축물의 대지는 2m 이상을 도로(자동차만의 통행에 사용되는 도로를 제외한다)에 접하여야 한다.

**89** 부설주차장 설치 대상 시설물이 숙박시설인 경우, 설치 기준으로 옳은 것은?

① 시설면적 100m²당 1대
② 시설면적 150m²당 1대
③ 시설면적 200m²당 1대
④ 시설면적 350m²당 1대

**알찬풀이** | 숙박시설인 경우 주차장 설치기준은 시설면적 200m²당 1대(시설면적/200m²)이다.

**90** 건축허가신청에 필요한 설계도서의 종류 중 건축계획서에 표시하여야 할 사항이 아닌 것은?

① 주차장규모
② 공개공지 및 조경계획
③ 건축물의 용도별 면적
④ 지역·지구 및 도시계획사항

**알찬풀이** | 건축계획서에 표시하여야 사항

① 개요(위치, 대지면적 등)
② 지역·지구 및 도시계획사항
③ 건축물의 규모(건축면적·연면적·높이·층수 등)
④ 건축물의 용도별 면적
⑤ 주차장규모
⑥ 에너지절약계획서(해당건축물에 한한다)
⑦ 노인 및 장애인 등을 위한 편의시설 설치계획서(관계법 령에 의하여 설치의무가 있는 경우에 한한다)

**91** 다음 용도지역 안에서의 건폐율 기준이 틀린 것은?

① 준주거지역 : 60퍼센트 이하
② 중심상업지역 : 90퍼센트 이하
③ 제3종일반주거지역 : 50퍼센트 이하
④ 제1종전용주거지역 : 50퍼센트 이하

**알찬풀이** | 준주거지역의 건폐율은 70% 이하이다.

**92** 교육연구시설 중 학교 교실의 바닥면적이 400m²인 경우, 이 교실에 채광을 위하여 설치하여야 하는 창문의 최소 면적은? (단, 창문으로만 채광을 하는 경우)

① 10m²                    ② 20m²
③ 30m²                    ④ 40m²

**알찬풀이** | 거실의 채광 기준
단독주택의 거실, 공동주택의 거실, 학교의 교실의 채광 기준은 거실 바닥 면적의 1/10 이상의 창문을 설치하여야 한다.

$$\therefore \ 400m^2 \times \frac{1}{10} = 40m^2 \ 이상$$

**93** 건축법령상 다중이용건축물에 속하지 않는 것은? (단, 16층 미만으로, 해당 용도로 쓰는 바닥 면적의 합계가 5000m²인 건축물인 경우)

① 종교시설
② 판매시설
③ 의료시설 중 종합병원
④ 숙박시설 중 일반숙박시설

**알찬풀이** | 다중이용건축물
다중이 사용하는 대규모의 건축물로서 아래에 해당하는 것
① 문화 및 집회시설(전시장 및 동·식물원을 제외), 종교시설, 판매시설, 운수시설, 의료시설 중 종합병원 또는 숙박시설 중 관광숙박시설의 용도에 쓰이는 바닥면적의 합계가 5,000m² 이상인 건축물
② 16층 이상인 건축물

| ANSWER | 88. ③ | 89. ③ | 90. ② | 91. ① | 92. ④ | 93. ④ |
|--------|-------|-------|-------|-------|-------|-------|

**94** 건축물의 주요구조부를 내화구조로 하여야 하는 대상 건축물에 속하지 않는 것은? (단, 해당 용도로 쓰는 바닥면적의 합계가 500m²인 경우)

① 판매시설
② 수련시설
③ 업무시설 중 사무소
④ 문화 및 집회시설 중 전시장

**알찬풀이** | 주요구조부를 내화구조로 하여야 하는 건축물에 업무시설 중 사무소는 대상 건축물에 속하지 않는다.

**95** 목조 건축물의 외벽 및 처마 밑의 연소 우려가 있는 부분을 방화구조로 하고, 지붕을 분연재료로 해야 하는 대규모 목조 건축물의 규모 기준은?

① 연면적 500m² 이상
② 연면적 1,000m² 이상
③ 연면적 1,500m² 이상
④ 연면적 2,000m² 이상

**알찬풀이** | 연면적이 1,000m² 이상인 목조의 건축물
① 구조를 방화구조로 하거나 불연재료로 하여야 한다.
② 외벽 및 처마 밑의 연소할 우려가 있는 부분을 방화구조로 하되, 그 지붕은 불연재료로 하여야 한다.

**96** 연면적 200m²을 초과하는 오피스텔에 설치하는 복도의 유효너비는 최소 얼마 이상이어야 하는가? (단, 양옆에 거실이 있는 복도)

① 1.2m
② 1.5m
③ 1.8m
④ 2.4m

**알찬풀이** | 건축물에 설치하는 복도의 유효너비

| 구 분 | 양옆에 거실이 있는 복도 | 기타의 복도 |
|---|---|---|
| 유치원·초등학교·중학교·고등학교 | 2.4m 이상 | 1.8m 이상 |
| 공동주택·오피스텔 | 1.8m 이상 | 1.2m 이상 |
| 해당 층 거실의 바닥면적 합계가 200m² 이상인 경우 | 1.5m 이상 (의료시설의 복도는 1.8m 이상) | 1.2m 이상 |

**97** 다음은 직통계단의 설치에 관한 기준 내용이다. (    )안에 알맞은 것은?

> 초고층 건축물에는 피난층 또는 지상으로 통하는 직통계단과 직접 연결되는 피난안전구역(건축물의 피난·안전을 위하여 건축물 중간층에 설치하는 대피공간을 말한다.)을 지상층으로부터 최대 (    )개 층마다 1개소 이상 설치하여야 한다.

① 20 　　　　　　　　　　② 30
③ 40 　　　　　　　　　　④ 50

**알찬풀이** | 초고층 건축물에는 피난층 또는 지상으로 통하는 직통계단과 직접 연결되는 피난안전구역(건축물의 피난·안전을 위하여 건축물 중간층에 설치하는 대피공간을 말한다. 이하 같다)을 지상층으로부터 최대 30개 층마다 1개소 이상 설치하여야 한다.

**98** 그림과 같은 대지조건에서 도로 모퉁이에서의 건축선에 의한 공제 면적은?

① 2m²
② 3m²
③ 4.5m²
④ 8m²

**알찬풀이** | 도로 모퉁이에서의 건축선(街角剪除)

$$\therefore \frac{1}{2} \times 2m \times 2m = 2m^2$$

**99** 택지개발사업, 산업단지개발사업, 도시재개발사업, 도시철도건설사업, 그 밖에 단지 조성 등을 목적으로 하는 사업을 시행할 때에는 일정 규모 이상의 노외주차장을 설치하여야 한다. 이 때 설치되는 노외주차장에는 경형자동차를 위한 전용주차구획과 환경친화적 자동차를 위한 전용주차구획을 합한 주차구획이 노외주차장 총주차대수의 최소 얼마 이상이 되도록 하여야 하는가?

① 100분의 5 　　　　　　② 100분의 10
③ 100분의 15 　　　　　　④ 100분의 20

**알찬풀이** | 단지 조성사업 등으로 설치되는 노외주차장에는 경형자동차를 위한 전용주차구획과 환경친화적 자동차를 위한 전용주차구획을 합한 주차구획이 노외주차장 총주차대수의 10/100 이상이 되도록 설치하여야 한다.

**100** 공동주택과 오피스텔의 난방설비를 개별난방 방식으로 하는 경우에 관한 기준 내용으로 옳은 것은?

① 보일러의 연도는 내화구조로서 공동연도로 설치할 것
② 공동주택의 경우에는 난방구획을 방화구획으로 구획할 것
③ 보일러실의 윗부분에는 그 면적이 1m² 이상인 환기창을 설치할 것
④ 기름보일러를 설치하는 경우에는 기름저장소를 보일러실에 설치할 것

**알찬풀이** | 공동주택과 오피스텔의 난방설비를 개별난방방식으로 하는 경우
② 오피스텔의 경우에는 난방구획마다 내화구조로 된 벽·바닥과 갑종방화문으로 된 출입문으로 구획할 것
③ 보일러실의 윗부분에는 그 면적이 0.5m² 이상인 환기창을 설치할 것
④ 기름보일러를 설치하는 경우에는 기름저장소를 보일러실 외의 다른 곳에 설치할 것

**ANSWER**　100. ①

# MEMO

◈ 낭비한 시간에 대한 후회는 더 큰 시간 낭비이다. - 메이슨 쿨리

## 국가기술자격검정 필기시험문제

2020년도 제4회 CBT복원문제

| 자격종목 및 등급(선택분야) | 종목코드 | 시험시간 | 문제지형별 | 수검번호 | 성 명 |
|---|---|---|---|---|---|
| 건축산업기사 | 2530 | 2시간30분 | A | | |

※ 답안카드 작성시 시험문제지 형별누락, 마킹착오로 인한 불이익은 전적으로 수험자의 귀책사유임을 알려드립니다.

### 제1과목 : 건축계획

**01** 사무소 건축의 실 단위 계획 중 개실 시스템에 관한 설명으로 옳은 것은?

① 전 면적을 유용하게 이용할 수 있다.
② 복도가 없어 인공조명과 인공환기가 요구된다.
③ 칸막이벽이 없어서 개방식 배치보다 공사비가 저렴하다.
④ 방 길이에는 변화를 줄 수 있으나, 방 깊이에 변화를 줄 수 없다.

**알찬풀이 | 개실 배치**
① 복도를 통해 각 층의 여러 부분(개실)으로 들어가는 배치이다.
② 독립성에 따른 프라이버시의 이점이 있다.
③ 공사비가 비교적 높다.
④ 방 길이에는 변화를 줄 수 있으나 연속된 긴 복도 때문에 방 깊이에 변화를 줄 수 없다.
⑤ 유럽에서 비교적 많이 사용되었다.

**02** 다음 설명에 알맞은 상점의 숍 프론트 형식은?

> • 숍 프론트가 상점 대지 내로 후퇴한 관계로 혼잡한 도로의 경우 고객이 자유롭게 상품을 관망할 수 있다.
> • 숍 프론트의 진열면적 증대로 상점 내로 들어가지 않고 외부에서 상품 파악이 가능하다.

① 평형      ② 다층형
③ 만입형      ④ 돌출형

**알찬풀이** | 상점의 정면 형태에 의한 분류

| ① 평형 | 가장 일반적인 형식으로 채광 및 유효 면적상 유리하다. (가구점, 꽃집, 자동차 판매점 등) |
|---|---|
| ② 돌출형 | 숍 프론트의 일부를 돌출한 형식으로 특수한 도매상에 이용된다. |
| ③ 만입형 | 숍 프론트가 상점 대지 내로 후퇴한 형식으로 혼잡한 도로에서 진열 상품을 보는데 유리하다. 점내 면적의 감소, 채광의 감소 등 분리한 점도 있다. |
| ④ 홀형 | 만입형의 만입부를 더욱 확대한 형식이다. |
| ⑤ 다층형 | 2층 이상의 층으로 계획한 형이다. |

**03** 한식주택과 양식주택에 관한 설명으로 옳지 않은 것은?

① 한식주택은 좌식이나, 양식주택은 입식이다.
② 한식주택의 실은 혼용도이나, 양식주택은 단일용도이다.
③ 한식주택의 평면은 개방적이나, 양식주택은 은폐적이다.
④ 한식주택의 가구는 부차적이나, 양식주택은 주요한 내용물이다.

**알찬풀이** | 한식주택의 평면의 특징은 조합적, 폐쇄적, 분산적이다.

**04** 사무소 건축의 엘리베이터 계획에 관한 설명으로 옳지 않은 것은?

① 교통동선의 중심에 설치하여 보행거리가 짧도록 배치한다.
② 일렬 배치는 4대를 한도로 하고, 엘리베이터 중심 간 거리는 8m 이하가 되도록 한다.
③ 여러 대의 엘리베이터를 설치하는 경우, 그룹별 배치와 군 관리 운전방식으로 한다.
④ 엘리베이터 대수 산정은 이용자가 제일 많은 점심시간 전후의 이용자수를 기준으로 한다.

**알찬풀이** | 엘리베이터 대수 산정 조건
건물 성격(전용, 임대, 관청 등), 높이, 승강거리, 거주 인원, 출근시 5분간 사용 인원, 정지 층수, 엘리베이터 성능(저속, 고속) 등을 고려하여 산정한다.

| ANSWER | 01. ④ | 02. ③ | 03. ③ | 04. ④ |
|---|---|---|---|---|

**05** 상점의 진열장(Show Case) 배치 유형 중 다른 유형에 비하여 상품의 전달 및 고객의 동선상 흐름이 가장 빠른 형식으로 협소한 매장에 적합한 것은?

① 굴절형　　　　　　　　　② 직렬형
③ 환상형　　　　　　　　　④ 복합형

**알찬풀이** | 직선(직렬) 배열형
　　　　① 입구에서 안쪽을 향하여 직선적으로 구성된 것이다.
　　　　② 고객의 흐림이 빠르고 대량 판매에도 유리하다.
　　　　③ 협소한 매장에 적합하다.
　　　　④ 침구점, 식기점, 서점 등에 적합하다.


**06** 공동주택의 단면형식 중 메조넷형에 관한 설명으로 옳은 것은?

① 작은 규모의 주택에 적합하다.
② 주택 내의 공간의 변화가 없다.
③ 거주성, 특히 프라이버시가 높다.
④ 통로면적이 증가하여 유효면적이 감소된다.

**알찬풀이** | 메조넷형(Maisonette Type, Duplex Type, 복층형)
　　　　① 1주거가 2층에 걸쳐 구성되는 유형을 말한다.
　　　　② 복도는 2~3층 마다 설치한다. 따라서 통로면적의 감소로 전용면적이 증가된다.
　　　　③ 침실을 거실과 상, 하층으로 구분이 가능하다.
　　　　　 (거주성, 특히 프라이버시가 높다.)
　　　　④ 단위세대의 면적이 큰 주거에 유리하다.


**07** 공간의 레이아웃에 관한 설명으로 가장 알맞은 것은?

① 조형적 아름다움을 부가하는 작업이다.
② 생활행위를 분석해서 분류하는 작업이다.
③ 공간에 사용되는 재료의 마감 및 색채계획이다.
④ 공간을 형성하는 부분과 설치되는 물체의 평면상 배치계획이다.

**알찬풀이** | 공간의 레이아웃(layout)
　　　　공간을 형성하는 부분과 설치되는 물체(가구, 도구, 설비 등)의 평면상 배치계획이다.

**08** 공장건축의 형식 중 분관식(Pavillion type)에 관한 설명으로 옳지 않은 것은?

① 통풍, 채광에 불리하다.
② 배수, 물홈통 설치가 용이하다.
③ 공장의 신설, 확장이 비교적 용이하다.
④ 건물마다 건축 형식, 구조를 각기 다르게 할 수 있다.

**알찬풀이** | 분관식(Pavilion type)
　　　① 공장의 구조나 설비 등의 형식을 다르게 할 수 있다.
　　　② 신설, 확장이 비교적 용이하다.
　　　③ 배수 물 홈통설치가 용이하다.
　　　④ 통풍, 채광이 좋다.
　　　⑤ 건축비가 고가이다.
　　　⑥ 여러 동의 공장 건물을 병행할 수 있으므로 조기에 완공이 가능하다.

**09** 다음 중 단독주택에서 부엌의 크기 결정 시 고려하여야 할 사항과 가장 거리가 먼 것은?

① 거실의 크기
② 작업대의 면적
③ 주택의 연면적
④ 작업자의 동작에 필요한 공간

**알찬풀이** | 단독주택에서 부엌의 크기 결정
　　　거주인 수, 주택의 연면적, 작업대의 면적, 작업자의 동작에 필요한 공간을 고려하여 크기를 결정
　　　한다.

**10** 사무소 건축의 기준층 층고 결정 요소와 가장 거리가 먼 것은?

① 채광률　　　　　　　　② 공기조화설비
③ 사무실의 깊이　　　　　④ 엘리베이터 대수

**알찬풀이** | 사무소 건축의 기준층 층고 결정요소 가운데 엘리베이터 대수는 거리가 멀다.

| ANSWER | 05. ② | 06. ③ | 07. ④ | 08. ① | 09. ① | 10. ④ |
|---|---|---|---|---|---|---|

**11** 학교 운영방식 중 종합교실형에 관한 설명으로 틀린 것은?

① 교실의 이용률이 높다.
② 교실의 순수율이 높다.
③ 초등학교 저학년에 적합한 형식이다.
④ 학생의 이동을 최소한으로 할 수 있다.

**알찬풀이** | 종합교실형(U형, Usal Type)
① 거의 모든 교과목을 학급의 각 교실에서 행하는 방식이다.
② 학생의 이동이 거의 없고 심리적으로 안정되며 각 학급마다 가정적인 분위기를 만들 수 있다.
③ 초등학교 저학년에 적합한 형식이다.
④ 교실의 이용률이 매우 높다. (교실의 순수율은 낮다.)

**12** 공장건축의 레이아웃 형식 중 고정식 레이아웃에 관한 설명으로 옳은 것은?

① 표준화가 어려운 경우에 적합하다.
② 대량생산에 유리하며 생산성이 높다.
③ 조선소와 같이 제품이 크고 수량이 적은 경우에 적합하다.
④ 생산에 필요한 모든 공정, 기계·기구를 제품의 흐름에 따라 배치한다.

**알찬풀이** | 고정식 레이아웃
① 주(主)가 되는 재료나 조립부품이 고정된 장소에 있고, 사람이나 기계는 그 장소에 이동해가서 작업이 이루어지는 방식이다.
② 조선소, 건설현장과 같이 제품이 크고 수량이 적은 경우에 행해진다.

**13** 다음 중 공동주택 배치계획 시 고려해야 할 사항과 가장 관계가 먼 것은?

① 피난 등을 위한 옥외공간의 확보
② 각 세대의 일조를 위한 건물 간의 간격
③ 단지 내 도로 또는 놀이터에서 오는 소음방지
④ 건물 외부디자인

**알찬풀이** | 공동주택 배치계획 시 고려해야 할 사항 중 건물 외부디자인은 관계가 멀다.

**14** 도서관 건축계획에서 장래에 증축을 반드시 고려해야 할 부분은 다음 중 어느 것인가?

① 서고 ② 대출실
③ 사무실 ④ 휴게실

**알찬풀이** | 서고의 증축 계획
일반적으로 도서관의 도서는 10년에 2배로 증가하는 경우가 많으므로 장래의 확장을 고려해서 계획하여야 한다.

**15** 학교의 강당 계획에 관한 사항 중 옳지 않은 것은?

① 강당 겸 체육관은 커뮤니티의 시설로서 자주 이용될 수 있도록 고려하여야 한다.
② 강당 및 체육관으로 겸용하게 될 경우 체육관 목적으로 치중하는 것이 좋다.
③ 체육관의 크기는 배구 코드의 크기를 표준으로 한다.
④ 강당은 반드시 전교생을 수용할 수 있도록 크기를 결정하지는 않는다.

**알찬풀이** | 학교의 강당을 강당 및 체육관으로 겸용하게 될 경우 체육관의 크기는 농구 코드의 크기를 표준으로 한다.

**16** 사무소건축에서 코어에 대한 설명으로 옳지 않은 것은?

① 주내력벽 구조체로 내진벽 역할을 한다.
② 중심코어형은 바닥면적이 작은 경우에 적합하며 저층 건물에 주로 사용된다.
③ 설비시설을 집중할 수 있다.
④ 공용부분은 한 곳에 집약시킴으로서 사무소의 유효면적을 증대시키는 역할을 한다.

**알찬풀이** | 중심(중앙) 코어형
① 바닥 면적이 클 경우 특히 고층, 중고층에 적합하다.
② 외주 프레임을 내력벽으로 하여 코어와 일체로 한 내진구조를 만들 수 있다.
③ 내부공간과 외관이 모두 획일적으로 되기 쉽다.
④ 유효율이 높으며, 임대 사무소로서 경제적인 계획이 가능하다.

**17** 주택의 규모로 프랑스 사회학자 숑바르 드 로브(Chombard de Lauwe)가 제시한 개인적 혹은 가족적인 거주 융통성을 보장할 수 없는 한계 기준($m^2$/인)은?

① 8 ② 10
③ 14 ④ 16

**알찬풀이** | 숑바르 드 로브(Chombard de Lawve, 프랑스의 사회학자) 기준
   ① 표준 기준 : 16m²/인
   ② 한계 기준 : 14m²/인
   ③ 병리 기준 : 8m²/인

**18** 상점건축의 진열창 계획 시 반사방지를 위한 대책 중 가장 옳지 않은 것은?

   ① 쇼윈도 안의 조도를 외부, 즉 손님이 서 있는 쪽보다 어둡게 한다.
   ② 특수한 곡면유리를 사용하여 외부의 영상이 고객의 시야에 들어오지 않게 한다.
   ③ 차양을 설치하여 외부에 그늘을 준다.
   ④ 평유리는 경사지게 설치한다.

**알찬풀이** | 상점건축의 진열창(show window) 계획 시 반사방지를 위해서는 진열창 안의 조도를 외부, 즉 손님이
   서 있는 쪽보다 밝게 하여야 한다.

**19** 다음 중 도서관의 도서출납 형식에 따른 특성으로 가장 옳지 않은 것은?

   ① 자유개가식은 서적의 유지, 관리가 용이하다.
   ② 반개가식은 신간서적 안내에 주로 적용되며, 다량의 도서에는 부적당하다.
   ③ 안전개가식은 출납시스템이 필요치 않아 혼잡하지 않다.
   ④ 폐가식은 대출절차가 복잡하고 관리자의 작업량이 많다.

**알찬풀이** | 자유 개가식
   ① 열람자가 자유롭게 서가에서 책을 찾아 검열 받지 않고 열람하는 형식이다.
   ② 책 내용의 파악 및 선택이 자유롭고 대출 목록 작성이 필요 없다.
   ③ 일반적으로 열람은 일정한 장소에서만 이루어진다.
   ④ 서가의 책 정리가 잘 안되면 혼란스러울 수가 있다.
   ⑤ 책의 마모, 파손이 쉽다.

**20** 아파트의 평면형에 대한 설명 중 옳지 않은 것은?

   ① 홀형은 통행부의 면적이 많이 소요되나 동선이 길어 출입하는데 불편하다.
   ② 집중형은 기후조건에 따라 기계적 환경조절이 필요한 형이다.
   ③ 중복도형은 프라이버시가 좋지 않다.
   ④ 편복도형은 복도가 개방형이므로 각 호의 통풍 및 채광상 양호하다.

**알찬풀이** | 홀 형(hall type)
① 엘리베이터, 계단실을 중앙의 홀에 두도록 하며 이 홀에서 각 주거로 접근하는 유형이다.
② 동선이 짧아 출입이 용이하나 코어(엘리베이터, 계단실 등)의 이용률이 낮아 비경제적이다.
③ 복도 등의 공용 부분의 면적을 줄일 수 있고 각 주거의 프라이버시 확보가 용이하다.
④ 채광, 통풍 등을 포함한 거주성은 방위에 따라 차이가 난다.
⑤ 고층용에 많이 이용된다.

## 제2과목 : 건축시공

**21** 다음 시멘트의 화학적 구성물 중 재령 1일 이내의 조기 강도 발현에 가장 많은 영향을 미치는 것은?

① 알루민산 삼석회($C_3A$)
② 규산삼석회($C_3S$)
③ 규산이석회($C_2S$)
④ 알루민산철 사석회($C_4AF$)

**알찬풀이** | 시멘트의 화학적 구성물 중 재령 1일 이내의 조기 강도 발현에 가장 많은 영향을 미치는 것은 알루민산 삼석회($C_3A$)이다.

**22** 기준점(Bench Mark)에 관한 다음 설명 중 옳지 않은 것은?

① 신축할 건축물의 높이의 기준을 삼고자 설정하는 것이다.
② 기준점의 위치는 수시로 이동 가능한 사물에 설치하는 것이 좋다.
③ 바라보기 좋은 곳에 적어도 2개소 이상 설치해 두어야 한다.
④ 공사가 완료된 뒤라도 건축물의 침하, 경사 등을 확인하기 위하여 사용되는 경우가 있다.

**알찬풀이** | 벤치마크(Bench mark, 기준점)
① 건물의 높이 및 위치의 기준이 되는 표식이다.
② 건물의 위치 결정에 편리하고 잘 보이는 곳에 설치한다.
③ 위치는 이동될 우려가 없는 인근 건축물, 담장 등을 이용하고 적당한 곳이 없으면 나무말뚝 또는 콘크리트 말뚝을 이용한다.
④ 높이의 기준점은 건물 부근에 2개소 이상 설치한다.

**ANSWER**    18. ①    19. ①    20. ①    21. ①    22. ②

**23** 시멘트 벽돌공사에 관한 주의사항으로 옳지 않은 것은?

① 벽돌은 품질, 등급별로 정리하여 사용하는 순서별로 쌓아 둔다.
② 벽돌쌓기 시 잔 토막 또는 부스러기 벽돌을 쓰지 않는다.
③ 쌓기 모르타르는 모래는 가는 모래를 사용하고, 빈배합으로 하며 사용 시 물을 부어 사용한다.
④ 모르타르 제조시 사용하는 골재는 점토 등 유해물질이 들어있는 재료를 사용해서는 안된다.

**알찬풀이** | 쌓기 모르타르는 모래는 일반 모래를 사용하고, 시멘트와 모래의 비율이 1 : 3 정도의 배합으로 하며 사용 시 물로 반죽하여 사용한다.

**24** 건조된 목재의 특징으로 옳지 않은 것은?

① 변색　　　　　　　　　② 갈램
③ 뒤틀림　　　　　　　　④ 내구성 저하

**알찬풀이** | 건조의 목적
① 목재의 중량을 가볍게 한다.
② 목재의 부패를 방지한다.
③ 수축, 균열, 변색, 뒤틀림 등을 방지
④ 도장이나 약재 처리가 용이하게 한다.
⑤ 강도를 다소 증가시킨다.

**25** 멤브레인 방수공법에 해당되지 않는 것은?

① 아스팔트 방수　　　　　② 실링 방수공법
③ 도막방수　　　　　　　④ 합성고분자 시트방수

**알찬풀이** | 멤브레인 방수공법은 방수면에 얇은 도막층을 형성시키는 방수 공법으로 아스팔트 방수, 도막방수, 합성고분자 시트방수가 이에 해당한다.

**26** 다음 중 가설 안전시설과 관련 없는 항목은?

① 추락 방호망　　　　　　② 낙하물 방지망
③ 경량칸막이　　　　　　④ 방호 선반

**알찬풀이** | 경량칸막이는 가설 안전시설과 관련 없다.

**27** 건축공사 표준시방서에 기재하는 사항으로 부적당한 것은?

① 공법에 관한 사항        ② 공정에 관한 사항

③ 재료에 관한 사항        ④ 공사비에 관한 사항

**알찬풀이** | 공사비에 관한 사항은 내역서에 기재하는 사항으로 건축공사 표준시방서 기재하는 사항으로는 부
적당하다.


**28** 목구조의 접합부에 관한 설명으로 옳은 것은?

① 접합부의 강도는 부재의 강도보다 작아야 한다.

② 부재의 접합은 응력이 작은 곳에 둔다.

③ 이음 및 맞춤의 단면은 응력 방향에 수평되게 한다.

④ 볼트 접합이 못 접합보다 접합부의 강성이 크다.

**알찬풀이** | 목구조의 접합부
        ① 접합부의 강도는 부재의 강도 이상이어야 한다.
        ③ 이음 및 맞춤의 단면은 응력 방향에 수직되게 한다.
        ④ 볼트 접합은 못 접합보다 접합부의 강성이 작다.


**29** 다음 중 가설공사와 관련이 없는 것은?

① 가설시설은 본 건물 완성 전 해체된다.

② 지정공사라고도 한다.

③ 공사의 규모나 내용에 따라서 달라진다.

④ 본 공사의 진행과 공사 기간에 많은 영향을 준다.

**알찬풀이** | 지정공사는 기초공사와 관련이 있으며 가설공사와는 관련이 없다.


**30** 다음 중 PERT/CPM에 대한 설명으로 적당하지 않은 것은?

① 작업의 상호관계가 명확하다.

② 계획 단계에서 문제점(공정, 노무, 자재) 등이 파악되어 적절한 수정이 가능하다.

③ 공사 전체의 파악을 용이하게 할 수 있고, 작성 및 수정시간이 작게 걸린다.

④ 각 작업의 관련성이 도시되어 있어 공사의 진척사항을 쉽게 알아볼 수 있다.

**알찬풀이** | 공사 전체의 파악을 용이하게 할 수 있고, 작성 및 수정시간이 작게 걸리는 것은 바 챠트(bar
chart) 공정표에 대한 설명이다.


| ANSWER | 23. ③ | 24. ④ | 25. ② | 26. ③ | 27. ④ | 28. ② | 29. ② | 30. ③ |
| --- | --- | --- | --- | --- | --- | --- | --- | --- |

**31** 철골재의 수량산출에서 도면 정미수량에 가산할 할증률로서 부적당한 것은?

① 고장력 볼트 : 3%　　　　② 강판 : 10%

③ 봉강 : 3%　　　　　　　④ 소형형강 : 5%

**알찬풀이** | 봉강, 형강, 각관의 할증률은 5% 이다.


**32** 거푸집에 가해지는 콘크리트의 측압에 대하여 설명한 것 중 옳지 않은 것은?

① 부어넣기 속도가 빠를수록 측압이 크다.

② 시공연도가 큰 콘크리트 일수록 측압이 크다.

③ 진동기를 사용하여 다질수록 측압이 크다.

④ 외기온도가 높을수록 측압이 크다.

**알찬풀이** | 거푸집에 가해지는 콘크리트의 측압은 외기온도가 낮을수록 측압이 크다.


**33** 커튼월(Curtain wall)에 대한 설명으로 틀린 것은?

① 내력벽에 사용된다.

② 공장생산이 가능하다.

③ 고층건축에 특히 사용된다.

④ 패스너(Fastener)를 이용한 볼트 조임으로 구조물에 고정시킨다.

**알찬풀이** | 커튼월(Curtain wall)은 비내력벽에 사용된다.


**34** 콘크리트의 동결융해 저항성을 증진시키기 위해 사용하는 혼화제로 가장 적합한 것은?

① 팽창제　　　　　　　　② AE제

③ 방청제　　　　　　　　④ 유동화제

**알찬풀이** | A.E 콘크리트의 특성

　① 시공연도(Workability)가 좋아진다.

　② 단위수량이 감소된다.

　③ 동결융해에 대한 저항성이 증대된다. (동기공사 가능)

　④ 내구성, 수밀성이 크다.

　⑤ 재료분리, 블리딩 현상이 감소된다.

　⑥ 철근의 부착강도는 저하된다.

**35** 다음 각 유리의 특징에 대한 설명으로 옳지 않은 것은?

① 망입유리는 판유리 가운데에 금속망을 넣어 압착 성형한 유리로 방화 및 방재용으로 사용된다.

② 강화유리는 후판 유리를 약 500~600℃로 가열한 후 급속히 냉각 강화하여 만든 유리로 선박, 차량, 출입구 등에 사용된다.

③ 접합유리는 2장 또는 그 이상의 판유리에 특수필름을 삽입하여 접착시킨 안전유리로서 파손되어도 파편이 발생하지 않는다.

④ 복층유리는 2~3장의 판유리를 밀착하여 만든 유리로서 단열, 방서, 방음용으로 사용된다.

**알찬풀이** | 복층유리는 2~3장의 판유리 사이에 공간을 두어 만든 유리로서 단열, 방서, 방음용으로 사용된다.


**36** 목구조의 보강철물에 관한 설명으로 옳지 않은 것은?

① 전단보강 플레이트는 목구조 접합부에 전단 하중 보강용으로 목재 내부에 사용되는 원형판이다.

② 래그 못은 두꺼운 목재를 결합하거나 보강하기 위한 래그달린 나사못이다.

③ 왕대공과 평보의 접합부는 안장쇠로 보강한다.

④ 기둥과 층도리는 띠쇠로 보강한다.

**알찬풀이** | 왕대공과 평보의 접합부는 감잡이쇠로 보강한다.


**37** 프리캐스트 콘크리트에 사용되는 상수돗물의 품질에 대한 설명 중 틀린 것은?

① 탁도(NTU)는 5도 이하로 한다.

② 수소이온농도(pH)는 5.8~8.5로 한다.

③ 증발잔류물은 500mg/$l$ 이하로 한다.

④ 염소이온량은 250mg/$l$ 이하로 한다.

**알찬풀이** | 프리캐스트 콘크리트에 사용되는 상수돗물은 탁도(NTU)는 2도 이하로 한다.


| ANSWER | 31. ③ | 32. ④ | 33. ① | 34. ② | 35. ④ | 36. ③ | 37. ① |

**38** 건축생산에 있어서 근대화와 가장 관계가 먼 것은?

① 건축부품의 규격화
② 시공의 기계화
③ 건축생산의 습식공법화
④ 프리패브화 및 시스템화

**알찬풀이** | 건축생산의 습식공법은 재래식 공법에 해당한다.


**39** 다음 중 부엌 조리대의 상판 구조로 가장 알맞은 재료는 어느 것인가?

① MDF(Medium Density Fiberboard)
② PB(Particle Board)
③ LPM(Low Pressure Melamine)
④ HPM(High Pressure Melamine)

**알찬풀이** | 부엌 조리대의 상판 구조로 가장 알맞은 재료는 내습성, 내열성이 우수한 HPM(High Pressure Melamine)이 적당하다.


**40** 현장에서 콘크리트를 타설해서 조성하는 현장 콘크리트 말뚝과 관련하여 틀린 내용은?

① 말뚝의 현장운반 문제가 불필요하다.
② 시공시 진동, 소음이 줄어든다.
③ 설비는 복잡하나 이음매 없이 장척의 말뚝설치가 가능하다.
④ 시공 후의 품질 확인이 용이하다.

**알찬풀이** | 현장 콘크리트 말뚝은 시공 후의 품질 확인이 용이하지 않다.

제3과목 : 건축구조

**41** 단근 장방형 보에 대한 강도설계법에서 철근비 $\rho = 0.0135$ 이고 단면이 $b = 300\,\text{mm}$, $d = 500\,\text{mm}$ 일 때 철근 단면적으로 옳은 것은

① 5,100mm²

② 4,590mm²

③ 3,925mm²

④ 2,025mm²

**알찬풀이** │ 철근 단면적($A_s$)

$$\therefore A_s = \rho \times (b \times d) = 0.0135 \times (300 \times 500) = 2,025\,(\text{mm}^2)$$

**42** 그림과 같이 배근(8 – D25)된 기둥에서 강도설계법에 의한 내진설계 시 양단부에 배치할 띠철근의 간격으로 옳은 것은?

① 175mm

② 200mm

③ 240mm

④ 300mm

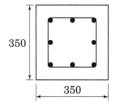

**알찬풀이** │ 내진설계 시 양단부에 배치할 띠철근의 간격

띠철근의 수직 간격은 다음 중 작은 값 이하로 해야 한다.

① 종방향 철근 지름의 8배 → 25(mm) × 8 = 200(mm)

② 띠철근 지름의 24배 → 10(mm) × 24 = 240(mm)

(띠철근으로 D10mm 사용 시)

③ 기둥 단면의 최소치수의 1/2 → 350 × 1/2 = 175(mm)

④ 300(mm)

∴ 175(mm)

**43** 그림과 같은 트러스의 $D$부재의 부재력은?

① 3kN

② $3\sqrt{2}\,\text{kN}$

③ 6kN

④ $6\sqrt{2}\,\text{kN}$

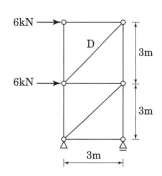

**알찬풀이** | 트러스의 $D$부재의 부재력

① 아래 그림과 같이 $D$부재가 지나가도록 수평으로 절단해서 위쪽을 고려한다.

② 힘의 평형조건 $\Sigma H = 0$에서

$$+6(\text{kN}) - \left(D \cdot \frac{1}{\sqrt{2}}\right) = 0$$

$$\therefore D = 6\sqrt{2}\,(\text{kN})$$

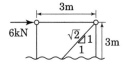

---

## 44 그림과 같은 구조물의 판정 결과는?

① 정정

② 1차 부정정

③ 2차 부정정

④ 3차 부정정

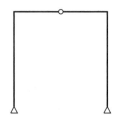

**알찬풀이** | 구조물의 판정

부정정 차수 = 외적차수($N_e$)+내적차수($N_i$)

= [반력수(r)−3]+[−부재 내의 힌지 절점수(h)+연결된 부재에 따른 차수]

∴ 부정정 차수=[(2+2)−3]+[−1+0] = 0 → 정정구조물

---

## 45 철근콘크리트 구조의 특징에 대한 설명 중 옳지 않은 것은?

① 철근과 콘크리트가 일체가 되어 내구적이다.

② 철근이 콘크리트에 의해 피복되므로 내화적이다.

③ 다른 구조에 비해 부재의 단면과 중량이 크다.

④ 습식구조이므로 동절기 공사가 용이하다.

**알찬풀이** | 습식구조이므로 동절기 공사가 어렵고 보양 비용이 추가적으로 발생한다.

**46** 지지상태는 양단 고정이며, 길이 3m인 압축력을 받는 원형 강관 $\phi - 89.1 \times 3.2$의 탄성좌굴 하중을 구하면? (단, $I = 79.8 \times 10^4 \text{mm}^4$, $E = 210,000 \text{MPa}$이다.)

① 184kN
② 735kN
③ 1,018kN
④ 1,532kN

**알찬풀이** | 탄성 좌굴하중($P_{cr}$)

$$P_{cr} = \frac{\pi^2 EI}{(KL)^2} = \frac{\pi^2 \times 210,000 \times 79.8 \times 10^4}{(0.5 \times 3 \times 10^3)^2}$$
$$\fallingdotseq 735(\text{kN})$$

**47** 그림과 같은 구조물의 지점 A의 휨모멘트는?

① $-20\text{kN} \cdot \text{m}$
② $-40\text{kN} \cdot \text{m}$
③ $-60\text{kN} \cdot \text{m}$
④ $-80\text{kN} \cdot \text{m}$

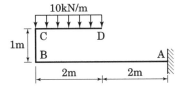

**알찬풀이** | 지점 A의 휨모멘트($M_A$)

지점 A의 휨모멘트($M_A$)는 아래 그림과 같이 캔틸레버 보에 단순 집중하중이 작용하는 것과 같으므로 $M_A = -20(\text{kN}) \times 3(\text{m}) = -60(\text{kN} \cdot \text{m})$

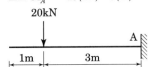

**48** 강구조 인장재에 관한 설명으로 옳지 않은 것은?

① 부재의 축 방향으로 인장력을 받는 구조이다.
② 대표적인 단면형태로는 강봉, ㄱ형강, T형강이 주로 사용된다.
③ 인장재 설계에서 총단면의 항복과 단면결손 부분의 파단은 검토하지 않는다.
④ 현수구조에 쓰이는 케이블이 대표적인 인장재이다.

**알찬풀이** | 강구조 인장재 설계에서 총단면의 항복과 단면결손 부분의 파단을 검토하여야 한다.

**49** 그림과 같은 보의 A단에 모멘트 $M$이 작용할 때 타단 B의 고정모멘트는?

① $\dfrac{M}{8}$

② $\dfrac{M}{6}$

③ $\dfrac{M}{4}$

④ $\dfrac{M}{2}$

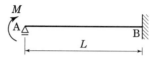

**알찬풀이** | 타단 B의 고정모멘트

① 분배율($DF_{AB}$)

1개의 구조물이므로 $DF_{AB} = \dfrac{1}{1} = 1$

② 분배모멘트($M_{AB}$)

$M_{AB} = M_A \times DF_{AB} = M$

③ 전달모멘트($M_{BA}$)

$M_{BA} = \dfrac{1}{2} M_{AB} = \dfrac{1}{2} M \rightarrow \therefore M_B = \dfrac{M}{2}$

**50** 강재의 응력-변형도 곡선에 대한 사항 중 옳지 않은 것은?

① 비례한도는 응력과 변형도가 비례하여 선형관계를 유지하는 한계의 응력점이다.

② 변형도경화영역은 항복이 끝나고 응력이 다시 상승하게 되는 구간이다.

③ 소성영역은 변형도는 변하지 않는데 응력이 증가하는 구간이다.

④ 인장강도점을 지나 변형이 발생하면서 종국에 파괴점이 나타난다.

**알찬풀이** | 소성영역은 응력은 변하지 않는데 변형도 증가하는 구간이다.

**51** 중심축 하중을 받는 기둥의 축 방향 응력을 구하는 식으로 옳은 것은?
(단, $P$ : 축하중, $M$ : 모멘트, $A$ : 단면적, $I$ : 단면2차모멘트, $Z$ : 단면계수)

① $\sigma = \dfrac{P}{A}$

② $\sigma = \dfrac{M}{Z}$

③ $\sigma = \dfrac{M}{I}$

④ $\sigma = \dfrac{P}{Z}$

**알찬풀이** | 중심축 하중을 받는 기둥의 축 방향 응력($\sigma$)

$\sigma = \dfrac{P}{A}$

## 52

지름 20mm, 길이 3m의 연강 봉을 축 방향으로 30kN의 인장력을 작용시켰을 때 길이가 1.4mm 늘어났고, 지름이 0.0027mm 줄어들었다. 이때 강봉의 푸아송 수는?

① 3.16

② 3.46

③ 3.76

④ 4.06

**알찬풀이** | 강봉의 푸아송 수($m$)

$$m = \frac{1}{\nu} = \frac{\epsilon}{\beta} = \frac{\left(\dfrac{\Delta L}{L}\right)}{\left(\dfrac{\Delta d}{d}\right)} = \frac{d \cdot T \Delta L}{L \cdot \Delta d}$$

$$= \frac{20 \times 1.4}{3 \times 10^3 \times 0.0027} \fallingdotseq 3.46$$

(부호) $\epsilon$ : 새로 변형률, $\beta$ : 가로 변형률

※ 푸아송 수($m$)는 푸아송 비($\nu$)의 역수이다.

## 53

다음 그림과 같은 고장력 볼트 접합부의 설계 미끄럼 강도는?

> • 미끄럼계수 : 0.5
> • 표준구멍
> • M16의 설계볼트장력 $T_o = 106kN$
> • M20의 설계볼트장력 $T_o = 165kN$
> • 설계미끄럼강도식 : $\phi R_n = \phi \cdot \mu \cdot h_f \cdot T_o \cdot N_s$

① 212kN

② 184kN

③ 165kN

④ 148kN

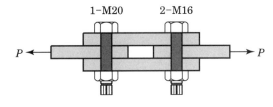

**알찬풀이** | 설계 미끄럼 강도($\phi R_n$)

① 1-M20에 대한 설계 미끄럼 강도

$$\phi R_n = \phi \cdot \mu \cdot h_{sc} \cdot T_o \cdot N_s$$
$$= 1 \times 0.5 \times 1 \times 165 \times 2(면) = 165(kN)$$

② 2-M16에 대한 설계 미끄럼 강도

$$\phi R_n = \phi \cdot \mu \cdot h_{sc} \cdot T_o \cdot N_s$$
$$= 1 \times 0.5 \times 1 \times 106 \times 2(개) \times 2(면) = 212(kN)$$

∴ 위 그림과 같은 고장력 볼트 접합부의 설계 미끄럼 강도는 작은 값인 1-M20에 대한 미끄럼 강도로 결정한다.

(부호)

$\phi$ : 강도감소계수

표준구멍 또는 단 슬롯구멍의 경우는 사용성 한계상태($\phi = 1.0$)로 설계하며, 대형구멍 또는 장슬롯구멍의 경우에는 강도한계상태($\phi = 0.85$)로 설계한다.

$\mu$ : 미끄럼 계수(블라스터 후 페인트 하지 않은 경우 0.5)

$h_{sc}$ : 표준구멍(1.0), 대형구멍과 단 슬롯구멍(0.85), 장슬롯 구멍(0.7)

$T_o$ : 설계볼트장력(kN)

$N_s$ : 전단면의 수

---

**ANSWER**    49. ④    50. ③    51. ①    52. ②    53. ③

**54** 강도설계법에서 처짐을 계산하지 않는 경우 철근콘크리트 보의 최소두께 규정으로 옳은 것은? (단, 보통중량콘크리트 $m_c = 2,300 \text{kg/m}^3$와 설계기준 항복강도 400MPa 철근을 사용한 부재)

① 단순지지 : $\dfrac{l}{20}$　　　　　　　② 1단연속 : $\dfrac{l}{18.5}$

③ 양단 연속 : $\dfrac{l}{24}$　　　　　　④ 캔틸레버 : $\dfrac{l}{10}$

**알찬풀이 | 처짐의 제한**

일반 콘크리트와 설계기준강도 400Mpa의 철근을 사용한 부재에 대하여 부재의 두께를 최소두께 이상이 되도록 규정함으로써 처짐을 간접적으로 규정하고 있다.

■ 처짐을 계산하지 않는 경우의 1방향 슬래브와 보의 최소 두께(h)

| 구 분 | 단순 지지 | 1단 연속 | 양단 연속 | 캔틸레버 |
|---|---|---|---|---|
| 1방향 슬래브 | $\dfrac{l}{20}$ | $\dfrac{l}{24}$ | $\dfrac{l}{28}$ | $\dfrac{l}{10}$ |
| 보 | $\dfrac{l}{16}$ | $\dfrac{l}{18.5}$ | $\dfrac{l}{21}$ | $\dfrac{l}{8}$ |

**55** 강도설계법에 의한 철근콘크리트 플랫 슬래브 설계 시 지판의 슬래브 아래로 돌출한 두께는 돌출부를 제외한 슬래브 두께가 300mm 일 때 최소 얼마 이상으로 하여야 하는가?

① 20mm　　　　　　　　　② 40mm

③ 60mm　　　　　　　　　④ 75mm

**알찬풀이 | 플랫 슬래브**

지판의 슬래브 아래로 돌출한 두께($d'$)는 슬래브 두께의 1/4 이상이어야 한다.

$$\therefore \ d' = \frac{300}{4} = 75 (\text{mm})$$

**56** 말뚝머리 지름이 500mm인 기성콘크리트 말뚝을 시공할 때 그 중심간격으로 가장 적당한 것은?

① 750mm　　　　　　　　② 900mm

③ 1,000mm　　　　　　　④ 1,250mm

**알찬풀이 |** 기성콘크리트 말뚝을 시공할 때 그 중심간격은 말뚝지름의 2.5배 이상으로 한다.

$$\therefore \ 500(\text{mm}) \times 2.5 = 1,250(\text{mm})$$

## 57

그림과 같은 목재 보의 최대 처짐은? (단, $E = 10,000MPa$이고 자중은 무시한다.)

① 45mm

② 30mm

③ 20mm

④ 15mm

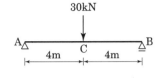

**알찬풀이** | 최대 처짐($\delta_{max}$)

집중하중을 받는 단순 보의 최대 처짐은 $\delta_{max} = \dfrac{PL^3}{48EI}$이다.

$$\therefore \ \delta_{max} = \frac{PL^3}{48EI} = \frac{(30 \times 10^3) \times 8,000^3}{48 \times 10,000 \times \left(\dfrac{300 \times 400^3}{12}\right)}$$

$$= 20(mm)$$

## 58

인장 이형철근의 정착 길이를 보정계수에 의해 증가시켜야 하는 경우가 아닌 것은?

① 경량콘크리트      ② 에폭시 도막철근

③ 상부 철근      ④ 보통중량콘크리트

**알찬풀이** | 보정계수

$\alpha$ : 철근 배근 위치계수     $\beta$ : 에폭시 도막계수     $\lambda$ : 경량콘크리트 계수

## 59

그림과 같은 보에서 B지점의 반력은?

① $\dfrac{wL}{2}$

② $\dfrac{wL}{4}$

③ $\dfrac{wL}{6}$

④ $\dfrac{wL}{8}$

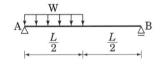

**알찬풀이** | B지점의 반력($V_B$)

아래 그림과 같이 단순 집중하중이 작용하는 것으로 풀이하는 것이 편리하다.

힘의 평행 조건에서 $\Sigma M_B = 0$

$$V_A \times L - \frac{wL}{2} \times \frac{3}{4}L = 0 \ \rightarrow \ V_A = \frac{3wL}{8}$$

$$\therefore \ V_B = \frac{wL}{2} - \frac{3wL}{8} = \frac{wL}{8}$$

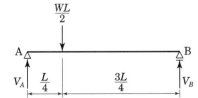

**60** 단면 $b \times h$(200mm × 300mm), $L = 6$m인 단순 보에 중앙집중하중 $P$가 작용할 때 $P$의 허용값은? (단, $\sigma_{allow} = 9$MPa이다.)

① 18kN

② 21kN

③ 24kN

④ 27kN

**알찬풀이** | $P$의 허용값

① 단순 보에 중앙집중하중 $P$가 작용할 때 최대 휨모멘트

$$M_{\max} = \frac{PL}{4} = \frac{P \times 6,000}{4}$$

직사각형 단면의 단면계수($Z$)

$$Z = \frac{bh^2}{6} = \frac{200 \times 300^2}{6} = 3 \times 10^6 \, (\text{mm}^3)$$

② $\sigma_{\max} = \dfrac{M_{\max}}{Z} = \dfrac{\dfrac{P \times 6 \times 10^3}{4}}{3 \times 10^6} = \dfrac{P}{2 \times 10^3} \leq \sigma_{allow}$

$\therefore\ P \leq 9 \times (2 \times 10^3) = 18 \times 10^3 (\text{N}) = 18 (\text{kN})$

## 제4과목 : 건축설비

**61** 노통연관식 보일러에 대한 설명으로 옳지 않은 것은?

① 부하변동에 대한 안정성이 없다.

② 예열시간이 길다.

③ 분할 반입이 어렵다.

④ 보유 수면이 넓어서 급수용량 제어가 쉽다.

**알찬풀이** | 노통연관식 보일러

횡형의 동체 내를 수실(水室)로 한 것으로 그 내부에 연소실과 다수의 연관을 연결한 것이다.

① 수실(水室) 내에 보유 수량이 많으며 부하의 변동에도 유리하다.

② 예열시간이 길다.

③ 분할 반입이 어렵고 수명이 짧은 편이다.

④ 보유 수면이 넓어서 급수용량 제어가 쉽다.

⑤ 중규모 이상의 건물에 이용된다.

**62** 건물 내의 배수계통에 통기관을 설치하는 목적으로 옳지 않은 것은?

① 배수관 내의 환기를 위하여
② 배수관이 막혔을 때 예비로 사용하기 위하여
③ 트랩의 봉수를 보호하기 위하여
④ 배수관 내의 물의 흐름을 원활하게 하기 위하여

**알찬풀이** | 통기관을 설치하는 목적
① 트랩의 봉수를 보호한다.
② 배수의 흐름을 원활하게 한다.
③ 배수관 내의 악취를 실외로 배출하는 부수적인 역할도 한다.

**63** 수도직결방식의 급수에서 수압이 0.24MPa일 때 급수압에 의한 물의 상승 높이는?

① 2.4m
② 4.8m
③ 12m
④ 24m

**알찬풀이** | 수두의 높이($h$)
수두의 높이($h$) = 수압(MPa) × 100(m)
= 0.24(MPa) × 100 = 24(m)

**64** 양수량이 1m³/min, 전 양정이 50m 되는 펌프에서 회전수를 1.2배 증가시켰을 때 양수량은?

① 1.2배 증가
② 1.7배 증가
③ 2.2배 증가
④ 2.4배 증가

**알찬풀이** | 양수량은 펌프의 회전수에 비례한다.

**65** 다음 중 증기난방에 대한 설명으로 옳지 않은 것은?

① 응축수 환수관 내에 부식이 발생하기 쉽다.
② 온수난방에 비해 방열기 크기나 배관의 크기가 작아도 된다.
③ 방열기를 바닥에 설치하므로 복사난방에 비해 실내 바닥의 유효면적이 줄어든다.
④ 온수난방에 비해 예열시간이 길어서 충분히 난방감을 느끼는데 시간이 걸린다.

**알찬풀이** | 증기난방은 온수난방에 비해 예열시간이 짧다.

| ANSWER | 60. ① | 61. ① | 62. ② | 63. ④ | 64. ① | 65. ④ |
|---|---|---|---|---|---|---|

**66** 급수방식 중 고가수조 방식에 대한 설명으로 옳지 않은 것은?

① 저수 시간이 길어지면 수질이 나빠지기 쉽다.
② 대규모의 급수 수요에 쉽게 대응할 수 있다.
③ 단수 시에도 일정량의 급수를 계속할 수 있다.
④ 급수 공급압력의 변화가 심하고 취급이 까다롭다.

**알찬풀이** | 고가수조 방식은 급수 공급압력의 변화가 작고 취급이 용이하다.

**67** 특별고압계기용 변성기의 2차측 전로 및 고압용 또는 특별고압용 기계 기구의 철대 및 금속제 외함에 필요한 접지공사의 종류는?

① 제1종 접지공사
② 제2종 접지공사
③ 제3종 접지공사
④ 특별 제3종 접지공사

**알찬풀이** | 특별고압계기용 변성기의 2차측 전로 및 고압용 또는 특별고압용 기계 기구의 철대 및 금속제 외함에 필요한 접지공사의 종류는 제1종 접지공사에 해당한다.

**68** 급탕설비 중 개별식 급탕법의 설명으로 옳지 않은 것은?

① 용도에 따라 필요한 개소에서 필요한 온도의 탕을 비교적 간단하게 얻을 수 있다.
② 건물 완공 후에도 급탕 개소의 증설이 비교적 쉽다.
③ 급탕 개소마다 가열기의 설치 스페이스가 필요하다.
④ 배관 길이가 짧으나 배관 중의 열손실이 크다.

**알찬풀이** | 개별식 급탕법은 배관 길이가 짧으므로 배관 중의 열손실이 적다.

**69** 수도 본관에서 수직높이 5.5m인 곳에 세면기를 수도 직결식으로 배관하였을 경우 수도본관에는 최소 얼마의 압력이 필요한가? (단, 본관에서 세면기까지의 마찰손실 압력은 0.035MPa 이다)

① 0.065MPa
② 0.085MPa
③ 0.09MPa
④ 0.12MPa

**알찬풀이** | 수도 본관의 최저 필요 압력($P_O$)

$$P_O \geq P + P_f + \frac{h}{100} \text{(MPa)}$$

(부호)

$P$ : 기구별 최저 소요 압력(MPa)

$P_f$ : 관내 마찰 손실 수두(MPa)

$h$ : 수전고(수도 본관과 수전까지의 높이)(m)

※ 일반 수전 : 최저소요 압력 0.03(MPa)

$$\therefore P_o \geq 0.03 + 0.035 \pm \frac{5.5}{100} = 0.12 \text{(MPa)}$$

**70** 청소구(Clean Out)의 설치 위치로 적당하지 않은 곳은?

① 배수 수평주관 및 배수 수평지관의 기점

② 배수 수평주관과 옥외배수관의 접속장소와 가까운 곳

③ 배수 수직관의 최하부

④ 배수관이 30° 이상의 각도로 방향을 바꾸는 곳

**알찬풀이** | 청소구(Clean Out)의 설치 위치로 배수관이 방향을 바꾸는 곳은 적당하지 않다.

**71** 변전실의 위치에 대한 설명 중 옳지 않은 것은?

① 가능한 한 부하의 중심에서 먼 장소일 것

② 외부로부터 전선의 인입이 쉬운 곳일 것

③ 습기와 먼지가 적은 곳일 것

④ 전기 기기의 반출입이 용이할 것

**알찬풀이** | 변전실의 위치는 가능한 한 부하의 중심에 설치하는 것이 좋다.

**72** 조명기구를 건축 내장재의 일부 마무리로써 건축 의장과 조명기구를 일체화하는 조명방식을 의미하는 것은?

① 전반조명

② 간접조명

③ 건축화조명

④ 확산조명

**알찬풀이** | 건축화조명

건축물 속에 조명 기구나 광원을 집어넣어 설치하거나 건물 표면의 반사광에 의해서 조명하는 방법으로 다음과 같은 특징이 있다.

① 발광면이 넓고 눈부심이 적다.

② 쾌적한 느낌을 준다.

③ 조명기구가 보이지 않아 현대적임 감각을 준다.

④ 청소하기가 어렵다.

⑤ 시설비가 비싸다.

⑥ 조명 능률이 직접 조명에 비해 낮다.

| ANSWER | 66. ④ | 67. ① | 68. ④ | 69. ④ | 70. ④ | 71. ① | 72. ③ |
| --- | --- | --- | --- | --- | --- | --- | --- |

**73** 수질과 관련된 용어 중 부유물질로서 오수 중에 현탁되어 있는 물질을 의미하는 것은?

① BOD
② COD
③ SS
④ 염소이온

**알찬풀이** | 정화조와 관련된 용어
　　① B.O.D(Biochemical Oxygen Demand)
　　　생물화학적 산소 요구량으로 ppm 단위로 나타낸다.
　　② S.S(Suspended Solid)
　　　부유물질로서 오수 중에 현탁되어 있는 부유 물질량을 나타낸다.
　　③ D.O(Dissolved Oxygen)
　　　물 속에 녹아 있는 산소량을 나타내는 용존산소량의 약어로 이 수치가 높을수록 물이 깨끗하다는
　　　것을 의미 한다.

**74** 다음 중 온수난방에서 복관식 배관에 역환수 방식 (Reverse Return)을 채택하는 가장 주된 이유는?

① 공사비를 절약할 목적으로
② 순환펌프를 설치하기 위하여
③ 온수의 순환을 평균화시킬 목적으로
④ 중력식으로 온수를 순환하기 위하여

**알찬풀이** | 역환수식(reverse return) 배관법
　　① 온수난방이나 급탕의 배관시 공급관과 환수관의 길이를 거의 같게 하여 온수의 순환시 유량을
　　　균등하게 분배하기 위하여 사용하는 배관법이다.
　　② 배관 공간을 많이 차지하고, 배관비가 많이 든다.

**75** 양수량 10m³/min, 전양정 10m, 펌프의 효율은 80%일 때 펌프의 소요 동력은 얼마인가?
(단, 물의 밀도는 1,000kg/m³, 여유율은 10%로 한다.)

① 22.5kW
② 26.5kW
③ 30.6kW
④ 32.4kW

**알찬풀이** | 펌프의 소요 동력

$$펌프의\ 축동력 = \frac{W \times Q \times H}{6,120 \times E}(kW) = \frac{1,000 \times 10 \times 10}{6,120 \times 0.8} ≒ 20.42$$

(부호)
　　$W$ : 물의 밀도(1,000kg/m³)
　　$Q$ : 양수량(m³/min)
　　$H$ : 펌프의 전양정[흡입양정($H_s$)+토출양정($H_d$)+마찰손실 수두($H_f$)]
　* $H_s$ : 펌프의 실양정[흡입양정($H_s$)+토출양정($H_d$)]
　　$E$ : 펌프의 효율(%)
∴ 펌프의 소요 동력 = 펌프의 축동력 × 여유율 = 20.42 × 1.1 ≒ 22.5(kW)

**76** 주위 온도가 일정한 온도 이상이 되면 작동하도록 된 열감지기는?

① 정온식

② 차동식

③ 이온화식

④ 광전식

**알찬풀이** | 정온식 감지기
① 화재 시 온도 상승으로 감지기 내의 바이메탈(bimetal)이 팽창하거나 가용절연물이 녹아 접점에 닿을 경우에 작동한다.
② 종류
• 정온식 스폿형 감지기 : 바이메탈식
• 정온식 감지선형 감지기 : 가용절연물식
③ 용도
보일러실, 주방과 같은 화기 및 열원 기기를 직접 취급하는 곳에 이용된다.

**77** 공기조화 방식 중 단일덕트 방식에 대한 설명으로 옳지 않은 것은?

① 냉·온풍의 혼합손실이 없다.

② 2중덕트 방식에 비해 덕트 스페이스가 적게 든다.

③ 각 실이나 존의 부하변동에 즉시 대응할 수 있다.

④ 부하특성이 다른 여러 개의 실이나 존이 있는 건물에 적용하기가 곤란하다.

**알찬풀이** | 공기조화 방식 중 단일덕트 방식은 각 실이나 존의 부하변동에 즉시 대응할 수 없다.

**78** 다음의 스프링클러 설비의 화재안전기준 내용 중 (    ) 안에 알맞은 것은?

> 가압송수장치의 송수량은 0.1MPa의 방수압력 기준으로 (    ) 이상의 방수 성능을 가진 기준 개수의 모든 헤드로 부터의 방수량을 충족시킬 수 있는 양 이상으로 할 것

① 130$l$/min

② 110$l$/min

③ 90$l$/min

④ 80$l$/min

**알찬풀이** | 스프링클러 설비
가압송수장치의 송수량은 0.1MPa의 방수압력 기준으로 80($l$/min) 이상의 방수성능을 가진 기준 개수의 모든 헤드로 부터의 방수량을 충족시킬 수 있는 양 이상이어야 한다.

**79** 가스 설비에 관한 설명으로 옳지 않은 것은?

① 가스 배관은 경사를 두어 관속에 있는 응축수의 유입을 방지한다.
② 가스미터는 전기 개폐기, 전기 미터에서 30cm 이상 떨어진 곳에 설치한다.
③ 가스 배관은 건물의 주요구조부를 관통하지 않도록 한다.
④ 배관재료는 강관으로 나사접합이 주로 사용되지만 초고층 건물에서는 고압인 경우 강관을 용접이음하는 경우가 많다.

**알찬풀이** | 가스미터는 전기 개폐기, 전기 미터에서 60cm 이상 떨어진 곳에 설치한다.

**80** 공기의 성질에 관한 설명 중 옳지 않은 것은?

① 공기를 가열하면 상대습도는 낮아진다.
② 공기를 냉각하면 절대습도는 높아진다.
③ 건구온도와 습구온도가 동일하면 상대습도는 100% 이다.
④ 습구온도는 건구온도보다 높을 수 없다.

**알찬풀이** | 공기를 냉각해도 절대습도는 일정하다.

### 제5과목 : 건축법규

**81** 국토의 계획 및 이용에 관한 법률상 다음과 같이 정의되는 것은?

> 도시·군계획 수립 대상지역의 일부에 대하여 토지이용을 합리화하고 그 기능을 증진시키며 미관을 개선하고 양호한 환경을 확보하며, 그 지역을 체계적·계획적으로 관리하기 위하여 수립하는 도시·군관리계획

① 광역도시계획
② 지구단위계획
③ 도시·군기본계획
④ 입지규제 최소구역계획

**알찬풀이** | 지구단위계획에 정의에 해당한다.

**82** 피난용승강기의 설치에 관한 기준 내용으로 옳지 않은 것은?

① 예비전원으로 작동하는 조명설비를 설치할 것
② 승강장의 바닥면적은 승강기 1대당 5m² 이상으로 할 것
③ 각 층으로부터 피난층까지 이르는 승강로를 단일구조로 연결하여 설치할 것
④ 승강장 출입구 부근의 잘 보이는 곳에 해당 승강기가 피난용승강기임을 알리는 표지를 설치할 것

**알찬풀이** | 피난용(비상용)승강기 설치기준
승강장의 바닥면적은 승강기 1대당 6m² 이상으로 하여야 한다.

**83** 평행주차형식으로 일반형인 경우 주차장의 주차 단위구획의 크기 기준으로 옳은 것은?

① 너비 1.7m 이상, 길이 5.0m 이상
② 너비 1.7m 이상, 길이 6.0m 이상
③ 너비 2.0m 이상, 길이 5.0m 이상
④ 너비 2.0m 이상, 길이 6.0m 이상

**알찬풀이** | 주차 단위구획
평행주차형식으로 일반형인 경우 주차장의 주차 단위구획의 크기 기준은 너비 2.0m 이상, 길이 6.0m 이상이다.

**84** 노외주차장의 구조·설비에 관한 기준 내용으로 옳지 않은 것은?

① 출입구의 너비는 3.0m 이상으로 하여야 한다.
② 주차구획선의 긴 변과 짧은 변 중 한 변 이상의 차로에 접하여야 한다.
③ 지하식인 경우 차로의 높이는 주차바닥 면으로부터 2.3m 이상으로 하여야 한다.
④ 주차에 사용되는 부분의 높이는 주차바닥 면으로부터 2.1m 이상으로 하여야 한다.

**알찬풀이** | 노외주차장의 구조·설비
■ 노외주차장의 출입구의 너비
① 주차대수규모가 50대 미만인 경우 : 3.5m 이상의 출입구를 설치할 것
② 주차대수규모가 50대 이상인 경우 : 출구와 입구를 분리하거나 너비 5.5m 이상의 출입구를 설치할 것

**85** 특별피난계단의 구조에 관한 기준 내용으로 옳지 않은 것은?

① 계단실에는 예비전원에 의한 조명설비를 할 것
② 계단은 내화구조로 하되, 피난층 또는 지상까지 직접 연결되도록 할 것
③ 출입구의 유효너비는 0.9m 이상으로 하고 피난의 방향으로 열 수 있을 것
④ 계단실의 노대 또는 부속실에 접하는 창문은 그 면적을 각각 3m² 이하로 할 것

**알찬풀이** | 특별피난계단의 구조
계단실의 노대 또는 부속실에 접하는 창문 등(출입구를 제외)은 망이 들어 있는 유리의 붙박이창으로서 그 면적을 각각 1m² 이하로 할 것


**86** 건축법령 상 초고층 건축물의 정의로 옳은 것은?

① 층수가 30층 이상이거나 높이가 90m 이상인 건축물
② 층수가 30층 이상이거나 높이가 120m 이상인 건축물
③ 층수가 50층 이상이거나 높이가 150m 이상인 건축물
④ 층수가 50층 이상이거나 높이가 200m 이상인 건축물

**알찬풀이** | 초고층 건축물
층수가 50층 이상이거나 높이가 200m 이상인 건축물을 말한다.


**87** 대통령령으로 정하는 용도와 규모의 건축물에 대해 일반이 사용할 수 있도록 소규모 휴식 시설 등의 공개공지 또는 공개공간을 설치하여야 하는 대상 지역에 속하지 않는 것은?

① 준주거지역                    ② 준공업지역
③ 일반주거지역                  ④ 전용주거지역

**알찬풀이** | 공개공지 또는 공개공간을 설치하여야 하는 대상 지역
① 일반주거지역, 준주거지역
② 상업지역
③ 준공업지역
④ 시장·군수·구청장이 도시화의 가능성이 크다고 인정하여 지정·공고하는 지역

**88** 다중이용건축물에 속하지 않는 것은? (단, 층수가 10층 이며, 해당 용도로 쓰는 바닥면적의 합계가 5,000m²인 건축물의 경우)

① 업무시설

② 종교시설

③ 판매시설

④ 숙박시설 중 관광숙박시설

**알찬풀이** | 다중이용건축물
다중이 사용하는 대규모의 건축물로서 아래에 해당하는 것
① 문화 및 집회시설(전시장 및 동·식물원을 제외), 종교시설, 판매시설, 운수시설, 의료시설 중 종합병원 또는 숙박시설 중 관광숙박시설의 용도에 쓰이는 바닥면적의 합계가 5,000m² 이상인 건축물
② 16층 이상인 건축물

**89** 건축물의 면적, 높이 및 층수 산정의 기본원칙으로 옳지 않은 것은?

① 대지면적은 대지의 수평투영면적으로 한다.
② 연면적은 하나의 건축물 각 층의 거실 면적의 합계로 한다.
③ 건축면적은 건축물의 외벽(외벽이 없는 경우에는 외곽 부분의 기둥)의 중심선으로 둘러싸인 부분의 수평투영면적으로 한다.
④ 바닥면적은 건축물의 각 층 또는 그 일부로서 벽, 기둥, 그 밖에 이와 비슷한 구획의 중심선으로 둘러싸인 부분의 수평투영면적으로 한다.

**알찬풀이** | 연면적의 산정
① 하나의 건축물의 각 층의 바닥면적의 합계로 한다.
② 동일 대지 안에 2동 이상의 건축물이 있는 경우에는 그 연면적의 합계로 한다.

**90** 대지와 도로의 관계에 관한 기준 내용이다. (   ) 안에 알맞은 것은?

> 연면적 합계가 2,000m² 이상(공장인 경우에는 3,000m²)인 건축물의 대지는 너비 ( ① ) 이상의 도로에 ( ② ) 이상 접하여야 한다.

① ① 2m, ② 4m

② ① 4m, ② 2m

③ ① 4m, ② 6m

④ ① 6m, ② 4m

**알찬풀이** | 대지와 도로의 관계
연면적의 합계가 2,000m² 이상(공장인 경우에는 3,000m²)인 건축물의 대지는 너비 6m 이상의 도로에 4m 이상 접하여야 한다.

| ANSWER | 85. ④ | 86. ④ | 87. ④ | 88. ① | 89. ② | 90. ④ |
| --- | --- | --- | --- | --- | --- | --- |

**91** 태양열을 주된 에너지원으로 이용하는 주택의 건축면적 산정 시 기준이 되는 것은?

① 외벽의 외곽선
② 외벽의 내측 벽면선
③ 외벽 중 내측 내력벽의 중심선
④ 외벽 중 외측 비내력벽의 중심선

**알찬풀이** | 태양열을 주된 에너지원으로 이용하는 주택의 건축면적 산정 시 기준이 되는 것은 외벽 중 내측 내력벽의 중심선이다.

**92** 허가대상 건축물이라 하더라도 건축신고를 하면 건축허가를 받은 것으로 보는 건축물이 아닌 것은?

① 건축물의 높이를 4m 증축하는 건축물
② 연면적의 합계가 80m²인 건축물의 증축
③ 연면적 150m²이고 2층인 건축물의 대수선
④ 2층 건축물로서 바닥면적의 합계 80m²를 증축하는 건축물

**알찬풀이** | 건축신고 대상
건축물의 높이를 3m 이하의 범위 안에서 증축하는 건축물이 건축신고 대상이다.

**93** 일반주거지역 내에서 건축물을 건축하는 경우 건축물의 높이 5m인 부분은 정북방향의 인접대지경계선으로부터 원칙적으로 최소 얼마 이상을 띄어 건축하여야 하는가?

① 1.0m　　　　　　　　　② 1.5m
③ 2.0m　　　　　　　　　④ 3.0m

**알찬풀이** | 인접대지 경계선으로부터 정북방향으로 띄우는 거리
전용주거지역 또는 일반주거지역 안에서 건축물을 건축하는 경우에는 건축물의 각 부분을 정북방향으로의 인접대지 경계선으로부터 다음의 범위 안에서 건축조례가 정하는 거리 이상을 띄어 건축하여야 한다.
① 높이 9m 이하인 부분 : 인접 대지경계선으로부터 1.5m 이상
② 높이 9m를 초과하는 부분 : 인접 대지경계선으로부터 해당 건축물 각 부분 높이의 1/2분 이상

**94** 건축법령에 따라 건축물의 경사지붕 아래에 설치하는 대피공간에 관한 기준 내용으로 옳지 않은 것은?

① 특별피난계단 또는 피난계단과 연결되도록 할 것
② 관리사무소 등과 긴급 연락이 가능한 통신시설을 설치할 것
③ 대피공간의 면적은 지붕 수평투영면적의 20분의 1 이상일 것
④ 출입구는 유효너비 0.9m 이상으로 하고, 그 출입구에는 갑종방화문을 설치할 것

**알찬풀이** | 경사지붕 아래에 설치하는 대피공간
대피공간의 면적은 지붕 수평투영면적의 1/10분 이상이어야 한다.

**95** 주차장법령상 다음과 같이 정의되는 주차장의 종류는?

> 도로의 노면 또는 교통광장(교차점 광장만 해당)의 일정한 구역에 설치된 주차장으로서 일반(一般)의 이용에 제공되는 것

① 노외주차장　　　　　　　② 노상주차장
③ 부설주차장　　　　　　　④ 공영주차장

**알찬풀이** | 노상주차장의 정의
도로의 노면 또는 교통광장(교차점 광장만 해당)의 일정한 구역에 설치된 주차장으로서 일반(一般)의 이용에 제공되는 것

**96** 다음은 대지의 조경에 관한 기준 내용이다. ( )안에 알맞은 것은?

> 면적이 ( ) 이상인 대지에 건축을 하는 건축주는 용도지역 및 건축물의 규모에 따라 해당 지방자치단체의 조례로 정하는 기준에 따라 대지에 조경이나 그 밖에 필요한 조치를 하여야 한다.

① 100m²　　　　　　　　② 200m²
③ 300m²　　　　　　　　④ 500m²

**알찬풀이** | 대지 안의 조경 대상
면적 200m² 이상인 대지에 건축을 하는 건축주는 용도지역 및 건축물의 규모에 따라 해당 지방자치단체의 조례가 정하는 기준에 따라 대지 안에 조경 기타 필요한 조치를 하여야 한다.

| ANSWER | 91. ③　92. ①　93. ②　94. ③　95. ②　96. ② |
| --- | --- |

**97** 부설주차장 설치대상 시설물로서 시설면적 1,400m²인 제2종 근린생활시설에 설치하여야 하는 부설주차장의 최소 대수는?

① 7대         ② 9대

③ 10대        ④ 14대

**알찬풀이** | 부설주차장의 최소 대수
제2종 근린생활시설, 숙박시설에 설치하여야 하는 부설주차장의 최소 대수는 시설면적 200m²당 1대 (시설면적/200m²) 이다.
∴ 1,400m²÷200m² = 7(대)

**98** 건축물의 연면적 중 주차장으로 사용되는 비율이 70%인 경우, 주차전용 건축물로 볼 수 있는 주차장 외의 용도에 속하지 않는 것은?

① 제1종 근린생활시설       ② 제2종 근린생활시설

③ 의료시설              ④ 운동시설

**알찬풀이** | 주차전용 건축물로 볼 수 있는 주차장 외의 용도
단독주택, 공동주택, 제1종 및 제2종 근린생활시설, 문화 및 집회시설, 종교시설, 판매 시설, 운수 시설, 운동시설, 업무시설 또는 자동차관련 시설인 경우

**99** 같은 건축물 안에 공동주택과 위락시설을 함께 설치하고자 하는 경우, 공동주택의 출입구와 위락시설의 출입구는 서로 그 보행거리가 최소 얼마 이상이 되도록 설치하여야 하는가?

① 10m         ② 20m

③ 30m         ④ 50m

**알찬풀이** | 공동주택과 위락시설을 함께 설치하는 경우
공동주택 등의 출입구와 위락시설 등의 출입구는 서로 그 보행거리가 30m 이상이 되도록 설치하여야 한다.

**100** 그림과 같은 단면을 갖는 거실의 반자 높이로서 맞는 것은?

① 3m

② 3.5m

③ 3.75m

④ 4m

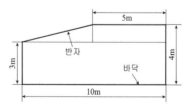

**알찬풀이** | 거실의 반자 높이(h)
거실의 반자 높이(h)는 그림과 같이 높이가 일정하지 않을 경우 가중평균 높이로 한다.

$$h = \dfrac{(10 \times 4) - \dfrac{1}{2} \times 5 \times 1}{10} = \dfrac{37.5}{10} \rightarrow 3.75(m)$$

| ANSWER | 97. ①    98. ③    99. ③    100. ③ |
|---|---|

# 2021년도

## CBT 복원문제

## 국가기술자격검정 필기시험문제

| 2021년도 제1회 CBT복원문제 | | | | 수검번호 | 성 명 |
|---|---|---|---|---|---|
| 자격종목 및 등급(선택분야) | 종목코드 | 시험시간 | 문제지형별 | | |
| **건축산업기사** | **2530** | **2시간30분** | **A** | | |

※ 답안카드 작성시 시험문제지 형별누락, 마킹착오로 인한 불이익은 전적으로 수험자의 귀책사유임을 알려드립니다.

### 제1과목 : 건축계획

**01** 다음 중 사무소 건축의 기준층 평면형태에 영향을 미치는 요소와 가장 관계가 먼 것은?

① 구조상 스팬의 한도
② 덕트, 배선, 배관 등 설비 시스템상의 한계
③ 자연광에 의한 조명한계
④ 지하 주차장의 주차 간격

**알찬풀이** | 사무소의 기준층 평면형태에 영향을 주는 요소와 가장 관계가 먼 것은 지하 주차장의 주차 간격이다.

**02** 아파트 건축의 각 평면 형식에 대한 설명 중 옳지 않은 것은?

① 홀형은 통행이 양호하며 프라이버시가 좋다.
② 편복도형은 복도가 개방형이므로 각호의 채광 및 통풍이 양호하다.
③ 중복도형은 대지에 대한 건물이용도가 좋으나 프라이버시가 나쁘다.
④ 계단실형은 통행부 면적이 높으며 독신자 아파트에 주로 채용된다.

**알찬풀이** | 아파트 건축의 계단실형은 통행부 면적이 작은 편이며, 독신자 아파트에는 중복도형이 주로 채용된다.

**03** 아파트 단지내 어린이 놀이터 계획에 대한 설명 중 옳지 않은 것은?

① 어린이가 안전하게 접근할 수 있어야 한다.
② 어린이가 놀이에 열중할 수 있도록 외부로부터의 시선은 차단되어야 한다.
③ 차량통행이 빈번한 곳은 피하여 배치한다.
④ 이웃한 주거에 소음이 가지 않도록 한다.

**알찬풀이** | 어린이 놀이터의 환경은 어른이 어린이를 지켜볼 수 있도록 계획되어야 한다.

**04** 주거단지의 단위 중 작은 것부터 큰 순서로 올바르게 나열된 것은?

① 근린분구 – 근린주구 – 인보구
② 근린주구 – 인보구 – 근린분구
③ 인보구 – 근린분구 – 근린주구
④ 근린주구 – 근린분구 – 인보구

**알찬풀이** │ 근린주구 생활권의 단위 구성은 인보구 → 근린분구 → 근린주구 순이다.

**05** 일반주택의 평면계획에 관한 설명 중 옳지 않은 것은?

① 현관의 위치는 도로와의 관계, 대지의 형태 등에 영향을 받는다.
② 부엌은 가사노동의 경감을 위해 가급적 크게 만들어 워크 트라이앵글의 변의 길이를 길게 한다.
③ 부부침실보다는 낮에 많이 사용되는 노인실이나 아동실이 우선적으로 좋은 위치를 차지하는 것이 바람직하다.
④ 거실이 통로가 되지 않도록 평면계획시 고려해야 한다.

**알찬풀이** │ 부엌은 가사노동의 경감을 위해 너무 크지 않도록 계획하며 워크 트라이앵글(work triangle)의 변의 길이 합이 3.6~6.6m 이내가 되도록 하는 것이 좋다.

**06** 공장건축의 레이아웃 형식 중 고정식 레이아웃에 관한 설명으로 옳은 것은?

① 표준화가 어려운 경우에 적합하다.
② 대량생산에 유리하며 생산성이 높다.
③ 조선소와 같이 제품이 크고 수량이 적은 경우에 적합하다.
④ 생산에 필요한 모든 공정, 기계·기구를 제품의 흐름에 따라 배치한다.

**알찬풀이** │ 고정식 레이아웃
① 주(主)가 되는 재료나 조립부품이 고정된 장소에 있고, 사람이나 기계는 그 장소에 이동해 가서 작업이 이루어지는 방식이다.
② 조선소, 건설현장과 같이 제품이 크고 수량이 적은 경우에 행해진다.

**ANSWER**　　1. ④　　2. ④　　3. ②　　4. ③　　5. ②　　6. ③

**07** 학교 운영방식 중 종합교실형에 관한 설명으로 틀린 것은?

① 교실의 이용률이 높다.
② 교실의 순수율이 높다.
③ 초등학교 저학년에 적합한 형식이다.
④ 학생의 이동을 최소한으로 할 수 있다.

**알찬풀이 |** 종합교실형 초등학교 저학년에 적합한 형식으로 교실의 이용률은 높으나 순수율은 낮다.

**08** 상점 건축물의 진열장 배치시 고려해야 할 점으로 가장 부적당한 것은?

① 감시하기 쉽고 손님에게 감시한다는 인상을 주지 않게 한다.
② 손님 쪽에서 상품이 효과적으로 보이도록 한다.
③ 들어오는 손님과 종업원의 시선이 직접 마주치게 하여 친근감을 갖도록 한다.
④ 동선이 원활하여 다수의 손님을 수용하고 소수의 종업원으로 관리하게 한다.

**알찬풀이 |** 진열장 배치시 들어오는 손님과 종업원의 시선이 직접 마주치지 않게 하여 거부감, 감시하는 느낌
을 주지 않도록 배려한다.

**09** 다음의 학교 건축계획시 고려되는 융통성의 해결 수단과 가장 관계가 먼 것은?

① 공간의 다목적성          ② 각 교실의 특수화
③ 교실배치의 융통성          ④ 교실 사이 벽의 이동

**알찬풀이 |** 학교 건축계획시 고려되는 융통성의 해결 수단과 가장 관계가 먼 것은 '각 교실의 특수화'이다.

**10** 다음 중 공장건축에서 톱날지붕을 채택하는 이유로 가장 알맞은 것은?

① 균일한 조도를 얻을 수 있다.
② 온도와 습도의 조절이 용이하다.
③ 소음이 완화된다.
④ 기둥이 많이 소요되지 않는다.

**알찬풀이 |** 톱날지붕
① 채광창을 북향으로 하면 일정한 조도 유지가 가능하다.
② 기둥이 많아 바닥면적의 감소와 기계 배치의 융통성이 떨어진다.

**11** 다음 중 단독주택에서 부엌의 크기 결정 시 고려하여야 할 사항과 가장 거리가 먼 것은?

① 거실의 크기
② 작업대의 면적
③ 주택의 연면적
④ 작업자의 동작에 필요한 공간

**알찬풀이** | 부엌의 크기 결정시 고려사항
작업대의 면적, 주택의 연면적, 작업자의 동작에 필요한 공간, 가족수

**12** 상점의 외관 형태에 관한 기술 중 가장 부적당한 것은?

① 만입형은 점두의 일부를 상점 안으로 후퇴시킨 것으로 자연채광에 효과적인 방법이다.
② 홀형은 만입형의 만입부를 더욱 넓게 계획하고, 그 주위에 진열장을 설치함으로써 형성하는 형식으로 상점안의 면적이 작아진다.
③ 평형은 가장 일반적인 형식으로 채광이 용이하고 상점 내부를 넓게 사용할 수 있다.
④ 돌출형은 종래에 많이 사용된 형식으로 특수 도매상 등에 쓰인다.

**알찬풀이** | 만입형은 점두의 일부를 상점 안으로 후퇴시켜 구매 고객을 점내로 유인하는 형태이나 자연채광에는 불리한 편이다.

**13** 설계실이 주당 28시간이 사용되고 있는 대학교에서 1주간의 평균 수업시간은 몇 시간인가? (단, 설계실의 이용률은 80%이다.)

① 25시간
② 28시간
③ 31시간
④ 35시간

**알찬풀이** | 1주간의 평균 수업시간
1주간의 평균 수업시간은 교실의 이용율을 구하는 식으로부터 구할 수 있다.

$$이용률 = \frac{교실이\ 사용되고\ 있는\ 시간}{1주간의\ 평균\ 수업시간} \times 100(\%)$$

$$\therefore 1주간의\ 평균\ 수업시간 = \frac{교실이\ 사용되고\ 있는\ 시간}{이용율} \times 100(\%)$$

$$= \frac{28시간}{80(\%)} \times 100(\%) = 35시간$$

| ANSWER | 7. ② | 8. ③ | 9. ② | 10. ① | 11. ① | 12. ① | 13. ④ |
|---|---|---|---|---|---|---|---|

**14** 건축 모듈에 대한 설명으로 옳지 않은 것은?

① 양산의 목적과 공업화를 위해 사용된다.
② 모든 치수의 수직과 수평이 황금비를 이루도록 하는 것이다.
③ 복합 모듈은 기본 모듈의 배수로서 정한다.
④ 모듈 설정시 설계작업이 단순화 된다.

**알찬풀이** ┃ 건축 모듈(module)은 모든 치수의 수직과 수평이 기준 치수(10cm)의 배수를 이루도록 하는 것이다.

**15** 다음 중 주택에서 옥내와 옥외를 연결시키는 완충적인 공간이 아닌 것은?

① 테라스 　　　　　　　　　② 서비스 야드
③ 유틸리티 　　　　　　　　④ 다이닝 포오치

**알찬풀이** ┃ 유틸리티(가사실)
　　　　　유틸리티(가사실)는 주부의 가사노동 공간으로 세탁, 다림질 및 재봉 등의 작업을 하는 공간에 해당하며 옥내와 옥외를 연결시키는 완충적인 공간에 해당하지는 않는다.

**16** 많은 고객이 판매장 구석까지 가기 쉬운 이점이 있으며 이형의 진열장이 많이 필요한 백화점의 진열장 배치방식은?

① 자유유선배치 　　　　　　② 직각배치
③ 방사배치 　　　　　　　　④ 사행배치

**알찬풀이** ┃ 사행(斜行, 대각선) 배치
　　　　　① 주통로 이외의 부통로를 45° 사선으로 배치한 유형이다.
　　　　　② 많은 고객을 판매장 구석까지 유도할 수 있는 장점이 있다.
　　　　　③ 판매 진열장에 이형(異形)이 생긴다.

**17** 다음의 고층 임대사무소 건축의 코어 계획에 관한 설명 중 틀린 것은?

① 엘리베이터의 직렬배치는 4대 이하로 한다.
② 코어내의 각 공간의 상하로 동일한 위치에 오도록 한다.
③ 화장실은 외래자에게 잘 알려질 수 없는 곳에 위치시키도록 한다.
④ 엘리베이터 홀과 계단실은 가능한 한 근접시킨다.

**알찬풀이** ┃ 고층 임대사무소 건축의 코어(core) 계획시 화장실은 그 위치가 외래자에게 잘 알려질 수 있도록 하되, 건물 출입구 홀이나 복도에서 화장실 내부가 들여다 보이지 않도록 해야 한다.

**18** 다음 글에서 설명하는 주거 형태는?

> 경사지의 자연 지형 훼손을 최소화하기 위하여 많이 활용되며, 한 세대의 지붕 상부가 다른 세대와 경사면의 정도에 따라 겹쳐지면서 다른 세대의 마당으로 활용되는 형태이다.

① 테라스 하우스　　　　　② 타운 하우스
③ 아파트　　　　　　　　④ 중정형 주택

**알찬풀이** │ 테라스 하우스(terrace house)
　　　　　① 한 세대의 지붕이 다른 세대의 테라스로 전용되는 형식이다.
　　　　　② 종류로는 자연형, 인공형 혼합형 테라스 하우스가 있다.
　　　　　③ 각 주호마다 전용의 정원을 갖는 주택을 만들 수 있다.
　　　　　④ 연속주택이라고도 하며, 도로를 중심으로 상향식과 하향식으로 구분할 수 있다.

**19** 상점건축의 진열장 계획 시 반사방지를 위한 대책 중 가장 옳지 않은 것은?

① 쇼윈도 안의 조도를 외부, 즉 손님이 서 있는 쪽보다 어둡게 한다.
② 특수한 곡면유리를 사용하여 외부의 영상이 고객의 시야에 들어오지 않게 한다.
③ 차양을 설치하여 외부에 그늘을 준다.
④ 평유리는 경사지게 설치한다.

**알찬풀이** │ 쇼윈도 안의 조도를 외부, 즉 손님이 서 있는 쪽보다 밝게 해야 한다.

**20** 사무소 건축에서 엘리베이터 대수 산정과 가장 관계가 먼 것은?

① 건물의 성격　　　　　　② 층고
③ 대실 면적　　　　　　　④ 건물의 위치

**알찬풀이** │ 사무소 건축에서 엘리베이터 대수 산정
　　　　　사무소 건축에서 엘리베이터 대수 산정은 건물의 성격, 엘리베이터의 정원과 속도, 대실 면적, 층 수 및 층고 등과 관련이 있으며 건물의 위치와는 관련이 적다.

---

**ANSWER**　　14. ②　　15. ③　　16. ④　　17. ③　　18. ①　　19. ①　　20. ④

제2과목 : 건축시공

**21** 세로 규준틀을 필요로 하는 공사는 다음 중 어느 것인가?

① 목공사　　　　　　　　　　② 철근콘크리트공사
③ 철골공사　　　　　　　　　　④ 조적공사

**알찬풀이** | 세로 규준틀은 조적공사에서 줄눈의 높이, 쌓기 단수 등을 표시하고자 사용된다.

**22** 건설 프로젝트의 비용 및 일정에 대한 계획 대비 실적을 통합된 기준으로 비교, 관리하는 통합공정관리시스템은?

① EVMS(Earned Value Management System)
② QC(Quality Control)
③ CIC(Computer Integrated Construction)
④ CALS(Continuous Acquisition & Life cycle Support)

**알찬풀이** | EVMS(Earned Value Management System)
작업계획과 실제 달성된 작업을 계속 측정하여 최종비용과 일정을 예측관리하는 일정과 비용의 통합관리 System이다.

**23** 콘크리트구조에서 철근조립 간격과 배근기준으로 잘못된 내용은?

① 수직 및 수평철근의 간격은 벽두께의 3배 이하, 또한 450mm 이하로 하여야 한다.
② 지하실 외벽을 제외한 250mm 이상의 벽체는 철근을 양면에 배근하여야 한다.
③ 슬래브에서 휨 주철근의 간격은 슬래브 두께의 3배 이하로 하여야 한다.
④ 철근을 2단으로 배근하는 경우에는 상, 하 철근을 어긋나게 배치하여 조립하여야 한다.

**알찬풀이** | 상하나 양면에 철근을 2단으로 배근하는 경우에는 벽체나 슬래브에 평행하게 상, 하단과 수평방향으로 서로 평행하게 배근하는 것이 원칙이다.

**24** 건설업자가 대상계획의 기업, 금융, 토지, 조달, 설계, 시공, 기계구 설치, 시운전까지 주문자가 필요로 하는 모든 것을 조달하여 주문자에게 인도하는 도급계약 방식은?

① 정액도급
② 턴키(turn-key)도급
③ 공동도급
④ 실비청산보수가산도급

**알찬풀이** | 턴키도급
　① 사업 일체를 일괄도급하는 도급계약 방식이다.
　② 발주자의 계획 전권을 위임받아 공사를 진행한다.
　③ 주로 대규모 공사, 특정 주요공사에서 채택된다.

**25** 다음 시멘트 중 혼합시멘트에 해당하지 않는 것은?

① 고로시멘트
② 포틀랜드포졸란시멘트
③ 플라이애시시멘트
④ 조강포틀랜드시멘트

**알찬풀이** | 고로 Slag, 포졸란(Silica), 플라이애시(fly ash)등은 포졸란계통의 혼합시멘트이다.

**26** 철골재의 수량산출에서 도면 정미수량에 가산할 할증율로서 부적당한 것은?

① 고장력 볼트 : 3%
② 강판 : 10%
③ 봉강 : 3%
④ 소형형강 : 5%

**알찬풀이** | 철골재의 수량산출에서 봉강의 할증률은 5%이다.

**27** 벽돌의 품질을 결정하는데 가장 중요한 사항은 어느 것인가?

① 흡수율 및 인장강도
② 흡수율 및 전단강도
③ 흡수율 및 휨강도
④ 흡수율 및 압축강도

**알찬풀이** | 벽돌의 품질을 결정하는 중요한 사항은 흡수율과 압축강도이다.

| ANSWER | 21. ④ | 22. ① | 23. ④ | 24. ② | 25. ④ | 26. ③ | 27. ④ |
| --- | --- | --- | --- | --- | --- | --- | --- |

**28** 공사도급 계약체결 후 공사진행의 순서로서 적당한 것은?

① 공사착공 준비 – 가설공사 – 토공사 – 지정 및 기초공사 – 구조체 공사
② 공사착공 준비 – 토공사 – 가설공사 – 지정 및 기초공사 – 구조체 공사
③ 공사착공 준비 – 지정 및 기초공사 – 가설공사 – 토공사 – 구조체 공사
④ 공사착공 준비 – 구조체 공사 – 지정 및 기초공사 – 토공사 – 가설공사

**알찬풀이** | 공사도급 계약체결 후 공사순서
　　　공사착공 준비 – 가설공사 – 토공사 – 지정 및 기초공사 – 구조체 공사 – 방수공사 - 내장공사
　　　순이다.

**29** 철근의 정착 위치에 관한 설명 중 옳지 않은 것은?

① 지중보 철근은 기초 또는 기둥에 정착한다.
② 바닥철근은 반드시 테두리보에 정착해야 한다.
③ 보철근은 기둥에 정착한다.
④ 벽철근은 기둥, 보, 기초 또는 바닥판에 정착한다.

**알찬풀이** | 바닥 철근은 보나 벽체에 정착되며, 반드시 테두리보에 정착되는 것은 아니다.

**30** 품질관리 단계를 계획(Plan), 실시(Do), 검토(Check), 조치(Action)의 4단계로 구분할 때 계획(Plan)단계에서 수행하는 업무가 아닌 것은?

① 적정한 관리도 선정
② 작업표준 설정
③ 품질관리 대상 항목 결정
④ 시방에 의거 품질표준 설정

**알찬풀이** | 품질관리 싸이클의 4단계

| ① 계획(Plan) | 제품규격, 작업표준, 생산계획 |
|---|---|
| ② 실시(Do) | 규격, 표준에 의한 작업실시 |
| ③ 검토(Check) | 검토, 계측, 측정(관리도 선정, 작성) |
| ④ 조치(Action) | 검토 결과에 따라 조치 |

**31** 조적조 건물에서 벽량을 옳게 설명한 것은 어느 것인가?

① 벽면적의 총 합계($m^2$)를 벽두께 (cm)로 나눈 값을 말한다.
② 내력벽 길이의 총 합계(cm)를 해당 층의 바닥면적($m^2$)으로 나눈 값을 말한다.
③ 내력벽의 높이(m)를 벽두께 (cm)로 나눈 값을 말한다.
④ 벽면적의 총 합계($m^2$)를 내력벽의 높이(m)로 나눈 값을 말한다.

**알찬풀이** | 벽량

$$벽량(cm/m^2) = \frac{내력벽\ 길이의\ 합계(cm)}{바닥면적(m^2)}$$

∴ 벽량은 조적조에서 내력벽 길이의 합(cm)을 그 층의 바닥면적($m^2$)으로 나눈 값으로 벽량이 클수록 횡력에 저항하는 값이 크다.


**32** 흙막이 공사시 지표재하 하중의 중량에 못 견디어 흙막이 저면 흙이 붕괴되어 바깥에 있는 흙이 안으로 밀려 블록하게 되어 파괴되는 현상을 무엇이라 하는가? (단, 점성토 지반일 경우)

① 히이빙(Heaving) 파괴
② 보일링(Boiling) 파괴
③ 수동토압(Passive Earth Pressure) 파괴
④ 전단(Shearing) 파괴

**알찬풀이** | 히이빙(Heaving) 파괴
① 연약한 점토지반에서 토압과 방축(흙막이)널 주변의 적재하중이 작용하여 방축널 저면부의 흙이 붕괴되고 바깥 흙이 안으로 밀려들어오는 현상이다.
② 지반의 전면적인 붕괴를 불러올 수 있으므로 가장 주의를 요한다.


**33** 유리제품 중 사용성의 주목적이 단열성과 가장 거리가 먼 것은?

① 기포유리(foam glass)
② 유리섬유(glass fiber)
③ 프리즘 유리(prism glass)
④ 복층유리(pair glass)

**알찬풀이** | 프리즘 유리
투과광선의 방향을 변화시키거나 집중 또는 확산시킬 목적으로 사용되는 유리로 지하실, 지붕 등의 채광용으로 사용된다.

| ANSWER | 28. ① | 29. ② | 30. ① | 31. ② | 32. ① | 33. ③ |
| --- | --- | --- | --- | --- | --- | --- |

**34** 철근 콘크리트용 골재의 성질에 관한 다음 기술 중 틀린 것은?

① 골재의 단위 용적 중량은 입도가 클수록 크다.
② 골재의 강도는 경화 시멘트 페이스트의 강도 이상이어야 한다.
③ 입도는 조립에서 세립까지 균등히 혼합되게 한다.
④ 콘크리트용 잔골재는 계량 방법에 의한 용적의 변화는 거의 없다.

**알찬풀이** | 모래의 함수율이 10% 정도 되면, 모래의 체적은 가장 커지고 중량은 가장 가벼워진다. 모래는 함수율에 따른 체적과 중량 변화가 크다.

**35** 아스팔트 프라이머(Asphalt primer)에 대한 설명으로 옳지 않은 것은?

① 아스팔트를 휘발성 용제로 녹인 흑갈색 액체이다.
② 아스팔트 방수공법에서 제일 먼저 시공되는 방수제이다.
③ 블로운 아스팔트는 내열성, 내후성 등을 개량하기 위하여 식물섬유를 혼합하여 유동성을 부여한 것이다.
④ 콘크리트와 아스팔트 부착이 잘되게 하는 것이다.

**알찬풀이** | 내열성, 내후성 등을 개량하기 위하여 식물섬유를 혼합하여 유동성을 부여한 것은 아스팔트 컴파운드에 대한 설명이다.

**36** 미장공사 시 주의할 사항으로 맞지 않는 것은?

① 미장바름 두께는 천장과 차양은 15mm 이하로 하고 기타부분은 15mm 이상으로 한다.
② 바탕면은 필요에 따라 물축임을 한다.
③ 초벌바름 후 물기가 없어지면 바로 이어서 재벌, 정벌을 한다.
④ 바탕면을 거칠게 하여 모르타르 부착을 좋게 한다.

**알찬풀이** | 미장초벌 후에는 2주 이상 충분히 기간을 두어 균열을 발생하게 하며 고름질 후 재벌하며 재벌이 반건조될 때 정벌바름을 실시한다.

2021년 제1회 기출문제

## 37 다음 중 수량 산출시에 재료의 산출 단위로서 맞는 것은?

① 계단 난간 – $m^2$
② 콘크리트 공사용 거푸집 – $m^2$
③ 유리블록 – $m^3$ 또는 매
④ 천장 텍스, 수장 합판 – $m^3$

**알찬풀이** | 수량산출 단위
① 계단 난간 : 길이(m)로 산출
② 유리블록 : $m^2$당 매수로 산출
③ 천장텍스, 수장합판 : $m^2$로 산출

## 38 도장공사 중 금속재 바탕처리를 위해 인산을 활성제로 하여 비닐 부틸랄수지, 알코올, 물, 징크로메이트 등을 배합하여 금속면에 칠하면 인산피막을 형성함과 동시에 비닐 부틸랄 수지의 피막이 형성됨으로써 녹막이와 표면을 거칠게 처리하는 방법은?

① 인산피막법
② 워시 프라이머법
③ 퍼커라이징법
④ 본더라이징법

**알찬풀이** | 워시 프라이머법에 대한 설명이다.

## 39 철골 용접부 예열에 관한 다음 설명 중 가장 잘못된 항목은?

① 용접부의 예열 최대온도는 230℃ 이상을 하여야 한다.
② 용접부의 예열은 용접선 양측 100mm 및 아크전방 100mm 범위 내에서 모재를 최소 예열온도 이상으로 가열한다.
③ 이종금속 간에 용접을 할 경우에는 예열과 층간온도는 상위등급을 기준으로 하여 실시한다.
④ 기온이 0℃ 이하에서는 예열을 한 후 용접을 수행해야 한다.

**알찬풀이** | 용접부의 예열 최대온도는 230℃ 이하로 하여야 한다.

## 40 일반적으로 현장에 도착한 굳지 않은 콘크리트인 공장배합 레미콘의 품질시험으로 가장 거리가 먼 것은?

① 공기량 시험
② 압축강도 시험
③ 함유량 시험
④ 슬럼프 시험

**알찬풀이** | 압축강도 시험은 일정 기간이 지난 굳은 레미콘(콘크리트)에 대한 시험이다.

| ANSWER | 34. ④ | 35. ③ | 36. ③ | 37. ② | 38. ② | 39. ① | 40. ② |
|--------|-------|-------|-------|-------|-------|-------|-------|

2021년 과년도출제문제 **13**

제3과목 : 건축구조

**41** 철근콘크리트 기둥에서 띠철근의 구조적 역할에 관한 설명 중 가장 부적절한 것은?

① 수평력에 대한 전단보강의 작용을 한다.
② 건조수축에 의한 변형을 제한한다.
③ 주철근을 정해진 위치에 고정시킨다.
④ 주철근의 좌굴을 억제한다.

**알찬풀이** | 건조수축에 의한 변형을 제한하는 것은 수축온도 철근(Shrinkage and Temperature Reinforcement)의 역할이다.

**42** 그림과 같은 단면을 가지는 직사각형 보의 철근비는? (단, 철근 3-D16 = 597mm$^2$)

① 0.0065
② 0.0070
③ 0.0075
④ 0.0080

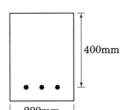

**알찬풀이** | 직사각형 보의 철근비($\rho$)

$$\rho = \frac{A_s}{b \cdot d} = \frac{(597)}{(200)(400)} = 0.00746 \rightarrow 0.0075$$

**43** 그림과 같은 구조물의 부정정 차수는?

① 1차
② 2차
③ 3차
④ 4차

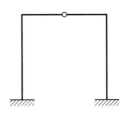

**알찬풀이** | 부정정 차수($N$)

외적 차수: $N_e = r - 3 = (3+3) - 3 = 3$
내적 차수: $N_i = (-1) \times 1$개 $= -1$
∴ $N = N_e + N_i = (3) + (-1) = 2$차

**44** 그림과 같은 단면의 도심 $G$를 지나고 밑변에 나란한 $x$축에 대한 단면2차모멘트의 값은?

① $5608cm^4$

② $6608cm^4$

③ $5628cm^4$

④ $6628cm^4$

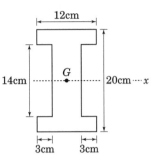

**알찬풀이** │ 단면2차모멘트($I_x$)

대칭 도형의 단면2차모멘트 식은

$$I_X = \frac{BH^3}{12} - \frac{bh^3}{12}$$

$$\therefore I_x = \frac{(12)(20)^3}{12} - \frac{(3)(14)^3}{12} \times 2개 = 6628cm^4$$

**45** 그림과 같은 기초 지반면에 일어나는 최대 압축응력은?

① $0.15\,MPa$

② $0.18\,MPa$

③ $0.21\,MPa$

④ $0.25\,MPa$

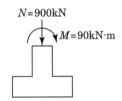

**알찬풀이** │ 최대 압축응력($\sigma_{max}$)

$$\sigma_{max} = -\frac{N}{A} - \frac{M}{Z} = -\frac{(900)}{(2 \times 3)} - \frac{(90)}{\frac{(2)(3)^2}{6}}$$

$$= -180kN/m^2 = -180kPa = -0.18MPa$$

**46** 극한강도설계법에서 콘크리트에 의한 공칭전단강도 $V_c$ 값이 30kN 이고, 전단철근에 의한 공칭전단강도 $V_s$ 값이 20kN 일 때 설계전단강도 값은? (단, $\phi = 0.75$)

① $37.5kN$

② $50kN$

③ $87.5kN$

④ $108kN$

**알찬풀이** │ 설계전단강도($V_U$)

$$V_u = \phi V_n = \phi(V_c + V_s) = (0.75)[(30) + (20)] = 37.5kN$$

**47** 강구조 인장재에 관한 설명으로 옳지 않은 것은?

① 부재의 축방향으로 인장력을 받는 구조이다.
② 대표적인 단면형태로는 강봉, ㄱ형강, T형강이 주로 사용된다.
③ 인장재 설계에서 단면결손 부분의 파단은 검토하지 않는다.
④ 현수구조에 쓰이는 케이블이 대표적인 인장재이다.

**알찬풀이** | 인장재의 순단면적($A_n$)은 다음의 식과 같이 총단면적($A_g$)에서 단면결손 부위인 구멍의 면적 ($n \cdot d \cdot t$)을 뺀 값으로 한다.
$$A_n = A_g - n \cdot d \cdot t$$

**48** 그림과 같은 $L$형 단면의 도심 위치 $\bar{y}$는?

① 2.6cm
② 3.5cm
③ 4.2cm
④ 5.8cm

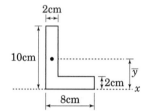

**알찬풀이** | 도심 위치($\bar{y}$)
$$\bar{y} = \frac{G_x}{A} = \frac{A_1 \cdot y_1 + A_2 \cdot y_2}{A_1 + A_2}$$
(부호) $G_x$ : 단면1차모멘트
$y_1$, $y_2$ : $A_1$, $A_2$의 도심부터 X축까지의 거리
$$\therefore \ \bar{y} = \frac{G_x}{A} = \frac{(2 \times 10)(5) + (6 \times 2)(1)}{(2 \times 10) + (6 \times 2)} = 3.5 \text{cm}$$

**49** 기초의 분류에서 기초판의 형식에 의한 분류로 부적당한 것은?

① 독립기초                    ② 복합기초
③ 온통기초                    ④ 직접기초

**알찬풀이** | 직접기초는 지정형식(직접기초, 말뚝기초, 피어기초, 잠함기초)에 의한 분류에 속한다.

## 50 강재의 응력변형도 곡선에 관한 설명으로 틀린 것은?

① 소성영역은 변형도의 증가 없이 응력만 증가하는 영역이다.

② 변형도 경화영역은 소성영역 이후 변형도가 증가하면서 응력이 비선형적으로 증가되는 영역이다.

③ 파괴영역은 변형도는 증가하지만 응력은 오히려 줄어드는 부분이다.

④ 탄성영역은 응력과 변형도가 비례관계를 가지는 영역이다.

**알찬풀이** | 소성영역은 응력의 증가 없이 변형도만 증가하는 영역이다.

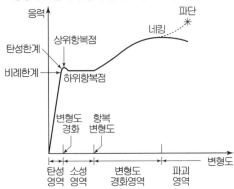

## 51 경간의 길이가 4m인 단순지지된 1방향 슬래브의 처짐을 계산하지 않는 경우의 최소두께는? (단, 리브가 없는 슬래브, $f_y = 400\text{MPa}$)

① 200mm　　　　　　② 220mm

③ 235mm　　　　　　④ 250mm

**알찬풀이** | 단순지지된 1방향 슬래브의 처짐을 계산하지 않는 경우의 최소두께($h_{\min}$)

| 부 재 | 최소두께($h_{\min}$) | | | |
|---|---|---|---|---|
| | 단순지지 | 1단연속 | 양단연속 | 캔틸레버 |
| 1방향 슬래브 | $\dfrac{l}{20}$ | $\dfrac{l}{24}$ | $\dfrac{l}{28}$ | $\dfrac{l}{10}$ |

$$\therefore \ h_{\min} = \frac{l}{20} = \frac{(4000)}{20} = 200\text{mm}$$

**52** 그림과 같은 겔버보(Gerber Beam)에서 A점의 휨모멘트는?

① 24kN·m
② 28kN·m
③ 30kN·m
④ 32kN·m

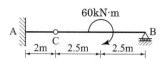

**알찬풀이** | 겔버보(Gerber Beam)에서 A점의 휨모멘트($M_A$)
그림의 겔버보(Gerber Beam)는 다음과 같이 2개의 단순 정정보로 구분해서 풀어간다.
① 보 C~B구간
$\Sigma M_C = 0$에서
$$V_B = +\frac{60}{5} = +12\text{kN}(\uparrow),$$
$$V_C = -\frac{60}{5} = -12\text{kN}(\downarrow)$$
② 보 A~C구간
$V_A = -12\text{kN}(\downarrow)$
$\therefore M_A = -[-(12)\times(2)] = +24\text{kN}\cdot\text{m}$

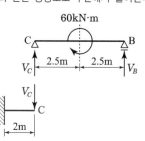

**53** 그림과 같은 캔틸레버 구조에서 고정단 A점의 최대 휨모멘트는?

① 120kN·m
② 160kN·m
③ 200kN·m
④ 240kN·m

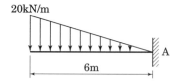

**알찬풀이** | 고정단 A점의 최대 휨모멘트($M_A$)
$$M_A = M_{A\cdot\max} = -\left(\frac{1}{2}\times20\times6\right)\times(4) = -240(\text{kN}\cdot\text{m})$$

**54** 그림과 같은 단순보에서 A지점의 수직반력은?

① 3kN(↑)
② 4kN(↑)
③ 5kN(↑)
④ 6kN(↑)

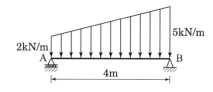

**알찬풀이** | A지점의 수직반력($V_A$)
사다리꼴 분포하중을 2kN/m 높이의 직사각형 분포하중과 3kN/m 높이의 삼각형 분포하중으로
나누어 계산하면 편리하다.
$\Sigma M_B = 0$ 에서 $+(V_A)(4) - (2\times4)(2) - \left(\frac{1}{2}\times3\times4\right)\left(\frac{4}{3}\right) = 0$
$\therefore V_A = +6\text{kN}(\uparrow)$

## 55 철근 직경($d_b$)에 따른 표준갈고리의 구부림 최소 내면반지름 기준으로 틀린 것은?

① D13 주철근: $2d_b$ 이상

② D25 주철근: $3d_b$ 이상

③ D13 띠철근: $2d_b$ 이상

④ D16 띠철근: $2d_b$ 이상

**알찬풀이** | 표준갈고리의 구부림 최소 내면반지름($d_b$)

① 180 표준갈고리와 90 표준갈고리의 구부리는 내면반지름은 다음의 표 값 이상으로 하여야 한다.

| 철근 크기 | 최소 내면반지름 |
|---|---|
| D10~D25 | $3d_b$ |
| D29~D35 | $4d_b$ |
| D38 이상 | $5d_b$ |

∴ D13 주철근: $3d_b$ 이상

② 스터럽이나 띠철근에서 구부리는 내면반지름은 D16 이하일 때는 $2d_b$ 이상이고, 이상일 때는 위의 표에 따른다.

## 56 강재의 응력변형도 곡선에서 가장 먼저 나타나는 점은?

① 탄성한계점

② 비례한계점

③ 상위항복점

④ 하위항복점

**알찬풀이** | 강재의 응력변형도 곡선

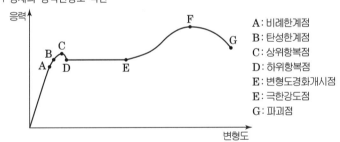

A: 비례한계점
B: 탄성한계점
C: 상위항복점
D: 하위항복점
E: 변형도경화개시점
E: 극한강도점
G: 파괴점

## 57 재료의 허용응력 $\sigma_b = 6\text{MPa}$인 보에 $18\text{kN·m}$의 휨모멘트가 작용할 때 단면계수로서 적당한 값은?

① $1500\,\text{cm}^3$

② $1800\,\text{cm}^3$

③ $3000\,\text{cm}^3$

④ $4500\,\text{cm}^3$

**알찬풀이** | 단면계수($Z$)

$\sigma_b = \dfrac{M}{Z} \le \sigma_{allow}$ 에서

$\therefore Z \ge \dfrac{M}{\sigma_{allow}} = \dfrac{(18 \times 10^6)}{(6)} = 3 \times 10^6 \text{mm}^3 = 3000\text{cm}^3$

---

**ANSWER**    52. ①    53. ④    54. ④    55. ①    56. ②    57. ③

**58** 기초판의 휨모멘트 계산을 위한 위험 단면의 위치에 관한 설명으로 틀린 것은?

① 콘크리트 기둥 또는 주각을 지지하는 기초판은 기둥 또는 주각의 중간
② 조적벽체를 지지하는 기초판은 벽체 중심과 단부의 중간
③ 콘크리트 벽체를 지지하는 기초판은 벽체의 외면
④ 강재 밑판을 갖는 기둥을 지지하는 기초판은 기둥 외측면과 강재 밑판 단부의 중간

**알찬풀이** | 콘크리트 기둥, 주각 또는 벽체를 지지하는 기초판은 기둥, 주각 또는 벽체의 외면이 위험 단면이다.

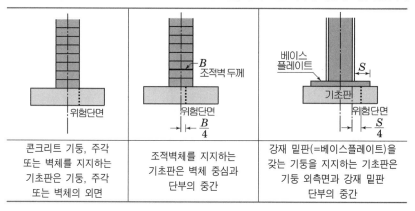

| 콘크리트 기둥, 주각 또는 벽체를 지지하는 기초판은 기둥, 주각 또는 벽체의 외면 | 조적벽체를 지지하는 기초판은 벽체 중심과 단부의 중간 | 강재 밑판(=베이스플레이트)을 갖는 기둥을 지지하는 기초판은 기둥 외측면과 강재 밑판 단부의 중간 |
|---|---|---|

**59** 그림과 같은 부정정보에서 보 중앙의 휨모멘트는? (단, 보의 휨강도 $EI$는 일정하다.)

① 0.10 kN·m
② 0.15 kN·m
③ 0.20 kN·m
④ 0.25 kN·m

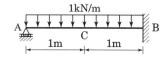

**알찬풀이** | 보 중앙의 휨모멘트($M_C$)

① $V_A = +\dfrac{3wL}{8} = +\dfrac{3(1)(2)}{8} = +0.75\text{kN}(\uparrow)$

② $M_C = +(0.75 \times 1) - (1 \times 1)(0.5) = +0.25(\text{kN}\cdot\text{m})$

**60** 강구조에서 규정된 별도의 설계하중이 없는 경우 접합부의 최소 설계강도 기준은?
(단, 연결재, 새그로드 또는 띠장은 제외)

① 30kN 이상
② 35kN 이상
③ 40kN 이상
④ 45kN 이상

**알찬풀이** | 강구조에서 규정된 별도의 설계하중이 없는 경우 접합부의 설계강도는 45kN 이상이어야 한다. 다만, 연결재, 새그로드 또는 띠장은 제외한다.

## 제4과목 : 건축설비

**61** 간선설계 순서로서 옳은 것은?

> A: 전선 굵기를 결정   B: 배선방법을 선정
> C: 부하용량을 구한다.   D: 전기방식을 결정

① A-B-C-D
② C-D-B-A
③ B-A-D-C
④ D-B-A-C

**알찬풀이** | 간선설계 순서
부하용량 산정 – 전기방식 결정 – 배선방법 결정 - 전선의 굵기 결정

**62** 위험물저장 및 처리시설의 피뢰침 보호각의 기준은 몇 도인가?

① 30°
② 45°
③ 60°
④ 90°

**알찬풀이** | 피뢰침 설비의 보호각
① 일반 건물: 60° 이내
② 위험 건축물: 45° 이내

**63** 다음의 소방시설에 관한 설명 중 옳은 것은?

① 옥내소화전의 방수압력은 0.17MPa 이상이고, 방수량은 130$l$/min 이하이다.
② 옥외소화전의 방수압력은 0.25MPa 이상이고, 방수량은 300$l$/min 이상이다.
③ 스프링클러 헤드 1개의 방수량은 500$l$/min 이상이다.
④ 드렌쳐 설비 헤드 1개의 방수압력은 0.1MPa이다.

**알찬풀이** | 소방시설에 대한 기준
① 옥내소화전 방수량은 130$l$/min 이상이다.
② 옥외소화전 방수량은 350$l$/min 이상이다.
③ 스프링클러 헤드의 방수량은 80$l$/min 이상이다.

**64** 조명 단위에 대한 조합 중 틀린 것은?

① 광속 − lm
② 조도 − lx
③ 휘도 − sb
④ 광도 − cd/m²

**알찬풀이** │ 광도(光度)
　　　　　① 점 광원으로부터 나오는 단위 입체각의 발산 광속으로 광원의 세기를 나타낸다.
　　　　　② 단위: 칸델라(candela, cd)

**65** 습공기의 건구온도와 습구온도를 알 때 습공기 선도를 사용하여 구할 수 있는 것이 아닌 것은?

① 습공기의 엔탈피
② 습공기의 상대습도
③ 습공기의 기류
④ 습공기의 절대습도

**알찬풀이** │ 습공기 선도를 통하여 알 수 있는 요소로는 건구온도, 습구온도, 노점온도, 절대습도, 상대습도, 포화도, 수증기압, 엔탈피, 비체적, 현열비 등이다.

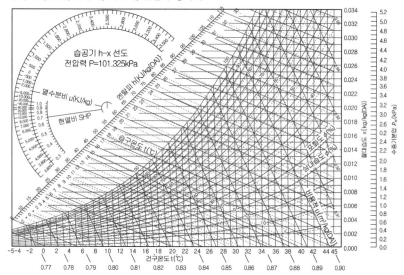

**66** 다음 중 트랩의 봉수 파괴 원인이 아닌 것은?

① 자기 사이펀 작용
② 유도 사이펀 작용
③ 증발현상
④ 자정작용

**알찬풀이** │ 트랩의 봉수 파괴 원인
　　　　　자기 사이펀 작용, 유인(도) 사이펀 작용, 분출 작용, 모세관 작용, 봉수의 증발, 운동량에 의한 관성 작용이다.

**67** 다음 중 중수도의 용도와 가장 관계가 먼 것은?

① 수세식 변소용수　　　　　　② 조경용수
③ 살수용수　　　　　　　　　　④ 주방용수

**알찬풀이** | 중수도는 배수를 수처리하여 재사용하는 것으로서 주방용수와 같은 식수용으로는 사용하는 것은
　　　　　적합하지 않다.

**68** 급수방식 중 고가수조 방식에 대한 설명으로 옳지 않은 것은?

① 저수 시간이 길어지면 수질이 나빠지기 쉽다.
② 대규모의 급수 수요에 쉽게 대응할 수 있다.
③ 단수시에도 일정량의 급수를 계속할 수 있다.
④ 급수 공급압력의 변화가 심하고 취급이 까다롭다.

**알찬풀이** | 고가수조 방식
　　　　　고가수조 방식은 급수 공급압력이 일정하고 취급이 용이하나 수질이 나빠지기 쉽다.

**69** 다음 중 증기난방에 대한 설명으로 옳지 않은 것은?

① 온수난방에 비해 예열시간이 길어서 충분히 난방감을 느끼는데 시간이 걸린다.
② 온수난방에 비해 방열기 크기나 배관의 크기가 작아도 된다.
③ 방열기를 바닥에 설치하므로 복사난방에 비해 실내 바닥의 유효면적이 줄어든다.
④ 응축수 환수관 내에 부식이 발생하기 쉽다.

**알찬풀이** | 증기난방은 온수난방에 비해 예열시간이 짧다.

**70** 조명기구 중 천장과 윗벽 부분이 광원의 역할을 하며 조도가 균일하고 음영이 유연하나 조
명률이 낮은 특성을 갖는 것은?

① 직접조명기구　　　　　　　　② 반직접조명기구
③ 간접조명기구　　　　　　　　④ 전확산조명기구

**알찬풀이** | 간접조명
　　　　　조도분포가 균일하고 차분한 분위기를 얻을 수 있지만, 조명률(효율)은 낮다.

**71** 다음 중 초고층 건물에서 중간층에 중간수조를 설치하는 가장 주된 이유는?

① 물탱크에서 물이 오염될 가능성을 낮추기 위해서
② 정전 등으로 인한 단수를 막기 위하여
③ 저층부의 수압을 줄이기 위하여
④ 옥상층의 면적을 줄이기 위하여

**알찬풀이** | 초고층 건물에 있어서의 급수 조닝
초고층 건물은 최고층과 최하층의 수압차가 크므로 최하층에서는 과대한 수압으로 수격작용이 생기고 그 결과 소음이나 진동이 발생하며, 기구의 부속품 등의 파손이 생기므로 적절한 수압을 유지하기 위해 급수 조닝을 실시한다.

**72** 다음 중 난방용 트랩이 아닌 것은?

① 버킷 트랩(Bucket Trap)
② 드럼 트랩(Drum Trap)
③ 플로트 트랩(Float Trap)
④ 벨로우즈 트랩(Bellows Trap)

**알찬풀이** | 드럼 트랩(Drum Trap)은 배수용 트랩의 일종이다.

**73** 급탕설비 중 개별식 급탕법의 설명으로 옳지 않은 것은?

① 용도에 따라 필요한 개소에서 필요한 온도의 탕을 비교적 간단하게 얻을 수 있다.
② 건물 완공 후에도 급탕 개소의 증설이 비교적 쉽다.
③ 급탕개소마다 가열기의 설치 스페이스가 필요하다.
④ 배관 길이가 짧으나 배관 중의 열손실이 크다.

**알찬풀이** | 개별식 급탕법은 중앙식 급탕법에 비해 배관이 짧으므로 배관 도중의 열손실이 작다.

**74** 난방부하가 3.5kW인 방을 온수난방 하고자 한다. 방열기의 온수 순환수량은 얼마인가?
(단, 방열기의 입구 수온은 80℃이고 출구 수온은 70℃이며 물의 비열은 4.2kJ/kg·K이다)

① 300 L/h  ② 600 L/h
③ 900 L/h  ④ 1200 L/h

**알찬풀이** | 방열기의 온수 순환수량($G$)

$$Q = \frac{G \cdot C \cdot \Delta t}{3,600} \text{ 에서}$$

(부호)  $Q$ : 방열기의 방열량, 난방부하(kW, kcal/h)
　　　　 $C$ : 물의 비열($\fallingdotseq$ 4.2kJ/kg·K)
　　　　 $\Delta t$ : 방열기 출구 및 입구의 온도차(℃)

$$\therefore G = \frac{3600Q}{C \cdot \Delta T} = \frac{3600 \times 3.5}{4.2 \times (80-70)} = 300\text{kg/h} = 300\text{L/h}$$

**75** 수도본관에서 수직높이 5.5m인 곳에 세면기를 수도 직결식으로 배관하였을 경우 수도본관에는
최소 얼마의 압력이 필요한가? (단, 본관에서 세면기까지의 마찰손실 압력은 0.035MPa 이다)

① 0.065MPa  ② 0.085MPa
③ 0.09MPa  ④ 0.12MPa

**알찬풀이** | 수도 본관의 최저 필요 압력($P_o$)

$$P_o \geq P + P_f + \frac{h}{100} \text{(MPa)} = 0.03 + 0.035 + 0.055 = 0.12\text{(MPa)}$$

(부호)  $P$ : 기구별 최저 소요 압력(MPa)
　　　　 $P_f$ : 관내 마찰 손실 수두(MPa)
　　　　 $h$ : 수전고(수도 본관과 수전까지의 높이)(m)
　　　　 ※ 수압 $P = 0.01H$(MPa) $= 0.01 \times H \times 1000$(kPa)

**76** 특별고압계기용 변성기의 2차측 전로 및 고압용 또는 특별고압용 기계 기구의 철대 및 금
속제 외함에 필요한 접지공사의 종류는?

① 제1종 접지공사  ② 제2종 접지공사
③ 제3종 접지공사  ④ 특별 제3종 접지공사

**알찬풀이** | 접지공사의 종류

| 구 분 | 용 도 |
|---|---|
| 제1종 | • 고압용 또는 특별고압용 기계 기구의 철대 및 금속제 외함<br>• 특별고압계기용 변성기의 2차측 전로 |
| 제2종 | • 고압 또는 특별고압을 저압으로 변성하는 변압기의 2차측 중성점 또는 1단자 |
| 제3종 | • 400V 이하의 저압용 기계 기구의 철대 및 금속제 외함<br>• 고압계기용 변성기의 2차측 전로 |
| 특별 제3종 | • 400V를 초과하는 저압용 기계기구의 철대 및 금속제 외함 |

**ANSWER**　71. ③　72. ②　73. ④　74. ①　75. ④　76. ①

**77** 공기조화방식 중 팬코일 유니트 방식에 대한 설명으로 옳지 않은 것은?

① 외기량이 부족하여 실내공기의 오염이 심하다.
② 중앙기계실의 면적이 작아도 된다.
③ 덕트 샤프트와 스페이스가 반드시 필요하다.
④ 각 실의 유니트는 수동으로도 제어할 수 있고, 개별제어가 쉽다.

**알찬풀이** | 팬코일유니트 방식은 전수방식으로 덕트 샤프트가 필요 없다.

**78** 다음 중 수격작용의 발생 원인이 아닌 것은?

① 감압밸브의 설치　　　　　② 밸브의 급폐쇄
③ 배관방법의 불량　　　　　④ 수도본관의 고수압

**알찬풀이** | 수격작용(Water Hammering)은 고수압 상태에서 급격히 밸브를 열고 닫을 때 발생하는 현상이며,
감압밸브는 이러한 수격작용 방지하기 위해 설치한다.

**79** 다음의 플러시 밸브식 대변기에 대한 설명 중 옳지 않은 것은?

① 급수관경이 25[A] 이상 필요하다.
② 일반 가정용으로는 거의 사용하지 않는다.
③ 최저 필요 수압을 0.07MPa 이상 확보할 수 있는 경우에 사용 가능하다.
④ 세정소음이 작으나, 대변기의 연속사용이 불가능하다.

**알찬풀이** | 플러시 밸브식 대변기는 세정소음이 크지만 대변기의 연속 사용이 가능하다.

**80** 양수량 10m³/min, 전양정 10m, 펌프의 효율은 80%일 때 펌프의 소요 동력은 얼마인가?
(단, 물의 밀도는 1000kg/m³, 여유율은 10%로 한다.)

① 22.5kW
② 26.5kW
③ 30.6kW
④ 32.4kW

**알찬풀이** │ 펌프의 축동력(여유율 고려)

$$펌프의 축동력 = \frac{W \times Q \times H}{6120 \times E} \times 여유율(kW)$$

$$= \frac{1000 \times 10 \times 10}{6120 \times 0.8} \times 1.1 = 22.467(kW)$$

(부호)  $W$ : 물의 밀도(1000kg/m³)
$Q$ : 양수량(m³/min)
$H$ : 펌프의 전양정[흡입양정($H_s$)+토출양정($H_d$)+마찰손실 수두($H_f$)]
\* $H_s$ : 펌프의 실양정[흡입양정($H_s$)+토출양정($H_d$)]
$E$ : 펌프의 효율(%)

---

### 제5과목 : 건축법규

**81** 다음 중 주요구조부를 내화구조로 하여야 하는 대상 건축물에 속하지 않는 것은?

① 문화 및 집회시설(전시장 및 동·식물원 제외)의 용도에 쓰이는 건축물로서 옥내 관람석 또는 집회실의 바닥면적의 합계가 300m²인 건축물
② 관광휴게시설의 용도에 쓰이는 건축물로서 그 용도에 쓰이는 바닥면적의 합계가 600m²인 건축물
③ 공장의 용도에 쓰이는 건축물로서 그 용도에 사용하는 바닥면적의 합계가 1000m²인 건축물
④ 건축물의 2층이 숙박시설의 용도에 쓰이는 건축물로서 그 용도에 쓰이는 바닥면적의 합계가 400m²인 건축물

**알찬풀이** │ 건축물의 용도가 공장인 경우 당해 용도의 바닥면적의 합계가 2,000m² 이상인 경우 주요구조부를 내화구조로 해야 한다.

**82** 다음 중 건축법상의 숙박시설에 해당되지 않는 것은?

① 휴양 콘도미니엄
② 가족 호텔
③ 여인숙
④ 유스 호스텔

**알찬풀이** │ 유스 호스텔은 숙박시설이 아니라 수련시설에 해당한다.

| ANSWER | 77. ③ | 78. ① | 79. ④ | 80. ① | 81. ③ | 82. ④ |
|---|---|---|---|---|---|---|

**83** 다음과 같은 조건에서 피난층에 설치하는 건축물의 바깥쪽으로의 출구의 유효너비의 합계는 최소 얼마 이상으로 하여야 하는가?

> • 판매 및 영업시설 중 상점
> • 상점의 용도에 쓰이는 바닥면적이 최대인 층에 있어서의 당해 용도의 바닥면적 500m²

① 1.5m  ② 2.0m

③ 2.5m  ④ 3.0m

**알찬풀이** | 관람석 등으로부터의 출구의 설치기준
관람석의 바닥면적이 300m² 이상인 경우의 출구는 다음의 기준에 적합하게 설치하여야 한다.
① 관람석별로 2개소 이상 설치할 것
② 각 출구의 유효너비는 1.5m 이상일 것
③ 개별 관람석 출구의 유효너비의 합계는 개별 관람석의 바닥면적 100m² 마다 0.6m의 비율로 산정한 너비 이상으로 할 것

$$\therefore \ \text{출구의 유효너비의 합계} = \frac{500m^2}{100m^2} \times 0.6m = 3m \ \text{이상}$$

**84** 다음 중 건축물식 노외주차장의 차로에 관한 기준 내용으로 옳지 않은 것은?

① 경사로의 종단경사도는 직선부분에서는 17%를, 곡선부분에서는 14%를 초과하여서는 아니 된다.

② 높이는 주차바닥면으로부터 2.3m 이상으로 하여야 한다.

③ 경사로의 노면은 이를 거친 면으로 하여야 한다.

④ 경사로의 차로 너비는 곡선형인 경우에 3.3m 이상으로 하여야 한다.

**알찬풀이** | 자주식 주차장으로서 지하식 또는 건축물식에 의한 노외주차장

| 경사로 구분 | 차로 폭 | | 종단구배 |
|---|---|---|---|
| | 1차선 | 2차선 | |
| 직선 경사로 | 3.3m 이상 | 6m 이상 | 17% 이하 |
| 곡선 경사로 | 3.6m 이상 | 6.5m 이상 | 14% 이하 |

## 85 건축허가 대상 건축물이라 하더라도 신고를 함으로써 건축허가를 받은 것으로 보는 경우에 해당하지 않는 것은?

① 바닥면적의 합계가 85m² 이내의 증축
② 연면적 300m² 미만이고 5층 미만인 건축물의 대수선
③ 연면적의 합계가 100m² 이하인 건축물의 건축
④ 바닥면적의 합계가 85m² 이내의 재축

**알찬풀이** | 대수선의 경우 연면적 200m² 미만이고 3층 미만인 건축물의 대수선인 경우 신고를 함으로써 건축 허가를 받은 것으로 본다.

## 86 다음 중 내화구조에 속하지 않는 것은?

① 철근콘크리트조 기둥의 경우 그 작은 지름이 20cm인 것
② 철근콘크리트조 바닥의 경우 두께가 10cm인 것
③ 철근콘크리트조로 된 보
④ 철근콘크리트조로 된 지붕

**알찬풀이** | 철근콘크리트조 기둥은 작은 지름이 25cm 이상이어야 내화구조에 속한다.

## 87 비상용승강기를 설치하지 아니할 수 있는 건축물에 관한 기준 내용이다. ( ) 안에 알맞은 것은?

> 높이 ( ㉮ )m를 넘는 층수가 ( ㉯ )개층 이하로서 해당 각층의 바닥면적의 합계 200m² 이내마다 방화구획으로 구획한 건축물

① ㉮ 31, ㉯ 4          ② ㉮ 31, ㉯ 3
③ ㉮ 41, ㉯ 4          ④ ㉮ 41, ㉯ 3

**알찬풀이** | 높이 31m를 넘는 층수가 4개층 이하로서 해당 각층의 바닥면적의 합계 200m² 이내마다 방화구획 으로 구획한 건축물은 비상용 승강기를 설치하지 아니할 수 있다.

**88** 부설주차장이 주차대수 300대의 규모 이하인 때에는 시설물의 부지 인근에 단독 또는 공동으로 부설주차장을 설치할 수 있다. 이 경우 부지인근의 범위에 관한 다음 기준 내용 중 (   ) 안에 알맞은 것은?

> 당해 부지의 경계선으로부터 부설주차장의 경계선까지의 직선거리 (   ) 이내 또는 도보거리 600m 이내

① 200m
② 300m
③ 400m
④ 500m

**알찬풀이** | 부지인근의 범위
해당 부지의 경계선으로부터 부설주차장의 경계선까지의 직선거리 300m 이내 또는 도보거리 600m 이내

**89** 가구수가 16가구인 주거용 건축물에서 음용수 급수관 지름의 최소 기준은?

① 50mm
② 40mm
③ 30mm
④ 20mm

**알찬풀이** | 주거용 건축물 급수관의 관경

| 가구 또는 세대수 | 1 | 2~3 | 4~5 | 6~8 | 9~16 | 17 이상 |
|---|---|---|---|---|---|---|
| 급수관 지름의 최소 기준(mm) | 15 | 20 | 25 | 32 | 40 | 50 |

**90** 노외주차장의 주차형식에 따른 차로의 최소 너비가 옳게 연결된 것은? (단, 출입구가 2개 이상인 경우)

① 평행주차 - 5.0m
② 60도 대향주차 - 5.0m
③ 교차주차 - 3.5m
④ 직각주차 - 5.5m

**알찬풀이** | 노외주차장 차로의 구조기준

| 주차형식 | 차로의 폭 | |
|---|---|---|
| | 출입구가 2개 이상인 경우 | 출입구가 1개인 경우 |
| 평행주차 | 3.3m | 5.0m |
| 45° 대향주차 | 3.5m | 5.0m |
| 교차주차 | 3.5m | 5.0m |
| 60° 대향주차 | 4.5m | 5.5m |
| 직각주차 | 6.0m | 6.0m |

**91** 대지 및 건축물관련 건축기준의 허용오차 범위에 대한 설명으로 옳지 않은 것은?

① 건축선의 후퇴거리는 3% 이내이다.
② 건축물의 벽체 두께는 3% 이내이다.
③ 건축물의 높이는 1m를 초과할 수 없다.
④ 건축물의 평면 길이는 0.5m를 초과할 수 없다.

**알찬풀이** | 건축물 관련 건축기준의 허용오차

| 항 목 | 허용되는 오차의 범위 | |
|---|---|---|
| 건축물 높이 | 2% 이내 | 1m를 초과할 수 없다. |
| 출구 너비 | | – |
| 반자 높이 | | – |
| 평면 길이 | | 건축물 전체길이는 1m를 초과할 수 없으며, 벽으로 구획된 각 실은 10cm를 초과할 수 없다. |
| • 벽체 두께<br>• 바닥판 두께 | 3% 이내 | |

**92** 주차전용 건축물의 대지면적의 최소한도는?

① 20m² 이상
② 30m² 이상
③ 45m² 이상
④ 60m² 이상

**알찬풀이** | 노외주차장인 주차전용 건축물에 대한 특례

| 건폐율 | 90% 이하 | |
|---|---|---|
| 용적률 | 1500% 이하 | |
| 대지면적의 최소한도 | 45m² 이상 | |
| 높이 제한<br>(대지가 2 이상의 도로에 접할 경우 가장 넓은 도로를 기준으로 함) | 대지가 접한 도로의 폭 | 건축물의 각 부분의 높이 |
| | ① 12m 미만인 경우 | 그 부분으로부터 대지에 접한 도로의 반대쪽 경계선까지의 수평거리의 3배 |
| | ② 12m 이상인 경우 | 그 부분으로부터 대지에 접한 도로의 반대쪽 경계선까지의 수평거리의 36/도로폭(단, 배율이 1.8배 미만인 경우 1.8배로 함) |

**93** 다음 중 공동주택의 개별난방설비 설치기준으로 옳지 않은 것은?

① 보일러의 연도는 내화구조로서 공동연도로 설치할 것
② 보일러실 뒷부분에는 그 면적이 최소 1.0m² 이상인 환기창을 설치할 것
③ 보일러를 설치하는 곳과 거실 사이의 경계벽은 출입구를 제외하고는 내화구조의 벽으로 구획할 것
④ 기름보일러를 설치하는 경우에는 기름저장소를 보일러실 외의 다른 곳에 설치할 것

**알찬풀이** | 보일러실의 환기를 위하여 보일러실의 윗부분에는 0.5m² 이상의 환기창을 설치하여야 한다.

| ANSWER | 88. ② | 89. ② | 90. ③ | 91. ④ | 92. ③ | 93. ② |
|---|---|---|---|---|---|---|

**94** 다음 중 건축물의 용도변경 시 분류된 시설군이 아닌 것은?

① 영업 시설군
② 문화집회 시설군
③ 공업 시설군
④ 주거업무 시설군

**알찬풀이** | 건축법상 건축물의 용도변경 시 분류된 시설군
자동차관련 시설군, 산업 등 시설군, 전기통신 시설군, 문화집회 시설군, 영업 시설군, 교육 및 복지
시설군, 근린생활 시설군, 주거업무 시설군, 기타 시설군

**95** 다음 중 건축물의 대지에 공개공지 또는 공개공간을 확보하지 않아도 되는 건축물의 용도는? (단, 연면적의 합계가 5000m$^2$ 이상인 경우)

① 위락시설
② 업무시설
③ 운수시설
④ 숙박시설

**알찬풀이** | 공개공지(공개공간) 확보대상 건축물의 용도
연면적의 합계 5000m$^2$ 이상인 문화 및 집회시설, 업무시설, 숙박시설, 판매시설(농수산물 유통시
설 제외), 여객자동차터미널

**96** 건축법상 2 이상의 필지를 하나의 대지로 할 수 있는 토지가 아닌 것은?

① 각 필지의 지번지역이 서로 다른 경우
② 토지의 소유자가 다르고 소유권 외의 권리관계는 같은 경우
③ 각 필지의 도면의 축척이 다른 경우
④ 상호 인접하고 있는 필지로서 각 필지의 지반이 연속되지 아니한 경우

**알찬풀이** | 토지의 소유자가 서로 다르거나 소유권 외의 권리관계가 서로 다른 경우는 2 이상의 필지를 하나
의 대지로 할 수 없다.

**97** 다음의 기계식주차장의 설치기준에 관한 내용 중 ( )안에 알맞은 것은?

> 기계식주차장에는 진입로 또는 전면공지와 접하는 장소에 정류장을 설치하
> 여야 한다. 이 경우 주차대수가 ( )대를 초과하는 매 ( )대 마다 1대분
> 의 정류장을 확보하여야 한다.

① 10
② 20
③ 30
④ 40

**알찬풀이** | 기계식주차장은 주차대수가 20대를 초과하는 매 20대마다 1대분의 정류장을 확보하여야 한다.

**98** 토지이용을 합리화·구체화하고, 도시 또는 농·산·어촌의 기능의 증진, 미관의 개선 및 양호한 환경을 확보하기 위하여 수립하는 계획으로 정의되는 것은?

① 지구단위계획

② 도시·군관리계획

③ 광역도시계획

④ 도시·군기본계획

**알찬풀이** | 지구단위계획

토지이용을 합리화·구체화하고, 도시 또는 농·산·어촌의 기능의 증진, 미관의 개선 및 양호한 환경을 확보하기 위하여 수립하는 계획


**99** 다음 중 주요구조부에 속하지 않는 것은?

① 기둥

② 지붕틀

③ 바닥

④ 옥외 계단

**알찬풀이** | 주요구조부

내력벽, 기둥, 바닥, 보, 지붕틀 및 주계단을 말한다.

(예외) 사이기둥, 최하층 바닥, 작은보, 차양, 옥외계단 기타 이와 유사한 것으로 건축물의 구조상 중요하지 아니한 부분


**100** 다음 중 증축에 속하는 것은?

① 부속 건축물만 있는 대지에 새로 주된 건축물을 축조하는 것

② 기존 건축물이 있는 대지에서 높이를 증가시키는 것

③ 기존 건축물이 멸실된 대지 위에 건축물을 축조하는 것

④ 건축물의 주요구조부를 해체하지 아니하고 같은 대지의 다른 위치로 옮기는 것

**알찬풀이** | 증축

기존건축물이 있는 대지 안에서 건축물의 건축면적, 연면적, 층수 또는 높이를 증가시키는 것을 말한다. ①은 신축, ③은 재축, ④는 이전에 해당한다.


| ANSWER | 94. ③ | 95. ① | 96. ② | 97. ② | 98. ① | 99. ④ | 100. ② |

## 국가기술자격검정 필기시험문제

2021년도 제2회 CBT복원문제

| 자격종목 및 등급(선택분야) | 종목코드 | 시험시간 | 문제지형별 | 수검번호 | 성 명 |
|---|---|---|---|---|---|
| 건축산업기사 | 2530 | 2시간30분 | A | | |

※ 답안카드 작성시 시험문제지 형별누락, 마킹착오로 인한 불이익은 전적으로 수험자의 귀책사유임을 알려드립니다.

---

### 제1과목 : 건축계획

**01** 상점의 정면(facade) 구성에 요구되는 5가지 광고 요소(AIDMA 법칙)에 속하지 않는 것은?

① 주의(Attention)　　　　　② 행동(Action)
③ 결정(Decision)　　　　　④ 기억(Memory)

**알찬풀이** | AIDMA 법칙
　　① A(Attention, 주의) : 주목시킬 수 있는 배려
　　② I(Interest, 흥미) : 공감을 주는 호소력
　　③ D(Desire, 욕망) : 욕구를 일으키는 연상
　　④ M(Memory, 기억) : 인상적인 변화
　　⑤ A(Action, 행동) : 접근하기 쉬운 구성

**02** 실내공간의 동선계획에 대한 설명 중 옳지 않은 것은?

① 동선의 빈도가 크면 가능한 한 직선적인 동선처리를 한다.
② 모든 실내공간의 동선은 특히 상점의 고객 동선은 짧게 처리하는 것이 좋다.
③ 주택의 경우 가사노동의 동선은 되도록 남쪽에 오도록 하고 짧게 하는 것이 좋다.
④ 주택에서 개인, 사회, 가사노동권의 3개 동선은 서로 분리되어 간섭이 없어야
한다.

**알찬풀이** | 상점의 고객 동선은 상품에 대한 구매욕을 높이기 위하여 길게 처리하는 것이 좋다.

**03** 경사지 이용에 적절한 형식으로 각 주호마다 전용의 정원을 갖는 주택 형식은?

① 타운 하우스(town house)  ② 로 하우스(row house)
③ 중정형 주택(patio house)  ④ 테라스 하우스(terrace house)

**알찬풀이** | 테라스 하우스(Terrace House)
　　① 한 세대의 지붕이 다른 세대의 테라스로 전용되는 형식이다.
　　② 각 주호마다 전용의 정원을 갖는 주택을 만들 수 있다.

**04** 다음과 같은 특징을 갖는 학교 운영방식은?

> • 초등학교 저학년에 대해 가장 권장할 만한 형이다.
> • 교실의 수는 학급수와 일치하며, 각 학급은 스스로의 교실 안에는 모든 교과를 행한다.

① 종합교실형  ② 교과교실형
③ 플라톤형  ④ 달톤형

**알찬풀이** | 종합교실형(U형, Usual Type)
　　① 거의 모든 교과목을 학급의 각 교실에서 행하는 방식이다.
　　② 학생의 이동이 거의 없고 심리적으로 안정되며 각 학급마다 가정적인 분위기를 만들 수 있다.
　　③ 초등학교 저학년에 적합한 형식이다.
　　　교실의 이용률이 매우 높다.

**05** 다음과 같은 조건에 요구되는 주택 침실의 최소 넓이는?

> • 2인용 침실
> • 1인당 소요 공기량 : 50m³/h
> • 침실의 천장높이 : 2.5m
> • 실내의 자연 환기 횟수 : 2회/h

① 10m²  ② 20m²
③ 30m²  ④ 50m²

**알찬풀이** | 주택 침실의 최소 넓이(환기량 고려)

$$침실의 최소면적 = \frac{2(인용)\times 50(m^3/인당\cdot h)}{2(회/h)\times 2.5(m)} = 20(m^2)$$

**06** 다음 중 고층 사무소에 코어 시스템의 도입 효과와 가장 거리가 먼 것은?

① 설비의 집약
② 구조적인 이점
③ 유효면적의 증가
④ 독립성의 보장

**알찬풀이** | 고층 사무소에 코어 시스템의 도입 효과로 사무실의 독립성의 보장과는 관련성이 적다.

**07** 공동주택의 단면형식 중 메조넷형에 대한 설명으로 옳지 않은 것은?

① 채광 및 통풍이 유리하다.
② 작은 규모의 주택에 적합하다.
③ 주택 내의 공간의 변화가 있다.
④ 거주성, 특히 프라이버시가 높다.

**알찬풀이** | 메조넷형(Maisonette Type, Duplex Type, 복층형)
  ① 1주거가 2층에 걸쳐 구성되는 유형을 말한다.
  ② 복도는 2~3층 마다 설치한다. 따라서 통로 면적의 감소로 전용면적이 증가된다.
  ③ 침실을 거실과 상·하층으로 구분이 가능하다. (거주성, 특히 프라이버시가 높다.)
  ④ 단위 세대의 면적이 큰 주거에 유리하다.

**08** 사무소 건축의 실 단위 계획 중 개방식 배치에 대한 설명으로 옳지 않은 것은?

① 전 면적을 유용하게 이용할 수 있다.
② 개실시스템에 비해 공사비가 저렴하다.
③ 자연채광에 보조채광으로서의 인공채광이 필요하다.
④ 개실시스템에 비해 독립성과 쾌적감의 이점이 있다.

**알찬풀이** | 사무소 건축의 실 단위 계획 중 개방식 배치는 개실시스템에 비해 독립성과 쾌적감이 떨어진다.

**09** 도서관 출납시스템에 대한 설명 중 옳지 않은 것은?

① 반개가식은 출납시설이 필요하다.
② 폐가식은 대출절차가 복잡하고 관원의 작업량이 많다.
③ 자유 개가식은 책의 내용 파악 및 선택이 자유롭고 용이하다.
④ 안전 개가식은 서가 열람이 불가능하여 대출한 책이 희망한 내용이 아닐 수 있다.

**알찬풀이** | 폐가식은 서가 열람이 불가능하여 대출한 책이 희망한 내용이 아닐 수 있다.

**10** 공장건축의 형식 중 분관식(Pavilion type)에 대한 설명으로 옳지 않은 것은?

① 통풍, 채광에 불리하다.
② 공장건설을 병행할 수 있으므로 조기완성이 가능하다.
③ 공장의 신설, 확장이 비교적 용이하다.
④ 건물마다 건축형식, 구조를 각기 다르게 할 수 있다.

**알찬풀이** | 공장건축의 형식 중 분관식(Pavilion type) 통풍, 채광에 유리하다.

**11** 다음의 백화점 에스컬레이터 배치방식 중 매장에 대한 고객의 시야가 가장 제한되는 방식은?

① 직렬식　　　　　　　　　② 병렬단속식
③ 병렬연속식　　　　　　　④ 교차식

**알찬풀이** | 교차식
　　① 장점 : 수직이동이 연속적으로 이루어져 편리하다. 점유 면적이 적다.
　　② 단점 : 승객의 시야가 좁다.

**12** 오피스 랜드스케이핑(office landscaping)에 관한 설명 중 옳지 않은 것은?

① 커뮤니케이션의 융통성이 있고 장애요인이 거의 없다.
② 배치는 의사전달과 작업흐름의 실제적 패턴에 기초를 둔다.
③ 실내에 고정된 칸막이나 반고정된 칸막이를 사용하도록 한다.
④ 바닥을 카펫으로 깔고, 천장에 방음장치를 하는 등의 소음대책이 필요하다.

**알찬풀이** | 오피스 랜드스케이핑(office landscaping)은 고정적인 칸막이를 없애고 이동식 칸막이(screen) 등
　　을 활용하여 융통성 있게 계획한다.

**13** 아파트의 형식 중 홀 형(Hall Type)에 대한 설명으로 옳은 것은?

① 각 주호의 독립성을 높일 수 있다.
② 기계적 환경조절이 반드시 필요한 형이다.
③ 도심지 독신자 아파트에 가장 많이 이용된다.
④ 대지에 대한 건물의 이용도가 가장 높은 형식이다.

**알찬풀이** | 홀 형(hall type)
　　① 엘리베이터, 계단실을 중앙의 홀에 두도록 하며 이 홀에서 각 주거로 접근하는 유형이다.
　　② 동선이 짧아 출입이 용이하나 코어(엘리베이터, 계단실 등)의 이용률이 낮아 비경제적이다.
　　③ 복도 등의 공용 부분의 면적을 줄일 수 있고 각 주거의 프라이버시 확보가 용이하다.
　　④ 채광, 통풍 등을 포함한 거주성은 방위에 따라 차이가 난다.
　　⑤ 고층용에 많이 이용된다.

| ANSWER | 6. ④ | 7. ② | 8. ④ | 9. ④ | 10. ① | 11. ④ | 12. ③ | 13. ① |
| --- | --- | --- | --- | --- | --- | --- | --- | --- |

**14** 어느 학교의 1주간 평균 수업시간이 36시간이고 미술 교실이 사용되는 시간이 18시간이며, 그 중 6시간이 영어 수업에 사용된다. 미술 교실의 이용률과 순수율은?

① 이용률 50%, 순수율 67%  ② 이용률 50%, 순수율 33%

③ 이용률 67%, 순수율 50%  ④ 이용률 67%, 순수율 33%

**알찬풀이** | 교실의 이용률과 순수율

① 이용률 $= \dfrac{18시간}{36시간} \times 100 = 50\%$

② 순수율 $= \dfrac{12시간}{18시간} \times 100 = 67\%$

**15** 사무소 건축에 있어서 연면적에 대한 임대면적의 비율로서 가장 적당한 것은?

① 40 ~ 50%  ② 50 ~ 60%

③ 70 ~ 75%  ④ 80 ~ 85%

**알찬풀이** | 사무소 건축에 있어서 연면적에 대한 임대면적의 비율은 일반적으로 70 ~ 75%의 범위가 적당하다.

**16** 상점의 판매형식에 대한 설명 중 옳지 않은 것은?

① 대면판매는 진열면적이 감소된다는 단점이 있다.
② 측면판매는 판매원의 정위치를 정하기 어렵고 불안정하다.
③ 측면판매는 상품의 설명이나 포장 등이 불편하다는 단점이 있다.
④ 대면판매는 상품이 손에 잡혀서 충동적 구매와 선택이 용이하다.

**알찬풀이** | 측면판매가 상품이 손에 잡혀서 충동적 구매와 선택이 용이하다.

**17** 공장건축의 레이아웃 형식 중 다품종 소량생산이나 주문생산에 가장 적합한 것은?

① 제품 중심의 레이아웃  ② 공정중심의 레이아웃

③ 고정식 레이아웃  ④ 혼성식 레이아웃

**알찬풀이** | 공정 중심의 레이아웃
① 그 기능이 동일한 것, 유사한 것을 하나의 그룹으로 집합시키는 방식이다.
② 다품종 소량 생산품, 예상생산이 불가능한 주문생산품 공장에 적합하다.

**18** 사무소 건축의 엘리베이터 배치계획에 대한 설명 중 옳지 않은 것은?

① 주요 출입구 층에 직접 면해서 배치하는 것이 좋다.
② 각 층의 위치는 되도록 동선이 짧고 단순하게 계획하는 것이 좋다.
③ 승강기의 출발 층은 1개소로 한정하는 것이 운영면에서 효율적이다.
④ 엘리베이터를 직선형으로 배치할 경우 6대 이하로 하는 것이 원칙이다.

**알찬풀이** | ① 주출입구와 인접한 홀에 배치시키며 출입구에 너무 근접시켜 혼란스럽지 않게 한다.
 (도보 거리는 30m 이내로 한다.)
② 외래자가 쉽게 판별할 수 있으며, 한곳에 집중 배치한다.
③ 연속 6대 이상은 복도(승강기 홀)를 사이에 두고 배치한다.
④ 직선 배치는 4대 까지, 5대 이상은 알코브나 대면 배치 방식으로 한다.
 ㉠ 알코브 배치: 4~6대
 ㉡ 대면 배치: 4~8대
 ㉢ 대면 거리: 3.5~4.5m 정도
⑤ 엘리베이터 Hall 넓이는 승강자 1인당 0.5~0.8m² 정도로 하는 것이 좋다.

**19** 상점 진열창(show window)의 반사방지를 위한 대책과 가장 거리가 먼 것은?

① 창에 외기를 통하지 않도록 한다.
② 진열창 내부 밝기를 외부보다 밝게 한다.
③ 차양을 설치하여 진열창 외부에 그늘을 만들어 준다.
④ 유리면을 경사지게 하거나 특수한 경우 곡면유리를 사용한다.

**알찬풀이** | 상점 진열창(show window)의 반사방지를 위한 대책으로서 창에 외기를 통하지 않도록 하는 것은
관련성이 적다.

**20** 주택의 거실 계획에 대한 설명 중 옳지 않은 것은?

① 거실에서 문이 열린 침실의 내부가 보이지 않도록 한다.
② 거실의 연장을 위하여 가급적 정원 사이에 테라스를 둔다.
③ 통로로서의 이용을 원활하게 하기 위해 가급적 각 실의 중심에 배치한다.
④ 가능한 동측이나 남측에 배치하여 일조 및 채광을 충분히 확보할 수 있도록 한다.

**알찬풀이** | 주택의 거실이 통로로서 각 실의 중심에 배치된다면 거실의 단란함을 해칠 수 있어서 바람직하지
않다.

| ANSWER | 14. ① | 15. ③ | 16. ④ | 17. ② | 18. ④ | 19. ① | 20. ③ |

**21** 지붕 물매에 관한 설명으로 옳지 않은 것은?

① 수평거리와 높이가 같을 때의 물매를 된물매라고 한다.
② 귀물매는 주로 추녀 마름질에 사용된다.
③ 물매는 수평거리 10cm에 대한 직각 삼각형의 수직높이로 나타낸다.
④ 수평거리보다 높이가 작을 때의 물매를 평물매라고 한다.

**알찬풀이** | 지붕의 경사각이 45도(10/10) 이상인 경우를 된물매라고 한다.

**22** 기준점(bench mark)에 관한 설명 중 옳지 않은 것은?

① 신축할 건축물의 높이의 기준이 되는 주요 가설물이다.
② 건물의 각 부에서 헤아리기 좋은 1개소에 설치한다.
③ 바라보기 좋고 공사의 지장이 없는 곳에 설치한다.
④ 공사가 완료된 뒤라도 건축물의 침하, 경사 등을 확인하기 위하여 사용되는 수도 있다.

**알찬풀이** | 높이의 기준점은 건물 부근에 2개소 이상 설치한다.

**23** 다음 중 지명경쟁 입찰에 대한 설명으로 옳은 것은?

① 기회는 균등하지만 과다경쟁을 초래할 수 있다.
② 양질의 시공결과를 얻을 수 있다.
③ 공사비가 낮아진다.
④ 담합의 염려가 없다.

**알찬풀이** | 지명경쟁 입찰
① 건축주가 해당 공사에 적합한 수개의 회사를 선정하여 경쟁 입찰을 하는 방법이다.
② 부실 공사를 막고 공사의 신뢰성을 가질 수 있다.
③ 담합의 우려가 있다.

**24** 토량 470m³를 블도져로 작업하려고 한다. 작업을 완료할 수 있는 산출 시간은?
(단, 불도저의 삽날 용량은 1.2m³, 토량환산계수는 0.8, 작업효율은 0.8, 1회 싸이클 시간은 12분이다.)

① 120.40시간  ② 122.40시간
③ 132.40시간  ④ 121.49시간

**알찬풀이** | 블도우저의 단위작업 시간당 작업량($Q_h$)
블도우저의 1시간당 작업능력(토사 굴착량) 산정식은 다음과 같다.

$$Q_h = \frac{60 \cdot q \cdot f \cdot E}{C_m} (m^3/h)$$

(부호) $q$ : 삽날 용량(배토판, 토공판)의 용량($m^3$), $f$ : 토량환산계수(변화율)
$E$ : 작업효율, $C_m$ : 사이클 타임(1회 왕복작업 소요시간)

① $Q_h = \dfrac{60 \cdot q \cdot f \cdot E}{Cm} = \dfrac{60 \times 1.2 \times 0.8 \times 0.8}{12} = 3.84(m^3/h)$

② 407 ÷ 387 ≒ 122.40시간

**25** 합성수지, 아스팔트, 안료 등에 건성유나 용제를 첨가한 것으로, 건조가 빠르고 광택, 작업성, 점착성 등이 좋아 주로 옥내 목부 바탕의 투명 마감도료로 사용되는 것은?

① 바니쉬  ② 래커 에나멜
③ 에폭시수지 도료  ④ 광명단

**알찬풀이** | 바니쉬
① 유성페인트의 안료 대신 천연수지나 합성수지를 전색제에 혼합한 도료를 바니시(니스)라고 한다.
② 바니시는 휘발성 바니시와 유성 바니시로 분류되는데 코우펄(Copal), 페놀수지 등을 건성유와 함께 280℃ 정도로 가열 처리한 것에 용제를 넣어 녹인 것을 유성 바니시라하고, 셀락(Shellac), 코우펄, 셀룰로이드 등의 천연수지 또는 합성수지를 단순히 용제에 녹인 것을 휘발성 바니시라 한다.

**26** 치장줄눈을 하기 위한 줄눈 파기는 타일(tile) 붙임이 끝나고 몇 시간이 경과 했을 때 하는 것이 가장 적당한가?

① 타일을 붙인 후 1시간이 경과할 때
② 타일을 붙인 후 3시간이 경과할 때
③ 타일을 붙인 후 24시간이 경과할 때
④ 타일을 붙인 후 48시간이 경과할 때

**알찬풀이** | 치장줄눈을 하기 위한 줄눈 파기는 타일을 붙인 후 3시간이 경과할 때 실시하는 것이 좋다.

**27** 네트워크(Net work) 공정표와 관계가 없는 것은?

① 슬랙(slack)
② 이벤트(event) 또는 노드(node)
③ 더미(dummy)
④ 커넥터(connector)

**알찬풀이** | 네트워크(Net work) 공정표와 관련된 용어
① 슬랙(slack): 결합점이 가지는 여유시간 이다.
② 이벤트(event) 또는 노드(node): 작업의 결합점, 개시점, 종료점으로 ○로 표현한다.
③ 더미(dummy) : 작업 사이의 관련성만을 표현할 때 이용되며 소요일 수는 없다. 점선(----)으로 표현한다.

**28** 건축공사에서 언더 피닝(Under Pinning) 공법의 설명으로 옳은 것은?

① 용수량이 많은 깊은 기초 구축에 쓰이는 공법이다.
② 기존 건물의 기초 혹은 지정을 보강하는 공법이다.
③ 터파기 공법의 일종이다.
④ 일명 역구축 공법이라고도 한다.

**알찬풀이** | 언더 피닝(Under Pinning)은 기존 건물의 기초 혹은 지정을 보강하는 공법이다.

**29** 건축공사 표준시방서에서 정의하고 있는 고강도 콘크리트(high strength concrete)의 설계 기준강도는?

① 보통 콘크리트 : 40MPa 이상, 경량골재 콘크리트 : 27MPa 이상
② 보통 콘크리트 : 40MPa 이상, 경량골재 콘크리트 : 24MPa 이상
③ 보통 콘크리트 : 30MPa 이상, 경량골재 콘크리트 : 27MPa 이상
④ 보통 콘크리트 : 30MPa 이상, 경량 콘크리트 : 24MPa 이상

**알찬풀이** | 고강도 콘크리트
① 콘크리트의 강도를 높여 점차 대형화, 고층화 건물의 시공이 가능하도록 한 콘크리트이다.
② 설계기준강도
㉠ 보통 콘크리트: 40MPa 이상
㉡ 경량 콘크리트: 27MPa 이상
③ 슬럼프 값: 15cm 이하
④ 물시멘트비: 55% 이하
단위수량은 185kg/m$^3$ 이하로 하고 소요 워커빌리티(workcability)를 얻을 수 있는 한도 내에서 작게 한다.

## 30 콘크리트의 시공성에 영향을 주는 요인에 대한 설명이다. 옳지 않은 것은?

① 동일 슬럼프에서 공기량이 증가하면 단위수량은 감소한다.
② 슬럼프가 과도하게 커지면 굵은골재는 분리와 블리딩량이 증가하게 된다.
③ 단위수량이 커지면 컨시스턴시는 증가한다.
④ 기온이 올라가면 슬럼프는 증가한다.

**알찬풀이** | 기온이 올라가면 슬럼프는 감소한다.


## 31 철골 용접부의 불량을 나타내는 용어가 아닌 것은?

① 블로홀(blow hole)
② 위빙(weaving)
③ 언더컷(under cut)
④ 위이핑 홀(weeping hole)

**알찬풀이** | 위빙(weaving)
위빙(weaving)은 용접 부위를 용접할 때 작은 원 모양형태로 전진해 나가는 용접 방법을 말한다.


## 32 타일공사에 대한 설명 중 틀린 것은?

① 타일을 붙이는 모르타르에 시멘트 가루를 뿌려 접착력을 향상시킨다.
② 모르타르 바탕의 바름 두께가 10mm 이상일 경우에는 1회에 10mm 이하로 하여 나무흙손으로 눌러 바른다.
③ 치장줄눈의 폭이 5mm 이상일 때는 고무 흙손으로 충분히 눌러 빈틈이 생기지 않게 시공한다.
④ 벽체타일이 시공되는 경우 바닥타일은 벽체타일을 먼저 붙인 후 시공한다.

**알찬풀이** | 타일공사의 접착력을 향상시키기 위해서는 바탕면을 잘 정리, 청소한 후 모르타르의 배합비를 타일의
종류에 따라 적정하게 해준다. (경질 타일 1:2 정도, 연질 타일 1:3 정도, 치장줄눈 1:1 정도가 적당)


## 33 다음 정의에 해당되는 용어로 옳은 것은?

> 바탕에 고정한 부분과 방수층에 고정한 부분 사이에 방수층의 온도 신축에 추종할 수 있도록 고안된 철물

① 슬라이드(slide) 고정 철물
② 보강포
③ 탈기장치
④ 본드 브레이커(bond breaker)

**알찬풀이** | 슬라이드(slide) 고정 철물에 대한 설명이다.

| ANSWER | 27. ④ | 28. ② | 29. ① | 30. ④ | 31. ② | 32. ① | 33. ① |
|---|---|---|---|---|---|---|---|

## 34 골재의 실적률에 관한 설명으로 옳지 않은 것은?

① 실적률은 골재 입형의 양부를 평가하는 지표이다.
② 부순 자갈의 실적률은 그 입형 때문에 강자갈의 실적률보다 적다.
③ 실적률 산정 시 골재의 밀도는 절대건조 상태의 밀도를 말한다.
④ 골재의 단위용적 질량이 동일하면 골재의 밀도가 클수록 실적률도 크다.

**알찬풀이** | 골재의 실적률
일정한 용적의 용기 안에 일정한 입도의 골재를 일정한 방법으로 채웠을 때 골재가 실제로 차지하는 용적의 비율로서 실적율이 큰 골재라 함은 단위 용적당 차지하는 용적이 크다는 것을 의미한다.

$$실적률 = \frac{단위용적\ 무게}{비중} \times 100(\%)$$

## 35 분할도급의 종류에 해당하지 않는 것은?

① 단가도급          ② 전문공종별 도급
③ 공구별 도급       ④ 공정별 도급

**알찬풀이** | 단가도급(계약)
단위공사에 대한 단가만을 확정하고 공사준공 후 물량을 정산하는 방식으로 조기 착공을 요하는 공사 등에 적합한 방식이다.

## 36 AE 콘크리트에 관한 설명 중 옳지 않은 것은?

① 기상작용이 심한 경우 사용되는 경우가 많다.
② AE 공기량은 온도가 높을수록 증대된다.
③ 블리딩, 재료분리 및 경화에 따른 발열이 감소한다.
④ 부착강도가 저하한다.

**알찬풀이** | AE제의 성질
① A.E제를 넣을수록 증가된다.
② 굵은 골재의 최대 치수가 작을수록 공기량은 증가한다.
③ 온도가 높으면 공기량은 감소된다.
④ 진동을 주면 공기량은 감소된다.
⑤ 기계비빔이 손비빔보다 증가 한다.
⑥ 시멘트 사용량이 많으면 공기량은 감소된다.
⑦ 시멘트의 분말도가 크면 공기량은 감소된다.

## 37 수경성 미장재료가 아닌 것은?

① 돌로마이트 플라스터
② 시멘트 모르타르
③ 혼합석고 플라스터
④ 순석고 플라스터

**알찬풀이** | 기경성 미장재료

공기 중의 탄산가스($CO_2$)와 작용하여 경화하는 미장재료(수축성)

| 기<br>경<br>성 | 진흙 | • 진흙+모래, 짚여물의 물반죽 |
|---|---|---|
| | | • 외역기 바탕의 흙벽 시공 |
| | 회반죽 | • 소석회+모래+여물+해초풀 |
| | | • 물을 사용안함 |
| | 돌로마이트 플라스터 | • 돌라마이트 석회+모래+여물의 물 반죽 |
| | | • 건조수축이 커서 균열 발생, 지하실에서 사용 안함 |

## 38 지반조사를 구성하는 항목에 관한 설명으로 옳은 것은?

① 지하탐사법에는 짚어보기, 물리적 탐사법 등이 있다.
② 사운딩시험에는 팩 드레인공법과 치환공법 등이 있다.
③ 샘플링에는 흙의 물리적 시험과 역학적 시험이 있다.
④ 토질시험에는 평판재하시험과 시험말뚝박기가 있다.

**알찬풀이** | 지반조사

② 사운딩 시험은 저항체를 땅속에 삽입하여 관입, 회전, 인발 등으로 흙의 연경도를 파악하는 시험으로 종류로는 베인테스트, 표준관입시험, 스웨덴식 사운딩, 네델란드식 사운딩이 있다.
③ 샘플링은 보링 등을 이용하여 시료(샘플)를 채취하는 방법이다.
③ 토질시험은 시료를 실험실에 가져가서 흙의 물리적, 화학적, 연학적인 성질을 구하는 시험으로서, 역학시험으로서는 다지기시험·투수시험(透水試驗)·압밀시험(壓密試驗)·전단시험(剪斷試驗) 등이 있다.

## 39 콘크리트 타설 후 실시하는 양생에 관한 설명으로 옳지 않은 것은?

① 경화 초기에 시멘트의 수화반응에 필요한 수분을 공급한다.
② 직사광선, 풍우, 눈에 대하여 노출하여 실시한다.
③ 진동, 충격 등의 외력으로부터 보호한다.
④ 강도확보에 따른 적당한 온도와 습도환경을 유지한다.

**알찬풀이** | 콘크리트 타설 후 실시하는 양생은 콘크리트가 소정의 강도를 갖기 위해 직사광선, 풍우, 눈에 대하여 노출을 방지하는 것이다.

| ANSWER | 34. ④ | 35. ① | 36. ② | 37. ① | 38. ① | 39. ② |
|---|---|---|---|---|---|---|

**40** 철근콘크리트 공사에서 철근조립에 관한 설명으로 옳지 않은 것은?

① 황갈색의 녹이 발생한 철근은 그 상태가 경미하다 하더라도 사용이 불가하다.

② 철근의 피복두께를 정확하게 확보하기 위해 적절한 간격으로 고임재 및 간격재를 배치하여야 한다.

③ 거푸집에 접하는 고임재 및 간격재는 콘크리트 제품 또는 모르타르 제품을 사용하여야 한다.

④ 철근을 조립한 다음 장기간 경과한 경우에는 콘크리트를 타설 전에 다시 조립검사를 하고 청소하여야 한다.

**알찬풀이** | 철근의 표면의 경미한 녹은 콘크리트와의 부착력을 증대시킨다.

---

### 제3과목 : 건축구조

**41** 다음 그림에서 중앙부 T형보의 유효폭 $b_e$ 값은? (단, 보의 Span은 8.4m이다.)

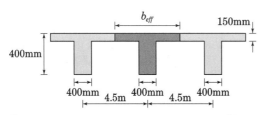

① 4250mm        ② 3150mm

③ 2800mm        ④ 2100mm

**알찬풀이** | T형보의 유효폭($b_e$)

다음 ①~③의 값 중에 작은 값으로 한다.

① $b_e = 16t_f + b_w = 16(150) + (400) = 2800$mm

② $b_e = $양측 슬래브의 중심거리 $= \dfrac{(4000)}{2} + \dfrac{(4500)}{2} = 4250$mm

③ $b_e = \dfrac{1}{4} \times ($부재의 스팬$) = \dfrac{1}{4} \cdot (8400) = 2100$mm

∴ 유효폭($b_e$) = 2100mm

**42** 특수 고장력 볼트인 TS 볼트를 구성하고 있는 요소와 거리가 먼 것은?

① 너트
② 핀테일
③ 평와셔
④ 필러플레이트

**알찬풀이** | 특수 고장력볼트의 구성

① 축부    ② 나사부    ③ 직경
④ 평와셔    ⑤ 핀테일

**43** 철근콘크리트 슬래브의 수축 온도철근에 대한 설명 중 옳은 것은?

① 슬래브에서 휨철근이 1방향으로만 배치되는 경우 휨철근에 직각방향의 수축온도 철근은 필요없다.
② 수축온도철근비는 콘크리트 유효높이에 대하여 계산한다.
③ 수축온도철근은 콘크리트 설계기준강도 $f_{ck}$를 발휘할 수 있도록 정착되어야 한다.
④ 수축온도철근으로 배치되는 이형철근의 철근비는 어느 경우에도 0.0014 이상이어야 한다.

**알찬풀이** | 슬래브의 수축 온도철근
① 슬래브에서 휨철근이 1방향으로만 배치되는 경우 휨철근에 직각방향의 수축 온도철근이 필요하다.
② 수축 온도철근비는 콘크리트 유효높이와는 무관하다.
③ 수축 온도철근은 철근의 항복강도 $f_y$를 발휘할 수 있도록 정착되어야 한다.

**44** 그림과 같은 지름 32mm의 원형 막대에 40kN의 인장력이 작용할 때 부재 단면에 발생하는 인장응력도는?

① 39.8MPa
② 49.8MPa
③ 59.8MPa
④ 69.8MPa

**알찬풀이** | 부재 단면에 발생하는 인장응력도($\sigma_t$)

$$\sigma_t = +\frac{P}{A} = +\frac{(40 \times 10^3)}{\frac{\pi (32)^2}{4}} = +49.8\text{N/mm}^2 = +49.8\text{MPa}$$

| ANSWER | 40. ① | 41. ④ | 42. ④ | 43. ④ | 44. ② |

**45** 그림과 같은 철근콘크리트 기둥 단면에서 띠철근의 간격이 옳은 것은?

① 250mm

② 300mm

③ 350mm

④ 480mm

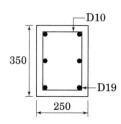

**알찬풀이** | 띠철근의 간격

띠철근의 최대 간격은 다음 ①, ②, ③ 중 최소값

① 주근 직경의 16배: 19mm×16=304mm

② 띠철근 직경의 48배: 10mm×48=480mm

③ 기둥 단면의 최소 치수: 기둥 단변 치수: 250mm

**46** 그림과 같은 단순보에서 A 지점의 수직 반력은?

① 1kN

② 2kN

③ 3kN

④ 4kN

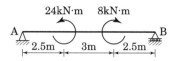

**알찬풀이** | A 지점의 수직 반력($V_A$)

$$\Sigma M_B = 0 : +(V_A)(8)-(24)+(8)=0 \quad \therefore V_A = +2\text{kN}(\uparrow)$$

**47** 경간의 길이가 4m인 단순지지된 1방향 슬래브의 처짐을 계산하지 않는 경우의 최소두께는? (단, 리브가 없는 슬래브, $f_y$=400MPa)

① 200mm

② 220mm

③ 235mm

④ 250mm

**알찬풀이** | 1방향 슬래브의 처짐을 계산하지 않는 경우의 최소두께

$$h_{\min} = \frac{l}{20} = \frac{(4000)}{20} = 200\text{mm}$$

**48** 그림과 같은 부정정 구조물에서 C점의 휨모멘트는 얼마인가?

① 0kN·m

② 25kN·m

③ 50kN·m

④ 100kN·m

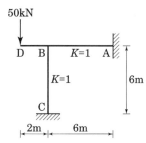

**알찬풀이** | C점의 휨모멘트($M_{CB}$)

① B 절점: $M_{B,Left} = +[-(50)(2)] = -100\text{kN·m}$ (⌒)

② 해제모멘트: $\overline{M_B} = +100\text{kN·m}$ (⌒)

③ 분배율: $DF_{BC} = \dfrac{1}{1+1} = \dfrac{1}{2}$

④ 분배모멘트: $M_{BC} = \overline{M_B} \cdot DF_{BC} = (+100)\left(\dfrac{1}{2}\right) = +50\text{kN·m}$ (⌒)

∴ 전달모멘트: $M_{CB} = \dfrac{1}{2}M_{BC} = \dfrac{1}{2}(+50) = +25\text{kN·m}$ (⌒)

**49** 그림과 같은 동일 단면적을 가진 A, B, C 보의 휨강도비를 구하면?

① 1 : 2 : 3

② 1 : 2 : 4

③ 1 : 3 : 4

④ 1 : 3 : 5

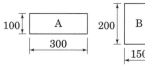 

**알찬풀이** | A, B, C 보의 휨강도비

보의 휨강도비는 단면계수에 비례하므로

① $Z_A = \dfrac{(300)(100)^2}{6} = 500000\text{mm}^3$

② $Z_B = \dfrac{(150)(200)^2}{6} = 1000000\text{mm}^3$

③ $Z_C = \dfrac{(100)(300)^2}{6} = 1500000\text{mm}^3$

∴ $M_A : M_B : M_C = 1 : 2 : 3$

| ANSWER | 45. ① | 46. ② | 47. ① | 48. ② | 49. ① |
| --- | --- | --- | --- | --- | --- |

**50** 그림과 같은 단순보에서 단면에 생기는 최대 전단응력도를 구하면?
(단, 보의 단면크기는 150×200mm)

① 0.5MPa
② 0.65MPa
③ 0.75MPa
④ 0.85MPa

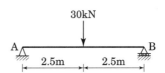

**알찬풀이** │ 최대 전단응력도($\tau_{\max}$)

① $V_{\max} = V_A = V_B = \dfrac{(30)}{2} = 15\text{kN}$

② $\tau_{\max} = k \cdot \dfrac{V}{A} = \left(\dfrac{3}{2}\right) \cdot \dfrac{(15 \times 10^3)}{(150 \times 200)} = 0.75\text{N/mm}^2 = 0.75\text{MPa}$

**51** 그림과 같은 단근 장방형 보에 대하여 균형철근비 상태일 때의 압축연단에서 중립축까지의
거리 $c_b$ 를 구하면? (단, $f_{ck} = 24\text{MPa}$, $f_y = 400\text{MPa}$, $E_s = 200000\text{MPa}$)

① 306mm
② 324mm
③ 360mm
④ 520mm

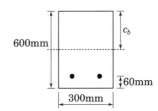

**알찬풀이** │ 압축연단에서 중립축까지의 거리($c_b$)

$$c_b = \frac{600}{600 + f_y} \cdot d = \frac{600}{600 + (400)} \cdot (540) = 324\text{mm}$$

**52** 그림과 같은 겔버보(Gerber Beam)에서 A점의 휨모멘트는?

① 24kN·m
② 28kN·m
③ 30kN·m
④ 32kN·m

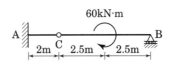

**알찬풀이** │ 겔버보(Gerber Beam)에서 A점의 휨모멘트

① CB구간: $V_B = +\dfrac{60}{5} = +12\text{kN}(\uparrow)$, $V_C = -\dfrac{60}{5} = -12\text{kN}(\downarrow)$

② AC구간: $M_{A,\,Right} = -[-(12)(2)] = +24\text{kN} \cdot \text{m}\ (\smile)$

**53** 그림과 같은 구조체의 부정정 차수는?

① 1차 부정정
② 2차 부정정
③ 3차 부정정
④ 4차 부정정

**알찬풀이** │ 구조체의 부정정 차수($N$)
　　　① $N_e = r - 3 = (2+1) - 3 = 0$
　　　② $N_i = (+1) \times 2$개 $= +2$
　　　③ $N = N_e + N_i = (0) + (2) = 2$차

**54** 보의 폭 $b = 300mm$, $f_{ck} = 21MPa$인 단근보를 강도설계법으로 설계하고자 할 때 균형상태에서 이 보의 압축 내력은 약 얼마인가? (단, 등가응력 블록의 깊이 $a = 120mm$)

① 536.2kN
② 642.6kN
③ 720.4kN
④ 825.8kN

**알찬풀이** │ 보의 압축 내력($C$)
　　　$C = 0.85 f_{ck} \cdot a \cdot b = 0.85(21)(120)(300) = 642600N = 642.6kN$

**55** 그림과 같은 단순보에 생기는 최대 휨응력도의 값은?

① 2.5 MPa
② 3.0 MPa
③ 3.5 MPa
④ 4.0 MPa

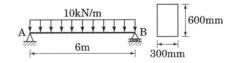

**알찬풀이** │ 최대 휨응력도의 값($\sigma_{\max}$)
　　　① $M_{\max} = \dfrac{wL^2}{8} = \dfrac{(10)(6)^2}{8} = 45kN \cdot m = 45 \times 10^6 N \cdot mm$
　　　② $\sigma_{\max} = \dfrac{M_{\max}}{Z} = \dfrac{(45 \times 10^6)}{\dfrac{(300)(600)^2}{6}} = 2.5 N/mm^2 = 2.5MPa$

**56** 철근콘크리트 보에서 늑근의 사용 목적으로 적절하지 않은 것은?

① 전단력에 의한 전단균열 방지　　② 철근조립의 용이성
③ 주철근의 고정　　　　　　　　　④ 부재의 휨강성 증대

**알찬풀이** | 늑근의 사용 목적으로 적절하지 않은 것
　　　　　④ 부재의 휨강성 증대는 인장철근의 사용 목적이다.


**57** SN275A로 표기된 강재에 관한 설명으로 옳은 것은?

① 일반구조용 압연강재이다.　　　　② 용접구조용 압연강재이다.
③ 건축구조용 압연강재이다.　　　　④ 항복강도가 400MPa이다.

**알찬풀이** | SN275A로 표기된 강재에 관한 설명
　　　　　건축구조용 압연강재, 항복강도 275MPa, 샤르피 흡수에너지 등급 A


**58** 기초형식의 선정에 대한 설명으로 옳지 않은 것은?

① 구조성능, 시공성, 경제성 등을 검토하여 합리적으로 기초형식을 선정하여야 한다.
② 기초는 상부구조의 규모, 형상, 구조, 강성 등을 함께 고려해야 하고, 대지의 상
　황 및 지반의 조건에 적합하며, 유해한 장애가 생기지 않아야 한다.
③ 동일 구조물의 기초에서는 이종형식 기초의 병용을 원칙으로 한다.
④ 기초형식의 선정 시 부지 주변에 미치는 영향을 충분히 고려하여야 하며 또한
　장래 인접대지에 건설되는 구조물과 그 시공에 의한 영향까지도 함께 고려하는
　것이 바람직하다.

**알찬풀이** | 기초형식의 선정에 대한 설명
　　　　　③ 동일 구조물의 기초에서는 단일형식 기초의 사용을 원칙으로 한다.

## 59 D19 압축 철근의 기본 정착길이로 옳은 것은?
(단, D19의 단면적은 287mm², $f_{ck}$=21MPa, $f_y$=400MPa, $\lambda$=1)

① 674 mm          ② 570 mm

③ 482 mm          ④ 415 mm

**알찬풀이** | D19 압축 철근의 기본 정착길이($l_{db}$)
압축 철근의 기본 정착길이($l_{db}$)는 다음 중 큰 값 이상이어야 한다.

① $l_{db} = \dfrac{0.25 d_b \cdot f_y}{\lambda \sqrt{f_{ck}}} = \dfrac{0.25(19)(400)}{(1.0)\sqrt{(21)}} = 414.614\text{mm}$

② $l_{db} = 0.043 d_b \cdot f_y = 0.043(19)(400) = 326.8\text{mm}$

## 60 그림과 같은 단순보를 H−200×100×7×10으로 설계하였다면 최대 처짐량은?
(단, $I_x = 1.0×10^8$mm⁴, $E = 1.0×10^4$MPa)

① 10.18 mm

② 20.35 mm

③ 40.69 mm

④ 81.38 mm

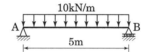

**알찬풀이** | 단순보의 최대 처짐량($\delta_{\max}$)

① $w = 10\text{kN/m} = 10000\text{N}/1000\text{mm} = 10\text{N/mm}$

② $\delta_{\max} = \dfrac{5wL^4}{384EI} = \dfrac{5(10)(5000)^4}{384(1.0×10^4)(1.0×10^8)} = 81.38\text{mm}$

---

### 제4과목 : 건축설비

## 61 조명기구를 배광에 따라 분류할 경우, 다음과 같은 특징을 갖는 것은?

- 공장의 일반 조명 방식에 사용된다.
- 작업면에 고조도를 얻을 수 있으나 심한 조도의 차 및 짙은 그림자와 눈부심이 발생한다.

① 직접조명형          ② 간접조명형

③ 반간접조명형          ④ 전반확산조명형

**알찬풀이** | 직접조명
① 직접조명은 빛의 90~100%가 아래로 향하고 빛의 0~10%가 위로 향하여 투사시키는 방식이다.
② 조명 효율이 좋은 경제적인 조명 방식으로 가장 많이 이용된다.
③ 음영이 가장 강하게 나타날 수 있다.

| ANSWER | 56. ④ | 57. ③ | 58. ③ | 59. ④ | 60. ④ | 61. ① |

**62** 배관에 있어서 2개 이상의 엘보를 사용하여 이음부의 나사 회전을 이용해서 배관의 신축을 흡수하는 신축이음쇠는?

① 플랜지형         ② 벨로우즈형

③ 스위블형         ④ 플레어형

**알찬풀이** | 스위블 이음(swivel joint)
① 2개 이상의 엘보(elbow)를 사용하여 나사 회전을 이용해서 신축을 흡수한다.
② 분기배관 중에 사용된다.

**63** 다음의 공기조화방식 중 전공기방식에 해당하지 않는 것은?

① 단일 덕트방식         ② 2중 덕트방식

③ 팬코일 유닛방식         ④ 멀티존 유닛방식

**알찬풀이** | 팬코일 유니트 방식(Fancoil Unit System)
팬코일(fancoil)이라고 부르는 소형 유니트(unit)를 실내의 필요한 장소에 설치하여 냉·온수 배관을 접속시켜 실내의 공기를 대류작용에 의해서 냉·난방하는 방식으로 팬코일 유닛방식은 전수방식에 해당한다.

**64** 건구용도 26℃인 공기 1000m³과 건구온도 32℃인 공기 500m³을 단열 혼합하였을 경우, 혼합공기의 건구온도는?

① 27℃         ② 28℃

③ 29℃         ④ 30℃

**알찬풀이** | 혼합 물(공기)의 건구온도($t_3$)
$t_1$℃의 물(공기) $m$(kg)과 $t_2$℃의 물(공기) $n$(kg)이 혼합될 경우 혼합온도 $t_3$는 다음 식과 같이 구할 수 있다.

$$m_1 \cdot t_1 + n \cdot t_2 = (m+n) \cdot t_3$$

$$\therefore \ t_3 = \frac{m \cdot t_1 + n \cdot t_2}{m+n}$$

$$t_3 = \frac{26 \times 1000 + 32 \times 500}{1500} = 28℃$$

**65** 진공환수식 난방 장치에 있어서 부득이 방열기보다 높은 곳에 환수관을 배관하지 않으면 안 될 때 또는 환수 주관보다 높은 위치에 진공 펌프를 설치할 때, 환수관에 응축수를 끌어 올리기 위해 사용하는 것은?

① 리프트 이음
② 볼 조인트
③ 루프형 이음
④ 슬리브형 이음

**알찬풀이** | 리프트 이음(lift fitting)
진공 환수식 난방 방식에서 방열기 보다 높은 위치에 응축수의 환수관을 배관하는 경우에 이용되는 방법이다.

**66** 대변기 세정수의 급수방식 중 하이 탱크식에 대한 설명으로 옳지 않은 것은?

① 볼 탭이 사용된다.
② 로 탱크식에 비해 세정소음이 크다.
③ 로 탱크식에 비해 화장실 면적을 다소 넓게 사용할 수 있다.
④ 일시적으로 많은 사람들이 연속하여 사용하여야 하는 극장, 백화점 등에 주로 이용된다.

**알찬풀이** | 일시적으로 많은 사람들이 연속하여 사용하여야 하는 극장, 백화점 등에는 하이 탱크식대변기보다 세정 밸브식(flush valve system) 대변기가 적당하다.

**67** 주위 온도가 일정한 온도상승률 이상으로 되었을 때 작동하는 것으로서 광범위한 열효과의 누적으로 작동하는 감지기는?

① 이온화식 감지기
② 정온식 스폿형 감지기
③ 차동식 분포형 감지기
④ 정온식 감지선형 감지기

**알찬풀이** | 차동식 분포형 감지기
① 가느다란 동 파이프 내의 공기가 화재시 팽창하여 이 파이프에 접속된 감압실의 접점을 동작시켜 화재 신호를 발신하는 감지기이다.
② 동 파이프는 바깥지름 2.0mm, 안지름 1.5mm 정도를 사용하며 보통 천장에 배관하다.

**68** 수질 관련 용어 중 BOD란 무엇인가?

① 생물화학적 산소요구량
② 화학적 산소요구량
③ 용존산소량
④ 수소이온농도

**알찬풀이** | B.O.D(Biochemical Oxygen Demand)
B.O.D는 생물화학적 산소요구량을 의미한다.

| ANSWER | 62. ③ | 63. ③ | 64. ② | 65. ① | 66. ④ | 67. ③ | 68. ① |
| --- | --- | --- | --- | --- | --- | --- | --- |

**69** 양수펌프의 양수량이 18m³/h이고 양정이 60m일 때 펌프의 축동력은?(단, 펌프의 효율은 50%이다.)

① 0.35kW
② 1.47kW
③ 2.94kW
④ 5.88kW

**알찬풀이** | 펌프의 축동력

펌프의 축동력 = $\dfrac{W \times Q \times H}{6120 \times E}$ (kW)

(부호)  $W$ : 물의 밀도(1000kg/m³)
  $Q$ : 양수량(m³/min)
  $H$ : 펌프의 전양정[흡입양정($H_s$)+토출양정($H_d$)+마찰손실 수두($H_f$)]
  * $H_s$ : 펌프의 실양정[흡입양정($H_s$)+토출양정($H_d$)]
  $E$ : 펌프의 효율(%)

∴ 축동력 = $\dfrac{1000 \times (18 \div 60) \times 60}{6120 \times 0.5}$ ≒ 5.88(kW)

**70** 금속관 공사에 관한 설명으로 옳지 않은 것은?

① 전선의 인입이 용이하다.
② 전선의 과열로 인한 화재의 위험성이 작다.
③ 외부적 음력에 대한 전선보호의 신뢰성이 높다.
④ 철근콘크리트 건물의 매입 배선으로는 사용할 수 없다.

**알찬풀이** | 금속관 공사는 철근콘크리트 건물의 매입 배선으로는 많이 사용된다.

**71** 소방대상물에 설치된 2개의 옥외소화전을 동시에 사용할 경우 각 옥외소화전의 노즐 선단에서의 방수압력은 최소 얼마 이상이어야 하는가? (단, 전동기 또는 내연기관에 따른 펌프를 이용하는 가압송수장치를 사용할 경우)

① 0.07MPa
② 0.17MPa
③ 0.25MPa
④ 0.34MPa

**알찬풀이** | 옥외소화전 설비
  ① 방수 압력 : 0.25MPa 이상
  ② 방수량 : 350*l*/min 이상

**72** 10℃의 물 1,000L를 40℃의 온수로 만들기 위해 필요한 열량은?
(단, 물의 비열은 4.19kJ/kg·K이다.)

① 125.7kJ
② 1257kJ
③ 12570kJ
④ 125700kJ

**알찬풀이** | 필요한 열량($Q$)
열량($Q$) = $m \cdot c \cdot t$ (kcal, kJ)
(부호) $m$ : 질량(kg)
$c$ : 비열(J/kg℃, kcal/kg℃)
$t = t_1 - t_2$ : 온도 변화(℃)
∴ $Q = 1000 \times 4.19 \times (40 - 10) = 125700$(kJ)

**73** 다음 중 잠열을 이용한 난방방식으로 예열시간이 짧고 간헐운전에 적합하지만 스팀 해머를 발생할 수 있는 것은?

① 온수난방
② 증기난방
③ 복사난방
④ 온풍난방

**알찬풀이** | 증기난방의 특징
① 장점
㉠ 증기의 증발 잠열을 이용하여 열의 운반 능력이 크다.
㉡ 예열 시간이 온수난방에 비해 짧다.
㉢ 설비비, 유지비가 저렴하다.
② 단점
㉠ 화상의 우려가 있으며 먼지 등의 상승으로 불쾌감을 줄 수 있다.
㉡ 소음(steam hammering)의 우려가 있다.
㉢ 보일러 취급에 기술을 요한다.

**74** 호텔의 주방이나 레스토랑의 주방 등에서 배출되는 세정배수 중의 유지분을 포집하기 위해 사용되는 포집기는?

① 샌드 포집기
② 가솔린 포집기
③ 그리스 포집기
④ 폴라스터 포집기

**알찬풀이** | 그리스 트랩(grease trap)
주방 등에서 기름기가 많은 배수로부터 기름기를 제거, 분리시킬 수 있는 트랩이다.

**75** 다음의 급수방식에 대한 설명 중 옳은 것은?

① 압력탱크 방식은 경제적이며 공급압력이 일정하다.
② 수도직결 방식은 공급압력이 일정하여 고층건물에 주로 사용된다.
③ 탱크가 없는 부스터 방식은 정교한 제어가 필요하며 정전시 급수가 불가능하다.
④ 고가수조 방식은 수질 오염성이 가장 낮은 방식으로 단수시 일정 시간 동안 급수가 가능하다.

**알찬풀이** | 급수방식
① 압력탱크 방식은 공급압력이 일정하지 않다.
② 수도직결 방식은 저층 건물에 주로 사용된다.
④ 고가수조 방식은 수질 오염성이 가장 높은 방식이다.

**76** 전기설비 용량이 각각 80kW, 120kW의 부하설비가 있다. 그 수용률이 70%인 경우 최대수용전력은?

① 90kW
② 100kW
③ 140kW
④ 200kW

**알찬풀이** | 최대 수용전력
최대수용전력 = 0.7 × (80 + 120) = 140kW

**77** 배수수직관 내의 압력변화를 방지 또는 완화하기 위해, 배수수직관으로부터 분기·입상하여 통기수직관에 접속하는 통기관은?

① 습식통기관
② 신정통기관
③ 루프통기관
④ 결합통기관

**알찬풀이** | 결합 통기관
① 고층 건물의 경우 배수 수직관에서 통기 수직관에 연결되는 부분이다.
② 5개 층 마다 설치해서 배수 수직 주관의 통기를 촉진한다.
③ 통기관의 관경은 통기 수직주관과 동일하거나 50A 이상으로 한다.

**78** LPG 용기의 보관온도는 최대 얼마 이하로 하여야 하는가?

① 20℃
② 30℃
③ 40℃
④ 50℃

**알찬풀이** | LPG 용기의 보관온도는 40℃ 이하가 되도록 서늘하고 환기가 잘되는 곳이 적당하다.

**79** 다음의 공기조화방식 중 에너지 절감적인 측면에서 가장 유리한 것은?

① 멀티존 유닛방식

② 이중덕트 정풍량방식

③ 단일덕트 정풍량방식

④ 단일덕트 가변풍량방식

**알찬풀이** | 단일덕트 가변풍량 방식(VAV, Variable Air Volume System)

① 급기 덕트의 관말단부에 터미널 유니트라는 장치를 설치하여 급기 온도는 일정하게 하고 송풍량을 실내 부하에 따라 조절하는 방식이다.

② 부하 변동에 따라 송풍량을 조절할 수 있다.

③ 각 실(室)마다 개별제어가 가능하며 에너지 손실이 적어 에너지 절약형이다.

**80** 다음 중 환기 횟수에 대한 설명으로 가장 알맞은 것은?

① 하루 동안의 환기량을 실의 용적으로 나눈 값이다.

② 한 시간 동안의 환기량을 실의 용적으로 나눈 값이다.

③ 한 시간 동안에 창문을 여닫는 회수를 의미한다.

④ 하루 동안에 공조기를 작동하는 회수를 의미한다.

**알찬풀이** | 환기 회수는 한 시간 동안의 환기량을 실용적으로 나눈 값이다.

---

### 제5과목 : 건축법규

**81** 다음의 초고층 건축물의 정의에 관한 기준 내용 중 ( ) 안에 알맞은 것은?

> "초고층 건축물" 이란 층수가 ( ㉠ )층 이상이거나 높이가 ( ㉡ ) 미터 이상인 건축물을 말한다.

① ㉠ 50, ㉡ 150

② ㉠ 50, ㉡ 200

③ ㉠ 60, ㉡ 150

④ ㉠ 60, ㉡ 200

**알찬풀이** | 초고층 건축물

초고층 건축물이란 층수가 50층 이상이거나 높이가 200m 이상인 건축물을 말한다.

---

**ANSWER** | 75. ③ 76. ③ 77. ④ 78. ③ 79. ④ 80. ② 81. ②

**82** 건축법상 건축물과 해당 건축물의 용도의 연결이 옳지 않은 것은?

① 도서관 – 교육연구시설
② 운전학원 – 자동차 관련 시설
③ 안마시술소 – 제2종 근린생활시설
④ 식물원 – 동물 및 식물 관련 시설

**알찬풀이** | 동물원과 식물원은 문화 및 집회시설에 해당한다.
　　　　　동물 및 식물 관련 시설은 축사(양잠·양봉·양어시설 및 부화장 등을 포함), 가축시설(가축용 운동
　　　　　시설, 인공수정센터, 관리사, 가축용 창고, 가축시장, 동물검역소, 실험동물 사육시설, 그 밖에 이
　　　　　와 비슷한 것), 도축장, 도계장, 작물 재배사, 종묘배양시설, 화초 및 분재 등의 온실을 말한다.

**83** 건축허가 대상 건축물이라 하더라도 국토교통부령으로 정하는 바에 따라 신고를 하면 건축 허가를 받은 것으로 보는 경우에 해당하지 않는 것은?

① 바닥면적의 합계 $50m^2$의 증축
② 바닥면적의 합계 $80m^2$의 재축
③ 바닥면적의 합계 $60m^2$의 개축
④ 연면적 $200m^2$이고 층수가 3층인 건축물의 대수선

**알찬풀이** | 연면적 $200m^2$이고 층수가 3층 이상인 건축물의 대수선은 건축 허가를 받아야 한다.

**84** 도시계획시설 또는 도시계획시설예정지에 건축하는 가설건축물에 관한 기준 내용으로 옳지 않은 것은?

① 조적조가 아닐 것
② 철근콘크리트조가 아닐 것
③ 철골철근콘크리트조가 아닐 것
④ 판매시설로서 분양을 목적으로 건축하는 건축물이 아닐 것

**알찬풀이** | 가설건축물의 설치기준
　　　　　① 철근콘크리트조 또는 철골철근콘크리트조가 아닐 것
　　　　　② 존치기간은 3년 이내일 것
　　　　　③ 3층 이하일 것
　　　　　④ 전기·수도·가스등 새로운 간선공급설비의 설치를 요하지 아니할 것
　　　　　⑤ 공동주택·판매시설·운수시설 등으로서 분양을 목적으로 건축하는 건축물이 아닐 것

**85** 공동주택 중 아파트에 설치하여야 하는 대피공간에 관한 기준 내용으로 옳은 것은?

① 대피공간은 바깥의 공기와 접하지 않을 것
② 대피공간의 실내의 다른 부분과 방화구획으로 구획될 것
③ 대피공간의 바닥면적은 각 세대별로 설치하는 경우에는 3제곱미터 이상일 것
④ 대피공간의 바닥면적은 인접 세대와 공동으로 설치하는 경우에는 5제곱미터 이상일 것

**알찬풀이** | 대피공간
　　　　　① 대피공간은 바깥의 공기와 접할 것
　　　　　③ 대피공간의 바닥면적은 각 세대별로 설치하는 경우에는 $2m^2$ 이상일 것
　　　　　④ 대피공간의 바닥면적은 인접 세대와 공동으로 설치하는 경우에는 $3m^2$ 이상일 것

**86** 공동주택의 건축허가 신청시 건축물의 용적률에 대하 기준을 완화하여 적용받을 수 있는 리모델링이 쉬운 구조에 해당하지 않는 것은?

① 개별 세대 안에서 구획된 실의 크기를 변경할 수 없을 것
② 각 세대는 인접한 세대와 수평 방향으로 통합하거나 분할할 수 있을 것
③ 각 세대는 인접한 세대와 수직 방향으로 통합하거나 분할할 수 있을 것
④ 구조체에서 건축설비, 내부 마감재료 및 외부 마감재료를 분리할 수 있을 것

**알찬풀이** | 공동주택의 건축허가 신청시 건축물의 용적률에 대하 기준을 완화하여 적용받을 수 있는 리모델링이 쉬운 구조에서 개별 세대 안에서 구획된 실의 크기를 변경할 수 있어야 한다.

**87** 연면적 200제곱미터를 초과하는 건축물에 설치하는 계단에 관한 기준 내용으로 옳지 않은 것은?

① 너비가 3미터를 넘는 계단에는 계단의 중간에 너비 1.5미터 이내마다 난간을 설치할 것
② 높이가 3미터를 넘는 계단에는 높이 3미터 이내마다 너비 1.2미터 이상의 계단참을 설치할 것
③ 높이가 1미터를 넘는 계단 및 계단참의 양옆에는 난간(벽 또는 이에 대치되는 것 포함)을 설치할 것
④ 계단의 바닥 마감면부터 상부 구조체의 하부 마감면까지의 연직방향의 높이는 2.1미터 이상으로 할 것

**알찬풀이** | 너비가 3m를 넘는 계단에는 계단의 중간에 너비 3m 이내마다 난간을 설치하여야 한다.

| **ANSWER** | 82. ④ | 83. ④ | 84. ① | 85. ② | 86. ① | 87. ① |

**88** 문화 및 집회시설 중 공연장의 개별 관람석 바닥면적이 500m²일 경우 개별 관람석 출구의 유효너비의 합계는 최소 얼마 이상이어야 하는가?

① 2m                    ② 3m

③ 4m                    ④ 5m

**알찬풀이** | 관람석 등으로부터의 출구의 설치기준
관람석의 바닥면적이 300m² 이상인 경우의 출구는 다음의 기준에 적합하게 설치하여야 한다.
① 관람석별로 2개소 이상 설치할 것
② 각 출구의 유효너비는 1.5m 이상일 것
③ 개별 관람석 출구의 유효너비의 합계는 개별 관람석의 바닥면적 100m² 마다 0.6m의 비율로 산정한 너비 이상으로 할 것

$$\therefore \text{출구의 유효 폭} = \frac{500\text{m}^2}{100\text{m}^2} \times 0.6(\text{m}) = 3\text{m}$$

**89** 원칙적으로 조경 등의 조치를 하여야 하는 건축물의 대지 면적 기준은?

① 100m² 이상            ② 200m² 이상

③ 300m² 이상            ④ 400m² 이상

**알찬풀이** | 조경 등의 조치
면적 200m² 이상인 대지에 건축을 하는 건축주는 용도지역 및 건축물의 규모에 따라 해당 지방자치단체의 조례가 정하는 기준에 따라 대지 안에 조경 기타 필요한 조치를 하여야 한다.

**90** 다음은 건축선에 따른 건축제한에 관한 기준 내용이다. ( ) 안에 알맞은 것은?

> 도로면으로부터 높이 ( )이하에 있는 출입구, 창문, 그 밖에 이와 유사한 구조물은 열고 닫을 때 건축선의 수직면을 넘지 아니하는 구조로 하여야 한다.

① 3.0m                ② 3.5m

③ 4.0m                ④ 4.5m

**알찬풀이** | 도로면으로부터 높이 4.5m 이하에 있는 출입구·창문 기타 이와 유사한 구조물은 개폐시에 건축선의 수직면을 넘는 구조로 하여서는 아니 된다.

**91** 각 층의 거실면적이 2000m²인 10층 호텔을 건축하고자 할 때 설치하여야 하는 승용승강기의 최소 대수는? (단, 8인승 승강기를 사용하는 경우)

① 3대 　　　　　　　　　　　② 4대

③ 5대 　　　　　　　　　　　④ 6대

**알찬풀이** | 승용 승강기의 설치기준

| 6층 이상의 거실 면적의 합계(A)<br><br>건축물의 용도 | 3000m² 이하 | 3000m² 초과 | 공 식 |
|---|---|---|---|
| • 문화 및 집회시설<br>　(전시장, 동·식물원에 한함)<br>• 업무시설<br>• 숙박시설<br>• 위락시설 | 1대 | 1대에 3000m²를 초과하는 경우에는 그 초과하는 매 2000m² 이내마다 1대의 비율로 가산한 대수 | $1 + \dfrac{(A-3000)}{2000}$ |

[비고] 승강기의 대수기준을 산정함에 있어 8인승 이상 15인승 이하 승강기는 위 표에 의한 1대의 승강기로 보고, 16인승 이상의 승강기는 위 표에 의한 2대의 승강기로 본다.

$$\therefore \text{승강기의 설치 대수} = 1 + \frac{10000\text{m}^2 - 3000\text{m}^2}{2000\text{m}^2} = 4.5 \rightarrow 5(\text{대})$$

**92** 건축물의 설비기준 등에 관한 규칙상의 기준에 적합하게 피뢰설비를 설치하여야 하는 건축물의 높이 기준은?

① 10미터 이상 　　　　　　　② 20미터 이상

③ 30미터 이상 　　　　　　　④ 40미터 이상

**알찬풀이** | 피뢰설비

　　낙뢰의 우려가 있는 건축물 또는 높이 20m 이상의 건축물에는 일정한 기준에 적합하게 피뢰설비를 설치하여야 한다.

**93** 공동주택과 오피스텔의 난방설비를 하는 경우에 대한 기준 내용으로 옳지 않은 것은?

① 보일러의 연도는 내화구조로서 공동연도로 설치할 것

② 공동주택의 경우에는 난방구획마다 내화구조로 된 벽·바닥과 갑종방화문으로 된 출입문으로 구획할 것

③ 보일러실과 거실 사이의 출입구는 그 출입구가 닫힌 경우에는 보일러가스가 거실에 들어갈 수 없는 구조로 할 것

④ 보일러는 거실 외의 곳에 설치하되, 보일러를 설치하는 곳과 거실사이의 경계벽은 출입구를 제외하고는 내화구조의 벽으로 구획할 것

**알찬풀이** | 오피스텔의 경우에는 난방구획마다 내화구조로 된 벽·바닥과 갑종방화문으로 된 출입문으로 구획하여야 한다.

**94** 노외주차장에서 주차형식에서 따른 차로의 너비 기준으로 옳은 것은? (단, 출입구가 2개 이상인 경우)

① 평행주차 – 3.3m 이상
② 교차주차 – 4.5m 이상
③ 직각주차 – 5.0m 이상
④ 60도 대형주차 – 5.0m 이상

**알찬풀이** | 노외주차장에서 주차형식에서 따른 차로의 너비 기준

| 주 차 형 식 | 차로의 폭 | |
|---|---|---|
| | 출입구가 2개 이상인 경우 | 출입구가 1개인 경우 |
| 평행주차 | 3.3m | 5.0m |
| 직각주차 | 6.0m | 6.0m |
| 60° 대향 주차 | 4.5m | 5.5m |
| 45° 대향 주차 | 3.5m | 5.0m |
| 교차주차 | 3.5m | 5.0m |

**95** 노외주차장의 구조 및 설비기준에 따라 노외주차장에 출입구를 설치할 경우, 출입구의 최소 너비는? (단, 주차대수 규모가 50대 미만인 경우)

① 3.5미터
② 5.0미터
③ 5.5미터
④ 6.0미터

**알찬풀이** | 노외주차장의 구조 및 설비기준
　　노외주차장의 출입구의 너비는 3.5m 이상으로 하여야 하며, 주차대수규모가 50대 이상인 경우에는 출구와 입구를 분리하거나 너비 5.5m 이상의 출입구를 설치하여 소통이 원활하도록 하여야 한다.

**96** 지하식 노외주차장의 차로에 관한 기준 내용으로 옳지 않은 것은?

① 높이는 주차바닥면으로부터 2.3m 이상으로 하여야 한다.
② 경사로의 종단경사도는 직선 부분에서는 17%를 초과하여서는 아니 된다.
③ 경사로의 종단경사도는 곡선 부분에서는 15%를 초과하여서는 아니 된다.
④ 같은 경사로를 이용하는 주차장의 총주차대수가 50대 이하인 경우 곡선 부분은 자동차가 5m 이상의 내변 반경으로 회전할 수 있도록 하여야 한다.

**알찬풀이** | 지하식 노외주차장의 차로에 관한 기준
　　지하식 노외주차장의 경사로의 종단경사도는 곡선 부분에서는 14%를 초과하여서는 아니 된다.

**97** 건축물의 연면적 중 주차장으로 사용되는 부분이 70%일 경우 이 건축물을 주차전용건축물로 볼 수 있는 주차장 외의 용도에 해당하지 않는 것은?

① 판매시설 ② 운수시설
③ 운동시설 ④ 의료시설

**알찬풀이** | 주차전용 건축물의 주차면적비율

| 주차전용건축물 | 원 칙 | 비 율 |
|---|---|---|
| 건축물의 연면적중 주차장으로 사용되는 부분 | ㉠ 아래의 ㉡의 시설이 아닌 경우 | 95% 이상 |
| | ㉡ 단독주택, 공동주택, 제1종 및 제2종 근린생활시설, 문화 및 집회시설, 종교시설, 판매 시설, 운수시설, 운동시설, 업무시설 또는 자동차관련 시설인 경우 | 70% 이상 |
| 단서 규정 | ㉢ 특별시장·광역시장 또는 시장은 노외주차장 또는 부설주차장의 설치를 제한하는 지역의 주차전용건축물의 경우에는 상기 ㉡의 규정에 불구하고 해당 지방자치단체의 조례가 정하는 바에 의하여 주차외의 용도로 사용되는 부분에 설치할 수 있는 시설의 종류를 해당 지역안의 구역별로 제한할 수 있다. | |

∴ 건축물에 의료시설이 있는 경우 건축물의 연면적 중 주차장으로 사용되는 부분의 비율이 95% 이상이어야 주차전용 건축물로 볼 수 있다.

**98** 기계식주차장의 사용검사의 유효기간과 정기검사의 유효기간은?

① 사용검사 : 2년, 정기검사 : 2년
② 사용검사 : 2년, 정기검사 : 3년
③ 사용검사 : 3년, 정기검사 : 2년
④ 사용검사 : 3년, 정기검사 : 3년

**알찬풀이** | 기계식주차장의 사용검사의 유효기간과 정기검사의 유효기간

| 종 류 | 검사의 성격 | 유효기간 |
|---|---|---|
| 사용검사 | 기계식주차장의 설치를 완료하고 이를 사용하기 전에 실시하는 검사 | 3년 |
| 정기검사 | 사용검사의 유효기간이 지난 후 계속하여 사용하고자 하는 경우에 주기적으로 실시하는 검사 | 2년 |

**99** 부설주차장 설치대상 시설물의 종류별 설치기준으로 옳지 않은 것은?

① 골프장 : 1홀당 10대
② 위락시설 : 시설면적 100m²당 1대
③ 판매시설 : 시설면적 100m²당 1대
④ 수련시설 : 시설면정 350m²당 1대

**알찬풀이** | 판매시설은 시설면적 150m²당 1대 이상을 설치하여야 한다.


**100** 다음 중 상업지역의 세분에 해당하지 않는 것은?

① 전용상업지역
② 일반상업지역
③ 근린상업지역
④ 유통상업지역

**알찬풀이** | 상업지역의 세분 중 전용상업지역은 없다.
　　　　※ 상업지역의 세분
　　　　① 중심상업지역
　　　　② 일반상업지역
　　　　③ 근린상업지역
　　　　④ 유통상업지역

# MEMO

◈ 성공의 커다란 비결은 결코 지치지 않는 인간으로 인생을 살아나가는 것이다. - 알버트 슈바이처

# 국가기술자격검정 필기시험문제

| 2021년도 제3회 CBT복원문제 | | | | 수검번호 | 성 명 |
|---|---|---|---|---|---|
| 자격종목 및 등급(선택분야) | 종목코드 | 시험시간 | 문제지형별 | | |
| **건축산업기사** | **2530** | **2시간30분** | **A** | | |

※ 답안카드 작성시 시험문제지 형별누락, 마킹착오로 인한 불이익은 전적으로 수험자의 귀책사유임을 알려드립니다.

---

## 제1과목 : 건축계획

**01** 상점의 판매방식에 관한 설명으로 옳지 않은 것은?

① 측면판매방식은 직원 동선의 이동성이 많다.

② 대면판매방식은 측면판매방식에 비해 상품 진열면적이 넓어진다.

③ 측면판매방식 고객이 직접 진열된 상품을 접촉할 수 있는 관계로 선택이 용이하다.

④ 대면판매방식은 쇼케이스를 중심으로 판매원이 고정된 자리나 위치를 확보하는 것이 용이하다.

**알찬풀이** | 대면판매방식

| 장 점 | 단 점 |
|---|---|
| • 설명에 유리하다<br>• 판매원의 위치가 안정된다.<br>• 포장이 편리하다. | • 진열면적의 감소(판매원 통로 필요) |

진열대(Show Case)를 사이에 두고 종업원과 손님이 마주보는 형태이다.

**02** 다음 중 사무소 건축에서 기준층 층고의 결정 요소와 가장 거리가 먼 것은?

① 채광률　　　　　　　　② 사용 목적

③ 엘리베이터의 대수　　　④ 공기조화(Air Conditioning)

**알찬풀이** | 사무소 건축에서 기준층 층고의 결정 요소와 가장 거리가 먼 것은 엘리베이터의 대수이다.

**03** 사무소건축의 사무실 계획에 관한 설명으로 옳은 것은?

① 내부 기둥 간격 결정 시 철근콘크리트구조는 철골구조에 비해 기둥 간격을 길게 가져갈 수 있다.
② 기준층 계획 시 방화구획과 배연계획은 고려하지 않는다.
③ 개방형 사무실은 개실형에 비해 불경기 때에도 임대자를 구하기 쉽다.
④ 공조설비의 덕트는 기준층 높이를 결정하는 조건이 된다.

**알찬풀이** | ① 내부 기둥 간격 결정 시 철골구조는 철근콘크리트구조에 비해 기둥 간격을 길게 가져갈 수 있다.
② 기준층 계획 시 방화구획과 배연계획을 고려하여야 한다.
③ 개실형 사무실이 개방형 사무실에 비해 불경기 때에도 임대자를 구하기 용이하다.

**04** 학교의 교실계획에 대한 설명 중 옳지 않은 것은?

① 종합교실형은 초등학교 저학년에 적합하다.
② 특별교실은 동선이 짧게 되도록 일반교실에서 근접시킨다.
③ 교과교실형은 모든 교실이 특정 교과를 위해 만들어진다.
④ 행정·관리 부분은 중앙에 가까운 위치에 배치한다.

**알찬풀이** | 음악, 미술 등 특별교실은 공동으로 이용되는 교실로 일반 교실에서 분리하여 배치시킨다.

**05** 아파트 단면형식 중 복층형(maisonette type)의 특징에 관한 설명으로 옳지 않은 것은?

① 거주성과 프라이버시가 양호하다.    ② 고규모에 유리한 형식이다.
③ 주택내 공간의 변화가 있다.    ④ 유효면적이 증가한다.

**알찬풀이** | 메조넷형(Maisonette Type, Duplex Type, 복층형)
① 1주거가 2층에 걸쳐 구성되는 유형을 말한다.
② 복도는 2~3층 마다 설치한다. 따라서 통로면적의 감소로 전용면적이 증가된다.
③ 침실을 거실과 상·하층으로 구분이 가능하다.
　(거주성, 특히 프라이버시가 높다.)
④ 단위 세대의 면적이 큰 주거에 유리하다.

**06** 주택 부엌의 작업대 배치 방식 중 L형 배치에 관한 설명으로 옳지 않은 것은?

① 정방형 부엌에 적합한 유형이다.
② 부엌과 식당을 겸하는 경우 활용이 가능하다.
③ 작업대의 코너 부분에 개수대 또는 레인지를 설치하기 곤란하다.
④ 분리형이라고도 하며, 모든 방향에서 작업대의 접근 및 이용이 가능하다.

**알찬풀이** | 분리형이라고도 하며, 모든 방향에서 작업대의 접근 및 이용이 가능한 것은 아일랜드 작업대이다.

**07** 사무소 건축의 엘리베이터 배치 시 고려사항으로 옳지 않은 것은?

① 교통동선의 중심에 설치하여 보행거리가 짧도록 배치한다.
② 여러 대의 엘리베이터를 설치하는 경우, 그룹별 배치와 군관리 운전방식으로 한다.
③ 일렬 배치는 6대를 한도로 하고, 엘리베이터 중심간 거리는 10m 이하가 되도록 한다.
④ 엘리베이터 홀은 엘리베이터 정원 합계의 50% 정도를 수용할 수 있어야 하며, 1인당 점유면적은 0.5~0.8m² 로 계산한다.

**알찬풀이** | 사무소 건축의 엘리베이터 배치시 직선(일렬) 배치는 4대까지, 5대 이상은 알코브(Alcove)나 대면 배치 방식으로 한다.

**08** 어느 학교의 1주간의 평균수업시간은 50시간이며, 설계제도실이 사용되는 시간은 25시간이다. 설계제도실이 사용되는 시간 중 5시간은 구조강의를 위해 사용된다면, 이 설계제도실의 이용률과 순수율은?

① 이용률: 50%, 순수율: 80%
② 이용률: 50%, 순수율: 10%
③ 이용률: 80%, 순수율: 10%
④ 이용률: 80%, 순수율: 50%

**알찬풀이** | 설계제도실의 이용률과 순수율

① 이용률 $= \dfrac{\text{교실 이용시간}}{\text{주당 평균 수업시간}} \times 100(\%)$

$= \dfrac{25}{50} \times 100 = 50(\%)$

② 순수율 $= \dfrac{\text{교과 수업시간}}{\text{교실 이용시간}} \times 100(\%)$

$= \dfrac{(25-5)}{25} \times 100 = 80(\%)$

**09** 학교의 배치계획 중 분산병렬형에 관한 설명으로 옳지 않은 것은?

① 일종의 핑거 플랜이다.
② 화재 및 비상시에 불리하고 일조·통풍 등 환경조건이 불균등하다.
③ 편복도로 할 경우 복도면적이 커지고 단조로워 유기적인 구성을 취하기가 어렵다.
④ 넓은 부지가 필요하다.

**알찬풀이** | 분산병렬형
　　　　　일종의 핑거 플랜형(Finger Plan Type) 이다.
　　　　　① 장점
　　　　　　• 일조, 통풍 등 환경조건이 균등하다.
　　　　　　• 구조 계획이 간단하다.
　　　　　　• 각 건물의 사이에는 놀이터와 정원으로 이용이 가능하다.
　　　　　② 단점
　　　　　　• 비교적 넓은 대지를 필요로 한다.
　　　　　　• 편복도형일 경우 복도 면적이 크고 단조롭다.
　　　　　　• 건물간의 유기적인 구성이 어렵다.

**10** 상점의 쇼윈도에 관한 설명으로 옳지 않은 것은?

① 쇼윈도의 바닥 높이는 귀금속점의 경우는 낮을수록, 운동용품점의 경우는 높을수록 좋다.
② 국부조명은 배열을 바꾸는 경우를 고려하여 자유롭게 수량, 방향, 위치를 변경할 수 있도록 한다.
③ 유리면의 반사방지를 위해 쇼윈도 안의 조도를 외부보다 밝게 한다.
④ 쇼윈도 내부의 조명에 주광색의 전구를 필요로 하는 상점은 의료품점, 약국 등이다.

**알찬풀이** | 쇼윈도의 바닥 높이는 귀금속점의 경우는 높을수록, 운동용품점의 경우는 낮을수록 좋다.

**11** 상점의 매장계획에 관한 설명으로 옳지 않은 것은?

① 상품이 고객 쪽에서 효과적으로 보이도록 한다.
② 고객의 동선은 짧게, 점원의 동선을 길게 한다.
③ 고객과 직원의 시선이 바로 마주치지 않도록 배치한다.
④ 고객을 감시하기 쉬워야 한다.

**알찬풀이** | 고객의 동선은 길게, 점원의 동선을 짧게 한다.

**12** Modular Coordination에 관한 설명으로 거리가 먼 것은?

① 현장에서는 조립가공이 주업무이므로 현장작업이 단순해지며, 시공의 균질성과 일정수준이 보장된다.
② 주로 건식공법에 의하기 때문에 겨울공사가 가능하며, 공기가 단축된다.
③ 국제적인 MC 사용 시 건축 구성재의 국제 교역이 용이하다.
④ 다양한 설계작업이 가능한 장점이 있는 반면 전반적으로 설계작업이 복잡하고 난해해진다.

**알찬풀이** | Modular Coordination(M.C)은 설계작업이 단순화되고, 건축 구성재의 대량생산이 용이해지고 현장작업이 용이하여 공사의 단축을 꾀할 수 있다.

**13** 공장건축의 레이아웃(Lay Out)에 관한 설명으로 옳지 않은 것은?

① 제품중심의 레이아웃은 대량생산에 유리하며 생산성이 높다.
② 레이아웃이란 생산품의 특성에 따른 공장의 건축면적 결정 방식을 말한다.
③ 공정중심의 레이아웃은 다종 소량생산으로 표준화가 행해지기 어려운 주문생산에 적합하다.
④ 고정식 레이아웃은 조선소와 같이 조립부품이 고정된 장소에 있고 사람과 기계를 이동시키며 작업을 행하는 방식이다.

**알찬풀이** | 공장건축의 레이아웃(Lay Out)
제품생산을 위한 공정, 작업장 내의 기계설비, 작업자의 작업구역, 자재나 제품 두는 곳 등에 대한 상호관계 등에 대한 검토 및 배치를 결정하는 방식을 말한다.

**14** 경사지를 적절하게 이용할 수 있으며, 각 호마다 전용의 정원 확보가 가능한 주택형식은?

① 테라스 하우스(Terrace house)
② 타운 하우스(Town House)
③ 중정형 하우스(Patio house)
④ 로 하우스(Row house)

**알찬풀이** | 테라스 하우스(Terrace house)
① 한 세대의 지붕이 다른 세대의 테라스로 전용되는 형식이다.
② 종류로는 자연형, 인공형 혼합형 테라스 하우스가 있다.
③ 각 주호마다 전용의 정원을 갖는 주택을 만들 수 있다.
④ 연속주택이라고도 하며, 도로를 중심으로 상향식과 하향식으로 구분할 수 있다.

**15** 사무소 건축의 코어(Core) 계획에 관한 설명으로 옳지 않은 것은?

① 전기입상관(EPS) 등은 분산시켜 외기에 적절히 면하게 한다.
② 위생입상관(PS) 등은 화장실에 접근시켜 배치한다.
③ 피난계단이 2개소 이상일 경우에 그 출입구는 적절히 이격하게 한다.
④ 코어 내 각 공간이 각층마다 공통의 위치에 있도록 한다.

**알찬풀이** | 전기입상관(EPS) 등은 코어(Core) 내에 집중시켜 배치하고 점검구를 설치한다.

**16** 연면적이 1000m²인 건물을 2층에서 10층까지 임대할 경우 이 건물의 임대율(유효율)은?
(단, 임대율=대실면적/연면적이며, 각 층의 대실면적은 90m²로 동일함)

① 62%  ② 72%
③ 81%  ④ 91%

**알찬풀이** | 임대율(유효율)

$$임대율(유효율) = \frac{대실면적}{연면죽} \times 100(\%) = \frac{9(개층) \times 90(m^2)}{1000(m^2)} \times 100 = 81(\%)$$

**17** 주거 건축의 단지계획에 있어서 교통계획에 대한 내용으로 틀린 것은?

① 근린주구 단위 내부로의 자동차 통과진입을 극소화한다.
② 안전을 위하여 고밀도 지역은 진입구와 되도록 멀리 배치시킨다.
③ 2차도로 체계는 주도로와 연결되어 쿨드삭을 이루게 한다.
④ 통행량이 많은 고속도로는 근린주구 단위를 분리시킨다.

**알찬풀이** | 주거 건축의 단지계획에 있어서 교통계획시 고밀도 지역은 안전을 위하여 진입구와 되도록 가까이 배치시킨다.

**18** 공장건축의 지붕형태에 관한 설명으로 옳지 않은 것은?

① 솟을 지붕 : 채광·환기에 적합한 방법이다.
② 샤렌 지붕 : 기둥이 많이 소요되는 단점이 있다.
③ 뾰족 지붕 : 직사광선을 어느 정도 허용하는 결점이 있다.
④ 톱날 지붕 : 채광창을 북향으로 하면 하루 종일 변함없는 조도를 유지할 수 있다.

**알찬풀이** | 샤렌 구조의 지붕은 최근의 공장 형태로 기둥이 적은 장점이 있다.

**19** 주택의 평면계획에 관한 설명으로 옳지 않은 것은?

① 거실은 주거의 중심에 두고 응접실과 객실은 현관 가까이 둔다.

② 침실은 되도록 남향을 피하고 조용한 곳에 둔다.

③ 주택의 규모에 맞도록 거실, 식당, 부엌의 연결과 분리를 고려하여 공용공간을 배치한다.

④ 공간은 필요한 가구와 사용하는 사람의 행동범위 등을 고려하여 정한다.

**알찬풀이** | 침실은 되도록 남향이 유리하고 조용한 곳에 배치한다.


**20** 다음 중 쇼핑센터를 구성하는 주요 요소로 볼 수 없는 것은?

① 핵점포                   ② 몰(mall)

③ 코트(court)            ④ 터미널(terminal)

**알찬풀이** | 쇼핑센터를 구성하는 주요 요소
　　　① 핵 점포
　　　② 전문점
　　　③ 몰(Mall), 페데스트리언 지대 (Pedestrian area)
　　　④ 코트(court)


## 제2과목 : 건축시공

**21** 콘크리트 혼화제 중 AE제에 관한 설명으로 옳지 않은 것은?

① 연행공기의 볼베어링 역할을 한다.

② 재료분리와 블리딩을 감소시킨다.

③ 많이 사용할수록 콘크리트의 강도가 증가한다.

④ 경화콘크리트의 동결융해저항성을 증가시킨다.

**알찬풀이** | 콘크리트 혼화제 중 AE제는 많이 사용할수록 콘크리트의 강도가 감소한다.

**22** 다음 미장재료 중 기경성 재료로만 짝지어진 것은?

① 시멘트 모르타르, 석고 플라스터, 회반죽
② 석고 플라스터, 돌로마이트 플라스터, 진흙
③ 회반죽, 석고 플라스터, 돌로마이트 플라스터
④ 진흙, 회반죽, 돌로마이트 플라스터

**알찬풀이** | 기경성 미장재료
공기 중의 탄산가스($CO_2$)와 작용하여 경화하는 미장재료(수축성)

| 기경성 | 진흙 | • 진흙+모래, 짚여물의 물반죽 |
| | | • 외역기 바탕의 흙벽 시공 |
| | 회반죽 | • 소석회+모래+여물+해초풀 |
| | | • 물을 사용안함 |
| | 돌로마이트 플라스터 | • 돌로마이트 석회+모래+여물의 물 반죽 |
| | | • 건조수축이 커서 균열 발생, 지하실에서 사용 안함 |

**23** 표준관입시험에 관한 내용 중 옳지 않은 것은?

① 추의 무게는 63.5kg 이다.
② 지반의 단단한 정도와 다져짐 정도 등을 판정하기 위한 토질시험의 일종이다.
③ 추의 낙하 높이는 130cm 이다.
④ N의 값이 클수록 지내력이 큰 지반이다.

**알찬풀이** | 표준관입 시험(Penetration Test)
표준 샘플러를 63.5kg의 해머로 76cm의 낙하고로 치어 박아 관입량이 30cm에 달할 때까지 타격 회수를 N값으로 나타낸다.

**24** 콘크리트 타설 후 실시하는 양생에 관한 설명으로 옳지 않은 것은?

① 경화 초기에 시멘트의 수화반응에 필요한 수분을 공급한다.
② 직사광선, 풍우, 눈에 대하여 노출하여 실시한다.
③ 진동, 충격 등의 외력으로부터 보호한다.
④ 강도확보에 따른 적당한 온도와 습도환경을 유지한다.

**알찬풀이** | 콘크리트 양생의 주안점은 온도와 습도의 유지에 있다. 특히 초기 양생이 아주 중요하며 강도에 큰 영향을 미친다. 직사광선이나 급격한 건조, 풍우, 눈 등은 피하고 충분한 습윤양생을 할수록 건조 수축이 적다.

**25** 일반적인 철근콘크리트조 건물의 철근공사 시 일반적인 배근순서로 옳은 것은?

① 벽 → 기둥 → 보 → 슬래브
② 기둥 → 벽 → 슬래브 → 보
③ 기둥 → 벽 → 보 → 슬래브
④ 벽 → 기둥 → 슬래브 → 보

**알찬풀이** │ 일반적인 철근콘크리트조 건물의 철근공사 시 일반적인 배근순서는 기둥 → 벽 → 보 → 슬래브 순으로 배근한다.

**26** 치장 줄눈을 하기 위한 줄눈 파기는 타일(tile) 붙임이 끝나고 몇 시간이 경과했을 때 하는 것이 가장 적당한가?

① 타일을 붙인 후 1시간이 경과할 때
② 타일을 붙인 후 3시간이 경과할 때
③ 타일을 붙인 후 24시간이 경과할 때
④ 타일을 붙인 후 48시간이 경과할 때

**알찬풀이** │ 치장 줄눈을 하기 위한 줄눈 파기는 타일을 붙인 후 3시간이 경과할 때 실시한다.

**27** 표준시방서에 따른 시멘트 액체방수층의 시공순서로 옳은 것은? (단, 바닥용의 경우)

① 방수시멘트 페이스트 1차 → 바탕면정리 및 물청소 → 방수액 침투 → 방수시멘트 페이스트 2차 → 방수 모르타르
② 바탕면정리 및 물청소 → 방수시멘트 페이스트 1차 → 방수액 침투 → 방수시멘트 페이스트 2차 → 방수 모르타르
③ 바탕면정리 및 물청소 → 방수액 침투 → 방수시멘트 페이스트 1차 → 방수시멘트 페이스트 2차 → 방수 모르타르
④ 바탕면정리 및 물청소 → 방수시멘트 페이스트 1차 → 방수 모르타르 → 방수시멘트 페이스트 2차 → 방수액 침투

**알찬풀이** │ 시멘트 액체방수층(바닥용의 경우)의 시공순서는 바탕면 정리 및 물청소 → 방수시멘트 페이스트 1차 → 방수액 침투 → 방수시멘트 페이스트 2차 → 방수 모르타르 바름 순이다.

**28** 콘크리트의 시공성에 영향을 주는 요인에 대한 설명이다. 옳지 않은 것은?

① 동일 슬럼프에서 공기량이 증가하면 단위수량은 감소한다.
② 슬럼프가 과도하게 커지면 굵은 골재는 분리와 블리딩량이 증가하게 된다.
③ 단위수량이 커지면 컨시스턴시는 증가한다.
④ 기온이 올라가면 슬럼프는 증가한다.

**알찬풀이** | 콘크리트 공사에서 기온이 올라가면 슬럼프는 감소한다.


**29** 지붕공사 중 지붕재료에 요구되는 사항이다. 다음 중 옳지 않은 것은?

① 외관이 미려하고, 건물과 조화를 이룰 것
② 시공이 용이하고 보수가 편리하며, 공사비용이 저렴할 것
③ 수밀하고 내수적이며, 습도에 의한 신축성이 많을 것
④ 방화적이고 열전도율이 적어서 내한·내열성이 클 것

**알찬풀이** | 지붕재료는 수밀하고 내수적이며, 온도·습도에 의한 신축성이 적은 것이 좋다.


**30** 건축물 높낮이의 기준이 되는 벤치마크(Bench Mark)에 관한 설명으로 옳지 않은 것은?

① 이동 또는 소멸 우려가 없는 장소에 설치한다.
② 수직 규준틀이라고도 한다.
③ 이동 등 훼손될 것을 고려하여 2개소 이상 설치한다.
④ 공사가 완료된 뒤라도 건축물의 침하, 경사 등의 확인을 위해 사용되기도 한다.

**알찬풀이** | 수직 규준틀은 벽돌, 블록, 돌의 쌓기 단수 등을 표시해 놓은 가설재의 일종이다.


**31** 건설공사에서 입찰과 계약에 관한 사항 중 옳지 않은 것은?

① 공개경쟁 입찰은 공사가 조악해질 염려가 있다.
② 지명입찰은 시공상 신뢰성이 적다.
③ 지명입찰은 낙찰자가 소수로 한정되어 담합과 같은 폐해가 발생하기 쉽다.
④ 특명입찰은 단일 수급자를 선정하여 발주하는 것을 말한다.

**알찬풀이** | 지명(경쟁) 입찰
① 건축주가 해당 공사에 적합한 수개의 시공회사를 선정하여 경쟁 입찰을 하는 방법이다.
② 부실 공사를 막고 공사의 신뢰성을 가질 수 있다.
③ 담합의 우려가 있다.

**32** 철근콘크리트 구조물의 소요 콘크리트량이 100m³인 경우 필요한 재료량으로 옳지 않은 것은? (단, 콘크리트 배합비는 1 : 2 : 4이고, 물시멘트비는 60%이다.)

① 시멘트 : 800포
② 모래 : 45m³
③ 자갈 : 90m³
④ 물 : 240kg

**알찬풀이** | 필요한 재료량
배합비 1:2:4 콘크리트 1m³를 만드는데 필요한 재료량 (w/c =60%, 시멘트 1포는 40kg)
① 시멘트: 약 330kg(8.25포)  ∴  8.25×100(m³) ≒ 825(포)
② 모래:  약 0.6m³          ∴ 0.6×100(m³) ≒ 60(m³)
③ 자갈:  약 0.87m³         ∴ 0.87×100(m³) ≒ 97(m³)
④ 물: w/c= 60% w= 0.6×c  ∴ 0.6×330(kg)×100(m³) ≒19800(kg)

**33** 네트워크 공정표에 관한 설명으로 옳지 않은 것은?

① CPM 공정표는 네트워크 공정표의 한 종류이다.
② 요소작업의 시각과 작업기간 및 작업완료점을 막대그림으로 표시한 것이다.
③ PERT 공정표는 일정계산 시 단계(Event)를 중심으로 한다.
④ 공사계획의 전모와 공사전체의 파악이 용이하다.

**알찬풀이** | 요소작업의 시각과 작업기간 및 작업완료점을 막대 그림으로 표시한 것은 바 챠트(bar chart) 공정
표이다.

**34** 건축공사에서 언더 피닝(Under Pinning) 공법의 설명으로 옳은 것은?

① 용수량이 많은 깊은 기초 구축에 쓰이는 공법이다.
② 기존 건물의 기초 혹은 지정을 보강하는 공법이다.
③ 터파기 공법의 일종이다.
④ 일명 역구축 공법이라고도 한다.

**알찬풀이** | 언더 피닝(Under Pinning) 공법
기존 건물의 기초 혹은 지정을 보강하는 공법을 말한다.

## 35 유성페인트의 구성 성분으로 옳지 않은 것은?

① 안료          ② 건성유

③ 광명단        ④ 희석재

**알찬풀이** | 유성페인트의 구성 성분은 안료, 보일드 유(건성유+건조제), 희석제(thinner) 이다.

## 36 굵은 골재의 단위용적중량이 1.7kg/L이고 절건비중이 2.65일 때, 이 골재의 공극률은?

① 25%          ② 28%

③ 36%          ④ 42%

**알찬풀이** | 골재의 공극률

골재의 단위 용적 중의 공극의 비율을 나타낸 값으로 잔골재 및 굵은 골재의 공극률은 보통 30%~40% 정도이다.

① 실적율 + 공극율 = 1(100%)

② 실적률 = $\dfrac{\text{단위용적 무게}}{\text{비중}} \times 100(\%)$

③ 공극률 = $\left\{ 1 - \left( \dfrac{\text{단위용적 무게}}{\text{비중}} \right) \right\} \times 100(\%)$

        = $\left( 1 - \left( \dfrac{1.7(\text{kg/L})}{2.65} \right) \right) \times 100 \fallingdotseq 36(\%)$

## 37 철골 용접부의 불량을 나타내는 용어가 아닌 것은?

① 블로홀(blow hole)        ② 위빙(weaving)

③ 언더컷(under cut)      ④ 위이핑 홀(weeping hole)

**알찬풀이** | 철골 용접에서 위빙(weaving)은 접합부를 용접할 때 용접기를 원형 형태로 천천히 전진 이동하면서 용접하는 방법을 말한다.

## 38 지하(地下)방수나 아스팔트 펠트 삼투(滲透)용으로 주로 사용되는 재료는?

① 스트레이트 아스팔트      ② 아스팔트 컴파운드

③ 아스팔트 프라이머        ④ 블로운 아스팔트

**알찬풀이** | 스트레이트 아스팔트

① 신축이 좋고, 교착력이 우수하다.

② 연화점이 낮고 내후성이 적다.

③ 지하실 방수에 사용된다.

④ 아스팔트 펠트(felt), 아스팔트 루핑(Roofing)의 침투제로 사용된다.

| ANSWER | 32. ④ | 33. ② | 34. ② | 35. ③ | 36. ③ | 37. ② | 38. ① |

**39** 공사금액의 결정방법에 따른 도급방식이 아닌 것은?

① 정액도급        ② 공종별 도급

③ 단가도급        ④ 실비청산 보수가산도급

**알찬풀이** | 공종별 도급은 공사금액의 결정방법이 아니라 공종별로 도급하는 도급 방법을 말한다.

**40** 다음 정의에 해당되는 용어로 옳은 것은?

> 바탕에 고정한 부분과 방수층에 고정한 부분 사이에 방수층의 온도 신축에 추종할 수 있도록 고안된 철물

① 슬라이드(slide) 고정 철물        ② 보강포

③ 탈기장치        ④ 본드 브레이커(bond breaker)

**알찬풀이** | 슬라이드(slide) 고정 철물
방수공사에서 슬라이드(slide) 고정 철물 바탕에 고정한 부분과 방수층에 고정한 부분 사이에 방수층의 온도 신축에 추종할 수 있도록 고안된 철물을 말한다.

## 제3과목 : 건축구조

**41** 다음 그림은 단면의 핵을 표시한 것이다. $e_x$, $e_y$의 값으로 옳은 것은?

① $e_x = \dfrac{b}{6}$, $e_y = \dfrac{a}{3}$

② $e_x = \dfrac{b}{3}$, $e_y = \dfrac{a}{6}$

③ $e_x = \dfrac{b}{6}$, $e_y = \dfrac{a}{6}$

④ $e_x = \dfrac{b}{3}$, $e_y = \dfrac{a}{3}$

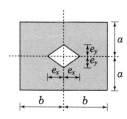

**알찬풀이** | 단면의 핵(Core Section)
$$e_x = \frac{2b}{6} = \frac{b}{3}, \ e_y = \frac{2a}{6} = \frac{a}{3}$$

## 42 다음과 같은 단면에서 $x$축에 대한 단면2차모멘트는?

① $72 \times 10^8 \text{mm}^4$

② $144 \times 10^8 \text{mm}^4$

③ $216 \times 10^8 \text{mm}^4$

④ $288 \times 10^8 \text{mm}^4$

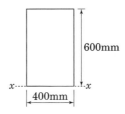

**알찬풀이** | $x$축에 대한 단면2차모멘트($I_x$)

$$I_{\text{이동축}} = I_{\text{도심축}} + A \cdot e^2$$
$$= \frac{400 \times 600^2}{12} + (400 \times 600) \times 300^2 = 288 \times 10^8 \, (\text{mm}^4)$$

## 43 그림과 같은 구조물의 O절점에 6kN·m의 모멘트가 작용한다면 $M_{BO}$의 크기는?

① $1 \text{kN} \cdot \text{m}$

② $2 \text{kN} \cdot \text{m}$

③ $3 \text{kN} \cdot \text{m}$

④ $4 \text{kN} \cdot \text{m}$

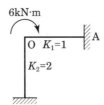

**알찬풀이** | 모멘트 $M_{BO}$의 크기

① 분배율: $DF_{OB} = \dfrac{2}{1+2} = \dfrac{2}{3}$

② 분배모멘트: $M_{OB} = M_O \cdot DF_{OB} = (+6)\left(\dfrac{2}{3}\right) = +4 \text{kN} \cdot \text{m}\,(\curvearrowright)$

③ 전달모멘트: $M_{BO} = \dfrac{1}{2} M_{OB} = \dfrac{1}{2}(+4) = +2 \text{kN} \cdot \text{m}\,(\curvearrowright)$

## 44 철근콘크리트 보의 설계와 해석을 위한 가정으로 틀린 것은?

① 변형을 받아 휘기 전에 평면인 단면은 변형 후에도 평면을 유지한다.

② 콘크리트 압축응력 분포 형상은 직사각형만 가능하다.

③ 철근의 변형률은 같은 위치에 있는 콘크리트의 변형률과 같다.

④ 콘크리트는 압축변형률이 기준값 $\epsilon_{cu} = 0.003$에 도달하면 붕괴된다고 가정한다.

**알찬풀이** | 콘크리트 압축응력 분포와 콘크리트 변형률 사이의 관계는 직사각형, 사다리꼴, 포물선형 또는 강도의 예측에서 광범위한 실험의 결과와 실질적으로 일치하는 어떤 형상으로도 가정할 수 있다.

## 45 그림과 같은 목재 보의 최대 처짐은? (단, $E = 10000$MPa이고 자중은 무시한다.)

① 45mm
② 30mm
③ 20mm
④ 15mm

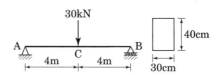

**일찬풀이** | 목재 보의 최대 처짐($\delta_{max}$)

$$\delta_{max} = \frac{PL^3}{48EI} = \frac{(30 \times 10^3)(8 \times 10^3)^3}{48(10000)\left(\frac{(300)(400)^3}{12}\right)} = 20mm$$

## 46 다음 용접기호에 대한 설명으로 옳은 설명은?

① 그루브용접이다.
② 용접되는 부위는 화살의 반대쪽이다.
③ 유효목두께는 6mm이다.
④ 용접길이는 60mm이다.

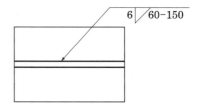

**일찬풀이** | 용접기호

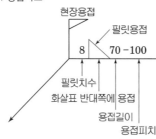

## 47 단면 $b \times d = 300$mm$\times 550$mm, 모래경량콘크리트를 사용한 철근콘크리트 보에서 콘크리트가 부담할 수 있는 공칭전단강도($V_c$)는? (단, $f_{ck} = 21$MPa)

① 95kN
② 107kN
③ 126kN
④ 132kN

**일찬풀이** | 공칭전단강도($V_c$)

① 경량콘크리트계수($\lambda$)

| $\lambda = 0.75$ | $\lambda = 0.85$ | $\lambda = 1.0$ |
|---|---|---|
| 전경량콘크리트 | 모래경량콘크리트 | 보통중량콘크리트 |

② $V_c = \frac{1}{6}\lambda\sqrt{f_{ck}} \cdot b_w \cdot d = \frac{1}{6}(0.85)\sqrt{(21)}(300)(550) = 107118$N $\rightarrow$ 107kN)

## 48 그림과 같은 구조용 강재의 단면2차반경이 20mm일 때 세장비($\lambda$)는 얼마인가?

① 100

② 200

③ 350

④ 500

5m

**알찬풀이** | 세장비($\lambda$)

$$\lambda = \frac{KL}{r} = \frac{(2.0)(5000)}{(20)} = 500$$

## 49 일정한 두께를 가진 긴 수직벽체가 건축계획적으로 공간을 분할하는 역할을 함과 동시에 횡력 및 중력에 공간을 분할하는 역할을 함과 동시에 횡력 및 중력에 대하여 저항하는 역할을 하는 시스템은?

① 튜브 시스템

② 전단벽 시스템

③ 모멘트 연성골조 시스템

④ 다이아그리드 시스템

**알찬풀이** | 전단벽 구조(Shear Walled Structures)에 대한 설명으로 강접골조와 혼용하는 경우 강접골조의 전단변형과 전단벽의 휨변형이 조화를 이루어 구조효율을 높이는 상호작용을 한다.

## 50 그림과 같은 중공형 단면에서 도심축에 대한 단면2차반지름은?

① 27.4mm

② 33.6mm

③ 45.2mm

④ 52.6mm

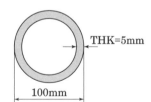

THK=5mm

100mm

**알찬풀이** | 도심축에 대한 단면2차반지름($r_x$)

① 외경 : $D = 100mm$, 내경 : $d = 100 - 2 \times 5 = 90mm$

② $r_x = \sqrt{\dfrac{I}{A}} = \sqrt{\dfrac{\dfrac{\pi}{64}(D^4 - d^4)}{\dfrac{\pi}{4}(D^2 - d^2)}} = \sqrt{\dfrac{D^2 + d^2}{16}} = \sqrt{\dfrac{(100)^2 + (90)^2}{16}} = 33.634mm$

---

**ANSWER** 45. ③ 46. ④ 47. ② 48. ④ 49. ② 50. ②

## 51 다음과 같은 단면에서 $x-x$축으로부터의 도심의 위치를 구하면?

① 13.0cm

② 13.5cm

③ 14.0cm

④ 14.5cm

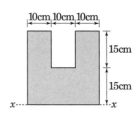

**알찬풀이** | $x-x$축으로부터의 도심의 위치($\bar{y}$)

$$\bar{y} = \frac{G_x}{A} = \frac{(30\times30)(15) - (10\times15)\left(15+\dfrac{15}{2}\right)}{(30\times30) - (10\times15)} = 13.5\text{cm}$$

## 52 다음 구조물의 부정정 차수는?

① 불안정 구조물

② 안정이며, 정정구조물

③ 안정이며, 1차 부정정구조물

④ 안정이며, 2차 부정정구조물

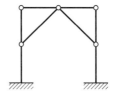

**알찬풀이** | 부정정 차수

① $N_e = r-3 = (3+3)-3 = 3$

② $N_i = (-1)\times5개 + (+1)\times2개 = -3$

③ $N = N_e + N_i = (3)+(-3) = 0$(정정, 안정)

## 53 그림과 같은 동일 단면적을 가진 A, B, C 보의 휨강도비를 구하면?

① $1:2:3$

② $1:2:4$

③ $1:3:4$

④ $1:3:5$

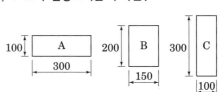

**알찬풀이** | A, B, C 보의 휨강도비($M_A : M_B : M_C$)

① $Z_A = \dfrac{(300)(100)^2}{6} = 500000\text{mm}^3$

② $Z_B = \dfrac{(150)(200)^2}{6} = 1000000\text{mm}^3$

③ $Z_C = \dfrac{(100)(300)^2}{6} = 1500000\text{mm}^3$

$\therefore M_A : M_B : M_C = 1 : 2 : 3$

## 54

단면 $b=350$mm, $h=700$mm인 장방형 보의 균열모멘트($M_{cr}$)는?
(단, 보의 휨파괴강도 $f_r=3$MPa)

① 85.75kN·m  
② 95.75kN·m  
③ 105.75kN·m  
④ 115.75kN·m

**알찬풀이** | 균열모멘트($M_{cr}$)

$$M_{cr} = f_r \cdot Z = f_r \cdot \frac{bh^2}{6} = (3) \cdot \frac{(350)(700)^2}{6} = 85750000\text{N} \cdot \text{mm} = 85.750\text{kN} \cdot \text{m}$$

## 55

그림과 같은 보의 최대 전단응력으로 옳은 것은?

① 1.125 MPa  
② 2.564 MPa  
③ 3.496 MPa  
④ 4.253 MPa

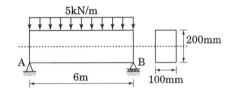

**알찬풀이** | 최대 전단응력($\tau_{\max}$)

① $V_{\max} = V_A = V_B = \dfrac{wL}{2}$

$\qquad = \dfrac{(5)(6)}{2} = 15$kN

② $\tau_{\max} = \text{k} \cdot \dfrac{V}{A} = \left(\dfrac{3}{2}\right) \cdot \dfrac{(15 \times 10^3)}{(100 \times 200)} = 1.125\text{N/mm}^2 = 1.125\text{MPa}$

## 56

목재의 허용압축응력도가 6MPa인 단주에서 압축력 42kN이 작용할 때 최소 필요단면적은?

① 5800mm²  
② 6200mm²  
③ 6800mm²  
④ 7000mm²

**알찬풀이** | 최소 필요단면적($A$)

$$\sigma_c = \frac{P}{A} \leq \sigma_{allow} \text{에서 } A \geq \frac{P}{\sigma_{allow}} = \frac{(42 \times 10^3)}{(6)} = 7000\text{mm}^2$$

**57** 강도설계법에서 D22 압축철근의 기본 정착길이는? (단, $f_{ck}=27\text{MPa}$, $f_y=400\text{MPa}$, 경량콘크리트계수 1)

① 200.5mm      ② 378.4mm

③ 423.4mm      ④ 604.6mm

**알찬풀이** | 기본 정착길이($l_{db}$)

① $l_{db} = \dfrac{0.25 d_b \cdot f_y}{\lambda \sqrt{f_{ck}}} = \dfrac{0.25(22)(400)}{(1.0)\sqrt{(27)}} = 423.39 \rightarrow 423.4\text{mm}$

② $l_{db} = 0.043 d_b \cdot f_y = 0.043(22)(400) = 378.4\text{mm}$

∴ ①, ② 중 큰 값인 423.4mm

**58** 다음 중 재료의 탄성계수와 단위가 같은 것은?

① 응력      ② 모멘트

③ 연직하중      ④ 단면1차모멘트

**알찬풀이** | 재료의 탄성계수와 단위가 같은 것

| 역학적 특성 | 단위 |
|---|---|
| ① 단면1차모멘트($G$) | $\text{mm}^3$ |
| ② 단면2차모멘트($I$) | $\text{mm}^4$ |
| ③ 휨모멘트($M$) | $\text{N} \cdot \text{mm}$ |
| ④ 등분포하중($w$) | $\text{N/mm}$ |
| ⑤ 탄성계수($E$) | $\text{N/mm}^2$ |
| ⑥ 수직응력($\sigma$) | $\text{N/mm}^2$ |
| ⑦ 단면계수($Z$) | $\text{mm}^3$ |

**59** 굳은 지반이 없는 연약지반에 대한 건축물의 상·하부구조 대책으로 옳지 않은 것은?

① 지지말뚝을 사용할 것      ② 구조체의 강성을 높일 것

③ 평면 길이를 적게 할 것      ④ 이웃 건물과의 거리를 멀게 할 것

**알찬풀이** | 굳은 지반이 없는 연약지반의 기초구조에서 말뚝은 지지말뚝보다는 마찰말뚝으로 시공하는 것이 합리적이다.

**60** 단면적이 1000mm²이고, 길이는 2m인 균질한 재료로 된 철근에 재축 방향으로 100kN의 인장력을 작용시켰을 때 늘어난 길이는? (단, 탄성계수는 200000MPa)

① 1mm  ② 0.1mm
③ 0.01mm  ④ 0.001mm

**알찬풀이** | 늘어난 길이($\Delta L$)
$$\Delta L = \frac{P \cdot L}{E \cdot A} = \frac{(100 \times 10^3)(2 \times 10^3)}{(200000)(1000)} = 1mm$$

## 제4과목 : 건축설비

**61** 공기조화방식 중 전공기방식에 속하는 것은?

① 패키지 방식  ② 이중덕트 방식
③ 유인유닛 방식  ④ 팬코일유닛 방식

**알찬풀이** | 공기조화방식 중 단일덕트 방식, 이중덕트 방식은 전공기방식에 속한다.

**62** 구조가 간단하고 가격이 비교적 싸므로 건축설비에서 가장 많이 사용되는 전동기는?

① 직권전동기  ② 유도전동기
③ 동기전동기  ④ 직류전동기

**알찬풀이** | 구조가 간단하고 가격이 비교적 싸므로 건축설비에서 가장 많이 사용되는 전동기는 유도전동기이다.

**63** 최대수요전력을 구하기 위한 것으로 총 부하설비용량에 대한 최대수요전력의 비율로 나타내는 것은?

① 역률  ② 부하율
③ 수용률  ④ 부등률

**알찬풀이** | 수용률
$$수용률 = \frac{최대사용 전력(kW)}{수용설비(부하설비) 용량(kW)} \times 100(\%)$$

| ANSWER | 57. ③ | 58. ① | 59. ① | 60. ① | 61. ② | 62. ② | 63. ③ |

**64** 습공기를 가열할 경우 감소하는 상태값은?

① 엔탈피                 ② 비체적
③ 상대습도               ④ 건구온도

**알찬풀이** | 습공기를 가열할 경우 상대습도는 감소한다.


**65** 주택 등의 소규모 건축물에서의 배선 경로로 옳은 것은?

① 220[V] 인입 → 분전반 → 전력계 → 분기회로
② 220[V] 인입 → 분기회로 → 전력계 → 분전반
③ 220[V] 인입 → 전력계 → 분기회로 → 분전반
④ 220[V] 인입 → 전력계 → 분전반 → 분기회로

**알찬풀이** | 주택 등의 소규모 건축물에서의 배선 경로는 220[V] 인입 → 전력계 → 분전반 → 분기회로가 일반적이다.


**66** LPG(액화석유가스)의 일반적인 특성에 대한 설명 중 옳지 않은 것은?

① 공기보다 무겁다.
② 불완전 연소에 의한 중독의 위험성이 있다.
③ 연소시 이론공기량이 적으며, $m^3$당 발열량이 LNG에 비해 낮다.
④ 석유계의 가스 중 액화하기 쉬운 프로판, 부탄을 주로 하여 액화한 것이다.

**알찬풀이** | LPG(액화석유가스)는 연소시 이론공기량이 많으며, $m^3$당 발열량이 LNG에 비해 높다.


**67** 복사난방에 관한 설명으로 옳지 않은 것은?

① 복사열에 의해 난방하므로 쾌감도가 높다.
② 온수관이 매입되므로 시공, 보수가 용이하다.
③ 열용량이 크기 때문에 방열량 조절에 시간이 걸린다.
④ 실내에 방열기를 설치하지 않으므로 바닥이나 벽면을 유용하게 이용할 수 있다.

**알찬풀이** | 복사난방은 온수관이 바닥면에 매입되므로 시공, 보수가 어렵다.

**68** 스프링클러 설비에서 각 층을 수직으로 관통하는 수직 배관을 의미하는 것은?

① 주배관
② 가지배관
③ 교차배관
④ 급수배관

**알찬풀이** | 스프링클러 설비에서 각 층을 수직으로 관통하는 수직 배관은 주배관에 해당한다.

**69** 중앙식 급탕법에 관한 설명으로 옳지 않은 것은?

① 배관 및 기기로부터의 열손실이 많다.
② 급탕개소마다 가열기의 설치 스페이스가 필요하다.
③ 일반적으로 열원장치는 공조설비와 겸용하여 설치된다.
④ 급탕기구의 동시사용율을 고려하기 때문에 가열장치의 전체용량을 줄일 수 있다.

**알찬풀이** | 급탕개소마다 가열기의 설치 스페이스가 필요한 것은 개별식 급탕법에 대한 설명이다.

**70** 배수 트랩에 관한 설명으로 옳지 않은 것은?

① 유효 봉수깊이가 너무 낮으면 봉수가 손실되기 쉽다.
② 유효 봉수깊이는 일반적으로 50mm 이상, 100mm 이하이다.
③ 유효 봉수깊이가 너무 크면 유수의 저항이 증가되어 통수능력이 감소된다.
④ 배수관 계통의 환기를 도모하여 관내를 청결하게 유지하는 역할을 한다.

**알찬풀이** | 배수 트랩(trap)의 설치 목적
배수관 속의 악취, 유독가스 및 해충 등이 실내로 침투하는 것을 방지하기 위하여 배수관 계통의 일부(트랩)에 물을 고여두게 하는 기구를 트랩(trap)이라 한다.

**71** 어느 균등 점광원과 2m 떨어진 곳의 직각면 조도가 100[lx]일 때 떨어진 곳의 직각면 조도는?

① 200[lx]
② 300[lx]
③ 400[lx]
④ 600[lx]

**알찬풀이** | 직각면의 조도는 거리의 역자승 법칙을 적용한다.
광원에 수직인 면의 조도는 광도에 비례하고 거리의 제곱에 반비례 한다.

$$E = \frac{I}{d^2} \text{(lux)} \quad \rightarrow \quad 100[\text{lx}] \times 2^2 = 400[\text{lx}]$$

(부호)　$E$ : 표면 조도(lux)
　　　　$I$ : 광도(cd)
　　　　$d$ : 광원과 수조면까지의 거리(m)

| **ANSWER** | 64. ③ | 65. ④ | 66. ③ | 67. ② | 68. ① | 69. ② | 70. ④ | 71. ③ |

**72** 화장실에서 배출되는 오수를 정화시설을 통해 정화하는 가장 큰 이유는?

① 화학적 산소요구량을 줄이기 위해
② 화학적 산소요구량을 늘리기 위해
③ 생물화학적 산소요구량을 줄이기 위해
④ 생물화학적 산소요구량을 늘리기 위해

**알찬풀이** | 화장실에서 배출되는 오수를 정화시설을 통해 정화하는 가장 큰 이유는 생물화학적 산소요구량 (B.O.D)을 줄이기 위해서이다.

**73** 기구 배수단위 산정의 기준이 되는 것은?

① 싱크            ② 세면기
③ 소변기          ④ 대변기

**알찬풀이** | 기구 배수단위 산정의 기준이 되는 것은 세면기(1 f.u)이다.

**74** 다음 설명에 알맞은 통기관의 종류는?

> 최상부의 배수수평관이 배수수직관에 접속된 위치보다도 더욱 위로 배수수
> 직관을 끌어올려 대기 중에 개구하여 통기관으로 사용하는 부분을 말한다.

① 각개통기관        ② 신정통기관
③ 루프통기관        ④ 도피통기관

**알찬풀이** | 신정통기관(배수 통기관)
          최상부의 배수수평관이 배수수직관에 접속된 위치보다도 더욱 위로 배수수직관을 끌어올려 대기 중에 개구하여 통기관으로 사용하는 부분을 말한다.

**75** 5000W의 열을 발산하는 기계실의 온도를 26℃로 유지시키기 위한 필요 환기량(m³/h)은? (단, 외기온도 6℃, 공기의 밀도 1.2kg/m³, 공기의 정압비열 1.01kJ/kg·K, 기계실의 열전달 손실은 무시한다.)

① 225.0m³/h
② 396.8m³/h
③ 594.1m³/h
④ 742.6m³/h

**알찬풀이** | 환기(틈새바람)에 의한 손실열량($H_i$)
$$H_i = 0.34 \cdot Q \cdot \Delta t = 0.34 \cdot n \cdot V \cdot \Delta t \, (W)$$
(부호) $Q$ : 환기량(m³/h)
$n$ : 환기회수(회/h)
$V$ : 실의 체적(m³)
$\Delta_t$ : 실내외 온도차(℃, $K$)
$$\therefore \, Q = \frac{H_i}{0.34 \times \Delta_t} = \frac{5000}{0.34 \times (26-6)} \coloneqq 735 \, (\text{m}^3/\text{h})$$

**76** 옥내소화전 설비의 송수구에 대한 설명 중 옳지 않은 것은?

① 소방차가 쉽게 접근할 수 있고 노출된 장소에 설치한다.
② 지면으로부터 높이 0.5m 이하의 위치에 설치한다.
③ 구경 65mm의 쌍구형 또는 단구형으로 한다.
④ 송수구의 가까운 부분에 자동배수밸브 및 체크밸브를 설치한다.

**알찬풀이** | 옥내소화전 설비의 송수구는 지면으로부터 높이가 0.5m 이상 1m 이하의 위치에 설치하여야 한다.

**77** 온수난방에 관한 설명으로 옳지 않은 것은?

① 강제 순환식은 중력 순환식보다 관경이 작아도 된다.
② 중력 순환식 온수난방에서 방열기는 보일러보다 높은 장소에 설치한다.
③ 고온수 방식에서는 개방식 팽창탱크를 사용하며 밀폐식 팽창탱크는 사용할 수 없다.
④ 단관식 배관방식은 온수의 공급과 환수를 하나의 관으로 사용하는 방식이다.

**알찬풀이** | 기계실 등과 같이 낮은 곳에 탱크를 설치할 때나 100℃가 넘는 높은 온도의 물을 사용하는 고압 온수 난방 등에서는 밀폐식 팽창탱크를 사용한다.

| ANSWER | 72. ③ | 73. ② | 74. ② | 75. ④ | 76. ② | 77. ③ |
| --- | --- | --- | --- | --- | --- | --- |

**78** 다음과 같은 조건에서 길이 10m, 높이 3m인 남측 외벽을 통한 손실열량은?

- 벽의 열관류율 : $0.4\mathrm{W/m^2\,K}$
- 외기온도 : $-7℃$
- 실내온도 : $22℃$

① 264W

② 348W

③ 418W

④ 524W

**알찬풀이** | 외벽을 통한 손실열량($H_c$)

$$H_c = \alpha \cdot K \cdot A \cdot \varDelta_t$$

(부호)　$\alpha$ : 방위계수 (남측: 1.0, 동측, 서측: 1.1, 북측: 1.2)

　　　　$K$ : 열관류율($\mathrm{W/m^2 \cdot K}$)

　　　　$A$ : 구조체 면적($\mathrm{m^2}$)

　　　　$\varDelta_t$ : 실내외 온도차(℃, K)

∴　$H_c = 1 \times 0.4(\mathrm{W/m^2K}) \times 30(\mathrm{m^2}) \times 29(\mathrm{K}) = 348(\mathrm{W})$

(부호)　$\alpha$ : 방위계수 (남측:1.0, 동측, 서측: 1.1, 북측: 1.2)

　　　　$K$ : 열관류율($\mathrm{W/m^2 \cdot K}$)

　　　　$A$ : 구조체 면적($\mathrm{m^2}$)

　　　　$\varDelta_t$ : 실내외 온도차(℃)

**79** 다음의 배수통기 배관의 시공에 관한 설명 중 옳지 않은 것은?

① 배수수직관의 최하부에는 청소구를 설치한다.

② 배수수직관의 관경은 최하부부터 최상부까지 동일하게 한다.

③ 간접배수계통의 통기관은 일반 통기계통에 접속시키지 않고 단독으로 대기 중에 개구한다.

④ 통기관을 수평으로 설치하는 경우에는 그 층의 최고 위치에 있는 위생기구의 오버플로우면으로부터 100mm 낮은 위치에서 수평배관 한다.

**알찬풀이** | 통기관을 수평으로 설치하는 경우에는 그 층의 최고 위치에 있는 위생기구의 오버플로우면으로부터 100mm 높은 위치에서 수평배관 한다.

**80** 급수방식 중 고가수조방식에 관한 설명으로 옳지 않은 것은?

① 급수압력이 일정하다.
② 대규모의 급수 수요에 쉽게 대응할 수 있다.
③ 단수 시에도 일정량의 급수를 계속할 수 있다.
④ 위생성 및 유지·관리 측면에서 가장 바람직한 방식이다.

**알찬풀이** | 급수방식 중 고가수조방식은 수조의 오염 방지 및 유지·관리 측면에서 불리한 방식이다.

제5과목 : 건축법규

**81** 건축물의 건축에 있어 건축물 관련 건축기준의 허용오차 범위로 옳지 않은 것은?

① 출구너비 : 3% 이내
② 반자높이 : 2% 이내
③ 벽체두께 : 3% 이내
④ 바닥판두께 : 3% 이내

**알찬풀이** | 건축물 관련 건축기준의 허용오차

| 항 목 | 허용되는 오차의 범위 | |
|---|---|---|
| 건축물 높이 | 2% 이내 | 1m를 초과할 수 없다. |
| 출구 너비 | | − |
| 반자 높이 | | − |
| 평면 길이 | | 건축물 전체길이는 1m를 초과할 수 없으며, 벽으로 구획된 각 실은 10cm를 초과할 수 없다. |
| • 벽체 두께<br>• 바닥판 두께 | 3% 이내 | |

**82** 공동주택을 리모델링이 쉬운 구조로 하여 건축허가를 신청할 경우 100분의 120의 범위에서 완화하여 적용받을 수 없는 것은?

① 대지의 분할 제한
② 건축물의 용적률
③ 건축물의 높이제한
④ 일조 등의 확보를 위한 건축물의 높이 제한

**알찬풀이** | 대지의 분할 제한 규정은 완화하여 적용받을 수 없다.

**83** 다음 중 부설주차장의 최소 설치대수가 가장 많은 시설물은?
(단, 시설면적이 1000m²인 경우)

① 장례식장                    ② 종교시설
③ 판매시설                    ④ 위락시설

**알찬풀이** | 부설주차장의 설치기준 중 위락시설은 시설면적 100m²당 1대(시설면적/100m²)로 최소 설치대수가
가장 많다.


**84** 건축물에 급수, 배수, 환기 등의 건축설비를 설치하는 경우, 건축기계설비기술사 또는 공조
냉동기계기술사의 협력을 받아야 하는 대상 건축물에 속하지 않는 것은?

① 아파트
② 연립주택
③ 숙박시설로서 해당 용도에 사용되는 바닥면적의 합계가 2000m²인 건축물
④ 판매시설로서 해당 용도에 사용되는 바닥면적의 합계가 2000m²인 건축물

**알찬풀이** | 판매시설로서 해당 용도에 사용되는 바닥면적의 합계가 3000m² 이상인 건축물은 건축물에 급수,
배수, 환기 등의 건축설비를 설치하는 경우, 건축기계설비기술사 또는 공조냉동기계기술사의 협력
을 받아야 하는 대상 건축물에 속한다.


**85** 다음은 지하층과 피난층 사이의 개방공간 설치에 관한 기준 내용이다. (   )안에 알맞은 것은?

> 바닥면적의 합계가 (   ) 이상인 공연장·집회장·관람장 또는 전시장을 지
> 하층에 설치하는 경우에는 각 실에 있는 자가 지하층 각 층에서 건축물 밖
> 으로 피난하여 옥외 계단 또는 경사로 등을 이용하여 피난층으로 대피할 수
> 있도록 천장이 개방된 외부공간을 설치하여야 한다.

① 1000m²                    ② 2000m²
③ 3000m²                    ④ 4000m²

**알찬풀이** | 지하층과 피난층 사이 개방공간의 설치
바닥면적의 합계가 3000m² 이상인 공연장·집회장·관람장 또는 전시장을 지하층에 설치하는 경우
에는 재실자가 지하층 각 층에서 건축물 밖으로 피난하여 옥외계단 또는 경사로 등을 이용하여 피
난층으로 대피할 수 있도록 천장이 개방된 외부 공간을 설치하여야 한다.

## 86 그림과 같은 일반 건축물의 건축면적은?

① 80m²

② 100m²

③ 120m²

④ 168m²

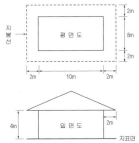

**알찬풀이 |** 건축면적 산정에서 제외되는 부분

① 지표면으로부터 1m 이하에 있는 부분

② 처마, 차양, 부연, 단독주택 및 공동주택의 발코니 기타 이와 유사한 것으로서 해당 외벽의 중심선으로부터 수평거리 1m(한옥의 경우에는 2m) 이상 돌출된 부분이 있는 경우에는 그 끝부분으로부터 수평거리 1m를 후퇴한 선의 바깥쪽 부분

∴ $(8+1+1) \times (10+1+1) = 120(m^2)$

## 87 다음과 같은 조건에 있는 지하 1층, 지상 2층 건축물의 용적률은 얼마인가?

> ① 대지면적: 200m²
> ② 바닥면적: 1층 − 70m², 2층 − 50m², 지하층 − 30m²

① 60% ② 75%

③ 133% ④ 150%

**알찬풀이 |** 건축물의 용적률

$$용적률 = \frac{건축물의 \ 지상층 \ 연면적^*}{대지면적} \times 100(\%)$$

$$= \frac{70(m^2) + 50(m^2)}{200(m^2)} \times 100 = 60(\%)$$

※ 용적률 산정시 연면적에는 지하층 면적과 지상층에 있는 해당 건축물의 부속용으로서 주차용으로 사용되는 면적은 제외한다.

## 88 다음은 건축법령상 증축의 정의 내용이다. ( )안에 포함되지 않는 것은?

> "증축"이란 기존 건축물이 있는 대지에서 건축물의 ( )을/를 늘리는 것을 말한다.

① 층수 ② 높이

③ 대지면적 ④ 건축면적

**알찬풀이 |** 증축

기존건축물이 있는 대지 안에서 건축물의 건축면적·연면적·층수 또는 높이를 증가시키는 것을 말한다.

| ANSWER | 83. ④ | 84. ④ | 85. ③ | 86. ③ | 87. ① | 88. ③ |
| --- | --- | --- | --- | --- | --- | --- |

**89** 노외주차장의 구조·설비에 관한 기준 내용으로 옳지 않은 것은?

① 출입구의 너비는 3.0m 이상으로 하여야 한다.
② 주차구획선의 긴 변과 짧은 변 중 한 변 이상의 차로에 접하여야 한다.
③ 지하식인 경우 차로의 높이는 주차바닥면으로부터 2.3m 이상으로 하여야 한다.
④ 주차에 사용되는 부분의 높이는 주차바닥면으로부터 2.1m 이상으로 하여야 한다.

**알찬풀이** | 노외주차장의 출입구의 너비
　　　① 주차대수규모가 50대 미만인 경우: 3.5m 이상의 출입구를 설치할 것
　　　② 주차대수규모가 50대 이상인 경우: 출구와 입구를 분리하거나 너비 5.5m 이상의 출입구를 설치할 것

**90** 제1종 일반주거지역 안에서 건축할 수 있는 건축물에 속하지 않는 것은?

① 아파트　　　　　　　　　　② 단독주택
③ 노유자시설　　　　　　　　④ 교육연구시설 중 고등학교

**알찬풀이** | 제1종 일반주거지역 안에서 아파트는 건축할 수 없다.

**91** 다음은 건축선에 따른 건축제한에 관한 기준 내용이다. (　)안에 알맞은 것은?

> 도로면으로부터 높이 (　　) 이하에 있는 출입구, 창문, 그 밖에 이와 유사한 구조물은 열고 닫을 때 건축선의 수직면을 넘지 아니하는 구조로 하여야 한다.

① 3m　　　　　　　　　　　② 4m
③ 4.5m　　　　　　　　　　④ 6m

**알찬풀이** | 건축선에 의한 건축제한
　　　① 건축물 및 담장은 건축선의 수직면을 넘어서는 아니 된다.
　　　　(예외) 지표하의 부분
　　　② 도로면으로부터 높이 4.5m 이하에 있는 출입구·창문 기타 이와 유사한 구조물은 개폐시에 건축선의 수직면을 넘는 구조로 하여서는 아니 된다.

**92** 다음 특별피난계단에 설치하여야 하는 배연설비의 구조에 관한 기준 내용 중에서 옳지 않은 것은?

① 배연풍도는 불연재료로 할 것
② 배연구와 배연기 모두 설치할 것
③ 배연구는 평상시에는 닫힌 상태를 유지할 것
④ 배연기에는 예비전원을 설치할 것

**알찬풀이** | 특별피난계단에 설치하여야 하는 배연설비의 구조
배연구가 외기에 접하지 아니하는 경우에는 배연기를 설치할 것

**93** 문화 및 집회시설 중 공연장의 개별관람석 바닥면적이 1500m²일 경우 개별관람석 출구는 최소 몇 개소이상 설치하여야 하는가? (단, 각 출구의 유효너비를 2m로 하는 경우)

① 6개소        ② 5개소
③ 4개소        ④ 3개소

**알찬풀이** | 관람석 등으로부터의 출구의 설치기준

$$출구의 유효 폭 \geq \frac{당해 용도의 바닥면적의 합계(m^2)}{100(m^2)} \times 0.6(m)$$

$$\geq \frac{1500(m^2)}{100(m^2)} \times 0.6(m) = 9(m)$$

$$\therefore \frac{9(m)}{2(m)} = 4.5 \rightarrow 5(개소)$$

**94** 피난용승강기의 설치에 관한 기준 내용으로 옳지 않은 것은?

① 승강장은 각 층의 내부와 연결되지 않도록 할 것
② 승강장의 바닥면적은 승강기 1대당 6m² 이상으로 할 것
③ 각 층으로부터 피난층까지 이르는 승강로를 단일구조로 연결하여 설치할 것
④ 승강장의 출입구 부근의 잘 보이는 곳에 해당 승강기가 피난용승강기임을 알리는 표지를 설치할 것

**알찬풀이** | 피난용(비상용)승강기의 설치에 관한 기준
승강장은 각층의 내부와 연결될 수 있도록 하되, 그 출입구(승강로의 출입구를 제외)에는 갑종방화문을 설치할 것

| ANSWER | 89. ① | 90. ① | 91. ③ | 92. ② | 93. ② | 94. ① |
|---|---|---|---|---|---|---|

**95** 건축물의 연면적 중 주차장으로 사용되는 비율이 70퍼센트인 경우, 주차전용 건축물로 볼 수 있는 주차장 외의 용도에 속하지 않는 것은?

① 의료시설　　　　　　　　　② 운동시설
③ 제1종 근린생활시설　　　　④ 제2종 근린생활시설

**알찬풀이** | 주차전용 건축물

| 주차전용 건축물 | 원 칙 | 비 율 |
|---|---|---|
| 건축물의 연면적중 주차장으로 사용되는 부분 | ㉠ 아래의 ㉡의 시설이 아닌 경우 | 95% 이상 |
| | ㉡ 단독주택, 공동주택, 제1종 및 제2종 근린생활시설, 문화 및 집회시설, 종교시설, 판매 시설, 운수시설, 운동시설, 업무시설 또는 자동차관련 시설인 경우 | 70% 이상 |

**96** 지하식 또는 건축물식 노외주차장에서 경사로가 직선형인 경우, 경사로의 차로 너비는 최소 얼마 이상으로 하여야 하는가? (단, 2차로인 경우)

① 5m　　　　　　　　　　　② 6m
③ 7m　　　　　　　　　　　④ 8m

**알찬풀이** | 지하식 또는 건축물식 노외주차장에서 경사로

| 경사로의 형태 | 차로의 너비 | 종단 구배 |
|---|---|---|
| 직선형 | 1차선: 3.3m 이상<br>2차선: 6.0m 이상 | 17% 이하 |
| 곡선형 | 1차선: 3.6m 이상<br>2차선: 6.5m 이상 | 14% 이하 |

**97** 각 층의 거실 면적의 합계가 1000m²로 동일한 15층의 문화 및 집회시설 중 공연장에 설치하여야 하는 승용승강기의 최소 대수는? (단, 15인승 승강기의 경우)

① 5대　　　　　　　　② 6대
③ 7대　　　　　　　　④ 8대

**알찬풀이** | 승용승강기의 최소 대수

| 6층 이상의 거실 면적의 합계(A)　건축물의 용도 | 3000m² 이하 | 3000m² 초과 | 공 식 |
|---|---|---|---|
| • 문화 및 집회시설 (공연장, 집회장, 관람장에 한함) • 판매시설 (도매시장, 소매시장, 상점에 한함) • 의료시설 (병원, 격리병원에 한함) | 2대 | 2대에 3000m²를 초과하는 경우에는 그 초과하는 매 2000m² 이내마다 1대의 비율로 가산한 대수 | $2+\dfrac{(A-3000)}{2000}$ |

$$2+\dfrac{(A-3000)}{2000} = 2+\dfrac{(10000-3000)}{2000}=5.5 \rightarrow 6(대)$$

**98** 건축법령상 연립주택의 정의로 가장 알맞은 것은?

① 주택으로 쓰는 1개 동의 바닥면적 합계가 660m² 이하이고, 층수가 4개 층 이하인 주택
② 주택으로 쓰는 1개 동의 바닥면적 합계가 660m²를 초과하고, 층수가 4개 층 이하인 주택
③ 1개 동의 주택으로 쓰이는 바닥면적의 합계가 330m² 이하이고 주택으로 쓰는 층수가 3개 층 이하인 주택
④ 1개 동의 주택으로 쓰이는 바닥면적의 합계가 330m²를 초과하고 주택으로 쓰는 층수가 3개 층 이하인 주택

**알찬풀이** | 연립주택
　주택으로 쓰이는 1개 동의 연면적(지하주차장 면적을 제외)이 660m²를 초과하고, 층수가 4개 층 이하인 주택을 말한다.

**99** 국토의 계획 및 이용에 관한 법률상 다음과 같이 정의되는 것은?

> 도시·군계획 수립 대상지역의 일부에 대하여 토지 이용을 합리화하고 그 기능을 증진시키며 미관을 개선하고 양호한 환경을 확보하며, 그 지역을 체계적·계획적으로 관리하기 위하여 수립하는 도시·군관리계획

① 광역도시계획　　　　　　　　② 지구단위계획
③ 도시·군기본계획　　　　　　　④ 입지규제최소구역계획

**알찬풀이** | 지구단위계획에 대한 설명(정의)이다.


**100** 건축물의 경사지붕 아래에 설치하는 대피공간에 관한 기준 내용으로 옳지 않은 것은?

① 특별피난계단 또는 피난계단과 연결되도록 할 것
② 관리사무소 등과 긴급 연락이 가능한 통신시설을 설치 할 것
③ 대피공간의 면적은 지붕 수평투영면적의 1/10 이상일 것
④ 출입구의 유효너비는 최소 1.2m 이상으로 하고, 그 출입구에는 갑종방화문을 설치할 것

**알찬풀이** | 건축물의 경사지붕 아래에 설치하는 대피공간
　　　　　출입구의 유효너비는 최소 0.9m 이상으로 하고, 그 출입구에는 갑종방화문을 설치하여야 한다.

---

# 2022년도

## CBT 복원문제

# 국가기술자격검정 필기시험문제

| 2022년도 제1회 CBT복원문제 온라인 CBT TEST | | | | 수검번호 | 성 명 |
|---|---|---|---|---|---|
| 자격종목 및 등급(선택분야) | 종목코드 | 시험시간 | 문제지형별 | | |
| 건축산업기사 | 2530 | 2시간30분 | A | | |

※ 답안카드 작성시 시험문제지 형별누락, 마킹착오로 인한 불이익은 전적으로 수험자의 귀책사유임을 알려드립니다.

## 제1과목 : 건축계획

**01** 한식주택과 양식주택에 관한 설명으로 옳지 않은 것은?

① 한식주택은 좌식이나, 양식주택은 입식이다.
② 한식주택의 실은 혼용도이나, 양식주택은 단일용도이다.
③ 한식주택의 평면은 개방적이나, 양식주택은 은폐적이다.
④ 한식주택의 가구는 부차적이나, 양식주택은 주요한 내용물이다.

**알찬풀이** | 한식주택과 양식주택의 평면 차이

| 구 분 | 한식 주택 | 양식 주택 |
|---|---|---|
| 평면 구성 | 조합적, 폐쇄적, 분산적 | 분화적, 개방적, 집중적 |

**02** 아파트의 형식 중 홀 형(Hall Type)에 대한 설명으로 옳은 것은?

① 각 주호의 독립성을 높일 수 있다.
② 기계적 환경조절이 반드시 필요한 형이다.
③ 도심지 독신자 아파트에 가장 많이 이용된다.
④ 대지에 대한 건물의 이용도가 가장 높은 형식이다.

**알찬풀이** | 홀 형(hall type)
㉠ 엘리베이터, 계단실을 중앙의 홀에 두도록 하며 이 홀에서 각 주거로 접근하는 유형이다.
㉡ 동선이 짧아 출입이 용이하나 코어(엘리베이터, 계단실 등)의 이용률이 낮아 비경제적이다.
㉢ 복도 등의 공용 부분의 면적을 줄일 수 있고 각 주거의 프라이버시 확보가 용이하다.
㉣ 채광, 통풍 등을 포함한 거주성은 방위에 따라 차이가 난다.
㉤ 고층용에 많이 이용된다.

**03** 사무소 건축에 있어서 연면적에 대한 임대면적의 비율로서 가장 적당한 것은?

① 40 ~ 50%  ② 50 ~ 60%

③ 70 ~ 75%  ④ 80 ~ 85%

**알찬풀이** | 임대면적 비율(유효율, rentable ratio)

① 렌터블 비란 임대면적과 연면적의 비율을 말하며, 임대 사무소의 경우 채산성의 지표가 된다.

$$\therefore \ \text{렌터블 비(rentable ratio)} = \frac{\text{대실면적(수익부분면적)}}{\text{연면적}} \times 100(\%)$$

② 일반적으로 70~75%의 범위가 적당하다.


**04** 주택의 침실계획에 관한 설명 중 옳지 않은 것은?

① 침실의 출입문을 열었을 때 직접 침대가 보이지 않게 하고, 출입문은 안여닫이로 한다.

② 아동침실은 정신적으로나 육체적인 발육에 지장을 주지 않도록 안전성 확보에 비중을 둔다.

③ 노인실은 다른 가족들과 생활주기가 크게 다르므로 공동 생활영역에서 완전히 독립 배치시키는 것이 좋다.

④ 객용 침실은 소규모 주택에서는 고려하지 않아도 되며 소파 베드 등을 이용해서 처리한다.

**알찬풀이** | 노인실의 배치

① 거동이 불편하므로 1층에 화장실과 가깝고 쉽게 정원으로 나갈 수 있는 위치

② 채광 및 통풍이 양호한 정숙한 장소의 남서측이나 남동측이 적당

③ 넓은 공간 보다는 아늑한 공간이 좋고 가족의 보살핌을 받기 적당한 장소


**05** 공동주택의 단면형식 중 메조넷형에 대한 설명으로 옳지 않은 것은?

① 채광 및 통풍이 유리하다.

② 작은 규모의 주택에 적합하다.

③ 주택 내의 공간의 변화가 있다.

④ 거주성, 특히 프라이버시가 높다.

**알찬풀이** | 메조넷형(Maisonette Type, Duplex Type, 복층형)

㉠ 1주거가 2층에 걸쳐 구성되는 유형을 말한다.

㉡ 복도는 2~3층 마다 설치한다. 따라서 통로면적의 감소로 전용면적이 증가된다.

㉢ 침실을 거실과 상·하층으로 구분이 가능하다. (거주성, 특히 프라이버시가 높다.)

㉣ 단위 세대의 면적이 큰 주거에 유리하다.

**06** 무창 방적 공장에 관한 설명으로 옳지 않은 것은?

① 방위에 무관하게 배치 계획할 수 있다.
② 실내 소음이 실외로 잘 배출되지 않는다.
③ 온도와 습도 조정에 비용이 적게 든다.
④ 외부 환경의 영향을 많이 받는다.

**알찬풀이** | 무창 공장의 특징
    ① 작업면의 조도를 균일화할 수 있다.
    ② 온·습도 조정용의 동력 소비량이 적다.
    ③ 공장의 배치계획을 할 때 방위에 좌우되는 일이 적다.
    ④ 외부 소음, 먼지에 대해서 유리하나 오히려 실내 발생 소음, 먼지에는 불리하다.
    ⑤ 유창 공장에 비하여 건설비가 싸다.

**07** 학교시설의 강당 및 실내체육과 계획에 있어 가장 부적절한 설명은?

① 강당 겸 체육관인 경우 커뮤니티 시설로서 이용될 수 있도록 고려하여야 한다.
② 실내체육관의 크기는 농구코트를 기준으로 한다.
③ 강당 겸 체육관인 경우 강당으로서의 목적에 치중하여 계획한다.
④ 강당의 크기는 반드시 전원을 수용할 수 있도록 할 필요는 없다.

**알찬풀이** | 강당 및 실내체육관
    초등학교 및 중·고등학교의 체육관과 강당은 학교 부지의 크기 및 예산상의 이유로 복합 용도로
    이용되는 경우가 많으므로 복합시 서로의 용도에 대응할 수 있도록 고려한다.

**08** 상점에 있어서 진열창의 반사를 방지하기 위한 조치로 가장 적합하지 않은 것은?

① 진열창 내의 밝기를 외부보다 낮게 한다.
② 차양을 달아 진열창 외부에 그늘을 준다.
③ 진열찰의 유리면을 경사지게 한다.
④ 곡면 유리를 사용한다.

**알찬풀이** | 상점에 있어서 진열창의 반사를 방지하기 위해서는 진열창 내의 밝기를 외부보다 높게 하여야 한다.

**09** 고층사무소 건축의 기준층 평면 형태를 한정시키는 요소와 가장 관계가 먼 것은?

① 구조상 스팬의 한도
② 덕트, 배관, 배선 등 설비시스템상의 한계
③ 방화구획상 면적
④ 오피스 랜드 스케이핑에 의한 가구 배치

**알찬풀이** | 오피스 랜드스케이프(Office Landscape)은 고층사무소 건축의 기준층 평면 형태를 한정시키는 요소
와는 관계가 멀다.


**10** 다음 중 공동주택의 인동간격을 결정하는 요소와 가장 관계가 먼 것은?

① 일조 및 통풍　　　　　　② 소음방지
③ 지하 주차공간의 크기　　④ 시각적 개방감

**알찬풀이** | 지하 주차공간의 크기는 공동주택의 인동간격을 결정하는 요소와 가장 관계가 멀다.


**11** 주택의 거실 평면 계획에 대한 설명 중 옳지 않은 것은?

① 통로로서의 이용을 원활하게 하기 위해 가급적 각 실의 중심에 배치한다.
② 독립성 유지를 위하여 가급적 한쪽 벽만을 타실과 접속시킴으로써 출입구를 설
　치한다.
③ 침실과는 가급적 대칭적인 위치에 둔다.
④ 거실의 연장을 위하여 가급적 정원 사이에 테라스를 둔다.

**알찬풀이** | 주택의 거실 평면 계획에 있어서 침실과는 가급적 대칭적 위치에 둘 필요는 없다.


**12** 공장건축의 지붕형태에 대한 설명 중 옳지 않은 것은?

① 뾰족지붕 : 직사광선을 어느 정도 허용하는 결점이 있다.
② 톱날지붕 : 채광창을 북향으로 하면 하루 종일 변함없는 조도를 유지한다.
③ 솟을 지붕 : 채광 환기에 적합한 방법이다.
④ 샤렌지붕 : 기둥이 많이 소요되는 단점이 있다.

**알찬풀이** | 샤렌 구조의 지붕
　　　　　　최근의 공장 형태로 기둥이 적은 장점이 있다.

**13** 상점건축에서 대면판매의 특징으로 옳은 것은?

① 진열면적이 커지고 상품에 친근감이 간다.
② 판매원의 정위치를 정하기 어렵고 불안정하다.
③ 일반적으로 시계, 귀금속 상점 등에 사용된다.
④ 상품의 설명이나 포장이 불편하다.

**알찬풀이** | 대면 판매
진열대(Show Case)를 사이에 두고 종업원과 손님이 마주보는 형태이다.

| ㉠ 장 점 | ㉡ 단 점 |
|---|---|
| • 설명에 유리하다<br>• 판매원의 위치가 안정된다.<br>• 포장이 편리하다.<br>  (시계, 귀금속 상점 등에 사용) | • 진열면적의 감소<br>  (판매원 통로 필요) |

**14** 학교건축에서 교실의 채광 및 조명에 대한 설명으로 부적당한 것은?

① 1방향 채광일 경우 반사광보다는 직사광을 이용하도록 한다.
② 일반적으로 교실에 비치는 빛은 칠판을 향해 있을 때 좌측에서 들어오는 것이 원칙이다.
③ 칠판의 조도가 책상 면의 조도보다 높아야 한다.
④ 교실 채광은 일조시간이 긴 방위를 택한다.

**알찬풀이** | 1방향 채광일 경우 직사광보다는 반사광을 이용하도록 하는 것이 눈부심이 적어서 좋다.

**15** 학교운영 방식에 관한 설명 중 옳지 않은 것은?

① U형 : 초등학교 저학년에 적합하며 보통 한 교실에 1-2개의 화장실을 가지고 있다.
② P형 : 교사의 수와 적당한 시설이 없으면 실시가 곤란하다.
③ U + V형 : 특별교실이 많을수록 일반 교실의 이용률이 떨어진다.
④ V형 : 각 교과의 순수율이 높고 학생의 이동이 적다.

**알찬풀이** | 교과교실형(V형, Department Type)
㉠ 모든 교과목에 대해서 전용의 교실을 설치하고 일반 교실은 두지 않는 형식이다.
㉡ 각 교과목에 맞추어 전용의 교실이 주어져 교과목에 적합한 환경을 조성할 수 있으나 학생의 이동이 많고 소지품을 위한 별도의 장소가 필요하다.
㉢ 시간표 편성이 어려우며 담당 교사수를 맞추기도 어렵다.

**16** 실내공간의 동선계획에 대한 설명 중 옳지 않은 것은?

① 동선의 빈도가 크면 가능한 한 직선적인 동선처리를 한다.
② 모든 실내공간의 동선은 특히 상점의 고객 동선은 짧게 처리하는 것이 좋다.
③ 주택의 경우 가사노동의 동선은 되도록 남쪽에 오도록 하고 짧게 하는 것이 좋다.
④ 주택에서 개인, 사회, 가사노동권의 3개 동선은 서로 분리되어 간섭이 없어야 한다.

**알찬풀이** | 상점의 고객 동선은 길게 처리하는 것이 구매력을 증진시킬 수 있어 유리하다.

**17** 다음 중 쇼핑센터를 구성하는 주요 요소로 볼 수 없는 것은?

① 핵점포                      ② 몰(mall)
③ 코트(court)                 ④ 터미널(terminal)

**알찬풀이** | 쇼핑센터를 구성하는 주요 요소
① 핵 점포
② 전문점
③ 몰(Mall), 페데스트리언 지대 (Pedestrian area)
④ 코트(court)

**18** 백화점에 설치하는 에스컬레이터에 관한 설명으로 옳지 않은 것은?

① 수송량에 비해 점유면적이 작다.
② 설치시 층고 및 보의 간격에 영향을 받는다.
③ 비상계단으로 사용할 수 있어 방재계획에 유리하다.
④ 교차식 배치는 연속적으로 승강이 가능한 형식이다.

**알찬풀이** | 백화점에 설치하는 에스컬레이터는 비상계단으로 사용할 수 없다.

**19** 주택지의 단위 중 인보구의 중심시설에 해당하는 것은?

① 유치원　　　　　　　　　　② 파출소
③ 초등학교　　　　　　　　　④ 어린이 놀이터

**알찬풀이** | 인보구
가까운 이웃에 살기 때문에 친분이 유지되는 공간적 범위로서, 반경 100~150m 정도를 기준으로
하는 가장 작은 생활권 단위이다.
① 인구: 20~40호(100~200명)
② 규모: 3~4층 정도의 집합주택, 1~2동
③ 중심시설: 어린이 놀이터, 공동 세탁장

**20** 다음 설명에 알맞은 사무소 건축의 코어의 유형은?

> • 코어 프레임(core frame)이 내력벽 및 내진구조가 가능함으로서 구조적으
> 로 바람직한 유형이다.
> • 유효율이 높으며, 임대 사무소로서 경제적인 계획이 가능하다.

① 중심 코어형　　　　　　　② 편심 코어형
③ 독립 코어형　　　　　　　④ 양단 코어형

**알찬풀이** | 중심 코어형
① 바닥 면적이 클 경우 특히 고층, 중고층에 적합하다.
② 외주 프레임을 내력벽으로 하여 코어와 일체로 한 내진구조를 만들 수 있다.
③ 내부공간과 외관이 모두 획일적으로  되기 쉽다.
④ 유효율이 높으며, 임대 사무소로서 경제적인 계획이 가능하다.

## 제2과목 : 건축시공

**21** 다음 철물 중 팽창 줄눈 보호용으로 사용되는 철물은 어느 것인가?

① 코너 비이드(corner bead)　　② 미끄럼막이(non-slip)
③ 줄눈대(joiner)　　　　　　　④ 펀칭 메탈(punching metal)

**알찬풀이** | 줄눈대(joiner)
팽창 줄눈 보호용으로 사용되는 철물은 줄눈대(joiner)로 인조석 바름 등에 90cm 이하 간격으로 황
동재 줄눈대 등을 설치하고 바름하는 것이 좋다.

**22** 공사를 빨리 착공할 수 있어서 긴급공사나 설계변경으로 수량변동이 심할 경우에 많이 채택되는 도급방식은 어느 것인가?

① 단가도급　　　　　　　　　② 정액도급
③ 분할도급　　　　　　　　　④ 실비청산보수가산도급

**알찬풀이** | 단가도급
　　　도급금액을 정하는 데 있어서 먼저 각 공사 종류마다 노임, 재료 등의 단위면적 또는 체적의 단가를 정하고 공사 수량에 따라 도급 총금액을 산출하는 도급방법이다.
　　　① 공사금액을 구성하는 물량에 따라 생산하는 방식이다.
　　　② 공사완공 시까지의 총공사비를 예측하기 어렵다.
　　　③ 설계변경에 의한 수량의 증감이 용이하다.
　　　④ 긴급공사 적용시 이용되는 방식이다.

**23** 공사기간 단축기법의 일종으로써 주 공정상의 소요작업 중 비용구배(Cost Slope)가 가장 작은 요소작업부터 단위 시간씩 단축해 가는 방법은?

① CP　　　　　　　　　　　　② PERT
③ CPM　　　　　　　　　　　④ MCX

**알찬풀이** | MCX 기법(Minimum Cost Expediting, 최소 비용 일정 단축 기법)
　　　① 공정관리상 불가피하게 공기단축의 경우가 생겨 공기를 단축 조정할 때 공기가 단축되는 대신 공비가 증가하게 된다는 이론이다.
　　　② 공사기간 단축기법으로 주공정상의 소요 작업 중 비용구배(cost slope)가 작은 요소작업 부터 단위 시간씩 단축해 가며 이로 인해 변경되는 주공정이 발생되면 변경된 경로의 단축해야 할 요소작업을 결정해 가는 방법이다.
　　　③ 공기가 최소화 되도록 비용구배에 의해서 공기를 조절한다.

**24** 실리카 흄 시멘트(silica fume cement)의 특징으로 옳지 않은 것은?

① 시공연도 개선 효과가 있다.
② 화학적 저항성 증진효과가 있다.
③ 초기강도는 크나, 장기강도는 감소한다.
④ 재료분리 및 블리딩이 감소 된다.

**알찬풀이** | 실리카 흄 시멘트(silica fume cement)는 장기강도가 증가하며 고강도 콘크리트 등에 사용된다.

**25** 다음 중 수량 산출 시의 할증률로 맞는 것은?

① 이형철근 : 3%
② 원형철근 : 7%
③ 대형형강 : 5%
④ 강판 : 5%

**알찬풀이** | 재료의 할증률
　　　　　원형철근은 5%, 대형형강은 7%, 강판의 할증률은 10%이다.

**26** 미장공사 중 시멘트 모르타르 바름에 관한 설명으로 옳지 않은 것은?

① 천장, 차양은 15mm 이하, 기타는 15mm 이상으로 한다.
② 바탕면을 거칠게 하여 모르타르 부착을 좋게 한다.
③ 콘크리트 바탕 또는 벽돌 및 블록 바탕에 직접 바르는 경우는 바탕표면을 물로 축이고, 산성용액으로 문지른 후 세척할 수도 있다.
④ 초벌바름 후 바로 이어서 재벌, 정벌을 시공한다.

**알찬풀이** | 초벌바름 후 1~2주 지난 후 경화, 균열 발생 후 고름질, 덧먹임을 하고 재벌, 정벌을 시공한다.

**27** 벽돌의 품질을 결정하는데 가장 중요한 항목으로 묶인 것은?

① 흡수율 및 인장강도
② 흡수율 및 압축강도
③ 흡수율 및 휨강도
④ 흡수율 및 전단강도

**알찬풀이** | 벽돌의 품질을 결정하는데 가장 중요한 항목 흡수율 및 압축강도이다.

**28** 철골 용접부의 불량을 나타내는 용어가 아닌 것은?

① 블로우홀(Blow hole)
② 위빙(Weaving)
③ 크랙(Crack)
④ 언더컷(Under cut)

**알찬풀이** | 위빙(Weaving)은 용접 부위를 작은 원호 모양으로 용접을 진행하는 용접방법을 말한다.

**29** 무량판구조 또는 평판구조에서 특수상자 모양의 기성재 거푸집을 무엇이라 하는가?

① 클라이밍폼(Climbing Form)  ② 터널폼(Tunnel Form)
③ 와플폼(Waffle Form)  ④ 메탈폼(Metal Form)

**알찬풀이** | 와플폼(Waffle Form)은 무량판구조 또는 평판구조에서 바닥 거푸집에 설치하는 특수상자 모양의 기성재 거푸집을 말한다.

**30** 기존 건축물의 기초 침하나 균열, 붕괴 또는 파괴가 염려될 때 기초하부에 실시하는 공법은?

① 언더피닝 공법  ② 소일 콘크리트 공법
③ 웰 포인트 공법  ④ 아일랜드 공법

**알찬풀이** | 언더피닝(Under Pinning) 공법
기존 건축물의 기초 침하나 균열, 붕괴 또는 파괴가 염려될 때 기초하부에 보강재 등을 설치하는 공법을 말한다.

**31** ALC(Autoclaved Lightweight Concrete)의 물리적 성질 중 틀린 것은?

① 기건비중은 보통콘크리트의 약 1/4 정도이다.
② 열전도율은 보통콘크리트와 유사하나 단열성은 우수하다.
③ 불연재인 동시에 내화재료이다.
④ 경량이어서 인력에 의한 취급이 용이하다.

**알찬풀이** | ALC(Autoclaved Lightweight Concrete)는 일반 콘크리트를 경량으로 제조한 콘크리트로 열전도율이 작으며 단열성이 우수하다.

**32** 문은 닫은 후 150mm 정도 열려지는 것으로써 공중용 변소, 전화실 출입문에 가장 적당한 철물은?

① 자유정첩  ② 피벗 힌지(pivot hinge)
③ 래버토리 힌지(lavatory hinge)  ④ 플로어 힌지(floor hinge)

**알찬풀이** | 래버토리 힌지(lavatory hinge)는 문은 닫은 후 150mm 정도 열려지는 것으로써 공중용 변소, 전화실 출입문 등에 많이 사용된다.

| ANSWER | 25. ① 26. ④ 27. ② 28. ② 29. ③ 30. ① 31. ② 32. ③ |

**33** 다음 중 PERT/CPM에 대한 설명으로 적당하지 않은 것은?

① PERT는 명확하지 않은 사항이 많은 조건하에서 수행되는 신규 사업에 많이 이용된다.
② CPM은 작업시간이 확립되지 않은 사업에 통상 활용된다.
③ PERT는 공기단축을 목적으로 한다.
④ CPM은 공비절감을 목적으로 한다.

**알찬풀이** | CPM은 통상 작업시간이 확립되어 있는 사업에 공비절감을 목적으로 활용된다.

**34** 콘크리트에 사용되는 혼합수의 품질을 규정하는 다음 항목 중 틀린 것은?

① 용해성 증발 잔류물의 양 2g/L 이하
② 염소 이온량 250mg/L 이하
③ 시멘트 응결시간의 차이 초결 30분, 종결 60분 이내
④ 모르타르의 압축 강도비 재령 7일 및 28일에서 90% 이상

**알찬풀이** | 콘크리트에 사용되는 혼합수의 품질 중 용해성 증발 잔류물의 양 5g/L 이하이어야 한다.

**35** 미장재료 중 수경성 재료인 것은?

① 진흙                    ② 회반죽
③ 돌로마이트 플라스터      ④ 시멘트 몰탈

**알찬풀이** | 수경성 미장재료

| 수경성 재료 | 순석고 플라스터 | • 소석고+석회죽+모래+여물의 물반죽 |
| --- | --- | --- |
| | | • 경화속도가 빠르다. |
| | 혼합석고 플라스터 | • 혼합석고+모래+여물의 물반죽 |
| | | • 약 알카리성이다. |
| | 경석고 플라스터 | • 무수석고+모래+여물의 물반죽 |
| | | • 경화가 빠르다. |
| | 시멘트 모르타르 | • 시멘트+모르타르 |
| | 인조석 바름 | • 백시멘트+돌가루(종석)+안료+물 |

**36** 벽돌쌓기 중 가장 튼튼한 쌓기법으로 한켜는 마구리쌓기 다음 켜는 길이쌓기로 하고 모서리나 벽끝에는 이오토막을 쓰는 쌓기 방법은?

① 영식쌓기
② 화란식쌓기
③ 불식쌓기
④ 미식쌓기

**알찬풀이** | 영식쌓기
영식쌓기는 한켜는 마구리쌓기 다음 켜는 길이쌓기로 하고 모서리나 벽끝에는 이오토막을 쓰는 쌓기 방법으로 통줄눈이 작아 벽돌쌓기 중 가장 튼튼한 쌓기법이다.

**37** 목구조의 2층 마루틀 중 복도 또는 간사이가 작을 때 보를 쓰지 않고 층도리와 간막이도리에 직접 장선을 걸쳐 대고 그 위에 마루널을 깐 것은?

① 동바리 마루틀
② 홑마루틀
③ 보마루틀
④ 짠마루틀

**알찬풀이** | 목구조의 2층 마루틀 중 복도 또는 간사이가 작을 때 보를 쓰지 않고 층도리와 간막이도리에 직접 장선을 걸쳐 대고 그 위에 마루널을 깐 것을 홑마루틀이라 한다.

**38** 어스 앵커공법을 시행할 때 사전에 검토할 항목으로 가장 관련이 없는 것은 어느 것인가?

① 지하수위
② 투수계수
③ 기존 매립물의 조사
④ 수직도

**알찬풀이** | 어스 앵커(당김 줄)공법은 강재의 인장력으로 토압을 지지하는 흙막이 오픈 컷(open cut) 공법의 일종으로 수직도와는 관련이 적다.

**39** 시멘트 900포대 정도를 저장하여야 하는 공사 현장에서 필요한 시멘트 창고의 면적으로 적당한 것은? (단, 쌓기 단수는 12포대로 한다.)

① 10m²
② 20m²
③ 30m²
④ 60m²

**알찬풀이** | 시멘트 창고의 면적

$$A = 0.4 \times \frac{N}{n} \, (\text{m}^2) = 0.4 \times \frac{900}{12} = 30 \, (\text{m}^3)$$

(부호) $A$ : 시멘트 창고 저장 면적(m²)
$N$ : 저장하여야 할 시멘트량(포)
$n$ : 쌓기 단수 (단기 저장시: 13포, 장기 저장시: 7포 이하)

**40** Net work 공정표의 장점이라고 볼 수 없는 것은?

① 공사의 진척 관리를 정확히 실시할 수 있다.
② 작업 상호간의 관련성을 알기 쉽다.
③ 공기단축 가능요소의 발견이 용이하다.
④ 공정계획의 작성시간이 단축된다.

**알찬풀이** │ Net work 공정표를 작성하기 위해서는 해당 전문지식과 수작업 시 공정계획의 작성에 많은 시간이 걸린다.

## 제3과목 : 건축구조

**41** 강구조 인장재에 관한 설명으로 옳지 않은 것은?

① 부재의 축방향으로 인장력을 받는 구조이다.
② 대표적인 단면형태로는 강봉, ㄱ형강, T형강이 주로 사용된다.
③ 인장재 설계에서 총단면의 항복과 단면결손 부분의 파단은 검토하지 않는다.
④ 현수구조에 쓰이는 케이블이 대표적인 인장재이다.

**알찬풀이** │ 인장재 설계에서 총단면의 항복과 단면결손 부분의 파단을 검토하여야 한다.

**42** 압축 이형철근(D29)의 기본정착길이로 알맞은 것은? (단, $f_{ck} = 24\text{MPa}$, $f_y = 350\text{MPa}$, $\lambda = 1$)

① 220mm ② 320mm
③ 420mm ④ 520mm

**알찬풀이** │ 압축을 받는 이형철근의 정착길이($l_d$)

$$\text{기본 정착길이}(l_{db}) = \frac{0.25 \cdot d_b \cdot f_y}{\sqrt{f_{ck}}} \geq 0.043 \cdot d_b \cdot f_y$$

$$= \frac{0.25 \times 29 \times 350}{\sqrt{24}} = 517.97(\text{mm}) \rightarrow 520(\text{mm})$$

**43** 그림과 같은 띠철근 기둥의 설계축하중 $\phi P_n$은? (단, $f_{ck}=27\mathrm{MPa}$, $f_y=400\mathrm{MPa}$, 강도감소계수 $\phi=0.65$이다.)

① 3,591kN

② 3,972kN

③ 4,170kN

④ 4,275kN

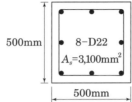

500mm

8-D22
$A_s=3,100\mathrm{mm}^2$

500mm

**알찬풀이** | 설계축하중($\phi P_n$)

띠철근 기둥의 설계 축 하중강도($\phi P_n$)

$$\phi P_n = 0.8 \cdot \phi \cdot \{0.85 \cdot f_{ck} \cdot (A_g - A_{st}) + f_y \cdot A_{st}\}$$
$$= 0.8 \times 0.65 \times \{0.85 \times 27 \times (500 \times 500 - 3,100) + 400 \times 3,100\}$$
$$\fallingdotseq 3,591,305(\mathrm{N}) \rightarrow 3,591(\mathrm{kN})$$

(부호) $A_g$ : 기둥의 단면적

**44** 보의 자중이 $0.7\mathrm{kN/m}$이고, 적재하중이 $1.0\mathrm{kN/m}$인 등분포하중을 받는 스팬 7m인 단순 지지보의 소요모멘트강도($M_u$)는?

① 14.58kN·m

② 12.04kN·m

③ 13.04kN·m

④ 11.95kN·m

**알찬풀이** | 소요모멘트강도($M_u$)

등분포 하중을 집중준으로 환산하면 $(0.4+1) \times 7 = 9.8(\mathrm{kN})$

양단부의 지지점은 $R_A = R_B = 4.9(\mathrm{kN})$

중앙부의 휨모멘트는 $M_c = M_n = 4.9 \times 3.5 = 17.15(\mathrm{kN \cdot m})$

소요모멘트(설계) 강도는 $M_u = 0.85 \times 17.15 \fallingdotseq 14.58(\mathrm{kN \cdot m})$

| ANSWER | 40. ④ | 41. ③ | 42. ④ | 43. ① | 44. ① |
|---|---|---|---|---|---|

**45** 그림과 같은 단순보에서 C점의 처짐 $\delta$은? (단, 보 단면 200mm×300mm, 탄성계수 $E = 10^4 \mathrm{MPa}$이다.)

① 3mm

② 4mm

③ 5mm

④ 6mm

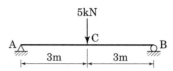

**알찬풀이** | C점의 처짐 $\delta$

① $\delta_{\max} = \delta_c = \dfrac{PL^3}{48EI}$

② $I = \dfrac{bh^3}{12} = \dfrac{200 \times 300^3}{12} = 450,000,000 (\mathrm{mm}^4) = 450 \times 10^6$

$\therefore \delta_{\max} = \delta_c = \dfrac{5 \times 10^3 \times 6 \times 10^9}{48 \times 10^4 \times 450 \times 10^6} = 5 (\mathrm{mm})$

**46** 직사각형 단면의 $x$축에 대한 단면1차모멘트 $G_x = 72,000 \mathrm{cm}^3$일 경우 폭 $b$는 얼마인가?

① 25cm

② 30cm

③ 35cm

④ 40cm

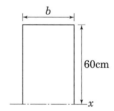

**알찬풀이** | 폭 $b$의 값

$G_x = A \cdot \overline{y} = (b \times 60) \times 30 = 72,000 (\mathrm{cm}^3)$

$\therefore b = 40 (\mathrm{cm}^3)$

**47** 다음과 같은 두 개의 힘의 O점에 대한 모멘트의 크기는?

① 0

② 10kN·m

③ 20kN·m

④ 30kN·m

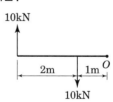

**알찬풀이** | O점에 대한 모멘트의 크기($M_o$)

$M_o = 10 \times 3 - 10 \times 1 = 20 (\mathrm{kN \cdot m})$

**48** 그림과 같이 B단이 활절(Hinge)로 된 막대에 상향 10kN, 하향 30kN이 작용하여 평형을 이룬다면 A점으로부터 30kN이 작용하는 점까지의 거리 $x$는 얼마이어야 하는가? (단, 막대의 자중은 무시한다.)

① 1.0m

② 1.5m

③ 2.0m

④ 2.5m

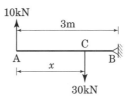

**알찬풀이** | 거리 $x$의 값

$$M_B = 10 \times 3 - 30(3-x) = 0$$
$$30 - 90 + 30 \times x = 0$$
$$\therefore \ x = 2\,(\text{m})$$

**49** 트러스의 기본가정 및 해석에 관한 설명 중 옳지 않은 것은?

① 트러스의 각 절점은 고정단이며, 트러스에 작용하는 하중은 절점에 집중하중으로 작용한다.

② 절점을 연결하는 직선은 부재의 중심축과 일치하고 편심모멘트가 발생하지 않는다.

③ 같은 직선상에 있지 않은 2개의 부재가 모인 절점에서 그 절점에 하중이 작용하지 않으면 부재력은 0이다.

④ 3개의 부재가 모인 절점에서 두 부재축이 일직선으로 이루어진 두 부재의 부재력은 같다.

**알찬풀이** | 트러스의 기본가정은 트러스의 각 절점은 회전단이며, 트러스에 작용하는 하중은 절점에 집중하중으로 작용한다.

**50** 강재의 기계적 성질과 관련된 응력-변형도 곡선에서 가장 먼저 나타나는 것은?

① 비례한계점   ② 탄성한계점

③ 상위항복점   ④ 하위항복점

**알찬풀이** | 응력-변형도 곡선에서 가장 먼저 나타나는 것은 비례한계점이다.

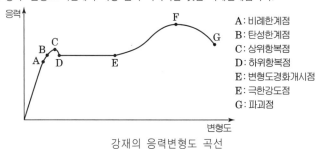

A : 비례한계점
B : 탄성한계점
C : 상위항복점
D : 하위항복점
E : 변형도경화개시점
E : 극한강도점
G : 파괴점

강재의 응력변형도 곡선

**51** 건축물의 구조계획에서 구조체 자중의 감소에 따른 이점이 아닌 것은?

① 풍하중에 대한 건물의 전도 방지
② 기둥 축력의 감소에 따른 기둥의 단면 감소
③ 휨재 설계 시 장스팬이 가능
④ 경제적인 기초설계

**알찬풀이** | 풍하중에 대한 건물의 전도 방지를 위해서는 구조체 자중이 큰 것이 좋다.

**52** 철근콘크리트 부재의 장기처짐에 대한 설명으로 옳은 것은?

① 압축철근비가 클수록 장기처짐은 감소한다.
② 장기처짐은 즉시처짐과 관계가 없다.
③ 장기처짐은 상대습도, 온도 등 제반환경에는 영향을 크게 받으나 부재의 크기에는 영향을 받지 않는다.
④ 시간경과계수의 최대값은 3이다.

**알찬풀이** | 장기처짐
① 콘크리트의 건조수축과 크리프로 인하여 시간의 경과와 더불어 진행하는 처짐으로 압축철근을 증가시킴으로서 장기처짐을 감소시킬 수 있다.
② 장기처짐=지속하중에 의한 탄성처짐 × $\lambda$

③ $\lambda = \dfrac{\xi}{1 + 50\rho'}$

(부호) $\xi$ : 시간경과 계수(3개월 1.0~5년 이상 2.0), $\rho'$(압축철근비) $= \dfrac{A_s}{bd}$

**53** 그림과 같은 3-Hinge 원호형 아치의 정점에 40kN의 집중하중이 작용했을 때 A지점의 수평반력은?

① 20 kN
② 30 kN
③ 40 kN
④ 50 kN

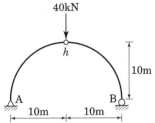

**알찬풀이** | A지점의 수평반력

좌우 하중 및 경간이 대칭이므로 $V_A = V_B = 40(\text{kN}) \times \dfrac{1}{2} = 20(\text{kN})$

$\Sigma G_{좌측} = V_A \times 10 - H_A \times 10 = 0$
$\therefore H_A = 20(\text{kN})(\rightarrow)$

**54** 철근콘크리트 보에서 늑근의 사용 목적으로 적절하지 않은 것은?

① 전단력에 의한 전단균열 방지
② 철근조립의 용이성
③ 주철근의 고정
④ 부재의 휨강성 증대

**알찬풀이** | 보에서 늑근의 사용 목적으로 철근조립의 용이성과는 관련이 없다.

**55** 다음 그림은 철근콘크리트 보 단부의 단면이다. 복근비와 인장 철근비는? (단, D22 1개의 단면적은 $387\text{mm}^2$)

① 복근비 $\gamma = 2$, 인장철근비 $\rho_t = 0.00717$
② 복근비 $\gamma = 0.5$, 인장철근비 $\rho_t = 0.00717$
③ 복근비 $\gamma = 2$, 인장철근비 $\rho_t = 0.00369$
④ 복근비 $\gamma = 0.5$, 인장철근비 $\rho_t = 0.00369$

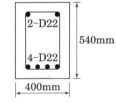

**알찬풀이** | 복근비$(\gamma)$와 인장 철근비$(\rho_t)$

① 복근비$(\gamma) = \dfrac{A_c}{A_t} = \dfrac{2 \times 387}{4 \times 387} = 0.5$

② 인장 철근비$(\rho_t) = \dfrac{A_t}{b \cdot d} = \dfrac{4 \times 387}{400 \times 540} ≒ 0.00717$

| ANSWER | 50. ① | 51. ① | 52. ① | 53. ① | 54. ④ | 55. ② |
|---|---|---|---|---|---|---|

**56** 그림과 같은 캔틸레버형 아치에서 전단력 값이 최소인 곳은?

① A점
② B점
③ C점
④ D점

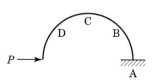

**알찬풀이** | 전단력 값이 최소인 곳
하중작용점과 지점 A에서 전단력이 가장크고 C점에서는 하중 P가 축방향 압축력으로 작용하므로 전단력은 0이다.

**57** 강구조에서 규정된 별도의 설계하중이 없는 경우 접합부의 최소 설계강도 기준은? (단, 연결재, 새그로드 또는 띠장은 제외)

① 30kN 이상
② 35kN 이상
③ 40kN 이상
④ 45kN 이상

**알찬풀이** | 강구조에서 규정된 별도의 설계하중이 없는 경우 접합부의 최소 설계강도 기준은 45kN 이상이어야 한다. (단, 연결재, 새그로드 또는 띠장은 제외)

**58** 폭($b$) 12cm, 높이($h$) 18cm인 직사각형 단면의 $x$, $y$축에 대한 단면2차모멘트의 비 $\dfrac{I_x}{I_y}$는?

① 2.25
② 2.00
③ 1.75
④ 1.50

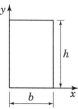

**알찬풀이** | 단면2차모멘트의 비 $\dfrac{I_x}{I_y}$

사각형 단면의 도심축에 대한 단면2차모멘트는 $\dfrac{bh^3}{12}$이나 상·하단부에 대한 단면2차모멘트는 $\dfrac{bh^3}{3}$이다.

① $I_x = \dfrac{bh^3}{3} = \dfrac{12 \times 18^3}{3} = 23,328 \, (\mathrm{cm}^4)$

② $I_y = \dfrac{hb^3}{3} = \dfrac{18 \times 12^3}{3} = 10,368 \, (\mathrm{cm}^4)$

∴ $\dfrac{I_x}{I_y} = \dfrac{23,328}{10,368} = 2.25$

**59** 철근콘크리트 휨부재의 최소 철근량에 대한 규정 중에서 부재의 모든 단면에서 해석에 의해 필요한 철근량 보다 얼마 이상 인장철근이 더 배치되는 경우는 최소 철근량 요건을 적용하지 않아도 되는가?

① $\dfrac{1}{3}$ ② $\dfrac{1}{4}$

③ $\dfrac{3}{4}$ ④ $\dfrac{4}{3}$

**알찬풀이** | 휨부재의 최소철근량($A_{s,\min}$)

① $f_{ck} \leq 31(\text{MPa})$인 경우 $A_{s,\min} = \dfrac{1.4}{f_y} b_w \cdot d$

② $f_{ck} > 31(\text{MPa})$인 경우 $A_{s,\min} = \dfrac{0.25\sqrt{f_{ck}}}{f_y} b_w \cdot d$

③ 휨부재의 모든 단면에서 해석에 의해 필요한 철근량 보다 $\dfrac{1}{3}$ 이상 인장철근이 더 배치되는 경우는 최소 철근량 요건을 적용하지 않아도 된다.

**60** 그림과 같이 등분포하중을 받는 단순보에서 최대 휨응력도는?

① 7,593.8MPa
② 8,597.5MPa
③ 9,427.6MPa
④ 10,250.4MPa

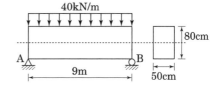

**알찬풀이** | 최대 휨응력도

① 등분포 하중을 받는 단순보의 최대 휨모멘트는 중앙부의 $M_c = M_{\max} = \dfrac{wL^2}{8}$이다.

$$M_{\max} = \frac{40 \times 9^2}{8} = 405(\text{kN}\cdot\text{m}) = 405 \times 10^6 (\text{N}\cdot\text{mm})$$

② 직사각형 단면의 단면계수

$$Z = \frac{bh^2}{6} = \frac{500 \times 800^2}{6} \fallingdotseq 53.33 \times 10^6 (\text{mm}^3)$$

③ 최대 휨응력도($\rho_{\max}$) $= \dfrac{M_{\max}}{Z} = \dfrac{405}{53.33} \fallingdotseq 7.594(\text{N/mm}^2)$

제4과목 : 건축설비

**61** 2중덕트방식에 관한 설명으로 옳지 않은 것은?

① 혼합상자에서 소음과 진동이 생긴다.
② 부하특성이 다른 다수의 실이나 존에도 적용할 수 있다.
③ 덕트 스페이스가 작으며 습도의 완벽한 조절이 가능하다.
④ 냉·온풍의 혼합으로 인한 혼합손실이 있어서 에너지 소비량이 많다.

**알찬풀이** | 2중덕트방식은 덕트 스페이스를 많이 차지하며 습도의 완벽한 조절이 가능하다.

**62** 다음 중 최저 필요급수압력이 가장 높은 대변기 세정수의 급수방식은?

① 사이폰식      ② 로 탱크식
③ 하이 탱크식      ④ 플러시 밸브식

**알찬풀이** | 플러시 밸브(flush valve)식

| 기 구 명 | | 최저소요 압력(kg/cm²) |
|---|---|---|
| 일반 수전 | | 0.3 |
| 세정 밸브 (flush valve) | 일반대변기 용 | 0.7 |
| | 블로우아웃식 | 1.0 |
| 샤워 | | 0.7 |
| 살수전 | | 2.0 |
| 순간 온수기(대) | | 0.5 |
| 순간 온수기(중) | | 0.4 |
| 순간 온수기(소) | | 0.1 |

**63** 다음의 변전실 위치 결정시 고려할 사항 중 전력손실, 전압강하 및 배선비와 가장 관련이 깊은 것은?

① 장래 부하 증설을 고려할 것
② 외부로부터 전원의 인입이 편리할 것
③ 기기를 반입, 반출하는데 지장이 없을 것
④ 부하의 중심에 가깝고 배전에 편리한 장소일 것

**알찬풀이** | 변전실 위치 결정시 전력손실, 전압강하 및 배선비 등을 고려하여 부하의 중심에 가깝고 배전에 편리한 장소가 좋다.

## 64 다음 중 생물화학적 산소요구량을 나타내는 것은?

① COD
② DO
③ BOD
④ PPM

**알찬풀이** | B.O.D (Biochemical Oxygen Demand)
생물화학적 산소 요구량으로 ppm 단위로 나타낸다.


## 65 축전지실에 관한 설명으로 옳지 않은 것은?

① 내진성을 고려한다.
② 축전지실의 천장높이는 1.8m 이상으로 한다.
③ 축전지실의 전기 배선은 비닐 전선을 사용한다.
④ 개방형 축전지의 경우 조명 기구 등은 내산형으로 한다.

**알찬풀이** | 축전지실의 천장높이는 2.6m 이상, 축전기기와 벽면 및 부속기기는 1m 이상 이격하여 진동이 없
는 장소에 설치한다.


## 66 배수 트랩에 관한 설명으로 옳지 않은 것은?

① 유효 봉수깊이가 너무 낮으면 봉수를 손실하기 쉽다.
② 유효 봉수깊이는 일반적으로 50mm 이상 100mm 이하이다.
③ 배수관 계통의 환기를 도모하여 관내를 청결하게 유지하는 역할을 한다.
④ 유효 봉수깊이가 너무 크면 유수의 저항이 증가되어 통수능력이 감소된다.

**알찬풀이** | 배수관 계통의 환기를 도모하여 관내를 청결하게 유지하는 역할을 하는 것은 통기관이다.


## 67 열관류율 K = 5W/m² · K인 유리창을 통하여 이동하는 열량은? (단, 유리창의 면적은 10m² 이며, 실내외 공기의 온도차는 30℃이다.)

① 50W
② 150W
③ 300W
④ 1,500W

**알찬풀이** | 유리창을 통하여 이동하는 열량
열관류 열량$(Q) = K \cdot (t_1 - t_2) \cdot A \cdot T$ = 5×30×10×1=1,500(W)

$\quad$ (부호) $K$ : 열관류율 $(\text{kcal/m}^2 \cdot \text{h} \cdot ℃,\ \text{W/m}^2 \cdot \text{K})$
$\quad\quad t_1 - t_2$ : 실내 외 온도차(℃) $(t_1 > t_2)$
$\quad\quad\quad A$ : 표면적$(\text{m}^2)$
$\quad\quad\quad T$ : 시간(h)


| ANSWER | 61. ③ | 62. ④ | 63. ④ | 64. ③ | 65. ② | 66. ③ | 67. ④ |
|---|---|---|---|---|---|---|---|

**68** 급수의 오염 원인과 가장 거리가 먼 것은?

① 워터 해머　　　　　　　② 배관의 부식
③ 크로스 커넥션　　　　　④ 저수탱크의 정체수

**알찬풀이** | 수격작용(watter hammering)
　　　　　배관내의 수압 증가로 배관에서 발생하는 이상한 소리를 말하며 배관의 수명단축, 이음부의 하자
　　　　　발생, 사용자에게 심리적 불안감 등을 유발한다.

**69** 복사난방에 관한 설명으로 옳지 않은 것은?

① 복사열에 의한 난방이므로 쾌감도가 높다.
② 열용량이 작기 때문에 간헐난방에 적합하다.
③ 천장고가 높은 곳에서도 난방감을 얻을 수 있다.
④ 실내에 방열기를 설치하지 않으므로 바닥이나 벽면을 유용하게 이용할 수 있다.

**알찬풀이** | 복사난방은 열용량이 크기 때문에 지속 난방에 적합하다.

**70** 급탕 배관 설계 및 시공상 주의점으로 옳지 않은 것은?

① 상향 배관인 경우 급탕관은 상향구배로 한다.
② 급탕관의 최상부에는 공기빼기 장치를 설치한다.
③ 중앙식 급탕설비는 원칙적으로 자연순환방식으로 한다.
④ 관의 신축을 고려하여 건물의 벽 관통부분의 배관에는 슬리브를 설치한다.

**알찬풀이** | 중앙식 급탕설비는 원칙적으로 순환 펌프를 사용한 강제순환방식으로 한다.

**71** 통기 배관에 관한 설명으로 옳지 않은 것은?

① 각개통기방식의 경우 반드시 통기수직관을 설치한다.
② 통기수직관과 빗물수직관은 겸용하는 것이 경제적이며 이상적이다.
③ 배수수직관의 상부는 연장하여 신정통기관으로 사용하며, 대기 중에 개구한다.
④ 통기수직관의 하부는 최저위치에 있는 배수 수평지관보다 낮은 위치에서 배수
　수직관에 접속하거나 또는 배수 수평주관에 접속한다.

**알찬풀이** | 통기수직관과 빗물수직관은 겸용해서 사용하지 말아야 한다.

**72** 수관 보일러에 관한 설명으로 옳지 않은 것은?

① 지역난방에 사용이 가능하다.
② 예열시간이 짧고 효율이 좋다.
③ 부하변동에 대한 추종성이 높다.
④ 연관식보다 사용압력은 낮으나 설치면적이 작다.

**알찬풀이** | 수관식(水管式) 보일러
하부의 물드럼과 상부의 기수드럼에 여러 개의 수관으로 연결 구성된 보일러이다.
증기 압력이 10kg/cm² 이상으로 대규모 건물에 이용되며, 열효율이 좋고 증기의 발생이 빠르다.

**73** 자동화재탐지설비의 감지기 중 설치된 감지기의 주변 온도가 일정한 온도상승률 이상으로 되었을 경우에 작동하는 것은?

① 차동식                    ② 정온식
③ 광전식                    ④ 이온화식

**알찬풀이** | 차동식 감지기
설치된 감지기의 주변 온도가 일정한 온도상승률 이상으로 되었을 경우에 작동하는 것으로 가느다란 동 파이프 내의 공기가 화재시 팽창하여 이 파이프에 접속된 감압실의 접점을 동작시켜 작동하는 차동식 분포형 감지기와 감지기 내에 공기실을 이용한 스포트형 감지기가 있다.

**74** 전기설비에서 간선 크기의 결정 요소에 속하지 않는 것은?

① 전압 강하                 ② 송전 방식
③ 기계적 강도              ④ 전선의 허용전류

**알찬풀이** | 송전 방식은 간선 크기의 결정 요소에 해당하지 않는다.

**75** 보일러 주변을 하트포드(Hartford) 접속으로 하는 가장 주된 이유는?

① 소음을 방지하기 위해서
② 효율을 증가시키기 위해서
③ 스케일(scale)을 방지하기 위해서
④ 보일러 내의 안전수위를 확보하기 위해서

**알찬풀이** | 하트포드(Hartford) 접속법
　① 설치 목적
　　• 보일러 내의 증기 압력에 의해서 보일러 내의 수면이 안전 수위 이하로 내려가는 것을 방지한다.
　　• 환수관의 일부가 파손되어 물이 누수 되는 경우에도 보일러 내의 수면이 일정 수위 이하로 내려가는 것을 방지한다.
　　• 환수관 주관에 침적된 찌꺼기가 보일러 내에 유입되는 것을 방지하기도 한다.
　　• 보일러의 빈불 때기를 방지하여 보일러의 수명과 안전을 예방한다.
　② 설치 방법
　　보일러의 측면부에 밸런스 관을 설치하고 수평 환수주관에서 입상 시켜 안전 저수면 보다 높은 위치에 환수관을 연결한다.

**76** 급수방식에 관한 설명으로 옳은 것은?

① 수도직결방식은 수질 오염의 가능성이 가장 높다.
② 압력수조방식은 급수압력이 일정하다는 장점이 있다.
③ 펌프직송방식은 급수 압력 및 유량 조절을 위하여 제어의 정밀성이 요구된다.
④ 고가수조방식은 고가수조의 설치 높이와 관계없이 최상층 세대에 충분한 수압으로 급수할 수 있다.

**알찬풀이** | 급수방식
　① 수도직결방식은 수질 오염의 가능성이 가장 낮다.
　② 압력수조방식은 급수압력의 변화가 생길 수 있다.
　④ 고가수조방식은 고가수조의 설치 높이를 적정하게 설치하여야 최상층 세대에 충분한 수압으로 급수할 수 있다.

**77** 배관 중의 이물질 등을 제거하기 위해 설치하는 것은?

① 볼탭　　　　　　　　　　② 부싱
③ 체크밸브　　　　　　　　④ 스트레이너

**알찬풀이** | 스트레이너(strainer)
　① 배관 도중에 흙, 먼지, 부스러기 등을 제거하시 위해 설치한다.
　② 밸브류의 앞에 설치한다.

**78** 정화조에서 호기성균에 의하여 오수를 처리하는 곳은?

① 부패조
② 여과조
③ 산화조
④ 소독조

**알찬풀이** ┃ 산화조
　　　　적절한 산소를 공급하여 호기성균에 의해 오물을 분해 처리하는 곳이다.

**79** 난방부하 계산 시 각 외벽을 통한 손실열량은 방위에 따른 방향계수에 의해 값을 보정하는데, 계수 값의 대·소 관계가 옳게 표현된 것은?

① 북 > 동·서 > 남
② 북 > 남 > 동·서
③ 동 > 남·북 > 서
④ 남 > 북 > 동·서

**알찬풀이** ┃ 난방부하 계산 시 각 외벽을 통한 손실열량은 방위에 따른 방향계수에 의해 값을 보정하는데, 계수 값의 대·소 관계는 '북 > 동·서 > 남' 순이다.

**80** 고가수조방식의 급수방식에서 최상층에 설치된 위생기구로부터 고가수조 저수위 면까지의 필요 최소높이는? (단, 최상층 위생기구의 필요수압은 70kPa, 배관마찰손실수두는 1mAq 이다.)

① 1.7m
② 6m
③ 8m
④ 15m

**알찬풀이** ┃ 고가수조 저수위 면까지의 최소높이
　　　　최상층 위생기구의 필요수압은 70kPa(수전고 7m에 해당), 배관 마찰손실수두는 1mAq(수전고 1m에 해당)이므로
　　　　∴ 7(m)+1(m) = 8(m)

### 제5과목 : 건축법규

**81** 다음 중 허가 대상에 속하는 용도변경은?

① 수련시설에서 업무시설로의 용도변경
② 숙박시설에서 위락시설로의 용도변경
③ 장례시설에서 의료시설로의 용도변경
④ 관광휴게시설에서 판매시설로의 용도변경

**알찬풀이** | 다음의 하위 시설군인 숙박시설에서 상위 시설군인 위락시설로의 용도변경은 허가 대상에 속한다.

| 4. 문화·집회시설군 | • 문화 및 집회시설<br>• 종교시설<br>• 위락시설<br>• 관광휴게시설 |
|---|---|
| 5. 영업시설군 | • 판매시설<br>• 운동시설<br>• 숙박시설 |
| 6. 교육 및 복지시설군 | • 의료시설<br>• 교육연구시설<br>• 노유자시설<br>• 수련시설 |
| 7. 근린생활시설군 | • 제1종 근린생활시설<br>• 제2종 근린생활시설 |
| 8. 주거·업무시설군 | • 단독주택<br>• 공동주택<br>• 업무시설<br>• 교정 및 군사시설 |

**82** 부설주차장의 인근 설치와 관련하여 시설물의 부지 인근의 범위(해당 부지의 경계선으로부터 부설주차장의 경계선까지의 거리) 기준으로 옳은 것은?

① 직선거리 100m 이내 또는 도보거리 500m 이내
② 직선거리 100m 이내 또는 도보거리 600m 이내
③ 직선거리 300m 이내 또는 도보거리 500m 이내
④ 직선거리 300m 이내 또는 도보거리 600m 이내

**알찬풀이** | 부설주차장의 인근 설치
① 부설주차장이 주차대수 300대 이하인 때에는 시설물의 부지인근에 단독 또는 공동으로 부설주차장을 설치할 수 있다.
② 위 ①의 부지인근은 해당 부지의 경계선으로부터 부설주차장의 경계선까지의 직선거리 300m 이내 또는 도보거리 600m 이내를 말한다.

**83** 부설주차장 설치대상 시설물이 숙박시설인 경우, 부설주차장 설치기준으로 옳은 것은?

① 시설면적 100m²당 1대
② 시설면적 150m²당 1대
③ 시설면적 200m²당 1대
④ 시설면적 300m²당 1대

**알찬풀이** │ 부설주차장 설치기준
　　　　　숙박시설인 경우 시설면적 200m²당 1대(시설면적/200m²) 이상을 설치하여야 한다.


**84** 건축물에 급수, 배수, 환기, 난방 설비 등의 건축설비를 설치하는 경우 건축기계설비기술사 또는 공조냉동기계기술사의 협력을 받아야 하는 대상 건축물의 연면적 기준은? (단, 창고 시설을 제외)

① 연면적 5천 제곱미터 이상인 건축물
② 연면적 1만 제곱미터 이상인 건축물
③ 연면적 5만 제곱미터 이상인 건축물
④ 연면적 10만 제곱미터 이상인 건축물

**알찬풀이** │ 건축물에 급수, 배수, 환기, 난방 설비 등의 건축설비를 설치하는 경우 연면적 1만 제곱미터 이상
　　　　　인 건축물은 건축기계설비기술사 또는 공조냉동기계기술사의 협력을 받아야 한다.


**85** 태양열을 주된 에너지원으로 이용하는 주택의 건축면적 산정의 기준이 되는 것은?

① 외벽 중 내측 내력벽의 중심선
② 외벽 중 외측 비내력벽의 중심선
③ 외벽 중 내측 내력벽의 외측 외곽선
④ 외벽 중 외측 비내력벽의 외측 외곽선

**알찬풀이** │ 태양열을 주된 에너지원으로 이용하는 주택의 건축면적 산정은 외벽 중 내측 내력벽의 중심선을 기
　　　　　준으로 한다.


**ANSWER**　　81. ②　　82. ④　　83. ③　　84. ②　　85. ①

**86** 건축물의 층수가 23층이고 각 층의 거실 면적이 1,000m²인 숙박시설에 설치하여야 하는 승용승강기의 최소 대수는? (단, 8인승 승용승강기의 경우)

① 7대                          ② 8대
③ 9대                          ④ 10대

**알찬풀이** | 승용승강기의 최소 설치 대수

| 건축물의 용도 \ 6층 이상의 거실 면적의 합계(A) | 3000m² 이하 | 3000m² 초과 | 공식 |
|---|---|---|---|
| • 문화 및 집회시설 (전시장, 동·식물원에 한함)<br>• 업무시설<br>• 숙박시설<br>• 위락시설 | 1대 | 1대에 3000m²를 초과하는 경우에는 그 초과하는 매 2000m² 이내마다 1대의 비율로 가산한 대수 | $1+\dfrac{(A-3000)}{2000}$ |

[비고] 승강기의 대수기준을 산정함에 있어 8인승 이상 15인승 이하 승강기는 위 표에 의한 1대의 승강기로 보고, 16인승 이상의 승강기는 위 표에 의한 2대의 승강기로 본다.

① 6층 이상의 거실 면적: $(23-5) \times 1,000 = 18,000m^2$
② 최소 설치 대수

$$\therefore\ 1+\frac{(18,000-3,000)}{2,000} = 8.5 \rightarrow 9(대)$$

**87** 다음은 옥상광장 등의 설치에 관한 기준 내용이다. ( ) 안에 알맞은 것은?

> 옥상광장 또는 2층 이상인 층에 있는 노대 등[노대(露臺)나 그 밖에 이와 비슷한 것을 말한다]의 주위에는 높이 ( ) 이상의 난간을 설치하여야 한다. 다만, 그 노대등에 출입할 수 없는 구조인 경우에는 그러하지 아니하다.

① 0.9m                        ② 1.2m
③ 1.5m                        ④ 1.8m

**알찬풀이** | 옥상광장 등의 설치
옥상광장 또는 2층 이상의 층에 있는 노대 기타 이와 유사한 것의 주위에는 높이 1.2m 이상의 난간을 설치하여야 한다. 다만, 해당 노대 등에 출입할 수 없는 구조인 경우에는 그러하지 아니하다.

**88** 건축물의 거실(피난층의 거실 제외)에 국토교통부령으로 정하는 기준에 따라 배연설비를 하여야 하는 대상 건축물의 용도에 속하지 않는 것은? (단, 6층 이상인 건축물의 경우)

① 공동주택        ② 판매시설

③ 숙박시설        ④ 위락시설

**알찬풀이** | 배연 설비
6층 이상의 건축물로서 다음의 용도에 해당하는 거실에는 배연설비를 설치하여야 한다.
① 문화 및 집회시설      ② 종교시설      ③ 판매시설
④ 운수시설      ⑤ 의료시설      ⑥ 교육연구시설 중 연구소
⑦ 노유자시설 중 아동 관련 시설·노인복지시설      ⑧ 수련시설 중 유스호스텔
⑨ 운동시설      ⑩ 업무시설      ⑪ 숙박시설
⑫ 위락시설      ⑬ 관광휴게시설
[예외] 피난층인 경우

**89** 다음은 건축물의 층수 산정 방법에 관한 기준 내용이다. ( ) 안에 알맞은 것은?

> 층의 구분이 명확하지 아니한 건축물은 그 건축물의 높이 ( ) 마다 하나의 층으로 보고 그 층수를 산정하며

① 2m        ② 3m

③ 4m        ④ 5m

**알찬풀이** | 건축물의 층수 산정 방법
층의 구분이 명확하지 아니한 건축물은 그 건축물의 높이 4m 마다 하나의 층으로 보고 그 층수를 산정한다.

**90** 건축물의 출입구에 설치하는 회전문의 설치 기준으로 틀린 것은?

① 계단이나 에스컬레이터로부터 2m 이상의 거리를 둘 것
② 회전문의 회전속도는 분당 회전수가 15회를 넘지 아니하도록 할 것
③ 출입에 지장이 없도록 일정한 방향으로 회전하는 구조로 할 것
④ 회전문의 중심축에서 회전문과 문틀 사이의 간격을 포함한 회전문 날개 끝부분까지의 길이는 140cm 이상이 되도록 할 것

**알찬풀이** | 회전문의 설치 기준
회전문의 회전속도는 분당 회전수가 12회를 넘지 아니하도록 할 것

**91** 국토의 계획 및 이용에 관한 법률에 따른 용도 지역의 건폐율 기준으로 옳지 않은 것은?

① 주거지역: 70% 이하
② 상업지역: 80% 이하
③ 공업지역: 70% 이하
④ 녹지지역: 20% 이하

**알찬풀이** | 「국토의 계획 및 이용에 관한 법률」에 따른 상업지역의 건폐율은 90% 이하에서 시행령 등에 따라 세분하여 지정할 수 있다.

**92** 다음 중 부설주차장을 추가로 확보하지 아니하고 건축물의 용도를 변경할 수 있는 경우에 관한 기준 내용으로 옳은 것은? (단, 문화 및 집회시설 중 공연장 · 집회장 · 관람장, 위락시설 및 주택 중 다세대주택 · 다가구주택의 용도로 변경하는 경우는 제외)

① 사용승인 후 3년이 지난 연면적 1000m² 미만의 건축물의 용도를 변경하는 경우
② 사용승인 후 3년이 지난 연면적 2000m² 미만의 건축물의 용도를 변경하는 경우
③ 사용승인 후 5년이 지난 연면적 1000m² 미만의 건축물의 용도를 변경하는 경우
④ 사용승인 후 5년이 지난 연면적 2000m² 미만의 건축물의 용도를 변경하는 경우

**알찬풀이** | 사용승인 후 5년이 지난 연면적 1,000m² 미만의 건축물의 용도를 변경하는 경우에는 부설주차장을 추가로 확보하지 아니하고 건축물의 용도를 변경할 수 있다. (단, 문화 및 집회시설 중 공연장·집회장·관람장, 위락시설 및 주택 중 다세대주택·다가구주택의 용도로 변경하는 경우는 제외함)

**93** 건축물의 내부에 설치하는 피난계단의 경우 건축물의 내부에서 계단실로 통하는 출입구의 유효너비는 최소 얼마 이상으로 하여야 하는가?

① 0.75m
② 0.9m
③ 1.0m
④ 1.2m

**알찬풀이** | 출입구의 유효너비
건축물의 내부에 설치하는 피난계단의 경우 건축물의 내부에서 계단실로 통하는 출입구의 유효너비는 0.9m 이상으로 하고, 그 출입구에는 피난의 방향으로 열 수 있는 것으로서 언제나 닫힌 상태를 유지하거나 화재시 연기의 발생 또는 온도의 상승에 의하여 자동적으로 닫히는 구조로 된 갑종방화문 또는 을종방화문을 설치하여야 한다.

**94** 건축물의 대지에 공개 공지 또는 공개 공간을 확보해야 하는 대상 건축물에 속하지 않는 것은? (단, 일반주거지역이며, 해당 용도로 쓰는 바닥 면적의 합계가 5,000m² 이상인 건축물인 경우)

① 운동시설        ② 숙박시설

③ 업무시설        ④ 문화 및 집회시설

**알찬풀이** | 공개공지 등의 확보 대상 지역과 건축물의 규모
    ① 대상 지역
        ㉠ 일반주거지역, 준주거지역
        ㉡ 상업지역
        ㉢ 준공업지역
        ㉣ 시장·군수·구청장이 도시화의 가능성이 크다고 인정하여 지정·공고하는 지역
    ② 대상 건축물
        ㉠ 연면적의 합계가 5,000m² 이상인 문화 및 집회시설, 종교시설, 판매시설(농수산물유통시설을 제외), 운수시설, 업무시설, 숙박시설
        ㉡ 기타 다중이 이용하는 시설로서 건축조례가 정하는 건축물

**95** 문화 및 집회시설 중 집회장의 용도에 쓰이는 건축물의 집회실로서 그 바닥면적이 200m² 이상인 경우, 반자 높이는 최소 얼마 이상이어야 하는가? (단, 기계환기장치를 설치하지 않은 경우)

① 1.8m        ② 2.1m

③ 2.7m        ④ 4.0m

**알찬풀이** | 거실의 반자 높이 기준

| 거실의 종류 | 반자 높이 | 예외 규정 |
|---|---|---|
| ① 일반 용도의 거실 | 2.1m 이상 | 공장, 창고시설, 위험물저장 및 처리시설, 동물 및 식물관련시설, 분뇨 및 쓰레기처리시설 또는 묘지관련시설 |
| ② 문화 및 집회시설(전시장 및 동·식물원을 제외), 의료시설 중 장례식장 또는 위락시설 중 주점영업의 용도에 쓰이는 건축물의 관람석 또는 집회실로서 그 바닥면적이 200m² 이상인 것 | 4m 이상 | 기계환기장치를 설치하는 경우 |
| ③ 위 ②의 노대의 아랫부분의 높이 | 2.7m 이상 | |

※ 반자가 없는 경우에는 보 또는 바로 윗층의 바닥판의 밑면 기타 이와 유사한 것을 말한다.

**96** 다음은 비상용승강기의 설치에 관한 기준 내용이다. ( ) 안에 알맞은 것은?

> 승강장의 바닥면적은 승강기 1대당 ( )m² 이상으로 할 것

① 5
② 6
③ 8
④ 10

**알찬풀이** | 비상용승강기의 승강장의 바닥면적은 승강기 1대에 대하여 6m² 이상이어야 한다.

**97** 건축물의 면적·높이 및 층수 등의 산정 기준으로 틀린 것은?

① 대지면적은 대지의 수평투영면적으로 한다.
② 건축면적은 건축물의 외벽의 중심선으로 둘러싸인 부분의 수평투영면적으로 한다.
③ 바닥면적은 건축물의 각 층 또는 그 일부로서 벽, 기둥, 그 밖에 이와 비슷한 구획의 중심선으로 둘러싸인 부분의 수평투영면적으로 한다.
④ 연면적은 하나의 건축물 각 층의 거실 면적의 합계로 한다.

**알찬풀이** | 연면적은 하나의 건축물 각 층의 바닥 면적의 합계로 한다.

**98** 다음은 건축법령상 지하층의 정의 내용이다. ( ) 안에 알맞은 것은?

> "지하층"이란 건축물의 바닥이 지표면 아래에 있는 층으로서 바닥에서 지표면까지 평균 높이가 해당 층 높이의 ( ) 이상인 것을 말한다.

① 2분의 1
② 3분의 1
③ 3분의 2
④ 4분의 3

**알찬풀이** | 지하층
　건축물의 바닥이 지표면아래에 있는 층으로서 그 바닥으로부터 지표면까지의 평균높이가 해당 층 높이의 1/2 이상인 것을 말한다.

**99** 주차전용건축물이란 건축물의 연면적 중 주차장으로 사용되는 부분의 비율이 최소 얼마 이상인 건축물을 말하는가? (단, 주차장 외의 용도로 사용되는 부분이 자동차 관련 시설인 건축물의 경우)

① 70%  ② 80%

③ 90%  ④ 95%

**알찬풀이** |

| 주차전용건축물 | 원 칙 | 비 율 |
|---|---|---|
| 건축물의 연면적중 주차장으로 사용되는 부분 | ㉠ 아래의 ㉡의 시설이 아닌 경우 | 95% 이상 |
| | ㉡ 단독주택, 공동주택, 제1종 및 제2종 근린생활시설, 문화 및 집회시설, 종교시설, 판매 시설, 운수시설, 운동시설, 업무시설 또는 자동차관련 시설인 경우 | 70% 이상 |

**100** 건축물을 건축하는 경우 해당 건축물의 설계자가 국토교통부령으로 정하는 구조기준 등에 따라 그 구조의 안전을 확인할 때, 건축구조기술사의 협력을 받아야 하는 대상 건축물 기준으로 틀린 것은?

① 다중이용건축물
② 6층 이상인 건축물
③ 3층 이상의 필로티형식 건축물
④ 기둥과 기둥 사이의 거리가 10m 이상인 건축물

**알찬풀이** | 기둥과 기둥사이의 거리가 30m 이상인 건축물이 건축구조기술사의 협력을 받아야 한다.

# 국가기술자격검정 필기시험문제

| 2022년도 제2회 CBT복원문제 온라인 CBT TEST | | | | 수검번호 | 성 명 |
|---|---|---|---|---|---|
| 자격종목 및 등급(선택분야) | 종목코드 | 시험시간 | 문제지형별 | | |
| 건축산업기사 | 2530 | 2시간30분 | A | | |

※ 답안카드 작성시 시험문제지 형별누락, 마킹착오로 인한 불이익은 전적으로 수험자의 귀책사유임을 알려드립니다.

## 제1과목 : 건축계획

**01** 공장건축의 지붕형태에 관한 설명으로 옳지 않은 것은?

① 솟을 지붕 : 채광·환기에 적합한 방법이다.
② 샤렌 지붕 : 기둥이 많이 소요되는 단점이 있다.
③ 뾰족 지붕 : 직사광선을 어느 정도 허용하는 결점이 있다.
④ 톱날 지붕 : 채광창을 북향으로 하면 하루 종일 변함없는 조도를 유지할 수 있다.

**알찬풀이** | 샤렌 지붕
　　　　　샤렌 구조의 지붕은 최근의 공장 형태로 기둥이 적은 장점이 있다.

**02** 다음 설명에 알맞은 단지 내 도로 형식은?

> • 불필요한 차량 진입이 배제되는 이점을 살리면서 우회도로가 없는 쿨데삭 (cul-de sac)형의 결점을 개량하여 만든 형식이다.
> • 통과교통이 없기 때문에 주거환경의 쾌적성과 안전성은 확보되지만 도로율 이 높아지는 단점이 있다.

① 격자형　　　　　　　　② 방사형
③ T자형　　　　　　　　④ Loop형

**알찬풀이** | Loop형(U형) 도로
　　　　　① 통과교통을 완전히 배제할 수 있고 토지 이용측면에서 바람직하다.
　　　　　② 단지(근린주구) 내로의 진입방향이 제한되어 접근성 및 식별성이 떨어진다.

**03** 주택 평면계획에서 일반적으로 인접 및 분리의 원칙이 적용된다. 다음 각 공간의 관계가 인접의 원칙에 해당하지 않는 것은?

① 거실 – 현관
② 거실 – 식당
③ 식당 – 주방
④ 침실 – 다용도실

**알찬풀이** | 다용도실은 침실보다는 주방에 인접하는 것이 좋다.

**04** 백화점 스팬(Span)의 결정요인과 가장 관계가 먼 것은?

① 공조실의 폭과 위치
② 매장 진열장의 배치방식과 치수
③ 지하주차장의 주차방식과 주차 폭
④ 엘리베이터, 에스컬레이터의 유무와 배치

**알찬풀이** | 공조실의 폭과 위치가 백화점 스팬(Span)의 결정요인과 가장 관계가 멀다.

**05** 주택의 각 실 공간계획에 관한 설명으로 옳지 않은 것은?

① 부엌은 밝고, 관리가 용이한 곳에 위치시킨다.
② 거실이 통로로서 사용되는 평면배치는 피한다.
③ 식사실은 가족수 및 식탁배치 등에 따라 크기가 결정된다.
④ 부부침실은 주간 생활에 주로 이용되므로 동향 또는 서향으로 하는 것이 바람직하다.

**알찬풀이** | 부부침실은 야간 생활에 주로 이용되므로 방향보다는 프라이버시 확보가 요구된다.

**ANSWER**   1. ②   2. ④   3. ④   4. ①   5. ④

**06** 주거단지의 단위를 작은 것부터 큰 순서로 올바르게 나열한 것은?

① 인보구 < 근린주구 < 근린분구
② 인보구 < 근린분구 < 근린주구
③ 근린분구 < 인보구 < 근린주구
④ 근린분구 < 근린주구 < 인보구

**알찬풀이** | 주거단지의 단위

　① 인보구: 가까운 이웃에 살기 때문에 친분이 유지되는 공간적 범위로서, 반경 100~150m 정도를
　　기준으로 하는 가장 작은 생활권 단위이다.
　• 인구: 20~40호(100~200명)
　• 규모: 3~4층 정도의 집합주택, 1~2동
　• 중심시설: 어린이 놀이터, 공동 세탁장
　② 근린분구
　• 인구: 400~500호(2,000~2,500명)
　• 중심시설: 생활 필수품점, 공중목욕탕, 약국, 탁아소, 유치원
　③ 근린주구
　• 인구: 1,600~2,000호(8,000~10,000명)
　• 중심시설: 초등학교, 어린이 공원, 우체국, 병원, 소방서

**07** 상점건축의 동선계획에서 동선을 길고 원활하게 처리하여야 효율이 좋은 것은?

① 관리 동선　　　　　　　② 고객 동선
③ 판매원 동선　　　　　　④ 상품 반·출입 동선

**알찬풀이** | 상점건축의 동선계획에서 고객의 동선을 길게 처리하여 구매 의욕을 높이고 원활하게 처리하여야
　효율을 높이도록 처리한다.

**08** 사무소 건축의 코어계획에 관한 설명으로 옳지 않은 것은?

① 엘리베이터 홀과 출입구 문은 바싹 인접하여 배치한다.
② 코어내의 각 공간은 각 층마다 공통의 위치에 배치한다.
③ 계단, 엘리베이터 및 화장실은 가능한 근접하여 배치한다.
④ 코어내의 서비스 공간과 업무 사무실과의 동선을 단순하게 처리한다.

**알찬풀이** | 주 출입구와 인접한 홀에 배치시키며 출입구에 너무 근접시켜 혼란스럽지 않게 한다. (도보 거리는
　30m 이내로 한다.)

## 09 다음 설명에 알맞은 연립주택의 유형은?

> • 각 세대마다 개별적인 옥외 공간의 확보가 가능하다.
> • 연속주택이라고도 하며, 도로를 중심으로 상향식과 하향식으로 구분할 수 있다.

① 타운 하우스      ② 로우 하우스
③ 중정형 주택      ④ 테라스 하우스

**알찬풀이** | 테라스 하우스(Terrace House)
  ① 한 세대의 지붕이 다른 세대의 테라스로 전용되는 형식이다.
  ② 종류로는 자연형, 인공형 혼합형 테라스 하우스가 있다.
    ㉠ 자연형 테라스 하우스: 자연의 경사지를 활용한 방식이다.
    ㉡ 인공형 테라스 하우스: 평지에 테라스 하우스의 장점을 살리기 위하여 의도적으로 계획한 형태이다.
    ㉢ 혼합형: 시각적 테라스 하우스와 구조적 테라스 하우스를 결합한 형태이다.
  ③ 각 주호마다 전용의 정원을 갖는 주택을 만들 수 있다.
  ④ 연속주택이라고도 하며, 도로를 중심으로 상향식과 하향식으로 구분할 수 있다.

## 10 공장건축의 형식 중 파빌리온 타입에 대한 설명으로 옳지 않은 것은?

① 통풍, 채광이 좋다.
② 공장의 신설, 확장이 비교적 용이하다.
③ 건축형식, 구조를 각기 다르게 할 수 없다.
④ 각 동의 건설을 병행할 수 있으므로 조기완성이 가능하다.

**알찬풀이** | 분관식(Pavilion type)
  ① 공장의 구조나 설비 등의 형식을 다르게 할 수 있다.
  ② 신설, 확장이 비교적 용이하다.
  ③ 배수 물 홈통설치가 용이하다.
  ④ 통풍, 채광이 좋다.
  ⑤ 건축비가 고가이다.
  ⑥ 여러 동의 공장 건물을 병행할 수 있으므로 조기에 완공이 가능하다.

## 11 다음의 아파트 평면형식 중 각 세대의 프라이버시 확보가 가장 용이한 것은?

① 집중형      ② 계단실형
③ 편복도형      ④ 중복도형

**알찬풀이** | 계단실형
  ① 계단실에서 직접 주거로 접근할 수 있는 유형이다.
  ② 주거의 프라이버시가 높고, 채광, 통풍 등의 거주성도 좋다.
  ③ 층수가 높게 되면 엘리베이터를 설치한다.
  ④ 저층, 중층, 최근에는 고층에도 많이 이용된다.

**ANSWER**    6. ②   7. ②   8. ①   9. ④   10. ③   11. ②

**12** 학교의 음악교실 계획에 관한 설명으로 옳지 않은 것은?

① 강당과 연락이 쉬운 위치가 좋다.
② 적당한 잔향시간을 가질 수 있도록 한다.
③ 실은 밝게 하는 것이 음악적으로 좋은 분위기가 될 수 있다.
④ 옥내 운동장이나 공작실과 가까이 배치하여 유기적인 연결을 꾀한다.

**알찬풀이** | 학교의 음악교실은 소음관계 상 옥내 운동장이나 공작실과는 분리하여 배치하는 것이 좋다.

**13** 사무소 건축의 실 단위 계획 중 개방식 배치에 관한 설명으로 옳지 않은 것은?

① 독립성이 결핍되고 소음이 있다.
② 전면적을 유용하게 이용할 수 있다.
③ 공사비가 개실 시스템보다 저렴하다.
④ 방의 길이나 깊이에 변화를 줄 수 없다.

**알찬풀이** | 개방식 배치
① 전 면적을 유용하게 이용할 수 있다.
② 방의 길이나 깊이에 변화를 줄 수 있다.
③ 소음이 들리고 프라이버시가 결핍된다.
④ 인공조명이 필요하다.
⑤ 칸막이가 없어서 공사비가 적게 든다.

**14** 다음 중 사무소 건축에서 기준층 층고의 결정 요소와 가장 거리가 먼 것은?

① 채광률                ② 사용 목적
③ 엘리베이터의 대수       ④ 공기조화(Air Conditioning)

**알찬풀이** | 사무소 건축에서 엘리베이터의 대수는 기준층 층고의 결정 요소와 관계가 적다.

**15** 각종 상점의 방위에 관한 설명으로 옳지 않은 것은?

① 음식점은 도로의 남측이 좋다.
② 식료품점은 강한 석양을 피할 수 있는 방위로 한다.
③ 양복점, 가구점, 서점은 가급적 도로의 북측이나 동측을 선택한다.
④ 여름용품점은 도로의 북측을 택하여 남측광선의 유입을 유도하는 것이 효과적이다.

**알찬풀이** | 양복점, 가구점, 서점은 가급적 도로의 남측이나 서측에 위치하는 것이 유리하며, 일사에 의한 퇴색 및 변형 방지에 유의해야 한다.

**16** 상점건축에서 진열창(show window)의 눈부심을 방지하는 방법으로 옳지 않은 것은?

① 곡면 유리를 사용한다.
② 유리면을 경사지게 한다.
③ 진열창의 내부를 외부보다 어둡게 한다.
④ 차양을 설치하여 진열창 외부에 그늘을 조성한다.

**알찬풀이** | 상점건축에서 진열창(show window)의 눈부심을 방지하기 위해서는 진열창의 내부를 외부보다 밝게 한다.

**17** 학교건축에서 교사의 배치 방법 중 분산병렬형에 관한 설명으로 옳지 않은 것은?

① 일종의 핑거 플랜(finger plan)이다.
② 일조, 통풍 등 교실의 환경 조건이 균등하다.
③ 구조계획이 간단하며, 규격형의 이용이 편리하다.
④ 대지의 효율적 이용이 가능하므로 소규모 대지에 적용이 용이하다.

**알찬풀이** | 학교건축에서 교사의 배치 방법 중 분산병렬형은 비교적 넓은 대지를 필요로 한다.

**18** 1주일간의 평균 수업시간이 40시간인 어느 학교에서 설계제도실이 사용되는 시간은 16시간이다. 그 중 4시간은 미술수업을 위해 사용된다면, 설계제도실의 이용률은?

① 10%          ② 25%

③ 40%          ④ 80%

**알찬풀이** | 설계제도실의 이용률

$$이용률 = \frac{교실\ 이용\ 시간}{주당\ 평균\ 수업시간} \times 100(\%)$$

$$= \frac{16}{40} \times 100 = 40(\%)$$

**19** 아파트에서 엘리베이터 대수를 산정하기 위한 가정 조건으로 옳지 않은 것은?

① 실제의 주행속도는 전속도의 80%로 가정

② 이용자의 대기시간은 1개 층에서 10초로 가정

③ 엘리베이터 정원의 80%를 수송인원으로 가정

④ 1인이 승강에 필요한 시간은 문의 개폐시간을 포함하여 10초로 가정

**알찬풀이** | 아파트에서 엘리베이터 대수를 산정하기 위해서 1인이 승강에 필요한 시간은 문의 개폐시간을 포함하여 6초로 가정한다.

**20** 부엌 작업대의 배치 유형 중 L자형에 관한 설명으로 옳지 않은 것은?

① 정방형 부엌에 적합한 유형이다.

② 두 벽면을 이용하여 작업대를 배치한 형태이다.

③ 작업대의 코너 부분에 개수대 또는 레인지 설치가 용이하다.

④ 모서리 부분의 활용도가 낮은 관계로 이에 대한 대책이 요구된다.

**알찬풀이** | 부엌 작업대의 배치 유형 중 L자형은 작업대의 코너 부분에 개수대 또는 레인지 설치가 어렵다.

## 제2과목 : 건축시공

**21** 다음 중 타일에 대한 설명으로 옳지 않은 것은?

① 도기질 타일은 내구성 내수성이 강하여 옥외나 물기가 있는 곳에 주로 사용된다.
② 자기질 타일은 용도상 내 외장 및 바닥용으로 사용되며 소성온도는 1,300~1,400℃이다.
③ 자기질 타일 등 상등급의 타일은 흡수율이 작고, 두드리면 금속성이 청음이 난다.
④ 초벌구이를 하고 유약을 바르고 다시 한번 구워낸 시유타일은 무색투명하고 광택이 있다.

**알찬풀이** | 도기질 타일은 내수성이 약하여 옥외나 물기가 없는 곳에 주로 사용된다.


**22** 건축주 자신이 특정의 단일 상대를 선정하여 발주하는 입찰방식으로서 특수공사나 기밀보장이 필요한 경우에 주로 채택되는 것은?

① 특명입찰
② 공개경쟁입찰
③ 지명경쟁입찰
④ 제한경쟁입찰

**알찬풀이** | 특명 입찰
① 건축주가 해당 공사에 가장 적당하다고 인정되는 회사를 직접 선택하는 방식의 수의 계약이다.
② 공사의 신뢰성은 높으나 공사비의 절약 면에서는 약점으로 작용할 수도 있다.


**23** 이형철근의 할증률로써 맞는 것은?

① 5%
② 3%
③ 7%
④ 8%

**알찬풀이** | 이형철근의 할증률은 3%이다.

**24** 인접 건축물과 토류판 사이에 케이싱 파이프를 삽입하여 지하수를 펌프 배수하는 강제 배수 공법은?

① 집수정 공법      ② 웰 포인트 공법

③ JSP 공법      ④ LW 공법

**알찬풀이** | 웰 포인트 공법 (Well point method, 진공공법)
     ① 1~3m의 간격으로 스트레이너를 부착한 케이싱 파이프를 지중에 삽입하여 집수관으로 연결 한 후 진공펌프나 와권 펌프로 지중의 물을 배수하는 공법이다.
     ② 출수가 많고 깊은 터파기에 있어서의 지하수 배수공법의 일종이다.
     ③ 대규모 기초파기시 사질토나 투수성이 좋은 지반에 적당한 방법이다.

**25** 타일공사에 대한 설명 중 틀린 것은?

① 시공도의 내용과 관계없이 걸레받이 타일은 온장을 사용한다.

② 벽타일은 가운데를 중심으로 양쪽으로 타일나누기를 한다.

③ 타일 측면이 노출되는 모서리 부위는 코너타일을 사용하거나 모서리를 가공하여 측면이 직접 보이지 않게 한다.

④ 벽체 타일이 시공되는 경우 바닥 타일은 벽체 타일보다 먼저 시공한다.

**알찬풀이** | 벽체 타일 시공 후 바닥 타일을 시공한다.

**26** 기계경비 산정시 고려하게 되는 3종의 시간당 계수가 아닌 것은?

① 상각비 계수      ② 관리비 계수

③ 정비비 계수      ④ 경비 계수

**알찬풀이** | 기계경비 산정시 고려하게 되는 3종의 시간당 계수는 상각비 계수, 관리비 계수, 정비비 계수이다.

**27** 하도급업체의 보호육성 차원에서 입찰자에게 하도급자의 계약서를 입찰서에 첨부하도록 하여 하도급의 계열화를 유도하는 입찰방식은?

① 부대입찰      ② 대안입찰

③ 내역입찰      ④ 사전자격심사(PQ)

**알찬풀이** | 부대입찰
     ① 덤핑으로 인한 부실 공사가 우려되어 대책 방안으로 채택된 방식이다.
     ② 건설업체가 하도급자와 함께 금액을 결정하여 입찰에 참가하고 낙찰되면 계약에 따라 공사를 진행한다.
     ③ 불공정 하도급 거래를 예방하고 건전한 하도급 계열화를 촉진하기 위함이다.

**28** 금속의 방식 방법에 관한 설명으로 옳지 않은 것은?

① 큰 변형을 준 것은 가능한 풀림하여 사용한다.
② 도료 또는 내식성이 큰 금속을 사용하여 수밀성 보호피막을 만든다.
③ 부분적으로 녹이 발생하면 녹이 최대로 발생할 때까지 기다린 후에 한꺼번에 제거한다.
④ 표면을 평활, 청결하게 하고 가능한 한 건조한 상태로 유지한다.

**알찬풀이** │ 부분적으로 녹이 발생하면 신속히 제거한 후 방식도료를 칠해준다.


**29** 페인트 도장에 있어서 건조제를 지나치게 많이 넣었을 때의 정벌칠 결과에 대한 기술 중 옳은 것은?

① 도막에 균열이 생긴다.　　② 광택이 생긴다.
③ 내구력이 증대한다.　　④ 접착력이 증가한다.

**알찬풀이** │ 페인트 도장에 있어서 건조제를 지나치게 많이 넣으면 도막에 균열이 발생하게 된다.


**30** 다음 항목 중 미장철물과 관련된 것은?

① Metal Form　　② Tunnel Form
③ Anchor Bolt　　④ Corner Bead

**알찬풀이** │ 코너비드(corner bead)
　　① 기둥이나 벽 등에 미장 작업시 모서리를 보호하기 위하여 대는 것을 말한다.
　　② 재료는 스테인레스, 황동, 합성수지 재품이 많이 이용된다.


**31** 지명경쟁 입찰제도를 택하는 가장 중요한 목적은?

① 공사비를 저렴하게 하기 위하여
② 공기를 단축시키기 위하여
③ 양질의 시공결과를 얻음
④ 예산범위 내에서 완성시키기 위해서

**알찬풀이** │ 지명경쟁 입찰
　　① 건축주가 해당 공사에 적합한 수개의 회사를 선정하여 경쟁 입찰을 하는 방법이다.
　　② 부실공사를 막고 공사의 신뢰성을 가질 수 있다.
　　③ 담합의 우려가 있다.

| ANSWER | 24. ② | 25. ④ | 26. ④ | 27. ① | 28. ③ | 29. ① | 30. ④ | 31. ③ |
| --- | --- | --- | --- | --- | --- | --- | --- | --- |

**32** 철골 용접부 예열에 관한 다음 설명 중 가장 잘못된 항목은?

① 용접부의 예열 최대온도는 230℃ 이하로 하여야 한다.

② 용접부의 예열은 용접선 양측 100mm 및 아크전방 100mm 범위 내에서 모재를 최소 예열온도 이상으로 가열한다.

③ 이종금속 간에 용접을 할 경우에는 예열과 층간 온도는 평균온도를 기준으로 하여 실시한다.

④ 기온이 0℃ 이하에서는 예열을 한 후 용접을 수행해야 한다.

**알찬풀이** | 이종금속 간에 용접을 할 경우에는 예열과 층간 온도는 용융점이 낮은 온도를 기준으로 하여 실시한다. 이종금속간의 용접은 전식, 용융점의 차이, 용접봉의 선택 및 용접 후의 결함 등 어려운 문제가 발생하므로 잘 시행하지는 않는다.

**33** 조골재를 먼저 투입한 후에 골재와 골재 사이 빈틈에 시멘트 몰탈을 주입하여 제작하는 방식의 콘크리트는?

① 프리플레이스트 콘크리트(Preplaced concrete)

② 배큠 콘크리트(Vaccum concrete)

③ 수밀 콘크리트(Water tight concrete)

④ AE 콘크리트(Air entrained concrete)

**알찬풀이** | 프리플레이스트 콘크리트(Preplaced concrete)
조골재를 먼저 투입한 후에 골재와 골재 사이 빈틈에 시멘트 몰탈을 주입하여 제작하는 방식의 콘크리트를 말한다.

**34** 다음 항목 중 공사비 내역서를 작성할 때 순공사비 항목에 포함되지 않는 항목은?

① 직접노무비 ② 간접재료비

③ 산업안전보건 관리비 ④ 하자보증 보험금

**알찬풀이** | 공사비 내역서를 작성할 때 하자보증 보험금은 순공사비 항목에는 포함되지 않고 총공사비에는 포함된다.

**35** 말뚝의 지지력을 확인하는데 가장 신뢰성이 있는 시험방법은?

① 표준관입시험 ② 정량분석시험

③ 재하시험 ④ 소성한계시험

**알찬풀이** | 말뚝의 지지력을 확인하는데 가장 신뢰성이 있는 시험방법은 재하시험이나 시험비가 많이 든다.

**36** 커튼월은 필요한 경우에는 실물모형실험(Mock-up Test)을 통하여 성능시험을 하는데, 여기서 실시하는 시험종목이 아닌 것은?

① 내화시험                 ② 기밀시험
③ 수밀시험                 ④ 구조시험

**알찬풀이** | 커튼월은 필요한 경우에는 실물모형실험(Mock-up Test)을 통하여 성능시험을 하는데 내화시험은 내화시험은 해당 시험종목에 해당하지 않는다.

**37** 토량 470m$^3$를 불도져로 작업하려고 한다. 작업을 완료할 수 있는 시간을 산출하였을 때 맞는 시간은? (단 불도져의 삽날용량은 1.2m$^2$, 토량환산 계수는 0.8, 작업효율은 0.8, 1회 사이클 시간은 12분이다.)

① 120.40 시간            ② 122.40 시간
③ 132.40 시간            ④ 140.40 시간

**알찬풀이** | 블도우저의 1시간당 작업능력(토사 굴착량) 산정식

$$Q_h = \frac{60 \cdot q \cdot f \cdot E}{Cm} \, (\text{m}^3/\text{h})$$

(부호)   $q$ : 삽날 용량(배토판, 토공판)의 용량(m$^3$), $f$ : 토량환산계수(변화율)
        $E$ : 작업효율, $C_m$ : 사이클 타임(1회 왕복작업 소요시간)

① $Q_h = \dfrac{60 \cdot q \cdot f \cdot E}{Cm} = \dfrac{60 \times 1.2 \times 0.8 \times 0.8}{12} = 3.84(\text{m}^3/\text{h})$

② 470 ÷ 3.84 ≒ 122.40시간

**38** 거푸집의 간격을 바르게 유지하고 변형을 막아주며, 측벽 두께를 유지하기 위하여 설치하는 거푸집 부속재료는 어느 것인가?

① 세퍼레이터(Separator)        ② 인서어트(Insert)
③ 박리제(Form Oil)              ④ 스페이서(Spacer)

**알찬풀이** | 세퍼레이터(Separator)
거푸집의 간격을 바르게 유지하고 변형을 막아주며, 측벽 두께를 유지하기 위하여 설치하는 거푸집 부속(긴결)재료이다.

**39** 콘크리트의 반죽질기를 측정하는 시험에 관한 내용 중 틀린 것은?

① 비비시험은 슬럼프가 150mm 이상의 묽은 비빔 콘크리트에서 적용한다.

② 플로우시험은 콘크리트에 상하운동을 주어 콘크리트가 흘러 퍼지는 데에 따라 변형저항을 측정한다.

③ 리몰딩 시험은 슬럼프 몰드 속에 콘크리트를 채우고 완판을 콘크리트 면에 얹어 놓고 약 6mm의 상하 운동을 주어 콘크리트의 표면이 내외가 동일한 높이가 될 때까지의 낙하 횟수로서 반죽질기를 나타낸다.

④ 구관입 시험은 반구를 콘크리트 표면에 놓았을 때 구의 자중에 의하여 구가 콘크리트 속으로 가라앉는 관입 깊이를 측정하는 시험 방법이다.

**알찬풀이** | 비비시험(vee bee test)
① 된 반죽의 포장용 콘크리트의 반죽질기를 측정하는 시험이다.
② 원추형태의 콘(cone)에 콘크리트를 다져 넣은 후 진동을 가하여 상부 투명판 전면에 시멘트페이스트가 밀착되는 시간을 측정한다.

**40** 난간벽 위에 설치하는 돌을 무엇이라 하는가?

① 쌤돌
② 두겁돌
③ 인방돌
④ 창대돌

**알찬풀이** | 두겁돌
난간벽 위에 설치하는 돌을 말한다.

## 제3과목 : 건축구조

## 41 다음 그림과 같은 고장력 볼트 접합부의 설계미끄럼 강도는?

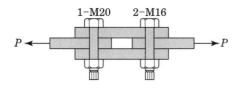

- 미끄럼계수: 0.5
- 표준구멍
- M16의 설계볼트장력 $T_o = 106$kN
- M20의 설계볼트장력 $T_o = 165$kN
- 설계미끄럼강도식: $\phi R_n = \phi \cdot \mu \cdot h_f \cdot T_o \cdot N_s$

① 148kN        ② 165kN

③ 184kN        ④ 212kN

**알찬풀이** | 설계미끄럼 강도($\phi R_n$)

$\phi R_n = \phi \cdot \mu \cdot h_{sc} \cdot T_o \cdot N_s = 1 \times 0.5 \times 165 \times 2(\text{면}) = 165(\text{kN})$

(부호) $\mu$ : 미끄럼계수(블라스터 후 페인트하지 않는 경우 0.5)

$h_{sc}$ : 표준구멍(1.0), 대형구멍과 단슬롯구멍(0.85), 장슬롯구멍(0.7)

$T_o$ : 설계볼트장력(kN)

$N_s$ : 전단면의 수

## 42 그림과 같은 구조물의 지점 A의 휨모멘트는?

① $-20$kN·m

② $-40$kN·m

③ $-60$kN·m

④ $-80$kN·m

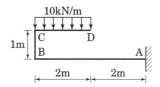

**알찬풀이** | A의 휨모멘트($M_A$)

등분포 하중을 집중하중이 작용하는 켄틸레버 보로 해석하면

$M_A = -10(\text{kN/m}) \times 2(\text{m}) \times 3(\text{m}) = -60(\text{kN·m})$

| ANSWER | 39. ① | 40. ② | 41. ② | 42. ③ |
|---|---|---|---|---|

**43** 인장 이형철근의 정착길이를 보정계수에 의해 증가시켜야 하는 경우가 아닌 것은?

① 일반콘크리트　　　　　　　　② 에폭시 도막철근
③ 철근의 크기　　　　　　　　　④ 상부 철근

**알찬풀이** | 인장 이형철근의 정착길이를 보정계수는 철근배근 위치계수($\alpha$), 에폭시 도막계수($\beta$), 철근 또는
철선의 크기 계수($\gamma$) 및 경량콘크리트 계수($\lambda$)가 사용된다.

**44** 단면 $b \times h(200\text{mm} \times 300\text{mm})$, $L = 6\text{m}$인 단순보의 중앙에 집중하중 $P$가 작용할 때
$P$의 허용값은? (단, $\sigma_{allow} = 9\text{MPa}$이다.)

① 18kN　　　　　　　　　　　② 21kN
③ 24kN　　　　　　　　　　　④ 27kN

**알찬풀이** | 집중하중 $P$의 값

① $M_c = M_{max} = \dfrac{PL}{4}$

② $\sigma = \dfrac{M}{Z}$,　$Z = \dfrac{bh^2}{6}$

③ $\sigma = \dfrac{PL}{4} \times \dfrac{6}{bh^2}$

$\therefore P = \sigma_{allow} \times \dfrac{4 \times bh^2}{L \times 6} = 9 \times \dfrac{4 \times 200 \times 300^2}{6,000 \times 6} = 18,000(\text{N}) = 18(\text{kN})$

**45** 철근콘크리트 구조의 특징에 대한 설명 중 옳지 않은 것은?

① 철근과 콘크리트가 일체가 되어 내구적이다.
② 철근이 콘크리트에 의해 피복되므로 내화적이다.
③ 다른 구조에 비해 부재의 단면과 중량이 크다.
④ 습식구조이므로 동절기 공사가 용이하다.

**알찬풀이** | 철근콘크리트 구조는 습식구조이므로 동절기 공사가 어렵다.

**46** 그림과 같은 구조물의 판정 결과는?

① 정정
② 1차 부정정
③ 2차 부정정
④ 3차 부정정

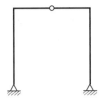

**알찬풀이** | 부정정 차수

부정정 차수 = 외적차수($N_e$)+내적차수($N_i$)

= [반력수(r)−3]+[−부재 내의 흰지 절점수(h)+연결된 부재에 따른 차수]

∴ 부정정 차수=[(2+2)−3]+[−1×1] = 0 이므로 정정구조물에 해당한다.


**47** 지름 20mm, 길이 3m의 연강 봉을 축방향으로 30kN의 인장력을 작용시켰을 때 길이가 1.4mm 늘어났고, 지름이 0.0027mm 줄어들었다. 이때 강봉의 푸아송수는?

① 3.16
② 3.46
③ 3.76
④ 4.06

**알찬풀이** | 푸아송수($m$)

① 프와송비($\nu$) $= \dfrac{\beta}{\epsilon} = \dfrac{\dfrac{\Delta d}{d}}{\dfrac{\Delta L}{L}} = \dfrac{L \times \Delta d}{d \times \Delta L}$

$= \dfrac{3,000 \times 0.0027}{20 \times 1.4} ≒ 0.289$

② 푸아송수($m$) $= \dfrac{1}{\nu} = \dfrac{1}{0.289} ≒ 3.46$


**48** 지지상태는 양단 고정이며, 길이 3m인 압축력을 받는 원형강관 $\phi - 89.1 \times 3.2$의 탄성좌굴 하중을 구하면? (단, $I = 79.8 \times 10^4 \text{mm}^4$, $E = 210,000 \text{MPa}$이다.)

① 184kN
② 735kN
③ 1,018kN
④ 1,532kN

**알찬풀이** | 탄성좌굴 하중($P_{cr}$)

$P_{cr} = \dfrac{\pi^2 E I_{\min}}{(KL)^2} = \dfrac{\pi^2 \times 2.1 \times 10^6 \times 79.8 \times 10^4}{(0.5 \times 3,000)^2}$

$≒ 734,343(\text{N}) \rightarrow 735(\text{kN})$

유효좌굴 길이계수 $K$는 양단이 흰지인 경우 $K = 1$, 양단이 고정인 경우 $K = 0.5$

**49** 그림과 같은 단순보에서 C점의 처짐값($\delta_C$)은? (단, 보 단면($b \times h$)은 600mm×600mm, 탄성계수 $E = 2.0 \times 10^4 \text{MPa}$이다.)

① 1.53 mm

② 2.47 mm

③ 3.56 mm

④ 4.58 mm

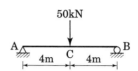

**알찬풀이** | C점의 처짐값($\delta_C$)

$$\delta_c = \frac{PL^3}{48EI}, \quad I = \frac{bh^3}{12} = \frac{600 \times 600^3}{12} = 10,800 \times 10^6 \, (\text{mm}^4)$$

$$\delta_c = \frac{50 \times 10^3 \times (8 \times 10^3)^3}{48 \times 2.0 \times 10^4 \times 10,800 \times 10^6} \fallingdotseq 2.47 \, (\text{mm})$$

**50** 중심 축하중이 작용하는 단주의 응력 계산식으로 옳은 것은?

① $\dfrac{P}{A}$

② $\dfrac{M}{Z}$

③ $\dfrac{M}{I} \cdot y$

④ $k \cdot \dfrac{V}{A}$

**알찬풀이** | 단주의 응력 계산식

중심 축하중이 작용하는 단주의 응력 계산식은 $\sigma = \dfrac{P}{A}$ 이다.

**51** 단철근 장방형 보에 대한 철근비 $\rho = 0.034$ 이고 단면이 $b = 300\text{mm}$, $d = 500\text{mm}$ 일 때 철근 단면적으로 옳은 것은

① 5,100mm²

② 4,590mm²

③ 3,925mm²

④ 3,825mm²

**알찬풀이** | 철근의 단면적($A_s$)

$\rho = \dfrac{A_s}{bd}$ 에서

$\therefore A_s = \rho \times bd = 0.034 \times 300 \times 500 = 5,100 \, (\text{mm}^2)$

**52** 그림과 같은 단순보에서 B지점의 수직 반력은?

① $\dfrac{wL}{8}$  ② $\dfrac{wL}{4}$

③ $\dfrac{3wL}{8}$  ④ $\dfrac{3wL}{4}$

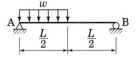

**알찬풀이** | B지점의 수직 반력

$$\Sigma M_A = 0 \text{ 에서 } \frac{wL}{2} \times \frac{L}{4} - R_B \times L = 0$$

$$\therefore R_B = \frac{wL}{8}$$

**53** 말뚝머리지름이 500mm인 기성콘크리트 말뚝을 시공할 때 그 중심간격으로 가장 적당한 것은?

① 1,250mm  ② 1,000mm

③ 7500mm  ④ 500mm

**알찬풀이** | 기성콘크리트 말뚝의 최소간격은 2.5D 이상 또는 750mm 이상이므로 중심간격은 2.5×500=1,250(mm) 이상이어야 한다.

**54** 그림과 같은 트러스에서 $D$부재의 부재력은?

① 3kN

② $3\sqrt{2}$ kN

③ 6kN

④ $6\sqrt{2}$ kN

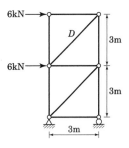

**알찬풀이** | $D$부재의 부재력

① D부재가 지나가도록 수평으로 절단해서 위쪽을 고려한다.

② $\Sigma H = 0$ 에서 $+6(\text{kN}) - \left(D \times \dfrac{1}{\sqrt{2}}\right) = 0$

$\therefore D = 6\sqrt{2}(\text{kN})$

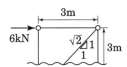

**55** 그림과 같이 배근(8-D19)된 기둥에서 강도설계법에 의한 내진설계 시 양단부에 배치할 띠 철근의 간격으로 옳은 것은?

① D10@125
② D10@150
③ D19@125
④ D19@150

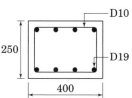

**알찬풀이** | 내진설계 시 양단부에 배치할 띠철근의 간격(①~④ 중 최소값)
① 감싸고 있는 종방향 철근의 최소 직경의 8배 이하
② 띠철근 직영의 24배 이하
③ 골조 부재 단면의 최소치수의 1/2 이하

$$\therefore\ 250 \times \frac{1}{2} = 125(\text{mm})$$

④ 300mm 이하

**56** 그림과 같은 1차 부정정보에서 지점 B의 고정단 모멘트의 크기는?

① $M_o$

② $\dfrac{M_o}{2}$

③ $\dfrac{M_o}{3}$

④ $\dfrac{M_o}{4}$

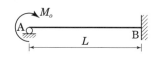

**알찬풀이** | 지점 B의 고정단 모멘트($M_B$)
① 분배율: 1개의 구조물이므로 $DF_{AB} = \dfrac{1}{1} = 1$

② 분배모멘트: $M_A \cdot DF_{AB} = M \times 1 = M$

③ 전달모멘트: 전달률은 $\dfrac{1}{2}$ 이므로

$$\therefore\ M_{BA} = \frac{1}{2} \times M_{AB} = \frac{M}{2}$$

**57** 강재의 응력-변형도 곡선에 관한 설명으로 틀린 것은?

① 탄성영역은 응력과 변형도가 비례관계를 보인다.
② 소성영역은 변형률은 증가하지 않고 응력만 증가하는 영역이다.
③ 변형도경화영역은 소성영역 이후 변형도가 증가하면서 응력이 비선형적으로 증가되는 영역이다.
④ 파괴영역은 변형도는 증가하지만 응력은 오히려 줄어드는 부분이다.

**알찬풀이** | 소성영역은 응력은 증가하지 않고 변형률만 증가하는 영역이다.


**58** 구조 인장재에 관한 설명으로 옳지 않은 것은?

① 대표적인 단면형태로는 강봉, ㄱ형강, T형강이 주로 사용된다.
② 인장재 설계에서 총단면의 항복과 단면결손 부분의 파단은 검토하지 않는다.
③ 부재의 축방향으로 인장력을 받는 구조이다.
④ 현수구조에 쓰이는 케이블이 대표적인 인장재이다.

**알찬풀이** | 인장재 설계에서 총단면의 항복과 단면결손 부분의 파단에 대해 검토하여야 한다.


**59** 강도설계법에서 처짐을 계산하지 않는 경우 철근콘크리트 보의 최소두께 규정으로 옳은 것은? (단, 보통중량콘크리트 $m_c = 2,300 \text{kg/m}^3$와 설계기준항복강도 400MPa 철근을 사용한 부재)

① 단순지지 : $\dfrac{l}{20}$       ② 1단연속 : $\dfrac{l}{18.5}$

③ 양단연속 : $\dfrac{l}{24}$       ④ 캔틸레버 : $\dfrac{l}{10}$

**알찬풀이** | 처짐을 계산하지 않는 경우 철근콘크리트 보의 최소두께($h_{\min}$)

| 단순지지 | 1단 연속 | 양단 연속 | 켄틸레버 |
|:---:|:---:|:---:|:---:|
| $\dfrac{l}{16}$ | $\dfrac{l}{18.5}$ | $\dfrac{l}{21}$ | $\dfrac{l}{8}$ |

**60** 강도설계법에 의한 철근콘크리트 플랫 슬래브 설계 시 지판의 슬래브 아래로 돌출한 두께는 돌출부를 제외한 슬래브 두께가 300mm일 때 최소 얼마 이상으로 하여야 하는가?

① 20mm

② 40mm

③ 60mm

④ 75mm

**알찬풀이** | 플랫 슬래브 설계 시 지판의 슬래브 아래로 돌출한 두께는 슬래브 두께의 1/4 이상이어야 한다.
∴ 300/4 = 75(mm)

## 제4과목 : 건축설비

**61** 배수 트랩의 봉수 파괴 원인에 해당하지 않는 것은?

① 증발작용

② 서어징 현상

③ 모세관 현상

④ 유도 사이폰 현상

**알찬풀이** | 서어징(Surging) 현상
펌프를 운전할 때 송출 압력과 송출 유량이 주기적으로 변동하여 펌프 입구 및 출구에 설치된 진공계, 압력계의 지침이 흔들리는 현상을 말한다.

**62** 옥내의 은폐장소로서 건조한 콘크리트 바닥면에 매입 사용되는 것으로, 사무용 건물 등에 채용되는 배선방법은?

① 버스덕트 배선

② 금속몰드 배선

③ 금속덕트 배선

④ 플로어덕트 배선

**알찬풀이** | 플로어덕트 배선 공사
바닥에 플로어 덕트(floor duct)를 미리 매입하여 전선, 콘센트 등을 설치하는 것으로 넓은 사무실의 바닥 배선 공사로 이용된다.

**63** 다음과 같은 조건에서 연면적이 $2,000m^2$인 사무소 건물에 필요한 1일당 급수량은?

> • 건물의 유효면적비=56%
> • 유효면적당 인원=0.2인/$m^2$
> • 1인 1일당 급수량=120L

① $3.36m^3/d$         ② $4.36m^3/d$

③ $26.88m^3/d$       ④ $40.68m^3/d$

**알찬풀이** | 건물에 필요한 1일당 급수량
      유효면적 = $2,000×0.56 = 1,120(m^3)$
      유효면적에 따른 총인원 = $1,120×0.2(인/m^2) = 224(인)$
      1일당 급수량 = 224(인)×120(L/d) = 26,880(L/d) → 26.88($m^3/d$)

**64** 각종 급수방식에 관한 설명 중 옳은 것은?

① 수도직결방식은 건물의 높이에 관계가 없다.
② 고가수조방식은 급수압력의 변동이 가장 크다.
③ 압력 탱크 방식은 수질 오염 가능성이 가장 적다.
④ 탱크 없는 부스터 방식은 정전시 급수가 불가능하다.

**알찬풀이** | 급수방식
      ① 수도직결방식은 공급되는 급수압이 한계로 건물의 높이에 관계가 있다.
      ② 고가수조방식은 급수압력의 변동이 적다.
      ③ 수도직결방식이 수질 오염 가능성이 가장 적다.

**65** 송풍 온도를 일정하게 하고 송풍량을 변경해 부하 변동에 대응하는 공기조화방식은?

① 이중 덕트 방식         ② 멀티존 유닛 방식
③ 단일덕트 정풍량 방식      ④ 단일덕트 변풍량 방식

**알찬풀이** | 단일덕트 변풍량 방식이 송풍 온도를 일정하게 하고 송풍량을 변경해 부하 변동에 대응하는 공기조화방식이다.

**66** 다음 중 보일러의 능력을 나타내는데 사용되는 정격출력을 가장 알맞게 나타낸 것은?

① 난방부하 + 배관손실

② 난방부하 + 급탕부하

③ 난방부하 + 급탕부하 + 배관손실

④ 난방부하 + 급탕부하 + 배관손실 + 예열부하

**알찬풀이** | 보일러의 정격출력은 '난방부하 + 급탕부하 + 배관손실 + 예열부하'를 합한 값이다.

**67** 대변기의 세정방식 중 바닥으로부터 1.6m 이상 높은 위치에 탱크를 설치하고, 볼 탭을 통하여 공급된 일정량의 물을 저장하고 있다가 핸들 또는 레버의 조작에 의해 낙차에 의한 수압으로 대변기를 세척하는 방식은?

① 로 탱크식          ② 하이 탱크식

③ 플러시 밸브식      ④ 사이폰 제트식

**알찬풀이** | 하이탱크식 대변기

대변기의 세정방식 중 바닥으로부터 1.6m 이상 높은 위치에 탱크를 설치하고, 볼 탭을 통하여 공급된 일정량의 물을 저장하고 있다가 핸들 또는 레버의 조작에 의해 낙차에 의한 수압으로 대변기를 세척하는 방식이다.

**68** 실내 냉방부하 중에서 현열량이 3,000W, 잠열량이 500W일 때 현열비는?

① 0.74             ② 0.68

③ 0.86             ④ 0.92

**알찬풀이** | 현열비(SHF, Sensable Heat Factor)

$$현열비(SHF) = \frac{현열량}{현열량+잠열량} = \frac{3,000}{3,000+500} ≒ 0.857 \rightarrow 0.86$$

**69** 다음 설명에 알맞은 자동화재 탐지설비의 감지기는?

> • 주위온도가 일정한 온도 이상이 되면 동작한다.
> • 보일러실, 주방과 같이 다량의 열을 취급하는 곳에 적합하다.

① 광전식 감지기　　　　　　② 정온식 감지기
③ 차동식 감지기　　　　　　④ 이온화식 감지기

**알찬풀이** | 정온식 감지기
　　① 화재시 온도 상승으로 감지기 내의 바이메탈(bimetal)이 팽창하거나 가용절연물이 녹아 접점에
　　　 닿을 경우에 작동한다.
　　② 종류
　　　• 정온식 스폿형 감지기: 바이메탈식
　　　• 정온식 감지선형 감지기: 가용절연물식
　　③ 용도
　　　보일러실, 주방과 같은 화기 및 열원 기기를 직접 취급하는 곳에 이용된다.

**70** 피뢰침의 주요구조부에 속하지 않는 것은?

① 돌침부　　　　　　　　　② 피뢰도선
③ 접지전극　　　　　　　　④ 리미트 스위치

**알찬풀이** | 피뢰침의 주요구조부는 돌침부, 피뢰도선, 접지전극을 말한다.

**71** 소방시설은 소화설비, 경보설비, 피난설비, 소화용수설비, 소화활동설비로 구분할 수 있다.
다음 중 소화설비에 해당하지 않는 것은?

① 제연설비　　　　　　　　② 포 소화설비
③ 옥내소화전설비　　　　　④ 스프링클러설비

**알찬풀이** | 제연설비는 소화활동설비로 구분한다.

---

**ANSWER**　　66. ④　67. ②　68. ③　69. ②　70. ④　71. ①

**72** 지역난방에 관한 설명으로 옳지 않은 것은?

① 초기투자비는 싸지만 사용 요금의 분배가 곤란하다.
② 설비의 고도화에 따라 도시의 매연을 경감시킬 수 있다.
③ 각 건물의 설비면적을 줄이고 유효면적을 넓힐 수 있다.
④ 각 건물마다 보일러 시설을 할 필요가 없으나 배관중의 열손실이 많다.

**알찬풀이** | 지역난방은 초기투자비가 많이 들고 사용 요금의 분배가 곤란하다.


**73** 공기조화방식 중 전공기 방식에 관한 설명으로 옳지 않은 것은?

① 중간기에 외기냉방이 가능하다.
② 실내에 배관으로 인한 누수의 염려가 없다.
③ 덕트 스페이스가 필요 없으며 공조실의 면적이 작다.
④ 팬코일 유닛과 같은 기구의 노출이 없어 실내 유효면적을 넓힐 수 있다.

**알찬풀이** | 공기조화방식 중 전공기 방식은 덕트 스페이스가 필요하며 공조실의 면적이 크다.


**74** 급탕설비의 안전장치 중 보일러, 저탕조 등 밀폐 가열장치 내의 압력상승을 도피시키기 위해 사용하는 것은?

① 팽창관             ② 용해전
③ 신축이음           ④ 온도조절밸브

**알찬풀이** | 팽창관
　　① 온수 순환 도중에 이상 압력이 생겼을 때 그 압력을 흡수하는 역할을 하는 배관이다.
　　② 급탕 수직관(온수난방 수직관)을 연장하여 팽창관으로 하고 이를 팽창 탱크에 자유 개방한다.
　　③ 팽창관의 도중에는 절대로 밸브류를 설치하지 않는다.


**75** 습공기선도에 나타나는 사항이 아닌 것은?

① 노점온도           ② 습구온도
③ 절대습도           ④ 열관류율

**알찬풀이** | 열관류율은 습공기선도에 나타나지 않는다.

**76** 다음 중 급수 배관 내에서 수격작용(water hammering)이 발생되는 가장 주된 원인은?

① 관경의 축소
② 관경의 확대
③ 배관내의 온도변화
④ 배관내의 압력변화

**알찬풀이** │ 급수 배관 내에서 수격작용(water hammering)이 발생되는 가장 주된 원인은 배관 내의 압력변화
이다.

**77** 직접조명방식에 관한 설명으로 옳지 않은 것은?

① 휘도의 차가 크다.
② 작업면에 고조도를 얻을 수 있다.
③ 발산광속 중 90~100% 정도가 작업면을 직접 조명한다.
④ 일반적으로 천장이나 벽면이 광원으로서의 역할을 한다.

**알찬풀이** │ 천장이나 벽면이 광원으로서의 역할을 하는 것은 간접조명방식에 해당한다.

**78** 다음 중 조명 설계시 가장 먼저 이루어져야 하는 것은?

① 광원의 선정
② 조명 기구의 선정
③ 기구 대수의 산출
④ 소요 조도의 결정

**알찬풀이** │ 실내조명 설계 순서
① 소요 조도의 결정
② 광원의 선정
③ 조명방식의 결정
④ 조명 기구의 선정
⑤ 광원의 개수 산정 및 배치

**79** 중앙난방식을 직접난방과 간접난방으로 구분할 경우, 다음 중 직접난방에 해당하지 않는
것은?

① 온수난방
② 증기난방
③ 온풍난방
④ 복사난방

**알찬풀이** │ 온풍난방은 간접난방으로 구분한다.

**80** 펌프로 옥상탱크에 24m³/h의 물을 양수하고자 할 때 펌프에 필요한 축동력은? (단, 펌프의 흡입양정은 2m, 토출양정은 29m, 펌프의 효율은 55%, 배관의 전마찰손실은 펌프 실양정의 35% 가정한다.)

① 약 1.4kW

② 약 5.0kW

③ 약 9.4kW

④ 약 12.5kW

**알찬풀이** | 펌프에 필요한 축동력

펌프의 축동력 $= \dfrac{W \times Q \times H}{6,120 \times E}$(kW)

(부호) $W$ : 물의 밀도(1,000kg/m³)

$Q$ : 양수량(m³/min)

$H$ : 펌프의 전양정[흡입양정($H_s$)+토출양정($H_d$)+마찰손실 수두($H_f$)]

$\star$ $H_s$ : 펌프의 실양정[흡입양정($H_s$)+토출양정($H_d$)]

$E$ : 펌프의 효율(%)

① 펌프의 실양정 $= (2+29) \times 0.35 = 10.85$

② 펌프의 전양정 $= 2+29+10.85 = 41.85$

∴ 펌프의 축동력 $= \dfrac{W \times Q \times H}{6,120 \times E}$(kW) $= \dfrac{1,000 \times 0.4 \times 41.85}{6,120 \times 0.55} = 4.97 \rightarrow 5$(kW/h)

---

## 제5과목 : 건축법규

**81** 공동주택과 오피스텔의 난방설비를 개별난방방식으로 하는 경우, 보일러실의 윗부분에는 면적이 최소 얼마 이상인 환기창을 설치하여야 하는가? (단, 전기보일러가 아닌 경우)

① 0.5m²

② 0.7m²

③ 1m²

④ 1.2m²

**알찬풀이** | 보일러실의 환기

① 윗부분에는 그 면적이 0.5m² 이상인 환기창을 설치할 것

② 보일러실의 윗부분과 아랫부분에는 각각 지름 10cm 이상의 공기흡입구 및 배기구를 항상 열려 있는 상태로 바깥공기에 접하도록 설치할 것

**82** 다음 중 증축에 해당하지 않는 것은?

① 기존 건축물이 있는 대지에서 건축물의 높이를 늘리는 것
② 기존 건축물이 있는 대지에서 건축물의 연면적을 늘리는 것
③ 기존 건축물이 있는 대지에서 건축물의 건축면적을 늘리는 것
④ 기존 건축물이 있는 대지에서 건축물의 개구부 숫자를 늘리는 것

**알찬풀이** | 기존 건축물이 있는 대지에서 건축물의 높이, 연면적, 건축면적을 늘리는 것은 증축에 해당한다.


**83** 건축법령상 용어의 정의로 옳지 않은 것은?

① 건축이란 건축물을 신축·증축·개축·재축하거나 건축물을 대수선하는 것을 말한다.
② 리모델링이란 건축물의 노후화를 억제하거나 기능향상 등을 위하여 대수선하거나 일부 증축하는 행위를 말한다.
③ 거실이란 건축물 안에서 거주, 집무, 작업, 집회, 오락 그 밖에 이와 유사한 목적을 위하여 사용되는 방을 말한다.
④ 지하층이란 건축물의 바닥이 지표면 아래에 있는 층으로서 바닥에서 지표면까지 평균높이가 해당 층 높이의 2분의 1 이상인 것을 말한다.

**알찬풀이** | 건축이란 건축물을 신축(新築)·증축(增築)·개축(改築)·재축(再築) 또는 이전(移轉)하는 것을 말한다.


**84** 시설물의 부지 인근에 단독 또는 공동으로 부설주차장을 설치할 경우, 해당 부지의 경계선으로부터 부설주차장까지의 직선거리는 최대 얼마 이내이어야 하는가?

① 50m  ② 100m
③ 200m  ④ 300m

**알찬풀이** | 부지 인근의 범위
　　　　　이 경우 시설물의 부지 인근의 범위는 다음의 범위 안에서 지방자치단체의 조례로 정한다.
　　　　　① 해당 부지의 경계선으로부터 부설주차장의 경계선까지의 직선거리 300m 이내 또는 도보거리
　　　　　　600m 이내
　　　　　② 해당 시설물이 소재하는 동·리(행정동·리를 말함) 및 해당 시설물과의 통행여건이 편리하다고
　　　　　　인정되는 인접 동·리

**85** 도시·군계획 수립 대상 지역의 일부에 대하여 토지 이용을 합리화하고 그 기능을 증진시키며 미관을 개선하고 양호한 환경을 확보하며, 그 지역을 체계적·계획적으로 관리하기 위하여 수립하는 것은?

① 광역도시계획　　　　　　　② 지구단위계획
③ 도시·군이용계획　　　　　　④ 도시·군기본계획

**알찬풀이** | 지구단위계획

도시·군계획 수립대상 지역의 일부에 대하여 토지이용을 합리화하고 그 기능을 증진시키며 미관을 개선하고 양호한 환경을 확보하며, 해당 지역을 체계적·계획적으로 관리하기 위하여 수립하는 도시·군관리계획을 말한다.

**86** 용적률을 산정할 때에 사용되는 연면적에 포함되는 것은?

① 지하층의 면적
② 초고층건축물에 설치하는 피난안전구역의 면적
③ 준초고층건축물에 설치하는 피난안전구역의 면적
④ 지상층의 주차용(해당 건축물의 부속용도가 아닌 경우)으로 쓰는 면적

**알찬풀이** | 연면적

① 연면적의 산정
　㉠ 하나의 건축물의 각 층의 바닥면적의 합계로 한다.
　㉡ 동일 대지 안에 2동 이상의 건축물이 있는 경우에는 그 연면적의 합계로 한다.
② 용적률의 산정에 있어서 제외되는 부분
　㉠ 지하층의 면적
　㉡ 지상층의 주차용(해당 건축물의 부속용도인 경우에 한함)으로 사용되는 면적
　㉢ 초고층건축물 및 준초고층건축물에 설치하는 피난안전구역의 면적
　㉣ 주민공동시설의 면적(「주택건설기준 등에 관한 규정」 제2조 제3호)

**87** 다음 중 건축법령상 숙박시설에 해당하지 않는 것은?

① 여관　　　　　　　　　　　② 가족호텔
③ 유스호스텔　　　　　　　　④ 휴양콘도미니엄

**알찬풀이** | 수련시설

① 생활권수련시설(청소년수련관·청소년문화의 집, 유스호스텔, 그 밖에 이와 유사한 것을 말한다)
② 자연권수련시설(청소년수련원·청소년야영장, 그 밖에 이와 유사한 것을 말한다)

**88** 문화 및 집회시설 중 공연장의 개별관람석에 설치하는 각 출구의 유효너비는 최소 얼마 이상이어야 하는가? (단, 바닥면적이 300m² 이상인 경우)

① 1.2m
② 1.5m
③ 1.8m
④ 2.1m

**알찬풀이** | 관람석 등으로부터의 출구의 설치기준
관람석의 바닥면적이 300m² 이상인 경우의 출구는 다음의 기준에 적합하게 설치하여야 한다.
① 관람석별로 2개소 이상 설치할 것
② 각 출구의 유효너비는 1.5m 이상일 것
③ 개별관람석 출구의 유효너비의 합계는 개별 관람석의 바닥면적 100m² 마다 0.6m의 비율로 산정한 너비 이상으로 할 것

**89** 주차장법상 다음과 같이 정의 되는 것은?

> 도로의 노면 또는 교통광장(교차점광장만 해당)의 일정한 구역에 설치된 주차장으로서 일반의 이용에 제공되는 것

① 노외주차장
② 노면주차장
③ 노상주차장
④ 부설주차장

**알찬풀이** | "주차장"이라 함은 자동차의 주차를 위한 시설로서 다음의 어느 하나에 해당하는 종류의 것을 말한다.
① 노상주차장: 도로의 노면 또는 교통광장(교차점광장에 한한다. 이하 같다)의 일정한 구역에 설치된 주차장으로서 일반의 이용에 제공되는 것
② 노외주차장: 도로의 노면 및 교통광장외의 장소에 설치된 주차장으로서 일반의 이용에 제공되는 것
③ 부설주차장: 건축물, 골프연습장 기타 주차수요를 유발하는 시설에 부대하여 설치된 주차장으로서 해당 건축물·시설의 이용자 또는 일반의 이용에 제공되는 것

**90** 다음의 건축선에 따른 건축제한에 관한 기준 내용 중 (   ) 안에 알맞은 것은?

> 도로면으로부터 높이 (   ) 이하에 있는 출입구, 창문, 그 밖에 이와 유사한 구조물은 열고 닫을 때 건축선의 수직면을 넘지 아니하는 구조로 하여야 한다.

① 3m
② 3.5m
③ 4m
④ 4.5m

**알찬풀이** | 건축선에 의한 건축제한
① 건축물 및 담장은 건축선의 수직면을 넘어서는 아니 된다.
(예외) 지표하의 부분
② 도로면으로부터 높이 4.5m 이하에 있는 출입구·창문 기타 이와 유사한 구조물은 개폐시에 건축선의 수직면을 넘는 구조로 하여서는 아니 된다.

**91** 다음과 같은 건축물의 높이는? (단, 건축면적 400m², 옥탑의 수평투영면적 40m²이다.)

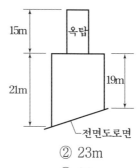

① 21m
② 23m
③ 35m
④ 36m

**알찬풀이 | 건축물의 높이**

① 건축물의 최고 높이제한에 의한 높이 산정

ㄱ 전면도로의 중심선으로부터 해당 건축물의 상단까지의 높이로 한다.

ㄴ 건축물의 대지에 접하는 전면도로의 노면에 고저차가 있는 경우에 해당 건축물이 접하는 범위의 전면도로부분의 수평거리에 따라 가중 평균한 높이의 수평면을 전면도로면으로 본다.

ㄷ 건축물의 대지에 지표면이 전면도로보다 높은 경우에는 그 고저차의 1/2의 높이만큼 올라온 위치에 해당 전면도로의 면이 있는 것으로 본다.

② 건축물 옥상부분의 높이 산정

ㄱ 건축물의 옥상에 설치되는 승강기탑·계단탑·망루·장식탑·옥탑 등으로서 그 수평투영 면적의 합계가 해당 건축물의 건축면적의 1/8 (사업계획승인 대상인 공동주택 중 세대별 전용면적이 85m² 이하인 경우에는 1/6) 이하인 경우로서 그 부분의 높이가 12m를 넘는 경우에는 그 넘는 부분에 한하여 해당 건축물의 높이에 산입한다.

ㄴ 지붕마루장식·굴뚝·방화벽의 옥상돌출부 기타 이와 유사한 옥상돌출물과 난간벽(그 벽면적의 1/2 이상이 공간으로 되어 있는 것에 한함)은 해당 건축물의 높이에 산입하지 아니한다.

• 위 ①의 ㄴ 규정에 따라 건축물의 대지에 접하는 전면도로의 노면에 고저차가 있으므로 가중 평균 높이는 $\dfrac{21(m) + 19(m)}{2} = 20(m)$

• 위 ②의 ㄱ 규정에 따라옥탑의 수평투영면적(40m²)은 건축면적(400m²)의 1/8 이하이므로 15(m)−12(m)=3(m)

∴ 건축물의 총높이 = 20(m)+3(m)=23(m)이다.

**92** 지하식 또는 건축물식 노외주차장의 차로에 관한 기준 내용으로 옳지 않은 것은?

① 높이는 주차바닥면적으로부터 2.3m 이상으로 하여야 한다.

② 경사로의 종단 경사도는 직선 부분에서는 17%를 초과하여서는 아니 된다.

③ 주차대수 규모가 50대 이상인 경우의 경사로는 너비 6m 이상인 2차로를 확보하거나 진입차로와 진출차로를 분리하여야 한다.

④ 경사로의 차로가 1차로일 때, 차로의 너비는 직선형인 경우 3m 이상으로 하고 곡선형인 경우에는 3.3m 이상으로 하여야 한다.

**알찬풀이** | 경사로의 차로 너비는 및 종단구배

| 경사로의 형태 | 차로의 너비 | 종단 구배 |
|---|---|---|
| 직선형 | 1차선: 3.3m 이상<br>2차선: 6.0m 이상 | 17% 이하 |
| 곡선형 | 1차선: 3.6m 이상<br>2차선: 6.5m 이상 | 14% 이하 |

**93** 주차대수 규모가 50대 미만인 노외주차장 출입구의 최소 너비는?

① 3.3m
② 3.5m
③ 4.5m
④ 5.5m

**알찬풀이** | 노외주차장의 출입구의 너비
① 주차대수규모가 50대 미만인 경우: 3.5m 이상의 출입구를 설치할 것
② 주차대수규모가 50대 이상인 경우: 출구와 입구를 분리하거나 너비 5.5m 이상의 출입구를 설치할 것

**94** 다음 중 허가대상에 해당하는 용도 변경은?

① 교육 및 복지시설군 → 영업시설군으로 변경
② 영업시설군 → 주거업무시설군으로 변경
③ 전기통신시설군 → 문화 및 집회시설군으로 변경
④ 문화 및 집회시설군 → 교육 및 복지시설군으로 변경

**알찬풀이** | 하위시설군(교육 및 복지시설군)에서 상위시설군(영업시설군)으로의 용도변경은 허가대상에 해당하는 용도 변경에 해당한다.

**95** 건축허가신청에 필요한 설계도서 중 배치도에 표시하여야 할 사항에 해당하지 않는 것은?

① 축척 및 방위
② 승강기의 위치
③ 대지의 종·횡단 단면도
④ 주차동선 및 옥외주차계획

**알찬풀이** | 배치도에 표시하여야 할 사항
① 축척 및 방위
② 대지에 접한 도로의 길이 및 너비
③ 대지의 종·횡단면도
④ 건축선 및 대지경계선으로부터 건축물까지의 거리
⑤ 주차동선 및 옥외주차계획
⑥ 공개공지 및 조경계획

**96** 비상용 승강기를 설치해야 하는 대상 건축물 기준으로 옳은 것은?

① 높이 6m를 초과하는 건축물
② 높이 16m를 초과하는 건축물
③ 높이 31m를 초과하는 건축물
④ 높이는 41m를 초과하는 건축물

**알찬풀이** | 비상용승강기 설치 기준
　　① 비상용 승강기의 설치 대상
　　　 높이 31m를 넘는 건축물
　　　 (예외) 승용 승강기를 비상용 승강기의 구조로 한 경우
　　② 비상용 승강기의 설치 기준

| 높이 31m를 넘는 각층의 바닥 면적 중 최대바닥 면적($A$m²) | 설치 대수 | 공식 |
|---|---|---|
| 1,500m² 이하 | 1대 이상 | |
| 1,500m² 초과 | 1대에 1,500m²를 넘는 3,000m² 이내마다 1대씩 가산 | $1 + \dfrac{A - 1{,}500\text{m}^2}{3{,}000\text{m}^2}$ |

　　※ 2대 이상의 비상용승강기를 설치하는 경우에는 화재시 소화에 지장이 없도록 일정한 간격을 두고 설치하여야 한다.

**97** 다음의 피난계단 설치와 관련된 기준 내용 중 ( ) 안에 알맞은 것은? (단, 갓복도식 공동주택은 제외)

> 공동주택의 ( )층 이상인 층(바닥면적이 400m² 미만인 층은 제외한다)으로부터 피난층 또는 지상으로 통하는 직통계단은 특별피난계단으로 설치하여야 한다.

① 6 　　　　　　　　　　② 11
③ 16 　　　　　　　　　④ 21

**알찬풀이** | 특별피난계단의 설치 대상
　　① 건축물(갓 복도식 공동주택을 제외)의 11층(공동주택의 경우에는 16층) 이상의 층
　　　 (예외) 바닥면적이 400m² 미만인 층
　　② 지하 3층 이하의 층
　　　 (예외) 바닥면적이 400m² 미만인 층

**98** 건축법령에 따른 건축물의 용도분류에서 공동주택에 해당하지 않는 것은?

① 기숙사
② 연립주택
③ 다중주택
④ 다세대주택

**알찬풀이** │ 건축법령에 따른 건축물의 용도분류에서 다중주택은 단독주택에 해당한다.

**99** 숙박시설의 부설주차장 설치기준으로 옳은 것은?

① 시설면적 100m²당 1대
② 시설면적 120m²당 1대
③ 시설면적 150m²당 1대
④ 시설면적 200m²당 1대

**알찬풀이** │ 숙박시설은 시설면적 200m²당 1대(시설면적/200m²) 이상의 부설주차장을 설치하여야 한다.

**100** 다음은 바닥면적의 산정방법에 관한 기준 내용이다. ( ) 안에 알맞은 것은?

> 벽·기둥의 구획이 없는 건축물은 그 지붕 끝으로부터 수평거리 ( )를 후퇴한 선으로 둘러싸인 수평 투영면적으로 한다.

① 0.5m
② 0.7m
③ 1m
④ 1.2m

**알찬풀이** │ 바닥면적의 산정에서 제외되는 부분
① 벽·기둥의 구획이 없는 건축물에 있어서는 그 지붕 끝부분으로부터 수평거리 1m를 후퇴한 선으로 둘러싸인 수평투영면적으로 한다.
② 주택의 발코니 등 건축물의 노대 그 밖의 이와 유사한 것의 바닥은 난간 등의 설치여부에 관계없이 노대 등의 면적(외벽의 중심선으로부터 노대 등의 끝부분까지의 면적을 말함)에서 노대 등이 접한 가장 긴 외벽에 접한 길이에 1.5m를 곱한 값을 공제한 면적을 바닥면적에 산입한다.

| ANSWER | 96. ③ | 97. ③ | 98. ③ | 99. ④ | 100. ③ |
| --- | --- | --- | --- | --- | --- |

# 국가기술자격검정 필기시험문제

**2022년도 제3회 CBT복원문제** 온라인 CBT TEST

| 자격종목 및 등급(선택분야) | 종목코드 | 시험시간 | 문제지형별 | 수검번호 | 성 명 |
|---|---|---|---|---|---|
| **건축산업기사** | **2530** | **2시간30분** | **A** | | |

※ 답안카드 작성시 시험문제지 형별누락, 마킹착오로 인한 불이익은 전적으로 수험자의 귀책사유임을 알려드립니다.

---

### 제1과목 : 건축계획

**01** 다음과 같은 조건에 있는 어느 학교 설계실의 순수율은?

> • 설계실 사용시간 : 20시간
> • 설계실 사용시간 중 설계실기수업 시간 : 15시간
> • 설계실 사용시간 중 물리이론수업 시간 : 5시간

① 25%  ② 33%
③ 75%  ④ 67%

**알찬풀이** | 학교 설계실의 순수율

$$순수율 = \frac{교과\ 수업시간}{교실\ 이용시간} \times 100(\%)$$

$$= \frac{(20-5)}{20} \times 100 = 75(\%)$$

**02** 단독주택의 각 실 계획에 관한 설명으로 옳지 않은 것은?

① 주택 현관의 크기는 방문객의 예상 출입량까지 고려할 필요는 없다.
② 거실은 주거생활 전반의 복합적인 기능을 갖고 있으며 이에 대한 적합한 가구
와 어느 정도 활동성을 고려한 계획이 되어야 한다.
③ 계단은 안전상 경사, 폭, 난간 및 마감방법에 중점을 두고 의장적인 고려를 한다.
④ 식당 및 부엌은 능률을 좋게 하고 옥외작업장 및 정원과 유기적으로 결합되게 한다.

**알찬풀이** | 주택 현관의 크기는 방문객의 예상 출입량을 고려할 필요가 있다.

**03** 계단실형 공동주택의 계단실에 관한 설명으로 옳지 않은 것은?

① 계단실에 면하는 각 세대의 현관문은 계단의 통행에 지장이 되지 않도록 한다.
② 계단실의 벽 및 반자의 마감은 불연재료 또는 준불연재료로 한다.
③ 계단실의 각 층별로 층수를 표시한다.
④ 계단실 최상부에는 개구부를 설치하지 않는다.

**알찬풀이** │ 계단실 최상부에는 개구부를 설치하여 옥상층 출입 및 채광, 환기를 하도록 한다.

**04** 모듈계획(MC : Modular Coordination)에 관한 설명으로 옳지 않은 것은?

① 건축재료의 취급 및 수송이 용이해진다.
② 건축재료의 대량 생산이 용이하여 생산 비용을 낮출 수 있다.
③ 건물 외관의 자유로운 구성이 용이하다.
④ 현장 작업이 단순해지고 공기를 단축시킬 수 있다.

**알찬풀이** │ 모듈계획(MC)은 건물 내·외관의 자유로운 구성이 용이하지 않다.

**05** 학교운영방식에 관한 설명으로 옳지 않은 것은?

① 학교 교실형 : 학생의 이동이 없어 학급에서 안정적인 분위기를 가질 수 있다.
② 플래툰형 : 교사의 수와 적당한 시설이 없으면 실시가 곤란하다.
③ 교과교실형 : 일반교실은 각 학년에 하나씩 할당되고, 그 외에 특별교실을 갖는다.
④ 달톤형 : 학급, 학생의 구분이 없으며 학생들은 각자의 능력에 맞게 교과를 선택한다.

**알찬풀이** │ 교과교실형(V형, Department Type)
　① 모든 교과목에 대해서 전용의 교실을 설치하고 일반교실은 두지 않는 형식이다.
　② 각 교과목에 맞추어 전용의 교실이 주어져 교과목에 적합한 환경을 조성할 수 있으나 학생의
　　 이동이 많고 소지품을 위한 별도의 장소가 필요하다.
　③ 시간표 편성이 어려우며 담당 교사수를 맞추기도 어렵다.

| ANSWER | 1. ③　　2. ①　　3. ④　　4. ③　　5. ③ |
| --- | --- |

**06** 다음 설명에 알맞은 학교 교사(校舍)의 배치 형식은?

> • 일종의 핑거 플랜이다.
> • 일조, 통풍 등 교실의 환경 조건이 균등하다.
> • 구조계획이 간단하고 규격형의 이용도 편리하다.

① 폐쇄형      ② 종합 계획형
③ 분산 병렬형      ④ 집합형

**알찬풀이** | 분산 병렬형
    일종의 핑거 플랜형(Finger Plan Type)이다.
    ① 장점
    • 화재 및 비상시에 유리하고 일조, 통풍 등 환경 조건이 균등하다.
    • 구조 계획이 간단하다.
    • 각 건물의 사이에는 놀이터와 정원으로 이용이 가능하다.
    ② 단점
    • 비교적 넓은 대지를 필요로 한다.
    • 편복도형일 경우 복도 면적이 크고 단조롭다.
    • 건물간의 유기적인 구성이 어렵다.

**07** 연속작업식 레이아웃(layout)이라고도 하며, 대량생산에 유리하고 생산성이 높은 공장건축의 레이아웃 형식은?

① 제품중심의 레이아웃
② 고정식 레이아웃
③ 공정중심의 레이아웃
④ 혼성식 레이아웃

**알찬풀이** | 제품 중심의 레이아웃
    ① 생산에 필요한 모든 공정, 기계 종류를 제품의 흐름에 따라 배치하는 방식으로 연속 작업식 레이아웃이라고도 한다.
    ② 대량생산, 예상생산이 가능한 공장에 유리하고 생산성이 높다.
    ③ 상품 생산의 연속성을 위해 공정 간의 시간적·수량적 밸런스를 고려한다.
    ④ 가전제품의 조립, 장치공업(석유, 시멘트) 공장 등에 적합하다.

## 08 상점의 계단에 관한 설명으로 옳지 않은 것은?

① 정방형의 평면일 경우에는 중앙에 설치하는 것이 동선 및 매장 구성에 유리하다.
② 상점의 깊이가 깊은 직사각형의 평면인 경우 측벽에 따라 계단을 설치하는 것이 시각적 및 공간적 측면에서 바람직하다.
③ 경사도는 지나치게 낮은 경우를 제외하고는 높은 경사보다는 낮은 것이 올라가기 쉽다.
④ 소규모 상점의 경우 계단의 경사를 낮게 할수록 매장 면적의 효율성이 증가한다.

**알찬풀이** | 소규모 상점의 경우 계단의 경사를 낮게 할수록 매장 면적의 효율성이 떨어진다.

## 09 연립주택의 종류 중 타운 하우스에 관한 설명으로 옳지 않은 것은?

① 토지 이용 및 건설비, 유지관리비의 효율성은 낮다.
② 프라이버시 확보는 조경을 통하여서도 가능하다.
③ 배치상의 다양성을 줄 수 있다.
④ 각 주호마다 자동차의 주차가 용이하다.

**알찬풀이** | 타운 하우스는 일반 단독 주택에 비해 토지 이용 및 건설비, 유지관리비의 효율성이 좋다.

## 10 상점 건축의 매장 가구 배치 시 고려해야 할 사항과 가장 거리가 먼 것은?

① 감시하기는 쉽지만 손님에게는 감시한다는 인상을 주지 않게 한다.
② 들어오는 손님과 종업원의 시선이 직접 마주치게 한다.
③ 손님쪽에서 상품이 효과적으로 보이게 한다.
④ 종업원의 동선은 원활하게, 소수의 종업원으로 관리하기에 편리하게 한다.

**알찬풀이** | 상점 건축의 매장 가구 배치 시 들어오는 손님과 종업원의 시선이 직접 마주치지 않게 계획한다.

## 11 다음 중 사무소 건축의 기준층 평면형태의 결정 요인에 속하지 않는 것은?

① 대피상의 최대 피난거리
② 자연광에 의한 조명한계
③ 구조상 스팬의 한도
④ 엘리베이터의 처리능력

**알찬풀이** | 엘리베이터의 처리능력은 사무소 건축의 기준층 평면형태의 결정 요인과는 거리가 멀다.

**ANSWER**    6. ③    7. ①    8. ④    9. ①    10. ②    11. ④

**12** 사무소 건축의 코어 형식 중 중심 코어형에 관한 설명으로 옳은 것은?

① 구조코어로서 바람직한 형식이다.
② 편코어형으로부터 발전된 것으로 자유로운 사무공간을 구성할 수 있다.
③ 기준층 바닥면적이 작은 경우에 주로 사용된다.
④ 2방향 피난에 이상적인 관계로 방재 및 피난상 유리하다.

**알찬풀이** | 중심 코어형
① 바닥 면적이 클 경우 특히 고층, 중고층에 적합하다.
② 외주 프레임을 내력벽으로 하여 코어와 일체로 한 내진구조를 만들 수 있다.
③ 내부공간과 외관이 모두 획일적으로 되기 쉽다.
④ 유효율이 높으며, 임대 사무소로서 경제적인 계획이 가능하다.

**13** 주택의 동선계획에 관한 설명으로 옳지 않은 것은?

① 주택 내부동선은 외부조건과 실 배치에 따른 출입구에 의해 1차적으로 결정된다.
② 개인, 사회, 가사노동권의 3개 동선이 서로 분리되어 간섭이 없도록 한다.
③ 가사노동의 동선은 되도록 북쪽에 오도록 하고 길게 한다.
④ 동선에는 공간이 필요하고 가구를 둘 수 없다.

**알찬풀이** | 가사노동의 동선은 되도록 짧게 계획한다.

**14** 송바르 드 로브에 따른 주거면적 기준 중 한계 기준은?

① 16m$^2$                  ② 15m$^2$

③ 14m$^2$                  ④ 8m$^2$

**알찬풀이** | 송바르 드 로브(Chombard de Lawve, 프랑스의 사회학자) 기준
① 표준 기준: 16m$^2$/인
② 한계 기준: 14m$^2$/인
③ 병리 기준: 8m$^2$/인

**15** 진열장 유리의 흐림 방지 방법으로 가장 알맞은 것은?

① 곡면 유리를 사용한다.
② 진열대 밑에 난방장치를 하여 내외의 온도차를 적게 한다.
③ 차양을 달아 외부에 그늘을 준다.
④ 진열장 내의 밝기를 인공적으로 높게 한다.

**알찬풀이** | 진열장 유리의 흐림 방지 방법으로 진열대 밑에 환기장치 설치하거나 난방장치를 하여 내외의 온도
차를 적게한다.


**16** 사무소 건축의 실단위계획 중 개방식 배치에 관한 설명으로 옳지 않은 것은?

① 개실시스템보다 공사비가 저렴하다.
② 오피스 랜드스케이핑은 개방식 배치의 한 형식이다.
③ 독립성과 쾌적감의 이점이 있다.
④ 전면적을 유용하게 이용할 수 있다.

**알찬풀이** | 사무소 건축의 실단위계획 중 개방식 배치는 독립성과 쾌적감이 떨어진다.


**17** 사무소 건축의 코어계획에 관한 설명으로 옳지 않은 것은?

① 엘리베이터 홀과 건물 출입구문은 가능한 근접하여 배치한다.
② 계단, 엘리베이터 및 화장실은 가능한 근접하여 배치한다.
③ 코어내의 각 공간은 각 층마다 공통의 위치에 배치한다.
④ 코어내의 서비스 공간과 업무 사무실과의 동선을 단순하게 처리한다.

**알찬풀이** | 엘리베이터 홀과 건물 출입구문은 적당한 거리를 두어 배치한다.


**18** 다음 중 주택의 부엌 계획에서 작업삼각형(Work Triangle)의 세 변의 합으로 가장 적정한
것은?

① 2,000mm  ② 7,000mm
③ 3,000mm  ④ 5,000mm

**알찬풀이** | 주택의 부엌 계획에서 작업삼각형(Work Triangle)의 세 변의 합한 거리는 3,600~6000mm 이내가
적당하다.

**19** 다음 설명에 알맞은 주거단지의 도로 유형은?

> • 통과교통을 방지할 수 있다는 장점이 있으나 우회도로가 없기 때문에 방재 · 방범상으로는 불리하다.
> • 주택 배면에는 보행자 전용도로가 설치되어야 효과적이다.

① Cul-de-sac형      ② 격자형
③ T자형      ④ Loop형

**알찬풀이** | 막다른 도로(Cul-de-sac)형에 대한 설명이다. 막다른 도로(Cul-de-sac)형은 도로의 길이가 길어지면 효율과 이용성이 떨어진다.

**20** 다음의 아파트 평면 형식 중 독립성(privacy)이 가장 양호한 것은?

① 중복도형      ② 계단실형
③ 집중형      ④ 편복도형

**알찬풀이** | 계단실형
① 계단실에서 직접 주거로 접근할 수 있는 유형이다.
② 주거의 프라이버시가 높고, 채광, 통풍 등의 거주성도 좋다.
③ 층수가 높게 되면 엘리베이터를 설치한다.
④ 저층, 중층, 최근에는 고층에도 많이 이용된다.

## 제2과목 : 건축시공

**21** 다음 중 서로 관계가 없는 것끼리 짝지어진 것은?

① 가이데릭 – 철골공사
② 토털 스테이션 – 부지측량
③ 바이브레이터 – 목공사
④ 펌프 카 – 콘크리트 공사

**알찬풀이** | 바이브레이터(vivrator)는 거푸집 내에 콘크리트를 골고루 분산되도록 하는 공구로 콘크리트 공사와 관련이 있다.

**22** 도장공사에서 표면의 요철이나 홈, 빈틈을 없애기 위하여 주로 점도가 높은 퍼티나 충전제를 메우고 여분의 도료는 긁어 평활하게 하는 도장 방법은?

① 붓도장                    ② 주걱도장
③ 정전분체 도장          ④ 롤러도장

**알찬풀이** | 주걱도장에 대한 설명이다.

**23** 지반의 지내력을 알기 위한 시험이 아닌 것은?

① 말뚝재하시험          ② 말뚝박기시험
③ 3축압축시험           ④ 평판재하시험

**알찬풀이** | 3축압축시험
         흙의 원주형 공시체를 압력실에 넣어 수압으로 일정한 측압을 가하여 재하 피스톤으로 축방향력을 가하여 흙의 전단파괴를 생기게 하는 시험을 말한다.

**24** 고분자 수지와 건성유를 가열 융합하고 건조제를 넣어 용제로 녹인 것으로 붓칠 시공이 가능하며 건조가 빠르고 투명한 도막을 만드는 공법은?

① 에나멜 페인트          ② 래커
③ 합성수지 에멀션 페인트     ④ 바니시

**알찬풀이** | 바니쉬는 고분자 수지와 건성유를 가열 융합하고 건조제를 넣어 용제로 녹인 것으로 붓칠 시공이 가능하며 건조가 빠르고 투명한 도막을 형성한다.

**25** 방수 공사에 사용되는 석유계 아스팔트 중 스트레이트 아스팔트(Strait Asphalt)의 특징으로 옳지 않은 것은?

① 신축이 좋고, 교착력이 우수하다.
② 연화점이 높고 내후성이 크다.
③ 지하실 방수에 주로 사용된다.
④ 아스팔트 펠트(felt), 아스팔트 루핑(Roofing)의 침투제로 사용된다.

**알찬풀이** | 스트레이트 아스팔트는 연화점이 낮고 내후성이 적다.

**26** 벽돌 벽체에 생기는 백화현상을 방지하기 위한 조치로 옳지 않은 것은?

① 처마를 충분히 내고 벽에 직접 비가 맞지 않도록 한다.
② 줄눈 모르타르는 된비빔으로 한다.
③ 줄눈을 충분히 사춤하고 줄눈 모르타르에 방수제를 넣는다.
④ 줄눈 모르타르에 석회를 혼합하여 우수의 침입을 방지한다.

**알찬풀이** | 줄눈 모르타르에 석회를 혼합하면 백화현상이 증대할 수 있다.

**27** 공사기간 단축기법으로 주공정상의 소요 작업 중 비용 구배(cost slope)가 가장 작은 단위 작업부터 단축해 나가는 것은?

① CPM
② MCX
③ CP
④ PERT

**알찬풀이** | MCX 기법(Minimum Cost Expenditing, 최소 비용 일정 단축 기법)
　① 공정관리상 불가피하게 공기단축의 경우가 생겨 공기를 단축 조정할 때 공기가 단축되는 대신 공비가 증가하게 된다는 이론이다.
　② 공사기간 단축기법으로 주공정상의 소요 작업 중 비용구배(cost slope)가 작은 요소작업부터 단위 시간씩 단축해 가며 이로 인해 변경되는 주공정이 발생되면 변경된 경로의 단축해야 할 요소작업을 결정해 가는 방법이다.
　③ 공기가 최소화 되도록 비용구배에 의해서 공기를 조절한다.

**28** 콘크리트 시공이음에 관한 설명으로 옳지 않은 것은?

① 시공이음은 전단력이 큰 위치에 설치한다.
② 수평시공이음이 거푸집에 접하는 선은 될 수 있는 대로 수평한 직선이 되도록 한다.
③ 시공이음부는 타설 전 이물질을 제거한다.
④ 시공이음은 부재의 압축력이 작용하는 방향과 직각이 되도록 한다.

**알찬풀이** | 시공이음은 전단력이 적은 위치에 설치한다.

**29** 건설공사 표준품셈에서 제시하는 철골재의 할증률로 옳지 않은 것은?

① 소형형강 : 5%  ② 봉강 : 3%

③ 강판 : 10%  ④ 고장력 볼트 : 3%

**알찬풀이** | 봉강의 할증률은 5%이다.

**30** 목조 천장틀의 구조를 위에서 아래로 옳게 나열한 것은?

① 반자틀받이 – 달대 – 달대받이 – 반자틀
② 달대받이 – 달대 – 반자틀 – 반자틀받이
③ 달대받이 – 달대 – 반자틀받이 – 반자틀
④ 달대 – 달대받이 – 반자틀 – 반자틀받이

**알찬풀이** | 목조 천장틀의 구조를 위에서 아래로 나열하면 '달대받이-달대-반자틀받이-반자틀'의 순이다,

**31** 네트워크 공정표의 장점이라고 볼 수 없는 것은?

① 공사의 진도관리가 용이하다.
② 작업상호간의 관련성을 알기 쉽다.
③ 공기단축 가능요소의 발견이 용이하다.
④ 공정표의 작성시간이 단축된다.

**알찬풀이** | 네트워크 공정표 작성은 전문 지식과 시간을 필요로 한다.

**32** 건축 공사 도급방식에서 정액도급의 단점이 아닌 것은?

① 발주자와 수급자 사이에 공사의 질에 대한 이해가 서로 일치하지 않을 수 있다.
② 공사완공시까지의 총공사비를 예측하기 어렵다.
③ 공사 중 설계변경을 할 경우 분쟁이 일어나기 쉽다.
④ 입찰전에 도면, 시방서 작성에 일정시간이 소요된다.

**알찬풀이** | 정액도급(Lump Sum Contract)
　　　　공사비 총액을 확정하고 계약하는 방식이다.

| 장 점 | 단 점 |
|---|---|
| ① 경쟁입찰로 공사비가 저렴하다.<br>② 공사관리업무가 간편하다.<br>③ 총액이 확정되므로 자금계획이 명확하다.<br>④ 공사비 절감노력을 한다. | ① 공사변경에 따른 도급금액 증감이 곤란하다.<br>② 설계도서가 완성되어야 하므로 입찰시까지 상당 시간을 필요로 하며 장기공사나 설계변경이 많은 공사는 불리하다.<br>③ 이윤관계로 공사가 조악해질 우려가 있다. |

**33** 용접공사 예열 시 유의사항으로 옳지 않은 것은?

① 모재의 표면온도가 0℃ 이하일 때는 예열한다.
② 최대 예열 온도는 공사감독자의 별도의 승인이 없는 경우 230℃ 이하로 한다.
③ 모재의 최소예열과 용접층간 온도는 강재의 성분과 강재의 두께 및 용접구속
　 조건을 기초로 하여 설정한다.
④ 이종 금속간에 용접을 할 경우는 예열과 층간온도는 금속간 평균을 기준으로
　 하여 실시한다.

**알찬풀이** | 이종금속 간에 용접을 할 경우에는 예열과 층간 온도는 용융점이 낮은 온도를 기준으로 하여 실시한다. 이종금속간의 용접은 전식, 용융점의 차이, 용접봉의 선택 및 용접 후의 결함 등 어려운 문제가 발생하므로 잘 시행하지는 않는다.

**34** 목공사에서 건축 연면적(m²)당 먹매김의 품이 가장 많이 소요되는 건축물은?

① 공장　　　　　　　　　② 사무소
③ 학교　　　　　　　　　④ 고급 주택

**알찬풀이** | 목공사에서 건축 연면적(m²)당 먹매김의 품이 가장 많이 소요되는 건축물은 고급 주택이다.

**35** 아스팔트 프라이머(Asphalt primer)에 관한 설명으로 옳지 않은 것은?

① 아스팔트를 휘발성 용제로 녹인 흑갈색 액체이다.
② 아스팔트 방수공법에서 제일 먼저 시공되는 방수재료이다.
③ 방수바탕면과 아스팔트시트의 부착이 잘되게 하는 것이다.
④ 블로운아스팔트의 내열성 · 내후성 등을 개량하기 위하여 식물섬유를 혼합하여 유동성을 부여한 것이다.

**알찬풀이** | 아스팔트 컴파운드(Asphalt Compound)
블로운 아스팔트에 동·식물성 유지나 광물성 분말을 혼합하여 만든 신축성이 크고 최우량 제품이다.

**36** 콘크리트 폭렬현상에 영향을 주는 요인으로 옳지 않은 것은?

① 함수율                    ② 철근 강도
③ 골재 및 시멘트 종류        ④ 혼화재

**알찬풀이** | 콘크리트 폭렬현상
고강도 콘크리트가 화재 등으로 발생한 급격한 온도 변화와 열로 인하여 내부에 갇혀있던 수분이 외부로 빠져나가지 못하고 팽창 한계점에 도달, 이후 폭발하며 부재 표면의 콘크리트가 탈락되거나 박리되는 현상으로 콘크리트의 내화력을 약화시키는 대표적인 현상이다.

**37** 환경문제 해결에 부응하는 콘크리트가 아닌 것은?

① 식생 콘크리트              ② 조습성 콘크리트
③ 항균 콘크리트              ④ 폴리머 콘크리트

**알찬풀이** | 폴리머 콘크리트(polymer concrete)
① 폴리머(Polymer)는 중합반응에 의해서 만들어진 합성수지로 이 수지를 시멘트와 혼합하여 만든 것이다.
② 콘크리트의 방수성, 내약품성, 변형성 등을 개선하기 위해서 이용된다.

**38** 콘크리트를 혼합할 때 염화마그네슘($MgCl_2$)을 혼합하는 이유는?

① 콘크리트의 비빔 조건을 좋게 하기 위함이다.
② 얼지 않게 하기 위함이다.
③ 방수성을 증가하기 위함이다.
④ 강도를 증가하기 위함이다.

**알찬풀이** | 콘크리트를 혼합할 때 염화마그네슘($MgCl_2$)을 혼합하는 이유는 초기 강도를 증가하기 위함이다.

| ANSWER | 32. ② | 33. ④ | 34. ④ | 35. ④ | 36. ② | 37. ④ | 38. ④ |
| --- | --- | --- | --- | --- | --- | --- | --- |

**39** 금속커튼월의 실물모형시험(mock up test)의 시험종목이 아닌 것은?

① 내화시험　　　　　　　　　② 동압수밀시험
③ 구조시험　　　　　　　　　④ 기밀시험

**알찬풀이** | 내화시험은 금속커튼월의 실물모형시험(mock up test)의 시험종목에 해당하지 않는다.


**40** 터파기를 위한 흙막이 지지공법이 아닌 것은?

① 케이싱공법　　　　　　　　② 어스앵커공법
③ 수평버팀대공법　　　　　　④ 경사버팀대공법

**알찬풀이** | 케이싱공법
　　　강관(鋼管)으로 제작한 케이싱으로 만든 공간에 철근을 엮어 설치하고 콘크리트를 주입한 뒤 그 강
　　　관을 제거하고 일정한 강도를 얻을 때까지 굳히는 말뚝공법으로 터파기를 위한 흙막이 지지공법에
　　　해당하지 않는다.


## 제3과목 : 건축구조

**41** 프리스트레스 하지 않는 부재의 현장치기 콘크리트 중 옥외의 공기나 흙에 직접 접하지 않는
콘크리트에서 설계기준압축강도가 40MPa 이상인 기둥의 가능한 최소 피복두께로 옳은 것은?

① 40mm　　　　　　　　　　② 30mm
③ 20mm　　　　　　　　　　④ 50mm

**알찬풀이** | 프리스트레스 하지 않는 부재의 현장치기 콘크리트 중 옥외의 공기나 흙에 직접 접하지 않는 철근
　　　콘크리트에서 보나 기둥 주근의 최소피복 두께는 40mm이나 콘크리트의 설계기준 압축강도가
　　　40MPa 이상인 경우에는 10mm를 감할 수 있다.


**42** 다음 그림과 같은 철근콘크리트 보 설계에서 콘크리트에 의한 전단강도 $V_c$를 구하면? (단,
$f_{ck}$=24MPa, $f_y$=400MPa, 경량 콘크리트 계수 $\lambda$=1.0)

① 180kN
② 209kN
③ 150kN
④ 245kN

**알찬풀이** | 콘크리트에 의한 전단강도($V_c$)

$$V_c = \frac{1}{6}\sqrt{f_{ck}} \cdot b_w \cdot d = \frac{1}{6}\times\sqrt{24}\times400\times640 ≒ 209,023(\text{N}) \rightarrow 209(\text{kN})$$

**43** 그림과 같은 부정정보에서 A점으로부터 전단력이 0이 되는 지점까지의 거리 $x$의 값은?

① $\dfrac{5}{8}L$   ② $\dfrac{7}{8}L$

③ $\dfrac{1}{8}L$   ④ $\dfrac{3}{8}L$

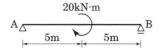

**알찬풀이** | 전단력이 0이 되는 지점까지의 거리 $x$의 값
지점으로부터 거리 인 곳의 휨모멘트 식

$$M_x = -\frac{wL^2}{8} + \frac{5wL}{8}x - wx \times \frac{x}{2}$$

$$V = \frac{dM_x}{d_x} = \frac{5wL}{8} - wx = 0 \text{ 이므로}$$

$$\therefore\ x = \frac{5}{8}L$$

**44** 그림과 같은 단순보 중앙점에 모멘트 20kN·m가 작용할 때 A점의 반력은?

① 하향 2kN
② 상향 4kN
③ 하향 4kN
④ 상향 2kN

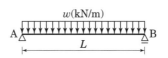

**알찬풀이** | A점의 반력($R_A$)

$$R_A(\text{kN}) \times 5(\text{m}) + 20(\text{kN·m}) = 0$$

$$\therefore\ R_A = 4(\text{kN})(\downarrow)$$

**45** 그림과 같은 등분포하중을 받는 단순보의 최대 처짐은?

① $\dfrac{5wL^4}{384EI}$

② $\dfrac{5wL^4}{128}$

③ $\dfrac{9wL^2}{128}$

④ $\dfrac{wL^4}{384EI}$

**알찬풀이** | 등분포하중을 받는 단순보의 최대 처짐은 $\dfrac{5wL^4}{384EI}$ 이다.

| ANSWER | 39. ① | 40. ① | 41. ② | 42. ② | 43. ① | 44. ③ | 45. ① |

**46** 철근콘크리트 보에서 늑근의 사용 목적으로 옳지 않은 것은?

① 부재의 휨 강성 증대
② 전단력에 의한 전단균열 방지
③ 철근조립의 용이성
④ 주철근의 고정

**알찬풀이** | 보에서 늑근의 사용 목적으로 철근조립의 용이성과는 관련이 적다.

**47** 강구조 인장재에 관한 설명으로 옳지 않은 것은?

① 부재의 축방향으로 인장력을 받는 구조부재이다.
② 대표적인 단면형태로는 강봉, ㄱ형강, T형강이 주로 사용된다.
③ 현수구조에 쓰이는 케이블이 대표적인 인장재이다.
④ 인장재 설계에서 총 단면에 대한 항복과 단면결손 부분의 파단은 검토하지 않는다.

**알찬풀이** | 강구조 인장재 설계에서 총 단면에 대한 항복과 단면결손 부분의 파단을 검토하여야 한다.

**48** 지름 350mm인 기성 콘크리트 말뚝을 시공할 때 최소 중심간격으로 옳은 것은?

① 525mm
② 875mm
③ 1,050mm
④ 700mm

**알찬풀이** | 기성 콘크리트 말뚝을 시공할 때 최소 중심간격은 콘크리트 말뚝의 직름이 D인 경우 말뚝의 중심
간격은 2D(2×350=700(mm) 이상이어야 한다.

**49** 그림과 같은 단면을 가진 보에서 A-A축에 대한 휨강도($Z_A$)와 B-B축에 대한 휨강도($Z_B$)의 관계를 옳게 나타낸 것은?

① $Z_A = 2.5Z_B$

② $Z_A = 2.0Z_B$

③ $Z_A = 3.0Z_B$

④ $Z_A = 1.5Z_B$

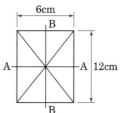

**알찬풀이** | 휨강도($Z_A$)와 휨강도($Z_B$)의 관계

단면계수(휨강도)는 $Z = \dfrac{bh^2}{6}$ 이므로

$Z_A = \dfrac{6 \times 12^2}{6} = 144(\text{cm}^3)$, $Z_B = \dfrac{12 \times 6^2}{6} = 72(\text{cm}^3)$

$\therefore Z_A = 2.0Z_B$

**50** 힘의 개념에 관한 설명으로 옳지 않은 것은?

① 힘은 물체에 작용해서 운동상태에 있는 물체에 변화를 일으키게 할 수 있다.

② 힘의 작용 시 물체에 발생하는 가속도는 힘의 크기에 반비례하고 물체의 질량에 비례한다.

③ 강체에 힘이 작용하면 작용점은 작용선상의 임의의 위치에 옮겨 놓아도 힘의 효과는 변함없다.

④ 힘은 변위, 속도와 같이 크기와 방향을 갖는 벡터의 하나이며, 3요소는 크기, 작용점, 방향이다.

**알찬풀이** | 힘의 작용 시 물체에 발생하는 가속도는 힘의 크기에 비례한다.

**51** 그림에서 X축에 대한 단면계수 Z는?

① $300\text{cm}^3$

② $500\text{cm}^3$

③ $200\text{cm}^3$

④ $100\text{cm}^3$

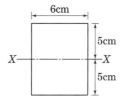

**알찬풀이** | X축에 대한 단면계수($Z$)

단면계수 $Z = \dfrac{bh^2}{6} = \dfrac{6 \times 10^2}{6} = 100(\text{cm}^3)$

| ANSWER | 46. ③ | 47. ④ | 48. ④ | 49. ② | 50. ② | 51. ④ |
|---|---|---|---|---|---|---|

**52** 그림과 같은 구조물에서 A점의 휨모멘트는?

① 3kN · m

② 6kN · m

③ 5kN · m

④ 4kN · m

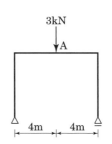

**알찬풀이** | A점의 휨모멘트($M_A$)

대칭구조의 중앙부에 집중하중이 작용하므로 양지점의 반력은 1.5(kN) 임을 알 수 있다.

∴ $M_A = 1.5(\text{kN}) \times 4(\text{m}) = 6(\text{kN} \cdot \text{m})$

**53** 그림과 같은 구조물의 부정정 차수는?

① 2차 부정정

② 3차 부정정

③ 4차 부정정

④ 1차 부정정

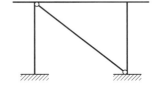

**알찬풀이** | 부정정 차수($N$)

부정정 차수($N$) = 외적차수($N_e$)+내적차수($N_i$)

= [반력수(r)−3]+[−부재 내의 힌지 절점수(h)+연결된 부재에 따른 차수]

∴ 부정정 차수 = [(3+3)−3]+[0+1×1] = 4차부정정

**54** 강재의 응력−변형률 곡선에서 구간별 특징에 관한 설명으로 옳지 않은 것은?

① 탄성영역은 응력과 변형도가 비례관계를 가지는 영역이다.

② 소성영역은 변형도의 증가 없이 응력만 증가하는 영역이다.

③ 파괴영역은 변형도는 증가하지만 응력은 오히려 줄어드는 부분이다.

④ 변형도 경화영역은 소성영역 이후 변형도가 증가하면서 응력이 비선형적으로 증가되는 영역이다.

**알찬풀이** | 소성영역은 응력의 증가 없이 변형도만 증가하는 영역이다.

## 55 강도설계법에 의한 철근콘크리트 부재의 장기처짐에 관한 설명으로 옳은 것은?

① 압축철근비가 클수록 장기처짐은 감소한다.
② 시간경과 계수의 최대값은 3이다.
③ 장기처짐은 상대습도, 온도 등 제반환경에는 영향을 크게 받으나 부재의 크기에는 영향을 받지 않는다.
④ 장기처짐은 즉시처짐과 관계가 없다.

**알찬풀이** | 장기처짐
① 장기처짐은 즉시처짐에 계수 $\lambda$를 곱하여 구한다.
② 콘크리트의 건조수축과 크리프로 인하여 시간의 경과와 더불어 진행하는 처짐으로 압축철근을 증가시킴으로서 장기처짐을 감소시킬 수 있다.
 • 장기처짐=지속하중에 의한 탄성처짐(즉시처짐) × $\lambda$

$$\lambda = \frac{\xi}{1+50\rho'}$$

$\xi$ : 시간경과 계수(3개월 1.0~5년 이상 2.0), $\rho'$(압축철근비) $= \dfrac{A_s}{bd}$

## 56 다음 구조물의 개략적인 휨모멘트도로 옳은 것은?

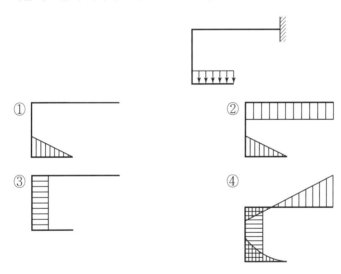

**알찬풀이** | 개략적인 휨모멘트도
한 단이 고정상태이고 다른 한 단의 일부에 등분포 하중이 작용하는 캔틸레버 보의 일종으로 개략적인 휨모멘트도는 그림 ④와 같은 형태(등분포하중의 휨모멘트도는 포물선을 형성)를 예상할 수 있다.

| **ANSWER** | 52. ② | 53. ③ | 54. ② | 55. ④ | 56. ④ |
|---|---|---|---|---|---|

**57** 그림과 같이 빗금친 도형의 밑면을 지나는 X–X축에 대한 단면1차모멘트의 값은?

① $30cm^3$

② $60cm^3$

③ $180cm^3$

④ $120cm^3$

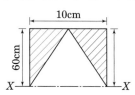

**알찬풀이** | 단면1차모멘트($G_X$)

$$G_X = A \cdot \overline{y} = (10 \times 6) \times 3 - \left(\frac{1}{2} \times 10 \times 6\right) \times 2$$

$$= 120 (cm^3)$$

**58** 강도설계법에서 압축 이형철근의 겹침이음 길이를 정하는 사항과 관계가 없는 것은?

① 철근의 공칭지름

② 철근의 항복강도

③ 철근의 간격

④ 콘크리트의 압축강도

**알찬풀이** | 압축 이형철근의 겹침이음 길이
  ① 겹침 이음길이

| 구 분 | 이음 길이 |
|---|---|
| $f_y \leq 400MPa$ | $0.072d_b \cdot f_y$ 이상 |
| $f_y > 400MPa$ | $d_b \cdot (0.13f_y - 24)$ 이상 |

  ② $f_{ck} < 21MPa$인 경우 이음길이를 $\frac{1}{3}$ 증가시킴

## 59 그림과 같은 단순보의 A점에서 전단력이 0이 되는 위치까지의 거리는?

① 5.5m

② 2m

③ 6.7m

④ 5m

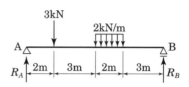

**알찬풀이** | A점에서 전단력이 0이 되는 위치까지의 거리($x$)

전단력이 0이 되는 위치

① $\sum M_B = 0$에서 $R_A(\text{kN}) \times 10(\text{m}) - 3(\text{kN}) \times 8(\text{m}) - \{2(\text{kN/m}) \times 2(\text{m}) \times 4(\text{m})\} = 0$

$\therefore R_A = \dfrac{24(\text{kN} \cdot \text{m}) + 16(\text{kN} \cdot \text{m})}{10(\text{m})} = 4(\text{kN})$

② $\sum V = 0$에서 $-4(\text{kN}) + 3(\text{kN}) + 4(\text{kN}) - R_B(\text{kN}) = 0$ $\therefore R_B = 3(\text{kN})$

③ 전단력도(S.F.D)를 그려보면 다음과 같고 전단력이 0이 되는 위치는 A점으로부터 5.5(m)임을 알 수 있다.

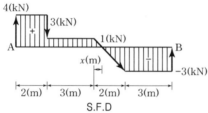

S.F.D

$2 : x = 4 : 1 \rightarrow x = 0.5(\text{m})$ $\therefore 2(\text{m}) + 3(\text{m}) + 0.5(\text{m}) = 5.5(\text{m})$

## 60 강도설계법에 의한 전단 설계시 부재축에 직각인 전단철근을 사용할 때 전단철근에 의한 전단강도 $V_s$는? (단, $s$는 전단철근의 간격)

① $V_s = \dfrac{s \cdot f_{yt} \cdot d}{A_v}$

② $V_s = \dfrac{A_v \cdot s \cdot d}{f_{yt}}$

③ $V_s = \dfrac{A_v \cdot f_{yt} \cdot s}{d}$

④ $V_s = \dfrac{A_v \cdot f_{yt} \cdot d}{s}$

**알찬풀이** | 전단철근에 의한 전단강도($V_s$)

전단철근에 의한 전단강도 식은 $V_s = \dfrac{A_v \cdot f_{yt} \cdot d}{s}$이다.

(부호) $A_v$ : 전단철근의 단면적, $f_{vt}$ : 전단철근의 항복강도

$d$ : 보의 유효춤, $s$ : 전단철근(스터럽)의 간격

| ANSWER | 57. ④ | 58. ③ | 59. ① | 60. ④ |
| --- | --- | --- | --- | --- |

---

**제4과목 : 건축설비**

**61** 다음과 같은 조건에 있는 양수펌프의 축동력(kW)은?

> [조건]
> · 양수량 : 300L/min
> · 전양정 : 10m
> · 펌프의 효율 : 55%

① 0.27kW  ② 1.23kW

③ 6.82kW  ④ 0.89kW

**알찬풀이** | 양수펌프의 축동력

$$펌프의\ 축동력 = \frac{W \times Q \times H}{6,120 \times E}(kW) = \frac{1000 \times 0.3 \times 10}{6120 \times 0.55} ≒ 0.89(kW)$$

(부호)

$W$ : 물의 밀도(1,000kg/m³)

$Q$ : 양수량(m³/min)

$H$ : 펌프의 전양정[흡입양정($H_s$)+토출양정($H_d$)+마찰손실 수두($H_f$)]

* $H_s$ : 펌프의 실양정[흡입양정($H_s$)+토출양정($H_d$)]

$E$ : 펌프의 효율(%)


**62** 정화조에서 호기성(好氣性) 균을 필요로 하는 곳은?

① 부패조  ② 여과조

③ 산화조  ④ 소독조

**알찬풀이** | 산화조는 적절한 산소를 공급하여 호기성균에 의해 오물을 분해 처리하는 곳이다.


**63** 급탕설비의 안전장치 중 보일러, 저탕조 등 밀폐 가열장치 내의 압력상승을 도피시키기 위해 설치하는 것은?

① 팽창밸브  ② 용해전

③ 신축이음  ④ 팽창관

**알찬풀이** | 팽창관

① 온수 순환 도중에 이상 압력이 생겼을 때 그 압력을 흡수하는 역할을 하는 배관이다.

② 급탕 수직관(온수난방 수직관)을 연장하여 팽창관으로 하고 이를 팽창 탱크에 자유 개방한다.

③ 팽창관의 도중에는 절대로 밸브류를 설치하지 않는다.

---

**64** 기계적 에너지가 아닌 열에너지에 의해 냉동 효과를 얻는 냉동기는?

① 스크루식 냉동기　　② 흡수식 냉동기
③ 터보식 냉동기　　④ 왕복동식 냉동기

**알찬풀이** | 터보식 냉동기
　흡수액의 온도 변화에 따라 냉매를 흡수·분리하며 응축·증발시키는 원리로 냉수 등을 만드는 장치다.

**65** 각개통기관에 관한 설명으로 옳은 것은?

① 트랩마다 설치되므로 가장 안정도가 높은 방식이다.
② 통기와 배수의 역할을 함께 하는 통기관이다.
③ 2개 이상의 트랩을 보호하기 위해 설치한다.
④ 배수 수직관 상부에서 관경을 축소하지 않고 연장하여 대기 중에 개방한다.

**알찬풀이** | 각개통기관
　① 위생 기구 마다 통기관을 세우는 것으로 가장 이상적인 통기 방법이다.
　② 관경: 32mm 이상
　③ 각개 통기관은 접속되는 배수관 구경의 1/2 이상이 되도록 한다.

**66** 변전실의 면적 결정에 영향을 주는 요소에 속하지 않는 것은?

① 발전기 용량
② 설치 기기와 큐비클의 종류
③ 수전전압
④ 변압기 용량

**알찬풀이** | 발전기 용량이 관련성이 적다.

**67** 배수배관에서 청소구를 설치하여야 하는 위치로 옳지 않은 것은?

① 배수 수직관의 최하부
② 배수 수평주관 및 배수 수평지관의 기점
③ 배수 수평주관과 옥외 배수관의 접속장소와 가까운 곳
④ 배수관이 30° 이상의 각도로 굽은 곳

**알찬풀이** | 배수관이 45° 이상의 각도로 굽은 곳에 설치하는 것이 좋다.

| ANSWER | 61. ④ | 62. ③ | 63. ④ | 64. ② | 65. ① | 66. ① | 67. ④ |

**68** 명시적 조명의 좋은 조명 조건으로 옳지 않은 것은?

① 필요한 밝기로서 적당한 밝기가 좋다.
② 직시 눈부심은 없어야 좋지만, 반사 눈부심은 있어야 좋다.
③ 분광분포와 관련하여 표준주광이 좋다.
④ 휘도분포와 관련하여 얼룩이 없을수록 좋다.

**알찬풀이** | 직시 눈부심, 반사 눈부심이 없어야 좋다.

**69** 광원에서 1m 떨어진 점에서 조도를 측정하였더니 100[lux]이었다. 이 광원의 광도는? (단, 균등 점광원인 경우)

① 100[cd]  ② 200[cd]
③ 400[cd]  ④ 300[cd]

**알찬풀이** | 광도
　　　① 점 광원으로부터 나오는 단위 입체각당의 발산 광속으로 광원의 세기를 나타낸다.
　　　② 단위: 칸델라(candela, cd)

**70** 다음 중 공조 방식을 열의 분배방법에 의해 분류하였을 때, 중앙공조방식에 속하는 것은?

① 멀티유닛방식
② 패키지유닛방식
③ 룸쿨러방식
④ 단일덕트방식

**알찬풀이** | 단일덕트방식, 이중덕트방식은 중앙공조방식 중 공기식에 해당한다.

**71** 공기조화방식 중 가변풍량 단일덕트 방식에 관한 설명으로 옳은 것은?

① 공조 대상실의 부하변동에 따라 송풍량을 조절하는 전공기식 공조 방식이다.
② 냉·난방을 동시에 할 수 있으므로 계절마다 냉·난방의 전환이 필요하지 않다.
③ 환기성능이 떨어질 염려가 없다.
④ 중간기의 외기냉방과 개별제어가 어렵다.

**알찬풀이** │ 가변풍량 단일덕트 방식
① 급기 덕트의 관말단부에 터미널 유니트라(Terminal Unit)는 장치를 설치하여 급기(송풍) 온도는 일정하게 하고 송풍량을 실내 부하에 따라 조절하는 방식이다.
② 부하 변동에 따라 송풍량을 조절할 수 있다.
③ 각 실(室)마다 개별제어가 가능하며 에너지 손실이 적어 에너지 절약형이다.
④ 터미널 유니트 장치로 인한 설비비가 높아지며 기계적 결함을 나타낼 수 있다.
⑤ 고층 사무소 건축물에 적당하다.

**72** 전압강하(Voltage Drop)에 관한 설명으로 옳은 것은?

① 전선에 전류가 흐를 때 전선의 임피던스로 인하여 전원측 전압보다 부하측 전압이 커지는 현상이다.
② 저항이 적은 전선을 사용하면 전압강하는 커진다.
③ 전선단면적에 비례하므로 전선을 가늘게 하면 전압강하가 발생하지 않는다.
④ 전압강하가 크면 전등은 광속이 감소하고 전동기는 토크가 감소한다.

**알찬풀이** │ 전압강하가 크면 전등은 광속이 감소하고 전동기는 토크가 감소한다.

**73** 난방부하 계산 시 각 외벽을 통한 손실열량은 방위에 따른 방향계수에 의해 값을 보정하는데, 계수 값의 대소 관계가 옳게 표현된 것은?

① 북>동·서<남
② 동>남·북>서
③ 북>남>동·서
④ 남>북>동·서

**알찬풀이** │ 난방부하 계산 시 각 외벽을 통한 손실열량은 방위에 따른 방향계수에 의해 값을 보정하는데, 계수 값의 대·소 관계는 '북 > 동·서 > 남' 순이다.

| ANSWER | 68. ② | 69. ① | 70. ④ | 71. ① | 72. ④ | 73. ① |
| --- | --- | --- | --- | --- | --- | --- |

**74** 바닥 복사난방에 관한 설명으로 옳지 않은 것은?

① 개방상태의 실에서도 난방 효과가 있다.
② 실내바닥면의 이용도가 높다.
③ 하자 발견이 어렵고 보수가 어렵다.
④ 천장이 높은 실의 난방은 불가능하다.

**알찬풀이** | 바닥 복사난방은 천장이 높은 실의 난방에도 효과가 있다.

**75** 자동화재탐지설비의 감지기 중 설치된 감지기의 주변 온도가 일정한 온도상승률 이상으로 되었을 경우에 작동하는 것은?

① 정온식                    ② 차동식
③ 광전식                    ④ 이온화식

**알찬풀이** | 차동식 감지기
실내의 공기 온도 상승률이 일정한 값을 초과하였을 때 작동하는 화재 감지기이다. 국소의 감열에 의해 작동하는 스폿형과 광범위한 부분의 감열 누적에 의해 작동하는 분포형이 있다.

**76** 열손실 계산에 있어서 난방 부하를 줄이기 위한 방법과 거리가 먼 것은?

① 단열재 설치                ② 회전문 설치
③ 축열조 설치                ④ 2중창 설치

**알찬풀이** | 축열조 설치의 설치는 난방 부하를 줄이기 위한 방법과 거리가 멀다.

**77** 저탕형 급탕설비에서 저탕온도를 유지하기 위해 사용되는 것은?

① 스팀 사일렌서(steem silencer)
② 프리 히터(pre-heater)
③ 파일럿 플레임(pilot flame)
④ 서모 스탯(thermostat)

**알찬풀이** | 저탕형 급탕설비
물탱크 내에 니크롬선을 동관으로 감싸 저탕조 내부에 설치하고 서모스탯을 이용하여 온도를 유지한다.

**78** 냉풍과 온풍을 혼합하여 부하조건이 다른 계통마다 공기를 공급하는 공기조화 방식은?

① 팬코일유닛방식
② 멀티존유닛방식
③ 변풍량 단일덕트방식
④ 정풍량 단일덕트

**알찬풀이** | 멀티존유닛방식(multi zone unit system)
중앙의 공조기에서 냉·온풍을 동시에 만들어 공조기 출구 밖에서 각 존마다 분활된 덕트에 각 부하에 따라 적당히 냉·온풍을 혼합하여 1개의 덕트로 각 실로 보내는 방식이다.
① 특징
  ㉠ 이중 덕트 방식의 변형이다.
  ㉡ 에너지 손실이 큰 방식에 해당한다.
② 용도: 중간 규모의 건축물

**79** 다음 중 공기를 가열할 때 변화하지 않는 것은?

① 습구온도
② 상대습도
③ 절대습도
④ 건구습도

**알찬풀이** | 공기의 성질
① 공기를 가열하면 상대습도는 낮아진다.
② 공기를 가열 또는 냉각해도 절대습도는 일정하다.
③ 건구온도와 습구온도가 동일하면 상대습도는 100%이다.
④ 습구온도는 건구온도보다 높을 수 없다.

**80** LPG와 LNG에 관한 설명으로 옳은 것은?

① LNG는 가스 공급을 위해 큰 투자가 들지 않는다.
② LPG의 가스누출검지기는 반드시 천장에 설치하여야 한다.
③ LNG는 도시가스용으로 널리 사용되고 주성분은 메탄가스이다.
④ LPG는 LNG보다 비중이 작다.

**알찬풀이** | LNG는 도시가스용으로 널리 사용되고 주성분은 메탄가스로 공기보다 비중이 작다.

| ANSWER | 74. ④ | 75. ② | 76. ③ | 77. ④ | 78. ② | 79. ③ | 80. ③ |

제5과목 : 건축법규

**81** 다음 중 기계식주차장에 속하지 않는 것은?

① 건축물식                    ② 지하식
③ 공작물식                    ④ 지평식

**알찬풀이** | 기계식주차장에 지평식은 없다.


**82** 공작물을 축조할 때 특별자치시장·특별자치도지사 또는 시장·군수·구청장에게 신고를 하여야 하는 대상 공작물에 속하는 것은?

① 높이가 7m인 굴뚝
② 높이가 7m인 고가수조
③ 높이가 1m인 옹벽
④ 높이가 1m인 담장

**알찬풀이** | 높이 6m를 넘는 굴뚝은 공작물 축조 신고를 하여야 한다.


**83** 일반상업지역 안에서 건축할 수 있는 건축물은?

① 자동차 관련 시설 중 폐차장
② 노유자 시설 중 노인복지시설
③ 자원순환 관련 시설
④ 묘지 관련 시설

**알찬풀이** | 일반상업지역 안에서 노유자 시설 중 노인복지시설은 건축할 수 있는 건축물에 해당한다.

**84** 국토의 계획 및 이용에 관한 법령에 따른 주거지역의 건폐율 기준으로 옳은 것은?

① 20% 이하

② 40% 이하

③ 90% 이하

④ 70% 이하

**알찬풀이** | 용도지역에서 건폐율의 최대한도는 관할 구역의 면적과 인구 규모, 용도지역의 특성 등을 고려하여 다음의 범위에서 대통령령으로 정하는 기준에 따라 특별시·광역시·특별자치시·특별자치도·시 또는 군의 조례로 정한다.
- 도시지역의 건폐율 기준
  - 주거지역: 70% 이하
  - 상업지역: 90% 이하
  - 공업지역: 70% 이하
  - 녹지지역: 20% 이하

**85** 건축물에 설치하여야 하는 배연시설에 관한 기준 내용으로 틀린 것은? (단, 기계식 배연설비를 하지 않는 경우)

① 배연구는 연기감지기 또는 열감지기에 의하여 자동으로 열 수 있는 구조로 할 것

② 건축물이 방화구획으로 구획된 경우에는 2구획마다 1개소 이상의 배연창을 설치할 것

③ 배연창의 유효면적은 0.7m² 이상으로서 그 면적의 합계가 당해 건축물의 바닥면적의 200분의 1 이상이 되도록 할 것

④ 배연구는 예비전원에 의하여 열 수 있도록 할 것

**알찬풀이** | 건축물이 방화구획이 설치된 경우에는 그 구획마다 1개소 이상의 배연창을 설치하되, 배연창의 상변과 천장 또는 반자로부터 수직거리가 0.9m 이내일 것. (다만, 반자높이가 바닥으로부터 3m 이상인 경우에는 배연창의 하변이 바닥으로부터 2.1m 이상의 위치에 놓이도록 설치하여야 함)

**86** 공동주택의 건축허가 신청 시 건축물의 용적률, 높이 제한에 대한 기준을 완화하여 적용받을 수 있는 리모델링이 쉬운 구조에 해당하지 않는 것은?

① 개별 세대 안에서 구획된 실(室)의 크기를 변경할 수 없을 것

② 구조체에서 건축설비, 내부 마감재료 및 외부 마감재료를 분리할 수 있을 것

③ 각 세대는 인접한 세대와 수직 방향으로 통합하거나 분할할 수 있을 것

④ 각 세대는 인접한 세대와 수평 방향으로 통합하거나 분할할 수 있을 것

**알찬풀이** | 리모델링이 쉬운 구조는 '개별 세대 안에서 구획된 실(室)의 크기, 개수 또는 위치 등을 변경할 수 있을 것'이어야 한다.

| ANSWER | 81. ④ | 82. ① | 83. ② | 84. ④ | 85. ② | 86. ① |

**87** 일조 등의 확보를 위한 건축물의 높이 제한과 관련하여 일반주거지역에서 건축물을 건축하는 경우, 높이 9m 이하인 부분은 정북 방향으로의 인접 대지경계선으로부터 최소 얼마 이상의 거리를 띄어 건축하여야 하는가? (단, 건축 조례로 정하는 경우는 고려하지 않는다.)

① 2m                 ② 1m

③ 2.5m              ④ 1.5m

**알찬풀이** | 인접대지 경계선으로부터 정북방향으로 띄우는 거리

전용주거지역 또는 일반주거지역 안에서 건축물을 건축하는 경우에는 건축물의 각 부분을 정북방향으로의 인접대지 경계선으로부터 다음의 범위 안에서 건축조례가 정하는 거리이상을 띄어 건축하여야 한다.

① 높이 9m 이하인 부분: 인접 대지경계선으로부터 1.5m 이상

② 높이 9m를 초과하는 부분: 인접 대지경계선으로부터 해당 건축물 각 부분 높이의 1/2분 이상

**88** 지하식 또는 건축물식 노외주차장의 차로에 관한 기준 내용으로 틀린 것은?

① 주차대수 규모가 50대 이상인 경우의 경사로는 너비 6m 이상인 2차로를 확보하거나 진입차로와 진출차로를 분리하여야 한다.

② 높이는 주차바닥면으로부터 2.3m를 이상으로 하여야 한다.

③ 경사로의 종단경사도는 곡선 부분에서는 17%를 초과하여서는 아니 된다.

④ 경사로의 노면은 거친 면으로 하여야 한다.

**알찬풀이** | 경사로의 차로너비는 및 종단구배

| 경사로의 형태 | 차로의 너비 | 종단 구배 |
|---|---|---|
| 직선형 | 1차선: 3.3m 이상<br>2차선: 6.0m 이상 | 17% 이하 |
| 곡선형 | 1차선: 3.6m 이상<br>2차선: 6.5m 이상 | 14% 이하 |

**89** 문화 및 집회시설 중 공연장의 개별 관람실에 설치하는 각 출구의 유효너비는 최소 얼마 이상이어야 하는가? (단, 바닥면적이 300m² 이상인 경우)

① 1.2m                ② 1.5m

③ 1.8m              ④ 2.1m

**알찬풀이** | 문화 및 집회시설 중 공연장의 개별 관람실에 설치하는 각 출구의 유효너비
① 관람석별로 2개소 이상 설치할 것
② 각 출구의 유효너비는 1.5m 이상일 것
③ 개별 관람석 출구의 유효너비의 합계는 개별 관람석의 바닥면적 100m² 마다 0.6m의 비율로 산정한 너비 이상으로 할 것

$$\therefore \ 출구의 \ 유효 \ 폭 \ \geq \ \frac{300m^2}{100m^2} \times 0.6(m) = 1.8(m)$$

**90** 건축물의 출입구에 설치하는 회전문에 관한 기준 내용으로 틀린 것은?

① 자동회전문은 충격이 가하여지거나 사용자가 위험한 위치에 있는 경우에는 전자감지장치 등을 사용하여 정지하는 구조로 할 것
② 출입에 지장이 없도록 일정한 방향으로 회전하는 구조로 할 것
③ 회전문의 회전속도는 분당회전수가 10회를 넘지 아니하도록 할 것
④ 계단이나 에스컬레이터로부터 2m 이상의 거리를 둘 것

**알찬풀이** | 회전문의 설치기준
건축물의 출입구에 설치하는 회전문은 다음의 기준에 적합하여야 한다.
① 계단이나 에스컬레이터로부터 2m 이상의 거리를 둘 것
② 회전문과 문틀사이 및 바닥사이는 다음에서 정하는 간격을 확보하고 틈 사이를 고무와 고무펠트의 조합체 등을 사용하여 신체나 물건 등에 손상이 없도록 할 것
　㉠ 회전문과 문틀 사이는 5cm 이상
　㉡ 회전문과 바닥 사이는 3cm 이하
③ 출입에 지장이 없도록 일정한 방향으로 회전하는 구조로 할 것
④ 회전문의 중심축에서 회전문과 문틀 사이의 간격을 포함한 회전문날개 끝부분까지의 길이는 140cm 이상이 되도록 할 것
⑤ 회전문의 회전속도는 분당회전수가 8회를 넘지 아니하도록 할 것
⑥ 자동회전문은 충격이 가하여지거나 사용자가 위험한 위치에 있는 경우에는 전자감지장치 등을 사용하여 정지하는 구조로 할 것

**91** 다음의 초고층 건축물의 정의에 관한 기준 내용 중 (　)안에 알맞은 것은?

> "초고층 건축물"이란 층수가 (㉠) 이상이거나 높이가 (㉡)미터 이상인 건축물을 말한다.

① ㉠ 50, ㉡ 200 　　　　　② ㉠ 50, ㉡ 150
③ ㉠ 60, ㉡ 240 　　　　　④ ㉠ 60, ㉡ 180

**알찬풀이** | "초고층 건축물"이란 층수가 50층 이상이거나 높이가 200m 이상인 건축물을 말한다.

## 92 비상용승강기 승강장의 구조 기준에 관한 내용이 틀린 것은?

① 채광이 되는 창문이 있거나 예비전원에 의한 조명설비를 할 것
② 옥내에 설치하는 승강장의 바닥면적은 비상용 승강기 1대에 대하여 6m² 이상 으로 할 것
③ 피난층이 있는 승강장의 출입구로부터 도로 또는 공지에 이르는 거리가 50m 이하일 것
④ 벽 및 반자가 실내에 접하는 부분의 마감재료는 불연재료로 할 것

**알찬풀이** │ 비상용승강기 승강장의 구조 기준

피난층이 있는 승강장의 출입구(승강장이 없는 경우에는 승강로의 출입구)로부터 도로 또는 공지 (공원·광장 기타 이와 유사한 것으로서 피난 및 소화를 위한 해당 대지에의 출입에 지장이 없는 것을 말함)에 이르는 거리가 30m 이하이어야 한다.


## 93 대지면적이 1,500m²이고 조경면적 기준이 대지면적의 10%로 정해진 지역에 건축물을 건 축하고자 한다. 옥상 부분 조경면적이 60m²일 경우, 지표면에 설치하여야 하는 최소 조경 면적은?

① 150m²
② 90m²
③ 130m²
④ 110m²

**알찬풀이** │ 조경면적 기준

옥상부분의 조경면적의 2/3에 해당하는 면적을 대지 안의 조경면적으로 산정할 수 있다.
(단, 옥상부분의 조경면적은 전체 조경면적의 50/100을 초과할 수 없다.)
- 필요 조경면적: 1,500m² × 0.1 = 150(m²)
∴ 150(m²) − 2/3× 60(m²) = 110(m²)


## 94 다음의 행위 중 대수선에 속하지 않는 것은?

① 보 3개를 수선 또는 변경하는 것
② 비내력벽의 벽면적 30m²를 수선 또는 변경하는 것
③ 지붕틀 3개를 수선 또는 변경하는 것
④ 기둥 3개를 수선 또는 변경하는 것

**알찬풀이** │ 대수선

비내력벽이 아니라 내력벽의 벽면적 30m²를 수선 또는 변경하는 것이 대수선에 해당한다.

**95** 건축물의 지붕을 평지붕으로 하는 경우 건축물의 옥상에 헬리포트를 설치하거나 헬리콥터를 통하여 인명 등을 구조할 수 있는 공간을 확보하여야 하는 대상 건축물 기준으로 옳은 것은?

① 층수가 10층 이상인 건축물로서 10층 이상인 층의 바닥면적의 합계가 10,000m² 이상인 건축물

② 층수가 8층 이상인 건축물로서 8층 이상인 층의 바닥면적의 합계가 8,000m² 이상인 건축물

③ 층수가 11층 이상인 건축물로서 11층 이상인 층의 바닥면적의 합계가 10,000m² 이상인 건축물

④ 층수가 9층 이상인 건축물로서 9층 이상인 층의 바닥면적의 합계가 8,000m² 이상인 건축물

**알찬풀이** | 건축물의 옥상에 헬리포트를 설치하거나 헬리콥터를 통하여 인명 등을 구조할 수 있는 공간을 확보하여야 하는 대상 건축물 기준은 층수가 11층 이상인 건축물로서 11층 이상인 층의 바닥면적의 합계가 10,000m² 이상인 건축물의 지붕이 평지붕 옥상인 경우이다.

**96** 환기를 위하여 단독주택의 거실에 설치하는 창문 등의 면적은 그 거실의 바닥면적의 최소 얼마 이상이어야 하는가? (단 기계환기장치 및 중앙관리방식의 공기 조화설비를 설치하지 않은 경우)

① 1/15  ② 1/20
③ 1/10  ④ 1/5

**알찬풀이** | 거실의 채광 및 환기 기준

| 구 분 | 건축물의 용도 | 창문 등의 면적 | 예외 규정 |
|---|---|---|---|
| 채 광 | • 단독주택의 거실<br>• 공동주택의 거실<br>• 학교의 교실<br>• 의료시설의 병실<br>• 숙박시설의 객실 | 거실 바닥 면적의<br>1/10 이상 | 거실의 용도에 따라 별표1의 규정에 의한 조도 이상의 조명장치를 설치하는 경우 |
| 환 기 | | 거실 바닥 면적의<br>1/20 이상 | 기계환기장치 및 중앙관리방식의 공기조화설비를 설치하는 경우 |

※ 수시로 개방할 수 있는 미닫이로 구획된 2개의 거실은 이를 1개의 거실로 본다.

**97** 그림과 같은 대지 조건에서 도로 모퉁이에서의 건축선에 의한 공제 면적은?

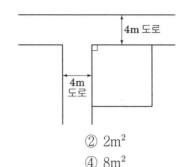

① 3m²
② 2m²
③ 4.5m²
④ 8m²

**알찬풀이** | 도로 모퉁이에서의 건축선(街角剪除)

| 도로의<br>교차각 | 해당 도로의 너비 | | 교차되는 도로의 너비 |
|---|---|---|---|
| | 6m 이상 8m 미만 | 4m 이상 6m 미만 | |
| 90° 미만 | 4m | 3m | 6m 이상 8m 미만 |
| | 3m | 2m | 4m 이상 6m 미만 |
| 90° 이상<br>120° 미만 | 3m | 2m | 6m 이상 8m 미만 |
| | 2m | 2m | 4m 이상 6m 미만 |

∴ 건축선에 의한 공제 면적 = $\frac{1}{2} \times 2(m^2) \times 2(m^2) = 2(m^2)$

**98** 층의 구분이 명확하지 않은 건축물의 층수 산정 방법으로 옳은 것은?

① 건축물의 높이 3m 마다 하나의 층으로 보고 층수를 산정한다.
② 건축물의 높이 5.5m 마다 하나의 층으로 보고 층수를 산정한다.
③ 건축물의 높이 4.5m 마다 하나의 층으로 보고 층수를 산정한다.
④ 건축물의 높이 4m 마다 하나의 층으로 보고 층수를 산정한다.

**알찬풀이** | 층수의 산정
① 승강기탑·계단탑·망루·장식탑·옥탑 기타 이와 유사한 건축물의 옥상부분으로서 그 수평 투영면적의 합계가 해당 건축물의 건축면적의 1/8(사업계획승인 대상인 공동주택 중 세대별 전용면적이 85m² 이하인 경우에는 1/6)이하인 것은 층수에 산입하지 아니한다.
② 지하층은 건축물의 층수에 산입하지 아니한다.
③ 층의 구분이 명확하지 아니한 건축물은 해당 건축물의 높이 4m 마다 하나의 층으로 산정한다.
④ 건축물의 부분에 따라 그 층수를 달리하는 경우에는 그중 가장 많은 층수로 한다.

**99** 공동주택의 난방설비를 개별난방방식으로 하는 경우에 관한 기준 내용으로 틀린 것은?

① 기름보일러를 설치하는 경우에는 기름저장소를 보일러실 외에 다른 곳에 설치할 것
② 보일러의 연도는 내화구조로서 공동연도로 설치할 것
③ 보일러는 거실 외의 곳에 설치하되 보일러를 설치하는 곳과 거실 사이의 경계벽은 출입구를 제외하고는 내화구조의 벽으로 구획할 것
④ 보일러실의 윗부분에는 그 면적이 0.3m² 이상인 환기창을 설치할 것

**알찬풀이** | 보일러실의 윗부분에는 그 면적이 0.5m² 이상인 환기창을 설치하여야 한다.

**100** 다음 중 건축물의 주요구조부와 지붕을 내화구조로 하여야 하는 건축물은?

① 판매시설의 용도로 쓰는 건축물로서 그 용도로 쓰는 바닥면적의 합계가 300m²인 건축물
② 공장의 용도로 쓰는 건축물로서 그 용도로 쓰는 바닥면적의 합계가 1,000m²인 건축물
③ 관광휴게실의 용도로 쓰는 건축물로서 그 용도로 쓰는 바닥면적의 합계가 400m²인 건축물
④ 종교시설의 용도로 쓰는 건축물로서 집회실의 바닥면적의 합계가 300m²인 건축물

**알찬풀이** | 종교시설의 용도로 쓰는 건축물로서 집회실의 바닥면적의 합계가 200m² 이상인 경우 건축물의 주요구조부와 지붕을 내화구조로 하여야 한다.

**ANSWER** 97. ② 98. ④ 99. ④ 100. ④

# MEMO

◈ 행복은 성취의 기쁨과 창조적 노력이 주는 쾌감 속에 있다. - 프랭클린 D. 루스벨트

# 2023년도

## CBT 복원문제

# 국가기술자격검정 필기시험문제

| 2023년도 제1회 CBT복원문제 온라인 CBT TEST | | | | 수검번호 | 성 명 |
|---|---|---|---|---|---|
| 자격종목 및 등급(선택분야) | 종목코드 | 시험시간 | 문제지형별 | | |
| 건축산업기사 | 2530 | 2시간30분 | A | | |

※ 답안카드 작성시 시험문제지 형별누락, 마킹착오로 인한 불이익은 전적으로 수험자의 귀책사유임을 알려드립니다.

## 제1과목 : 건축계획

**01** 일반주택의 평면계획에 관한 설명 중 옳지 않은 것은?

① 현관의 위치는 도로와의 관계, 대지의 형태 등에 영향을 받는다.
② 부엌은 가사노동의 경감을 위해 가급적 크게 만들어 워크 트라이앵글의 변의 길이를 길게 한다.
③ 부부침실보다는 낮에 많이 사용되는 노인실이나 아동실이 우선적으로 좋은 위치를 차지하는 것이 바람직하다.
④ 거실이 통로가 되지 않도록 평면계획시 고려해야 한다.

**알찬풀이** | 부엌은 가사노동의 경감을 위해 적정한 크기로 만들고 워크 트라이앵글은 냉장고, 싱크(개수)대, 조리(가열)대를 연결하는 삼각형으로 3.6~6.6m 이내가 적당하다. 적당하다.

**02** 아파트 건축의 각 평면 형식에 대한 설명 중 옳지 않은 것은?

① 홀형은 통행이 양호하며 프라이버시가 좋다.
② 편복도형은 복도가 개방형이므로 각호의 채광 및 통풍이 양호하다.
③ 중복도형은 대지에 대한 건물이용도가 좋으나 프라이버시가 나쁘다.
④ 계단실형은 통행부 면적이 높으며 독신자 아파트에 주로 채용된다.

**알찬풀이** | 홀 형(hall type)은
① 복도 등의 공용 부분의 면적을 줄일 수 있고 각 주거의 프라이버시 확보가 용이하다.
② 고층용 아파트 건축에 많이 이용된다.

**03** 사무소 건축에 있어서 연면적에 대한 임대면적의 비율로서 가장 적당한 것은?

① 40 ~ 50%  ② 50 ~ 60%
③ 70 ~ 75%  ④ 80 ~ 85%

**알찬풀이** | 임대면적 비율(유효율, rentable ratio)
① 렌터블 비란 임대면적과 연면적의 비율을 말하며, 임대 사무소의 경우 채산성의 지표가 된다.

$$\therefore \text{렌터블 비} = \frac{\text{대실면적(수익부분면적)}}{\text{연면적}} \times 100(\%)$$

② 일반적으로 70~75%의 범위가 적당하다.

**04** 주택의 각 실 공간계획에 관한 설명으로 옳지 않은 것은?

① 부엌은 밝고, 관리가 용이한 곳에 위치시킨다.
② 거실이 통로로서 사용되는 평면배치는 피한다.
③ 식사실은 가족수 및 식탁배치 등에 따라 크기가 결정된다.
④ 부부침실은 주간 생활에 주로 이용되므로 동향 또는 서향으로 하는 것이 바람직하다.

**알찬풀이** | 부부침실은 야간 생활에 주로 이용되므로 프라이버시 확보가 요구되는 방향이 바람직하다.

**05** 다음 설명에 알맞은 단지내 도로 형식은?

> • 불필요한 차량 진입이 배제되는 이점을 살리면서 우회도로가 없는 쿨데삭(cul-de sac)형의 결점을 개량하여 만든 형식이다.
> • 통과교통이 없기 때문에 주거환경의 쾌적성과 안전성은 확보되지만 도로율이 높아지는 단점이 있다.

① 격자형  ② 방사형
③ T자형  ④ Loop형

**알찬풀이** | Loop형(U형) 도로
① 통과교통을 완전히 배제할 수 있고 토지 이용측면에서 바람직하다.
② 단지(근린주구) 내로의 진입방향이 제한되어 접근성 및 식별성이 떨어진다.

**ANSWER**  1. ②  2. ④  3. ③  4. ④  5. ④

**06** 공장건축의 형식 중 파빌리온 타입에 대한 설명으로 옳지 않은 것은?

① 통풍, 채광이 좋다.
② 공장의 신설, 확장이 비교적 용이하다.
③ 건축형식, 구조를 각기 다르게 할 수 없다.
④ 각 동의 건설을 병행할 수 있으므로 조기완성이 가능하다.

**알찬풀이** | 분관식(Pavilion type)
　　　　　① 공장의 구조나 설비 등의 형식을 다르게 할 수 있다.
　　　　　② 신설, 확장이 비교적 용이하다.
　　　　　③ 배수 물 홈통설치가 용이하다.
　　　　　④ 통풍, 채광이 좋다.
　　　　　⑤ 건축비가 고가이다.
　　　　　⑥ 여러 동의 공장 건물을 병행할 수 있으므로 조기에 완공이 가능하다.

**07** 학교시설의 강당 및 실내체육과 계획에 있어 가장 부적절한 설명은?

① 강당 겸 체육관인 경우 커뮤니티 시설로서 이용될 수 있도록 고려하여야 한다.
② 실내체육관의 크기는 농구코트를 기준으로 한다.
③ 강당 겸 체육관인 경우 강당으로서의 목적에 치중하여 계획한다.
④ 강당의 크기는 반드시 전원을 수용할 수 있도록 할 필요는 없다.

**알찬풀이** | 학교시설의 강당 겸 체육관인 경우 체육관으로서의 목적에 치중하여 계획한다.

**08** 상점에 있어서 진열창의 반사를 방지하기 위한 조치로 가장 적합하지 않은 것은?

① 진열창 내의 밝기를 외부보다 낮게 한다.
② 차양을 달아 진열창 외부에 그늘을 준다.
③ 진열찰의 유리면을 경사지게 한다.
④ 곡면 유리를 사용한다.

**알찬풀이** | 진열창 내의 밝기를 외부보다 높게 한다.

**09** 사무소 건축의 실 단위 계획 중 개방식 배치에 관한 설명으로 옳지 않은 것은?

① 독립성이 결핍되고 소음이 있다.
② 전면적을 유용하게 이용할 수 있다.
③ 공사비가 개실 시스템보다 저렴하다.
④ 방의 길이나 깊이에 변화를 줄 수 없다.

**알찬풀이** | 사무소 건축의 개방식 배치는 방의 길이나 깊이에 변화를 줄 수 있다.

**10** 다음 중 공동주택의 인동간격을 결정하는 요소와 가장 관계가 먼 것은?

① 일조 및 통풍
② 소음방지
③ 지하 주차공간의 크기
④ 시각적 개방감

**알찬풀이** | 공동주택의 인동간격을 결정하는 요소 중 지하 주차공간의 크기는 관계가 적다.

**11** 송바르 드 로브(Chombard de Lawve)가 설정한 표준기준에 따를 경우, 4인 가족을 위한 주택의 주거면적은?

① $32m^2$
② $56m^2$
③ $64m^2$
④ $128m^2$

**알찬풀이** | 송바르 드 로브(Chombard de Lawve, 프랑스의 사회학자) 기준
       ⊙ 표준 기준 : $16m^2$/인
       ⓒ 한계 기준 : $14m^2$/인
       ⓒ 병리 기준 : $8m^2$/인
       ∴ $16m^2$/인 × 4인 = $64m^2$

**12** 공장건축의 지붕형태에 대한 설명 중 옳지 않은 것은?

① 뾰족지붕 : 직사광선을 어느 정도 허용하는 결점이 있다.
② 톱날지붕 : 채광창을 북향으로 하면 하루 종일 변함없는 조도를 유지한다.
③ 솟을 지붕 : 채광 환기에 적합한 방법이다.
④ 샤렌지붕 : 기둥이 많이 소요되는 단점이 있다.

**알찬풀이** | 샤렌 구조의 지붕
       최근의 공장 형태로 기둥이 적은 장점이 있다.

**13** 상점건축에서 대면판매의 특징으로 옳은 것은?

① 진열면적이 커지고 상품에 친근감이 간다.
② 판매원의 정위치를 정하기 어렵고 불안정하다.
③ 일반적으로 시계, 귀금속 상점 등에 사용된다.
④ 상품의 설명이나 포장이 불편하다.

**알찬풀이** | 대면판매 : 진열대(Show Case)를 사이에 두고 종업원과 손님이 마주보는 형태이다.

| ㉠ 장 점 | ㉡ 단 점 |
|---|---|
| • 설명에 유리하다 | |
| • 판매원의 위치가 안정된다. | • 진열면적의 감소 |
| • 포장이 편리하다. | (판매원 통로 필요) |
| (시계, 귀금속 상점 등에 사용) | |

**14** 1주일간의 평균 수업시간이 40시간인 어느 학교에서 설계제도실이 사용되는 시간은 16시간 이다. 그 중 4시간은 미술수업을 위해 사용된다면, 설계제도실의 이용률은?

① 10%　　　　　　　　② 25%
③ 40%　　　　　　　　④ 80%

**알찬풀이** | 설계제도실의 이용률

$$이용률 = \frac{교실이용시간}{주당\ 평균\ 수업시간} \times 100(\%)$$
$$= \frac{16}{40} \times 100 = 40(\%)$$

**15** 학교운영 방식에 관한 설명 중 옳지 않은 것은?

① U형 : 초등학교 저학년에 적합하며 보통 한 교실에 1-2개의 화장실을 가지고 있다.
② P형 : 교사의 수와 적당한 시설이 없으면 실시가 곤란하다.
③ U + V형 : 특별교실이 많을수록 일반 교실의 이용률이 떨어진다.
④ V형 : 각 교과의 순수율이 높고 학생의 이동이 적다.

**알찬풀이** | 교과교실형(V형, Department Type)
　㉠ 모든 교과목에 대해서 전용의 교실을 설치하고 일반교실은 두지 않는 형식이다.
　㉡ 각 교과목에 맞추어 전용의 교실이 주어져 교과목에 적합한 환경을 조성할 수 있으나 학생의 이동이 많고 소지품을 위한 별도의 장소가 필요하다.
　㉢ 시간표 편성이 어려우며 담당 교사수를 맞추기도 어렵다.

**16** 많은 고객이 판매장 구석까지 가기 쉬운 이점이 있으며 이형의 진열장이 많이 필요한 백화점의 진열장 배치방식은?

① 자유유선배치
② 직각배치
③ 방사배치
④ 사행배치

**알찬풀이** | 사행(斜行, 斜線) 배치
　① 주통로 이외의 부통로를 45° 사선으로 배치한 유형이다.
　② 많은 고객을 판매장 구석까지 유도할 수 있는 장점이 있다.
　③ 판매 진열장에 이형(異形)이 생긴다.

**17** 다음 중 쇼핑센터를 구성하는 주요 요소로 볼 수 없는 것은?

① 핵점포
② 몰(mall)
③ 코트(court)
④ 터미널(terminal)

**알찬풀이** | 쇼핑센터를 구성하는 주요 요소
　① 핵 점포
　② 전문점
　③ 몰(Mall), 페데스트리언 지대 (Pedestrian area)
　④ 코트(court)

**18** 백화점에 설치하는 에스컬레이터에 관한 설명으로 옳지 않은 것은?

① 수송량에 비해 점유면적이 작다.
② 설치시 층고 및 보의 간격에 영향을 받는다.
③ 비상계단으로 사용할 수 있어 방재계획에 유리하다.
④ 교차식 배치는 연속적으로 승강이 가능한 형식이다.

**알찬풀이** | 에스컬레이터는 비상계단 대용으로 사용할 수 없다.

**19** 다음의 고층 임대사무소 건축의 코어 계획에 관한 설명 중 틀린 것은?

① 엘리베이터의 직렬배치는 4대 이하로 한다.
② 코어내의 각 공간의 상하로 동일한 위치에 오도록 한다.
③ 화장실은 외래자에게 잘 알려질 수 없는 곳에 위치시키도록 한다.
④ 엘리베이터 홀과 계단실은 가능한 한 근접시킨다.

**알찬풀이** | 고층 임대사무소 건축의 코어 계획시 화장실은 외래자에게 잘 알려질 수 있는 곳에 위치시키도록 한다.

**20** 다음 설명에 알맞은 사무소 건축의 코어의 유형은?

> • 코어 프레임(core frame)이 내력벽 및 내진구조가 가능함으로서 구조적으로 바람직한 유형이다.
> • 유효율이 높으며, 임대 사무소로서 경제적인 계획이 가능하다.

① 중심코어형        ② 편심코어형

③ 독립코어형        ④ 양단코어형

**알찬풀이** | 중심코어형
     ① 바닥 면적이 클 경우 특히 고층, 중고층에 적합하다.
     ② 외주 프레임을 내력벽으로 하여 코어와 일체로 한 내진구조를 만들 수 있다.
     ③ 내부공간과 외관이 모두 획일적으로 되기 쉽다.
     ④ 유효율이 높으며, 임대 사무소로서 경제적인 계획이 가능하다.

## 제2과목 : 건축시공

**21** 기계경비 산정 시 고려하게 되는 3종의 시간당 계수가 아닌 것은?

① 상각비 계수        ② 관리비 계수

③ 정비비 계수        ④ 경비 계수

**알찬풀이** | 기계경비 산정 시 고려하게 되는 3종의 시간당 계수
     ① 상각비 계수
     ② 관리비 계수
     ③ 정비비 계수

**22** 슬레브에서 4변 고정인 경우 철근배근을 가장 많이 하여야 하는 부분은?

① 단변 방향의 주간대

② 단변 방향의 주열대

③ 장변 방향의 주간대

④ 장변 방향의 주열대

**알찬풀이** | 슬레브에서 4변 고정인 경우 철근배근을 가장 많이 하여야 하는 부분은 단변 방향의 주열대가 된다.

**23** 미장재료 중 수경성 재료인 것은?

① 진흙
② 회반죽
③ 시멘트 몰탈
④ 돌로마이트 플라스터

**알찬풀이** | 수경성 미장재료
가수(加水)에 의해 경화하는 미장재료(팽창성)

| | 순석고 플라스터 | • 소석고＋석회죽＋모래＋여물의 물반죽<br>• 경화속도가 빠르다. |
| --- | --- | --- |
| 수경성 재료 | 혼합석고 플라스터 | • 혼합석고＋모래＋여물의 물반죽<br>• 약 알카리성이다. |
| | 경석고 플라스터 | • 무수석고＋모래＋여물의 물반죽<br>• 경화가 빠르다. |
| | 시멘트 모르타르 | • 시멘트＋모래＋물 |
| | 인조석 바름 | • 백시멘트＋돌가루(종석)＋안료＋물 |

**24** 다음 중 수량 산출시의 할증율로 맞는 것은?

① 원형철근 : 7%
② 이형철근 : 3%
③ 대형형강 : 5%
④ 강판 : 5%

**알찬풀이** | 수량 산출시 재료의 할증율
① 원형철근 : 5%
③ 대형형강 : 7%
④ 강판 : 10%

**25** 콘크리트에 AE제를 사용하는 주목적은?

① 워커빌리티 향상
② 수밀성을 작게 한다.
③ 강도를 증가시킨다.
④ 철근과의 부착강도 증진

**알찬풀이** | 콘크리트에 AE제를 사용하는 주목적은 AE제가 작은 기포를 발생시켜 워커빌리티 향상시키는데 있다.

**ANSWER** 　　20. ①　　21. ④　　22. ②　　23. ③　　24. ②　　25. ①

**26** 다음 중 아스팔트 품질 시험의 항목과 가장 거리가 먼 것은?

① 감온비              ② 침입도
③ 연경도 시험       ④ 신도 및 연화점

**알찬풀이** | 연경도 시험
       연경도 시험은 흙(지반)의 단단하고 무른 정도를 파악하는데 사용하는 시험이다.

**27** 시멘트의 응결에 대한 설명으로 옳지 않은 것은?

① 분말도가 큰 시멘트는 비표면적이 증대된다.
② 물시멘트비가(W/C)가 낮을수록 응결 속도가 느리다.
③ 시멘트가 풍화되면 응결 속도가 늦어진다.
④ 분말도가 큰 시멘트는 블리딩을 감소시킨다.

**알찬풀이** | 시멘트의 응결시 물시멘트비가(W/C)가 낮을수록 응결 속도는 빠르다.

**28** 토사를 파내는 형식으로 지하연속벽과 같이 좁은 곳의 수직굴착 등에 적합 한 건설기계는?

① 파워 쇼벨(Power Shovel)
② 드래그라인(Drag Line)
③ 백 호우(Back Hoe)
④ 클램 셀(Clam Shell)

**알찬풀이** | 지하연속벽과 같이 좁은 곳의 수직굴착 등에 적합 한 건설기계는 클램 셀(Clam Shell)이다.

**29** 다음 중 콘크리트 배합시 시공연도와 관계가 제일 적은 것은?

① 시멘트 강도       ② 골재의 입도
③ 혼화제            ④ 단위시멘트량

**알찬풀이** | 콘크리트 배합시 시공연도와 관계가 제일 적은 것은 시멘트 강도이다.

**30** 다음 중 지붕이음 재료가 아닌 것은?

① 가압시멘트기와
③ 슬레이트
② 유약기와
④ 인슈레이션 보드

**알찬풀이** | 인슈레이션 보드는 단열재로 사용되는 재료이다.

**31** 시공줄눈 설치이유 및 설치위치로 잘못된 것은?

① 시공줄눈의 설치 이유는 거푸집의 반복사용이다.
② 시공줄눈의 설치위치는 이음길이가 최대인 곳에 둔다.
③ 시공줄눈의 설치위치는 구조물 강도상 영향이 적은 곳에 설치한다.
④ 시공줄눈의 설치위치는 압축력과 직각방향으로 한다.

**알찬풀이** | 시공줄눈은 구조상 취약한 부분이 될 수 있으므로 시공줄눈의 설치위치는 이음길이가 최소인 곳에 둔다.

**32** 유리공사에서 유리를 부착하는 재료로써 가장 올바른 것은?

① 인서트
② 스페이서
③ 코너비드
④ 탄성 시일링재

**알찬풀이** | 탄성 시일링재가 유리를 부착하는 재료로써 가장 적합하다.

**33** 시멘트 보관창고에 대한 설명으로 옳지 않은 것은?

① 주위에 배수도랑을 두고 우수의 침투를 방지한다.
② 바닥 높이는 지면으로부터 30m 이상으로 한다.
③ 공기의 유통을 원활히 하기 위해 개구부를 크게 하는 것이 좋다.
④ 시멘트의 높이 쌓기는 13포대를 한도로 한다.

**알찬풀이** | 시멘트 보관창고는 공기의 유통이 적도록 하기 위해 개구부를 작게 하는 것이 좋다.

| ANSWER | 26. ③  27. ②  28. ④  29. ①  30. ④  31. ②  32. ④  33. ③ |
| --- | --- |

**34** 하도급업체의 보호육성차원에서 입찰자에게 하도급자의 계약서를 입찰서에 첨부하도록 하여 하도급의 계열화를 유도하는 입찰방식은?

① 부대입찰        ② 대안입찰

③ 내역입찰        ④ 사전자격심사(PQ)

**알찬풀이** | 부대입찰제
① 덤핑으로 인한 부실 공사가 우려되어 대책 방안으로 채택된 방식이다.
② 건설업체가 하도급자와 함께 금액을 결정하여 입찰에 참가하고 낙찰되면 계약에 따라 공사를 진행한다.
③ 불공정 하도급 거래를 예방하고 건전한 하도급 계열화를 촉진하기 위함이다.

**35** 도장공사 중 금속재 바탕처리를 위해 인산을 활성제로 하여 비닐 부틸랄수지, 알코올, 물, 징크로메이트 등을 배합하여 금속면에 칠하면 인산피막을 형성함과 동시에 비닐 부틸랄 수지의 피막이 형성됨으로써 녹막이와 표면을 거칠게 처리하는 방법은?

① 인산피막법        ② 워시 프라이머법

③ 퍼커라이징법        ④ 본더라이징법

**알찬풀이** | 워시 프라이머법
금속재 바탕처리를 위해 인산을 활성제로 하여 비닐 부틸랄수지, 알코올, 물, 징크로메이트 등을 배합하여 금속면에 칠하면 인산피막을 형성함과 동시에 비닐 부틸랄 수지의 피막이 형성됨으로써 녹막이와 표면을 거칠게 처리하는 방법이다.

**36** 콘크리트 제작시 부재의 길이 방향으로 인장 측에 미리 구멍을 뚫고, 콘크리트 경화 시 구멍에 강재를 삽입, 긴장, 정착 후 콘크리트를 제작하는 방식으로 올바른 것은?

① 현장제작 콘크리트
② 프리캐스트 콘크리트
③ 프리텐션 콘크리트
④ 포스트텐션 콘크리트

**알찬풀이** | 포스트텐션 콘크리트
콘크리트 제작시 부재의 길이 방향으로 인장 측에 미리 구멍을 뚫고, 콘크리트 경화 시 구멍에 강재를 삽입, 긴장, 정착 후 콘크리트를 제작하는 방식으로 장스팬의 보 제작에 이용된다.

**37** 공사의 도급자가 설계·시공을 일괄적으로 계약하는 방식으로서 패키지방식(Package Contract)이라고도 불리우는 방식은?

① 총액계약 방식
② 공동도급 방식
③ 턴키계약 방식
④ 실비정산보수가산 방식

**알찬풀이** | 턴키계약(Turn-Key Contract) 방식
공사의 시공뿐만 아니라, 자금의 조달, 토지의 확보, 설계 등 건축주가 필요로 하는 거의 모든 것을 포함한 포괄적인 도급 계약 방식이다.

**38** 공사기간 단축기법의 일종으로써 주공정상의 소요작업 중 비용구배(Cost Slope)가 가장 작은 요소작업부터 단위시간씩 단축해 가는 방법은?

① CP
② PERT
③ CPM
④ MCX

**알찬풀이** | MCX(Minimum Cost Expediting) 기법
① 공정관리상 불가피하게 공기단축의 경우가 생겨 공기를 단축 조정할 때 공기가 단축되는 대신 공비가 증가하게 된다는 이론이다.
② 공사기간 단축기법으로 주공정상의 소요 작업 중 비용구배(cost slope)가 작은 요소작업부터 단위 시간씩 단축해 가며 이로 인해 변경되는 주공정이 발생되면 변경된 경로의 단축해야 할 요소작업을 결정해 가는 방법이다.
③ 공기가 최소화 되도록 비용구배에 의해서 공기를 조절한다.

**39** 다음 중 벽돌공사에 대한 설명으로 옳지 않은 것은?

① 벽돌쌓기용 몰탈의 강도는 벽돌강도보다 작은 것이 좋다.
② 연속되는 벽면의 일부를 나중쌓기 할 때에는 그 부분을 층단 들여쌓기로 한다.
③ 세로줄눈의 모르타르는 벽돌 마구리면에 충분히 발라 쌓도록 한다.
④ 하루의 쌓기 높이는 1.2m(18켜 정도)를 표준으로 하고, 최대 1.5m(22켜 정도) 이하로 한다.

**알찬풀이** | 벽돌쌓기용 몰탈의 강도는 벽돌강도 이상인 것을 사용하는 것이 좋다.

| ANSWER | 34. ① | 35. ② | 36. ④ | 37. ③ | 38. ④ | 39. ① |

**40** 반복되는 작업을 수량적으로 도식화하는 공정관리 기법으로 아파트 및 오피스 건축에서 주로 활용되는 것을 무엇이라고 하는가?

① 횡선식 공정표(Bar Chart)
② 네트워크 공정표
③ PERT 공정표
④ LOB(Line of Balance) 공정표

**알찬풀이** | LOB(Line of Balance) 공정표
① 반복 공사에서 y축은 층수 x축은 공기로 하여 그 생산성을 기울기 직선으로 나타내는 방법으로 반복되는 작업이 많은 공사에 적용되는 기법 이다.
② 반복하는 작업들에 의하여 공사가 이루어질 경우 작업들에 사용되는 자원의 활용이 공사기간을 결정하는데 큰 영향을 준다는 것을 알 수 있다.
③ 각 작업간의 상호관계를 명확히 나타낼 수 있으며, 전체 공사를 작업의 진도율로 표현 할 수 있다.

---

### 제3과목 : 건축구조

**41** 말뚝머리 지름이 350mm인 기성콘크리트 말뚝을 시공할 때 그 중심간격으로 가장 적당한 것은?

① 700mm
② 750mm
③ 875mm
④ 1,000mm

**알찬풀이** | 말뚝의 배치 간격
① 최소 중심간격 : 말뚝 끝 마구리 지름의 2.5배 이상 또는 다음 표의 값 이상

| 말뚝의 종류 | 말뚝 간격(pitch) |
|---|---|
| 나무 말뚝 | 60cm 이상 |
| 기성 콘크리트 말뚝 | 75cm 이상 |
| 제자리 콘크리트 말뚝 | 90cm 이상 |
| H 형강, 강관 말뚝 | 90cm 이상 |

② 기초판 끝과의 거리 : 말뚝 끝 마구리 지름의 1.25배 이상
∴ 350(mm)×2.5=875(mm)

## 42 그림과 같은 철근콘크리트의 보 설계에서 콘크리트에 의한 전단강도 $V_c$는?

(단, $f_{ck} = 24MPa$, $f_y = 400MPa$, 경량콘크리트계수 $\lambda = 1.0$)

① 150kN
② 180kN
③ 209kN
④ 245kN

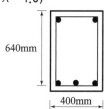

640mm

400mm

**알찬풀이** | 전단강도($V_c$)

콘크리트가 부담하는 공칭 전단강도($V_C$)

$$V_C = \frac{1}{6}\sqrt{f_{ck}}\,b_w \cdot d$$

$$= \frac{1}{6} \times \sqrt{24} \times 400 \times 640 \fallingdotseq 209,023(N)$$

$$\rightarrow 209(kN)$$

## 43 철근콘크리트 부재의 장기처짐에 대한 설명으로 옳은 것은?

① 압축철근비가 클수록 장기처짐은 감소한다.
② 장기처짐은 즉시처짐과 관계가 없다.
③ 장기처짐은 상대습도, 온도 등 제반 환경에는 영향을 크게 받으나 부재의 크기에는 영향을 받지 않는다.
④ 시간경과 계수의 최대값은 3이다.

**알찬풀이** | 장기처짐

콘크리트의 건조수축과 크리프로 인하여 시간의 경과와 더불어 진행하는 처짐으로 압축철근을 증가시킴으로서 장기처짐을 감소시킬 수 있다.

장기처짐=지속하중에 의한 탄성처짐×$\lambda$

$$\lambda = \frac{\xi}{1 + 50\rho'}$$

$\xi$ : 시간경과 계수(3개월 1.0~5년 이상 2.0)

$$\rho'(\text{압축철근비}) = \frac{A_s}{bd}$$

## 44 강구조 인장재에 관한 설명으로 옳지 않은 것은?

① 대표적인 단면형태로는 강봉, ㄱ형강, T형강이 주로 사용된다.
② 인장재 설계에서 단면결손 부분의 파단은 검토하지 않는다.
③ 부재의 축방향으로 인장력을 받는 구조이다.
④ 현수구조에 쓰이는 케이블이 대표적인 인장재이다.

**알찬풀이** | 강구조 인장재 설계에서 단면결손 부분의 파단을 검토하여야 한다.

**ANSWER** 40. ④ 41. ③ 42. ③ 43. ① 44. ②

**45** 힘의 개념에 관한 설명으로 옳지 않은 것은?

① 힘은 변위, 속도와 같이 크기와 방향을 갖는 벡터의 하나이며, 3요소는 크기, 작용점, 방향이다.

② 물체에 힘의 작용 시 발생하는 가속도는 힘의 크기에 반비례하고 물체의 질량에 비례한다.

③ 힘은 물체에 작용해서 운동상태에 있는 물체에 변화를 일으키게 할 수 있다.

④ 강체에 힘이 작용하면 작용점은 작용선상의 임의의 위치에 옮겨 놓아도 힘의 효과는 변함없다.

**알찬풀이** | 물체에 힘의 작용 시 힘($F$)은 발생하는 가속도($a$)의 크기 및 물체의 질량($m$)에 비례한다.

$$\therefore F = m \cdot a$$

**46** 그림과 같은 단면의 $x$축에 대한 단면계수 $Z_x$ 는?

① $100\text{cm}^2$
② $100\text{cm}^3$
③ $1,000\text{cm}^2$
④ $1000\text{cm}^3$

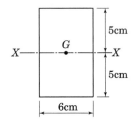

**알찬풀이** | 단면계수($Z_x$)

$$Z = \frac{I_X}{y}$$

(부호) $I_X$ : 도심 축에 대한 단면 2차 모멘트

  $y$ : 도심 축에서 단면의 끝단까지의 거리

$$\therefore Z_x = \frac{\left(\dfrac{6 \times 10^3}{12}\right)}{5} = 100(\text{cm}^3)$$

**47** 그림과 같은 부정정보에서 A지점으로부터 우측으로 전단력이 0이 되는 위치 $x$는?

① $\dfrac{3L}{8}$
② $\dfrac{5L}{8}$
③ $\dfrac{L}{2}$
④ $\dfrac{2L}{3}$

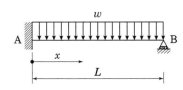

**알찬풀이** | 전단력이 0이 되는 위치$(x)$

A지점 반력은 $\dfrac{5wL}{8}$, B지점 반력은 $\dfrac{3wL}{8}$ 이므로 비례관계로 전단력이 0이 되는 위치$(x)$는 $\dfrac{5L}{8}$ 이다.

## 48 강재의 응력변형도 곡선에 관한 설명으로 틀린 것은?

① 탄성영역은 응력과 변형도가 비례관계를 보인다.
② 파괴영역은 변형도는 증가하지만 응력은 오히려 줄어드는 부분이다.
③ 변형도경화영역은 소성영역 이후 변형도가 증가하면서 응력이 비선형적으로 증가되는 영역이다.
④ 소성영역은 변형률은 증가하지 않고 응력만 증가하는 영역이다.

**알찬풀이** | 소성영역은 응력은 증가하지 않고 변형률만 증가하는 영역이다.

## 49 다음 구조물의 개략적인 휨모멘트도로 옳은 것은?

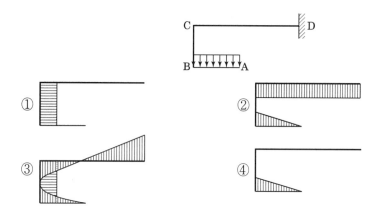

**알찬풀이** | 개략적인 휨모멘트도

한 단이 고정상태이고 다른 한 단의 일부에 등분포 하중이 작용하는 캔틸레버 보의 일종으로 개략적인 휨모멘트도는 그림 ③과 같은 형태(등분포하중의 휨모멘트도는 포물선을 형성)를 예상할 수 있다.

| ANSWER | 45. ② | 46. ② | 47. ② | 48. ④ | 49. ③ |
|---|---|---|---|---|---|

**50** 그림과 같은 단순보의 A점에서 전단력이 0이 되는 위치까지의 거리는?

① 5.67m

② 5.5m

③ 2m

④ 5m

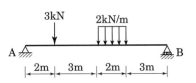

**알찬풀이** | A점에서 전단력이 0이 되는 위치까지의 거리($x$)

전단력이 0이 되는 위치

① $\sum M_B = 0$ 에서 $R_A(\text{kN}) \times 10(\text{m}) - 3(\text{kN}) \times 8(\text{m}) - \{2(\text{kN/m}) \times 2(\text{m}) \times 4(\text{m})\} = 0$

$$\therefore R_A = \frac{24(\text{kN} \cdot \text{m}) + 16(\text{kN} \cdot \text{m})}{10(\text{m})} = 4(\text{kN})$$

② $\sum V = 0$ 에서 $-4(\text{kN}) + 3(\text{kN}) + 4(\text{kN}) - R_B(\text{kN}) = 0$

$$\therefore R_B = 3(\text{kN})$$

③ 전단력도(S.F.D)를 그려보면 다음과 같고 전단력이 0이 되는 위치는 A점으로부터 5.5(m)임을 알 수 있다.

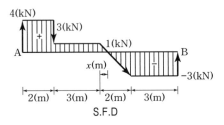

S.F.D

$2 : x = 4 : 1 \rightarrow x = 0.5(\text{m})$    $\therefore 2(\text{m}) + 3(\text{m}) + 0.5(\text{m}) = 5.5(\text{m})$

**51** 강도설계법일 경우 현장치기 콘크리트에서 옥외의 공기나 흙에 직접 접하지 않는 콘크리트 설계기준강도가 40N/mm² 이상인 기둥의 가능한 최소 피복두께로 적당한 것은?

① 20mm                          ② 30mm

③ 40mm                          ④ 50mm

**알찬풀이** | 현장치기 콘크리트에서 흙이나, 옥외의 공기에 직접 노출되지 않는 콘크리트의 피복두께

|  | | |
|---|---|---|
| 보, 기둥 | $f_{ck}$가 400MPa 미만 | 40mm |
|  | $f_{ck}$가 400MPa 이상 | 30mm |

## 52 그림과 같은 라멘구조에서 C점의 휨모멘트는?

① 1.5kN·m
② 3kN·m
③ 6kN·m
④ 12kN·m

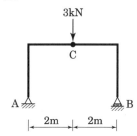

**알찬풀이** | C점의 휨모멘트($M_c$)
대칭구조의 중앙부에 집중하중이 작용하므로 양지점의 반력은 1.5(kN)임을 알 수 있다.
∴ $M_c = 1.5(\text{kN}) \times 2(\text{m}) = 3(\text{kN·m})$

## 53 강도설계법에 의한 전단 설계 시 부재 축에 직각인 전단철근을 사용할 때 전단철근에 의한 전단강도 $V_s$는? (단, $s$는 전단철근의 간격)

① $V_s = \dfrac{A_v \cdot f_{yt} \cdot s}{d}$

② $V_s = \dfrac{A_v \cdot s \cdot d}{f_{yt}}$

③ $V_s = \dfrac{s \cdot f_{yt} \cdot d}{A_v}$

④ $V_s = \dfrac{A_v \cdot f_{yt} \cdot d}{s}$

**알찬풀이** | 전단철근에 의한 전단강도($V_s$)
전단철근에 의한 전단강도 식은 $V_s = \dfrac{A_v \cdot f_{yt} \cdot d}{s}$ 이다.
(부호) $A_v$ : 전단철근의 단면적, $f_{vt}$ : 전단철근의 항복강도
$d$ : 보의 유효춤, $s$ : 전단철근(스터럽)의 간격

## 54 철근콘크리트구조에서 압축 이형철근의 겹침 이음길이와 관련 없는 것은?

① 철근의 간격
② 철근의 항복강도
③ 철근의 공칭직경
④ 콘크리트 압축강도

**알찬풀이** | 압축 이형철근의 겹침 이음길이와 철근의 간격은 관련이 없다.

**55** 철근콘크리트 보에서 늑근의 사용 목적으로 적절하지 않은 것은?

① 전단력에 의한 전단균열 방지
② 철근조립의 용이성
③ 주철근의 고정
④ 부재의 휨강성 증대

**알찬풀이** | 철근콘크리트 보에서 늑근의 사용 목적으로 부재의 휨강성 증대와는 관련이 적다.

**56** 그림과 같은 구조물의 부정정 차수는?

① 1차 부정정
② 2차 부정정
③ 3차 부정정
④ 4차 부정정

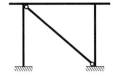

**알찬풀이** | 부정정 차수($N$)
　　부정정 차수($N$) = 외적차수($N_e$)+내적차수($N_i$)
　　　　　　　　= [반력수(r)−3]+[−부재 내의 흰지 절점수(h)+연결된 부재에 따른 차수]
　∴ 부정정 차수 = [(3+3)−3]+[0+1×1] = 4차부정정

**57** 지점 A의 반력의 크기와 방향으로 옳은 것은?

① 하향 2kN
② 상향 2kN
③ 하향 4kN
④ 상향 4kN

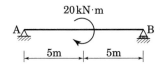

**알찬풀이** | A점의 반력($R_A$)
　　$R_A(\text{kN})\times 5(\text{m})+20(\text{kN·m})=0$
　∴ $R_A = 4(\text{kN})(\downarrow)$

**58** 그림과 같은 단순보의 최대 처짐은? (단, $I$ : 단면2차모멘트, $E$ : 탄성계수)

① $\dfrac{5wI^3}{384EL}$

② $\dfrac{5wI^4}{384EL}$

③ $\dfrac{5wL^3}{384EI}$

④ $\dfrac{5wL^4}{384EI}$

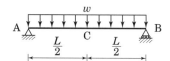

**알찬풀이** | 그림과 같은 단순보에 등분포 하중이 작용하는 경우 최대처짐 장소는 중앙이며, 처짐 값은 $\dfrac{5wL^4}{384EI}$ 이다.

**59** 그림과 같은 단면을 가진 보에서 A–A축에 대한 휨강도($Z_A$)와 B–B축에 대한 휨강도($Z_B$)의 관계를 옳은 것은?

① $Z_A = 1.5Z_B$

② $Z_A = 2.0Z_B$

③ $Z_A = 2.5Z_B$

④ $Z_A = 3.0Z_B$

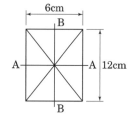

**알찬풀이** | 휨강도($Z_A$)와 휨강도($Z_B$)의 관계

단면계수(휨강도)는 $Z = \dfrac{bh^2}{6}$ 이므로

$Z_A = \dfrac{6 \times 12^2}{6} = 144(\text{cm}^3)$, $Z_B = \dfrac{12 \times 6^2}{6} = 72(\text{cm}^3)$

∴ $Z_A = 2.0Z_B$

**60** 그림과 같이 음영된 부분의 밑변을 지나는 $x$축에 대한 단면1차모멘트의 값으로 맞는 것은?

① $30\text{cm}^3$

② $60\text{cm}^3$

③ $120\text{cm}^3$

④ $180\text{cm}^3$

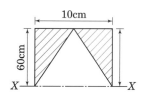

**알찬풀이** | 단면1차모멘트($G_X$)

$G_X = A \cdot \overline{y} = (10 \times 6) \times 3 - \left(\dfrac{1}{2} \times 10 \times 6\right) \times 2$

$= 120(\text{cm}^3)$

**ANSWER** 　　55. ④ 　56. ④ 　57. ③ 　58. ④ 　59. ② 　60. ③

제4과목 : 건축설비

**61** 위험물저장 및 처리시설의 피뢰침 보호각의 기준은 몇 도인가?

① 30°  ② 45°
③ 60°  ④ 90°

**알찬풀이** | 피뢰침 보호각
① 일반 건축물 : 60° 로 이내
② 위험물 저장 및 처리시설 : 45° 이내

**62** 다음 중 최저 필요급수압력이 가장 높은 대변기 세정수의 급수방식은?

① 사이폰식  ② 로 탱크식
③ 하이 탱크식  ④ 플러시 밸브식

**알찬풀이** | 플러시 밸브식(Flush valve system, 세정 밸브식)
① 급수관 관경 : 25mm 이상
② 급수 압력 : $0.7kg/cm^2$ 이상
③ 크로스 커넥션(cross connection) 방지를 위해 진공 방지기 (vacuum breaker)를 함께 사용해야 한다.

**63** 간선설계 순서로서 옳은 것은?

| A : 전선굵기를 결정 | B : 배선방법을 선정 |
|---|---|
| C : 부하용량을 구한다. | D : 전기방식을 결정 |

① A-B-C-D  ② C-D-B-A
③ B-A-D-C  ④ D-B-A-C

**알찬풀이** | 간선설계 순서
① 간선의 부하용량 산정
② 전기방식과 배선방식의 선정
③ 배선방법 결정
④ 전선의 굵기 결정

**64** 다음 중 생물화학적 산소요구량을 나타내는 것은?

① COD
② DO
③ BOD
④ PPM

**알찬풀이** │ BOD(Biochemical Oxygen Demand)
생물화학적 산소 요구량으로 ppm 단위로 나타낸다.

**65** 다음의 소방시설에 관한 설명 중 옳은 것은?

① 옥내소화전의 방수압력은 0.17MPa 이상이고, 방수량은 130ℓ/min 이하이다.
② 옥외소화전의 방수압력은 0.25MPa 이상이고, 방수량은 300ℓ/min 이상이다.
③ 스프링클러 헤드 1개의 방수량은 500ℓ/min 이상이다.
④ 드렌쳐 설비 헤드 1개의 방수압력은 0.1MPa이다.

**알찬풀이** │ 소방시설
① 옥내소화전의 방수압력은 0.17MPa~0.7MPa이고, 방수량은 130ℓ/min(0.7MPa에서) 이하이다.
② 옥외소화전의 방수압력은 0.25MPa 이상이고, 방수량은 350ℓ/min(0.25MPa에서) 이상이다.
③ 스프링클러 헤드 1개의 방수량은 80ℓ/min 이상이다.

**66** 배수 트랩에 관한 설명으로 옳지 않은 것은?

① 유효 봉수깊이가 너무 낮으면 봉수를 손실하기 쉽다.
② 유효 봉수깊이는 일반적으로 50mm 이상 100mm 이하이다.
③ 배수관 계통의 환기를 도모하여 관내를 청결하게 유지하는 역할을 한다.
④ 유효 봉수깊이가 너무 크면 유수의 저항이 증가되어 통수능력이 감소된다.

**알찬풀이** │ 배수 트랩의 설치 목적
배수관 속의 악취, 유독가스 및 해충 등이 실내로 침투하는 것을 방지하기 위하여 배수관 계통의
일부(트랩)에 물을 고여두게 하는 기구를 트랩(trap)이라 한다.

**67** 열관류율 K = 5W/m²·K인 유리창을 통하여 이동하는 열량은? (단, 유리창의 면적은 10m²며, 실내외 공기의 온도차는 30℃이다.)

① 50W
② 150W
③ 300W
④ 1500W

**알찬풀이** | 유리창을 통하여 이동하는 열량
열관류 열량$(Q) = K \cdot (t_1 - t_2) \cdot A \cdot T$ (kcal, W)
(부호) $K$ : 열관류율(kcal/m²·h·℃, W/m²·℃)
$t_1 - t_2$ : 실내 외 온도차(℃) $(t_1 > t_2)$
$A$ : 표면적(m²)
$T$ : 시간(h)
∴ $Q = 5 \times 30 \times 10 \times 1 = 1,500$(W)

**68** 조명 단위에 대한 조합 중 틀린 것은?

① 광속 - lm
② 조도 - lx
③ 휘도 - sb
④ 광도 - cd/m²

**알찬풀이** | 광도
① 점 광원으로부터 나오는 단위 입체각당의 발산 광속으로 광원의 세기를 나타낸다.
② 단위 : 칸델라(candela, cd)

**69** 복사난방에 관한 설명으로 옳지 않은 것은?

① 복사열에 의한 난방이므로 쾌감도가 높다.
② 열용량이 작기 때문에 간헐난방에 적합하다.
③ 천장고가 높은 곳에서도 난방감을 얻을 수 있다.
④ 실내에 방열기를 설치하지 않으므로 바닥이나 벽면을 유용하게 이용할 수 있다.

**알찬풀이** | 복사난방은 온수를 이용하는 난방으로 열용량이 크기 때문에 지속난방에 적합하다.

**70** 급탕설비 중 개별식 급탕법의 설명으로 옳지 않은 것은?

① 용도에 따라 필요한 개소에서 필요한 온도의 탕을 비교적 간단하게 얻을 수 있다.
② 건물 완공 후에도 급탕 개소의 증설이 비교적 쉽다.
③ 급탕개소마다 가열기의 설치 스페이스가 필요하다.
④ 배관 길이가 짧으나 배관 중의 열손실이 크다.

**알찬풀이** | 개별식 급탕법은 배관 길이가 짧아 배관 중의 열손실이 작다.

**71** 통기 배관에 관한 설명으로 옳지 않은 것은?

① 각개통기방식의 경우, 반드시 통기수직관을 설치한다.
② 통기수직관과 빗물수직관은 겸용하는 것이 경제적이며 이상적이다.
③ 배수수직관의 상부는 연장하여 신정통기관으로 사용하며, 대기 중에 개구한다.
④ 통기수직관의 하부는 최저위치에 있는 배수 수평지관보다 낮은 위치에서 배수 수직관에 접속하거나 또는 배수 수평주관에 접속한다.

**알찬풀이** | 통기수직관과 빗물수직관은 겸용하여 사용하지 않도록 한다.

**72** 난방부하가 3.5kW인 방을 온수난방 하고자 한다. 방열기의 온수 순환수량은 얼마인가? (단, 방열기의 입구 수온은 80℃이고 출구 수온은 70℃이며 물의 비열은 4.2kJ/kg·K이다)

① 300L/h                    ② 600L/h
③ 900L/h                    ④ 1,200L/h

**알찬풀이** | 온수 순환수량($G$)

$$Q = \frac{G \cdot C \cdot \Delta t}{3,600}$$

$$\therefore \ G = \frac{3,600 \cdot Q}{C \cdot \Delta t} = \frac{3,600 \times 3.5(\text{kW})}{4.2 \times 10} \fallingdotseq 300(\text{L/h})$$

(부호)  $Q$ : 방열기의 방열량(kW, kcal/h)
　　　　$C$ : 물의 비열(≒ 4.2kJ/kg·K)
　　　　$\Delta t$ : 방열기 출구 및 입구의 온도차(℃)

**73** 자동화재탐지설비의 감지기 중 설치된 감지기의 주변온도가 일정한 온도상승률 이상으로 되었을 경우에 작동하는 것은?

① 차동식                    ② 정온식
③ 광전식                    ④ 이온화식

**알찬풀이** | 차동식 감지기
실내의 공기 온도 상승률이 일정한 값을 초과하였을 때 작동하는 화재 감지기이다. 국소의 감열에 의해 작동하는 스폿형과 광범위한 부분의 감열 누적에 의해 작동하는 분포형이 있다.

**74** 다음 설명에 알맞은 접지의 종류는?

> 기능상 목적이 서로 다르거나 동일한 목적의 개별접지들을 전기적으로 서로 연결하여 구현한 접지

① 단독접지          ② 공통접지
③ 통합접지          ④ 종별접지

**알찬풀이** | 통합접지
　기능상 목적이 서로 다르거나 동일한 목적의 개별접지들을 전기적으로 서로 연결하여 구현한 접지 방식이다.

**75** 보일러 주변을 하트포드(Hartford) 접속으로 하는 가장 주된 이유는?

① 소음을 방지하기 위해서
② 효율을 증가시키기 위해서
③ 스케일(scale)을 방지하기 위해서
④ 보일러 내의 안전수위를 확보하기 위해서

**알찬풀이** | 하트포드(Hartford) 접속법
　① 설치 목적
　　• 보일러 내의 증기 압력에 의해서 보일러 내의 수면이 안전 수위 이하로 내려가는 것을 방지한다.
　　• 환수관의 일부가 파손되어 물이 누수 되는 경우에도 보일러 내의 수면이 일정 수위 이하로 내려가는 것을 방지한다.
　　• 환수관 주관에 침적된 찌거기가 보일러 내에 유입되는 것을 방지하기도 한다.
　　• 보일러의 빈불 때기를 방지하여 보일러의 수명과 안전을 예방한다.
　② 설치 방법
　　보일러의 측면부에 밸런스 관을 설치하고 수평 환수주관에서 입상 시켜 안전 저수면 보다 높은 위치에 환수관을 연결한다.

**76** 급수 방식에 관한 설명으로 옳은 것은?

① 수도직결 방식은 수질 오염의 가능성이 가장 높다.
② 압력수조 방식은 급수압력이 일정하다는 장점이 있다.
③ 펌프직송 방식은 급수 압력 및 유량 조절을 위하여 제어의 정밀성이 요구된다.
④ 고가수조방식은 고가수조의 설치높이와 관계없이 최상층 세대에 충분한 수압으로 급수할 수 있다.

**알찬풀이** | 급수방식
　① 수도직결 방식은 수질 오염의 가능성이 적다.
　② 압력수조 방식은 급수압력이 일정하지 않다.
　④ 고가수조방식은 고가수조의 설치 높이에 따라 최상층 세대의 수압이 달라질 수 있다.

**77** 건구온도 18℃, 상대습도 60℃인 공기가 여과기를 통과한 후 가열코일을 통과하였다. 통과 후의 공기상태는?

① 건구온도 증가, 비체적 감소　　　② 건구온도 증가, 엔탈피 감소
③ 건구온도 증가, 상대습도 증가　　④ 건구온도 증가, 습구온도 증가

**알찬풀이** | 건구온도 18℃, 상대습도 60℃인 공기가 여과기를 통과한 후 가열코일을 통과하였다. 통과 후의 공기상태는 건구온도 증가, 습구온도 증가하게 된다.

**78** 양수량 10m³/min, 전양정 10m, 펌프의 효율은 80%일 때 펌프의 소요 동력은 얼마인가? (단, 물의 밀도는 1,000kg/m³, 여유율은 10%로 한다.)

① 22.5kW　　　　　　　　　　② 26.5kW
③ 30.6kW　　　　　　　　　　④ 32.4kW

**알찬풀이** | 펌프의 소요 동력

펌프의 축동력 $= \dfrac{W \times Q \times H}{6,120 \times E}$ (kW)

$\qquad\qquad = \dfrac{1,000 \times 10 \times 10}{6120 \times 0.8} \times 1.1 \fallingdotseq 22.5$(kW)

(부호) $W$ : 물의 밀도(1,000kg/m³)
$\qquad Q$ : 양수량(m³/min)
$\qquad H$ : 펌프의 전양정[흡입양정($H_s$)+토출양정($H_d$)+마찰손실 수두($H_f$)]
$\quad * \ H_s$ : 펌프의 실양정[흡입양정($H_s$)+토출양정($H_d$)]
$\qquad E$ : 펌프의 효율(%)

**79** 난방부하 계산 시 각 외벽을 통한 손실열량은 방위에 따른 방향계수에 의해 값을 보정하는데, 계수 값의 대소 관계가 옳게 표현된 것은?

① 북＞동·서＞남　　　　　　　② 북＞남＞동·서
③ 동＞남·북＞서　　　　　　　④ 남＞북＞동·서

**알찬풀이** | 방향계수에 값의 대소 관계
북＞동·서＞남 순이다.

**80** 공기조화방식 중 팬코일유니트 방식에 대한 설명으로 옳지 않은 것은?

① 외기량이 부족하여 실내공기의 오염이 심하다.
② 중앙기계실의 면적이 작아도 된다.
③ 덕트 샤프트와 스페이스가 반드시 필요하다.
④ 각 실의 유니트는 수동으로도 제어할 수 있고, 개별제어가 쉽다.

**알찬풀이** | 팬코일유니트 방식
　　　　　팬코일(fancoil)이라고 부르는 소형 유니트(unit)를 실내의 필요한 장소에 설치하여 냉·온수 배관을
　　　　　접속시켜 실내의 공기를 대류작용에 의해서 냉·난방하는 방식이다.

---

제5과목 : 건축법규

**81** 다음 중 건축법상의 숙박시설에 해당되지 않는 것은?

① 휴양 콘도미니엄　　　　② 가족 호텔
③ 여인숙　　　　　　　　④ 유스 호스텔

**알찬풀이** | 수련시설
　　　　　① 생활권수련시설(청소년수련관·청소년문화의 집·유스호스텔, 그 밖에 이와 유사한 것을 말한다)
　　　　　② 자연권수련시설(청소년수련원·청소년야영장, 그 밖에 이와 유사한 것을 말한다)

**82** 부설주차장의 인근 설치와 관련하여 시설물의 부지 인근의 범위(해당 부지의 경계선으로부터 부설주차장의 경계선까지의 거리) 기준으로 옳은 것은?

① 직선거리 100m 이내 또는 도보거리 500m 이내
② 직선거리 100m 이내 또는 도보거리 600m 이내
③ 직선거리 300m 이내 또는 도보거리 500m 이내
④ 직선거리 300m 이내 또는 도보거리 600m 이내

**알찬풀이** | 부지인근의 범위
　　　　　이 경우 시설물의 부지인근의 범위는 다음의 범위 안에서 지방자치단체의 조례로 정한다.
　　　　　① 해당 부지의 경계선으로부터 부설주차장의 경계선까지의 직선거리 300m 이내 또는 도보거리
　　　　　　　600m 이내
　　　　　② 해당 시설물이 소재하는 동·리(행정동·리를 말함) 및 해당 시설물과의 통행여건이 편리하다고
　　　　　　　인정되는 인접 동·리

---

**83** 부설주차장 설치대상 시설물이 숙박시설인 경우, 부설주차장 설치기준으로 옳은 것은?

① 시설면적 100m²당 1대
② 시설면적 150m²당 1대
③ 시설면적 200m²당 1대
④ 시설면적 300m²당 1대

**알찬풀이** | 부설주차장 설치기준
제2종 근린생활시설, 숙박시설은 시설면적 200m²당 1대 이상을 설치하여야 한다.

**84** 다음 중 주요구조부를 내화구조로 하여야 하는 대상 건축물에 속하지 않는 것은?

① 문화 및 집회시설(전시장 및 동·식물원 제외)의 용도에 쓰이는 건축물로서 옥내 관람석 또는 집회실의 바닥면적의 합계가 300m²인 건축물
② 관광휴게시설의 용도에 쓰이는 건축물로서 그 용도에 쓰이는 바닥면적의 합계가 600m²인 건축물
③ 공장의 용도에 쓰이는 건축물로서 그 용도에 사용하는 바닥면적의 합계가 1,000m²인 건축물
④ 건축물의 2층이 숙박시설의 용도에 쓰이는 건축물로서 그 용도에 쓰이는 바닥면적의 합계가 400m²인 건축물

**알찬풀이** | 주요구조부를 내화구조로 하여야 하는 대상 건축물
공장의 용도에 쓰이는 건축물로서 그 용도에 사용하는 바닥면적의 합계가 2,000m² 이상인 건축물. 다만, 화재의 위험이 적은 공장으로서 국토교통부령이 정하는 공장을 제외한다.

**85** 태양열을 주된 에너지원으로 이용하는 주택의 건축면적 산정의 기준이 되는 것은?

① 외벽 중 내측 내력벽의 중심선
② 외벽 중 외측 비내력벽의 중심선
③ 외벽 중 내측 내력벽의 외측 외곽선
④ 외벽 중 외측 비내력벽의 외측 외곽선

**알찬풀이** | 태양열을 주된 에너지원으로 이용하는 주택의 건축면적은 건축물의 외벽 중 내측 내력벽의 중심선을 기준으로 한다. 이 경우 태양열을 주된 에너지원으로 이용하는 주택의 범위는 국토교통부장관이 정하여 고시하는 바에 의한다.

| ANSWER | 80. ③ | 81. ④ | 82. ④ | 83. ③ | 84. ③ | 85. ① |
| --- | --- | --- | --- | --- | --- | --- |

**86** 건축물의 층수가 23층이고 각 층의 거실면적이 1,000m²인 숙박시설에 설치하여야 하는 승용승강기의 최소 대수는? (단, 8인승 승용승강기의 경우)

① 7대  ② 8대
③ 9대  ④ 10대

**알찬풀이** | 승용승강기의 설치 기준
① 건축물의 용도가 다음에 해당하는 건축물은 아래 ②의 기준에 따라 승용승강기를 설치하여야 한다.
 • 문화 및 집회시설(전시장, 동·식물원에 한함)  • 업무시설
 • 숙박시설  • 위락시설
② 1대에 3,000m²를 초과하는 경우에는 그 초과하는 매 2,000m² 이내마다 1대의 비율로 가산한 대수

$$1+\frac{(A-3,000)}{2,000}, \quad A : 6층 \text{ 이상의 거실 면적의 합계}$$

$$\therefore 1+\frac{(18,000-3,000)}{2,000} = 1+7.5 = 8.5 \rightarrow 9(대)$$

**87** 다음은 옥상광장 등의 설치에 관한 기준 내용이다. ( ) 안에 알맞은 것은?

> 옥상광장 또는 2층 이상인 층에 있는 노대등[노대(露臺)나 그 밖에 이와 비슷한 것을 말한다]의 주위에는 높이 ( ) 이상의 난간을 설치하여야 한다. 다만, 그 노대등에 출입할 수 없는 구조인 경우에는 그러하지 아니하다.

① 0.9m  ② 1.2m
③ 1.5m  ④ 1.8m

**알찬풀이** | 옥상광장 또는 2층 이상의 층에 있는 노대 기타 이와 유사한 것의 주위에는 높이 1.2m 이상의 난간을 설치하여야 한다. 다만, 해당 노대 등에 출입할 수 없는 구조인 경우에는 그러하지 아니하다.

**88** 건축물의 거실(피난층의 거실 제외)에 국토교통부령으로 정하는 기준에 따라 배연설비를 하여야 하는 대상 건축물의 용도에 속하지 않는 것은? (단, 6층 이상인 건축물의 경우)

① 공동주택  ② 판매시설
③ 숙박시설  ④ 위락시설

**알찬풀이** | 공동주택은 배연설비를 하여야 하는 대상 건축물의 용도에 속하지 않는다.

**89** 건축허가 대상 건축물이라 하더라도 신고를 함으로써 건축허가를 받은 것으로 보는 경우에 해당하지 않는 것은?

① 바닥면적의 합계가 85m² 이내의 증축
② 연면적 300m² 미만이고 5층 미만인 건축물의 대수선
③ 연면적의 합계가 100m² 이하인 건축물의 건축
④ 바닥면적의 합계가 85m² 이내의 재축

**알찬풀이** | 대수선은 연면적 200m² 미만이고 3층 미만인 건축물의 대수선이 신고에 해당한다.

**90** 건축물의 출입구에 설치하는 회전문의 설치 기준으로 틀린 것은?

① 계단이나 에스컬레이터로부터 2m 이상의 거리를 둘 것
② 회전문의 회전속도는 분당회전수가 15회를 넘지 아니하도록 할 것
③ 출입에 지장이 없도록 일정한 방향으로 회전하는 구조로 할 것
④ 회전문의 중심축에서 회전문과 문틀 사이의 간격을 포함한 회전문 날개 끝부분까지의 길이는 140cm 이상이 되도록 할 것

**알찬풀이** | 회전문의 회전속도는 분당회전수가 8회를 넘지 아니하도록 하여야 한다.

**91** 국토의 계획 및 이용에 관한 법률에 따른 용도 지역의 건폐율 기준으로 옳지 않은 것은?

① 주거지역 : 70% 이하
② 상업지역 : 80% 이하
③ 공업지역 : 70% 이하
④ 녹지지역 : 20% 이하

**알찬풀이** | 용도지역에서 건폐율의 최대한도는 관할 구역의 면적과 인구 규모, 용도지역의 특성 등을 고려하여 다음 각의 범위에서 대통령령으로 정하는 기준에 따라 특별시·광역시·특별자치시·특별자치도·시 또는 군의 조례로 정한다.

1. 도시지역
가. 주거지역 : 70% 이하
나. 상업지역 : 90% 이하
다. 공업지역 : 70% 이하
라. 녹지지역 : 20% 이하

2. 관리지역
가. 보전관리지역 : 20% 이하
나. 생산관리지역 : 20% 이하
다. 계획관리지역 : 40% 이하

| ANSWER | 86. ③ | 87. ② | 88. ① | 89. ② | 90. ② | 91. ② |
|---|---|---|---|---|---|---|

**92** 비상용승강기를 설치하지 아니할 수 있는 건축물에 관한 기준 내용이다. ( ) 안에 알맞은 것은?

> 높이 ( ㉮ )m를 넘는 층수가 ( ㉯ )개층 이하로서 해당 각층의 바닥면적의 합계 200m² 이내마다 방화구획으로 구획한 건축물

① ㉮ 31, ㉯ 4  ② ㉮ 31, ㉯ 3
③ ㉮ 41, ㉯ 4  ④ ㉮ 41, ㉯ 3

**알찬풀이** | 비상용승강기를 설치하지 않아도 되는 건축물
　① 높이 31m를 넘는 각층을 거실외의 용도로 쓰는 건축물
　② 높이 31m를 넘는 각층의 바닥면적의 합계가 500m² 이하인 건축물
　③ 높이 31m를 넘는 층수가 4개층 이하로서 해당 각층의 바닥면적의 합계 200m²(벽 및 반자가 실내에 접하는 부분의 마감을 불연재료로 한 경우에는 500m²) 이내마다 방화구획으로 구획한 건축물

**93** 다음 중 공동주택의 개별난방설비 설치기준으로 옳지 않은 것은?

① 보일러의 연도는 내화구조로서 공동연도로 설치할 것
② 보일러실 윗부분에는 그 면적이 최소 1.0m² 이상인 환기창을 설치할 것
③ 보일러를 설치하는 곳과 거실 사이의 경계벽은 출입구를 제외하고는 내화구조의 벽으로 구획할 것
④ 기름보일러를 설치하는 경우에는 기름저장소를 보일러실 외의 다른 곳에 설치할 것

**알찬풀이** | 보일러실 윗부분에는 그 면적이 최소 0.5m² 이상인 환기창을 설치하여야 한다.

**94** 건축물의 대지에 공개 공지 또는 공개 공간을 확보해야 하는 대상 건축물에 속하지 않는 것은? (단, 일반주거지역이며, 해당 용도로 쓰는 바닥 면적의 합계가 5,000m² 이상인 건축물인 경우)

① 운동시설  ② 숙박시설
③ 업무시설  ④ 문화 및 집회시설

**알찬풀이** | 공개공지 등의 확보
　지역의 환경을 쾌적하게 조성하기 위하여 아래의 용도 및 규모의 건축물은 일반이 사용할 수 있도록 소규모 휴식시설 등의 공개공지 또는 공개공간을 설치하여야 한다.
　① 대상 지역
　　㉠ 일반주거지역, 준주거지역
　　㉡ 상업지역
　　㉢ 준공업지역
　　㉣ 시장·군수·구청장이 도시화의 가능성이 크다고 인정하여 지정·공고하는 지역

② 대상 건축물
　㉠ 연면적의 합계가 5,000m² 이상인 문화 및 집회시설, 종교시설, 판매시설(농수산물유통시설을 제외), 운수시설, 업무시설, 숙박시설
　㉡ 기타 다중이 이용하는 시설로서 건축조례가 정하는 건축물

**95** 문화 및 집회시설 중 집회장의 용도에 쓰이는 건축물의 집회실로서 그 바닥면적이 200m² 이상인 경우, 반자 높이는 최소 얼마 이상이어야 하는가? (단, 기계환기장치를 설치하지 않은 경우)

① 1.8m  　　　　　　② 2.1m
③ 2.7m  　　　　　　④ 4.0m

**알찬풀이 |** 문화 및 집회시설(전시장 및 동·식물원을 제외한다), 의료시설 중 장례식장 또는 위락시설 중 주점영업의 용도에 쓰이는 건축물의 관람석 또는 집회실로서 그 바닥면적이 200m² 이상인 것의 반자의 높이는 제1항의 규정에 불구하고 4m(노대의 아랫부분의 높이는 2.7m) 이상이어야 한다. 다만, 기계환기장치를 설치하는 경우에는 그러하지 아니하다.

**96** 주거지역의 세분으로 저층주택을 중심으로 편리한 주거환경을 조성하기 위하여 지정하는 지역은?

① 제1종전용주거지역  　　　　　　② 제2종전용주거지역
③ 제1종일반주거지역  　　　　　　④ 제2종일반주거지역

**알찬풀이 |** 일반주거지역
　편리한 주거환경을 조성하기 위하여 필요한 지역
　① 제1종일반주거지역 : 저층주택을 중심으로 편리한 주거환경을 조성하기 위하여 필요한 지역
　② 제2종일반주거지역 : 중층주택을 중심으로 편리한 주거환경을 조성하기 위하여 필요한 지역
　③ 제3종일반주거지역 : 중고층주택을 중심으로 편리한 주거환경을 조성하기 위하여 필요한 지역

**97** 건축물의 면적·높이 및 층수 등의 산정 기준으로 틀린 것은?

① 대지면적은 대지의 수평투영면적으로 한다.
② 건축면적은 건축물의 외벽의 중심선으로 둘러싸인 부분의 수평투영면적으로 한다.
③ 바닥면적은 건축물의 각 층 또는 그 일부로서 벽, 기둥, 그 밖에 이와 비슷한 구획의 중심선으로 둘러싸인 부분의 수평투영면적으로 한다.
④ 연면적은 하나의 건축물 각 층의 거실면적의 합계로 한다.

**알찬풀이 |** 연면적의 산정
　① 하나의 건축물의 각 층의 바닥면적의 합계로 한다.
　② 동일 대지 안에 2동 이상의 건축물이 있는 경우에는 그 연면적의 합계로 한다.

**98** 건축법상 2 이상의 필지를 하나의 대지로 할 수 있는 토지가 아닌 것은?

① 각 필지의 지번지역이 서로 다른 경우
② 토지의 소유자가 다르고 소유권 외의 권리관계는 같은 경우
③ 각 필지의 도면의 축척이 다른 경우
④ 상호 인접하고 있는 필지로서 각 필지의 지반이 연속되지 아니한 경우

**알찬풀이** | 토지의 소유자가 서로 다르거나 소유권 외의 권리관계가 서로 다른 경우에는 건축법상 2 이상의 필지를 하나의 대지로 할 수 없다.

**99** 주차전용건축물이란 건축물의 연면적 중 주차장으로 사용되는 부분의 비율이 최소 얼마 이상인 건축물을 말하는가? (단, 주차장 외의 용도로 사용되는 부분이 자동차 관련 시설인 건축물의 경우)

① 70%  ② 80%
③ 90%  ④ 95%

**알찬풀이** | 주차전용건축물의 주차면적비율
「주차장법」의 규정에서 "대통령령이 정하는 비율 이상이 주차장으로 사용되는 건축물"이라 함은 건축물의 연면적중 주차장으로 사용되는 부분의 비율이 95%트 이상인 것을 말한다. 다만, 주차장 외의 용도로 사용되는 부분이 「건축법 시행령」 별표 1의 규정에 의한 제1종 및 제2종 근린생활시설, 문화 및 집회시설, 판매 및 영업시설, 운동시설, 업무시설 또는 자동차관련 시설인 경우에는 주차장으로 사용되는 부분의 비율이 70% 이상인 것을 말한다.

**100** 건축물을 건축하는 경우 해당 건축물의 설계자가 국토교통부령으로 정하는 구조기준 등에 따라 그 구조의 안전을 확인할 때, 건축구조기술사의 협력을 받아야 하는 대상 건축물 기준으로 틀린 것은?

① 다중이용건축물
② 6층 이상인 건축물
③ 3층 이상의 필로티형식 건축물
④ 기둥과 기둥 사이의 거리가 10m 이상인 건축물

**알찬풀이** | 기둥과 기둥 사이의 거리가 30m 이상인 건축물인 경우 건축구조기술사의 협력을 받아야 한다.

# MEMO

◆ 품질이란 우연히 만들어지는 것이 아니라 언제나 지적 노력의 결과이다. - 존 러스킨

# 국가기술자격검정 필기시험문제

| 2023년도 제2회 CBT복원문제 온라인 CBT TEST | | | | 수검번호 | 성 명 |
|---|---|---|---|---|---|
| 자격종목 및 등급(선택분야) | 종목코드 | 시험시간 | 문제지형별 | | |
| 건축산업기사 | 2530 | 2시간30분 | A | | |

※ 답안카드 작성시 시험문제지 형별누락, 마킹착오로 인한 불이익은 전적으로 수험자의 귀책사유임을 알려드립니다.

---

제1과목 : 건축계획

**01** 다음 설명에 알맞은 부엌의 평면형은?

> 동선과 배치가 간단한 평면형이지만, 설비 기구가 많은 경우에는 작업동선이 길어지므로 소규모 주택에 주로 적용된다.

① ㄱ자형 　　　　　　　② ㄷ자형
③ 병렬형 　　　　　　　④ 일렬형

**알찬풀이** | 부엌 작업대 배치 유형 중 동선과 배치가 간단하여 일렬형이 소규모 주택에 주로 적용된다.

**02** 상점계획에 대한 설명 중 옳지 않은 것은?

① 쇼윈도우는 간판, 입구, 파사드(facade), 광고 등을 포함하며 점포 전체의 얼굴이다.
② 쇼윈도우의 크기는 상점의 종류, 전면 길이 및 부지조건에 따라 다르다.
③ 상점 바닥면은 보도면에서 자유스럽게 유도될 수 있도록 계획한다.
④ 고객 동선은 가능한 한 짧게 종업원의 동선은 가능한 한 길게 한다.

**알찬풀이** | 고객 동선은 가능한 한 길게 종업원의 동선은 가능한 한 짧게 한다.

**03** 다음 설명에 알맞은 공장건축의 레이아웃 형식은?

> • 기능식 레이아웃으로 기능이 동일하거나 유사한 공정, 기계를 집합하여 배치하는 방식이다.
> • 다품종 소량 생산의 경우, 표준화가 이루어지기 어려운 경우에 채용된다.

① 혼성식 레이아웃
② 고정식 레이아웃
③ 공정중심의 레이아웃
④ 제품중심의 레이아웃

**알찬풀이** | 공정 중심의 레이아웃
　　　① 그 기능이 동일한 것, 유사한 것을 하나의 그룹으로 집합시키는 방식이다.
　　　② 다품종소량 생산품, 예상생산이 불가능한 주문생산품 공장에 적합하다.

**04** 사무소 건축의 코어 계획에 관한 설명으로 옳지 않은 것은?

① 계단과 엘리베이터 및 화장실은 가능한 한 접근시킨다.
② 엘리베이터 홀이 출입구문에 바싹 접근해 있지 않도록 한다.
③ 코어 내의 각 공간을 각 층마다 공통의 위치에 있도록 한다.
④ 편심 코어형은 기준층 바닥면적이 큰 경우에 적합하며 2방향 피난에 이상적이다.

**알찬풀이** | 양단 코어형
　　　① 1개의 대공간을 필요로 하는 전용 사무실에 적합하다.
　　　② 2방향 피난에 이상적이며 방재상 유리하다.

**05** 아파트의 평면 형식 중 중복도형에 관한 설명으로 옳은 것은?

① 대지 이용률이 높다.
② 복도의 면적이 최소화 된다.
③ 자연 채광과 통풍이 우수하다.
④ 각 세대의 프라이버시가 매우 좋다.

**알찬풀이** | 중복도형
　　　① 중앙에 복도를 설치하고 이를 통해 각 주거로 접근하는 유형을 말한다.
　　　② 주거의 단위 세대수를 많이 수용할 수 있어 대지의 고밀도 이용이 필요한 경우에 이용된다.
　　　③ 남향의 거실을 갖지 못하는 주거가 생긴다.
　　　④ 복도가 길어지고 채광, 통풍, 프라이버시와 같은 거주성이 가장 떨어지는 유형이다.

**ANSWER**　　1. ④　　2. ④　　3. ③　　4. ④　　5. ①

**06** 다음 중 상점건축의 매장 내 진열장(show case) 배치계획 시 가장 우선적으로 고려하여 할 사항은?

① 조명관계
② 진열장의 수
③ 고객의 동선
④ 실내 마감재료

**알찬풀이** | 상점 내의 매장계획에서 동선을 원활하게 하는 것이 가장 중요하다.

**07** 학교의 배치계획에 관한 설명으로 옳은 것은?

① 분산병렬형은 넓은 교지가 필요하다.
② 폐쇄형은 운동장에서 교실로의 소음 전달이 거의 없다.
② 분산병렬형은 일조, 통풍 등 환경조건이 좋으나 구조계획이 복잡하다.
④ 폐쇄형은 대지의 이용률을 높일 수 있으며 화재 및 비상 시 피난에 유리하다.

**알찬풀이** | ② 폐쇄형은 운동장에서 교실로의 소음 전달이 클 수 있다.
　　　　　② 분산병렬형은 일조, 통풍 등 환경조건이 좋으며 구조계획이 단순하다.
　　　　　④ 폐쇄형은 대지의 이용률을 높일 수 있으며 화재 및 비상 시 피난에 불리하다.

**08** 부엌의 각종 설비를 작업하기에 가장 적절하게 배열한 것은?

① 냉장고 → 레인지 → 개수대 → 작업대 → 배선대
② 냉장고 → 개수대 → 작업대 → 레인지 → 배선대
③ 냉장고 → 개수대 → 레인지 → 작업대 → 배선대
④ 냉장고 → 작업대 → 레인지 → 개수대 → 배선대

**알찬풀이** | 부엌의 작업대 순서
　　　　　준비대(냉장고) → 개수대 → 조리대 → 가열대(레인지) → 배선대 순이다.

**09** 다음 중 단독주택 현관의 위치결정에 가장 주된 영향을 끼치는 것은?

① 용적률
② 건폐율
③ 주택의 규모
④ 도로의 위치

**알찬풀이** | 주택 현관의 위치를 결정하는 요소
　　　　　① 도로와의 관계
　　　　　② 대지의 형태
　　　　　③ 방위

**10** 공간의 레이아웃(lay-out)과 가장 밀접한 관계를 가지고 있는 것은?

① 재료계획　　　　　　　　　② 동선계획
③ 설비계획　　　　　　　　　④ 색채계획

**알찬풀이** | 공간의 레이아웃(lay-out) 계획시 가장 먼저 고려할 사항은 동선계획이다.


**11** 사무소 건축에서 엘리베이터 배치에 관한 설명으로 옳지 않은 것은?

① 일렬 배치는 8대를 한도로 한다.
② 교통 동선의 중심에 설치하여 보행거리가 짧도록 배치한다.
③ 대면배치 시 대면거리는 동일 군 관리의 경우 3.5~4.5m로 한다.
④ 여러 대의 엘리베이터를 설치하는 경우, 그룹별 배치와 군 관리 운전방식으로 한다.

**알찬풀이** | ① 주출입구와 인접한 홀에 배치시키며 출입구에 너무 근접시켜 혼란스럽지 않게 한다.
　　　　　　　(도보 거리는 30m 이내로 한다.)
　　　　　　② 외래자가 쉽게 판별할 수 있으며, 한곳에 집중 배치한다.
　　　　　　③ 연속 6대 이상은 복도(승강기 홀)를 사이에 두고 배치한다.
　　　　　　④ 직선 배치는 4대까지, 5대 이상은 알코브나 대면 배치 방식으로 한다.
　　　　　　⑤ 엘리베이터 Hall 넓이는 승강자 1인당 0.5~0.8m$^2$ 정도로 하는 것이 좋다.


**12** 사무소 건축에 있어서 사무실의 크기를 결정하는 가장 중요한 요소는?

① 방문자의 수　　　　　　　　② 사무원의 수
③ 사무소의 층수　　　　　　　④ 사무실의 위치

**알찬풀이** | 사무소 건축에 있어서 사무실의 크기를 결정하는 가장 중요한 요소는 사무소에서 일하는 사무원의 수이다.


**13** 주거단지 내 동선계획에 관한 설명으로 옳지 않은 것은?

① 보행자 동선 중 목적동선은 최단거리로 한다.
② 보행자가 차도를 걷거나 횡단하기 쉽게 계획한다.
③ 근린주구 단위 내부로 차량 통과교통을 발생시키지 않는다.
④ 차량 동선은 긴급차량 동선의 확보와 소음 대책을 고려한다.

**알찬풀이** | 주거단지 내 동선계획 시 보행자가 차도를 걷게 하면 위험하므로 지양한다.

**14** 탑상형(Tower Type) 공동주택에 관한 설명으로 옳지 않은 것은?

① 각 세대에 시각적인 개방감을 줄 수 있다.
② 다른 주거동에 미치는 일조의 영향이 크다.
③ 단지내의 랜드마크(Landmark)적인 역할이 가능하다.
④ 각 세대에 일조 및 채광 등의 거주환경을 균등하게 제공하는 것이 어렵다.

**알찬풀이** | 탑상형(Tower Type) 공동주택
　　① 계단실이나 엘리베이터 홀을 중심으로 주위에 각 단위세대 주거를 배치한 형식이다.
　　② 일조, 채광, 통풍의 경우는 각 단위세대의 방위에 따라 다르다.
　　③ 판상형에 비해 다른 동에 미치는 일조의 영향이 적다.
　　④ 판상형의 단조로운 입면에 변화를 주는 것이 가능하여 랜드 마크(land mark)의 역할을 할 수도
　　　있다.


**15** 사무소 건축에서 유효율(rentable ratio)이 의미하는 것은?

① 연면적과 대지면적의 비
② 임대면적과 연면적의 비
③ 업무공간과 공용공간의 면적비
④ 기준층의 바닥면적과 연면적의 비

**알찬풀이** | 유효율(rentable ratio)
　　① 렌터블 비란 임대면적과 연면적의 비율을 말하며, 임대 사무소의 경우 채산성의 지표가 된다.

$$\therefore \ \text{렌터블 비} = \frac{\text{대실면적(수익부분면적)}}{\text{연면적}} \times 100(\%)$$

　　② 일반적으로 70~75%의 범위가 적당하다.


**16** 백화점 건축에서 기둥 간격의 결정 시 고려할 사항과 가장 거리가 먼 것은?

① 공조실의 위치
② 매장 진열장의 치수
③ 지하주차장의 주차방식
④ 에스컬레이터의 배치방법

**알찬풀이** | 공조실의 위치는 백화점 건축에서 기둥 간격의 결정 시 고려할 사항과 거리가 멀다.

**17** 학교운영방식에 관한 설명으로 옳지 않은 것은?

① 교과교실형은 학생의 이동이 많으므로 소지품 보관장소 등을 고려할 필요가 있다.

② 종합교실형은 하나의 교실에서 모든 교과수업을 행하는 방식으로 초등학교 저학년에게 적합하다.

③ 일반 및 특별교실형은 우리나라 대부분의 초등학교에서 적용되었던 방식으로 이제는 적용되지 않고 있다.

④ 플래툰형은 각 학급을 2분단으로 나누어 한 쪽이 일반교실을 사용할 때, 다른 한 쪽은 특별교실을 사용하는 방식이다.

**알찬풀이** | 일반교실·특별교실형(UV형, Usual with Variation Type)
① 일반 교실은 각 학급에 하나씩 배당되고 공동으로 이용되는 특별교실을 갖는 유형이다.
② 영어, 수학, 사회 등의 일반 교과목은 각 학급에서 실시되며, 음악, 미술, 가정 등은 특수 교실에서 실시된다.
③ 중·고등학교에 적합한 형식이다.
④ 특별 교실이 많아지면 일반 교실의 이용률은 낮아진다.

**18** 공장건축의 지붕형식에 관한 설명으로 옳지 않은 것은?

① 솟을지붕은 채광 및 자연환기에 적합한 형식이다.

② 평지붕은 가장 단순한 형식으로 2~3층의 복층식 공장 건축물의 최상층에 적용된다.

③ 샤렌구조 지붕은 최근에 많이 사용되는 유형으로 기둥이 많이 필요하다는 단점이 있다.

④ 톱날지붕은 북향의 채광창을 통한 약한 광선의 유입으로 작업 능률에 지장이 없는 형식이다.

**알찬풀이** | 샤렌구조 지붕
최근의 공장 형태로 기둥이 적은 장점이 있다.

**19** 타운하우스(town house)에 관한 설명으로 옳지 않은 것은?

① 각 세대마다 자동차의 주차가 용이하다.

② 프라이버시 확보를 위하여 경계벽 설치가 가능한 형식이다.

③ 일반적으로 1층에는 생활공간, 2층에는 침실, 서재 등을 배치한다.

④ 경사지를 이용하여 지형에 따라 건물을 축조하는 것으로 모든 세대 전면에 테라스가 설치된다.

**알찬풀이** | 테라스 하우스(Terrace House)
경사지를 이용하여 지형에 따라 건물을 축조하는 것으로 모든 세대 전면에 테라스가 설치되는 주택이다.

| ANSWER | 14. ② | 15. ② | 16. ① | 17. ③ | 18. ③ | 19. ④ |
|---|---|---|---|---|---|---|

**20** 공장건축 중 무창공장에 관한 설명으로 옳지 않은 것은?

① 방직공장 등에서 사용된다.
② 공장 내 조도를 균일하게 할 수 있다.
③ 온·습도의 조절이 유창공장에 비해 어렵다.
④ 외부로부터 자극이 적으나 오히려 실내발생 소음은 커진다.

**알찬풀이** | 무창공장은 실내의 온·습도의 조절이 유창공장에 비해 쉽다.

<br>

### 제2과목 : 건축시공

**21** 벽돌의 품질을 결정하는데 가장 중요한 사항은 어느 것인가?

① 흡수율 및 인장강도
② 흡수율 및 전단강도
③ 흡수율 및 휨강도
④ 흡수율 및 압축강도

**알찬풀이** | 벽돌의 품질을 결정하는데 가장 중요한 사항은 압축강도와 흡수율이다.

<br>

**22** 아스팔트 프라이머(Asphalt primer)에 대한 설명으로 옳지 않은 것은?

① 아스팔트를 휘발성 용제로 녹인 흑갈색 액체이다.
② 아스팔트 방수공법에서 제일 먼저 시공되는 방수제이다.
③ 블로운 아스팔트의 내열성, 내후성 등을 개량하기 위하여 식물섬유를 혼합하여 유동성을 부여한 것이다.
④ 콘크리트와 아스팔트 부착이 잘되게 하는 것이다.

**알찬풀이** | 블로운 아스팔트(Blown asphalt)
아스팔트 제조 과정의 최후에 200~300℃로 가열하여 공기를 장시간(20~40시간) 불어넣고 아스팔트 성분에 중합을 일으켜 분자량이 큰 아스팔텐을 다량으로 함유시킨 것으로 스트레이트 아스팔트에 비해 고체에 가까운 성질이 되며 일반적으로 침입도나 감온성(感溫性)은 작고 연화점(軟化點)은 크다.

**23** 콘크리트구조에서 철근 조립 간격과 배근 기준으로 잘못된 내용은?

① 수직 및 수평철근의 간격은 벽두께의 3배 이하, 또한 450mm 이하로 하여야 한다.
② 지하실 외벽을 제외한 250mm 이상의 벽체는 철근을 양면에 배근하여야 한다.
③ 슬래브에서 휨 주철근의 간격은 슬래브 두께의 3배 이하로 하여야 한다.
④ 철근을 2단으로 배근하는 경우에는 상·하 철근을 어긋나게 배치하여 조립하여야 한다.

**알찬풀이** | 철근을 2단으로 배근하는 경우에는 상·하 철근을 어긋나지 않게 배치하여 조립 한다.

**24** 유리제품 중 사용성의 주목적이 단열성과 가장 거리가 먼 것은?

① 기포유리(foam glass)
② 유리섬유(glass fiber)
③ 프리즘 유리(prisn glass)
④ 복층유리(pair glass)

**알찬풀이** | 프리즘 유리(prisn glass)
지하실, 지붕(옥상)의 채광용으로 사용한다.

**25** 도장공사 중 금속재 바탕처리를 위해 인산을 활성제로 하여 비닐 부틸랄수지, 알코올, 물, 징크로메이트 등을 배합하여 금속면에 칠하면 인산피막을 형성함과 동시에 비닐 부틸랄 수지의 피막이 형성됨으로써 녹막이와 표면을 거칠게 처리하는 방법은?

① 인산피막법
② 워시 프라이머법
③ 퍼커라이징법
④ 본더라이징법

**알찬풀이** | 워시 프라이머법
금속재 바탕처리를 위해 인산을 활성제로 하여 비닐 부틸랄수지, 알코올, 물, 징크로메이트 등을 배합하여 금속면에 칠하면 인산피막을 형성함과 동시에 비닐 부틸랄 수지의 피막이 형성됨으로써 녹막이와 표면을 거칠게 처리하는 방법을 말한다.

**26** 미장공사시 주의할 사항으로 맞지 않는 것은?

① 미장바름두께는 천장과 차양은 15mm 이하로 하고 기타부분은 15mm 이상으로 한다.
② 바탕면은 필요에 따라 물축임을 한다.
③ 초벌바름 후 물기가 없어지면 바로 이어서 재벌, 정벌을 한다.
④ 바탕면을 거칠게 하여 모르타르 부착을 좋게 한다.

**알찬풀이** | 미장공사
초벌바름 후 1~2주 지난 후 경화, 균열 발생 후 고름질, 덧먹임을 하고 재벌, 정벌을 시공한다.

**27** 일반적으로 현장에 도착한 굳지 않은 콘크리트인 공장배합 레미콘의 품질시험으로 가장 거리가 먼 것은?

① 공기량 시험　　　　　　　　② 압축강도 시험
③ 염화물 함유량 시험　　　　　④ 슬럼프 시험

**알찬풀이** | 압축강도 시험은 굳은 콘크리트의 강도를 확인하기 위한 시험이다.

**28** 시멘트 벽돌공사에 관한 주의사항으로 옳지 않은 것은?

① 벽돌은 품질, 등급별로 정리하여 사용하는 순서별로 쌓아 둔다.
② 벽돌쌓기 시 잔토막 또는 부스러기 벽돌을 쓰지 않는다.
③ 쌓기용 모르타르 줄눈의 폭은 20mm를 표준으로 한다.
④ 모르타르 제조시 사용하는 골재는 점토 등 유해물질이 들어있는 재료를 사용해서는 안된다.

**알찬풀이** | 쌓기용 모르타르 줄눈의 폭은 10mm를 표준으로 한다.

**29** 다음 중 PERT/CPM에 대한 설명으로 적당하지 않은 것은?

① 작업의 상호관계가 명확하다.
② 계획 단계에서 문제점(공정, 노무, 자재)등이 파악되어 적절한 수정이 가능하다.
③ 공사 전체의 파악을 용이하게 할 수 있고, 작성 및 수정시간이 작게 걸린다.
④ 각 작업의 관련성이 도시되어 있어 공사의 진척사항을 쉽게 알아볼 수 있다.

**알찬풀이** | 횡선식 막대(bar chart) 공정표
① 각 공사 종목을 종축에 월일을 횡축에 잡고 공정을 막대그래프로 표시한 것이다.
② 공사 진척 사항을 기입하고 예정공정과 실시공정을 비교하면서 공정관리를 한다.
③ 작성이 비교적 쉽고, 초보자고 이해하기 쉬우나 작업간의 상호관계를 나타내기가 어렵다.
④ 일반적으로 많이 이용되는 공정표이다.

**30** 건축공사 표준시방서에 기재하는 사항으로 부적당한 것은?

① 공법에 관한 사항        ② 공정에 관한 사항
③ 재료에 관한 사항        ④ 공사비에 관한 사항

**알찬풀이** | 공사비에 관한 사항은 내역서에 기재하며 건축공사 표준시방서에 기재하는 사항이 아니다.

**31** 실리카 흄 시멘트(silica fume cement)의 특징으로 옳지 않은 것은?

① 시공연도 개선효과가 있다.
② 화학성 저항성 증진효과가 있다.
③ 초기강도는 크나, 장기강도는 감소한다.
④ 재료분리 및 블리딩이 감소된다.

**알찬풀이** | 실리카 흄 시멘트(silica fume cement) 초기강도는 작으나, 장기강도는 증가한다.

**32** 다음 중 수량 산출시의 할증률로 맞는 것은?

① 이형철근 : 3%        ② 원형철근 : 7%
③ 대형형강 : 5%        ④ 강판 : 5%

**알찬풀이** | 재료의 할증률
② 원형철근 : 5%
③ 대형형강 : 7%
④ 강판 : 10%

| ANSWER | 26. ③ | 27. ② | 28. ③ | 29. ③ | 30. ④ | 31. ③ | 32. ① |
|--------|-------|-------|-------|-------|-------|-------|-------|

**33** 건축주 자신이 특정의 단일 상대를 선정하여 발주하는 입찰방식으로써 특수공사나 기밀보장이 필요한 경우에 주로 채택되는 것은?

① 특명입찰  ② 공개경쟁입찰
③ 지명경쟁입찰  ④ 제한경쟁입찰

**알찬풀이** | 특명 입찰
① 건축주가 해당 공사에 가장 적당하다고 인정되는 회사를 직접 선택하는 방식의 수의 계약이다.
② 공사의 신뢰성은 높으나 공사비의 절약 면에서는 약점으로 작용할 수도 있다.

**34** ALC(Autoclaved Lightweight Concrete)의 물리적 성질 중 틀린 것은?

① 기건비중은 보통 콘크리트의 약 1/4 정도이다.
② 열전도율은 보통 콘크리트와 유사하나 단열성은 우수하다.
③ 불연재인 동시에 내화재료이다.
④ 경량이어서 인력에 의한 취급이 용이하다.

**알찬풀이** | ALC(Autoclaved Lightweight Concrete)는 일반 콘크리트 보다 경량이며 열전도율이 작고 단열성이 우수하다.

**35** 공사를 빨리 착공할 수 있어서 긴급공사나 설계변경으로 수량변동이 심할 경우에 많이 채택되는 도급방식은 어느 것인가?

① 단가도급  ② 정액도급
③ 분할도급  ④ 실비청산보수가산도급

**알찬풀이** | 단가도급
① 도급금액을 정하는 데 있어서 먼저 각 공사종류마다 단가를 정하고 공사 수량에 따라 도급 총금액을 산출하는 도급방식이다.
② 공사를 빨리 착공할 수 있어서 긴급공사나 설계변경으로 수량변동이 심할 경우에 많이 채택되는 도급방식이다.

**36** 벽돌쌓기 중 가장 튼튼한 쌓기법으로 한켜는 마구리쌓기 다음 켜는 길이쌓기로 하고 모서리나 벽끝에는 이오토막을 쓰는 쌓기 방법은?

① 영식쌓기  ② 화란식쌓기
③ 불식쌓기  ④ 미식쌓기

**알찬풀이** | 영식쌓기
벽돌쌓기 중 가장 튼튼한 쌓기법으로 한켜는 마구리쌓기 다음 켜는 길이쌓기로 하고 모서리나 벽끝에는 이오토막을 쓰는 쌓기 방법이다.

**37** 인접 건축물과 토류판 사이에 케이싱 파이프를 삽입하여 지하수를 펌프 배수하는 강제 배수 공법은?

① 집수정 공법　　　　　　　　② 웰 포인트 공법
③ JSP 공법　　　　　　　　　④ LW 공법

**알찬풀이 |** 웰 포인트 공법(Well point method, 진공공법)
① 1~3m의 간격으로 스트레이너를 부착한 파이프를 지중에 삽입하여 집수관으로 연결 한 후 진공 펌프나 와권 펌프로 지중의 물을 배수하는 공법이다.
② 출수가 많고 깊은 터파기에 있어서의 지하수 배수공법의 일종이다.
③ 대규모 기초파기시 사질토나 투수성이 좋은 지반에 적당한 방법이다.

**38** 콘크리트의 폭렬을 방지하기 위한 내용과 관련이 없는 것은?

① 함수율　　　　　　　　　　② 골재 및 시멘트
③ 압축강도　　　　　　　　　④ 철근의 강도

**알찬풀이 |** 콘크리트의 폭렬(현상)과 철근의 강도는 관련이 없다.

**39** 다음 항목 중 공사비 내역서를 작성할 때 순공사비 항목에 포함되지 않는 항목은?

① 직접노무비　　　　　　　　② 간접재료비
③ 산업안전보건관리비　　　　④ 하자보증 보험금

**알찬풀이 |** 하자보증 보험금은 일반관리비로 순공사비 항목에 포함되지 않는다.

**40** 합성수지, 아스팔드, 안료 등에 건성유나 용제를 첨가한 것으로, 붓칠이 가능하며 건조가 빠르고 광택, 작업성, 점착성 등이 좋아 주로 옥내 목부바탕의 투명 마감도료로 사용되는 것은?

① 바니쉬　　　　　　　　　　② 래커 에나멜
③ 합성수지 에멀견도료　　　　④ 광명단

**알찬풀이 |** 바니쉬(Varnish)
① 유성페인트의 안료 대신 천연수지나 합성수지를 전색제에 혼합한 도료를 바니시(니스)라고 한다.
② 바니시는 휘발성 바니시와 유성 바니시로 분류되는데 코우펄(Copal), 폐놀수지 등을 건성유와 함께 280℃ 정도로 가열 처리한 것에 용제를 넣어 녹인 것을 유성 바니시라 하고, 셸락 (Shellac), 코우펄, 셀룰로이드 등의 천연수지 또는 합성수지를 단순히 용제에 녹인 것을 휘발성 바니시라 한다.

제3과목 : 건축구조

**41** 그림과 같은 단면의 도심 $G$를 지나고 밑변에 나란한 $x$축에 대한 단면2차모멘트의 값은?

① $5,608\text{cm}^4$

② $5,628\text{cm}^4$

③ $6,608\text{cm}^4$

④ $6,628\text{cm}^4$

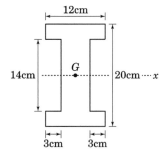

**알찬풀이** | 단면2차모멘트($I_x$)
대칭 도형의 단면2차모멘트 식은

$$I_X = \frac{BH^3}{12} - \frac{bh^3}{12}$$

$$\therefore I_x = \frac{(12)(20)^3}{12} - \frac{(3)(14)^3}{12} \times 2\text{개} = 6,628\text{cm}^4$$

**42** 그림과 같은 겔버보(Gerber Beam)에서 A점의 휨모멘트는?

① $24\text{kN·m}$

② $28\text{kN·m}$

③ $30\text{kN·m}$

④ $32\text{kN·m}$

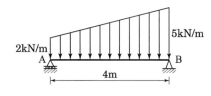

**알찬풀이** | 겔버보(Gerber Beam)에서 A점의 휨모멘트
① CB구간 : $V_B = +\dfrac{60}{5} = +12\text{kN}(\uparrow)$, $V_C = -\dfrac{60}{5} = -12\text{kN}(\downarrow)$
② AC구간 : $M_{A,Right} = -[-(12)(2)] = +24\text{kN·m}\ (\smile)$

**43** 그림과 같은 단순보에서 A지점의 수직반력은?

① $3\text{kN}(\uparrow)$

② $4\text{kN}(\uparrow)$

③ $5\text{kN}(\uparrow)$

④ $6\text{kN}(\uparrow)$

**알찬풀이** | A지점의 수직반력($V_A$)
사다리꼴 분포하중을 2kN/m 높이의 직사각형 분포하중과 3kN/m 높이의 삼각형 분포하중으로 나누어 계산하면 편리하다.
$\sum M_B = 0$ 에서 $+(V_A)(4) - (2 \times 4)(2) - \left(\dfrac{1}{2} \times 3 \times 4\right)\left(\dfrac{4}{3}\right) = 0$
$\therefore V_A = +6\text{kN}(\uparrow)$

**44** 그림과 같은 단면을 가지는 직사각형 보의 철근비는? (단, 철근 3-D16 = 597mm²)

① 0.0065
② 0.0070
③ 0.0075
④ 0.0080

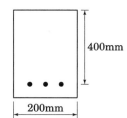

**알찬풀이** | 직사각형 보의 철근비($\rho$)

$$\rho = \frac{A_s}{b \cdot d} = \frac{(597)}{(200)(400)} = 0.00746 \rightarrow 0.0075$$

**45** 재료의 허용응력 $\sigma_b = 6\text{MPa}$인 보에 $18\text{kN}\cdot\text{m}$의 휨모멘트가 작용할 때 단면계수로서 적당한 값은?

① $1,500\,\text{cm}^3$
② $1,800\,\text{cm}^3$
③ $3,000\,\text{cm}^3$
④ $4,500\,\text{cm}^3$

**알찬풀이** | 단면계수($Z$)

$$\sigma_b = \frac{M}{Z} \le \sigma_{allow} \text{에서}$$

$$\therefore\ Z \ge \frac{M}{\sigma_{allow}} = \frac{(18 \times 10^6)}{(6)} = 3 \times 10^6 \text{mm}^3 = 3,000\text{cm}^3$$

**46** 그림과 같은 부정정보에서 보 중앙의 휨모멘트는? (단, 보의 $EI$는 일정하다.)

① $0.10\text{kN}\cdot\text{m}$
② $0.15\text{kN}\cdot\text{m}$
③ $0.20\text{kN}\cdot\text{m}$
④ $0.25\text{kN}\cdot\text{m}$

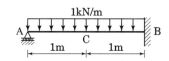

**알찬풀이** | 보 중앙의 휨모멘트($M_C$)

① $V_A = +\dfrac{3wL}{8} = +\dfrac{3(1)(2)}{8} = +0.75\text{kN}(\uparrow)$

② $M_C = +(0.75 \times 1) - (1 \times 1)(0.5) = +0.25(\text{kN}\cdot\text{m})$

**47** 경간의 길이가 4m인 단순지지된 1방향 슬래브의 처짐을 계산하지 않는 경우의 최소두께는? (단, 리브가 없는 슬래브, $f_y = 400\text{MPa}$ )

① 200mm

② 220mm

③ 235mm

④ 250mm

**알찬풀이** | 단순지지된 1방향 슬래브의 처짐을 계산하지 않는 경우의 최소두께($h_{\min}$)

| 부 재 | 최소두께($h_{\min}$) | | | |
|---|---|---|---|---|
| | 단순지지 | 1단연속 | 양단연속 | 캔틸레버 |
| 1방향 슬래브 | $\dfrac{l}{20}$ | $\dfrac{l}{24}$ | $\dfrac{l}{28}$ | $\dfrac{l}{10}$ |

$$\therefore \ h_{\min} = \frac{l}{20} = \frac{(4,000)}{20} = 200\text{mm}$$

**48** 그림과 같은 구조물의 부정정 차수는?

① 1차

② 2차

③ 3차

④ 4차

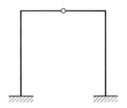

**알찬풀이** | 부정정 차수($N$)
외적 차수: $N_e = r - 3 = (3+3) - 3 = 3$
내적 차수: $N_i = (-1) \times 1\text{개} = -1$
$\therefore \ N = N_e + N_i = (3) + (-1) = 2\text{차}$

**49** 기초 지반면에 일어나는 최대 응력은?

① 0.15 MPa

② 0.18 MPa

③ 0.21 MPa

④ 0.25 MPa

$N = 900\text{kN}$

$M = 90\text{kN·m}$

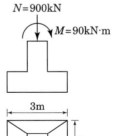

3m

2m

**알찬풀이** | 최대 압축응력($\sigma_{\max}$)

$$\sigma_{\max} = -\frac{N}{A} - \frac{M}{Z} = -\frac{(900)}{(2\times 3)} - \frac{(90)}{\dfrac{(2)(3)^2}{6}}$$

$$= -180\text{kN/m}^2 = -180\text{kPa} = -0.18\text{MPa}$$

**50** 기초판의 최대 계수휨모멘트를 계산할 때의 위험 단면에 대한 설명으로 틀린 것은?

① 콘크리트 벽체를 지지하는 기초판은 벽체의 외면
② 콘크리트 기둥, 주각을 지지하는 기초판은 기둥, 주각의 중심
③ 조적조 벽체를 지지하는 기초판은 벽체 중심과 단부 사이의 중간
④ 강재 밑판을 갖는 기둥을 지지하는 기초판은 기둥 외측면과 강재 밑판 사이의 중간

**알찬풀이** │ 콘크리트 기둥, 주각을 지지하는 기초판은 기둥, 주각의 단부에서 1방향 전단력을 받는 경우는 $d$ (기초판의 두께), 2방향 전단력을 받는 경우는 $\dfrac{d}{2}$ 거리의 위험 단면에 대한 검토를 하여야 한다.

**51** 기초의 지정형식에 따른 분류에서 속하지 않는 것은?

① 복합기초
② 직접기초
③ 독립기초
④ 연속기초

**알찬풀이** │ 직접기초는 지정형식(직접기초, 말뚝기초, 피어기초, 잠함기초)에 의한 분류에 속한다.

**52** 강재의 응력변형도 곡선에 관한 설명으로 틀린 것은?

① 탄성영역은 응력과 변형도가 비례관계를 보인다.
② 소성영역은 변형률은 증가하지 않고 응력만 증가하는 영역이다.
③ 변형도경화영역은 소성영역 이후 변형도가 증가하면서 응력이 비선형적으로 증가되는 영역이다.
④ 파괴영역은 변형도는 증가하지만 응력은 오히려 줄어드는 부분이다.

**알찬풀이** │ 소성영역은 응력은 증가하지 않고 변형률만 증가하는 영역이다.

**53** 강구조에서 규정된 별도의 설계하중이 없는 경우 접합부의 최소 설계강도 기준은? (단, 연결재, 새그로드 또는 띠장은 제외)

① 30kN 이상
② 35kN 이상
③ 40kN 이상
④ 45kN 이상

**알찬풀이** │ 강구조에서 규정된 별도의 설계하중이 없는 경우 접합부의 설계강도는 45kN 이상이어야 한다. 다만, 연결재, 새그로드 또는 띠장은 제외한다.

| ANSWER | 47. ① | 48. ② | 49. ② | 50. ② | 51. ② | 52. ② | 53. ④ |

**54** 철근 직경($d_b$)에 따른 표준갈고리의 구부림 최소 내면반지름 기준으로 틀린 것은?

① D13 주철근 : $2d_b$ 이상   ② D25 주철근 : $3d_b$ 이상
③ D13 띠철근 : $2d_b$ 이상   ④ D16 띠철근 : $2d_b$ 이상

**알찬풀이** | 표준갈고리의 구부림 최소 내면 반지름
① 180° 표준갈고리와 90° 표준갈고리의 구부리는 내면반지름은 아래의 표에 있는 값 이상으로 하여야 한다.

| 철근 크기 | 최소 내면반지름($r$) |
|---|---|
| D10~D25 | $3d_b$ |
| D29~D35 | $4d_b$ |
| D38 이상 | $5d_b$ |

② 스터럽이나 띠철근에서 구부리는 내면반지름은 D16 이하일 때 $2d_b$ 이상이고, D19 이상일 때는 위의 표에 따라야 한다.

**55** 강재의 기계적 성질과 관련된 응력변형도 곡선에서 가장 먼저 나타나는 것은?

① 비례한계점   ② 탄성한계점
③ 상위항복점   ④ 하위항복점

**알찬풀이** | 응력−변형도 곡선에서 가장 먼저 나타나는 것은 비례한계점이다.

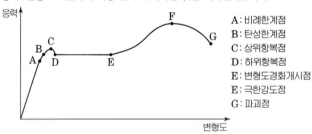

A : 비례한계점
B : 탄성한계점
C : 상위항복점
D : 하위항복점
E : 변형도경화개시점
E : 극한강도점
G : 파괴점

강재의 응력변형도 곡선

**56** 그림과 같은 캔틸레버 구조에서 고정단 A점의 최대 휨모멘트는?

① 120kN·m
② 160kN·m
③ 200kN·m
④ 240kN·m

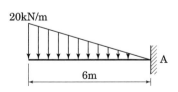

**알찬풀이** | 고정단 A점의 최대 휨모멘트($M_A$)
$$M_A = M_{A \cdot \max} = -\left(\frac{1}{2} \times 20 \times 6\right) \times (4) = -240(\text{kN} \cdot \text{m})$$

## 57 힘의 개념에 관한 설명으로 옳지 않은 것은?

① 힘은 변위, 속도와 같이 크기와 방향을 갖는 벡터의 하나이며, 3요소는 크기, 작용점, 방향이다.
② 힘은 물체에 작용해서 운동상태에 있는 물체에 변화를 일으키게 할 수 있다.
③ 물체에 힘의 작용 시 발생하는 가속도는 힘의 크기에 반비례하고 물체의 질량에 비례한다.
④ 강체에 힘이 작용하면 작용점은 작용선상의 임의의 위치에 옮겨 놓아도 힘의 효과는 변함없다.

**알찬풀이** | 물체에 힘의 작용 시 힘의 크기는 물체의 질량 및 가속도에 비례한다.

## 58 그림과 같은 $L$형 단면의 도심 위치 $\bar{y}$는?

① 2.6cm
② 3.5cm
③ 4.2cm
④ 5.8cm

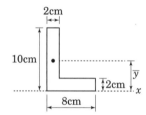

**알찬풀이** | 도심 위치($\bar{y}$)

$$\bar{y} = \frac{G_x}{A} = \frac{A_1 \cdot y_1 + A_2 \cdot y_2}{A_1 + A_2}$$

(부호) $G_x$ : 단면1차모멘트

$y_1$, $y_2$ : $A_1$, $A_2$의 도심부터 X축까지의 거리

$$\therefore \bar{y} = \frac{G_x}{A} = \frac{(2 \times 10)(5) + (6 \times 2)(1)}{(2 \times 10) + (6 \times 2)} = 3.5\text{cm}$$

## 59 콘크리트의 공칭전단강도($V_c$)가 30kN, 전단보강근에 의한 공칭전단강도($V_s$)가 20kN일 때 계수전단력($V_u$)으로 옳은 것은?

① 45 kN            ② 37.5 kN
③ 54 kN            ④ 60 kN

**알찬풀이** | 계수전단력($V_u$)

① 철근콘크리트 보의 공칭 전단강도 ($V_n$)

$V_n = V_C + V_S = 30\text{kN} + 20\text{kN} = 50\text{kN}$

② 계수 전단력(설계 전단강도)

$V_U = \phi V_n = 0.75 \times 50\text{kN} = 37.5 \text{ kN}$

(단, 전단력과 비틀림모멘트에 의한 강도감소 계수 : 0.75)

| ANSWER | 54. ① | 55. ① | 56. ④ | 57. ③ | 58. ② | 59. ② |
|---|---|---|---|---|---|---|

**60** 철근콘크리트 보에서 늑근의 사용 목적으로 적절하지 않은 것은?

① 전단력에 대한 보강
② 철근조립의 용이성
③ 주철근의 위치고정
④ 콘크리트 건조수축에 의한 균열 방지

**알찬풀이** | 콘크리트 건조수축에 의한 균열 방지는 레미콘 타설 후 초기 양생관리와 관계가 있고 늑근의 사용과는 관계가 적다.

제4과목 : 건축설비

**61** 다음의 공기조화방식 중 에너지 손실이 가장 큰 것은?

① 이중덕트방식　　　　　　② 유인유닛방식
③ 정풍량 단일덕트방식　　　④ 변풍량 단일덕트방식

**알찬풀이** | 이중 덕트 방식
① 중앙의 공조기에서 냉풍과 온풍을 만들어 각각의 덕트를 통하여 공급하고, 이것을 혼합 상자(mixing chamber)를 이용하여 냉·온풍을 혼합하여 공급하는 방식이다.
② 특징
　㉠ 장점
　　• 개별 조절이 가능하다.
　　• 냉·난방을 동시에 할 수 있다.
　　• 전공기 방식으로 냉온수관 등이 불필요하다.
　　• 칸막이 공사시 융통성 있는 계획이 가능하다.
　㉡ 단점
　　• 에너지 다소비형 방식이다.
　　• 설비비와 운전비가 많이 든다.
　　• 덕트가 이중이므로 차지하는 면적이 넓다.

**62** 다음 중 통기관을 설치하여도 트랩의 봉수 파괴를 막을 수 없는 것은?

① 분출작용에 의한 봉수파괴　　② 자기 사이펀에 의한 봉수파괴
③ 유도 사이펀에 의한 봉수파괴　④ 모세관 현상에 의한 봉수파괴

**알찬풀이** | 모세관 현상에 의한 봉수파괴를 방지하기 위해서는 모세관 현상을 일으키는 물질(머리카락, 천 등)을 제거하여야 한다.

**63** 간선의 배선방식에 대한 설명 중 옳지 않은 것은?

① 평행식은 사고 발생시 파급되는 범위가 좁다.
② 루프식은 공급신뢰도가 높아 중요 부하에 적용된다.
③ 평행식은 각 층의 분전반까지 단독으로 배선되므로 전압강하가 평균화된다.
④ 나뭇가지식은 요구되는 전선의 굵기가 가늘어 대규모 건축물에 주로 사용된다.

**알찬풀이** | 나뭇가지식(수지상식)

① 1개의 간선이 각각의 분전반을 거치는 방식이다.
  • 경제적이나 1개소의 사고가 전체에 영향을 미친다.
  • 각 분전반 별로 동일전압을 유지할 수 없다.
② 간선의 굵기를 줄여감으로써 배선비는 경제적이나 간선의 굵기가 변하는 접속점에 보안장치를
  설치해야 한다.
③ 소규모 건물에 적당하다.

**64** 보일러의 출력표시 중 난방부하와 급탕부하를 합한 용량으로 표시되는 것은?

① 정미출력
② 상용출력
③ 정격출력
④ 과부하출력

**알찬풀이** | 보일러의 용량(출력)

① 정격 출력(H)
  H = HR + HW + HP + HA
  (부호)  HR : 난방부하      HW : 급탕부하
          HP : 배관부하      HA : 예열부하
② 상용 출력(H′)
  H′ = HR + HW + HP
③ 정미 출력(H″)
  H′ = HR + HW

**65** 옥내의 은폐장소로서 건조한 콘크리트 바닥면에 매입 사용되는 것으로, 사무용 건물 등에 채용되는 배선방법은?

① 버스덕트 배선
② 금속몰드 배선
③ 금속덕트 배선
④ 플로어덕트 배선

**알찬풀이** | 플로어 덕트 배선 공사

바닥에 플로어 덕트(floor duct)를 미리 매입하여 전선, 콘센트 등을 설치하는 것으로 넓은 사무실
의 바닥 배선 공사로 이용된다.

| ANSWER | 60. ④ | 61. ① | 62. ④ | 63. ④ | 64. ③ | 65. ④ |
|---|---|---|---|---|---|---|

**66** 다음의 공기조화방식 중 전공기방식에 속하는 것은?

① 유인 유닛방식
② 멀티존 유닛방식
③ 팬코일 유닛방식
④ 패키지 유닛방식

**알찬풀이** | 공기조화 방식 중 공기식

| 열운반 방식 | 공기조화방식 | | 대상건축물 |
|---|---|---|---|
| 공기식 | 단일덕트 방식 | 정풍량 방식 | 저속 : 일반 건축물 |
| | | 가변풍량 방식 | 고속 : 고층 건축물 |
| | 이중 덕트 방식 | | 고층 건축물 |
| | 멀티존 유니트 방식 | | 중간 규모 이하의 건축물 |

**67** 난방방식에 관한 설명으로 옳은 것은?

① 증기난방은 온수난방에 비해 예열시간이 길다.
② 온수난방은 증기난방에 비해 방열온도가 높으며 장치의 열용량이 작다.
③ 복사난방은 실을 개방상태로 하였을 때 난방 효과가 없다는 단점이 있다.
④ 온풍난방은 가열 공기를 보내어 난방 부하를 조달함과 동시에 습도의 제어도 가능하다.

**알찬풀이** | 난방방식
① 증기난방은 온수난방에 비해 예열시간이 짧다.
② 온수난방은 증기난방에 비해 방열온도가 낮으며 장치의 열용량이 크다.
③ 복사난방은 실을 개방상태로 하였을 때 난방 효과가 있다.

**68** 압력에 따른 도시가스의 분류에서 중압의 압력 범위로 옳은 것은?

① 0.1MPa 이상 1MPa 미만
② 0.1MPa 이상 10MPa 미만
③ 0.5MPa 이상 50MPa 미만
④ 0.5MPa 이상 10MPa 미만

**알찬풀이** | 도시가스의 압력에 따른 구분
① 고압 : 1MPa 이상
② 중압 : 0.1MPa 이상 1MPa 미만
③ 저압 : 0.1MPa 미만

**69** 수동으로 회로를 개폐하고, 미리 설정된 전류의 과부하에서 자동적으로 회로를 개방하는 장치로 정격의 범위 내에서 적절히 사용하는 경우 자체에 어떠한 손상을 일으키지 않도록 설계된 장치는?

① 캐비닛
② 차단기
③ 단로스위치
④ 절환스위치

**알찬풀이** | 차단기
① 수동으로 회로를 개폐하고, 미리 설정된 전류의 과부하에서 자동적으로 회로를 개방하는 전기 안장치이다.
② 차단기의 종류로는 유입 차단기와 기중 차단기가 있다.

**70** 스프링클러설비의 배관에 관한 설명으로 옳지 않은 것은?

① 가지배관은 각 층을 수직으로 관통하는 수직 배관이다.
② 교차배관이란 직접 또는 수직배관을 통하여 가지배관에 급수하는 배관이다.
③ 급수배관은 수원 및 옥외송수구로부터 스프링 클러헤드에 급수하는 배관이다.
④ 신축배관은 가지배관과 스프링클러헤드를 연결하는 구부림이 용이하고 유연성을 가진 배관이다.

**알찬풀이** | 가지배관은 각 층의 수평으로 분산되는 수평 배관이다.

**71** 생물화학적 산소요구량(BOD) 제거율을 나타내는 식은?

① $\dfrac{\text{유입수}BOD - \text{유출수}BOD}{\text{유입수}BOD} \times 100(\%)$

② $\dfrac{\text{유출수}BOD - \text{유입수}BOD}{\text{유입수}BOD} \times 100(\%)$

③ $\dfrac{\text{유출수}BOD - \text{유입수}BOD}{\text{유출수}BOD} \times 100(\%)$

④ $\dfrac{\text{유입수}BOD - \text{유출수}BOD}{\text{유출수}BOD} \times 100(\%)$

**알찬풀이** | 생물화학적 산소요구량(BOD) 제거율

$$\text{BOD 제거율} = \dfrac{\text{유입수}\ BOD - \text{유출수}\ BOD}{\text{유입수}\ BOD} \times 100(\%)$$

| ANSWER | 66. ② | 67. ④ | 68. ① | 69. ② | 70. ① | 71. ① |
|--------|-------|-------|-------|-------|-------|-------|

**72** 다음 중 조명설계의 순서에서 가장 먼저 이루어져야 하는 사항은?

① 광원의 선정
② 조명 방식의 선정
③ 소요 조도의 결정
④ 조명 기구의 결정

**알찬풀이** | 조명설계의 순서
① 소요 조도의 결정　　② 광원의 선정
③ 조명방식의 결정　　④ 조명 기구의 선정
⑤ 광원의 개수 산정 및 배치

**73** 공기조화방식 중 전공기 방식에 관한 설명으로 옳지 않은 것은?

① 팬코일 유닛 방식 등이 있다.
② 중간기에 외기 냉방이 가능하다.
③ 송풍량이 많아서 실내공기의 오염이 적다.
④ 대형 덕트로 인한 덕트 스페이스가 요구된다.

**알찬풀이** | 팬코일 유니트 방식(Fancoil Unit System)
팬코일(fancoil)이라고 부르는 소형 유니트(unit)를 실내의 필요한 장소에 설치하여 냉·온수 배관을
접속시켜 실내의 공기를 대류작용에 의해서 냉·난방하는 방식이다.
① 특징
ㄱ) 장점
• 각 유니트마다 개별 조절이 가능하므로 각 실 조정이 용이하다.
• 전 공기식에 비해 덕트 면적이 작다.
• 장래의 부하 변동에 대응하기가 용이하다.
• 동력비 및 덕트 공간이 적게 소요된다.
ㄴ) 단점
• 외기 공급을 위한 별도의 설비, 공간이 필요하다.
• 유닛을 개구부 아래에 설치해야 하므로 실내 이용률이 떨어진다.
• 다수의 유니트가 분산 배치되므로 보수관리가 어렵다.
• 설비비와 보수관리비가 비싸다.
• 송풍 능력이 적으므로 고도의 공기 처리는 불가능하다.
　(외기량이 부족하여 실내공기의 오염이 심하다.)

**74** 환기방식에 관한 설명으로 옳지 않은 것은?

① 기계환기는 환기풍량의 제어가 가능하다.
② 자연환기는 외기의 풍속, 풍향 및 온도에 의해 영향을 받는다.
③ 강제급기와 자연배기의 조합은 화장실, 욕조 등의 환기에 주로 사용된다.
④ 자연환기에서는 건물의 외벽체에 설치된 급기구와 배기구의 기능이 바뀔 수 있다.

**알찬풀이** | 자연환기에서는 건물의 외벽체에 설치된 급기구와 배기구를 사용하지 않는 방식이다.

**75** 다음 중 효율이 가장 높지만 등황색의 단색광으로 색채의 식별이 곤란하므로 주로 터널 조명에 사용하는 것은?

① 형광램프　　　　　　　　　② 고압수은램프
③ 고압나트륨램프　　　　　　　④ 메탈핼라이드램프

**알찬풀이** | 고압 나트륨등
　　　① 발광 효율면에서 가장 좋다.
　　　② 고압 나트륨등은 주황색(황등색) 빛을 많이 띤다.
　　　③ 연색성이 나쁘다.
　　　④ 설비비가 비싸다.
　　　⑤ 가로등, 터널 조명에 많이 이용된다.

**76** 다음 중 옥내배선에서 전선의 굵기 결정요소와 가장 관계가 먼 것은?

① 허용전류　　　　　　　　　② 전압강하
③ 배선방식　　　　　　　　　④ 기계적 강도

**알찬풀이** | 전선 굵기의 결정 요소
　　　① 전선의 허용(안전) 전류
　　　② 기계적 강도
　　　③ 전압강하

**77** 다음 중 펌프에서 공동현상(cavitation)의 방지 방법으로 가장 알맞은 것은?

① 흡입양정을 낮춘다.　　　　② 토출양정을 낮춘다.
③ 마찰손실수두를 크게 한다.　④ 토출관의 직경을 굵게 한다.

**알찬풀이** | 펌프의 공동현상(cavitation)을 방지하기 위해서는 흡입양정을 낮추는 것이 좋다.

**78** 수관보일러에 관한 설명으로 옳지 않은 것은?

① 지역난방에 사용이 가능하다.
② 예열시간이 짧고 효율이 좋다.
③ 부하변동에 대한 추종성이 높다.
④ 연관식보다 사용압력은 낮으나 설치면적이 작다.

**알찬풀이** | 수관식(水管式) 보일러
　　　① 하부의 물드럼과 상부의 기수드럼에 여러 개의 수관으로 연결 구성된 보일러이다.
　　　　사용압력 : 증기 압력이 10kg/cm² 이상으로 대규모 건물에 이용된다.
　　　② 특징
　　　　• 열효율이 좋고 증기의 발생이 빠르다.
　　　　• 값이 고가이다.

---

**ANSWER**　　72. ③　73. ①　74. ④　75. ③　76. ③　77. ①　78. ④

**79** 30m 높이에 있는 옥상탱크에 펌프로 시간당 24m³의 물을 공급할 때, 펌프의 축동력은?
(단, 배관 중의 마찰손실은 토출양정의 20%, 흡입양정은 4m, 펌프의 효율은 55%이다.)

① 3.82kW

② 4.75kW

③ 5.65kW

④ 6.12kW

**알찬풀이** | 펌프의 축동력

① $Q = \dfrac{24\text{m}^3}{60\text{min}} = 0.4(\text{m}^3/\text{min})$

② $H = H_s + H_d + H_f = 4(\text{m}) + 30(\text{m}) + 30 \times 0.2(\text{m}) = 40(\text{m})$

∴ 펌프의 축동력 $= \dfrac{W \times Q \times H}{6,120 \times E}(\text{kW})$

$= \dfrac{1,000 \times 0.4 \times 40}{6120 \times 0.55} ≒ 4.75(\text{kW})$

(부호)

$W$ : 물의 밀도(1,000kg/m³)

$Q$ : 양수량(m³/min)

$H$ : 펌프의 전양정[흡입양정($H_s$)+토출양정($H_d$)+마찰손실 수두($H_f$)]

\* $H_s$ : 펌프의 실양정[흡입양정($H_s$)+토출양정($H_d$)]

$E$ : 펌프의 효율(%)

**80** 중앙식 급탕법 중 직접가열식에 관한 설명으로 옳지 않은 것은?

① 대규모 급탕설비에는 비경제적이다.

② 급탕탱크용 가열코일이 필요하지 않다.

③ 보일러 내면의 스케일은 간접가열식보다 많이 생긴다.

④ 건물의 높이가 높을 경우라도 고압 보일러가 필요하지 않다.

**알찬풀이** | 직접가열식

① 온수 보일러에서 가열된 물을 저탕조에 비축하여 두었다가 각 수전에 공급하는 방식이다.

② 보일러 내에 계속적인 급수로 보일러 내면에 스케일이 생겨 전열 효율이 떨어지고 보일러 수명
이 단축될 수 있다.

③ 급탕하는 건물의 높이가 높은 경우에는 고압의 보일러를 필요로 한다.

④ 소규모 건물에 적당하다.

## 제5과목 : 건축법규

**81** 같은 건축물 안에 공동주택과 위락시설을 함께 설치하고자 하는 경우, 공동주택의 출입구와 위락시설의 출입구는 서로 그 보행거리가 최소 얼마 이상이 되도록 설치하여야 하는가?

① 10m
② 20m
③ 30m
④ 50m

**알찬풀이** | 공동주택 등의 출입구와 위락시설 등의 출입구는 서로 그 보행거리가 30m 이상이 되도록 설치하여야 한다.

**82** 다음은 대지의 조경에 관한 기준 내용이다. ( )안에 알맞은 것은?

> 면적이 ( ) 이상인 대지에 건축을 하는 건축주는 용도지역 및 건축물의 규모에 따라 해당 지방자치단체의 조례로 정하는 기준에 따라 대지에 조경이나 그 밖에 필요한 조치를 하여야 한다.

① 100m$^2$
② 200m$^2$
③ 300m$^2$
④ 500m$^2$

**알찬풀이** | 대지 안의 조경 대상
면적 200m$^2$ 이상인 대지에 건축을 하는 건축주는 용도지역 및 건축물의 규모에 따라 해당 지방자치단체의 조례가 정하는 기준에 따라 대지 안에 조경 기타 필요한 조치를 하여야 한다.

**83** 주차장법령상 다음과 같이 정의되는 주차장의 종류는?

> 도로의 노면 또는 교통광장(교차점 광장만 해당)의 일정한 구역에 설치된 주차장으로서 일반(一般)의 이용에 제공되는 것

① 노외주차장
② 노상주차장
③ 부설주차장
④ 공영주차장

**알찬풀이** | 노상주차장
도로의 노면 또는 교통광장(교차점광장에 한한다. 이하 같다)의 일정한 구역에 설치된 주차장으로서 일반의 이용에 제공되는 주차장을 말한다.

| ANSWER | 79. ② | 80. ④ | 81. ③ | 82. ② | 83. ② |
|---|---|---|---|---|---|

**84** 다중이용건축물에 속하지 않는 것은? (단, 층수가 10층 이며, 해당 용도로 쓰는 바닥면적의 합계가 5,000m²인 건축물의 경우)

① 업무시설

② 종교시설

③ 판매시설

④ 숙박시설 중 관광숙박시설

**알찬풀이** | 다중이용건축물
다중이 사용하는 대규모의 건축물로서 아래에 해당하는 것
① 문화 및 집회시설(전시장 및 동·식물원을 제외), 종교시설, 판매시설, 운수시설, 의료 시설 중 종합병원 또는 숙박시설 중 관광숙박시설의 용도에 쓰이는 바닥면적의 합계가 5,000m² 이상인 건축물
② 16층 이상인 건축물

**85** 대통령령으로 정하는 용도와 규모의 건축물에 대해 일반이 사용할 수 있도록 소규모 휴식시설 등의 공개공지 또는 공개공간을 설치하여야 하는 대상 지역에 속하지 않는 것은?

① 준주거지역

② 준공업지역

③ 일반주거지역

④ 전용주거지역

**알찬풀이** | 공개공지 등의 확보 대상 지역과 건축물의 규모
① 대상 지역
  ㉠ 일반주거지역, 준주거지역
  ㉡ 상업지역
  ㉢ 준공업지역
  ㉣ 시장·군수·구청장이 도시화의 가능성이 크다고 인정하여 지정·공고하는 지역
② 대상 건축물
  ㉠ 연면적의 합계가 5,000m² 이상인 문화 및 집회시설, 종교시설, 판매시설(농수산물유통시설을 제외), 운수시설, 업무시설, 숙박시설
  ㉡ 기타 다중이 이용하는 시설로서 건축조례가 정하는 건축물

**86** 피난용승강기의 설치에 관한 기준 내용으로 옳지 않은 것은?

① 예비전원으로 작동하는 조명설비를 설치할 것

② 승강장의 바닥면적은 승강기 1대당 5m² 이상으로 할 것

③ 각 층으로부터 피난층까지 이르는 승강로를 단일구조로 연결하여 설치할 것

④ 승강장 출입구 부근의 잘 보이는 곳에 해당 승강기가 피난용승강기임을 알리는 표지를 설치할 것

**알찬풀이** | 피난용(비상용)승강기의 승강장의 바닥면적은 비상용승강기 1대에 대하여 6m² 이상으로 하여야 한다.

**87** 평행주차형식으로 일반형인 경우 주차장의 주차 단위구획의 크기 기준으로 옳은 것은?

① 너비 1.7m 이상, 길이 5.0m 이상
② 너비 1.7m 이상, 길이 6.0m 이상
③ 너비 2.0m 이상, 길이 5.0m 이상
④ 너비 2.0m 이상, 길이 6.0m 이상

**알찬풀이** | 주차 단위구획
• 평행주차형식의 경우

| 구분 | 너비 | 길이 |
|---|---|---|
| 경형 | 1.7m 이상 | 4.5m 이상 |
| 일반형 | 2.0m 이상 | 6.0m 이상 |
| 보도와 차도의 구분이 없는 주거지역의 도로 | 2.0m 이상 | 5.0m 이상 |

**88** 국토의 계획 및 이용에 관한 법률상 다음과 같이 정의되는 것은?

> 도시·군계획 수립 대상지역의 일부에 대하여 토지이용을 합리화하고 그 기능을 증진시키며 미관을 개선하고 양호한 환경을 확보하며, 그 지역을 체계적·계획적으로 관리하기 위하여 수립하는 도시·군관리계획

① 광역도시계획
② 지구단위계획
③ 도시·군기본계획
④ 입지규제최소구역계획

**알찬풀이** | 지구단위계획
도시·군계획 수립대상 지역의 일부에 대하여 토지이용을 합리화하고 그 기능을 증진시키며 미관을 개선하고 양호한 환경을 확보하며, 해당 지역을 체계적·계획적으로 관리하기 위하여 수립하는 도시·군관리계획을 말한다.

**89** 노외주차장의 구조·설비에 관한 기준 내용으로 옳지 않은 것은?

① 출입구의 너비는 3.0m 이상으로 하여야 한다.
② 주차구획선의 긴 변과 짧은 변 중 한 변 이상의 차로에 접하여야 한다.
③ 지하식인 경우 차로의 높이는 주차바닥 면으로부터 2.3m 이상으로 하여야 한다.
④ 주차에 사용되는 부분의 높이는 주차바닥 면으로부터 2.1m 이상으로 하여야 한다.

**알찬풀이** | 노외주차장의 출입구의 너비
① 주차대수규모가 50대 미만인 경우 : 3.5m 이상의 출입구를 설치할 것
② 주차대수규모가 50대 이상인 경우 : 출구와 입구를 분리하거나 너비 5.5m 이상의 출입구를 설치할 것

| ANSWER | 84. ① | 85. ④ | 86. ② | 87. ④ | 88. ② | 89. ① |
|---|---|---|---|---|---|---|

**90** 연면적 200m²를 초과하는 오피스텔에 설치하는 복도의 유효너비는 최소 얼마 이상이어야 하는가? (단, 양옆에 거실이 있는 복도)

① 1.2m               ② 1.5m

③ 1.8m               ④ 2.4m

**알찬풀이** | 공동주택·오피스텔 용도의 복도의 유효너비
    ① 양옆에 거실이 있는 복도 : 1.8m 이상
    ② 기타의 복도 : 1.2m 이상

**91** 건축법령 상 초고층 건축물의 정의로 옳은 것은?

① 층수가 30층 이상이거나 높이가 90m 이상인 건축물
② 층수가 30층 이상이거나 높이가 120m 이상인 건축물
③ 층수가 50층 이상이거나 높이가 150m 이상인 건축물
④ 층수가 50층 이상이거나 높이가 200m 이상인 건축물

**알찬풀이** | 초고층 건축물
    "초고층 건축물"이란 층수가 50층 이상이거나 높이가 200m 이상인 건축물을 말한다.

**92** 일반주거지역 내에서 건축물을 건축하는 경우 건축물의 높이 5m인 부분은 정북방향의 인접대지경계선으로부터 원칙적으로 최소 얼마 이상을 띄어 건축하여야 하는가?

① 1.0m               ② 1.5m

③ 2.0m               ④ 3.0m

**알찬풀이** | 전용주거지역, 일반주거지역 안에서 건축물의 높이
  • 인접대지 경계선으로부터 정북방향으로 띄우는 거리
    전용주거지역 또는 일반주거지역 안에서 건축물을 건축하는 경우에는 건축물의 각 부분을 정북
    방향으로의 인접대지 경계선으로부터 다음의 범위 안에서 건축조례가 정하는 거리이상을 띄어
    건축하여야 한다.
    ① 높이 9m 이하인 부분 : 인접 대지경계선으로부터 1.5m 이상
    ② 높이 9m를 초과하는 부분 : 인접 대지경계선으로부터 해당 건축물 각 부분 높이의 1/2분 이상

**93** 공동주택과 오피스텔의 난방설비를 개별난방방식으로 하는 경우에 관한 기준 내용으로 옳은 것은?

① 보일러의 연도는 내화구조로서 공동연도로 설치할 것
② 공동주택의 경우에는 난방구획을 방화구획으로 구획할 것
③ 보일러실의 윗부분에는 그 면적이 $1m^2$ 이상인 환기창을 설치할 것
④ 기름보일러를 설치하는 경우에는 기름저장소를 보일러실에 설치할 것

**알찬풀이** | 공동주택과 오피스텔의 개별난방방식
　　　② 보일러를 설치하는 곳과 거실 사이의 경계벽은 내화구조의 벽으로 구획(출입구를 제외)할 것
　　　③ 보일러실의 윗부분에는 그 면적이 $0.5m^2$ 이상인 환기창을 설치할 것
　　　④ 기름보일러를 설치하는 경우에는 기름저장소를 보일러실 외의 다른 곳에 설치할 것

**94** 건축허가신청에 필요한 설계도서의 종류 중 건축계획서에 표시하여야 할 사항이 아닌 것은?

① 주차장규모　　　　　　　　　② 공개공지 및 조경계획
③ 건축물의 용도별 면적　　　　④ 지역·지구 및 도시계획사항

**알찬풀이** | 공개공지 및 조경계획은 설계도서의 종류 중 건축계획서에 표시하여야 할 사항에 해당하지 않는다.

**95** 바닥면적 산정 기준에 관한 내용으로 틀린 것은?

① 층고가 2.0m인 다락은 바닥면적에 산입하지 아니한다.
② 승강기탑, 계단탑은 바닥면적에 산입하지 아니한다.
③ 공동주택으로서 지상층에 설치한 기계실의 면적은 바닥면적에 산입하지 아니한다.
④ 벽·기둥의 구획이 없는 건축물은 그 지붕 끝부분으로부터 수평거리 1m를 후퇴한 선으로 둘러싸인 수평투영면적으로 한다.

**알찬풀이** | 다락은 층고가 1.5m(경사진 형태의 지붕인 경우에는 1.8m) 이하인 경우 바닥면적에 산입하지 아니한다.

**96** 다음 용도지역 안에서의 건폐율 기준이 틀린 것은?

① 준주거지역 : 60퍼센트 이하
② 중심상업지역 : 90퍼센트 이하
③ 제3종일반주거지역 : 50퍼센트 이하
④ 제1종전용주거지역 : 50퍼센트 이하

**알찬풀이** | 준주거지역의 건폐율 기준은 70% 이하로 규정되어 있다.

| **ANSWER** | 90. ③ | 91. ④ | 92. ② | 93. ① | 94. ② | 95. ① | 96. ① |
| --- | --- | --- | --- | --- | --- | --- | --- |

**97** 피뢰설비를 설치하여야 하는 건축물의 높이 기준은?

① 15m 이상
② 20m 이상
③ 31m 이상
④ 41m 이상

**알찬풀이** | 피뢰설비 설치 대상
낙뢰의 우려가 있는 건축물 또는 높이 20m 이상의 건축물에는 다음의 기준에 적합하게 피뢰설비를 설치하여야 한다.

**98** 다음은 부설주차장의 인근 설치에 관한 기준 내용이다. 밑줄 친 "대통령령으로 정하는 규모" 기준으로 옳은 것은?

> 부설주차장이 대통령령으로 정하는 규모 이하이면 시설물의 부지 인근에 단독 또는 공동으로 부설주차장을 설치할 수 있다.

① 주차대수 100대의 규모
② 주차대수 200대의 규모
③ 주차대수 300대의 규모
④ 주차대수 400대의 규모

**알찬풀이** | 부설주차장의 인근설치
부설주차장이 주차대수 300대 이하인 때에는 시설물의 부지인근에 단독 또는 공동으로 부설주차장을 설치할 수 있다.

**99** 도심·부도심의 상업기능 및 업무기능의 확충을 위하여 지정하는 상업지역의 세분은?

① 중심상업지역
② 일반상업지역
③ 근린상업지역
④ 유통상업지역

**알찬풀이** | 상업지역

| 중심상업지역 | 도심·부도심의 상업 및 업무기능의 확충을 위하여 필요한 지역 |
| --- | --- |
| 일반상업지역 | 일반적인 상업 및 업무기능을 담당하게 하기 위하여 필요한 지역 |
| 근린상업지역 | 근린지역에서의 일용품 및 서비스의 공급을 위하여 필요한 지역 |
| 유통상업지역 | 도시내 및 지역간 유통기능의 증진을 위하여 필요한 지역 |

**100** 공동주택의 거실 반자의 높이는 최소 얼마 이상으로 하여야 하는가?

① 2.0m ② 2.1m

③ 2.7m ④ 3.0m

**알찬풀이** | 거실의 반자 높이

① 거실의 반자(반자가 없는 경우에는 보 또는 바로 윗층의 바닥판의 밑면 기타 이와 유사한 것을 말한다. 이하 같다)는 그 높이를 2.1m 이상으로 하여야 한다.

② 문화 및 집회시설(전시장 및 동·식물원을 제외한다), 의료시설 중 장례식장 또는 위락시설 중 주점영업의 용도에 쓰이는 건축물의 관람석 또는 집회실로서 그 바닥면적이 200m² 이상인 것의 반자의 높이는 위 ①의 규정에 불구하고 4m(노대의 아랫부분의 높이는 2.7m)이상이어야 한다. 다만, 기계환기장치를 설치하는 경우에는 그러하지 아니하다.

# 국가기술자격검정 필기시험문제

| 2023년도 제3회 CBT복원문제 온라인 CBT TEST | | | | 수검번호 | 성 명 |
|---|---|---|---|---|---|
| 자격종목 및 등급(선택분야) | 종목코드 | 시험시간 | 문제지형별 | | |
| 건축산업기사 | 2530 | 2시간30분 | A | | |

※ 답안카드 작성시 시험문제지 형별누락, 마킹착오로 인한 불이익은 전적으로 수험자의 귀책사유임을 알려드립니다.

---

### 제1과목 : 건축계획

**01** 주택의 부엌에서 작업삼각형(Work Triangle)의 구성요소에 속하지 않는 것은?

① 냉장고  ② 배선대
③ 개수대  ④ 레인지

**알찬풀이** | 작업 삼각형(work triangle)의 동선
① 냉장고, 싱크(개수)대, 조리(가열)대를 연결하는 삼각형으로 3.6~6.6m 이내가 적당하다.
② 삼각형 세변 길이의 합이 짧을수록 효과적인 배치이다.
③ 싱크대와 조리대, 냉장고와 싱크대 사이는 동선이 짧아야 한다.
④ 싱크대와 조리대는 1.2~1.8m 정도가 적당하다.

**02** 다음 중 근린분구의 중심시설에 속하지 않는 것은?

① 약국  ② 유치원
③ 파출소  ④ 초등학교

**알찬풀이** | 초등학교는 근린주구의 중심시설에 해당한다.

**03** 공동주택의 단면형 중 스킵 플로어(skip floor)형식에 관한 설명으로 옳은 것은?

① 하나의 단위주거의 평면이 2개 층에 걸쳐 있는 것으로 듀플렉스형이라고도 한다.

② 하나의 단위주거의 평면이 3개 층에 걸쳐 있는 것으로 트리플렉스형이라고도 한다.

③ 주거단위가 동일층에 한하여 구성되는 형식이며, 각 층에 통로 또는 엘리베이터를 설치하게 된다.

④ 주거단위의 단면을 단층형과 복층형에서 동일층으로 하지 않고 반 층씩 어긋나게 하는 형식을 말한다.

**알찬풀이** | 스킵 플로어(skip floor) 방식
① 주로 엘리베이터 운행의 경제성을 고려한 것이다.
② 홀수층, 짝수층으로 구분하여 운행된다.
③ 고층 아파트 등에 많이 이용된다.

**04** 공동주택에 관한 설명 중 옳지 않은 것은?

① 동일한 규모의 단독주택보다 대지비나 건축비가 적게 든다.

② 주거환경의 질을 높일 수 있다.

③ 단독주택보다 독립성이 크다.

④ 도시생활의 커뮤니티화가 가능하다.

**알찬풀이** | 공동주택보다는 단독주택이 독립성이 크다.

**05** 사무소 기준층 층고의 결정 요인과 가장 관계가 먼 것은?

① 엘리베이터 크기                  ② 채광

③ 공기조화(Air Conditioning)        ④ 사무실의 깊이

**알찬풀이** | 엘리베이터 크기는 사무소 기준층 층고의 결정 요인과 거리가 멀다.

**06** 어느 학교의 1주간 평균수업시간이 36시간이고, 미술교실이 사용되는 시간이 18시간이며, 그 중 6시간이 영어수업에 사용된다. 미술교실의 이용률과 순수율은?

① 이용률 50%, 순수율 67%     ② 이용률 50%, 순수율 33%

③ 이용률 67%, 순수율 50%     ④ 이용률 67%, 순수율 33%

**알찬풀어** | 미술교실의 이용률과 순수율

① 이용률 $= \dfrac{\text{교실 이용시간}}{\text{주당 평균 수업시간}} \times 100(\%)$

$= \dfrac{18}{36} \times 100 = 50(\%)$

② 순수율 $= \dfrac{\text{교과 수업시간}}{\text{교실 이용시간}} \times 100(\%)$

$= \dfrac{(18-6)}{18} \times 100 ≒ 66.7 \rightarrow 67(\%)$

**07** 공장건축의 형식 중 분관식(Pavlilion type)에 대한 설명으로 옳지 않은 것은?

① 통풍, 채광에 불리하다.

② 배수, 물홈통 설치가 용이하다.

③ 공장의 신설, 확장이 비교적 용이하다.

④ 건물마다 건축형식, 구조를 각기 다르게 할 수 있다.

**알찬풀어** | 공장건축의 형식 중 분관식(Pavlilion type)은 통풍, 채광에 유리하다.

**08** 다음 중 아파트의 주동계획에서 지상에 필로티를 두는 이유와 가장 관계가 먼 것은?

① 개방감의 확보

② 원활한 보행동선의 연결

③ 오픈스페이스로써의 활용가능

④ 용적률의 감축 및 공사비 절감

**알찬풀어** | 아파트의 주동계획에서 지상에 필로티를 두는 이유 중 용적률의 감축 및 공사비 절감과는 거리가 멀다.

**09** 다음과 같은 조건에서 요구되는 침실의 최소 바닥 면적은?

> • 성인 3인용 침실
> • 침실의 천장높이 : 2.5m
> • 실내 자연환기 회수 : 3회/h
> • 성인 1인당 필요로 하는 신선한 공기요구량 : 50m³/h

① 10m²
② 15m²
③ 20m²
④ 30m²

**알찬풀이** | 침실의 최소 바닥 면적
　　① 성인 1인당 필요로 하는 신선한 공기요구량 : 50m³/인·h
　　② 3인용 침실이고, 실내 자연환기 회수가 3회/h 이므로
　　　　50m³/h × 3(인) ÷ 3(회/h) = 50m³
　　③ 침실의 천장높이가 2.5m이므로
　　∴ 50m³÷2.5m=20(m²)

**10** 학교건축에서 다층교사에 관한 설명으로 옳지 않은 것은?

① 집약적인 평면계획이 가능하다.
② 학년별 배치, 동선 등에 신중한 계획이 요구된다.
③ 시설의 집중화로 효율적인 공간 이용이 가능하다.
④ 구조계획이 단순하며, 내진 및 내풍구조가 용이하다.

**알찬풀이** | 학교건축에서 다층교사는 구조계획이 복잡하다.

**11** 학교건축계획시 고려하여야 할 사항으로 옳지 않은 것은?

① 교실의 융통성이 확보되어야 한다.
② 지역인의 접근 가능성이 차단되어야 한다.
③ 교과내용의 변화에 적응할 수 있어야 한다.
④ 학교운영방식의 변화에 대응할 수 있어야 한다.

**알찬풀이** | 학교건축은 지역의 공공 건축물이므로 지역인의 접근 가능성이 고려되어야 한다.

| ANSWER | 6. ① 　 7. ① 　 8. ④ 　 9. ③ 　 10. ④ 　 11. ② |
| --- | --- |

**12** 다음 설명에 알맞은 상점의 가구배치 유형은?

> • 상품의 전달 및 고객의 동선상 흐름이 가장 빠른 형식으로 협소한 매장에 적합하다.
> • 부분별로 상품 진열이 용이하고 대량판매 형식도 가능하다.

① 환상형  ② 직렬형
③ 굴절형  ④ 복합형

**알찬풀이** | 직선(직렬) 배열형
　　① 입구에서 안쪽을 향하여 직선적으로 구성된 것이다.
　　② 고객의 흐림이 빠르고 대량 판매에도 유리하다.
　　③ 협소한 매장에 적합하다.
　　④ 침구점, 식기점, 서점 등에 적합하다.

**13** 다음 설명에 알맞은 백화점 건축의 에스컬레이터 배치 유형은?

> • 승객의 시야가 다른 유형에 비해 넓다.
> • 승객의 시선이 1방향으로만 한정된다.
> • 점유면적이 많이 요구된다.

① 직렬식  ② 교차식
③ 병렬 연속식  ④ 병렬 단속식

**알찬풀이** | 직렬형(식)
　　① 장점 : 승객의 시야가 넓다.
　　② 단점
　　　• 점유면적을 많이 차지한다.
　　　• 승객의 시선이 1방향으로만 한정된다.

**14** 주택에서 주방의 일부에 간단한 식탁을 설치하거나 식사실과 주방이 하나로 구성된 형태는?

① 독립형(K형)  ② 다이닝 키친(DK형)
③ 리빙 다이닝(LD형)  ④ 다이닝 테라스(DT)형

**알찬풀이** | 식당의 유형
　　① 다이닝 키친(Dining Kitchen) : 부엌의 한 부분에 식탁을 두는 형태
　　② 리빙 다이닝(Living Dining) : 거실의 한 부분에 식탁을 설치하는 형태
　　③ 리빙 키친(Living Kitchen) : 거실 내에 부엌과 식당을 설치하는 형태로 소규모 주택에서 많이
　　　이용된다.
　　④ 다이닝 포치(Dining Porch) : 여름철 등 좋은 날씨에 포치나 테라스에서 식사할 수 있는 곳
　　⑤ 키친 플레이 룸(Kitchen Play Room) : 부엌에서 작업을 하면서 어린이를 돌볼 수 있도록 한
　　　공간

**15** 사무소 건축의 코어계획에 관한 설명으로 옳지 않은 것은?

① 엘리베이터홀과 출입구문은 근접하여 배치한다.
② 코어 내의 각 공간은 각 층마다 공통의 위치에 배치한다.
③ 계단, 엘리베이터 및 화장실은 가능한 근접하여 배치한다.
④ 코어 내의 서비스 공간과 업무 사무실과의 동선을 단순하게 처리한다.

**알찬풀이** | 엘리베이터 홀은 출입구에 너무 근접시키지 않도록 계획한다.

**16** 상점의 숍 프런트(Shop Front) 구성에 따른 유형 중 폐쇄형에 관한 설명으로 옳지 않은 것은?

① 일반적으로 서점, 제과점 등의 상점에 적용된다.
② 고객의 출입이 적으며, 상점 내에 비교적 오래 머무르는 상점에 적합하다.
③ 상점내의 분위기가 중요하며, 고객이 내부 분위기에 만족하도록 계획한다.
④ 숍 프런트를 출입구 이외에는 벽이나 장식창 등으로 외부와의 경계를 차단한 형식이다.

**알찬풀이** | 폐쇄형
　　　　① 손님이 점내에 오래 머무르는 상점이나 손님이 적은 점포에 유리하다.
　　　　② 전문 보석점, 카메라 전문점, 미용실 등에 적합하다.

**17** 사무소 건축의 코어 유형에 관한 설명으로 옳지 않은 것은?

① 중앙코어형은 구조적으로 바람직한 유형이다.
② 편단코어형은 기준층 바닥면적이 적은 경우에 적합한 유형이다.
③ 외코어형은 방재상 2방향 피난시설 설치에 이상적인 유형이다.
④ 양단코어형은 단일용도의 대규모 전용사무실에 적합한 유형이다.

**알찬풀이** | 방재상 2방향 피난시설 설치에 이상적인 유형은 양단코어형이다.

**18** 상점계획에 대한 설명 중 옳지 않은 것은?

① 쇼윈도우는 간판, 입구, 파사드(facade), 광고 등을 포함하며 점포 전체의 얼굴이다.
② 쇼윈도우의 크기는 상점의 종류, 전면 길이 및 부지조건에 따라 다르다.
③ 상점 바닥면은 보도면에서 자유스럽게 유도될 수 있도록 계획한다.
④ 고객 동선은 가능한 한 길게 종업원의 동선은 가능한 한 짧게 한다.

**알찬풀이** | 쇼윈도우
판매 상품을 진열하여 통행인의 시선과 관심을 유도하고 진열 상품에 대한 정보를 제공하여 구매 의욕을 유발시키는 공간으로 간판, 입구 등은 포함되지 않는다.


**19** 사무소 건축에서 렌터블 비(Rentable Ratio)를 올바르게 표현한 것은?

① 연면적에 대한 임대면적의 비율
② 연면적에 대한 건축면적의 비율
③ 대지면적에 대한 임대면적의 비율
④ 대지면적에 대한 건축면적의 비율

**알찬풀이** | 렌터블 비(Rentable Ratio)
렌터블 비란 임대면적과 연면적의 비율을 말하며, 임대 사무소의 경우 채산성의 지표가 된다.

$$\therefore \ \text{렌터블 비} = \frac{\text{대실면적(수익부분면적)}}{\text{연면적}} \times 100(\%)$$


**20** 다음의 공장건축 지붕형식 중 채광과 환기에 효과적인 유형으로 자연환기에 가장 적합한 것은?

① 평지붕                    ② 뾰족지붕
③ 톱날지붕                  ④ 솟을지붕

**알찬풀이** | 솟을지붕
① 채광, 환기에 가장 적합한 방식이다.
② 창 개폐에 의해 환기 조절이 용이하다.

## 제2과목 : 건축시공

**21** 굳지 않은 콘크리트가 현장에 도착했을 때 실시하는 품질관리시험 항목이 아닌 것은?

① 염화물                    ② 조립률
③ 슬럼프                    ④ 공기량

**알찬풀이** | 굳지 않은 콘크리트가 현장에 도착했을 때 실시하는 품질관리시험 항목은 슬럼프, 공기량, 염화물 및 타설 시의 대기 온도, 굳지 않은 콘크리트(레미콘)의 온도이다.

**22** 기준점(Bench Mark)에 관한 다음 설명 중 옳지 않은 것은?

① 신축할 건축물의 높이의 기준을 삼고자 설정하는 것이다.
② 기준점의 위치는 수시로 이동 가능한 사물에 설치하는 것이 좋다.
③ 바라보기 좋은 곳에 적어도 2개소 이상 설치해 두어야 한다.
④ 공사가 완료된 뒤라도 건축물의 침하, 경사 등을 확인하기 위하여 사용되는 경우가 있다.

**알찬풀이** | 기준점의 위치는 이동하지 않는 사물(시설물)에 설치하여야 한다.

**23** 시멘트 벽돌공사에 관한 주의사항으로 옳지 않은 것은?

① 벽돌은 품질, 등급별로 정리하여 사용하는 순서 별로 쌓아 둔다.
② 벽돌쌓기 시 잔토막 또는 부스러기 벽돌을 쓰지 않는다.
③ 쌓기모르타르는 모래는 가는 모래를 사용하고, 빈배합으로 하며 사용시 물을 부어 사용한다.
④ 모르타르 제조시 사용하는 골재는 점토 등 유해물질이 들어있는 재료를 사용해서는 안된다.

**알찬풀이** | 쌓기모르타르는 모래는 일반 모래를 사용하고, 1 : 3(시멘트 : 모례) 정도의 배합으로 하며 사용시 물을 부어 사용한다.

**24** 방수공사에 관한 다음 기술 중 부적당한 것은?

① 시멘트 액체방수는 면적이 넓을 경우 익스펜션 조인트를 반드시 설치한다.
② 방수 모르타르는 보통 모르타르에 비해 바탕과의 접착력이 부족한 편이다.
③ 스트레이트 아스팔트는 신축이 좋고 교착력이 우수하여 지하실 방수공사에 매우 유리하다.
④ 바깥방수법은 보호누름이 필요하지만 안방수법은 없어도 무방하다.

**알찬풀이** | 안방수법은 보호누름이 필요하지만 바깥방수법은 없어도 무방하다.

**25** 미장공사 중 시멘트 모르타르 미장에 관한 설명으로 옳지 않은 것은?

① 미장바르기 순서는 보통 위에서부터 아래로 하는 것을 원칙으로 한다.
② 초벌바름 후 2주일 이상 방치하여 바름면 또는 라스의 이음매 등에서 균열을 충분히 발생시킨다.
③ 초벌바름 후 표면을 매끈하게 하여 재벌바름 시 접착력이 좋아지도록 한다.
④ 정벌바름은 공사의 조건에 따라 색조, 촉감을 결정하여 순마감재료를 사용하거나 혼합물을 첨가하여 바른다.

**알찬풀이** | 초벌바름은 표면을 거칠게 하여 재벌바름 시 접착력이 좋아지도록 한다.

**26** 건조된 목재의 특징으로 옳지 않은 것은?

① 변색
② 갈램
③ 뒤틀림
④ 내구성 저하

**알찬풀이** | 건조된 목재는 내구성이 좋다.

**27** 단가도급 계약제도를 채택하는 경우에 관한 설명 중 부적당한 것은?

① 공사를 급속히 시공할 필요가 있을 때
② 전체공사의 수량을 예측하기 곤란할 때
③ 일반적으로 널리 채용되고 있는 도급계약제도이다.
④ 설계변경으로 인한 산출이 극히 어려울 때

**알찬풀이** | 일반적으로 널리 채용되고 있는 도급계약제도는 정액도급(Lump Sum Contract) 방식으로 공사비 총액을 확정하고 계약하는 방식이다.

**28** 목구조에 사용되는 보강철물과 사용개소의 조합으로 옳지 않은 것은?

① 안장쇠 – 큰보와 작은보
② ㄱ자쇠 – 평기둥과 층도리
③ 띠쇠 – 토대와 기둥
④ 감잡이쇠 – 왕대공과 평보

**알찬풀이** | ㄱ자쇠는 모서리기둥과 층도리 맞춤부에 주로 사용된다.

**29** 지반조사 방법에 관한 설명으로 옳지 않은 것은?

① 수세식 보링은 사질층에 적당하며 끝에서 물을 뿜어내어 지층의 토질을 조사한다.
② 짚어보기방법은 얕은 지층을 파악하는데 이용된다.
③ 표준관입시험은 사질 지반보다 점토질 지반에 가장 유효한 방법이다.
④ 지내력시험의 재하판은 보통 원형의 것을 이용한다.

**알찬풀이** | 표준관입시험은 점토 지반에는 큰 편차가 생겨 신뢰성이 떨어진다.

**30** 품질관리 단계를 계획(Plan), 실시(Do), 검토(Check), 조치(Action)의의 4단계로 구분할 때 계획(Plan)단계에서 수행하는 업무가 아닌 것은?

① 적정한 관리도 선정
② 작업표준 설정
③ 품질관리 대상 항목 결정
④ 시방에 의거 품질표준 설정

**알찬풀이** | 적정한 관리도 선정은 검토(Check) 단계에서 수행하는 업무에 해당한다.

**31** 재료의 수량 산출 시 할증율이 가장 큰 것은?

① 이형철근        ② 자기타일
③ 붉은벽돌        ④ 단열재

**알찬풀이** | 단열재의 수량 할증율은 10%이다.

| ANSWER | 24. ④ 25. ③ 26. ④ 27. ③ 28. ② 29. ③ 30. ① 31. ④ |
| --- | --- |

## 32 굳지 않는 콘크리트 타설시 거푸집의 측압에 관한 설명 중 옳은 것은?

① 슬럼프가 클수록 측압은 크다.
② 부어넣기 속도가 빠를수록 측압은 작아진다.
③ 온도가 높을수록 측압은 커진다.
④ 거푸집의 강성이 작을수록 측압은 커진다.

**알찬풀이** | 거푸집의 측압
　　　① 벽 두께가 두꺼울수록, 슬럼프가 크고 배합이 좋을수록 측압은 커진다.
　　　② 부어넣기 속도가 빠를수록 측압은 커진다.
　　　③ 온도가 낮을수록 측압은 커진다.
　　　④ 다지기가 충분할수록 커진다. (진동기 사용시 30% 증가한다.)
　　　⑤ 시공 연도가 좋고 비중이 클수록 측압은 커진다.
　　　⑥ 사용 철근, 철골량이 많을수록 측압은 작게 된다.
　　　⑦ 측압은 높이가 클수록 커지지만 어느 일정한 높이에서 측압은 더 이상 증대하지 않는다.

## 33 고층 건물 외벽공사 시 적용되는 커튼월 공법의 특징이 아닌 것은?

① 내력벽으로서의 역할　　　　② 외벽의 경량화
③ 가설공사의 절감　　　　　　④ 품질의 안정화

**알찬풀이** | 고층 건물 외벽공사 시 적용되는 커튼월은 비내력벽에 해당한다.

## 34 콘크리트에 AE제를 사용하는 주목적은?

① 비중을 작게 한다.
② 시공연도를 좋게 한다.(워커빌리티 향상)
③ 강도를 증가시킨다.
④ 부착력을 증가시킨다.

**알찬풀이** | 콘크리트에 AE제를 사용하는 주목적은 시공연도(워커빌리티 향상)를 좋게 하기 위해서이다.

**35** 다음 각 유리의 특징에 대한 설명으로 옳지 않은 것은?

① 망입유리는 판유리 가운데에 금속망을 넣어 압착성형한 유리로 방화 및 방재용으로 사용된다.

② 강화유리는 후판유리를 약 500~600℃로 가열한 후 급속히 냉각 강화하여 만든 유리로 선박, 차량, 출입구 등에 사용된다.

③ 접합유리는 2장 또는 그 이상의 판유리에 특수 필름을 삽입하여 접착시킨 안전유리로서 파손되어도 파편이 발생하지 않는다.

④ 복층유리는 2~3장의 판유리를 밀착하여 만든 유리로서 단열, 방서, 방음용으로 사용된다.

**알찬풀이** | 복층유리는 2~3장의 판유리 사이에 공기층(아르곤 가스)을 두어 만든 유리로서 단열, 방서, 방음용으로 사용된다.

**36** 프리캐스트 콘크리트에 사용되는 상수돗물의 품질에 대한 설명 중 틀린 것은?

① 탁도(NTU)는 5도 이하로 한다.

② 수소이온농도(pH)는 5.8~8.5로 한다.

③ 증발잔류물은 500mg/$l$ 이하로 한다.

④ 염소이온량은 250mg/$l$ 이하로 한다.

**알찬풀이** | 탁도(NTU)는 2도 이하로 한다.

**37** 가구식 구조물의 횡력에 대한 보강법으로 가장 적합한 것은?

① 통재 기둥을 설치한다.　　② 가새를 유효하게 많이 설치한다.

③ 셋기둥을 줄인다.　　④ 부재의 단면을 작게 한다.

**알찬풀이** | 가구식 구조물의 가새는 횡력에 대한 보강법으로 유효하다.

**38** 시방서에 기재하지 않아도 되는 사항은?

① 재료 및 시공에 관한 검사사항

② 시공방법의 정도 및 완성에 대한 사항

③ 재료의 종류 및 품질, 사용에 대한 사항

④ 인도검사 및 건물인도의 시기에 대한 사항

**알찬풀이** | 인도검사 및 건물인도의 시기에 대한 사항은 시방서에 기재하지 않아도 되는 사항이다.

| ANSWER | 32. ① | 33. ① | 34. ② | 35. ④ | 36. ① | 37. ② | 38. ④ |
|---|---|---|---|---|---|---|---|

**39** 다음 중 부엌 조리대의 상판 구조로 가장 알맞은 재료는 어느 것인가?

① MDF(Medium Density Fiberboard)
② PB(Particle Board)
③ LPM(Low Pressure Melamine)
④ HPM(High Pressure Melamine)

**알찬풀이** | 부엌 조리대의 상판 구조로 가장 알맞은 재료는 HPM(High Pressure Melamine)이다.

**40** 지반개량공법 중 다짐법이 아닌 것은?

① 바이브로 플로테이션 공법
② 바이브로 컴포저 공법
③ 샌드 드레인 공법
④ 샌드 컴팩션 파일 공법

**알찬풀이** | 샌드 드레인 공법 (Sand drain method)
연약한 점토층에 모래 말뚝(sand pile)을 형성하고 주변 지반면에 재하(在荷)하면 지하수가 이 모래 말뚝에 모이는 것을 배수하는 방법이다.

---

제3과목 : 건축구조

**41** 다음과 같은 철근콘크리트 반T형보의 유효폭으로 옳은 것은? (단, 보 경간은 6m)

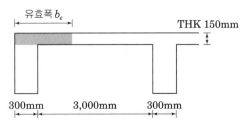

① 800mm
② 1,200mm
③ 1,800mm
④ 2,300mm

**알찬풀이** | 반T형 보의 유효폭
반T형 보의 플랜지 유효 폭(b)은 다음 ①~③의 값 중에서 작은 값으로 한다.
① $6t_f + b_w = 6 \times (150) + 300 = 1,200$mm

② (보의 경간의 1/12)$+ b_w = \dfrac{6,000}{12} + 300 = 800$mm

③ (인접 보의 내측 거리의 1/2)$+ b_w = \dfrac{3,000}{2} + 300 = 1,800$mm

(부호) $t_f$ : 플랜지의 두께, $b_w$ : 플랜지가 있는 부재에서 복부 폭

**42** 다음 그림과 같은 고장력 볼트 접합부의 설계미끄럼강도는?

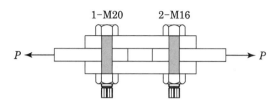

- 미끄럼계수 : 0.5
- 표준구멍
- M16의 설계볼트장력 $T_o = 106\text{kN}$
- M20의 설계볼트장력 $T_o = 165\text{kN}$
- 설계미끄럼강도식 :
  $$\phi R_n = \phi \cdot \mu \cdot h_f \cdot T_o \cdot N_s$$

① 148kN            ② 165kN

③ 184kN            ④ 212kN

**알찬풀이** | 설계미끄럼 강도($\phi R_n$)

$\phi R_n = \phi \cdot \mu \cdot h_{sc} \cdot T_o \cdot N_s = 1 \times 0.5 \times 165 \times 2(\text{면}) = 165(\text{kN})$

(부호)   $\mu$ : 미끄럼계수(블라스터 후 페인트하지 않는 경우 0.5)

        $h_{sc}$ : 표준구멍(1.0), 대형구멍과 단슬롯구멍(0.85), 장슬롯구멍(0.7)

        $T_o$ : 설계볼트장력(kN)

        $N_s$ : 전단면의 수

**43** 그림과 같은 캔틸레버보에서 자유단의 처짐값으로 옳은 것은? (단, 부재 전 단면의 $EI$는 같다.)

① $\dfrac{PL^2}{2EI}$

② $\dfrac{PL^2}{3EI}$

③ $\dfrac{PL^3}{2EI}$

④ $\dfrac{PL^3}{3EI}$

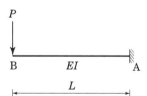

**알찬풀이** | 그림과 같은 캔틸레버보에서 자유단의 (최대)처짐각은 $\theta_B = \dfrac{PL^2}{2EI}$, (최대)처짐값은 $\delta_B = \dfrac{PL^3}{3EI}$ 이다.

**44** 다음 강구조의 기술 중 옳지 않은 것은?

① 춤이 높고 폭이 작을수록 횡좌굴이 일어나기 쉽다.
② 횡좌굴은 휨모멘트로 인한 압축응력과 관계가 있다.
③ 보의 설계에서 횡좌굴은 고려하지 않아도 된다.
④ 같은 단면이라도 사용방법에 따라 횡좌굴이 일어나기도 하고 일어나지 않기도 한다.

**알찬풀이** | 보의 설계에서도 횡좌굴은 고려하여야 한다.

**45** 그림과 같은 삼각형의 밑변을 지나는 $x$축에 대한 단면2차모멘트는?

① 607,500cm⁴
② 1,215,000cm⁴
③ 1,822,500cm⁴
④ 3,645,000cm⁴

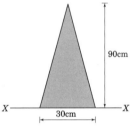

**알찬풀이** | 삼각형의 밑변을 지나는 $x$축에 대한 단면2차모멘트($I_X$)

$$I_X = \frac{bh^3}{12} = \frac{30 \times 90^3}{12} = 1,822,500 \, (\text{cm}^4)$$

**46** 그림과 같이 B단이 활절(Hinge)로 된 막대에 상향 10kN, 하향 30kN이 작용하여 평형을 이룬다면 A점으로부터 30kN이 작용하는 점까지의 거리 $x$는 얼마이어야 하는가? (단, 막대의 자중은 무시한다.)

① 1.0m
② 1.5m
③ 2.0m
④ 2.5m

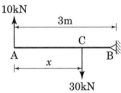

**알찬풀이** | 거리 $x$의 값

$$M_B = 10 \times 3 - 30(3-x) = 0$$
$$30 - 90 + 30 \times x = 0$$
$$\therefore \ x = 2 \, (\text{m})$$

**47** 그림과 같은 보의 A단에 모멘트 $M=80\text{kN}\cdot\text{m}$가 작용할 때 B단에 발생하는 고정단 모멘트의 크기는?

① $20\,\text{kN}\cdot\text{m}$
② $40\,\text{kN}\cdot\text{m}$
③ $60\,\text{kN}\cdot\text{m}$
④ $80\,\text{kN}\cdot\text{m}$

**알찬풀이** | 고정단 모멘트의 크기

① 분배율($DF_{AB}$)

1개의 구조물이므로 $DF_{AB}=\dfrac{1}{1}=1$

② 분배모멘트($M_{AB}$)

$M_{AB}=M_A\times DF_{AB}=M$

③ 전달모멘트($M_{BA}$)

$M_{BA}=\dfrac{1}{2}M_{AB}=\dfrac{1}{2}M=\dfrac{80(\text{kN}\cdot\text{m})}{2}=40(\text{kN}\cdot\text{m})$

**48** 그림과 같은 단순보에서 B지점의 수직반력은?

① $\dfrac{wL}{8}$

② $\dfrac{wL}{4}$

③ $\dfrac{3wL}{8}$

④ $\dfrac{3wL}{4}$

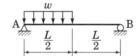

**알찬풀이** | B지점의 수직 반력

$\Sigma M_A=0$에서 $\dfrac{WL}{2}\times\dfrac{L}{4}-R_B\times L=0$

$\therefore\ R_B=\dfrac{WL}{8}$

**49** 철근콘크리트 구조의 특징에 대한 설명으로 옳지 않은 것은?

① 철근과 콘크리트는 선팽창계수가 거의 같다.
② 콘크리트는 철근이 녹스는 것을 방지한다.
③ 자체 중량은 크지만 시공과 강도계산이 간단하다.
④ 보의 압축응력은 콘크리트가 부담하고, 인장응력은 철근이 부담한다.

**알찬풀이** | 철근콘크리트 구조는 자체 중량이 크고 시공과 강도계산이 복잡하다.

| ANSWER | 44. ③ | 45. ③ | 46. ③ | 47. ② | 48. ① | 49. ③ |
| --- | --- | --- | --- | --- | --- | --- |

**50** 그림과 같은 구조물의 부정정 차수는?

① 1차 부정정
② 2차 부정정
③ 3차 부정정
④ 4차 부정정

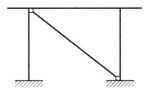

**알찬풀이** | 부정정 차수($N$)

부정정 차수($N$) = 외적차수($N_e$)+내적차수($N_i$)

= [반력수(r)-3]+[-부재 내의 힌지 절점수(h)+연결된 부재에 따른 차수]

∴ 부정정 차수 = [(3+3)-3]+[0+1×1] = 4차부정정

**51** 철근콘크리트 보에서 인장철근비가 균형철근비보다 큰 경우에 발생될 수 있는 현상은?

① 인장측 철근이 콘크리트보다 먼저 허용응력에 도달한다.
② 중립축이 상부로 올라간다.
③ 연성파괴가 나타난다.
④ 콘크리트의 압축파괴가 나타난다.

**알찬풀이** | 철근콘크리트 보에서 인장철근비가 균형철근비보다 큰 경우에는 콘크리트의 압축파괴 현상이 발생한다.

**52** 강도설계법에 의한 전단 설계 시 부재축에 직각인 전단철근을 사용할 때 전단철근에 의한 전단강도 $V_s$는? (단, $s$는 전단철근의 간격)

① $V_s = \dfrac{A_v \cdot f_{yt} \cdot s}{d}$

② $V_s = \dfrac{A_v \cdot s \cdot d}{f_{yt}}$

③ $V_s = \dfrac{s \cdot f_{yt} \cdot d}{A_v}$

④ $V_s = \dfrac{A_v \cdot f_{yt} \cdot d}{s}$

**알찬풀이** | 전단강도($V_s$)

$$V_s = \dfrac{A_v \cdot f_{yt} \cdot d}{s}$$

(부호) $A_v$ : 스터럽(전단철근)의 단면적

$f_{yt}$ : 철근의 인장강도

$s$ : 스터럽의 간격

$d$ : 보의 유효 춤

## 53 그림의 보에서 중립축에 작용하는 최대 전단응력도는?

① 0.275MPa
② 0.325MPa
③ 0.375MPa
④ 0.425MPa

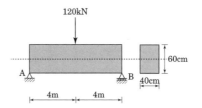

**알찬풀이** | 최대 전단응력도($\tau_{max}$)

단순보의 중앙에 집중하중 120(kN)이 작용하므로

$$R_A = R_B = \frac{120(kN)}{2} = 60(kN) = 60 \times 10^3(N)$$

최대 전단력은 양 단부 $V_{max} = 60 \times 10^3(N)$이며 최대 전단응력도는 양 단부에서 생긴다.

$$\therefore \tau_{max} = \frac{3}{2} \cdot \frac{V_{max}}{A} = \frac{3}{2} \times \frac{60 \times 10^3}{400 \times 600} = 0.375(MPa)$$

## 54 철근콘크리트 보에서 철근과 콘크리트간의 부착력이 부족할 때 부착력을 증가시키는 방법으로서 가장 적절한 것은?

① 고강도 철근을 사용한다.
② 콘크리트의 물시멘트비를 증가시킨다.
③ 인장철근의 주장을 증가시킨다.
④ 인장철근의 단면적을 증가시킨다.

**알찬풀이** | 철근콘크리트 보에서 철근과 콘크리트간의 부착력이 부족할 때 부착력을 증가시키는 방법으로서 가장 적절한 방법은 인장철근의 주장을 증가시켜야 한다.

## 55 그림은 단순보 임의점에 집중하중 1개가 작용하였을 때의 전단력도를 나타낸 것이다. C점의 휨모멘트는 얼마인가?

① 0
② 105kN·m
③ 210kN·m
④ 245kN·m

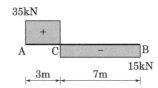

**알찬풀이** | C점의 휨모멘트($M_c$)

단순보의 C점에 집중하중(P)가 50(kN)이 작용하면 그림과 같은 전단력도가 된다.

$\Sigma M_B = 0$에서 $R_A \times 10(m) - P \times 7(m) = 0$  $\therefore R_A = \frac{50(kN) \times 7(m)}{10(m)} = 35(kN)$

$\therefore$ C점의 휨모멘트 $M_c = 35(kN) \times 3(m) = 105(kN \cdot m)$

| ANSWER | 50. ④ | 51. ④ | 52. ④ | 53. ③ | 54. ③ | 55. ② |

**56** 그림과 같이 기초의 지반반력이 될 때 기초의 길이 $L$은?

① 1.5m

② 2.0m

③ 2.5m

④ 3.0m

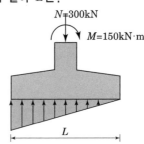

**알찬풀이** | 기초의 길이 $L$

편심거리 $e = \dfrac{M}{N} = \dfrac{150(\text{kN·m})}{300(\text{kN})} = 0.5(\text{m})$

단면의 핵거리 $e = \dfrac{L}{6} = 0.5(\text{m})$이므로 ∴ $L = 3.0(\text{m})$


**57** 강구조 기둥의 주각에 관한 설명 중 틀린 것은?

① 기둥의 응력이 크면 윙플레이트, 접합앵글, 리브 등으로 보강하여 응력의 분산을 도모한다.

② 앵커볼트는 기초콘크리트에 매입되어 주각부의 이동을 방지하는 역할을 한다.

③ 주각은 조건에 관계없이 고정으로만 가정하여 응력을 산정한다.

④ 축방향력이나 휨모멘트는 베이스플레이트 저면의 압축력이나 앵커 볼트의 인장력에 의해 전달된다.

**알찬풀이** | 주각은 주각부의 구속 조건에 따라 힌지, 고정으로 가정하여 응력을 산정한다.


**58** 다음 그림과 같은 철근콘크리트 보에서 처짐을 계산하지 않아도 되는 경우의 보의 최소두께는 얼마인가? (단, 단위질량 $m_c = 2,300\text{kg/m}^3$인 보통 중량콘크리트이며 $f_{ck} = 27\text{MPa}$, $f_y = 400\text{MPa}$)

① 385mm

② 324mm

③ 297mm

④ 286mm

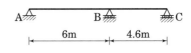

**알찬풀이** | 보의 최소두께($h_{min}$)

① 보통 중량콘크리트를 사용하였으며 철근의 항복 강도가 400MPa이므로 보정값을 적용하지 않아도 된다.

② 그림의 조건이 1단 연속보이므로 $h_{min} = \dfrac{L}{18.5}$이며 경간의 길이가 다른 경우 긴 경간의 처짐을 지배한다.

∴ $h_{min} = \dfrac{L}{18.5} = \dfrac{6000}{18.5} ≒ 324.324 \rightarrow 324(\text{mm})$

**59** 철근콘크리트 구조에서 하중에 의해 요구되는 단면보다 큰 단면으로 설계된 압축부재의 경우, 감소된 유효단면적을 사용하여 최소철근량과 설계강도를 결정할 수 있다. 이때 감소된 유효단면적은 전체 단면적의 얼마 이상이어야 하는가?

① 1/2

② 1/3

③ 1/4

④ 1/5

**알찬풀이** | 감소된 유효단면적은 전체 단면적의 얼마 1/2 이상이어야 한다.

**60** 그림과 같은 삼각형 단면에서 도심축 $x$에 대한 단면2차반경은?

① 3.54cm

② 4.67cm

③ 5.86cm

④ 6.52cm

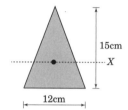

**알찬풀이** | 삼각형 단면에서 도심축 $X$에 대한 단면2차반경($r_X$)
① 삼각형 단면에서 도심축 $X$에 대한 단면2차모멘트($I_X$)

$$I_X = \frac{bh^3}{36} = \frac{12 \times 15^3}{36} = 1,125 (\text{cm}^4)$$

② 삼각형 단면의 면적

$$A = \frac{1}{2} \times 12 \times 15 = 90 (\text{cm}^2)$$

∴ 단면2차반경($r_X$)

$$r_X = \sqrt{\frac{I_X}{A}} = \sqrt{\frac{1125}{90}} \fallingdotseq 3.54 (\text{cm})$$

---

제4과목 : 건축설비

**61** 습공기선도 상에서 별도의 수분 증가 및 감소 없이 건구온도만 상승시킬 경우 변화하지 않는 것은?

① 엔탈피

② 절대습도

③ 비체적

④ 습구온도

**알찬풀이** | 습공기선도 상에서 별도의 수분 증가 및 감소 없이 건구온도만 상승시킬 경우 변화하지 않는 것은 절대습도이다.

---

**62** 너무 큰 신축에는 파손되어 누수의 원인이 되는 결점은 있으나 현장에서 2개 이상의 엘보를 사용하여 만들 수 있는 신축 이음쇠는?

① 루프형 신축 이음쇠　　　　② 슬리브형 신축 이음쇠
③ 스위블형 신축 이음쇠　　　④ 벨로우즈형 신축 이음쇠

**알찬풀이** | 스위블형(신축) 이음(swivel joint)
　　　　① 2개 이상의 엘보를 사용하여 나사 회전을 이용해서 신축을 흡수한다.
　　　　② 분기배관 중에 사용된다.

**63** 다음 설명에 알맞은 자동화재탐지설비의 감지기는?

> 주위 온도가 일정 온도 이상이 되면 작동하는 것으로 보일러실, 주방과 같이 다량의 열을 취급하는 곳에 설치한다.

① 정온식　　　　　　　　　② 차동식
③ 광전식　　　　　　　　　④ 이온화식

**알찬풀이** | 정온식 감지기
　　　　① 화재시 온도 상승으로 감지기 내의 바이메탈(bimetal)이 팽창하거나 가용절연물이 녹아 접점에 닿을 경우에 작동한다.
　　　　② 종류
　　　　　　• 정온식 스폿형 감지기 : 바이메탈식
　　　　　　• 정온식 감지선형 감지기 : 가용절연물식
　　　　③ 용도
　　　　　　보일러실, 주방과 같은 화기 및 열원 기기를 직접 취급하는 곳에 이용된다.

**64** 각종 조명방식에 관한 설명으로 옳지 않은 것은?

① 간접조명방식은 확산성이 낮고 균일한 조도를 얻기 어렵다.
② 반간접조명방식은 직접조명방식에 비해 글레어가 작다는 장점이 있다.
③ 직접조명방식은 작업면에서 높은 조도를 얻을 수 있으나 주위와의 휘도차가 크다.
④ 반직접조명방식은 광원으로부터의 발산 광속 중 10~40%가 천장이나 윗벽 부분에서 반사된다.

**알찬풀이** | 간접조명방식은 확산성(빛의 퍼짐 현상)이 높고 균일한 (낮은) 조도를 얻기 쉽다.

**65** 공기조화방식 중 2중덕트방식에 관한 설명으로 옳지 않은 것은?

① 전공기방식의 특성이 있다.
② 혼합상자에서 소음과 진동이 생긴다.
③ 냉·온풍을 혼합 사용하므로 에너지 절감효과가 크다.
④ 부하특성이 다른 다수의 실이나 존에도 적용할 수 있다.

**알찬풀이** | 2중덕트방식은 중앙의 공조기에서 냉풍과 온풍을 만들어 각각의 덕트를 통하여 공급하고, 이것을 혼합 상자(mixing chamber)를 이용하여 냉·온풍을 혼합하여 공급하는 방식으로 에너지를 많이 소비하는 방식에 해당한다.

**66** 압력에 따른 도시가스의 분류에서 중압의 압력 범위로 옳은 것은?

① 0.1MPa 이상 1MPa 미만
② 0.1MPa 이상 10MPa 미만
③ 0.5MPa 이상 5MPa 미만
④ 0.5MPa 이상 10MPa 미만

**알찬풀이** | 도시가스의 압력에 따른 구분
① 고압 : 1MPa 이상
② 중압 : 0.1MPa 이상 1MPa 미만
③ 저압 : 0.1MPa 미만

**67** 보일러의 출력표시 중 난방부하와 급탕부하를 합한 용량으로 표시되는 것은?

① 정미출력　　　　　　② 상용출력
③ 정격출력　　　　　　④ 과부하출력

**알찬풀이** | 정미 출력($H''$)
$H'' = H_R$(난방부하) $+ H_W$(급탕부하)

**68** 대변기의 세정방식 중 버큠 브레이커의 설치가 요구되는 것은?

① 세락식　　　　　　　② 로 탱크식
③ 하이 탱크식　　　　　④ 세정 밸브식

**알찬풀이** | 세정 밸브식(Flush valve system)
① 급수관 관경 : 25mm 이상
② 급수 압력 : $0.7kg/cm^2$ 이상
③ 크로스 커넥션(cross connection) 방지를 위해 진공 방지기(vacuum breaker)를 함께 사용해야 한다.

**69** 일반적으로 지름이 큰 대형관에서 배관 조립이나 관의 교체를 손쉽게 할 목적으로 이용되는 이음 방식은?

① 신축 이음          ② 용접 이음

③ 나사 이음          ④ 플랜지 이음

**알찬풀이** | 플랜지 이음
　　　　지름이 큰 대형관에서 배관 조립이나 관의 교체를 손쉽게 할 목적으로 이용되는 이음 방식이다.

**70** 옥내소화전이 가장 많이 설치된 층의 설치개수가 5개인 경우, 펌프의 토출량은 최소 얼마 이상이 되도록 하여야 하는가? (단, 전동기 또는 내연기관에 따른 펌프를 이용하는 가압송수장치의 경우)

① 260L/min          ② 350L/min

③ 550L/min          ④ 650L/min

**알찬풀이** | 옥내소화전이 가장 많이 설치된 층의 설치개수가 5개인 경우, 펌프의 토출량은 전동기 또는 내연기관에 따른 펌프를 이용하는 가압송수장치의 경우 260L/min 이상이 되어야 한다.

**71** 급수방식에 관한 설명으로 옳은 것은?

① 수도직결방식은 수질 오염의 가능성이 가장 높다.
② 압력수조방식은 급수압력이 일정하다는 장점이 있다.
③ 펌프직송방식은 급수 압력 및 유량 조절을 위하여 제어의 정밀성이 요구된다.
④ 고가수조방식은 고가수조의 설치높이와 관계없이 최상층 세대에 충분한 수압으로 급수할 수 있다.

**알찬풀이** | 급수방식
　　　　① 수도직결방식은 수질 오염의 가능성이 가장 낮다.
　　　　② 압력수조방식은 급수압력이 일정하지 않을 수 있다.
　　　　④ 고가수조방식은 고가수조의 설치 높이에 따라 최상층 세대의 수압이 달라질 수 있다.

**72** 전기설비용 시설공간(실)에 관한 설명으로 옳지 않은 것은?

① 발전기실은 변전실과 인접하도록 배치한다.

② 중앙감시실은 일반적으로 방재센터와 겸하도록 한다.

③ 전기샤프트는 각 층에서 가능한 한 공급대상의 중심에 위치하도록 한다.

④ 주요 기기에 대한 반입, 반출 통로를 확보하되, 외부로 직접 출입할 수 있는 반출입구를 설치하여서는 안된다.

**알찬풀이** | 주요 기기에 대한 반입, 반출 통로를 확보하되, 외부로 직접 출입할 수 있는 반출입구를 설치하도록 하여야 한다.

**73** 최상부의 배수수평관이 배수수직관에 접속된 위치보다도 더욱 위로 배수수직관을 끌어올려 통기관으로 사용하는 부분으로 대기 중에 개구하는 것은?

① 신정통기관

② 각개통기관

③ 결합통기관

④ 루프통기관

**알찬풀이** | 신정통기관(배수 통기관)
최상층의 배수 수직관을 옥상 위에 연장하여 통기 역할을 하게 하는 부분이다.

**74** 압력탱크로부터 수직높이 10[m]되는 곳에 세정밸브(flush valve)식 대변기가 설치되어 있다. 이 대변기에 압력탱크식으로 급수하기 위한 압력탱크의 최저 필요압력은?(단, 배관의 연장길이는 15[m]이고 관로의 전마찰손실 수두는 5[mAq]이다.)

① 220kPa

② 270kPa

③ 320kPa

④ 370kPa

**알찬풀이** | 수도 본관의 최저 필요 압력(Po)

$$P_o \geq P + P_f + \frac{h}{100}(MPa)$$

$$0.07 + 0.05 + \frac{10}{100} = 0.22(MPa)$$

$$\therefore 0.22(MPa) \times 1,000 = 220(kPa)$$

(부호)  $P$ : 기구별 최저 소요 압력(MPa)

$P_f$ : 관내 마찰 손실 수두(MPa)

$h$ : 수전고(수도 본관과 수전까지의 높이(m)

※ 수압 $P = 0.01H(MPa) \rightarrow 0.01 \times H \times 1,000(kPa)$

$$5[mAq] \rightarrow \frac{5}{100}(MPa) = 0.05(MPa)$$

| ANSWER | 69. ④ | 70. ① | 71. ③ | 72. ④ | 73. ① | 74. ① |
|---|---|---|---|---|---|---|

**75** 위생설비에 설치되는 저수 및 고가탱크에 관한 설명으로 옳지 않은 것은?

① 상수 탱크의 천장·바닥 또는 주변 벽은 건축물의 구조 부분과 겸용하도록 한다.
② 상수 탱크에 설치하는 뚜껑은 유효 안지름 1,000mm 이상의 것으로 한다.
③ 상수관 이외의 관은 상수용 탱크를 관통하거나 상부를 횡단해서는 안된다.
④ 상수 탱크는 청소시 급수에 지장이 있을 경우 또는 기간에 따라 급수부하의 변동이 있는 경우에 대비하여 분할하여 설치하거나 또는 칸막이를 설치한다.

**알찬풀이** | 상수 탱크의 천장·바닥 또는 주변 벽은 상수의 오염을 방지하기 위하여 건축물의 구조 부분과 겸용하지 않도록 하여야 한다.

**76** 리버스 리턴(reverse-return) 배관방식에 관한 설명으로 옳은 것은?

① 증기난방 설비에 주로 이용되는 배관방식이다.
② 계통별로 마찰저항을 균등하게 하기 위한 배관방식이다.
③ 배관의 온도변화에 따른 신축을 흡수하기 위한 배관방식이다.
④ 물의 온도차를 크게 하여 밀도차에 의한 자연순환을 원활하게 하기 위한 배관방식이다.

**알찬풀이** | 리버스 리턴(reverse-return) 배관방식
① 온수난방이나 급탕의 배관시 공급관과 환수관의 길이를 거의 같게 하여 온수의 순환시 유량을 균등하게 분배하기 위하여 사용하는 배관법이다.
② 배관 공간을 많이 차지하고, 배관비가 많이 든다.

**77** 증기난방에 관한 설명으로 옳지 않은 것은?

① 온수난방에 비해 방열기의 방열면적이 작다.
② 운전시 증기해머로 인한 소음을 일으키기 쉽다.
③ 온수난방에 비해 한랭지에서 동결의 우려가 적다.
④ 온수난방에 비해 열용량이 크므로 예열시간이 길다.

**알찬풀이** | 증기난방은 온수난방에 비해 열용량이 작으므로 예열시간이 짧다.

**78** 10℃의 물 100L를 50℃까지 가열하는데 필요한 열량은?(단, 물의 비열은 4.2kJ/kg·K이다.)

① 4,000kJ              ② 8,400kJ

③ 16,800kJ            ④ 20,800kJ

**알찬풀이** | 열량($Q$)

$$열량(Q) = m \cdot c \cdot t \,(\text{kcal, kJ})$$
$$= 100 \times 4.2 \times (50 - 10) = 16,800 \,(\text{kJ})$$

(부호) $m$ : 질량(kg)

$c$ : 비열(J/kg℃, kcal/kg℃)

$t = t_1 - t_2$ : 온도 변화(℃)

**79** 배관의 연결 방법 중 리프트 이음(lift fitting)이 사용되는 곳은?

① 오수정화조에서 부패조

② 급수설비에서 펌프의 토출측

③ 난방설비에서 보일러의 주위

④ 배수설비에서 수평관과 수직관의 연결부위

**알찬풀이** | 리프트 이음(lift fitting)

진공 환수식 난방 방식에서 방열기 보다 높은 위치에 응축수의 환수관을 배관하는 경우에 하는 이용되는 방법이다.

**80** 분기회로 구성 시 유의사항에 관한 설명으로 옳지 않은 것은?

① 전등회로와 콘센트회로는 별도의 회로로 한다.

② 같은 스위치로 점멸되는 전등은 같은 회로로 한다.

③ 습기가 있는 장소의 수구는 가능하면 별도의 회로로 한다.

④ 분기회로의 전선 길이는 60m 이하로 하는 것이 바람직하다.

**알찬풀이** | 분기회로

① 저압 옥내 간선으로부터 분기하여 전기 기기에 이르는 전기회로를 말한다.

② 설치 간격 : 분기 회로의 길이가 30m 이하가 되도록 설치한다.

제5과목 : 건축법규

**81** 연면적이 200m²를 초과하는 건축물에 설치하는 복도의 유효너비는 최소 얼마 이상으로 하여야 하는가? (단, 건축물은 초등학교이며, 양옆에 거실이 있는 복도의 경우)

① 1.2m        ② 1.5m

③ 1.8m        ④ 2.4m

**알찬풀이** | 복도의 유효너비

건축물에 설치하는 복도의 유효너비는 다음 표와 같이 하여야 한다.

| 구분 | 양옆에 거실이 있는 복도 | 기타의 복도 |
|---|---|---|
| 유치원·초등학교·중학교·고등학교 | 2.4m 이상 | 1.8m 이상 |
| 공동주택·오피스텔 | 1.8m 이상 | 1.2m 이상 |
| 해당 층 거실의 바닥면적 합계가 200m² 이상인 경우 | 1.5m 이상<br>(의료시설의 복도는<br>1.8m 이상) | 1.2m 이상 |

**82** 다음은 건축법령상 다세대주택의 정의이다. ( ) 안에 알맞은 것은?

> 주택으로 쓰는 1개 동의 바닥면적 합계가 ( ㉠ ) 이하이고, 층수가 ( ㉡ ) 이하인 주택(2개 이상의 동을 지하주차장으로 연결하는 경우에는 각각의 동으로 본다.)

① ㉠ 330m², ㉡ 3개 층

② ㉠ 330m², ㉡ 4개 층

③ ㉠ 660m², ㉡ 3개 층

④ ㉠ 660m², ㉡ 4개 층

**알찬풀이** | 다세대주택의 정의

주택으로 쓰이는 1개 동의 연면적(지하주차장 면적을 제외)이 660m² 이하이고, 층수가 4개층 이하인 주택을 말한다.

**83** 건축물의 바깥쪽에 설치하는 피난계단의 구조에 관한 기준 내용으로 옳지 않은 것은?

① 계단의 유효너비는 0.9m 이상으로 할 것
② 계단실에는 예비전원에 의한 조명설비를 할 것
③ 계단은 내화구조로 하고 지상까지 직접 연결되도록 할 것
④ 건축물의 내부에서 계단으로 통하는 출입구에는 60+방화문 또는 60분 방화문을 설치할 것

**알찬풀이** | 건축물의 바깥쪽에 설치하는 피난계단의 구조
① 계단은 그 계단으로 통하는 출입구외의 창문등(망이 들어 있는 유리의 붙박이창으로서 그 면적이 각각 1m² 이하인 것을 제외한다)으로부터 2m 이상의 거리를 두고 설치할 것
② 건축물의 내부에서 계단으로 통하는 출입구에는 60+방화문 또는 60분방화문을 설치할 것
③ 계단의 유효너비는 0.9m 이상으로 할 것
④ 계단은 내화구조로 하고 지상까지 직접 연결되도록 할 것

**84** 주거용 건축물 급수관의 지름 산정에 관한 기준 내용으로 틀린 것은?

① 가구 또는 세대수가 1일 때 급수관 지름의 최소기준은 15mm이다.
② 가구 또는 세대수가 7일 때 급수관 지름의 최소기준은 25mm이다.
③ 가구 또는 세대수가 18일 때 급수관 지름의 최소기준은 50mm이다.
④ 가구 또는 세대의 구분이 불분명한 건축물에 있어서는 주거에 쓰이는 바닥면적의 합계가 85m² 초과 150m² 이하인 경우는 3가구로 산정한다.

**알찬풀이** | 주거용 건축물 급수관의 지름 [별표3]

| 가구 또는 세대수 | 1 | 2·3 | 4·5 | 6~8 | 9~16 | 17 이상 |
|---|---|---|---|---|---|---|
| 급수관 지름의 최소기준(mm) | 15 | 20 | 25 | 32 | 40 | 50 |

\* 가구 또는 세대의 구분이 불분명한 건축물에 있어서는 주거에 쓰이는 바닥면적의 합계에 따라 다음과 같이 가구수를 산정한다.
가. 바닥면적 85m² 이하 : 1가구
나. 바닥면적 85m² 초과 150m² 이하 : 3가구
다. 바닥면적 150m² 초과 300m² 이하 : 5가구
라. 바닥면적 300m² 초과 500m² 이하 : 16가구
마. 바닥면적 500m² 초과 : 17가구

**ANSWER**　81. ④　82. ④　83. ②　84. ②

**85** 다음은 노외주차장의 구조·설비기준 내용이다. (  )안에 알맞은 것은?

> 노외주차장에 설치하는 부대시설의 총면적은 주차장 총시설면적(주차장으로 사용되는 면적과 주차장 외의 용도로 사용되는 면적을 합한 면적)의 (  )를 초과하여서는 아니 된다.

① 5%  ② 10%

③ 15%  ④ 20%

**알찬풀이 |** 노외주차장에 설치할 수 있는 부대시설은 다음과 같다. 다만, 그 설치하는 부대시설의 총면적은 주차장 총 시설면적의 20%를 초과하여서는 아니 된다.
1. 관리사무소·휴게소 및 공중변소
2. 간이매점 및 자동차의 장식품판매점
3. 노외주차장의 관리·운영상 필요한 편의시설
4. 시·군 또는 구(자치구를 말한다. 이하 같다)의 조례가 정하는 이용자 편의시설

**86** 건축물의 대지에 공개 공지 또는 공개 공간을 확보해야 하는 대상 건축물에 속하지 않는 것은?(단, 일반주거지역이며, 해당 용도로 쓰는 바닥면적의 합계가 5,000m² 이상인 건축물인 경우)

① 운동시설  ② 숙박시설

③ 업무시설  ④ 문화 및 집회시설

**알찬풀이 |** 대상 건축물
① 연면적의 합계가 5,000m² 이상인 문화 및 집회시설, 종교시설, 판매시설(농수산물유통시설을 제외), 운수시설, 업무시설, 숙박시설
② 기타 다중이 이용하는 시설로서 건축조례가 정하는 건축물

**87** 부설주차장의 총주차대수 규모가 8대 이하인 자주식 주차장의 주차형식에 따른 차로의 너비 기준으로 옳은 것은? (단, 주차장은 지평식이며, 주차단위구획과 접하여 있는 차로의 경우)

① 평행주차 : 2.5m 이상  ② 직각주차 : 5.0m 이상

③ 교차주차 : 3.5m 이상  ④ 45도 대향주차 : 3.0m 이상

**알찬풀이 |** 차로의 너비는 2.5m 이상으로 한다.
※ 단, 주차단위구획과 접하여 있는 차로의 너비는 주차형식에 따라 다음 표에 의한 기준 이상으로 하여야 한다.

| 주 차 형 식 | 차로의 너비 |
|---|---|
| 평행 주차 | 3.0m 이상 |
| 직각 주차 | 6.0m 이상 |
| 60° 대향주차 | 4.0m 이상 |
| 45° 대향주차, 교차주차 | 3.5m 이상 |

**88** 건축물관련 건축기준의 허용오차가 옳지 않은 것은?

① 반자 높이 : 2% 이내
② 출구 너비 : 2% 이내
③ 벽체 두께 : 2% 이내
④ 바닥판 두께 : 3% 이내

**알찬풀이** | 벽체 및 바닥판 두께의 허용오차는 3% 이내이다.


**89** 다음은 같은 건축물 안에 공동주택과 위락시설을 함께 설치하고자 하는 경우에 관한 기준 내용이다. ( )안에 알맞은 것은?

> 공동주택의 출입구와 위락시설의 출입구는 서로 그 보행거리가 ( ) 이상이 되도록 설치할 것

① 10m                    ② 20m
③ 30m                    ④ 50m

**알찬풀이** | 공동주택 등의 출입구와 위락시설 등의 출입구는 서로 그 보행거리가 30m 이상이 되도록 설치하여야 한다.


**90** 건축법령상 의료시설에 속하지 않는 것은?

① 치과의원                    ② 한방병원
③ 요양병원                    ④ 마약진료소

**알찬풀이** | 의료시설
　　가. 병원(종합병원·병원·치과병원·한방병원·정신병원 및 요양소를 말한다)
　　나. 격리병원(전염병원·마약진료소 기타 이와 유사한 것을 말한다)
　　다. 장례식장


| ANSWER | 85. ④ | 86. ① | 87. ③ | 88. ③ | 89. ③ | 90. ① |
| --- | --- | --- | --- | --- | --- | --- |

**91** 국토의 계획 및 이용에 관한 법령상 공동주택 중심의 양호한 주거환경을 보호하기 위하여 지정하는 지역은?

① 제1종 전용주거지역
② 제2종 전용주거지역
③ 제1종 일반주거지역
④ 제2종 일반주거지역

**알찬풀이** | 용도지역의 세분

| 구분 | | 내용 |
|---|---|---|
| 전용주거지역 :<br>양호한 주거 환경을 보호하기<br>위하여 필요한 지역 | 제1종<br>전용주거지역 | 단독주택 중심의 양호한 주거환경을<br>보호하기 위하여 필요한 지역 |
| | 제2종<br>전용주거지역 | 공동주택 중심의 양호한 주거환경을<br>보호하기 위하여 필요한 지역 |

**92** 경형자동차용 주차단위구획의 최소 크기는? (단, 평행주차형식 외의 경우)

① 너비 1.7m, 길이 4.5m
② 너비 2.0m, 길이 5.0m
③ 너비 2.0m, 길이 3.6m
④ 너비 2.3m, 길이 5.0m

**알찬풀이** | 평행주차형식 외의 경우

| 구분 | 너비 | 길이 |
|---|---|---|
| 경형 | 2.0m 이상 | 3.5m 이상 |
| 일반형 | 2.3m 이상 | 5.0m 이상 |
| 확장형 | 2.5m 이상 | 5.1m 이상 |
| 장애인 전용 | 3.3m 이상 | 5.0m 이상 |

※ 경형자동차 : 자동차관리법에 의한 배기량 1,000cc 미만의 자동차

**93** 건축허가 대상 건축물이라 하더라도 국토해양부령으로 정하는 바에 따라 신고를 하면 건축허가를 받은 것으로 보는 경우에 해당하지 않는 것은?

① 바닥면적의 합계 50m²의 증축
② 바닥면적의 합계 80m²의 재축
③ 바닥면적의 합계 60m²의 개축
④ 연면적 200m²이고 층수가 3층인 건축물의 대수선

**알찬풀이** | 대수선은 연면적 200m² 미만이고 3층 미만인 건축물의 대수선에 한해 신고를 하면 건축허가를 받은 것으로 보는 경우에 해당한다.

**94** 6층 이상의 거실면적의 합계가 3,000m²인 경우, 다음 건축물 중 설치하여야 하는 승용승강기의 최소 대수가 가장 많은 것은? (단, 8인승 승강기의 경우)

① 판매시설　　　　　　　　　② 업무시설
③ 숙박시설　　　　　　　　　④ 위락시설

**알찬풀이** | 승용승강기의 설치기준이 가장 완화된 것부터 강화되어 있는 시설군
공동주택, 교육연구시설, 기타시설 → 문화 및 집회시설(전시장·동식물원), 업무시설, 숙박시설, 위락시설 → 문화 및 집회시설(공연장, 집회장 및 관람장), 판매시설, 의료시설

**95** 신축 또는 리모델링하는 경우, 시간당 0.5회 이상의 환기가 이루어질 수 있도록 자연환기설비 또는 기계환기설비를 설치하여야 하는 대상 공동주택의 최소 세대수는?

① 30세대　　　　　　　　　② 50세대
③ 100세대　　　　　　　　④ 200세대

**알찬풀이** | 공동주택 및 다중이용시설의 환기설비기준 등
신축 또는 리모델링하는 다음의 어느 하나에 해당하는 주택 또는 건축물(이하 "신축공동주택등"이라 한다)은 시간당 0.5회 이상의 환기가 이루어질 수 있도록 자연환기설비 또는 기계환기설비를 설치해야 한다.
1. 30세대 이상의 공동주택
2. 주택을 주택 외의 시설과 동일건축물로 건축하는 경우로서 주택이 30세대 이상인 건축물

| ANSWER | 91. ② | 92. ③ | 93. ④ | 94. ① | 95. ① |
| --- | --- | --- | --- | --- | --- |

**96** 급수, 배수, 환기 난방 등의 건축설비를 설치하는 경우 건축기계설비기술사 또는 공조냉동 기계기술사의 협력을 받아야 하는 대상 건축물에 속하지 않는 것은?

① 아파트
② 기숙사로서 해당 용도에 사용되는 바닥면적의 합계가 2,000m²인 건축물
③ 판매시설로서 해당 용도에 사용되는 바닥면적의 합계가 2,000m²인 건축물
④ 의료시설로서 해당 용도에 사용되는 바닥면적의 합계가 2,000m²인 건축물

**알찬풀이** | 판매시설로서 해당 용도에 사용되는 바닥면적의 합계가 3,000m² 이상인 건축물(에너지 절약 계획서의 제출 대상)이 해당한다.

**97** 다음은 건축물 층수 산정에 관한 기준 내용이다. ( )안에 알맞은 것은?

> 층의 구분이 명확하지 아니한 건축물은 그 건축물의 높이 ( )마다 하나의 층으로 보고 그 층수를 산정한다.

① 3m  ② 3.5m
③ 4m  ④ 4.5m

**알찬풀이** | 층수의 산정
층의 구분이 명확하지 아니한 건축물은 해당 건축물의 높이 4m마다 하나의 층으로 산정하며, 건축물의 부분에 따라 그 층수를 달리하는 경우에는 그중 가장 많은 층수로 한다.

**98** 다음 중 노외주차장의 출구 및 입구를 설치할 수 있는 장소는?

① 육교로부터 4m거리에 있는 도로의 부분
② 지하횡단보도에서 10m 거리에 있는 도로의 부분
③ 초등학교 출입구로부터 15m 거리에 있는 도로의 부분
④ 장애인 복지시설 출입구로부터 15m 거리에 있는 도로의 부분

**알찬풀이** | 노외주차장의 출구 및 입구의 설치 금지 장소
① 횡단보도(육교 및 지하횡단보도를 포함)에서 5m 이내의 도로의 부분
② 너비 4m 미만의 도로(주차대수 200대 이상인 경우에는 너비 10m 미만의 도로)
③ 종단구배가 10%를 초과하는 도로
④ 새마을유아원·유치원·초등학교·특수학교·노인복지시설·장애인복지시설 및 아동전용시설 등의 출입구로부터 20m 이내의 도로의 부분
⑤ 도로교통법에 의하여 정차, 주차가 금지되는 도로의 부분

**99** 문화 및 집회시설 중 공연장의 개별관람석 바닥면적이 2,000m²일 경우 개별관람석의 출구는 최소 몇 개소 이상 설치하여야 하는가? (단, 각 출구의 유효너비를 2m로 하는 경우)

① 3개소　　　　　　　　　　② 4개소
③ 5개소　　　　　　　　　　④ 6개소

**알찬풀이** | 관람석 등으로부터의 출구의 설치기준
관람석의 바닥면적이 300m² 이상인 경우의 출구는 다음의 기준에 적합하게 설치하여야 한다.
① 관람석별로 2개소 이상 설치할 것
② 각 출구의 유효너비는 1.5m 이상일 것
③ 개별 관람석 출구의 유효너비의 합계는 개별 관람석의 바닥면적 100m² 마다 0.6m의 비율로 산정한 너비 이상으로 할 것

$$출구의\ 유효\ 폭 \geq \frac{2,000\text{m}^2}{100^2} \times 0.6\text{m} = 12\text{m}$$

∴ 각 출구의 유효너비를 2m로 하는 경우 12m ÷ 2m = 6(개소)

**100** 제1종 일반주거지역안에서 건축할 수 없는 건축물은?

① 종교시설
② 노유자시설
③ 제1종 근린생활시설
④ 공동주택 중 아파트

**알찬풀이** | 공동주택 증 아파트 제1종 일반주거지역안에서 건축할 수 없으며(일반적으로 4층 이하의 건축물만이 가능) 제2종 일반주거지역 및 제3종 일반주거지역 안에서는 건축할 수 있다,

| ANSWER | 96. ③　　97. ③　　98. ②　　99. ④　　100. ④ |
| --- | --- |

## MEMO

◆ 품질이란 우연히 만들어지는 것이 아니라 언제나 지적 노력의 결과이다. - 존 러스킨

## 학습 질의회신

본 교재에 대한 학습 질의회신은 아래의 E-mail로 보내주시면
답변을 드리겠습니다.

E-mail  goodadh@naver.com


# 7개년 건축산업기사 과년도 문제해설

───────────────────────────── 定價 37,000원

저　자　한솔아카데미수험연구회
발행인　이　　　종　　　권

| 2007年 | 1月 | 8日 | 초 판 발 행 |
| 2008年 | 1月 | 24日 | 2차개정1쇄발행 |
| 2009年 | 1月 | 10日 | 3차개정1쇄발행 |
| 2010年 | 1月 | 13日 | 4차개정1쇄발행 |
| 2010年 | 4月 | 5日 | 4차개정2쇄발행 |
| 2011年 | 1月 | 29日 | 5차개정1쇄발행 |
| 2012年 | 1月 | 30日 | 6차개정1쇄발행 |
| 2013年 | 1月 | 29日 | 7차개정1쇄발행 |
| 2014年 | 1月 | 22日 | 8차개정1쇄발행 |
| 2015年 | 1月 | 13日 | 9차개정1쇄발행 |
| 2016年 | 1月 | 12日 | 10차개정1쇄발행 |
| 2017年 | 1月 | 13日 | 11차개정1쇄발행 |
| 2018年 | 1月 | 16日 | 12차개정1쇄발행 |
| 2018年 | 11月 | 13日 | 13차개정1쇄발행 |
| 2019年 | 11月 | 12日 | 14차개정1쇄발행 |
| 2021年 | 2月 | 4日 | 15차개정1쇄발행 |
| 2022年 | 1月 | 26日 | 16차개정1쇄발행 |
| 2023年 | 3月 | 27日 | 17차개정1쇄발행 |
| 2024年 | 2月 | 22日 | 18차개정1쇄발행 |

發行處　(주) 한솔아카데미

(우)06775 서울시 서초구 마방로10길 25 트윈타워 A동 2002호
TEL : (02)575-6144/5　FAX : (02)529-1130
〈1998. 2. 19 登錄 第16-1608號〉

ISBN 979-11-6654-472-9 13540

## 건축기사시리즈
### ①건축계획
이종석, 이병억 공저
536쪽 | 26,000원

## 건축기사시리즈
### ②건축시공
김형중, 한규대, 이명철, 홍태화
공저
678쪽 | 26,000원

## 건축기사시리즈
### ③건축구조
안광호, 홍태화, 고길용 공저
796쪽 | 27,000원

## 건축기사시리즈
### ④건축설비
오병칠, 권영철, 오호영 공저
564쪽 | 26,000원

## 건축기사시리즈
### ⑤건축법규
현정기, 조영호, 김광수, 한웅규
공저
622쪽 | 27,000원

## 건축기사 필기 10개년
### 핵심 과년도문제해설
안광호, 백종엽, 이병억 공저
1,000쪽 | 44,000원

## 건축기사 4주완성
남재호, 송우용 공저
1,412쪽 | 46,000원

## 건축산업기사 4주완성
남재호, 송우용 공저
1,136쪽 | 43,000원

## 7개년 기출문제
### 건축산업기사 필기
한솔아카데미 수험연구회
868쪽 | 37,000원

## 건축설비기사 4주완성
남재호 저
1,280쪽 | 44,000원

## 건축설비산업기사
### 4주완성
남재호 저
770쪽 | 38,000원

## 10개년 핵심
### 건축설비기사 과년도
남재호 저
1,148쪽 | 38,000원

## 건축기사 실기
한규대, 김형중, 안광호, 이병억
공저
1,672쪽 | 52,000원

## 건축기사 실기
### (The Bible)
안광호, 백종엽, 이병억 공저
818쪽 | 37,000원

## 건축기사 실기 12개년
### 과년도
안광호, 백종엽, 이병억 공저
688쪽 | 30,000원

## 건축산업기사 실기
한규대, 김형중, 안광호, 이병억
공저
696쪽 | 33,000원

## 건축산업기사 실기
### (The Bible)
안광호, 백종엽, 이병억 공저
300쪽 | 27,000원

## 실내건축기사 4주완성
남재호 저
1,320쪽 | 39,000원

## 실내건축산업기사
### 4주완성
남재호 저
1,020쪽 | 31,000원

## 시공실무
### 실내건축(산업)기사 실기
안동훈, 이병억 공저
422쪽 | 31,000원

# Hansol Academy

**건축사 과년도출제문제**
**1교시 대지계획**
한솔아카데미 건축사수험연구회
346쪽 | 33,000원

**건축사 과년도출제문제**
**2교시 건축설계1**
한솔아카데미 건축사수험연구회
192쪽 | 33,000원

**건축사 과년도출제문제**
**3교시 건축설계2**
한솔아카데미 건축사수험연구회
436쪽 | 33,000원

**건축물에너지평가사**
**①건물 에너지 관계법규**
건축물에너지평가사 수험연구회
818쪽 | 30,000원

**건축물에너지평가사**
**②건축환경계획**
건축물에너지평가사 수험연구회
456쪽 | 26,000원

**건축물에너지평가사**
**③건축설비시스템**
건축물에너지평가사 수험연구회
682쪽 | 29,000원

**건축물에너지평가사**
**④건물 에너지효율설계·평가**
건축물에너지평가사 수험연구회
756쪽 | 30,000원

**건축물에너지평가사**
**2차실기(상)**
건축물에너지평가사 수험연구회
940쪽 | 45,000원

**건축물에너지평가사**
**2차실기(하)**
건축물에너지평가사 수험연구회
905쪽 | 50,000원

**토목기사시리즈**
**①응용역학**
염창열, 김창원, 안광호, 정용욱,
이지훈 공저
804쪽 | 25,000원

**토목기사시리즈**
**②측량학**
남수영, 정경동, 고길용 공저
452쪽 | 25,000원

**토목기사시리즈**
**③수리학 및 수문학**
심기오, 노재식, 한웅규 공저
450쪽 | 25,000원

**토목기사시리즈**
**④철근콘크리트 및 강구조**
정경동, 정용욱, 고길용, 김지우
공저
464쪽 | 25,000원

**토목기사시리즈**
**⑤토질 및 기초**
안진수, 박광진, 김창원, 홍성협
공저
640쪽 | 25,000원

**토목기사시리즈**
**⑥상하수도공학**
노재식, 이상도, 한웅규, 정용욱
공저
544쪽 | 25,000원

**10개년 핵심 토목기사**
**과년도문제해설**
김창원 외 5인 공저
1,076쪽 | 45,000원

**토목기사 4주완성**
**핵심 및 과년도문제해설**
이상도, 고길용, 안광호, 한웅규,
홍성협, 김지우 공저
1,054쪽 | 42,000원

**토목산업기사 4주완성**
**7개년 과년도문제해설**
이상도, 정경동, 고길용, 안광호,
한웅규, 홍성협 공저
752쪽 | 39,000원

**토목기사 실기**
김태선, 박광진, 홍성협, 김창원,
김상욱, 이상도 공저
1,496쪽 | 50,000원

**토목기사 실기**
**12개년 과년도문제해설**
김태선, 이상도, 한웅규, 홍성협,
김상욱, 김지우 공저
708쪽 | 35,000원

**콘크리트기사 · 산업기사
4주완성(필기)**

정용욱, 고길용, 전지현, 김지우
공저
976쪽 | 37,000원

**콘크리트기사
12개년 과년도(필기)**

정용욱, 고길용, 김지우 공저
576쪽 | 28,000원

**콘크리트기사 · 산업기사
3주완성(실기)**

정용욱, 김태형, 이승철 공저
748쪽 | 30,000원

**건설재료시험기사
4주완성(필기)**

박광진, 이상도, 김지우, 전지현
공저
742쪽 | 37,000원

**건설재료시험기사
13개년 과년도(필기)**

고길용, 정용욱, 홍성협, 전지현
공저
656쪽 | 30,000원

**건설재료시험기사
3주완성(실기)**

고길용, 홍성협, 전지현, 김지우
공저
728쪽 | 29,000원

**콘크리트기능사
3주완성(필기+실기)**

정용욱, 고길용, 전지현 공저
524쪽 | 24,000원

**지적기능사(필기+실기)
3주완성**

염창열, 정병노 공저
640쪽 | 29,000원

**측량기능사 3주완성**

염창열, 정병노 공저
562쪽 | 27,000원

**전산응용토목제도기능사
필기 3주완성**

김지우, 최진호, 전지현 공저
438쪽 | 26,000원

**건설안전기사 4주완성
필기**

지준석, 조태연 공저
1,388쪽 | 36,000원

**산업안전기사 4주완성
필기**

지준석, 조태연 공저
1,560쪽 | 36,000원

**공조냉동기계기사 필기**

조성안, 이승원, 강희중 공저
1,358쪽 | 39,000원

**공조냉동기계산업기사
필기**

조성안, 이승원, 강희중 공저
1,269쪽 | 34,000원

**공조냉동기계기사 실기**

조성안, 강희중 공저
950쪽 | 37,000원

**조경기사 · 산업기사
필기**

이윤진 저
1,836쪽 | 49,000원

**조경기사 · 산업기사
실기**

이윤진 저
1,050쪽 | 45,000원

**조경기능사 필기**

이윤진 저
682쪽 | 29,000원

**조경기능사 실기**

이윤진 저
350쪽 | 28,000원

**조경기능사 필기**

한상엽 저
712쪽 | 28,000원

# Hansol Academy

**조경기능사 실기**
한상엽 저
738쪽 | 29,000원

**산림기사 · 산업기사 1권**
이윤진 저
888쪽 | 27,000원

**산림기사 · 산업기사 2권**
이윤진 저
974쪽 | 27,000원

**전기기사시리즈(전6권)**
대산전기수험연구회
2,240쪽 | 113,000원

**전기기사 5주완성**
전기기사수험연구회
1,680쪽 | 42,000원

**전기산업기사 5주완성**
전기산업기사수험연구회
1,556쪽 | 42,000원

**전기공사기사 5주완성**
전기공사기사수험연구회
1,608쪽 | 41,000원

**전기공사산업기사
5주완성**
전기공사산업기사수험연구회
1,606쪽 | 41,000원

**전기(산업)기사 실기**
대산전기수험연구회
766쪽 | 42,000원

**전기기사 실기 15개년
과년도문제해설**
대산전기수험연구회
808쪽 | 37,000원

**전기기사시리즈(전6권)**
김대호 저
3,230쪽 | 119,000원

**전기기사 실기 기본서**
김대호 저
964쪽 | 36,000원

**전기기사 실기 기출문제**
김대호 저
1,336쪽 | 39,000원

**전기산업기사 실기
기본서**
김대호 저
920쪽 | 36,000원

**전기산업기사 실기
기출문제**
김대호 저
1,076 | 38,000원

**전기기사 실기 마인드 맵**
김대호 저
232쪽 | 16,000원

**CBT 전기기사 블랙박스**
이승원, 김승철, 윤종식 공저
1,168쪽 | 42,000원

**전기(산업)기사
실기 모의고사 100선**
김대호 저
296쪽 | 24,000원

**전기기능사 필기**
이승원, 김승철 공저
624쪽 | 25,000원

**소방설비기사
기계분야 필기**
김흥준, 윤중오 공저
1,212쪽 | 44,000원

**소방설비기사
전기분야 필기**

김흥준, 신면순 공저
1,151쪽 | 44,000원

**공무원 건축계획**

이병억 저
800쪽 | 37,000원

**7 · 9급 토목직
응용역학**

정경동 저
1,192쪽 | 42,000원

**응용역학개론 기출문제**

정경동 저
686쪽 | 40,000원

**측량학(9급 기술직/
서울시 · 지방직)**

정병노, 염창열, 정경동 공저
722쪽 | 27,000원

**응용역학(9급 기술직/
서울시 · 지방직)**

이국형 저
628쪽 | 23,000원

**스마트 9급 물리
(서울시 · 지방직)**

신용찬 저
422쪽 | 23,000원

**7급 공무원
스마트 물리학개론**

신용찬 저
996쪽 | 45,000원

**1종 운전면허**

도로교통공단 저
110쪽 | 13,000원

**2종 운전면허**

도로교통공단 저
110쪽 | 13,000원

**1 · 2종 운전면허**

도로교통공단 저
110쪽 | 13,000원

**지게차 운전기능사**

건설기계수험연구회 편
216쪽 | 15,000원

**굴삭기 운전기능사**

건설기계수험연구회 편
224쪽 | 15,000원

**지게차 운전기능사
3주완성**

건설기계수험연구회 편
338쪽 | 12,000원

**굴삭기 운전기능사
3주완성**

건설기계수험연구회 편
356쪽 | 12,000원

**초경량 비행장치
무인멀티콥터**

권희춘, 김병구 공저
258쪽 | 22,000원

**시각디자인 산업기사
4주완성**

김영애, 서정술, 이원범 공저
1,102쪽 | 36,000원

**시각디자인
기사 · 산업기사 실기**

김영애, 이원범 공저
508쪽 | 35,000원

**토목 BIM 설계활용서**

김영휘, 박형순, 송윤상,
안서현, 박진훈, 노기태 공저
388쪽 | 30,000원

**BIM 구조편**

(주)알피종합건축사사무소
(주)동양구조안전기술 공저
536쪽 | 32,000원

**BIM 기본편**

(주)알피종합건축사사무소

402쪽 | 32,000원

**BIM 기본편 2탄**

(주)알피종합건축사사무소

380쪽 | 28,000원

**BIM 건축계획설계 Revit 실무지침서**

BIMFACTORY

607쪽 | 35,000원

**전통가옥에서 BIM을 보며**

김요한, 함남혁, 유기찬 공저

548쪽 | 32,000원

**BIM 주택설계편**

(주)알피종합건축사사무소
박기백, 서창석, 함남혁, 유기찬
공저

514쪽 | 32,000원

**BIM 활용편 2탄**

(주)알피종합건축사사무소

380쪽 | 30,000원

**BIM 건축전기설비설계**

모델링스토어, 함남혁

572쪽 | 32,000원

**BIM 토목편**

송현혜, 김동욱, 임성순, 유자영,
심창수 공저

278쪽 | 25,000원

**디지털모델링 방법론**

이나래, 박기백, 함남혁, 유기찬
공저

380쪽 | 28,000원

**건축디자인을 위한 BIM 실무 지침서**

(주)알피종합건축사사무소
박기백, 오정우, 함남혁, 유기찬 공저

516쪽 | 30,000원

**BIM건축운용전문가 2급자격**

모델링스토어, 함남혁 공저

826쪽 | 34,000원

**BIM토목운용전문가 2급자격**

채재현, 김영휘, 박준으, 소광영,
김소희, 이기수, 조수연

614쪽 | 35,000원

**BE Architect**

유기찬, 김재준, 차성민, 신수진,
홍유찬 공저

282쪽 | 20,000원

**BE Architect 라이노&그래스호퍼**

유기찬, 김재준, 조준상, 오주연
공저

288쪽 | 22,000원

**BE Architect AUTO CAD**

유기찬, 김재준 공저

400쪽 | 25,000원

**건축관계법규(전3권)**

최한석, 김수영 공저

3,544쪽 | 110,000원

**건축법령집**

최한석, 김수영 공저

1,490쪽 | 60,000원

**건축법해설**

김수영, 이종석, 김동화, 김용환,
조영호, 오호영 공저

918쪽 | 32,000원

**건축설비관계법규**

김수영, 이종석, 박호준, 조영호,
오호영 공저

790쪽 | 34,000원

**건축계획**

이순희, 오호영 공저

422쪽 | 23,000원

**건축시공학**

이찬식, 김선국, 김예상, 고성석,
손보식, 유정호, 김태완 공저
776쪽 | 30,000원

**현장실무를 위한
토목시공학**

남기천,김상환,유광호,강보순,
김종민,최준성 공저
1,212쪽 | 45,000원

**알기쉬운 토목시공**

남기천, 유광호, 류명찬, 윤영철,
최준성, 고준영, 김연덕 공저
818쪽 | 28,000원

**Auto CAD 오토캐드**

김수영, 정기범 공저
364쪽 | 25,000원

**친환경 업무매뉴얼**

정보현, 장동원 공저
352쪽 | 30,000원

**건축시공기술사
기출문제**

배용환, 서갑성 공저
1,146쪽 | 69,000원

**합격의 정석
건축시공기술사**

조민수 저
904쪽 | 67,000원

**건축전기설비기술사
(상권)**

서학범 저
784쪽 | 65,000원

**건축전기설비기술사
(하권)**

서학범 저
748쪽 | 65,000원

**마법기본서 PE
건축시공기술사**

백종엽 저
730쪽 | 62,000원

**스크린 PE
건축시공기술사**

백종엽 저
376쪽 | 32,000원

**용어설명1000 PE
건축시공기술사(상)**

백종엽 저
1,072쪽 | 70,000원

**용어설명1000 PE
건축시공기술사(하)**

백종엽 저
988쪽 | 70,000원

**합격의 정석
토목시공기술사**

김무섭, 조민수 공저
804쪽 | 60,000원

**건설안전기술사**

이태엽 저
600쪽 | 52,000원

**소방기술사 上**

윤정득, 박건용 공저
656쪽 | 55,000원

**소방기술사 下**

윤정득, 박건용 공저
730쪽 | 55,000원

**소방시설관리사 1차
(상,하)**

김흥준 저
1,630쪽 | 63,000원

**건축에너지관계법해설**

조영호 저
614쪽 | 27,000원

**ENERGYPULS**

이광호 저
236쪽 | 25,000원

**수학의 마술(2권)**
아서 벤저민 저, 이경희, 윤미선,
김은현, 성지현 옮김
206쪽 | 24,000원

**스트레스,
과학으로 풀다**
그리고리 L. 프리키온, 애너이브
코비치, 앨버트 S.융 저
176쪽 | 20,000원

**숫자의 비밀**
마리안 프라이베르거, 레이첼
토머스 지음, 이경희, 김영은,
윤미선, 김은현 옮김
376쪽 | 16,000원

**지치지 않는 뇌 휴식법**
이시카와 요시키 저
188쪽 | 12,800원

**행복충전 50Lists**
에드워드 호프만 저
272쪽 | 16,000원

**스마트 건설,
스마트 시티, 스마트 홈**
김선근 저
436쪽 | 19,500원

**e-Test 엑셀
ver.2016**
임창인, 조은경, 성대근, 강현권
공저
268쪽 | 17,000원

**e-Test 파워포인트
ver.2016**
임창인, 권영희, 성대근, 강현권
공저
206쪽 | 15,000원

**e-Test 한글
ver.2016**
임창인, 이권일, 성대근, 강현권
공저
198쪽 | 13,000원

**e-Test 엑셀
2010(영문판)**
Daegeun-Seong
188쪽 | 25,000원

**e-Test
한글+엑셀+파워포인트**
성대근, 유재휘, 강현권 공저
412쪽 | 28,000원

**재미있고 쉽게 배우는
포토샵 CC2020**
이영주 저
320쪽 | 23,000원

## 건축산업기사 실기(The Bible)

안광호, 백종엽, 이병억
300쪽 | 27,000원

## 건축산업기사 4주완성

남재호, 송우용
1,136쪽 | 43,000원

※ 구입처는 **전국대형서점**에서 구매하실 수 있습니다.